兽医微生物学
第 3 版

［美］D. 斯科特·麦克维（D.Scott McVey）
［美］梅利莎·肯尼迪（Melissa Kennedy） 编著
［美］M.M. 陈嘎帕（M.M.Chengappa）

王笑梅　冯　力　主　译
高玉龙　刘平黄　副主译

中国农业出版社
北　京

图书在版编目（CIP）数据

兽医微生物学：第3版/（美）D.斯科特·麦克维，（美）梅利莎·肯尼迪，（美）M.M.陈嘎帕编著；王笑梅，冯力主译．—北京：中国农业出版社，2020.8

（现代兽医基础研究经典著作）

国家出版基金项目

ISBN 978-7-109-27236-1

Ⅰ.①兽…　Ⅱ.①D…②梅…③M…④王…⑤冯…　Ⅲ.①兽医学-微生物学　Ⅳ.①S852.6

中国版本图书馆CIP数据核字（2020）第162096号

Veterinary microbiology 3rd
By D. Scott McVey, Melissa Kennedy, M.M. Chengappa
ISBN 978-0-4709-5949-7
2013 by John Wiley & Sons, Inc.

All Rights Reserved. This translation published under license with the original publisher John Wiley & Sons, Inc. No part of this book may be reproduced in any form without the written permission of the original copyrights holder. Copies of this book sold without a Wiley sticker on the cover are unauthorized and illegal.

本书简体中文版由John Wiley & Sons, Inc.授权中国农业出版社出版发行。本书内容的任何部分，事先未经出版者书面许可，不得以任何方式或手段复制或刊载。

合同登记号：图字01-2020-4549号

中国农业出版社出版
地址：北京市朝阳区麦子店街18号楼
邮编：100125
策划编辑：王森鹤　刘　伟
责任编辑：王森鹤　周晓艳
版式设计：王　晨　责任校对：刘丽香　沙凯霖　周丽芳　责任印制：王　宏
印刷：北京通州皇家印刷厂
版次：2021年8月第1版
印次：2021年8月北京第1次印刷
发行：新华书店北京发行所
开本：880mm×1230mm　1/16
印张：46.5
字数：1300千字
定价：498.00元

版权所有·侵权必究
凡购买本社图书，如有印装质量问题，我社负责调换。
服务电话：010-59195115　010-59194918

贡献者名单

Udeni B. R. Balasuriya, BVSc, MS, PhD

Associate Professor of Virology

Department of Veterinary Science

University of Kentucky

Lexington, KY

Raul G. Barletta, PhD

Professor

School of Veterinary Medicine and Biomedical Sciences

University of Nebraska-Lincoln

Lincoln, NE

Brian Bellaire, PhD

Assistant Professor

Veterinary Microbiology and Preventative Medicine

College of Veterinary Medicine

Iowa State University

Ames, IA

Karen E. Beenken, PhD

Fellow

Department of Microbiology and Immunology

College of Medicine

University of Arkansas for Medical Sciences

Little Rock, AR

Deborah J. Briggs, MS, PhD

Professor of Virology

Diagnostic Medicine Pathobiology

College of Veterinary Medicine

Kansas State University

Manhattan, KS

Christopher C. L. Chase, DVM, MS, PhD, DACVM

Professor of Virology

Department of Veterinary and Biomedical Sciences

South Dakota State University

Brookings, SD

M. M. Chengappa, BVSc, MVSc, MS, PhD, DACVM

Department Head and University Distinguished Professor

Diagnostic Medicine Pathobiology

College of Veterinary Medicine

Kansas State University

Manhattan, KS

Bruno B. Chomel, MS, PhD

Professor

University of California

School of Veterinary Medicine

Department of Population Health and Reproduction

Davis, CA

Charles Czuprynski, PhD

Professor in Microbiology

Department of Pathobiological Sciences

School of Veterinary Medicine

University of Wisconsin

Madison, WI

Joshua B. Daniels, DVM, PhD, DACVM

Assistant Professor

Department of Veterinary Clinical Sciences

College of Veterinary Medicine

The Ohio State University

Columbus, OH

Gustavo A. Delhon, DVM, MS, PhD

Associate Professor

School of Veterinary Medicine and Biomedical Sciences

University of Nebraska-Lincoln

Lincoln, NE

Barbara Drolet, MS, PhD

Research Microbiologist

USDA ARS CGAHR

Arthropod-Borne Animal Diseases Research Unit

Manhattan, KS

Bradley W. Fenwick, DVM, MS, PhD, DACVM

Professor and Jefferson Science Fellow

University of Tennessee

Knoxville, TN

Timothy Frana, DVM, MS, MPH, PhD, DAVPM, DACVM

Associate Professor

Veterinary Diagnostic Laboratory

College of Veterinary Medicine

Iowa State University

Ames, IA

Frederick J. Fuller, MS, PhD

Professor of Virology

North Carolina State University

College of Veterinary Medicine

Raleigh, NC

Roman R. Ganta, MS, PhD

Professor

Diagnostic Medicine Pathobiology

College of Veterinary Medicine

Kansas State University

Manhattan, KS

Laurel J. Gershwin, DVM, PhD, DACVM

Professor of Immunology

University of California

College of Veterinary Medicine

Department of Pathology, Microbiology, and Immunology

Davis, CA

Seth P. Harris, DVM, PhD

Assistant Professor

School of Veterinary Medicine and Biomedical Sciences

University of Nebraska-Lincoln

Lincoln, NE

Richard A. Hesse, MS, PhD

Professor

Diagnostic Medicine Pathobiology

College of Veterinary Medicine

Kansas State University

Manhattan, KS

Douglas E. Hostetler, DVM, MS

Associate Professor

School of Veterinary Medicine and Biomedical Sciences

University of Nebraska-Lincoln

Lincoln, NE

Peter C. Iwen, MS, PhD, D(ABBM)

Professor of Pathology and Microbiology

Pathology and Microbiology

NE Public Health Laboratory

Nebraska Medical Center

Omaha, NE

Megan E. Jacob, MS, PhD

Assistant Professor of Clinical Microbiology

and Director, Clinical Microbiology Laboratory

North Carolina State University

College of Veterinary Medicine

Department of Population Health and Pathobiology

Raleigh, NC

Huchappa Jayappa, BVSc, MVSc, PhD

Associate Director

Merck Animal Health

Elkhorn, NE

Rickie W. Kasten, MS, PhD

Staff Research Associate

University of California

School of Veterinary Medicine

Department of Population Health and Reproduction

Davis, CA

Melissa Kennedy, DVM, PhD, DACVM

Associate Professor

College of Veterinary Medicine

Biomedical and Diagnostic Sciences

University of Tennessee

Knoxville, TN

PeterW. Krug, PhD

Research Molecular Biologist

USDA ARS PIADC

Foreign Animal Disease Research Unit

Greenport, NY

Rance B. LeFebvre, PhD

Professor and Associate Dean of Student Affairs

University of California

School of Veterinary Medicine

Department of Pathology, Microbiology, and

Immunology

Davis, CA

Wenjun Ma, BVSc, MVSc, PhD

Assistant Professor

Diagnostic Medicine Pathobiology

Center of Excellence in Emerging and Zoonotic Diseases

College of Veterinary Medicine

Kansas State University

Manhattan, KS

Melissa L. Madsen, PhD

Research and Development Project Leader

CEVA Biomune

Olathe, KS

D. ScottMcVey, DVM, PhD, DACVM

Research Leader, Supervisory Veterinary Medical Officer,

and Professor of Immunology

USDA ARS CGAHR

Arthropod-Borne Animal Diseases Research Unit

Manhattan, KS

Rodney Moxley, DVM, PhD

Professor

School of Veterinary Medicine and Biomedical Sciences

University of Nebraska-Lincoln

Lincoln, NE

T. G. Nagaraja, MVSc, MS, PhD

University Distinguished Professor

Diagnostic Medicine Pathobiology

College of Veterinary Medicine

Kansas State University

Manhattan, KS

Sanjeev Narayanan, BVSc, MS, PhD, DACVM, DACVP

Associate Professor

Diagnostic Medicine Pathobiology

College of Veterinary Medicine

Kansas State University

Manhattan, KS

Jerome C. Neitfeld, DVM, MS, PhD

Professor

Diagnostic Medicine Pathobiology

College of Veterinary Medicine

Kansas State University

Manhattan, KS

StefanNiewiesk, DVM, PhD, DECLAM

Associate Professor

Department of Veterinary Biosciences

College of Veterinary Medicine

The Ohio State University

Columbus, OH

Michael Oglesbee, DVM, PhD, DACVP

Professor and Chair

Department of Veterinary Biosciences

College of Veterinary Medicine

The Ohio State University

Columbus, OH

Steven Olsen, DVM, PhD, DACVM

Research Leader and Supervisory Veterinary Medical Officer

USDA ARS NADC

Infectious Bacterial Disease Unit

Ames, IA

LisaM. Pohlman, DVM, MS, DACVP

Assistant Professor and Director, Clinical Pathology Laboratory

Diagnostic Medicine Pathobiology

College of Veterinary Medicine

Kansas State University

Manhattan, KS

John F. Prescott, MA, Vet MB, PhD

Professor

Department of Pathobiology

University of Guelph

Guelph, Ontario

Juergen A. Richt, DVM, PhD

Regents Distinguished Professor and KBA Eminent Scholar

Director of the Center of Excellence in Emerging and Zoonotic Diseases

Diagnostic Medicine Pathobiology

Center of Excellence in Emerging and Zoonotic Diseases

College of Veterinary Medicine

Kansas State University

Manhattan, KS

Luis L. Rodriguez, DVM, PhD

Research Leader and Supervisory Veterinary Medical Officer

USDA ARS PIADC

Foreign Animal Disease Research Unit

Greenport, NY

Raymond R. Rowland, MS, PhD

Professor

Diagnostic Medicine Pathobiology

College of Veterinary Medicine

Kansas State University

Manhattan, KS

Ronald D. Schultz, MS, PhD, Honorary DACVM

Professor and Chair

Department of Pathobiological Sciences

School of Veterinary Medicine

University of Wisconsin

Madison, WI

Mark S. Smeltzer, PhD

Professor

Department of Microbiology and Immunology

College of Medicine

University of Arkansas for Medical Sciences

Little Rock, AR

David J. Steffen, DVM, PhD, DACVP

Professor

School of Veterinary Medicine and Biomedical Sciences

University of Nebraska-Lincoln

Lincoln, NE

George C. Stewart, MS, PhD

Chair and McKee Professor of Microbial Pathogenesis

Department of Veterinary Pathobiology

University of Missouri

Columbia, MO

Erin L. Strait, DVM, PhD

Director, US Swine Biological R&D

Merck Animal Health

De Soto, KS

Dongseob Tark, DVM, PhD

Animal Plant Quarantine Agency, Manan-gu, Anyang-si

Gyeonggi-do, South Korea

Brian M. Thompson

MS, PhD

President and CEO

Elemental Enzymes, Inc.

Columbia, MO

Benjamin R. Trible, MS

Diagnostic Medicine Pathobiology

College of Veterinary Medicine

Kansas State University

Manhattan, KS

Rebecca P. Wilkes, DVM, PhD, DACVM

Research Assistant Professor

Diagnostic Sciences and Education

College of Veterinary Medicine

University of Tennessee

Knoxville, TN

William Wilson, MS, PhD

Research Microbiologist

USDA ARS CGAHR

Arthropod-Borne Animal Diseases Research Unit

Manhattan, KS

Amelia R. Woolums, DVM, MVSc, PhD, DACVIM, DACVM

Senior Teaching Fellow

College of Veterinary Medicine

University of Georgia

Athens, GA

前 言

本书以及它的相关材料旨在对兽医微生物学和传染病学进行广泛的概述。本书结合论述了引起或与传染病相关的微生物以及传染病本身。本书广泛地适用于兽医学的初级学者以及经验丰富的兽医从业人员和研究人员。希望本书能够与其他大多数参考书一样，成为学习兽医传染病学的一个良好起点，以及一本优秀的参考书。本书内容着重讲述了一些出现在北美的传染病，但同时也包含许多全球性的、跨国的传染性疾病。

本书的第一部分主要介绍传染病的发病机制、诊断以及临床管理方式。这部分旨在为后续描述特定病原体和传染病的章节提供理解和讨论的基础。第二部分介绍了细菌和真菌病原。这部分涵盖了非常多样的病原体和传染病，但是这些生物体的发病机制、毒力特性和宿主应答都惊人地相似。本书的第三部分讲述了病毒性疾病以及相关病毒。在这部分我们尝试着重描述病毒感染造成的影响和宿主应答。第四部分是描述动物感染和疾病的系统方法。本着一种科学精神，这部分的各章采用了对比方法来描述感染动物之间的差异性和相似性。

我们邀请了一群杰出的微生物学家/专家为这本书撰稿。相信书中的内容是精确的也是最新的。同时，我们欢迎读者对本书的内容提出任何意见或者建议。

D. Scott McVey, Melissa Kennedy, and M.M. Chengappa

致　谢

　　我们万分感激Drs Dwight C. Hirsh，N. James MacLachlan和Richard L. Walker，允许我们保留这本书第2版的很大一部分内容，也感激第2版所有章节的作者，因为在修订版本中保留了他们编写的许多重要内容。如果没有众多杰出的微生物学家/专家的贡献，本书不可能问世，也感激各相关机构的支持。最后，我们衷心感谢John Wiley & Sons公司及其员工为完成本书所提供的指导和支持，也感谢Brandy Nowakowski女士在书稿整理中的帮助。

目　录

前言
贡献者名单

第一部分　引　言

第1章　致病性和毒力 ··· 2
第2章　对传染性病原的免疫应答 ··· 7
第3章　实验室诊断 ··· 19
第4章　抗微生物化学治疗 ·· 29
第5章　疫苗 ··· 50

第二部分　细菌和真菌

第6章　肠杆菌科 ·· 60
第7章　肠杆菌科：埃希菌属 ··· 70
第8章　肠杆菌科：沙门菌属 ··· 86
第9章　肠杆菌科：耶尔森菌属 ·· 98
第10章　肠杆菌科：志贺菌属 ·· 111
第11章　巴斯德菌科：禽杆菌属、比伯斯坦杆菌属、曼氏杆菌属和巴氏杆菌属 ······· 119
第12章　巴斯德菌科：放线杆菌属 ······································ 128
第13章　巴斯德菌科：嗜血杆菌属和嗜组织杆菌属 ·················· 136
第14章　波氏杆菌属 ·· 142
第15章　布鲁氏菌属 ·· 151
第16章　伯克霍尔德菌属和伯克霍尔德假单胞菌属 ·················· 160
第17章　土拉弗朗西斯菌属 ··· 166
第18章　莫拉菌属 ··· 174

第19章	假单胞菌属	179
第20章	泰勒菌属	183
第21章	弯曲螺旋体生物Ⅰ：疏螺旋体	187
第22章	弯曲螺旋体生物Ⅱ：短螺旋体属（小蛇菌属）和劳森菌属	191
第23章	弯曲螺旋体生物Ⅲ：弯曲杆菌和弓形杆菌	202
第24章	弯曲螺旋体生物Ⅳ：螺杆菌属	214
第25章	弯曲螺旋体生物Ⅴ：钩端螺旋体属	219
第26章	葡萄球菌属	225
第27章	链球菌属和肠球菌属	237
第28章	隐秘杆菌属	248
第29章	芽孢杆菌属	252
第30章	棒状杆菌属	259
第31章	丹毒丝菌属	267
第32章	李斯特菌属	274
第33章	红球菌属	281
第34章	革兰阴性无芽孢厌氧菌	288
第35章	梭菌属	301
第36章	丝状杆菌科：放线菌属、诺卡尔菌属、嗜皮菌属和链杆菌属	322
第37章	分枝杆菌属	331
第38章	衣原体	343
第39章	支原体	347
第40章	立克次体科和柯克斯体科	358
第41章	无形体科：艾立希体属和新立克次体属	363
第42章	无形体科：无形体属	369
第43章	巴尔通体科	374
第44章	酵母菌——隐球菌属，马拉色菌属和假丝酵母菌属	383
第45章	皮肤癣菌	391
第46章	皮下真菌病	398
第47章	系统霉菌	405

第三部分 病 毒

第48章	病毒性疾病的致病机制	422
第49章	细小病毒科和圆环病毒科	428

第50章	非洲猪瘟相关病毒科和虹彩病毒科	440
第51章	乳头瘤病毒科和多瘤病毒科	444
第52章	腺病毒科	447
第53章	疱疹病毒科	451
第54章	痘病毒科	469
第55章	微RNA病毒科	482
第56章	杯状病毒科	491
第57章	披膜病毒科与黄病毒科	497
第58章	正黏病毒科	517
第59章	布尼亚病毒科	527
第60章	副黏病毒科，丝状病毒科和波纳病毒科	533
第61章	弹状病毒科	545
第62章	冠状病毒科	555
第63章	动脉炎病毒科和杆状套病毒科	576
第64章	呼肠孤病毒科	594
第65章	双RNA病毒科	606
第66章	反转录病毒科	609
第67章	可传播性海绵状脑病	634

第四部分 临床应用

第68章	循环系统和淋巴组织	648
第69章	消化系统及相关器官	657
第70章	外皮系统	671
第71章	肌肉骨骼系统感染	682
第72章	神经系统	689
第73章	眼部感染	698
第74章	呼吸系统	705
第75章	泌尿生殖系统	716

第一部分
引 言

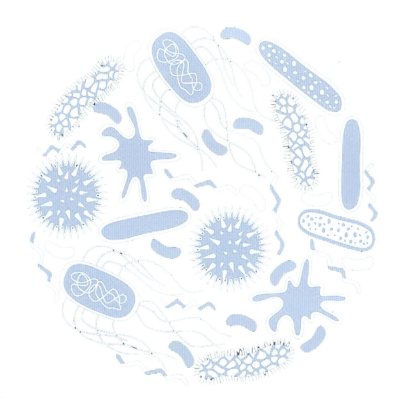

第1章 致病性和毒力

兽医微生物学是一门研究动物病原微生物的学科，可以按照病原与动物的相互关系对病原进行分类：例如，寄生虫与动物宿主建立永久性的相互联系，寄生虫感染常常给宿主带来不利的影响；腐生菌通常定居在已死亡的宿主体内，吸收营养维持自身的正常生活。通常对宿主没有造成明显伤害的寄生虫被称为共生体。"共生"（symbiosys）通常指的是有机体之间互惠互利地结合在一起，这种互惠互利的形式也被称为"互助"（mutualism）。致病微生物可能是某一寄生虫或者是腐生菌，能够导致一种或多种动物发生疾病。致病微生物在单一宿主中成功生长繁殖的过程通常被称为感染，但是有时致病微生物不引起具有临床症状的疾病。"毒力"（virulence）有时用来表示致病性的程度，与致病微生物导致临床疾病的严重程度具有相关性（表1.1）。

表1.1 致病性程度

腐生菌	没有致病性——环境细菌
共生微生物	定植在宿主体内——没有致病性
益生微生物	定植宿主组织——相互寄生的微生物，对宿主产生有益影响
机会致病性寄生虫	定植宿主体内（通常是共生的），但是当宿主组织损伤或环境改变时能够导致疾病
病原微生物	直接引起疾病（这种疾病可能具有宿主特异性）

● 宿主与寄生微生物相互关系的属性

许多致病微生物都存在宿主特异性，即病原微生物寄生在某一种或某几种动物中。例如，马的马腺疫病原、马的链球菌等，只感染马匹。也有某些微生物能够感染多种不同的宿主，如沙门菌。病原微生物感染不同宿主的机制目前还不完全清楚，但是可能与病原微生物与宿主受体之间特异性的相互作用有关。

一些病原感染不同的宿主能够导致不同的结果。例如，鼠疫耶尔森菌（又称鼠疫杆菌）感染许多小型啮齿类动物时，不导致严重的疾病，但是当感染大鼠和人类时，却能产生致命性的疾病。进化压力可能导致了这种差异。例如，粗球孢子菌（一种不需要活宿主的腐生真菌）同样容易感染牛和犬,然而,粗球孢子菌感染牛时不产生明显的临床症状,但是粗球孢子菌感染犬时却常常导致致命性疾病。

病原微生物对同一宿主不同组织产生的影响也各不相同。例如,大肠埃希菌菌株在肠道中属于正常菌群,但是在泌尿道和腹腔中能够引起严重的疾病。在某一个寄生环境中正常存在的一些微生物,由于寄生环境发生病理改变或者其他原因被破坏,这些微生物在寄生环境中可能是致病的。例如,口腔链球菌进入血液中会定植在心脏瓣膜,并且引发细菌性心内膜炎。然而,如果在心脏没有病变的情况下,链球菌就不会定植,并且会被先天免疫系统清除。同样,肠道细菌在肠道黏膜频繁移动,如果进入血管,通常会通过先天和适应性防御机制将它们清除。然而,在免疫缺陷的宿主中,肠道细菌进入血管可能导致致命的败血症。

共生是病原微生物寄生在宿主中的一种稳定形式。为了保证微生物的存活,常见的方式是共生微生物需要进入一个新的宿主或组织,或者改变宿主的抵抗力,转变为有致病性的病原也是一种常见的方式。如果病原导致的疾病引起宿主死亡或引起主动的免疫反应,那么这种情况会危及病原的生存。上述两种方式任何一种结果都会使病原失去它的栖息地。因此,进化的选择压力倾向于使宿主和病原微生物共同存在,不威胁任何一方的生存。致病性较低的病原不引起宿主死亡,并且低致病性的病原微生物往往更易出现并取代更致命的病原微生物。进化的选择压力更利于通过消除高度敏感的宿主种群建立具有抵抗力的宿主种群。宿主-病原适应性趋势也使得他们走向共生。大多数引起严重疾病的病原在进化过程中都变成了组织内共生的自然生存方式(如大肠埃希菌),或者在不受侵袭的宿主中生存(如小型啮齿类动物中的鼠疫),或者在无生命的环境中生存(如球孢子菌病)。一些病原可引起持续数月或数年的慢性感染(如肺结核和梅毒),在此期间,这些病原会传播到其他宿主从而确保自己的生存。

● 致病性的标准——科赫假设

在患病个体中存在病原微生物不能表明其具有致病性。为了证明某一个病原是导致某一疾病的病因,应满足以下的条件或者"假设",该假设由Robert Koch(1843—1910)提出:

(1)在某一疾病的所有病例中都能够发现可疑病原。
(2)可疑病原能够从病例中分离到,并且能够在除了自然宿主之外的培养体系中连续传代。
(3)实验条件下接种宿主后,可疑病原能够引起具有原有症状的疾病。
(4)可疑病原能够从实验动物中重新分离到。

这些假设是理想状态下提出的,不可能所有传染性疾病都完全满足上述4个条件。一些微生物在引发疾病的过程中不能完全满足上述条件,特别是某些导致组织中毒的病原微生物(如破伤风梭菌和肉毒杆菌)。某些病原难以分离或分离后迅速死亡(如钩端螺旋体属)。还有一些疾病尽管具有明确的病原,但是这一疾病需要病原与其他未知的辅助因素共同引起疾病(如多杀性巴氏杆菌引起的相关肺炎)。还有某些病毒性病原(如巨细胞病毒),没有已知的实验宿主。最后,一些病原除了其自然宿主之外不能在培养状态下生长(如麻风分枝杆菌)。

● 引发传染性疾病的因素

通过觅食、呼吸、黏膜、皮肤或者伤口污染,病原微生物可以有效侵入宿主体内。空气感染主要是通过直径在0.1~5mm液体飞沫进行传播。这种尺寸的颗粒悬浮在空气中可以被宿主吸入。更大的颗粒可以在灰尘中被重新悬浮,这些颗粒也可能携带非呼吸来源的传染性病原(如皮肤鳞屑、粪便和唾液）。节肢动物可以作为病原微生物的间接性宿主（如志贺菌属和嗜皮菌属）或在导致疾病的病原生命周期中扮演必不可少的作用（如鼠疫、埃立克体病及病毒性脑炎）。

黏附到宿主的表面需要病原的黏附素（通常是蛋白质）与宿主受体（最常见的是蛋白质或碳水化合物残基）之间的相互作用。例如，细菌黏附素是菌毛蛋白（大肠埃希菌和沙门菌），支原体黏附素是P-1蛋白（肺炎支原体）及非菌毛表面蛋白（一些链球菌）。宿主受体的例子包括一些链球菌和金黄色葡萄球菌的受体是纤连蛋白，许多大肠埃希菌的受体是甘露糖，以及肺炎支原体的受体是唾液酸。

通过占据或者阻断可能的受体结合位点，或者通过排泄有毒的代谢产物、细菌素和微小物质能够抑制病原微生物定植。此外，黏附作用也能够被正常的共生菌群抑制。这种"定植抑制"是一个重要的防御机制，可能通过抗菌物质（如防御素、溶菌酶、乳铁蛋白和有机酸）或黏膜抗体来辅助加强这种防御作用。

病原对宿主的上皮或黏膜表面的渗透性需求是不同的。一些病原一旦渗透到主要靶细胞群，就不再继续深入（如产肠毒素大肠埃希菌）。一些病原通过诱导细胞骨架重排或者通过穿越宿主的细胞膜表面进入宿主（如沙门菌和耶尔森菌）。某些吸入性胞内寄生虫被肺巨噬细胞吸入后在宿主的细胞内繁殖，这些胞内寄生虫可以通过淋巴管渗透到淋巴结和其他组织。某些病原主要通过皮肤损伤致病，例如节肢动物咬伤。组织内或相邻组织间的传播是通过入侵发生的，许多病原体产生的胶原酶和透明质酸酶等细菌酶能够为这一过程提供帮助。病原微生物还可以通过淋巴、血管、支气管、胆管、神经干和移动的吞噬细胞扩散。

除了少数食源性病原菌会在食物中产生毒素外，绝大多数的病原微生物都需要在宿主的组织中或组织上生长。为了自身的繁殖能够达到致病的水平，病原微生物必须能够避开宿主的防御措施。许多病原微生物需要牢固地吸附到宿主体内，以避免被宿主的防御体系吞噬或者清除；有些病原微生物通过释放毒素或其他阻止吞噬消化的成分来干扰宿主的吞噬功能。一些病原微生物能够消化或转移宿主产生的抵抗病原的抗体或者耗尽补体。也有些病原微生物能够改变宿主体内的血液供应，限制宿主动用更多的防御资源，削弱病原微生物感染区域的抗菌活性。

当宿主对病原微生物的防御受到明显抑制时，如果此时病原微生物生长需要的营养条件供应充足，并且pH、温度和氧化还原电位适宜，病原微生物的生长就可以继续进行下去。病原微生物从宿主的铁结合蛋白（转铁蛋白和乳铁蛋白）中挪用铁的能力是产生毒力的一个重要原因，因此铁（iron）含量往往是病原微生物致病性的一个限制性因素。胃酸使胃能够抵抗大多数病原菌，但是有些静止期的细菌可以表达σ因子，能够产生RNA聚合酶，这种RNA聚合酶转录的基因可以帮助病原体在酸性条件下存活（如沙门菌和肠出血性大肠埃希菌）。鸟类的体温较高，这可能导致它们对某些疾病（如炭疽病和组织胞浆菌病）具有一定的抵抗性。一些病原菌生长时需要厌氧环境，这种需求导致病原菌定植组织生长受到限制或者使定植组织利用氧的能力降低。

● 致病性

病原微生物的致病性表现为对宿主的结构和功能的损害，一般通过两种方式对宿主造成损害。一种是病原微生物通过外毒素和微生物生长产生的其他产物直接损伤宿主的结构和功能，另外一种是由于宿主受到病原微生物或微生物成分（内毒素）的刺激或免疫反应而引起的附带损伤。

直接损伤

外毒素通常是细菌性病原微生物产生的蛋白质,自由排放到外部环境中。内毒素和外毒素的区别如表1.2所示。

表1.2 外毒素与内毒素比较

外毒素	内毒素
经常自发性的扩散	作为细胞壁的一部分结合细胞
蛋白质或多肽	LPS(脂质A,一种有毒成分)
由革兰阳性和革兰阴性细菌产生	只由革兰阴性菌产生
产生单一的,特定的药理作用	大部分由于宿主衍生的中介物,产生一系列影响
根据细菌物种来源不同,在结构和反应性上截然不同	不分细菌种类来源,具有类似的结构和作用
微量即可致命(小鼠:纳克)	大量致死(小鼠:微克)
对热、化学品和储存条件敏感	对热、化学品和储存条件不敏感
可以转变为类毒素(无毒,免疫毒素衍生物);产生抗毒素	不可转变为类毒素

一般存在两种常见的外毒素。一种作用在细胞外或者细胞膜上,通过酶或去污剂样(detergent-like)机制攻击细胞间物质或者细胞表面物质。这些毒素包括细菌溶血素、杀白细胞素(leukocidins)、胶原酶和透明质酸酶,这些外毒素在病原感染中可能起辅助作用。

另一种外毒素主要是进入细胞并且破坏细胞生物学过程的蛋白质或多肽酶。其中许多外毒素(不是全部)通常含有一个具有酶活性的A结构域,以及一个负责将毒素结合到靶细胞上的B结构域。这种外毒素由质粒或噬菌体的染色体编码。同病毒造成细胞损伤的方式相类似,这些外毒素通过破坏细胞复制或改变细胞的功能和生长特性对细胞造成损伤。

内毒素主要是脂多糖(LPS),它是革兰阴性菌细胞壁和外膜的一部分。内毒素由表面多糖链、核心多糖和有毒性的脂质A组成,表面多糖链可作为黏附素或毒力因子,是可以被免疫应答识别的体细胞(O)抗原。LPS可直接结合白细胞,或者结合LPS结合蛋白(一种血浆蛋白),然后将其转移到CD14细胞。CD14-LPS复合物结合巨噬细胞和其他细胞表面的受体蛋白(如Toll样受体4),触发炎性细胞因子的释放。CD14-LPS复合物可引起内毒素血症的临床表现,包括发热、头痛、低血压、白细胞减少、血小板减少、血管内凝血、炎症、血管内皮损伤、出血、液体外渗和循环衰竭。内毒素血症产生的原因包括:①补体级联反应的激活;②花生四烯酸代谢产物(前列腺素、白三烯和血栓素)的释放。内毒素血症的表现与革兰阴性菌诱导的败血症病理变化相类似。革兰阳性菌和革兰阴性菌尽管细菌成分或宿主受体不同,但可以产生相似的作用结果。

免疫介导损伤

免疫反应引起的组织损伤将在其他章节进行介绍(见第2章)。补体介导反应(如炎症)和速发型过敏现象反应可在没有预先致敏的情况下,在对内毒素或肽聚糖的反应中产生。

许多疾病的发病机制需要特异性免疫反应参与,尤其是慢性肉芽肿性感染(如结核)。由于细胞介导的超敏反应,在病原微生物感染的早期阶段就开始形成肉芽肿。细胞介导的免疫反应释放T淋巴细胞的效应物质（如细胞因子和穿孔素），与病原微生物抗原或者抗原蛋白相接触，加剧炎症反应和对组织的损伤。在边虫病和血液支原体病中宿主存在明显的贫血现象，免疫介导损伤机制在其中起到重要作用。血液寄生虫的抗体应答反应不能区分寄生虫和宿主红细胞，导致寄生虫和宿主红细胞都被宿主通过吞噬作用清除。

延伸阅读

Gyles CL, 2011. Relevance in pathogenesis research[J]. Vet Microbiol, 153 (1-2): 2-12.

Hajishengallis G, Krauss JL, Liang S, et al, 2012. Pathogenic microbes and community service through manipulation of innate immunity[J]. Adv Exp Med Biol, 946: 69-85.

Henderson B, Martin A, 2011. Bacterial virulence in the moonlight: multitasking bacterial moonlighting proteins are virulence determinants in infectious disease[J]. Infect Immun, 79 (9): 3476-3491.

Høiby N, Ciofu O, Johansen HK, et al, 2011. The clinical impact of bacterial biofilms[J]. Int J Oral Sci, 3 (2): 55-65.

Hunt PW, 2011. Molecular diagnosis of infections and resistance in veterinary and human parasites[J]. Vet Parasitol, 180 (1-2): 12-46.

Livorsi DJ, Stenehjem E, Stephens DS, 2011. Virulence factors of gram-negative bacteria in sepsis with a focus on Neisseria meningitidis[J]. ContribMicrobiol, 17: 31-47.

（冯力　张鑫 译，刘平黄　高玉龙 校）

第2章 对传染性病原的免疫应答

宿主免疫系统为了应答病原入侵，产生了一系列独特而又相互关联的细胞和分子，这些细胞和分子使宿主动物获得了抵抗病原微生物感染的能力。具有抗原递呈功能的树突状细胞通过岗哨细胞和病原产生最初的接触进而识别入侵抗原的类型，岗哨细胞决定了树突状细胞的应答方式：产生适当的细胞因子刺激机体产生初始的体液免疫或细胞免疫。在免疫系统中，细胞因子是信使分子，最初由岗哨细胞产生，随后由分化的树突状细胞产生，最终作用于靶细胞：T淋巴细胞。适当的免疫应答一旦诱导产生，适应性免疫反应就会降低体内传染性病原的传播。

● 固有免疫

岗哨细胞对病原相关分子模式（PAMPs）的识别及其对免疫系统激活的影响

病原进入宿主后，首先遇到由细胞排列形成的机体第一道防线：皮肤和黏膜。这些岗哨细胞表面存在不同的模式识别受体，作为识别细菌、病毒不同组分的配体。岗哨细胞包括肥大细胞、树突状细胞、朗格汉斯细胞和巨噬细胞，岗哨细胞上的受体能识别PAMPs。PAMPs随着病原的不同而变化，主要包括细菌脂多糖（LPS）、鞭毛蛋白和病毒蛋白等。PAMPs与其配体的结合激活岗哨细胞，产生促炎性细胞因子，包括白细胞介素-1（IL-1）、肿瘤坏死因子-α（TNF-α）和IL-6。此外，这些细胞因子还可引起与感染相关的"病态行为"。

Toll样受体（TLRs）是岗哨细胞和其他类型细胞表面的模式识别受体，最初在果蝇中被发现，这些分子及其信号通路对于检测病原入侵果蝇、哺乳动物和植物十分重要。在哺乳动物中有10种已知的TLRs，每种TLR都可以识别一种特异的病原组分。例如，TLR1、TLR2和TLR6能够识别不同微生物组分，TLR2识别脂蛋白、革兰阳性菌的脂磷壁酸和分枝杆菌的脂阿拉伯甘露糖；TLR3识别双链RNA，这对于病毒的识别非常重要；TLR4在革兰阴性菌的LPS的信号转换中起作用；TLR5是鞭毛的特异性配体，可由鞭毛激活，当表达TLR5的肠上皮表面基底层接触到鞭毛时，炎性反应就会发生，TLR5对活动的有鞭毛的细菌的免疫应答非常重要，但对无鞭毛的细菌没有作用；TLR7可以被有抗病毒活性的化合物所激活；TLR9是一种在细胞内表达的受体，可识别细菌DNA的CpG基序。

解剖学特征、生理过程和正常菌群

多种解剖学结构和生理过程能阻止病原微生物入侵宿主。皮肤和黏膜是重要的表面屏障。当马的皮肤被雨水浸润后，微生物就容易进入上皮组织，引起感染，如刚果嗜皮菌（*Dermatophilus congolensis*）感染，这进一步说明干燥的皮肤具有更好保护和屏障作用。当马长期站在潮湿而泥泞的环境中，其蹄部干燥的角质层容易遭到破坏，进而发生蹄叉腐疽（thrush）感染。黏膜组织对呼吸道的重要保护作用可以通过观察气管上的异常纤毛运动（cilia lining）来证明，如被感染的犬由于纤毛的异常运动而不能将黏膜表面的吸入性细菌以及其他颗粒从体内排出，导致容易引发肺炎。因肺泡巨噬细胞能清除进入下呼吸道和肺泡的异物，并通过黏膜纤毛摆动将其排出体外。

肠道正常菌群对抑制病原微生物的定植具有重要作用。这些细菌及真菌与宿主之间建立了一种独特的关系，这种关系在无菌的新生胎儿经过产道时就已经开始了。随着胎儿的出生，细菌和真菌会立即感染所有暴露的表面，如黏膜表面（消化道、上呼吸道和泌尿生殖道末端）会被来自产道或与母体直接接触环境中的微生物所感染。微生物与宿主结合不是偶然的而是相互依赖的：①受体（通常是宿主细胞表面的糖蛋白构成的碳水化合物）和微生物细胞表面的黏附；②微生物与宿主作用的周围环境中存在的化学物质，部分是由相互竞争的微生物分泌，如微菌素（microcins）、细菌素和挥发性脂肪酸，还有一些是由宿主细胞分泌，如胃酸、帕内特（paneth）细胞分泌的防御素、小肠上部分泌的胆汁和皮肤上的皮脂；③可利用的营养物质。

正常菌群的形成是一个动态的过程，随着所处环境的不同，逐渐被能够更好适应特异部位的新菌群所取代。另外，免疫系统也起了一定的作用，已有研究显示，宿主中分离到的正常菌群仅有微弱的免疫原性，这表明微生物在特异部位（niche）定植诱导的免疫反应会阻止黏附素（微生物）与受体（宿主）的结合。如果一种微生物不能结合，那它将会被另一种具有结合能力的微生物代替。这一过程持续发生，直到宿主遇到与其结合能力最强的微生物，并"接受"其成为正常菌群，最终形成一个由多种与宿主识别位点结合的细菌和真菌组成的生态系统，每个生态系统都有其最适合的菌群。这种"占位"效应对不是正常菌群的微生物来说是一种屏障，会阻止它们定植（侵染）宿主，即所谓的"定植抗性效应（colonization resistance）"。研究发现，长时间使用抗生素治疗细菌感染会破坏这种效应，使非正常菌群有机会侵染机体，腹泻是长期使用抗生素而导致的常见的后果之一。

抗菌肽及其在固有免疫中的作用

抗菌肽（AMPs）存在于多种生物，包括细菌、非洲爪蟾蜍和哺乳动物。AMPs一般由大约30个氨基酸残基组成，带正电，使其更易靠近带负电的病原细胞膜并最终结合。在哺乳动物中，抗菌肽中被研究最多的是防御素（defensins）和组织蛋白酶抑制素（cathelicidins）。防御素由β折叠组成，而组织蛋白酶抑制素则是由α螺旋结构组成。根据半胱氨酸和二硫键的分布不同，防御素分为α、β和θ三类。AMPs在细胞表面组装成多聚体结构形成孔道使细胞渗透性增加并导致细胞破裂。防御素能刺激产生促炎性细胞因子。尽管其他类型细胞也能产生α防御素，但其主要来源还是中性粒细胞。β防御素是由呼吸道、胃肠道上皮细胞，以及皮肤和其他部位的上皮细胞产生。组织蛋白酶抑制素除了由中性粒细胞产生外，上皮细胞、NK细胞和肥大细胞也能产生。

固有免疫系统的效应细胞

中性粒细胞 中性粒细胞呈分叶状，来源于骨髓的造血干细胞，不同物种外周血中中性粒细胞占白细胞总数的30%~70%。中性粒细胞是一种颗粒细胞，包括两种类型颗粒：初级颗粒又称嗜天青颗粒，次级颗粒又称特异性颗粒。中性粒细胞在血液系统中存在不超过12h，而后进入组织，继续存活2~3d。骨髓中聚集着大量的中性粒细胞，机体感染细菌会引起储存的中性粒细胞迅速活化，然后被补体系统活化后产生的趋化因子C3a和C5a所吸引，聚集到感染部位。中性粒细胞积累的过程是开始由外周循环的中性粒细胞附着到血管内皮细胞（margination），然后外渗到组织间隙，最后迁移到受损伤的组织部位（图2.1）。入侵的微生物被中性粒细胞吞噬，这一过程称为吞噬作用（图2.2）。

中性粒细胞对细菌的吞噬作用包括以下几个步骤。首先，最初的识别与结合，由免疫球蛋白和/或补体成分构成的调理素（opsonins）能有效促进识别与结合。调理素包裹在粒子表面，中和其负电荷，避免中性粒细胞与细菌相互排斥（图2.2C）。另外，中性粒细胞表面有抗体受体（Fc受体）和补体受体（CR），这些受体便于细菌牢固地吸附到中性粒细胞上。接下来，细胞周围的伪足（pseudopodia）会包围细菌，融合形成吞噬泡。一些病原相对于其他微生物更易被吞噬。例如，多糖荚膜可能保护菌体抵抗吞噬。在吞噬后，溶酶体颗粒与吞噬体膜融合，形成吞噬溶酶体。最终，被吞噬病原在吞噬溶酶体中被清除。

杀灭细菌是通过一系列代谢和酶促反应完成的。在吞噬过程中，中性粒细胞内的代谢活动增强，耗氧量增加并释放光能（化学发光）。这种代谢或呼吸暴发的反应与磷酸己糖支路氧化葡萄糖有关。超氧化物自由基在超氧化物歧化酶的作用下产生并转变为过氧化氢，过氧化氢对缺乏过氧化氢酶的细菌有毒性。存在于嗜天青颗粒中的髓过氧化氢酶能催化卤离子（halide ions）氧化成对微生物有害的次卤酸盐。因此，髓过氧化氢酶-氢-过氧化氢-卤化物系统对于杀灭细菌是十分有效的，敏感的细菌在几分钟内就能被杀死。中性粒细胞的初级颗粒中的酶能够在脱颗粒过程中释放到细胞外，作用于蛋白质、磷脂、碳水化合物和核酸，降解杀死细菌细胞。在这些酶中包括胶原酶、弹性蛋白酶、酸性磷酸酶、磷脂酶、溶菌酶、透明质酸酶、核糖核酸酶和脱氧核糖核酸酶。溶菌酶能切割细菌细胞壁上的糖苷键，使细胞易被裂解。另外，溶酶体中还含有阳离子多肽（防御素），能够在细菌及真菌细胞壁上形成致死性孔洞。

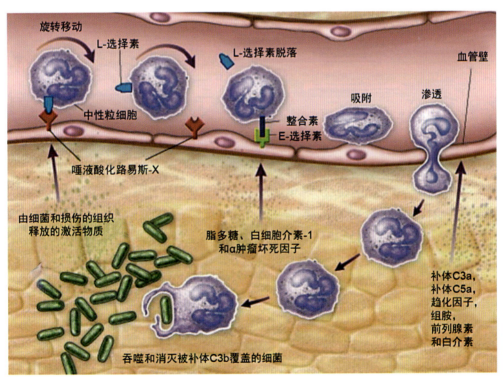

图2.1　中性粒细胞通过L-选择素分子结合到血管内皮细胞；通过E-选择素结合整合素来完成牢固的黏附作用。一旦完成黏附，中性粒细胞就会从内皮细胞间渗出，然后随趋化信号迁移到感染部位。一旦到达感染部位，就会完成吞噬过程，消灭细菌

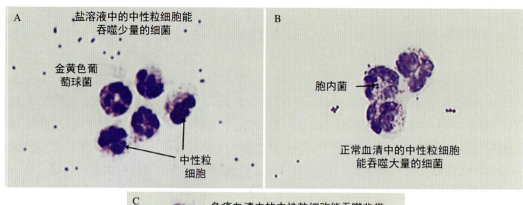
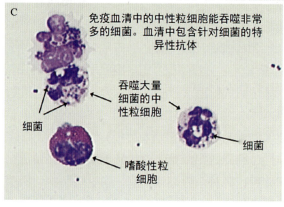

图2.2 （A）中性粒细胞与金黄色葡萄球菌在盐溶液中孵育。可见被吞噬的少量细菌（紫色小斑点）。（B）中性粒细胞与金色链球菌在正常血清（含有一些抗体和补体成分）中培养。（C）中性粒细胞与金色链球菌在含有金黄色葡萄球菌的抗体的血清中培养。这证明调理作用能够增强吞噬作用

巨噬细胞 巨噬细胞由骨髓单核细胞分化而成。首先单核细胞从骨髓释放，数天后进入血液循环，之后再进入组织分化为功能性的巨噬细胞。在体内很多部位都含有游离的巨噬细胞，并根据其存在部位命名。例如，肺泡巨噬细胞（肺）和腹腔巨噬细胞。存在于腔静脉窦的固定巨噬细胞能过滤血液，包括枯否氏细胞（肝）、朗格汉斯细胞（皮肤）、组织细胞（结缔组织）、肾小球系膜细胞（肾）和脾脏、淋巴结和骨髓的窦细胞。这些巨噬细胞在抗原递呈、诱导免疫应答过程中发挥重要作用。

与中性粒细胞不同，巨噬细胞在组织中有更长的生命周期，并且能再利用吞噬溶酶体。另外，巨噬细胞能被细胞因子（如γ-干扰素）或微生物产物（如LPS）刺激，导致一氧化氮合成酶的活化，从而催化L-精氨酸产生一氧化氮（NO）。NO对很多细菌是有毒的，尤其是对残留在巨噬细胞内的细菌（如沙门菌和李斯特菌）。与中性粒细胞相似，巨噬细胞能产生有毒的氧化代谢产物以杀死细菌，并且其溶酶体也含有高效的水解酶和阳离子多肽（防御素）。中性粒细胞能对刺激做出快速的反应，而巨噬细胞需要在感染后一定时间才发挥作用，一般是感染后8～12h。有时中性粒细胞会在巨噬细胞发挥作用前就清除掉大部分微生物。当炎症反应引发组织损伤后，巨噬细胞会被中性粒细胞和细菌的死亡产物吸引到此处吞噬并清除碎片。有时，巨噬细胞吞噬了它们不能消化的物质，此时巨噬细胞就会迁移到如呼吸道或胃肠道的黏膜表面，将不能消化的物质排出体外。

中性粒细胞是固有免疫中的一类细胞，与之不同，巨噬细胞可以作为连接固有免疫和适应性免疫的桥梁。在破坏病原后，巨噬细胞可以作为抗原递呈细胞把病原降解成多肽，随后与细胞表面的组织相容性复合物（MHC）-Ⅱ类分子结合（在下面的适应性免疫部分介绍）。

某些病原具有逃逸免疫防御的机制，其中一些兼性胞内寄生菌就具有这种功能。例如，分枝杆菌类的细菌能阻止吞噬体中溶酶体的溶解，从而防止破坏性酶类进入腔内，阻止其杀灭微生物。这种情况一般发生在慢性感染和严重感染过程中，如分枝杆菌、布鲁氏菌、诺卡菌、李斯特菌造成的感染过程。其他一些能在吞噬泡中存活的细菌不含有荚膜多糖，这使他们与荚膜包裹的细菌相比更不容易被吞噬。在吞噬细胞吞噬它们前，需要调理抗体或补体成分包裹这些微生物。因此，固有免疫经常需要获得性免疫应答产物的帮助。

自然杀伤细胞 自然杀伤细胞（NK）是固有免疫系统用于防御病毒和细菌的非常重要的细胞。不同于T淋巴细胞和B淋巴细胞，NK细胞是一种独特的淋巴细胞，它没有针对抗原的特异性受体，即它们不能重排编码膜受体的基因。然而这种细胞能识别并靶向杀灭细胞。在外周血淋巴细胞中，NK细胞占5%～20%，而在胎盘中90%的淋巴细胞都是NK细胞。NK细胞的功能包括细胞介导的免疫、抗体依赖的细胞毒作用（ADCC）、感染早期产生IFN-γ和分泌多种不同类型的其他细胞因子。在成年的哺乳动物中，NK细胞是由骨髓内的造血祖细胞发育而来。NK细胞对多种细胞因子敏感，同时也能分泌细胞因子，如IFN-γ和TNF-α。在免疫应答中，NK细胞受多种细胞因子，包括IFN-α、IFN-β、IL-2、IL-12、IL-15及IL-18的调节。最近，NK细胞上的很多受体已被鉴定，这些受体有助于NK细胞杀伤靶细胞或者抑制潜在的杀伤反应。NK细胞上表达的抑制型受体如杀伤性免疫球蛋白样受体，能与体细胞的MHC-Ⅰ类分子结合，通过活化胞内富含酪氨酸的抑制性基序促进抑制反应。这一功能有效地预防了NK细胞对自身正常细胞的杀伤作用，然而当一个细胞缺乏MHC-Ⅰ类分子时，NK细胞会识别这类细胞并启动杀伤过程。

NK细胞对清除肿瘤细胞和感染病毒的细胞尤其有效。大部分病毒（和一些肿瘤细胞）能够下调细胞中MHC-Ⅰ类分子的表达，从而清除了向细胞毒性T细胞呈递抗原的MHC分子，有效地逃避了获得性细胞毒性T细胞（CD8）的反应。然而，NK细胞靶向这些"丧失自我"的细胞，利用活化及抑制NK细胞受体病原识别机制来调控其杀伤作用。表达MHC-Ⅰ类分子的正常细胞（所有的有核细胞）对NK细胞的受体呈现抑制信号，但MHC-Ⅰ类分子缺失会活化NK细胞受体，从而使NK细胞杀伤这类细胞。NK细胞对于清除疱疹病毒非常重要。例如，对于缺乏NK细胞的人来讲，水痘带状疱疹和巨细胞病毒（皆为疱疹病毒）的感染会引起致命的疾病，而正常人则能够从这些感染中恢复，其杀伤机制为释放穿孔素，在细胞膜上形成洞隙，使腐蚀性颗粒酶进入胞液，杀死病毒。

NK细胞早期产生的IFN-γ有助于活化Ⅰ型辅助性T细胞，从而活化巨噬细胞以更高效的杀死某些细菌。NK细胞的其他杀菌机制还包括ADCC。NK细胞表达细胞膜受体CD16，一种低亲和力的IgG受体，通过该受体结合IgG，NK细胞能够参与ADCC，杀死附着免疫球蛋白而被识别的细胞。以这种方式，NK细胞与获得性免疫系统协同作用以消除感染的细胞。

γδT细胞 表达γδ链膜受体的T细胞在非反刍类动物的淋巴细胞循环系统中占很小一部分，而在反刍动物中，γδT细胞在整个淋巴细胞循环系统中占据了约30%的比例。在大多数物种中，γδT细胞驻留在黏膜上皮细胞的固有层中，该部位是宿主防御相关细胞攻击病原的最有利位置。

在小鼠模型中的功能研究和人类的研究数据表明，这些细胞在抵抗分枝杆菌病感染中发挥了作用。在抵抗结核分枝杆菌的先天防御中，γδT细胞主要是在感染初期发挥重要作用。结核分枝杆菌抗原激活γδT细胞取决于辅助细胞，如提供共刺激分子的肺泡巨噬细胞。最近研究显示，结核分枝杆菌上激活γδT细胞的配体是小的磷酸化分子。γδT细胞主要通过分泌细胞因子和细胞毒性效应细胞来抵御结核分枝杆菌，这些细胞能够产生IFN-γ、TNF-α和少量IL-2。

在某些病毒性疾病中，γδT细胞能够限制病毒的复制。在流感病毒感染的小鼠模型中，γδT细胞聚集在肺部，可能与肺炎的发病过程相关。在小鼠模型和人类患者中证明，γδT细胞在治疗Ⅰ型单纯疱疹病毒感染中有一定作用。

Toll样受体对病毒的识别在某些病毒上已有报道，TLR4是结合呼吸道合胞体病毒（RSV）（感染儿童和牛犊的重要病原）的一种主要表面蛋白。研究发现，与携带有正常TLR4的鼠相比，携带有突变型TLR4的鼠感染RSV后更难被清除。其他的病毒，如鼠乳腺癌病毒，TLR4能结合其囊膜蛋白。另外，通过TLR3和TLR7的信号通路能够诱导IFN-α和IFN-β的合成。

Toll样受体突变小鼠的研究表明，这些受体在防御细菌感染中有重要作用。TLR4突变型小鼠对革兰阴性菌（鼠伤寒沙门菌）高度易感；而TLR2缺陷型小鼠对于革兰阳性菌（肺炎链球菌）高度易感。

● 获得性免疫

岗哨细胞对于警示宿主非常重要，这类细胞有利于宿主感知到病原相关分子模式（PAMPS），同时指导辅助性T细胞产生合适的细胞因子调节免疫应答来杀灭病原。例如，由树突状细胞产生的IL-12能够促进辅助性T细胞分化为产生IFN-γ的Ⅰ型辅助性T细胞，IFN-γ能够帮助巨噬细胞清除那些不易被吞噬体杀灭的细菌。相反，存在于大量荚膜多糖包裹的细菌（如肺炎链球菌）上的PAMPS则更倾向于促进树突状细胞产生IL-4，IL-4能够促进B淋巴细胞发育为浆细胞，产生具有调理作用的抗体，促进抗原被吞噬并清除。

辅助性T淋巴细胞的激活不仅需要细胞因子的产生，还需与T细胞受体凹槽中的抗原肽结合。在初级免疫应答中，执行抗原递呈功能的细胞类型是树突状细胞，有时也被称为"专职抗原递呈细胞"，因为它的基本功能是抗原的捕捉、处理和递呈。树突状细胞是初级免疫应答中主要的抗原递呈细胞。如果抗原再次进入到机体时，就会有其他类型的细胞（包括巨噬细胞和B淋巴细胞）将其递呈至T淋巴细胞。所有能够将抗原递呈到$CD4^+$T淋巴细胞的细胞都能在其表面表达MHC-Ⅱ类分子。

抗原递呈的过程通过胞外（吞噬作用）途径或者胞内（胞吞）途径实现。灭活的或死亡的微生物，一旦在吞噬体内消化和处理，就会与MHC-Ⅱ类分子结合，并转移至细胞表面以递呈给$CD4^+$T（辅助性）淋巴细胞。被递呈前，抗原首先在内吞体（endosomes）被降解成多肽，内吞体与其他含有新合成MHC-Ⅱ类分子的内吞体融合在一起，便于内吞体的抗原多肽与MHC-Ⅱ类分子结合。在MHC的抗原结合位点处，多肽替换一个恒定链CLIP（Ⅱ型相关恒定多肽）分子。携带多肽的MHC-Ⅱ类分子随后被转移到细胞表面便于被T细胞受体识别。具有同种MHC-Ⅱ类的T细胞对抗原肽-MHC-Ⅱ类复合物的识别被称为MHC限制，是获得性免疫应答特有的特征。T细胞在结合抗原肽段和共刺激分子后产生IL-2，IL-2是一种T细胞生长因子，能够促进参与性T细胞（participating T cell）的克隆增殖。这些T细胞具有CD4细胞表型，从功能上被称作辅助性T细胞，能够产生额外的细胞因子来影响抗原特异性B细胞的发育。在T细胞产生的IL-4的影响下，B细胞发育成熟为分泌抗体的浆细胞。辅助性T细胞主要产生IL-4（Ⅱ型辅助性T细胞或Th2），它能够促进IgG_1和IgE的产生。

上面提到的能够被树突状细胞表达的IL-12激活的辅助性T细胞，能识别MHC-Ⅱ类分子表面的抗原肽段。这些细胞因子在激活巨噬细胞、杀灭兼性胞内菌和介导其他细胞免疫应答方面非常重要。Ⅰ型辅助性T细胞除了产生IL-12，还能够产生IFN-γ和IL-2。如上所述，树突状细胞和自然杀伤细胞早期表达的IL-12能够抑制辅助性T细胞向Th1的转化，这一过程可能是通过Toll样受体与树突状细胞相结合而引发。

胞内病原的抗原递呈是通过胞浆介导的内吞作用实现的。当病毒在胞浆内复制时，病毒蛋白被加工处理并结合到MHC-Ⅰ类分子上，这一过程与MHC-Ⅱ类分子递呈的过程不同。未被利用的病毒蛋白在胞浆内泛素化，由靶向的蛋白酶进一步裂解成8~15个氨基酸大小的肽段。当病毒在胞浆复制时，病毒蛋白也会通过如上所述的过程裂解，而后结合到转运蛋白（TAP1和TAP2）上，从细胞质转移到内吞体。随后，它们被进一步截短并结合MHC-Ⅰ类分子。这些肽-MHC复合物接着被转移到细胞的表面，被CD8$^+$细胞毒性T细胞受体识别。这一过程也阐明了为什么活疫苗比灭活疫苗更易引起细胞毒性T细胞的免疫应答。MHC-Ⅰ类分子的识别是细胞毒性T细胞活化的关键。

抗原递呈到CD4$^+$ T淋巴细胞，诱导了免疫应答，如上所述，这一过程是由环境中细胞因子介导的。如果Th2细胞因子存在，对于大多数病原来说就会产生体液（抗体）免疫。如果病原刺激了辅助性T细胞，产生Th1细胞因子（当病原是兼性胞内菌和病毒时会发生），会活化巨噬细胞和CD8$^+$ T细胞，产生更为有效的细胞杀伤作用。

体液免疫（抗体反应）

进入体内的抗原，被处理成抗原肽递呈到CD4$^+$ T细胞，刺激产生Th2细胞，同时分泌细胞因子协助B细胞分化为能够产生抗体的浆细胞。Th2细胞产生的IL-4促进针对不同抗原表位的特异性B细胞克隆增殖。B细胞也能识别微生物的抗原表位，促进T细胞表面共刺激分子的结合。随后在T细胞分泌的细胞因子的影响下，这些B细胞分化为能够产生抗体的浆细胞。

IgM是最先产生的抗体，它在免疫反应出现后的第7～10天就可产生。紧接着产生IgG，但在初次免疫反应中其滴度较低。随后，可以与抗原相遇产生二次免疫或记忆性免疫应答。在二次免疫反应中，循环系统中IgG抗体出现更快、滴度更高。因此，在二次免疫反应中发挥主导作用的是IgG。IgG具有更长的半衰期，使其能够维持较高的滴度，抗体持续期也较长（图2.3）。通常，通过对病原免疫反应的评估（IgG和IgM），能够反映出暴露于病原持续时长的重要信息。对急性感染期和恢复期的血清样本进行抗体滴度和亚型的评估是一种被普遍接受的诊断方法。一般来讲，当疾病病原引起临床症状2～3周后，针对抗原的抗体滴度会增长至少4倍。在首次感染病原时，主要产生IgM类抗体，但当二次或三次感染（或免疫疫苗）时，IgG则成为主要的抗体类型。

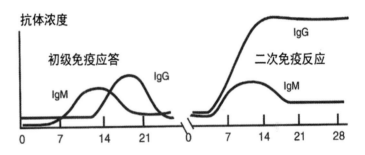

图2.3 在初级免疫应答中，初级抗体以IgM为主；同种抗原的二次暴露，主要诱导产生IgG抗体

抗体的效应功能

抗体能中和病毒、细菌和可溶性毒素。一些类型的抗体（IgG和IgM）通过激活补体级联反应来裂解靶细胞。抗体能够作为调理素，帮助吞噬细胞附着到微生物上，促进吞噬作用。抗体反应对于抵御细菌性疾病非常重要，它依赖于细菌性疾病的致病机制、感染进程和所分泌抗体的类型。在细胞外毒素引起的疾病中，如破伤风，在毒素结合到细胞位点和引起临床症状之前，抗毒素抗体将其中和。这种机制在破伤风、炭疽和肉毒素等由毒素介导的疾病中非常重要。在某些情况下，当未免疫的宿主受到毒素介导的疾病威胁时，此时亟须有效的抗毒素（含有抗毒素抗体的溶液）治疗来抑制疾病的发生。为了清除病原，抗体既扮演着调理素的角色，同时也能激活补体级联反应（通过经典途径激活）。调理素使吞噬细胞的吞噬能力增强，而补体的活化会引起炎症反应，产生对病原有害的复合物（如膜攻击复合物）。如果没有调理素的存在，有荚膜的细菌能够特异性的抵抗吞噬细胞的吞噬作用。

通常，IgE的应答反应仅出现在寄生虫感染和环境变应源（如花粉和草）引起的过敏反应中。偶尔，细菌和病毒疫苗免疫后也能诱导产生IgE，在这种情况下，就会发生严重的不良反应，如过敏性休克。IgE的产生经常会有遗传素质（hereditary predisposition），而这部分个体疫苗免疫后具有产生更高IgE抗体的风险。在寄生虫感染的免疫反应中，IgE可以在"自愈"过程中起到辅助作用，在此过程中，由肥大细胞介导平滑肌收缩，从而使大量的线虫从肠道中排出。或者，某些寄生虫侵染会被ADCC作用控制，此时IgE通过低亲和力的Fc受体结合到嗜酸性粒细胞，有利于主要碱性蛋白质和其他寄生虫表面腐蚀性酶的释放。

IgA是针对感染黏膜表面病原非常理想的应答反应。由于分泌型IgA（SIgA）受到分泌小体的保护，其在消化道中不被蛋白酶消化，是胃肠道中最高效的一种活性抗体，它能够中和病毒和细菌，以防止它们与细胞受体结合。同样，SIgA在呼吸道分泌物中也发挥重要作用。在病毒或细菌感染细胞之前，它必须首先结合细胞表面受体蛋白。因此，抗体与病原的结合可以抑制其与细胞受体的结合，从而降低病原的感染性。例如，流感病毒表达的血凝素蛋白能结合表达在呼吸道上皮细胞上的某些糖蛋白，抗体与血凝素蛋白的结合抑制了病毒进入细胞，从而阻止了疾病的发生。

在毒血症期，细胞外有大量的病毒粒子，此时抗体对抗病毒最有效。例如，流感病毒可以被其主要表面蛋白（血凝素和神经氨酸酶）特异性的抗体中和。其他病毒，如疱疹病毒，是细胞结合病毒，不易被抗体中和。IgA类抗体在黏膜表面特别有效，在病毒进入身体之前中和病毒。SIgA对消化道和呼吸道内的病毒以及经口进入引起全身感染的病毒尤为有效。病毒中和反应是抗体结合病毒表面决定簇，抑制病毒结合其他细胞受体，使其不能吸附细胞并引起感染的现象。

抗体免疫与细胞介导的免疫反应的重要性取决于疾病的发生机制。例如，产生潜在性外毒素的细菌，如破伤风杆菌，需要抗体来中和毒素。具有荚膜包裹的细菌，如克雷伯肺炎杆菌，需要具有调理素作用的抗体来有效清除细菌并最终通过吞噬细胞将其杀灭。相反，那些可以在吞噬细胞内存活的细菌，如单核细胞增生李斯特菌，不能被抗体有效杀灭，而需要Th1细胞应答来实现有效的清除。同样，能产生毒血症的病毒感染，如流感病毒，很容易被合适的抗体所控制。而疱疹病毒是细胞结合病毒，需要细胞免疫来有效控制。

细胞免疫

T细胞介导的细胞免疫反应涉及两种不同的机制：巨噬细胞活化和细胞毒性T细胞反应。

活化的巨噬细胞对兼性胞内细菌的杀伤

如前所述，作为免疫逃逸的一种机制，一些细菌具有阻止吞噬体-溶酶体融合的能力，包括布鲁氏菌、分枝杆菌、李斯特菌、沙门菌和马红球菌。这类菌的感染，通常会导致巨噬细胞的死亡。在产生IFN-γ的CD4 T细胞存在的情况下，巨噬细胞被"武装"。细胞因子诱导溶酶体融合，促进巨噬细胞的杀菌活性。因此，巨噬细胞能被Th1细胞产生的IFN-γ激活，"武装"的巨噬细胞能够杀灭以前不能杀灭的感染病原。

细胞毒性T细胞对病毒感染细胞的杀伤

病原，比如病毒，在细胞内存活并繁殖，对其最有效的清除办法是杀灭其赖以生存的细胞。如前所述，在细胞质中产生的与MHC-Ⅰ类分子相关的病毒蛋白递呈给T细胞。细胞毒性T细胞（CD8）能够识别结合到细胞表面MHC-Ⅰ类分子凹槽内的抗原肽。所有有核细胞在细胞表面都有MHC-Ⅰ类分子，因此能够以这种方式从细胞内结合并递呈抗原。细胞毒性T细胞的受体能够识别MHC-Ⅰ类分子与抗原决定簇复合物，并刺激释放穿孔素，在细胞膜上形成小孔，进而使得具有破坏性的颗粒酶进入细胞质。另外，TNF-α也会随之产生。Fas-Fas配体系统相互作用可导致细胞死亡，促进细胞凋亡。一个CD8 T细胞可以反复杀死感染的靶细胞，使其程序性死亡，然后再转移到下一个靶细胞将其杀死。细胞毒性T细胞是减少宿主细胞中病毒复制传代的有效方法。

效应细胞可以利用抗体结合靶细胞

当抗体结合到具有IgG或IgE Fc片段受体的细胞时，ADCC作用即可发生。γ链的Fc受体是CD21，低亲和力的IgE受体是CD23。这些分子存在多种类型的效应细胞上，包括中性粒细胞、巨噬细胞、NK细胞和嗜酸性粒细胞。抗体结合到没有抗原受体的细胞，使其获得特异性结合抗原的能力。除了NK细胞外，嗜酸性粒细胞和巨噬细胞均与ADCC有关。ADCC是一种杀死感染了微生物（病毒的、细菌的或是真菌的）和寄生虫的细胞的有效方法。对于寄生虫病，嗜酸性粒细胞主要释放含有碱性蛋白的颗粒，使得寄生虫的角质层具有渗透性。

● 评价感染性病原的免疫应答反应

利用血清学方法评估细菌和病毒感染已成为控制传染病的重要手段。除此之外，对于一些传染病，像分枝杆菌感染，体内皮肤测试细胞介导的免疫应答反应应用更为广泛。为确定近期感染状态，要在急性期和随后2～3周采集血清样品，并测定这些急性期和康复期样品的抗体滴度。抗体滴度上升至少4倍（2个稀释度）时，血清已经转阳，特异性抗体的产生证实病原在近期刺激了宿主的免疫应答。

基于抗体的血清学方法

目前免疫诊断的趋势是利用固相结合试验，如酶联免疫吸附实验（ELISA）。这些方法通常比基于沉淀形成试验或补体结合方法更为敏感。根据被诊断的疾病，ELISA可以分为抗原检测[如猫白血病病毒（FeLV）和犬细小病毒感染]或者抗体检测（如猫免疫缺陷病毒）。ELISA的优点是可以简单快速地知道阴性阳性以及抗体滴度。众多检测试剂盒可用于兽医评估猫FeLV的感染状况。有的采用固相检测方法（图2.4A），其他的利用微孔来检测（图2.4B）。

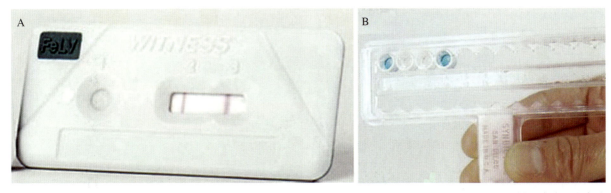

图2.4 （A）猫血中猫白血病抗原的固相ELISA检测。与阳性对照线相比，该线表示血清阳性。（B）测试孔FeLV的酶联免疫吸附试验，与阳性对照和阴性对照孔的颜色进行比较

当使用抗体作为潜在保护的标志时，需要注意的是，ELISA检测的结合抗体，并不等同于有效的中和抗体。血清病毒中和（SVN）试验，是利用血清作为抗体的来源，与病毒作用，然后检测作用后病毒感染合适细胞的能力。当样品中存在中和抗体时，会阻止病毒进入细胞和引起随后的细胞感染和死亡。因此，对于预测保护性来说，高滴度的SVN抗体比高效价的ELISA抗体更有意义（图2.5）。

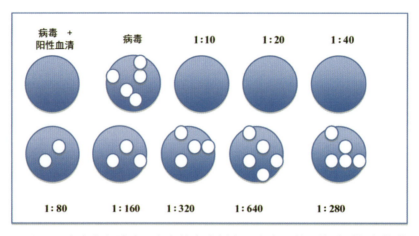

图2.5 病毒中和试验：患者的血清孵育了病毒，并且接种到组织培养的细胞。观察每一血清稀释度的细胞病变，并与对照孔（病毒阳性，血清能够100%中和感染）和没有与抗体作用的病毒产生的CPE相比较。血清具有1∶40稀释度的保护效价

利用凝胶扩散试验检测马传染性贫血病毒抗体（科金斯检验）的方法已沿用多年。近年来市场上有商品化的ELISA试剂盒。这些方法在敏感性上有明显的差异，因为凝胶扩散实验阳性结果取决于抗原抗体的浓度，而ELISA作为一种基本的结合试验，对浓度依赖小且更加敏感。科金斯检验（Coggins test）由有资质的实验室技术员判定阳性结果有效性，而阳性的ELISA结果需要由科金斯试验验证，从而防止假阳性读数。凝胶扩散试验也可以用于检测其他病原抗体，如烟曲霉菌感染犬后能够刺激产生强烈的IgG/沉淀抗体应答（图2.6）。

间接免疫荧光目前仍然用于诊断测试，尽管其需要使用免疫荧光显微镜，不利于实验室外的检测，但它仍然是一种评价多种病毒病原抗体滴度的敏感方法。尽管检测猫冠状病毒的抗体并不能特异性反应猫传染性腹膜炎临床综合征的发生，但间接免疫荧光检测有时被用于测定疑似猫传染性腹膜炎的抗体滴度（图2.7）。

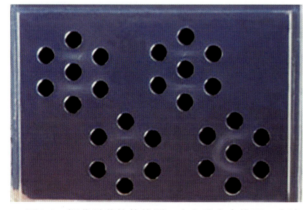

图2.6 烟曲霉菌抗体检测：中心孔含有抗原。血清以顺时针方向分布，12点和6点的位置分布阳性血清。出现跟阳性对照一致的线，表示存在结合抗原的抗体

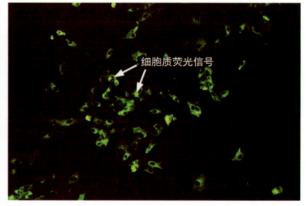

图2.7 间接免疫荧光试验：显示有猫冠状病毒的特异性抗体。细胞感染猫冠状病毒，固定的载玻片用猫血清和FITC荧光标记的兔抗猫IgG孵育

直接免疫荧光技术多年来一直被应用于检测细胞内和病理组织切片中的病毒。例如，利用免疫荧光技术检测感染犬的结膜拭子，来证明犬瘟热病毒（CDV）的感染（图2.8）。随着RT-PCR技术的发

展,这种检测方法的应用已逐渐减少。在检测组织中的病原方面,免疫组化技术,如免疫过氧化物酶染色,在许多实验室已经替代了直接免疫荧光试验。对病理组织固定进行免疫组化检测,已成为尸检标本的最常用手段。例如,在感染犬的肺组织中,CDV很容易被用辣根过氧化物酶标记的抗CDV的血清鉴定(图2.9)。

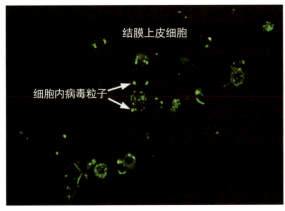

图2.8 用FITC标记的抗CDV抗体通过间接免疫荧光试验鉴定感染犬瘟热病毒的结膜上皮细胞

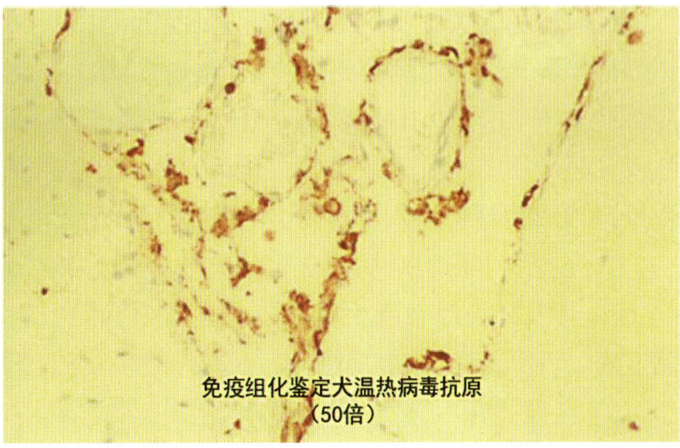

图2.9 感染CDV的犬的肺脏尸检样本;免疫过氧化物酶染色显示了肺细胞中病毒抗原的存在

血凝抑制试验常用于检测具有血凝活性病毒的抗体滴度。例如,流感病毒可以凝集血液红细胞,但是如果用血凝素特异性抗体的血清预处理病毒,将不会发生血凝,最后能够抑制血凝的血清稀释度即为血凝抑制滴度。

凝集的原理是检测细菌抗体反应的标准方法。这些方法取决于抗体交联细胞形成凝集细胞晶格体(lattice of agglutinated cells)的能力,不同于对照中未凝集细胞形成的沉淀。犬布鲁氏菌抗体滴度通常使用试管凝集试验测定(图2.10)。通过共价连接到乳胶颗粒上,可溶性抗原可制备成颗粒状,用于被动凝集试验。利用这种方法,在微量滴定板里可以测定和标定弓形虫抗体(图2.11)。

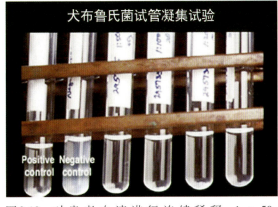

图2.10 对患者血清进行连续稀释:1∶50,1∶100,1∶200,以此类推;每一个检测管中加入全菌。孵育之后,检测反应管中凝集反应和滴度

图2.11 弓形虫乳胶凝集试验。从左往右连续2倍稀释血清(1∶16开始);PC为阳性对照;NC为阴性对照;C行显示高血清滴度(2048);F行显示低血清滴度(64);E行是高血清滴度的前区

细胞介导的免疫诊断方法

对于那些诱导强烈的Ⅰ型辅助性T细胞免疫应答,产生相关的细胞因子(如IFN-γ)的病原,常

用病原抗原皮内试验检测病原的感染。近年来，一系列相关的体外检测技术应用于疾病诊断。牛分枝杆菌感染可通过皮内注射结核菌素来诊断。抗原注射后的48～72h内，注射点的红斑和硬结在受感染的患者身上十分明显。鸟分枝杆菌亚种假结核病（琼斯病原）感染可以通过对宿主淋巴细胞进行抗原体外孵育，然后分析细胞培养物上清中的IFN-γ水平来诊断。此外可以使用类似的方法来检测其他兼性细胞内病原的感染。

在家畜和人类中，对细胞毒性T细胞反应的评估一直存在问题。仅在同系小鼠品系中，才容易评估效应T淋巴细胞对病毒感染的靶细胞的杀伤力。这是因为MHC的限制（如上所述），即靶细胞与效应细胞具有相同的MHC类型；MHC不相容的靶细胞无论是否处于感染状态都将被异源T细胞攻击。然而，在兽医方面已开展了相关研究，如在自体靶细胞（autologous target cell）感染了病毒之后，使用染料或放射性铬掺入，来评价T细胞的杀伤作用。

其他检测T细胞对病原应答的方法是通过体外培携带灭活抗原的动物的T淋巴细胞，然后培养物上清用ELISA或者液相芯片技术检测细胞因子的产生，出现Th1细胞因子则表明存在特异性T细胞应答。

● 总结

免疫系统由先天性免疫应答和获得性免疫应答组成，其中获得性免疫应答可以识别病原和它们的相关组分，并且诱导有效的特异性免疫应答。细胞因子、细胞受体和配体以及各种效应机制的激活依据不同需要而不同，最初是由树突状细胞与病原相互作用决定。我们可以检测这些免疫反应以用于诊断目的，在某些情况下，还可以使用特定的疫苗和佐剂来调节免疫反应。

延伸阅读

Cederlund A, Gudmundsson GH, Agerberth B, 2011. Antimicrobial peptides important in innateimmunity[J]. FEBS J, 278 (20): 3942-3951.

Marcenaro E, Carlomagno S, Pesce S, et al, 2011. NK cells and their receptors during viral infections[J]. Immunotherapy, 3 (9): 1075-1086.

Oliphant CJ, Barlow JL, McKenzie AN, 2011. Insights into the initiation of type 2 immune responses[J]. Immunology, 134 (4): 378-85.

Zhang N, Bevan MJ, 2011. CD8(+) T cells: foot soldiers of the immune system[J]. Immunity, 35 (2): 161-168.

（高玉龙　潘青　王素艳 译，王笑梅　刘爱晶 校）

第3章 实验室诊断

● **细菌和真菌**

在疾病诊断中,早期诊断的关键在于通过观察病人的临床表现判断疾病是由感染性病原体引起,还是由非感染性病因所引起。这个预判对于疾病的治疗非常重要,主要是因为用于治疗非感染性疾病的药物,如皮质类固醇,被禁止用于感染性疾病的治疗;而对于感染性疾病来说,最合适的治疗药物则是抗生素。

微生物实验室的首要任务之一是分离或检测病患处是否存在具有临床意义的病原。如果病患处存在多种类型的病原,就需要按照它们在机体内的比例进行分离。而且,一个分离株是否具有临床意义取决于其分离的环境。例如,在炎症细胞存在的情况下,从正常无菌部位分离出大量独特的病原可被视为具有临床意义。

必须注意获取样品的方法和部位。如果样品采集于无菌部位,检测样品是否存在具有临床意义的病原体就相对比较容易。反之,除非是寻找特定的病原,如沙门菌或弯曲杆菌,否则在消化道采集样品很难获得预期或有意义的结果。

样品采集

必须按照标准操作程序采集样品,如果做不到这一点,可能影响检测结果的正确判读。大多数感染是由受损表面或部位受到病原污染后发生的,而这些病原可能是相邻黏膜菌群的一部分。换句话说,从感染的局部分离到的病原常常与患者的部分正常菌群具有相似性。

样品运输

在微生物实验室,样品被接收后越早处理越好。但实际上,样品的采集和处理之间的时间间隔往往很长,从几分钟到几小时,甚至几天。干燥(对所有微生物)和暴露于有害的环境(专性厌氧菌)是破坏样品和导致不准确诊断的主要因素。因此,将样品保持湿润是非常重要的,如果条件许可,最好真空包装。在运输(保存)过程中,保持潮湿的方法通常是将样品完全放置于平衡盐溶液配制的凝胶基质中,这种缓冲体系不含有任何营养物质,样品中的病原基本不能有效复制(因此能够保留相对的数量和比例),但仍能存活一段时间,一般至少 24~48h。而且,无论采集和处理时间间隔多久,棉签都应该始终放置在缓冲体系中。有些液体样品(如引流管排出液、腹腔和胸腔积液及脓肿渗出物）可能含有厌氧菌，应立即接种到适当的培养基中；如果这种病料暂时被存放在注射器中，注射器中的空气需要排空，针头一端要做无菌堵塞；如果是使用棉签采集的样品，需将其放置于厌氧介质中；如果注射器中保存的样品不能立即处理，则需要将注射器中的样品全部注入厌氧培养基中并保持室温。必须注意的是，最好不要将疑似含有厌氧菌的样品冷藏，因为一些厌氧菌种不能耐受低温。

感染性病原的鉴定

感染性病原可以通过临床样品的染色涂片检查、分离培养、分子或免疫学方法以及这些方法组合起来综合分析鉴定。

直接涂片 从涂片染色检查中获得的信息是非常有价值的，因为它是某种病原存在的第一信号（有时候也是唯一的信号）。观察的结果（形态和着色特点）将有助于指导在培养结果出来前的24h选择合适的治疗方法。为了方便进行显微镜检查，每毫升或每克病料中至少需要含有10^4个病原。

与从通常无菌的部位检测到有价值的病原一样，如果膀胱尿液中能够检测到细菌的存在也是一个重要的发现。但是，由于从远端尿道冲刷下的尿液可能带有杂菌，使得对导尿管或接尿获得的尿样进行分析和判读结果变得非常困难。因此，我们往往需要将经穿刺抽吸膀胱尿液制备的浓缩尿（优先）或非浓缩尿直接进行涂片检查，若发现病原则有重大意义。已证实在一滴非浓缩尿（可以是干燥后染色的）的观察过程中，若在一个显微视野中发现存在病原，则表示每毫升尿液中含有$10^5 \sim 10^6$个病原。

有两种染色方法可用，革兰染色和罗曼诺夫斯基染色（如瑞氏染色或姬姆萨染色）。每种类型的染色法各有其优缺点。因为革兰染色能看到病原的形状和特点，所以是最常用的，这种染色的缺点是样品细胞中的成分不容易被看清。另一方面，罗曼诺夫斯基染色可以让观察者对样品细胞中的成分有一个直观的感受，并且可以观察到是否存在病原。因此，样品的细胞学评价对于鉴定经培养分离后的微生物的意义非常重要。

培养技术 为了利于样品中病原的鉴定，需要将部分样品接种到培养基上进行病原的增殖培养，而样品的接种应采取半数定量的方式（特别是通过导管或接尿方式得到的膀胱尿样）。

样品中微生物相对数的测定有助于实验室诊断结果的诠释。如果培养基的四个象限里均长有许多菌落则说明样品中存在大量病原。如果培养基中只有一两个菌落，这样感染的病因就很难确定。除非必要，从无菌患处采集的样品一般不需要做增菌试验，因为一个微生物可能在短时间内获得大量繁殖，而且增殖培养试验也会导致污染性微生物的大量增殖，导致结果的误判。

在病患处采集的样品的细胞学检查将有助于鉴定是否具有临床意义的病原的存在，而从没有大量炎症细胞存在的正常无菌患处分离到病原的结果也是不太可信的。该规则的一个例外是隐球菌感染，其样品中可能含有大量的酵母细胞，但炎症细胞很少（这是因为隐球菌包膜具有免疫抑制作用）。从正常无菌患处分离或鉴定到"数量可观"的微生物而没有炎症反应的迹象，这可能是由于使用了被污染的采集工具，而污染可能来自经常开展实验活动但未消毒的地方，或来自实验室接种装置的污染或接种前就污染的培养基。例如，通常采集工具（如导尿管）用液体消毒剂消毒后仍然会被一些能在这种条件下存活的微生物（如假单胞杆菌）污染。

试验工作人员通常通过在培养基上划线培养进行单个菌落的分离。但是利用这种方法开展相关菌落数的评估会存在主观性，因为微生物相对数只记录培养基表面有多少新生菌落。显然，培养基上仅长出一个菌落（假设来自一个细菌）和整个培养基上长满菌落相比，两者具有不同的临床意义。因为存在远端尿道细菌污染样品的问题，所以当测定使用导管采集或直接接取的尿样时，需要测定实际存在的细菌数目。例如，一次性校准环接种到培养基上的尿量为0.001mL或0.01mL，尿液中含有大于

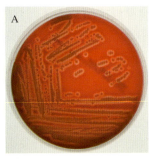 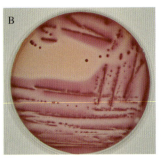

图3.1 大肠埃希菌在血琼脂培养基（溶血，A）和（B）麦康凯琼脂培养基。紫色表明产酸（乳糖发酵）

10^5个/mL的细菌则被认为具有诊断意义（即细菌更有可能来自膀胱而非尿道）。

需氧菌 用来接种分离兼性细菌的标准培养基一般采用血琼脂培养基（通常是生长介质中含有悬浮羊血的半固体琼脂糖基质）。很多实验室也配备麦康凯琼脂培养基。麦康凯培养基比较常用，因为肠道微生物（肠杆菌科家族成员，如大肠埃希菌、克雷伯菌和大肠埃希菌属）和非肠道的假单胞菌在这种培养基上面生长良好。而其他大多数的非肠道革兰阴性杆菌和所有革兰阳性菌在这种培养基上并不生长。测定细菌在麦康凯培养基上的生长状况有助于肠道微生物的测定（图3.1）。

厌氧菌 厌氧细菌可以在专门消除了氧气的血琼脂培养基上生长。培养基在接种厌氧菌后，要放至封闭的厌氧环境中进行培养。而进行厌氧菌的培养，样品的处理是非常昂贵耗时的。常见的厌氧菌存在于深层组织伤口，如引流管、脓肿、胸膜、心包膜、腹膜积液、子宫积液、骨髓炎和患肺炎的肺中。除非诊断医师要寻找特定种类或类型的厌氧菌，某些部位（如粪便、阴道、尿道远端和口腔）采集的样品开展厌氧菌培养是没有意义的，一般也不做尿道厌氧菌的培养，因为这些微生物在尿道里很少存在。

分子/免疫学方法 有时候尽可能快地去鉴定一种特定病原的存在与否非常重要，尤其是当怀疑一种传染性病原（如沙门菌和钩端螺旋体）对其他动物，包括护理人员造成威胁时，这将有助于尽快地采取适当的控制措施。比如一些病原（如真菌和分枝杆菌）进行分离培养要花很长时间，因此很难迅速确定一种合理有效的治疗方法。特别是还存在其他很难培养（如钩端螺旋体和立克次体）或还不能在人工培养基上培养（如秦泽病原和麻风杆菌）的病原，在这些情况下，就需要其他的诊断技术。

免疫学方法可利用抗体的特异性来检测上述难以培养的病原。这些用来检测病原的抗体通常被固定在固态的支持介质上，病原的存在可通过利用各种方法（通常是彩色试剂）标记的特异性抗体检测到。一些利用这一原理的试剂盒（如沙门菌）已实现商业化。分子技术能利用DNA探针检测待测病原中独有的DNA片段，或利用特定的DNA引物进行聚合酶链式反应（PCR）。

● 病毒

总论

病毒性疾病的诊断通常比较烦琐耗时，但现代技术如PCR方法提高了病毒性疾病诊断的效率。因此，及时、准确地诊断病毒性疾病是确定如何预防控制疾病不可或缺的关键所在。

临床样品恰当的采集、处理和完整的病史是病毒成功分离的关键。组织样品广泛的自溶性或低质量的样品保存方法通常不利于分离到感染性病毒，这是因为大多数病毒容易受不利环境条件的影响。因此，病毒的分离、鉴定应在下列条件下完成：

1. 牲畜水疱病（如牛、猪、绵羊和山羊的口蹄疫）暴发期间。

2. 当大型动物种群（如饲养场、禽舍或动物处在危险中的地方）疾病暴发时，及时、准确的诊断对控制方法（如疫苗接种）的建立至关重要。

3. 潜在的人畜共患疾病如狂犬病、西尼罗热和马脑脊髓炎发生时，尤其当发生人类接触时。

4. 检测一种新疾病的病原，或定义已经存在的不典型病原时。

应尽可能选择近期死亡的动物的组织来分离病毒（表3.1）。在疾病的急性期采集合适的样品，以及从相似的感染动物额外取样,可以提高分离病毒的可能性。在选择临床样品时应考虑以下因素:①疾病的类型(如呼吸道疾病选择肺或气管,水疱性疾病选择水疱或进行皮肤活检);②宿主的年龄和种属;③易感动物病变的性质;④尸体或组织的大小(能否在冷冻环境下运输等)。下面是病毒引起动物疾病的一个系统化的实验室快速诊断方法:

1. 患病动物/组织检查(总体和组织学检查)作为病毒病因的初步诊断。
2. 在临床疾病期间,进行病毒特异性抗体(理想情况下使用急性和恢复期的血清来测定相关抗体)检测。
3. 用病毒特异性抗体对组织切片进行免疫组化染色,以检测组织中的单个病毒抗原。
4. 用免疫测定法化验粪便、血浆或血清以检测特异性病毒抗原的存在(如粪便中的轮状病毒、血清中的猫白血病病毒和肺中的牛呼吸道合胞体病毒)。
5. 通过电子显微镜观察正染或负染样品中的病毒形态。这个诊断方法往往受限于病毒颗粒所需的浓度($>10^5$个/mL)。
6. 利用细胞培养分离或扩增病毒,然后通过临床试验鉴定病毒。检测病毒特定的RNA或DNA也是可以选择的方法。

表3.1 从哺乳动物样品中进行病毒分离与鉴定

疾病类型	通用名称或相关病毒	其他感染	临床标本收集	诊断、鉴定试验
呼吸道	腺病毒(牛、猪、犬)		鼻腔和眼分泌物、粪便、肺、脑、扁桃体	病毒分离(致细胞病变反应)、血凝实验、补体结合、荧光抗体、病毒中和
	犬传染性肝炎(腺病毒)		脾、肝、淋巴结、肾、血	病毒分离(致细胞病变反应)、血凝实验、荧光抗体、病毒中和
	牛病毒性腹泻(黏膜病)(疱疹病毒)	生殖器,流产,肠	鼻腔和口腔病变、肺、脾、血液、肠系膜淋巴结、肠黏膜、阴道分泌物、胎儿组织、抗凝血	病毒分离(致细胞病变反应和病毒干扰)、荧光抗体、病毒中和
	牛传染性鼻气管炎病毒(疱疹病毒)	中枢神经系统,生殖器,流产	鼻腔和眼分泌物、肺和气管拭子、气管段、脑、阴道分泌物、血清、流产胎儿、肝、脾、肾	病毒分离(致细胞病变反应)、荧光抗体、病毒中和
	猫鼻气管炎(疱疹病毒)		鼻腔及咽部的分泌物、结膜、肝、肺、脾、肾、唾液腺、脑	病毒分离(致细胞病变反应和包涵体)、荧光抗体
	马鼻肺炎(疱疹病毒)	生殖器,流产	胎盘、胎儿、肺、鼻腔分泌物、淋巴结	荧光抗体、病毒分离(鸡胚接种和致细胞病变反应)、病毒中和
	流感(马、猪)(正黏病毒)		鼻腔和眼分泌物、肺和气管拭子	病毒分离(鸡胚接种)、血凝实验、血凝抑制
	副流感(猪、牛、羊、马、犬)		鼻腔和眼分泌物、肺和气管拭子	病毒分离(鸡胚接种)、血凝实验、血凝抑制、病毒中和
	牛呼吸道合胞体病毒(肺炎病毒)		气管、肺、鼻腔分泌物、凝固的血液	病毒分离(致细胞病变反应)、荧光抗体、酶联免疫吸附测定

(续)

疾病类型	通用名称或相关病毒	其他感染	临床标本收集	诊断、鉴定试验
呼吸道	牛疱疹病毒4型（Movar，DN599株）	流产	气管、肺、鼻腔分泌物、胎儿、凝固的血液	病毒分离(致细胞病变反应)、荧光抗体、病毒中和
	呼肠孤病毒（牛、马、犬、猫）		粪便、肠黏膜、鼻腔及咽部的分泌物	病毒分离、血凝实验、血凝抑制
	非洲马瘟（环状病毒）		抗凝全血、病变材料、鼻腔及咽部的分泌物	病毒分离(致细胞病变反应)、酶联免疫吸附测定、荧光抗体、病毒中和、电子显微镜
	恶性卡他热（疱疹病毒）		抗凝全血、淋巴结、脾、肺	病毒分离(致细胞病变反应)、酶联免疫吸附测定、荧光抗体、病毒中和、电子显微镜
	伪狂犬病(疱疹病毒)	中枢神经系统，生殖器，流产	鼻腔分泌物、扁桃体、肺、脑（中脑、脑桥和髓质）、脊髓(牛羊)、脾(猪)、阴道分泌物、血清	病毒分离(致细胞病变反应)、病毒中和、酶联免疫吸附试验、荧光抗体
	犬疱疹病毒		肾、肝、肺、脾、鼻咽、阴道分泌物	病毒分离(致细胞病变反应和包涵体)、荧光抗体、病毒中和
	猪包涵体鼻炎（巨细胞病毒）		鼻甲、鼻黏膜	电子显微镜、病毒分离(细胞病变反应)、荧光抗体、病毒中和
	马鼻病毒		鼻腔分泌物、粪便	病毒分离(致细胞病变反应)、FN
	羊、绵羊进行性肺炎（逆转录病毒、慢病毒）	中枢神经系统	脑脊液、血液、唾液腺、肺、纵隔淋巴结、脉络丛、脾	病毒分离(致细胞病变反应)、病毒中和
	牛鼻病毒		鼻腔分泌物	病毒分离(致细胞病变反应)、病毒中和
	裂谷热（牛、羊、沙蝇病毒）		抗凝全血、胎儿、肝、脾、肾、脑	病毒分离(致细胞病变反应和鼠)、病毒中和、补体结合、荧光抗体
肠道	牛肠道病毒		粪便、口咽拭子	病毒分离(致细胞病变反应)、病毒中和
	猪传染性胃肠炎病毒（冠状病毒）		粪便、鼻腔分泌物、空肠、回肠	病毒分离(新生猪)、荧光抗体、电子显微镜
	新生儿腹泻 1.轮状病毒		粪便、小肠	病毒分离(致细胞病变反应、胰酶)、酶联免疫吸附测定、荧光抗体、电子显微镜
	新生儿腹泻 2.细小病毒	流产	粪便、肠黏膜、淋巴结、脑、心	病毒分离(致细胞病变反应)、荧光抗体、电子显微镜、血凝实验、血凝抑制、病毒中和
	新生儿腹泻 3.冠状病毒		粪便、小肠	病毒分离(致细胞病变反应、胰酶)、荧光抗体、电子显微镜

(续)

疾病类型	通用名称或相关病毒	其他感染	临床标本收集	诊断、鉴定试验
肠道	小RNA病毒 死产-木乃伊胎-胚胎死亡-不育综合征（肠道病毒）		粪便、肠、脑、扁桃体、肝	病毒分离（致细胞病变反应、病毒中和、电子显微镜）
	脑灰质炎（肠道病毒）	中枢神经系统	脑、粪便、小肠	病毒分离（致细胞病变反应、病毒中和）
	牛瘟（麻疹病毒）		抗凝全血、脾、肠系膜淋巴结	病毒分离（致细胞病变反应和牛）、琼脂凝胶免疫扩散、补体结合、病毒中和
	小反刍兽疫（麻疹病毒）		抗凝全血、脾、肠系膜淋巴结	病毒分离（致细胞病变反应和山羊）、琼脂凝胶免疫扩散
中枢神经系统	狂犬病（狂犬病病毒）		脑、唾液腺	病毒分离（鼠）
	马脑脊髓炎（委内瑞拉型、东部型、西部型）（甲病毒）		血、脑、脑脊液、鼻腔及咽部的分泌物、胰腺	病毒分离（鸡胚接种和鼠）、病毒中和、补体结合
	跳跃病性脑脊髓炎（黄病毒）		血、脑、脑脊液	病毒分离、鸡胚接种、致细胞病变反应
	红细胞凝聚性脑脊髓炎病毒（冠状病毒）		脑、脊髓、扁桃体、血	病毒分离

很多病毒并不会杀死宿主，但是宿主作为带毒者可以向其他动物传播病毒。血清学试验有时可以用来测定哪种动物携带特定的病毒及哪种动物易受感染。

从动物体内分离到病毒并不代表该病毒就是造成动物疾病发生的病原，确诊的关键在于证实分离的病毒在相同或相关的物种中能引发类似的疾病。当从疑似样品中分离到两种或两种以上的病毒，需要明确哪一种病毒导致了该疫病的发生。最后，必须记住的是，在接种减毒病毒疫苗株的动物体内也可重新分离到该疫苗株，并且可以与真正的野毒株相混淆。

从临床样品分离病毒

组织细胞培养 病毒的分离一般是通过将临床样品接种易感宿主、相关种属的原代或传代细胞、鸡胚、实验动物等来完成的。样品在运输过程中需要保存在密封容器里的病毒保存液（如含有抗生素的平衡盐溶液）中，并放置于适宜的温度下，低温（4℃）或冷冻（-20℃）。同时，需要清楚、明确地标记样品信息。另外，需要特别注意的是，在样品采集的过程中，无菌操作技术的运用可以极大提高病毒分离的概率。

样品的采集应该从疾病急性期的活体动物中获取。根据特定的疾病发展过程，排泄物或分泌物、体孔或液体（淋巴液或血液）拭子、活体组织检查采集的组织都是分离病毒的适合样品。在实验室样品的处理过程中，组织样品可以用含有抗生素的无菌平衡盐溶液制备成10%或20%（W/V）的匀浆悬液。严重污染的样品可以过滤去除其他微生物。利用细胞培养进行病毒分离时，需要确保细胞未受能引起致细胞病变的牛病毒性腹泻病毒或支原体的污染。同时，细胞培养液中可以含有低浓度的广谱抗生素。

在病毒分离过程中，将组织匀浆上清接种于培养好的单层细胞中，在35～37℃下吸附培养1h或更长时间，然后去除接种样品，重新加入新的培养液进行培养，观察7～10d。病毒的致细胞病变效应（CPE）通常出现在24～72h（图3.2）。然而，对于大多数含有低浓度病毒的临床样品来说，多次细胞盲传能获取最大可能的病毒分离成功率。

当通过有限稀释法、致细胞病变效应或其他试验方法证实一种病毒在细胞上具备良好的复制能力后，可多次反复冻融，利用超声破碎法将感染性病毒从细胞中释放出来，然后离心和存储，以保持病毒最大的感染力。每一种分离的病毒还需鉴定种属、形态类型、传代能力和易于传播的宿主细胞等。

鸡胚培养　许多哺乳动物病毒和鸟类病毒性病原可以利用鸡胚培养进行病毒分离。在鸡胚上，病毒分离成功的关键在于选择合适的鸡胚接种途径（图3.3）。一般情况来说，接种病毒后24h死亡的鸡胚一般认为由机械损伤所致。其后死亡的鸡胚需在4℃放置几个小时（防止溶血），然后收集尿囊液或视觉检查胚胎和卵膜。发育不良、畸形、水肿、出血和膜病变（即痘痕）的胚胎应在无菌生理盐水中匀浆为10%（W/V）悬液，重新进行鸡胚传代或细胞培养。

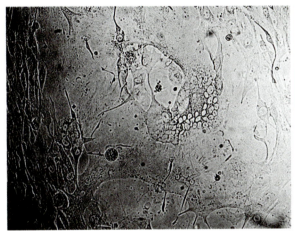

图3.2　恶性卡他热疱疹病毒在牛胎肾细胞上的致细胞病变反应（合胞体，200×）

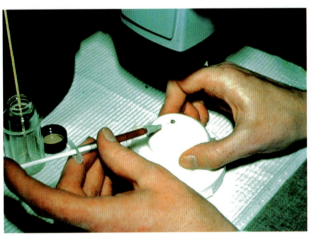

图3.3　鸡胚接种（10～12日龄）。鸡胚绒毛尿囊膜接种法，首先在鸡胚中段打孔，穿过蛋壳和壳膜；再在气室外壳打孔，使空气进入壳膜和绒毛尿囊膜之间，创造一个人工的气囊；然后接种样品，样品可以与绒毛膜上皮细胞接触。卵黄囊接种法通常在鸡胚生长的早期实施（6日龄），这时的卵黄囊较大（引自Bill Wilson，美国）

动物接种　接种易感动物仍是鉴定一些病毒的有效方法，特别是那些对生长环境非常挑剔、很难在其他系统中传播的病毒。

临床样品中病毒或病毒抗原的鉴定

电子显微镜检测　电子显微镜（EM）可用于快速识别样品中存在的或细胞、鸡胚培养分离的任何病毒的形态和大小。病毒性疾病的初步诊断可以通过电子显微镜来实现，将感染的组织临床样品制备成薄片或无细胞匀浆液进行观察。但是，电子显微镜用于临床诊断也有其局限性，因为该方法不是非常敏感（在200网格内，病毒颗粒需要>10^5个/mL才能够看到一个单独的病毒颗粒）。此外，分离自不同宿主的病毒也可能具备相似的形态和大小。

免疫电子显微镜检测　免疫电镜（IEM）通过特异性免疫血清和样品中的病毒反应，极大地增强了病毒在组织、细胞或粪便样品中的检出能力。在免疫电镜检测过程中，首先让特异性抗体与病毒发生抗原抗体反应（最好使用多克隆抗体），当抗体与病毒混合1h产生抗原抗体复合物后，将这些免疫复合物在1 000g的转速条件下离心，结合到福尔瓦涂层的网格上，然后用pH为7的4%磷钨酸（PTA）染色，再用电镜观察。通过电镜观察病毒液与特定的急性或恢复期血清的反应情况，可以判断病毒是否与特定疫病相关。目前，该方法已成功应用于感染性腹泻病毒的诊断。

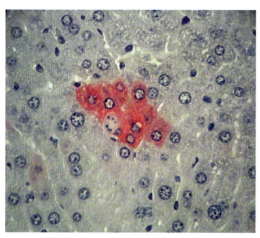

图3.4　裂谷热病毒感染小鼠肝脏的免疫组化。红色为组织中裂谷热病毒特异性抗体与病毒抗原特异性反应结果（引自Barbara Drolet，美国）

免疫荧光检测法　免疫荧光是一种紫外线加强的可见荧光，通过示踪或检测结合在被固定抗原上的荧光染料（如异硫氰酸荧光素和罗丹明）抗体，以此来检测和发现病原。用荧光抗体示踪或检查相应抗原的策略，为检测和识别组织或细胞培养物中特定的病毒提供了灵敏快速的方法（图3.4）。免疫荧光检测可使用直接法或间接法。直接免疫荧光试验使用荧光素标记的抗体与细胞或组织中特定的病毒抗原结合。间接测试需要使用荧光素标记的抗血清和病毒特异性免疫球蛋白反应。

免疫组织，化学染色法采用了与上述基本一致的方法，其不同点在于该方法使用的病毒特异性抗体是直接或间接地用酶标记。这种酶的存在取决于其底物的添加，反应的进行通过颜色的变化来检测。免疫组织化学染色法相对于免疫荧光的优点是不需要荧光显微镜，同时大大提高了检测的灵敏度。

核酸杂交法　分子杂交技术促进了高度特异性病毒DNA探针的生产合成。这些探针能被各种检测系统标记，可以鉴定组织以及组织提取物中特定病毒的存在。

PCR法　PCR检测法新技术的出现，使得许多病毒性疾病的快速诊断发生了革命性的变化。该方法的重要性一方面在它能够放大少量病毒中的DNA或RNA，即使是来自污染样品的DNA或RNA。另一方面，此方法可大规模操作，从而可以同时评估大量样品。此外，实时PCR等技术的发展可以对检测样品的模板进行定量，在不同程度上反映样品的病毒载量。PCR检测法是一个基于DNA片段循环合成的方法，由两个寡核苷酸作引物来特异性扩增病毒的基因组。正确情况下，PCR方法具有敏感性和特异性，但检测到病毒核酸并不能证明传染性病毒确实存在，所以PCR阳性样品通常还要经过传统的病毒分离方法来确认。

酶联免疫吸附法检测抗原法　酶联免疫吸附试验（ELISA）是一种快速、高度敏感的免疫分析法，适合于病毒的抗原或抗体定量。ELISA试剂盒已被开发用于众多禽病毒性病原（如禽传染性喉气管炎病毒、禽脑炎病毒、新城疫病毒、传染性支气管炎病毒和呼肠孤病毒）的检测，并且越来越多地被开发用于其他物种动物病毒的检测。

病毒的血清学检测

大多数的病毒通常可以引起宿主的免疫应答反应，因此，针对体液免疫（抗体）或细胞免疫的检测往往用来确定动物感染病毒性病原的状况。血清学试验可以检测动物的体液免疫，但是针对病毒检测的细胞免疫反应在兽医诊断学中很少使用。

病毒抗原具有一定的型或群特异性，这在一定程度上限定了血清学检测方法的应用。病毒性感染的血清学诊断通常需要成对的样品采集：急性期的（或出现临床症状前）和恢复期的血清（10~28d）。如果抗体效价（血清稀释的倒数）增长4倍或更多则表示动物最近或正在发生病毒感染。单份血清抗体效价很难解释动物是否被病毒感染，尽管抗体的出现意味着曾经被感染（幼小动物则可由母源抗体的被动转移造成），这对于处于携带者状态的慢性疾病来说尤为重要，如牛白血病病毒、马传染性贫血和种马的动脉炎病毒感染。

血清学检查有助于在不具备病毒分离条件的情况下进行快速诊断。血清学检查也可用于在特定疾病暴发时准确排除特定病毒的感染，而阴性病毒分离做不到这一点。

血清病毒中和试验 大多数的病毒在细胞培养中产生可见的致细胞病变反应。致细胞病变反应可以用来确定保护性或病毒中和抗体在血清中的存在。为了量化中和抗体的量，我们将动物血清进行系列稀释后与已知量的病毒（一般为50~300感染剂量的病毒$TCID_{50}$）混合，37℃作用1h，然后接种动物、鸡胚或细胞进行培养。血清中和试验（SN）特异性强、灵敏度高，但耗时长、成本高。如果具备双份血清，血清中和试验还可以对动物的近期感染进行评估。

血凝抑制试验 病毒的血凝素（HA）蛋白具有凝集红细胞的作用，我们利用这一特性来对样品中的病毒进行定量。血凝抑制试验能够利用病毒特异性抗血清的血凝抑制特性对病毒进行鉴定或分型。

红细胞吸附抑制试验 红细胞吸附抑制试验的原理是某些被病毒感染的细胞（单层细胞）具有吸引特定红细胞到其表面的能力。单层细胞表面上存在吸附的红细胞群表明有病毒蛋白（HA）积聚在细胞膜表面。将病毒感染细胞置于室温下，用2倍滴度的含有0.05%~0.5%红细胞的抗血清预处理30min能抑制红细胞吸附现象。通过观察和比较清洗过的病毒感染细胞单分子层（表面黏附成群红细胞，Ab检测阴性）与表面游离红细胞的单分子层（Ab检测阳性）来对抗体定量。

补体结合试验 补体结合（CF）试验通常使用豚鼠血清，采用补体级联反应和病毒抗原固定补充结合特定的病毒抗体。补体结合试验早期被用于检测病毒（如白血病病毒），但病毒感染的细胞、病毒特异性抗体、分析的复杂性和所需的时间导致其已被简单的方法所代替。

免疫扩散试验 免疫扩散试验通常用作一种诊断工具，用于监测特定病毒在各种动物疾病（如蓝舌病、马传染性贫血、牛白血病、公山羊的关节炎、脑炎和传染性法氏囊病）中的传播。试验的理论基础在于某些可溶性病毒抗原能在半固体培养基（琼脂）中扩散，形成与特异性抗血清一致的沉淀蛋白。

放射性免疫测定试验 放射免疫测定法（RIA）是一种非常敏感的方法，用于在一个成分被放射性标记时对抗原或抗体进行定量。虽然放射免疫分析法在检测微量抗体方面有优势，但是需要闪烁计数器来测量放射性，同时还需要非常纯净的试剂，这在一定程度上限制了这种方法在诊断实验室的使用。

酶联免疫吸附试验 酶联免疫吸附试验是一种高度特异性和敏感性的免疫学分析方法，在这种方法中，反应的特异性可以通过提高所使用的抗原或抗体的纯度来增强。酶联免疫吸附试验可以检测纳克级水平的IgG、IgM和IgA抗体。如果建立适当的标准曲线，酶联免疫吸附试验还可以量化抗原、抗体的量。许多市售的检测试剂盒为禽类和哺乳动物的病毒提供了各种用于病毒定性的抗体量化信息，当然也可以用于病毒检测。酶联免疫吸附阻断试验用于评价试验血清阻断病毒蛋白特异性抗体与其抗原的结合能力。

Western免疫印迹法 Western免疫印迹法可以通过电泳将所有病毒蛋白以离散条带的形式显示在一张硝酸纤维素膜上。当一个血清样品被加到硝酸纤维素膜上后，特异性抗体会在合适的位置结合到特定的蛋白上。而当硝酸纤维素膜用试剂处理后，这些条带将会变暗并出现差异（图3.5）。由于提供了一个血清样品完整的病毒抗体谱，因此这种检测方法是目前可用的最特异的病毒诊断方法。

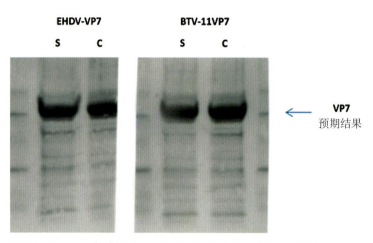

图3.5 Western免疫印迹显示通过凝胶电泳分离法检测抗体与抗原特异性蛋白结合。杆状病毒表达的ehdv-2或btv-11、vp-7蛋白在细胞上清液中（S）或在细胞颗粒中（C）。用1∶2 000单克隆抗体印迹膜[EHDV（4F4.H1）或BTV（1aa4.E4）]和1∶4 000山羊α鼠HRP（引自Chris Lehiy，美国）

延伸阅读

Coghe F, Orrù G, Pautasso M, et al, 2011. The role of the laboratory in choosing antibiotics[J]. J Matern Fetal Neonatal Med, 24 (2), 18-20.

O'Brien TF, Stelling J, 2011. Integrated multilevel surveillance of the World's infecting microbes and their resistance to antimicrobial agents[J]. Clin Microbiol Rev, 24 (2): 281-295.

Weinstein MP, 2011. Diagnostic strategies and general topics[M]. in Manual of Clinical Microbiology, vol. I. Section I, 10th edn (ed. JH Jorgensen), ASM Press.

Wilson D, Howell V, Toppozini C, et al, 2011. Against all odds: diagnosing tuberculosis in South Africa[J]. J Infect Dis, 204 (4): S1102-S1109.

（施建忠 译，张 卓 校）

第4章 抗微生物化学治疗

抗微生物药物通过利用宿主和病原体在结构或生物化学方面的差异发挥功能。现代化学疗法起源于Paul Ehrlich的工作，他一生致力于研究药剂的选择性毒性作用。磺胺类药物是第一个成功应用于临床的广谱性抗菌药物。1935年，Ehrlich在合成染料时发现了磺胺类药物。1928年，Fleming发现青霉素。在第二次世界大战时期，在Chain和Florey的开发下，多种抗生素药物被发现。微生物产生的一些低浓度的化学物质能够有效抑制或杀死其他微生物。在抗生素革命中，通过对一些早期发现药物的化学修饰使这些药物比其母代具有更新、更强大的抗微生物属性。抗生素及其衍生物作为抗菌药物，比其他少数合成的抗菌药物的作用更明显。相比之下，所有抗病毒药物都是化学合成的。抗菌药物包括抗生素和合成抗微生物药物。因高昂的研发费用，导致兽医中应用的抗微生物药物治疗完全跟随人医的抗微生物药物治疗。

本章将系统地讨论抗细菌药物、抗真菌药物及其用途，以及一个重要问题——抗生素耐药性。

● 抗微生物药物分类

抗微生物药物有许多分类方式，每一种都有重要的临床意义：

1. **抗微生物种类的菌谱**　青霉素类药物有狭窄的抗菌谱，它只抑制细菌；磺胺类药物、甲氧苄氨嘧啶和林可酰胺类抗生素抗菌谱较宽，它们能抑制细菌和原生生物。多烯类化合物只能抑制真菌。

2. **抗菌活性**　许多抗生素抗菌谱窄，只抑制革兰阳性菌（杆菌肽和万古霉素）或革兰阴性菌（多黏菌素）。然而广谱抗菌药物如四环素能够抑制革兰阳性菌和革兰阴性菌，许多其他药物如青霉素G和林可酰胺类抗生素能够有效抑制革兰阳性菌，也能够抑制某些革兰阴性菌。

3. **抑菌或杀菌**　这两个概念很接近，主要区别在于药物浓度和参与的有机体。例如，青霉素类药物在高浓度时是杀菌的，在低浓度时是抑菌的。在特定环境下杀菌和抑菌的区别相当重要，如治疗患有脑膜炎或中性粒细胞减少症的败血症病人。

4. **药效活性**　抗菌活性是依赖浓度和时间的（见"药物剂量与药效学的设计"来考虑剂量在药效活性中的作用）。

5. **作用机制**　如同药效活性一样，药物的作用机制需要考虑药物分类，并在后续章节讨论。这也许是最有用的分类方式，它决定了以上四种分类途径。

• 抗微生物药物的作用机制

与抗真菌药物的选择相比真核细胞和原核细胞之间显著的结构和生物化学方面的差异，为抗细菌药物的选择提供了更多机会，因为真菌是真核细胞，更像哺乳动物细胞。同样，开发抗病毒药物也比较困难，因为病毒复制过程中的代谢途径很大程度上依赖宿主细胞。本部分主要讨论抗细菌药物。

抗细菌药物的作用机制有四种类型：①抑制细胞壁的合成；②破坏细胞膜的功能；③抑制核酸的合成或功能；④抑制蛋白质合成（图4.1）。

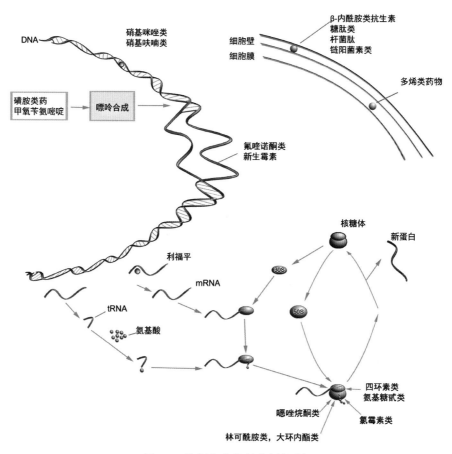

图4.1　抗细菌药物的作用机制

抑制细胞壁的合成

干扰细胞壁合成的抗生素包括β-内酰胺类抗生素（青霉素类和先锋霉素类抗生素）、枯草杆菌抗生素和万古霉素。细菌细胞壁像一个厚厚的信封，维持细胞形态。细胞壁位于细胞膜的外面，是细菌和哺乳动物细胞的主要区别之一。在革兰阳性菌中，它由一层厚厚的肽聚糖组成，肽聚糖能够维持细胞硬度和较高渗透压（约2MPa），而革兰阴性菌的肽聚糖层比较薄，渗透压也相对比较低。肽聚糖包含一个多聚糖链，该多聚糖链由重复交替出现的β-1，4链接的N-乙酰-N-乙酰胞壁酸形成的二糖骨架构成，一个四肽黏附在N-乙酰胞壁酸，多肽形成的桥从一个四肽跨到另一个四肽，因此二聚糖骨架能够在肽聚糖之间形成交联，跨肽间的交联给细胞壁强大的张力，许多酶参与转肽作用。

第一部分 引 言

β-内酰胺类抗生素（青霉素类和先锋霉素类抗生素）的作用是阻止细胞壁之间最后的交联，抑制分裂和杀伤微生物。在药物杀伤细菌的靶点中，含有3～8个青霉素类抗生素结合蛋白（PBP）；许多PBP是转肽酶。转肽酶在细菌生长和分裂过程中负责细胞壁的构成和塑造。不同的PBP对药物的亲和力不同，这解释了不同β-内酰胺类抗生素抗菌谱之间的活性差异。降解机制也涉及细胞壁的生成过程，这些通过自溶素来实现。许多青霉素类抗生素通过减少自溶素的抑制来发挥作用。

β-内酰胺类抗生素通过阻断肽聚糖的合成来发挥作用，从而严重削弱细胞壁，并且能够加强自溶素溶解细胞的作用。β-内酰胺类药物只作用于生长活力旺盛的细菌。许多β-内酰胺类药物具有能够抵抗革兰阳性菌的强大能力，是因为有这些细菌具有很多肽聚糖，并且抗渗透压能力较大。许多革兰阴性菌的抗渗性是因为有脂多糖和外层的脂质。许多革兰阴性菌也存在β-内酰胺酶。许多最新的青霉素类和先锋霉素类抗生素抑制革兰阴性菌的机制不仅是它们能够进入革兰阴性菌内部以及结合PBP的能力增强，并且它们具有抑制革兰阴性菌周质空间中多种β-内酰胺酶的能力。最新研究发现，β-内酰胺酶抑制药物与非固有的抗菌活性药物，如克拉维酸和青霉烷砜与羟氨苄青霉素或羟基噻吩青霉素结合后通过中和降解这些复合物的酶类，能够扩大混合物的抗菌谱。

枯草杆菌抗生素和万古霉素抑制早期阶段肽聚糖的合成，它们只能够抵抗革兰阳性菌。

青霉素类抗生素 Alexander Fleming观察到被青霉菌属真菌污染了的葡萄球菌平板上出现了葡萄球菌溶解现象，这一现象促进了抗生素的发现。1940年，Chain、Florey及他们的助手们，成功地从青霉菌中分离出具有治疗剂量的青霉素。10年后，青霉素G已在临床中广泛应用。在随后的几年里，发现青霉素在应用时存在缺陷：对胃酸相对不稳定性、容易被青霉素酶失活，并且对大多数革兰阴性菌无作用等。在青霉素分子中分离出它的活性成分——6-氨基青霉烷酸，用来设计和开发半合成的青霉素，能够克服上述某些缺陷。

头孢菌素家族拥有和青霉素一样的β-内酰胺环，使这些药物具有更强的抑制不同革兰阴性菌的能力，并且能够抵抗β-内酰胺酶的降解。研究发现，其他天然的β-内酰胺抗生素缺乏像经典β-内酰胺青霉素和先锋霉素一样的双环结构。许多这样的新药物具有潜在的抗细菌活性，也能够很好的抵抗β-内酰胺酶。

临床中重要的青霉素可以被分为六组：

1. 苄青霉素及其衍生物　注射用青霉素，高效抑制革兰阳性菌，但是容易被酸和β-内酰胺酶降解失活（如青霉素G）
2. 口服吸收的青霉素类　抗菌谱类似于苯甲基青霉素（如青霉素V）
3. 抗葡萄球菌异恶唑青霉素　相对抗葡萄球菌β-内酰胺酶降解（如氯唑西林、甲氧西林）
4. 抗菌谱广的青霉素　氨基青霉素（如阿莫西林和氨苄西林）
5. 抗假单胞菌青霉素类　羧基和脲基类青霉素（如羧苄西林、哌拉西林和羟基噻吩青霉素）
6. β-内酰胺酶抗性青霉素　替莫西林。

抗菌活性 青霉素G是活性最强的青霉素类抗生素，它能够抑制革兰阳性需氧菌，比如非β-内酰胺酶产生的凝固酵素阳性的葡萄球菌、β-溶血性链球菌、丹毒丝菌属和其他革兰阳性杆菌、棒状菌、丹毒丝菌属、利斯特菌，也能抑制大部分厌氧菌。在抑制某些要求苛刻的革兰阴性需氧菌如流感嗜血杆菌、巴氏杆菌和许多胸膜肺炎放线杆菌时具有较弱的活性，但是对肠杆菌科家族成员、支气管败血波氏杆菌属和假单胞菌无活性。具有青霉素酶抗性的异噁唑类青霉素（苯唑西林、氯唑西林、甲氧西林和萘夫西林）能够抵抗凝固酶阳性葡萄球菌青霉素酶，但是在抑制其他青霉素敏感的革兰阳性菌时异噁唑类青霉素的活性要比青霉素G低。在抑制革兰阳性菌和厌氧菌时，青霉素和羟氨苄青霉素的活性要比青霉素G低。青霉素和羟氨苄青霉素也容易被凝固酶阳性的葡萄球菌生产的青霉素酶失活。青霉素和羟氨苄青霉素在抑制革兰阴性菌时活性比较强，但对绿脓假单胞菌无效。羧苄西林和替卡西林与氨比西林的抗菌谱相似，在抑制铜绿假单胞杆菌时差异显著。替莫西林能够抵抗β-内酰胺酶的降解，如作用强范围广的头孢菌素酶，替莫西林在抑制肠杆菌科家族活性很强，也包括其他耐药菌株。支原体和分枝杆菌能够耐受青霉素类抗生素。耐甲氧西林金黄色葡萄球菌能够抵抗所有的β-内酰胺类抗生素。

耐药性 在革兰阳性细菌（尤其是凝固酶阳性葡萄球菌）中，耐药性主要通过细胞外分泌的β-内酰胺酶（青霉素酶）破坏大部分青霉素类抗生素的β-内酰胺环产生。革兰阴性菌产生的耐药性，部分原因是因为有多种多样的β-内酰胺酶以及细菌低渗透性或者缺乏PBP受体。大部分或者几乎所有的革兰阴性菌的壁膜间隙种属特异性染色体能够表达低水平的β-内酰胺酶，这在一定程度上导致了耐药性的产生。

在普通的革兰阴性菌中，质粒介导产生的β-内酰胺酶非常普遍。这些酶不同的构象性表达能够引起高水平的耐药性，其中大部分是青霉素酶而不是头孢菌素酶。TEM类型的β-内酰胺酶最多，它可以轻而易举地水解青霉素G和氨苄西林，但不能水解甲氧西林、氯唑西林或羧苄青霉素。OXA类型的β-内酰胺酶较少，它能够水解异噁唑类青霉素（苯唑西林、氯唑西林和相关的化合物）。在肺炎克雷伯菌中发现的SHV类型β-内酰胺酶也可能存在于肠杆菌科家族中的一些成员中。近几年，研究发现了抗第三代先锋霉素类抗生素的β-内酰胺酶，包括AmpC超级生产者（CMY-2 β-内酰胺酶），以及超广谱β-内酰胺酶（大部分是TEM和SHV基因变异体，也包括PER、CTX-M、VEB和其他β-内酰胺酶群）和金属-β-内酰胺酶（包括IMP、SPM和VOM-β-内酰胺酶）。金属-β-内酰胺酶不能被棒酸抑制。

一个重大研究进展就是发现了一个广谱的β-内酰胺酶抑制剂（如棒酸和青霉烷砜）。这些药物具有微弱的抗菌活性，但是当与青霉素G、氨苄西林、阿莫西林或替卡西林协同应用时，它们不可逆的与耐药菌的β-内酰胺酶结合，获得了超强的协同杀菌效果。

吸收、分布和排泄 青霉素类抗生素是有机酸，作为自由酸很容易形成钠盐或钾盐。除了异噁唑类青霉素和青霉素V，酸解作用导致大部分青霉素类抗生素不能通过口服制剂方式使用，而氨苄西林和阿莫西林对酸相对稳定。青霉素类抗生素在血浆中主要以离子形式存在，有明显的躯体分布差异，并且在所有家畜体内半衰期（0.5～1.2 h）较短。吸收后，青霉素类抗生素广泛分布于体液中。但由于高度的离子化和脂溶性低，不能很好地转运至细胞中，因此，细胞内只能获得较低浓度的青霉素类抗生素。青霉素类抗生素较低的跨膜能力和的相对低扩散性体现在乳汁-血浆的浓度比上（0.3）。尽管组织中的药物浓度较低，但仍然具有临床有效性，这是因为易感细菌对青霉素类抗生素呈高敏感性和青霉素类抗生素具有较强的杀菌能力。氨苄西林和阿莫西林除了具有广谱抗菌活性之外，还能够比青霉素G更容易的穿透细胞壁。它们半衰期较长，在某种程度上有助于肠肝循环。很少一部分能进入脑脊液（CSF）中，但炎症能促进其进入脑脊液。此外，炎症能够降低CSF中青霉素类抗生素的代谢。青霉素类抗生素能够通过肾排泄完全清除，导致了尿液中药物浓度较高。肾排泄机制包括肾小球过滤和近端肾小管分泌。

不良反应 青霉素类抗生素几乎没有不良反应，即使是超量使用。主要的不良反应是急性过敏反应和轻度过敏反应（荨麻疹、发热、血管神经性水肿）。所有的青霉素类抗生素具有交叉敏感和交叉反应性。经口腔服用青霉素类抗生素比经肠胃外给药后发生的过敏反应要少。许多报道中动物的急性毒性作用主要是钾或者普鲁卡因与青霉素结合后发生的。在豚鼠中应用青霉素和氨苄西林后经常会引起致死性的艰难梭菌结肠炎，在兔子中应用氨苄西林后会引起艰难梭菌或螺状梭菌结肠炎。

先锋霉素类抗生素 先锋霉素类抗生素是头孢霉菌属自然产生的或者半合成的产物，相关的头孢霉素类起源于放线菌类型的细菌。7-氨基头孢烷酸是半合成先锋霉素类抗生素的核心，拥有一个类似于青霉素类药物的紧密结构，这说明这两类药物拥有一个共同的作用机制和其他特性。它们均具有杀菌能力。与青霉素类抗生素相同，先锋霉素类抗生素的半衰期也很短，大部分未经改变经尿排出，不同的R基团附着于头孢烷酸核产生低毒性和高治疗活性的复合物。先锋霉素类抗生素被分类于第四代，与它们抵抗革兰阴性菌的菌谱增大有关，这是由于它们穿透细胞的能力增强以及抵抗革兰阴性菌的β-内酰胺酶能力的提升。

抗菌活性 第一代头孢菌素（头孢噻吩、头孢氨苄、头孢霉素和头孢羟氨苄）与氨苄西林的抗菌谱相似，最明显的差异就是能产生β-内酰胺酶的葡萄球菌对其是易感的。它们能抵抗多种革兰阳性菌例如凝固酶阳性葡萄球菌、链球菌（肠球菌除外）、棒状杆菌、革兰阳厌氧菌（梭菌）。在革兰阴性菌中，嗜血杆菌属和巴斯德菌属是易感的。而一些大肠埃希菌、克雷伯菌、变形杆菌、肠杆菌、铜绿假单胞菌和沙门菌是耐药的。除了脆弱拟杆菌属外，大多数厌氧菌都是易感的。第二代头孢菌素类药物（如头孢西丁和头孢呋辛）增强了抵抗革兰β-内酰胺酶的活性，因此对抗革兰阴性菌和对第一代药物的易感菌具有更广泛的杀菌活性。他们对肠埃希菌科、耐头孢噻吩的大肠埃希菌、肺炎克雷伯菌、变形杆菌均有效，对一些敏感的拟杆菌也是有效的。与第一代头孢菌素似，这些药物不能有效地抑制铜绿假单胞菌和沙雷菌属。第三代头孢菌素类药物（如头孢噻肟、头孢哌酮和头孢噻呋）对抗革兰阳性菌的抑制作用有所降低，对铜绿假单胞菌抑制作用一般，对肠杆菌科的成员有较好的抑制效果。有些第三代头孢菌素类药物（如头孢他啶）虽不能有效抑制肠杆菌科，但对抑制铜绿假单胞杆菌起非常好的作用。第四头孢菌素类药物（如头孢吡肟和头孢匹罗）作用效果非常广谱，能够稳定的水解β-内酰胺酶。

耐药性 甲氧西林耐药性凝固酶阳性葡萄球菌对各代头孢菌素类均有耐药性，以质粒介导的对第一代、第二代、第三代药物产生的耐药性已经在革兰阴性菌中讨论。染色体β-内酰胺酶类去阻遏诱导结果表明，第三代药物在对肠杆菌、沙雷菌、铜绿假单胞菌治疗过程中出现耐药性，从而导致对β-内酰胺类抗生素产生广谱的耐药性。此外，对第三代头孢菌素来说，质粒介导的耐药性报道也越来越多。它包括TEMβ-内酰胺酶或SHVβ-内酰胺酶或其他可以水解头孢噻肟的CTX-M1β-内酰胺酶家族。棒酸可以抑制这些β-内酰胺酶类。最近，已经确认广谱的头孢菌素酶（头霉素酶）、CMY-2β-内酰胺酶基因存在于大肠埃希菌和沙门菌的质粒；它们是能被棒酸抑制的。

吸收、分布和排泄 先锋霉素类抗生素是水溶性药物。第一代头孢菌素头孢氨苄和头孢羟氨苄，在酸性环境中相对稳定，并且试验证明犬和猫经口服给药途径在肠道内被充分地吸收，但是不可喂给食草动物。虽然通过肌内注射会引起疼痛，且通过静脉注射有刺激性，但第一代其他的头孢菌素必须经过非肠道给药途径。第二代和第三代头孢菌素可以给犬或猫口服使用，而不是非肠道给药。头孢菌素在注射部位被吸收后可以广泛分布于组织和体液中。第三代头孢菌素可以很好地进入脑脊髓液，加上它们对抵抗革兰阴性菌有特殊高效的抑制作用，因此可用于治疗脑膜炎。

不良反应 先锋霉素类抗生素对人类是相对无毒的抗生素。有5%~10%的病人会出现过敏反应，这些病人对青霉素是高度敏感的。一些药物通过静脉注射和肌内注射时具有刺激性。

其他β-内酰胺类抗生素 最近几年其他β-内酰胺类抗生素也被发现了，包括头孢霉素类、棒酸、硫霉素、单环的β-内酰胺类（如氨曲南）、碳青霉烯类（如亚胺培南）、PS的化合物和地毯霉素，所有的化合物都含有基本的β-内酰胺环，但没有β-内酰胺酶的双环结构。它们都能高度对抗β-内酰胺酶，许多有特效的抗生素与早期的β-内酰胺类抗生素组合使用（氨苄青霉素、阿莫西林和替卡西林）对β-内酰胺酶有强大的抑制作用（棒酸、舒巴坦和他唑巴坦）。碳青霉烯类（比阿培南、亚胺培南/西司他丁和美罗培南）对临床上需氧菌和厌氧菌有特殊的作用，并且所有的抗菌药对革兰阴性菌都有良好的作用。

损害细胞膜的功能

损伤细胞膜功能的抗生素包括多粘菌素和莫能菌素、抗真菌的多烯类（两性霉素B、制霉菌素）和咪唑类药物（氟康唑、伊曲康唑、酮康唑和咪康唑）。细胞膜位于细胞壁内层包围着细胞质，它控制着物质进出细胞，如果细胞膜被毁坏，细胞的内容物（蛋白质、核苷酸和离子类）将从细胞中泄漏出来，导致细胞受损甚至死亡。

多黏菌素类 多黏菌素的结构分为亲水性和疏水性部分。多黏菌素可以与膜磷脂结合发挥作用，导致结构解体、渗透压破坏和细胞裂解。多黏菌素对革兰阴性菌有选择性毒性，因为在细胞膜存在某种磷脂而且在革兰阴性菌外膜的外表面也存在脂多糖。非肠道途径使用多黏菌素类会产生肾毒性、神经毒性及肌肉神经的阻断作用。由于多种耐药菌替代疗法的缺失，导致这些药物在人类患者的使用中越来越普遍。在临床中，主要通过口服方式治疗革兰阴性菌感染。

抑制核酸功能

抑制核酸功能的药物有硝基咪唑类、硝基呋喃类、萘啶酸、氟喹诺酮类药物（环丙沙星、单诺沙星、双氟沙星、恩诺沙星、奥比沙星和沙氟沙星）、新生霉素、利福平、磺胺类、甲氧苄啶和5-氟胞嘧啶。因为所有细胞的核酸合成、复制和转录的机制是相似的，所以影响核酸功能的药物可选择毒性较小。大多数药物是通过与DNA结合以抑制其复制或转录来发挥作用。大部分特异性药物是磺胺类药和甲氧苄氨嘧啶，可抑制叶酸合成。

硝基咪唑类 例如甲硝唑和迪美唑，具有杀虫和抗菌性能，但仅对厌氧菌和微需氧菌起作用，其作用机制尚不明确。该类药物产品应用不多。硝基咪唑类药物通过抑制DNA修复酶——DNA酶I，或者通过形成酶不识别的核酸碱基复合物引起广泛的DNA链断裂。硝基咪唑类药物对厌氧革兰阴性菌和许多革兰阳性菌具有杀菌作用，并且对原生生物如三毛滴虫、兰伯贾滴虫和黑头组织滴虫有抑制作用。抑制染色体复制可能会造成最低抑制浓度（MIC）轻微上调，但在硝基呋喃类药物的协同作用下，很少出现由质粒产生的耐药性。硝基咪唑类药物经口服给药途径易被吸收，但注射会有强烈的刺激性。它们广泛分布于身体的组织和体液，包括脑和脑脊髓液，可通过尿液排出。一份有争议的研究表明硝基咪唑类药物最严重的潜在危险是对实验动物有致癌性。由于这些原因，作为人类肉蛋奶来源的家畜不能用这些药物治疗疾病。

硝基呋喃类 与硝基咪唑类相似，硝基呋喃类也是抗原生生物药，而且抗菌谱广。它们在厌氧环境下抗菌效果更好。在进入细胞后，细菌会产生未知特性和不稳定的不同于任何类型的硝基呋喃还原产物，这些产物造成细菌DNA链断裂。硝基呋喃类合成的5-硝基糠醛是具有广谱抗菌活性的衍生物。由于存在毒性和低组织浓度，使它们在用于治疗局部感染和尿路感染中受到限制。

氟喹诺酮类 氟喹诺酮类（如环丙沙星、单诺沙星、双氟沙星、恩诺沙星、奥比沙星和沙氟沙星）在抑制革兰阴性菌中起作用。它们在DNA合成过程中，通过抑制DNA解旋酶（拓扑异构酶Ⅱ）和DNA拓扑异构酶Ⅳ，造成选择性抑制。DNA解旋酶在细菌细胞中参与包装（超螺旋）DNA，而拓扑异构酶Ⅳ参与松弛超螺旋DNA。氟喹诺酮类是杀菌药物。萘啶酸（喹诺酮因具有毒性而很少使用）对铜绿假单胞菌外的革兰阴性菌最有效果，新氟喹诺酮衍生物是广谱抗菌药物，它们对一些革兰阳性菌包括分枝杆菌也有抑制作用。新的氟喹诺酮类药物的一个重要特性是对支原体和立克次体有抑制作用。在口服给药后，氟喹诺酮被快速吸收，半衰期为4～12h。它们既可广泛分布于组织中，也可在某些组织中富集，如前列腺。渗透到脑脊液的药物浓度是血清药物浓度的一半左右，使这些药物可用于治疗脑膜炎。随后，它们被兽医界快速使用，特别是用于治疗革兰阴性菌和支原体。最重要的缺陷是染色体突变介导的抗性迅速出现，其中空肠弯曲菌和铜绿假单胞菌在单个核苷酸突变后产生高水平的抗性，并且在其子代菌中继续遗传下去，导致突变核苷酸持续积累而不仅仅是单个核苷酸突变。耐药性的产生与细胞壁的渗透性下降、药物获得或者流出泵活性作用增强从而将氟喹诺酮类从细胞中排出有关。

利福平 利福平对革兰阳性菌和分枝杆菌有很好的抑制效果，可以用它来抑制依赖DNA的核糖核酸（RNA）聚合酶的细菌。利福平阻止转录的起始，但细菌染色体突变导致耐药性迅速产生。因此，这种药物很少单独使用，而是和其他抗菌药物联合使用。

磺胺类和甲氧苄氨嘧啶药 磺胺类药是具有广谱抗菌性和抑制原生生物的合成药。它们干扰叶酸生物合成和防止形成嘌呤核苷酸。磺胺类药物与氨基苯甲酸（PABA）功能类似，可以与它竞争四氢蝶呤合成酶，形成无功能性叶酸类似物，从而抑制细菌的生长。哺乳类动物应用磺胺类药物后，细胞失去了合成叶酸的能力，但是仍然可以从肠内吸收叶酸。然而细菌是需要合成叶酸的。在细菌中，几次细菌分裂就可将原有叶酸耗尽。

其他影响叶酸合成的药物是通过干扰二氢叶酸还原酶而发挥作用的。甲氧苄氨嘧啶就是一个对细菌有毒的药物而对哺乳动物细胞无毒的例子。因为它对细菌的酶有更大的亲和力。这种酶抑制二氢叶酸向四氢叶酸转化，磺胺类药物产生一系列产物阻碍了叶酸的合成。

磺胺类药 磺胺类药物构成一系列进入大多数组织和体液的弱有机酸，大多数磺胺类药的电离度和脂溶性程度影响其吸收，决定着穿透细胞膜的能力，并影响清除速率。磺胺类药物能抑制革兰阳性菌和革兰阴性菌的生长，也可以抑制其他微生物（一些原生生物）的生长。它们可用于各种口服或非肠道制剂。由于大部分微生物对其产生了耐药性，加上监管的困难性，以及有更好的替代品，所以大多数磺胺类药已不再使用。某些磺胺类药物与甲氧苄啶以固定比例（5∶1）组合成联合制剂，它们组合在一起具有协同杀菌的效果。个别磺胺类药物是磺胺的衍生物，它们具备结构上的抗菌条件，但在理化性质、药代动力学和抗菌程度方面各种衍生物是不同的。磺胺类药物的钠盐在水中易溶，可以制备成经静脉注射途径的肠外药物。某些磺胺类药物被制成低溶解度（如邻苯二甲酰基磺胺噻唑）药物，以便降低吸收速率，这些特性可用于治疗肠道感染。

抗菌活性 磺胺类药物是广谱的抗菌药，它们对需氧革兰阳性菌、部分杆状菌和部分革兰阴性菌包括肠杆菌科都有很好的抑制作用，甚至厌氧菌对其也是敏感的。

耐药性 从动物分离出的致病性菌和非致病性菌都能耐受磺胺类药物。这种情况表明磺胺类药物在人医和兽医中已应用多年。磺胺类药物的耐药性可能是由于突变造成的氨基苯甲酸的过量生产或者是由于结构的改变造成二氢叶酸合成酶与磺胺类药物亲和力降低形成的。通常来说，对磺胺类药物的耐药性是由质粒介导产生的。

吸收、分布和排泄 许多磺胺类药物在胃肠道内可被快速吸收，然后广泛分布在所有组织和体液中，包括关节滑液和脑脊液。它们与血浆蛋白结合程度不同。除了蛋白与磺胺类药物结合程度有差异之外，不同物种与个别磺胺类药结合也是有差异的。磺胺类药物与大多数蛋白质结合（80%）后增加了其半衰期，也能更好地进入脑脊液。

磺胺类药物是通过肾脏排泄和肝脏中的生物转化过程相结合来代谢的。代谢过程中的这种组合导致个别磺胺类药物在不同物种内半衰期出现差异。虽然在兽药中大量应用磺胺制剂，但是许多都是磺胺甲嘧啶的不同剂型。这种磺胺类药物被广泛用于对家畜的治疗上，当口服或者注射给药时能达到有效的血药浓度（50~150mg/mL）。由于它们是碱性的，所以许多注射剂型通过静脉注射途径给药，也可以用磺胺药的缓释口服制剂。

不良反应 磺胺类药物有许多副作用，包括过敏反应以及产生直接毒性。比较常见的副作用是泌尿系统紊乱（结晶尿、血尿和梗阻）和血液病（血小板减少和白细胞减少）。一些副作用与特定的磺胺类药有关，如长时间用磺胺嘧啶和柳氮磺胺吡啶给犬治疗慢性出血性结肠炎时可引起干燥性角结膜炎。

甲氧苄氨嘧啶和磺酰胺类组合药　甲氧苄氨嘧啶以固定的比例与各种磺胺类药物结合。这种组合对多种细菌有广泛的杀菌作用，并抑制某些其他微生物增殖，但也有一些例外。兽药制剂中甲氧苄氨嘧啶联合磺胺嘧啶或磺胺的比例为1∶5。给动物使用时，其他抗菌药的二氨基嘧啶和磺胺类药物的联合使用也包括巴喹普林和奥美普林。

抗菌活性　甲氧苄氨嘧啶和磺酰胺类组合药抗菌谱较广，并且对许多革兰阳性和革兰阴性需氧菌有杀菌活性，包括肠杆菌科。至少在体外条件下该类组合可抑制大多数厌氧菌。支原体和铜绿假单胞菌是耐药的。

微生物对两种药物都敏感时就出现协同作用。当细菌对磺胺类产生耐药时，甚至当细菌对甲氧苄啶仅中度敏感，在高达40%的病例中仍可产生协同作用。由于在分配模式和代谢过程中甲氧苄啶和磺胺类之间的差异，导致这两种药物的浓度比在组织和尿液中存在很大程度的差异。由于两种药物的协同作用发生在一个很宽的范围内，所以这种变化并不重要。

耐药性　对磺胺类药物的耐药性是由于二氢叶酸合成酶的结构变化（二氢蝶酸合成酶）产生的，而对甲氧苄氨嘧啶的耐药性是由质粒编码介导颉颃二氢叶酸还原酶的结果。随着对动物的联合用药，细菌也逐渐产生了对联合用药的耐药性。

吸收、分布和排泄　甲氧苄氨嘧啶是一种脂溶性的有机碱，有大约60%与血浆蛋白连接，60%在血浆中电离。这种组合药物的理化性质能使药物广泛分布，通过非离子扩散穿透细胞屏障，并在大多数体液和组织包括大脑和脑脊液中达到有效浓度。肝代谢是甲氧苄啶代谢的主要途径。不同物种的药物半衰期和经尿排出的剂量有很大的变化，如犬、猫和马可以通过口服途径给药达到很好的效果，也可进行注射给药。

不良反应　严重的副作用少见。一旦发生，通常可以归因于磺胺类成分。口服甲氧苄氨嘧啶和磺酰胺类组合药比其他口服抗菌药的优势在于造成的正常肠道厌氧菌群之间的失调较小。

抑制蛋白质合成

抑制蛋白质合成的药物是四环素类、氨基糖苷类抗生素（丁胺卡那霉素、庆大霉素、卡那霉素、新霉素、链霉素、妥布霉素及其他）、氨基环醇类（大观霉素）、氯霉素、林可酰胺类（克林霉素和林可霉素）和大环内酯类（阿奇霉素、克拉霉素、红霉素、泰乐菌素、泰妙菌素及其他）。由于原核细胞和真核细胞在核糖体结构、组成和功能的不同，所以许多重要的抗菌药对细菌蛋白的合成能选择性抑制。影响蛋白质合成的抗生素，可将其分为影响30S核糖体的部分（四环素类、氨基糖苷类和氨基环醇类）和影响50S核糖体的部分（氯霉素、大环内酯类和林可酰胺类）。

四环素类　四环素通过抑制氨酰基tRNA识别特定部位进而干扰蛋白质的合成。不同四环素有相似的抗菌活性，但是在药理特性上是有差异的。

抗菌活性　四环素类药物具有广谱抗菌活性，能有效抵抗革兰阳性菌和革兰阴性细菌、立克次体、衣原体、一些支原体以及原生生物如羊泰勒虫。四环素类药物对许多革兰阳性细菌、放线杆菌、杆菌、布鲁氏菌、流感嗜血杆菌、部分巴氏杆菌、非肠道细菌和许多厌氧细菌都有良好的抗菌活性，但它对获得耐药性的肠杆菌科成员细菌的活性较差。铜绿假单胞菌是耐药菌，由于尿液中药物浓度较高，首选四环素类药物来治疗铜绿假单胞菌引起的尿路感染。

耐药性　四环素类抗生素广泛的应用导致细菌产生耐药性，大大减少了它的作用范围。四环素类抗生素主要应用于治疗不同类型的胞内菌。耐药性是普遍存在的，通常是由线粒体转座子介导的。四环素类药物之间的交叉耐药是普遍存在的。

不良反应　通常四环素类药物是安全的抗生素，具有较高的治疗指数。其不良反应是具有严重的刺激性，干扰胃肠道菌群，也能够与钙结合（心血管效应和在牙齿或骨沉积），以及产生对肝细胞和肾细胞具有毒性作用的产物。因此，已不再在马匹中使用该药，因其能广谱的抑制正常肠道菌群并产生沙门菌或艰难梭菌引起的致命性感染。

氯霉素和氟苯尼考 氯霉素和氟苯尼考是广谱抗生素，一般结合50S亚基核糖体，使其变形和抑制肽转移酶反应。它们是稳定的脂溶性的中性化合物。

抗菌活性 氯霉素和氟苯尼考对革兰阳性菌、革兰阴性细菌、衣原体、立克次体及部分支原体有抑制作用。虽然肠杆菌科细菌成员对其产生了耐药性，但多数革兰阳性菌和许多革兰阴性需氧和厌氧菌对其都很敏感。氟苯尼考对肠杆菌科家族成员抑制作用不大，但对流感嗜血杆菌、溶血性巴氏杆菌具有高活性。该药物是广谱抑菌药物。

耐药性 多数耐药性的产生是由线粒体编码乙酰酶的结果。

吸收、分布和排泄 犬、猫和反刍动物的小肠能较好地吸收氯霉素，但在反刍动物中这种药物经口服给药后失活。由于其分子量小、具有脂溶性并且能够与血浆蛋白适度地结合，导致该药物能在大多数的组织和液体中分布，包括脑脊液和眼房水。在不同动物上，氯霉素的半衰期差距较大，马为1h，在猫上为5h或6h。新生儿的半衰期是最长的。药物主要在肝脏中与葡萄糖醛酸苷发生共轭而被代谢。

不良反应 尽管长期高剂量地使用氯霉素会导致骨髓产生异常反应，但是使用该药物没有造成动物急性的再生障碍性贫血，而在人中每25 000～40 000个病人会有1个发生骨髓异常反应。该药物能引起潜在的非剂量依赖性的再生障碍性贫血。考虑到肉产品中可能存在药物残留，大多数国家已经禁止使用该药物。氟苯尼考无这种副作用，所以被用于家畜。

氨基糖苷类 氨基糖苷类抗生素具有杀菌作用，链霉素作用模式是最好理解的。链霉素对细菌有各种各样的复杂的影响：①它结合到30S核糖体亚单位的特定受体蛋白上，破坏识别位点的密码子-反密码子相互作用，造成遗传密码误读，产生错误蛋白质；②它结合到"起始"核糖体上，防止形成70S核糖体；③它能抑制蛋白质合成过程中的延伸反应。其他氨基糖苷类药物与链霉素类似，尽管在程度和类型上不同，但都能导致遗传编码的误译和不可逆的抑制。它们在核糖体上有多个结合位点，而链霉素只有一个结合位点，所以它们还能抑制蛋白质合成过程中的移位。大观霉素是一种抑菌氨基抗生素，故认为其能够抑制多肽链延伸过程中的移位。

氨基糖苷类抗生素是极性有机基团，它们的极性在很大程度上是由其药代动力学特性所决定的。在化学特性上包括氨基糖在内，通过糖苷体附着在己糖核上。所有这些药物都具有潜在的耳毒性和肾毒性。新的氨基糖甙类抗生素更能耐受由质粒介导的酶降解，毒性比老的药物低。在效力、活性和由线粒体介导的耐药性的稳定性上，丁胺卡那霉素＞妥布霉素＞庆大霉素＞新霉素＝卡那霉素＞链霉素。这反映了药物发现的年代，显示了链霉素是最古老的氨基糖甙类抗生素。

抗菌活性 氨基糖甙类抗生素可以较好地对抗革兰阴性菌、分枝杆菌和一些支原体。厌氧菌通常具有耐药性。一般来说，革兰阳性菌对于一些旧药物（链霉素和新霉素）具有耐受性，而对于新药物（庆大霉素和阿米卡星）可能敏感。新的氨基糖甙类抗生素对铜绿假单胞菌抑制效果较为明显。它们对需氧革兰阴性杆菌的杀菌作用受pH的影响明显，其中在碱性环境中活性最强。酸度增加可加重组织损伤，这可能是由于氨基糖苷类未能杀死感染或脓肿部位的微生物所致。氨基糖苷类药物与氨苄青霉素联合使用通常具有协同作用。新的β-内酰胺类抗生素与庆大霉素或妥布霉素的联合使用已被用于治疗严重的革兰阴性杆菌感染，如由铜绿假单胞菌引起的疾病。

耐药性 临床上最重要的耐药性是由各种位于周质空间的线粒体降解酶引起的。某些酶只能灭活一些旧的氨基糖苷类药物（链霉素、新霉素和卡那霉素），而其他酶的作用更广泛。

阿米卡星最显著的特性是其能够耐受使其他氨基糖苷类抗生素失活的酶。由线粒体介导和基于转座子介导的对链霉素的耐药性与磺胺类、四环素类药物和氨苄青霉素存在广泛的联系。细菌染色体对链霉素具有耐药性，但对其他氨基糖苷类抗生素不具有耐药性，而治疗期间很容易发展出耐药性。

吸收、分布和排泄 氨基糖苷类抗生素在胃肠道吸收不良，与血浆蛋白的结合程度很低。进入细胞和穿透细胞屏障的能力也有限。它们在体液中很难达到治疗浓度，尤其是脑脊液和眼内液。低扩散性归因于脂溶性程度低。在家养动物中其扩散性相对较小，半衰期很短（2h）。尽管这些药物扩散性较小，但是能够选择性地与肾组织（肾皮质）结合。该药的排泄完全依靠肾脏（肾小球滤过），以原形迅速由尿排出。肾功能损伤会降低它们的排泄率，可调整使用剂量，有必要防止本药的蓄积造成的毒性作用。

氨基糖苷类抗生素的每天肌内注射剂量发生了重大变化，已经从每天3次改为每天1次，这将增加该药的治疗效果。其抗菌活性依赖于药峰浓度、总浓度和低毒性。肾毒性作用取决于阈值反应，高于该浓度药物作用不会增加。这使人们更倾向于使用毒性低的氨基糖苷类药物。

不良反应 所有氨基糖苷类抗生素均可导致不同程度的耳毒性和肾毒性。引起前庭损伤或耳蜗损伤与药物种类有关，新霉素最容易引起耳蜗损伤而链霉素易引起前庭损害。肾毒性（急性肾小管坏死）的发生与长期治疗和血浆中过高的氨基糖苷类药物浓度（特别是庆大霉素）有一定相关性。氨基糖苷类药物可以产生非去极化类型的弛缓性麻痹和呼吸暂停的神经肌肉阻滞。这些是最有可能发生的麻醉症状。

氨基环醇类抗生素 大观霉素是氨基环醇类抗生素，与卡那霉素具有类似的菌谱活性和作用机制，但没有氨基糖苷类药物的毒性作用。它具有普遍的抑菌作用。因为有自然耐药菌株的存在，所以其对革兰阴性菌的作用尚不可预知。该抗生素易产生染色体耐药性，但与氨基糖苷类抗生素并没有交叉作用。线粒体耐药性很少见，但是常见于链霉素。氨基糖苷类抗生素的药代动力学属性最多，但是似乎能更好地穿透脑脊液，目前已被用于农业实践中治疗沙门菌病和支原体感染。

大环内酯类 大环内酯类抗生素对革兰阳性细菌和支原体具有抑制作用。它们能与氯霉素竞争性结合50S核糖体，抑制蛋白质合成中的移位。但其确切机制尚未明确。大环内酯类抗生素（阿奇霉素、克拉霉素、红霉素、泰乐菌素、泰妙菌素、托拉菌素和螺旋霉素）活性和药代动力学特性类似于林可酰胺类抗生素。与林可酰胺类抗生素类似，它们是脂溶性的，基本都分布在组织当中。

抗菌活性 红霉素抗菌谱类似于青霉素G，但能抑制青霉素酶阳性的葡萄球菌、弯曲杆菌、钩端螺旋体、波氏杆菌、立克次体、衣原体、部分支原体和非典型分枝杆菌。其发挥杀菌作用可能需要更高的浓度。泰乐菌素和螺旋霉素抑制支原体的效果不如红霉素。在抑制厌氧菌包括短螺旋体属方面，泰妙菌素比其他大环内酯类药物具有更好的活性，其抑制支原体的活性最为显著。阿奇霉素和克拉霉素抑制非结核分枝杆菌活性较高。这两种药物对各种胞内菌的抑制活性不仅取决于它们的内在活动，还取决于其在细胞（包括巨噬细胞）内的浓度。阿奇霉素在巨噬细胞中的浓度可能比血清中的浓度高200~500倍。

耐药性 一次染色体突变就导致细菌产生红霉素耐药性，即使是在治疗期间染色体也容易突变。由线粒体介导的耐药性也是常见的。红霉素与林可酰胺类和其他的大环内酯类药物之间常产生交叉耐药性。兽医界几乎没有关于病原能够耐受泰乐菌素的报道。对泰妙菌素产生耐药性是很少见的，泰妙菌素与其他的大环内酯类抗生素产生单向的交叉耐药性。

吸收、分布和排泄 硬脂酸红霉素和依托红霉素口服给药后，都能被很好地吸收。肌内注射红霉素具有刺激性。肠道吸收泰乐菌素的能力随药物剂型的不同而不同。泰妙菌素能够被较好地吸收。除脑脊液外，这些药物能较好地分布于机体组织和体液中。组织中的药物浓度通常高于血清中的浓度，特别是阿奇霉素和克拉霉素。因此，这些药物的使用剂量通常是每天1次或更少。螺旋霉素在机体不同组织的浓度差异更加极端，与组织结合相关联。大部分药物在体内降解，但有些通过肾脏和肝脏排出体外。

不良反应　虽然注射时很疼痛，但大环内酯类药物通常是比较安全的药物。对于成年马匹，它能够引起不可逆转的腹泻。因此，此类药物避免应用于马匹。不应对反刍动物口服给药，因为它们可能扰乱瘤胃菌群。

林可酰胺类　林可霉素和克林霉素对革兰阳性需氧菌和厌氧菌有抑制活性。药物结合50S核糖体亚基的结合位点，与氯霉素和大环内酯类药物的结合位点重叠。它们能抑制肽转移酶反应。林可酰胺类药物林可霉素和克林霉素是具有抑菌活性的放线菌类制剂，且和大环内酯类药物的作用机制相似。林可霉素是最常用的兽医药物，它的抑菌活性比林可霉素低。虽然林可酰胺类药物能抵抗革兰阳性需氧菌和所有的厌氧菌及支原体，但是多数的革兰阴性需氧菌对其具有耐药性。克林霉素在对抗厌氧菌方面比林可霉素效果好。

染色体很容易逐步产生耐药性，由质粒介导的耐药性也较为常见。林可酰胺类药物之间会出现交叉耐药性，且与大环内酯类药物一样也常发生耐药性。林可霉素口服或肌内注射给药后很容易被吸收。食物可以延缓和减少机体对其吸收。机体对不同的克林霉素化合物的吸收是不同的。林可酰胺类药物广泛分布于人体组织和体液中，包括前列腺和乳汁中，但脑脊液中浓度很低。因其具有亲脂性故能够穿透细胞。该药主要通过肝脏完成代谢。其主要副作用是在马、兔、豚鼠和仓鼠上造成严重的艰难梭菌盲肠炎和结肠炎，严重的腹泻也可能是由于螺旋梭菌引起。对于成年反刍动物来说，口服低剂量的林可酰胺类药物能够导致瘤胃菌群紊乱。

● 抗生素敏感性和药物剂量预测

在治疗感染的过程中，抗菌药物的使用取决于微生物敏感性和组织药物浓度。兽医病原菌对抗菌药物的敏感性是可预测的，且治疗这些微生物引起的疾病感染所用的有效药物剂量已经在临床试验中被验证。对于一些细菌，其获得耐药性机制的存在意味着需要测定对特定抗菌药物的敏感性。

抗菌药敏测试

有两种常用的药敏试验方法：稀释法和扩散法。稀释法是定量测试，而扩散法（或充其量半定量）是定性测试。必须在标准条件下执行测试。验证细菌对抗生素是敏感还是耐药，最终取决于药物临床治疗是成功还是失败。关于药物敏感性的信息已通过试验进行定量，但是无法把宿主的防御机制、药物在宿主体内与细菌的相互作用及其分布动力学考虑在内。然而，耐药性菌株引起的感染在治疗中往往是失败的，除非在特殊的环境下治疗耐药性菌株引起的感染才有效。敏感性菌株引起的感染可以得到有效的预期治疗，然而，在临床条件下对于天然感染病例，药物的使用剂量和其他因素有待深入研究。

稀释法抗菌试验　已知效价的抗生素药物浓度是患者组织中可达到浓度的一半。无细菌生长和繁殖时的药物最高的稀释度称为MIC，该值比最小杀菌浓度（MBC）更低（表4.1）。

表4.1　四环素对不同兽医病原的最小抑菌浓度

四环素	最小抑菌浓度(μg/mL)	
	MIC_{50}^{a}	MIC_{90}^{a}
支气管炎博德特菌	2	2

(续)

四环素	最小抑菌浓度(μg/mL)	
	MIC_{50} [a]	MIC_{90} [a]
犬布鲁氏菌	0.25	0.25
假结核杆菌	0.25	0.25
大肠埃希菌	4.0	64.0
肺炎克雷伯菌	2.0	64.0
犬支原体	4.0	8.0
多杀巴斯德菌	0.5	0.5

注：[a] 50%的分离株检测MIC_{50}，[a] 90%的分离株检测MIC_{90}。生物体MIC随菌株和物种的不同而不同。

确定有机体最佳用药剂量的优点是它与药物浓度有关，可以预测在特定组织中药物所用的适当剂量。在医疗实践中，MIC结果通常按美国临床实验室标准研究所（CLSI）推荐的来确定。这些说明性指南考虑了生物体对每种药物内在的敏感性，以及特定药物、剂量、感染部位和药物毒性的药代动力学和药效学特性。这些指南包括：①易感性，这意味着感染的有机体在服用特定的抗生素的常用剂量时，组织中获得的药物浓度能够使感染达到抑制效果；②中度敏感性，意味着血液或组织中的抗生素浓度达到最大剂量时能抑制有机体的感染；③耐药性，意味着细菌能够耐受正常浓度和可接纳浓度的抗菌药物；④由美国临床实验室标准研究所（CLSI）兽医抗菌敏感试验小组委员会推出的指南。这标志着美国食品药品监督管理局的灵活性特点是可用性，在一定范围内允许兽医在基于病菌的最低抑菌浓度基础上适当的调整剂量。

抗菌扩散实验 病原菌培养的标准浓度是在含有已知浓度特定抗生素的滤纸片和琼脂上培养，在35℃培养18 h。对于每一个含特定抗生素的培养皿，测量每一个培养皿周围的抑制区并且将测量结果做成一个图表。这个图表把有机体按易感性、耐药性、中度敏感性分类，明确执行这些测试的标准。在标准情况下，在最低抑菌浓度和生长抑制圈直径之间存在一个线性负关系。在标准剂量方案下，能够解释清楚不同动物种类中与抗生素血清药物浓度有关的易感性、耐药性和中度敏感性的抑菌圈直径的关系。根据这些药物浓度，在提供解释性标准下，确定出最低抑菌浓度临界值和推测出抑菌圈直径。E测试是一种专门改进的扩散系统，它是一种能够给出定量结果的扩散浓度梯度带系统。

药物剂量与药效学的设计

结合定量易感性（MIC）数据和抗菌药药效学特性方面的认识，在对不同的动物物种药物配置的药代动力学描述中，可以预测出动物合理的药物剂量。

药代动力学特性包括给药途径、吸收率、分布率、机体分布、代谢途径和代谢率。药效学特性包括组织和其他体液以及感染部位的浓度与时间的关系、毒理学作用和感染部位的抗菌作用。在感染部位的药效作用包括MIC、MBC、浓度依赖的杀灭作用、抗菌后效应、亚抑菌浓度作用、应用抗生素后白细胞增强效应以及首次接触效应。对于浓度依赖性抗菌药物（氨基糖苷类和氟喹诺酮类），致死性是抗菌浓度相对于最低抑菌浓度的应变量，是在低于最低抑菌浓度的药物浓度下持续长时间的作用。对于这些药，在最低抑菌浓度以上的药物总量（曲线下面积）也是很重要的。相比之下，对于依赖时间的抗菌药物（β-内酰胺类、氯霉素、林可酰胺类、大环内酯类、四环素类和甲氧苄啶磺胺），细菌抑制是超过最低抑制浓度的组织浓度时间的函数。因此，这些药在感染部位将剂量保持在最低抑制浓度之上。这些药物，所用药的总量高于最低抑制浓度并不重要，因为随着增加药物的浓度，致死量并没有增加（实际上，对一些药物，在高浓度下致死量可能会减少）。给药剂量的最大时间间隔应根据阻止细菌生长的恢复时间来确定。

影响组织的药物浓度

剂量 给药方案是由给药剂量多少确定的，受药物的毒性和给药间隔限制，给药间隔由药物半衰期决定。经静脉给药浓度应该不超过大多数抗生素半衰期的2倍，给药剂量间隔应该维持治疗组织所需的剂量，但通过其他途径可延长给药间隔。

给药途径 抗菌药可以通过多种途径给药如静脉注射、肌内注射、口服，或通过皮下、乳腺、子宫或呼吸道给药：

1.静脉注射药物后可立即升高血浆中药物浓度，药物浓度可随着药物的分布快速下降。静脉注射给药可能是唯一能超过某些病原体最低抑菌浓度的方法，但在兽医学上通过这个给药途径频繁给药是不切实际的。

2.在兽医学上常用肌内注射，因为它可在1～2h之内保持良好的血浆浓度。虽然皮下注射很容易，但是肌内注射是除了静脉注射外所有途径中血浆药物浓度最高的。药物剂型可以是药物肌内注射后缓慢释放的，因此可以延长给药间隔从而减少对动物的操作。

3.口服抗菌药物仅用于单胃的、反刍前阶段的动物和小马驹。因为口服给药吸收不好，所以其给药的剂量是非肠道给药的数倍。虽然口服给药相比其他给药途径是最容易的方式，但它不是可靠的。一些药物（氨基糖苷类和多黏菌素）是不能在肠道吸收，另一些药物会被胃酸破坏（青霉素）并且可能影响食物的吸收（如氨苄青霉素、四环素和林可霉素）。不过把抗生素溶于水中治疗家畜是一个特别简单、方便和廉价的方法，因为它很少需要对动物进行操作，并且避免了在饲料中混入抗生素所需的费用。

4.局部应用抗生素是对乳房、母畜生殖道、外耳道和皮肤感染的治疗方法。高浓度药物不会引起全身毒性作用。由于药物在身体中大多数组织间质液中的渗透是通过毛细血管内皮细胞孔隙，所以游离药物在血清中的浓度很大程度上取决于组织液中的浓度。

药物的理化性质 这些特点在很大程度上决定了药物在体内的分布情况。大多数抗菌药分布在血管外的组织液中，主要在间质液中。毛细血管内皮细胞孔能允许相对分子质量小于或等于1 000的分子通过。依靠药物的离子化、脂溶性、分子量和游离药物的含量通过生物膜进入组织细胞和毛细血管内皮细胞。脂溶性、非离子性药物如大环内酯类、氯霉素分布均匀，也可以在组织中聚集；而电离和弱脂溶性药物，如青霉素类、氨基糖苷类的分布效果差。这些理化性质的差异在很大程度上决定了药物的药代动力学特征。因此，氨基糖苷类和青霉素类分布较少，并且经静脉注射后半衰期短，经尿路排出；而大环内酯类和四环素类分布较多，并且半衰期长，一部分通过肝脏代谢排出。在身体一些特殊部位，如中枢神经系统、眼睛和前列腺（不同的松弛毛细血管）中仅允许低分子量、脂溶性和非离子药物通过。

药物的蛋白结合 一般而言，药物与血浆蛋白结合达到90%后是缺少临床意义的。广泛与细胞成分结合的氨基糖苷类和多黏菌素能被脓液灭活。

排泄机制 这决定了药物在排泄器官的浓度。当药物浓度非常高时，会在尿液或胆汁中发现药物。

生理屏障 大脑、脑脊液、眼部和乳腺中的解剖学生理屏障，减少了药物从血液中进入，从而减少了炎症反应。

疗程 虽然原则上药物在感染部位必须作用足够长的时间，但是没有确定影响治疗的时间。在评估治疗反应中，不同类型的感染对多种抗生素的反应和临床实践是非常重要的。一般情况下，在治疗

2d 后如果观察不到任何反应，诊断和治疗应重新评估。

在症状缓解后，治疗应再持续 48h，这取决于感染的严重程度。对于严重感染，应继续 7~10d 的治疗。对一些简单的感染，如女性膀胱炎，单剂量的抗生素就可彻底治疗。

抗菌药组合使用 单独用药不起作用时，把药物组合使用会起到很好效果。在人类肠球菌性心内膜炎治疗中将青霉素和链霉素组合使用就是一个很好的例子。然而，对于人类肺炎球菌性脑膜炎的组合治疗效果，早期研究结果显示混合抑菌和杀菌药物会产生严重的临床影响。在一些传染病，免疫防御能力差的病人（如脑膜炎、心内膜炎和慢性骨髓炎）或现存免疫缺陷和需要杀菌作用时，药物之间颉颃作用对治疗效果的影响是非常大的。如果将抑菌药和杀菌药混合，前者可能会抵消后者，杀菌药物对清除感染部位或者传染病（脑膜炎、心内膜炎和慢性骨髓炎）的感染是至关重要的。在另一些病人或疾病中，由于宿主抗菌相互作用的复杂性，在临床上很难发现颉颃和协同的作用。药物的颉颃作用现象可能仅是实验室现象，没有任何临床意义。

如果几种药物组合的效果是他们各自独立效果的总和，那么这几种药物是可以组合的。如果结合的作用比单独作用效果好很多这是协同作用，如果没有单独作用好这是颉颃作用。协同和颉颃作用不是绝对的；这种相互作用往往是难以预测的，对不同的细菌种类和菌株，这种作用可能只发生在一个狭窄的浓度范围内。没有体外方法可以检测这些相互作用。在体外确定相互作用的方法是费时的，在实验室中也不经常用到。

在涉及以下机制时抗菌组合药一般是协同的：①它们在新陈代谢过程中按顺序逐渐抑制（如甲氧苄氨嘧啶磺酰胺类组合）；②连续抑制细胞壁合成的过程（如万古霉素青霉素和氨苄甲亚胺青霉素）；③一种抗菌药被另一种抗菌药促进（如氨基糖苷类、多黏菌素和 β-内酰胺类 β 磺酰胺）；④抑制灭活酶（如阿莫西林/克拉维酸）；⑤阻止耐药菌群的出现（如红霉素利福平合用对抗马红球菌）。

正如前面所说的，在一定程度上抗菌药组合之间产生颉颃作用，这仅是实验室所能产生的，这种作用依靠精确的实验方法，因此很多在临床上是没有意义的。然而有些药物组合的颉颃作用是可以在临床中检测出来。如果抗菌药组合包括下列机制，那么颉颃作用是可以出现的：①抑制杀菌作用（如用于治疗脑膜炎的抑菌和杀菌的药物，根据时间-剂量关系，杀菌作用是被抑制的）；②药物竞争结合位点（如大环内酯类抗生素和氯霉素组合的临床意义不清）；③抑制细胞入侵机制（如氯霉素和四环素类的组合没有明确的临床意义）；④对耐药酶的阻遏（如最新的第三代头孢菌素抗生素与以前的 β-内酰胺类药物组合）。

● 抗真菌的化学治疗

虽然真菌对不同药物的敏感性不是相同的，但是却可预测。真菌药物的药敏试验是复杂的，一般不用简单的纸片扩散法进行药敏试验。

局部用抗真菌药

许多化学药品有抗真菌的特性，并且被用在皮肤和黏膜表面感染的局部治疗上。它们包括酚类抗菌药如六氯酚、碘化物、季铵盐消毒剂、8-羟基喹啉、水杨酰胺、丙酸、水杨酸、十一酸和氯苯甘醚。更有效的局部广谱抗菌药是纳他霉素（一种多烯抗生素）、克霉唑（咪唑化合物）、制霉菌素（多烯抗生素）、酮康唑和咪康唑（它们中的一些会在全身用抗真菌药中简要介绍）。

全身用抗真菌药

在历史上，对于系统性使用的抗真菌药物——两性霉素 B，主要的缺点为有毒性并且通过静脉注

第一部分 引 言

射给药，但是它的优势为具有抗真菌作用。对咪唑类的研究（酮康唑、伊曲康唑和氟康唑）是全身性抗真菌治疗的一大进步，因为他们可以口服，降低了毒性并且有好的疗效。

灰黄霉素 灰黄霉素是抑制真菌的抗菌药物，能抑制有丝分裂，其仅对皮肤癣菌（癣菌）有效。有报道称，在治疗期间中一些皮肤癣菌就产生耐药性。只有在口服灰黄霉素时才对癣菌有疗效。该药物进入基底细胞表皮的角质层，随着基底细胞逐步成熟和死亡药物附着在角质化的上皮上。

两性霉素 两性霉素B类似于制霉菌素的多烯抗菌药，并结合在麦角固醇上造成细胞内容物泄漏。麦角固醇是真菌细胞膜上主要甾醇。两性霉素B抗菌谱广，是普遍的抗真菌药。它具有抗皮炎芽生菌、念珠菌、球孢子菌、新型隐球菌、荚膜组织胞浆菌和申克孢子丝菌的作用。丝状真菌的菌株，虽然普遍易感，但它的变化范围广从非常敏感到具有耐药性。两性霉素B必须通过静脉注射给药。像这种治疗方式不可避免的会产生肾毒性副作用，必须在监控下使用；停止用药则副作用可以消失。在治疗由双相真菌和酵母菌引起的全身性真菌病时两性霉素一直是有很好疗效的重要药物。这种药物由静脉缓慢注射，每隔一天用药1次，连续使用6～10周。

氟胞嘧啶 在真菌细胞中，5-氟胞嘧啶脱氨基变成5-氟尿嘧啶，可插入到信使RNA产生错乱的密码和错误的蛋白质。它的作用范围比较小，其中包括许多念珠菌和新型隐球菌，但大多数丝状真菌对其是耐药的。在治疗过程中很容易产生耐药性。因此，氟胞嘧啶仅用于与其他药物联合使用，通常与两性霉素联合使用。

咪唑类 咪唑类能干扰麦角固醇的生物合成并与真菌细胞膜上的磷脂结合造成细胞内容物流出。氟康唑、伊曲康唑、酮康唑和咪康唑对酵母菌、双相真菌和皮肤癣菌有很大程度的抗真菌作用。它们也有一些抗细菌和原生生物作用。其中，酮康唑、伊曲康唑和氟康唑比咪康唑作用更强，并且是有利于系统性给药的药物。它们可以口服但不能静脉注射。它们在人和动物中很少产生明显的副作用，也有报道称人们在服用酮康唑后产生了肾毒性。用这种药物对许多全身性真菌感染的犬和猫进行治疗时效果较好。其他动物则没有使用经验。这种药物在抑制真菌过程中也是有缺点的；为了阻止感染的反复发生，在严重感染时进行长期治疗是必要的。

● 抗菌药物的耐药性

许多细菌出现耐药性的速度和规模使许多兽医和医生大吃一惊。在最近二十年中，耐药性显著增长。在人类医疗中，为应对抗生素的耐药性危机，对耐药细菌的治疗只能采取抗生素出现之前的一些治疗措施，包括外科手术如对感染的四肢采取截肢手术。高耐药菌的产生和传播是对现代医学和外科学的严重威胁。

潜在的基因突变和不同类型的细菌之间的遗传物质交换，加上细菌生长繁殖快，因此对人类和动物感染中限制使用抗菌药物是很重要的。抗菌药的使用不是为了诱导细菌产生耐药性，而是降低细菌对药物的敏感性并且留下大部分耐药菌。在动物中使用抗菌药物是进化选择及抗性基因和耐药细菌传播的基础。通常情况下，涉及细菌耐药性发展的遗传进程与涉及细菌进化一样精确，这就是达尔文自然选择进化论中的"适者生存"。

抗菌药物的耐药性可以分为固有耐药性和获得性耐药性。

固有耐药性

微生物可能对某种抗生素产生耐药性，因为细胞缺乏对抗生素敏感所必需的细胞机制。例如，支原体因缺乏细胞壁而对氨苄青霉素G产生耐药性。同样，因为药物不能渗透到细胞内，大肠埃希菌在很大程度上可对青霉素G产生耐药性。

获得性抗性

从遗传学角度出发，获得性耐药性可由突变或通过水平基因转移（可转移的药物耐药性）而产生。水平基因转移是指经不同的方式从其他细菌获得遗传物质（噬菌体、质粒、转化和转座子）。尤其是染色体上的突变更易于在细胞结构上产生变化，然而基因的水平转移更易于编码合成修饰抗生素的酶。基于遗传的耐药性通常是逐步发展的过程，而可转移的抗性经常是高水平、全或无的抗性。

获得性耐药性的重要机制包括：①酶水解抗生素；②细菌未成功渗透；③靶受体的改变；④代谢途径中旁路途径的发展；⑤酶与药物低亲和性的发展；⑥通过外排作用将抗菌药物从细胞移除，或者是以上这些机制的组合。

耐药性突变　耐药性突变与基因的水平转移相比仅仅是一个小问题。抗生素抗性的突变是一个自发事件，该事件包括未受抗生素影响下的DNA序列的改变。尤其是染色体上的突变会引起其他变化，使细胞处于不利条件，以至于在可选择的抗生素缺乏时，这些突变可能会逐渐地丢失。抗生素耐药性的突变是引人瞩目的，正如青霉素抗性的第一步突变，MIC增加1 000倍。染色体对青霉素耐药性的逐渐产生，一系列的突变会使生物体的MIC逐渐增加。这些差异的发生是因为当抗生素影响一个靶点时，染色体突变是一个一步的过程，而当许多靶点受影响时，抗性的突变是一个多步的过程。

微生物对每种抗生素的突变速率不同，并有自己的特点。正如早期讨论的那样，有时候将多种抗生素联合使用来克服耐药性突变。因为对两种抗生素耐药性突变的可能性是每种抗生素单独突变可能性的和。在兽医中，抗性突变限制链霉素、新生霉素和利福平的使用，同时在较小程度上限制了红霉素的使用。有趣的是，对喹诺酮类而言不同物种之间一步突变的重要性在耐药性的发展过程中存在差异。对空肠弯曲菌和铜绿假单胞菌而言，单个核苷酸在DNA旋转酶基因的特殊位点上的变化会导致临床耐药性。然而，在大肠埃希菌中单个核苷酸的改变可能仅仅引起敏感性的轻微降低。

染色体突变导致的多重抗生素耐药性菌株称为临床相关细菌。这些区域涉及Mar（多重耐药性）位点及控制外排系统，该系统可引起其对多种未修饰药产生抗性。

药物耐药性的水平转移　在兽医和人类医学中，基因的水平转移引起的抗生素耐药性具有重要作用。不像发生在单个细菌染色体耐药性突变那样，遗传物质的转移可以产生"传染性的"耐药性。细菌获得外来耐药性基因的三种方式分别是转化（裸露DNA的摄取）、噬菌体（转导）以及结合（通过质粒结合）（图4.2）。根据基因的水平转移类型，这可能会同时引起几种甚至多种抗生素耐药性的转移，在细菌和原始源头之间传播。大多数传染性抗生素抗性的染色体外源DNA分子通常是质粒，称为R质粒。

包括水平转移基因相关的抗性基因在内，通常是一种非常复杂的不同的可移动基因元件的组合，同时也包括这些元件之间的突变及重组，以上的所有情况均可以加强细菌支配这些要素及当基因暴露在抗生素（有时候同时对消毒剂和重金属）时的选择优势。为了增加其复杂性，这些相同可转移的元件也可能会获得其他决定因素，这些决定因素会加强它们的适应性，如在医院相关的肠球菌情况下形成生物膜的能力。

质粒　携带负责耐药性的DNA质粒可以在细胞内自我复制，并可通过结合扩散到其他细胞。质粒自身通常由转座子和整合子构建而成（见"转座子"和"整合子"）。

结合是指质粒介导的耐药性转移（图4.2）。在基因转移过程中，供体细菌合成性菌毛。在交配过程中性菌毛可以使供体菌黏附在受体菌上，引起质粒基因向受体的复制转移。供体仍可保持质粒复制的能力，但是受体已变成新的潜在的供体。结合不仅发生在相同种属之间，也发生在不同的系和属之间，因此在大范围不相关的细菌中可以发现相似的质粒。大肠是耐药性质粒普遍发生细菌结合的地点。

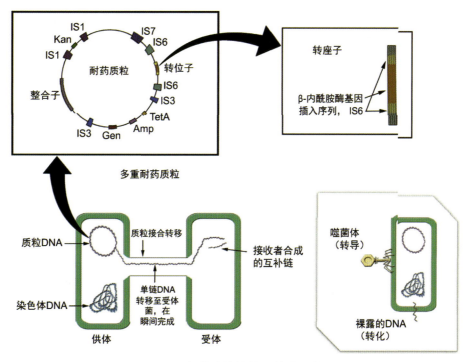

图4.2 细菌内抗性基因转移机制

许多质粒介导的抗性以及一些染色体介导的抗性与转座子相关（图4.2）。转座子最简单的形式是在抗性基因两侧的任意一侧插入序列，此序列是移动基因元件的最小形式。这些被称为是转座子的短DNA序列（"跳跃基因"）可以从质粒转到质粒，从质粒转换到染色体，从染色体转换到质粒。转座子复制通常保留在原始位点。转座频率是特定转座子和细菌的特点。在抗性转移中，作为一个重要的元素，转座的重要性在于其在细菌细胞的重组过程中的独立性，而与DNA相互作用的同源性不是必需的。由于转座子不同，不同来源的质粒通常有一样的抗生素失活基因。根据插入序列在细菌内广泛分布的特性，其本质上在细菌基因组内（包括编码抗性的基因）没有基因，该细菌基因组不能作为转座子运动并移动到其他细菌基因组。此外，由于插入序列之间DNA的同源性，DNA重组事件频繁修饰抗性质粒，这些抗性质粒将添加的DNA与额外的抗性基因结合起来。质粒也可能携带了编码抗性基因（就像"基因的水平转移"的相关描述）的整合子。结合转座子可能会引起细菌的结合，以质粒结合的方式进行结合。

关于耐药性基因通过质粒转移的一个著名例子是 *blaCMY-2* 基因编码对第三代头孢菌素的抗性基因。这个基因很可能起源于枸橼酸杆菌属的染色体，已经报道相关质粒在肠杆菌科间传播，如在血清变形沙门菌及大肠埃希菌中。编码 *blaCMY-2* 的质粒相当"混乱"，以至于耐药性基因在肠杆菌科的共生体以及致病性成员之间快速散布。对牛和鸡用第三代头孢菌素类抗生素治疗时就证实出现了这种耐药性基因。

噬菌体 细菌病毒（噬菌体）可以在细菌间转移细菌染色体或质粒的耐药性基因，该过程称为转导（图4.2）。一个例子是将青霉素耐药基因——β-内酰胺酶基因转移到先前对青霉素敏感的金黄色葡萄球菌内。转导在抗生素耐药性传播过程中的重要性可能被低估了，尽管噬菌体精密的特异性很可能限制了它们的作用。

转座子 转座子是基因水平转移的一种特殊类型，可发生在一些细菌中（图4.2）。转化过程如下：细菌死亡后释放的DNA通常被其他密切相关的细菌从环境中摄取，之后在DNA复制期间重组产生新性状的基因。例如，肺炎链球菌是一种重要的人类病原，经新型PBPs发现该病原存在青霉素耐药性。

其他与抗性有关的遗传要素

整合子 在革兰阴性肠源菌中，整合子越来越被认为是与广泛传播多重耐药菌相关的遗传元件。一个整合子就是一个基因捕获和散布系统，由整合酶基因和点特异性整合位点（"基因捕获"）组成，整合酶可以插入抗菌药物耐药性基因盒（"基因散布"）中。在革兰阴性肠源菌中，超过9种类型的整合子和超过60种不同的基因盒与包含多达7种不同耐药性基因盒的整合子被鉴定出来。此外，一些细菌在其基因组中或许会携带基因盒，这些基因盒或许有能力但未被纳入整合子中。在染色体、质粒或转座子中发现有整合子（不管有没有抗性基因盒）。

基因组抗性岛屿 基因组抗性岛屿是包含多重抗药性基因的大染色体区域，通常与不同的整合子相关，并可通过质粒在细菌中移动。一个著名的例子是与沙门菌血清型鼠伤寒沙门菌DT104相关的沙门菌基因组岛屿，被发现也存在于其他多重耐药血清型的毒株和其他肠杆菌科中。

抗菌药物耐药的临床重要性

在一些重要的兽医致病菌中，获得性药物耐药性的产生已经成为一个重要的问题，同时在人类医学中也是一个危机。多数细菌菌群对常用药物保持较高的敏感性，在某些细菌中尤其是革兰阳性菌中很显著，如链球菌和棒状杆菌。因此，在多数情况下由细菌引起的疾病的重要性有所下降，取而代之的是由细菌引起的感染更值得关注。

凝固酶阳性葡萄球菌经常出现对青霉素的获得性耐药性。最近，在全球范围内的家畜动物中出现耐甲氧西林的金黄色葡萄球菌和犬耐甲氧西林伪中间葡萄球菌感染。对多种普通抗生素而言，获得多重抗生素耐药性严重限制它们对肠杆菌科成员如沙门菌和大肠埃希菌的使用。在动物中，在非肠源细菌如败血波氏杆菌、嗜血杆菌和巴氏杆菌中获得性耐药性受到越来越多的注意。而且在几乎所有致病菌群和正常菌群中也鉴定出获得性耐药性。

在某种程度上，抗菌药物使用和耐药性之间存在因果关系，但是其重要性因病原菌不同而异。本质上可以反映它们对环境改变的适应能力，即反映了不同细菌种类进化及定植的能力。

在动物肠源细菌间耐药性的发展非常显著。由于大量细菌存在耐药性基因以及水平转移耐药性基因的能力、经口使用抗菌药物以及这些细菌通过局部环境污染而得到传播，所以肠道是抗生素耐药性转移的主要场所。在肠道内，"混乱"质粒可能会在同一科的细菌之间转移抗性，如在肠源杆菌的成员之间像从沙门菌到大肠埃希菌或变形杆菌，甚至不相关的分类科中如从大肠埃希菌到拟杆菌转移抗性。在伴侣动物如犬中，肠源杆菌和其他机会致病菌中耐药性基因的出现和传播被发现。在一些情况下可能会反映感染，这些感染通常来源于它们的主人使用了抗菌药物。

多重药物耐药性基因存在于质粒或整合子中，任何抗菌剂的使用都会被其中一个基因编码的抗性协助其维持抗性基因的整个集合。质粒可能会通过获取抗性基因盒的整合子或者通过转座子介导的抗性基因来逐渐积累耐药性基因。

肠道大肠埃希菌 家畜中肠道大肠埃希菌耐药性的大量研究已经证明了关于耐药性机制及生态的重要信息。这些研究表明了耐药性范围与抗菌剂的使用情况之间的关系。例如，放牧的成年反刍动物体内的大肠埃希菌耐药性较轻，然而在密集饲养的幼年动物中其大肠埃希菌的耐药性较明显。在幼年动物使用抗菌剂较常见，且肠道菌群未成熟。由于质粒介导的耐药性，这些大肠埃希菌可能会对多种药物产生耐药性。在牧场动物的产肠毒素大肠埃希菌中，几乎普遍存在质粒介导的对四环素、磺胺以及链霉素的耐药性。在猪和牛的产肠毒素大肠埃希菌中编码耐药性的质粒可能包括决定毒力的基因，如毒素和黏附素产生的基因。在肠道内的大肠埃希菌中发现耐药性质粒，并且这种含有耐药性质粒的大肠埃希菌在大肠厌氧菌群中更具优势。在用抗生素治疗动物的这段时间内，大肠埃希菌和其他厌氧菌种群会对抗生素产生耐药性。这主要是因为耐药性菌株没有被抗生素杀死，但也有耐药性质粒强化转移的因素。在没有抗生素的情况下，大肠内的环境似乎不适合耐药性因子转移。短期口服抗菌药物后，会提高大肠埃希菌的耐药性，这导致一旦药物消除大部分含耐药性质粒的大肠埃希菌在肠道内就不能好好地生长了。然而，抗生素的大量使用与细菌产生的广泛耐药性有着密切的关系，由于耐药性大肠埃希菌已在肠道内寄生，在减少抗生素应用后这种情况也会持续很长时间。

沙门菌　在不同血清型沙门菌菌株中，许多耐抗生素菌株的产生成为一个主要问题，如鼠伤寒沙门菌。这是由于染色体合并成基因组岛并控制着整合子。例如，在 S 型鼠伤寒沙门菌菌株中，噬菌体 DT 104 的复制特点是存在一个多重耐药基因组岛，并且这种情况已蔓延到其他血清型。犊牛沙门菌病显然为耐药沙门菌的生长和传播提供了一个机会。多重耐药且强毒力的鼠伤寒沙门菌在牛群中出现传播，并且从牛到传播到其他物种（包括传播到人类），随着时间延长耐药性在重要性方面有所下降。例如，在全球基础上多重耐药鼠伤寒 DT 104 株通过牛广泛传播的情况在十年后下降。这个克隆菌株的基因区域含有抗氟苯尼考和四环素的耐药性基因，并由两端携带编码 β-内酰胺酶、链霉素耐药基因的整合子基因表达盒。这种独特的沙门菌基因组岛集群基因形成染色体的一部分，但这也可能是一个整合到染色体的质粒。在其他血清型的沙门菌中也发现这个基因岛或它的变体，如阿贡纳沙门菌和新港沙门菌。携带这些多重耐药基因的沙门菌在人群中引起了严重的疾病。

正如前面所讨论的，在牲畜身上是否使用第三代头孢类抗生素，与沙门菌是否携带编码抗生素耐药性的 *blaCMY*-2 基因的质粒有关。例如，在加拿大和美国，为防止肚脐感染使用头孢噻呋，这种做法导致出现耐头孢噻呋的美国海德堡菌以及耐头孢噻呋的大肠埃希菌。这些具有抗药性的海德堡菌已经扩散并引起了人们严重的疾病。最重要的是第三代头孢菌素类抗生素，是婴儿和孕妇重症沙门菌感染的首选药物。

医院获得性耐药菌感染　获得性耐药菌是人类医院中的一个主要问题，并在兽医院越来越得到证实。在人类医疗中，与多重耐药菌的医院相关感染属于所谓 ESKAPE 组，成为一个重要的问题。ESKAPE 细菌是屎肠球菌、金黄色葡萄球菌、肺炎克雷伯菌、鲍氏不动杆菌、铜绿假单胞菌和肠杆菌属。耐药性绝不仅仅在医院中产生，但医院不可避免地是细菌的发展和选择的繁殖地。抗菌药物的使用与细菌耐药性的发展有因果关系。很难阻止患者被具有耐药性的机会致病性细菌感染，是因为他们分享同样的空间、环境、器皿以及兽医人员。此外，患有严重的或者偶尔的免疫抑制相关疾病的患者会重复接受大量的广谱抗菌药物治疗，进而移除了机体中正常定植的菌群，包括大肠中的正常微生物菌群。在这种环境条件下，这些病人可以轻而易举地被那些本质上具有抗药活性的细菌定植或者使细菌获得耐药性。

动物病原菌抗生素耐药性的公共健康方面

在动物体内应用抗菌药物可以导致耐药细菌和它们的耐药基因通过各种各样的途径到达人群（图 4.3）。由于耐药菌的复杂性，很难确定其规模。

大部分人类病原菌的耐药性来源于医生的抗微生物治疗。然而，像肠球菌大肠埃希菌和沙门菌等动物来源的耐药菌能够在人类大肠中定植。那些频繁接触的人群（使用饲料中含有抗生素的农夫、屠宰场工人、厨师以及其他食品处理者）比普通人群的粪便中含有耐药性大肠埃希菌的概率要大很多。在屠宰中大量被肠道菌群污染的肉类是人类获得耐药菌的一个重要途径。尽管这些细菌中很多都是无致病性的，但是许多动物肠道中的致病性细菌能引起人类动物源性细菌感染（如沙门菌和空肠弯曲菌），并且这些细菌由于耐药性而更难被治疗。除了动物源性细菌外，动物从人类获得的无致病性细菌是另一个从人类病原菌中获得耐药基因的潜在途径。这些细菌不仅仅通过食物链传递给人类，也通过耐药菌污染的水源。

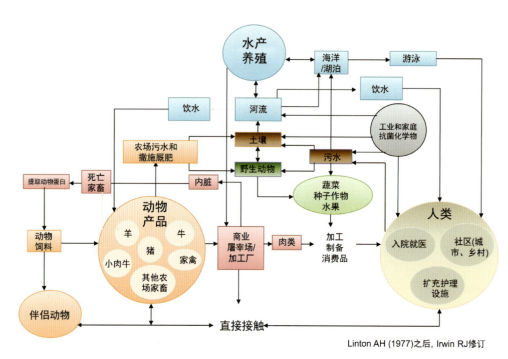

图4.3 耐药细菌和基因在人类、动物和环境中传播路径总结

对家畜应用抗生素，尤其是以促生长和预防疾病为目的，使人类病原菌产生耐药性，这个问题越来越引起重视。在家畜中，为了达到促生长和疾病预防的目的，谨慎应用抗生素成为重申争论的最主要的观点。这些抗生素的使用使人类病原耐药性出现惊人的增长，尤其是引起"社区获得性"感染而不是医院获得性感染。耐药性已经离开医院进入社区，这导致需要对抗生素的应用范围进行重新探讨。很明显，来自欧洲的耐万古霉素肠球菌（VRE）是驱动改变的一个因素，对免疫系统受损伤的病人来说，VRE是一个严重的并且基本上无法治愈的医院获得性病原菌。VRE从一个集约化动物养殖场分离得到，该养殖场应用阿伏帕星，一种促生长和疫病预防糖肽的抗生素。在欧洲治疗动物的肠道中这些VREs广泛存在，也在一小部分健康人群中存在。自相矛盾的是，在美国的健康人群中并没出现VRE，美国没有使用阿伏帕星。另一个因素是瑞典在1999年加入欧盟（EU）。自从瑞典禁止使用抗生素作为促生长和疾病预防许多年后，瑞典打算将他们的经验带入欧盟其他国家，或者改变它的规则，或者适应欧盟。瑞典使用VRE证据来劝说欧盟改变使用抗生素作为生长促进剂的政策，在1999年，欧盟规定大部分药物（阿伏霉素、杆菌肽、螺旋霉素和泰乐菌素）禁止应用。澳大利亚同样禁止应用。在美国，给动物应用抗生素需要通过严格的审查。2001年颁布的重要决定是撤销批准用来治疗大肠埃希菌引起鸡败血症的氟喹诺酮类药物的应用，因为空肠弯曲菌快速对氟喹诺酮类药物产生了耐药性。据估计，每年有超过14 000人在治疗弯曲菌病时受影响，这些人通过鸡感染了氟喹诺酮类药物的耐药菌。2003年，美国食品药品管理局兽医中心发布了指导性文件，用评价耐药性的影响作为监管通过新的抗生素药物的一部分。这份文件将人医中不同抗生素药物类别的相对重要性、推荐的药物剂量进行分析，并将人类获得耐药性的风险纳入考虑之中。2010年，兽医中心发布"明智应用"指导性文件，推动两项原则，首先就是应用抗生素被限制在预防、治疗和控制疾病（如不准作为生长剂使用），并且在饲料中应用抗生素须在兽医监管之下（如不允许使用非处方药）。

在世界范围内，对人类医疗有重要作用的抗生素药物将从生长促进剂或长效疾病预防剂中移除。这符合抗生素谨慎应用原则，抗生素药物应该在效果明显和重要的情况下应用。

控制抗生素耐药性

避免使用抗生素是控制抗生素耐药性的最好方式。大部分国家的兽医协会为最佳应用抗菌药物出版了谨慎应用指导手册，可以在他们的网站轻松下载。谨慎用药被认为可以让抗生素发挥最佳效力，并将耐药性的形成和传播最小化。尽管这些指导手册在范围上具有普遍性，但是，应该补充一些物种或者兽医实践类型的指导手册，加上具体案例。将来会有更进一步细化的指导手册，这是医学和兽医学中抗生素管理工作全球化运动的一部分。抗生素管理工作的话题超出了本书的范围，但是本书包括了基于易感性和药代动力学和药效学原理的理解来选择最佳抗生素和最优剂量，执行有效的感染控制措施限制细菌传播以及在控制感染方面发现抗生素替代物。

（吴华伟　刘建波 译，孙东波　冯力 校）

第5章 疫 苗

疫苗是用来诱导机体产生免疫应答、预防和减少传染病发生的生物制品。疫苗可以由活的或者灭活的病原构成，也可以是能够诱导免疫保护性应答的病原组分（类毒素或亚单位疫苗），或者是病原的产物。含有灭活细菌的疫苗更适合称作菌苗。有毒性的病原产物称作毒素，而失去毒性的毒素则称作类毒素。

有效的疫苗应能够诱导机体产生理想的免疫应答，从而阻止感染的发生，或者至少干扰严重疾病的发展。

● 体液免疫

抗体与病原和/或其产物表面的表位结合，进而发挥免疫学功能。抗体结合在病原的表面，通过空间位阻和/或改变病原表面电荷及疏水性，进而干扰其对宿主靶细胞的吸附（提高多种类型细胞的吞噬作用），并能引发补体系统级联反应产生调理素或破坏有包膜的病原产物。抗体与病原产物结合后，可阻碍该产物与靶细胞表面的受体结合，和/或通过改变该产物的构型进而改变其与靶细胞受体的亲和力。

● 细胞免疫

细胞免疫（cell-mediated immunity，CMI）是产生活化的巨噬细胞和/或特异性细胞毒性T淋巴细胞的免疫应答。该免疫应答在体液免疫不能发挥作用时诱导免疫保护，主要针对细胞内病原。

活化的巨噬细胞为单核吞噬细胞，伴随着白细胞介素-1（interleukin 1，IL-1）和γ-干扰素（interferon gamma，IFN-γ）而出现。这些细胞的吞噬活性和酶活性升高，氮氧化物含量增加，分泌的肿瘤坏死因子（TNF）和IL-1等细胞因子增多，主要组织相容性复合物-Ⅰ（major histocompatibility complex class Ⅰ，MHC-Ⅰ）的表达增加。从而破坏那些非激活的单核细胞不能破坏的病原体。一些学者将这一免疫阶段（即巨噬细胞的活化）称作细胞致敏。

细胞毒性T淋巴细胞识别受感染的宿主细胞（如感染病毒或细菌的细胞），分泌相关产物，引发被感染的宿主细胞死亡。受感染细胞中的病原会被直接破坏或者从细胞中释放出来，与宿主其他免疫效应因子作用（如抗体、补体和活化的巨噬细胞）。

● 免疫应答的产生

由抗原提呈细胞经过外源性途径加工的抗原诱发抗体的产生。如胞外菌（活菌或灭活菌）、灭活的病毒粒子、病毒成分（亚单位）或者其相关产物，都通过外源性途径进行抗原加工。在MHC-Ⅱ分子协助情况下，分泌IL-1和少量IL-12的抗原递呈细胞将抗原表位呈递给免疫系统。辅助T淋巴细胞（CD4淋巴细胞的T_{H2}亚群）在这种刺激下分泌细胞因子（IL-4、IL-5和IL-13），诱导免疫应答。

还有一些病原在细胞内复制。如果病原在单核巨噬细胞内增殖，那么抗原就会经过外源性或内源性途径进行加工。同上面所述的外源性抗原递呈方式一样，内源性抗原的抗原递呈也需要MHC-Ⅱ分子参与，而抗原递呈细胞同时分泌IL-1和IL-12。其中，IL-12激活辅助T淋巴细胞（T_{H1}亚群），抑制T_{H2}细胞亚群。T_{H1}细胞分泌γ-干扰素，进一步激活单核巨噬细胞。一部分胞内病原（病毒、细菌和真菌）在单核巨噬细胞的细胞质内复制。来自这些病原的抗原也通过内源性途径加工，与无吞噬活性细胞中释放出来的抗原加工一样，都需要在MHC-Ⅰ类分子参与下将抗原表位呈递给免疫系统。这种方式递呈的抗原表位被CD8细胞毒性T淋巴细胞识别。这些淋巴细胞的功能是裂解被感染的靶细胞，也就是表达MHC-Ⅰ和抗原表位复合物的细胞。

● DNA疫苗

DNA疫苗是将编码抗原的基因插入到一些含有强启动子（如巨细胞病毒快速/早期启动子和SV40早期启动子）、终止序列（polyA尾）和CpG序列（cytidine-phosphate-guanosine，CpG）的质粒载体中，它所含有的强启动子可以使抗原基因得以表达。CpG序列（常存在于细菌基因组中）的功能是诱导抗原加工细胞分泌淋巴因子以辅助T_{H1}淋巴细胞。这种疫苗可以通过多种途径接种（包括肌内注射、皮内注射和黏膜表面接种），肌内注射是最常用的接种方式。转染DNA疫苗的肌细胞在MHC-Ⅰ分子参与下（CD8 T淋巴细胞活化）作为抗原递呈细胞表达抗原。目前还不清楚MHC-Ⅱ分子（针对CD4 T淋巴细胞）存在的情况下抗原是如何表达的。可能的原因包括MHC-Ⅱ抗原递呈细胞（巨噬细胞/树突状细胞/B淋巴细胞）成为被转染细胞，或者是被转染的肌细胞将质粒结构迁移到MHC-Ⅱ类抗原递呈细胞中。

DNA疫苗已被实验证能够诱导产生针对多种细菌、病毒和原虫的保护性免疫应答（包括体液免疫和细胞免疫）。目前，一些DNA疫苗已进行商业销售和使用，包括西·尼罗河病毒DNA疫苗和治疗犬黑色素瘤的口服疫苗。

● 佐剂

佐剂是用来影响抗原诱导的免疫应答类型。根据佐剂的不同，这种影响可发生在免疫应答的不同阶段。一些佐剂可作为贮存剂，使抗原在长时间内缓慢释放，从而使免疫应答最大化，如油包水型乳剂，矿物盐佐剂（皂土和铝）以及惰性粒子（微球）。其他佐剂可以在免疫应答之初介导抗原加工过程的活性，比如免疫刺激复合物佐剂（immune-stimulating complexes，ISCOMs），它含有磷酸胆碱结构，该结构包含免疫原和脂质体（脂质囊泡）。使用多种细胞因子佐剂靶向不同的免疫组分，可以影响免疫应答。例如，IL-1活化T淋巴细胞，IL-12和IFN-γ影响辅助性T细胞亚群的选择，粒细胞巨噬细胞集落刺激因子则可以活化巨噬细胞，并能提高抗原加工的效率。

● 病毒疫苗

动物接种病毒疫苗是预防多种病毒性传染病的关键。疫苗的有效性在于其能够激发免疫应答，在动物随后暴露于致病性病毒时可诱导保护作用。很多疫苗已经开发出来，经过多年使用，获得了不同程度的成功。一种潜在的疫苗能否取得成功主要取决于其安全性和有效性。然而，经济因素也能决定疫苗的设计、开发和最终的商业用途。

几十年来，多种免疫方法已经得到应用。包括：①将具有毒力的活病毒接种到一个解剖学部位，从而使一个或多个靶组织不受感染；②在动物对疾病相对有抵抗力时将有毒力的活病毒接种到动物体内；③同时接种有毒力的活病毒和免疫血清，这种方式已不再被认可；④使用弱毒活病毒株（如致弱或"改造的活病毒"）；⑤使用灭活病毒。近年来，也出现了其他一些疫苗制备方法，包括亚单位、合成肽和重组疫苗。无论什么类型的疫苗，都是为了激发针对病毒粒子表面或者受感染细胞表面表达的病毒抗原的特异性免疫应答。所以，经过免疫的宿主在暴露于致病病毒时可以免受病毒的感染。合理开发一种有效的病毒疫苗需要了解病毒的致病机理、感染后保护性免疫应答的产生过程以及抗原蛋白的特异性，后者对于开发重组疫苗和合成肽疫苗相当重要。

病毒致病机制有以下三种常见的类型：

1. 感染发生在呼吸道或肠道组织的黏膜表面。在这种情况下，分泌性抗体（如IgA）的局部免疫十分重要。在这种感染中，细胞免疫（CMI）的作用不是很清楚。

2. 感染始于黏膜表面，继而产生伴有病毒血症的全身性感染，随后感染其他远端靶组织。这样的感染中，黏膜免疫和全身免疫应答都非常重要。

3. 昆虫叮咬（虫媒病毒）、无意间接触或者上皮损伤使病原直接进入宿主循环系统。在这种感染中，全身免疫至关重要。

疫苗的开发必须考虑到病毒感染和传播机制。减毒疫苗和灭活疫苗在兽用疫苗市场中占主要地位（表5.1）。

表5.1 病毒性疫苗类型

1. 活病毒疫苗
a. 自然致病性病毒致弱为低致病性病毒
b. 宿主范围限制性突变毒株——使用不同的病毒感染不同种类宿主，这些病毒与对原始宿主自然致病的病毒之间有相关的抗原性
c. 重组异源病毒载体疫苗——构建表达其他病毒保护性抗原的感染性病毒重组体，或者构建插入已知抗病毒活性基因或免疫调节功能基因的重组病毒
d. 通过靶向突变或删除编码毒力蛋白的基因而获得的同源重组病毒
e. 在体外高滴度复制，在体内不能有效复制的复制缺陷型重组病毒载体疫苗
2. 灭活病毒疫苗
a. 化学方法灭活的病毒疫苗
b. 物理方法灭活的病毒疫苗
c. 使用单抗免疫层析法纯化的病毒抗原
d. 通过DNA重组技术将病毒蛋白克隆到原核或真核细胞中的病毒亚单位疫苗
e. 展示病毒表面抗原免疫区域的合成多肽疫苗
f. 直接注射到组织中的编码病毒保护性抗原基因的DNA质粒
g. 使用抗独特性抗体作为抗原诱导抗病毒抗体反应

• 减毒活疫苗

减毒活疫苗包括人工致弱（改造的活病毒）的病毒株和自然致弱的病毒株，这些病毒对自然宿主毒力减弱。自然减毒病毒株可能来自病毒的自然宿主，也可能来自不同宿主中分离到的关系相近的病毒。例如，人类最初通过接种牛痘病毒来防治天花。这种免疫方法要求减毒活疫苗能够诱导足够的免疫应答，而且要求减毒疫苗株具有遗传稳定性。当前使用的兽用疫苗中，大多数疫苗是减毒病毒株，最常用的减毒方法是研制病毒宿主范围限制性突变株，其他方法包括研制温度敏感型突变株和冷适应突变株（错义突变）、缺失突变株和重组病毒株。

宿主范围限制性突变病毒株是通过在需要免疫的不同于自然宿主的宿主中进行连续传代来获得，常用的传代系统包括实验动物、鸡胚或细胞，其中，细胞培养方法的应用越来越多。通过在这些系统中的连续传代，病毒通常由于基因组累积突变而改变特异性病毒蛋白，从而降低其对自然宿主的毒力。然而，很多改造的活病毒疫苗株的减毒机制并不清楚，而且改造的病毒株可能会在自然宿主中增殖后出现毒力返强的现象，这一直是这种致弱方式面临的问题。

获得条件性致病突变体目的是使病毒在宿主中有限复制，进而可以作为疫苗。温度敏感型突变体通常是在基因突变的基础上，通过温度敏感的表型筛选而来。冷适应型突变体是将病毒在低温条件下连续增殖，最终获得在动物正常体温条件下无法复制的突变体。冷适应型突变体通常需要在毒力编码基因上获得多个突变，与温度敏感型突变体相比，冷适应型突变体更加稳定。

使用异源病毒载体表达克隆的病毒基因是病毒疫苗构建的一种独特方式。多年来，牛痘病毒已经被广泛用作一种感染性疫苗的表达载体，这是因为牛痘病毒已被广泛用于人类疫苗，而且其基因组至少可以删除22 000个碱基而仍保持其感染性，这种特性为插入外源性克隆基因提供了广阔的空间，而且还具有允许多种外源病毒基因插入的潜力，从而有利于设计多价和多联疫苗。这种疫苗载体主要的潜在优势是可以将表达的病毒蛋白插入到宿主细胞膜上的主要组织相容性抗原相关区域，同时刺激机体产生体液免疫和细胞免疫应答。

构建缺失突变体是另一种潜在的病毒减毒机制，这样可以在不影响病毒复制的情况下，选择性缺失病毒基因组中与毒力、持续感染和免疫抑制相关的基因。这种方法要求对病毒及其致病机理有全面的了解。目前，已经研发出预防猪伪狂犬病的基因缺失苗。猪伪狂犬疫苗株中的胸腺嘧啶激酶基因缺失，可以使该疫苗株诱导免疫应答但不引起疾病。此外，疫苗株中也缺失了编码病毒糖蛋白gpⅠ、gpⅢ和gpx的基因，检测针对这些特异性抗原的抗体可用来区分野毒感染和疫苗免疫的动物，这在流行病学监测以及控制疾病方面是一个重要进展。这些疫苗被称为DIVA（differentiation of infected from vaccinated animals）疫苗，能够鉴别感染动物和免疫动物。

非复制型重组病毒载体不能在体内复制但是可以在顿挫感染（abortive infection）过程中表达外源蛋白，从而诱导宿主产生体液免疫和细胞免疫（CMI）。研究表明，当猫和犬接种表达狂犬病病毒糖蛋白的重组鸡痘病毒后，可以抵抗野生型狂犬病病毒的感染。当前已有很多商品化重组金丝雀痘病毒载体疫苗，用来预防犬瘟热（表达血凝素和融合蛋白抗原）、猫白血病毒和狂犬病（表达G蛋白）。这种类型病毒疫苗的优势在于即使在免疫系统受到抑制的宿主中仍具有明显的安全性。

所有疫苗都有其优缺点，包括减毒疫苗。表5.2列出了减毒活疫苗与灭活疫苗的基本特征。活病毒疫苗的主要优势在于它们能够在宿主体内复制，因此能够同时诱导体液免疫和细胞免疫。对于主要攻击呼吸道和肠道黏膜表面的病毒感染，通过鼻腔或口腔途径接种减毒病毒后，可以刺激产生局部免疫。因此，局部免疫常常比全身免疫更为有效。从经济角度来考虑，减毒疫苗由于生产成本低、不需要佐剂和免疫增强剂以及不需要多次免疫，因而更受欢迎。

表5.2 活疫苗和灭活疫苗的优缺点

评价指标	活疫苗	灭活疫苗
免疫期	长	短
佐剂	不需要	需要
安全性	多样（安全或不安全）	通常情况下非常安全
潜在并发症	毒力返强，传播给易感动物	存在应激
潜在污染	可能	可能性很小
受干扰性	可能	可能性很小
成本	很低	高
免疫调控	不需要	需要
疫苗标记	可能的遗传标记	血清学标记
稳定性	差	好
是否诱导细胞免疫反应	是	否
局部分泌型免疫反应	是	否
基因重组可能性	有	无
免疫持续性	是	否

尽管减毒疫苗一直是应用最广泛的兽用疫苗，但依然具有很多严重缺陷。一些疫苗减毒后会导致免疫原性部分或全部丧失。因此，在改造疫苗株时，可能需要在降低病毒毒力和保持免疫原性之间进行平衡。此外，由于某些病毒在实验室条件下难以复制出临床疾病，因而也就很难准确评估病毒毒力减弱的情况。在这种情况下，被认为毒力已经减弱的疫苗有可能无法提供完全的免疫保护，或者会在应激、生理失衡及与其他微生物共同感染等特定环境下造成临床疾病。如果疫苗发生上述这些情况，就要退出市场，需得到进一步改进。宿主范围广的病毒也产生一些问题，对某一种动物毒力减弱的病毒可能仍然对更易感的动物保持毒力。如果接种过疫苗的动物在环境中释放致弱的病毒，这些病毒传播就可能会传播给其他易感动物。

减毒活疫苗的使用需要考虑的主要问题是毒力返强现象。多年以来，毒力返强问题一直困扰着减毒疫苗的研发和许可审批。对于宿主广泛和能够通过节肢动物进行生物传播的病毒，毒力返强的可能性更高。尽管减毒疫苗株可能会在需要免疫的宿主体内稳定存在，但在传播媒介和其他动物体内毒力则可能返强。同时，减毒疫苗株可能会对发育中的胎儿具有致病性，妊娠动物接种减毒疫苗也令人担忧。另外免疫反应性低下的动物接种减毒活疫苗后也可能会导致临床发病或死亡。

减毒疫苗的其他缺点还包括：①疫苗株之间或与野生型病毒之间的基因重配（基因组分节段的病毒）或重组可能导致新病毒的出现；②疫苗株缺少标记，不能用血清学方法区分疫苗免疫和野毒感染；③持续性感染的产生；④疫苗株稳定性差，特别是在热带地区；⑤多价疫苗病毒株间的复制干扰。同时，病毒抗原性不断漂移（antigenic drift）是该类疫苗研究和应用的又一大困扰，这就需要不断对新的分离株致弱，并评估其安全性和有效性。

● 灭活病毒疫苗

很多灭活疫苗已经在兽药行业开发应用。灭活病毒最常用的灭活剂是福尔马林、β-内丙酯、乙酰基乙烯基亚胺或乙烯亚胺。其他的灭活方法包括紫外线、γ线、补骨脂素复合物和臭氧。灭活病毒疫苗最主要的优点在于其安全性——由于灭活疫苗不会发生病毒的复制，很多活病毒疫苗的潜在缺点在灭活疫苗中都不存在。用于制备灭活疫苗的病毒主要通过实验动物、鸡胚和细胞培养增殖，其中细胞培养是当前最普遍的病毒培养方式。从经济角度考虑，能够在细胞培养中高滴度生长并且表现出一级灭活动力学（first-order inactivation kinetics）的病毒最适合制备疫苗。灭活疫苗需要加入佐剂才能诱导良好的免疫反应，同时也需要多剂量接种才能产生主动免疫。一些高效佐剂可能导致不良反应，包括严重的局部组织反应、动物生长期体重减轻、全身性超敏反应甚至死亡。随着不断地研发出更好的佐剂和免疫刺激复合物（ISCOMs），灭活疫苗会越来越有效。另外，与减毒疫苗相比，灭活疫苗在不利的环境中也相对稳定，多联灭活苗中不同毒株之间相互干扰较小。

然而，灭活疫苗的使用也有缺点。一些灭活剂是有毒的，甚至有些是致癌物，另外，低浓度的灭活剂可能存在于最终的疫苗产品中。与活病毒不同，灭活疫苗病毒不能在机体内大量增殖，所以需要添加佐剂和多次接种。此外，由于诱导细胞免疫时需要在细胞表面主要组织相容性复合物（MHC）协同下进行抗原递呈（通过内源性途径加工），灭活疫苗不能产生强烈的细胞免疫。此外，由于灭活疫苗通常以胃肠道外途径接种，因此也不能产生局部分泌免疫。

病毒灭活的成功依赖于灭活剂和病毒的特性。尽管大多数病毒可被成功灭活，但是灭活后病毒关键抗原的完整性有所不同。病毒灭活时必须保持其诱导保护性免疫的抗原不受破坏。灭活疫苗的使用可能会使动物免疫系统处于致敏状态，这种情况下感染野毒之后就会出现严重的临床症状。致敏作用机制还不清楚，通常是由于非典型性免疫应答引起免疫沉淀，如缺乏有效亲和力而导致的不完全抗体应答、产生针对非中和表位的抗体、优先刺激产生IgE（介导Ⅰ型超敏反应的抗体）以及其他免疫介导炎症的异常激活。

研发新型亚单位疫苗是目前疫苗研究的热点，包括病毒亚单位蛋白纯化、重组技术和合成肽。亚单位疫苗实质上是一种可以诱导机体产生保护性免疫的免疫原性蛋白（或肽序列）。这种蛋白通常位于病毒颗粒的表面，并含有能够诱导中和抗体的抗原表位。这种疫苗可以通过裂解病毒后蛋白纯化来制备。由于这种制备方法的可能成本较高，有时已经阻碍亚单位疫苗的商业开发，但是最近的生物技术进展为重组DNA和肽合成技术提供了替代办法。

开发重组疫苗的方法涉及将含有预期的病毒基因组编码序列插入到一个适当的表达载体中。主要过程是将病毒DNA或互补DNA（cDNA）导入质粒载体或噬菌体中，随后感染易感原核细胞如大肠埃希菌、酵母细胞和哺乳动物细胞。构建疫苗表达载体的策略有多种，载体中大多都包含一个强启动子（基本型或可诱导型）。质粒转染细胞后，克隆的cDNA被表达，目的基因表达产物纯化后即可制备疫苗。在过去的15年中，科学家也致力于将编码病毒抗原蛋白的质粒DNA直接导入动物体内。这类DNA疫苗具有潜在的优势，即病毒蛋白和糖蛋白在转染细胞表面表达，并在不受被动获得的病毒抗体干扰的情况下诱导免疫。

合成肽疫苗也被开发出来。与依赖于克隆的病毒疫苗一样，合成肽疫苗的研发也需要具有对诱导保护性免疫的病毒蛋白的深入了解。目前有两种基本方法来确定关键的肽段序列：①间接法，从克隆的病毒基因核苷酸序列着手；②直接法，对纯化的肽进行测序。基于具有免疫功能的多肽和抗原表位作图来确定保护性免疫的肽段区域，有助于应用直接法研制肽疫苗。另外一种方法是基于病毒蛋白三级结构来确定关键多肽序列，具有亲水性特征的区域可以作为候选序列。合成肽疫苗的主要缺点是关键抗原表位可能由三级结构形成（一个抗原表位可能需要由两个独立的肽序列并列组合而成）。这样的抗原表位不利于推测出多肽序列，也不利于在合成的产品中实现复杂的构象。

科学家已经探索使用抗独特型抗体作为免疫原来刺激产生病毒中和抗体。此类免疫原的优点是通过产生广谱的中和抗体来克服病毒变异的问题。然而，此类疫苗在大多数情况下只产生抗体应答。目前，这些疫苗的生产和成型技术尚未建立。

● 类毒素、细菌素和细菌疫苗

与病毒疫苗一样，类毒素、细菌素和细菌疫苗的有效性基础是其能够诱导免疫应答，从而在野外暴露于致病病原时产生保护。上述提到的有关病毒性疫苗的大多数原理适用于设计针对细菌的保护性免疫。开发有效的疫苗产品依赖于对目标细菌致病机理的了解。然而，一般来说，设计针对细菌或真菌的疫苗要难于病毒疫苗的设计。大多数致病细菌具有多种毒力因子，中和其中一种毒力因子只能部分降低其感染的毒力。细菌疫苗经常不能阻止感染，而很多减毒的病毒疫苗则可以阻止感染。

一般来说，细菌性疾病可以分为三大类：①细菌毒素导致的疾病；②细菌胞外大量复制继发的疾病；③细菌胞内大量复制继发的疾病。

● 类毒素

细菌毒素有两种：外毒素和内毒素。就严格的定义而言，内毒素是革兰阴性菌细胞壁的脂多糖成分（它是具有"毒性"的脂类A成分）。胞壁酰二肽存在于革兰阳性菌的细胞壁中，还少量存在于革兰阴性菌的细胞壁中，也具有"毒性"特征。我们用双引号括起"毒性"是因为内毒素和胞壁酰二肽是通过诱导宿主细胞分泌多种细胞因子而诱发毒性，并不是其本身具有毒性。宿主对这些毒素反应程度决定毒素的毒性。外毒素是与宿主细胞相互作用的蛋白质（通常在结合了一个特异性受体之后），引起宿主细胞功能异常，但对细胞没有过度伤害，不干扰宿主细胞正常的生理功能，也不引起宿主细胞的死亡。

针对多种毒素表面抗原表位产生中和反应的抗体有时也称为抗毒素。如前所述，一种抗体可能阻断毒素与其细胞受体之间的相互作用或者改变毒素构象使其不能再作用于宿主细胞。研究表明，针对外毒素的抗体能够有效预防疾病，而针对内毒素的抗体在预防疾病方面产生的结果不一。

类毒素是失去毒性的毒素，它可以引起免疫应答，也就是说，可以诱导产生抗体。类毒素可以通过化学方法灭活天然毒素而来，也可以通过改造毒素的编码基因使毒素的毒性失活。例如，毒素A-B（见第8章）的A亚单位具有毒性，而B亚单位则负责与宿主结合，编码A亚单位的基因去除后，产生仅含有B亚单位的类毒素。针对脂多糖（内毒素）的抗体就是通过免疫表达极少量O-重复单元的脂多糖突变体（称之为"粗糙"突变体）诱导而来（见第8章）。

类毒素的主要优点是它比能引起疾病的毒素更安全。一方面，非肠道途径接种的类毒素产生的抗体（IgM和IgG）可以干扰非黏膜表面的毒素与宿主细胞间的相互作用。另一方面，黏膜表面接种的类毒素产生的抗体（sIgM和sIgA）在黏膜表面干扰毒素与宿主细胞间的相互作用。通过黏膜表面方式接种类毒素进行免疫的主要缺点是这种方式半衰期很短，不能刺激机体产生足够的保护性免疫应答。

细菌素

细菌素是灭活的致病性细菌。细菌素通常是通过化学方法灭活病原来制备，其目的是保持细菌中产生保护性应答的抗原表位结构。针对细菌素的免疫应答是一种抗体应答，与上述类毒素部分的介绍内容一样。

细菌素的主要优点是安全。如果细菌素是由具有细胞外复制周期的细菌制备并且经非肠道途径接种，产生的抗体将十分有效；如果细菌素经黏膜表面免疫，分泌产生的抗体（sIgM和sIgA）将会干扰病原与宿主细胞间的相互作用。细菌素也有缺点，由于其主要的免疫应答是产生抗体，因此只能产生抗体介导的免疫保护作用。因此，通过非肠道途径接种细菌素或类毒素对胞内病原效果不明显。接种在黏膜表面的细菌素半衰期非常短,这是该疫苗的一大缺点。另一缺点是细菌一般在体外培养,因此在体内表达的抗原表位可能无法表达,这可能会造成疫苗诱导的抗体不具有特异性。

细菌疫苗

细菌疫苗的成分是致弱的细菌,也就是说,细菌疫苗是活的细菌,但是其毒力降低。细菌毒力减弱的方法有多种:如筛选一种自然减毒菌株,将细菌在人工培养基上反复传代,或者通过基因突变消除细菌的致病特性。

细菌疫苗的主要优点与其是活的疫苗直接相关。活疫苗与灭活疫苗相比不仅半衰期长(与接种位置无关),而且它们还可以表达仅在体内表达的抗原表位,因此可以产生针对病原体感染以后才能表达的表位抗体。细菌疫苗的另一个优点是可以同时诱导抗体和细胞免疫。活菌苗的主要缺点是其本身可能致病,如通过毒力返强而获得致病表型。此外,如果免疫的宿主抵抗力较差或者疫苗在其他宿主上应用,细菌疫苗都有可能致病。

延伸阅读

Bassett JD, Swift SL, Bramson JL, 2011. Optimizing vaccine-induced CD8(+) T-cell immunity: focus on recombinant adenovirus vectors[J]. Expert Rev Vaccines, 10 (9): 1307-1319.

Gilbert SC, 2012. T-cell-inducing vaccines-what's the future[J]. Immunology, 135 (1): 19-26.

Hillaire ML, Osterhaus AD, Rimmelzwaan GF, 2011. Induction of virus-specific cytotoxic T lymphocytes as a basis for the development of broadly protective influenza vaccines[J]. J Biomed Biotechnol, 2011 (1110-7243): 939860.

Lousberg EL, Diener KR, Brown MP, et al, 2011. Innate immune recognition of poxviral vaccine vectors[J]. Expert Rev Vaccines, 10 (10): 1435-1449.

Meeusen EN, 2011. Exploiting mucosal surfaces for the development of mucosal vaccines[J]. Vaccine, 29 (47): 8506-8511.

Murtaugh MP, Genzow M, 2011. Immunological solutions for treatment and prevention of porcine reproductive and respiratory syndrome (PRRS)[J]. Vaccine, 29 (46): 8192-8204.

Pinheiro CS, Martins VP, Assis NR, et al, 2011. Computational vaccinology: an important strategy to discover new potential S. mansoni vaccine candidates[J]. J Biomed Biotechnol, 2011: 503068.

(曾显营 译,李呈军 校)

第二部分
细菌和真菌

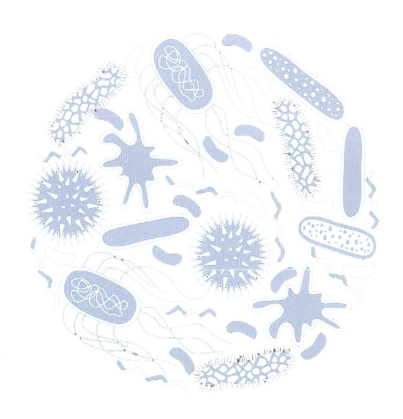

第6章 肠杆菌科

目前肠杆菌科有46个属，263个已命名的种和亚种（表6.1）。某些种是食用和伴侣哺乳动物、家禽、其他鸟类、爬行动物和人类肠道内或肠道外疾病的重要病因。肠道外感染通常涉及尿路、呼吸道、血液和伤口。含有动物和人类重要病原的菌属包括：柠檬酸杆菌属（*Citrobacter*）、阴沟肠杆菌属（*Cronobacter*）、肠杆菌属（*Enterobacter*）、埃希菌属（*Escherichia*）、克雷伯菌属（*Klebsiella*）、摩根菌属（*Morganella*）、邻单胞菌属（*Plesiomonas*）、变形杆菌属（*Proteus*）、普罗威登斯菌属（*Providencia*）、沙门菌属（*Salmonella*）、沙雷菌属（*Serratia*）、志贺菌属（*Shigella*）和耶尔森菌属（*Yersinia*）。有些菌属主要包括植物病原[布伦勒菌属（*Brenneria*）、迪基菌属（*Dickeya*）、欧文菌属（*Erwinia*）、泛菌属（*Pantoea*）和果胶杆菌属（*Pectobacterium*）]、昆虫或线虫病原[杀雄菌属（*Arsenophonus*）、布赫纳菌属（*Buchnera*）、光杆状菌属（*Photorhabdus*）、*Shimwellia*、*Wigglesworthia*和致病杆菌属（*Xenorhabdus*）]。

表6.1 肠杆菌科分类表

属	种和亚种数量	模式种
杀雄菌属 *Arsenophonus*	1	*nasoniae*
布伦勒菌属 *Brenneria*	5	*salicis*
布赫纳菌属 *Buchnera*	1	蚜虫内共生菌 *aphidicola*
布戴约维采菌属 *Budvicia*	2	水生布戴约维采菌 *aquatica*
布丘菌属 *Buttiauxella*	7	乡间布丘菌 *agrestis*
西地西菌属 *Cedecea*	3	戴氏西地西菌 *Davisae*
柠檬酸杆菌属 *Citrobacter*	11	弗氏柠檬酸杆菌 *freundii*
Cosenzaea	1	*myxofaciens*
克罗诺杆菌属 *Cronobacter*	9	阪崎肠杆菌 *sakazakii*
迪基菌属 *Dickeya*	6	菊迪基菌 *chrysanthemi*
爱德华菌属 *Edwardsiella*	4	迟缓爱德华菌 *tarda*
肠杆菌属 *Enterobacter*	21	阴沟肠杆菌 *cloacae*
欧文菌属 *Erwinia*	17	解淀粉欧文菌 *amylovora*

(续)

属	种和亚种数量	模式种
埃希菌属 Escherichia	5	大肠埃希菌 coli
爱文菌属 Ewingella	1	美洲爱文菌 americana
哈夫尼菌属 Hafnia	2	蜂房哈夫尼菌 alvei
克雷伯菌属 Klebsiella	7	肺炎克雷伯菌 pneumoniae
克吕沃尔菌属 Kluyvera	4	抗坏血酸克吕沃尔菌 ascorbata
勒克菌属 Leclercia	1	非脱羧勒克菌 adecarboxylata
勒米诺菌属 Leminorella	2	格氏勒米诺菌 grimontii
Lonsdalea	3	Quercina
米勒菌属 Moellerella	1	威斯康星米勒菌 wisconsensis
摩根菌属 Morganella	3	摩氏摩根菌 morganii
肥杆菌属 Obesumbacterium	1	变形肥杆菌 proteus
泛菌属 Pantoea	20	成团泛菌 agglomerans
坚固杆菌属 Pectobacterium	9	果胶杆菌 carotovorum
光杆状菌属 Photorhabdus	16	发光杆菌 luminescens
邻单胞菌属 Plesiomonas	1	类志贺邻单胞菌 shigelloides
布拉格菌属 Pragia	1	泉布拉格菌 fontium
变形杆菌属 Proteus	4	普通变形杆菌 vulgaris
普罗威登斯菌属 Providencia	8	产碱普罗威登斯菌 alcalifaciens
拉恩菌属 Rahnella	1	水生拉恩菌 aquatilis
拉乌尔菌属 Raoultella	3	植生拉乌尔菌 planticola
沙门菌属 Salmonella	8	肠炎沙门菌 enterica
Samsonia	1	erythrinae
沙雷菌属 Serratia	16	黏质沙雷菌 marcescens
志贺菌属 Shigella	4	痢疾志贺菌 dysenteriae
Shimwellia	2	pseudoproteus
伴蝇菌属 Sodalis	1	glossinidius
塔特姆菌属 Tatumella	5	痰塔特姆菌 ptyseos
Thorsellia	1	anopheles
特拉布斯菌属 Trabulsiella	2	关岛特拉布斯菌 guamensis
威格尔斯沃思菌属 Wigglesworthia	1	glossinidia
致病杆菌属 Xenorhabdus	22	嗜线虫致病杆菌 nematophila
耶尔森菌属 Yersinia	18	鼠疫耶尔森菌 pestis
预研菌属 Yokenella	1	雷金斯堡预研菌 regensburgei

注：共计46个属，263个种和亚种（下文用亚种名替代相应的种名）。
（引自 Leibniz 研究所和 JP Euzéby，2013）

●特征概述

形态和染色

这些微生物均是革兰阴性直杆状细菌（图6.1），大部分宽为0.3～1.0μm，长为6.0μm（图6.2）。仅根据形态很难区分肠杆菌科的各个成员。

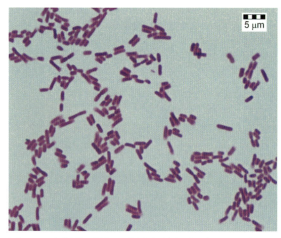

图6.1 大肠埃希菌，革兰阴性杆菌（1 000×）（引自Hans Newman，2013）

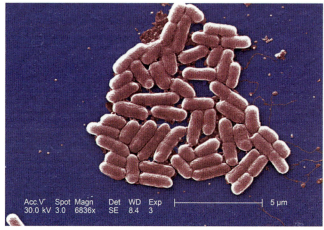

图6.2 革兰阴性大肠埃希菌O157：H7的扫描电镜彩图（6 836×）（引自美国疾病控制与预防中心公共卫生信息库）

结构和组成

细胞壁与其他革兰阴性菌一致，包含内膜（细胞质）和外膜（OM），以及薄的肽聚糖层和周质空间（图6.3）。外膜的内表面是不对称的磷脂双分子层，脂质A（内毒素）和疏水的脂多糖（LPS）锚定在外部。外膜含有蛋白质、脂蛋白和酸性多聚糖[已知为肠杆菌属共同抗原（ECA）]。外膜磷脂组分与细胞质膜的组分相似。尽管外膜蛋白（OMP）不尽相同，但是OmpA和其他膜孔蛋白是外膜蛋白的主要组分。膜孔蛋白被组装为三聚体，形成含亲水空腔的孔道样结构，使离子和水溶液可以穿过疏水性脂质双层。ECA包含N-乙酰基-D-葡糖胺，N-乙酰基-D-氨基甘露醇醛酸和4-乙酰氨基-4，6-双脱氧-D-半乳糖。

LPS大分子的近侧部分由疏水性脂质A区域组成。这个区域是一个极性脂质，其中葡萄糖氨基-β-（1→6）-葡糖胺的主链通常由六个或七个饱和脂肪酸残基取代。远端的脂质A骨架连接到多糖内芯区域，并且内芯和脂质A骨架包含许多带电基团，大部分是阴离子。LPS的最外层区域包含亲水的O-抗原多糖区域。核心多糖位于近端（内芯）和远端O-抗原区域内的脂质A之间（外芯）（图6.4）。脂质A是一个极性脂质，其中葡葡萄糖氨基-β-（1→6）-葡糖胺的主链通常由六或七个饱和脂肪酸取代。在产生光滑型LPS的细菌中，核心多糖部分被分成两个区域：内芯（脂质近端）和外核。外核区域为O-多糖（O-抗原）提供了一个附着位点。内芯的结构在科和属之内非常保守。内芯通常含有2-酮-3-脱氧辛酸和L-甘油-D-甘露庚糖（图6.2）。

菌体抗原（O-抗原）是由重复单位组成，区别在于葡萄糖单体、O型糖苷键的位置与立体化学结构以及非碳水化合物取代基团的存在情况（图6.2）。不同结构的O-重复单元可以组成不同数目的单糖，可以是直链或支链的，并且可以形成单聚物或者更常见的多元聚合物。O-多糖的链长变化导致

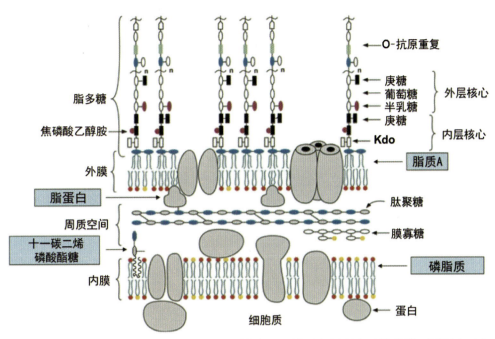

图6.3 大肠埃希菌K-12内膜与外膜的分子模式图。椭圆和矩形表示糖残基，圆圈表示各种脂质的极性头部基团。Kdo代表2-酮基-3-脱氧辛酮糖酸（引自Raetz等，1991）

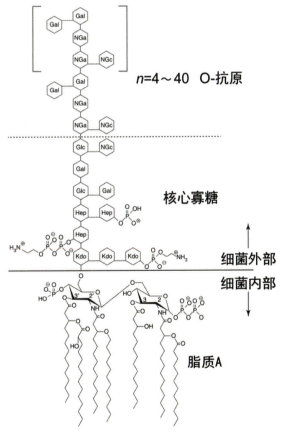

图6.4 大肠埃希菌O111：B4内毒素的化学结构（引自Ohno和Morrison，1989）

Hep，L-丙三醇-D-甘露庚糖；gal，半乳糖；Glc，葡萄糖；Kdo，2-酮基-3-脱氧辛酮糖酸；Nga，N-乙酰基-半乳糖胺；NGc，N-乙酰基-葡萄糖胺（引自J Pharm Pharmaceut Sci和Magalhães，2007）

分子大小的异质性，在十二烷基硫酸钠-聚丙烯酰胺凝胶电泳发生经典的"阶梯"模式，其中，在每一个阶梯中的"梯级"代表脂质A核心分子被一个额外的O型单元取代。

O-抗原的血清学特异性由O-多糖的结构所决定，然而，同一物种的特异O-抗原的数量却有很大变动。脂多糖的O-抗原部分能保护菌体抵抗吞噬。此外，脂多糖核心的更多近端部分缺失（"深粗糙"突变体），会使菌株对许多不同的疏水性化合物异常敏感。这些化合物包括染料、抗生素、胆盐、其他去污剂和诱变剂。因此，该区域参与维持外膜的正常屏障作用。脂质A对于外膜的组装是必不可少的。

肠杆菌科经常表达由酸性多糖组成的荚膜。荚膜多糖有两种类型。第一类为M（黏液）-抗原，含有荚膜异多糖酸，大部分菌株都能产生。目前认为，M-抗原能使菌株抵抗干燥。第二类为K-抗原，K代表kapsel（德语意为胶囊），它是决定血清型的组分，可能赋予菌株抗吞噬能力以及对血清的抗性，并且菌株对黏膜的吸附特性取决于K-抗原的化学组成。

该科的许多成员都能表达黏附素，一般表现为外源凝集素，从而识别糖蛋白和糖脂的寡糖残基。黏附素由嵌入外膜的蛋白组成，这些外膜蛋白形成亚基并被组装成细胞器；黏附素也可以由单个OMP构成。菌毛（纤毛）和非菌毛黏附素可以组装成细胞器。

菌毛是遍布在细菌表面上的毛发状附属物。与鞭毛相比，菌毛更薄、通常较短而且更多；它们的直径范围为2～8nm，且通常每个细胞100～1 000个。菌毛结合到宿主细胞表面的受体上，不同类型的菌毛有不同的结合特异性。单个细菌可以表达多种菌毛。术语"纤毛"（pili，复数）可与菌毛互换使用，但是有些作者认为纤毛只是参与接合的结构（F纤毛）。

菌毛结构包括一个轴部和一个具有黏附性的尖部，后者赋予细菌与宿主细胞结合的特异性。菌毛的形成需要多个不同蛋白亚基的协调折叠、分泌及有序组装。轴和黏附尖是由被称为纤毛素的蛋白质亚基重复组成的。组成轴和黏附尖的纤毛素可以相同也可以不同。纤毛素蛋白具有抗原性，该特性已被用于对其进行F-型分类。菌毛的黏附特性也被用于对其分类，如它们是否结合到含有甘露糖的宿主细胞受体。将菌毛预先暴露于甘露糖，可以抑制菌毛与含甘露糖的细胞受体结合；那些被抑制的称为"甘露糖敏感性"（MS），那些不被抑制的称为"甘露糖耐受性"（MR）。大肠埃希菌1型菌毛，也被称为F1，是MS型黏附素的一个例子。含有甘露糖的受体位于不同物种的红细胞表面，所以血凝反应被用于检测MS和MR型菌毛的存在。基于分子的方法具有更好的实用性和特异性，现在更普遍地用于诊断，如能够检测编码菌毛蛋白基因的PCR方法。

非菌毛黏附素呈无定形的胶囊状，是外膜相关结构，不在细菌表面形成可见的菌毛。首次发现的非菌毛黏附素存在于某些引发肾盂肾炎的大肠埃希菌菌株中，并命名为AFA。后来在犊牛和羔羊的一些致病性大肠埃希菌的表面上也发现非菌毛黏附素。

肠杆菌科的大部分野生型菌株是可以运动的，该属性由鞭毛赋予。鞭毛的数量不同，但通常每个细胞有5～10个，并且它们呈现周身分布。每个鞭毛通常长5～10μm，直径20μm。胞外部分由特异性蛋白质（括号内为蛋白缩写）构成，从近端到远端包括从外膜表面向外延伸的弯曲的钩形区域（FlgE）、钩形丝状结点（FlgK和FlgL）、长螺旋丝状物（FliC）和丝状帽（FliD）。丝状物中的鞭毛蛋白（FliC）亚单位按圆柱形或管状排列，形成一个中空的腔。尽管具有中空结构，但丝状物是刚性的，因而它适合作为一个推进器。鞭毛通过其基体锚定在细胞壳内。所述基体大致呈圆柱形对称，并且由一杆和五个环组成。环-L、P、M、S和C是以其所处部位命名，即分别位于脂多糖、肽聚糖、膜（细胞质）、周质间隙和细胞质。

DNA中鸟嘌呤与胞嘧啶（G+C）的摩尔百分比范围是38～60。

具有医学意义的细胞产物

该科所有或大多数成员的共同细胞产物是内毒素及各种铁载体。许多成员的产物包括肠杆菌科丝氨酸蛋白酶转运蛋白和广谱β-内酰胺酶。

内毒素 由于内毒素（脂质A）对天然免疫和凝血系统的影响，可引起动物发生严重的毒性反应。脂质A与LPS结合蛋白（血清蛋白）相结合，将寡聚化的LPS胶束变成单体，用于递送到CD14。CD14将脂质A聚集，结合于巨噬细胞、树突细胞和内皮细胞表面的TLR4-MD2复合体。TLR4是一种跨膜蛋白，与MD2和CD14形成复合物。脂质A与CD14的结合触发级联转导信号，导致促炎性细胞因子的表达。这种结合导致TLR4的胞质域与髓样分化因子88（MyD88）接头蛋白相关联，这对于将蛋白激酶IL-1受体相关激酶IRAK1和IRAK6以及TNF受体相关因子6（TRAF6）招募到复合体中是必要的。最终，IκB激酶将IκB磷酸化，从而允许核因子（NF）-κB易位到细胞核并激活TNF-α、IL-1β和IL-6的转录。此外，内皮细胞组织因子的表达和巨噬细胞与树突状细胞B7共刺激分子的表达都被激活。这些促炎性和促凝血反应在某种程度上引起与内毒素血症相关的临床症状。然而，宿主对细菌的抵抗也需要激活这种途径。细菌种群中脂质A分子的多样性会抑制某些宿主的天然免疫反应。对于肠杆菌科中毒力最强的成员如鼠疫耶尔森氏菌以及易受相应病原影响的宿主来说，尤其如此。大肠埃希菌的脂质A有五个14-碳脂肪酸和一个12-碳脂肪酸发生酰化，而鼠疫耶尔森菌则有四个14-碳脂肪酸发生酰化。某些宿主的TLR4几乎不能不识别鼠疫耶尔森菌脂质A，因此阻碍共刺激分子的表达，从而干扰了宿主清除感染的能力。

铁载体 铁是一种重要的无机阳离子微量营养元素，它几乎存在于所有的细菌中。铁是细菌生长和存活所需的不同金属蛋白的辅因子，如血红蛋白中的细胞色素；铁硫蛋白中一些参与氨基酸和嘧啶生物合成、电子传输链和三羧酸循环的酶类；非铁硫蛋白中参与DNA合成、氨基酸合成和抗氧化活性的酶类。虽然动物宿主含有丰富的铁，但细菌是不容易得到的，因为它紧密地结合到载体蛋白上如运铁蛋白和乳铁蛋白。另外，在培养条件下，铁的可用性也受培养基pH和通气的影响。在有氧条件下，铁以三价（Fe^{3+}）状态存在，在中性pH条件下形成不溶性碱式氢氧化物聚合物。与此相反，亚铁（Fe^{2+}）是相对可溶的，可进入厌氧条件下生长的细菌。为了获得被捆绑在不溶性复合物中的三价铁，细菌合成并向环境中释放小的铁螯合分子，称为铁载体。铁载体的分子质量通常小于1 ku，仅在铁缺乏时合成，并且对三价铁具有亲和性与特异性。已报道的细菌铁载体超过100种，但大致分为两类：儿茶酚酸酯或异羟肟酸。肠螯素（Enterobacterin）是儿茶酚铁载体的原型，在肠杆菌科的成员中常见。一些菌株也产生异羟肟酸铁载体产气菌素。当在缺铁条件下，细菌合成并释放铁载体，结合Fe^{3+}，进而结合到外膜上的受体，然后将铁-铁载体复合物送到细菌细胞内。某些细菌也可利用由其他细菌甚至真菌合成的铁载体。当环境中三价铁的浓度相对较高时，细菌利用低亲和力系统，该系统不需要铁载体。铁由几个不同的转运系统传输穿过外膜。在大肠埃希菌中，六个Fe^{3+}转运系统在需氧条件下发挥作用，而另一个Fe^{2+}转运系统在厌氧条件下运行。其中有五个转运系统利用铁载体，包括肠螯素、产气菌素、柠檬酸三铁、铁色素和铁草氨菌素B乙氧肟酸。这五个系统有独立的外膜受体，但都依赖于内部膜蛋白TonB与外膜受体蛋白作用。此外，还有一个低亲和力系统，该系统在高浓度的Fe^{3+}条件下不需要铁载体转运辅因子。控制产气菌素摄取的基因可能位于染色体上，或位于质粒上如肠道细菌的ColV类质粒。一旦在胞内积累，铁阳离子要么整合到铁特异性蛋白质（含血红素和不含血红素）中，要么存储在两种大肠埃希菌储铁蛋白中，即铁蛋白和细菌铁蛋白。

● 生长特性

该科细菌不产生芽孢，是非抗酸性的兼性厌氧菌，在有氧或厌氧条件下生长迅速。其在有氧或无氧条件下生长的能力对应呼吸和发酵代谢，发酵是利用碳水化合物的更常见的方法，并且经常伴有产酸和产气。几乎所有该科成员都可以通过糖酵解途径发酵葡萄糖产生丙酮酸。某些细菌通过混合酸发酵途径产生丁二酸、乙酸、甲酸和乙醇，而其他细菌通过丙酮酸生产丁二醇。这些微生物利用各种各样的简单底物供其生长，虽然大多数细菌只有简单的生长需求。有些细菌能够利用D-葡萄糖作为唯一碳源。在有氧条件下，合适的底物包括有机酸、氨基酸和碳水化合物。该科成员通常利用周生鞭毛进行运动，呈过氧化氢酶阳性和氧化酶阴性（由于缺乏细胞色素c），能将硝酸盐还原为亚硝酸盐。大多数细菌在麦氏培养基上生长良好，在没有添加剂或氯化钠的蛋白胨或肉提取物中也能生长良好；然而，某些细菌需要维生素和/或氨基酸。大部分细菌在22～35℃生长良好。

抵抗力

该科成员易被以下因素杀死，包括阳光、干燥、巴氏消毒法以及常用消毒剂，如含氯、苯酚类和季铵盐类化合物。他们在潮湿、阴凉的环境中可以存活几个星期，如牧场、粪便、垃圾和草垫。虽然许多细菌易受广谱抗生素影响，但其敏感性不能被准确预测，并且可以通过获得R质粒或耐药性编码DNA的基因盒（其可插入到基因组和质粒的众多整合子中）而发生迅速改变。持续使用抗生素治疗感染（如患有地方性肠道大肠埃希菌病的猪群）可发生潜在的选择效应并导致病原对使用的抗生素产生耐药性，增加畜群的患病率。

多样性

一个肠道微生物分离株与同种或同属的另一菌株之间的多样性，取决于所考察性状的遗传基础。荚膜、菌体抗原或鞭毛抗原的差异是相同属和种的菌株间多样性的原因。在此科中，相同属种成员之间以及不同属种成员之间的一些变化取决于编码特定表型性状的质粒基因的存在情况。包括耐受抗微生物剂、产生毒素或分泌溶血素在内的这些性状可能由质粒编码，并将随着特定质粒的存在与否而发生变化。

所有成员从光滑到粗糙的表型转变，往往是相位变化的结果。同样的，随着特定噬菌体诱导溶原现象（溶原转化），O-抗原也会发生改变。

对不同噬菌体的敏感性（噬菌体分型）有时可用于鉴定相同属种的不同分离株之间的差异。噬菌体分型是一种实用的流行病学工具。

实验室诊断

该科由大量相关的、兼性厌氧、氧化酶阴性、硝酸盐还原性和革兰阴性杆菌组成。可以通过下述部分或全部方法对该科进行区分：培养、生化检测、免疫学检测（如O：K：H抗原的血清分型和毒力产物的检测）和PCR。16SrRNA测序开始在一些临床实验室中使用，以对无法培养或无法进行表型分类的微生物进行鉴定。

有许多手册专门针对该科制定，由于这些微生物在临床上非常重要且普遍流行，所以越来越多的程序化和/或计算机化的鉴定方案正在商业化。

● 形态和染色

所有成员都是革兰阴性杆菌，具有相似的形态学特征（图6.1和图6.2）。

生长特性

用于分离肠杆菌家族成员的方法不尽相同，这取决于样品是否包含肠杆菌或其他背景菌群，或是否为无菌的。当采集样品时遵守完全无菌或者适当无菌的操作（如肠外样本），分离到的任何肠杆菌家族成员都有重要意义。用于分离的培养基是羊血琼脂培养皿，孵育温度为35～37℃（图6.5）。对于肠道样品，会存在大肠埃希菌共生菌株，只通过血琼脂或麦康凯琼脂等标准培养基上的菌落表型无法将其与致病性大肠埃希菌菌株区分开来。

对于一些有靶向性的血清型（如大肠埃希菌O157：H7），可以使用商品化的显色培养基，这些培养基可以对培养皿上的菌株进行推测区分。

已有不同的肠道细菌培养基用于鉴定沙门菌、志贺菌、耶尔森菌、O157：H7大肠埃希菌或其他产志贺毒素大肠埃希菌。培养基的基本成分如下：

1. 一种抑制物质，如胆汁盐、染料或抗生素。这些物质抑制革兰阳性或其他竞争性肠道细菌的生长。

2. 一种能或者不能被目标病原利用的底物。

3. pH指示剂，指示底物是否已经改变，如利用碳水化合物进行发酵的产物。

以下是分离肠道致病菌的几种有用的选择性培养基。

亮绿琼脂培养基

抑制剂 亮绿色染料（抑制该科大部分成员生长，除了非伤寒沙门菌）。

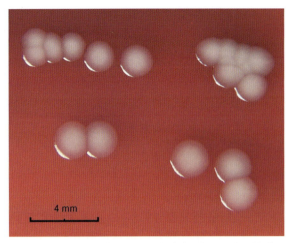

图6.5 大肠埃希菌在血琼脂培养基上的菌落（引自 Hans Newman，2013）

底物 乳糖和蔗糖——沙门菌（和某些变形杆菌菌株）不发酵这些糖。志贺菌也不发酵这两种糖，但志贺菌在此培养基上生长不佳（或者不生长）。

酚红 如果糖未被发酵（碱性），菌落呈红色；如果糖被发酵（酸性），菌落将呈黄绿色（由于背景的颜色）。

实用性 有效分离沙门菌。

头孢磺啶-氯苯酚™-新生霉素（耶尔森菌选择性琼脂）

抑制剂 胆汁盐，结晶紫，头孢磺啶，氯苯酚，新生霉素。

底物 甘露醇。

中性红 如果甘露醇被发酵（酸性），无色的菌落将有一个红色中心（"公牛眼"出现）；如果甘露醇未被发酵（碱性），菌落将保持无色半透明。

实用性 有效分离小肠结肠炎耶尔森菌。

伊红亚甲蓝（EMB） 莱文琼脂。

抑制剂 伊红，亚甲蓝（这些染料可以有限地抑制革兰阳性菌生长）。

底物——乳糖

伊红和亚甲蓝 这些染料用于区分乳糖发酵和非发酵。发酵乳糖的细菌，特别是大肠菌群中的大肠埃希菌，菌落呈现绿色金属光泽或蓝黑色至棕褐色。不发酵乳糖的细菌菌落呈无色或透明，浅紫色。

实用性 分离革兰阴性肠道细菌，有效区分大肠埃希菌和阴沟肠杆菌。

赫氏肠道琼脂

抑制剂 胆盐。

底物 乳糖和水杨苷——沙门菌、志贺菌、某些品种的变形杆菌和普罗维登斯菌是乳糖阴性和水杨苷阴性。

铁盐 产生硫化氢的细菌菌落中心呈黑色。

溴百里酚蓝 水杨苷和/或乳糖发酵会形成黄色和橙色菌落，不发酵这些糖将形成绿色或蓝绿色菌落。

实用性 分离沙门菌和志贺菌。

麦康凯琼脂

抑制剂 胆盐和结晶紫（抑制革兰阳性菌）。

底物 乳糖——沙门菌、志贺菌和变形杆菌不发酵乳糖。

中性红 如果乳糖被发酵（酸性），菌落将粉红色；如果乳糖未被发酵（碱性），菌落呈无色。

实用性　范围较宽的培养基。沙门菌和志贺菌很容易在这种培养基上生长（肠杆菌科其他大多数细菌和假单胞菌也可生长）。

山梨醇麦康凯琼脂

抑制剂　胆盐和结晶紫（抑制革兰阳性菌）。

底物　山梨醇。超过98%的大肠埃希菌24h内发酵山梨醇；大肠埃希菌O157：H7是个例外。

中性红　如果山梨醇被发酵（酸性），菌落呈粉红色；如果山梨醇未被发酵（碱性），菌落呈无色。

实用性　筛选大肠埃希菌O157：H7。将4-甲基伞酮-β-D-葡萄糖苷酸（MUG）或5-溴-4-氯-3-吲哚-β-D-葡萄糖苷酸（BCIG）到培养基中可以增加对大肠埃希菌O157：H7筛选的特异性（见山梨糖醇麦康凯琼脂BCIG、头孢克肟和亚碲酸钾）。

山梨醇麦康凯琼脂BCIG、头孢克肟和亚碲酸钾

抑制剂　胆汁盐和结晶紫抑制革兰阳性菌。加入头孢克肟和碲酸钾可抑制不能发酵山梨醇的细菌（如变形杆菌和普罗威登斯菌）。

底物　山梨醇。超过98%的大肠埃希菌24h内发酵山梨醇；大肠埃希菌O157：H7是个例外。

中性红和5-溴-4-氯-3-吲哚-β-D-葡萄糖苷酸（BCIG）　β-葡萄糖苷酸酶阴性和不能发酵山梨醇的大肠埃希菌O157：H7菌落呈稻草色。含有β-葡萄糖苷酸酶的细菌会分解底物，导致菌落呈现不同的蓝绿色。

实用性　鉴定大肠埃希菌O157：H7。

木糖赖氨酸脱氧胆酸琼脂

抑制剂　胆盐。

底物　①木糖——不会被志贺菌发酵（沙门菌发酵木糖）。②赖氨酸——发酵木糖但不发酵乳糖和蔗糖，并且赖氨酸脱羧酶阴性的分离株（如奇异变形杆菌）菌落将是琥珀橙色。沙门菌使赖氨酸脱羧基。木糖与赖氨酸使得pH为碱性（脱羧作用更强）。志贺菌不能使赖氨酸脱羧基。③乳糖和蔗糖——沙门菌和志贺菌不迅速发酵这些糖。④铁盐——产生硫化氢的菌落（沙门菌和变形杆菌）中心呈黑色（硫化铁）。

酚红　酸性菌落（非沙门菌或非志贺菌）呈黄色。碱性菌落（可能为沙门菌或志贺菌）呈红色。

实用性　一种沙门菌和志贺菌的通用培养基。

富集培养基

有时，沙门菌和志贺菌在粪便样品中数量可能会很少（<10^4个/g），所以不容易在上述初级培养基中检测出来。因此，除了被直接涂到选择性培养基中，粪便样品应被放置在一个增菌培养基中。通过增菌的方法检测沙门菌，至少需要达到每克100个沙门菌。

对于沙门菌，可将粪便在亚硒酸盐F肉汤或连四硫酸肉汤中孵育12～18h达到增菌的目的。在此期间，沙门菌的生长不受抑制，而其他细菌的生长受到抑制。12～18h后，取等量的肉汤划线接种到选择性培养皿（如亮绿色琼脂）。

志贺菌不容易增菌，因为它对亚硒酸盐F肉汤或连四硫酸肉汤中常用的抑制物质相当敏感。一种称为革兰阴性肉汤（或GN肉汤）的培养基被用于志贺菌的富集，就像亚硒酸盐被用于沙门菌富集。粪便样品中的大肠埃希菌O157：H7可以在GN肉汤和含新生霉素的胰酪胨大豆肉汤中被很好地富集。

可在粪便中发现假单胞菌属的成员（特别是绿脓杆菌），但是这不足为虑。假单胞菌（不是肠杆菌科的成员）可以在肠道培养基中生长。该菌对多肽和蛋白胨以外的底物具有惰性，因此在选择培养基上与沙门菌和志贺菌相似。假单胞菌是氧化酶阳性。

参考文献

Magalhães PO, Lopes AM, Mazzola PG, et al, 2007. Methods of endotoxin removal from biological preparations: a review[J]. J Pharm Pharmaceut Sci, 10 (3): 388-404.

Ohno N, Morrison DC, 1989. Lipopolysaccharide interaction with lysozyme. Binding of lipopolysaccharide to lysozyme and inhibition of lysozyme enzymatic activity[J]. J Biol Chem, 264: 4434-4441.

Raetz CRH, Whitfield C, 2002. Lipopolysaccharide endotoxins[J]. Ann Rev Biochem, 71: 635-700.

Raetz CR, Ulevitch RJ, Wright SD, et al, 1991. Gram-negative endotoxin: an extraordinary lipid with profound effects on eukaryotic signal transduction[J]. FASEB J, 5: 2653.

延伸阅读

Abbott SL, 2011. Klebsiella, Enterobacter, Citrobacter, Serratia, Plesiomonas, and other Enterobacteriaceae[M]. in Manual of Clinical Microbiology, 10th edn (ed. J Versalovic), ASM Press, Washington, DC: 639-657.

Atlas RM, Snyder JW, 2011. Reagents, stains, and media: bacteriology[M]. in Manual of Clinical Microbiology, 10th edn (ed. J Versalovic), ASM Press, Washington, DC: 272-303.

Farmer, JJ III, Boatwright KD, Janda JM, 2007. Enterobacteriaceae: introduction and identification[M]. in Manual of Clinical Microbiology, vol. 1, 9th edn (eds PR Murray, EJ Baron, JH Jorgensen, ML Landry, MA Pfaller), ASM Press, Washington: 649-669.

(于申业 译,李兆利 宋宁宁 校)

第7章 肠杆菌科：埃希菌属

埃希菌属（*Escherichia*）包含五个种：阿勃特埃希菌（*E. albertii*），大肠埃希菌（*E. coli*）、弗格森埃希菌（*E. fergusonii*）、赫尔曼埃希菌（*E. hermannii*）和伤口埃希菌（*E. vulneris*），最近已将蟑螂埃希菌（*E. blattae*）移至 *Shimwellia* 菌属。埃希菌属是肠杆菌科的代表性菌属，该属的典型菌种是大肠埃希菌（又称为大肠杆菌）。大肠埃希菌是该菌属中唯一具有致病性的菌种，包括许多重要的动物病原菌。许多大肠埃希菌在以大肠为代表的肠道内表面共生，同时，也有许多是机会致病菌或者是致病菌。致病性大肠埃希菌大致分为腹泻和肠道外菌种。在经济层面上，腹泻性大肠埃希菌是新生仔猪、犊牛和羔羊的重要病原；其也是导致断奶仔猪腹泻的重要病原。肠道外感染常见于尿路、脐带、血液、肺脏以及全身伤口，大多数动物身上均可见其发生。大肠埃希菌可使新生动物患败血症，尤其是犊牛、仔猪、羔羊、马驹、幼犬和幼猫，并且导致老年的或遭受免疫抑制的动物罹患机会性败血症。对于鸟类而言，大肠埃希菌是气囊炎、肺炎、败血症以及脐炎的重要病原。人畜共感染的产志贺毒素的大肠埃希菌（STEC）和宿主特异的腹泻和肠外大肠埃希菌在人类医学也至关重要。

● 特征概述

结构和组成

大肠埃希菌呈直杆型，两端钝圆，为革兰阴性杆菌。其直径约0.5μm，长为1.0～3.0μm（图7.1和图7.2）。细胞壁含有脂多糖（LPS）、外膜蛋白、脂蛋白、膜孔蛋白和一层薄的肽聚糖层（图7.3）。具有完整LPS层细胞通常会表达O-抗原，尽管并不是所有的O-抗原都很典型。细胞还可能表达荚膜（K-抗原），鞭毛（H-抗原）和若干黏附因子。

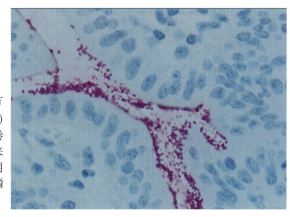

图7.1 以60倍的目标放大倍数拍摄的显微照片
显示感染了猪源肠毒素性大肠埃希菌（ETEC）WAM2317（O8：K87：H⁻：F4）株的11日龄仔猪的空肠黏膜上皮细胞。免疫组织化学用来证明黏附在肠上皮细胞上的细菌。兔抗O8用作主要抗血清。随后在染色过程中使用碱性磷酸酶标记的山羊抗兔血清和固红

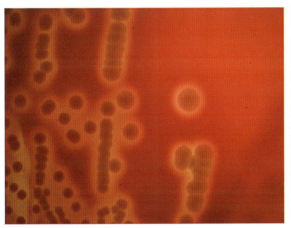

图7.2　α-溶血素产生的β-溶血

将猪源肠毒素大肠埃希菌菌株3030-2（O157：H⁻；F4）在含有5%绵羊红细胞的胰蛋白酶大豆琼脂上划线分离，并在37℃下孵育24h（引自Xing，1996）

图7.3　新生犊牛结肠的高倍扫描电子显微照片

产生志贺毒素的大肠埃希菌菌株84-5406（血清型O5；K4；H⁻，箭头）覆盖了肠上皮细胞的顶端细胞膜。在组织处理过程中细菌分离的部位存在杯状或基座状的顶端细胞膜变形（箭头）。附着菌体细胞之间的微绒毛突出且伸长。肠上皮细胞肿胀，处于从黏膜表面脱离的过程中（原始放大倍数5 000×；刻度=1μm）（引自Moxley R A和Francis D H，1986）

具有医学意义的细胞产物

黏附素　黏附因子是在细胞器内由蛋白组装而成的，抑或是由单层外膜蛋白构成，无论是哪种组成形式，其均呈丝状表达于细胞表面。这些在细胞器内组装而成的黏附因子有菌毛（性菌毛）和非菌毛黏附素。菌毛的构造决定了其需要多种不同蛋白亚基的相适性折叠、分泌以及有序组装。在大肠埃希菌中，虽然菌毛的组装通常具有几种途径，但分子伴侣-Usher途径（chaperone-usher pathway）在病原菌中最为常见。大多数大肠埃希菌产生1型菌毛（F1），并且这些菌毛与甘露糖结合。因此，F1称之为甘露糖敏感型是由于若其经甘露糖预处理，其结合能力会被封闭的缘故。甘露糖耐受型菌毛则不会由于甘露糖而封闭，其包括多种病原型菌株的菌毛。F1通过与尿白蛋白结合而介导其对尿道上皮的黏附，在大肠埃希菌泌尿道感染中起作用。

已被发现于对动物致病的大肠埃希菌表面存在的菌毛有：F4（ab、ac、ad型）、F5（K99）、F6（987P）、F11（PapA）、F17（a、b、c和d亚型）、F18（ab和ac型，原名为F107）、F41和F165复合型（F165$_1$和F165$_2$）。几类人源产肠毒素大肠埃希菌（enterotoxigenic E. coli，ETEC）的菌毛称为定植因子抗原（colonization factor antigens，CFA），如CFA/Ⅰ（也称为F2），CFA/Ⅱ（也被称为F3）及其他。我们也称一些人源ETEC的菌毛为杆菌表面（coli-surface，CS）抗原，如CS1、CS2、CS3及其他。最后，其他上述大肠埃希菌的菌毛被称为公认的定植因子（putative colonization factors，PCF），也按顺序编号。共约75%的人源ETEC菌株表达CFA/Ⅰ，CFA/Ⅱ或CFA/Ⅳ。

在动物体上，ETEC表达F4、F5、F6、F18ac和F41型菌毛并且导致以腹泻为表型的大肠埃希菌病。编码F4、F5和F6的基因常位于质粒上，而编码F41的基因位于染色体。F4原名K88，介导菌体黏附于小肠上皮细胞的刷状缘受体（图7.1）。对于猪来说，F4ab和F4ac的耐受型和敏感型呈现单基因遗传特性，并且敏感型等位基因频率远远高于耐受型。F4ab/ac受体为黏液素样唾液酸黏蛋白，其编码于13号染色体上的黏液素-4基因端位。表达F4ab/ac受体的猪易遭受F4ac主导的菌毛黏附。由F4阳性菌株导致的肠毒素型大肠埃希菌病临床上通常很严重，出生几小时到约八周龄的猪均可见该病发生。F4阳性菌株可附于小肠任意部分，这极大地增加了疾病的严重性。F5阳性菌毛可以介导菌体对小肠远端刷状缘受体的黏附。

F5原名K99，其阳性株可导致小于1周龄仔猪和出生仅几天的新生犊牛和羔羊腹泻。小肠上皮细胞受体数量的减少可以引起猪对F5主导的菌毛黏附的抗性。与F5类似，F6阳性菌毛介导细菌定植于小肠远端。F6原名987P，其阳性株特异性引起仔猪腹泻，并且临床常见于1周龄以下仔猪。随日龄增长产生的F6抗性是由于细胞表面的菌毛受体脱落进入肠腔，促进细菌清除而非定植。F18ab和F18ac阳性菌毛介导在断奶仔猪小肠内的定植。表达F18ab的菌株通常产生志贺毒素2e而引发水肿；表达F18ac的菌株通常产肠毒素。F18ab介导的定植在小肠近端或远端。

F17阳性大肠埃希菌可以从4日龄至21日龄表现为腹泻或败血症的患病犊牛分离出来。从腹泻犊牛分离出的F17阳性大肠埃希菌菌株中约有一半对补体产生抗性并产生气杆菌素，表明其在败血症中起作用。同时有接近25%的分离株产生细胞毒性坏死因子-2（cytotoxic necrotizing factor-2，CNF-2）和非菌毛黏附物质（afimbrial adhesion，Afa），这也暗示了F17在肠外感染中的地位。表达F17c亚型菌毛的牛源分离株同样产生非菌毛黏附物质CS31A黏附素。编码F17c菌毛的基因常位于自主转移质粒上，该质粒还编码CS31A黏附素、气杆菌素以及抗生素抗性基因。

在患有败血症的仔猪和犊牛的大肠埃希菌分离物中也发现了$F165_1$和$F165_2$型菌毛。从仔猪体内分离出的F165阳性菌株通常不产生肠毒素，血清型为O115，并且表达F11（PapA）型菌毛，产气杆菌素，K"V165" O-抗原荚膜以及其他一些毒力因子，这些毒力因子中的许多种也可见于肠外病原菌株。F165阳性菌株定植于仔猪小肠末端，但引发败血症和多发性浆膜炎而不是腹泻。因此，认为该菌是从肠迁移进入肠外组织，并且对猪的中性粒细胞的吞噬清除具有抗性。只有F1651和K"V165"荚膜同时存在，才能抵抗中性粒细胞的杀伤作用。

Curli菌毛是薄而卷曲，呈纤维状的菌毛，该菌毛可以促进细菌对细胞外基质蛋白的黏附，如基质蛋白中的纤维连接蛋白和层粘连蛋白。在可以促使细菌生存的生物被膜的形成过程中，Curli菌毛起到了一定的作用。致病性与非致病性菌株均可表达Curli菌毛，其也可由其他肠杆菌科细菌产生。

聚集黏附菌毛（aggregative adherence fimbriae，AAF）AAF/Ⅰ和AAF/Ⅱ介导体外肠聚集性大肠埃希菌（enteroaggregative E. coli，EAEC）对HEp-2细胞的黏附。伴随细菌生长，黏附细菌在宿主表面以"叠砖式（stacked-brick）"模式自发形成菌落。在发展中国家和发达国家中，EAEC是儿童和成人持续性腹泻的主要成因。在人体内，EAEC最初定植在结肠。EAEC含有一系列由Agg R转录激活因子调控的毒力基因，这些基因的产物可以致病。其包括编码AAF的质粒（pAA）基因，一个蛋白质外壳分泌系统（Aat），分泌的分散蛋白（Aap），基因位于质粒上的毒素（Pet；作用于血影蛋白的丝氨酸蛋白酶活性分泌蛋白），Shf（一种参与细胞间黏附的蛋白）以及Aai（一个假定的Ⅵ型分泌系统）。EAEC同时也表达染色体上编码的毒力因子。参与定植的蛋白质（Pic）[肠杆菌科的一种丝氨酸蛋白酶自转运蛋白（SPATE）]可用作分泌的黏蛋白酶和Irp2（耶尔森菌素，铁载体），它们是染色体上编码的两个重要毒力因子。一个新发的血清型为O104：H 4的EAEC克隆对人体具有剧毒性。其产生绝大多数的上述EAEC毒力因子，志贺毒素2型、气杆菌素（iut A）、iha（与Irg A同族的黏附素）、广谱的β-内酰胺酶以及两种很少在EAEC中发现的SPATE [Sep A（功能未知）和Sig A（可以编辑细胞骨架蛋白-血影蛋白）]。基于聚集黏附的检测，已在仔猪和犊牛中检测到EAEC，但这些分离株几乎不含人类EAEC分离株中发现的毒力因子，因此，不可能是动物或人类的病原。

束状菌毛（bundle-forming pilus，Bfp）是一种菌毛黏附素，其由Ⅰ型（典型的）肠致病型大肠埃希菌（enteropathogenic E. coli，EPEC）产生。这类菌毛成束，并在培养过程中介导对HEp-2细胞的黏附。在体内，其与Ⅲ类分泌型外膜蛋白Esp A共同介导EPEC对小肠上皮细胞黏附的第一阶段。EPEC是全球范围内小儿腹泻最重要的原因之一。EPEC自然条件下感染猪、牛、犬和猫，但只有一小部分致病菌株产生Bfp。

致病性大肠埃希菌的非菌毛黏附素包括CS31A、AfaE-Ⅶ、Afa-Ⅷ、AIDA-Ⅰ、LifA、Efa1、Tox、Paa、Saa、OmpA、Iha和Tib A。CS31A通常由新生牛犊败血症病例分离而得，其为F17c菌毛和气杆菌素双阳性。CS31A细长坚韧呈纤维状，其倒伏于菌体表面进而形成一个囊状结构。CS31A介导对N-乙酰神经氨酸受体的黏附。Afa-Ⅶ和Afa-Ⅷ是在牛源分离菌株上发现的非菌毛黏附物质。Afa-Ⅶ已被发现存在于犊牛腹泻病例，Afa-Ⅷ则被发现存在于犊牛的腹泻和败血症病例。Afa-Ⅷ阳性的菌株也常产生CNF-1或CNF-2。牛源分离菌株中，Afa-Ⅷ较Afa-Ⅶ而言表达量更大，如同CNF-2相对于CNF-1的关系一样。参与扩散性粘连的黏附素AIDA-Ⅰ是一种分泌蛋白，其由弥散黏附性大肠埃希菌（diffusely adherent E. coli，DAEC）产生，并介导弥散性黏附。AIDA-Ⅰ已经从猪水肿病和断奶仔猪腹泻病例中分离出来。许多猪源分离株为AIDA-A阳性基因型，并能单独产生耐热型肠毒素-b（heat-stable enterotoxin-b，STb）或者与产肠毒素性大肠埃希菌耐热型毒素-1（enteroaggregative E.coli heat-stable toxin-1，EAST-1）共同产生。EPEC中的LifA（一种免疫抑制素）和其同源物肠出血性大肠埃希菌（enterohemorrhagic E. coli，EHEC）黏附因子Efa1介导对肠上皮细胞的黏附。此外，LifA还抑制淋巴细胞激活并抑制细胞因子的产生。Efa1由非O157抗原性EHEC菌株产生，并在体外环境和牛小肠内介导对上皮细胞的黏附。ToxB是LifA和Efa1的同源物，其由血清型O157：H7的EHEC产生。猪附着和消除相关（porcine attaching-and effacing-associated，Paa）因子从猪EPEC和EHEC菌株发现；它在发病机制中的作用还是未知的。在非O157 STEC菌株中发现了Saa（STEC自动凝集黏附素），该菌株缺乏全细胞外表层（LEE）的基因座，在牛中的流行程度远高于人类分离株。外膜蛋白A（outer membrane protein A，Omp A）为EHEC黏附大肠上皮细胞常见的黏附素。Omp A也可以由人型脑膜炎相关大肠埃希菌产生。Saa也可由EHEC产生。Irg同源黏附素（Irg A homolog adhesion，Iha）Iha可由EHEC O157：H7，EAEC O104：H4和许多牛型STEC产生。Tib A产生于部分人源ETEC分离物。

大肠埃希菌细胞表面抗原的相位变化。相位变化为菌体的一个或多个细胞表位抗原高频率的可逆性变化，并且参与基因转录水平的调控。致肾盂肾炎大肠埃希菌（uropathogenic E. coli，UPEC）pap基因的相位变化参与菌体对环境因素应答，该应答能够调控转率是否开始。类似的，ETEC F4菌毛在体外37℃的血琼脂培养基环境中表达，但在18℃受到抑制。因此，细菌感受环境信号并通过相位变化，将能量营养的消耗水平维持在必要水平（如在非必须时关闭菌毛的表达）。

荚膜　荚膜由酸性、高分子量的负电性亲水多糖组成。荚膜的负电荷有助于保护细菌免于吞噬作用，因为吞噬细胞的细胞表面也带有负电荷。荚膜通常具有抗原性，我们称其为K-抗原。一些K-抗原（如K87）赋予菌体"血清抗性（serum resistance）"；换句话说，其可以保护菌体细胞膜免受补体级联产生的膜攻击复合体（C5b-C9）的侵害。这个特性对那些造成肠外感染的致病菌株尤其重要。

细胞壁　细胞壁是肠杆菌科细菌的典型特征（图7.3）。因脂质A（内毒素）和O-抗原重复单位的缘故，外膜的脂多糖层是重要的毒力因子（图7.4）。

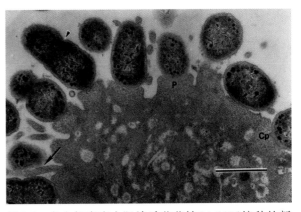

图7.4　产志贺毒素大肠埃希菌菌株84-5406接种的新生小牛直肠的透射电子显微照片

细菌附着在该肠上皮细胞上主要导致基座样细胞膜逃逸（P），偶有杯状内陷（Cp）。细菌附着位点之间的微绒毛被拉长（箭头）。一些细菌正在二元裂变过程中（箭头）。细胞质缺乏可辨认的末端网，并包含大量液泡（原始放大倍数15 000×；刻度=1μm）（引自Moxley R A和Francis D H，1986）

脂质A的作用详见第6章。O-抗原层较厚，其可能行使类似于K-抗原荚膜的作用。这些作用可能包括保护菌体免受吞噬作用和补体系统的攻膜复合物的攻击。介导这些保护作用的厚O-抗原层有时被称为O-抗原荚膜。

肠毒素

一些致病菌株，尤其是那些隶属于以ETEC为代表的腹泻型大肠埃希菌，可能产生一种或多种肠毒素。这些肠毒素是本质为蛋白质的外毒素，其基因常位于自主转移质粒上。大肠埃希菌产生四种不同的肠毒素：不耐热肠毒素（heat-labile enterotoxin，LT）、热稳定性肠毒素-a（heat-stable enterotoxin-a，STa）、STb以及EAST1。LT在70℃条件下10min变性，STa和STb可以在100℃条件下存活15min。

热不稳定肠毒素　LT在结构、抗原性和功能上和霍乱毒素十分相似。LT表达相关基因$eltAB$通常在大型转移质粒上构成一个操纵子结构。细胞暴露于游离葡萄糖可增强$eltAB$操纵子的表达。这是由于抑制cAMP受体蛋白（CRP）导致的抑制作用。暴露于葡萄糖时增强的表达与葡萄糖暴露对STa和STb基因表达的影响相反，STa和STb均受分解代谢物表达。由于单个ETEC菌株通常同时携带LT和STb或LT和STa，因此在两种情况下都可以表达一种或另一种毒素。

LT是相当大的大分子物质，其分子质量约为86ku。LT全毒素由一个28ku的A亚基和五个11.5ku的B亚基组成。A亚基含有丝氨酸蛋白酶切割位点，能够被切割为A2以及具有酶活性的A1片段，A亚基由其在A2片段上的非共价键与B亚基连接，A1和A2由一个二硫键连接，B亚基环绕着A亚基，前者形成五聚体。B亚基对俗称为单唾液酸神经节苷脂GM1的Galβ3GalNAcβ4（NeuAcα3）Glcβ1-神经酰胺具有极强的亲和力。B亚基也可以以低亲和力与二唾液酸神经节苷脂GD1b结合，其也可与其他分子的末端半乳糖处结合，如肠糖蛋白。肠上皮细胞肠腔面细胞膜脂筏富含G_{M1}，这为LT入侵寄主细胞提供了路径。肠腔内或结合游离面细胞膜时，A亚基会酶切成为A1和A2片段。该过程可由胰蛋白酶介导发生，但生理状态下介导该步骤的酶仍旧未知。酶切之后，两片段仍以二硫键相连。

基于对霍乱毒素的研究，在与GM1结合后，全毒素被多种内吞机制吸收，包括网格蛋白和小孔蛋白依赖途径，也包括小孔蛋白和发动蛋白非依赖途径。随后，全毒素经早期内体和再循环体进入反面高尔基体复合体。接着利用v-SNARES和t-SNARES和其他跨膜囊泡融合蛋白，经过高尔基体小泡到达内质网（endoplasmic reticulum，ER）。从最初的内体到进入ER，B亚基与GM1相连。在内质网腔内，A1链由蛋白质二硫键异构酶展开并与A2链和B亚基分离。展开的A1链随后被内质网Hsp70分子伴侣BiP识别，并由内质网相关降解途径降解。在此时，A1链由仍旧未明的途径向后移位进入胞液；猜想其与Sec61易位子和Hrd-1复合物有关。再次进入胞质时，A1链再次折叠为其天然构象，并且催化宿主Gs蛋白α亚基上201位精氨酸ADP糖基化，后者具有调控腺苷酸环化酶的功能。对腺苷酸环化酶的修饰可以抑制宿主Gs蛋白α亚基的鸟苷三磷酸酶活性。在细胞基底部表面的腺苷酸环化酶处于持续激活状态。

腺苷酸环化酶的持续性激活致使胞内cAMP水平显著提高，后者激活蛋白激酶A。蛋白激酶A作用于囊性纤维化跨膜传导调节因子（cystic fibrosis transmembrane conductance regulator，CFTR），使其磷酸化，其本质为位于细胞顶端细胞膜上的阴离子通道。磷酸化过程的结果使该通道开启，大量Cl^-和重碳酸盐（HCO_3^-）释放入肠腔。该分泌主要由隐窝上皮细胞完成，结果使肠腔细胞带有负电位而使肠腔浆膜层带有正电位。该电势差致使Na^+从细胞间的紧密连接处进入肠腔。肠腔内Na^+浓度的激增抬升了渗透压，相应地扩散到肠腔中，这在临床上表现为腹泻。

LT引起分泌性腹泻的第二个机制是通过刺激E系列的前列腺素类（如PGE_2）和血小板活化因子

(platelet-activating factor，PAF)合成。B亚基与G_{M1}的结合可以激活磷脂酶A2，该过程导致花生四烯酸的释放和环氧合酶活性的普遍提升，即PGE_2合成量的提升。成纤维细胞、肥大细胞和白细胞为前列腺素类和白三烯的主要来源。通过诱导PGE_2的合成，B亚基结合到这些细胞上可能刺激肠电解液转运和肠动力。通过靶细胞，如神经细胞和上皮细胞Ca^{2+}摄取，蛋白激酶C的激活和胞内cAMP水平的增加，前列腺素类，包括PGE_2，对肠道有促分泌和抗吸收的作用。此外，PGE_2上调促炎症因子的表达水平，如白细胞介素-6（IL-6）。

LT致使分泌性腹泻的第三个机制是刺激肠神经系统（enteric nervous system，ENS）。ENS主要控制肠道的分泌和吸收功能。霍乱毒素和LT均可引起血管活性肠肽（vasoactive intestinal polypeptide，VIP）的释放，后者是一个神经传递素，该神经递质作用于上皮细胞，且具有刺激提高肠道敏感性和抑制吸收的作用。VIP与其在分泌型上皮细胞的受体结合。VIP受体是G蛋白相关的腺苷酸环化酶激活剂，VIP与其受体结合会对靶细胞产生和霍乱毒素或LT与其受体结合相同的效果。霍乱毒素还会导致两种促分泌、抑吸收的神经传递素的释放，即5-羟色胺和神经肽P物质，但LT不导致。人们认为此效应是解释霍乱毒素毒性强于LT的理论基础。

除了其致病性以外，LT还具有抗原和黏膜佐剂作用。针对B亚基的抗体通过阻止毒素与G_{M1}的结合来中和毒素。活性形式的和类毒素化的LT毒素具有显著的佐剂效果，并且已被用于提升一系列抗原的免疫应答，尤其是通过黏膜途径免疫的抗原。毒素的A亚基具有佐剂作用。

耐热性肠毒素a STa（STI和ST）是分子质量约为2.0ku的无免疫原性的小多肽，其由*estA*基因编码于转移质粒上。*EstA*的表达受到代谢产物的阻遏；因此，细胞暴露在充足的葡萄糖会开启基因表达。ETEC猪分离株表达STa形式之一的STp（STIa），其为18个氨基酸的异构体。人源分离株既表达STp，也表达STh，一种19个氨基酸的异构体。两种形式的STa受体（同一个）为跨膜蛋白，鸟苷酸环化酶-C（guanylyl cyclase-C，GC-C），位于小肠上皮细胞的细胞基顶膜。STa对多种物种（如人、小鼠、猪和牛）的肠上皮细胞有活性，并使新生小鼠和仔猪的结扎肠环中产生积液，在自然疾病中主要导致新生动物腹泻。

成熟的18或19氨基酸的STa肽其最初前体为72个氨基酸。后者经信号肽酶加工成为53氨基酸STa前体肽，随后另一蛋白酶将其最终加工为成熟体。与GC-C结合以后，激活GC-C催化鸟苷三磷酸（guanosine triphosphate，GTP）转化为环鸟苷酸一磷酸（cGMP），从而提高胞内cGMP浓度的激增。进而进一步激活cGMP依赖性蛋白激酶（蛋白激酶G），后者磷酸化CFTR，开启通道，最终导致Cl^-的分泌，Na^+和水在小肠腔内的聚积。鸟苷蛋白，其为由杯状细胞产生的一种激素，该蛋白为GC-C的天然配体，与STa具有相同的重要氨基酸。STa的肠毒性结构域与鸟苷蛋白的活性位点、EAST1肠毒性结构域和小肠结肠炎耶尔森菌耐热性毒素结构域一致。就鸟苷蛋白来说，笔者认为其生理功能是水化杯状细胞分泌的黏液。

耐热型肠毒素b STb其71氨基酸的前体包含一个23氨基酸的N末端信号序列，后者在前体转运至外周胞质过程中被剪切掉。成熟的STb（STII）肠毒素以分子质量约为5.2ku的非免疫原性的48氨基酸多肽形式分泌。*estB*基因常以聚集形式分布在质粒上（这与LT基因很相近）。与*estA*类似，*estB*基因的表达也受到代谢物葡萄糖的抑制。

就氨基酸序列和作用方式而言，STb与STa不相关。与LT和STa不同的是，STb并不引起胞内cAMP或cGMP浓度的上升。通常认为STb仅与猪的疾病有关，因为除少数例外，STb仅对猪的间充质细胞有活性（大鼠肠上皮细胞除外）。胰蛋白酶使肠腔中的STb失活。小于1周龄的患病腹泻仔猪病原为*estB*阳性ETEC菌株的可能性较小。通过对免疫*estB*及其突变体的SPF猪的研究，得到如下结论，STb作为毒力因子对新生仔猪的危害较小。新生仔猪小肠内的高浓度胰蛋白酶或许在此过程中扮演着很重要的角色。对肠环（gut loop）试验和*estB*阳性菌落的研究表明，对于断奶仔猪而言，毒力因子STb更为重要，其对应的是断奶仔猪大肠埃希菌病。单一表达AIDA黏附素或单一表达STb或与EAST1共同表达的大肠埃希菌株可能会导致断奶前后仔猪的腹泻。

肠表面的STb受体是硫脂类鞘糖脂。STb经内化并激活百日咳毒素敏感型的GTP结合蛋白，该蛋白为调节蛋白。该过程造成Ca^{2+}通过受体依赖型门控钙离子通道大量流入，涌入的钙离子激活钙离子依赖性蛋白激酶Ⅱ，进而促使肠离子通道的开启，并且可能活化蛋白激酶C，接着开启CFTR激增的钙离子浓度水平调控着磷脂酶A_2和磷脂酶C的活性，也调控着花生四烯酸的释放，后者导致PGE_2和5-羟色胺的形成。前一部分已经提到，PGE_2和5-羟色胺均对肠道具有促分泌、抑吸收的作用。STb促使肠道分泌HCO_3^-和Cl^-，尤其是前者HCO_3^-的分泌，这将导致Na^+释放和肠道内的水聚积。

肠聚集性大肠埃希菌热稳定毒素1　　EAST1分子质量约为4.1ku，由38个氨基酸组成。EAST1由astA基因编码，后者可能位于质粒，也可能位于染色体，呈单或多拷贝形式。EAST1与STa肠毒素结构域有50%相似度，并且与STa结合相同的受体——GC-C，并造成靶细胞内cGMP浓度水平的上升。然而，STa的抗体并不能中和EAST1，EAST1也不具有STa具有的N末端信号序列，因此两种毒素的肠毒素结构域外明显不同。已证明EAST1可由细菌自由分泌。

EAST1在从一名儿童腹泻病例分离出的EAEC菌株中第一次发现，并由此得名。然而，除EAEC以外，现已在EHEC、非典型EPEC、ETEC、DAEC和沙门菌的其他菌属中发现。在从猪腹泻病例中分离的astA阳性大肠埃希菌中，astA经常以单独的肠毒素基因形式存在。另外，其与STa（estA）基因常共同出现。astA基因与诸如STb、LT、Stx2e和F4、F5、F6或F18菌毛基因共同出现的情况也有发现。astA基因在断奶前仔猪腹泻大肠埃希菌分离菌株中十分常见，但在断奶后腹泻和水肿病中也有发现。astA基因在牛型分离株中也有发现。在肠外型分离菌株中，astA基因与编码cs31A主要亚基的clpG基因，和afa-8共同出现的情况十分显著。在表达AIDA-Ⅰ的腹泻猪病例分离菌株中，发现有EAST1与STb共同出现的情况。尽管有体外证据表明激活了鸟苷酸环化酶C，但尚无体内研究表明EAST1本身会引起腹泻。在每一项研究中，导致腹泻的astA阳性分离菌株产生至少一种其他的肠毒素。因此，除了疾病的临床症状之外，仍然需要弄清EAST1在腹泻中的作用。

其他毒素

志贺毒素　　志贺毒素（Shiga toxin，Stx）家族包括痢疾志贺氏菌血清型1产生的原型志贺毒素（Stx），以及在宿主、食物、环境或其他来源（称为STEC）中存在的大肠埃希菌菌株产生的密切相关的Stx类型。从患有出血性结肠炎和/或溶血性尿毒症综合征（HUS）的人类患者中分离出的STEC菌株被称为肠出血性大肠埃希菌，下面将进行讨论。

由大肠埃希菌菌株产生的志贺毒素命名为志贺样毒素，也称为Vero毒素或Vero细胞毒素。由大肠埃希菌产生的志贺毒素归属于两个主要的无免疫交叉原性的类别，Stx1和Stx2。典型的Stx1和Stx2的A亚基和B亚基分别均有55%和57%相似度。Stx1有两种不同形式；Stx1与痢疾志贺菌1型产生的志贺毒素相同或仅有一个氨基酸差异。另外一种，Stx1c，其氨基酸序列仅与Stx1有97.1%和96.6%的相似度。Stx2包含Stx2、Stx2c、Stx2d、Stx2e和Stx2f；后四种与Stx2具有84%～99%的相似度。Stx2e是造成猪水肿病的罪魁祸首。

大肠埃希菌通过λ噬菌体感染获得了除Stx2e以外的所有Stx基因。这些由噬菌体携带的基因整合于细菌染色体，但出于环境压力，其可以被诱导从染色体上剪切下来并呈现出胞内复制形式（裂解周期）。对于此类病患，进行如喹诺酮类的抗生素治疗是不当的，因为这可能会诱导噬菌体的细胞内复制，这将导致Stx表达和细菌裂解的增加，释放出比以前更多的Stx产物。

Stx家族成员具有AB_5分子构型,其中,B亚基负责与靶细胞质膜上的受体结合,A亚基在全毒素被内吞后介导毒素活性。在功能上,Stx属于核糖体抑制毒素的大家族,该家族包括诸如蓖麻产生的蓖麻毒素等烈性毒素,尽管Stx的活性不仅仅限于抑制蛋白质的合成。除Stx2e外,所有Stx的宿主细胞受体是中性糖鞘脂果糖基神经酰胺(Gb3,也称为CD77)。Stx2e B亚基与四糖基神经酰胺(Gb4)结合。A亚基的分子质量为32ku,而单个B亚基的分子质量为7.7ku。与LT类似的是,该毒素实在外周胞质中组装的,由B亚基构成的五聚体围绕A亚基,并以非共价键形式与之结合。尽管某些EHEC具有Ⅱ型分泌系统基因,但迄今为止并未发现有证据表明Stx可以由细菌大量分泌。相反,Stx随细胞死亡而释放,由巨噬细胞介导的细胞溶解被认为在该过程中扮演着主要角色。

Stx在靶细胞内的Trafficking与LT所采用的机制具有很多相似点,已在前面表述。在与受体接触的过程,毒素分子通过网格蛋白依赖性和非依赖性途径被内吞入细胞。在此过程的早期,有可能在早期内体阶段,位于A亚基C末端结构的对蛋白酶敏感的环状结构经膜相关的内切蛋白酶(弗林蛋白酶)酶切。该酶切过程将A亚基分为具有催化活性的A1片段和一个与B亚基相连的A2片段。A1片段仍与A2-B复合物以一个二硫键相连。该二硫键最终在内质网腔中破坏,释放出具有酶活性的A1片段,该片段被认为通过内质网相关蛋白降解途径随后返回胞质。A1的N末端27ku片段行使N-糖苷酶和将60S核糖体亚基的28S rRNA的腺苷酸移除的功能。这将导致rRNA的改变进而抑制延伸因子-1(elongation factor-1,EF-1)依赖性的氨基酰tRNA与核糖体的结合。

Stx对细胞的毒性取决于细胞的类型。内皮细胞通过凋亡(血管损伤的初始阶段)对Stx中毒作出反应。一些细胞可能会出现肌动蛋白和微管的重排。一些细胞,如循环系统内的单核细胞不会因Stx死亡,反而会上调促炎症因子的表达水平,如GM-CSF和肿瘤坏死因子(tumor necrosis factor,TNF)。循环系统中的TNF通过内皮细胞诱导Gb3的表达,从而加剧了后者在毒素中暴露。在那些通过胞内信号通路响应Stx毒力的细胞中,核糖体毒性应激反应的产生可以活化蛋白激酶,如JUN N末端蛋白激酶和丝裂原活化蛋白激酶p38。

由Stx介导的组织损伤病理作用主要见于人体,并以出血性大肠炎和HUS造成的出血性腹泻为特征。这些情况均直接或间接地来自Stx(内皮细胞凋亡、单核细胞、巨噬细胞和其他细胞引起的细胞因子表达上调)。

周期调节素 周期调节素构成一个细菌毒素和效应因子家族,该家族成员可以干扰真核细胞周期。大肠埃希菌致病菌株能产生下列三种毒素中的任何一个:包括CNF,细胞膨胀致死毒素(cytolethal distending toxin,CDT)以及周期抑制因子(cycle inhibiting factor,Cif)。对这些毒素毒理的研究主要是在体外条件下进行的;还有一些研究曾试图评估单独毒素与自然疾病之间的关系。大体来说,这些毒素造成细胞死亡或扰乱细胞功能,已证明该两种作用可以增加在上皮表面定植和侵入的可能。一项从罹患腹泻、膀胱炎或无疾病表征的牛、犬体内分离大肠埃希菌的研究表明,周期调节素基因阳性的分离株总是源自患病个体(腹泻或膀胱炎)。另一项涉及牛源分离株的研究表明,*cnf*2和*cdt*-Ⅲ基因定位于Vir质粒。不同的周期调节素可能发挥协同作用。

细胞毒性坏死因子 细胞毒性坏死因子为分子质量较大的单亚基蛋白质,其分子质量可达110~115ku。细胞毒性坏死因子通过谷氨酰胺残基的脱酰胺作用致使靶细胞的Rho、Rac和Cdc42 GTP酶永久活化。CNF有两种类型,即CNF1和CNF2,它们在免疫学上相关且大小相似。Rho鸟苷酸三磷酸酶的活化导致肌动蛋白细胞骨架的重排,并形成压力纤维、膜褶皱和丝状伪足。细胞变得扁平化并且多核,吞噬行为增加。CNF也会激活NF-κB,进而上调炎性细胞因子的表达水平,保护细胞对抗凋亡刺激。编码CNF1的基因坐落于染色体上称为毒力岛(pathogenicity island,PAI)的区域,而编码CNF2的基因位于质粒上。CNF1由人型肠外大肠埃希菌产生,尤其是UPEC和那些引起婴幼儿脑膜炎的大肠埃希菌。这些菌株携带包含CNF1的毒力岛，该毒力岛也含有编码α-溶血素（α–hemolysin，hly A）和菌毛（pap C和sfa）的基因。CNF2可以由以下分离株表达，从罹患腹泻的牛分离的分离株，或者从染菌的牛或羊的血中得到的分离株。CNF2可由分离自罹患腹泻的小牛肠道、小牛血液或带菌的羔羊体内的大肠埃希菌分离物产生。

细胞膨胀致死毒素 细胞膨胀致死毒素（cytolethal distending toxin，CDT）是一类相似的毒素组成的家族，该家族成员影响哺乳动物的细胞周期。其导致细胞周期停滞于GM2/M期，最终导致细胞死亡。对于蛋白表达而言，三个相邻的基因是必要的，分别为 *cdt A*、*cdt B* 和 *cdt C*。已有五个CDT亚型被描述，分别为CDT-Ⅰ至CDT-Ⅴ。除了一部分EPEC分离株以外，CDT并未与病原性大肠埃希菌相关，并且其在致病过程中扮演的角色尚未确定。产生CDT的大肠埃希菌也可能表达其他毒力因子。

周期抑制因子 周期抑制因子（cycle-inhibiting factor，Cif）主要是由EPEC和EHEC产生的。在体外条件下，Cif导致不可逆性的细胞病变效应，该病变以黏附斑的不断增加、应力纤维的组装和停滞于GM2/M阶段的细胞周期为特征。

肠杆菌科丝氨酸蛋白酶自转运体 肠杆菌科丝氨酸蛋白酶自转运体（serine protease autotransporters of enterobacteriaceae，SPATE）为丝氨酸蛋白酶自转运体家族的亚科，其由致泻性大肠埃希菌、UPEC和志贺菌属产生。

质粒编码毒素 质粒编码毒素（plasmid-encoded toxin，Pet）是大小为104ku的剪切血影蛋白的SPATE，血影蛋白也被称为α-胞衬蛋白，为细胞骨架的一部分。Pet由EAEC产生。胞衬蛋白的剪切会影响小肠上皮细胞的肌动蛋白细胞骨架，导致应力纤维的丢失和黏着斑的解离。这些变化也促使炎症反应的发生。我们认为腹泻是由中性粒细胞的募集和应激的上皮细胞导致的，同时与宿主细胞内肌醇信号通路的激活也有关系。最终结果是氯离子和水的分泌。Pet编码于质粒上，与AAF编码基因相近。

参与定植的蛋白 参与定植的蛋白（protein involved in colonization，Pic）是一种由UPEC、EAEC、EIEC和志贺菌属产生的SPATE。它是种黏多糖酶和蛋白酶。*Pic*基因位于染色体上，与编码志贺菌属肠毒素1型（Shigella enterotoxin 1，Sh ET1）的基因位于同一区域，但前者位于反义链上。Pic被认为参与了EAEC感染病理过程的早期阶段，并很有可能促使菌体的肠道内定植。它不会破坏黏液层中嵌入的上皮细胞、裂解铁蛋白或降低宿主防御能力（如分泌型IgA、乳铁蛋白或溶菌酶）。Pic也会诱导肠腔内黏液的过度分泌，这也被认为促进了生物被膜的形成。

溶血素 大肠埃希菌至少生成三种溶血素：α-溶血素、肠道溶血素（肠出血性大肠埃希菌产生的毒素）和溶细胞素A（cytolysin，Cly）。

α-溶血素 α-溶血素（α-hemolysin，Hly）是RTX毒素家族里面的典型代表。RTX是repeats-in-toxin的首字母缩写，其由蛋白质中的甘氨酸富集序列的重复片段得名。Hly是一种由Ⅰ型分泌系统分泌的成孔蛋白外毒素。Hly通常由人和动物的肠外大肠埃希菌分离物产生，并且在猪源F4阳性ETEC分离物中也普遍存在。Hly由 *hly CABD* 操纵子编码，通过基因操纵溶血素的合成与否，从而产生相应的肠外大肠埃希菌菌株毒力的变化。人源的肠外大肠埃希菌菌株中，编码溶血素的基因坐落于染色体的毒力岛上，与 *pap* 和 *prs* 基因同时出现。相比之下，在猪源ETEC分离株中，编码溶血素的基因位于转移质粒上。溶血素导致溶血，通过血琼脂平板上的单个菌体克隆外周的β-溶血环可以探知其存在（图7.2）。红细胞的裂解释放出一系列离子，但更为重要的可能是溶血素对粒细胞的作用。中性粒细胞暴露在亚溶解的溶血素浓度下将会削弱粒细胞趋化能力、吞噬作用和杀菌作用。此外，暴露在上述浓度下，中性粒细胞会释放炎性介质，该介质会造成组织损伤并增加细菌侵入表皮屏障的机会。

肠道溶血素 肠道溶血素（enterohemorragic *E. coli* toxin，Ehx）同样是一种Rtx毒素，其可由多种STEC亚型产生。它的毒力特性从本质上来说与α-溶血素相同。编码*ehx*的基因与编码过氧化氢的过氧化物酶（catalase-peroxidase，Kat P）和胞外丝氨酸蛋白酶（extracellular serine protease，Esp P）等毒力因子的基因共同位于一个较大的质粒上。

溶细胞素A 该基因编码下面几种溶血素：*clyA*（溶细胞素A）、*sheA*（silent hemolysin）或*hlyE*，其位于所有大肠埃希菌菌株的质粒上。该蛋白分子质量大小为34ku的孔形成蛋白。其基因表达受激活剂和阻遏剂的双向调控。因溶细胞素具有溶血效应，故而推测该蛋白在体内环境下参与红细胞的铁离子释放。

铁摄取 铁离子对于绝大多数生物体均为生长必需。如果微生物要具有侵袭能力，必须含有从宿主铁结合蛋白中去除铁的铁载体（如气杆菌素）（见第6章）。

酸性耐受 含有Rpo S（稳定期相关σ因子）的RNA聚合酶优先转录与酸性耐受有关的蛋白质，可以耐受pH 5的环境，保证安全地经过胃部。

肠细胞脱落位点 肠细胞脱落位点（locus of enterocyte effacement，LEE）是一个位于EPEC和EHEC菌株基因组上的毒力岛，包含在宿主细胞中引起黏附和脱落（A/E）损伤的基因（图7.3和图7.4）。

紧密黏附素和其易位受体 紧密黏附素是一种跨膜的外膜蛋白，其由位于*LEE*5操纵子上的*eae*基因编码。紧密黏附素的N末端位于外周胞质之间，而C末端位于菌体表面。N末端有一个相对恒定的氨基酸序列，而C末端序列变化较大，并构成紧密黏附素型和亚型。N末端具有相当恒定的氨基酸序列，而C末端可变，并形成内膜素类型和亚型的基础。至少有17种不同的内膜素型和亚型已被描述，并以希腊字母和数字加以区分（如α1、α2、β1和β2）。紧密黏附素的C末端与另一种分泌型菌蛋白结合，紧密黏附素易位蛋白受体（translocated intimin receptor，Tir）是由*tir*基因编码的，后者也位于*LEE*5操纵子上。Tir蛋白跨膜，其C末端和N末端位于胞质和多肽中部，形成发卡样结构。C末端正是与该发卡样结构相连。众多临近的紧密黏附素-Tir复合物最终的效果就是菌体对宿主细胞的吸附，非常明显地促进定植。

Ⅲ型分泌系统 编码Ⅲ型分泌系统是20余种蛋白的聚集体，形成一个中空的管状结构，其作用是将效应蛋白注入宿主靶细胞。编码Ⅲ型分泌系统的基因也同样位于LEE毒力岛上。

大肠埃希菌分泌蛋白 编码大肠埃希菌分泌蛋白（*E. coli* secreted protein，Esp）的基因也同样位于LEE毒力岛上。Esp空间结构为中空的注射器样结构，其作用是将诸如Tir、Esp B、Esp D等效应蛋白注入宿主靶细胞。Esp B和Esp D在宿主细胞内形成孔状结构。其余几个效应蛋白引起细胞骨架重排，导致微绒毛消失。其余如Cif和Map未详细定义的效应蛋白，笔者认为它们介导了对宿主细胞的毒性作用，如细胞周期停滞和线粒体损伤。胞内钙离子浓度上升和蛋白激酶C的活化继发腹泻的发生。蛋白激酶促使蛋白质磷酸化，形成氯离子通道，进而导致氯离子和水向肠腔内流失。蛋白激酶还促使了膜型离子转运通道的磷酸化，该过程导致NaCl的吸收阻断。

多样性

一种对大肠埃希菌变异的评估方式是根据O-repeat单位（糖亚基类型、亚基之间的连接方式和链的长度）抗原、鞭毛蛋白和荚膜的组成来做评定的。以O-抗原、H-抗原和K-抗原为菌株血清分型的依据。在国际认可的分型体系中，共计有174种O-抗原，多于80种的K-抗原和53种H-抗原。O-抗原分别编号为1-181，但一些编号的型由于其与其他型具有交叉反应原性已删除。例如，O8：K87：H19代表其具有8号O-抗原、87号荚膜抗原和19号菌毛抗原。

● 生态学

传染源和传播途径

致病的大肠埃希菌位于胃肠道的下半段，在动物居住的环境中大量存在，可通过粪口途径传播。胃肠道下半段被视为其"原始居住地（primary habitat）"，动物体外的外界环境为大肠埃希菌的"次生居住地（secondary habitat）"。这反映出胃肠道下半段对于大肠埃希菌的重要性，前者为后者提供必需养分和舒适温暖的温度（大肠埃希菌为嗜温菌），进而促进菌种的生长繁殖。此外，这也为大肠埃希菌离开原宿主，进入新宿主提供条件，以便其完成生命周期。

● 致病机制

机制和疾病模型

为使大肠埃希菌产生疾病，其必须具有编码致病毒力因子的基因。若获得了毒力基因（通过转导、接合或转化），非致病性菌株可能会具有致病能力。基因的水平获得，往往通过噬菌体或质粒，该获得形式对于新致病型菌株的出现至关重要。同样，这种类型的疾病的发生依赖基因获得。

肠毒素性腹泻 本病多发于仔猪、犊牛、羔羊和哺乳期内的猪，在犬和马也有报道。

肠毒素性腹泻是由一种大肠埃希菌引起的，该大肠埃希菌产生黏附素，促进前者对空肠和回肠上皮细胞表面的糖蛋白的吸附，并且还产生一种肠毒素，该肠毒素作用于菌体吸附的上皮细胞，导致液体分泌和腹泻。以上两者对于疾病的发生是必需的，因为若摄入的菌株不吸附这些细胞，肠道蠕动会使其进入大肠。空肠和回肠的上皮细胞对肠毒素易感，而大肠不易感。

如上所述，至少在ETEC上发现四种菌毛黏附素，它们是F4、F5、F6和F41。其具有宿主特异性：在猪源分离株中，F4和F6经常共同出现；F5常见于牛源、绵羊源和猪源分离株；F41常见于牛源分离株。宿主上皮细胞上的黏附素受体也决定了本病的发病年龄。在犊牛和羔羊中，黏附素受体在出生后的第一周呈短暂性出现。同功能的受体在出生后的第六周才会出现。有许多未确定的黏附素可能在此过程中起作用。

同时，如上所述，某些ETEC菌株表达诸如curli一样的菌毛。Curli菌毛介导对宿主上皮细胞表面糖蛋白和细胞外基质蛋白的黏附，并且在生物被膜的形成中起到了重要作用。Curli的存在或许可以解释，在同时感染轮状病毒和小球隐孢子虫的情况下，肠毒素性疾病的年龄易感性会上升。两者均会造成足以将细胞外基质蛋白暴露的组织伤害。

除对小肠靶组织具有黏附能力外，ETEC必须还具有合成肠毒素的基因。如上所述，ETEC菌株会产生四种不同的肠毒素，尽管有些克隆已在世界范围内变得非常流行（如产生F4、LT和STb组合的猪菌株），经过长时间和大量的测试（通常使用PCR），几乎可以检测到所有可能的组合。

一些黏附素和肠毒素的基因位于质粒DNA上。其结果是，很难预测哪一株可以致病。有些黏附素与一些特异的血清型具有关联性。尤其是编码F41黏附素的基因通常在O9和O101血清型大肠埃希菌中可见。可以断定的是，编码F41的基因位于染色体DNA上。

被宿主摄取后，ETEC附着于靶细胞，扩增繁殖，并且分泌毒素（图7.1）。液体和电解质在肠腔中堆积，导致腹泻、脱水和电解质失衡。随后，ETEC被从靶细胞上拉下来，病程停滞，这可能部分由于ETEC在小肠内经过爆发性增长后，导致可用底物减少，黏附素表达停滞的缘故。若未及时采取措施纠正这种液体和电解质的失衡，该病便具有较高致命性。

腹泻是水样并且无血的。如果有的话，则是小肠内出现了炎症反应。组织学可观察到细菌会覆盖小肠中部至远端的绒毛。

肠聚集性大肠埃希菌 如上所述，表达AAF的EAEC已从患腹泻的断奶仔猪和牛中分离得到。然而，这些菌株几乎不含有人源分离株的其他毒力因子，因此不太可能成为动物或人的致病源。EAEC是人类致病源，并且具有前面提到的一些其他的毒力因子。

ETEC 易感动物（通常是指获得初乳量不足或初乳质量不佳的新生动物）与具有入侵肠道上皮并能够在肠外生存能力的大肠埃希菌菌株相关联，可通过结膜、未处理得当的脐带和采食进入机体。如果通过采食摄取了这些菌株，它们会首先附着于位于小肠远端的靶细胞。该黏附可能涉及CS31A、Afa E-Ⅶ和Afa E-Ⅷ这几种非菌毛黏附素。同样，在大肠埃希菌随处可见存在于质粒上的菌毛黏附素F17c和铁载体杆菌素，其最初被称为Vir（这样命名是因为其常与毒力大肠埃希菌相关）。吸附后，这些菌株能够诱导自身提高CNF1或CNF2的表达水平，进而导致内吞过程。该过程使细菌进入肠上皮细胞，随后进入淋巴，进而进入血液。上皮细胞摄取后菌株进入淋巴管过程的机制尚未明确。类似的，结膜或脐带感染后，菌株进入淋巴管的机制也尚不清楚。一旦菌株侵入上皮表面，黏附素的表达即受到抑制（否则黏附素表达细菌会黏附于宿主吞噬细胞，给细菌带来灾难性后果）。

入侵的细菌在淋巴系统和血液中繁殖，随后发生内毒素血症。如果抗菌治疗和机体免疫系统，或者两者同时无法抵抗微生物侵袭，宿主便会死亡。

ETEC具有独特的特性。例如，它们必须具有逃脱吞噬作用和补体介导的溶菌作用的能力，并且还必须有获取铁的机制。荚膜和一系列外周蛋白给予了细菌对补体介导的溶菌作用的抗性（血清抗性）。荚膜如何保护细胞膜免受攻膜复合体的攻击仍旧未知。特定的荚膜（如K1）在化学组成上类似于宿主细胞表层，前者主要是由唾液酸组成的。补体与唾液酸为主要成分的表层结合会启动降解途径，而不是级联放大，最终形成攻膜复合体。

逃避吞噬过程同时也涉及荚膜和特定的外周膜蛋白。外膜蛋白作为抗吞噬因子行使功能的机制仍旧不明。编码诸如CS31A和F17等黏附素和含铁产物生产者的基因位于质粒上。如上文提到的那样，编码F17的基因与Vir质粒相关联，后者具有编码CNF2的基因；编码含铁产物生产者的基因位于pCol V质粒。在后一种情况下，铁载体基因与编码大肠埃希菌素V的基因紧密联系。铁载体和杆菌素具有与铁元素的高亲和力。

许多菌株具有侵袭能力，除了从马驹体内分离出的菌株，它们能产生α-溶血素，在血琼脂培养基上产生β-溶血环。

组织病理学检查肝、脾、关节和脑膜有炎性病变。可能伴有心包、腹膜表面和肾上腺皮质出血。

EPEC EPEC会导致包括人类在内的所有动物腹泻。EPEC不会产生ST、LT或其他肠毒素。值得注意的是，它们定植在人类小肠内，对小肠造成A/E损伤。在动物体内，EPEC能够在小肠远端和大肠定植并造成A/E损伤。如此命名该特异性损伤是因为定植位点小肠绒毛的消失，并且在定植位点，菌体紧密结合细胞膜顶端。效应蛋白引起的细胞骨架重排（已在较早处介绍）致使可供菌体黏附的基底形成（图7.3和图7.4）。

产志贺毒素大肠埃希菌 如上所述，产生紧密黏附素和其他LEE基因产物的STEC被称为肠出血性大肠埃希菌（enterohemorrhagic E. coli, EHEC）。因为其最有可能产生A/E损伤和产生Stx的能力，这些菌株拥有更高的毒力。O157：H7血清型大肠埃希菌为EHEC中的代表株，其能引起婴幼儿的腹泻，被认为由O55：H7进化而来的。大肠埃希菌是通过噬菌体的溶菌作用获得编码Stx-1和/或Stx-2的*Stx*基因的。牛是STEC的储存宿主；因为一些原因，牛肠已然成为这些大肠埃希菌的主要天然居住地。许多不同血清型的大肠埃希菌已被明确是STEC；然而，仅有一小部分亚型具有LEE毒力岛。就像上面所说的那样，一些没有O157抗原的缺乏LEE毒力岛的STEC产生另一种替代性的黏附素，名为Saa。人类病患对Stx高度易感，然而家畜并不易感。牛血管内皮细胞缺少Stx的Gb3受体。另外，进入到牛肠内的Stx最终进入溶酶体而并非反面高尔基体和内质网，这阻碍了其发挥毒素效应。人类患者易受到大肠部位血管坏死、形成血栓和肠梗死的困扰，其表现形式为出血性肠炎。5%~10%的患者发展成为腹泻后遗症，即HUS。虽然发病机制复杂，但Stx在内皮细胞凋亡和诱导白细胞产生细胞因子的过程中，作为直接因素，起到了主要的作用。前述的两种过程反过来提高了内皮细胞上Gb3受体的表达水平。临床上，HUS以微血管病性溶血性贫血、血小板减少症和尿毒症为特征。

所有患病动物均是通过粪口途径感染EPEC和STEC的。这两者均具有人畜共患的潜在威胁，但是STEC更受瞩目，因其能产生可能威胁生命的Stx。人们最初主要是因饮用了被污染的水和食物而感染，或者通过与储存宿主（所有反刍动物）的直接接触感染。动物园已经成为传染源。在屠宰时，胴体表面沾有了排泄物中的微生物。从其上分割下来的肉块可以通过烹饪充分净化。然而，当肉块被粉碎时，表面微生物则可渗透整个肉品。虽然适当的烹调可以杀灭包括O157：H7 STEC的表面微生物，但内部的或许并未杀死。如今在美国，非O157抗原的STEC相比于O157而言，导致更多的病例发生。在美国，约有71%的大肠埃希菌病是由非O157抗原的STEC的六种血清型导致的，即O26、O45、O103、O111、O121和O145。最近，美国农业部食品安全检验局宣布含有这些血清型和O157：H7的牛肉为劣质牛肉。

水肿病 水肿病是断奶仔猪的一种急性致命性肠毒素血症。该病以皮下和浆膜下水肿为特征，并出现代表脑干梗死的神经症状。这些损伤是由吸收肠道内Stx2e造成的。病原菌株通常为确定的血清型，如O141：K82、O138：K81和O139：K82，并经常表达α-溶血素和F18ab菌毛。F18ab菌毛的表达提高了菌体定植小肠远端的能力。Stx2e是通过肠道吸收而进入血液的，并且最初结合与富含有Gb4的红细胞表面。红细胞随后将毒素传递给同样表达Gb4受体的内皮细胞。Stx2e如前面所述的那样进入上皮细胞，并通过抑制核糖体活性、封闭蛋白合成和导致细胞死亡的途径使细胞瘫痪。血管渗漏和血栓在不同组织和器官中导致水肿和梗死的发生。大体上，猪在额头、眼皮、胃壁、结肠系膜和其他部位呈现特征性皮下水肿。

禽致病性大肠埃希菌 禽致病性大肠埃希菌（avian-pathogenic *E. coli*，APEC）导致禽大肠埃希菌病，这对禽业经济会产生十分重要的影响。APEC是拥有特定血清型的侵袭肠外的大肠埃希菌，并且与人类尿路中的致病性大肠埃希菌（UPEC）有一些相同的毒力基因。常见的血清型为O1：K1：H7。值得注意的是，K1是荚膜抗原，在感染婴幼儿造成脑膜炎的致病过程中起到重要作用。此外，O1是重要的侵入血清型。与UPEC共有的毒力因子包括铁载体肠菌素、杆菌素、沙门菌素和耶尔森杆菌素，还有血红素转运系统。此外，APEC和人源UPEC产生Pap和1型菌毛。

该病在家禽中有多种形式，这取决于宿主年龄和感染类型。在鸡胚感染中，鸡胚在生产过程中表面可能被污染潜在致病菌株。细菌穿透蛋壳进入蛋清。如果细菌繁殖，那么在孵育后期，鸡胚就会死亡。携菌但幸存下来的鸡胚在孵化后3周内死亡。一个重要的临床症状是呼吸系统疾病和败血症。病程可表现为急性致死性或慢性表现为乏力、腹泻和呼吸窘迫。气囊炎和肺炎是典型表征。其他由APEC导致的临床症状包括蜂窝织炎、滑膜炎、心包炎、输卵管炎和全眼球炎。

黏附侵袭性大肠埃希菌 黏附侵袭性大肠埃希菌（adherent-invasive *E. coli*，AIEC）是从患克罗恩病的人类患者体内首次发现的。AIEC跟克罗恩病具有极显著联系，但是两者之间确定的因果关系尚未明确。AIEC也在组织细胞溃疡性结肠炎的犬中发现，在此病中，有相当多的科学证据证明其致病作用。AIEC黏附并侵袭肠上皮细胞。进入上皮细胞的过程取决于肌动蛋白微丝的诱导和微管募集。细菌随后进入上皮层下的巨噬细胞，它们在其内吞泡中复制而不引起宿主细胞死亡。细菌感染巨噬细胞使后者产生大量TNF-α。TNF-α上调细胞因子表达水平，明显地加剧炎症和组织损伤。

● 免疫学特征

对致病性大肠埃希菌引发疾病的免疫防御存在于两个层面：在靶细胞的黏附位点和通过消灭细菌或中和其产物。

肠毒素性腹泻 在初乳和奶中发现的特异性黏附素抗体（sIgA 和 sIgM）阻碍菌体黏附小肠上皮细胞。特异性 LT 毒素抗体也起到相同作用，尽管该作用的重要性还没有被完全理解。已证明 LT 是由细菌直接转运至上皮细胞的，这可能绕过肠腔内抗体的作用。

肠外疾病 新生儿通过 dam 获得免疫力，免疫保护根据免疫球蛋白型（IgA，IgG 或 IgM）不同而不同。在最初的 36h 获得性 IgG 和 IgM 黏附于小肠上皮细胞的受体。伴随黏附，穿过细胞迁移进入循环系统。如果抗体对毒力决定簇具有特异性，那么如果新生儿遇到表达该毒力决定簇的致病株，则可能不会导致疾病。例如，从 dam 获得的抗荚膜抗体将保护新生儿免受具有该荚膜的大肠埃希菌菌株的致命侵袭。

EPEC 和 STEC 介导 A/E 损伤的紧密黏附素的特异性抗体和Ⅲ型分泌蛋白可能产生一定程度的保护作用。一项针对Ⅲ型分泌的 STEC O157：H7 疫苗的研究表明。在一些新生儿中，初乳和奶中的 sIgA 和 sIgM 被认为起到了阻止细菌黏附肠细胞的作用。

水肿病 Stx2e 的特异性抗体阻止内皮和血管损伤，进一步预防缺血性病变。因此，无论是通过自然途径还是人为手段，在分娩前将 dam 暴露于微生物和它的毒力决定簇是十分必要的。这样暴露的结果是产生抗体并分泌到初乳和乳汁中。

● 实验室诊断

关于 ETEC 菌株的描述 目前首选的微生物学诊断方法是检测毒力基因，也就是菌毛和肠毒素，培养基平板上的分离株则采用聚合酶链式反应（polymerase chain reaction，PCR）。实验室诊断中经常使用多重 PCR，其针对与 ETEC 有关的毒力基因，如 Stx 和紧密黏附素等。选择进行 PCR 的菌株首先应该在营养培养基（如血琼脂平板培养基）上进行传代培养，这样可以同时确保菌株为单克隆并且移除 DNA 酶抑制剂存在的可能性。

提交检疫部门的动物组织材料应遵守一些规程，以安乐死的急性发病动物最佳。急性发病动物要选择未经尸体组织自溶和菌体过度生长的尸体，这样在仅有共生菌群的背景下，会极大提高检测出病原的概率。小肠上皮细胞检测标志是细菌黏附。如果实验室具备绝大多数血清型的抗血清，也可以采用免疫化学的办法（图 7.1）。然而，培养对于鉴定作为毒力因子发挥作用的特定抗原来说的必要的。使用血平板和麦康凯琼脂培养基培养是检测 ETEC 的标准过程。如果检测菌毛型的话，则需要添加额外的一些物质进行培养，如鉴定 F4 用 E 培养基，F5 和 F6 用 Minca 培养基，F41 用 E 或 Minca 培养基。若检测的肠道内容物 ETEC 菌落数达到 $10^8 \sim 10^9$ 个$/mm^2$，那么就可以断定为 ETEC 感染。

免疫学手段仍旧可用，例如，使用对各类黏附素具有特异性的抗血清，进行抗原抗体凝集反应。ELISA 可以用于直接测定粪便中是否存在 F4 和 F5 黏附素阳性菌。荧光标记抗体技术可以为检测菌毛提供便利。受菌株或皮屑污染的小肠的血液内含有黏附素特异性血清。采用荧光标记的二抗后，检测黏附于上皮细胞的大肠埃希菌的准备工作就完成了。大肠埃希菌菌株的 STa 或 LT 肠毒素产物可由 ELISA 检测出。该方法可以检测限度为 140pg/mL 的 STa（其敏感度较仔鼠试验敏感度，前者是后者的 100 多倍）和 290pg/mL 的 LT。

肠外菌株的综述 肠外大肠埃希菌病的微生物学诊断是以正常无大肠埃希菌部位（关节、骨髓、脾和血液）出现大肠埃希菌为依据的。在禽类中，取上述部位进行培养，另外还有那些常感染部位（肺脏和气囊）。未孵化即死亡的胚胎也进行培养。即使枯否细胞已经将细菌从血液中捕获，肝脏培养也是禁止的，因为在濒死状态下，肠道微生物的逆向运动会扰乱肝脏的微生物学诊断。

EPEC和STEC的论述　组织病理学检查可以检测出A/E细菌，但不会明确特异性抗原种类。可以使用针对性方案和鉴别培养基去鉴别粪便或肠道内样品。其他一些培养基，如培养非O157 STEC菌株的培养基也可使用，但其不具备区分血清型的能力。为鉴定大肠埃希菌血清型，可以使用选择性培养基，如第6章内描述的山梨醇麦康凯培养基。一旦在感染动物体内获得怀疑是STEC的大肠埃希菌菌株（如在显色培养基上呈现阳性），推荐使用PCR方法检测其是否具有 Stx 基因，以确定该菌株是否为STEC。最为重要的毒力基因目标为 stx1、stx2和 eae；ehx 也可作为检测的目的基因。源自排泄物的分离株可从一个更加通用的大肠埃希菌选择培养基上获得，如麦康凯培养基，然后进行PCR检测。

关于由大肠埃希菌引起的水肿病的论述　水肿病的微生物学诊断目标是分离菌株和确定的血清型，两者在发病过程中起到作用。总体特征和微观组织变化使该病的病原学和微生物学检测变得容易。

● 治疗、控制和预防

对因感染引起腹泻的动物的治疗重点在于纠正体液和电解质的不平衡。如果动物由于心血管衰竭而处于休克状态，则应给静脉输液和补充电解质（碳酸氢钠和KCl）。如果没有，则给予口服电解质溶液。因此时动物出现了代谢酸中毒，所以也要补充碳酸氢钠。口服液中添加葡萄糖会提升排除的电解质重吸收的能力。抗生素的使用尚有争议。因为肠腔内的抗生素耐受浓度和有效浓度均是未知的，依靠体外敏感性试验的结果去指导临床治疗还是值得商榷。使用不溶性药物（如新霉素），可以很大程度上遏制小肠前端的大肠埃希菌数量，以达到纠正体液和电解质失衡的目的。即使体外实验已经证明大肠埃希菌普遍对新霉素呈现耐受性，但其数量依然会减少。事实上，体外试验测试中存在敏感性菌株，只是其占比过小。

抗菌药物、体液和电解质的补充对于治疗由侵袭性大肠埃希菌引起的败血症而言是必要的。大肠埃希菌的侵入致使机体出现由于低血压和弥散性血管内凝血而导致的器官灌注减少，从而出现由内毒素血症到乳酸性酸中毒的过程。在选择电解质置换的时候应该考虑该过程的影响。在临床环节中，抗菌药物应按照敏感性顺序进行选择。通常情况下，来自农场动物的分离株对庆大霉素、阿米卡星、甲氧苄氨嘧啶磺胺类药物和头孢噻呋敏感。而对四环素、链霉素、磺胺、氨苄青霉素和卡那霉素耐受。在试验上已经论证，采取针对LPS的脂质A部分的抗体后，内毒素血症指标的严重程度得到缓解。

由致病性大肠埃希菌造成的腹泻的防治大致相同。其关键在于合理的饲养管理。将dam暴露于感染菌株上或感染菌株表达的各种毒力因子的抗原决定簇上是十分重要的。可以通过将dam放置在会发生分娩的环境中来自然地提供暴露，也可以通过使用含有被认为对新生动物构成威胁的抗原决定簇的制剂对dam进行疫苗接种来人为地进行暴露。可以将含有黏附素单克隆抗体（针对ETEC）的商品化制剂给新生动物口服。尽管这种做法不会显著降低腹泻的发生率，但会降低严重程度和死亡率。

● 其他大肠菌群

还有一些在医学上具有重要意义的大肠埃希菌科成员。像大肠埃希菌一样，这些菌发酵乳糖，在麦康凯琼脂培养基上呈现典型的粉红色菌落。肺炎克雷伯菌属、肠杆菌属和枸橼酸杆菌是兼性厌氧菌。以上三者在血琼脂培养基上不产生溶血环，尽管它们也产生毒素，但其为机会致病菌。

第二部分　细菌和真菌

肺炎克雷伯菌

在兽医学中最常见的病原是肺炎克雷伯菌和产酸克雷伯菌。这些细菌，如同大肠菌群，是动物的肠道共生菌。因此，粪便污染的环境往往是围产期幼龄反刍动物的感染来源。然而，由肺炎克雷伯菌引起的牛乳腺炎却有着10%～80%的致死率。该病与凉爽、潮湿的天气和各类木屑垫料有关。在许多患病牛身上，该病最终发展为严重的乳腺感染败血症和内毒素休克。

肺炎克雷伯菌与各类型的机会感染相关。污染的产科、外科手术设备、清洁后二次污染设备和临床检查可能会引发感染。一旦组织感染，细菌会在机体蔓延并最终在短时间内爆发式出现败血症。肺炎克雷伯菌还具有超广谱的β-内酰胺酶抗性。肺炎克雷伯菌的毒力因子与其他肠杆菌科的类似。荚膜是菌体抵抗宿主防御机制（吞噬、调理和溶解作用）的重要一环。此外，内毒素、黏附素、肠毒素、铁载体与细胞壁成分也很重要。

肺炎克雷伯菌在37℃环境下进行常规实验室培养诊断是相对容易的。其克隆在血琼脂培养基上无溶血环，大且相当黏稠。肺炎克雷伯菌发酵乳糖，一般呈现吲哚阴性（表7.1）。

表7.1　克雷伯菌、柠檬酸杆菌和肠杆菌的特性

特性	克雷伯菌	柠檬酸杆菌	肠杆菌
乳糖发酵	+	−	+
尿素水解	(+)	V	V
柠檬酸利用	(+)	(+)	(+)
产硫化氢	−	(+)	−
Voges–Proskauer	+	−	+
游动能力	−	(+)/弱	+
常见物种	肺炎克雷伯菌 产酸克雷伯菌	弗氏柠檬酸菌 柠檬酸杆菌	阴沟肠杆菌 产气肠杆菌

注：+，阳性；(+)，强阳性；−，阴性；V，可变。

肠杆菌和柠檬酸杆菌

像克雷伯菌一样，肠杆菌属和柠檬杆菌属的细菌也是机会病原菌。这些细菌通常在受污染的伤口或泌尿生殖道中引起感染。可通过传统的菌落形态和生化测试鉴定（表7.1）。肠杆菌通常是游动的。柠檬酸杆菌在三重-糖铁倾斜的琼脂试管中产生硫化氢，因此有时这些培养物可能与沙门菌混淆。这些细菌对大多数青霉素和头孢菌素具有明显的抗性，并迅速获得其他形式的抗生素抗性。

参考文献

Moxley RA, Francis DH, 1986. Natural and experimental infection with an attaching and effacing strain of Escherichia coli in calves[J]. Infect Immun, 53: 339-346.

Xing J, 1996. Pathogenicity of an enterotoxigenic Escherichia coli Hemolysin (hlyA) mutant in gnotobiotic piglets[M]. MS Thesis. University of Nebraska-Lincoln. R.A. Moxley, Advisor.

（李曦 译，李刚 校）

第8章 肠杆菌科：沙门菌属

沙门菌属是肠杆菌科的成员之一，包括三个种：邦戈尔沙门菌（*S. bongori*）、肠炎沙门菌（*S. enterica*）和地下沙门菌（*S. subterranea*）。肠炎沙门菌包含六个亚种（表8.1）；其中包括肠道亚种（*enterica*，亚种Ⅰ）、萨拉姆亚种（*salamae*，亚种Ⅱ）、亚利桑那亚种（*arizonae*，亚种Ⅲa）、双相亚利桑那（*diarizonae*，亚种Ⅲb）、浩敦（*houtenae*，亚种Ⅳ）和因迪卡亚种（*indica*，亚种Ⅵ）。亚种Ⅴ被重新归类为 *S. bongori*。沙门菌模式种是 *S. enterica* ssp. *enterica*。模式株为鼠伤寒血清型LT2株（Lilleengen菌株2型）。亚种Ⅰ的菌株通常分离自人和温血动物。肠炎沙门菌包括超过2 500个血清型，也被称为血清变型（ser.）或变种（var.），约60%的肠炎沙门菌属于亚种Ⅰ。在美国，已报告的人类分离株大约99%都属于亚种Ⅰ。邦戈尔沙门菌和肠炎沙门菌亚种Ⅱ、Ⅲa、Ⅲb、Ⅳ和Ⅵ主要感染冷血脊椎动物并生存于自然环境中。地下沙门菌是最近归为此属的，其分离自六价至四价硝酸铀污染的低pH土壤表层沉积物。

沙门菌的命名一直是个问题，多年来存在几个不同的分类方案以及血清型与种混淆。在2005年，国际系统与进化微生物学杂志发表了Judicial Opinion 80，从而澄清了这些问题。*S. enterica* ssp. *enterica* 血清型用罗马文字书写，其中第一个字母大写；其他的则是由抗原式表示。

此处将不使用亚种名称，除非强调其重要性。例如，*S. enterica* ssp. *enterica* serovar Typhimurium会被写为 *S. enterica* serovar Typhimurium，也会简写为 *S.* Typhimurium。

表8.1 肠炎沙门菌亚种

编号	命名
Ⅰ	肠道亚种 *enterica*
Ⅱ	萨拉姆亚种 *salamae*
Ⅲa	亚利桑那亚种 *arizonae*
Ⅲb	双相亚利桑那亚种 *diarizonae*
Ⅳ	浩敦亚种 *houtenae*
Ⅵ	因迪卡亚种 *indica*

第二部分　细菌和真菌

● 特征概述

细胞组成

沙门菌有一个荚膜型,其多糖抗原被命名为 Vi(意为毒力)。Vi 由伤寒(typhi)和副伤寒(paratyphi)血清型 C 菌株、某些枸橼酸杆菌菌株和都柏林(dublin)血清型的少数菌株产生。细胞壁为革兰阴性细菌的典型胞壁结构,由脂多糖(LPS)和蛋白质组成。糖的种类和数量以及其在 LPS 大分子中最外层糖之间的连接方式决定了特定分离株的 O-抗原血清型。沙门菌属的大多数菌株都具有 O-抗原和鞭毛表面的抗原决定簇(H-抗原),这些抗原决定了血清型。这种分类方法称为考夫曼-怀特命名方案。

具有医学意义的细胞产物

黏附素　对于不同血清型来说,肠炎沙门菌含有 10 个以上不同的菌毛基因簇。鼠伤寒沙门菌可能编码至少 13 种菌毛操纵子:*agf*(*csg*)、*fim*、*pef*、*lpf*、*bcf*、*saf*、*stb*、*stc*、*std*、*sth*、*sti* 和 *stj*。这些菌毛产物至少有 11 种已被检测到,其表达取决于生长条件。菌毛介导沙门菌对胃肠道黏膜上皮细胞的黏附。因为菌毛黏附素有相对疏水性,也可以促进其与吞噬细胞的膜融合。只有当细菌处于黏膜表面时,黏附素才是重要的致病因子。

有证据表明,上述菌毛中的 Pef、Agf 和 Lpf 是重要的肠道黏附素。Pef(由质粒编码的菌毛)介导沙门菌对小鼠小肠上皮细胞的黏附。鼠伤寒沙门菌的毒力质粒 pSLT 携带 Pef 编码基因。*pef* 突变可使口服半数致死剂量(LD_{50})升高约 2.5 倍。Agf(细聚合性菌毛)类似于大肠埃希菌的 curli 菌毛。Agf 促进细菌自我聚集、生物膜的形成和毒力。Agf 还介导对小肠上皮细胞的黏附。Lpf(长极性菌毛)介导鼠伤寒沙门菌对 M 细胞的黏附,但不能黏附于吸收性的肠上皮细胞。*lpf* 突变可使口服 LD_{50} 增加约 5 倍,并且比野生型菌株延迟约 3d 死亡。Pef、Lpf 和 Agf 菌毛被认为是功能冗余的。将三个菌毛基因全部失活会导致口服 LD_{50} 增加约 30 倍。

荚膜　Vi 荚膜是一种 α-1,4-2-脱氧-2-N-乙酰半乳糖胺糖醛酸的线性匀聚物,可在 C-3 位发生乙酰化。Vi 荚膜的作用还不清楚。由于沙门菌主要寄生于细胞内,因此其荚膜似乎不同于其他微生物荚膜的作用(如抗吞噬)。Vi 荚膜可以保护细菌外膜不被补体系统形成的膜攻击复合物杀伤。这对胞外的沙门菌有保护作用。

细胞壁　外膜中的脂多糖是一种重要的毒力决定物。脂质 A 组分的毒性(内毒素)和 O-重复单元的侧链长度都会影响补体系统形成的膜攻击复合物对细菌外膜的附着。LPS 与 LPS 结合蛋白(血浆蛋白)相结合,从而将其转移到血液中的 CD14。CD14-LPS 复合物与巨噬细胞表面的 Toll 样受体(TLR)-4 蛋白结合,激活细胞信号通路,最终导致促炎症细胞因子的释放。最近的研究表明,鼠伤寒沙门菌毒力的呈现需要 TLR 信号。对鼠伤寒沙门菌的识别主要是通过 TLR2、TLR4 和 TLR5 介导的。TLR2 和 TLR4 双缺陷小鼠对鼠伤寒沙门菌高度易感,这与其免疫功能降低相一致。TLR 信号能增强含沙门菌的吞噬小体的酸化速率,抑制这种酸化会停止诱导沙门菌毒力岛-2(SPI-2)的表达。因此,在天然免疫信号缺失时,鼠伤寒沙门菌不能诱导毒力基因表达。

鞭毛　除了鸡白痢和鸡伤寒两个血清型以外,沙门菌属中的其他成员都有运动性。周生鞭毛介导沙门菌的运动。鞭毛具有高度的免疫原性。亚种Ⅰ、Ⅱ、Ⅲa 和Ⅵ是双相的,能产生两类有时是三类功能性和免疫性不同的鞭毛。H-抗原的血清学区分是考夫曼-怀特命名方案的第二部分。1 相 H-抗原用小写字母标示,从"a"到"z"然后"z1""z2""z3"等。2 相抗原用数字标示,"1""2""3"等。与 O-抗原一样,H-抗原用特异性抗血清凝集试验来检测。

毒力岛、Ⅲ型分泌系统和效应蛋白 沙门菌的许多毒力基因位于毒力岛（PAIs）上。毒力岛是染色体中的大段连续DNA，其含有插入序列和毒力因子、整合酶与迁移因子编码基因。沙门菌毒力岛称为SPIs；到目前为止，已报道的SPIs有22个，即从SPI-1到SPI-22。邦戈尔沙门菌的毒力岛不同于肠炎沙门菌菌株。未发现含有全部22个毒力岛的菌株，而且肠炎沙门菌中各菌株的毒力岛也不尽相同。这种差异反映出病原对宿主范围和适应程度的不同。邦戈尔沙门菌含有SPI-1、SPI-3A、SPI-3B、SPI-4、SPI-9和SPI-22。鼠伤寒沙门菌含有SPI-1至SPI-6、SPI-9、SPI-12至SPI-14和SPI-16。肠炎沙门菌和鸡伤寒沙门菌含有SPI-1至SPI-6、SPI-9、SPI-10、SPI-12至SPI-14、SPI-16、SPI-17和SPI-19。伤寒沙门菌含有SPI-1至SPI-10、SPI-12、SPI-15至SPI-18。从SPI-1至SPI-5，每个毒力岛都含有编码Ⅲ型分泌系统（T3SS）的基因，根据其所处的SPI将其命名，如T3SS-1是位于SPI-1，T3SS-2位于SPI-2。每个T3SS由20个以上的蛋白装配而成，形成一个中空的管状结构，其可将效应蛋白注入宿主细胞。

SPI-1的主要作用是促进沙门菌对肠上皮细胞的侵袭。它诱导肌动蛋白细胞骨架重排（膜褶皱的形成），导致细菌进入肠上皮细胞（图8.1）。SPI-1位点含有大约35个基因，编码T3SS装置、某些效应蛋白、转录调节因子（位于SPI-1内和染色体中的其他位置）和伴侣蛋白（用于装配T3SS装置或用于分泌效应蛋白）。SPI-1编码的效应蛋白包括SipA（SspA）、AvrA和SptP。SPI-1同时编码转运蛋白SipB、SipC和SipD。由其他毒力岛编码但由T3SS-1分泌的效应蛋白包括SopA、SopB（SigD）、SopD、SopE（SopE1）、SopE2、SspH1和SlrP。SopE、SopE2和SopB作为Rac1、Cdc42和

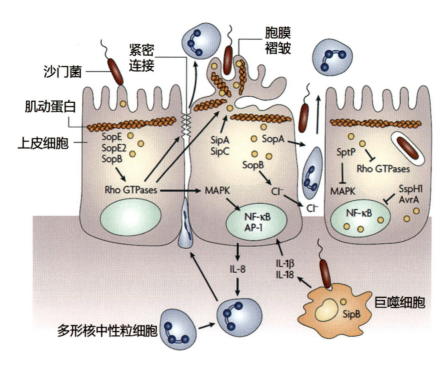

图8.1　SPI-1 T3SS诱导宿主细胞的改变

在与上皮细胞接触时，沙门菌将SPI-1编码的T3SS进行组装并将效应蛋白（黄色球形）转运到真核细胞的胞浆中。诸如SopE、SopE2和SopB等效应蛋白继而激活宿主的Rho GTP酶，导致宿主肌动蛋白细胞骨架重排后进入膜褶皱中，诱导MAPK通路，使紧密连接去稳定化。肌动蛋白结合蛋白SipA和SipC进一步改变肌动蛋白细胞骨架，导致细菌被摄入细胞。MAPK信号激活转录因子激活蛋白AP-1与核因子NF-κB，从而开启促炎症多形核中性粒细胞（PMN）白细胞趋化因子IL-8的产生。SipB诱导巨噬细胞内caspase-1的活化，释放IL-1β和IL-18，从而增强炎症反应。此外，SopB通过自身的肌醇磷酸酶活性刺激Cl⁻的分泌。紧密连接的去稳定化使得PMNs从基底外侧迁移至顶面，细胞间液泄漏，细菌得以到达基底表面。然而，紧密连接不被破坏时PMNs也会发生迁移，SopA促进其迁移。SptP的酶活性使肌动蛋白细胞骨架得到恢复并关闭MAPK信号。这同时导致了炎症反应的下调。SspH1和AvrA通过抑制NF-κB的活化也有助于炎症反应下调（引自A. Haraga, 2008）

RhoG的GDP/GTP交换因子促进肌动蛋白重排。Rac1、Cdc42和RhoG是Rho家族GTP酶，其活化导致宿主细胞中肌动蛋白的广泛重排。SopB是一种肌醇磷酸酶，其产生的分子是Cdc42的一种间接激活物。SipA和SipC是肌动蛋白结合蛋白，能促进细菌介导的内吞作用。SipA与肌动蛋白相结合，能降低肌动蛋白聚合和与T-plastin结合所需的临界浓度。SipC是一种双结构域蛋白，能捆绑肌动蛋白。SptP是Cdc42和Rac1的GTP酶激活蛋白，促进肌动蛋白解聚，与SopE、SopE2和SopB激活功能相反。这些解聚作用使细胞恢复正常结构。SipB也是转运蛋白的一员，与caspase 1作用引起巨噬细胞凋亡。T3SS-1的表达受到环境信号的控制，如它在高渗和低氧时会被激活。主要受HilA水平的调节，HilA是由SPI-1编码的转录调节子。HilA是由SPI-1编码的其他蛋白即HilC和HilD以及SPI-1之外的基因编码的蛋白所调控。两个双组分调节系统PhoPQ和PhoBR抑制T3SS-1的表达；PhoBR通过抑制hilA的表达实现对T3SS-1的抑制。hilA以最高水平进行表达需要另一个双组分调控系统SirA/BarA。

SopE、SopE2和SopB对Cdc42的刺激也会激活某些丝裂原活化蛋白激酶（MAPK）通路，包括Erk、Jnk和p38通路，导致转录因子激活蛋白-1（AP-1）和核因子-κB（NF-κB）的激活（图8.1）。这些转录因子进而调控促炎症细胞因子的产生，如白细胞介素-8（IL-8），刺激多形核中性粒细胞（PMN）的迁移和导致腹泻的炎症反应。SopB、SopE、SopE2和SipA对Rho家族GTP酶的激活也会通过破坏紧密连接而促进肠道疾病。SipB（SspB）通过与caspase-1的结合和激活增加IL-1β和IL-18的产量从而加重炎症反应。SopA和SopD也会促进犊牛的肠炎。犊牛和许多其他动物的肠道炎症呈典型的纤维蛋白化脓性并且通常很严重（图8.2和图8.3）。

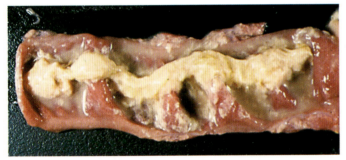

图8.2　自然感染鼠伤寒沙门菌的7日龄犊牛的空肠

黏膜充血、水肿，有糜烂，纤维素性化脓性渗出物贴壁并分泌至管腔

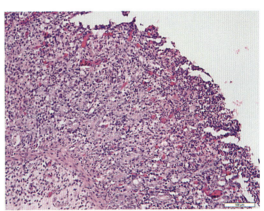

图8.3　自然感染鼠伤寒沙门菌的2周龄小牛空肠的显微照片

严重的弥散性绒毛萎缩，上皮层变薄、再生，但仍完整。中性粒细胞弥散性浸润黏膜和黏膜下层，在坏死的和被侵蚀的黏膜表面的数量尤其众多。黏膜和黏膜下层的毛细血管和小静脉充血。病变符合沙门菌病引起的严重的急性弥散性坏死化脓性肠炎

SPI-2的主要功能是促进沙门菌在巨噬细胞内生存。SPI-2编码T3SS和效应蛋白，对细菌在巨噬细胞内的生存起着重要的作用；一旦细菌进入巨噬细胞，SPI-2的基因就被诱导表达（图8.4）。除了转运蛋白SseB、SseC和SseD，还有至少21个已知的SPI效应蛋白。这些蛋白包括GogB、PipB、PipB2、SifA、SifB、SopD2、SpiC、SpvB、SseF、SseG、SseI（SrfH）、SseJ、SseK1、SseK2、SseL、SspH2、SteA、SteB和SteC。目前还不清楚GogB、PipB、SifB、SseK1、SseK2、SteA、SteB和SteC的功能。PipB2和SopD2有助于沙门菌诱导的丝状体（Sif）的形成。Sifs为长丝状膜结构，是沙门菌内含泡（SCV）定位于高尔基体和宿主的核周区域附近所必需的。Sif小管从SCV的表面延伸出来，

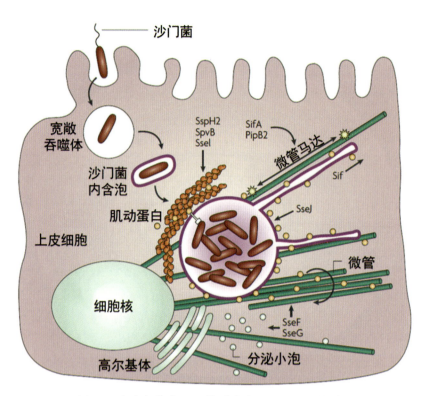

图8.4 宿主细胞内SCV的形成和SPI-2 T3SS的诱导

巨胞饮导致的内化后不久，沙门菌被封闭在一个宽敞的吞噬体中，该吞噬体由细胞膜皱褶形成。后来，吞噬体与溶酶体融合，酸化，并收缩黏附在细菌周围。这就是所谓的SCV，其含有内吞标记LAMP-1（紫色）。SPI-2 T3SS在SCV被诱导，在被吞噬几个小时后将效应蛋白（黄色球形）转运出吞噬体膜。SPI-2 T3SS效应蛋白SifA和PipB2有助于沿着微管（绿色）形成Sif并调节微管马达（黄色星状）在Sif和SCV上的积聚。SseJ是脱酰酶，在吞噬体膜上发挥活性。SseF和SseG导致与SCV相邻的微管发生捆绑，并指导高尔基体衍生的囊泡向SCV运输。肌动蛋白在SCV周围的聚集依赖于SPI-2 T3SS，SspH2、SpvB和SseI在此过程中发挥作用（引自Haraga等，2008）

似乎衍生自晚期胞内体组分。它们含有溶酶体相关膜蛋白1（LAMP-1）、空泡三磷腺苷酶、溶血双磷脂酸和组织蛋白酶。SifA诱导Sif的形成，保持SCV的完整性，并下调SCV对驱动蛋白的招募。SpiC干扰胞内体的运输。SpvB是一个肌动蛋白特异性ADP-核糖基转移酶，下调Sif的形成。SseF和SseG有助于Sif的形成和微管的捆绑。SseI（SrfH）有助于宿主细胞的散播。SseJ保持SCV的完整，具有脱酰酶活性。SseL是一个去泛素化酶。SspH1、SspH2和SrlP有助于细菌对犊牛的毒力。SspH2抑制肌动蛋白聚合的速率。SspH1抑制NF-κB信号和IL-8的分泌，具有E3泛素连接酶活性。SrlP和SspH1也由SPI-1编码。

对其他毒力岛基因的功能还缺乏认识。与SPI-3相关的效应蛋白包括Mgts（镁离子转运系统，由多个mgt基因编码，位于SPI-3内部）。这些基因（如*mgtC*）受低浓度的镁离子诱导（如发生在巨噬细胞内），编码蛋白似乎对其在巨噬细胞内的生存是非常重要的。不同的研究认为，*SPI-4*基因对疾病的肠道阶段和全身性阶段都是必要的。*SPI-4*是一个27kb的区域，携带六个基因*siiABCDEF*。SiiC、SiiD和SiiF形成Ⅰ型分泌装置来分泌SiiE。SiiE是一种黏附素，有助于在牛肠道内定植，鼠伤寒沙门菌*SPI-1*效应蛋白的有效转运也需要该蛋白。在小鼠模型中，鼠伤寒沙门菌的毒力需要全部六个基因（*siiABCDEF*）。像*SPI-1*一样，*SPI-4*和*SPI-5*也受到SirA/HilA调节系统的控制。

肠毒素 据报道沙门菌能产生肠毒素，称为Stn（沙门菌肠毒素）。最初的报告指出，Stn诱导宿主靶细胞分泌水和电解质。然而，后续研究，包括一个最近进行的研究都没有发现任何证据支持 Stn 有肠毒性及对毒力有作用。研究表明 Stn 可能在维护细菌的细胞膜完整性方面发挥作用。

铁载体 针对铁的局限，所有致病性沙门菌血清型都生成邻苯二酚铁载体肠菌素，除邦戈尔沙门菌以外所有沙门菌属成员都产生糖基化肠菌素衍生物 salmochelin。Salmochelin 缺陷但 enterochelin 合成或分泌无缺陷的沙门菌突变体在小鼠全身性感染过程中表现出低毒力。

应激蛋白 当细菌处于压力条件下时（如热、冷、低 pH、高 pH、氧化、高渗和其他的环境），会表达应激蛋白。当细胞受到环境压力时，不同的 RNA 聚合酶（Rpo）σ 因子支配转录的起始。例如，RpoS 是一个普遍的反应因子，RpoH 响应热休克，RpoE 响应高渗状态。除了 Rpoσ 因子，其他调节蛋白参与响应这些信号，为生存所必需。在重度压力之前暴露于轻度压力有助于细菌的自我调整。鼠伤寒沙门菌在弱酸性条件（pH 4～5）生长后能在极低 pH 时存活，该过程称为耐酸反应（ATR）。鼠伤寒沙门菌包含两个不同的 ATR 系统，一个在对数期，另一个在稳定期。对数期 ATR 诱导超过 50 个蛋白表达，被称为酸休克蛋白。某些调控蛋白需要对数期 ATR，包括 RpoS、Fur 和 PhoPQ。鼠伤寒沙门菌第二个 ATR 系统是不依赖于 RpoS 而受 OmpR/EnvZ 调控的稳定期 ATR。含有 *RpoS* 调节基因的 RNA 聚合酶存在于沙门菌毒力质粒（Spv）上。许多其他压力环境所需相似类型的应答涉及不同的调节蛋白。其中一些蛋白由 Spv 编码（见"毒力质粒"）。

毒力质粒 沙门菌含有不同大小的质粒，其中一些与毒力相关。最引人注目的是一个大质粒（50～100 kb）家族，称为 Spv 质粒，其发现于那些可能产生播散性疾病的血清型。亚种 I 中的 9 个血清型，即羊流产、马流产、猪霍乱、都柏林、肠炎、鸡伤寒、鸡白痢、仙台和鼠伤寒，都携带含有 *spv* 操纵子的血清型特异性毒力质粒。*spv* 操纵子有 5 个基因，即 *spvRABCD*。*spvR* 基因产物调节 *spvABCD*。除了毒力质粒，*spv* 操纵子也可以在亚种 I、II、IIIa、IV 和 VII 的染色体中找到。*spv* 基因簇对于不同血清型对其特定宿主的毒力是必不可少的。*spv* 基因的表达受吞噬溶酶体的细胞内环境诱导。这些基因的表达受细菌所处环境的调节，如位于巨噬细胞吞噬体内；碳饥饿；低 pH 和低铁且无碳源；RpoS 控制稳定期（见"应激蛋白"）。这些质粒上的其他基因负责血清抗性并可能与对靶细胞黏附和侵袭有关。毒力质粒调节宿主的免疫反应，包括激活补体（血清敏感性），以利于沙门菌的感染。有多个位点影响沙门菌的血清敏感性。血清抗性需要 *rck* 基因；该基因编码的外膜蛋白能阻止 C9 插入细菌外膜。

其他产物 转录调节子 SlyA（即 salmolysin），对于沙门菌在巨噬细胞内的生存具有部分作用，其激活蛋白表达从而保护细菌不受氧依赖性途径所产生的毒性产物的作用。*phoP/phoQ* 操纵子产物（PhoP 和 PhoQ）组成一个双组分体系。PhoPQ 调节功能包括调节在巨噬细胞内生存的重要基因（如 *pagABC* 为磷酸激活基因），抵抗阳离子蛋白质（防御素）与酸性 pH 的基因以及侵入上皮细胞的基因。PhoQ 和活化的 PhoP 感测以下条件：碳饥饿、氮饥饿、低 pH 和高氧。PhoQ 是一种使 PhoP 磷酸化（激活）的激酶，是其他靶基因的转录调节子，能够传送信号。phoP 突变体没有毒力。Pho 阻遏基因（*prg*）的产物主要位于外膜，并协助蛋白质分泌出外膜。

shdA（意为散落）基因产物控制沙门菌从感染宿主的粪便中散落。该基因仅限于亚种 I 的血清型。Arc（意为有氧调节控制）是一种双组分的调节系统，参与沙门菌在细胞内的生存。

● 生态学

传染源

沙门菌属的成员感染温血动物和冷血动物的胃肠道。传染源包括：受污染的土壤、植被、水和动物饲料成分（如骨、肉和鱼粉），特别是那些含有牛奶、肉、蛋或衍生成分以及感染粪便的成分。蜥蜴和蛇常被某些血清型感染，通常是亚临床感染。亚种 I 几乎只存在于温血的哺乳动物和鸟类（证据表明这是由于含有 shdA 基因产物）。

有些沙门菌已经适应了特定的宿主，即在已经适应的宿主以外的其他物种通常检测不到。例如，马的马流产沙门菌；绵羊的羊流产沙门菌；猪（偶见于人）的猪霍乱沙门菌；牛（偶见于人）的都柏林沙门菌；家禽的鸡伤寒沙门菌（鸡伤寒的病原）；家禽的鸡白痢沙门菌（鸡白痢的病原）；人的伤寒沙门菌和副伤寒沙门菌（伤寒症的病原）。有些沙门菌是非宿主适应的，能够感染许多不同种类的宿主。这些包括鸭沙门菌、德尔卑沙门菌、纽波特沙门菌、田纳西沙门菌和鼠伤寒沙门菌。

传播

沙门菌是主要通过粪-口途径传播，往往通过摄入污染的食物和水而发生。宿主和沙门菌相互作用的结果取决于宿主对定植的抵抗程度、感染剂量，以及特定物种或沙门菌血清型。摄入后可能发病也可能不发病。如果发病，会立即或在稍后的时间出现病症。在后一种情况下，最初的相互作用可能导致在宿主体内定植（无病症），但在肠道内环境如压力或抗生素（影响正常菌群）改变时，疾病可能会随之发生。

● 致病机制

机制

沙门菌病最常见的临床表现是腹泻。在某些情况下（由宿主因素、沙门菌菌株和剂量决定）发生败血症。宿主因素包括年龄、免疫状态、并发疾病、正常菌群的组成（即抵抗定植）。

稳定期的沙门菌似乎最适合引发疾病，因为在这些条件下，含有替代 σ 因子 RpoS 的 RNA 聚合酶会启动耐酸基因的转录，随后在通过胃部时得以存活。同时，包含 RpoS 的 RNA 聚合酶正向调控 Spv 质粒上的基因。

靶细胞是 M 细胞，其位于远端小肠和上部大肠中的覆盖于肠道相关淋巴组织之上的滤泡相关上皮内。因营养不良、应激或抗生素导致的竞争性菌群缺乏都可能会降低感染剂量。对 M 细胞的黏附是疾病过程的第一步，由一个或多个黏附素介导，即 Agf、Pef、Lpf 或其他尚未确定的黏附素。黏附之后，沙门菌 T3SS 将 Ssps 和 Sops 注入靶细胞导致细胞膜发生皱褶，从而将沙门菌内化。这种相互作用致使靶细胞发生不可逆的损伤，发生凋亡。沙门菌此时位于靶细胞、淋巴结节和黏膜下组织内。受影响的宿主细胞释放不同的趋化因子，宿主与细胞壁 LPS 作用释放促炎症细胞因子，导致多形核中性粒细胞（PMNs）和巨噬细胞大量涌入，启动炎症反应。PMNs 的大量涌入可能表现为短暂的外周中性粒细胞减少症。PMNs 能高效吞噬和杀灭沙门菌，而非活化的巨噬细胞效率不高。如果宿主的免疫状态和沙门菌的特性是这种情况，那么感染过程就终止于该阶段。腹泻是由于招募的 PMNs（或被影响的宿主细胞）合成的前列腺素所导致的，被影响的宿主细胞内各种肌醇信号通路被活化也会导致腹泻。最终结果是氯离子和水的分泌。

如果感染的沙门菌菌株具有传播性（含有 SPI-2、SPI-3、SPI-4 和 SPI-5 相关基因产物使得细菌可以在巨噬细胞内生长；Spv 质粒赋予胞内生长能力和血清抗性；PhoQ/PhoP 系统赋予对防御素的抗性；SlyA 赋予耐氧抗性），则可能会发生败血症。如果宿主的免疫状态减弱，发生这种情况的可能性将增加。沙门菌扩散并在吞噬细胞（巨噬细胞为主）内的吞噬体中倍增。随着沙门菌的系统性散播，可能会发展为败血症和内毒素休克。产生这种疾病形式的菌株逃避宿主的破坏，并在肝脏和脾脏以及血管内的巨噬细胞内增殖。在传播过程中，沙门菌会偶尔处于细胞外的环境中，因此补体的膜攻击复合物

第二部分 细菌和真菌

可能在细菌表面形成。至少两种机制会减少这种情况的发生：Spv质粒的产物和脂多糖O-重复单元的长度（O-重复单元的长度与毒力有直接关系）。侵袭性沙门菌能够分泌铁载体salmochelin，从宿主的铁结合蛋白上掠夺铁。无节制的细菌增殖导致内毒素血症、血管严重损伤和死亡。

病理变化

如果感染过程仅限于肠道内，那么会出现纤维蛋白化脓性病变，远端小肠与大肠的坏死和出血性炎症。肠坏死起初呈糜烂性并经常转变为溃疡性，形成白喉膜。这种病变特别常见于牛（图8.2和图8.3）和猪。肝脏经常受到随机的多灶性坏死性炎症影响，反映了细菌通过门静脉散播而枯否细胞的吞噬不能有效地将细菌杀灭。在这种疾病的败血症形式中，许多不同的器官的血管可能出现纤维素样病变，以及血管炎、血栓、出血和梗死。感染败血性猪霍乱沙门菌的猪，脾脏通常因充血而显著肿大，白色皮肤的猪的耳朵可能因血栓形成和静脉充血而呈现深蓝色。

疾病模型

反刍动物 沙门菌病是一种反刍动物的重大疾病，尤其是牛。该疾病影响青年（通常4～6周龄）以及成年动物，也可能影响新生犊牛，特别是在奶牛场。动物饲养场和奶牛场普遍受影响。这种疾病可能是败血症或只限于肠炎或小肠结肠炎（图8.2和图8.3）。都柏林沙门菌导致犊牛发生败血症时，常可见经血液感染引发的肺炎。败血症可能伴随着流产。鼠伤寒、都柏林和纽波特是牛沙门菌病的常见血清型，鼠伤寒是影响绵羊的主要血清型。

猪 猪沙门菌病可以呈现急性、暴发性败血症或慢性的破坏性肠道疾病。疾病类型取决于沙门菌菌株、剂量和被感染动物对定植的抵抗。该病最常见于应激的猪。这种情况常发生于待育肥猪，此年龄组中沙门菌病经常发生。鼠伤寒和猪霍乱是优势血清型。

马 成年马通常受到沙门菌影响。症状为腹泻，偶尔可见败血症。绞痛、胃肠道手术和抗菌药物易使马匹向临床症状发展。病原既可以正常携带（如约3%的临床正常的马），也可以从其他来源（如兽医医院）获得。最常被分离到的是鼠伤寒沙门菌和鸭沙门菌。

犬和猫 沙门菌病罕见于犬和猫，虽然有报道称临床体重正常的犬携带率很高（35%以上）。当暴发时，它们通常有一个共同的来源，如被污染的宠物食品或零食（如干猪耳）。对有败血症迹象的猫进行微生物鉴别时，应该首先考虑沙门菌。

家禽 请参阅"家禽沙门菌病"。

流行病学

沙门菌存在于世界各地的各种动物中。某些血清型有相对应的宿主特异性（都柏林沙门菌——牛；猪伤寒沙门菌——猪；鸡白痢沙门菌——鸡），而其他血清型尤其是鼠伤寒沙门菌、鸭沙门菌和纽波特沙门菌影响的宿主范围很广，其中野生鸟类和啮齿类动物在种间传播感染中发挥重要的作用。长时间的亚临床期和恢复期排毒使沙门菌广泛散播且得不到控制。

临床暴发与免疫状态低下相关，如新生动物（如犊牛和马驹）和应激的成年动物、临产母牛、手术的病马和患有系统性病毒病的病猪。如果正常菌群被破坏（如压力和抗生素），所有动物患疾病的风险都会增加。这些情况使动物对外源性暴露或潜伏感染更易感。

人类似乎对所有沙门菌血清型都易感，伤寒沙门菌引起的伤寒仅限于人类，其他血清型的感染导致食源性人畜共患病。家禽和家禽产品（鸡蛋）是人类沙门菌病的主要来源。肠炎沙门菌（如噬菌体4型）特别容易经禽卵传播。人体从环境中摄入沙门菌后是否发病，取决于沙门菌的剂量、血清型和感染个体对定植的抵抗力。鼠伤寒沙门菌最常见，通常能产生胃肠炎。某些血清型有更大的侵袭力和引起败血症的能力，如猪霍乱（来自猪）和都柏林（污染的奶粉）。

鼠伤寒沙门菌DT104对动物和人类的毒力比其他血清型的大多数菌株都要强。DT104的病死率为3%，而其他非伤寒沙门菌则为0.1%。DT是确定的类型命名，属于一个特定的噬菌体分型。除了有更强的毒力，DT104还是多重耐药菌株，能够耐氨苄青霉素、氯霉素、链霉素、磺胺类药物和四环素。人类感染DT104通常是因为食用了被污染的牛肉、猪肉、家禽或与动物直接接触，特别是那些腹泻的动物（如牛和猫）。在美国，鼠伤寒沙门菌流行株五种药物的耐药模式从1979—1980年小于1%增加到1996年的34%，其中大部分菌株具有DT104类型的脉冲场电泳带型。爬行动物也成为人类沙门菌的重要来源，与宠物（如海龟）共处是一种常见的接触方式。

● 免疫学特征

免疫保护有赖于天然免疫和适应性免疫。竞争菌群通过争夺养分、掩蔽受体和生产有毒化合物从而有助于减少病原数量。直接饲喂微生物，如某些嗜酸乳杆菌或其他细菌，可以通过竞争性排斥帮助预防感染。然而，只有适应性免疫反应的特异性抗体和T细胞才能提供完全保护。针对沙门菌表面结构物（可能是黏附素）的特异性抗体阻止其对靶细胞的黏附。新生动物摄入特异性sIgA或IgG1（牛）可以得到被动的保护。免疫学上成熟的动物通过黏膜固有层的浆细胞主动分泌特异性定免疫球蛋白（IgM、IgG或IgA）到小肠腔内，从而防止细菌附着和侵入肠上皮细胞。

循环抗体作为调理素促进机体细胞吞噬病原。被特异性激活的淋巴细胞（Th1细胞）对巨噬细胞进行免疫学活化，活化的巨噬细胞进而破坏已被吞噬的沙门菌。但是Ssps能够损伤或杀死巨噬细胞。NK细胞会将沙门菌感染的细胞裂解。

巨噬细胞的激活是获得性免疫的中心内容，其过程如下。在沙门菌与巨噬细胞最初的相互作用之后，受影响的巨噬细胞释放IL-12。IL-12激活辅助性T细胞中的Th1细胞亚群。Th1细胞分泌多种细胞因子，其中γ-干扰素能激活巨噬细胞。活化的巨噬细胞能高效杀灭细胞内的沙门菌。

通过人工免疫接种来抵抗沙门菌感染是较为困难的。已经取得成功的菌苗较为有限。很显然，即使产生了大量的抗体，它们也没有激发强烈的细胞免疫。局部产生的抗体或传递到初乳或乳汁中的抗体干扰细菌对靶细胞的吸附，在局部起到保护作用。改良的活疫苗免疫后可以激活巨噬细胞并刺激抗体产生。如果采取口服途径，这些疫苗会通过细胞介导激活巨噬细胞，从而刺激局部分泌性免疫。芳香族化合物依赖性沙门菌突变株是有效的改良活疫苗，尤其对犊牛有效。因为脊椎动物组织不包含芳香酸合成所需的前体，所以aroA突变体不能在宿主体内增殖。

● 实验室诊断

在肠道感染的情况下，采集粪便样品；对于全身性疾病，采集血液样本进行标准的血液培养。需要对全身性沙门菌进行剖检时，采集脾脏和骨髓用于沙门菌的培养。

新鲜粪样品涂布于培养基，例如血琼脂（图8.5），以及一个或多个选择性培养基，包括麦康凯琼脂培养基（图8.6）、木糖赖氨酸脱氧胆酸（XLD）琼脂培养基（图8.7）、HE培养基和亮绿琼脂培养基。对于增菌，建议使用亚硒酸盐F、连四硫酸盐或革兰阴性肉汤。

沙门菌在含乳糖培养基上显示为乳糖非发酵的菌落（图8.6）。由于大多数血清型产生H_2S，其在含铁培养基（如XLD琼脂）上的菌落中心呈黑色（图8.7）。可疑的菌落可以直接用多价抗沙门菌血清检测，或接种到鉴别培养基上再用抗血清检测。

要从组织中培养沙门菌，可以用血琼脂培养基（图8.5）。

定型包括测定菌体和鞭毛抗原以及可能的噬菌体类型。

各种沙门菌特异性DNA探针和用于聚合酶链反应（PCR）的引物已应用于菌种鉴定和样品检测（食物、粪便和水）。

设计引物用于检测常见的猪腹泻相关微生物（猪痢疾短螺旋体、胞内劳森菌和沙门菌）的多重PCR方法已有报道。

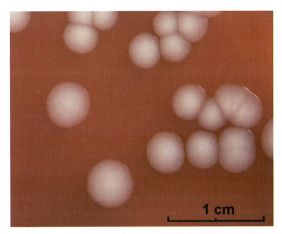

图8.5 肠炎血清型在血琼脂培养基上的菌落
细菌于37℃需氧培养24h（引自www.bacteriainphotos.com，2013）

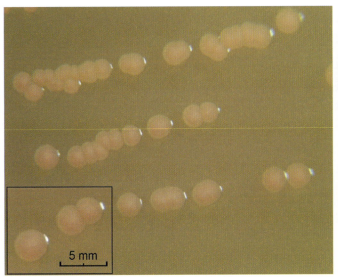

图8.6 肠炎血清型在麦康凯琼脂培养基上的菌落
细菌于37℃需氧培养24h（引自www.bacteriainphotos.com，2013）

图8.7 沙门菌在XLD琼脂上的菌落
向木糖赖氨酸（XL）琼脂中加入硫代硫酸钠、枸橼酸铁铵和脱氧胆酸钠，即为XLD琼脂。黑色区域的存在表明硫化氢（H_2S）在碱性条件下的沉积，高度提示为沙门菌（引自美国公共卫生服务部疾病控制与预防中心公共卫生信息库）

● 治疗、控制与预防

护理是肠道沙门菌病的主要治疗方法。抗菌药物的使用存在争议。一些研究显示，抗生素不会改变疾病进程。此外，还有证据表明抗生素会促进荷菌状态并对耐药菌株进行选择。全身性沙门菌病的治疗包括护理和适当的抗生素治疗，后者应当参照获得的药敏数据进行。由于沙门菌能在吞噬细胞中存活，应该选用能够穿透细胞的抗菌药物，如氨苄西林和甲氧苄氨嘧啶-磺胺。由于获得性R质粒或整合子可以产生对多种抗生素的抗药性，从而可能减弱治疗效果。鼠伤寒沙门菌DT104在全球严重流行，感染人类和其他动物，其染色体中含有耐药性基因簇。该基因簇被称为沙门菌基因组岛1（SGI1），包含氨苄青霉素、氯霉素/氟苯尼考、链霉素/壮观霉素、磺胺类药物和四环素类抗生素抗性基因，两侧为整合子。SGI1已转移到肠炎沙门菌阿尔巴尼血清型（东南亚鱼类）和肠炎沙门菌B

型副伤寒血清型（新加坡热带鱼）。

可通过严格遵守旨在减少粪便中任何传染性物质传播到易感动物的程序对沙门菌病进行控制。人工免疫改良的活疫苗被证明是有效的（如 *aroA* 突变体）。已有研究尝试利用注射含有抗核心 LPS 抗体的血清来治疗和预防全身性沙门菌感染导致的内毒素血症。同样，施用大肠埃希菌的一个粗糙变种 J5，已被证明能刺激产生抗核心 LPS 的抗体。这两种方法能预防和控制全身性沙门菌病。

家禽沙门菌病

副伤寒 家禽"副伤寒"是由运动性沙门菌菌株引起的沙门菌病（打引号是因为真正的副伤寒是由副伤寒血清型沙门菌引起的人类疾病）。除鸡白痢和鸡伤寒血清型沙门菌外，其他沙门菌都有运动性。在禽出生后的前2周内发生本病会呈败血症，导致巨大的损失。幸存者成为无症状的携带者。家禽通过摄食发生感染，感染源通常是粪便或粪便污染的材料（如垃圾、绒毛和水）。

对表现出临床病症的鸟类受累组织（如脾和关节）进行沙门菌选择培养从而进行诊断。检测亚临床携带者更为困难，因为这些携带者的粪便周期性带菌。有人认为，绒毛和粪便的培养物可以用来检测动物是否带菌。

治疗虽然能控制死亡率，但不能清除带菌动物。治疗方案包括阿伏霉素、林可霉素、链霉素和庆大霉素。喂养"鸡尾酒"式组合的正常菌群已用于减少带菌禽类体内的沙门菌（竞争排斥）。

鸡白痢 鸡白痢由鸡白痢沙门菌引起，在北美罕见，而在世界其他地区不罕见。由于采用育种禽群检测方案，这种疾病在美国几乎已经被消灭。

鸡白痢沙门菌感染火鸡和鸡的卵。因此，胚胎在孵化时已经被感染。孵化场的环境污染后，受感染的蛋孵化，导致其他雏鸡和雏火鸡感染。败血症引起死亡，在生命的第2～3周的死亡率最高。幸存的禽类携带细菌，可以传给后代。很难用细菌学方法检测感染的种鸡。凝集滴度在感染后3～10d产生，用于检测带菌禽类。

对种鸡进行血清学检测，淘汰被感染的种鸡，从而控制该病。使用抗菌药物（主要是磺胺类药物）进行治疗可降低感染鸡群的死亡率。

鸡伤寒 鸡伤寒由鸡伤寒沙门菌引起，是驯养的成年鸟类（主要是鸡）的急性败血性或慢性疾病。由于实行控制规划，鸡伤寒现在美国已难觅踪迹。

通过培养肝脏或脾脏中的沙门菌对该病进行诊断。使用抗菌药物主要是磺胺类（磺胺喹噁啉）和硝基呋喃类进行治疗。通过监控和淘汰感染的鸟类对鸡伤寒进行控制。用鸡伤寒沙门菌粗糙变体9R制备的菌苗已被证明能够降低死亡率。

禽亚利桑那菌病 亚利桑那沙门菌和双相亚利桑那沙门菌最常从爬行动物和家禽分离到，但也可以从其他动物分离到。火鸡是最常见的宿主。有55个血清型可以影响家禽，其中7：1、7型和8型在美国最常见。

母火鸡摄入亚利桑那沙门菌和双相亚利桑那沙门菌后发生感染，通过出壳蛋持续感染整个火鸡群。其也能通过粪便传播。

通过培养感染鸟类的肝、脾、血液、肺、肾脏或死雏与孵化碎片中的沙门菌进行诊断。

大多数血清型的亚利桑那沙门菌和双相亚利桑那沙门菌都带有R质粒，这使得本病有时难以预防和治疗。向饲料中添加各种抗菌药物如磺胺甲基嘧啶已被证明能在一定程度上降低死亡率。给幼雏注射庆大霉素或壮观霉素能够降低死亡率，但存活者仍旧带菌或排菌。

控制措施应着眼于预防而不是治疗。由于该菌血清型的多样性，尚无有效的疫苗可用。

📁 参考文献

Haraga A, Ohlson MB, Miller SI, 2008. Salmonellae interplay with host cells[J]. Nat Rev Microbiol, 6: 53-66.

📁 延伸阅读

Ellermeier CD, Slauch JM, 2006. The genus Salmonella[M]. Prokaryotes, 6: 123-158.

Euzéby JP, 2012. List of prokaryotic names with standing in nomenclature-genus Salmonella, http://www.bacterio.cict.fr/s/salmonella.html (accessed January 3, 2013).

Nataro JP, Bopp CA, Fields PI, et al, 2011. Escherichia, Shigella, and Salmonella[M]. in Manual of Clinical Microbiology, 10th edn (ed. J Versalovic), ASM Press, Washington, DC: 603-626.

(于申业 译，李兆利 宋宁宁 校)

第9章 肠杆菌科：耶尔森菌属

耶尔森菌属属于肠杆菌科。耶尔森菌属包括17个种：阿氏耶尔森菌、阿里克谢耶尔森菌、贝氏耶尔森菌、小肠结肠炎耶尔森菌、杀虫耶尔森菌、弗氏耶尔森菌、中间耶尔森菌、克氏耶尔森菌、胶质耶尔森菌、莫氏耶尔森菌、Nurmi耶尔森菌、皮氏耶尔森菌、鼠疫耶尔森菌、假结核耶尔森菌、罗氏耶尔森菌、鲁氏耶尔森菌和希氏耶尔森菌。小肠结肠炎耶尔森菌包括两个亚种，即小肠结肠炎耶尔森菌亚种和古北界亚种。代表菌种为鼠疫耶尔森菌。

由耶尔森菌感染引起的疾病称为耶尔森菌病。耶尔森菌病作为一种人畜共患传染病在动物中主要影响啮齿类、猪和禽类。人类和非人灵长类仅受鼠疫耶尔森菌、假结核耶尔森菌和小肠结肠炎耶尔森菌影响。鼠疫主要是由寄生于啮齿类的跳蚤叮咬传播的鼠疫耶尔森菌引起，是一种重要的败血症，主要引起人类和啮齿类动物发病，偶发于家畜。小肠结肠炎耶尔森菌主要在家畜和灵长类引起疾病，并且是人类中最主要的耶尔森流行菌种。假结核耶尔森菌主要影响禽类和啮齿类，偶尔影响家畜和灵长类。小肠结肠炎耶尔森菌和假结核耶尔森菌感染是经食源和水源性传播导致的疾病，可致肠系膜淋巴结炎、末端回肠炎、急性肠胃炎和败血症。

这三类主要的病原菌种具有如下几个共同特征：嗜淋巴样组织；能够抗非特异的免疫反应；具有兼性细胞内病原的特性，能够抵抗巨噬细胞的吞噬作用；能够在组织里形成细胞外菌落；携带含有毒力基因的质粒，质粒大小为70~75kb。鼠疫耶尔森菌携带的质粒是pCD1，假结核耶尔森菌携带的质粒是pYV（即pCad和pIB1），小肠结肠炎耶尔森菌携带pYV质粒；在染色体基因组上携带有毒力岛，又称高毒力岛（HPI）；产生耶尔森菌外蛋白（Yops）；以动物作为疫源，并且可通过直接或者间接的方式传播给人类。

鲁氏耶尔森菌则感染鱼类，引起红嘴病，该病是鲑鱼和鳟鱼的一种白血病。中间耶尔森菌、弗氏耶尔森菌和克氏耶尔森菌是否可导致人畜共患病尚不确定，而阿氏耶尔森菌、罗氏耶尔森菌、莫氏耶尔森菌和贝氏耶尔森菌目前还不清楚其致病能力。

● 特征概述

形态和染色

耶尔森菌属的成员是革兰阴性杆菌（图9.1），表现为两极染色（闭合安全环形针样），特别是组织样品涂片经姬姆萨染色时更是如此（图9.2）。大多数耶尔森菌种在室温下形成鞭毛。

第二部分 细菌和真菌

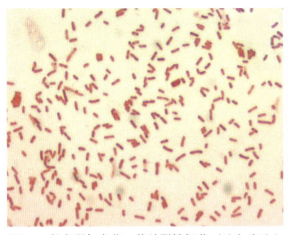

图9.1 鼠疫耶尔森菌，革兰阴性杆菌（引自美国公共卫生服务部疾病控制与预防中心公共卫生信息库）

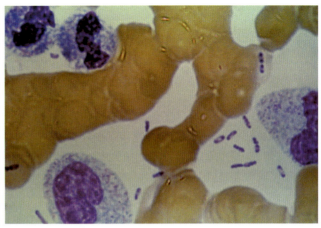

图9.2 鼠疫耶尔森菌，鼠疫患者血液涂片瑞氏染色显示两端深染（引自美国公共卫生服务部疾病控制与预防中心公共卫生信息库）

生长特性

耶尔森菌在35℃常规空气条件下，可在血液培养基、巧克力培养基、麦康凯培养基或者其他常规实验室培养基等生长。但与其他肠杆菌科大多数成员相比，其生长速率相对较慢。因此，在对临床或者环境样品进行培养时，其他细菌的生长可能掩盖该菌的培养。耶尔森菌在4~43℃的温度范围内生长良好，但最佳生长温度是25~28℃，培养48h后可形成直径1~2mm的菌落（图9.3）。由于一些血液捐献者可能携带小肠结肠炎耶尔森菌而没有表现症状，且耶尔森菌可在4℃生长，这对血库来说是个难题。

培养的耶尔森菌产生的菌落直径小于1~1.5mm，这是较典型的鼠疫耶尔森菌在这一范围的低限。耶尔森菌在血琼脂培养基上不溶血（图9.3）。它们具有过氧化氢酶阳性、氧化酶阴性和可发酵葡萄糖产酸不产气的特征。耶尔森菌在液体培养基不能良好生长，也不能形成混浊悬液。除鼠疫耶尔森菌外其他耶尔森菌菌种在25℃都具有运动性。

图9.3 在绵羊血琼脂平板培养72h后的鼠疫耶尔森菌
鼠疫耶尔森菌在大多数标准平板上生长良好。48~72h培养后，菌落从灰白色到微黄色不透明突起，且有不规则的"煎蛋"外形。有些还具有"锤制红铜"样光亮表面（引自美国公共卫生服务部疾病控制与预防中心公共卫生信息库）

● 鼠疫耶尔森菌（鼠疫芽孢杆菌）

鼠疫耶尔森菌感染引起鼠疫。同所有耶尔森菌病一样，鼠疫是以啮齿类动物为疫源而引起的一类人畜共患传染性疾病。在人类患者和易感家畜动物（主要是猫科动物），鼠疫主要引起局部性淋巴结炎，又称为腹股沟淋巴结炎（腺鼠疫，图9.4和图9.5），肺炎（肺鼠疫，图9.6）或者败血症（败血型鼠疫，图9.7和图9.8）。对编码16S核糖体RNA的基因序列分析表明，鼠疫耶尔森菌是假结核耶尔森菌的一个亚种，丢失了多个肠致病性耶尔森菌毒力基因。

鼠疫在历史上曾经有三次大流行：公元541—544年（查士丁尼鼠疫），公元1330—1346年到17世纪，以及公元1855年到现在。第二次大流行被称为"黑死病"。之所以被称为"黑"是因为败血症的梗死影响到手指和脚趾，引起肢端坏死并表现为黑色（图9.7和图9.8）。黑死病瘟疫以极高的死亡

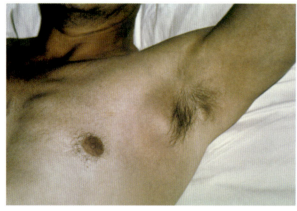

图9.4　患有腺型鼠疫的腋窝炎性淋巴结肿和水肿

在感染2～6d后，出现了鼠疫的症状，包括严重不适、头疼、寒战、高热和疼痛，在受影响的局部淋巴结部位则出现肿胀和腺病，即淋巴结炎（引自美国公共卫生服务部疾病控制与预防中心公共卫生信息库）

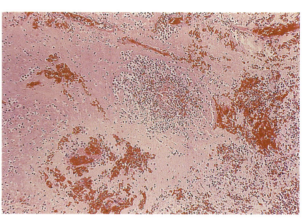

图9.5　人类致死性鼠疫的淋巴结组化分析

伴随耶尔森菌和体液的髓质坏死（引自美国公共卫生服务部疾病控制与预防中心公共卫生信息库）

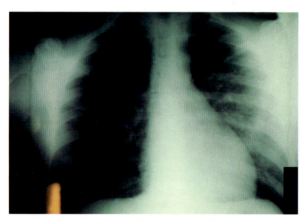

图9.6　肺型鼠疫患者的胸部透视

双侧透视，可见左侧肺有较大实变（引自美国公共卫生服务部疾病控制与预防中心公共卫生信息库）

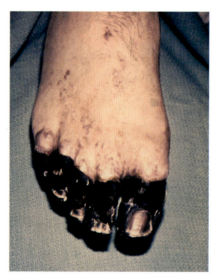

图9.7　败血型鼠疫患者右肢趾端坏疽

全身性感染鼠疫耶尔森菌导致四肢末端血栓的形成和梗死。由于疾病可导致这种类型的损伤，因此又称为"黑死病"（引自美国公共卫生服务部疾病控制与预防中心公共卫生信息库）

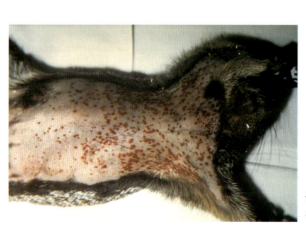

图9.8　感染鼠疫的岩松鼠前胸腹部去毛观察

该松鼠显示淤点性疹斑，与人类感染后的表现类似（引自美国公共卫生服务部疾病控制与预防中心公共卫生信息库）

率为特征,特别是在1347—1351年,欧洲1 700万~2 800万人在这一时期死于黑死病,占当时欧洲人口的30%~40%。现代鼠疫的流行常见于遭受战乱的国家(如20世纪60 70年代在越南暴发的鼠疫)。1990—1995年,世界范围内大约有12 000个病例报道,引起1 000例死亡。这些疾病暴发主要见于非洲、南美洲、越南、中国和印度。

人类鼠疫受害者的早期征兆和症状出现在接触病原后2~6d。感染者表现发热、头痛、恶寒和肿胀触疼性淋巴结(炎性淋巴结肿)。炎性淋巴结肿通常涉及腹股沟淋巴结和股淋巴结,这也是跳蚤咬伤小腿后机体淋巴引流的反映。如果不加治疗,鼠疫通常会发展为败血症,临床上以衰竭、嗜睡、高热和惊厥为特征。

在人类,先兆鼠疫如果不加治疗,会有40%~60%的致死率,如果加以治疗,则可降到14%。败血症鼠疫,如果不加治疗,则100%致死;即使治疗,也有30%~50%的致死率。肺鼠疫可能是腺鼠疫或者败血性肺疫的较少见的继发综合征,或者其是直接吸入其他肺疫型病例(人类或动物)的气化微生物、感染组织或者培养的微生物而导致的原发感染。在不加治疗的肺疫型病例,致死率基本上是100%,即使在治疗的病例,致死率也超过50%。

感染鼠疫动物的死后剖检对兽医而言是一种风险。2007年在大峡谷国家公园发生的一起致死肺疫病例是一名野生动物学家,其曾经于发病前7d解剖一头受感染而死亡的山地狮。面对面与感染的宠物接触或者实验室接触是其他与兽医工作相关的两个危险因素(见"生态学"和"致病机制"部分)。

特征概述

细胞组成和具有医学意义的细胞产物　不管生物型或者来源如何,大多数的鼠疫耶尔森菌菌株包含三个毒力质粒:pCD1(70~75kb),编码Ⅲ型分泌系统、Yops和低钙反应基因;pMT1(100~110kb),编码Caf1(F1)囊膜和耶尔森菌鼠毒素(Ymt);pPCP1(9.5kb),编码鼠疫菌素、凝固酶和纤溶酶原激活子(Pla)。编码载铁蛋白和鼠疫菌素的ybt基因簇位于35kb的HPI区域,而这一HPI也位于染色体上102kb的 pgm(色素)区域内。处于pgm区域内并且是鼠疫耶尔森菌所特有的另一个操纵子是6 kb的hms基因座。hms基因编码氯化血红素储藏蛋白,其有助于生物膜形成和跳蚤的前胃阻滞。编码Gsr蛋白(机体应激必需蛋白)的基因也位于染色体上。

荚膜(Fra1、Caf1或者F1)　荚膜起到很多作用,其中最重要的是干扰巨噬作用,并且防止由激活补体系统形成的膜攻击复合物沉积而保护细菌外膜。鼠疫耶尔森菌的荚膜被称为Fra1(fraction 1)或者Caf1(capsular antigen fraction 1)或者F1(fraction 1 antigen),由具有110kb质粒pMT1上的基因编码(pMT1也携带编码毒素Ymt的基因,见"毒素"部分)。与Ymt相反,F1在温度高于30℃或者在感染哺乳动物时表达。一旦跳蚤将鼠疫耶尔森菌注入宿主,一些细菌便被巨噬细胞吞噬,并被转运到局部淋巴结。在淋巴结部位的细胞内生长时,F1表达并在细菌表面形成荚膜。在从其细胞内位置释放鼠疫耶尔森菌后,新生F1表面抗细胞吞噬的特性使其广泛分布,并导致宿主毒血症。

细胞壁　鼠疫耶尔森菌失去了表达完整脂多糖(LPS)的能力,因而缺少O-抗原。然而,该微生物却可以诱导产生内毒素毒血症的典型临床效应。这是由于LPS结合到LPS-结合蛋白,然后到TLR-4受体。内毒素介导效应的机制在肠道菌科部分有详细描述。

高毒力岛　高毒力岛之所以称为HPI是因为与其他不包含HPI的菌株相比较,含有HPI的菌株具有较高毒力。该毒力岛包含编码载铁蛋白、耶尔森菌素和氯化血红素储藏蛋白的基因(见"Hms表型"和"铁摄取"部分)。

Hms 表型　血红素储藏(Hms)表型与铁离子捕获和在与跳蚤定植相关(见"铁摄取"部分)。

除了在铁离子捕获中发挥作用外，Hms基因座还编码通过聚集细菌来阻滞跳蚤前胃作用的蛋白，这样可引起食物返流和重复采食。尽管这样可以增强细菌传播到新的啮齿类宿主的可能性，但最终也引起跳蚤死亡。氯化血红素储藏蛋白是二价铁离子血红素并且包含氯离子。Hms⁺表型在氯化血红素平板上可形成深绿褐色菌落。

铁摄取 铁是绝对必需的生长因素，并且必须从宿主的铁结合蛋白来获得。居于HPI上，编码参与铁获取的基因产物包括整合酶蛋白、特异插入位点和运动性相关的蛋白等。鼠疫耶尔森菌的HPI编码铁获取载运蛋白、耶尔森菌素和Hms表型相关蛋白。Hms表型的菌落生长于血平板表面时可形成色素沉淀。色素沉淀（菌落本身不是色素沉淀）的原因是结合到血红蛋白（深绿褐色）或者刚果红（如果培养基中添加了刚果红）。很有可能结合的血红蛋白可作为铁源。负责的基因是由 *pgm* 基因座编码。

Ⅲ型分泌系统 Ⅲ型分泌系统包含一系列由 *ysc* 基因（Yop分泌组件）编码的蛋白（超过20种），这些蛋白形成一个中空的管状结构，通过这一结构，效应蛋白（Yops和LcrV）可注入宿主靶细胞。Ⅲ型分泌系统所必需的蛋白由 *ysc* 基因编码，*ysc* 基因居于质粒pYV上（和编码Yops和LcrV的基因一起，见"毒素"部分）。Ⅲ型分泌系统的大多数蛋白组成了跨膜通道，最终这些跨膜通道可与真核细胞融合形成注射孔。编码跨膜复合体核心基因在37℃时表达。核心部分在正常体温（37℃）时可以形成，但与真核细胞接触并不是核心部分形成所必需的。

毒素 鼠疫耶尔森菌产生许多毒素和其他效应蛋白：

1.Yops 在Yops注入巨噬细胞后，耶尔森菌外蛋白（Yops）干扰肌动蛋白细胞骨架，所以可以阻止巨噬作用，并通过抑制核因子-κB下调炎症反应。注入Yops到中性粒细胞可导致上皮细胞黏附蛋白的表达，所以减少了有效的炎症反应。编码Yops的基因位于pCD1或者pYV质粒上。处于质粒上的基因编码Yops、LcrV和Ⅲ型分泌系统。在26℃时，其表达下调；在37℃和低钙离子浓度时，其表达上调。

注入靶细胞的6种Yops蛋白是YopB、YopD、YopE、YopH、YopM和YopT。接触到真核细胞时细菌启动这些蛋白的分泌。YopB和YopD先发生转位；它们可以形成通过真核细胞膜的孔部分。然而，在没有接触到真核细胞时低二价钙离子应答保持通道关闭。真核细胞的细胞质由于包含钙结合蛋白，如钙调蛋白，而使自由钙离子保持在低浓度。分泌组件的尖端暴露于真核细胞质的低钙环境被认为是引起孔打开的信号。如果钙离子浓度高，蛋白通道将继续关闭，而没有效应蛋白被转位。YopB和YopD形成孔的部分，可以穿过真核细胞膜。YopH阻止巨噬作用并且抑制了活性氧暴发。YopH还诱导了酪氨酸磷酸酶活性，这可以阻断巨噬细胞的信号转导途径。YopE解聚巨噬细胞肌动蛋白丝，提供了抗巨噬细胞效应。YopM阻止凝血酶-血小板聚集，这样可以减少炎症反应和血栓形成。YopT通过失活Rho GTPases来干扰肌动蛋白丝。

2.LcrV 低钙反应毒力，或者第Ⅴ因子（LcrV）是处于鼠疫耶尔森菌表面的一种蛋白。LcrV有几种作用：辅助效应蛋白（如Yops）注入靶蛋白；注入巨噬细胞后，其可以减少前炎症细胞因子的外排，并抑制中性粒细胞的趋化作用。编码LcrV的基因位于pYV（pCD1）质粒上。如前所述，处于该质粒上的基因编码Yops、LcrV和Ⅲ型分泌系统。在26℃，其表达下调；在37℃和低钙离子浓度时，其表达上调。

3.Ymt 编码耶尔森鼠毒素（Ymt）的基因处于pMT质粒上，其也编码F1囊膜的基因，见囊膜部分（Fra1、Caf1或者F1）。Ymt是一种磷脂酶D，以前的研究已经表明该蛋白对小鼠和大鼠具有毒性，可以引起感染动物血液循环系统衰竭。然而，其在37℃表达不良。最近的研究已经表明其可在较低温度下表达（如25℃），这也是较典型的跳蚤媒介适宜体温。其主要功能是通过保护细菌免于消化酶的作用来加强细菌的在跳蚤胃中的定植。

4. 耶尔森菌素　耶尔森菌素是由耶尔森菌产生的一种杀菌素，其在致病中的机制未知。在质粒pPCP1的基因编码耶尔森菌素（与Pla一起）。耶尔森菌素可以抑制假结核耶尔森菌IA和IB血清型、高侵袭力血清型O：8小肠结肠炎耶尔森菌和一些大肠埃希菌临床菌株的生长。耶尔森菌素利用载铁蛋白受体进入敏感的细菌，而它们的抗菌活性可以被外源三价铁离子所抑制，三价铁离子可以下调受体的表达。而由pPCP1质粒编码表达的一种周质自身免疫蛋白可以保护产生耶尔森菌素的耶尔森菌自身免受攻击。

5. Pla和凝固酶　Pla是鼠疫耶尔森菌的外膜蛋白，具有凝血酶原活性（凝固酶）、纤溶酶原活性（纤维蛋白溶解）和补体C3蛋白酶裂解活性。在pPCP1质粒上编码Pla（与耶尔森菌素和提供免疫保护的耶尔森菌素周质蛋白一起）。Pla与大肠埃希菌的OmpT外膜蛋白密切相关，OmpT外膜蛋白存在于多种肠菌中。Pla增强鼠疫耶尔森菌定植在内脏的能力，由此引起致死性感染。对宿主的基底膜和细胞外基质的黏附依赖于Pla的表达，在这里纤溶酶原活性有助于细菌的转移。而Pla的纤溶酶原和凝血酶原活性是温度依赖性的。37℃时纤溶酶原和蛋白酶的酶活性高于28℃时的活性，而在28℃时凝血酶原活性高于37℃时的活性。当Pla的蛋白酶活性被激活时，其可以在跳蚤的前胃裂解血栓。这样可以液化血块，使细菌通过跳蚤的中胃和后胃（同时给跳蚤提供了营养）。细菌凝固酶的复制和产生（如在28℃时）可以导致前胃阻滞，导致跳蚤反胃吐血，并将细菌带到其口外部，转移细菌到哺乳动物宿主，并导致跳蚤饥饿。

6. Gsr　在37℃并当鼠疫耶尔森菌在巨噬细胞的吞噬溶酶体中时Gsr表达。Gsr蛋白负责鼠疫耶尔森菌在这一环境中的存活。

7. Ypk　耶尔森菌蛋白激酶（Ypk）是丝氨酸/苏氨酸酶，可以干扰在吞噬细胞中的信号转导过程。

8. PsaA　pH 6抗原的缩写是Psa，是一种纤维蛋白。其为进入巨噬细胞和介导运输某些Yop蛋白（如YopE）到吞噬细胞提供通道。其命名源于其可在酸性pH时表达（pH 5～7）。其在低钙离子浓度时且温度在37℃时表达。吞噬细胞溶酶体的酸性环境可以诱导其表达。其在细菌感染脾脏和肝脏时表达。

多样性　鼠疫耶尔森菌是单一血清型。基于碳水化合物发酵和还原氮源的能力可分为四种生物型（或者生物变型）：古型、中古型、东方型和田鼠型。遗传学分析显示，田鼠型生物型与假结核鼠疫耶尔森菌具有最近的遗传关系。

生态学

传染源　流行地区的耐受啮齿动物（见于"流行病学"部分）是鼠疫的疫源。在啮齿类动物极少发展成致死性疾病，因此被称为土著或者地方性动物病的宿主。在北美洲沿加利福尼亚州海岸地区的加利福尼亚田鼠草地鼠就是这样一类宿主。在城市周边，田鼠是主要的中间宿主，东方田鼠跳蚤是主要的传播媒介。

传播　传播由跳蚤引起（图9.9）。跳蚤可以将鼠疫耶尔森菌传播给更易感、更易流行或更易繁殖的宿主如地面松鼠和田鼠。在森林（乡村）环境中，松鼠、北美草原犬、鹿小鼠、沙土鼠、田鼠、大鼠和兔子都是中间宿主。一些种类的动物比其他动物具有更强的抵抗致死疾病和败血症的能力。然而，像人类一样，北美草原犬、地面松鼠和其他许多种类的动物可以发生腺疫或者败血症鼠疫（图9.8）。当这些动物死亡后，其仍然可以作为传染源攻击其他宿主，如人类。而感染的哺乳动物可能通过空气途径传播鼠疫。通过捕猎、噬尸或觅食而经口获得。

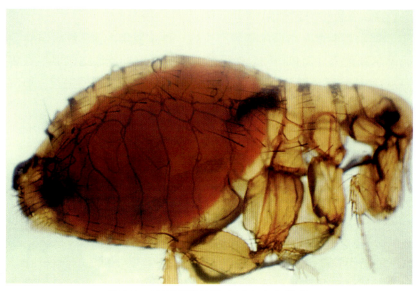

图9.9 前胃阻滞的鼠疫蚤之东方跳蚤

在采食到鼠疫耶尔森菌后，将细菌运送到食管后，细菌可在前胃增殖并在胃的前部阻滞前胃，后期则在跳蚤采食时，迫使跳蚤反吐感染血液到宿主（引自美国公共卫生服务部疾病控制与预防中心公共卫生信息库）

致病机制

跳蚤叮咬已感染宿主。在跳蚤胃中的鼠疫耶尔森菌可以增殖直到跳蚤前胃（Ymt和Hms的功能）阻滞（堵塞），这一过程持续约2周。前胃阻滞的跳蚤感染新宿主并且在试图进食时，携带鼠疫耶尔森菌污染叮咬位点。在跳蚤的体温下，Ⅲ型分泌系统、Yops、LcrV、Caf1和Gsr并不表达，在细菌被介导传染如脊椎动物宿主后，缺乏对抗宿主免疫系统的防御，并被宿主的中性粒细胞吞噬（鼠疫耶尔森菌的革兰阴性菌的细胞壁成分和跳蚤叮咬双重原因而导致的炎症反应）而清除。在单核吞噬细胞中，在哺乳动物体温、低钙离子浓度和Gsr的保护下，鼠疫耶尔森菌可以激活Ⅲ型分泌系统，产生Yops、LcrV和F1；并在细胞凋亡开始后从吞噬细胞内释放。耶尔森菌获得对抗粒细胞和单核细胞的吞噬能力和抵抗细胞核内杀死的能力（LcrV降低了前炎症因子的外排并抑制了中性粒细胞的趋化作用；注入的Yops可以阻止吞噬作用；Caf1阻止吞噬作用，并促进产生血清抗性）。这样，在病程的早期鼠疫耶尔森菌是一种胞内寄生菌，后期则转变为胞外菌。

铁获取系统和囊膜产生使细胞外复制成为可能，胞外复制引起出血性炎症损伤，接着涉及局部淋巴结（淋巴腺）。这种形式就是腺鼠疫。

感染通常会转变为败血性的，如果不进行治疗，则以死之终结（由Pla的功能辅助产生的内毒素毒血症，可以加速多处出现血管内凝固）。一些病例发展为鼠疫肺炎，并且在痰和飞沫核中带有鼠疫耶尔森菌。其他人可以从这些源头接触原发肺鼠疫，并以同样的方式进行传播。在流行病的情况下，这种传播方式几乎总是致命的。

在家畜，猫经常通过采食感染的猎物而获得自然临床感染，临床症状包括局部（特别是下颌骨的）淋巴结炎、发热、抑郁、厌食、喷嚏、咳嗽和偶发的神经系统紊乱。大多数病例以死亡终结。主要在呼吸道和消化道形成损伤，包括淋巴结炎、扁桃体炎、颅水肿和颈水肿及肺炎。牛、马、绵羊和猪显然对临床鼠疫不易感。然而，山羊和骆驼易感。

人类可从被感染猫、食用感染动物的肉（如山羊或者骆驼）或者对感染动物（如啮齿类和山地狮）进行尸检而直接感染鼠疫。在家猫，疑似感染途径包括割伤、咬伤、抓伤、空气传播和跳蚤寄生途径。然而,由于猫生跳蚤(猫蚤)不会产生胃阻滞,因而跳蚤寄生不太可能由猫传播。

流行病学　鼠疫在南亚和西南亚、非洲的中南和中西部、北非的西部和南美洲的中北部的某些流行地区聚集发生。地方性流行很大程度与地方性动物病和野生动物啮齿宿主的出现有关。从历史上看人类鼠疫的流行是从地方性流行地区的船只带入感染的田鼠而引起。而现在大多数人类的病例主要与乡村野生动物(森林鼠疫)的接触而感染发生。

鼠疫是啮齿动物的疾病。微生物在地方性动物宿主寄存(田鼠和白足鼠的一些种类,如田鼠和草地鼠)。地方性宿主通过跳蚤叮咬而感染。尽管地方性宿主可以相当强地抵抗严重疾病的发生,但是当带菌动物快速增多,耶尔森菌的传播非常快时,带菌动物的灭绝也可发生。感染的跳蚤具有偏嗜宿主的特点,其依赖于所在地区易流行且高度易感的动物种类,如普雷里犬、田鼠、小鼠或者地面松鼠。由于地方性流行宿主和传染宿主具有很大的重叠,因而两种宿主的组成分类也不是那么明确。

在疾病流行地区,感染多发于温暖的季节。非季节性鼠疫主要影响处理感染兔、美洲野猫和家猫的人,后者偶发。食肉动物,如犬类(野生和家养)、熊、浣熊、臭鼬和猛禽,感染(吞食或者跳蚤叮咬)后,发生血清转化,但是极少发展成临床疾病。由于猫的跳蚤和犬的跳蚤(C. felis 和 C. cnais)不能阻滞前胃,因此二者并不能有效传播鼠疫耶尔森菌。这样,从感染猫(极少犬)传染到人主要通过抓伤或者咬伤,并伴随感染的动物唾液,或者由于吸入感染的液滴而感染。

免疫学特征

对鼠疫的特异抗性可能需要抗体和细胞介导的反应。囊膜抗原(F1抗原)激活调理素的形成。LcrV的抗体具有保护性。胞内鼠疫耶尔森菌的清除依赖于活化的巨噬细胞。康复后免疫良好,但是持续时间短暂。

在抗感染动物(如犬科动物)对鼠疫耶尔森菌的抗体检测是决定该菌是否出现在特定环境的一种方法。

实验室诊断

实验室诊断应该由具有任职资格的公共卫生机构人员监督(见"治疗和控制"部分)。收集感染部位的样品(如水肿组织、淋巴结和鼻咽)、气管抽出物、脑脊液和血液(进行培养和血清学检测)。

免疫荧光、维森染色或者革兰染色后,可以直接进行涂片镜检。在血或者扩散平板上可做细菌培养。通过免疫荧光或者噬菌体易感性来做确定性诊断。皮下接种鼠疫耶尔森菌可在3~8d引起小鼠或者豚鼠死亡。也可使用DNA技术,如利用分子探针或通过聚合酶链式反应,扩增特异DNA序列。

血清学检测(血清凝集、血清凝集抑制或者酶联吸附试验)有助于溯源研究。

治疗和控制

如果怀疑有家猫发生鼠疫,遵从疾病控制中心的以下建议:

1. 立即安排与当地和国家公共健康办公室联系,提出实验室诊断协助,并采取措施阻止疫病扩散和污染。
2. 将所有疑似感染猫严格隔离。
3. 处理这些猫时,要穿戴隔离衣、口罩和手套。
4. 对每只猫进行灭跳蚤处理(喷洒5%胺甲萘以消灭残留跳蚤)。

应该在控制啮齿类动物前进行灭跳蚤。

氨基糖苷类、氟喹诺酮和四环素是有效的抗耶尔森菌药。目前没有动物用疫苗。通过细菌素免疫对人类的保护时间极短。

● 假结核耶尔森菌

假结核耶尔森菌可引起肠系膜淋巴结炎、晚期结肠炎、急性肠胃炎和败血症，主要感染禽类和啮齿类，偶发于家畜和灵长类。假结核耶尔森菌与鼠疫耶尔森菌具有紧密的关系，可认为鼠疫耶尔森菌是假结核耶尔森菌的一个亚种。

特征概述

细胞组成和具有医学意义的细胞产物 假结核耶尔森菌含有质粒pYV（编码Ⅲ型分泌系统、Yops和LcrV）。基因座位点HPI含有编码铁获取的基因。编码蛋白Ail、Inv、YadA和Gsr的基因也位于染色体上。

黏附素 假结核耶尔森菌产生三种黏附素Ail、Inv和Yad，负责黏附到M细胞腔管表面的β-整合蛋白和结肠上皮细胞的基底外侧表面。

1.Ail（attachment invsion locus）黏附到M细胞表面的受体。Ail也保护外膜免于补体系统激活产生的膜攻击复合体的插入。

2.侵袭素（Inv）黏附到M细胞表面的受体和结肠上皮细胞的底外侧表面。

3.耶尔森黏附素（Yad）黏附到M细胞表面结肠上皮细胞的底外侧表面的受体。Yad也保护外膜免于补体系统激活产生的膜攻击复合体的插入。

细胞壁 假结核耶尔森菌的细胞壁具有O-抗原（平滑表型）。这一种类成员的细胞壁是典型的革兰阴性。外膜的LPS是一种重要的毒力决定因子。不仅因为类脂A成分的毒性（内毒素），还因为O-重复单元的长侧链阻止了补体系统激活产生的膜攻击复合体攻击外膜。LPS结合到LPS-结合蛋白（血浆蛋白），LPS-结合蛋白又可以将LPS转移到CD14的血象。CD14-LPS复合体结合到巨噬细胞表面的TLR蛋白（见本书肠道杆菌部分），启动前炎症反应细胞因子的释放。

高毒力岛（HPI） 见耶尔森菌（鼠疫芽孢杆菌）"细胞组成和具有医学意义的细胞产物"部分。

铁摄取 铁是绝对必需的生长因素，并且必须从宿主的铁结合蛋白来获得。编码铁捕获相关蛋白的基因位于染色体的毒力岛上。假结核耶尔森菌编码铁捕获载铁蛋白耶尔森菌素的基因。

Ⅲ型分泌系统 见耶尔森菌（鼠疫芽孢杆菌）"细胞组成和具有医学意义的细胞产物"部分。

Gsr 见耶尔森菌（鼠疫芽孢杆菌）"细胞组成和具有医学意义的细胞产物"部分。

毒素 假结核耶尔森菌产生参与到毒力的毒素：

1.Yops 见耶尔森菌（鼠疫芽孢杆菌）"细胞组成和具有医学意义的细胞产物"部分。

2.LcrV 见耶尔森菌（鼠疫芽孢杆菌）"细胞组成和具有医学意义的细胞产物"部分。

多样性

基于细胞O-抗原成分的变异有21种血清型。

生态学

传染源 假结核耶尔森菌是啮齿类、兔形目和禽类的寄生菌，但是也感染其他哺乳动物和爬行动物，并在环境中持续存在。猫是最普遍被感染的家畜动物。小范围流行发生在绵羊、猪、非人灵长类、禽类和宠物鸟。

传播 通过采食污染的食物和水可接触细菌，经粪-口途径传播。

致病机制

假结核耶尔森菌在表达细胞表面蛋白Inv、Ail和YadA后，黏附到小肠远端的淋巴结节M细胞。黏附启动肌动蛋白细胞支架变化，导致"拉链"现象，即将耶尔森菌包裹在细胞膜内，导致细菌内化。内化的微生物通过淋巴结，在淋巴结内被巨噬细胞吞噬。在巨噬细胞内（37℃，低钙环境），激活Ⅲ型分泌系统组件Yops和LcrV的表达。被吞噬的耶尔森菌则在最初侵入的巨噬细胞凋亡后释放。在胞外的假结核耶尔森菌进一步干扰吞噬作用。在YadA和Inv黏附后假结核耶尔森菌对结肠上皮细胞底外侧表面入侵，然后发生内化。细胞外耶尔森菌（LPS）诱导发生的炎症与自然杀伤细胞干扰素分泌和γδT细胞识别感染上皮细胞（和LPS）一起导致多态性单核中性（PMN）白细胞汇聚。细胞外耶尔森菌可以通过Yops避免吞噬作用并通过Ail和YadA的表达来避免补体介导机制的破坏，Ail和YadA的表达可以增强对补体的抵抗作用。假结核耶尔森菌在分泌耶尔森菌素（在HPI编码）后从宿主铁结合蛋白获取铁。腹泻被认为是由聚集的PMNs（可能也有其他受影响的宿主细胞）合成的前列腺素和受影响的宿主细胞内各种肌醇-信号途径的激活而造成。从而引起水和氯离子的分泌。宿主失去从受感染部位清除耶尔森菌的能力（血清抗性、抗吞噬作用特征和铁获取）而导致败血症。结果导致肠炎和败血症。

假结核耶尔森菌在肠道引起肠道感染，肠壁伴有坏死节点形成，并感染腹部淋巴结和内脏，特别是肝脏（图9.10）和脾脏。可能伴随呕吐、腹泻或者便秘、体重减轻、黏膜苍白到轻度黄疸和抑郁。不持续发热。少数病例死亡前可以临床诊断。在奶牛可见乳腺炎，在反刍动物和猴可见流产。在具有免疫力的人类，该疾病通常表现为肠炎和腹部淋巴结炎，机体可以自限制这些症状的进展或可对治疗有响应。

流行病学 假结核耶尔森菌病世界范围内发生。病例常在寒冷季节发生。成年猫、乡村猫和户外猫的疾病流行情况不同。

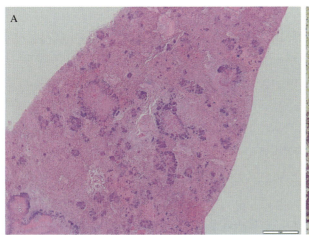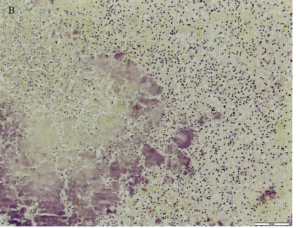

图9.10 死于耶尔森菌病的圈养树熊猴（属于懒猴科的原猴亚目的灵长类）肝脏病理组织

对已死亡动物尸检，在肝叶内发现有多个1～2mm的白色病灶。肝脏的组织病理部分，可见与细菌菌落有关的多处大量的坏死点融合。可分离到假结核耶尔森菌。肺脏被感染的部分可见扩散性肺充血和管内细菌菌落造成的肿胀，这与在肝脏的发现相一致。(A) 苏木精和伊红染色。(B) Brown-and-Brenn革兰染色

免疫学特征

自然感染可以使存活的个体得到免疫，无毒活疫苗可以保护动物抵抗同源细菌攻击，但没有商业

化的疫苗。

实验室诊断

从濒死动物粪便或者淋巴结抽出物分离细菌可用于诊断，可以通过冷富集来加强从病料中，特别是从混合的病料中分离病原。所谓冷富集，就是将10%的样品接种在基础培养基4℃条件下培养数周。也可使用DNA技术，如利用分子探针和通过聚合酶链式反应扩增特异DNA序列。

治疗和控制

假结核耶尔森菌与鼠疫耶尔森菌对杀菌剂的反应一致。

● 小肠结肠炎耶尔森菌

小肠结肠炎耶尔森菌与家畜和灵长类的肠细末淋巴结炎、晚期结肠炎、急性胃肠炎和败血症有关。

特征概述

细胞组成和具有医学意义的细胞产物 小肠结肠炎耶尔森菌包含pYV质粒（编码Ⅲ型分泌系统Yops和LcrV）。基因组上有一个所谓的HPI包含编码铁获取蛋白的基因。其他在基因组上的还包括编码Ail、Inv、YadA、Gsr和Yst的基因。

黏附素 见"假结核耶尔森菌"的"细胞组成和具有医学意义的细胞产物"部分。

细胞壁 见"假结核耶尔森菌"的"细胞组成和具有医学意义的细胞产物"部分。

Gsr 见耶尔森菌（鼠疫芽孢杆菌）"细胞组成和具有医学意义的细胞产物"部分。

高毒力岛 见耶尔森菌（鼠疫芽孢杆菌）"细胞组成和具有医学意义的细胞产物"部分。

铁摄取 见耶尔森菌（鼠疫芽孢杆菌）"细胞组成和具有医学意义的细胞产物"部分。

Ⅲ型分泌系统 见耶尔森菌（鼠疫芽孢杆菌）"细胞组成和具有医学意义的细胞产物"部分。

毒素 小肠结肠炎耶尔森菌产生许多参与到致病性的毒素：

1.Yops 见耶尔森菌（鼠疫芽孢杆菌）"细胞组成和具有医学意义的细胞产物"部分。

2.LcrV 见耶尔森菌（鼠疫芽孢杆菌）"细胞组成和具有医学意义的细胞产物"部分。

3.Yst 耶尔森菌稳定毒素（Yst）是在基因组上编码的小肠结肠炎耶尔森菌特异肠毒素。Yst通过解除cGMP的合成（细胞内cGMP的增多可以导致氯离子通道开放，使氯化物和水被动流入肠腔）来影响环鸟苷腺基系统，这样在阻止盐和氯离子（和水）吸收（顶端细胞）和氯离子丢失（隐窝细胞）后，使液体和电解质在肠腔积累（见第7章肠毒素部分）。

多样性

小肠结肠炎耶尔森菌包含两个亚种，即小肠结肠炎型和亚欧结肠炎型。具有美洲来源16S rRNA类型的菌株为小肠结肠炎亚种，而具有欧洲来源16S rRNA类型菌株则为亚欧结肠炎型。小肠结肠炎耶尔森菌菌株可以通过生物型和血清型区分。血清分型基于对O-抗原多糖的反应。有70多种血清型，但只有一些血清型致病。O型3、5、8、9、和27与人类患者的典型胃肠道疾病相关。具有六种生物组（生物型），即BT1A、BT1B、BT2、BT3、BT4和BT5。BT1A型菌株大多没有致病性；其他（BT1B到BT5）具有致病性。在美国主要是BT1B型。BT1A和BT2到BT5主要在欧洲流行。生物组（生物型）可基于与马栗树皮苷、吲哚、D-木糖、海藻糖、吡嗪酰胺酶、β-葡萄糖苷和脂肪酶的反应而区分。菌株有时也以血清型和生物型混合而定，如血清生物型O：3/4是指一菌株是

O：3和BT4型。

生态学

传染源和传播途径 已经从众多来源样品分离到小肠结肠炎耶尔森菌，如土壤、水、食物（水果、蔬菜、牛奶、零售肉产品、奶酪和蛋）和动物。可以分离到细菌的动物种类很多，包括宠物（猫和犬）、家畜（毛丝鼠、水貂、猪、兔、奶牛、鹅、马、绵羊和水牛）、动物园动物（猴子）、野生动物（浣熊、狐狸、蛇、蛙、河狸、鹿、豹猫、蟹、蝇、跳蚤、鸟、牡蛎和多种啮齿动物）。致病性的BT2到BT5菌主要从动物（绵羊、牛、山羊和禽类）分离到。血清生物型O：3/4型菌通常从猪分离到，O：9/2型菌经常从奶牛和山羊分离到，而O：2、3/5型菌株经常从绵羊、兔和山羊分离到。在22～25℃表达的一些毒力因子表明哺乳动物从"冷"源（如水和食物）获取小肠结肠炎耶尔森菌，而不是从温血动物获得。采食表达黏附素的微生物后可发生感染。人类感染O：3/4生物型菌的一个主要来源是通过与猪接触和食用猪肉。已知在猪的口咽、鼻咽和小肠中存在该微生物。尽管极少报道，但是人与人之间传播也可以发生。

传播 经粪-口途径传播。采食或者饮用被动物粪便污染或者与动物粪便有接触（如屠宰场工人）的食物或者水而发生感染。5岁以下的儿童更易感染小肠结肠炎耶尔森菌。

致病机制

由小肠结肠炎耶尔森菌引起疾病的致病机制与假结核耶尔森菌引起的疾病的致病机制一样（见"假结核耶尔森菌"中"致病机制"部分）。另外，除与侵入上皮细胞和炎症相关的腹泻外（与假结核耶尔森菌一样），小肠结肠炎耶尔森菌产生Yst蛋白。

流行病学 如前面所指出的，一些亚种、血清型和生物型是有地域性的。小肠结肠炎型亚种在美国发现，而亚欧型亚种则在欧洲发现。BT1B在美国占主导地位。BT1A和BT2到BT5在欧洲占主导地位。血清型O：8是美国固有的菌型而在世界其他地区很少发现。血清型O：3在美国极少分离到，但是常见于世界其他地区。血清型O：9在欧洲以外的地方还没有报道。

免疫学特征

小肠结肠炎耶尔森菌是一种胞外微生物。尽管细菌外排蛋白（Yops）可干扰吞噬过程，吞噬细胞很容易将其破坏掉。通常小肠结肠炎耶尔森菌病通过天然免疫反应可以自愈，这些天然免疫反应包括吞噬作用、感染的上皮细胞裂解、铁获取和补体蛋白。

在猪常见的O：9血清型与布鲁氏菌种有一定血清学交叉，这一现象使猪布鲁氏菌清除计划复杂化。

实验室诊断

从粪便、淋巴结活组织和感染组织处的活组织获得的样品可用于镜检。含有胆汁盐的选择性培养基对小肠结肠炎耶尔森菌有一定的抑制作用，特别是在37℃时。麦康凯琼脂培养基最不具有抑制作用。有特别的培养基专门用于分离小肠结肠炎耶尔森菌（如头孢磺啶-二氯苯酚-新生霉素培养基；见第6章）。样品在4℃冷富集有助于从污染环境中分离到少量的小肠结肠炎耶尔森菌。从组织中分离需要使用血琼脂培养基并在37℃培养。可利用DNA技术，如分子探针和聚合酶链式反应扩增特异的DNA序列来进行诊断。

治疗和控制

治疗由小肠结肠耶尔森菌引起的疾病可用抗菌制剂包括荧光喹诺酮类、四环素和甲氧苄啶-磺胺类。小肠结肠耶尔森菌普遍携带有R质粒，常在质粒上发现编码四环素和链霉素的抗性基因。

● 鲁氏耶尔森菌

"肠型红嘴病"是淡水鱼，特别是彩虹鳟鱼外周皮下组织的出血性炎症。引起全身性感染，并且在北美、澳大利亚、欧洲的孵化场引起显著的致死率。该病原通过无症状的鱼带菌传播，或者也可能通过河边活动的哺乳动物（麝鼠）传播。大规模暴发与大量细菌的接触相关。

该病的致病机制还没有明确描述。蛋白酶Yrp（鲁氏耶尔森菌蛋白）发挥了重要作用，失活该蛋白的编码基因可导致细菌毒力致弱。

使用抗生素可以控制该菌病的暴发，杀菌剂已成功降低了该病的致死率。

（李兆利　宋宁宁 译，于申业 校）

第10章 肠杆菌科：志贺菌属

志贺菌属属于肠杆菌科，它可以引起人类和非人灵长类动物的细菌性痢疾，亦称为志贺菌病。志贺菌属包括4个成员：①痢疾志贺菌；②弗氏志贺菌；③鲍氏志贺菌；④宋氏志贺菌（表10.1）；这些菌种也分别称为A、B、C和D四个血清群（或亚群）。志贺菌属典型的代表菌是痢疾志贺菌。志贺菌属4个成员的染色体DNA与大肠埃希菌几乎相同，如弗氏志贺菌与大肠埃希菌K12菌株之间的序列同源性高达98.5%。但鲍氏志贺菌血清13型是特例，现已经将其重新划分为阿尔伯蒂埃希菌。一些分类学家根据志贺菌和大肠埃希菌DNA序列之间具有广泛的同源性的特点，建议将这4种志贺菌归为大肠埃希菌血清生物型。但是，由于医学界更喜欢以志贺菌病命名独特的临床疾病，并未采取该建议。志贺菌与肠侵袭性大肠埃希菌（EIEC）具有类似的生化特性、基本毒力因子以及临床特征。相较同种属的大肠埃希菌，EIEC与志贺菌具有更近的亲缘关系。比较基因组学研究表明：志贺菌与EIEC都是由多种大肠埃希菌趋同进化而来。

在非人灵长类动物中，志贺菌病仅发生于圈养动物，并与应激状态（如运输和拥挤）或者免疫机能异常（如猴患获得性免疫缺陷综合征）有关。非人灵长类动物可感染弗氏志贺菌、鲍氏志贺菌或宋氏志贺菌；人类不仅可感染这三种志贺菌，还可感染痢疾志贺菌。在人类和非人灵长类动物的感染病例中，志贺菌的病变局限于结肠，表现为局灶性或弥散性病变（图10.1）。

● 特征概述

细胞结构及组成

志贺菌属成员的结构属于典型的肠杆菌科结构。尽管志贺菌与大肠埃希菌在遗传上密切相关，但它缺少许多大肠埃希菌的特征性状。志贺菌既无荚膜（K-抗原）也无鞭毛（H-抗原），这是由于鞭毛合成操纵子 *flhDC* 突变或完全缺失。志贺菌是营养缺陷型，

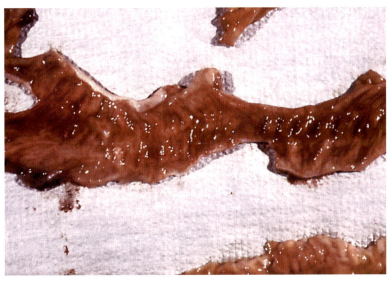

图10.1 志贺菌引起恒河猴结肠弥散性出血性炎症反应（引自美国公共卫生服务部疾病控制与预防中心公共卫生信息库）

而大肠埃希菌通常是原养型。志贺菌分离株在含有柠檬酸盐培养基上不生长，并且对苯丙氨酸和色氨酸的脱氨酶呈阴性。它们同样对精氨酸和赖氨酸脱羧酶呈阴性，并且在KCN中不生长，不产生H_2S，不分解尿素，不能利用枸橼酸盐或丙二酸盐作为碳源，分解葡萄糖产酸不产气。与大肠埃希菌一样，志贺菌的甲基红反应呈阳性，而V-P反应阴性。与所有的肠杆菌科细菌一样，它们均发酵葡萄糖；但除了弗氏志贺菌血清6型、鲍氏志贺菌血清13型和14型以及痢疾志贺菌血清3型以外的志贺菌发酵葡萄糖，不产生气体。痢疾志贺菌、弗氏志贺菌和鲍氏志贺菌均不发酵乳糖，但培养数天后，宋氏志贺菌和鲍氏志贺菌血清9型可发酵乳糖。同样，宋氏志贺菌可缓慢发酵蔗糖。所有志贺菌均不发酵核糖醇、肌醇或水杨苷。

志贺菌具有典型的革兰阴性菌细胞壁结构，其中包含脂多糖，并且与其他肠杆菌科一样，表达O-抗原作为区分血清群和血清型的依据。通过血清群可鉴定志贺菌的种类。通常利用商品化的特异性抗血清，采用玻板凝集试验鉴定志贺菌血清群（亚群）和血清型。痢疾志贺菌有15个血清型；弗氏志贺菌有6个血清型和2个变种，其中1-5血清型可分为11个亚型；鲍氏志贺菌有19个血清型；宋氏志贺菌只有1血清型（表10.1）。鲍氏志贺菌血清型原来有20个分型，但血清13型已重新归类为阿尔伯蒂埃希杆菌。宋氏志贺菌发生了变异，从光滑的有毒力的Ⅰ相变成粗糙的无毒的Ⅱ相，并失去了合成O-侧链的能力。种属内血清型之间的转换是受Shi-O毒力岛基因调控的。

表10.1 志贺菌血清群、种属、血清型

血清群	种属	血清型
A	痢疾志贺菌	15
B	弗氏志贺菌	6
C	鲍氏志贺菌	19
D	宋氏志贺菌	1

具有医学意义的细胞产物

细胞壁　志贺菌属成员的细胞壁具有典型的革兰阴性菌特征，它通过经典方式参与致病机制：通过脂质A（内毒素）和颉颃补体介导的杀菌作用。

Ⅲ型分泌系统（T3SS）和侵袭蛋白　志贺菌发病机制的一个必要步骤是通过M细胞侵袭大肠上皮细胞（图10.2）。细菌和宿主细胞通过受体CD44和α5β1整合素的介导在脂筏结构域进行初始结合。结合诱导早期肌动蛋白细胞骨架重排，但是有效且完整的细菌摄取作用需要T3SS受体蛋白。T3SS受体蛋白由一个包含约100个基因的嵌合体的毒力质粒编码。

侵袭质粒抗原（Ipa）和Ipg蛋白　Ipa效应蛋白，即IpaA、IpaB、IpaC和IpaD，由一组携带大毒力质粒的基因编码的，Ipa蛋白是由T3SS分泌的，用来介导M细胞侵袭和逃避吞噬细胞的吞噬（图10.3）。IpaB和IpaC在宿主细胞膜中介导转座子的形成，IpaD调节转座子插入细胞膜中。IpaA通过转座子侵袭宿主细胞，靶向结合到β1整合素，黏着斑蛋白和GTP酶Rho。通过激活细胞骨架肌动蛋白重排和膜褶皱（伪足）的形成从而诱导细菌进入宿主细胞吞噬体而吞噬细菌。IpaC与肌动蛋白以及β连环蛋白结合，致使肌动蛋白聚合，从而促进膜褶皱的形成。此外，IpaC也可破坏磷脂双层的完整性，导致吞噬体的破裂并引起细菌逃脱到细胞质中。IpgB1由T3SS分泌，在细菌的侵袭中发挥重要作用。IpgB1主要模仿GTP酶RhoG的作用，经ELMO-Dock180通路激活Rac1途径。IpgB1也可较轻程度地激活Cdc42。激活的Rac1和Cdc42通过其对细胞骨架机动蛋白重排的影响导致形成膜褶皱。编

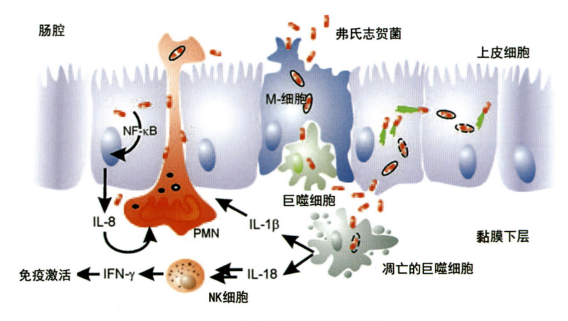

图10.2 弗氏志贺菌的细胞发病机制

弗氏志贺菌经M细胞通过胞吞方式穿过上皮细胞屏障，到达固有巨噬细胞。细菌通过诱导凋亡样细胞死亡而逃避巨噬细胞的降解，该过程伴随一些促炎症因子转导。游离的细菌从基底侧入侵上皮细胞，通过带菌的肌动蛋白聚合过程移动到细胞质中，并扩散到周围细胞。随后，巨噬细胞和上皮细胞产生的促炎性信号激活NK细胞的先天性免疫应答，并吸引中性粒细胞。涌入的中性粒细胞破坏了上皮细胞，最初这种现象促进了更多的细菌侵入，加剧了感染和组织的破坏。最终，中性粒细胞吞噬并杀死志贺菌，有助于感染的治愈（引自Schroeder和Hilbi，2008）

码IpgB1的基因位于大毒力质粒的 *ipaBCDA* 操纵子上游。

IpaBa和IpaC也会导致巨噬细胞中吞噬体的释放。IpaB释放到细胞质巨噬细胞中，它通过胆固醇依赖途径整合到细胞质膜中。这引起蛋白酶原-1蛋白水解活化为半胱天冬酶-1，并由此导致巨噬细胞的凋亡。这个过程还导致促炎细胞因子IL-1β和IL-18的裂解和激活，释放这些细胞因子并激活明显的炎症反应是志贺菌病的典型特征。

Mxi-Spa T3SS 大毒力质粒第二大组基因编码了25种以上T3SS分子结构、组装和功能所必需的蛋白质（图10.3）。这些蛋白包括 *ipa*（*mxi*）膜表达和 *ipa* 抗原（*spa*）基因的表面提呈。Mxi-SpaT3SS由4部分组成：①跨越细菌包膜的基体；②一个锚定在基体上并突出于细胞外的空心针型结构；③一个位于针尖的转座子；④细胞质环状结构，能够激发并调节蛋白质从细菌细胞质到针状结构的转运。

大毒力质粒的第三大组基因编码两个转录激活因子：VirB和MxiE，它们调节T3SS相关基因。第四组基因编码伴侣蛋白（ipgA、ipgC、ipgE和spa15），这些蛋白需要被展开并插入到针状复合体中。大约有25种蛋白由T3SS分泌。

细胞间传播的蛋白（Ics） 大毒力质粒上的另一组基因编码Ics蛋白。细菌一旦侵入宿主细胞中，就可以利用Ics蛋白在细胞质内移动并扩散到邻近的上皮细胞（ECs）。IcsA（VirG）蛋白移动到该细菌的极点并与N-WASP结合，使肌动蛋白在此位点成核。一旦肌动蛋白聚合在细菌的极点聚合并进一步发展，就可以促进细菌进入宿主细胞细胞质（图10.4）。IcsA由三磷腺苷双硫酸酶PhoN2介导定位于细菌的极点。IcsB可伪装成IcsA，以防止其被自噬识别和降解。IcsA不能作用于T3SS，它可作为一种自转运蛋白进入宿主细胞。IcsP（SopA）是一种丝氨酸蛋白酶，可以裂解IcsA和调节肌动蛋白的能动性。

毒力蛋白A（VirA） VirA也是由大的毒力质粒编码，T3SS蛋白分泌的。它是一种半胱氨酸蛋白酶，与α微管蛋白靶向结合，通过引起微管的分裂进而协助介导细胞内的运动（图10.4）。

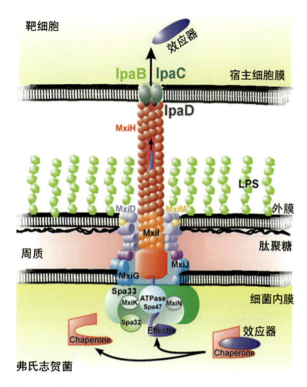

图10.3 弗氏志贺菌Mxi-Spa Ⅲ型分泌系统（T3SS）的结构

弗氏志贺菌Mxi-Spa T3SS由4个主要部分组成，七环状基体穿过细菌内膜（IM）、周质和外膜（OM）。空心针型结构附属于凹穴和突起，并从基体延伸到细菌表面。与宿主细胞膜（HM）的接触会触发由IpaD引导的IpaB-IpaC转座子从针尖处插入细胞膜。T3SS由胞质C环形成，C环则是由给运输过程供能蛋白、调节识别基质的蛋白、释放分子伴侣蛋白和基质折叠蛋白组成（引自Schroeder和Hilbi，2008）

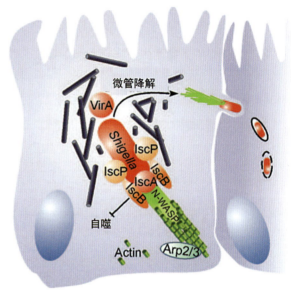

图10.4 弗氏志贺菌利用定向肌动蛋白聚集在细胞内运动

由于丝氨酸蛋白酶SopA/IcsP的激活，弗氏志贺菌IcaA位于细菌的一个极点与宿主细胞N-WASP（神经Wiskott-Aldrich综合征蛋白）形成IcsA/N-WASP复合物。IcsA/N-WASP复合物招募并激活Arp2/3从而调节肌动蛋白成核。伸长的肌动蛋白尾巴促进弗氏志贺菌通过胞质。这个运动过程由VirA调节，它通过微管网络的退化打开了一条路径。为了避免被自噬防御系统攻击，IcsA上的自噬识别位点被IcbB蛋白所掩盖（引自Schroeder和Hilbi，2008）

志贺菌肠毒素-2（ShET-2） ShET-2由大毒力质粒上基因（*sen*编码志贺菌肠毒素）编码，可通过痢疾志贺菌、宋氏志贺菌和弗氏志贺菌产生。而由染色体上的*set1A*和*set1B*基因编码的ShET-1（如下所述）仅能通过弗氏志贺菌产生。ShET-1和ShET-2会引起痢疾之前的水样腹泻。水样腹泻会发生在所有患者身上，但痢疾不会。因此，肠毒素被认为是重要的毒力因子。

毒力岛（PAIs）中基因编码的蛋白 志贺菌属分离株染色体上含有的毒力岛多达5种，其中4种是志贺菌毒力岛（SHI），另一种是志贺菌耐药基因簇（SRL）。SHI-1包含的*sigA*、*pic*和*set*基因，分别编码细胞毒性蛋白酶IgA（SigA）、丝氨酸蛋白酶/黏液酶（Pic）和志贺菌肠毒素-1（ShET-1）。SigA是一种细胞病变毒素；Pic可引起黏液通透化；ShET-1导致肠道积液。SHI-2和SHI-3包含重复基因序列（*iucA*到*iucD*），主要产生菌素；SHI-3只在鲍氏志贺菌上发现。SHI-O包含O-抗原修饰基因和血清型转化基因。SRL包含编码铁摄取蛋白的基因（*fecA-fecE*，*fecI*和*fecR*）以及编码抗四环素（*tetA - tetD*和*tetR*）、氯霉素（*cat*），氨苄青霉素（*oxa-1*）和链霉素（*aadA1*）的耐药基因。

志贺菌毒素（Stx） 除极少数例外，痢疾志贺菌血清 1 型是该属中唯一产生 Stx 毒素的细菌。除了少数水肿病菌株外，痢疾志贺菌的 *Stx* 基因与所有产志贺菌毒素大肠埃希菌（STEC）一样，都位于染色体上。不同的是，痢疾志贺菌血清 1 型不携带完整的 Stx-相型转换基因。这是细菌的转座和重组中所必需的相型基因缺失的结果。目前已经发现一种人体分离的宋氏志贺菌携带完整 *Stx* 相型基因。试验表明，其他宋氏志贺菌株可使产生的 Stx 溶原化。与 Stx1 相比，这个相型的 Stx DNA 序列与 Stx2 关系更密切。这些结果表明 Stx 阳性宋氏志贺菌和其他呈 Stx 阳性的志贺菌属将来可能成为重要的病原。

Stx 的产生是由铁调节的，通过 Fur（铁摄取调节因子）途径调节（见"调节基因"部分），在铁浓度较低的条件下会产生更多的毒素。尽管上述其他的毒力因子在发病机制中起重要作用，但是 Stx 的量也与特定的痢疾志贺菌菌株的毒力有关。如前 STEC 所述，Stx 引起结肠黏膜、肾小球和其他器官发生严重的血管损伤，导致出血性结肠炎。在某些情况下，还可导致溶血性尿毒症综合征（HUS）。Stx 毒素的分子、细胞和病理生理机制等详见第 7 章。

调控基因 志贺菌含有大量依赖环境条件而被激活的基因。这些能够感知和响应环境变化的级联调控的关键基因编码在染色体上。染色体编码的传感器蛋白（如 VirR）识别 pH、温度（上升到 37℃）或渗透压的变化，激活毒性质粒上 VirF 的表达。然后激活同样位于毒性质粒上的 icsA 和 virB 的转录。VirB 激活 *T3SS* 组装基因（*ipa*、*mxi* 和 *spa*）和"第一组"效应因子。"第一组"效应导致转录增加"第二组"T3SS 效应器。这样，环境的变化会让宿主中的细菌激活连续的基因级联反应，最终导致细菌入侵结肠上皮细胞。在这个过程中，激活的一些基因起到负调节作用，避免了细菌侵入宿主造成能量浪费。

此外，*Fur* 和含有 *RpoS* 的 RNA 聚合酶也是调节基因。Fur 蛋白"感受"可利用的铁离子浓度，并且当铁离子浓度降低时（如在宿主体内，大多数铁离子与铁结合蛋白结合），它能激活需氧肌动蛋白、ShET-1 和 Stx（见"毒力岛基因编码的蛋白"和"志贺菌毒素"）的合成和分泌。含有 RpoS 的 RNA 聚合酶基因酸耐受条件下优先转录（在 pH 为 5 条件下存活），以抵御细菌通过胃的酸性环境。

多样性

志贺菌不表达 H-抗原或 K-抗原，O-抗原是该属细菌血清群和血清型分型的唯一标准。血清群测定对志贺氏菌属鉴定至关重要。四种志贺菌中三种都存在多个血清型（表 10.1）。

● 生态学

传染源

志贺菌的分布基本上局限于人类和大型圈养灵长类动物的肠道，志贺菌病可以自然发生并通过污水传播。人类是储存宿主；没有证据表明这种疾病会自然发生在没有事先与人类接触的非人灵长类动物身上。志贺菌可持续存在于污水中，污水的排放意外污染供水往往是引起人类志贺菌病暴发的原因。在人类中，志贺菌病呈世界性分布，但 99% 的病例发生在发展中国家。

传播

志贺菌病通过粪-口途径传播，但是感染剂量非常小（只有 10～100 个细胞），而且细菌存活时间足够长，污染物也可传播病原。弗氏志贺菌血清 4 型与非人灵长类动物的牙周病有关；传染方式虽然未知，但它很可能经粪便传播。抗生素、应激或饮食变化会增加感染风险（通过降低正常菌群的数量，导致屏障效应降低），导致灵长类动物或人类亚临床感染，或导致低口服剂量就可发病并产生继发感染。有研究表明，志贺菌病传输的重要媒介是手，彻底洗手是预防疾病的重要手段。痢疾志贺菌血清1型在人体皮肤上可存活长达1h。

● 临床疾病

典型的症状开始为水样腹泻，3～4d后粪便变得稀少，并带有血液和黏液，同时伴有发热、腹痛、痉挛和紧张的症状。有时可能会发生精神萎靡、肌痛和厌食症。

临床病程的严重程度通常随感染物种的变化而变化：宋氏志贺菌主要引起水样腹泻，而弗氏志贺菌和痢疾志贺菌会引起更严重的症状（如弗氏志贺菌和痢疾志贺菌造成血便；痢疾志贺菌还可引发全身并发症如溶血性尿毒综合征或脑损伤）。在各种形式的志贺菌病例中，显微镜检查粪便都会发现大量白细胞。

志贺菌病的病理特征是黏液脓性和出血性结肠炎。结肠黏膜，包括隐窝或间隐窝区域可见轻微的脓肿。隐窝脓肿时常脱落，形成溃疡。

病人感染痢疾志贺菌血清1型可引起主要由志贺毒素影响的溶血性尿毒综合征（HUS）。有时会在肠道感染之后出现Reiter综合征，其特征是关节炎；这种综合征也可能出现在其他细菌感染，如小肠结肠炎耶尔森菌、肠炎沙门菌、鼠伤寒沙门菌、肺炎克雷伯菌和空肠弯曲菌。

● 致病机制

在侵入12h之内，细菌在小肠大量繁殖，可高达每毫升管腔内容物活菌数浓度为10^7～10^8个活菌。当细菌定植在小肠中可引起腹痛、痉挛和发热。

细菌通过一系列的步骤（图10.2）到达结肠并侵入结肠黏膜，其分子水平侵入过程如上所述。志贺菌黏附在M细胞的表面，并被吞噬到吞噬体内，之后从吞噬体中逃逸，在细胞质中增殖，并通过在生物体一个极点的肌动蛋白细胞骨架重排的效应移动到相邻的肠细胞中。这个过程推动了细菌通过细胞质，并接触到相邻的上皮细胞。通过两种细胞细胞膜的内吞作用，将细菌膜扩散到相邻的内皮细胞。细菌继续以这种方式和周期继续通过上皮细胞层传播。中性粒细胞和巨噬细胞吞噬细菌，但细菌会引起巨噬细胞的凋亡，从而降低了宿主防御的有效性，并导致IL-1β和IL-18的释放，从而加剧了炎症反应。中性粒细胞可杀死细菌，但是也引起组织损伤，促进了细菌的扩散。中性粒细胞浸润和死亡引起化脓性结肠炎。细菌从死亡或濒死的上皮细胞和巨噬细胞中释放出来，经由淋巴管被排放到肠相关淋巴组织中，最终被杀死。

除了结肠黏膜炎症和坏死的影响。腹泻还有由磷脂酶C的激活导致胞内钙离子增加，蛋白激酶C激活，随后氯离子通道蛋白和那些参与氯化钠吸收的膜结合转运蛋白的磷酸化引起。

基于突变技术和动物模型研究，ShET-1和ShET-2被认为是水样腹泻的主要病因，但目前仍对这些机制知之甚少。

痢疾志贺菌血清1型产生的Stx可引起血管内皮细胞凋亡，白细胞活化以及肿瘤坏死因子-α（TNF-α）上调和表达。TNF-α通过诱导增加Stx的Gb3受体表达量来提高内皮细胞的毒性和血管损伤的程度。Stx毒素破坏结肠黏膜内血管，引起结肠黏膜的血栓形成和梗死。这些损伤加重了结肠发炎，造成出血性肠炎。Stx还可以损伤肠道外如肾脏和大脑的血管，并导致HUS的发生。Stx的更多功能已在第7章中描述。

流行病学

如上所述，志贺菌病主要见于大型圈养的灵长类动物。人类是储存宿主。在发达国家，志贺菌病是弱势人群的一种传染病，这与患病群体的密切接触有关。在美国，志贺菌病也是1~4岁儿童的常见疾病，主要由宋氏志贺菌引起；该病常暴发于学龄前儿童和幼儿日托中心。精神病院偶尔也会暴发疫情。大型城市的暴发常见于城市供水系统被污水污染引起。在全球范围内的人类志贺菌病中，弗氏志贺菌和宋氏志贺菌通常引起地方性流行，而痢疾志贺菌1型主要引起该病的大流行。

● 免疫学特征

对细菌性痢疾的保护是通过肠道内分泌的特异性抗体来实现的，这些抗体阻止细菌的黏附和随后的摄取。志贺菌对血清敏感（它们易受补体介导的溶菌作用），对中性粒细胞的杀伤作用也敏感。因此，志贺菌通常不会引起败血症。

目前尚不清楚非人灵长类动物在感染志贺菌康复后是否可以抵抗再次感染。但人类在应激条件下确实会出现再次感染或病情加重，如在战俘营等情况。已经证明口服或者非肠道疫苗无效。接种无毒口服活疫苗可在一定程度上起到保护作用，但这些疫苗还没有普遍应用。

● 实验室诊断

将活体动物的粪便样本和尸体剖检的结肠样品接种在选择性培养基比接种在沙门菌的培养基上抑制作用更小。目前在没有专门的志贺菌增菌培养基的情况下，GN肉汤是首选的培养基。亚硒酸盐肉汤和四硫酸盐肉汤主要用于沙门菌的增菌，但抑制作用太强。志贺菌的最佳分离培养基，主要有低选择性的培养基，如麦康凯琼脂，以及中等选择性的琼脂培养基，如木糖-赖氨酸-脱氧胆酸盐（XLD）琼脂。HE培养基是XLD合适的替代品（图10.5），而沙门菌-志贺菌（SS）琼脂可能对一些志贺菌菌

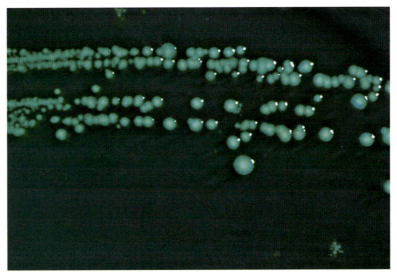

图10.5 鲍氏志贺菌在HE琼脂上分离培养的菌落形态

这张照片描述了鲍氏志贺菌在HE琼脂表面生长的菌落形态；鲍氏志贺菌在HE琼脂表面生长为隆起、绿色、表面温润的菌落（引自美国公共卫生服务部疾病预防与控制中心公共卫生信息库）。

株有较强的抑制作用，如痢疾志贺菌血清1型。志贺菌在含有多种抑制剂的沙门菌分离培养基中不生长，如亮绿琼脂。

在含有乳糖的培养基上，志贺菌以不发酵乳糖菌落形式出现，然而一些菌株（宋氏志贺菌和鲍氏志贺菌血清9型）培养几天后可发酵乳糖。可疑菌落用志贺菌特异性抗血清检测，也可接种到不同的培养基后再用抗血清检测。

设计志贺菌特异性的DNA扩增引物进行PCR反应，用来检测和鉴定志贺菌属的成员。但是，FDA没有批准用于志贺菌临床感染诊断的核酸检测方法。

● 治疗、控制和预防

志贺菌病的治疗包括护理和支持疗法。由于抗生素在动物饲养场的应用会导致耐药菌株的出现，因此，除病情严重的情况下一般不经常使用抗生素治疗。首选抗生素是氨苄青霉素或磺酰甲氧苄啶嘧胺，如果病原对这类抗生素耐药，可以选择氟喹诺酮类药物，这些药物对大多数菌株是有效的，不会扰乱正常菌群（定植抗力）。

延伸阅读

Germani Y, Sansonetti PJ, 2006. Chapter 3.3.6. The genus Shigella. Prokaryotes[M]. vol. 6, Springer: 99-122.

Nataro JP, Bopp CA, Fields PI, et al, 2011. Chapter 35. Escherichia, Shigella, and Salmonella[M]. in Manual of Clinical Microbiology, 10th edn (ed. J Versalovic), ASM Press, Washington, DC: 603-626.

Schroeder GN, Hilbi H, 2008. Molecular pathogenesis of Shigella spp.: controlling host cell signaling, invasion, and death by type III secretion[J]. Clin Microbiol Rev, 21: 134-156.

（赵丽丽 译，郭东春 校）

第11章 巴斯德菌科：禽杆菌属、比伯斯坦杆菌属、曼氏杆菌属和巴氏杆菌属

巴斯德菌科有许多引起动物疾病的病原微生物。许多种属细菌正常定植在上呼吸道和胃肠道，当其他因素导致细菌侵入机体的内部引发疾病，亦称为机会致病菌。另一些种属细菌很少从正常动物个体分离到，但动物感染这些病原可引起严重的疾病。

自从此书第二版编写完成以来，巴斯德菌科的分类已经发生了很多的变化，未来可能存在更多的变化。目前，巴斯德菌科包括16个属：放线杆菌属、凝聚杆菌属、禽杆菌属、巴斯夫杆菌属、比伯斯坦杆菌属、陆龟杆菌属、鸡杆菌属、嗜血杆菌属、嗜组织杆菌属、隆派恩杆菌属、曼氏杆菌属、坏死杆菌属、尼科莱杆菌属、巴氏杆菌属、海豚杆菌属和鹦鹉杆菌属。巴斯德菌科所引起动物重要疾病的细菌属在本章和第12、13章分别进行介绍。凝聚杆菌属细菌与动物疾病无重要的关系。巴斯夫杆菌属、陆龟杆菌属、隆派恩杆菌属、坏死杆菌属、尼科莱杆菌属和鹦鹉杆菌属的细菌在表11.1中列出，但这里暂时不做更多讨论。

表11.1 巴斯德菌科引起动物疾病的一些重要菌种

属和种	相应疾病或部位
禽杆菌（原名禽巴氏杆菌）	正常的鸡呼吸道菌群
心内膜炎禽杆菌	鸡心内膜炎
鸡杆菌（原名鸡巴氏杆菌）	家禽呼吸道疾病
副鸡禽杆菌（原名副鸡嗜血杆菌）	鸡传染性鼻炎
禽源禽杆菌（原名禽源巴氏杆菌）	正常的鸡呼吸道菌群
产琥珀酸巴斯夫杆菌	正常瘤胃菌群
海藻糖比伯斯坦杆菌	反刍动物呼吸道疾病、羊羔的菌血症
奥里斯陆龟杆菌	乌龟的各种感染
考拉隆派恩杆菌	正常考拉粪便中的细菌
葡萄糖苷曼氏杆菌	羊乳腺炎、反刍动物的呼吸道疾病

(续)

属和种	相应疾病或部位
肉芽肿曼氏杆菌	鹿、反刍动物、野兔的呼吸道和其他感染；牛皮肤病、羊乳腺炎
溶血性曼氏杆菌	反刍动物呼吸道疾病、羊乳腺炎
反刍动物曼氏杆菌	正常瘤胃菌群、羊乳腺炎
多源曼氏杆菌	反刍动物和猪呼吸道感染和菌血症、牛乳腺炎
玫瑰坏死杆菌	由鸟类分离得到，意义不确定
麦麸尼科莱杆菌	马呼吸道疾病
产气巴氏杆菌	猪肠胃炎、猪流产
马巴氏杆菌	马呼吸道疾病
犬巴氏杆菌	犬呼吸道和口腔感染、犬咬伤口感染
咬伤巴氏杆菌	鸟类的正常呼吸道菌群、犬和猫的呼吸和口腔感染、犬或猫咬的伤口
兰加巴氏杆菌（原名兰高巴氏杆菌）	鸟类的正常呼吸道菌群
淋巴管炎巴氏杆菌	牛淋巴管炎
麦氏巴氏杆菌	猪流产、小猪的菌血症
多杀性巴氏杆菌杀禽亚种	鸟类的禽霍乱样疾病
多杀性巴氏杆菌多杀亚种	禽霍乱、反刍动物和猪的呼吸道疾病、反刍动物菌血症/败血症、反刍动物乳腺炎、兔呼吸道疾病和其他感染、犬和猫呼吸道和口腔感染、犬和猫咬伤感染
多杀性巴氏杆菌败血亚种	鸟类禽霍乱样疾病、犬和猫呼吸道、口腔感染、犬和猫咬伤感染、蝙蝠呼吸道和其他感染
嗜肺性巴氏杆菌	啮齿动物呼吸道疾病
天空岛巴氏杆菌	养殖的大西洋鲑鱼的菌血症/败血症
咽巴氏杆菌	犬和猫呼吸道和口腔感染、犬和猫咬伤感染
龟巴氏杆菌	龟和海龟感染
子宫鹦鹉杆菌	从港口海豚子宫分离到，意义不确定

注：引起特别重要疾病的致病微生物，由感染的相对鉴定频次和疾病相对严重程度来决定。

　　巴斯德菌科所有成员均为革兰阴性球杆菌，它们是兼性厌氧菌，通常为氧化酶阳性，这与肠杆菌科的细菌不同。本部分重点介绍禽杆菌属、比伯斯坦杆菌属、曼氏杆菌属和巴氏杆菌属，其成员在一些动物疾病中起重要的作用（表11.1）。简单介绍了鼻气管鸟杆菌，该菌不属于巴斯德菌科，但表型上（和临床上）与副鸡禽杆菌的一些菌株相似。

　　本章还简单介绍了驹放线杆菌马亚种、驹放线杆菌溶血亚种、林氏放线杆菌、猪放线杆菌、胸膜肺炎放线杆菌和鸡杆菌属的部分成员。第12章重点介绍放线杆菌属其他信息。与其他巴斯德菌科的成员一样，这些病原均为革兰阴性球杆菌，兼性厌氧菌，典型的氧化酶反应阳性。

● 特征概述

形态和染色

　　禽杆菌属、比伯斯坦杆菌属、巴氏杆菌属和曼氏杆菌属的成员均为革兰阴性球杆菌，长度为0.2～

2.0μm。瑞氏染色可见两极浓染。

结构和组成

荚膜由酸性多糖构成。多杀性巴氏杆菌A型荚膜由透明质酸组成，D型由肝素组成，F型由软骨素组成（见多杀性巴氏杆菌荚膜分类系统"多样性"部分）。多杀性巴氏杆菌和溶血性曼氏杆菌的一些菌株可表达黏附素。

细胞壁具有革兰阴性菌典型结构，主要由脂多糖和蛋白质组成。许多蛋白质是铁调节蛋白（它们是在缺铁条件下合成表达的）。

具有医学意义的细胞产物

黏附素 许多甚至可能所有巴斯德菌科成员都产生黏附素（可能不止一种黏附素）。禽源多杀性巴氏杆菌表达4型菌毛（黏附素），溶血性曼氏杆菌表达Adh1黏附素。与其他微生物一样，黏附素的表达可能取决于环境因素。当细菌黏附到上皮细胞表面时，黏附素被表达；但细菌侵入宿主体内时，吞噬细胞吞噬细菌后，可导致黏附素的表达受到抑制。溶血性曼氏杆菌和海藻糖比伯斯坦杆菌产生纤维蛋白原结合蛋白，这些蛋白质的作用机制目前尚不明确，但在链球菌中，纤维蛋白原结合蛋白通过"包裹"细菌细胞赋予链球菌颗粒抗吞噬的特性；"覆盖"补体的激活位点（从而减少调理作用和功能性膜攻击复合物的生成）和识别血清蛋白（胶原凝集素/纤维胶凝蛋白）识别并调理外源颗粒。A型多杀性巴氏杆菌荚膜的透明质酸可作为黏附素，可能与化脓性链球菌荚膜的透明质酸一样，通过透明质酸结合糖蛋白CD44与人类上皮细胞结合。

荚膜 禽杆菌属、比伯斯坦杆菌属、巴氏杆菌属和曼氏杆菌属中的许多细菌可产生荚膜。荚膜具有许多功能，最重要的功能是干扰吞噬作用（抗吞噬作用）和保护外膜不受膜攻击复合物的沉聚，这些复合物是由补体系统的激活而产生。荚膜产生量与有效铁含量成反比。在体内，有效铁含量越低，形成的荚膜量也越少，但足以保护细菌抵抗吞噬作用和补体介导的溶解作用。A型多杀性巴氏杆菌荚膜是由透明质酸组成，D型的荚膜是由肝素组成，F型的荚膜是由软骨素组成。这些物质与宿主组织成分相似，因此抗原性较差；它们还以不同的方式结合补体而具有抗吞噬作用。A型多杀性巴氏杆菌荚膜的透明质酸也可作为呼吸道上皮细胞的黏附素。

细胞壁 脂多糖（LPS）与脂多糖结合蛋白（一种血清蛋白）结合后将LPS转移到白细胞表面的CD14受体上，引起炎症反应。CD14-LPS复合物到巨噬细胞或其他白细胞表面的Toll-4(TLR-4)结合，激活促炎细胞因子的释放，诱导局部或全身性炎症反应。LPS也可与溶血性曼氏杆菌白细胞毒素协同作用，促进巨噬细胞和其他白细胞表面的白细胞毒素受体CD18的上调（见下文"RTX毒素"）。

毒素 比伯斯坦杆菌属、曼氏杆菌属和巴氏杆菌属细菌产生许多具有毒素活性的蛋白，至少有两种在疾病的致病机制中发挥重要作用：RTX和Rho激活毒素。

1.**RTX毒素** RTX（毒素中存在重复序列，毒素蛋白内部富含甘氨酸重复序列）毒素包括所有的曼氏杆菌属（除了一些反刍动物曼氏杆菌分离株）和海藻糖比伯斯坦杆菌产生的白细胞毒素。在氨基酸序列上，RTX家族与其他成员相似，白细胞毒素能特异性地影响牛白细胞和红细胞；非反刍动物的细胞能抵抗白细胞毒素的作用。在体内，白细胞毒素对红细胞的作用可能较弱，但许多曼氏杆菌属和海藻糖比伯斯坦杆菌分离株可在血琼脂平板上产生溶血现象。白细胞毒素可与牛中性粒细胞、巨噬细胞、血小板和淋巴细胞等白细胞表面的CD18受体结合。低浓度时，白细胞毒素引起靶细胞活化；较高的浓度时，引起细胞凋亡，非常高的浓度时，使细胞产生穿膜孔导致坏死。随着白细胞毒素的释放，中性粒细胞脱颗粒释放强效酶，诱导严重炎症反应；巨噬细胞释放促炎细胞因子（在LPS存在时被放大），淋巴细胞发生凋亡和坏死，血小板的黏附性增加。此外，组织肥大细胞脱颗粒释放血管活性胺。总之，白细胞毒素可引起破坏组织的炎症反应。白细胞毒素在溶血性曼氏杆菌引起的反刍动物肺炎的致病机制中发挥重要作用，白细胞毒素基因缺失的溶血性曼氏杆菌引起的疾病没有正常细菌毒株引起的疾病严重。

2.Rho激活毒素　Rho激活毒素是由D型多杀性巴氏杆菌产生的，可导致猪萎缩性鼻炎。Pmt（多杀性巴氏杆菌毒素），它可激活两种不同信号蛋白：小分子GTPase Rho和异源二聚体G蛋白。Pmt毒素（见第8章大肠埃希菌产生的细胞毒性坏死因子和第14章支气管败血波氏杆菌产生的皮肤坏死毒素）与同种毒素不同，Pmt与这些调节蛋白没有酶促作用。但Pmt与调节蛋白通过细胞内Ca^{2+}的增加来产生毒性。此外，Pmt可与细胞内中间丝状体波形蛋白结合，增强细胞机械强度。

3.混合毒素　多杀性巴氏杆菌部分菌株可产生透明质酸酶和神经氨酸酶，这些酶在疾病的致病机制中作用尚不清楚。据推测，在体内透明质酸酶的活性是细菌在组织间具有"传播"能力的原因；神经氨酸酶促进细菌定植于上皮组织表面，通过去除黏蛋白唾液酸末端残基有重要作用，从而改变正常宿主的先天性免疫反应。

铁摄取　铁是细菌生长的必需物质，细菌在宿主体内时需要从宿主体内摄取铁元素。禽源多杀性巴氏杆菌许多菌株可产生一种铁载体，这种铁载体既不是苯酚盐也不是天冬氨酸异羟肟酸型的铁载体。巴氏杆菌属或曼氏杆菌属以外的种属还没有发现这种铁载体。然而，巴氏杆菌属和曼氏杆菌属在缺铁条件下表达铁调控外膜蛋白结合转铁蛋白（转铁蛋白或Tbps）-铁复合物而摄取铁。铁调控外膜蛋白也可在低铁的条件下上调表达。多杀性巴氏杆菌还可通过与血红素和血红蛋白结合等其他途径摄取铁。

其他产物　禽源多杀性巴氏杆菌许多菌株可表达一种外膜蛋白，对吞噬细胞有毒性，目前功能未知。如果体内有效铁浓度较低可引起荚膜生成量下调，可能是这种毒性外膜蛋白在保护细菌的抗吞噬作用中发挥作用。

生长特性

禽杆菌属，比伯斯坦杆菌属，曼氏杆菌属和巴氏杆菌属细菌在含有血清或者血液的培养基上生长良好。过夜培养（35～37℃）后，菌落直径可达2mm，透明到灰白色菌落，光滑型或黏液型。溶血性曼氏杆菌、葡萄糖苷曼氏杆菌和部分海藻糖比伯斯坦杆菌的分离株在反刍动物血琼脂培养基上发生溶血。这4个属的细菌都是革兰阴性菌，无运动性的球杆状，兼性厌氧菌，典型的氧化酶阳性，能还原亚硝酸盐，利用碳水化合物。利用发酵碳水化合物的特性可鉴别个别物种。

不同种属的细菌对β-烟酰胺腺嘌呤二核苷酸（β-NAD，也叫作Ⅴ因子）的需求不同。鸟禽杆菌、飞禽禽杆菌和一些副鸡禽杆菌分离株生长需要β-NAD，目前这些属的其他成员生长不需要β-NAD。副鸡禽杆菌根据是否需要β-NAD将分离株分为2个生化型：需β-NAD分离株为生物1型，不需要β-NAD分离株为生物2型。鹌鹑禽杆菌、心内膜炎禽杆菌和副鸡禽杆菌的生物2型菌株在表型上很难与鸭源鸡杆菌鉴别；但可以根据ONPG反应和利用甘油、甘露醇、半乳糖和麦芽糖情况进行鉴别。副鸡禽杆菌生物2型菌株与禽呼吸道疾病相关的鼻气管鸟杆菌很难在表型上区分（见"鼻气管鸟杆菌"），这些病原可用PCR检测技术进行鉴别。

产气巴氏杆菌和罗氏放线杆菌（见第13章）都与母猪生殖系统感染有关，依据表型和基因型的检测很难鉴别。海藻糖比伯斯坦杆菌和多杀性巴氏杆菌体外培养时快于溶血性曼氏杆菌（体内也可能一样），这可能提高反刍动物呼吸道疾病的确诊。

抵抗力

细菌培养物可存活1～2周，消毒剂、热（50℃，30min）和紫外线能迅速使其灭活。多杀性巴氏杆菌在禽尸体中可存活数月。

巴氏杆菌属和曼氏杆菌属细菌对起初敏感的青霉素、四环素和磺胺类药物越来越具有耐药性。巴氏杆菌属和曼氏杆菌属细菌编码特有的四环素抗性基因，抗性编码基因通常与R质粒有关。

多样性

多杀性巴氏杆菌分为5个荚膜型（A、B、D、E和F型）和16个菌体型（1～16）。血清型通常与宿主特异性和致病机制有关。血清型一般由荚膜型的字母和菌体型的数字的组合而成（如A：1）。

溶血性曼氏杆菌有12个荚膜型（1、2、5～9、12～14、16和17）；而海藻糖比伯斯坦杆菌有四个荚膜型（3、4、10和15）。不能单独使用荚膜分型来鉴定溶血性曼氏杆菌，因为曼氏杆菌属内其他成员与溶血性曼氏杆菌分型血清有交叉反应。副鸡禽杆菌的荚膜与多杀性巴氏杆菌的荚膜分型相似，分为A、B和C三个血清型。

● 生态学

传染源

禽杆菌属、比伯斯坦杆菌属、曼氏杆菌属和巴氏杆菌属细菌常栖息于易感宿主的黏膜（最常见的是口咽部），是通过黏液传播的。引起食肉动物的多杀性巴氏杆菌分离株、禽霍乱菌株和反刍动物出血性败血症的携带者，可导致病原广泛传播。一个宿主可作为另一个宿主的传染源，这已在禽霍乱和溶血性曼氏杆菌引起大角羊的呼吸道疾病中得到证实。

传播

通过吸入、摄入或咬伤和抓伤等方式感染。许多感染可能是内源性感染。牛出血性败血症和禽霍乱感染中，环境污染可导致其间接传播。

● 致病机制

机制

总体来说，禽杆菌属、比伯斯坦杆菌属、曼氏杆菌属和巴氏杆菌属细菌引起的疾病有三种临床形式：呼吸道疾病、败血症和创伤相关感染。

1.呼吸道疾病　主要包括肺炎、胸膜肺炎和上呼吸道疾病（如猪萎缩性鼻炎和鸡传染性鼻炎）。肺炎多见于反刍动物中，通常是由溶血性曼氏杆菌、多杀性巴氏杆菌或海藻糖比伯斯坦杆菌引起的。应激条件（运输或断奶等）、病毒感染或其他细菌（如支原体）感染常发生在肺炎之前，可降低宿主的防御系统，导致栖息在上呼吸道的（溶血性曼氏杆菌、多杀性巴氏杆菌或海藻糖比伯斯坦杆菌）细菌感染肺部。溶血性曼氏杆菌或海藻糖比伯斯坦杆菌从上呼吸道侵入肺部，与细胞壁的LPS一起分泌Lkt，通过纤维蛋白沉聚和血栓形成引发强烈的炎症反应。虽然未发现多杀性巴氏杆菌可产生Lkt，但LPS可在肺部沉聚引起炎症反应。荚膜、清除铁能力和假定结合纤维蛋白原增强了损伤组织中细菌的存活能力。

副鸡禽杆菌是主要引起鸡上呼吸道疾病（鸡传染性鼻炎）暴发的病原。同样，多杀性巴氏杆菌与支气管败血波氏杆菌（见第14章）协同作用导致严重的猪的上呼吸道紊乱症状，即猪渐进性萎缩性鼻炎。猪萎缩性鼻炎中，支气管败血波氏杆菌首先黏附到鼻黏膜，分泌皮肤坏死毒素，轻度地损坏上皮细胞。荚膜D型多杀性巴氏杆菌黏附到轻度破坏的上皮组织（这些菌株很难黏附正常上皮组织）分泌Pmt，导致了鼻甲骨的破坏。支气管败血波氏杆菌毒素单独感染，无多杀性巴氏杆菌参与时，可引起轻度的非渐进性的鼻甲骨发育不全。

2. 败血症　多杀性巴氏杆菌可引起反刍动物和禽的菌血症和败血症。多杀性巴氏杆菌多杀亚种可引起牛的出血性败血症（目前在美国为外来病）。多杀性巴氏杆菌多杀亚种和海藻糖比伯斯坦杆菌可引起羊的败血症；多杀性巴氏杆菌多杀亚种在禽类中引起禽霍乱。巴斯德菌科的这些菌株而不是的其他菌株引起菌血症和败血症的机制不详；可能与荚膜的特性与铁清除机制有关。禽源多杀性巴氏杆菌的外膜蛋白在抵抗吞噬作用中起一定的作用。这些疾病的症状和结果主要是严重的全身炎症反应和多器官感染。

3. 创伤相关感染　最常见的是巴氏杆菌经口入侵感染的部位引起的疾病。例如，犬或猫咬伤以及犬和猫舔受损部位（如手术伤口）引起的感染。

病理变化

病变程度与感染部位、菌株毒力和宿主自身抵抗力有关。在败血症中，血管损伤导致出血和失水，但很少引起细胞的炎症反应。实质器官的局灶性坏死可能发生黏膜溃疡。哺乳动物发展成为全身性出血性淋巴结病。在慢性禽霍乱，在关节、中耳、卵巢和肉髯部位发生干酪性化脓性炎症。

曼氏杆菌属、比伯斯坦杆菌属和巴氏杆菌属细菌可引起反刍动物肺炎，肉眼病变主要是支气管肺炎和胸膜肺炎的坏死病变。牛感染溶血性曼氏杆菌引起纤维素性坏死性胸膜肺炎，伴有大量胸膜内纤维蛋白沉积和蛋白液体渗出。海藻糖比伯斯坦杆菌和多杀性巴氏杆菌感染引起的肉眼病变常局限于支气管肺炎而无胸腔积液。显微镜下，溶血性曼氏杆菌急性感染的炎症反应表现为大量中性粒细胞浸润、坏死，出血，纤维蛋白聚集和血栓形成等。相比之下，多杀性巴氏杆菌和海藻糖比伯斯坦杆菌引起的肺炎常表现为气管和肺泡的中性粒细胞（化脓性支气管肺炎）浸润，无组织坏死和纤维蛋白沉积。

猪的萎缩性鼻炎（见第14章）是慢性鼻炎，伴发的炎症部位抑制成骨的生成。增加破骨和降低成骨细胞的活动破坏鼻甲骨，导致面部结构扭曲。组织学检查，纤维组织替换骨组织，伴有不同程度的骨萎缩。

经"口"感染相关的病理变化是不明显的，主要是伴随着中性粒细胞增多。

● 疾病模型

牛

肺炎　牛巴氏杆菌病最常见的形式是"运输热"，通常由溶血性曼氏杆菌和多杀性巴氏杆菌多杀亚种引起。牛，尤其是刚断奶小牛，在应激条件下运输，转运和处理时发病，主要表现为支气管肺炎和纤维素性胸膜肺炎。运输后1~2周，发病以发热、食欲不振和精神萎靡为特征。流鼻涕和咳嗽等呼吸道症状较少。病情进一步发展，发热可能减退，但呼吸困难会将更加明显。可检测到肺部的异常声音，特别是最先感染和最严重的肺脏顶端叶。

多杀性巴氏杆菌多杀亚种通常从患有肺炎的犊牛分离到，以地方性流行或流行形式为主。原发性病毒性呼吸道感染，空气质量差和拥挤等环境因素和宿主免疫力低下等因素都可促使多杀性巴氏杆菌侵入到肺部并引起疾病。在北美和欧洲，荚膜A型多杀性巴氏杆菌常引起反刍动物呼吸道疾病。

出血性败血症　出血性败血症是由血清型B型（南亚和东南亚）和E型（非洲）多杀性巴氏杆菌

多杀亚种引起的急性全身性疾病，在热带地区以季节性流行，发病率和死亡率较高。症状包括发热、精神沉郁、皮下水肿、多涎、腹泻或突然死亡。所有的排泄物和分泌物都具有高度传染性。

绵羊和山羊

败血症 败血性巴氏杆菌病是指由海藻糖比伯斯坦杆菌引起饲养羔羊和溶血性曼氏杆菌引起哺乳羔羊的疾病的总称，与牛出血性败血症相似，但肠道无明显病变，发病率较低。

肺炎 与牛的病例一样，绵羊和山羊的肺炎出现在运输之后或合群后，以地方性流行或大流行形式发生。溶血性曼氏杆菌、海藻糖比伯斯坦杆菌和多杀性巴氏杆菌都可导致肺炎发生。如牛肺炎部分所述，病毒性病原混合感染、环境应激、宿主免疫力低下等因素都能促进多杀性巴氏杆菌引起小反刍动物支气管肺炎。

乳腺炎 小反刍动物的乳腺炎是由曼氏杆菌属细菌和/或海藻糖比伯斯坦杆菌引起。当大羊羔乳房挫伤时，可使细菌从哺乳羔羊口咽部带入乳房，则疾病多发生于哺乳期后期。急性全身性反应伴随着乳腺炎，其中乳腺部分组织坏死（"蓝袋"）。

猪

萎缩性鼻炎 仔猪（3周到7月龄）萎缩性鼻炎是由多杀性巴氏杆菌（通常是血清D型或A型）和支气管败血波氏杆菌共同感染引起，导致鼻甲破坏和继发性并发症。此外，氨和Pmt有协同促进作用。

症状主要包括打喷嚏、鼻出血和因泪腺阻塞导致的面部流泪。骨骼畸形导致口鼻部水平偏斜或躯体压迫而皱皮。继发性肺炎是因鼻甲骨作为呼吸道防御功能的部分功能消失而引起。

肺炎 与反刍动物肺炎一样，支气管肺炎主要发生于猪只运输后和合群后，以地方性流行或大流行形式发生。多杀性巴氏杆菌多杀亚种可从这些病例中分离到。和反刍动物一样，原发病毒性呼吸道感染，拥挤和空气质量差等环境应激和宿主免疫力低下等因素增强了多杀性巴氏杆菌引起支气管肺炎的能力。

兔

呼吸道疾病 兔鼻塞是由多杀性巴氏杆菌多杀亚种引起的兔鼻黏膜脓性鼻窦炎，细菌正常栖息在鼻咽处，在妊娠、哺乳或管理不善等应激刺激下引起疾病。与其他病原混合感染，特别是支气管败血波氏杆菌，可加重病情；并发症包括支气管肺炎、中耳和内耳炎、结膜炎和败血症。

生殖道疾病 多杀性巴氏杆菌可引起生殖道疾病，主要有睾丸炎、龟头包皮炎和子宫积脓。

禽类

传染性鼻炎 传染性鼻炎是由副鸡禽杆菌引起的鸡的一种急性接触性传染病，通常局限在上呼吸道。各种年龄的禽类均易感，症状主要有流鼻涕、鼻窦肿胀、面部水肿和结膜炎。严重时可发生气囊炎和肺炎。当疾病不复杂时，死亡率很低，严重的后果是产蛋下降。支原体和寄生虫混合感染加剧和延长疾病的暴发。其他禽类中，只有日本鹌鹑高度易感。

禽霍乱 禽霍乱是一种由多杀性巴氏杆菌多杀亚种（最常见的血清A型）引起的全身性疾病，主要通过摄入或吸入的途径感染火鸡、水禽和鸡。最急性型，在出现临床症状之前，约60%感染的禽类死亡。急性型，主要表现为精神沉郁、厌食、腹泻、鼻和眼部有分泌物，可持续数天，致死率约为30%。亚急性型，主要是呼吸道啰音和黏脓性的鼻分泌物。在慢性禽霍乱中，有局部干酪样病变。隐性感染带菌禽类在禽霍乱流行病学中有重要的意义。鸡禽杆菌有时可从慢性禽霍乱病例中分离到。

犬和猫

伤口相关疾病 口腔感染，咬伤伤口感染，浆膜炎和经口相关的体外损伤中常分离到多杀性巴氏杆菌（猫）和犬巴氏杆菌（犬），这些细菌以厌氧形式存在。

马

呼吸道疾病 马巴氏杆菌通常与马链球菌兽疫亚种共同引起马的呼吸道疾病。

啮齿类实验动物 嗜肺性巴氏杆菌，啮齿类实验动物体内栖息菌，是一种机会致病菌，可引起肺炎。在其他宿主中表型相似的细菌可能属于不同的物种（如损伤巴氏杆菌）。

● 免疫

天然免疫

循环抗体对出血性败血症和禽霍乱有显著的免疫保护作用。型特异性荚膜抗原是出血性败血症必需的免疫原。副鸡禽杆菌感染的康复禽类，能对其他荚膜型菌株提供交叉保护。巴氏杆菌属和曼氏杆菌属之外的其他疾病，免疫机制还不清楚。抗毒素和抗体都有重要的保护作用，如抗白细胞毒素抗体可以降低溶血性曼氏杆菌引起的疾病严重程度。

疫苗接种

副鸡禽杆菌疫苗已实现商用化，可以保护鸡只在实验室条件下感染细菌引起的疾病，但疫苗必须含有同源血清型的菌株才最有效。

预防猪和牛多杀性巴氏杆菌引起支气管肺炎和牛溶血性曼氏杆菌引起支气管肺炎和胸膜肺炎的疫苗实现了商品化。这些疫苗可以提供实验室条件下的攻毒保护，但在临床应用中的效果不一。有时牛的疫苗也用于绵羊和山羊，但这些疫苗总体效果不一，因为小反刍动物疾病有关的曼氏杆菌属和巴氏杆菌属细菌常见的血清型与牛的疫苗中的血清型不完全一致。

在牛出血性败血症发生的地区，可以用疫苗预防疾病，提供的有效保护期可长达2年。抗血清有短期保护作用。

有效的禽霍乱疫苗基本特征还不清楚。细菌疫苗在临床应用中效果不一。减毒活疫苗有好的应用前景，但毒力与免疫原性呈负相关。

含有类毒素的多杀性巴氏杆菌和支气管败血波氏杆菌的细菌疫苗已经商业化，可用于猪萎缩性鼻炎的控制。

● 实验室诊断

分离鉴定

禽杆菌属、比伯斯坦杆菌属、曼氏杆菌属和巴氏杆菌属的细菌可在含血液或血清的培养基上生长，过夜培养（35~37℃）后，可通过不同的技术进行鉴定。荚膜和菌体分型技术已得到应用，但这些技术主要用于研究，在区域性兽医诊断实验室可能很难得到应用。针对细菌基因组特定区域设计DNA探针和引物可利用PCR技术对特定物种细菌进行鉴定。巴斯德菌科成员通可对完整的16SrRNA基因测序进行明确的鉴定；如有必要，rpoB（RNA聚合酶β亚基）的基因序列测定也可用于诊断。

第二部分 细菌和真菌

● 治疗和控制

禽杆菌属、比伯斯坦杆菌属、曼氏杆菌属和巴氏杆菌属的细菌对各种有效的抗革兰阴性菌的抗生素均敏感。肉食动物分离株通常对所有抗生素均敏感；反刍动物和猪的分离株对抗生素的敏感性不一。大剂量注射土霉素、替米考星或氟苯尼考等抗生素用于控制溶血性曼氏杆菌引起的牛的"运输热"。

疫苗免疫用于控制牛的溶血性曼氏杆菌感染，猪、牛和禽类的多杀性巴氏杆菌感染和鸡的副鸡禽杆菌感染。这些疾病的疫苗免疫接种后，实验条件下可抵抗感染，但在临床应用中的效果不一；疫苗免疫效果可能与疾病的严重程度、疫苗接种动物对疫苗免疫应答的能力和环境应激促使宿主对疾病的易感程度等因素有关。

● 鼻气管鸟杆菌

鼻气管鸟杆菌是一种革兰阴性杆菌，与巴斯德菌科的一些成员相似。它是兼性厌氧菌，二氧化碳能促进其生长。氧化酶反应阳性并能发酵糖类碳水化合物。它的生长不需要高铁血红素和β-NAD。重要的是，它不是巴斯德菌科的成员，事实上也不是任何已知的细菌群的成员。基于编码16S rRNA的序列，它与里氏杆菌属和纤维菌属的关系更为密切。它有A-L共12个血清型，其中A型最常见。

鼻气管鸟杆菌的致病机制不明，它可引起家禽和野禽发生鼻窦炎、气囊炎和肺炎等呼吸道疾病。火鸡和鸡的呼吸道疾病相对较轻，导致病症表现不明显，严重时死亡率升高。传播方式是水平传播（气溶胶和受污染的污染物）或垂直传播；目前尚不清楚垂直传播方式是经卵巢传播还是通过盲肠污染的蛋传播。

随着不依赖NAD的副鸡禽杆菌菌株的出现（见"生长特性"），通过典型培养技术很难区分鼻气管鸟杆菌和副鸡禽杆菌。PCR技术可快速、简便地鉴别这两种细菌。大多数鼻气管鸟杆菌对氨苄青霉素、红霉素、青霉素、四环素和泰乐菌素敏感。接种自体疫苗可降低发病率。

延伸阅读

Dabo SM, Taylor JD, Confer AW, 2007. Pasteurella multocida and bovine respiratory disease[J]. Anim Health Res Rev, 8: 129-150.

Dousse F, Thomann A, Brodard I, et al, 2008. Routine phenotypic identification of bacterial species of the family Pasteurellaceae isolated from animals[J]. J Vet Diagn Invest, 20:716-724.

Harper M, Boyce JD, Adler B, 2006. Pasteurella multocida pathogenesis: 125 years after Pasteur[J]. FEMS Microbiol Lett, 265: 1-10.

Rice JA, Carrasco-Medina L, Hodgins DC, et al, 2007. Mannheimia haemolytica and bovine respiratory disease[J]. Anim Health Res Rev, 8, 117-128.

（郭东春 译，赵丽丽 校）

第12章 巴斯德菌科：放线杆菌属

巴斯德菌科包括放线杆菌属、鸡杆菌属、嗜血杆菌属、嗜组织杆菌属、隆派恩杆菌属、曼氏杆菌属、巴氏杆菌属和鹦鹉杆菌属。作为医学上重要的机会致病菌，许多属而不是全部属的细菌可导致败血症和败血相关后遗症。

虽然放线杆菌属、鸡杆菌属和巴氏杆菌属在遗传学上不同，但这些属在表型上却有重叠。与巴氏杆菌属一样，放线杆菌属在分类学研究上也经历着变化。目前，放线杆菌属有17个种和2个亚种，其中许多种与动物疾病有关（表12.1）。新定义的鸡杆菌属是从原来的类溶血巴氏杆菌、输卵管炎放线杆菌和鸭巴氏杆菌中重新划分来的，这些细菌可从患有输卵管炎、腹膜炎、菌血症/败血症和其他感染的禽类中分离到。最新确定的鹦鹉杆菌属细菌主要从患有呼吸症状或菌血症/败血症症状的鹦鹉和鸡体内分离。

表12.1 引起重要疾病的放线杆菌属、鸡杆菌属和海豚杆菌属中的一些成员

属和种	相关疾病或部位
关节炎放线杆菌	马的败血症和菌血症
荚膜放线杆菌	兔的关节炎
海豚放线杆菌	海洋哺乳动物的菌血症和败血症
驹放线杆菌马亚种	马的菌血症/败血症、马呼吸疾病、心包炎、母马流产（母马生殖丧失综合征）、猪菌血症/败血症
驹放线杆菌溶血亚种	马呼吸症状、马心包炎、母马流产（母马生殖丧失综合征）
吲哚放线杆菌	猪呼吸疾病
林氏放线杆菌	牛慢性化脓性肉芽肿性舌炎、牛胃肠道近端化脓性肉芽肿
少数放线杆菌	猪呼吸疾病
鼠放线杆菌	啮齿动物的呼吸疾病
胸膜肺炎放线杆菌	猪呼吸疾病
豚放线杆菌	猪呼吸疾病
罗氏放线杆菌	母猪生殖道感染
苏格兰放线杆菌	海港海豚菌血症/败血症

(续)

属和种	相关疾病或部位
精液放线杆菌	公羊附睾炎
产琥珀酸放线杆菌	瘤胃的正常菌群
猪放线杆菌	猪呼吸疾病和菌血症/败血症
鸭源鸡杆菌	输卵管炎、腹膜炎、菌血症/败血症、和其他鸟类感染
虎皮鹦鹉鸡杆菌	鹦鹉输卵管炎、菌血症/败血症
输卵管炎鸡杆菌	鸭输卵管炎
海藻糖发酵鸡杆菌	相思鹦鹉的菌血症/败血症
鹦鹉热鹦鹉杆菌	
亚马逊鹦鹉杆菌	

基于表型和分子生物学的方法已应用于细菌常见种属鉴定和鉴别，但细菌种属的宿主范围限制性和特征性疾病症状有助于采用不同的病原学诊断方法。与其他种属细菌相似，放线杆菌属在分类学上可能继续面临重新划分。根据目前的分类水平，放线杆菌属目前包括21个种或类种，其中大多数物种与多种动物疾病相关（表13.1）。事实上，这些种属中有一半的细菌都与狭窄放线杆菌不相关而应该重新划分为新属。例如，放线共生放线杆菌现在就分为放线共生凝聚杆菌。

本章重点介绍驹放线杆菌马亚种（以前为马驹放线杆菌，新生马驹的败血症病原）、驹放线杆菌溶血亚种（以前为类猪放线杆菌，马驹常见的呼吸道疾病病原）、林氏放线杆菌（反刍动物肉芽肿炎性反应症状相关的病原）、猪放线杆菌（猪呼吸症状、败血症和局部感染有关的病原）和胸膜肺炎放线杆菌（猪传染性胸膜肺炎的病原）。

巴斯德菌科的所有成员都是革兰阴性球杆菌，它们是兼性厌氧菌，氧化酶反应阳性（这是与大肠菌科成员相鉴别的特征性生化反应）。巴斯德菌科细菌大多数栖息于动物呼吸道和口腔中，偶尔导致个体发病。胸膜肺炎放线杆菌是最典型的例子，它与其他放线杆菌一样，可以无症状携带。胸膜肺炎放线杆菌是猪的一个主要的病原，呈剂量依赖方式在健康猪中引起疾病暴发，其特征是高发病率和高死亡率。

● 特征概述

形态和染色

放线杆菌属的成员无运动性，革兰阴性多型球杆菌，宽约为0.5μm，长度可变，像由圆点和破折号形成的"摩尔斯电码"一样。在陈旧的培养物中，细菌的多型现象增加。

结构和组成

荚膜和多糖 细胞壁具有革兰阴性菌典型的结构特征，主要由LPS和蛋白质组成。目前研究主要集中于各种放线杆菌，尤其是不同血清型的胸膜肺炎放线杆菌LPS和荚膜的详细化学结构表征，确定这些结构差异的遗传基础。LPS和荚膜结构上差异在很大程度上导致血清型差异的原因，在一定程度上是血清型毒力差异，也是血清型特异性和疫苗诱导免疫的血清学检测基础。不同种放线杆菌LPS间的序列同源性和抗原交叉反应已经得到证明。体外试验证明细菌蛋白质和细胞壁多糖的表达是条件依赖性的（尤其是铁的有效利用），这也间接证明了蛋白质在体内的表达情况。

放线杆菌属含有一个多糖荚膜；鸡杆菌属的成员是否具有多糖荚膜还未证实。放线杆菌属细菌的细胞壁具有革兰阴性菌的典型结构特征，其主要由LPS和蛋白组成，许多蛋白是铁调节蛋白（如这些蛋白在缺铁条件下表达）。

具有医学意义的细胞产物

黏附素 疾病发生的第一步是定植。与其他的微生物一样，黏附素的功能是使细菌表达的自身，黏附到某一特定细胞部位，也就是在疾病的发生初期黏附于靶细胞的表面。黏附素的表达取决于多种环境因素，这决定了定植位置（携带者与疾病）和传播可能性。巴斯德菌科所有成员在动物体定植后都能表达多种黏附素。放线杆菌尤其如此，它自然栖息于口腔和呼吸道（特别是扁桃体）。

除胸膜肺炎放线杆菌外，对与动物疾病有关的其他放线菌的黏附素种类和功能了解甚少。胸膜肺炎放线杆菌能黏附到不同类型的细胞：鼻腔和扁桃体隐窝的上皮细胞（就像携带病原的患病动物一样），并且很大程度上黏附在细支气管末梢和肺泡细胞上。细菌定植于上呼吸道还是下呼吸道引起感染的相关性还不明确；但经鼻腔和气溶胶攻毒试验证实：感染胸膜肺炎放线杆菌48 h后动物体表现出急性的临床症状。

胸膜肺炎放线杆菌至少产生2种结构不同的黏附素：一种是经典结构，由蛋白质亚基组成，这些亚基的主要与宿主细胞表面蛋白相结合。胸膜肺炎放线杆菌在NAD限制生长条件下，一些菌株但不是所有菌株会分泌4型菌毛黏附素，促使细菌黏附到肺泡上皮细胞。55ku和60ku的自主蛋白转运的外膜蛋白已经证实是这种依赖性的黏附素。此外，胸膜肺炎放线杆菌可直接与呼吸道黏膜、胶原蛋白、纤维连接蛋白和双链DNA相结合。另一种结构是LPS，通常不认为是黏附素，然而胸膜肺炎放线杆菌的LPS（尤其是核心部分）参与细菌对猪下呼吸道细胞的黏附，方式是通过与特定的表面糖蛋白结合。随着细菌与肺泡细胞接触，LPS表达并参与tad位点特异性基因调控；这机制与细菌在初代培养过程中是粗糙型（蜡样），而在实验室传代中会丧失这个表型（黏液型）有关。

荚膜 荚膜具有众多功能，最重要的功能是它能通过激活补体系统（血清抵抗）抵抗宿主的吞噬作用（抗吞噬）和保护外膜蛋白的沉聚而产生膜攻击复合体（血清抗性）。此外，荚膜（可能与LPS协同作用）在抗多糖抗体诱导的表面激活膜攻击复合体与细胞壁之间提供足够的空间，使细菌得以存活。胸膜肺炎放线杆菌的荚膜具有抵抗血清中补体介导杀菌作用和调理吞噬作用。荚膜的产量受生长条件的调控，与游离铁含量成反比。在体内，游离铁的含量低，荚膜形成的数量也少（但足以保护微生物抵抗吞噬作用和补体介导的溶菌作用）。

生物被膜 生物被膜是结构化的细菌群落，它们被聚合物基质所包围，这种聚合物基质可以加强细菌的附着和在恶劣环境中对细菌提供保护，包括宿主的免疫反应和抗生素。在适当的条件下，大多数放线杆菌都可形成生物被膜。诱导生物被膜表达的必要条件目前未知，在标准的实验室生长条件下，生物被膜的表型很容易被抑制。在厌氧条件下，胸膜肺炎放线杆菌和其他物种的生物被膜含量增加。生长在聚苯乙烯上的胸膜肺炎放线杆菌产生的生物被膜是高度水合聚氨基葡萄糖。

细胞壁 LPS与LPS结合蛋白（血清蛋白）结合后，将LPS转移到血液的CD14受体，从而产生炎症反应。CD14-LPS复合物与巨噬细胞表面的Toll样受体4蛋白（见第2章）结合，激活促炎细胞因子的释放。在Ca^{2+}依赖的条件下，LPS的核心与RTX毒素结合增加溶血性和致细胞毒性的能力。此外，LPS还在抗吞噬、血清抗性和血清分型中具有重要作用。

毒素 放线杆菌属成员至少产生两种具有毒素活性的产物：一种是RTX毒素，另一种是脲酶。

1.RTX毒素 胸膜肺炎放线杆菌、猪放线杆菌和罗氏放线杆菌都能产生RTX毒素，这类毒素的共同特征是在蛋白质内含有重复的甘氨酸富集区域。与第7章大肠埃希菌溶血素、第12章巴氏杆菌/曼氏杆菌的白细胞毒素、第14章波氏杆菌的腺苷酸环化酶毒素和第18章莫拉菌属的细胞毒素一样，这种毒素在胸膜肺炎放线杆菌中称为Apx毒素；驹放线杆菌溶血亚种也产生相似的Aqx毒素（称为驹放线杆菌毒素）。林氏放线杆菌有编码Apx毒素的基因，但是不表达毒素（缺乏功能启动子）。Apx毒素在疾病的临床发展过程中的重要性已得到证实，因为毒素是细菌的毒力所必要的，但它本身不是必需的。与其他RTX毒素一样，Apx毒素存在剂量依赖效应，低浓度时，这些毒素通过触发脱颗粒干扰巨噬细胞和中性粒细胞功能；高浓度时，毒素对巨噬细胞、中性粒细胞和肺泡上皮细胞具有裂解作用。RTX毒素能裂解红细胞（解释放线杆菌在血琼脂培养条件下有溶血现象），与产β毒素的葡萄球菌十字交叉划线培养时参与CAMP反应（见第26章）。在疾病的发生过程中，红细胞的裂解除可增加铁的利用外，几乎没有其他影响。Apx毒素可分为ApxⅠ，ApxⅡ，ApxⅢ和ApxⅣ四种类型，都可产生不同程度的细胞毒性：其中ApxⅠ最强，其次是ApxⅢ，随后是ApxⅡ，ApxⅣ是未知的，因为在已知的实验室培养条件下，细菌体外不产生ApxⅣ。放线杆菌可能包括编码四种毒素基因其中的一种。在体外，胸膜肺炎放线杆菌1、5、9、10、11和14血清型菌株编码ApxⅠ基因；除了10和14血清型外的所有菌株都编码ApxⅡ基因；2、3、4、6、8和15血清型菌株编码ApxⅢ基因；所有的血清型菌株都编码ApxⅣ基因。罗氏放线杆菌可产生ApxⅡ和ApxⅢ；而猪放线杆菌可产生ApxⅠ和ApxⅡ。

2.脲酶　胸膜肺炎放线杆菌产生的脲酶已确认是一种毒力因子（但这种酶在脲酶反应阳性的放线杆菌菌株引起疾病中的作用是未知的）。脲酶的作用是分解尿素释放氨（胸膜肺炎放线杆菌中脲酶的活性很高，这可使血液和组织液中尿素含量降低）。氨可聚集和激活中性粒细胞和巨噬细胞，还能抑制吞噬溶酶体融合并增加内部的pH，从而降低各种酸性水解酶的水解效应。这种水解效应可使宿主清除肺内病原能力的下降，从而促进来自肺部的病原在上呼吸道定植，形成带菌者状态（脲酶缺失的突变体可被呼吸道快速清除）。

铁摄取　铁作为细菌生长中必需元素，细菌在进化过程中获得了从环境和宿主中摄取铁的多种高亲和力的铁摄取途径。由于一些原因，宿主通过一些铁结合蛋白使游离铁保持在极低的浓度（10^{-18}mol/L）。放线杆菌摄取铁的机制很多：在缺铁条件下，铁调控外膜蛋白的表达激活转铁复合物（又叫作转铁蛋白或Tbps）。细菌一个60ku的脂蛋白与转铁复合物结合，从转铁复合物中摄取铁。有趣的是，胸膜肺炎放线杆菌只与猪的转铁蛋白结合，这可能是猪只对该菌更易感的基础。除了通过Tbps途径摄取铁之外，胸膜肺炎放线杆菌可结合血红素和血红蛋白，还可利用其他种属细菌产生的铁载体（羟基化物、儿茶酚类和可能的产物），但胸膜肺炎放线杆菌自身不产生这些铁载体。

其他产物　放线杆菌（尤其是胸膜肺炎放线杆菌）产生的其他产物可在疾病发生过程中起重要作用，这些产物包括IgA和IgG蛋白酶（分别具有抑制黏附和调理作用），以及胞质超氧化物歧化酶（灭活超氧化分子来抑制吞噬溶酶体消化作用）。此外，荚膜和LPS相连的表面高分子量碳水化合物可清除游离的毒性氧自由基。和铁一样，宿主体内低浓度的镍是脲酶激活所必需的；胸膜肺炎放线杆菌有高效摄取镍的系统也证实了这点。最后，放线杆菌最常见的定居场所是富氧区，但病变部位的氧浓度却很低。在胸膜肺炎杆菌中已发现了交替的末端电子受体，这些受体在缺氧条件下可诱导某些毒力因子的表达。

生长特性

放线杆菌在含有血液和血清的培养基上20～42℃均可生长，它为兼性厌氧菌。培养24h后，菌落直径达到1～2mm，有黏性，尤其在初次培养。有些放线杆菌（吲哚放线杆菌、小放线杆菌、生物1型的胸膜肺炎放线杆菌和猪放线杆菌等）在含有NAD的培养基上才能生长；而生物2型胸膜肺炎放线杆菌则不需要NAD。放线杆菌在血琼脂上有不同程度的溶血性，取决于ApxⅠ，ApxⅡ或Apx（溶血毒素）的表达量。在体外传代过程中，溶血毒素的表达可能发生改变，其中某些种属动物的红细胞对毒素要比另一些种属更敏感。

细菌能发酵碳水化合物，但不产气；通常脲酶、OPNG（β-半乳糖苷酶）和硝酸还原酶阳性，不产生吲哚。一些菌株可在麦康凯琼脂培养基生长（但生长贫瘠）。细菌培养物一周内死亡，可能3d后难以复苏。它们是典型的氧化酶阳性。

抵抗力

胸膜肺炎放线杆菌含有R质粒，编码磺胺类、四环素和青霉素G的抗性基因。

多样性

林氏放线杆菌和驹放线杆菌的抗原性不同。林氏放线杆菌有六种菌体型，与地理位置和宿主种类嗜性有关，常出现自凝集现象的菌株。胸膜肺炎放线杆菌有15个血清型和2个生物型（生物1型需要NAD，而生物2型不需要NAD）。猪放线杆菌至少有两个菌体血清型。

● 生态学

传染源

放线杆菌（可能除荚膜放线杆菌之外）栖息在黏膜上，通过形成生物被膜、毒素和蛋白酶而干扰宿主防御系统。胸膜肺炎放线杆菌定植在健康猪的扁桃体，但在病猪和康复猪的呼吸道更易分离到，是猪的专性寄生菌，不感染其他宿主。驹放线杆菌溶血亚种只感染马。

传播

新生仔畜的感染主要来自母代或环境，大多数胸膜肺炎可能是内源性感染。新生马驹在出生前后较短的时间内可通过脐带感染驹放线杆菌马亚种。胸膜肺炎放线杆菌是通过与有临床症状的病畜直接接触和气溶胶传播的，而不依赖宿主的免疫力和菌株的暴露剂量。

● 致病机制

机制

放线杆菌属的成员产生的大多数疾病都是从细菌感染正常的无菌部位开始，持续感染相邻的部位。常见的诱因主要有病毒感染、外伤或应激。有时发病的前期诱因也很难确定。新生仔畜败血症怀疑是被动免疫失败，母体免疫通常有保护作用。放线杆菌聚集到正常的场所，LPS引起的炎症反应，如果菌株产生脲酶，脲酶也参与其中的炎症反应。荚膜具有抗吞噬作用，保护补体激活产生的膜攻击复合物对外膜的沉积作用。转铁结合蛋白参与铁摄取的过程。RTX毒素（Apx和Aqx）通过激活和损害中性粒细胞和巨噬细胞加剧炎症反应。如果感染过程涉及肺，肺泡上皮细胞也会受损。产脲酶的放线杆菌株通过产生氨抵抗吞噬，也许超氧化物歧化酶也参与其中。IgG蛋白酶的产生降低调理作用。

如新生仔畜败血症（驹放线杆菌马亚种引起的），放线杆菌更易进入体液循环。血液中荚膜和Tbps成倍增加导致内毒素血症。

病理变化

驹放线杆菌溶血亚种、胸膜肺炎放线杆菌和猪放线杆菌引起的肺脏病变主要是化脓性病变。炎性细胞占优势，红细胞、中性粒细胞和单核细胞相继出现并占优势。肺脏组织外观的变化有红-黑色、红色、粉红色和灰色程度不等；尤其在猪身上常出现局部性至全身性胸膜炎。肺脏损伤可持续几个月，这主要取决于猪的年龄；屠宰时处于发病早期的病变可能不明显。利用屠宰法确定一个种群的健康状况是不可靠的。

林氏放线杆菌主要引起软组织感染，病变主要表现在反刍动物舌部的慢性肉芽肿，偶见其他组织。林氏放线杆菌位于肉芽肿的中心，由嗜酸性粒细胞环绕聚集成"玫瑰"花环，这个复合物由巨噬细胞、浆细胞、淋巴细胞、巨核细胞和成纤维细胞组成的中性粒细胞和肉芽组织环绕。植物纤维往往也存在。通过聚集，可见更大的肉芽肿（直径1cm或更大）。感染扩散到淋巴结，淋巴结也可产生肉芽肿。舌部组织增生使舌头伸出口外。邻近淋巴结的其他组织也可发生肉芽肿，偶见胃肠道形成溃疡。在绵羊中，病变主要是头、颈、皮肤和乳腺等部位发生脓肿；舌部的病变不典型。

疾病模型

反刍动物　林氏放线杆菌引起放线杆菌病或"木舌病"多发生于反刍动物，少发于犬、马和大鼠。在反刍动物中，林氏放线杆菌（一般定植于鼻咽部，可在瘤胃分离到）通常由创伤（植物纤维）引起的，从而导致疾病的发生。因此，一些畜群因饲喂劣质的干草增加疾病发病频率。病程漫长而治愈缓慢，因采食量下降会导致动物体重下降和脱水，有时会引起乳腺炎。

猪

肺炎　胸膜肺炎放线杆菌主要引起猪肺炎，呈世界性分布（北美主要流行血清1型和5型，欧洲主要流行血清2型）（图12.1）。胸膜肺炎放线杆菌的临床疾病是渐进性的，值得注意的是传播速度快、危害严重和宿主的特异性。胸膜肺炎放线杆菌可感染任何年龄的易感动物，但多"暴发"于2～6月龄的猪。正常情况下，拥挤和通风不畅更有利于疾病的传播，可导致感染水平上升，引起临床疾病。早期的症状包括跛行、发热和食欲减退，然后在一天之内或更短时间发生急性呼吸道症状。最急性的患病动物可在24 h内死亡或更早，发病率可高达40%，死亡率高达24%。不考虑抗菌治疗，耐过动物的症状主要表现间歇性干咳

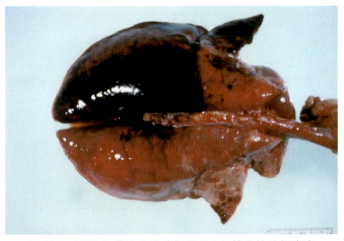

图12.1　感染胸膜肺炎放线杆菌的3月龄猪的肺部病变

和体重下降。慢性感染通常没有先前急性症状，但能使畜群持续感染。病变包括纤维素性肺炎和胸膜炎，并发症有关节炎、脑膜炎和流产。猪放线杆菌可引起老龄动物肺炎，这与胸膜肺炎放线杆菌急性感染的引起肺炎难以鉴别。

败血症　猪放线杆菌和胸膜肺炎放线杆菌感染引起幼年猪的败血症，并伴有关节炎、点状出血和心内膜炎。临床上常与猪丹毒相混淆。

马

肺炎　马（任何年龄）的细菌性肺炎通常由β型溶血链球菌（亦称为马链球菌兽疫亚种）和革兰阴性菌（通常为驹放线杆菌溶血亚种）混合感染引起。

败血症　马驹败血症（"马驹嗜睡病"）由驹放线杆菌马亚种引起，多发生于新生马驹，其症状是

发热、食欲不振、脱水和腹泻（图74.1）。第一天存活下来的马后期多因关节炎而跛行。一些马驹可经脐部感染而发病。普通圆线虫成虫引起的动脉瘤中可分离到放线杆菌。驹放线杆菌溶血亚种偶发性引起子宫炎、流产、心内膜炎、脑膜炎、败血症及其他后遗症。

其他物种　放线杆菌（胸膜肺炎放线杆菌只感染猪之外）很少感染其他物种，包括经常接触马和猪的人群。

禽类　鸡杆菌属细菌主要从患有输卵管炎、腹膜炎、菌血症/败血症的禽类中分离到。从感染的禽类中分离到鸭源鸡杆菌，鹦鹉中分离到虎皮鹦鹉鸡杆菌和患有输卵管炎的鸭子中分离到输卵管炎鸡杆菌，但这些细菌的致病机制还不明确。

流行病学

放线杆菌是机会致病菌，当宿主受到创伤，或其他应激条件而发病。因粗饲料饲喂不当造成反刍动物黏膜的创伤可导致林氏放线杆菌的暴发流行。

以猪传染性胸膜肺炎为例，慢性无症状携带者可作为传染源，引起疾病暴发并在畜群之间传播。当非免疫动物接触亚临床感染动物个体时，可引起疾病发生，扩散到一定程度可引起疾病的临床症状。本病在寒冷季节高发，可能主要是管理问题而不是气候因素。

● 免疫学特征

"木舌病"的病理变化表明是一种细胞介导的超敏反应。在感染过程中，没有已知保护作用的抗体出现。细菌疫苗的效果尚未证实。胸膜肺炎放线杆菌的抗体具有调理作用，初乳可以保护仔猪。RTX毒素和许多其他抗原具有保护作用，可减轻疾病的临床症状，但不能有效地阻止细菌的定植和传播。

● 实验室诊断

不同放线杆菌种属引起的限制性的宿主范围和特征性疾病情况有助于获得可靠的推定的病原学诊断。放线杆菌常出现在渗出液中。放线杆菌在增加二氧化碳浓度的血琼脂平板培养（35～37℃）时，生长很好，菌落有黏性。多数情况下，细菌的鉴定需要分离培养和生化鉴定，仍需要完善。CAMP阳性反应在胸膜肺炎的鉴别中尤其有价值。生化方法存在高度的多样性，这导致单独的生化方法确定细菌种属的不确定性。越来越多地利用16S rDNA序列来确定细菌种属，特别是从不寻常病变组织和宿主分离的细菌。16S rDNA是确定种属的一个可靠的方法，但无法确定菌株之间是否存在毒力差异。

血清学检测已成为控制和预防胸膜肺炎放线杆菌在畜群内和畜群间传输的重要检测方法。以一些种属和血清型特异性抗原为基础的酶免疫测定法比补体结合实验更可靠。Apx毒素具有良好的抗原性，毒素中和试验可以区分疫苗接种和野毒感染的猪，因为疫苗接种的猪通常不产生高滴度的毒素中和抗体。

● 治疗和控制

良好的管理措施和环境条件是控制放线杆菌传播和发病的关键。通过管理措施、免疫预防和抗菌治疗相结合可控制和治疗猪传染性胸膜肺炎。管理措施主要包括："全进全出""年龄隔离"和"早期断奶"等饲养方式,尽量减少仔猪与育成猪(带菌猪)的接触;利用血清学、细菌培养和/或PCR方法鉴定和清除带菌猪。胸膜肺炎放线杆菌疫苗接种策略包括菌苗(不能阻止带菌状态)和改造缺失的活疫苗(胸膜肺炎放线杆菌Apx和脲酶缺失突变株)。Apx毒素是不稳定性的,并能诱导中和抗体的能力,缺失Apx毒素的突变株免疫效果存在质疑。疫苗有助于减少临床疾病的发生和严重程度,但它们不能阻止细菌的定植和清除。有趣的是,感染一种血清型细菌可以对感染其他血清型菌株提供交叉免疫保护,但疫苗免疫提供的免疫保护具有血清型特异性。可能有效的抗生素包括青霉素G、四环素、庆大霉素、卡那霉素、头孢菌素、替米考星、泰妙菌素、氟苯尼考、头孢噻呋、甲氧苄啶和磺胺类药物。

猪放线杆菌自体菌苗已经使用,但未在预防和控制新生仔猪效果的进行严格评价。

口服或静脉注射碘化合物可迅速降低"木舌病"的炎症肿胀程度,这是临床上有效的方法。避免使用粗糙的干饲料可降低该疾病的发生。

良好的马圈卫生和消毒措施可降低新生马驹败血症的发生。偶尔需要使用抗生素作为预防性使用。抗生素包括青霉素G、头孢噻呋和庆大霉素,可有效治疗由驹放线杆菌马亚种引发的败血症。驹放线杆菌溶血亚种对多数的抗生素敏感。

延伸阅读

Chiers K, De Waele T, Pasmans F, et al, 2010. Virulence factors of Actinobacillus pleuropneumoniae involved in colonization, persistence and induction of lesions in its porcine host[J]. Vet Res, 41: 65-81.

Christensen H, Bisgaard M, 2004. Revised definition of Actinobacillus sensu strict isolated from animals. A review with special emphasis on diagnosis[J]. Vet Microbiol, 99: 13-30.

Dousse F, Thomann A, Brodard I, et al, 2008. Routine phenotypic identification of bacterial species of the family Pasteurellaceae isolated from animals[J]. J Vet Diagn Invest, 20:716-724.

Ramjeete M, Deslandes V, Gouré J, et al, 2008. Actinobacillus pleuropneumoniae vaccines: from bacterins to new insights into vaccination strategies[J]. Anim Health Res Rev, 9: 25-45.

Rycroft AN, Garside LH, 2000. Actinobacillus species and their role in animal disease[J]. Vet J, 159: 18-36

(郭东春 译,赵丽丽 校)

第13章 巴斯德菌科：嗜血杆菌属和嗜组织杆菌属

巴斯德菌科由引起动物疾病的多种病原菌组成。许多细菌正常存在于上呼吸道和消化道，当有其他机会性因素作用时会侵入到这些系统的深层从而引起动物发病。从正常动物个体中很少分离到致病性病原，但当动物感染这些机会性病原菌时往往引发严重疾病症状。

该书的第二版中，巴斯德菌科在细菌分类学地位变动较大，并且以后会有更多变化。本书中巴斯德菌科确认包括16个属：放线杆菌属、聚集杆菌属、禽杆菌属、巴西法属、比伯斯坦杆菌属、陆龟菌属、鸡杆菌属、嗜血杆菌属、嗜组织杆菌属、隆派恩杆菌属、曼氏杆菌属、拟尸杆菌属、尼古拉菌属、巴氏杆菌属、海豚杆菌属和鹦鹉杆菌属。巴斯德菌科中的众多成员能够引起动物严重疾病，这些菌在第12章和第13章重点介绍。本章重点讨论嗜血杆菌属和嗜组织杆菌属，此两属的组成成员是引起几种动物疾病的重要病原菌（表13.1）。

巴斯德菌科是一类革兰阴性球杆菌，兼性厌氧并且氧化酶反应阳性（区别肠杆菌属家族成员）。除了与巴氏杆菌家族中其他菌属拥有的共同特征以外，嗜血杆菌属成员生长需要生长因子：铁卟啉（氯高铁血红素）或β-烟酰胺腺嘌呤二核苷酸（β-NAD），分别称为X（热稳定）因子和V（热不稳定）因子。另一些巴斯德菌科成员即使与嗜血杆菌属无亲属关联也表现出这种生长需求。

这一章讨论的是副猪嗜血杆菌和睡眠嗜组织杆菌。副猪嗜血杆菌引起猪的格拉瑟病，临床特征为猪败血症、多发性浆膜炎、多发性关节炎和偶发脑膜炎。睡眠嗜组织杆菌是引起牛、羊败血症，呼吸系统和生殖系统疾病的主要病原菌。睡眠嗜组织杆菌也称之为"睡眠嗜血杆菌""羔羊嗜血杆菌"和"羊嗜组织杆菌"。

表 13.1 引起动物疾病的嗜血杆菌属和嗜组织杆菌属的主要成员

种属	相关疾病
埃及嗜血杆菌	羊脑膜炎
猫嗜血杆菌	猫呼吸疾病和结膜炎
嗜血红素嗜血杆菌	犬膀胱炎、（可能）阴道炎和阴茎包皮炎，新生犬感染
副兔嗜血杆菌	兔黏液性肠炎
副溶血嗜血杆菌	猪呼吸疾病
副流感嗜血杆菌	兔和豚鼠呼吸疾病
副猪嗜血杆菌[a]	猪纤维素性多发性浆膜炎、多发性关节炎及脑膜炎（格拉瑟病）猪呼吸道疾病

(续)

种属	相关疾病
睡眠嗜血杆菌[a]	反刍动物呼吸道疾病
	牛菌血症/败血症、牛败血性多发性关节炎、牛血栓性脑膜脑炎
	反刍动物生殖道感染和流产
	牛心肌脓肿或心包炎

注：[a]某种生物体引起疾病的重要程度由感染分离鉴定的频繁程度和疾病的严重程度来界定。

● 特征概述

形态和染色

嗜血杆菌属和嗜组织杆菌属成员是革兰阴性杆菌，大小为1μm×（1～3）μm，具有从菌体中长出较长的鞭毛丝的特性。

结构和组成

嗜血杆菌属的有些成员，包括副猪嗜血杆菌，可产生被膜。睡眠嗜组织杆菌未见产生被膜。嗜血杆菌和嗜组织杆菌的细胞壁类似于其他革兰阴性菌，含有脂多糖（LPS）；嗜组织杆菌含有脂寡糖（LOS）。细菌细胞壁中也包含其他蛋白质，如在缺铁条件下表达的铁调控蛋白。

具有医学意义的细胞产物

黏附素 与其他微生物的一样，黏附素是细菌在引发疾病之前黏附于内衬细胞的特定部位和特定靶细胞表面的一些大分子细菌结构成分（有些种情况下，内衬细胞和靶细胞是同一细胞），黏附素的表达依赖于各种环境因素。巴氏杆菌家族成员有些或者全部都表达黏附素（有的成员可能不止表达一种黏附素）。

睡眠嗜血杆菌产生在电镜下呈特殊纤维状的表面蛋白。这些蛋白将细菌锚定在组织内皮细胞上，触发细胞凋亡，随后发生血管渗漏、纤维沉积以及血栓形成（见"致病机制"）。由睡眠嗜血杆菌产生组成纤维网的蛋白是两种大分子量免疫球蛋白结合蛋白（IgBPs）之一（见"免疫球蛋白结合蛋白"）。关于猪嗜血杆菌和睡眠嗜血杆菌表达的黏附素所知甚少。

细胞壁 副猪嗜血杆菌的细胞壁含有的脂多糖（LPS），与LPS结合蛋白（一种血浆蛋白）结合后诱发宿主的炎症反应，并将LPS传递到白细胞表面的CD14受体。在巨噬细胞和其他白细胞表面，CD14-LPS复合物与Toll-4样受体结合，引发促炎细胞因子释放继而引起局部或系统性炎症反应。在嗜组织杆菌属中，细胞壁中的脂多糖（LPS）称为脂寡糖（LOS）。LOS生物合成途径在基因 *lob* 的调控下，导致LOS抗原表位糖类的组成变化，这种LOS的相变有助于睡眠嗜血杆菌抵抗补体调理作用（一种主要的天然免疫反应），从而逃避宿主免疫反应。临床证实，经过LOS相变增强病原的毒力，从患病动物身上分离到的致病性病原菌表现为经过LOS相变过程，而从上呼吸道和泌尿生殖道末端的正常菌群之中分离菌没有表现出LOS相变过程。

免疫球蛋白结合蛋白 睡眠嗜血杆菌菌体表面表达两种不同大小的IgBPs，一种分子大小为41ku，一种是高分子量蛋白100～350ku。两种IgBPs都具有结合免疫球蛋白的功能，但高分子量IgBP蛋白更倾向于结合IgG2，主要是IgBPs与免疫球蛋白分子的Fc段结合导致抗体的调理作用和激活补体活性失效，此功能特性有助于睡眠嗜血杆菌逃避宿主免疫反应。另外，高分子量IgBPs也具有黏附素的功能（见"黏附素"）。

荚膜　某些副猪嗜血杆菌能产生荚膜，睡眠嗜血杆菌未见产生荚膜。细菌荚膜有很多作用，其中最重要的是干扰细胞吞噬作用，同时保护细菌外膜不受由补体系统产生的细胞膜攻击复合物沉积的影响。

铁获取　铁是微生物生长所必需的。微生物必须获取铁才能在宿主中生存。在缺铁条件下，嗜血杆菌属和嗜组织杆菌属成员通过表达在外膜上的铁调控蛋白（即转铁控蛋白结合蛋白，Tbps）结合转铁蛋白-铁复合物，获取生长所需的铁元素。

生长特性

嗜血杆菌属和嗜组织杆菌属，兼性厌氧菌，氧化酶反应阳性，能发酵碳水化合物。睡眠嗜血杆菌能产生一种黄色素。5%～10% CO_2 不仅能促进嗜血杆菌的生长，而且对初次分离嗜组织杆菌也是必要的。在特定培养基上35～37℃培养24～48h，这些属的成员能使肉汤培养基变混浊，在固体培养基上产生直径1mm的菌落。嗜血杆菌属的成员生长需要氯高铁血红素（X因子）或β-NAD（V因子），睡眠嗜血杆菌两者均不需要。副猪嗜血杆菌需要β-NAD但不需要氯高铁血红素。添加氯高铁血红素和β-NAD的培养基称"巧克力琼脂"。血琼脂培养基是在75～80℃时融化的琼脂中加入血制品（而不是制作普通血琼脂培养基的50℃），这种方法促使细胞中释放β-NAD并失活对β-NAD起作用的酶活性。

另外一种能提供氯高铁血红素和β-NAD的方法是在嗜血杆菌划线的平板培养基上接种一种"饲养菌"（如金黄色葡萄球菌）。"饲养菌"在生长过程中产生嗜血杆菌需要的氯高铁血红素和β-NAD。在培养过程中，嗜血杆菌的小菌落只在近饲养菌的划线处可见，称为"卫星现象"或"卫星生长"。接种细菌的培养基，使用商业化的X因子和Y因子浸渍的滤纸覆盖，在滤纸周围也可出现"卫星现象"。

抵抗力

嗜血杆菌和嗜组织杆菌易于高温失活，适宜冷冻干燥保存或储存于−70℃，否则培养菌快速死亡。

多样性

副猪嗜血杆菌包括至少15个血清型，不同的血清型毒力存在差异。睡眠嗜血杆菌基于遗传学或抗原特性的不确定性，其血清型在撰写本文时还没有被定义。

● 生态学

传染源

与巴氏杆菌家族的众多成员一样，嗜血杆菌和嗜组织杆菌是上呼吸道的正常菌群，在泌尿生殖道远端的正常菌群中也可见到它们。病原菌从这些位点可向内侵入到这些器官系统的正常无菌区导致动物机体发生疾病。或者，它们能穿过这些位点的上皮组织移动进入宿主的血液系统导致动物机体发病。副猪嗜血杆菌定居在正常猪的鼻咽部位，然而在正常的牛羊的下生殖道（包皮和阴道）及上呼吸道均发现有睡眠嗜血杆菌的存在。

传播

副猪嗜血杆菌和睡眠嗜血杆菌的传播机制尚未明确。研究人员认为，存在上呼吸道或远端泌尿生殖器黏膜的内源性细菌通过某种机制转换为侵袭性的表型时发生感染。或者，穿过这些位点的黏膜表面的上皮细胞，并通过血液移动分布到身体的其他部位。或者，当这些器官正常黏膜提供的物理和功能屏障被有害物质破坏时，这些病原菌从黏膜表层延伸到深层和无菌位点导致动物机体发病。可能是通过与其他感染动物的亲密接触或近距离的气溶胶传播。间接传播（通过污染物）在猪感染副猪嗜血杆菌的暴发期是非常重要的传播方式。

● 致病机制

机制

当副猪嗜血杆菌和睡眠嗜血杆菌侵入无菌位点时，由机会性因素诱发动物机体发病；或者它是否是先前无菌部位的偶然"污染"；也可能由于一些初次损伤如外伤、原发病毒感染、运输应激造成的免疫功能低下或其他环境因素所致，目前尚不清楚。

在由睡眠嗜血杆菌引起的败血症中，微生物能够抗补体介导的溶解反应和LOS相变引起的适应性免疫应答反应。副猪嗜血杆菌和睡眠嗜血杆菌都能够抵抗吞噬细胞的杀伤作用，尽管所引起的抗吞噬的机制并不清楚。细菌通过摄取宿主血浆中的转铁蛋白中的铁来获取铁支持繁殖与生长。除此之外，抗体（特别是属于IgG2亚型的）通过抗体分子Fc区域结合到睡眠嗜血杆菌上的IgBPs，以此形式结合不会激活补体系统，该抗体也不会充当调理素，以躲避机体的天然免疫系统。通过上述机制，这些细菌能够在血液中增殖并且扩散至全身，尤其是影响关节和中枢神经系统。睡眠嗜血杆菌也能通过高分子量的IgBPs依附在内皮细胞上，触发这些细胞凋亡。由凋亡引起的内皮细胞死亡诱导血栓形成，由于小血管中的血液流动的阻断造成局部缺氧可能导致组织坏死和炎症。血管内的细菌增殖以及细胞损伤诱导局部和全身性的炎症反应。

当睡眠嗜血杆菌和副猪嗜血杆菌进入下呼吸道，有可能通过其细胞壁的LOS和LPS成分刺激机体产生炎症反应。通过转铁蛋白获取铁离子能够保证细菌在体内的存活。在睡眠嗜血杆菌感染中，细菌通过LOS相变和IgBPs降低抗体介导的调理作用和补体活化来逃避免疫应答。这两个细菌都可以在巨噬细胞内存活。然而，睡眠嗜血杆菌的增殖感染机制还不太清楚，可能和之前描述机制类似。

嗜血杆菌和嗜组织杆菌属成员引起的疾病一般存在种属特异性。

病理变化

由革兰阴性菌细胞壁刺激巨噬细胞释放炎性细胞因子导致中性粒细胞流入，产生化脓性反应。肺部、体腔及关节感染后会由浆液纤维素炎向化脓纤维素炎转变。由于睡眠嗜血杆菌能够诱导内皮细胞的死亡，其死亡会导致血小板的凝集和血栓的形成，显微镜下睡眠嗜血杆菌的典型损伤是血管栓塞。例如，睡眠嗜血杆菌在中枢神经微血管系统的增殖能够导致血栓的形成，从而造成脑炎和脑膜炎疾病的发生。血栓的形成可导致血管渗漏，并且使流向有血栓下游组织的血流量减少。因此，出血和坏死性损伤是睡眠嗜血杆菌感染的病理变化典型特征。

疾病模型

反刍动物

牛血栓性脑膜炎 由睡眠嗜血杆菌感染导致的血栓性脑膜炎（又称"感染性血栓性脑膜炎"，这个名称并不准确，因为血栓形成并不是该病的病理特征）引起败血症。败血症导致内皮细胞损伤，进而引起大、小脑微脉管系统血栓。血栓形成导致梗死，血流中断和坏死，引发炎症导致脑膜炎。由于中枢神经系统感染区域的炎性反应，感染动物表现异常，通常伴有精神沉郁、恍惚等症状。脑炎前期阶段典型症状为发热。

肺炎与胸膜肺炎　睡眠嗜血杆菌可以导致反刍动物化脓性支气管肺炎或纤维性胸膜肺炎，牛是易感动物。引起运输牛的"运输热"的病原除了病毒、支原体、溶血性曼氏杆菌和多杀性巴氏杆菌外，睡眠嗜血杆菌也参与其中。睡眠嗜血杆菌常常感染牛并引发肺炎和化脓性关节炎。

菌血症/败血症　睡眠嗜血杆菌可导致反刍动物菌血症和败血症，引起全身炎症反应，有时会有关节炎，心肌炎或流产症状。

心肌炎与心包炎　睡眠嗜血杆菌会引起牛心肌炎、心肌脓肿和心包炎，这些症状常见于饲养场的牛，尤其在美国的西北部和加拿大西部。感染的牛经常无前期症状而突然死亡。

流产、生殖系统感染和乳腺炎　睡眠嗜血杆菌有时会导致反刍动物流产。它是由菌血症引起的继发感染还是泌尿系统感染向上蔓延引起的尚不确定。睡眠嗜血杆菌有时也会引起生殖系统感染（如子宫炎和附睾炎）或乳腺炎。

猪

菌血症/败血症　副猪嗜血杆菌引起断奶仔猪多发性浆膜炎，多发性关节炎，有时也引发脑膜炎（也称格拉瑟病）。副猪嗜血杆菌感染引起急性炎症反应伴随纤维性多浆膜炎，它可感染胸膜、腹膜、纵隔膜、心包膜、关节和脑脊膜。具有广泛的获得性抗病性的猪群发病率和死亡率通常较低，而从未接触过病原的猪群则较高（如SPF猪）。该病的临床症状包括发热、呼吸困难、腹部不适、跛行、瘫痪或抽搐。该病通常1~2周内死亡或痊愈。猪鼻支原体可引起相似的临床症状。

呼吸疾病　副猪嗜血杆菌可引起猪支气管肺炎，常继发于病毒（如猪流感）感染之后，同时伴随其他细菌（如巴氏杆菌和支原体）感染。

犬　嗜血红素嗜血杆菌，共生于犬的下生殖道，有时会导致膀胱炎并且传染给新生犬。该菌经常发现于阴茎和阴道，但是否引发阴茎包皮炎与阴道炎尚不确定。

猫　猫嗜血杆菌可能引起猫的结膜炎和呼吸道疾病。

● 免疫学特征

天然免疫

被感染个体会产生具有保护功能的循环抗体。试验感染或自然感染副猪嗜血杆菌后均会产生免疫保护；然而，对感染血清型的免疫保护性，比其他血清型的交叉免疫保护更有效。

牛感染或接种睡眠嗜血杆菌疫苗均可诱导针对该菌的IgE产生，该过程与疾病严重程度有关。这可能是由于IgE介导的肥大细胞与嗜酸性细胞的脱颗粒作用导致炎性介质释放。牛同时感染呼吸道合胞病毒（一种常见的牛呼吸道病毒）和睡眠嗜血杆菌产生的特异性IgE的含量多于只感染睡眠嗜血杆菌产生的IgE量。

疫苗

可以购买商品化疫苗来预防和防控牛睡眠嗜血杆菌感染。接种疫苗可以降低易感动物呼吸系统疾病的发生（如饲养场的牛），但其保护力并不是绝对的。疫苗在预防牛的脑膜炎、多发性关节炎、生殖道疾病或心血管病方面的保护率并不确实。

在美国，一种基因修饰活疫苗被用来防控猪的副猪嗜血杆菌感染。自体疫苗用于预防副猪嗜血杆菌引起的疾病，主要是分离到用于自体疫苗的强毒血清型的病原菌；同样低毒力副猪嗜血杆菌血清型可从病畜中分离到，但不会诱导保护性免疫力。

第二部分 细菌和真菌

● 实验室诊断

嗜血杆菌和嗜组织杆菌感染诊断是从感染组织或体液中分离到病原菌。但是，这些病原菌与样品中其他共生菌或污染菌相比，营养需求更为苛刻，因此，对兽医来说如果怀疑嗜组织杆菌和嗜血杆菌是致病菌，将病料送到诊断实验室进行针对性诊断是非常重要的。如果实验室能够进行PCR检测，在鉴定种属特异性上，PCR检测要比培养细菌简单得多；但是，这种诊断方法无法得到用来鉴定血清型（如副猪嗜血杆菌）或耐药特性的菌株。有研究表明PCR方法的敏感性低于分离培养副猪嗜血杆菌方法。

病原缺少X因子不能将氨基甲酰丙酸转化为尿胆素原和卟啉。卟啉试验是用来检测这种功能和对X因子的需求最可靠的方法。确定性诊断需要补充卟啉试验。

● 治疗和控制

嗜血杆菌与嗜组织菌属成员对抗革兰阴性菌药物敏感；对盘尼西林等非抗革兰阴性菌药物表现出敏感现象。在此，忽略抗生素抗性问题，临床中一些抗生素被专门用来治疗牛感染睡眠嗜血杆菌引起的呼吸系统疾病，表明感染机体可以进行有效的抗菌治疗。如果发生病理性病变使得需要长时间的治疗（如饲养场阉牛的败血性关节炎），那么对嗜血杆菌与嗜组织杆菌引起的某些疾病的有效治疗可能是困难的。这种情况下，管理或财务压力均不允许对这些动物进行有效治疗。

一般情况下，通过接种疫苗可以控制这些病原引起的疾病（见"疫苗"）。预防或减少可能会增强动物易感性的疾病，如原发性病毒呼吸道感染，同样有助于防控这以上两种病原引起的疾病。

延伸阅读

Dousse F, Thomann A, Brodard I, et al, 2008. Routine phenotypic identification of bacterial species of the family Pasteurellaceae isolated from animals[J]. J Vet Diagn Invest, 20: 716-724.

Nedbalcova K, Satran P, Jaglic Z, et al, 2006. Haemophilusparasuis and Glasser's disease in pigs: a review[J]. Vet Med (Praha), 51: 168-179.

Oliveira S, Pijoan C, 2004. Haemophilusparasuis: new trends on diagnosis, epidemiology, and control[J]. Vet Microbiol, 99: 1-12.

Siddaramppa S, Inzana TJ, 2004. Haemophilussomnus virulence factors and resistance to host immunity[J]. Anim Health Res Rev, 5: 79-93.

（刘明 译，张艳禾 校）

第14章 波氏杆菌属

波氏杆菌属（又名博氏杆菌属，博斯特杆菌属）的成员是革兰阴性球杆菌，与产碱杆菌属和无色杆菌属组成产碱杆菌科。目前，波氏杆菌属有9个种，多数是人类和其他动物的重要病原（表14.1），许多不确定种属的分离株与波氏杆菌属有密切关系。百日咳波氏杆菌、副百日咳波氏杆菌、支气管败血波氏杆菌和禽波氏杆菌是波氏杆菌属经典的代表菌株。百日咳波氏杆菌和副百日咳波氏杆菌在遗传上关系密切，与支气管败血波氏杆菌有历史渊源，并由其进化而来；禽波氏杆菌的遗传进化关系较远。百日咳波氏杆菌是人类特有的病原，其基因组长度减少，但保留主要的毒力因子。根据16S rDNA序列分析，百日咳波氏杆菌与霍氏波氏杆菌的关系密切。有趣的是，波氏杆菌属经典代表菌株之间，表达的毒力因子也是变化的：如百日咳波氏杆菌可表达百日咳毒素，而副百日咳波氏杆菌和支气管败血波氏杆菌中百日咳毒素是不表达的。

表14.1 波氏杆菌属的成员、来源和相关疾病

种类	通常来源或相关疾病
百日咳波氏杆菌	人和黑猩猩的百日咳
副百日咳波氏杆菌	类似人的百日咳，羊慢性非进行性肺炎（引起人和羊发病的菌株不同）
支气管败血波氏杆菌	猪萎缩性鼻炎，许多动物的呼吸道疾病
禽波氏杆菌	禽和野生鸟类的鼻气管炎（尤其是火鸡鼻炎）
欣氏波氏杆菌	禽共生菌，火鸡稀有的呼吸道疾病，人的败血症
霍氏波氏杆菌	人的百日咳样疾病和败血症
孔洞波氏杆菌	人的条件性感染
培氏波氏杆菌	人的条件性感染
安氏波氏杆菌	人的条件性感染

除培氏波氏杆菌外，波氏杆菌属其他种成员都为需氧菌，这有利于细菌高度适应寄生到呼吸道纤毛上皮细胞。培氏波氏杆菌是一种兼性厌氧菌，偶尔感染人和其他易感个体。百日咳波氏杆菌（副百日咳波氏杆菌和欣氏波氏杆菌很少）引发人百日咳或类似百日咳的症状。欣氏波氏杆菌、安氏波氏杆菌和禽波氏杆菌是偶尔会引起人类感染的机会致病菌。在兽医上重要的是支气管败血波氏杆菌，本章重点讨论支气管败血波氏杆菌引发的猪萎缩性鼻炎、犬和猫咳嗽、其他动物的支气管肺炎以及禽波氏

杆菌引起禽类（主要是火鸡）的鼻气管炎。同时，简要介绍绵羊副百日咳波氏杆菌感染和家禽欣氏波氏杆菌感染。

● 特征概述

形态和染色

波氏杆菌具有多形性的革兰阴性球杆菌，大小约 0.5μm × 2μm。

结构和组成

细胞壁具有典型的革兰阴性菌的结构，主要有 LPS 和蛋白质组成。支气管败血波氏杆菌有荚膜。波氏杆菌属所有成员都可产生菌毛黏附素（菌毛）和生物被膜。支气管败血波氏杆菌和禽波氏杆菌具有周身鞭毛，有运动性。

具有医学意义的细胞产物

在致病机制上，百日咳波氏杆菌、副百日咳波氏杆菌、支气管败血波氏杆菌和禽波氏杆菌可产生许多具有相同功能的产物（表14.2）。

表14.2 波氏杆菌属成员具有医学意义的细胞产物

产物	百日咳波氏杆菌	副百日咳波氏杆菌	支气管败血波氏杆菌	禽波氏杆菌
黏附素及其他				
菌毛	+	+	+	+
丝状血凝素	+	+	+	+
百日咳杆菌黏附素	+ (69 ku)	+ (70 ku)	+ (68 ku)	−
气管定居因子	+	−	−	ND
百日咳毒素	+	−[a]	−[a]	−
生物膜	+	+	+	ND
毒素				
气管细胞毒素	+	+	+	+
皮肤坏死毒素	+	+	+	+
腺苷酸环化酶毒素	+	+	+	−
百日咳毒素	+	−[a]	−[a]	−
骨毒素	+	−[a]	+	+
其他				
荚膜	−	−	−	−
铁清除因子	+	+	+	+
Ⅲ型分泌系统	+	+	+	+
Brk	+	+	+	+
BatB	−	+	+	+

注：[a] 有编码的基因而不产生蛋白质；ND，不确定。

黏附素 与其他的细菌一样，细菌表达的黏附素黏附细胞特定部位，即在疾病的发生初期黏附于靶细胞表面。黏附素的表达取决于各种环境因素。不同黏附素在黏附过程中至少需要两步完成。

波氏杆菌产生许多黏附结构的黏附素，主要包括菌毛（Fimbriae）、丝状血凝素（FHA）、百日咳杆菌黏附素（Prn）、LPS、气管定植因子（Tcf）、百日咳毒素（Ptx）；这些黏附素受BvgAS操纵子正向调控（见"医学相关细胞产物的调控"）。

1. **菌毛（Fimbriae）** Fimbriae是由结构蛋白质组成的，在某种程度上，Fimbriae的亚基黏附到宿主细胞表面的受体。波氏杆菌的Fimbriae对定植是非必需的，但对细菌黏附到纤毛上皮细胞和保持呼吸道黏液持续性分泌是必需的。它们与肠杆菌的1型Fimbriae属于同一家族，由基因组中的四个结构基因 $fim2$、$fim3$、$fimX$ 和 $fimA$ 编码。菌毛蛋白具有很强的抗原性，可与免疫血清发生凝集反应，该特性是血清型分型的基础（见"多样性"）。Fimbriae蛋白的表达受BvgAS系统调控，在复制过程中，由于错配可引起相位变化。Fimbriae基因的独特位置导致蛋白质特异性的相位变异、血清型转换、并能在宿主免疫应答情况下增强细菌生存能力。Fimbriae可与上皮细胞中硫酸化糖复合物结合，进而上调与FHA的结合的CR3整合素的表达量。

2. **丝状血凝素（FHA）** FHA是一种高度保守、大的复杂的黏附素，内部存在有许多不同功能的结构域。霍氏波氏杆菌的FHA是独特的。FHA经过翻译后修饰，从一个370ku前体形成220ku成熟蛋白，这个蛋白形成一个50nm的蛋白质长丝状分子，包括发夹结构。FHA通过双组分分泌系统与外膜蛋白相连。FHA蛋白的N末端区域与多种其他革兰阴性菌的黏附素和毒素相似。关键结合区域的微小变化部分可导致宿主特异性、毒力和持续性感染上种属和菌株的差异。有证据表明：FHA是黏附到呼吸道纤毛上皮细胞和结合巨噬细胞是必需的，但不是充分的。FHA通过与肝素结合、碳水化合物结合和/或精氨酸-甘氨酸-天门冬氨酸（RGD）基序与CR3整合素结合等完成黏附活动。除了在禽波氏杆菌中，FHA的肝素结合域与血凝活性有关。FHA还参与生物被膜形成，激发较强的保护性抗体反应。

3. **百日咳杆菌黏附素（Prn）** Prn（作为保护性抗原而得名）是一种有黏附素功能的外膜蛋白；它是革兰阴性菌众多毒力因子中的自体转运蛋白家族成员之一（如奈瑟菌属IgA蛋白酶）。波氏杆菌属中已鉴定到多种其他自体转运蛋白（包括BatB），但它们在波氏杆菌感染生态学和疾病致病机制中的作用尚不清楚。与FHA一样，Prn也包含一个RGD基序，参与宿主细胞整合素的结合。虽然没有鉴定到Prn识别特定的宿主靶细胞，但它能以呼吸道纤毛上皮细胞和巨噬细胞为靶点。Prn还有两个重复氨基酸序列（GGXXP和PQP），不同种属和菌株中含有的氨基酸重复区域数量不同导致成熟蛋白分子质量（68~70 ku）存在差异，这些序列是保护性的表位。

4. **气管定植因子（Tcf）** 与Prn一样，Tcf（自体转运蛋白，包括RGD序列和脯氨酸区域）可黏附到呼吸道纤毛上皮细胞。百日咳波氏杆菌产生的Tcf的靶器官是气管，而副百日咳波氏杆菌和支气管败血波氏杆菌不产生Tcf。

5. **百日咳毒素（Ptx）** Ptx由五个特有的亚基组成，其功能主要是ADP-核糖基化毒素（见"外毒素"），还可作为一种黏附素。百日咳波氏杆菌合成Ptx，一部分从细菌分泌到细胞，还有一部分黏附于细菌表面。Ptx在细菌表面相关部位可作为黏附素。Ptx黏附的宿主细胞是呼吸道纤毛上皮细胞和吞噬细胞。副百日咳波氏杆菌和支气管败血波氏杆菌都含有 Ptx 基因，但其因在启动子区域存在一些点突变而无法表达。

6. **生物被膜** 大部分病原菌都能形成生物被膜，对环境和宿主因素起一定程度保护作用和抵抗一些宿主因子作用。聚葡萄糖胺（PGA）对波氏杆菌生物被膜的形成不是必需的，但其有助于生物被膜的稳定。木糖聚合物也是生物被膜的一部分。与其他毒力因子一样，生物被膜的形成受BvgAS系统调控。有证据表明：Fimbriae、FHA、Prn都参与生物被膜的形成和/或稳定。体内试验证明，生物被膜促进支气管败血波氏杆菌黏附到鼻腔上皮细胞。

荚膜 荚膜具有众多功能，最重要的是干扰吞噬作用（抗吞噬）和通过激活补体系统产生复合物而抑制外膜蛋白的沉聚。

细胞壁 波氏杆菌属细胞壁的组成具有典型的革兰阴性菌的结构，由糖类、脂类和蛋白质组成。波氏杆菌LPS和外膜蛋白是细菌重要的毒力因子。

1. LPS 禽波氏杆菌LPS可作为黏附素结合到呼吸道纤毛上皮细胞，作为"防护盾"，保护外膜免受补体系统生成的膜攻击复合物的沉聚，推测百日咳波氏杆菌、副百日咳波氏杆菌和支气管败血波氏杆菌的LPS具有同样作用。LPS是重要毒力因子，在先天性免疫和获得性免疫应答起重要作用，也可与其他毒素协同作用。类脂A是毒素（内毒素）组成成分，O-抗原重复区域中的侧链的长度可抑制补体系统产生的膜攻击复合物黏附到外膜，抵御呼吸道分泌物和吞噬细胞颗粒内的抗菌蛋白（防御素）。LPS与LPS结合蛋白结合后，可以将其转移到CD14受体，CD14-LPS复合物与巨噬细胞表面的Toll样受体（见第2章）结合，激活肿瘤坏死因子等炎症细胞因子释放。LPS的组成（存在或缺失O重复区域，其长度、电荷和脂肪酸取代）影响对补体系统和抗生素的保护程度，可能与菌株间毒力的差异有关。百日咳波氏杆菌LPS有两种类型：LPS Ⅰ型和LPS Ⅱ型。LPS合成也受BvgAS系统调控（见"医学相关细胞产物的调控"）。

2. 外膜蛋白 Brk（波氏杆菌抗杀伤蛋白）是一种外膜蛋白，有抵抗血清介导的杀伤作用。Brk能够抵抗补体系统的损伤，也可发挥黏附素（包含2个与硫酸化的糖复合物结合的RGD结构域）的功能。Brk也受BvgAS系统调控（见"医学相关细胞产物的调控"）。

外毒素 波氏杆菌属的成员可产生五种外毒素，在引发的疾病中发挥重要作用：气管细胞毒素、皮肤坏死毒素（DNT）、腺苷酸环化酶毒素、百日咳毒素和骨毒素。除骨毒素和气管细胞毒素（细胞壁的一部分）外，其余均受BvgAS调控（见"医学相关细胞产物的调控"）。

1. 气管细胞毒素 波氏杆菌属经典代表菌株，包括禽波氏杆菌，都能产生气管细胞毒素，气管细胞毒素是波氏杆菌细胞壁肽聚糖的一部分。波氏杆菌肽聚糖与淋病奈瑟球菌阻止纤毛运动的内醚肽聚糖一样，而内醚肽聚糖在其他革兰阴性菌中是循环利用的，并且不被释放到细胞外。气管细胞毒素与LPS协同作用，通过干扰DNA合成（LPS）造成纤毛上皮细胞的损伤。气管细胞毒素可诱导巨噬细胞产生白细胞介素-1（IL-1）和过量的一氧化氮。

2. 皮肤坏死毒素 DNT是具有相似结构和生物学特性的毒素家族的一员。其他"皮肤坏死素"毒素包括多杀性巴氏杆菌产生的Pmt（见第11章），以及大肠埃希菌产生的CNF1和CNF2（见第7章）。这些毒素因皮肤注射后产生皮肤坏死而命名的，而不是天然产生的（DNT是不分泌的）。DNT通过脱氨基和转氨基（首选方式）作用使小GTP结合蛋白Rho抑制自身的GTP酶活性（GTP酶活性激活蛋白不能正确结合到修饰后的Rho）。这些修饰导致受影响的细胞肌动蛋白骨架的变化（肌动蛋白应力纤维）抑制骨组织成骨细胞分化。DNT的表达是支气管败血波氏杆菌引起猪鼻甲骨萎缩和小鼠肺炎以及禽波氏杆菌致病所必需的。

3. 腺苷酸环化酶毒素 腺苷酸环化酶毒素是一种具有独立腺苷酸环化酶和溶血活性的双功能蛋白。除禽波氏杆菌外，波氏杆菌属经典代表株都能产生溶血活性。腺苷酸环化酶毒素是唯一已知的不经蛋白水解而分泌的波氏杆菌外毒素。腺苷酸环化酶毒素随着钙调蛋白的激活进入宿主细胞内，导致细胞内cAMP的浓度升高。感染的细胞失去对细胞内cAMP水平的调控，从而不能调控离子和液体出入靶细胞（呼吸道上皮细胞）。巨噬细胞中cAMP水平的失控导致该细胞吞噬和杀伤能力下降。腺苷酸环化酶毒素的溶血活性与含有RTX基序有关（RTX基序也存在于第7章大肠埃希菌溶血素、第11章巴氏杆菌/曼氏杆菌的白细胞毒素、第12章放线杆菌溶血素和第18章莫拉杆菌细胞毒素）。通过RTX毒素活性，腺苷酸环化酶毒素也是一种针对中性粒细胞、巨噬细胞和淋巴细胞等靶细胞的孔形成蛋白。综上所述，腺苷酸环化酶的产生是感染所必需的，且是菌株毒力的关键因子。

4. Ptx　Ptx 是一种 ADP-核糖化毒素，可使激活的异源三聚体 G 蛋白发生核糖化，使其不能恢复到失活状态（GDP 限制）。激活的 G 蛋白能刺激腺苷酸环化酶导致细胞内 cAMP 的水平升高。异常高浓度的 cAMP 导致出入细胞的液体和离子的流失。如果这些细胞有吞噬功能，则影响离子的摄取及细胞内的杀伤作用。Ptx 可引起大量新陈代谢途径功能紊乱，但通常不能杀死宿主细胞。前面已讨论 Ptx 作为黏附素的作用。Ptx 可诱导有效和充分的保护性免疫应答。

5. 骨毒素　禽波氏杆菌、百日咳波氏杆菌和支气管败血波氏杆菌都可产生骨毒素，而副百日咳波氏杆菌不能。通过呼吸道感染，胞外半胱氨酸水解的活性产物对气管和骨细胞有致死性。

铁摄取　铁离子是细菌生长中所必需的，细菌必须从宿主体内摄取铁离子。波氏杆菌通过分泌铁载体和利用其他细菌的铁载体来摄取铁离子。此外，它们可利用血红素和血红蛋白中的铁离子。

在缺铁条件下（宿主体内可发生这种情况），波氏杆菌分泌一种异羟肟酸类含铁细胞，亦称为产杆菌素。波氏杆菌也可利用肠杆菌素，这些肠杆菌素是由肠杆菌科成员和异源铁载体产生的。铁载体（产杆菌素及肠杆菌素）从宿主铁结合蛋白（转铁蛋白和乳铁蛋白）清除铁，从而使细菌能够利用铁离子。

此外，血红素和血红素蛋白（白蛋白和血红素结合蛋白）也是细菌摄取铁离子的补充途径。游离铁离子水平调节外膜蛋白结合 BhuR（波氏杆菌中称为血红素摄取受体等）底物，这些受胞质外 σ 因子 Rhu（用于调控血红素摄取）和 Fur 调控（见第 7 章）。

Ⅲ 型分泌系统　支气管败血波氏杆菌和副百日咳波氏杆菌中存在 Ⅲ 型分泌系统，分泌系统受 BvgAS 调控（见"医学相关细胞产物的调控"）。百日咳波氏杆菌和感染人类的副百日咳波氏杆菌部分菌株中存在 Ⅲ 型分泌系统基因，但不表达；而禽波氏杆菌似乎缺少这些基因。Ⅲ 型分泌系统由 20 多种蛋白组成，形成中空的管状结构，通过效应蛋白"注射"到宿主"靶"细胞中。目前为止，尚未鉴定到波氏杆菌属的效应蛋白，但宿主"靶"细胞（气管上皮细胞和吞噬细胞）由于效应蛋白的作用出现细胞凋亡，这导致上皮细胞丧失完整性和逃避宿主的免疫系统（降低吞噬作用，降低抗原处理，从而导致免疫缺陷，降低免疫反应）。

医学相关细胞产物的调控　波氏杆菌的转录受双组分分泌系统的调控，该系统基因编码产物参与疾病发生的过程。这些基因编码的产物包括所有的黏附素（Fimbriae、FHA、Prn、LPS、Tcf 和 Ptx）、Brk、毒素（腺苷酸环化酶毒素、DNT、Ptx）、产杆菌素、生物被膜和 Ⅲ 型分泌系统；它们都受 bvgA 和 bvgS 基因编码产物组成的 BvgAS 调控。BvgS 是一种组氨酸激酶，作为环境信号的"感应器"，导致自身组氨酸残基的自体磷酸化。这个磷酸基依次转移到天冬氨酸残基，然后转移到另一个组氨酸，最后作用于磷酸化 BvgA。磷酸化的 BvgA 是转录激活因子，负责表型转换和相位变异。在不同环境条件下，不是所有毒力因子的表达调控至相同的程度，产生连续的表型变化。波氏杆菌"感知"环境诱因的机制不清。在 37℃ 时低浓度 $MgSO_4$ 和烟酸可激活 BvgA 调控因子。37℃ 生长时是共生状态，但 $MgSO_4$ 和烟酸浓度在体内的作用尚不清楚。

生长特性

除培氏波氏杆菌是兼性厌氧菌外，其他波氏杆菌都是严格需氧菌，从氨基酸的氧化获取能量。它们培养条件苛刻，很难培养，尤其是初次分离时，1～3d 才形成大的菌落。脂肪酸能抑制细菌的生长，尤其是百日咳波氏杆菌培养需要特殊的培养基。在实验室普通环境下，支气管败血波氏杆菌和禽波氏杆菌可在 35～37℃ 麦康凯培养基等普通培养基上生长；支气管败血波氏杆菌在血琼脂培养基中可产生不连续溶血现象。支气管败血波氏杆菌、禽波氏杆菌、欣氏波氏杆菌都具有运动性。

生化特性

支气管败血波氏杆菌与禽波氏杆菌为过氧化氢酶和氧化酶反应阳性，不发酵糖类，利用柠檬酸盐作为有机碳源。支气管败血波氏杆菌、禽波氏杆菌、欣氏波氏杆菌的氧化酶反应阳性。只有支气管败血波氏杆菌能还原硝酸盐，产生脲酶；副百日咳波氏杆菌脲酶反应弱阳性。

抵抗力

高温和消毒剂可杀死波氏杆菌。波氏杆菌对广谱抗生素和多黏菌素敏感，但对青霉素有耐药性。它们在环境中的存活率有流行病学意义。

多样性

基于流行病学目的分型方法已经得到应用。根据黏附素菌毛蛋白（见"黏附素"），波氏杆菌至少可以分为4种血清型。除 fimA 基因外，禽波氏杆菌与波氏杆菌属其他细菌的鞭毛基因是不同的。根据富含脯氨酸重复区域数量不同，波氏杆菌种间和菌株间的百日咳杆菌黏附素在大小和抗原性上存在不同。

支气管败血波氏杆菌根据菌落特性，溶血活性，盐水中悬浮稳定性，培养难易度和毒性将其分为四个相型。一些菌株有宿主特异性。可分为约20种热不稳定（K-抗原）和热稳定O-抗原（120℃、60min）。一些细菌种群有共同的抗原，另一些具有种属和型特异性。猪体内分离到的支气管败血波氏杆菌与犬和马的分离株存在差异（犬和马的分离株也可能不同）。疫苗免疫失败与菌株特异性引起的疾病、表型及分子差异有关。

禽波氏杆菌根据表面凝集素的不同分为三个血清型。感染及引起人类发病的副百日咳波氏杆菌分离株与引发羊的慢性非进行性肺炎的分离株也不同。

● 生态学

传染源

波氏杆菌属细菌主要寄生在有纤毛的呼吸道组织。波氏杆菌栖息于健康动物的鼻咽部。支气管败血波氏杆菌引起的疾病（初次或继发感染）多发于野生和家养食肉动物、野生和实验用啮齿动物、猪和兔；偶发于马、考拉、海豹、其他草食动物、灵长类动物及火鸡。

禽波氏杆菌栖息于感染野禽和家禽的呼吸道，主要引起火鸡鼻炎。

传播

哺乳动物感染主要通过空气传播，但许多病例中环境污染也是重要因素，而火鸡（禽波氏杆菌）可通过污水和垃圾等间接途径传播。实验室条件下，至少有10种细菌可引起感染。传播可迅速发生，导致严重急性疾病的暴发。环境条件（温度和湿度）及宿主密度，影响临床发病的频率及严重程度。与BvgAS系统相关的表型改变（丢失黏附素），会促进细菌传播；细菌侵入新的宿主，在适当的环境下被识别从而重新激活BvgAS系统，产生黏附素和毒素。

● 致病机制

机制

波氏杆菌"感知"各种环境因素的变化，导致BvgAS调控的激活并上调多种前面讨论的基因编码的产物（见"具有医学意义的细胞产物"）。波氏杆菌黏附到纤毛上皮细胞后，随之表达黏附素（Fimbriae、FHA、Prn、LPS、Tcf和Biofilm）（表14.2）。早期表现是成倍增加（铁离子主要来自宿主的铁结合蛋白、转铁蛋白和乳铁蛋白、血红素和血红素蛋白；保护外膜的补体生成膜攻击复合体；

LPS，Brk）和炎症反应（LPS；由于效应蛋白的"注入"导致上皮细胞死亡；气管细胞毒素）。炎症和控制液体及铁离子出入气管的上皮细胞功能丧失（因受增加腺苷酸环化酶活性的影响而增加cAMP的产量）导致了上呼吸道黏液和液体的积聚。纤毛上皮细胞不能清除分泌物（纤毛的功能丧失是因为增加了cAMP水平及DNT的产生导致细胞骨架的改变；气管细胞毒素使得纤毛细胞死亡，未经确认的效应器蛋白经Ⅲ型分泌系统"注射"）。无荚膜的波氏杆菌黏附到炎症细胞（通过FHA，Prn和Ptx），释放腺苷酸环化酶（干扰吞噬作用和杀伤）、Ptx（干扰吞噬作用和杀伤）及效应蛋白（干扰吞噬作用），如果发生吞噬作用，波氏杆菌因有吞噬溶酶体而存活（LPS性质），逃脱到吞噬小体使得溶酶体不能将其溶解。

波氏杆菌诱发疾病导致呼吸道纤毛病变是多样的：抑制呼吸道清除机制，促进继发性并发症（如肺炎）；在猪体上，支气管败血波氏杆菌会刺激鼻甲，使鼻甲骨发炎，易受多杀性巴氏杆菌DNT（Pmt）的感染，它已成为猪萎缩性鼻炎的主要病原（渐进性萎缩性鼻炎，见第11章）。如果多杀性巴氏杆菌不参与DNT及上述的所有产物，会产生轻度的可逆的鼻甲骨发育不全（非渐进性萎缩性鼻炎）。如果发生肺炎，主要是由于炎症反应、宿主吞噬细胞和清除波氏杆菌的补体系统功能的丧失。

病理变化

波氏杆菌引发的疾病病理特征是附着及破坏有纤毛的呼吸道上皮细胞。这一病程可引起呼吸道不同位置发生化脓性的变化（鼻炎、鼻窦炎和气管炎）。上呼吸道清除机制的减弱，导致化脓性肺炎和蜂窝织炎。波氏杆菌自身或其他细菌继发感染，可加重疾病的病变程度。

疾病模型

猪

萎缩性鼻炎 猪渐进性萎缩性鼻炎是由多杀性巴氏杆菌和支气管败血波氏杆菌的共同感染引起（见第11章）。猪非渐进性萎缩性鼻炎是由支气管败血波氏杆菌单独感染引起，多数是短暂的，自限性的（打喷嚏和流鼻涕）；一般多引起3～4周龄猪发病。

肺炎 上呼吸道防御功能的降低可导致支气管败血波氏杆菌或其他细菌引起的继发感染。支气管败血波氏杆菌引起的原发性肺炎主要引起新生仔猪（3～4日龄）发病，临床特征是咳嗽和呼吸困难，发病率和致死率有时很高。疾病的暴发可能与被动免疫失败和免疫力低下有关。

犬和猫

犬感染性气管支气管炎（犬咳嗽） 犬咳嗽是由支气管败血波氏杆菌引起的幼犬一种常见的临床疾病，成年免疫的犬在某些环境下也易感。该病可伴有犬副流感病毒、犬腺病毒1型和2型及犬疱疹病毒，在犬舍及动物医院疾病暴发迅速转播。潜伏期最多为1周，之后急性咳嗽，严重时作呕和干呕。多数犬不经治疗几周内也可康复，但细菌可持续存在数月并可再次发病。易感猫感染同一菌株也已被证实。

肺炎 支气管败血波氏杆菌有时可从患有肺炎的样品中分离到，常从犬瘟热患犬中分离到细菌。

猫 支气管败血波氏杆菌可感染猫引起轻度的上呼吸道感染（气管支气管炎和结膜炎），一般在10d内自动痊愈。猫群的临床症状明显，但并不会出现咳嗽症状（猫上呼吸道感染也与疱疹病毒、杯状病毒、支原体和衣原体有关）。和犬一样，猫痊愈后可成为无症状的带菌者（最长可达19周）。幼猫和免疫功能不全的猫可继发感染支气管肺炎已有报道。易感犬感染同一菌株也已被证实。

家禽

火鸡鼻炎 火鸡幼禽感染禽波氏杆菌主要引起气管支气管炎、鼻窦炎和蜂窝织炎。临床症状包括流鼻液、结膜炎、打喷嚏、气管啰音和呼吸困难。发病率可能很高，继发感染除外，死亡率普遍较低（<5%）。感染2周后可自愈，但有些病例可持续感染6周，并伴有发育迟缓和器官衰竭。禽波氏杆菌可感染鸡与其他禽类，是一种机会致病菌。欣氏波氏杆菌通常栖息于宿主体内，但在特定环境下可引起火鸡轻度的呼吸道疾病。人可感染欣氏波氏杆菌，人患病时引起剧烈的咳嗽和败血症，尤其是脾摘除的人。

实验动物和野生动物

兔波氏杆菌病 家兔感染支气管败血波氏杆菌通常无明显临床症状，但可引起轻度上呼吸道疾病（鼻塞）。细菌与其他传染性病原（如多杀性巴氏杆菌）混合感染可引起支气管肺炎。豚鼠感染支气管败血波氏杆菌有明显的症状，引起严重的呼吸道疾病，死亡率较高。野禽可无症状地携带禽波氏杆菌与欣氏波氏杆菌。

流行病学

萎缩性鼻炎主要感染6周龄以下的猪，此时是成骨和骨重塑最活跃时期。患病猪可传播支气管败血波氏杆菌，带菌母猪是重要的传染源，其带菌率随年龄下降而降低。

犬咳嗽通常感染幼犬和未免疫的犬；康复犬可再次感染并携带新的菌株，进而感染成年犬。环境污染可能是一个重要的因素。

禽波氏杆菌主要引起火鸡幼禽发病，可引起鸡和其他禽类的条件性疾病。环境污染是畜群间持续感染和传播的重要原因。

● 免疫学特征

致病因子

波氏杆菌产生的许多毒力因子能直接或间接地抑制宿主先天性免疫应答，导致持续性感染、疾病和传播。已经证实：人工接种禽波氏杆菌可抑制细胞介导的免疫应答反应。支气管败血波氏杆菌可改变树突细胞的免疫应答，导致白细胞介素-10和干扰素下调。

保护作用

局部抗体可抑制支气管败血波氏杆菌在犬体内定植，但注射疫苗产生保护的证据不足，受到质疑。共同抗原的有效保护程度难以评估，这与波氏杆菌的种类和菌株特异性差异有关。

禽波氏杆菌抗血清对火鸡无保护作用，但母代免疫可降低子代感染的损失。黏附素抗体可抑制细菌黏附到气管上皮细胞。

免疫程序

疫苗免疫对疾病可提供一定保护，但不能阻止细菌定植。细菌疫苗接种妊娠母猪后可对仔猪提供一定的初乳免疫力，尤其是产毒性多杀性巴氏杆菌。细菌类毒素免疫可对仔猪提供保护。

接种灭活疫苗、抗原提取物和气管内接种减毒活疫苗的免疫效果一样，但对犬与猫咳嗽不能提供有效的保护。人百日咳波氏杆菌的免疫失效，可能与细菌重要的抗原分化有关，如支气管败血波氏杆菌疫苗株与野毒株之间百日咳杆菌毒素的差异。免疫接种能引起局部反应，偶发典型的Ⅲ型超敏反应。经气管接种禽波氏杆菌减毒活疫苗，多数能产生有效的保护。

● 实验室诊断

鼻拭子（萎缩性鼻炎和犬咳嗽）、气管冲洗液的沉积物（犬气管支气管炎）和气管拭子（火鸡鼻炎）可接种血琼脂培养基和麦康凯培养基进行培养。选择性培养基有助于限制生长较快细菌的过度生长。鲍-金培养基和巧克力琼脂培养基有助于百日咳波氏杆菌的初次分离和支气管败血波氏杆菌的复苏。支气管败血波氏杆菌和禽波氏杆菌在初次分离时菌落易被忽视，经过48h培养菌落通常为小于1mm，且溶血性不稳定。常规的实验室检测中，利用对绵羊和豚鼠的红细胞凝集的差异，可以鉴别禽波氏杆菌和支气管败血波氏杆菌。根据种属特异性的DNA片段设计引物进行PCR检测，可鉴定波氏杆菌现有的物种。

在实验室常规检测中，禽波氏杆菌与粪产碱杆菌可利用反式脂肪酸分析进行鉴定。此外，禽波氏杆菌与欣氏波氏杆菌要加以区分。血清学诊断主要采用微量凝聚试验。

● 治疗和控制

波氏杆菌病的防控是按照传染病防控的基本措施进行，重点是防止健康携带者与易感的新宿主之间的传播，这种传播可通过直接的气溶胶传播，也可通过间接的机械传播。与亚临床感染相比，疾病暴发往往与不适宜的环境条件有关。疫苗免疫可降低临床疾病发生的可能性，但对潜在感染的威胁影响甚微。

渐进性萎缩性鼻炎是无法治疗的。预防措施主要包括：保持母猪群的低带菌率；通过隔离和/或早期断奶的控制方法阻止从母猪到仔猪的传播；采用全进全出生产方式对猪舍等进行彻底清洁和消毒；疫苗免疫；饲料或水中加入磺胺类药物预防和鼻拭子检测净化带菌的母猪等。

犬气管支气管炎对抗生素的效果不一。有效的预防措施有：疫苗免疫、犬舍熏蒸消毒、充分通风和隔离患病犬。初次感染，不论有无临床症状，都不能对再次感染提供持续的保护。首选的药物是四环素，对头孢菌素类药物有耐药性。

禽波氏杆菌对四环素、红霉素和呋喃妥因敏感，但对青霉素G、链霉素和磺胺类药物有耐药性。疾病暴发的早期阶段，药物治疗比较经济有效。大剂量药物与疫苗免疫可以预防疾病的暴发，但不能消除感染。

（曲连东 译，郭东春 李志杰 校）

第15章 布鲁氏菌属

布鲁氏菌属是由一些具有宿主偏嗜性的革兰阴性细菌组成，定植于巨噬细胞、网状内皮组织和特化的上皮细胞。布鲁氏菌属按照生物学特点和宿主偏嗜性分为不同的种，多数布鲁氏菌能够感染多种宿主。临床上，由布鲁氏菌引发的疾病称为布鲁氏菌病，可以发展成慢性感染，损害生殖系统等。

布鲁氏菌最重要特征是能够引起人和家畜患病。人布鲁氏菌病是一种呈世界范围分布，且不易根除的人畜共患病，在中东、中亚和地中海国家均广泛流行。由于临床症状并不典型，人的布鲁氏菌病容易被误诊。防治人布鲁氏菌病的最有效途径是解决布鲁氏菌在动物中的流行。

● 特征概述

布鲁氏菌属已经鉴定的有六个种：包括流产布鲁氏菌（*B. abortus*）、马耳他布鲁氏菌（*B. melitensis*）、猪布鲁氏菌（*B. suis*）、犬布鲁氏菌（*B. canis*）、绵羊附睾布鲁氏菌（*B. ovis*）和沙林鼠布鲁氏菌（*B. neotomae*）。由于不同种的布鲁氏菌基因水平高度同源，因此有人倾向认为布鲁氏菌都属于一个种，即马耳他种。近年从海洋哺乳动物、田园鼠、乳房移植假体和澳大利亚狐狸身上分离到了新的布鲁氏菌，这扩展了布鲁氏菌基因组的种类。一些经典的布鲁氏菌种，如马耳他布鲁氏菌、流产布鲁氏菌和猪布鲁氏菌，根据生化特性、表型和抗原特性分为不同的生物亚型。对布鲁氏菌的分类是基于流行病学和细菌之间细微的区别，如是否需要较高的二氧化碳浓度，是否产生硫化氢，是否需要含有染料（劳氏紫或碱性品红）的培养基培养，是否与特异性的A和M抗血清发生凝集反应。

形态和染色

布鲁氏菌是革兰阴性球杆菌，通常单个存在，也可成对或成团存在，长度为 $0.6 \sim 1.5 \mu m$，直径 $0.5 \sim 0.7 \mu m$。多形性较少见到，除非是在保存时间较久的培养基中。布鲁氏菌不运动，无荚膜或芽孢，观察不到两极着色。布鲁氏菌不是真的能够抗酸，但在弱酸性环境下能够抵抗脱色，因此在改良的萋-尼染色中呈红色。

流产布鲁氏菌、猪布鲁氏菌、马耳他布鲁氏菌和沙林鼠布鲁氏菌菌落形态光滑，经鉴定这与脂多糖O外侧链的表达有关。绵羊附睾布鲁氏菌和犬布鲁氏菌菌落粗糙，不表达脂多糖O侧链。光滑型菌落呈圆形，光泽度好，蓝绿色，不被结晶紫染色。粗糙型菌落的表面发干，颗粒性强，呈黄白色，可以被结晶紫染色。

结构和组成

布鲁氏菌细胞壁属于典型的革兰阴性菌细胞壁。外膜的厚度在4~5nm，由脂多糖、不对称的磷脂层和下面起支撑作用的3~5nm肽聚糖组成。一些蛋白，如外膜蛋白A能以共价结合的方式结合到肽聚糖层，稳定外膜蛋白。细胞膜的疏水区能够提供蛋白锚点，在细胞质和细胞外形成一个功能和结构的屏障。细胞质区在3~30nm。外膜上的孔蛋白作为通向细胞内部的通道。其他蛋白，如脂蛋白同样是嵌入到外膜上。

布鲁氏菌脂多糖是由脂质A、核心多糖和O链多糖组成。布鲁氏菌的脂多糖的结构与革兰阴性大肠埃希菌不同，主要表现在脂质A的糖骨架和脂多糖磷酸盐含量低。脂多糖能够保护细菌免受阳离子肽、氧代谢和补体介导的裂解。脂多糖上的O链多糖是由光滑型菌表达的，具有很好的免疫原性，不同的布鲁氏菌能够表达A或M抗血清或同时表达A和M抗血清。布鲁氏菌细胞膜、脂多糖、脂蛋白和鞭毛蛋白弱化病原相关分子模式（PAMP）被固有免疫系统识别，可能是由于外膜蛋白的疏水基团含有鸟氨酸脂质。布鲁氏菌PAMP的改变导致其不能诱导机体产生强烈的固有免疫应答，使病原在体内长期潜伏。

具有医学意义的细胞产物

布鲁氏菌脂多糖的脂质A已经被证明具有免疫刺激作用，与其他革兰阴性菌脂多糖相比毒性较低。在所有传统布鲁氏菌中有一个14ku的蛋白能作为凝集素与不同种动物的IgGs结合。布鲁氏菌和其脂多糖激活补体的能力弱。加热灭活的脂多糖和脂蛋白具有很强的诱导产生β趋化因子的能力，Th1类细胞因子、刺激因子和抗原递呈细胞的黏附分子都可以作为人艾滋病疫苗的佐剂。

在吞噬细胞中，布鲁氏菌能够抑制吞噬溶酶体的吞噬作用，也可能会表达出与人Rab蛋白分子结合的蛋白质，还会影响其在细胞内的运输作用。布鲁氏菌还可以产生鸟嘌呤核苷酸、腺苷酸等与中性粒细胞相互作用，降低其过氧化物酶活性，还能够阻止主要颗粒的释放和活性氧化合物的产生。

生长特性

布鲁氏菌是需氧菌，其中很多菌株的生长还需要二氧化碳。同时，硫胺素、烟酰胺和生物素也是布鲁氏菌生存所必需的。在布鲁氏菌的培养基中加5%~10%的血清可能更有利于细菌的生长，但胆盐，亚碲酸盐和亚硒酸盐会抑制细菌的生长。布鲁氏菌在液体培养基中的生长速度比较缓慢，除非提供充足的通风才会加快它的生长速度。一般在固体培养基上3~5d可形成肉眼可见的克隆，但还应该孵育7~10d。典型的布鲁氏菌强毒株菌落边缘光滑，表面外凸，颜色为半透明的珍珠样。

抵抗力

尽管布鲁氏菌可以在冻融的条件下生存，但是反复的冻融会降低布鲁氏菌的繁殖能力。在寒冷、潮湿和低紫外线照射的条件下能够更好地生存。由于布鲁氏菌是革兰阴性菌，因此对大部分的消毒剂非常敏感，在实验室条件下布鲁氏菌被噬菌体溶解的情况时有发生。牛奶加工时的巴氏消毒法能有效地杀死布鲁氏菌。

多样性

大部分的布鲁氏菌具有两个环状染色体，分别含有约2.1Mbp和1.2Mbp。猪种布鲁氏菌亚型3的基因组与众不同，它只有一个3.1Mbp单条染色体。两条染色体中GC的含量均为58%~59%，与全基因组中GC含量一致。研究表明猪种布鲁氏菌的染色体基因与其他布鲁氏菌种同源性高达90%以上。基因组序列表明，在3.1Mbp的染色体中有7 000个单核苷酸多态性。通过对流产布鲁氏菌和马耳他布鲁氏菌的研究表明，它们基因组结构不同主要是因为基因岛的出现及与基因岛有关的基因发生删除突变造成的。虽然很多细菌的基因岛编码致病性因子，但是大部分布鲁氏菌的基因岛编码未知功能蛋白、移位酶和整合酶等。布鲁氏菌属基因组的核酸同源性高于94%，其中流产布鲁氏菌和马耳他布鲁氏菌的基因组最为接近。现已证明犬布鲁氏菌和猪布鲁氏菌亲缘关系比较近，沙林鼠布鲁氏菌和马耳他布鲁氏菌与其他种布鲁氏菌相比差异较大。

布鲁氏菌有多种机制防止DNA突变，其基因组也很稳定。它的这种特性也妨碍了限制性片段长度多态性技术在鉴定布鲁氏菌变种间亲缘关系时的应用。布鲁氏菌中没有发现遗传交换机制。

● 生态学

宿主范围与地理分布

布鲁氏菌属是哺乳动物胞内寄生菌，大多是专性寄生，它们既不能以共生体的形式存在，也不能在环境中单独存活。最近发现沙林鼠布鲁氏菌与之前的宿主依赖型布鲁氏菌相比存在着基因差异，这种差异使得沙林鼠布鲁氏菌能在环境中复制。虽然能从环境样本和感染动物中分离到布鲁氏菌的一些经典种，但是这些细菌在环境中不能连续复制，一般不被认为这具有重要的流行病学意义，因为布鲁氏菌需要在动物和人等宿主体内才能持续感染，而这种传播需要直接亲密接触。

流产种布鲁氏菌最适的宿主是牛，也能感染其他的物种，包括：美洲野牛、麋鹿、骆驼、牦牛、非洲水牛和猪。3型主要流行于印度、埃及和非洲地区，但是1型和2型已经传播到世界各地。在欧美等一些发达国家，如加拿大、澳大利亚、日本和新西兰都已宣布彻底消灭了流产种布鲁氏菌。

绵羊和山羊是马耳他布鲁氏菌的最适宿主，但这种布鲁氏菌同样能感染牛、骆驼和其他的一些物种。马耳他布鲁氏菌主要在美国中部和南部、非洲、亚洲、中东和地中海一些国家呈地方性流行。加拿大、美国、东南亚、中欧和北欧、澳大利亚和新西兰这些地区都已宣布彻底消灭了马耳他布鲁氏菌。

家猪和野猪是猪布鲁氏菌1型、2型和3型的最适宿主。其中1型和3型同样也能感染牛和马。2型能感染野兔，在斯堪的纳维亚半岛和巴尔干半岛这一广阔区域内呈现地域分布。4型主要感染驯鹿，但是发现北极地区的驼鹿、北极狐和狼也可被感染。从苏联的齿类动物中分离到了5型。猪布鲁氏菌（1型和3型）分布广泛，在东南亚和南美的一些地区呈现高的流行性。

犬和绵羊分别是犬种和绵羊附睾种布鲁氏菌的最适宿主，这两个种均呈现广泛地域分布。

沙林鼠布鲁氏菌从犹他州大盐湖沙漠的沙漠林鼠中分离到，它呈现出有限的宿主范围和地域分布。

传播

布鲁氏菌在宿主中传播主要是通过气溶胶、口、生殖和黏膜表面接触。根据其传播可将布鲁氏菌分为强毒（流产布鲁氏菌和马耳他布鲁氏菌）和弱毒（绵羊附睾布鲁氏菌和犬布鲁氏菌）。对于流产布鲁氏菌和马耳他布鲁氏菌来说，主要是通过流产胎儿体液和组织传播或者通过母乳垂直传播给后代。流产是流产布鲁氏菌和马耳他布鲁氏菌最主要的传播方式，在流产的胎儿和胎盘中定植的细菌数高达$10^9 \sim 10^{10}$CFU/g。猪布鲁氏菌、马耳他布鲁氏菌和犬布鲁氏菌感染宿主的传播方式主要性传播。其中猪布鲁氏菌和犬布鲁氏菌还可以通过尿液、乳汁和黏膜向外界分泌。犬布鲁氏菌也在粪便排泄物中被发现。母犬流产后可以持续排菌4～6周。在阴道分泌物中细菌含量高达10^{10}CFU/ml。通常情况下感染猪布鲁氏菌和犬布鲁氏菌的动物要比感染流产布鲁氏菌和马耳他布鲁氏菌的动物排毒时间更长。

海洋类哺乳动物中布鲁氏菌的传播途径还不清楚，但是可能与其他布鲁氏菌的传播方式不同。人们在太平洋被感染的海豹和海豚中发现，大多数的海洋布鲁氏菌都寄生在内脏和子宫的肺线虫中，这种现象表明寄生虫可能在布鲁氏菌的传播过程中扮演了很重要的角色。

● 致病机制

布鲁氏菌通常能够穿过黏膜表皮细胞，最初局部定植在淋巴组织。有的细菌没有局部定植，通过淋巴和血液扩散到其他网状内皮细胞组织。在菌血症阶段这些细菌会被运输到生殖器官以及乳腺中去。一旦细菌定植在妊娠子宫这种具有免疫豁免的器官或者乳腺中的外分泌管道中，清除细菌的免疫机制将会严重受损。

光滑型和粗糙型布鲁氏菌在吞噬细胞中的内化过程是不同的。光滑型布鲁氏菌脂多糖的O链与脂筏相互作用，脂筏位于吞噬细胞的表面，包含鞘糖脂，胆固醇和糖基化的磷脂酰肌醇锚定蛋白。内化的布鲁氏菌最初定植在吞噬细胞中的一个酸性的部位，并释放由呼吸爆发产生的氧自由基。β-1,2环葡聚糖可能辅助布鲁氏菌寻找在内质网上的复制位点。暴露在酸性环境中可以诱导输入阀分泌系统，这种分泌系统的激活抑制了吞噬体的成熟，并可在内质网上中和吞噬体的酸碱度。这种被调理的吞噬体（布氏小体）能抑制吞噬体的成熟和溶酶体的溶解。虽然多数的布鲁氏菌（70%～80%）都会被溶酶体消化，但是还会有一部分布鲁氏菌在细胞内得以生存。

由于氧化杀伤是宿主细胞控制细胞内病原复制最主要的机制，因此布鲁氏菌具有多种分子机制来去除自由基。布鲁氏菌脂多糖的O链可能是入侵细胞的关键因子，O链为阳离子多肽链可以使布鲁氏菌免受宿主的氧化杀伤作用。布鲁氏菌的这种能力使得它能在吞噬细胞中长期生存，为产生并维持慢性感染提供基础。与通过脂筏而进入细胞的布鲁氏菌不同，进入吞噬体的布鲁氏菌引起机体的调理作用是通过脂筏而进入细胞引起机体调理作用的10倍。在吞噬溶酶体内定植将会增加吞噬细胞对布鲁氏菌的细胞内杀伤作用。

在持续感染阶段，一些布鲁氏菌处于休眠状态，在吞噬细胞中不进行复制。感染了流产布鲁氏菌的犊牛在幼年时不能在血液中检测到抗体，直到青春期的时候才能检测到抗体。布鲁氏菌病的反复发作是病患最大问题。控制布鲁氏菌复发的分子机制和宿主干预布鲁氏菌复制的生理机制到目前还不清楚。

在流产布鲁氏菌、猪布鲁氏菌和马耳他布鲁氏菌中赤藓糖醇基因高度保守。赤藓糖醇能控制布鲁氏菌毒株的新陈代谢，有助于他们更好的生长。虽然猜测布鲁氏菌优先在胎盘定植复制与胎盘中高浓度的赤藓糖醇有关，但是有证据表明赤藓糖醇并不是猪布鲁氏菌在细胞内的唯一碳源。

流行病学

由马耳他布鲁氏菌、猪布鲁氏菌和流产布鲁氏菌引起的人布鲁氏菌病广泛分布于世界各地，在地中海沿岸、美国中部和南部、中东、撒哈拉沙漠以南的非洲和中亚尤其盛行。在南美和新西兰地区也有报道犬布鲁氏菌和海洋布鲁氏菌引起的人布鲁氏菌病案例。据估计，在全球非工业国中每年感染布鲁氏菌的人数超过500 000，在英国、美国和澳大利亚布鲁氏菌病的流行率小于1/100 000，而在中东和中亚的流行率大于7/100 000。值得关注的是，在这些布鲁氏菌病的案例中，儿童占据了很高的比例。经济不稳定、社会经济影响和对牲畜饲养管理不善等是众多国家人和牲畜布鲁氏菌病反复发作的原因。

布鲁氏菌病是农场工人、兽医和实验人员以及屠宰人员最频繁发生的一种疾病，也可通过食用未经巴氏消毒的乳制品而被感染。人们在直接接触被感染的动物或流产物时布鲁氏菌以气溶胶的形式进入人的呼吸系统或者经口和破损的皮肤进入机体，造成人的布鲁氏菌病。兽医人员也有通过不慎将带有强毒的针头刺入皮肤造成感染。人布鲁氏菌病的防治与动物布鲁氏菌病的控制密切相关。在牲畜布鲁氏菌病得到控制国家人的布鲁氏菌病的发病率也相应比较低。

值得注意的是由于长期的菌血症和持续地从被感染的猪体内排毒，因此猪的布鲁氏菌病有其独特的动物传染病特征。在屠宰厂中对感染布鲁氏菌的猪进行加工处理往往会导致大量的工人被感染。此外，由于感染的猪存在长时间的菌血症，通过对屠宰厂感染猪的观察发现从感染布鲁氏菌的猪尿液中很容易分离到猪布鲁氏菌。在对被感染猪进行加工时尿液和其他体液中的布鲁氏菌可能以气溶胶的形式进行传播。

人感染布鲁氏菌后潜伏期从一周到几个月不等，布鲁氏菌感染人后其病理生理学特征与感染动物模型时有所不同。人患布鲁氏菌病后也有明显临床症状，主要的临床症状包括反复的发热（波状热）、头痛、心神不宁、关节肌肉疼痛和夜间盗汗，甚至会出现一些神经症状。布鲁氏菌感染后可分布于各个组织器官，或者定植在机体的某一个部位引起炎症反应等临床症状。关节疾病是布鲁氏菌病人最常见的并发症，主要有外围关节炎、骶髂关节炎和脊椎炎等。布鲁氏菌病人的死亡率通常不高，马耳他布鲁氏菌感染引起人的心内膜炎是造成人死亡的主要因素。虽然布鲁氏菌在人与人之间传播的报道很少，但是布鲁氏菌病通过性交和母乳传播的例子已经被报道。

动物感染特征

大部分布鲁氏菌广泛分布在世界各地。动物易感程度、临床疗效和疾病的流行情况都受动物免疫状况、性成熟程度和妊娠状况的影响。布鲁氏菌定植在生殖系统或者乳腺时往往会导致很严重的临床症状，还会向外传播和扩散。虽然动物在妊娠期间对布鲁氏菌的易感性并没有增加，但是通常看来布鲁氏菌优先宿主在妊娠期对布鲁氏菌更易感。在不接种疫苗的情况下，被感染畜群中检测的血清阳性率为40%~60%。患布鲁氏菌病的母畜通过带菌的乳汁将布鲁氏菌垂直传播给后代。被流产布鲁氏菌感染的动物在幼龄时处于潜伏期，直到成年时才表现出症状。

马耳他布鲁氏菌、猪布鲁氏菌和流产布鲁氏菌在自然宿主上最常见的临床症状是生殖功能丧失。除了在妊娠后期流产、产弱胎、动物丧失生殖能力等症状外，布鲁氏菌病在自然宿主上的其他的临床症状相对较少。在单胎动物中，由于胎儿在母体内很少自行溶解，因此流产时有发生。在多胎动物中，流产很少发生，因为胎儿在子宫内时有维持妊娠的生理机制。布鲁氏菌同样可以反复感染乳腺，引起乳腺炎和产奶量下降。有时候布鲁氏菌也会在自然宿主的关节、骨骼和其他一些异常的地方定植，引起一些炎症和相应的病理学反应。猪感染布鲁氏菌后引起猪的骨髓炎和脊膜炎从而导致猪的后肢跛行。

羊布鲁氏菌的传播通常发生在羊的繁殖季节。其中母羊是布鲁氏菌在非感染动物与感染动物之间传播的机械性媒介。此外，同性间的性行为也是传播布鲁氏菌的一个途径。羊布鲁氏菌感染公羊的最主要的临床症状是引起羊的不育症，可通过触诊羊的睾丸来确诊感染的公羊。

布鲁氏菌可能通过购买被感染的公畜或者母畜而被带入畜舍，也可能通过共用能够传播布鲁氏菌或者通过精子排毒的种公畜被感染。通过使用被感染猪的精子进行人工授精是导致猪群感染的又一重要原因。

● 免疫学特征

免疫机制

在抵抗布鲁氏菌这种细胞内病原时，细胞免疫反应通常发挥着重要的作用。获得性免疫涉及抗原递呈细胞对抗原表位的展示，Th1类细胞因子的产生和特定的CD4$^+$和CD8$^+$T细胞的克隆扩增，对免疫保护是非常重要的。一般说来，抗原来自机体外部，通过MHC-Ⅱ类分子介导的内源性途径或者是外源途径经过吞噬溶酶体吞噬后由抗原递呈细胞递呈。然而，有些抗原在抗原递呈细胞的细胞质中合成，并运送到内质网中，通过内源性途径经MHC-Ⅰ类分子递呈。细胞内产生的物质和进入细胞的抗原经过内源性加工处理是非常重要的，因为这一过程能激活细胞介导的Th1细胞免疫反应。但抗原的外源性加工途径仅能引起非保护性的Th2细胞免疫反应。这解释了为什么布鲁氏菌活疫苗可以起到很好的保护作用而灭活疫苗通常不能诱导充分的免疫保护。

尽管抗体可能使布鲁氏菌易于受调理素的作用，还有利于细胞的吞噬作用和布鲁氏菌在抗原递呈细胞中上的展示。但是，从长远来看，在防治布鲁氏菌病方面，通常认为抗体扮演了一种次要的角色。而细胞毒性T淋巴细胞则通过杀死感染的细胞在活体内扮演着重要的角色，细胞毒性T细胞能释放细胞内的布鲁氏菌并通过激活吞噬细胞来杀死布鲁氏菌。一些光滑布鲁氏菌可以抑制与宿主细胞凋亡有关的基因，防止宿主细胞的凋亡可能也是布鲁氏菌更好地在宿主细胞内持续生存的一种机制。

Toll样受体能够促进布鲁氏菌和吞噬细胞之间相互作用，在先天性免疫和适应性免疫发挥重要的作用。受体是在机体内检测病原的一种敏感元件，当树突状细胞表达这种受体时就变得非常活跃。当抗原识别受体被触发时，树突状细胞将信号整合并传递给周围淋巴器官的T淋巴细胞区域以激活初始T淋巴细胞。布鲁氏菌可以弱化从病原相关分子模式传到树突状细胞的信号，这可能也是布鲁氏菌逃避天然免疫的机制。

抵抗力和恢复机制

布鲁氏菌病的长期保护与细胞免疫的激活相关，抗体在这个过程中发挥着次要的作用。尽管到目前为止，免疫保护机制还没有阐明，但可以确定的是免疫保护与辅助性T淋巴细胞的$CD4^+$淋巴细胞、γ-干扰素产生细胞和其他一些与细胞免疫相关的细胞因子有关。不管是否治疗，宿主清除布鲁氏菌感染的能力是存在争议的，因为发现胞内寄生病原的位置及在野外条件下会反复发作。

疫苗

疫苗接种是控制和扑灭布鲁氏菌病最关键的工具，可以有效地防止布鲁氏菌病在临床上的传播。目前被认可的疫苗可以用来预防牛和羊的布鲁氏菌病。尽管马耳他布鲁氏菌Rev.1疫苗已经被批准用于预防羊的布鲁氏菌病，但是还不可以用于其他宿主或者预防其他布鲁氏菌菌株。在马耳他布鲁氏菌和流产布鲁氏菌的预防中，免疫程序不包含对雄性动物的预防接种，人们认为雄性动物在布鲁氏菌的传播过程中起到的作用不大。最有效的疫苗是减毒活疫苗，接种于青春期前的动物。流产布鲁氏菌的粗糙型疫苗株不能表达脂多糖的O链，这种微小的差别（疫苗接种与自然感染间的差别）可以用来做疫苗的诊断。为了减少布鲁氏菌疫苗接种的血清学反应，可使用结膜免疫途径进行免疫，尤其是在成年动物上。布鲁氏菌疫苗菌株也存在着一定的不足，因为它有可能导致妊娠动物的流产，隐藏在哺乳动物的乳汁中。

● 实验室诊断

样本

由于布鲁氏菌病是最常见的实验室获得性疾病之一，在操作培养的动物传染性布鲁氏菌活菌时，应在生物安全2级以上的实验室中进行。所有的工作都应在生物安全柜中进行，避免产生气溶胶。对源于人和动物的样本处理应该在生物安全2级实验室中进行。流产布鲁氏菌、马耳他布鲁氏菌和猪布鲁氏菌被列为潜在的生物武器，必须按相关规定进行操作。

最理想的诊断样本是乳汁或阴道拭子、流产胎儿的肺或者胃内容物，或者是在实体剖检中获得的子宫、乳腺和雄性动物的生殖器官，以及与乳腺或生殖器官相关的淋巴组织等组织或黏液囊炎的液体。尽管从加抗凝剂的血液中可能分离到犬布鲁氏菌和猪布鲁氏菌，但是对于其他的布鲁氏菌来说，血液通常不是一个好的细菌学评估的样本，因为这些布鲁氏菌引起的菌血症仅能持续很短的一段时间。

直接检测

布鲁氏菌属感染后没有明显的肉眼可见特征性病变，但是会引起胎盘子叶的可见坏死、子叶间增厚和胎盘滞留。母体常见的一些组织病变包括坏死性胎盘炎、淋巴结化脓或淋巴间质性乳腺炎。在雄性动物中已经报道的病变有多囊肿睾丸炎、附睾炎、泡状腺炎和睾丸退化。最常见的胎儿损伤是多病灶的化脓性或浸润性的细胞间支气管肺炎。胎儿病变可能包括坏死性动脉炎、坏疽或者是肺或其他组织的肉芽肿。

猪种布鲁氏菌在妊娠母猪上引起的损伤还包括关节的纤维素性或化脓性炎症，腰椎骨骺骨髓炎；流产布鲁氏菌在牛上还会引起黏液囊炎和水囊瘤。马是流产布鲁氏菌的非特异宿主，能引起马的棘突上或者寰椎滑囊上的化脓性或肉芽肿性滑囊炎。

分离

由于布鲁氏菌在和其他细菌同时存在时生长较为缓慢，这些细菌污染物可能会过度生长，严重影响布鲁氏菌的分离。鉴于此，培养布鲁氏菌时培养基应选择可以抑制其他污染物生长的选择性培养基，有利于布鲁氏菌的分离。尽管如此，布鲁氏菌在培养过程中至少还要经过72h能在培养基上形成肉眼可见的克隆，样品至少要孵育7~10d能判定它的生长是否被抑制。

鉴定

通常，当分离到革兰阴性球杆菌时做生化鉴定，这些生化特性与布鲁氏菌的特征相符合。其种间的差异是基于噬菌体和染料的敏感性、二氧化碳依赖性生长、硫化氢的产生以及血清学反应。然而由于细菌的分离过程较慢并且比较烦琐，因此其他一些快速鉴定方法应运而生。尽管布鲁氏菌的分类已经被用于流行病学研究，但是这种分类多少有点主观，因为这种分离只是基于一些很细微的差别，其中包括生长时需要高浓度的二氧化碳、产生硫化氢气体、在包含染色剂的培养基上生长以及凝集单特异性的A抗血清和M抗血清。

血清学检测

通过对感染猪布鲁氏菌、流产布鲁氏菌和马耳他布鲁氏菌的优先宿主的血清学检测时发现，与血清学反应相关的免疫反应抗原是脂多糖的O链。大部分布鲁氏菌血清学检测都是用流产种布鲁氏菌多聚糖O链作为抗原，最初用于检测流产种布鲁氏菌对牛的感染。尽管这种方法在检测小反刍动物和牛的马耳他布鲁氏菌感染是被认可的，但是在检测猪的布鲁氏菌感染时，这种方法的敏感性和特异性比较低。不同的宿主或引起感染的不同布鲁氏菌属在进行布鲁氏菌的血清学检测时，其敏感性和特异性可能不同。布鲁氏菌脂多糖O链的结构与其他细菌如小肠结肠炎耶尔森菌和大肠埃希菌的O链相似。布鲁氏菌的O链在某些特定条件下会变短。

对于羊布鲁氏菌抗体的检测，补体结合试验、酶联免疫吸附试验和免疫电泳扩散试验等方法已经被使用。在犬布鲁氏菌病的检测中，试管凝集、免疫电泳扩散、联免疫吸附和间接免疫荧光等方法也已经被认可。

迟发型变态反应（皮肤过敏测试）是从粗糙型马耳他种布鲁氏菌菌株B115中提取的不含光滑型脂多糖的布鲁氏菌，这种方法在很多国家已经被用于临床诊断。这种布鲁氏菌的诊断已经被提出要有利于区分小肠结肠炎耶尔森菌的感染引起的阳性反应。

基于分子水平的检测

目前多重PCR技术可以用于区分布鲁氏菌不同种属间的细微差别。但是目前的PCR技术还不能有效的区分所有布鲁氏菌属的生物变种。

由于布鲁氏菌的基因组十分稳定，因此分子水平的试验只是用来评估各个菌株间的亲缘关系，这对于流行病学调查和毒株间的类比没有意义。可变数目串联重复序列分析是一种新的分子生物技术，它是用来评估核苷酸序列在染色体非编码区的重复，目前这种技术已经用来比较不同毒株间基因和流行病学的关系。然而，分子遗传学要比标准PCR更加复杂，需要专门的设备，因此在实验室诊断时限制了它的使用。

● 治疗

通常来说，流产布鲁氏菌、猪布鲁氏菌和马耳他布鲁氏菌感染优先宿主后没有很好的治疗策略，因为该病需要一个长期的治疗过程，治疗时既不能彻底地把布鲁氏菌从宿主细胞内清除干净，又不能防止该病的反复发作。很多国家的猪场和羊场通过注射抗生素（四环素）、隔离和淘汰等措施已经将经济损失降到最低。

人布鲁氏菌病的治疗是个长期应用抗生素治疗的过程，治愈后很少出现再次复发感染的情况。一般说来复发也与耐药菌株的出现无关。

● 控制和预防

流产布鲁氏菌、马耳他布鲁氏菌和猪布鲁氏菌病防治措施

许多国家已经将消灭本国家畜的布鲁氏菌病提上日程，布鲁氏菌病对养殖业造成严重损失。研究表明，控制人布鲁氏菌病最有效的方式就是控制动物的布鲁氏菌病。

因为布鲁氏菌为胞内寄生病原，大多的检测和消灭方案都是基于消灭以下动物，经布鲁氏菌脂多糖的O链抗体检测为阳性。尽管抗体检测能说明个体免疫反应是对布鲁氏菌感染的应答，但需要强调的是血清学检测阳性并不意味着该动物带菌或具备传播布鲁氏菌。

对布鲁氏菌病流行地区的所有动物进行扑杀是控制布鲁氏菌病的首选策略。但是由于该策略损失太大，不能得到养殖户的许可，因此需要采取一些其他的途径。

对牛和小反刍动物而言，降低畜群对布鲁氏菌敏感性的有效措施是免疫。有效的免疫接种是控制和扑灭疾病非常有效的手段。尽管免疫接种可以显著地降低布鲁氏菌病引起的损失（如流产、死胎），但不能有效地对野毒或其他种菌株起到预防感染的作用。尽管免疫接种是控制布鲁氏菌病的一个非常行之有效的手段，但是单靠免疫接种不能完全扑灭布鲁氏菌病。除了对患病动物全部扑杀外，最有效的控制布鲁氏菌的措施就是将环境卫生、疫苗接种、检测和扑杀结合起来。

为了控制猪的布鲁氏菌病，要从管理上做出一系列的工作，包括血清学监测。控制猪的布鲁氏菌病要把重点放在猪群上而不是个体。由于缺少有效的方式控制猪的布鲁氏菌病，因此对感染猪群进行全群扑杀似乎成了消灭猪的布鲁氏菌病唯一措施。如果野猪或者其他的野生动物是布鲁氏菌的储藏宿主，那么布鲁氏菌防治的措施就应该做出适当的调整，来阻止布鲁氏菌病的再次进入。

绵羊附睾布鲁氏菌病防治措施

基于公羊的阴囊触诊和血清学检验检测及扑杀措施曾有效地扑灭了绵羊附睾布鲁氏菌病。由于布鲁氏菌在精子中的存在是间歇性的，因此单次的检测阴性是不准确的。抗体反应同样也是不可靠的，因为只有35%的个体能准确地检测出阳性。用马耳他种布鲁氏菌Rev.1型毒株的疫苗进行免疫接种是目前被公认的防治绵羊附睾布鲁氏菌病最可行的措施。抗生素治疗7～21d有效地终止患羊排毒，可提高80%～100%羊的精子活力。在某些情况下，从羊群中剔除患布鲁氏菌病羊可能是扑灭绵羊附睾布鲁氏菌病最经济的方法。

犬布鲁氏菌病防治措施

在犬舍中控制布鲁氏菌病最好的办法就是除去血清学检测阳性和丧失性功能的患病犬。在去除被感染的犬后，要对犬舍进行消毒。由于对患病犬进行抗生素治疗效果较差，还会反复发作，因此不建议对感染布鲁氏菌的犬进行治疗。抗生素进行治疗并且对血清学转阴的个体进行密切监视，这种长程疗法（90d）往往会取得比较好的治疗效果。当血清学检测为阴性后对动物要反复监测3～6个月以确定感染是否会复发。因为血清学转阴性后可能会再次发作。农场主应该警惕犬舍中的犬有可能会被犬布鲁氏菌感染。为了防止犬布鲁氏菌再次进入犬舍，要对新引进的犬进行隔离和血清学检测。

（胡森 译，胡森 韩凌霞 校）

第16章 伯克霍尔德菌属和伯克霍尔德假单胞菌属

伯克霍尔德菌属成员为革兰阴性、需氧棒状杆菌，属于变形菌门、β菌类、伯克霍尔德菌目、伯克霍尔德菌科。截至本书完成，本属中有60多个种，其中大多数存活于土壤，和/或对植物致病。洋葱伯克霍尔德菌属和剑兰伯克霍尔德菌种群的成员可使人产生混合感染（如囊性纤维化、慢性肉芽肿性疾病、免疫抑制和医院内部感染）。类鼻疽伯克霍尔德种群中的两个成员，鼻疽伯克菌（主要引起马属动物"马鼻疽"）和类鼻疽伯克菌（可致各种动物发生"类鼻疽"）在兽医领域是非常重要的，将在本章重点论述。两者均可致化脓性肉芽肿，被美国疾病预防控制中心列为B类生物恐怖病原，被美国国立卫生研究院认定为人类新发和再发的传染性病原。

● 鼻疽伯克菌

鼻疽伯克菌是一种兼性胞内菌，可引起全身性化脓性肉芽肿，称为"马鼻疽"，该病曾在世界范围内的马属动物中流行，目前该病仍在亚洲、非洲和南美等地发生地方性流行。2007年，苏联曾报道了该病的地方性暴发。自20世纪40年代起，北美从未报道过自然发生的马鼻疽病例。犬、骆驼、马、山羊和绵羊可自然感染，但是猫科动物尤其易感。豚鼠和仓鼠对鼻疽高度敏感，因此可用于诊断和实验室研究。鼻疽按严重程度可分为急性、慢性或潜伏感染。

鼻疽伯克菌同时也被称为假单胞菌、鼻疽杆菌、鼻疽放线杆菌、鼻疽不动杆菌、鼻疽杆菌、鼻疽费佛菌和鼻疽吕氏杆菌。

特征概述

形态学与染色 鼻疽伯克菌是革兰阴性杆菌，宽为0.5μm，长度不定。细菌可单独排列、末端相连成对排列、并联或者呈栅栏状排列。

结构和组成 鼻疽伯克菌产生含碳荚膜。细胞壁为典型的革兰阴性，由脂多糖和蛋白质组成。该菌没有鞭毛，不具有游动性（可与游动性的类鼻疽伯克菌鉴别）。

具有医学意义的细胞产物

荚膜 鼻疽伯克菌荚膜在其致病过程中的作用，主要是保护外膜免受补体激活系统生成的膜攻击复合物的攻击（表现为血清抗性表型）。无荚膜的突变株表现出明显的毒力下降。

细胞壁 鼻疽伯克菌是典型的革兰阴性菌。其外膜中的脂多糖是重要的毒力决定因子。脂多糖包含脂质A、核心区以及细胞壁抗原（O-抗原）。不仅脂质A有毒性成分（内毒素），O-重复单元中侧链的长度阻碍补体系统的膜攻击复合物与外膜的黏附。脂多糖与血清中脂多糖结合蛋白结合，其可将脂多糖转运到CD14血象中。CD14-脂多糖复合物与抗原递呈细胞表面的Toll样受体蛋白4结合（见第2章），触发炎性因子和趋化因子的释放。

其他产物　鼻疽伯克菌具有Ⅳ型菌毛、Ⅲ型（动物和植物分型）和Ⅵ型分泌系统。尽管已经证明很多效应蛋白通过Ⅲ型分泌装置进入宿主细胞，但是他们确切的功能尚不清楚。很多效应因子被假定为细菌在宿主细胞（主要是巨噬细胞）内的胞内（包括细胞质）生存过程中重要的因子。

已经证明蛋白酶、脂质和磷酸酯酶C存在于鼻疽伯克菌的培养液中。尚未证明这些产物在细菌致病过程中发挥重要作用。

生长特性　病原菌在常规细菌培养基中即可生长，但是在含有甘油或者血液的培养基中生长较好。非溶血菌落在20～41℃（最适温度37℃）生长超过48h。菌落呈黏液状或粗糙型，常呈融合性生长。鼻疽伯克菌在麦康凯琼脂培养基或42℃条件下不生长。

生化特性　鼻疽伯克菌具有需氧、非游动性及氧化酶多样性，过氧化氢酶反应阳性、吲哚反应阴性，并对黏菌素和多黏菌素B有抗性，其可降低硝酸盐含量（不产气）并且水解尿素。糖是其有氧代谢产物。

耐药性　尽管该菌在黑暗、潮湿和凉爽环境中可存活数月，其耐药性并不明显。鼻疽伯克菌的体外生长可受氨基糖苷类、氯霉素、氟喹诺酮类、大环内酯类、磺胺类、甲氧苄氨嘧啶、亚胺培南、头孢他啶、哌拉西林及四环素类抗生素抑制。

生态学

传染源　感染的马属动物是伯克菌的储存宿主。

传播　细菌通过接触污染食物、水和污染物进行传播，有时也可经吸入和伤口传播。对马属动物来说，皮肤分泌物和呼吸道分泌物是最常见的传染源，尤其在拥挤和卫生差的饲养条件下最易感染。食肉动物可因食用感染动物的肉而感染。

致病机制

病理变化　鼻疽伯克菌产生典型的脓性肉芽肿，以中心混有纤维蛋白坏死碎片以及完整的变性中性粒细胞为特征（图16.1）。这一核心由一层组织细胞、上皮样巨噬细胞和多核巨细胞包裹。整个结节由外层胶原的胶囊包围，胶囊下包埋大小不等的浸润细胞和少量浆细胞。多灶性及病灶合并分布是全身感染中最为常见的，也常见上皮表面病变和溃疡。毒株的不同决定了病变呈化脓性或肉芽肿式。

机制　尽管认为毒素是主要的致病因子，但这一机制尚未定论。原发病变在入侵点——咽部形成。感染经淋巴管扩散，在通往淋巴结和血液循环的通路上形成结节性病变，经淋巴和血液传播。通常认为单核细胞和巨噬细胞携带细菌，引流至淋巴结，因为鼻疽伯克菌为兼性胞内菌，能够在巨噬细胞的胞浆内生存

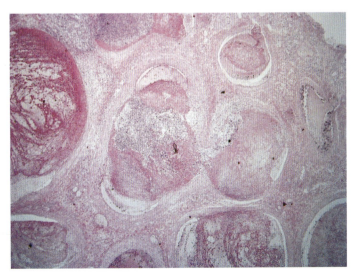

图16.1　感染鼻疽伯克菌的马鼻腔切片（HE染色）

图中可见许多血管中有白细胞和血栓脉管炎

并复制。在肺脏或者其他如脾脏、肝脏和皮肤等器官中常形成转移性病灶，产生皮肤鼻疽（马鼻疽）。原发病灶在鼻隔膜中，具有血源性，也可在肺部形成继发病灶。

疾病模型

鼻疽 该病主要发生于上呼吸道、下呼吸道和皮肤。多发结节和溃疡发生于上呼吸道和鼻腔，病灶破裂释放脓性鼻分泌液。肺部病变呈多灶性、聚集性脓性肉芽肿，带有干酪样或钙化中心。皮肤鼻疽（马鼻疽）以皮下脓肿为特征。局部、区域性或者全身淋巴结病是所有类型鼻疽的典型特征。

急性感染以发热、鼻分泌物和头颈部淋巴结炎为特征，伴有上呼吸道肿胀。疾病转归最终以2周内死亡结束，且主要发生于驴和猫科动物，骡少发。

在马属动物，长期慢性及亚临床感染较为常见，临床表现包括偶有发热、持续呼吸困难、皮肤脓肿（鼻疽芽）以及颌淋巴结结节性硬化。

人自然感染可致急性或慢性感染，可追溯是否与急性发病马匹接触。

流行病学

鼻疽的持续期取决于感染马群。动物的运动有助于疾病在设施之间和区域内进行传播。易感的非马属动物感染鼻疽主要来自感染马匹或马肉，且可成为终末宿主。

免疫学特征

体液免疫和细胞介导免疫应答均可发生。在自然条件下，康复马的皮肤过敏消失，但是对再次感染的抵抗性没有增强。已经证明，灭活的全细胞制剂、多糖类制剂以及减毒活菌制剂可作为疫苗使用，能够提供部分保护。目前并没有商品化疫苗可用。

实验室诊断

结节内容物可在血液或甘油琼脂上培养。经免疫荧光鉴定可见革兰阴性棒状杆菌。

豚鼠和仓鼠对该菌高度易感，强毒株具致死性。

任何可疑分离株均可报送参考实验室诊断。重要的是要与类鼻疽伯克菌鉴别诊断。

血清学上，鼻疽可利用补体固定试验进行诊断，该试验以水生细菌提取物为抗原。酶联免疫吸附试验（ELISA）、间接血凝、对流免疫电泳、免疫印迹和间接免疫荧光试验在一些地区用于诊断。然而，补体固定试验和ELISA是国际贸易认可的检测手段。眼睑内鼻疽菌素试验检测细胞介导的超敏反应，可提示动物是否发生感染，该检测方法是消灭马鼻疽的基本检测手段。鼻疽菌素是从旧鼻疽伯克菌肉汤中获得的热提取物。

可使用聚合酶链反应试验进行检测，该方法具有较高的敏感性。然而，由于鼻疽伯克菌具有较高的遗传变异，依靠DNA技术对鼻疽伯克菌和类鼻疽伯克菌进行鉴别诊断比较复杂。

马鼻疽的鉴别诊断包括传染性链球菌热（链球菌等）、流行性淋巴管炎（荚膜组织胞浆菌）、孢子丝菌病（申克孢子丝菌）、溃疡性淋巴管炎（假结核棒状杆菌）和类鼻疽（类鼻疽伯克菌）。

治疗和控制

尽管马鼻疽可用很多抗生素进行治疗，但是在很多致力于消灭马鼻疽的国家，治疗并不适用。从疫区进口的马要进行鼻疽毒素试验，反应阳性的马匹则应被扑杀。

类鼻疽

类鼻疽微生物是需氧革兰阴性菌，兼性胞内菌短杆菌，可致一种称为"类鼻疽"的化脓性肉芽肿疾病，该病与马鼻疽表面上相似。重要的区别是：①类鼻疽感染宿主范围更广；②类鼻疽的病原是一种腐生菌（与环境中的阿米巴原虫共生），清除感染动物也不能清除该病的流行。

该菌以前也有其他名称，包括类鼻疽假单胞杆菌、类鼻疽伯克霍尔德菌、假鼻疽菌、假鼻疽杆菌和类鼻疽菌。

描述性特征

形态与染色 类鼻疽伯克菌为革兰阴性、宽约 0.5μm 的棒状杆菌，其长度可变。通常以密集成堆的长丛状呈现。临床样本中的细菌有时会呈现出两极浓染（呈别针形）。

结构和组成 类鼻疽伯克菌产生碳水化合物荚膜。细胞壁含有典型的革兰阴性菌所具有的脂多糖和蛋白。其产生的鞭毛具有游动性（与非游动性的鼻疽伯克菌区别）。

具有医学意义的细胞产物

黏附素 类鼻疽伯克菌在被宿主摄入前黏附于阿米巴棘物种的阿米巴滋养体上（推测黏附于吞噬细胞）。其黏附性主要由于具有鞭毛蛋白（位于鞭毛上）。类鼻疽伯克菌表面蛋白（BoaA 蛋白和 BoaB 蛋白）影响细菌黏附于呼吸道上皮。

荚膜 唯一已经证明荚膜的功能是其在类鼻疽伯克菌中起到保护细菌外膜不受复合物攻击，该复合物是由补体系统激活后形成的（表现为血清抗性表型）。荚膜在胞内寄生起到不可或缺的作用，其荚膜编码基因的突变可使其失去功能且丧失毒力。

细胞壁 类鼻疽伯克菌细胞壁为典型的革兰阴性。外膜表面的脂多糖是重要的毒力决定因子。含有毒素成分（内毒素）的脂质 A 以及 O-重复单元侧链的长度均可阻碍补体系统攻击复合物黏附到外膜上。脂多糖黏附到脂多糖结合蛋白（一种血清蛋白），可以将脂多糖转运到 CD14 血象内。CD14-脂多糖复合物结合于巨噬细胞表面的 Toll 样受体蛋白上，引发促炎性因子的释放。

其他产物 类鼻疽伯克菌染色体拥有至少 1 个致病岛（编码毒力因子的基因群，整合酶蛋白，具有特异性插入位点且有流动性），编码Ⅲ型分泌系统。研究表明类鼻疽伯克菌Ⅲ型分泌系统较为广泛，其基因组至少包含 3 个独立的基因簇。已经证明类鼻疽伯克菌Ⅲ型分泌系统是细菌逃避从初级内吞体进入宿主细胞质中的关键因素，因此，该系统对细菌在宿主中复制和持续存在发挥着至关重要的作用。细菌中也存在Ⅵ型分泌系统。

在类鼻疽伯克菌生长的培养液中已经证明有蛋白酶、酯酶和磷酸酯酶 C。这些产物在疾病发生过程中均不起重要作用。

生长特性 类鼻疽伯克菌可在常规细菌培养基中生长，尤其在含有血液的培养基中更易生长。在绵羊血琼脂中，病原微生物表现为小的、光滑的菌落，培养几天后表现为干燥和发皱的菌落。与鼻疽伯克菌不同，类鼻疽伯克菌可在麦康凯琼脂中生长，生长条件为 2% NaCl，42℃。

生化特性 类鼻疽伯克菌具有需氧、游动性、氧化酶反应阳性、过氧化氢酶反应阳性和吲哚反应阴性，对黏菌素和多黏菌素 B 有耐药性。该菌可还原硝酸盐产生氮气（通常产生一个小气泡）以及水解尿素。

耐药性 消毒剂可杀死类鼻疽伯克菌，该菌在寒冷环境或者冷冻的组织样品中不能存活。该菌通常对亚胺培南、多西环素和米诺环素敏感。大多数临床菌株对阿莫西林、替卡西林、头孢西丁、头孢哌酮、头孢磺啶以及氨曲南具有耐药性。目前该菌对头孢他啶（可选药物）的耐药性呈增强趋势。绝

大多数临床分离株对氟喹诺酮类、氨基糖甙类和大环内酯类抗生素具有抗药性。

生态学

传染源 类鼻疽伯克菌被认为是土壤和水的常住菌（最可能是阿米巴原虫的共生菌）。尽管该菌在北纬20℃到南纬20℃之间最为常见，但是温带也确实有该菌的存在，如在法国、伊朗、中国和北美。

传播 直接与污染的土壤和水接触是最可能的传染途径。吸入、摄入、伤口感染、胎盘感染（山羊）以及节肢动物叮咬也是可能的感染途径。动物之间通过性交传染比较少见。在人类，吸入或者使用感染动物产品可能是感染的重要途径。

致病机制

病理变化 病变主要为化脓性肉芽肿。感染器官可见单个或多灶性化脓性或干酪样结节，这是感染的主要特征。肺、脾、肝以及相关淋巴结常受影响。通常小脓肿合并，发展成较大的化脓灶或肉芽肿。

机制 作为阿米巴原虫的内共生体，类鼻疽伯克菌适于在宿主的胞内生存。微生物体通过"卷绕"方式被吞噬，在细胞内生存可抵抗溶酶体成分（如防御素），逃避吞噬体和溶酶体。在吞噬细胞中可观察到以肌动蛋白为基础的运动（见第11章和第33章），肌动蛋白相关的出芽发生于感染细胞到未感染细胞。感染类鼻疽伯克菌的宿主细胞释放促炎性细胞因子并经历凋亡。

疾病模型

类鼻疽 也称为惠特莫尔病，通常为全身性疾病，尽管也常引起特定系统发病（如肺鼻疽）。该病呈急性、慢性、亚临床性、潜伏感染或者暴发性。其表现与疾病的程度和病变的分布相关。毒株的差异以及宿主整体的天然免疫和获得性免疫状态在疾病的发生和临床表现中起重要作用。马感染类鼻疽后的发病情况可能与鼻疽相似。在骆驼中，急性和慢性感染常发生于肺、关节和子宫。绵羊感染则常发生关节炎和淋巴结炎。山羊感染表现为状态不良、呼吸系统和神经系统紊乱、关节炎及乳腺炎。猪感染可发生相似症状，伴随流产和腹泻。犬感染后出现热症，伴有局部化脓性病灶。

流行病学

该病在临床上常呈散发。宿主范围几乎没有限制。已经有多种动物有感染类鼻疽的报道，如绵羊、山羊、猪、牛、马、鹿、骆驼、羊驼、犬、猫、海豚、沙袋鼠、袋鼠、考拉及灵长类动物。一些非哺乳动物也有感染的报道，如鸟类、热带鱼和爬行动物。人类感染后可表现为快速致死或者呈亚临床症状。在潮湿环境中，如沼泽地或者稻田，疾病发生与接触有关。近期研究表明，很多患有糖尿病未加控制的人容易患类鼻疽。

免疫学特征

在感染过程中可产生补体结合抗体和间接血凝抗体。已经证明在感染山羊中存在细胞介导的超敏反应。已有报道，对于马和动物园动物已经生产出有效的疫苗。

实验室诊断

鼻疽伯克菌的分离和鉴定方法已经应用于类鼻疽伯克菌。标本不应冷冻。该菌具有游动性，可在柠檬酸条件下生长，42℃可生长，可还原硝酸盐产生含氮气体，这一特点可用于区别类鼻疽伯克菌和鼻疽伯克菌。聚合酶链式反应可用于检测和鉴定，但是不作为鉴别类鼻疽伯克菌和鼻疽伯克菌的手段。

治疗和控制

动物治疗比较昂贵，时间较长且通常无效。伴侣动物和动物园动物可进行治疗。

延伸阅读

Maxie GM, 2007. Pathology of Domestic Animals[M]. vol. 2, 5th edn, Saunders-Elsevier: 623-624, 633-634.

NCBI. Bacterial Taxonomy, http://www.ncbi.nlm.nih.gov/Taxonomy/. html (accessed January 8, 2013).

Quinn PJ, Carter ME, Markey B, et al, 1999. Clinical Veterinary Microbiology[M]. Mosby: 237-242.

Snyder JW, 2008. Sentinel Laboratory Guidelines for Suspected Agents of Bioterrorism-Burkholderia mallei and B. pseudomallei[J]. American Society for Microbiology.

（李慧昕 译，于申业 校）

第17章 土拉弗朗西斯菌属

土拉弗朗西斯菌（*Francisella tularensis*）是兼性胞内寄生菌，可引起急性人畜共患传染病——土拉菌病（又称野兔热、鹿虻热或野鼠热等）。该病以全身多系统综合征为特点，并时常伴有局部皮肤溃疡。虽然该病在美国全境均有报道，但多数发生在密苏里州、堪萨斯州、阿肯色州、俄克拉荷马州和墨西哥州等南部和中南部各州。据美国疾病预防控制中心2012年统计表明，自2000年来平均每年有123人感染土拉弗朗西斯菌。土拉菌病是美国国家公共卫生监测系统规定的需上报的疾病之一，上报病例需经临床诊断和实验室诊断同时确认。

• 分类

土拉弗朗西斯菌与分枝杆菌、李斯特杆菌、军团菌、布鲁氏菌、柯克斯体和立克次体等同属于胞内寄生菌大家族。美国细菌学家爱德华弗朗西斯深入研究了土拉菌病的病原学和致病机制，由此以他的名字命名了弗朗西斯菌属。该菌属现包含7个种、8个亚种（http://www.bacterio.cict.fr/f/francisella.html，截止到2013年2月19日）。在这些已发现的菌种中，只有土拉弗朗西斯菌对人畜有致病性。土拉弗朗西斯菌这一名称由其发现地而来，人们首先在加利福尼亚州图拉尔县的啮齿类动物身上发现该病原，因此将其命名为土拉弗朗西斯菌。现在普遍认为土拉弗朗西斯菌有三个亚种能够导致感染，分别为土拉弗朗西斯菌土拉杆菌亚种（A型），土拉弗朗西斯菌北方亚种（B型）和土拉弗朗西斯菌中亚亚种。目前分类委员会正在对第四种土拉弗朗西斯菌亚种进行认证，该亚种被命名为新凶手弗朗西斯菌亚种（Johansson等，2010）。大多数土拉菌病都是由A型或B型土拉弗朗西斯菌引起的。脉冲场凝胶电泳（PFGE）可用于菌株的分型，A型菌株含有A.Ⅰ型和A.Ⅱ型两个基因型（Kugeler等，2009），这些菌株及其亚型在引起的病理特征和地域分布上存在一定差异（表17.1）。

表17.1 土拉弗朗西斯菌内亚种的分类及特点

亚型	PFGE分型	菌株名	菌株号[a]	菌株分离相关信息
土拉弗朗西斯菌	A.Ⅰ	SCHU S4	FSC 237	1941年，俄亥俄州，分离自人溃疡面
土拉弗朗西斯菌	A.Ⅱ	B-38	ATCC 6223 FSC 230	1920年，犹他州，分离自人淋巴结

（续）

亚型	PFGE分型	菌株名	菌株号[a]	菌株分离相关信息
北方型	B	LVS	ATCC 29684 FSC 155	1936年，俄罗斯，活疫苗株
中亚型	NA		FSC 147 GIEM 543	1965年，哈萨克斯坦，分离自沙鼠

注：PFGE，脉冲场凝胶电泳；FSC，弗朗西斯菌菌株库（位于于默奥的瑞典国防研究所）；ATCC，美国菌种保藏中心（位于美国弗吉尼亚州马纳萨斯）；GIEM，加马列亚流行病学和微生物学研究所（位于俄罗斯莫斯科）；NA，不适用。

[a] 据原核生物命名法，见JP Euzdby，法国兽医微生物委员会，http://www.bacterio.cict.fr/（截止到2012年10月19日）。

● 流行病学

欧洲、亚洲及北美洲均有土拉弗朗西斯菌地方性流行。其中，A型多见于北美洲，而B型在欧洲、亚洲和北美洲流行较为广泛。土拉弗朗西斯菌中亚亚型只在哈萨克斯坦和土库曼斯坦有所报道。A型中，A.Ⅰ型多发于美国东部，而A.Ⅱ型多见于美国西部（Farlow等，2005），在北美可见由A型和B型菌株导致的土拉菌病的零星暴发。土拉弗朗西斯菌可在多种生态环境中存活，在100多种野生哺乳动物、家畜、吸血节肢动物、水和土壤中都能检测到该菌。细菌感染后可引发麝鼠、水鼠、家鼠、土拨鼠和海狸等啮齿类动物，以及白尾灰兔、野兔和长耳大野兔等兔科动物和红齿鼩等食肉动物的急性发病。健康动物接触到带菌动物后也会急性发病。家养动物中绵羊和家猫易感。动物群体中土拉菌病例增加往往导致该疾病在人群中的暴发。

由于土拉弗朗西斯菌普遍与动物和自然环境相关联，其传播方式也多种多样。传播途径包括与感染哺乳动物的直接接触（如接触感染兔皮毛）、带菌节肢动物（鹿虻或蜱）的叮咬、摄取污染水源或食物（如生牛奶或不熟的肉等）、吸入污染的空气或粉尘及被感染的动物（如猫等）咬伤（WHO，2007）。目前尚未发现该菌在人与人之间的传播。被感染动物可经不同途径将病菌传染给人。节肢动物是病菌传播的主要载体。在落基山东部，本菌通常通过蜱来传播，在犹他州、内华达州及加利福尼亚州则是以苍蝇传播为主（Petersen等，2009）。对带菌蜱的职业性暴露和日常生活暴露而引起的土拉菌病有季节性的特点，多发于晚春和夏季。总体来说，土拉菌病是美国经蜱传播的主要疾病之一（Graham等，2011）。传播本病最常见的蜱主要是美国钝眼蜱（存在于美国中南部和东部）、落基小林蜱（存在于美国西北部）和美洲犬蜱（存在于北美东部、中部和南部）。通过病人的最初主述结合鉴别诊断才能区别土拉菌病和其他蜱传染病。临床上土拉菌病通常表现为高热、头痛、白细胞水平正常及转氨酶升高。本病不像莱姆病和落基山斑疹热一样会导致皮疹，也没有埃立克体病和巴贝虫病似的贫血症状。

● 临床特征

土拉弗朗西斯菌是最易感染人类的传染性病原之一，10个菌体感染即可引起急性发病。A型土拉菌病往往症状较严重，其中，A.Ⅰ亚型较A.Ⅱ亚型致病性更强。B型感染后通常症状较温和，其感染通常与接触受细菌污染的泉水、池塘、湖、河流或受感染的半水栖动物（如麝鼠或河狸等）有关，因此，该病有时被认为是水生动物疾病。中亚亚型弗朗西斯菌很少引起人类发病，通常认为土拉亚型弗朗西斯菌致病性较低，只是偶尔在免疫功能低下的患者中引起发病。感染A型菌株和B型菌株的潜伏期一般为3～5d，病程1～21d。土拉菌病是一种潜在的致死性疾病，共有7种不同临床表现（WHO，2007）。溃疡腺型是土拉菌病最常见的症状。患者通过直接接触的方式暴露于感染动物组织或被叮咬过感染动物的带菌昆虫叮咬后可发生溃疡。此病征主要特点是在菌体暴露区域产生原发溃疡（有痛感和斑丘疹病灶），并伴有急性的局部淋巴结炎。腺体型土拉菌病以局部淋巴结病变为特征，临床上不发生溃疡。本型疾病很可能是以前有过原发溃疡，只是在检查时溃疡创面已无法查明。口咽型土拉菌病是由于饮用或食用被土拉弗朗西斯菌污染的水或食物所引起。该型患者表现为溃疡渗出性口腔炎及咽炎，有时也伴随扁桃体发炎。该病征可见颈部淋巴结严重肿大（颈部淋巴结炎），症状与链球菌感染相似。带菌昆虫或蜱叮咬头颈部也能引起此类病征，一般不见体表溃疡淋巴结性病变。吸入含有土拉弗朗西斯菌的气溶胶可导致肺炎型土拉菌病或呼吸道型土拉菌病。该型疾病多为接触到感染本病原并死亡的啮齿类或兔科动物尸体而引发（Matyas等，2007）。呼吸道型土拉菌病多表现为肺炎综合征，患者咳嗽、胸痛和呼吸急促。患者排到空气中的土拉弗朗西斯菌会引起与自然感染的呼吸道型土拉弗朗西斯菌病的相似症状（发热、干咳、胸痛和肺门淋巴结炎等）。其他的临床表征包括眼腺型土拉菌病（重度结膜炎和耳前淋巴结炎）、伤寒型土拉菌病（高热和肝脾肿大）和肠道型土拉菌病（肠绞痛、呕吐和腹泻）。

● 致病机制

土拉弗朗西斯菌是胞内寄生菌，其可在巨噬细胞内存活和复制（Foley和Nieto，2010）。病原感染可使菌体在肺、肝、脾和淋巴系统等多种组织器官内扩散，但决定患病进程的关键因素为感染途径。土拉弗朗西斯菌细胞表面含有一种碳水化合物，是一种独特脂多糖（LPS），其形成的不对称伪足环可诱发细胞吞噬细菌。一旦进入细胞内，土拉弗朗西斯菌能躲避吞噬溶酶体的融合效应，从吞噬体内释出，并可在胞浆内复制（Cowley和kins，2011）。经过一段时间的复制后，细菌从宿主细胞释放，迅速感染下一个吞噬细胞。细菌的致病性取决于多个毒力基因，包括 *mglA*、*mglB*（在巨噬细胞中复制的基因座）和弗朗西斯菌属病原岛（fancisella pathogenicity island，FPI）（Backer和Klose，2007）。FPI包括19个基因，可编码胞内寄生及毒力相关最重要的菌体蛋白（Foley和Nieto，2010）。A型和B型菌株均能致病，但是A型的两个亚型及A型与B型之间在致病性上存在差异。A.Ⅰ亚型引起的土拉菌病具有较高死亡率，而A.Ⅱ亚型和B型发病程度则较轻，很少引起患者死亡。有证据表明，菌株毒力差异与基因组特性相关。毒力强的菌株可能导致宿主广泛的免疫抑制，并由此增强其致病性。

● 免疫学特征

对土拉弗朗西斯菌感染后免疫应答的研究主要源于动物感染模型以及人疫苗免疫后的机体应答（Elkins等，2003；Cowley和Elkins，2011）。还有部分研究结果则来自对自然感染个体的研究。不同毒力的菌株感染可能存在免疫学差异，利用B型土拉弗朗西斯菌致弱疫苗株（LVS株，为活疫苗株）开展的相关研究为该菌胞内致病性研究提供了较好的模型。由于缺少疫苗株致弱和毒力株致病机制的基础研究数据，该疫苗尚未通过美国食品药品管理局审批。该疫苗株是经俄罗斯疫苗株于蛋白胨半胱氨酸琼脂反复传代培养后经冻干、小鼠传代致弱而获得的。LVS株可通过在皮肤上进行穿刺进行接种，从而在接种部位产生溃疡型坏死灶。疫苗接种后可产生高水平的抗弗朗西斯菌特异性抗体，但B细胞对胞内寄生菌感染产生的免疫保护非常有限（Elkins等，2003），而特异性T细胞（包括记忆性T细胞）反应的活化不论在疫苗免疫还是在自然感染中都有保护作用。与其他胞内寄生菌免疫机制相似，抗弗朗西斯菌的长期免疫保护主要依赖T细胞。T细胞通过释放细胞因子及直接杀伤等机制可限制感染或清除弗朗西斯菌。许多研究团队都对各种不同T细胞亚群的基本作用进行了深入研究，以期阐明T细胞抵抗土拉弗朗西斯菌感染的机制。

● 预防接种

人们采用不同途径试图开发土拉弗朗西斯菌疫苗，人工培养粗提物或亚单位疫苗都进行过尝试（Oyston, 2009；Conlan, 2011），但这些方法都不能提供良好的免疫保护。在挖掘其他抗原组分研究中，LPS作为主要的免疫原成分而备受关注。一些新型免疫佐剂的出现（如免疫激活剂）也为亚单位疫苗的开发重燃了希望，但目前尚没有关于这些佐剂人体临床试验的评估。因此，目前B型土拉弗朗西斯菌毒株（LVS）弱毒苗仍然是唯一有效的疫苗。尽管几十年来人们一直用该疫苗预防抵抗土拉菌病，但该疫苗株仍未经过管理机构的认证。其原因最主要是因为该菌株致弱机制不明，同时，该菌的感染特性也使得临床试验无法开展。2002年，FDA颁布一条新法规，可视为对高致死性病原药物的补充说明（Crawford, 2002）。这条被称为"动物章程"的法规，已经用于生物防御疫苗的开发。该法规要求基于GLP（good laboratory practice，良好实验室规范）条件下在动物体上进行效力试验，以及在GCP（good clinical practice，良好药品临床试验规范）条件下在人体进行安全性和免疫原性试验，法规规定人体免疫原性试验数据与动物效力试验保护效果呈现相关性的疫苗，可以获得审批（Sullivan等，2009）。动物章程只应用于无法通过其他途径获得许可的疫苗，且这条规定仍要求只有充分了解病原发病机制的相关病原的疫苗才可获批，但由于当前人们对于土拉弗朗西斯菌毒株的发病机制知之甚少，因此一直未有疫苗获得正式批准。此外，动物的免疫反应和人有很大区别，动物试验很难完全反映人体免疫的真实情况。目前，鉴于LVS在人体长时间应用所展现出的有效性，该疫苗仍是面临病原暴露风险时预防本病的首选疫苗。

● 实验室诊断

实验室诊断包括菌体分离或特异性抗原的检测、临床样本中的核酸检测，以及血清中土拉弗朗西斯菌抗体的检测。国家及地方流行病学委员会根据实验室的判定标准描述了疑似土拉菌病病例判定标准，即病人在没有血清抗体滴度4倍（或更高）的升高病史、没有土拉弗朗西斯菌疫苗接种史、没有临床样品的荧光检测呈阳性的病史的情况下，土拉弗朗西斯菌血清特异性抗体滴度有所升高。病例确诊则需在临床样本中分离出病原，或急性期和恢复期血清抗体滴度增高4倍以上。

实验室应急网络

该病原被美国国家卫生研究院列为3级危害病原，联邦政府也将其列为特殊病原，因此经常接触土拉弗朗西斯菌培养物或者阳性病料的实验室要建立针对其感染的应急反应措施。作为美国生物恐怖预防措施的一部分，美国CDC建立了针对土拉弗朗西斯菌评估和隔离的预警级微生物实验室网络，该网络是美国实验室应急网络（US laboratory response network，LRN）的一部分。美国CDC与美国公共卫生实验室协会联手美国微生物协会共同制定规则，以通过信息和技术手段协助这些预警生物实验室排除包括土拉弗朗西斯菌在内的疑似生物恐怖危害病原，或者委托LRN参考实验室（如公共卫生实验室）对疑似样本做病原确认鉴定。

血清学检测

土拉弗朗西斯菌常用血清学方法检测。患者感染土拉弗朗西斯菌10~20d后即可检测到抗体。以弗朗西斯菌特异性LPS或灭活菌体作为抗原，可利用凝集反应检测抗体。急性期和恢复期血清抗体升高均达4倍可确诊为土拉弗朗西斯菌感染阳性。

形态学诊断

土拉弗朗西斯菌是小型、多形性、无活动性、革兰阴性及兼性胞内球杆菌[（0.2～0.5）μm×（0.7～1.0）μm，图17.1]。培养后该菌由于形态小且着色差，而不易分辨（图17.1）

培养特性

从患者的血液、皮肤、溃疡、淋巴液、胃灌洗液或呼吸道内可分离到土拉弗朗西斯菌。土拉弗朗西斯菌的分离培养不仅作为临床诊断的确诊依据，也可为分子生物学和流行病学调查诊断以及药敏试验提供材料（Splettstoesser等，2005）。本菌对营养要求很高，培养基中需添加半胱氨酸（如半胱氨酸血琼脂培养基），此外该菌也在巧克力琼脂培养基和改良泰勒-马丁琼脂培养基上生长，但在山羊血琼脂培养基上无法生长。35～37℃，5% CO_2条件下，培养48h以上可长成直径2～4mm菌落，菌落白色或灰白色，不透明，边缘光滑，表面有光泽（图17.2）。土拉弗朗西斯菌不在麦康凯培养基或伊红亚甲蓝琼脂培养基等革兰阴性选择培养基上生长，在商品化血琼脂培养基上可生长（图17.2）。

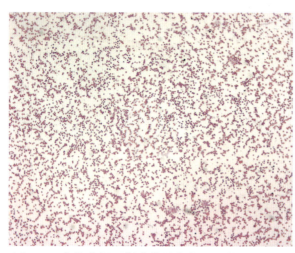

图17.1　土拉弗朗西斯菌革兰染色可见革兰阴性小球杆菌呈散在分布，1 000×（引自美国公共卫生服务部疾病预防与控制中心公共卫生信息库）

图17.2　土拉弗朗西斯菌在CHA培养基上培养72h后观察到直径2～4mm、光滑、完整、青白色带乳白光泽的菌落（引自美国公共卫生服务部疾病预防与控制中心公共卫生信息库）

初步生化鉴定

土拉弗朗西斯菌为氧化酶阴性、触酶弱阳性（3%过氧化氢）、β-内酰胺酶阳性（如头孢噻吩检测）、尿素酶阴性（克里斯滕森琼脂）、卫星试验阴性，不需要X因子（氯高血红素）和V因子（烟酰胺腺嘌呤二核苷酸）。各预警实验室以此为基础作菌体的鉴别，如果不能排除土拉弗朗西斯菌，必须联系LRN参考实验室做进一步验证试验。

限制培养

由于商品化的细菌鉴定系统非常容易导致误判且可能在处理过程中产生菌体气溶胶，因此不能用于土拉弗朗西斯菌的鉴定。商品化的细菌鉴定系统会将其土拉弗朗西斯菌误诊为流感嗜血杆菌（有卫星现象或培养时需X因子和V因子）和伴放线杆菌（β-内酰胺酶反应阴性）。

抗原检测

抗原检测方法是在临床样品上直接检测土拉弗朗西斯菌最有效的方法。常用的是采用荧光素异硫氰酸盐（FITC）标记兔抗体（用全灭活土拉弗朗西斯菌菌体制备）进行直接荧光抗体染色。另外，采用抗LPS单克隆抗体做组织免疫化学染色也是检测福尔马林固定样本的常用手段之一。

分子生物学检测

目前，已有多种从临床标本和细菌培养物中检测土拉弗朗西斯菌的PCR方法（Larson等，2011）。不论是常规PCR还是实时定量PCR，检测的目的片段大多数都是编码外膜蛋白的 *fopA* 和 *tul*4 基因（Backer和Klose，2007）。与其他诊断技术相比，PCR技术灵敏度高、特异性好，其正成为未来快速诊断的主要技术手段。但是目前由于尚未标准化，也没有经权威部门认可的操作流程，当前的PCR技术的应用受到了很大的限制。基因测序的方法也可应用于对分离培养细菌的精准鉴定。对rDNA复合体（如16SrDNA）的分析对菌株鉴定具有重要意义。随着越来越多土拉弗朗西斯菌亚型全基因组序列公开（GenBank 登录号：CP000803、CP000437、CP000915、CP001633和NC006570），也有更多的基因组片段可作为检测靶基因而用于该病原的PCR鉴定。

● 治疗

成人和儿童患土拉菌病后，首选治疗方法是注射氨基糖苷类药物（WHO，2007）。药物可选择庆大霉素，每1kg体重5mg用量，分为2～3次给药，并检测血清药物浓度。如果药品充足，该药也可以每天2g肌内注射，连续注射10d。链霉素由于其前庭毒性和部分人群易过敏，所以无法广泛应用。对于实验室人员的暴露后预防，推荐注射环丙沙星（1 000mg/d，注射2次）或多西环素（200mg/d，1d 2次）14d。对有可能但不确定是否接触土拉菌的人员，要告知其14d内密切注意是否发热并随时准备接受治疗。一般对土拉弗朗西斯菌不做药敏试验，因为目前还没有菌株对抗生素具有天然抗性的记录，但由于土拉弗朗西斯菌是一种潜在的生物恐怖菌，其对抗生素的耐药性研究一直备受关注。对土拉弗朗西斯菌可以采用标准的抗生素敏感性测定，这些抗生素包括：氨基糖苷类（庆大霉素和链霉素）、四环素（多西环素和利乐菌素）、喹诺酮类抗生素（环丙沙星和左氧氟沙星）和氯霉素（CLSI，2010）。

● 安全防护措施

当被由菌体感染的节肢动物叮咬、接触感染动物或细菌培养物时，无论是普通人还是试验操作人员都有很高的感染风险。为避免暴露于感染环境，在野外时要穿长衣长裤并使用驱虫剂，驱除身上和头上的蜱，避免带菌昆虫叮咬；儿童要避免接触发病或病死动物，园艺工人要避免吸入气溶胶的感染（如除草时可能会接触到感染动物的尸体）（Matyas等，2007）；野外狩猎者或食品加工人员在处理死亡野兔或其他易感动物尸体时要戴乳胶手套或其他防护品；野味肉要做熟后食用；处理样品和培养物的实验员及研究人员也要特别做好保护措施。土拉弗朗西斯菌是继布鲁氏菌病、Q热和伤寒之后排在世界第4位的实验室易感细菌病（Singh，2009）。美国公共卫生服务部制定了土拉弗朗西斯菌实验室操作守则（DHHS，2007）。此外，CDC也发布了关于土拉弗朗西斯菌实验室安全指南（http://www.cdc.gov/tularemia/，截止到2011年10月26日），该指南为明确暴露个体是否需要接受体温监控和紧急预防的适用人群范围提供了参考。

● 土拉弗朗西斯菌和生物武器

高致病性、极低的感染剂量以及简单的扩散方式，使人们非常担心土拉弗朗西斯菌被用作生化武器。因此，美国政府将土拉弗朗西斯菌归类为需严格规范处理和保存的病原（CDC，2005）。所有医学或兽医实验室在诊断出该病原或处理此菌的时候都要建立相应的销毁记录，经由国家特定制剂项目（select agent program）注册批准，才能保存该菌活菌株。

参考文献

Backer J, Klose K, 2007. Molecular and genetic basis of pathogenesis in Francisella tularensis[J]. Ann NY Acad Sci, 1105: 138-159.

Centers for Disease Control and Prevention, 2005. Possession, use, and transfer of select agents and toxins, final rule[J]. Fed Regist, 70: 13293-13325.

Centers for Disease Control and Prevention, 2012. Summary of notifiable diseases-United States, 2010[J]. Morbidity and Mortality Weekly Reports, 59: 97-99.

Clinical and Laboratory Standards Institute, 2010. Methods for Antimicrobial Dilution and Disk Susceptibility Testing of Infrequently Isolated or Fastidious Bacteria; Approved Guideline[M]. M45-A2, Clinical and Laboratory Standards Institute, Wayne, PA.

Conlan JW, 2011. Tularemia vaccines: recent developments and remaining hurdles[J]. Future Microbiol, 6: 391-405.

Cowley SC, Elkins KL, 2011. Immunity to Francisella[J]. Front Microbiol, 2: 1-21.

Crawford LM, 2002. New drug and biological drug products: evidence needed to demonstrate effectiveness of new drugs when human efficacy studies are not ethical or feasible[J]. Fed Regist, 67: 37988-37998.

Department of Health and Human Services, 2007. Biosafety in Microbiology and Biomedical Laboratories[M]. 5th edn, US Government Printing Office, Washington, DC.

Department of Health and Human Services, 2009. NIH Guidelines for Research Involving Recombinant DNA Molecules[M]. September 2009, US Government Printing Office, Washington, DC.

Elkins KL, Cowley SC, Bosio CM, 2003. Innate and adaptive immune responses to an intracellular bacterium, Francisella tularensis live vaccine strain[J]. Microbes Infect, 5: 135-142.

Farlow J, Wagner DM, Dukerich M, et al, 2005. Francisella tularensis in the United States[J]. Emerg Infect Dis, 11: 1835-1841.

Foley JE, Nieto NC, 2010. Tularemia[J]. Vet Microbiol, 140: 332-338.

Graham J, Stockley K, Goldman RD, 2011. Tick-borne illnesses, a CME update[J]. Pediatr Emerg Care, 27, 141-150.

Johansson A, Celli J, Conlan W, et al, 2010. Objections to the transfer of Francisella novicida to the subspecies rank of Francisella tularensis[J]. Int J Syst Evol Microbiol, 60: 1717-1718.

Kugeler KJ, Mead PS, Janusz AM, et al, 2009. Molecular epidemiology of Francisella tularensis in the United States[J]. Clin Infect Dis, 48: 863-870.

Larson MA, Fey PD, Bartling AM, et al, 2011. Francisella tularensis molecular typing using differential insertion sequence amplification[J]. J Clin Microbiol, 48: 2786-2797.

Matyas BT, Nieder HS, Telford SR, 2007. Pneumonic tularemia on Martha's Vineyard: clinical, epidemiologic, and ecological characteristics[J]. Ann NY Acad Sci, 1105: 351-377.

Oyston PCF, 2009. Francisella tularensis vaccines[J]. Vaccine, 27: D48-D51.

Petersen JM, Mead PS, Schriefer ME, 2009. Francisella tularensis: an arthropod-borne pathogen[J]. Vet Res, 40: 1-9.

Singh K, 2009. Laboratory-acquired infections[J]. Clin Infect Dis, 49: 142-147.

Splettstoesser WD, Tomaso H, Al Dahouk S, et al, 2005. Diagnostic procedures in tularemia with special focus on molecular and immunological techniques[J]. J Vet Med, 52: 249-261.

Sullivan JJ, Martin JE, Graham BS, et al, 2009. Correlates of protective immunity for Ebola vaccines: implications for regulatory approval by the animal rule[J]. Nat Rev Microbiol, 7: 393-401.

World Health Organization, 2007. WHO Guidelines on Tularemia[M]. WHO Press, World Health Organization, Geneva, Switzerland.

(王斌 译，张跃灵 校)

第18章 莫拉菌属

莫拉菌属属于莫拉菌科（或变形菌亚群），为革兰阴性菌，菌体呈棒状或球状。莫拉菌属以前被分为两个亚属：莫拉菌亚属（杆状）和布兰汉球菌亚属（球菌）。部分球菌类的曾被归于奈瑟菌属。该菌属成员见表18.1。部分菌种可导致人类疾病。兽医领域最受关注的是牛莫拉菌（*M. bovis*），该菌引起牛最常见的眼部疾病——牛传染性角膜结膜炎（infectious bovine keratoconjunctivitis，IBK）。

表18.1 莫拉菌属成员及其来源

菌种	常见来源或相关疾病
莫拉菌属亚特兰大种（CDC M-3 群）	人败血症
鲍氏莫拉菌	正常山羊呼吸道
牛莫拉菌	牛传染性角膜结膜炎
牛眼莫拉菌	牛呼吸道和眼球表面
兔莫拉菌	兔呼吸道
犬莫拉菌	正常犬猫呼吸道
山羊莫拉菌	正常山羊和绵羊呼吸道
卡他莫拉菌	儿童中耳炎；人呼吸道感染
豚鼠莫拉菌	豚鼠呼吸道
腔隙莫拉菌	人结膜炎和角膜炎
林氏莫拉菌	人呼吸道
非液化莫拉菌	正常人呼吸道；免疫低下患者的血液、脑脊液和肺
绵羊莫拉菌和卵形莫拉菌	山羊脑膜结膜炎
奥斯陆莫拉菌	线虫；多种人类疾病
苯丙酮酸莫拉菌	正常人呼吸道及免疫低下患者血液

● 特征概述

形态和染色

莫拉菌为短而粗的革兰阴性杆菌，大小为 $1 1.5 \mu m \times (1.5 \sim 2.5) \mu m$，通常成对或呈短链排列（图18.1）。

结构和组成

菌体细胞壁为典型革兰阴性菌菌壁，由脂多糖（LPS）和蛋白组成。但与许多其他革兰阴性菌（如肠杆菌）不同的是，莫拉菌的LPS不含有O-抗原。菌毛黏附素是牛莫拉菌毒力的决定因子，但在传代培养时却可能消失（见"多样性"），新分离菌可见荚膜。

具有医学意义的细胞产物

黏附素 与其他细菌相同，莫拉菌黏附素通过将细菌黏附到靶细胞上而启动感染。牛莫拉菌的4型菌毛负责细菌对结膜和角膜上皮细胞的黏附，这种菌毛与绿脓杆菌、淋球菌、节瘤偶蹄形菌、多杀巴氏杆菌及霍乱弧菌菌毛相似。不能生成菌毛的变异菌株是没有致病性的。

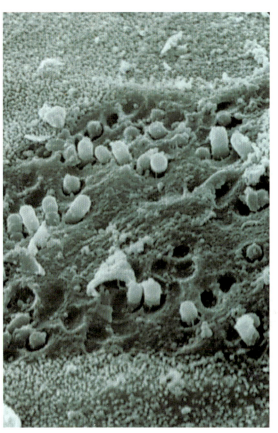

图18.1 试验感染牛莫拉菌的牛角膜
菌体周围角膜被溶解。扫描电镜，22 000×（引自内布拉斯加州立大学兽医诊断中心Doug Rogers）

荚膜 荚膜具有多种作用，最主要的是干扰吞噬作用，此外荚膜也能保护菌体细胞膜不被补体系统活化而产生的膜攻击复合物所损伤。

细胞壁 莫拉菌的细胞壁是典型革兰阴性菌特征（没有O-抗原的菌除外）。膜上LPS是重要的毒力决定因素。LPS与血清LPS结合蛋白结合，再与血液中CD14结合，CD14-LPS复合物与巨噬细胞表面Toll样受体结合，从而引起炎性因子释放。

外毒素 牛莫拉菌最主要的外毒素是RTX（重复基序，被称为RTX是因为其蛋白内有重复的富甘氨酸片段结构）毒素（此类型的细胞毒素还可参见第7章的大肠埃希菌溶血素、第11章的巴氏杆菌属/曼氏杆菌属的白细胞毒素、第12章的放线杆菌溶血素和第14章的博带式杆菌腺苷酸环化酶毒素）。这种细胞毒素因为在血琼脂培养基上有溶血性，故又被称为溶血素，即Mbx（*M. bovis* toxin，牛莫拉菌毒素）。Mbx能够特异性地在角膜上皮细胞和中性粒细胞上形成小孔，不产生Mbx的突变菌株没有毒性。

铁摄取 铁是细菌生长必需的成分，也是菌体从宿主体内释放的必要条件。莫拉菌表面表达Tbp和Lbp（转铁蛋白和乳铁蛋白结合蛋白），它们分别与宿主体内的转铁蛋白及乳铁蛋白结合，这些宿主蛋白辅助菌体的铁元素摄取。

其他产物 牛莫拉菌体外培养可产生包括补体降解蛋白酶、脂酶、磷酰胺酶、肽酶和蛋白酶等毒性蛋白，不过目前还没有证据表明这些毒素在体内也有毒性作用。

生长特性

牛莫拉菌在含血和血清的培养基中，在35℃条件下培养生长最佳。在麦康凯培养基和厌氧环境下均不生长。培养48h后菌体可长成1mm大小、扁平、带溶血性质的松散菌落，可溶解琼脂，在生理盐水中聚集成团。

生化特性

牛莫拉菌生化检测呈氧化酶反应阳性，不能分解糖类、不发酵，过氧化氢酶活性不均一，不能分解硝酸盐和尿素，但可分解蛋白，大多数其他种的莫拉菌都能降解硝酸盐和亚硝酸盐。

耐药性

该菌对物理和化学试剂抵抗力不强，一般情况下对常用抗生素敏感。部分牛莫拉菌对四环素和泰乐菌素有耐药性。卡他莫拉菌（*Moraxella catarrhails*）是莫拉菌属中唯一可产生β-内酰胺酶的菌种。

多样性

牛莫拉菌菌落在培养过程中趋于离散（逐步变异），形成奶油状光滑菌落，菌落中包括由于编码菌毛的基因倒位而使菌毛缺失、感染性降低的菌，菌落不易聚合。菌毛免疫原性差异性很大，因此可依据血清学相似性对菌株进行分类。非溶血性变异菌株无致病性。

● 生态学

大多数莫拉菌属是上呼吸道黏膜和眼表常在菌，多数不致病。

传染源

牛莫拉菌存在于牛结膜表面及上呼吸道黏膜，无临床症状。

传播

通过直接接触和间接接触传播，包括昆虫传播，并可能经空气传播。

● 致病机制

机制

牛莫拉菌的致病性与其产生的细胞毒素（如Mbx）和菌毛密切相关。菌毛接触结膜后，Mbx会破坏结膜及角膜细胞。该菌在结膜和角膜内的增殖可产生炎性反应，Mbx介导的中性粒细胞裂解则可加剧炎症反应和组织损伤。

一些环境因素，如紫外辐射、苍蝇、灰尘及牧场木本植物等都会刺激菌体感染的靶组织，当与其他病原如牛疱疹病毒1型（牛传染性鼻气管炎病毒）、腺病毒、支原体（牛眼霉形体）、细菌（李斯特菌）和线虫（结膜吮吸线虫）共感染时，则会使病情复杂化。

疾病模型和病理变化

牛传染性角膜结膜炎（IBK） 牛莫拉菌感染引起IBK，初期表现为牛结膜和角膜水肿和明显的中性粒细胞炎症反应。症状发展过程中会从轻微症状（溢泪和角膜模糊）发展到重度症状（重度水肿、角膜混浊、血管化、溃疡破裂，眼色素层下垂和全眼球炎）（图18.2和第74章）。外周溃疡需要数周才能愈合，结痂更持续数月之久。虽然该病是自限性疾病，但牲畜的视觉障碍会导致其无法觅食而减轻体重。

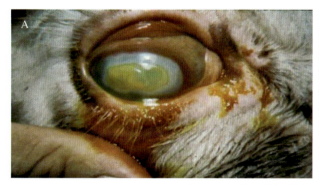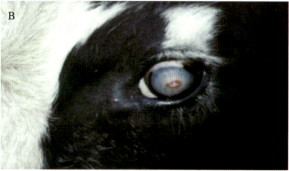

图18.2　（A、B）患有IBK的犊牛的临床表现

流行病学

IBK极易传染，特别是肉牛更加易感，犊牛可能因获得性免疫力低下也更容易感染。与维生素A缺陷类似，眼睑色素沉积少和眼睛明显的凸出，都是该病发生的主要诱因。在夏季和初秋季节环境变化引起机体的应激反应最强，应加强对本病的预防。

● 免疫学特征

机体感染后会产生所有类型的抗体，以局部分泌型IgA为主。康复后短时间内可以抵御重复感染。在机体康复中系统免疫、局部免疫、体液免疫和细胞免疫各自发挥的作用目前尚不清楚。

实验菌苗和菌毛抗原可刺激机体产生免疫保护，即对同源菌株攻击提供较好的保护性免疫。菌毛蛋白、Mbx和一些蛋白酶都能诱导机体产生免疫保护。目前菌毛疫苗已经商品化。

● 实验室诊断

发病动物组织渗出物涂片可检出牛莫拉菌相关成分，免疫荧光检测的结果则更有说服力（用牛莫拉菌特异性抗体）。渗出物用血琼脂培养基培养后，通过菌落特点、氧化酶活性、溶血性、蛋白水解能力以及不能发酵碳水化合物的性质来鉴定牛莫拉菌。使用荧光显微镜和特异性的荧光抗体，可以检测培养平板上的可疑菌落（甚至是变异菌落）。PCR检测也可用于诊断和鉴别。

● 治疗和控制

感染动物要移入封闭畜栏中，避免灰尘和苍蝇。皮质类固醇局部给药可减轻炎症反应，局部或全身注射抗生素也会有一定效果。首选药物是长效四环素和氟苯尼考。菌毛疫苗是目前最有效的特异性预防措施，但疫苗诱导的免疫应答具有血清型特异性，目前还没有广谱性疫苗可以使用。

📁 **延伸阅读**

Alexander D, 2010. Infectious bovine keratoconjunctivitis: a review of cases in clinical practice[J]. Vet Clin North Am Food Anim Pract, 26 (3): 487-503.

（王斌 译，张跃灵 校）

第19章 假单胞菌属

假单胞菌属的成员均为革兰阴性的好氧杆菌。目前已鉴定和未鉴定的假单胞菌属的种和亚种已经达到200多种，但是导致动物疾病的主要是绿脓假单胞菌（*Pseudomonas aeruginosa*）。最近也发现过两种在兽医领域具有重要意义的假单胞菌，命名为鼻疽假单胞菌（*P. mallei*）和伪鼻疽假单胞菌（*P. pseudomallei*），不过后来这两种又被归到了伯克菌属（*Burkholderia*）（见第16章）。

绿脓假单胞菌在临床医学上非常重要，但它很少引起原发性疾病。绿脓假单胞菌菌株大多对常用的抗生素具有耐药性，因此，如果发生感染，有些情况下很难彻底根除。

● 特征概述

形态和染色

该属成员为革兰阴性杆状菌，大小为（1.5～5.0）μm×（0.5～1.0）μm。

结构和组成

假单胞菌具有典型的革兰阴性细胞壁，细胞壁被一层富含碳水化合物的荚膜包裹。该属的所有成员均能通过极生鞭毛进行运动，均产生菌毛（菌毛黏附素）。

具有医学意义的细胞产物

黏附素 绿脓假单胞菌产生多种具有黏附素功能的产物，其中包括结合上皮细胞某些糖蛋白的菌毛黏附素。另外，绿脓假单胞菌还产生非菌毛黏附素，包括一种结合黏蛋白的膜蛋白以及对氯离子通道蛋白具有亲和力的细胞壁脂多糖（lipopolysaccharide，LPS）。菌毛黏附素作用于巨噬细胞表面的Toll样受体（见第2章），能够诱导促炎细胞因子的产生。

荚膜 荚膜能够保护铜绿假单胞菌外膜免受补体级联反应（complement cascade）中的膜攻击复合体（membrane attack complex）的攻击，还能够阻止菌体结合到宿主吞噬细胞从而免受吞噬细胞吞噬。

细胞壁 该属成员的细胞壁属于典型的革兰阴性细菌细胞壁。脂多糖（LPS）存在于外膜，是一种重要的致病因子，其脂质A组分本身具有毒性（是一种内毒素），其O-重复单元（O-repeat unit）的长侧链能够阻止补体级联反应中的膜攻击复合体接触外膜。LPS被LPS结合蛋白结合后，被转移到血液中的CD14上，形成CD14-LPS复合体。CD14-LPS复合体结合Toll样受体蛋白，引发促炎细胞因子的释放。

铁摄取 铁元素对所有生物的生长都是必需的。绿脓假单胞菌通过自身产生的两种嗜铁素：螯铁蛋白（pyochelin）和脓青素（pyoverdin），并利用周围环境中其他细菌产生的嗜铁素（如肠菌素和杆菌素），掠夺宿主铁结合蛋白结合的铁元素。

外毒素 绿脓假单胞菌产生多种蛋白类的外毒素，包括外毒素A、S、T、U和Y，弹性蛋白酶，以及其他具有生物活性的蛋白（如蛋白酶和磷脂酶）。外毒素S、T、U和Y通过Ⅲ型分泌系统"注射"进入宿主细胞。Ⅲ型分泌系统是由20多种蛋白组装成的空管结构，效应蛋白从空管"注射"到宿主靶细胞。

1. *外毒素A* 外毒素A通过对延长因子-2（elongation factor-2）核糖基化，抑制蛋白合成和受体介导的内吞作用。

2. *外毒素S和T* 外毒素S和T核糖基化宿主细胞的GTP结合蛋白，干扰依赖于微丝骨架的细胞功能（如吞噬作用）。

3. *外毒素U* 外毒素U具有细胞毒性，但其机制目前还不清楚。

4. *外毒素Y* 外毒素Y是一种腺苷环化酶，能够提高胞内cAMP的量达到破坏水平。

其他产物 绿脓假单胞菌产生脓菌素和绿脓菌素。脓菌素在用于医院环境内流行病学追踪方面很有用，绿脓菌素在实验室用于协助鉴定绿脓假单胞菌。绿脓菌素具有细胞毒性，与氧气反应产生活性氧基团，对真核和原核生物均具有毒性。研究显示绿脓菌素能够抑制宿主淋巴细胞增殖。绿脓假单胞菌自身通过增加过氧化氢酶和超氧化物歧化酶的合成来保护自己免受绿脓菌素的毒性作用。

产物调控 致病性绿脓假单胞菌产物表达和分泌的调控十分复杂。通过Ⅲ型分泌系统的产物分泌（外毒素S、T、U和Y）由细菌-宿主细胞之间相互作用而引发。其他产物由绿脓假单胞菌的"群体感应"系统调控，其具体机制是，绿脓假单胞菌均分泌高丝氨酸内酯，但是浓度很低，不足以引发毒性基因的表达，直到细菌达到一定数量，其产生的高丝氨酸内酯达到阈值水平时，编码这些产物的基因开始表达。外毒素A和内切蛋白酶由脓青素的水平所调控。当自由铁元素浓度较低时（这时细菌体内自由铁元素浓度也低），这两种蛋白表达并分泌。

生长特性

绿脓假单胞菌是一类专性好氧微生物，通过利用氧作为最终电子受体，氧化有机物质产生生长所需的能量。它们能在所有常用培养基上生长，生长温度范围较宽，为 $4 \sim 41^\circ C$。

● 生态学

传染源

假单胞菌属的多数成员存在于土壤和水中。绿脓假单胞菌也被发现于常见动物的粪便中，但它并不是粪便的常在类群（即仅短期存在于粪便中）。

传播

在环境中和体内绿脓假单胞菌一直存在，一般在宿主抵抗力降低的情况下才发生感染。

● 致病机制

机制

绿脓假单胞菌一般不引起健康宿主患病，但如果感染，则可能发生在宿主的任意部位，一般是正常菌群减少的部位。通常情况是抗菌剂的使用造成使用部位正常菌群数减少，而绿脓假单胞菌能够抵抗多数常用的抗菌剂，因此会在这种部位取代正常菌群。一旦绿脓假单胞菌污染的部位或临近部位抵抗力降低，这些部位就有被感染的风险。感染后，绿脓假单胞菌释放外毒素和绿脓菌素，宿主释放促炎细胞因子和活性氧中间体，造成组织破坏。

不过在从未使用过抗菌剂的动物的某些部位，也分离到了绿脓假单胞菌。

● 疾病模型

犬和猫

绿脓假单胞菌对犬和猫的感染常伴随外耳道炎症、下尿路感染和脓皮病，偶发眼部感染。

马

绿脓假单胞菌在马中的感染主要有继发于抗菌剂长期使用的子宫炎（阴道炎）和继发于针对角膜溃疡局部用类固醇抗生素的角膜炎和结膜炎。

牛

绿脓假单胞菌在牛中引起乳腺炎（不常见）。

其他

绿脓假单胞菌在动物中不常引起败血症，但是对人却是一个常见的菌血症的诱因，伴随发热、白血病或囊胞性纤维症。

● 流行病学

绿脓假单胞菌在环境中广泛存在，要彻底避免暴露是不可能的，而它是否造成疾病很大程度上取决于宿主自身和宿主所处的环境。绿脓假单胞菌对营养要求不高，在动物医院很多环境都适合这种微生物的生长。绿脓假单胞菌在医院的一些湿润、缺少气体的环境中生长旺盛，尤其是手术区没有正确干燥的供给包上，和没有正确清理和干燥的麻醉机管道中，以及没有及时更换的消毒溶液里。这些情况均能够增加低免疫力动物暴露于假单胞菌的机会，从而增加感染（污染）的风险。

● 免疫学特征

似乎没有什么特别的免疫反应参与假单胞菌的致病和抗病，不过采用假单胞菌提取物或外毒素A免疫还是在动物中显示出了一定的免疫保护作用。降低假单胞菌感染的重要措施，一是降低病人所处环境中假单胞菌的浓度，二是保持局部清洁，清除感染组织，如对感染耳部进行清洁和擦干。

● 实验室诊断

绿脓假单胞菌在琼脂培养基上生长良好。菌落较大，直径一般大于1mm，铁灰色，粗糙，产生溶血圈。生长绿脓假单胞菌的平板的特殊气味常使人联想起玉米饼。除了氧化酶反应阳性，绿脓假单胞菌还有一个特征使它不同于肠杆菌科的其他成员，即它能有氧发酵葡萄糖，使三糖铁琼脂培养基变为弱碱性。绿脓假单胞菌在42℃生长时形成蓝绿色可溶于氯仿的色素——绿脓菌素。绿脓假单胞菌能够抵抗多种抗生素，一方面是由于其细胞壁的阻渗作用，另一方面归因于其具有编码失活抗生素基因的质粒（R质粒）。

● 治疗和控制

治疗绿脓假单胞菌感染的方法包括保持局部清洁，清除感染组织，必要的情况下使用抗菌剂。绿脓假单胞菌一般对庆大霉素、妥布霉素、阿米卡星、羧苄青霉素、环丙沙星和替门丁敏感。这些抗菌剂用来治疗软组织感染。对犬类尿道感染，一定剂量的四环素足以杀死大部分菌株。大多数假单胞菌对下列抗菌剂耳用制剂剂量敏感：新霉素、多黏菌素和庆大霉素。需要指出的是，没有哪种体外敏感/抗性实验能够预测局部治疗（如耳部治疗）的有效性。

📁 延伸阅读

Greene CE, 2006. Infectious Diseases of Dog and Cat[M]. Saunders-Elsevier: 320-321, 815-817, 884-885.

NCBI. Bacterial Taxonomy, http://www.ncbi.nlm.nih.gov/Taxonomy/. html (accessed January 8, 2013).

Quinn PJ, Carter ME, Markey B, et al, 1999. Clinical Veterinary Microbiology, Mosby, 237-242.

（张跃灵 译，孙明霞 校）

第20章 泰勒菌属

泰勒菌属成员为革兰阴性、无运动能力的杆状或球杆状菌。马是泰勒菌的天然宿主；马生殖道泰勒菌为引起马传染性子宫炎的病原，驴生殖道泰勒菌定植在牧马或驴生殖道。马生殖道泰勒菌具有重要临床及经济意义，而驴生殖道泰勒菌基本不会引起自然感染。

● 马生殖道泰勒菌

马生殖道泰勒菌是引起马的急性、化脓性、自限性疾病马传染性子宫炎（CEM）的致病菌。1977年该病在欧洲首次被描述；1978年该病被美国列为需报告疾病。马传染性子宫炎可以导致暂时性的不孕或很少发生的母马早期流产症状。病原具有高度传染性，并且对于初次感染生殖道泰勒菌的马，会长期无症状带菌。种马感染后无临床症状，是重要的长期带菌者。由于疫情调查、检测产生相关费用以及繁殖效率下降，马传染性子宫炎对马养殖业具有重要经济意义。

特征概述

形态和染色 马生殖道泰勒菌为革兰阴性，短杆状或球杆状菌，大小为 $0.8\mu m \times (5 \sim 6) \mu m$。该菌表现为两极染色，无运动能力。

结构和组成 马生殖道泰勒菌细胞壁具有典型革兰阴性菌细胞壁特征，由脂多糖和蛋白组成。具有不连续性菌毛（特别在组织培养菌），外膜外有荚膜。外膜蛋白类似于百日咳波氏杆菌和一些奈瑟菌属细菌孔蛋白，具有免疫原性。

生长特性 马生殖道泰勒菌生长条件苛刻，最适宜生长在 $35 \sim 37$℃低氧环境。该菌通常在含5%巧克力羊血的基础培养基生长良好，可以加入抗菌剂提高选择鉴定特异性。培养鉴定一般需要14d，在 $48 \sim 72h$ 可见菌落。目前通用方法建议需要培养7d以后未见菌落判定样品为阴性。尽管添加抗菌剂可以提高特异性，过长时间培养泌尿生殖器的其他微生物可能干扰马生殖道泰勒菌的培养鉴定。可见菌落直径在 $2 \sim 3mm$，细小平滑，浅灰白黄色。该菌氧化酶触酶、过氧化触酶及磷酸酶反应均为阳性，其他生化反应阴性，利用糖类不产酸。

耐药性 两种生物型马生殖道泰勒菌具有不同的耐药性，分离的马生殖道泰勒菌对大部分抗生素敏感，没有明显的抗性并对多种消毒剂敏感。

多样性 随机扩增DNA多态性和限制性核酸内切酶降解DNA脉冲场电泳等分子生物学方法鉴定表明马生殖道泰勒菌具有不同菌株。有报道表明不同菌株在感染细菌的母马具有不同的临床致病力，但是二者之间的关系尚不完全清楚。同时，不同菌株对链霉素具有不同敏感性，此临床意义还不清楚。

生态学

传染源 马生殖道是唯一已知的天然宿主场所。无症状带菌的母马和种公马是最重要的储存宿主。在母马，细菌集中在阴蒂小窝，在种公马最常存在于尿道、尿道小窝、尿道窦和阴茎鞘等外生殖器或泌尿生殖器膜的污秽物表面。个别种公马能够长达数年携带泰勒菌。在除马之外的其他种属动物还没有自然感染的病例报道，但发细菌抗体被检测到。

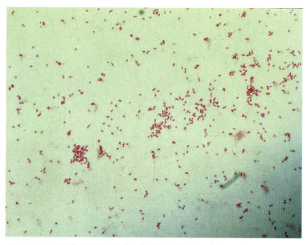

图20.1　马生殖道泰勒菌革兰染色（由Peter Timoney 和 Mike Donahue 提供）

传播 马生殖道泰勒菌具有极高的传染率。该菌通常由无症状带菌种公马通过性行为传播。感染的母马所生小马也会被感染并成为慢性长期带菌者。间接传播可发生于细菌污染的污染物和手或者人工授精。目前没有证据表明病原菌可以在环境中长期存活并且不依赖于马进行传播。

致病机制

母马被马生殖道泰勒菌感染表现出不同的临床疾病，从无症状到急性的、明显的症状。感染潜伏期通常2～14d。急性临床病例中，在感染2～12d随着黏液性子宫内膜炎的发展有不同量的脓液流出（图20.2）。细菌主要损伤子宫上皮细胞外排腺体，上皮细胞表面被渗出的中性粒细胞覆盖。在子宫内膜基质细胞渗出物主要为单核细胞。上皮细胞可能被损坏或者经历了严重的退行性改变。子宫的感染通常会在几周后自然减缓。子宫内膜可以彻底修复并且不会对生育能力产生持久的影响。研究已经表明，在胎盘和新生马驹可以发生感染，但是流产的动物很少感染。急性病例没有发热或其他疾病症状，仅仅表现为受孕失败。在慢性病例中，通常很少有明显的分泌物，子宫炎症也更轻微。带菌母马和种马仍然是无症状的，但是具有高传染性。

图20.2　母马阴道排泄物（由Peter Timoney 和 Donald Simpson 提供）

流行病学

带菌种马和母马是马生殖道泰勒菌在马群中传播和持续扩散一个最重要的因素。传染病的散播和感染通常与生产操作和受感染的动物的活动及使用有关。马传染性子宫炎已经在马群中被广泛报道，包括欧洲、非洲、日本、澳大利亚以及北美和南美洲。一些国家已经成功根除了该病原。2011年，美国农业部国家兽医服务实验室在美国确诊了一匹阳性种马。更早的病例报告在2008年和2010年，在2008年病例中，种马源与其他27例马生殖道泰勒菌阳性马有关。

免疫学特征

马生殖道泰勒菌产生的免疫很弱，并且动物可能再次被感染；尽管如此，病愈的动物在几个月表

第二部分　细菌和真菌

现出抵抗力增强，表现为较温和的症状和更低滴度的病菌。抗病机制还不完全清楚。

血清抗体在急性感染母马的3～7周能够持续存在。但是，在痊愈后的15～21d可能不能被检测到。抗体滴度与带菌者的状态没有关系。抗体存在于阴道黏液，但是其与感染的关系还未可知。泰勒菌定植在种公马没有明显的抗体反应。

诊断

马生殖道泰勒菌有几个诊断方法可以应用，但是联邦法律条例规定进出口目的的检测需要国家认证实验室提供金标准检测服务。马传染性子宫炎及泰勒菌携带者动物的确诊需要在生殖器检出病原菌。在临床病例中，通过革兰染色在子宫分泌物检测到病原，但是只能表明可能患有马传染性子宫炎而不能进行确诊。最通常情况下，泰勒菌的诊断依据于选择培养基细菌培养阳性，在感染的母马，最适合细菌生长的部位包括子宫、子宫颈、阴蒂窦或小窝或者阴道分泌物。种公马最适合的样品采集部位包括：尿道窦和窝、尿道端口以及阴茎外部表面。送检样品应该放在合适的介质中进行运输，如碳源 Amies 运送培养基。对于表现生长缓慢、革兰阴性球杆状及氧化酶触酶阳性等泰勒菌特征性状的分离菌应该进行抗体评价。

其他可行性检测方法包括血清学检测，如补体结合试验。但是这些检测价值有限，因为血清学方法只能在急性感染的母马被检测到。血清学检查不能作为诊断和控制马生殖道泰勒菌的一个独立方法。

公马配种检测是评价其是否为泰勒菌携带者的方法。生殖检测涉及一个配种适龄公马和两个马生殖道泰勒菌阴性的母马，母马需要在配种后的35d进行采样和泰勒菌检测来确定公马为阴性。

已报道一些分子生物学方法可以鉴定和区分马生殖道泰勒菌与其他种属的泰勒菌，如驴生殖道泰勒菌。聚合酶链式反应检测比传统的培养技术更灵敏。但是在马传染性子宫炎指定检测实验室，PCR反应检测不是马生殖道泰勒菌感染的动物和分离菌的程序性检测标准。最近，欧洲建立了实时定量聚合酶链式反应检测。这些检测方法有望于提高马生殖道泰勒菌的诊断；但是在被批准为程序性例行监测之前需要进一步的验证。

治疗和控制

抗生素和消毒剂治疗可以有效地消除马生殖道泰勒菌。对感染的母马带菌者局部治疗可以结合4%洗必泰清洗阴道小窝后用0.2%呋喃西林膏5d疗程。对种公马采取2%洗必泰彻底清洗尿道小窝和窦、阴茎、阴茎包皮，并建议连续5d用0.2%呋喃西林膏。母马带菌者建议手术或阴蒂窦切除。子宫注入消毒剂或抗生素和全身抗生素治疗已经用来减少疾病的严重程度和疾病持续时间，甚至可能终止带菌状态。目前，对该细菌无有效的疫苗防治，只能通过阻止感染动物来控制。

在马传染性子宫炎流行国家，可以尝试通过强制性兽医检测，培养病菌阴性繁育用动物和监管马群移动等措施来控制此疾病。因为亚临床感染及无症状带菌种马等原因，使得疾病的发现具有很大挑战性。生物安全措施对预防马生殖道泰勒菌的传播具有重要意义。美国农业部针对美国进出口建立了管理条例，包括从马传染性子宫炎发病国家进口母马和种马该疾病的治疗和检测。

● 驴生殖道泰勒菌

驴生殖道泰勒菌为革兰阴性杆菌，具有与马生殖道泰勒菌相似的表型。PCR和对16S rRNA（16S核糖体RNA）序列分析可以区分鉴定这两种菌。驴生殖道泰勒菌与马生殖道泰勒菌鉴定试验有交叉反应，但在培养时生长速度往往慢，并与马生殖道泰勒菌菌落形态有稍许差异。

已报道驴生殖道泰勒菌存在于驴生殖器官以及自然感染的种马,并可以自然传播到母马。根据驴生殖道泰勒菌菌株的不同,一些感染的母马可以表现出类似马传染性子宫炎的临床症状。但是,通过补体试验鉴定是否存在马生殖道泰勒菌感染时,感染驴生殖道泰勒菌的母马表现为阴性。同时因为分离到的两种细菌具有相似的形态,使得对引起经济损失的马生殖道泰勒菌的检测鉴定变得困难。目前,驴生殖道泰勒菌主要的危害是使得对马传染性子宫炎的控制更加困难。

延伸阅读

Bleumink-Pluym NMC, Van Der Zeijst BAM, 2005. Genus IX. Taylorella, in The Proteobacteria, Parts A-C, Bergey's Manual of Systematic Bacteriology [M]. Vol. 2 (eds GM Garrity, DJ Brenner,NR Krieg, JT Staley), Springer, Verlag.

Heath P, Timoney P, 2008. Contagious equine metritis, in OIE Terrestrial Manual, World Animal Health Information Database. 838-844.

Kristula M, 2007. Contagious equine metritis, in Equine Infectious Diseases (eds DC Sellon and MT Long), Saunders Elsevier,St.Louis, MO, 351-353.

Timoney PJ, 1996. Contagious equine metritis[J]. Comp Immun Microbiol Infect Dis, 19: 199-204.

Timoney PJ, 2011. Contagious equine metritis: an insidious threat to the horse breeding industry in the United States[J]. J Anim Sci, 89: 1552-1560.

United States Department of Agriculture Animal, Plant sheet. Questions and Answers: Contagious Equine Metritis, http://www. aphis.usda.gov/publications/animal_health/content/printable_version/faq_CEM09. pdf.

(孙明霞 译,张鑫 石达 校)

第21章 弯曲螺旋体生物 Ⅰ：疏螺旋体

疏螺旋体是一种主要以蜱虫为传播媒介和贮存宿主的螺旋体。由疏螺旋体引起的感染具有菌血症阶段，随后发生全身或局部性的临床症状。

动物致病性病原包括引起家禽螺旋体病的鹅疏螺旋体（*Borrelia anserina*），以牛为主要感染动物的温和病原泰勒尔疏螺旋体（*Borrelia theileri*），以及具有广泛宿主嗜性的引起犬、人、马和其他哺乳动物莱姆病的伯氏疏螺旋体（*Borrelia burgdorferi*），具有三种基因型。对人致病的蜱传播回归热螺旋体在野生哺乳动物、鸟类和爬行动物引起隐性感染。

● 特征概述

形态和染色

疏螺旋体长 8~30μm，宽 0.2~0.5μm，革兰染色阴性。用光学显微镜观察，复式染色（姬姆萨-瑞氏染色）效果最好，暗场下能观察到螺旋和运动性。

结构和组成

疏螺旋体的结构类似其他螺旋体，由 15~20 根轴丝缠绕于圆柱形原生质体（形态与种有关）。疏螺旋体不同于其他原核生物，它们含有大约 900 kb 的线性双链染色体和大量的线性和环状质粒，实际上这些质粒可能是基因组的组成成分，包含有表达主要外表面蛋白的基因。

生长特性

动物致病性疏螺旋体亚属中，鹅疏螺旋体可在鸡胚胎增殖，广义的伯氏疏螺旋体在 33℃，在改良的 BSK（Barbour-Stoenner-Kelly）培养基上培养，BSK 培养基是一种含卡那霉素和 5-氟尿嘧啶选择性营养丰富的血清肉汤。

微需氧且生长缓慢（倍增时间：12~18h），发酵葡萄糖和其他可能的碳水化合物。

疏螺旋体在血凝块中室温下存活大约一周，4℃下存活数月，低于 20℃下的存活情况还不确定。

多样性

在多种疏螺旋体中已经鉴定出大量编码外表面蛋白的基因。螺旋体在转录水平上控制这些基因的表达。回归热疏螺旋体利用螺旋体的抗原变异实现免疫逃逸。莱姆病螺旋体也在基因内和基因间广泛表达外表面蛋白。尽管不似回归热螺旋体，其他螺旋体的外表面蛋白的维持和表达仍然参与免疫逃逸功能。

● 生态学

传染源和传播途径

动物致病性疏螺旋体通过蜱虫传播。通过吸食被感染动物，蜱虫可在生命周期的多个阶段被感染。其他节肢动物可作为短期的传播媒介。感染疏螺旋体的蜱虫可在吸血过程中经伤口感染易感动物。也有报道疏螺旋体经胎盘、乳汁和尿液传播。鸟类可能通过食粪癖和嗜食同类发生暴发感染。

● 动物螺旋体

鹅疏螺旋体

鹅疏螺旋体引起雏鸡、火鸡、鹅、鸭、野鸡、鸽、金丝雀和其他野鸟的禽螺旋体病。疾病开始阶段，临床特征为发热、抑郁和厌食。感染的鸟类皮肤发绀，排绿色粪便。后期症状可见神经麻痹和贫血。死亡率在 $10\% \sim 100\%$。尸体剖检可见脾肿大，广泛出血。肝脏肿大，有坏死灶。外周血通常无菌。

禽螺旋体病几乎发生于各大洲各年龄的鸟类。幼鸟死亡率较高，在感染早期出现败血症死亡。一般暴发后30d内，病原会从群体中消失。

波氏软蜱是主要的传播媒介，可持续感染一年以上，经卵传播。

机体康复后，出现抗体介导的一过性免疫。抗血清可提供数周的保护力。由感染的血液或鸡蛋培养的鹅螺旋体制成的灭活疫苗有保护效果。

通过显微镜暗场观察、涂片染色或免疫荧光可检测到血液中的螺旋体。可疑病料（血液、脾脏或肝细胞悬液）接种于5～6日龄的鸡胚卵黄囊，2d或3d内会出现螺旋体。琼脂扩散试验可检测抗原或抗体。

鹅疏螺旋体对青霉素、四环素、氯霉素、链霉素、卡那霉素和泰乐霉素均敏感。免疫血清具有保护力，菌苗产生长程免疫力。

控制体表寄生虫对该疾病防治很关键。

色勒疏螺旋体

色勒疏螺旋体引起温和的热性贫血，最常发生于非洲和澳大利亚的牛，偶尔出现在羊和马。本病的发生与几种硬蜱有关。其致病机制还不清楚。大多数资料信息来自现地感染病例，可由于其他蜱类感染传播而使感染变得复杂。尽管没有常规程序性治疗，但四环素对感染动物有效。控制蜱对疾病防控有效。

● 莱姆病

莱姆病的病原是广义上的伯氏疏螺旋体，为致病性螺旋体。基因分析分为三种基因型：狭义的伯氏疏螺旋体、鸡疏螺旋体和阿氏疏螺旋体。狭义的伯氏疏螺旋体是北美的主要流行病原。

分布和传播

疫区包括大西洋沿岸各州、明尼苏达州和威斯康星州、美国南部和西部的部分地区、欧洲大部分大陆、英国、俄罗斯、亚洲、日本和澳大利亚的新南威尔士州的部分地区。5—10月是本病流行高峰。疾病的高速散播归因于鹿数量的增长，向农业地区人口流动的增加，以及候鸟传播感染了伯氏疏螺旋体的蜱虫。几种硬蜱是该螺旋体的宿主，主要是北美地区的肩突硬蜱和太平洋硬蜱。该蜱的生命周期有两年时间，包括幼虫、若虫和成虫阶段，每次脱皮都需要吸血。鹿和白足鼠、其他小啮齿动物是该螺旋体的储存宿主。已经从犬和牛的尿液以及感染牛的乳汁中分离到伯氏疏螺旋体，这些是接触感染媒介。

伯氏疏螺旋体引起人莱姆病，其典型症状是皮肤损伤（游走性红斑），数周或数月后伴随有神经性、心脏性和关节炎并发症。发病机制可能涉及内毒素、溶血毒素、免疫复合物以及免疫抑制。

在动物中，犬最常受到感染，感染动物临床表现为多发性关节炎、发热和厌食。犬还表现为萎靡、淋巴结肿大、心肌炎以及肾脏疾病。

也有马和牛的莱姆疏螺旋体病的相关报道。已经报道的感染马的症状有多发性关节炎，眼和神经损伤甚至马驹的死亡。

诊断

诊断包括检测组织中和体液中的病原（暗视野免疫荧光显微镜），血清中或体液中的抗体（间接免疫荧光和酶联免疫吸附试验），或者应用特异性引物和聚合酶链式反应扩增组织和体液样品中的DNA。体外培养费时费力，而且经常没有结果。然而，从感染的犬和鼠的耳穿孔活组织培养是可行的。培养感染的关节滑液也可行。BSK Ⅱ是一种不错的分离培养液。螺旋体的最适生长温度为33℃。

治疗和控制

四环素、多西环素、红霉素和青霉素通常有效，但不一定总有效。控制蜱极其重要。抗生素耐药性可能由于螺旋体形成生物被膜，因此感染动物表现为慢性持续性感染。

免疫学特征

体液免疫应答对抵抗伯氏疏螺旋体和其他所有螺旋体感染至关重要。多数动物在接触螺旋体后都产生自我免疫，很少或不表现明显的临床症状。

预防

伯氏疏螺旋体免疫后产生的抗体可以有效保护实验室动物不受感染，因此已经有一种商品化犬用全细胞菌苗研发，但其保护性免疫持续时间短暂且有限。此外，针对全细胞菌苗诱导自身免疫应答的可能性，研究焦点已经从全细胞菌苗转到亚单位疫苗。目前已经有商品化的伯氏疏螺旋体亚单位疫苗。

延伸阅读

Barbour A, Hayes SF, 1986. Biology of Borrelia species[J]. Microbiol Rev, 50: 381.

Burgess E, Gendron-Fitzpatrick A, Wright WQ, 1987. Arthritis and systemic disease caused by Borrelia burgdorferi in a cow[J]. J Am Vet Med Assoc, 191 (11) 1468-1470.

Cohen ND, 1996. Borreliosis (Lyme disease) in horses[J]. Eq Vet Educ, 4: 213-215.

Gross WB, 1984. Spirochetosis[M]. in Diseases of Poultry, 8th edn (eds MSHofstadetal.), Ames, Iowa.

Johnson RC, Hyde FW, Schmid GP, et al, 1984. Borrelia burgdorferi sp. nov.: etiologic agent of Lyme disease[J]. Int J Syst Bacteriol, 34: 496.

Johnson SE, Klein GC, Schmid GP, et al, 1984. Lyme disease: a selective medium for isolation of the suspected etiological agent, a spirochete[J]. J Clin Microbiol, 19 (1): 81-82.

Kiptoon JC, Maribel JM, Kamau LJ, et al, 1979. Bovine borreliosis in Kenya[J]. Kenya Vet, 3: 11.

Levy SA, 1992. Lyme borreliosis in dogs[J]. Canine Pract, 17: 5-14.

Madigan JE, Teitler J, 1988. Borrelia burgdorferi borreliosis[J]. J Am Vet Med Assoc, 192 (7): 892-896.

Magnarelli LA, Anderson JF, Schreier AB, et al, 1987. Clinical and serologic studies of canine borreliosis[J]. J Am Vet Med Assoc, 191 (9), 1089-1094.

Schmid GR, 1985. The global distribution of Lymedisease[J]. Rev Inf Dis, 7 (1): 41-50.

Schwann TG, 1996. Ticks and Borrelia: model systems of investigating pathogen-arthropod interactions[J]. Infect Agents Dis, 5:167-181.

Smibert RM, 1975. Spirochetosis, in Isolation and Identification of Avian Pathogens (eds SB Hitchner, CH Domermuth, HG Purchase, and JE Williams., American Association of Avian Pathologists, College Station,Texas, 66-69.

Smith RD, Miranpur I GS, Adams JH, et al, 1985. Borrelia theileri: isolation from ticks (Boophilus microplus) and tick-borne transmission between splenectimized calves[J]. Am J Vet Res, 46 (6): 1396-1398.

Tunev SS, Hastey CJ, Hodzic E, et al, 2011. Lymphadenopathy during Lyme borreliosis is caused by spirochete migration induced specific B cell activation[J]. PLoS Pathog, 7 (5): e1002066.

Von Stedingk LV, Olsson I, Hanson HS, et al, 1995. Polymerase chain reaction for detection of Borrelia burgdorferi DNA in skin lesions of early and late Lyme borreliosis[J]. Eur J Clin Microbiol, 14 (1): 1-5.

(孙明霞 译，韩凌霞 祝瑶 校)

第22章 弯曲螺旋体生物Ⅱ：短螺旋体属（小蛇菌属）和劳森菌属

短螺旋体属和劳森菌属成员为革兰阴性、弯曲或螺旋状杆菌，与多种动物的肠炎有关。短螺旋体属属于螺旋体科，为专性厌氧菌。胞内劳森菌是劳森菌属唯一的成员，为脱硫弧菌科的一种专性胞内寄生菌，在种系发生上与其他的致病菌没有关联。

● 短螺旋体属

该属中所有成员均定植于大肠中，能够通过鞭毛在流体介质中移动，这是所有螺旋体属共有的特征。七种短螺旋体已正式命名，三种短螺旋体已建议命名（表22.1）。十个短螺旋体属的螺旋体中，只有阿勒堡短螺旋体和犬疏螺旋体没有在鸟类中发现，阿勒堡短螺旋体、犬疏螺旋体和鸡痢短螺旋体没有在猪中发现，阿勒堡短螺旋体只在人类以及其他灵长类动物中发现，而大肠毛状短螺旋体已经在许多哺乳动物和鸟类中发现。

表22.1 短螺旋体的种类、主要宿主以及与其相关的主要疾病

种类	主要宿主	主要疾病
猪痢短螺旋体	猪	猪痢疾
大肠毛状短螺旋体	猪、鸟、人	猪、禽和人螺旋体病
中间短螺旋体	猪、鸟	禽螺旋体病
无害短螺旋体	猪、鸟	未鉴定
墨多齐短螺旋体	猪、鸟	未鉴定
鸡痢短螺旋体	鸟	禽螺旋体病
阿勒堡短螺旋体	人	人螺旋体病
犬疏螺旋体	犬	未鉴定
猪鸭短螺旋体	猪、绿头鸭	猪的腹泻
幼鸟短螺旋体	鸟	未鉴定

注：建议的物种名用引号标记。

猪痢短螺旋体在短螺旋体属中是最重要的和迄今为止最具特色的一种螺旋体（曾被命名为猪痢疾密螺旋体、龙介虫痢疾密螺旋体和蛇形螺旋体），在世界范围内，主要引起断奶仔猪和育成猪以黏膜出血性结肠炎为特征的痢疾。猪痢短螺旋体也能引起美洲驼的坏死性结肠炎。

大肠毛状短螺旋体（肠道螺旋体）是引起猪和鸟类的肠道螺旋体病的原因，感染猪表现为温和型慢性腹泻，成熟蛋鸡的症状为腹泻、产蛋减少和死亡率升高，偶尔发生于火鸡和猎鸟。中间螺旋体和鸡痢短螺旋体也可引起鸟类的肠道螺旋体病。大肠毛状短螺旋体已经从有或没有腹泻症状的非人灵长类动物、犬、马、老鼠、北美负鼠中分离到。在人类中，这种细菌被认为是引起温和型水样或黏液样腹泻的病因，其引起的疾病被称为肠道螺旋体病或人肠道螺旋体病。大肠毛状短螺旋体菌血症在人类中鲜有报道，个别的感染者通常是由于免疫力低下所致。大肠毛状短螺旋体在健康人中也可以普遍被分离到，尤其是在经济不发达的地区和农村地区生活的人群。阿勒堡短螺旋体是另一种引起人肠道螺旋体病的病原，但是大肠毛状短螺旋体更为普遍。动物被认为是人感染大肠毛状短螺旋体的潜在宿主。

此外与鸟类螺旋体病相关的大肠毛状短螺旋体、中间短螺旋体和鸡痢短螺旋体在健康鸡群中被普遍分离到。无害短螺旋体、墨多齐短螺旋体和幼鸟短螺旋体被认为是组成鸡正常大肠菌群的一部分。有报道称中间短螺旋体、墨多齐短螺旋体很少引起猪温和型结肠炎，但与无害短螺旋体一样都被认为对猪没有致病性。

犬疏螺旋体在有或无腹泻症状犬的粪便中被普遍检测到。大多数调查没有发现犬疏螺旋体与犬腹泻具有相关性。一些研究表明，犬粪便中分离出大肠毛状短螺旋体与腹泻有关。

在瑞典和丹麦，猪鸭短螺旋体已经从患痢疾样疾病的猪和健康的野鸭中分离到。在生长和生化特性上，猪鸭短螺旋体与猪痢短螺旋体不能相区分，但两者在遗传学上是不同的。在实验中，猪鸭短螺旋体导致断奶猪发生腹泻，但是在野鸭中没有。

包括美国在内的一些国家的研究者已经从患痢疾样的猪中分离出短螺旋体属，它们与猪痢短螺旋体具有相同的表型特征，但在基因方面与猪痢短螺旋体和猪鸭短螺旋体不同。一些分离出的短螺旋体可能代表新的物种。

特征概述

形态和染色 短螺旋体属的螺旋体呈螺旋形，长3～19μm，宽0.25～0.6μm。呈现弱革兰阴性，但该特性并不适用于鉴别或检测。罗曼诺夫斯基染色（如姬姆萨-瑞氏染色）、维多利亚蓝4R染色、镀银染色以及结晶紫染色是观察短螺旋体常用的染色方法（图22.1）。

结构和组成 螺旋体具有典型的细胞结构。螺旋体细胞由内膜包裹的原浆柱蛋白组成，外细胞膜松散的附着于内细胞膜上。细胞膜与外鞘之间是周质间隙，其内有周质鞭毛，不同短螺旋体的周质鞭毛数量存在差异。猪痢螺旋体的轴丝由插在两端并重叠于细胞中央的8～12根鞭毛组成，而无害短螺旋体为10～13根，大肠毛

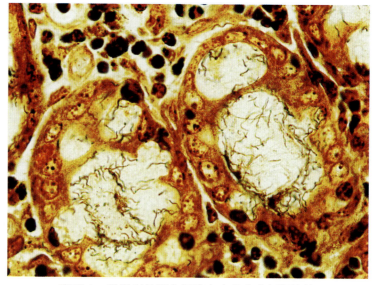

图22.1 患痢疾的猪大肠隐窝中的猪痢短螺旋体

状短螺旋体为4～6根。

具有医学意义的细胞产物

细胞壁 短螺旋体的细胞壁与其他革兰阴性菌的细胞壁不同，其脂多糖外侧不具有重复的多糖侧链（O-抗原）或者是只有不规则的间断排列的部分多糖侧链。脂多糖经常被称为脂寡糖，脂寡糖是脂多糖未经加工的前体形式。不同短螺旋体的脂寡糖存在差异，大肠毛状短螺旋体的脂寡糖与猪痢短螺旋体的相比具有更加完整且平滑的O-抗原侧链。脂寡糖具有一些与脂多糖相同的生物活性，它有可能是毒力因子。脂质A（内毒素）是有毒性的，它先与血浆蛋白LPS结合蛋白（LBP）结合，然后与CD14结合。CD14-LPS复合物与巨噬细胞、树突状细胞表面的Toll样受体结合，引起促炎细胞因子的释放。O-抗原侧链的长度对于阻碍补体系统的攻击复合体对外膜的吸附起着重要作用。短螺旋体的脂寡糖具有很强的免疫原性，是血清分型的基础。

溶血素/细胞毒素 猪痢短螺旋体重要的毒力因素是它的溶血性和细胞毒性。猪痢短螺旋体具有很强的β-溶血，然而，除了新命名的猪鸭短螺旋体之外，短螺旋体属中的其他成员均具有较弱的β-溶血。猪痢短螺旋体产生一种由$hlyA$基因编码的β-溶血素，对多种细胞系均有细胞毒性，如猪原代细胞，猪结肠袢上皮细胞。短螺旋体有三个溶血素调控基因：$tlyA$、$tlyB$、$tlyC$。$hlyA$基因或tly基因突变的菌株不具有溶血性，对猪的毒性也显著降低。

鞭毛 短螺旋体的鞭毛与毒力密切相关。鞭毛使短螺旋体具有运动性，能够使其穿透肠黏液与大肠的靶细胞相接触。诱导猪痢短螺旋体的鞭毛基因（$flaA$和$flaB$）突变能够显著降低运动性和毒性。猪肠道黏蛋白能够吸引毒性的猪痢短螺旋体，对无毒的猪痢短螺旋体没有作用，这种运动性和趋化性对于其产生毒性作用是十分必要的。从人、猪、犬和鸡体内分离出的大肠毛状短螺旋体对猪肠道黏蛋白具有不同的趋化性，但是这种趋化性对其毒力究竟有何影响尚不清楚。

烟酰胺腺嘌呤二核苷酸磷酸氧化酶 尽管短螺旋体属的螺旋体为专性厌氧菌，但它们能够耐受短时间暴露于氧气中，当在肉汤中培养时向厌氧环境中添加百分之一的氧气能够促进其生长。这种抗氧毒性主要是由于NADH氧化酶的存在，在机体内NADH氧化酶是重要的毒力因子。NADH氧化酶缺陷突变株与野生株相比能够显著降低对猪的毒性。对氧的耐受性使短螺旋体能够定植于含氧的大肠黏膜表面并且在随粪便排出体外后能够在环境中存活。

猪痢短螺旋体的基因转移因子：VSH-1 由猪痢短螺旋体基因组编码、丝裂霉素C诱导合成的噬菌体样基因转移因子称之为VSH-1。诱导产生的VSH-1颗粒能够在猪痢短螺旋体细胞间随机转移7.5kb的基因组片段。卡巴多司是一种被广泛用于治疗和预防猪肠道疾病的抗菌剂；甲硝唑是一种被广泛用于治疗人和小动物的厌氧菌感染的化合物，最近被证实这两种药物均能诱导VSH-1的产生。VSH-1因子能够将泰乐菌素和氯霉素的耐药基因转移给敏感的猪痢短螺旋体。VSH-1在猪痢短螺旋体的耐药性产生上发挥着重要作用。VSH-1在其他螺旋体中也已被发现。

猪痢短螺旋体的质粒 猪痢短螺旋体强毒株有一个大小为36kb的质粒。缺乏该质粒的猪痢短螺旋体对猪的毒力降低，说明该质粒携带的基因对于该病的发生具有重要作用。

生长特性 短螺旋体为专性厌氧菌且增殖较慢。接种血琼脂培养基，37～42℃孵育2～5d后可以看到表面扁平且具有溶血环的菌落（图22.2）。猪痢短螺旋体具有强的β-溶血，这个特征能够与从猪体内分离的具有弱β-溶血的短螺旋体（无害短螺旋体、中间短螺旋体、墨多齐短螺旋体和大肠毛状短螺旋体）相区分。然而，偶尔从患有痢疾的猪体内分离的猪鸭短螺旋体或尚未分类的短螺旋体也具有强β-溶血特性。

短螺旋体对某些的高浓度抗生素具有抗性，可以利用这一特性可从粪便中分离出短螺旋体。如果附着在有机物特别是粪便中，在5～25℃时，猪痢短螺旋体和大肠毛状短螺旋体能够保持长时间的感染性。它们不耐干燥和阳光直射，并对大多数的消毒剂敏感。

多样性 猪痢短螺旋体至少有12种LOS血清型。然而，血清型相同的菌株其毒力和基因组会有很大的差别。因此，血清分型很少被使用。依据全细胞DNA限制性长度多态性指纹图谱技术、核糖体RNA基因的DNA序列比对、多位点酶电泳技术、多位点序列分型以及多位点可变数目串联重复序列分析证实猪痢短螺旋体和该属的其他短螺旋体具有显著的异质性。例如，分离出的111株猪痢短螺旋体通过多位点序列分型技术被分成67种序列型和46种氨基酸型。使用同样的技术，分离出的77株中间短螺旋体被分成71种序列型和64种氨基酸型。通过多位点可变数目串联重复序列分析将分离出的172株猪痢短螺旋体分为44个型。除了显示出具有高度的遗传变异性，指纹图谱技术还可将所分离出的个别短螺旋体归入克隆群，并且每一个群包含多种序列型。从单个猪场内分离出的猪痢短螺旋体被归为单克隆群，但从单个农场的鸡中分离出的大肠毛状短螺旋体则被归为多克隆群。

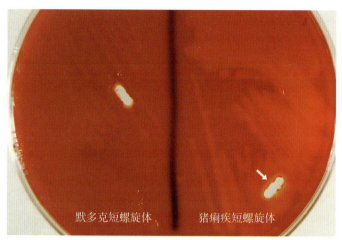

图22.2 培养4d后猪痢短螺旋体形成的强β-溶血和墨多齐短螺旋体形成的弱β-溶血，猪痢短螺旋体接种的琼脂切口的周围可见增强的溶血环（环现象）

生态学

传染源和传播途径 猪痢短螺旋体存在于猪的胃肠道内，尤其是那些患痢疾后处于恢复期的无症状猪。依据所处的温度和环境条件，猪痢短螺旋体可以在土壤、水以及猪的粪便中存活数周或数月。在疫区，农场中的围栏、工作者的鞋子以及农场的其他设施对猪痢短螺旋体的传播具有重要意义，已经从螺旋体病存在的农场中的犬、大鼠和老鼠的粪便中分离出了猪痢短螺旋体。老鼠应该引起关注，因为试验表明老鼠可以持续散播病原长达6个月，而大鼠只有2d。猪痢短螺旋体已经从野生绿头鸭、美洲鸵以及鸡中分离出，但禽类在病原的传播中所扮演的角色尚不清楚。携带病原的无症状感染猪是重要的传染源。一些农场已经在淘汰患痢疾的猪，只要不将患病猪引入畜群，该病再次发生的概率很小。

大肠毛状短螺旋体已经从包括犬、鸟类、猪、马、老鼠、负鼠、非人灵长类动物和人等多种动物中分离出。人类可通过接触患病动物或动物制品而感染大肠毛状短螺旋体。一些短螺旋体通常与鸡存在关联，如中间短螺旋体、鸡痢短螺旋体和幼鸟短螺旋体，这三种短螺旋体偶尔可以从犬体内分离出，犬感染这几种螺旋体可能与食入生的或半熟的禽类制品有关。猪痢短螺旋体、中间短螺旋体、大肠毛状短螺旋体、鸡痢短螺旋体以及幼鸟短螺旋体已经从野生绿头鸭体内分离出。感染与痢疾是否有关以及野鸭是否是家畜感染螺旋体病的传染源，至今尚不清楚。所有短螺旋体感染均通过粪口途径传播。

致病机制和临床症状

通过给猪口服接种猪痢短螺旋体的培养物可以复制猪痢疾，但无菌猪接种却不发病。厌氧菌群是大肠内正常菌群的一部分，并且厌氧菌群与猪痢短螺旋体病的发生是密切相关的，尤其是梭菌属和拟杆菌属。饮食与猪痢疾的发展具有相关性，低纤维和高碳水化合物的饮食能够加重病情。猪痢短螺旋体只在大肠中增殖并产生病变。鞭毛以及对黏蛋白的趋化性使猪痢短螺旋体穿过黏液层后吸附在管腔表面和结肠隐窝的上皮细胞上。这导致肠黏膜表面凝固性坏死和上皮细胞脱落（可能是由于溶血素/细胞毒素所致），肠道水肿、充血、出血以及黏膜和黏膜下层浸润大量中性粒细胞，黏膜下层杯状细胞增生，导致黏液分泌量增加。螺旋体大量分布于隐窝腔内和上皮细胞固有层中，尤其是杯状细胞。疾病的发生与细胞吸附和病原进入并无关联。腹泻是由于结肠的吸收减少引起的。目前尚未发现液体分泌的增加与肠毒素和继发性炎症存在关联。

猪痢疾通常发生于2～4月龄的断奶仔猪，也可发生于2～3周龄的仔猪。哺乳仔猪和成年猪患病较为罕见。该病的潜伏期通常为10～14d。最常见的症状为慢性腹泻，少数猪只发生无腹泻症状的急性死亡。猪的症状有发热，食欲下降，起初排半固体状灰黄色粪便，但不含有血液，几天后粪便呈液体状，含有大量的黏液和血液。感染猪出现脱水且体重下降。易感猪的发病率接近90%，未经治疗的情况下死亡率为20%～40%。该病的病程为几天至几周。除了消瘦和脱水，尸检病变局限于大肠。肠壁增厚，出现溃疡，并被含有血斑的纤维蛋白和黏液覆盖。该病耐过的猪只长期表现为发育不良且保持无症状。

大肠毛状短螺旋体可引起断奶仔猪、鸡、非人灵长类动物和犬的肠道螺旋体病，其主要特征为轻度持续性腹泻、体重增长变缓或体重下降和死亡率低。该病在肉鸡中尚未有报道，但患有肠道螺旋体病的鸡群孵育出的肉鸡其生长速度比正常情况慢。结肠组织活检可以发现一层短螺旋体吸附于上皮细胞顶端表面，形成伪刷状缘（图22.3）。这种附着现象仅存在于大肠毛状短螺旋体和阿勒堡短螺旋体感染时。腹泻是由于结肠上皮细胞顶端表面的微绒毛受到破坏而引起的吸收不良所致。中间短螺旋体和鸡痢短螺旋体可引起禽类的螺旋体病，但是这两种短螺旋体并不附着于上皮细胞，而是游离于管腔和结肠隐窝。关于这两种短螺旋体所导致的螺旋体病的发病机制尚不清楚。

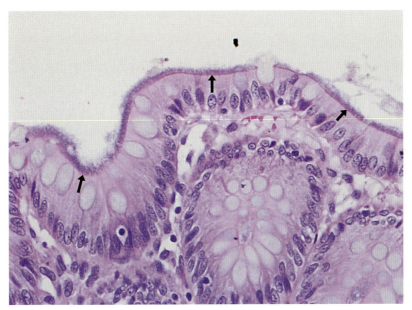

图22.3　猴结肠上皮顶端边缘大肠毛状短螺旋体形成的伪刷状缘（箭头）（HE染色）

免疫学特征

短螺旋体病所引起的机体的免疫反应至今尚不清楚。一些患有猪痢疾后康复的猪大约在4个月内可以防止短螺旋体的再次感染，但是一些猪仍然表现为易感。猪痢短螺旋体感染诱导产生特异性的IgG和IgA，但是这两种抗体均没有很高的保护力。疫苗的效力有限，且免疫效力依赖于特异的血清型，所以疫苗必须包含猪接触的血清型。细胞免疫反应使$CD4^+$和$CD8^+$淋巴细胞亚群的数量发生改变，但是他们对疾病发展及免疫应答的作用尚不明确。持续性感染肠道短螺旋体的家禽和哺乳动物，即便是通过抗菌药物治愈后，也很容易发生再次感染。

实验室诊断

样品采集 从新鲜的尸体中采集的结肠以及结肠内容物是最佳的，但从临床患病动物中采集的粪便样本也是可以的。病料需冷藏保存，但不能冷冻，应尽快送至实验室，且要防止病料在运输途中变干。

直接检查 粪便或肠黏膜刮取物的涂片标本可以用相差显微镜或暗视野显微镜观察，也可以经罗曼诺夫斯基、石炭酸品红、维多利亚蓝4R或结晶紫染色后用普通光学显微镜观察（图22.4）。观察到松散盘旋的短螺旋体后可以断定已经感染了短螺旋体，但需要进一步的检查来辨别是否具有致病性。

分离 从粪便样本中分离到的短螺旋体可以接种于血琼脂培养基，且培养基内应加入抗生素来抑制其他肠道细菌的生长。用于分离猪痢短螺旋体的培养基含有400μg/mL的壮观霉素或者是壮观霉素、利福平、螺旋霉素、万古霉素、多黏菌素以及黏菌素相配比后的混合抗生

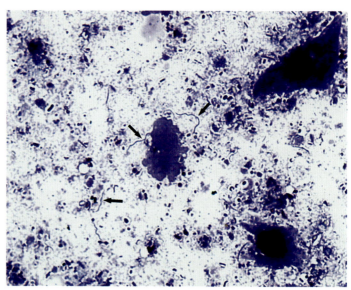

图22.4 没有患腹泻的猪大肠黏膜上刮制涂片上的短螺旋体（箭头）（结晶紫染色）

素。因为短螺旋体对抗生素的敏感性不同，因此推荐使用含有壮观霉素400μg/mL、黏菌素和万古霉素各25μg/mL的血琼脂培养基来分离培养短螺旋体。培养基应置于含有10%二氧化碳的厌氧环境中。培养2～5d后，猪痢短螺旋体会出现较强的β-溶血现象，但其菌落较小，不易观察。其他短螺旋体的β-溶血现象较弱。减少培养基中琼脂的含量可以用来鉴别猪痢短螺旋体，因为当琼脂的含量减少时，具有强溶血效应的短螺旋体的溶血环会增大，而具有弱溶血效应的短螺旋体则不会出现该现象。未有菌落生长的培养基应继续培养，并且在十天内每两天检查一次。通过分离来获得纯培养对于短螺旋体的表型鉴定是至关重要的。尤其严重污染样品的病原分离培养，需要大量工作，获得纯克隆株需要2周或更长的时间。对于抗原检测和以核酸为基础的检测，如PCR，克隆分离株并不那么重要。

PCR检测适用于绝大多数的短螺旋体，多重PCR检测方法可以同时检测出多种混合感染的病原，如猪痢短螺旋体、大肠毛状短螺旋体、胞内劳森菌以及沙门菌。在一些情况下，PCR可直接对粪便样品进行检测，1～2d即可获得检测结果。在另一些情况下，PCR方法可用于检测从血琼脂分离出的微生物，将大大减少鉴别短螺旋体所用的时间。PCR检测与分离培养同时进行所获得的结果较为可信。从猪和家禽中分离出的尚未归类的短螺旋体并不少见，仅用PCR检测进行诊断，未分类的短螺旋体就检测不到。

鉴定 短螺旋体分离后，应鉴别其是否具有致病性。通常通过观察β-溶血环大小和生化试验结果来判定其是否具有致病性。常用的生化试验有吲哚试验、马尿酸盐水解试验、α-半乳糖苷酶试验和α-葡糖苷酶试验（表22.2），但是菌株间的生化反应结果是有差异的，且根据表型特征来进行鉴定，其结果可能是错误的。例如，从猪体内分离的，具有强的β-溶血、吲哚试验呈阳性的短螺旋体

被认为是猪痢短螺旋体，具有弱β-溶血、吲哚试验呈阳性的短螺旋体被认为是中间短螺旋体。然而，少数猪痢短螺旋体吲哚试验呈阴性。此外，猪鸭短螺旋体吲哚试验也呈阳性，且具有强的β-溶血。同样，从猪体内分离的，具有弱溶血现象、马尿酸盐水解试验呈阳性的短螺旋体被认为是大肠毛状短螺旋体，但是个别大肠毛状短螺旋体菌株马尿酸盐水解试验呈阴性。因此，实验室越来越多地采用种特异性的PCR方法、16S rRNA序列鉴定或分子指纹图谱技术来鉴别短螺旋体。种特异性PCR最常用的基因为23S rRNA和NADH氧化酶基因。

表22.2 短螺旋体的表型特征

种属	溶血性	Ind[a]	Hip[b]	α-Gal[c]	α-Gluc[d]	β-Gluc[e]
猪痢短螺旋体	强	+[f]	−	−	+	+
中间短螺旋体	弱	+	−	−	+	+
无害短螺旋体	弱	−	−	+	±	+
墨多齐短螺旋体	弱	−	−	−	−	−
大肠毛状短螺旋体	弱	−[f]	+[g]	−	±	±
鸡痢短螺旋体	弱	−	−	+	−	−
阿勒堡短螺旋体	弱	−	−	+	−	−
犬疏螺旋体	弱	−	−	−	+	+
猪鸭短螺旋体	强	+	−	−	+	+
幼鸟短螺旋体	弱	−	−	+	−	+

注：[a] 吲哚产生；
[b] 马尿酸水解；
[c] α-半乳糖苷酶活性；
[d] α-葡糖苷酶活性；
[e] β-葡糖苷酶活性；
[f] 吲哚阴性猪痢短螺旋体和吲哚阳性大肠毛状短螺旋体已被鉴定；
[g] 马尿酸盐阴性大肠毛状短螺旋体已被鉴定。

治疗、控制和预防

多年来，许多药物被用于治疗猪痢疾，但由于耐药性的产生，一些药物的药效下降并已经退出了市场。最常使用的药物有泰妙菌素、沃尼妙林、泰乐菌素和林可霉素。由于短螺旋体对泰乐菌素和林可霉素产生耐药性，截短侧耳素类抗生素药物（泰妙菌素和沃尼妙林）成为目前最有效的抗生素，但是少数国家已有报道称短螺旋体对泰妙菌素和沃尼妙林已经产生了耐药性。在美国，卡巴多司被用于治疗短螺旋体病，且效果较好，但是只被批准用于体重低于34kg（75lb）的猪，在加拿大和欧洲则被禁止使用。严重感染的猪有时需要抗生素进行初步治疗，但首选的给药途径是饮水给药。同样的治疗方法可用于猪的大肠毛状短螺旋体感染。甲硝唑被推荐用于治疗犬的肠道螺旋体病。尚没有药物被批准用于治疗禽类的肠道螺旋体病。最近，有报道称从鸡体内分离出的30株短螺旋体对泰乐菌素、沃尼妙林、泰妙菌素以及多西环素均敏感。有两株短螺旋体显示出对林可霉素的敏感性下降。鸡螺旋体病发生于成熟的蛋鸡，而在产蛋之前必须要有一个很长时间的休药期，以保证鸡蛋无药物残留，这一问题影响鸡螺旋体病的治疗。此外，当治疗停止后，鸡群容易再次感染。

猪痢疾最有效的预防措施是进行严格的生物安全防控，只有来自没有痢疾的猪群的猪才能被带到农场。至今，疫苗的免疫效果较差，没有得到广泛使用。对于大肠毛状短螺旋体来说，到目前为止疫苗免疫是无效的。

● 劳森菌属

胞内劳森菌是劳森菌属唯一的成员，能够引起增生性肠炎，临床症状为腹泻，肠道病变为肠细胞增生而导致的肠黏膜增厚。该菌为专性胞内寄生菌，在肠上皮细胞的胞浆内繁殖（图22.5）。猪增生性肠炎首次发现于1930年，世界范围内均有报道。通常引起叙利亚仓鼠的增生性回肠炎或增生性直肠炎，以及断奶马驹的增生性肠炎。胞内劳森菌引起的增生性肠炎的散发病例已在雪貂、狐狸、犬、大鼠、兔、羊、鹿、鸸鹋、鸵鸟、豚鼠和非人灵长类动物中有所报道，但尚无人类感染的报道。1970年弯曲样细菌首次在肠上皮细胞的细胞质中发现，随后一些不同的弯曲样细菌种类被发现；1991年胞内劳森菌通过细胞培养成功分离，并能够复制出该疾病。

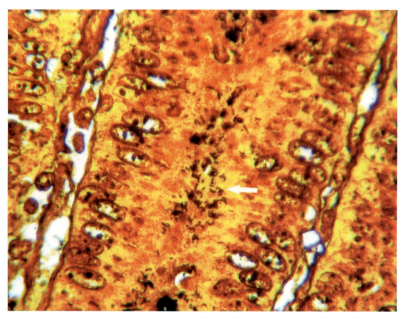

图22.5 断奶马驹肠上皮细胞顶端胞浆中的胞内劳森菌（箭头）

特征概述

细胞形态学 胞内劳森菌为弯曲杆菌，长1.25～1.75μm，宽0.45μm。有一个单极性鞭毛，没有菌毛，不形成芽孢。在细胞培养中，胞外的细菌具有快速的运动性。

具有医学意义的细胞产物

细胞壁 胞内劳森菌的细胞壁具有革兰阴性菌的特征。关于胞内劳森菌脂多糖的生物学作用目前所了解的较少，但是脂多糖是一种重要的毒力因子。脂质A成分具有毒性，且重复多糖侧链（O-抗原）的长度可以阻碍补体的杀伤作用。脂多糖通常与脂多糖结合蛋白结合在一起，引发一系列的生化反应触发促炎因子的释放。

Ⅲ型分泌系统 Ⅲ型分泌系统能够运输菌体蛋白进入宿主细胞。胞内劳森菌Ⅲ型分泌系统的蛋白组成（胞内劳森菌分泌物：IscN、IscO、IscQ）已经被鉴别出。Isc蛋白的作用是未知的，但是在自然感染时该蛋白表达，且能够引起猪的免疫反应。

胞内劳森菌表内抗原A　胞内劳森菌表内抗原A是一种在胞内和胞外均可表达的蛋白，该蛋白的具体功能尚不清楚，但是参与该菌对上皮细胞的黏附与入侵。由于能够引起猪的免疫反应，因此基于表内抗原A建立的酶联免疫吸附试验可用于诊断猪和兔子是否感染胞内劳森菌。

生长特性　胞内劳森菌仅可在分裂的真核细胞中被分离出来，且需要微氧环境，即环境含有82.2%的氮气，8.8%的二氧化碳，8%的氧气。

流行病学

传染源　动物肠道是胞内劳森菌的感染靶组织，该病原菌存在于感染动物的周边环境，在5～15℃时能够在粪便中存活数周。圈养在猪场和马场的啮齿类动物普遍感染该菌，可能是该菌的宿主。

传播　该菌通过被粪便污染的食物而传播。

致病机制

当给猪、仓鼠和马口服接种胞内劳森菌的纯培养物时可导致增生性肠炎的发生。然而，当用同样的方法接种无菌猪时却不发生该病。表明胞内劳森菌与肠道内未知的正常菌群之间存在相互作用，并且该相互作用导致了该病的发生。

猪和仓鼠的上皮细胞体外接种胞内劳森菌后，胞内劳森菌先吸附在靶上皮细胞的顶部边缘，然后被吞噬成吞噬泡。但是特定的黏附因子尚未被鉴定出。该菌并不一定能够入侵细胞，但是当抑制细胞的代谢时可以抑制该菌的入侵。该菌内化后，由吞噬泡进入细胞质，并在细胞质中繁殖，抑制细胞的成熟，但其机制尚不清楚。处于分裂期的细胞以及细胞分裂后的子细胞都含有该菌，导致该菌在整个隐窝的传播。胞内劳森菌也可以入侵肠道固有层，并通过其继续散布，导致整个隐窝的肠上皮细胞感染。正常存在于肠隐窝中的未成熟的分泌型肠上皮细胞取代杯状细胞和绒毛上皮细胞，这导致肠隐窝变长，肠绒毛变短，失水量增加，吸收减少，蛋白通过粪便丢失。炎症发生是不固定的，有的没有炎症反应，有的是由中性粒细胞、巨噬细胞和淋巴细胞组成的炎症反应。

试验中接种该菌后，大多数细菌首先入侵空肠和回肠远端并进行增殖。大肠的病变被认为是由胞内劳森菌从感染的小肠上皮细胞中逃逸后引起的继发感染。

临床症状与病变　猪增生性肠炎（通常被称为增生性回肠炎）有四种表现形式：①肠腺上皮增生，由隐窝上皮细胞增生而导致肠黏膜增厚的慢性肠炎（图22.6）；②坏死性肠炎，肠道发生广泛性坏死，正常的肠黏膜被坏死的肠黏膜所替代（图22.6）；③局部性回肠炎，由于平滑肌增生而导致小肠远端平滑段肠腔变窄；④出血性增生性肠炎，以小肠黏膜增厚和肠腔内急性出血为特征的急性疾病。大多数眼观病变出现空肠和回肠的末端，以及盲肠和螺旋结肠。马和仓鼠的眼观病变还包括小肠黏膜增生变厚（图22.7）。

出血性增生性肠炎通常发生于4～12月龄的猪，其他形式的增生性肠炎通常发生于6周龄到5月龄的猪。马的增生性肠炎主要发生于断奶的马驹。仓鼠的增生性肠炎通常发生于断奶后不久，在试验中10～12周时对该病有抵抗力。猪、马以及仓鼠的临床症状为腹泻、脱水和体重减轻。妊娠母马发生低蛋白血症，临床症状为颈腹侧、胸部和四肢水肿。亚临床感染的猪和其他动物只表现为体重增长缓慢。

流行病学　胞内劳森菌广泛感染世界范围内的猪，也可能感染马。在美国、加拿大、欧洲、南非以及澳大利亚已有马患该病的病例报道。血清学鉴定表明在美国、加拿大以及欧洲该病广泛发生于马。猪感染主要发生于养猪业发达的地区。从猪、马、仓鼠以及鹿中所分离出的该菌，其DNA同源性超过98%，但是没有证据表明各物种间可以相互传播。在实验中，从猪中分离的该菌能够感

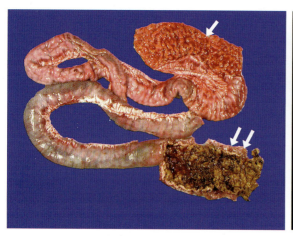

图22.6 患有增生性肠炎的猪小肠

浆膜弥散性皱纹样外观和黏膜增厚且皱纹样外观，这是肠腺上皮增生的特征（单箭头）。另外，正常黏膜被坏死黏膜替代，这是坏死性肠炎的特征（双箭头）

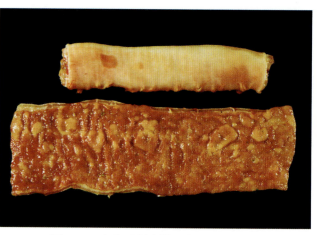

图22.7 患有马增生性肠炎马驹的小肠

染仓鼠和马，从马中分离的该菌能够感染仓鼠。然而，被感染动物存在免疫抑制，并且感染为温和型或亚临床型。

免疫学特征

猪和马感染该菌后发生全身性的体液免疫反应和细胞免疫反应。猪和其他多数动物的肠黏膜发生细胞免疫反应，并且产生特异性的IgA抗体。猪患增生性肠炎耐过后，能够对该菌的再次感染产生特异性的免疫力。一种胞内劳森菌减毒疫苗适用于猪，效果良好并被广泛使用。针对马驹的疫苗已经进行了初步试验，结果显示是可行的。

实验室诊断

样品采集 通常用于诊断的病料有福尔马林固定的或新鲜的肠组织、肠道刮取物或者是粪便。

直接检查 患有增生性肠炎的动物肠黏膜涂片标本经改良的Giminez染色后，可以显示出肠细胞内的小的弯曲杆菌。特征性的肠组织性状改变可用于进行假定性诊断。组织固定后，可通过镀银染色和免疫组化来检测胞内劳森菌（图22.5和图22.8）。

分离 胞内劳森菌仅在活细胞中存活，只有少数研究曾分离到该菌。因此，通过分离该菌来进行诊断是不可行的。

鉴定 通过将眼观病变与微观病变以及肠细胞内细菌检测相结合来诊断是否感染胞内劳森菌。特异性的检测方法有荧光抗体检测和免疫组化检测。PCR技术可检测出猪腹泻是由胞内劳森菌单独感染所致还是与其他细菌混合感染所致，因此该技术已

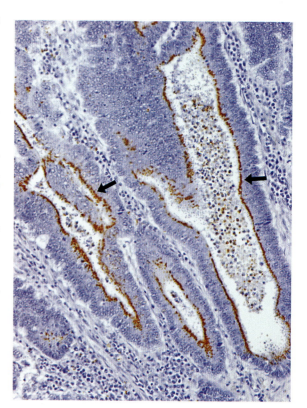

图22.8 增生性肠炎猪小肠上皮细胞顶端胞浆内的胞内劳森菌（箭头）（苏木精免疫组化染色）

广泛应用于兽医实验室诊断。

治疗

用于治疗猪增生性肠炎的抗生素有四环素、泰乐菌素、泰妙菌素、林可霉素以及特效药卡巴多司。很少有证据显示胞内劳森菌已产生耐药性。马患该病可单独使用大环内酯类抗生素或者与氯霉素、四环素、利福平联合使用来进行治疗。

在猪群中净化该菌是非常困难的，该病可发生于一些健康的猪群。该病最有效的控制方法为口服接种减毒活疫苗。如果没有条件接种疫苗，可通过预测该病的发生时间，提前 2～3 周饲喂抗生素来预防该病。试验中尝试给马接种灭活疫苗和减毒疫苗来预防该病，初步显示是有希望获得成功的，但需要进一步评估。

延伸阅读

Bellgard MI, Wanchanthuek P, La T, et al, 2009. Genome sequence of the pathogenic intestinal spirochete Brachyspira hyodysenteriae reveals adaptations to its lifestyle in the porcine large intestine[J]. PLoS One, 4 (3): e4641.

Boutrup TS, Boesen HT, Boye M, et al, 2010. Early pathogenesis in porcine proliferative enteropathy caused by Lawsonia intracellularis[J]. J Comp Pathol, 143 (2-3): 101-109.

Hampson DJ, Swayne DE, 2008. Avian intestinal spirochetosis[M]. in Diseases of Poultry, 12th edn (eds YM Saif et al.), Blackwell Publishing Ltd, Ames, Iowa, 922-940.

Hidalgo Á, Rubio P, Osorio J, et al, 2010. Prevalence of Brachyspira pilosicoli and "Brachyspira canis" in dogs and their association with diarrhea[J]. Vet Microbiol, 146 (3-4): 356-360.

Jacobson M, Fellström C, Jensen-Waern M, 2010. Porcine proliferative enteropathy: an important disease with questions remaining to be solved[J]. Vet J, 184 (4): 264-268.

Jansson DS, Fellström C, Råsbäck T, et al, 2008. Phenotypicand molecular characterization of Brachyspira spp. isolated from laying hens in different housing systems[J]. Vet Microbiol, 130 (3-4), 348-362.

Kroll, JJ, Roof MB, Hoffman LJ, et al, 2005. Proliferative enteropathy: a global enteric disease of pigs caused by Lawsonia intracellularis[J]. Anim Health Res Rev, 6 (2): 173-197.

Primus A, Oliveira S, Gebhart C, 2011. Identification of a new potentially virulent Brachyspira species affecting swine[M]. American Association of Swine Veterinarians 42nd Annual Meeting Proceedings, March 5-8, 2011, Phoenix, Arizona, 109-110.

Pusteria N, Gebhart C, 2009. Equine proliferative enteropathy caused by Lawsonia intracellularis[J]. Equine Vet Educ, 21 (8): 415-19.

Råsbäck T, Jansson DS, Johansson K-E, et al, 2007. A novel enteropathogenic, strongly haemolytic spirochaete isolated from pig and mallard, provisionally designated "Brachyspira suanatina" sp. nov[J]. Environm Microbiol, 9 (4): 983-991.

Stanton TB, Humphrey SB, Sharma VK, et al, 2008. Collateral effects of antibiotics: carbadox and metronidazole induce VSH-1 and facilitate gene transfer among Brachyspira hyodysenteriae strains[J]. Appl Environ Microb, 74 (10): 2950-2956.

（郭龙军　冯力 译，朱远茂　祝瑶 校）

第23章　弯曲螺旋体生物Ⅲ：弯曲杆菌和弓形杆菌

弯曲杆菌属和弓形杆菌属（以往被统一归类为弯曲杆菌属）的成员是细小而弯曲的革兰阴性杆菌，与生殖道和肠道的疾病密切相关，均属弯曲杆菌科。

● 特性概述

形态和染色

弯曲杆菌属和弓形杆菌属的成员为弯曲无芽孢的革兰阴性杆菌，宽0.2～0.9μm，长0.5～5μm，有荚膜，能够依靠一端或两端的极性鞭毛运动。当两个或多个菌体聚集在一起时，其能够形成S形或翅翼状，因此被称作"螺旋菌"（图23.1）。

● 弯曲杆菌属

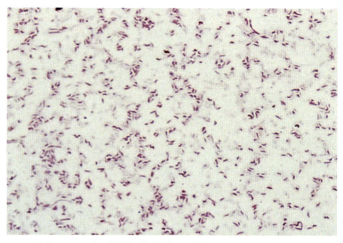

图23.1　血平板培养的空肠弯曲杆菌（革兰染色）

弯曲杆菌属（*Campylobacter*）有23个种已被鉴定，其中有几种可引起动物和人类的生殖及胃肠疾病，其他弯曲杆菌种则是人类、家养和野生哺乳动物、鸟类及甲壳类胃肠道的共生菌。兽医上比较重要的有胎儿弯曲杆菌（*Campylobacter fetus*）、空肠弯曲杆菌空肠亚种（*C. jejuni* ssp. *jejuni*）、大肠弯曲杆菌（*C. coli*）、红嘴鸥弯曲杆菌（*C. lari*）、豚肠弯曲杆菌（*C. hyointestinalis*）、生痰弯曲杆菌（*C. sputorum*）、瑞士弯曲杆菌（*C. helveticus*）、黏膜弯曲杆菌（*C. mucosalis*）以及乌普萨拉弯曲杆菌（*C. upsaliensis*）（表23.1）。胎儿弯曲杆菌及空肠弯曲杆菌是引起反刍动物繁殖障碍的重要病原。其他的弯曲杆菌，尤其是空肠弯曲杆菌和大肠弯曲杆菌是引起人类胃肠炎的重要病原和动物胃肠炎的次要病原。

表23.1 兽医上比较重要的弯曲杆菌成员

种属	宿主动物	引起的动物疾病[a]	引起的人类疾病[a]
胎儿弯曲杆菌胎儿亚种（*C. fetus* ssp. *fetus*）	绵羊、山羊和牛	流产	腹泻，菌血症
胎儿弯曲杆菌性病亚种（*C. fetus* ssp. *venerealis*）	牛	不孕，流产	暂无报道
空肠弯曲杆菌空肠亚种（*C. jejuni* ssp. *jejuni*）	家禽、反刍动物、犬、猫和人类	流产，腹泻，无症状[b]	腹泻，菌血症
大肠弯曲杆菌（*C. coli*）	猪、家禽和绵羊	无症状，流产	腹泻，菌血症
乌普萨拉弯曲杆菌（*C. upsaliensis*）	犬、猫和家禽	无症状，腹泻	腹泻，菌血症
红嘴鸥弯曲杆菌（*C. lari*）	野鸟、犬	暂无报道	腹泻，菌血症
豚肠弯曲杆菌（*C. hyointestinalis*）	牛、猪、绵羊、家禽、宠物和鸟类	暂无报道	腹泻
瑞士弯曲杆菌（*C. helveticus*）	猫、犬	无症状，腹泻	暂无报道
生痰弯曲杆菌（*C. sputorum*）	牛、绵羊	暂无报道	腹泻
黏膜弯曲杆菌（*C. mucosalis*）	猪	暂无报道	暂无报道

注：[a] 第一次感染时症状最明显；
[b] 无明显症状。

胎儿弯曲杆菌有两个亚种：性病亚种和胎儿亚种。由于胎儿弯曲杆菌最初被归类为弧菌属，因此由这两种微生物引起的疾病经常被误认为是弧菌病。胎儿弯曲杆菌性病亚种对牛有宿主适应性，可引起牛以早期胚胎死亡和不孕不育为特征的性病或生殖器弯曲杆菌病。该微生物具有重大危害，因此在国际贸易中制定了相应规范防止其快速传播。胎儿弯曲杆菌性病亚种也可引起牛散在性流产。胎儿弯曲杆菌胎儿亚种及空肠弯曲杆菌空肠亚种在全世界范围内引起绵羊暴发性流产以及山羊和牛的散在性流产。胎儿弯曲杆菌胎儿亚种也曾从流产的羊驼胎儿中分离到。大肠弯曲杆菌也可引起绵羊的流产，但与胎儿弯曲杆菌和空肠弯曲杆菌相比并不普遍。空肠弯曲杆菌可在许多动物的胃肠道定植。幼年反刍动物、幼犬和幼猫的感染通常会伴随自限性腹泻，但成年动物的感染通常不表现出症状。家禽顽固性无症状感染的比率很高，但是空肠弯曲杆菌是否引起家禽临床疾病目前并不确定。大肠弯曲杆菌通常可从健康家禽和猪的肠道分离到。

弯曲杆菌是引起人类食源性、细菌性胃肠炎的主要病原，超过90%的弯曲杆菌病例是由空肠弯曲杆菌或大肠弯曲杆菌引起的，就目前所知空肠弯曲杆菌是主要病原。另外罕见的引起人类胃肠炎的弯曲杆菌病原还包括胎儿弯曲杆菌胎儿亚种、乌普萨拉弯曲杆菌、红嘴鸥弯曲杆菌、豚肠弯曲杆菌和生痰弯曲杆菌（表23.1）。大多数人类的感染是由于摄入了被污染且没有煮熟的食物、未完全灭菌的奶制品或污染的水。摄入家禽及禽类产品是人类弯曲杆菌性肠炎最主要的风险来源。虽然人类感染弯曲杆菌并不普遍，但胎儿弯曲杆菌胎儿亚种仍然是最容易引起人类菌血症和肠外感染的弯曲杆菌属成员。

瑞士弯曲杆菌最常从正常犬、猫的粪便分离到，但也有研究称腹泻的宠物分离率更高。目前还不知道该细菌是否会引起人类疾病。

豚肠弯曲杆菌和黏膜弯曲杆菌曾被认为是导致猪增生性肠下垂的原因，但后来被证明是由胞内劳森菌引起的。豚肠弯曲杆菌极少引起人类胃肠炎，但是目前还不能确定黏膜弯曲杆菌是否能引起动物的疾病。

红嘴鸥弯曲杆菌（以鸥鸟的名字命名）最初从无症状鸥鸟的粪便中被检出。自那以后，该细菌陆续从犬、野鸟以及马的粪便中检出。通常认为红嘴鸥弯曲杆菌仅仅零星地引起腹泻，且几乎不会造成人类菌血症，但不知道是否可引起哺乳动物疾病。

生痰弯曲杆菌有三个生物变种：生痰变种、肠球菌变种和 *paraureolyticus* 变种，它们是人类口腔、反刍动物胃肠道及牛生殖道的共生菌。这些生物变种的定植位置并不具有特异性。区分生痰弯曲杆菌及胎儿弯曲杆菌非常重要。来自牛生殖道的菌株以前被分类为生痰弯曲杆菌 *bubulus* 变种，但现在被重新归类为生痰变种。生痰弯曲杆菌与人类的胃肠炎有一定的关系。

乌普萨拉弯曲杆菌是犬粪便中最常见的弯曲杆菌分离菌。猫也常常被该菌感染，甚至该微生物还可从家禽中分离到。该细菌与幼犬腹泻有关，但是成年犬和猫通常不表现出症状。目前已有该微生物引起肠道疾病、菌血症以及人类流产的报道。

特征概述

具有医学意义的细胞产物

细胞壁 弯曲杆菌有革兰阴性的细胞壁。尽管脂多糖（LPS）的磷脂A可以绑定血清中的LPS结合蛋白从而激活宿主的免疫系统，但胎儿弯曲杆菌的脂多糖LPS与肠杆菌科成员的相比仅有非常低的生物学活性。这可能有利于该病原微生物建立持续性感染。LPS的重复多糖侧链（O-抗原）的长度对于抵抗血清补体的杀伤作用非常重要，耐血清的胎儿弯曲杆菌都有很长的O-抗原。空肠弯曲杆菌的脂多糖缺乏重复的多糖侧链，是一种不精细的LPS形式，被称作脂寡糖（LOS）。大多数的空肠弯曲杆菌分离株来自肠道，对血清较为敏感。而来自血液及其他肠外组织的分离株则具有血清抗性，但那是借助于它们的荚膜，而非依靠LOS。空肠弯曲杆菌的LOS在抵抗阳离子抗菌肽（CAPs）及防御素的杀伤过程中发挥重要作用，这两者是宿主细胞先天免疫应答的重要组成部分。空肠弯曲杆菌肠道分离株的LOS被缩短了，因此与血液和脑膜分离株相比对CAPs的杀伤作用更加敏感。LOS基因的缺失突变可减少细菌对上皮细胞的黏附和侵袭。空肠弯曲杆菌在37℃和42℃表达不同形式的LOS，其可能有助于细菌适应哺乳动物和禽类肠道的不同温度。

荚膜 细菌外膜蛋白的外围存在高度变异的多糖荚膜。若对荚膜基因进行缺失突变，空肠弯曲杆菌耐血清菌株对血清杀菌作用的敏感性将显著增加。荚膜可有助于遮蔽来自宿主细胞受体的LOS，例如Toll样受体，其有助于阻止宿主先天免疫应答的激活。荚膜在空肠弯曲杆菌黏附宿主上皮细胞的过程中发挥重要作用，无荚膜空肠弯曲杆菌分离株不能在雏鸡肠道有效定植。由于相关基因的变异导致荚膜抗原的相变异，可帮助病原体短暂逃避宿主免疫系统。荚膜抗原也被用于细菌血清分型。

胎儿弯曲杆菌胎儿亚种的微荚膜或S-层 一种包绕胎儿弯曲杆菌胎儿亚种表层的蛋白微荚膜被称作S-层（细菌表层），是一种重要的毒力因子。S-层可通过抑制补体因子C3b的结合抵抗血清的吞噬作用和杀菌作用。S-层是该类杆菌引起绵羊全身感染及流产的必要成分。感染后机体会产生针对S-层抗原的保护性抗体，但是S-层蛋白表达的阶段性变异可帮助病原体暂时从免疫系统逃逸。

黏附素 CadF是空肠弯曲杆菌和大肠弯曲杆菌高度保守的外膜蛋白，能够结合细胞基质蛋白纤连蛋白，并介导对宿主细胞的黏附。*cadF*基因的缺失可降低细菌的黏附以及对动物模型的毒力。Peb 1（也被称作CBF1）是位于细胞周质间隙的空肠弯曲杆菌黏附素，可结合天冬氨酸盐及谷氨酸盐。Peb 1缺失的突变株不能在小鼠肠道有效定植。CapA是一种脂蛋白，有助于空肠弯曲杆菌黏附上皮细胞，在鸡肠道定植和持续性感染的建立中起重要作用。

鞭毛 鞭毛对于空肠弯曲杆菌的运动、在肠道定植以及鸡肠道高浓度的黏蛋白和氨基酸的趋化性都具有重要作用。空肠弯曲杆菌有一套鞭毛输出装置，其功能类似于三型分泌系统（一套组装蛋白，其可形成一个中空管道样的结构，借助该结构可将蛋白注射入宿主靶细胞）。鞭毛基因（*fla*）编码组装鞭毛的主要蛋白，其突变致Cia蛋白失去运动性和分泌性，而Cia蛋白是空肠弯曲杆菌侵袭细胞所必需的。

细胞致死膨胀毒素 空肠弯曲杆菌、大肠弯曲杆菌、红嘴鸥弯曲杆菌、胎儿弯曲杆菌以及乌普萨拉弯曲杆菌可产生细胞致死膨胀毒素（Cytolethal Distending Toxin，CDT），该毒素是目前唯一已证实的弯曲杆菌属成员产生的毒素。该毒素可在细胞周期G_2/M间的过渡期阻滞细胞引起细胞凋亡。但其在疾病发生的过程的作用目前尚不清楚。对于人体，CDT可刺激白介素-8的产生，白介素-8趋化树突状细胞，巨噬细胞及中性粒细胞，从而增强炎性反应。然而，不能产生CDT的空肠弯曲杆菌菌株引起的人类临床疾病难以与产生CDT菌株引起的疾病明显区分开。

二型分泌系统 空肠弯曲杆菌编码一套二型分泌系统，能够结合环境中的游离DNA，并输送进自身胞浆内。一旦进入胞浆，该DNA会被整合进入基因组，或者形成能自由复制的质粒。空肠弯曲杆菌能够从环境中获取DNA是自然选择的结果。

四型分泌系统T4SS 胎儿弯曲杆菌性病亚种的基因组包含一个独特的DNA片段（被认为是一个基因岛），该基因片段中包含有助于细菌适应牛生殖道的基因。该基因岛中有一套编码四型分泌系统（T4SS）的基因，T4SS组装成的装置介导细菌间或细菌与真核宿主细胞间的DNA或蛋白的转运。对T4SS相关基因进行突变可以减弱胎儿弯曲杆菌性病亚种的致病力。

生长特性 弯曲杆菌属为微需氧菌，需要含3%～10%氧气和3%～15%二氧化碳的大气。所有的种都适宜于37℃生长，但也有一些是耐热的，如空肠弯曲杆菌、大肠弯曲杆菌以及红嘴鸥弯曲杆菌能够在42℃生长良好，这个特点经常被用于粪便中该细菌的分离。大多数种不能在30℃下增殖，冻融会使细菌大批量死亡。但是，它们在有机物内如粪便、肉类或牛奶中，可以存活数天或数周，尤其是冷藏状态。不同于肠杆菌科的成员，弯曲杆菌呈现氧化酶阳性。它们不能发酵或氧化糖类，但可借助呼吸途径氧化氨基酸或三羧酸循环中间产物获得能量。

多样性 弯曲杆菌最初根据热稳定LPS抗原A、B和C分型归类。胎儿弯曲杆菌胎儿亚种有A-2和B两种血清型，胎儿弯曲杆菌性病亚种有A-1H和A-sub 1两种血清型。在42℃生长并表达抗原C的菌株被归类为空肠弯曲杆菌和大肠弯曲杆菌。Penner血清分型系统是基于可提取的热稳定荚膜抗原而建立的，目前，空肠弯曲杆菌有42个血清型，大肠弯曲杆菌有18个血清型。根据Lior建立的热不稳定表面和鞭毛抗原系统，空肠弯曲杆菌、大肠弯曲杆菌以及红嘴鸥弯曲杆菌有超过100个血清型已经被鉴定。由于需要大量的分型血清，血清分型只能在一些参考实验室进行。大多数的分型依赖分子生物学的方法进行，例如核糖分型、限制性内切酶分析、脉冲场电泳、扩增片段长度多态性分析以及基因组序列PCR分析。遗传分析也表明，单个的肠道弯曲杆菌种存在显著地遗传变异性，如空肠弯曲杆菌。然而，2008年的一份研究报道，从美国不同区域的绵羊流产病例中分离到了空肠弯曲杆菌，71个分离株中有66个源自同一个克隆系。

生态学

传染源

胎儿弯曲杆菌性病亚种 主要的传染源是公牛携带的顽固感染的包皮垢。1%～2%的母牛阴道会顽固性携带该菌，也是重要的传染源。

胎儿弯曲杆菌胎儿亚种 被感染反刍动物的肠道及胆囊是该菌的传染源。

空肠弯曲杆菌及肠道弯曲杆菌 绵羊空肠弯曲杆菌的传染源主要是带菌绵羊的肠道及胆囊。家禽、鸟类、牛、绵羊、犬、猫和猪都是空肠弯曲杆菌的携带者，猪和家禽也是大肠弯曲杆菌的主要传染源。另外一些弯曲杆菌的传染源被推定为被感染动物的肠道（表23.1）。

传播

生殖疾病　胎儿弯曲杆菌性病亚种主要通过交配传播，但是人工授精使用了受污染的精液或器材也可传播该菌。胎儿弯曲杆菌胎儿亚种及空肠弯曲杆菌的感染主要是由于摄取了被带菌反刍动物的粪便或流产胎儿的胎液或胎膜污染的食物或水源。

肠道疾病　弯曲杆菌（空肠弯曲杆菌和大肠弯曲杆菌等）感染引起相关肠道疾病的发生主要是摄取了受污染的食物和水。对人类来说，食用畜禽产品是空肠弯曲杆菌引起胃肠炎至关重要的因素，摄取其他的肉类、未高温灭菌的奶类以及受污染的水也是重要的原因。人与人之间的传播极少发生。

致病机制和临床症状

生殖疾病（牛）　被胎儿弯曲杆菌性病亚种感染的公牛，在性交时可将病原传播给易感的母牛。该病原微生物在阴道增殖，但直到发情期结束才进入子宫，可能是因为发情期子宫中性粒细胞含量较高。在子宫中，病原体进一步的增殖和活化可能会引起子宫内膜炎。该感染并不影响正常的受精，但是它会造就一个不适合胎儿生存的内环境。母牛回归到发情期的间隔将超过25d（正常21d）。这个过程不停地重复直到母牛能够激发一个足够的免疫应答将病原体从子宫有效清除。随后，子宫内膜炎康复，动物正常妊娠并且分娩。被感染的母牛在正常产下胎儿前平均需要经历大约5个发情周期。临床症状是反复培育、发情周期不规律、产犊间隔加长以及非妊娠的奶牛增多。如果畜群保持封闭，可缓慢产生免疫力，使繁殖率和产犊间隔逐步趋于正常，但是没有介入治疗并不能完全恢复到正常水平。

生殖疾病（绵羊）　接触传染后，胎儿弯曲杆菌胎儿亚种和空肠弯曲杆菌侵袭进入血液，在妊娠绵羊的胎盘定植。其可导致胎盘炎、胎儿感染以及流产，通常发生在感染后的3~4周，但是其可延长至2个月。胎盘、子宫液以及胎儿携带大量病原菌。流产通常发生在妊娠的后半期，且经常会发生50%孕畜流产的风暴，其中超过25%是典型性的。大多数的病例肉眼可见的病理变化只有胎盘炎，其并不是弯曲杆菌感染的特异性变化，但是可提示细菌性感染（图23.2）。胎儿的肝部偶尔会有棕色到黄色的坏死灶，通常显现为局灶性的、面包圈样外观（图23.3）。牛及山羊感染胎儿弯曲杆菌胎儿亚种及空肠弯曲杆菌引起的流产只是偶发或散在。

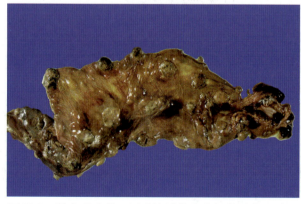 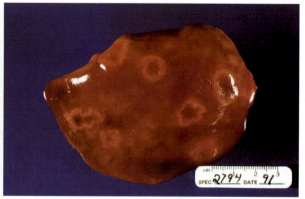

图23.2　胎盘炎症状，因感染胎儿弯曲杆菌胎儿亚种导致流产的绵羊胎盘

图23.3　感染空肠弯曲杆菌的绵羊胎儿的肺脏存在坏死病灶及面包圈样病变，这是胎儿弯曲杆菌胎儿亚种引起的典型症状

肠道疾病　空肠弯曲杆菌可黏附和侵袭小肠末段及结肠的上皮细胞。细菌穿过上皮细胞后进入固有层。入侵的空肠弯曲杆菌损伤上皮细胞，诱导白介素和前列腺素的释放，并导致以出血和中性粒细

胞渗出为特征的炎性反应。临床的症状包括发热、腹部绞痛以及轻微的出血性腹泻，动物和人类通常需要几天到一周的时间来完成自我修复。血清的杀菌作用可以使到达淋巴组织及体循环的大多数弯曲杆菌失活。仅有少量的菌株可抵抗血清的杀伤，从而在肠外定植引起全身性感染。除胎儿弯曲杆菌胎儿亚种之外，几乎所有的菌株都可以抵抗血清的杀伤以及细胞吞噬。因此，在引起全身性疾病方面，胎儿弯曲杆菌的危害尤为严重。

流行病学

生殖疾病（牛） 性病弯曲杆菌在全球都有发生，但是主要是在用种公牛繁殖的肉牛养殖场。因为该菌在精液或授精设备上很容易失活，奶牛场借助人工授精技术基本清除了该病原菌。

生殖疾病（绵羊） 弯曲杆菌属成员引起绵羊流产的情况在各地都有增多。整体来说，胎儿弯曲杆菌胎儿亚种是最重要的病原体，但是自从20世纪80年代末期以来，空肠弯曲杆菌性流产越来越普遍，并在一些地区，其在数量上超越了胎儿弯曲杆菌引起的流产。大肠弯曲杆菌引起绵羊的偶发性流产，但是在世界大多数地区并不常见。然而，在一些地区，多达20%的弯曲杆菌性流产中可分离到大肠弯曲杆菌。

肠道疾病 感染动物的粪便是引起动物传播的主要来源。生的、未完全煮熟的以及处理不当被污染的禽肉或其他肉类、未加工的牛奶以及受污染的水是人类感染的来源。大约50%的鸡的盲肠含有空肠弯曲杆菌。在屠宰的时候，其中的微生物将污染环境，导致店里几乎所有的鸡的肉类产品都被污染。被感染的宠物及畜牧养殖动物是潜在的传染源。弯曲杆菌在健康宠物的粪便也被检测到，但是其流行性和含菌量显著低于有腹泻症状的个体。来自收容所的犬、猫以及饲喂家庭自制食物的犬有更高携带空肠弯曲杆菌的风险。空肠弯曲杆菌在牛的粪便中可普遍分离到，偶尔也从乳腺炎的病例分离到，这些有助于解释人类为何在摄取了未完全灭菌的牛奶后暴发疾病。

免疫学特征

生殖疾病（牛） 胎儿弯曲杆菌性病亚种免疫保护需要在子宫中发挥作用，尽管IgM先产生，但是起主要作用的是IgG。抗体覆盖细菌，然后启动补体级联效应最终导致细菌裂解。IgG抗体也可作为调理因子结合荚膜抗原，从而导致病原微生物的裂解。分泌的IgA、IgG和IgM结合在抗原表面，从而阻止微生物对上皮细胞的黏附。所有针对鞭毛抗原的特异性抗体都可以阻止细菌从阴道向子宫运动。阴道的免疫应答主要是非调理性的IgA，但其不如在子宫中发挥作用的IgG那样可有效清除病原微生物。大多数母牛通常在2~3个月从子宫清除胎儿弯曲杆菌性病亚种，但是在阴道却至少需要6个月。阴道的清除很少超过10个月，但是也有1%~2%的母牛阴道可能顽固性带菌。再次接触胎儿弯曲杆菌性病亚种可导致阴道的感染，但其中30%~70%不能够再传播至子宫，并随即被清除。

不到4岁的公牛很少持续感染很多天，但是年长的公牛可以终生感染，除非积极治疗。最普遍认可的解释是年长公牛的包皮隐窝比年轻公牛的要更深和更适宜细菌定植。自然感染引发的免疫应答对于清除公牛体内的细菌无效。然而，疫苗免疫激发的血清和黏膜分泌物中的特异性IgG抗体能够预防或根除公牛或母牛的感染。

生殖疾病（绵羊） 流产或疫苗免疫后绵羊产生免疫耐受，主要是因为血液循环及组织中存在IgM和IgG抗体，其激活吞噬细胞的清除功能以及补体级联效应诱发细菌裂解。

肠道疾病 细菌对肠黏膜的黏附和侵袭引起黏膜抗体的产生和维持。黏膜抗体可清除肠黏膜上的弯曲杆菌，但对肠腔里的则没有效果。免疫应答不能够预防细菌在肠道的再次定植，但是可以阻止临床症状的出现。

实验室诊断

样品采集

生殖疾病（牛） 公牛样品比母牛样品有更高的阳性检出率。用集精管的移液器吸取阴茎垢或包皮碎屑，从而完成采样。采用一个放置在阴道前部的棉塞来完成母牛样品的采集。样品应该被冷藏，但不能冷冻，如果不能在6～8h送到实验室，则应该被放置在专门的运输装置中，如Clark's或Lander's运输装置、巯基乙酸盐肉汤。所有的公牛或者20头母牛或者畜群的10%，哪一种数量更多，就按照哪一种标准进行采样。

生殖疾病（绵羊） 流产胎儿的皱胃液、肺、肝是最合适的样品。而胎盘样品污染使分离病原菌变得更加困难。

肠道疾病 粪便样品常被用作弯曲杆菌感染的诊断。

直接检测

生殖疾病（牛） 由于含菌量太少，感染公牛或母牛样品涂片染色基本不可能直接观察到胎儿弯曲杆菌性病亚种。准备荧光染色的抗体，与培养方法相结合可进一步提高检测灵敏度。

生殖疾病（绵羊） 流产胎儿的胃内容物经革兰染色或罗曼诺夫斯基染色通常可观察到细小的弯曲杆菌。通过相位对比或暗视野显微镜观察皱胃内容物液体浸润样品可观察到，弯曲杆菌有一个典型的快速"螺旋或翻滚"运动。在肝脏发现圆环状或靶形状坏死灶（图23.3），可辅助弯曲杆菌感染的初步诊断。

肠道疾病 粪便涂片染色可观察到许多细长弯曲的革兰阴性杆菌、血液、黏液、中性粒细胞以及细胞碎片。

分离

生殖疾病（牛） 阴茎垢、包皮碎片、阴道液或胃内容物被接种至选择培养基上，其中包含抗生素以减少污染微生物的生长。万古霉素、多黏菌素B/C以及甲氧苄氨嘧啶被普遍用于控制细菌的增殖，有时候也添加两性霉素B去抑制真菌的生长。重要的是设计不包含先锋霉素的选择培养基用于空肠弯曲杆菌及大肠弯曲杆菌的分离，如Butzler's和Campy-BAP培养基，因为胎儿弯曲杆菌的两个亚种对先锋霉素敏感。平板置于含6%氧气和5%～10%二氧化碳的气体中，在37℃下培养48h后观察结果。

生殖疾病（绵羊） 胎儿的皱胃内容物、肺、和/或肝脏接种至血平板（含或不含抗生素，依据样品污染的程度决定），在含6%氧气和5%～10%二氧化碳的气体中，37℃培养48h后观察平板。

肠道疾病 最好使用包含抗生素的选择培养基从肠道组织样品分离肠道弯曲杆菌，如包含头孢哌酮、万古霉素以及两性霉素B的Campy-CVA培养基，或Skirrow选择培养基。包含先锋霉素的培养基（如Butzler's和Campy-BAP培养基）适合于空肠弯曲杆菌、大肠弯曲杆菌以及红嘴鸥弯曲杆菌的分离，但是不适合用于胎儿弯曲杆菌和乌普萨拉弯曲杆菌的分离。因为弯曲杆菌属成员非常细小，另一种方法是使用0.45μm或0.65μm孔径的滤器过滤样品减少杂菌污染，然后可接种至无抗性的血平板上培养。平板在含6%氧气和5%～10%二氧化碳的气体中，37℃或42℃或使用两种温度培养。

鉴定 生长在37℃或42℃微需氧环境、细小、革兰阴性和氧化酶阳性弯曲状杆菌可推定为弯曲杆菌属或弓形杆菌属成员。这两个菌属很难基于表型差异进行区分，但是在低于30℃的有氧环境生长的分离株可被推定为弓形杆菌。具有在37℃麦康凯培养基微需氧生长的能力是进一步鉴定分离株为弓形杆菌成员的证据，但是如果不能在麦康凯琼脂平板上生长则可排除其为弓形杆菌的可能性。在42℃生长的以及马尿酸盐阳性的弯曲杆菌分离株被鉴定为空肠弯曲杆菌，然而也有报道称有些菌呈

第二部分 细菌和真菌

现马尿酸盐阴性。分离菌首先根据表型特征（表23.2）鉴定物种，但是同一物种的不同分离株间可能存在变异，导致产生误差。由于区分弯曲杆菌属成员比较困难，常采用分子检测方法例如种特异性PCR、基因组指纹图谱以及核糖体RNA基因测序鉴别。

血清学诊断 胎儿弯曲杆菌性病亚种不能激发可检测的血清抗体，但是阴道液含有的抗体可被用于诊断。阴道黏液凝集试验可鉴定大约50%被感染的母牛，其对畜群是有效的检测方法，但不能用于母牛个体的诊断。凝集滴度在感染后30～70d达到最高，并维持大约7个月。样品应该在发情前1～2d或发情后4～5d采集，避免发情期分泌过多黏液稀释抗体。血液检测结果存在无效的可能，该检测法也不能区分野毒感染及疫苗免疫的动物。阴道黏液的抗体也可通过酶联免疫吸附试验（ELISA）检测，其具有更高的敏感性和特异性。特殊设计的ELISA试验可用于检测IgA以及区分野毒感染与疫苗免疫的牛。

治疗

生殖疾病（牛） 两次免疫接种，间隔3周双倍剂量加强免疫，可以有效预防公牛胎儿弯曲杆菌性病亚种的顽固性感染。全身性使用链霉素、局部用链霉素、局部用新霉素以及红霉素可以对公牛有效治疗，但是如果不进行免疫，将非常容易反复感染。每年免疫可以有效治疗和预防母牛发病。

牛弯曲杆菌病通过预防可以得到有效控制。从背景清楚的牛群引进后备公牛，避免从背景不清楚的牛群引进更替母牛，以及不与其他牛群共用牧草是有效的防控措施。人工授精是控制和根除该疾病的有效方法。

生殖疾病（绵羊和山羊） 传统上，弯曲杆菌性流产暴发的治疗先静脉注射四环素，后再饲喂四环素辅助。然而，空肠弯曲杆菌对四环素的耐药性已经越来越普遍。2008年的一份研究发现导致大量绵羊流产的空肠弯曲杆菌来自单一的克隆，其对四环素100%耐药。潜在的替代品包括替米考星、红霉素、泰乐菌素以及氟苯尼考。面临流产暴发时，接种胎儿弯曲杆菌胎儿亚种及空肠弯曲杆菌灭活疫苗可有效减少流产的发生。繁殖前开展免疫可以有效预防该病。

肠道疾病 空肠弯曲杆菌以及其他的弯曲杆菌引起的肠炎通常可以自愈，但是偶尔严重到需要治疗。大环内酯类抗生素是常被选择的药物。当大环内酯类不能使用时，四环素类抗生素也是有效药物，但是四环素类耐药目前已经非常普遍。大多数动物源的弯曲杆菌对氟喹诺酮类抗生素敏感。然而，因为发生耐药变异的比率太高，氟喹诺酮类并不是一种好的药物选择。

在兽医院及养犬场预防该病必须遵守严格的卫生保健措施，如勤洗手、清洁以及消毒措施。

目前尚没有可以有效预防空肠弯曲杆菌的定植及引起的肠炎疫苗。

表23.2 重要弯曲杆菌和弓形杆菌的主要表型特性

	25℃培养	37℃培养	42℃培养	有氧培养	过氧化氢酶	脲酶	1%甘氨酸培养	马尿酸盐水解	羟基吲哚乙酸水解	TSI产H_2S	亚硒酸盐还原	4%氯化钠培养	头孢霉素敏感性
胎儿弯曲杆菌胎儿亚种 (*C. fetus* ssp. *fetus*)	+	+	(−)[a]	−	+	−	+	−	−	−	V		S
胎儿弯曲杆菌性病亚种 (*C. fetus* ssp. *venerealis*)	+	+	(−)[a]	−	+	−	−	−	−	−	V		S
空肠弯曲杆菌空肠亚种 (*C. jejuni* ssp. *jejuni*)	−		+	−	+	−	+	+[b]	+	−	V		R
大肠弯曲杆菌 (*C. coli*)	−		+	−	+	−	+	−	+	V		+	R

(续)

	25℃培养	37℃培养	42℃培养	有氧培养	过氧化氢酶	脲酶	1%甘氨酸培养	马尿酸盐水解	羟基吲哚乙酸水解	TSI产H_2S	亚硒酸盐还原	4%氯化钠培养	头孢霉素敏感性
乌普萨拉弯曲杆菌(C. upsaliensis)	−	+	(+)	−	−	−	+	−	+	−	+		S
豚肠弯曲杆菌豚肠亚种(C. hyointestinalis ssp. hyointestinalis)	−	+	+	−	+	−	+	−	−	+	+		S
豚肠弯曲杆菌Lawsonii亚种(C. hyointestinalis ssp. lawsonii)	−	+	+	−	+	+	V	−	−	+	+		S
生痰弯曲杆菌生痰变种(C. sputorum biovar sputorum)	−	+	+	−	+	−	+		+	+	V		S
生痰弯曲杆菌肠球菌变种(C. sputorum biovar faecalis)	−	+	+	−	+	+	+		+	+	V		S
生痰弯曲杆菌para变种(C. sputorum biovar paraureolyticus)	−	+	+	−	+	+	+		+	+	V		S
红嘴鸥弯曲杆菌(C. lari)	−	+	+	−	+	V	+	−	+	+	V		R
瑞士弯曲杆菌(C. helveticus)	−	+	+	−	+	−	V		+	−	+		S
黏膜弯曲杆菌(C. mucosalis)	−	+	+	−	+	−	V		+	+	V		S
布氏弓形菌(A. butzleri)	+	+	(−)ᵃ	+	V	−	+	−	+	−	−	−	R
嗜低温弓形菌(A. cryaerophilus)	+	+	−	+	V	−	V	−	+	−	−	−	R
斯氏弓形菌(A. skirrowii)	+	+	−	+	+	−	V	−	+	−	NT	+	S
Thereius弓形菌(A. thereius)	+	+	−	+	+	−	+	−	+	−	−	−	NT

注：ᵃ大多数菌株在这个温度不能生长；
ᵇ5%～10%的空肠弯曲杆菌是马尿酸盐阴性；
V，变动的结果；NT，未测试；R，抵抗；S，敏感；TSI，三糖铁培养基。

● 弓形杆菌

弓形杆菌属（Arcobacter）的成员与家畜腹泻、奶牛乳腺炎、家畜流产（尤其是猪）以及人类的胃肠炎有关。1991年，弯曲杆菌属的两个可在有氧条件生长的物种被划分出来建立了该属，目前已包括了12个种。其中6个种从动物身上分离，分别是布氏弓形菌（Arcobacter butzleri）、嗜低温弓形菌（A. cryaerophilus）、斯氏弓形菌（A. skirrowii）、A.thereius、A. cibarius 和 A.trophiarium。其他种来自甲壳类动物、海水、植物以及污水。

只有布氏弓形菌、嗜低温弓形菌和斯氏弓形菌三个种既可从家畜粪便分离到，亦可从人类腹泻粪便分离到，最有可能是普遍性的动物源性病原。从健康或腹泻猪、牛、绵羊和马的粪便，以及无腹泻症状犬的粪便，都可以分离到它们。在人类中，布氏弓形菌是引起食源性以及水源性胃肠炎的新兴病原，并且可从血液分离到。嗜低温弓形菌和布氏弓形菌也可从患有乳腺炎的奶牛的乳汁中分离到，返体试验可再次导致临床乳腺炎，并可从奶牛的乳汁中重新分离。此外，从无乳腺炎临床症状的奶牛的乳汁中亦可分离到这两个病原。所有这三个物种都可从流产的小牛、羊羔及仔猪上分离到，从流产仔猪分离到嗜低温弓形菌尤其常见。然而，这些生物体不能够与病理性变化相关联，这些细菌也可以从健康的仔猪（在子宫被感染）以及正常胎儿的羊水中分离到。

A. thereius 可从流产的仔猪以及健康鸭子的泄殖腔分离到。但尚未确认其是否会引起母猪流产。A. cibarius 则分离自屠宰场肉鸡胴体，A. tropharium 分离自健康猪的粪便。这三个细菌都未被证明与疾病有必然的联系。健康家禽的粪便经常可以分离到弓形杆菌，目前认为其并不一定与疾病相关联。所有弓形杆菌属的成员都尚未被确认与动物性疾病相关联。

特征概述

致病相关的细菌产物　弓形杆菌具有革兰阴性细胞壁和单极鞭毛。许多革兰阴性菌的LPS、LOS以及鞭毛在其致病过程中发挥重要作用，如弯曲杆菌。然而，目前弓形杆菌的LPS、LOS以及鞭毛的作用尚未被研究或保持未知。产生毒素的直接证据也还没有被发现，事实上尚未有任何毒力相关基因已被发现。

生长特性　弓形杆菌属细菌在需氧及微需氧条件下均可生长，温度低至15℃也没有问题。除了少数的布氏弓形菌外，大多数成员不能在42℃生长。

● 生态学

传染源　弓形杆菌可存在于感染动物的肠道及其生活环境。无症状的猪、牛、家禽，也可能有其他动物，是引起人类感染的重要传染源。

传播　大多数动物可能因为摄取食物或通过黏膜接触而被感染。有些则是在子宫被感染。

● 致病机制

目前关于弓形杆菌与宿主的相互作用几乎一无所知。

流行病学　家畜和家禽肠道的无症状感染很普遍。犬和马的无症状感染也有发生，但流行率可能较低。该菌也可从动物的生活环境、原料奶以及饮水中被分离到，这些都是传播给其他动物以及人类的传染源。

● 免疫学特征

先天感染嗜低温弓形菌仔猪的自然感染母猪的初乳中包含弓形杆菌特异性的抗体。出生两周后，大部分先天感染的仔猪不再通过粪便排菌，但目前初乳抗体在其中发挥的作用还不得而知。

● 实验室诊断

样品采集 已有报道显示弓形杆菌可从牛的胃内容物、肾、肝以及流产胎儿胎盘和原料牛奶中分离到。粪便样品经常被用作弓形杆菌相关腹泻的诊断以及动物是否带菌的鉴定。

直接检测 在猪流产的研究中，直接使用胎儿样品进行弓形杆菌的检测并不能通过镜检看到细菌。由于没有特异性的检测方法，弓形杆菌与弯曲杆菌不能通过镜检区分，有待开发如荧光标记的抗体等技术。

分离 用来分离弯曲杆菌的培养基同样也可以支持弓形杆菌的生长。弓形杆菌富集肉汤培养液及平板可以提高粪便中弓形杆菌分离率，其添加了一些抗微生物药物以减少其他细菌或真菌的生长。一种组合包括头孢哌酮、两性霉素B和替考拉宁，另一种组合则包括5-氟尿嘧啶、两性霉素B、头孢哌酮、新生霉素、甲氧氨苄嘧啶。25～30℃以及37℃平板培养3～5d，每天观察。到底需氧及微需氧培养哪个更合适尚未验证。一般的操作是微需氧环境培养所有的平板，或者25～30℃需氧培养以及37℃微需氧培养。

鉴定 细小的革兰阴性菌，弯曲杆状，氧化酶、过氧化氢酶以及羟基吲哚乙酸水解活性阳性，25～30℃需氧或微需氧环境生长，可初步鉴定为弓形杆菌属成员。在37℃麦康凯琼脂平板生长可进一步确证分离菌为弓形杆菌。发酵反应也可用于弓形杆菌分离株的鉴定，但是有时结果并不准确（表23.2）。分子鉴定方法如PCR以及16SRNA测序则更可靠。

● 治疗

大多数人类感染弓形杆菌病例最终都是自愈的，但也可引起长期或严重的疾病，氟喹诺酮以及四环素被普遍用于治疗，有报道称弓形杆菌对萘啶酸和环丙沙星有耐药性。目前对于弓形杆菌相关的动物感染的治疗方面很少有资料可供参考。

📁 延伸阅读

Blaser MJ, Newell DG, Thompson SA, et al, 2008. Chapter 23: Pathogenesis of Campylobacter fetus[M]. in Campylobacter, 3rd edn (eds Nachamkin I, Szymanski CM, Blaser MJ), American Society for Microbiology Press, Washington, DC, 401-428.

Chaban B, Ngeleka M, Hill JE, 2010. Detection and quantification of 14 Campylobacter species in pet dogs reveals an increase in species richness in feces of diarrheic animals[J]. BMC Microbiol, 10: 73.

Collado L, Figueras MJ, 2011. Taxonomy, epidemiology, and clinical relevance of the genus Arcobacter[J]. Clin Microbiol Rev, 24 (1): 174-192.

Dasti JI, Tareen AM, Lugert R, et al, 2010. Campylobacter jejuni: A brief overview on pathogenicity-associated factors and disease-mediating mechanisms[J]. Int J Med Microbiol, 300: 205-211.

Gorkiewicz G, Kienesberger S, Schober C, et al, 2010. A genomic island defines subspecies-specific virulence features of the host-adapted pathogen Campylobacterfetus subsp[J]. venerealis. J Bacteriol, 192 (2): 502-517.

Ho TKH, Lipman LJA, van der Graaf-van Bloois L, et al, 2006. Potential routes of acquisition of Arcobacter species by piglets[J]. Vet Microbiol, 114 (1-2): 123-133.

Merga JY, Leatherbarrow AJH, Winstanley C, et al, 2011. Comparison of Arcobacter isolation methods, and diversity of Arcobacter spp. in Cheshire, United Kingdom[J]. Appl Environ Microbiol, 77 (5): 1646-1650.

Mshelia GD, Amin JD, Woldehiwet Z, et al, 2010. Epidemiology of bovine venereal campylobacteriosis: Geographic distribution and recent advances in molecular diagnostic techniques[J]. Reprod Domes Anim, 45 (5): e221-e230.

Oporto B, Hutado A, 2011. Emerging thermotolerant Campylobacter species in healthy ruminants and swine[J]. Foodborne Pathog Dis, 8 (7): 807-813.

Sahin O, Plummer PJ, Jordan DM, et al, 2008. Emergence of a tetracycline-resistant Campylobacter jejuni clone associated with outbreaks of ovine abortion in the United States[J]. J Clin Microbiol, 46 (5): 1663-1671.

Young KT, Davis LM, DiRita VJ, 2007. Campylobacter jejuni: molecular biology and pathogenesis[J]. Nat Rev Microbiol, 5 (9): 665-679.

（李雁冰 译，郭龙军　祝瑶 校）

第24章 弯曲螺旋体生物 Ⅳ：螺杆菌属

螺旋形微生物在动物胃肠道内已存在一个多世纪。自20世纪80年代从人胃组织中分离出幽门螺杆菌后，螺杆菌也在雪貂、禽、非人灵长类动物、犬、猫和猪等动物体内被鉴定出来（表24.1）。这些微生物在胃病中所起的作用使它们受到广泛的关注。幽门螺杆菌能引起人的持续性胃炎和消化性溃疡，并且与胃腺癌和胃黏膜相关淋巴瘤的发生有关。从大多数动物的口腔、胃肠道和（或）肝脏中鉴定出的其他螺杆菌与癌症、胃炎及无症状携带者表现出的临床症状有关。

螺杆菌属的分类是复杂的，部分原因是迅速扩大的成员名单和改进的鉴别方法。该属成员在分类上与弯曲杆菌属不同，弯曲杆菌是根据最初起源和形态相似性进行分类的。螺杆菌分为两大类，一类与胃组织有关，另一类与下部肠道组织和肝脏有关。来自这两个群体的螺杆菌通常被认为是直接或条件性致病菌，并且人们日益认识到该群体是重要的人畜共患病病原。

● 特征概述

形态和染色

螺杆菌属成员是一种革兰阴性菌，形态从紧密缠绕的螺旋形（如幽门螺杆菌、猫螺杆菌和猪螺杆菌）到稍微弯曲的杆状（如鼬鼠螺杆菌和杆状螺杆菌）。各成员大小不等，长1.5～10μm，宽0.3～1.2μm。所有已知的螺杆菌都有使它们运动的鞭毛，鞭毛的数量（4～23条）和位置（双极和单极等）因种而异。

毒力因子

螺杆菌属具有多种重要的细胞产物，然而，并不是所有物种均能产生这些产物。该属代表性的一些毒力因子如下。

鞭毛 通过多鞭毛运动是螺杆菌属的特征，是使它们有能力穿过黏膜吸附到胃上皮细胞的关键。鞭毛的数量和位置因种类而异。然而，所有的种都有鞭毛，并且大多数有鞘。

周质纤维 这些纤维（单独或以群存在）螺旋状地缠绕在一些螺杆菌（猫螺杆菌和胆汁螺杆菌）体周围，但不是所有成员都有。尽管与螺杆菌运动有关，但是周质纤维与鞭毛不同，位于外膜的下面。

尿素酶 尿素酶能把尿素水解成铵离子和二氧化碳，铵离子中和胃酸，从而使细菌能在胃环境中生活。尿素酶也与炎症有关。大多数螺杆菌菌株可产生尿素酶，但是一些肠杆菌也能或多或少地产生尿素酶。

黏附素 黏附素是介导螺杆菌黏附到胃肠道上皮靶细胞的蛋白质。幽门螺杆菌至少表达两种胃上皮特异的黏附素，唾液酸结合黏附素（SabA）和血型抗原结合黏附素（BabA）。尚未在所有螺杆菌中鉴定出相似的黏附素。

脂多糖 外膜脂多糖是一种重要的毒力决定因子。不仅脂质A成分有毒性（内毒素），而且O型重复单元中侧链长度还妨碍了补体系统的膜攻击复合物与外膜的连接。螺杆菌的脂多糖在免疫反应中发挥重要作用，它负责促炎细胞因子的释放，而且也与胃组织的黏附过程相关。

细胞毒相关基因产物（Cag）致病岛和CagA Cag致病岛（PAI）与幽门螺杆菌的致病性有关。具体而言，Cag PAI编码Ⅳ型分泌系统，介导CagA蛋白移位到宿主细胞中。一旦进入细胞内，CagA被磷酸化，导致肌动蛋白重排。PAI在幽门螺杆菌菌株之间是不同的，差别在于插入序列的数目和相关毒力。Cag PAI和Ⅳ型分泌系统的各个组分已在该属的其他成员中发现。

空泡毒素（Vac） 在幽门螺杆菌充分描述的空泡毒素，与微生物在胃上皮细胞屏障中定植并持续存在及刺激炎症反应有关。以前的研究表明，体外VacA活性和疾病状态有关。VacA基因编码细胞毒素，以确保尿素在其他功能中的可用性。VacA已成为疫苗干预中的研究对象。

表24.1 报道的动物宿主幽门螺杆菌种类举例

种类	动物种类						
	犬	猫	猪	绵羊	牛	人	其他
幽门螺杆菌		+		+		+	非人灵长类动物
猫螺杆菌	+	+				+	兔
暂定的猪螺杆菌			+				非人灵长类动物
犬螺杆菌	+	+				+	
所罗门螺杆菌	+	+					兔
弗氏螺杆菌	+	+		+		+	
毕氏螺杆菌	+	+	+			+	非人灵长类动物
莫氏螺杆菌							鼬
胆囊螺杆菌	+		+				鼠
肝螺杆菌							鼠
暂定的牛螺杆菌					+		
鸡螺杆菌						+	禽、鼠
鲸鱼螺杆菌							海豚、鲸鱼

细胞致死肿胀毒素 细胞致死肿胀毒素（CDT）在肝螺杆菌和鸡螺杆菌中发现，与弯曲杆菌产生的CDT毒素高度同源，和真核细胞细胞周期停滞有关。

包括超氧化物歧化酶和过氧化氢酶在内的其他细胞产物也已经在螺杆菌中被发现。

生长特性

螺杆菌在37℃微需氧条件下生长，通常表现为平坦、无色素、灰白色和非溶血菌落，大小为1~2mm。然而，一些物种没有形成明显的菌落，而是表现为精细散布的薄膜。形成可见的螺杆菌菌落需要长时间培养（约1周）。有氧条件下观察不到生长，但是，一些物种的生长会随着大气中的氢、不同的pH或富集而增强。螺杆菌在42℃生长的能力也是可变的，有助于鉴定。

多样性

螺杆菌在种间和种内存在很大程度的变异。与高的基因组异质性有关，表型、生长特性、毒力因子和对抗生素敏感性的变异是常见的。尿素酶的产生、硝酸盐的还原、吲哚酚酯的水解在螺杆菌物种间和种内均可发生变化。变异是常见的，但并不总是用来区分胃肠道和肝脏的常见物种。此外，一些螺杆菌能在42℃生长，一些生长需要氢气。螺杆菌物种之间的最显著的差别是鞭毛的数量和位置，以及周质原纤维的存在。在不同螺杆菌物种之间基因组G+C的百分含量的变化范围是30%~48%。

● 生态学

传染源

螺杆菌已经从动物体内的众多部位鉴定出，包括胃、肝、胆管、小肠和大肠。除小鼠的肠肝螺杆菌外，螺杆菌在动物体内只占据特定的位置还没有得到很好的解释。通常，胃幽门螺杆菌占据黏膜层或吸附到胃上皮组织。虽然一些螺杆菌可以感染许多不同种类的动物，但是有一些只能特异性感染已知的宿主。多个螺杆菌物种已被证实只感染单一动物。

据估计，大部分人（>50%）的胃肠道内携带幽门螺杆菌和潜在的其他螺杆菌物种。螺杆菌在犬和猫中也普遍存在，研究发现80%~100%的研究对象至少感染一种螺杆菌。许多非幽门螺杆菌的螺杆菌物种从犬中被发现，包括毕氏螺杆菌、猫螺杆菌、海尔曼螺杆菌和胆汁螺杆菌。评价幽门螺杆菌在屠宰猪中流行率的研究发现至少60%的猪携带螺杆菌。肝肠螺杆菌（肝螺杆菌和胆汁螺杆菌）在小鼠群（包括实验动物）中特别流行和重要。超过60%的报道证实鸡螺杆菌在禽类中流行。尽管螺杆菌的流行程度和特定种类的分布在这些种群中不那么确定，但螺杆菌物种在几乎所有的被检查动物中被发现，包括羊、猴、雪貂、鲸鱼、海豚、鹅和许多其他动物。

传播

口-口和粪-口传播是螺杆菌的假定传播途径。有证据支持这两种途径。螺杆菌在胃肠道环境之外生存并通过其他途径传播存在争议，还没有得到解决。尽管可能存在其他传播方式，但是它们不被认为是主要的传播方式。

人畜共患潜力

有很强的迹象表明螺杆菌能通过人畜共患的方式在人和动物之间进行传播。人被众多不同的螺杆菌感染，已被证实和不同动物接触有关。有证据表明类似菌株存在于人和他们的宠物身上。也多次从奶产品中分离出幽门螺杆菌。人畜共患传播通常被认为发在非幽门螺旋杆菌物种之间，人类患病率（估计为6%）比幽门螺杆菌感染率（估计为50%）低很多；然而，有报告称携带幽门螺杆菌的猫有导致发生人畜共患病的风险。

● 致病机制

众多研究表明胃幽门螺杆菌改变了胃的生理机能。这种情况似乎也有多种机制。尽管致病程度、感染位点和螺杆菌物种因动物种类而异，临床感染的一个共同特征是诱导慢性的炎症反应。先前对人工感染幽门螺杆菌的犬的研究表明微生物的定植数量与胃炎症程度之间没有相关性。在猫中证实胃幽门螺杆菌样微生物的定植程度和淋巴滤泡之间有很好的相关性，但是这种相关性在犬中不明显。评估组织学变化的标准规范的缺乏使对这些结果的解释变得困难，然而，个别宿主因素好像对致病程度和类型贡献大，一些个体可能无症状。在许多螺杆菌物种中已鉴定出与运动、酸中和/适应、趋化性和依从性有关的基因。除了毒力因子脂多糖、VacA、尿素酶和Cag PAI外，这些基因可能与动物机体免疫反应和随后的临床表现有关。

● 免疫学特征

免疫系统是螺杆菌诱导的发病机制的重要中介。慢性炎症反应通常与感染有关；然而免疫应答的调节也可能被破坏。引起病理学的免疫反应机制已在鼠中进行了广泛研究，然而，可能会因螺杆菌物种和动物宿主而异。例如，用鼠进行的猫螺杆菌感染的细胞浸润包括中性粒细胞、B细胞和CD4 T细胞。在这些中，T细胞被证实在病理学中发挥重要作用。肝螺杆菌可诱导小鼠肝炎，被证明与Th1介导的免疫反应有关。不同螺杆菌感染不同动物而引起的精确反应还不完全清楚。

动物感染螺杆菌后通常产生针对病原的重要的IgG应答。动物体内胃螺杆菌特异性血清IgG抗体被用于自然感染和人工感染的动物的诊断。幽门螺杆菌自然感染猫的血清和黏膜分泌物ELISA结果表明唾液和部分胃分泌液中有幽门螺杆菌特异性IgG反应和升高的IgA抗幽门螺杆菌抗体水平。和人类一样，虽然有助于诊断，但是抗体分泌和血清抗体应答似乎对感染没有保护作用。

● 实验室诊断

直接检查

螺杆菌相关的慢性胃炎不能通过可视的内镜检测进行诊断。其他的诊断方法因敏感程度而异。螺杆菌可以通过印模涂片的细胞学检查或均质胃组织的革兰染色观察到。胃刷片细胞学可用于常规内镜检测。黏附到刷上的细胞和黏液涂布到玻璃切片上，空气干燥后用姬姆萨染色。需要用100×油镜观察胃螺杆菌。这些胃螺杆菌的尿素酶活性经常用来作为诊断试验，尤其是用于幽门螺杆菌的诊断。商品化的脲酶检测试剂可以在15min到3h内检测到胃组织中的脲酶活性。此外，胃的活检样品被捣碎后，直接放在脲酶培养基中，在1h内得到阳性反应，即可给出初步诊断。

分离和鉴定

胃或肠道的活检样品是螺杆菌培养或分子方法检测的理想材料（见"分子生物学方法"）。尽管幽门螺杆菌难以分离，但是胃或肠内容物或粪便仍然可以用来进行病原分离。肝活检也可以用来对适当的疑似病人进行检测。螺杆菌物种是苛性微需氧和生化反应惰性的病原。高的氢气水平可以增强培养物中肝肠螺杆菌的繁殖，但是，它们可以与胃螺杆菌在相同的培养基上分离。这些微生物通常用含有甲氧苄啶、万古霉素和多黏菌素B等抗生素的布鲁氏菌血琼脂培养基进行分离。有些品种仍然难以分离，需要特定pH或浓缩技术；一些甚至可能无法培养。由于不同螺杆菌可能有不同的抗生素敏感性，培养基中抗生素的选择可能有助于成功分离。最后，用0.45μm或0.65μm滤膜选择性过滤粪便，有助于减少在选择性琼脂上进行原代培养时其他肠道微生物的污染。

分子生物学方法

针对编码特异性螺杆菌毒力蛋白基因的DNA的引物以及编码16S rRNA的DNA片段的特异性引物已在文献中描述。专门的聚合酶链式反应被越来越多地用于各种动物胃肠道内容物中"螺杆菌

DNA"的检测。此外，包括幽门螺杆菌、猪螺杆菌和猫螺杆菌在内的几个螺杆菌的全基因组已被测序和注释，有助于分子鉴定技术的快速发展。包括FISH（荧光原位杂交）和Western blot分析的新方法已用做人类样品的诊断。

● 治疗和控制

治疗螺杆菌感染是有争议的，最常见的感染被认为是亚临床。此外，这些微生物已被证明能迅速产生抗生素耐药性。因此，治疗螺杆菌感染应当以临床疾病引起的病变为基础。阿莫西林和甲硝唑或克拉霉素与奥美拉唑或法莫替丁的组合常用来治疗犬和猫胃螺杆菌感染，然而，三联疗法可能不会导致宿主体内病原微生物的长期根除。

延伸阅读

Mobley HLT, Mendz GL, Hazell SL, 2001. Helicobacter pylori: Physiology and Genetics[M]. ASM Press, Washington, DC.

Haesebrouck F, Pasmans F, Flahou B, et al, 2009. Gastric Helicobacters in domestic animals and nonhuman primates and their significance for human health[J]. Clin Microbiol Rev, 22: 202-223.

Harbour S, Sutton P, 2008. Immunogenicity and pathogenicity of Helicobacter infections of veterinary animals[J]. Vet Immunol Immunopathol, 122: 191-203.

Neiger R, Simpson KW, 2000. Helicobacter infection in dogs and cats: facts and fiction[J]. J Vet Intern Med, 14: 125-133.

Smet A, Flahou B, Mukhopadhya I, et al, 2011. The other Helicobacters[J]. Helicobacter, 16 (Suppl. 1): 70-75.

（陈建飞　冯力 译，李素　祝瑶 校）

第25章 弯曲螺旋体生物 V：钩端螺旋体属

钩端螺旋体是在形态学和生理学上一致，但血清学和流行病学多样化的螺旋体。犬、牛、猪和马是最易受感染的家畜。晚期流产是包括人类在内的任何怀孕动物首次感染钩端螺旋体的标志性表现。犬钩端螺旋体病最常见的表现是败血症、肝炎和肾炎。在牛和猪，感染性疾病主要限于年轻动物，而流产是成年动物感染钩端螺旋体的主要表现形式。马钩端螺旋体病最常见的表现是流产、马复发性葡萄膜炎或夜盲症。加利福尼亚海狮容易感染急性败血性钩端螺旋体病。其他宿主虽然易感钩端螺旋体，但是临床症状不明显。人类钩端螺旋体病是一种典型的急性发热性疾病。

基于DNA分析的分类研究已经对8种致病性钩端螺旋体进行了描述，分别是博氏钩端螺旋体、稻田钩端螺旋体、狭义问号钩端螺旋体、克氏钩端螺旋体、迈氏钩端螺旋体、野口钩端螺旋体、圣地罗西钩端螺旋体和韦氏钩端螺旋体。在历史上，钩端螺旋体根据抗原组成分为23个血清群和200多个血清型。临床分类普遍参照血清型。北美重要的血清型及它们的主要宿主和临床宿主（圆括号内）如下：

出血黄疸钩端螺旋体：啮齿类（犬、马、牛和猪）
流感伤寒钩端螺旋体：啮齿类（犬、马和猪）
犬钩端螺旋体：犬（猪、牛）
波摩那钩端螺旋体：猪、牛（马、羊和海狮）
哈德焦钩端螺旋体：牛
布拉迪斯拉发钩端螺旋体：猪（马、海狮）

● 特征概述

形态和染色

钩端螺旋体是 $0.1\mu m \times (6\sim20)\mu m$ 的薄（希腊语"leptos"，意思为"薄"）的螺旋状微生物。因为着色差，所以它们要在暗场或者相差显微镜下观察。最好通过电镜观察该螺旋状微生物。典型的细菌在其每一个末端都有一个钩，使其呈S形或C形。在湿润的载体中，它们能够高度的移动。

钩端螺旋体呈革兰阴性，但是在常规固定的染色涂片中不能被识别。通过荧光抗体或者镀银染色能够将它们鉴定出来。

结构和组成

钩端螺旋体细胞由外壳、轴向纤维（内鞭毛）和圆柱状细胞质组成。外壳具有荚膜和外膜的特征。细胞膜和细胞壁的肽聚糖层覆盖着圆柱状细胞质。

细胞壁中存在一种相对微弱的内毒素——溶血素（鞘磷脂酶C），它与一些血清型有关，并被证明在体内有细胞毒性。

生长特性

钩端螺旋体是专性需氧微生物，在29～30℃最适生长。平均12h可增殖一代。在血琼脂或者其他常规培养基上不生长。传统培养基本质上是含兔血清（<10%）的溶液，如生理盐水及蛋白胨、维生素、电解质和缓冲液的混合物。一些较新的培养基已经用聚山梨醇酯和牛血清白蛋白替代了兔血清。不需要蛋白质。与大多数原核生物不同，钩端螺旋体不能自身合成嘧啶，因此，需要在培养基中加入5-氟尿嘧啶以抑制其他细菌的生长。

大多数培养基为液体或半固态（0.1%琼脂）。在液体培养基中，很少出现混浊。在半固体培养基，大多在表层0.5cm下的一个圆盘集中生长，称为"丁格（Dinger）区"。

生化特性

钩端螺旋体为氧化酶和过氧化氢酶阳性，许多种类具有脂肪酶活性，某些种类产生脲酶。根据血清学进行属间鉴定。然而，结合物种-特异性DNA引物的聚合酶链式反应（PCR）已被发展成为一种更精确的致病性钩端螺旋体的鉴定方法。

抵抗力

钩端螺旋体是脆弱的细菌，能够被干燥、冷冻、加热50℃持续10min、肥皂、胆汁盐、洗涤剂、酸性环境和腐败作用杀死。它们在中性到微碱性pH的潮湿、温和的环境中可以存活（见"流行病学"）。

多样性

存在超过200种致病性钩端螺旋体的血清型。它们因宿主、地理分布、毒力和致病性而异。

● 生态学

传染源

钩端螺旋体寄居于哺乳动物肾脏的肾小管。尽管已经从禽、爬行动物、两栖动物和无脊椎动物中分离出钩端螺旋体，但是还没有确定相关的流行病学意义。

啮齿类动物是最常见的钩端螺旋体携带者，其次是野生的食肉动物。任何哺乳动物都不能排除为可能的宿主。通常情况下，贮存宿主表现出极其轻微的疾病征兆。妊娠动物首次感染钩端螺旋体后常表现为流产。钩端螺旋体和出血黄疸钩端螺旋体、犬钩端螺旋体、波摩那钩端螺旋体、哈德焦钩端螺旋体、流感伤寒钩端螺旋体血清型已出现在各大洲。

传播

钩端螺旋体通过黏膜或皮肤接触尿污染的水、污染物或者食物传播。其他来源包括急性感染奶牛的乳汁和牛、猪的生殖道分泌物。

● 致病机制

临床和病理表现表明存在毒力机制。实验感染动物组织液的过滤液中含有引起血管损伤的细胞毒性因子。

螺旋体通过黏膜或生殖接种后进入血液，特异性定植到肝脏和肾脏，引起肝脏和肾脏发生退行性病变。其他受影响的器官可能是肌肉、眼睛和脑膜，在脑膜会形成非化脓性脑膜炎。钩端螺旋体损伤血管内皮导致出血。所有血清型均能产生这些变化，只是程度不同。牛波摩那钩端螺旋体由于含有溶血性毒素，从而导致牛血管内溶血。自身免疫现象也可能导致这种情况的发生。继发性变化有肝损伤及血液破坏引起的黄疸，以及由于肾小管损伤而引起的急性、亚急性和亚慢性肾炎。细胞渗出物主要含有淋巴细胞和浆细胞。在存活的动物体内，钩端螺旋体会随着血清抗体的出现而从循环中消失，但是仍然会在肾脏中存在数周。

疾病模型

大多数钩端螺旋体感染表现为隐性过程，可能是由于动物被宿主适应性血清型的钩端螺旋体感染。临床感染症状显著的主要是由非宿主适应性血清型的钩端螺旋体感染引起的。这些主要发生在犬、牛和猪，在海狮上有所增加，偶尔发生在马、山羊和绵羊，很少发生在猫。

犬 主要涉及的血清型是出血黄疸钩端螺旋体和犬钩端螺旋体，后者更常见。由流感伤寒钩端螺旋体感染引起犬急性肾衰竭的报道越来越多。

幼犬感染主要表现为最急性型，发热但没有局部症状，通常在几天内死亡。生前黏膜和皮肤出血明显或表现为鼻出血或粪便和呕吐物带血。没有黄疸。

黄疸型，病程发展缓慢，出血不明显，但是黄疸显著。肾定植导致氮潴留，同时，在尿液中出现肾脏脱落物和白细胞。

尿毒症型，以肾脏为中心，继发于前面两种感染型之后或直接出现。这可能是一种急性、迅速致死性感染，伴有胃肠道不适、尿毒症性呼吸道和食道前部溃疡；或者经历一种缓慢的过程，并迟缓发作。

牛 牛钩端螺旋体病的主要表现是流产，通常在晚期，但也可能发生在感染后的任何阶段。流产主要是由于胎儿死亡而不是胎盘感染。伴随渐进性自溶的胎儿滞留是常见的。由牛宿主适应性的哈德焦钩端螺旋体血清型引起的流产是奶牛场小母牛的一个主要问题，引起这个问题的原因是肉牛和奶牛之间管理操作模式的不同。哈德焦钩端螺旋体感染子宫中的犊牛，导致流产或"弱犊综合征"。这些感染经常是亚临床的或者导致"产奶下降综合征"、性繁殖失败和不育症。肾脏的慢性感染和尿中有钩端螺旋体是常见的现象。

由波摩那钩端螺旋体感染引起的急性钩端螺旋体病主要侵害小牛，有时为成年牛。其特征是发热、血红蛋白尿、黄疸、贫血和5%～15%的病死率。

在世界一些地区，流感伤寒钩端螺旋体、出血黄疸钩端螺旋体和犬钩端螺旋体可引起牛的钩端螺旋体病。

猪 与猪钩端螺旋体病相关的血清型包括波摩那钩端螺旋体、出血黄疸钩端螺旋体、犬钩端螺旋体、塔拉索夫钩端螺旋体、布拉迪斯拉发钩端螺旋体和慕尼黑钩端螺旋体。与牛的钩端螺旋体病相似，发生伴有黄疸和出血的败血症，尤其在仔猪中。母猪表现为流产和不孕。

马 马钩端螺旋体病通常是由波摩那钩端螺旋体、流感伤寒钩端螺旋体和出血黄疸钩端螺旋体引起。自然感染的症状是发热、轻度黄疸和流产。钩端螺旋体病可能与马复发性虹膜睫状体炎（周期性眼炎）有关。

其他动物　小型反刍动物的钩端螺旋体病通常由波摩那钩端螺旋体引起的，与牛感染表现的情况相似。哈德焦钩端螺旋体和流感伤寒钩端螺旋体的感染也有发生。从1940年起，波摩那钩端螺旋体的流行已经造成了加利福尼亚海狮周期性的大量死亡。

人　人类对所有的血清型均易感，没有发现宿主适应性菌株。感染可引起发热、黄疸、肌肉疼痛、皮疹和非化脓性脑膜脑炎，其症状随血清型的不同而发生变化。一种恶性型，通常与出血黄疸钩端螺旋体有关，可引起致死性肝病或肾病。

流行病学

许多耐受性的宿主和延迟的排菌状态使钩端螺旋体病长期存在。间接暴露取决于温和与潮湿的条件，这有利于钩端螺旋体在环境中的生存。更直接的转移是通过挤奶畜棚和牛棚或者狗的求偶习惯中的尿液气溶胶，这可能解释了犬钩端螺旋体病对雄性的偏嗜性。

被污染的水体是家畜、水生哺乳动物和人感染的重要来源。动物加工者、缝纫工、农业工人、矿工和兽医被暴露的风险越来越高。

● 免疫学特征

疾病免疫机制

免疫机制可能与钩端螺旋体病的一些特征相关。

1.反刍动物的波摩那钩端螺旋体的溶血性贫血特性与冷血凝素的存在有关，提示该病具有一种自动免疫过程。这种特性和菌体溶血素的相对作用尚不确定。

2.犬的慢性间质性肾炎是常见的，这可能是钩端螺旋体引起的后继性损伤。生物被膜形成的证据说明其他健康动物肾脏组织的慢性退化和钩端螺旋体的间歇脱落有关。钩端螺旋体病的常见史和钩端螺旋体抗体的存在，尤其是尿液中，可以表明是钩端螺旋体感染。

3.感染马眼睛的钩端螺旋体培养物、眼房水样品PCR阳性结果和感染马血清中钩端螺旋体的滴度是钩端螺旋体引起马复发性虹膜睫状体炎（葡萄膜炎、定期眼炎和夜盲症）的强有力证据。

抵抗和恢复的机制

急性钩端螺旋体病的恢复与败血症的停止和循环抗体的出现是一致的，通常在感染的第2周出现。保护性抗体为IgM和IgG同种型，并且主要针对外鞘抗原。

凝集抗体（主要是IgM）在恢复后可以持续数年，既不是免疫状态也不是带菌状态的一种指示，它可以在没有抗体时存在或抗体消失之前已经终止。钩端螺旋体生物被膜形成的证据可以解释折射性、长期性感染的原因。

恢复后的免疫力通常稳定并具有血清型特异性，但是在牛上出现由哈德焦钩端螺旋体感染引起母牛的复发性流产。

人工免疫

常应用菌苗（含有出血黄疸钩端螺旋体和犬钩端螺旋体的二价苗或在二价苗基础上增加波摩那钩端螺旋体和流感伤寒钩端螺旋体的多价苗）免疫犬。牛和猪至少用五价苗（哈德焦钩端螺旋体、波摩那钩端螺旋体、犬钩端螺旋体、出血黄疸钩端螺旋体和流感伤寒钩端螺旋体）进行免疫预防，在某些菌苗中，还添加布拉迪斯拉发钩端螺旋体和哈德焦钩端螺旋体的组分。人类可以根据其职业进行免疫接种,如下水道工人和屠宰工人。保护具有血清型特异性和暂时性,每年至少加强一次。疫苗接种可以预防明显的疾病,但是不能防止感染。

● 实验室诊断

钩端螺旋体病的诊断必须由实验室检查确诊。

样品采集

活体的血液、尿液、脑脊髓液体、子宫液和胎盘子叶均是被检对象。在首次发热期后,血液通常呈钩端螺旋体阴性。乳汁对钩端螺旋体具有破坏性,不是分离病原的理想来源,尿液通常是被检对象。

尸体(包括流产胎儿、肾脏)最可能携带钩端螺旋体。在败血病死亡(包括流产)尸体的许多器官,尤其是肝、脾、肺、脑和眼睛中,均可能含有钩端螺旋体。

虽然钩端螺旋体能在草酸盐处理的人血中存活11d,但是样本采集后,应迅速进行培养。

直接检查

通过暗视野(或相差)显微镜直接观察湿载体或通过免疫荧光染色和固定组织的银染观察。

常规的暗视野显微镜检测只局限于尿液。其他的体液含有与钩端螺旋体相似的伪影。低速离心可以清除样本中的干扰颗粒,但不会使钩端螺旋体沉淀。尿液的福尔马林固定法已被描述,但其破坏了有助于钩端螺旋体鉴定的运动性。直接检查的阴性结果并不能排除钩端螺旋体病。

荧光抗体已被用于体液、组织切片、(组织)匀浆、器官压片和流产牛胎儿的检测,此外,对肾的检查最值得提倡。由于银易染性组织纤维可模仿钩端螺旋体着色,因此必须慎重解释银染切片。

利用PCR和特异性DNA引物进行DNA扩增,已经成为一种用于检测动物组织和体液内钩端螺旋体存在的很好的诊断工具。

分离和鉴定

埃林豪森-麦卡洛-约翰逊-哈里斯培养基(Ellinghausen-McCullough-Johnson-Harris,EMJH)是一种好的分离培养基,尤其适用于哈德焦钩端螺旋体(常见血清型中生长最慢的血清型)的分离培养。重复接种时,将其接种到EMJH培养基,加入或者不加入选择性抑制剂(5-氟尿嘧啶、新霉素和放线菌酮)。在长达几个月的孵育期内,对培养物进行间断性的显微镜检查。

腹膜内注射进行动物接种(仓鼠或豚鼠),可消除来自最初接种物的污染。从接种后几天开始,定期抽出血液,用于培养。3~4周后,动物被处死,用肾脏进行钩端螺旋体的检查和培养。如果感染了钩端螺旋体,它们将产生抗体。通过这些方法获得的任何分离物,均可通过形态学被鉴定为钩端螺旋体属的成员,由参考实验室完成最后的鉴定(疾病预防控制中心,亚特兰大,GA;国家动物疾病中心,埃姆斯,IA)。

血清学 直接检查通常并不可靠,而且培养费力、投入大并且缓慢。血清学是最常用的诊断方法。采用活抗原的显微凝集试验是使用最广泛的方法。其他方法包括肉眼可见的平板和试管凝集试验、补体结合试验和酶联抗体试验。优先选择成对的样本,第一个样品在第一次送样时收集,另一个在2周后收集。如果是钩端螺旋体病的问题,在一定间隔期后,应该出现4倍或者更高倍的滴度。对于牛的流产,这些关系可能并不成立。可能是由于哈德焦钩端螺旋体对于牛的适应性,导致其感染只激发很弱的免疫反应。

感染后，抗体持续时间较长。疫苗接种后滴度比免疫接种之前较低和下降。凝集效价呈典型特异性。诊断实验室通常保留所有常见的血清型用于血清学检测。

● 治疗和控制

钩端螺旋体对青霉素、四环素、氯霉素、链霉素和红霉素敏感。出于效益的考虑，必须尽早开始治疗，甚至可在已知暴露的情况下采取预防性治疗。多西环素用于人钩端螺旋体病的预防性治疗。链霉素或双氢常用于动物以消除带菌状态。然而，在抗生素治疗之后，牛肾和生殖道钩端螺旋体持续性感染的病例并不罕见，再次表明钩端螺旋体生物被膜形成的存在。

疫苗接种通常可预防疾病。可是它既不能杜绝感染，也不能防止排菌。

● 更多信息

CFSPH技术情况说明。钩端螺旋体病网站http://www.cfsph.iastate.edu/DiseaseInfo/CDC，http://www.cdc.gov/ncidod/dbmd/diseaseinfo/leptospirosis_g_pet.htm.

延伸阅读

Acierno MJ, 2011. Continuous renal replacement therapy in dogs and cats[J]. Vet Clin North Am Small Anim Pract. 41 (1): 135-146.

Adler B, de la Peña, Moctezuma A, 2010. Leptospira and leptospirosis[J]. Vet Microbiol, 140 (3-4): 287-296.

Burke RL, Kronmann KC, Daniels CC, 2012. A review of zoonotic disease surveillance supported by the Armed Forces Health Surveillance Center[J]. Zoonoses Public Health, 59 (9): 164-175.

Ellis WA, 2010. Control of canine leptospirosis in Europe: time for a change [J]. Vet Rec, 167 (7): 602-605.

Ellis WA, Little TWA, 1986. The present state of leptospirosis diagnosis and control. Proceedings of the Seminar of the EEC Programme of Coordination of Research on Animal Pathology, 10-11 October 1984, Belfast, Northern Ireland. Martinus Nijhoff Publishers, Dordrecht/Boston/Lancaster, for the Commission of the European Communities, 247.

Goldstein RE, 2010. Canine leptospirosis[J]. Vet Clin North Am Small Anim Pract, 40 (6): 1091-1101.

Hartskeerl RA, Collares-Pereira M, Ellis WA, 2011. Emergence, control and re-emerging leptospirosis: dynamics of infection in the changing world[J]. Clin Microbiol Infect, 17 (4): 494-501.

Koizumi N, Yasutomi I, 2012. Prevalence of leptospirosis in farm animals[J]. Jpn J Vet Res, 60 (Suppl): S55-S58.

Leshem E, Meltzer E, Schwartz E, 2011. Travel-associated zoonotic bacterial diseases[J]. Curr Opin Infect Dis, 24 (5): 457-463.

Marr JS, Cathey JT, 2010. New hypothesis for cause of epidemic among native Americans, New England, 1616–1619[J]. Emerg Infect Dis, 16 (2): 281-286.

Revich B, Tokarevich N, Parkinson AJ, 2012. Climate change and zoonotic infections in the Russian Arctic[J]. Int J Circumpolar Health, 71: 18792.

Tulsiani SM, Graham GC, Moore PR, et al, 2011. Emerging tropical diseases in Australia. Part 5. Hendra virus[J]. Ann Trop Med Parasitol, 105 (1): 1-11.

（陈建飞　冯力 译，李素　祝瑶 校）

第26章 葡萄球菌属

葡萄球菌是一种球形的革兰阳性菌，可在多个平面内分裂形成不规则团簇。其他的鉴定特征包括产过氧化氢酶、具有独特的肽聚糖成分以及G+C含量在40%以下。葡萄球菌存在于所有温血动物的皮肤和上皮表面。基于现代的分子分型方法，葡萄球菌菌种的数量不断增长，主要的区别在于产生的凝固酶不同。凝固酶是一种能够激活凝血酶原，从而促进血液凝固的酶。金黄色葡萄球菌是引起人和动物疾病的主要病原，其凝固酶阳性的特性可以与其他葡萄球菌区别开来。事实上，除了金黄色葡萄球菌外，还有一些致病性被低估的其他凝固酶阳性葡萄球菌，其中的一些菌株在兽医学领域非常重要。其中一个例子是中间型葡萄球菌（SIG），它是引起犬脓皮病的主要病原。同样重要的是要认识到，基本上所有凝固酶阴性菌葡萄球菌（CNS）也都能够引起人和动物感染，在兽医临床上，牛乳腺炎就是其中一个重要的例子。分子表征已经被用来鉴定各菌种间的克隆谱系，在某些情况下，这些克隆谱系与动物感染之间也有一定的联系。例如，金黄色葡萄球菌ST398克隆谱系的分离株是猪感染的一个重要病原，而且有证据表明，这可能反映了有利于其定植于猪体内的适应性。因此，在特定的兽医环境中从葡萄球菌的种属和克隆谱系的区别两个层面上考虑葡萄球菌是很重要的。我们的目标不是对这方面内容进行全面汇总，而是让读者对这种差异有深入的了解，给执业兽医提供两者的背景信息，方便其有效诊断和治疗葡萄球菌感染，推动进一步的研究探索和临床应用的差异。

● 葡萄球菌种属

葡萄球菌种类的数量不断上升，很大程度是因为分子分型技术的发展。1999年的一篇论文中列出39个种和亚种，并提出了同时基于表型和基因型来鉴定葡萄球菌新种的指南。从那时起，陆续发现了一些新的葡萄球菌，一个典型的例子是在兽医界中发现了非常重要的SIG中的伪中间型葡萄球菌。尽管菌种间区别包括对表型特征的考虑，但区分的标志已经变成在DNA-DNA杂交的研究和更多定向高度保守基因之间的比对反映出的DNA序列的差异，其中最引人注目的是那些编码核糖体RNA的基因。有越来越多的证据表明这些种间的差异在确定宿主范围方面发挥着重要作用，其具体实例是山羊葡萄球菌（山羊）、海豚葡萄球菌（海豚）、马胃葡萄球菌（马）、猫葡萄球菌（猫）、鸡葡萄球菌（鸡）、缓慢葡萄球菌（山羊）、猪葡萄球菌（猪）、中间型葡萄球菌和伪中间型葡萄球菌（犬）和猴葡萄球菌（猴）。但是，这些与宿主之间的关联并不是绝对的。实际上，即使粗略的检索一下文献也会发现，从包括人在内的其他宿主体内分离的上述病原均有与致病性相关的报道。例如，猪葡萄球菌通常引起猪的渗出性皮炎，但它也是引起奶牛乳腺炎的主要原因，并且最近的报道显示其可作为人畜共患病原引起农场工人的菌血症。

近年来，在单个葡萄球菌种中发现了具有潜在重要性的克隆系。可以预料的是，这对金黄色葡萄球菌尤为重要。一般用来分型的方法包括脉冲场凝胶电泳（PFGE）、基于编码蛋白A的序列分型（*spa*分型）和基于序列中最保守的7个看家基因的多位点序列分型（MLST）。相关的MLST（ST）类型有时包含在同一克隆复合体（CC）中。在耐甲氧西林葡萄球菌中，特别是金黄色葡萄球菌、中间型葡萄球菌和凝固酶阴性表皮葡萄球菌，分型方法已经发展到基于包含*mecA*基因（SCC*mec*）的序列变异葡萄球菌染色体盒，该基因编码的青霉素结合蛋白类似物是决定葡萄球菌对甲氧西林耐药的主要决定因素。正是有这些证据表明了一些葡萄球菌在宿主定植以及侵染模式上存在差异，同时这也证明了克隆谱系的理论是正确的，尤其是在金黄色葡萄球菌上。然而，与物种本身一样，这些都不是绝对的，这可能是由于重要毒力因子在不同葡萄球菌间发生水平转移。例如，金黄色葡萄球菌中的ST398克隆株最初被认为是一种引起猪感染的重要克隆株，但是研究已经证实兽医工作者被甲氧西林耐药ST398克隆株感染的风险也在不断增加。

● 特征概述

形态和染色

葡萄球菌直径为0.5～1.5μm，为革兰阳性菌。因常堆聚成葡萄串状，故名。但在脓汁、乳汁、液体培养基中呈双球或短链排列，并且可在恶劣的环境和长时间无营养物质条件下存活很长一段时间。尽管这种复原能力经常被低估，但它毫无疑问是葡萄球菌引起宿主感染和发病的主要促成因素，因为它使细菌能在各自宿主的中介环境中存活，从而提供了感染宿主的机会。葡萄球菌不产生鞭毛且不游动。在血琼脂培养基上，菌落呈圆形且相对较大（3～5mm）。与其他种属葡萄球菌主要的区别在于金黄色葡萄球菌可以转化类胡萝卜素呈金色，而其他的葡萄球菌通常呈白色，特别是在某些特定的培养基上。这种颜色的不同并不是微不足道的差异，而是直接和金黄色葡萄球菌的毒力增强有关。

与凝固酶阴性葡萄球菌不同的是，大多数金黄色葡萄球菌以及另外一些凝固酶阳性菌在一定程度上都是有毒力的。毒力一个表现是它们能在血琼脂培养基上出现溶血的现象（图26.1）。在血平板上检测到了α、β和δ型毒素，每种毒素都有特征。α-毒素是一种打孔毒素，会引起红细胞全部裂解，这种毒素在兔子上尤为常见。相比之下，β-毒素是一种能增加绵羊红细胞活性的鞘磷脂酶。β-毒素在4℃孵育的情况下会引起不完全溶解，因此，β-毒素被称为"冷热"溶菌素。δ-毒素是一种与*agr*（附属蛋白调节器）调节系统紧密相关的酚溶性调控蛋白。α-毒素和β-毒素具有颉颃作用，而β-毒素和δ-毒素具有协同作用。因为葡萄球菌和链球菌感染人和动物的方式是很相似的，所以将葡萄球菌溶血反应与链球菌的溶血反应区开是很重要的。特别需要注意的是，在链球菌中β-溶血指的是红细胞完全溶解，而在葡萄球菌中红细胞完全溶解是α-毒素引起的特征。在葡萄球菌中不完全溶解是β-毒素的特征，也是诊断它的优势所在。例如，B群无乳链球菌，与金黄色葡萄球菌一样，是引起奶牛乳腺炎的常见病原菌；它产生的细胞外蛋白因子和葡萄球菌β-毒素产生协同作用，因此当两种菌在同一个血平板上共同生长并靠近彼此时会增加溶血效应，形成一个特有的CAMP模式（图26.2）。有趣的是大部分金黄色葡萄球菌感染牛后会伴随着产生β-毒素，但大部分人源分离株不会产生β-毒素，这可能是由于*hlb*基因的存在导致的。

当考虑菌落形态和溶血效应时，很重要的是要认识到许多从动物和人上分离到的都是小菌落变异株（SCVs）。这些是代谢失活的变异株，产生更小的菌落（<1mm），通常不溶血，并且更重要的是，

 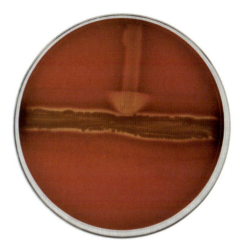

图26.1　金黄色葡萄球菌在血琼脂平板上发生溶血现象

图26.2　血琼脂平板上的CAMP溶血试验，在金黄色葡萄球菌和β-溶血链球菌交接处发生更明显的溶血

这些SCVs菌株在没有获得耐药性的情况下已经展示出对抗生素低敏感的现象。SCVs的出现使得人和动物葡萄球菌感染的治疗变得十分复杂，并且这也是为什么SCVs是引起包括奶牛乳腺炎在内的葡萄球菌持续感染的原因。在诊断实验室中，这是一种可逆表型，因为使用营养丰富的培养基培养SCVs会导致更典型的菌落形态和溶血特征，这仍然是一个需要重点考虑的方面，因为它能够影响一些关键的方面，其中就包括未能及时诊断出感染。

大多数金黄色葡萄球菌是含有荚膜的，有报道称目前存在多达11种荚膜的血清型。到目前为止有四种血清型（血清型1、2、5和8）是医学上主要关注的。在琼脂上培养时，在产生荚膜血清型之前血清1型和2型完全包在荚膜内，但与5型和8型相比，无论在哪些宿主中前两者的分离率都较低。荚膜多糖可以通过限制中性粒细胞介导的吞噬功能来发挥致病作用，中性粒细胞介导的吞噬功能是防御所有形式的葡萄球菌感染的主要机制。凝固酶阴性葡萄球菌也同样包在荚膜内，但对这些菌株产生的荚膜的特征并没有详细研究。相比之下，金黄色葡萄球菌和一些凝固酶阴性葡萄球菌，尤其是表皮葡萄球菌，可以产生在菌膜形成中起重要作用的次胞外多糖。它被称为多糖黏附素（PIA），这个命名可以直接反映它在菌膜形成中的作用，或者称为PNAG，这个命名能够反映它的结构特性，即β-1,6聚-N-乙酰氨基葡萄糖。刚果红培养基（CRA）已经被用作PIA的产生和形成生物被膜能力相对强弱的指示剂，生物被膜阳性菌株在刚果红培养基上呈现黑色。有一些报道称表皮葡萄球菌和金黄色葡萄球菌都能产生β-1,6聚-N-丁二酰氨基葡萄糖（PNSG），特别是在体内条件下。

生化特性

大多数葡萄球菌是兼性厌氧菌，但是至少两个种或亚种（*S. aureus* ssp. *Anaerobius* 和 *S. saccharolyticus*）在有氧的环境下不能生长。这些种也是唯一的不能产生能将过氧化氢转化成水和氧气的过氧化氢酶的葡萄球菌。人们能够很容易将产过氧化氢酶的其他葡萄球菌与其他医学上相似的但过氧化氢酶阴性的包括链球菌和肠球菌等革兰阳性菌区分开来。所有的葡萄球菌都能够在高盐以及相对较宽的温度范围内生长。

在物种水平上，鉴别菌种特征的方式包括碳水化合物发酵/氧化模式和包括硝酸还原酶、碱性磷酸酶、精氨酸水解酶，鸟氨酸脱羧酶、脲酶和细胞色素氧化酶等的其他生化测试。然而基于上述方法的菌种鉴定方法已经逐步被分子技术所替代。唯一的例外是之前提到的凝固酶和溶血活性检测指标，这两者仍是目前主要的诊断测试手段。再次指出，过氧化氢酶阳性、凝固酶阳性以及溶血的葡萄球菌通常会被鉴定为金黄色葡萄球菌，当然，其他也具备上述特性的葡萄球菌能引起人和动物的感染。最典型的例子是中间型葡萄球菌种，这一种中的主要成员包括中间葡萄球菌，伪中间葡萄球菌和海豚葡萄球菌。他们多分离于犬、猫、马和鸟类，如果不依靠分子技术，他们之间很难彼此区分开，并且与金黄色葡萄球菌的区分也很难。这种区分困难主要是由于除了凝固酶阳性以外，其他所有菌都会产生类似的细胞外蛋白，包括溶血素和耐热性的核酸酶。然而，中间型葡萄球菌家族不会产生凝集因子，用金黄色葡萄球菌的商用快速鉴定试剂盒检测时通常显示阴性。人们常将其他凝固酶阳性葡萄球菌误认为是金黄色葡萄球菌、施氏葡萄球菌、芽孢杆菌、水獭葡萄球菌、S. agnetis 和猪葡萄球菌。这里有一个关于菌种混淆并且引起人畜共患病的实例，近期的报道讲述了一起由于与猪近距离接触而感染猪葡萄球菌引起菌血症，起初由于该菌是过氧化氢酶和凝固酶阳性而被诊断为金黄色葡萄球菌。

结构和组成

葡萄球菌的细胞膜十分复杂。其内核部分由一层厚且高度缠绕的肽聚糖层组成，肽聚糖层交叉连接组成一个独特的五甘氨酸桥。这些交叉相连的结构导致了葡萄球菌对溶菌酶耐受，但是对以治疗为目的开发的溶葡萄球菌素敏感。其他的组成成分包括磷壁酸，其可以与肽聚糖共价结合（壁磷壁酸）或是嵌入在细胞膜内（脂磷壁酸）。这两种形式都有利于金黄色葡萄球菌和其他葡萄球菌对阳离子抗菌肽的耐药性，至少在金黄色葡萄球菌中它们可以作为黏附素，促进细菌在宿主体内的定植。这些组分协同作用引起败血症休克，因此将这类物质严格定义为内毒素。

暴露于肽聚糖层表面的是大量的蛋白质，它们能够结合不同种类的宿主蛋白。与磷壁酸一样，其中一些能够与肽聚糖共价结合，而另一些则是嵌入在细胞膜内或被分泌到胞外基质中。共价结合主要通过LPXTG接口发生，并且由分选酶A介导。通过这种机制锚定于肽聚糖上的表面蛋白被认为是识别黏附基质分子的微生物表面成分（MSCRAMM）。在金黄色葡萄球菌中最典型的例子是蛋白A，但是这类菌会产生至少19种类似的蛋白，其中的一些蛋白已经显示出很高的免疫原性，并且已经被用作开发疫苗的候选蛋白。膜锚定和分泌蛋白统一称为嵌入性可扩增的黏附性分子（SERAM），虽然数量很少但是有潜在的重要性。

总的说来，这些表面蛋白在宿主组织的定植过程中所起的作用十分明确。大部分表面蛋白在不同金黄色葡萄球菌菌株中高度保守，有一些则不是这样，这些区别可能在定义宿主特异性时发挥重要作用。例如，*cna* 基因，其编码一种与胶原蛋白结合的MSCRAMM，在金黄色葡萄球菌中相对少见，然而近期的报道却显示，所有家禽源的ST398型金黄色葡萄球菌均携带 *cna* 基因。另一个具有潜在重要性的附基质分子是 *bbp*，最初是根据其编码的Bbp蛋白能够结合骨唾液酸蛋白来描述的。然而最近报道表明Bbp蛋白还可以结合人的纤维蛋白，而更重要的是，它不能结合猫、犬、牛、羊、猪或鼠的纤维蛋白。同时，另一篇报道调查了从兔体内分离的高毒力和低毒力金黄色葡萄球菌，发现高毒力菌株 *bbp* 基因高度保守。与 *bbp* 相似，*bap* 基因（生物被膜相关蛋白）存在于金黄色葡萄球菌的一个亚种和一些凝固酶阴性葡萄球菌中，但是到目前为止它仅来自动物，值得注意的是它多数情况下与奶牛乳腺炎有关。最后，凝固酶的产生通常是用兔血浆进行评估，但近期报道表明葡萄球菌变异株可以优先凝固来自其他宿主体的血浆。这是由于血友病因子结合蛋白的新型变异体导致的，编码这些变异体的基因常定位于移动的毒力岛（SaPI）上，这些致病区域表现出宽泛的宿主范围特性以确保指定的菌种依赖性（如SaPIbov4和SaPIeq1）。这些因素是否与宿主范围或在不同的宿主物种中引起感染的倾向还有待确定。但是，类似的报道仍然表明了金黄色葡萄球菌之间及不同种葡萄球菌之间的差异，同时其在定义葡萄球菌感染的宿主特异性过程中起重要的作用。

虽然金黄色葡萄球菌中的蛋白已经研究很透彻了，但存在于SIG和CNS种属葡萄球菌中的一些功能相似的表面暴露黏附素还有待进一步研究。实际上，在伪中间葡萄球菌和猪葡萄球菌中都发现了类似金黄色葡萄球菌蛋白A的免疫球蛋白结合蛋白。尽管上面提到的不同宿主之间在结合特异性方面存在潜在的重要区别，但大多数的宿主蛋白都能被纤连蛋白和纤维蛋白原结合。也有报道称，在金黄色葡萄球菌中荚膜多糖能够遮盖这些黏附素，但只有荚膜多糖量足够多时才会出现这种情况。虽然没有经过证实，但这可以解释血清5型和8型菌株比血清1型和2型菌株更具优势的原因。

毒素

毒素的产生一般限于凝固酶阳性葡萄球菌，这无疑是它们引起严重感染的主要原因。所有凝固酶阳性葡萄球菌通常还产生多种胞外酶，包括蛋白酶、脂肪酶和热稳定核酸酶。毒素的种类是很广泛的，尤其是在金黄色葡萄球菌中，但是总的来说它们的功能都包括在以下五种之中：溶血素/细胞毒素、酚溶性调节蛋白（PSMs）、肠毒素、蜕皮毒素和超抗原。典型的超抗原是中毒性休克综合征毒素-1，但有些肠毒素也是超抗原。就像葡萄球菌的种类数量一样，毒素数量的不断增加是由于更多更精确的分型方法的出现。然而，也许更重要的一点是，所有的金黄色葡萄球菌以及大多数中间葡萄球菌产生这些外毒素组合，可能在某种程度上是它们毒性增加的主要原因。

有证据表明，特定毒素的产生可能同时影响其宿主范围和致病力。例如，金黄色葡萄球菌的表皮剥落毒素丝氨酸蛋白酶专一作用于桥粒芯蛋白-1，造成人金黄色葡萄球菌皮肤烫伤样综合征的特征性皮肤损伤。猪葡萄球菌是猪皮肤感染的主要因素，这种菌可以产生一种表皮蜕皮毒素，与人桥粒芯蛋白相比，该毒素可以选择性的降解猪的桥粒芯蛋白-1。相似的是，检测的178个中间葡萄球菌菌株中只有一个包含人肠毒素C基因（*sec*），然而大部分菌株都携带来自犬的 *sec* 变异基因。这些菌株含有一个独特的表皮毒素基因，能表达中间葡萄球菌表皮毒素，这些毒素是中间葡萄球菌引起犬脓皮病的主要原因。这种中间葡萄球菌也能特异性的产生类似金黄色葡萄球菌β-毒素的溶血素。这具有潜在的重要意义，因为大部分可引起人感染的金黄色葡萄球菌能被 *hlb*-转换噬菌体变成溶原状态，从而不产生β-毒素，然而，引起动物感染如犬脓皮病和奶牛乳腺炎的金黄色葡萄球菌却很少出现上述情况（图26.3）。综上所述，似乎有理由相信β-毒素的产生在一定程度上对于葡萄球菌引起感染的宿主范围有一定贡献。话虽如此，噬菌体也会大量的转换其他的毒力因子，其中一些毒力因子可以调节宿主免疫反应，因此增加了这种潜在的重要区别与β-毒素的产生没有直接关系的可能性。

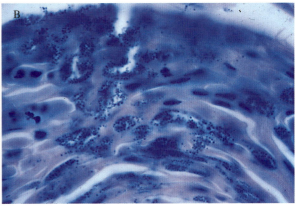

图26.3 猪葡萄球菌引起的猪皮炎

（A）广义的皮炎认定为猪油脂病。（B）组织病理学切片可以看出验证反应和许多细菌（姬姆萨染色，400×）（由Alan Doster 博士提供）

一直以来，几乎完全忽视了PSMs（可溶性调控蛋白）在金黄色葡萄球菌感染过程中的重要作用。部分原因是因为这些都是小分子，而且早期的基因组注释也没有公布这些基因。然而，最近的研究已经证实，由于PSMs具有溶解中性粒细胞的能力，因此PSMs在许多形式的人类感染中起着至关重要的作用。实际上，分泌的大量可溶性调控蛋白及α-溶血素在金黄色葡萄球菌某些克隆谱系的高毒力中起着决定性作用，最明显的是PFGE定义的USA300克隆系。尽管还没有研究可溶性调控蛋白在动物感染中的特殊作用，但最新一份报告表明，包括测定菌株RF122在内的很多与牛乳腺炎相关的金黄色葡萄球菌都会分泌大量的α-毒素。这与相应基因（hla）的启动子区域单核苷酸多态性（SNP）相关。因此，这是否能够延伸到可溶性调节蛋白的高水平表达还不得而知。然而，这些相同的奶牛乳腺炎分离菌与阳性特定的组织相容性白细胞抗原包括通风抗原相比，却表现出更高的转录水平（见"致病机制的调控"）。因此，PSMs至少在某些动物感染中起着关键作用。伪中间葡萄球菌也能产生类似杀白细胞素的生物内毒素（LukⅠ）。这种生物内毒素是由共转录基因lukS和lukF所编码，虽然这种毒素也以菌株依赖性方式出现，但发现这些基因存在于所有犬源葡萄球菌中。

致病机制的调控

无论宿主是什么，为了适应宿主中不断变化的条件，调控关键性致病因子的生成对细菌病原体至关重要。这些参与调控的调节过程非常复杂，至少金黄色葡萄球菌是这样。例如，在对人源金黄色葡萄球菌N315和Mu50基因组序列数据分析中，鉴定出124个基因编码转录调节因子，这包括17个双组分信号传输系统和63个假定的基于螺旋-转角-螺旋的DNA结合蛋白。这些基因大部分在不同的金黄色葡萄球菌中都是保守的，包括那些与动物感染有关的菌株，但有些则不是。虽然在大多数情况下，这仍然是一个尚待研究的领域，但在凝固酶阴性葡萄球菌中也存在相似的情况。不同菌株之间的表达水平也显著不同，最近的数据有力地表明，这在人类与动物源菌株中都存在相关性。这种变化，由于使用不同的动物疾病模型和文献中各种差异性的报道，这使得很难对这些调控元件对不同形式的人和动物感染的作用作出明确的说明。但是，调控通路调节对于动物和人类具有致病性的金黄色葡萄球菌的这些过程，表现出的相似和差异与致病因子本身具有相关性的这些假设正在逐渐得以证实。

仅在30多种金黄色葡萄球菌调控元件中就检测到了突变，关于这个问题的完全阐述不属于这个章节讨论的范围。为此，我们建议读者参考以前发表的综述文献，需要注意的是，这些综述文献几乎完全侧重于金黄色葡萄球菌和人感染方面。我们选择研究的焦点是我们认为在不同葡萄球菌种属中最核心和最高度保守的两个调控系统。这两个调控系统是agr和葡萄球菌的辅助调节器（sarA），它们都被证实对于合成毒素和其他的临床相关表型（包括形成生物被膜的能力）具有显著的影响。已经在多种葡萄球菌中进行了agr调控系统的相关研究，其中包括金黄色葡萄球菌、SIG、凝固酶阴性表皮葡萄球菌和里昂葡萄球菌。诱导agr可导致胞外蛋白包括毒素的分泌量升高，同时，降低了表面相关毒力因子的产生。agr调控系统包括两种不同的启动子（P2和P3），其分别驱动RNAⅡ和RNAⅢ转录产物的产生。RNAⅡ跨越一个编码一种双组分群体感应系统的操纵子（agrACDB）。具体地讲，agrC编码一种膜结合传感器，该传感器主要识别一种agrD编码的自动引导肽（AIP）的积累，它的产生需要嵌入膜的AgrB进行加工和释放。AIP结合到AgrC传感器启动磷酸化级联，从而导致AgrA反应调节的激活并增加P2和P3启动子的转录。agr激活的功能结果是P3启动子的表达增加，从而进一步的导致RNAⅢ生成量增加。RNAⅢ跨越转录编码δ型毒素的HLD基因，但这最后被证实agr的调节作用是由RNAⅢ介导的，而与δ-毒素的产生无关。有趣的是δ-毒素是一种PSM，并且最近研究显示，磷酸化的AgrA与psm基因簇的上游区域的cis元件结合，从而诱导PSMs的产生。有人建议，在agr介导调控的进化基础上，围绕着由AgrA介导的合成PSM的调控方式，与RNAⅢ的调节作用相结合后，变成一种更广泛的调控控制方式。

RNAⅢ突变体的表型以转录水平的主要变化为特征。然而，RNAⅢ自身的功能主要在转录后水平上起作用，伴随着影响其在生产辅助转录因子的结果相关联的转录变化。例如，在RNAⅢ缺乏的情况下，编码葡萄球菌蛋白A的基因（spa）转录增加，而这是由于RNAⅢ通常会抑制其他转录因子（如SarT、Rot和SarS）的产生，否则就会促进葡萄球菌蛋白A基因的转录。因此，在没有RNAⅢ的时候，这种抑制就不会发生，从而促进了葡萄球菌蛋白A的持续高水平表达。此外，RNAⅢ通过和葡萄球菌蛋白A的mRNA的结合，在一定程度上限制了其翻译，并且促进了RNA酶Ⅲ介导的降解。这种机制还通过直接或者间接的途径对RNAⅢ介导的诱导毒素的产生起到了很大的作用。例如，所述的hla转录形成的茎-环结构螯合了Shine-Delgarno序列，从而限制了其翻译功能和α-毒素的产生。RNAⅢ通过结合hla转录，克服了这一点并且消除了茎-环结构。在RNAⅢ存在的情况下，通过RNAⅢ和hla的mRNA的直接相互作用，hla的翻译水平被上调。在其他情况下，其调控功能是通过RNAⅢ和rot（毒素抑制子）转录物之间的相互作用间接介导的。具体来说，rot的调控功能（毒素阻遏）与agr是对立的，通过RNAⅢ与rot转录的茎-环结构的结合从而限制了Rot的产生，与葡萄球菌蛋白A基因的转录一样，限制其翻译水平并且有目的的针对引起RNA降解酶Ⅲ的转录。

即使在单一的种属内，agr调控系统的定义是根据亚型的存在进行的。例如，在金黄色葡萄球菌中，agr系统有四个亚型（Ⅰ~Ⅳ），这4种亚型之间是相互独立存在的。具体来说，AgrC传感器和AgrD信息素互相匹配时agr基因被激活，二者不匹配时则抑制agr基因的表达。最近的一项报道在昆虫模型内检测了金黄色葡萄球菌的混合种群，发现在体内发生了这种相互干扰的现象。目前，我们对其是否会在宿主范围内产生影响还不清楚，但是跨物种干扰的现象确实发生了。例如，Lina等（2003年）证明了，在人类中，表皮葡萄球菌的定植通常会排除金黄色葡萄球菌的共生定植，并且这种跨物种干扰方式可能影响不同的葡萄球菌物种的宿主范围。在这方面，SIG是一个有趣的种属，因为它能产生一个新的AIP，这不同于已被证明能够抑制四种金黄色葡萄球菌的AGR亚型的金黄色葡萄球菌。

许多报道已经证实在金黄色葡萄球菌的感染动物模型中agr的突变减弱了毒力。而且，更清楚认识到一些金黄色葡萄球菌株毒力的增加，最值得注意的是USA300克隆谱系菌株是agr高水平表达和胞外毒力因子如α-毒素和PSMs的表达量增加引起的。如上所述，从奶牛乳腺炎中分离的一些金黄色葡萄球菌，其agr的表达水平甚至已经超过了USA300菌株，这暗示agr是引起动物和人感染的关键毒力基因。然而，这并不意味着agr基因的表达在所有葡萄球菌引起的感染中发挥着关键作用。事实上，生物被膜的形成是许多感染形式的关键组成部分，agr基因在金黄色葡萄球菌和表皮葡萄球菌中的高水平表达可能还会引起生物被膜形成能力的下降。事实上，Yarwoodet等（2004）证实了在金黄色葡萄球菌生物膜中会自发的产生agr阴性变异株，并且随着时间的推移，这些变异株能成为优势亚群。在人医临床上已经有多个报道显示从患者身上分离到agr的突变株。因此，虽然agr的高水平表达与病原菌在人和动物中的毒力大小有一定关系，但是agr基因的存在可能对细菌细胞的生长代谢和寻求逃避宿主防御的能力方面给病原体带来一些损失。其中一个潜在的重要例子就是细菌在宿主组织和/或植入的医疗设备中形成生物被膜的能力。

在这种生物被膜相关感染的特定环境中起重要作用的第二调节因子是sarA。与agr基因相似，sarA基因能对金黄色葡萄球菌的毒力表型产生广泛的影响，而且该基因在其他种属葡萄球菌中比较保守。sarA基因所在片段编码三个重叠的转录子，三个转录子共用一个终止子包括sarA基因。sarA基因编码一个可影响基因转录的DNA结合蛋白，至少包括sarA基因。研究显示SarA蛋白可更直接地

结合到 *agr* 交换元件 *cis* 基因上以增加 *agr* 基因的表达，该发现暗示 *agr* 和 *sarA* 基因突变子可能表现相似的表型。在一定程度上，上述结论是正确的，一个例子是 *agr* 和 *sarA* 基因突变子能够减少包括 α-毒素和PSMs在内的胞外毒素的产生。然而，最近的一份研究报告表明对于有毒力因子缺陷表型的菌株其调控机制与上述不同。以前研究显示，特殊情况下 *sarA* 基因可在转录和翻译水平上影响外毒素的产生。然而，*sarA* 对外毒素产生的影响似乎与其对胞外蛋白酶体的影响有关，在 *sarA* 基因突变体内由于蛋白酶的产量增加引起了毒素的消耗，而不是由于毒素产量减少引起了毒素蓄积量的降低。事实上，这是一个说明 *agr* 非依赖途径重要性的直接例子，因为 *agr* 突变会导致蛋白酶的产量减少，然而 *sarA* 突变则有相反的效果。

在临床治疗中，这种由突变引起的产生物被膜病原菌的毒素水平改变的表型更为明显，*agr* 突变可增加生物被膜的形成，而 *sarA* 突变能减少生物被膜的形成。有研究也显示，*agr* 和 *sarA* 的突变都会引起胞外蛋白酶的变化。考虑到生物被膜在影响抗生素治疗效果方面所发挥的重要作用，上述任何一项发现都可以被用来提高抗生素的疗效。例如，应用 *agr* AIP后将能导致 *agr* 基因表达量和胞外蛋白酶产量的增加，同时能够降低生物被膜的形成能力，此时应用抗生素进行治疗可以显著提高人与动物感染的治疗效果。然而，这种做法可能会造成毒素产量增加的不良后果。相反，*sarA* 基因表达和/或功能抑制剂可能会被用来提高蛋白酶的产量，从而限制生物被膜的形成和毒素的产生。鉴于葡萄球菌在引起人和动物感染方面的重要性和所有种属葡萄球菌对抗生素耐药性的持续增加（见"耐药性和抗生素治疗"部分），上述这些发现可能会引起那些关注葡萄球菌引起宿主感染的研究者的重视。在这方面，我们应该注意的是，虽然有报道描述 *agr* 基因在兽医学中的作用，然而，目前还没有其他葡萄球菌中包括 *sarA* 在内的其他调控元件的相关研究报道。

铁摄取

关于葡萄球菌在人和动物疾病方面所发挥作用的相关报道有很多。在本章节我们将重点放在区分葡萄球菌对宿主的选择性，以及葡萄球菌在除了人之外其他宿主中感染的研究进展情况。在此基础上，我们还对铁摄取机制进行了具体的研究。选择这个其中一个原因是，最近的一个研究通过与小鼠模型比较，证实了金黄色葡萄球菌的表面相关血红蛋白受体IsdA能优先结合人的血红素，这个发现说明在小鼠感染模型中应给一个较高的感染剂量。这暗示类似的差异可能对不同种属葡萄球菌引起不同宿主感染的偏好性有贡献，但是该研究在兽医领域还没有开展。金黄色葡萄球菌至少有2个可以从血红素蛋白中获得铁的系统。其中的一个系统命名为Isd（铁离子应答表面决定子），包括5个转录单元（*isdA*、*isdB*、*isdCDEF-srtBisdG*、*isdH* 和 *isdI*）。第二个系统（负责原血红素转运的HtsABC）是在寻找与ABC型铁离子外排泵蛋白过程中在基因组中发现的。Isd系统的相关基因首次发现是在金黄色葡萄球菌基因组中寻找分选酶A（*srtA*）同源染色体过程中发现的。寻找分选酶基因 *srtA* 同源体的过程中鉴定出了编码分选酶B的新基因 *srtB*，它是命名为 *isdCDEF-srtBisdG* 的六个基因操纵子的一部分。其中的 *isdC* 基因编码一种独一无二的具有NPQTN锚定结构的蛋白，该蛋白可特异性地识别分选酶B的底物。研究已经证实在鼠肾脏溃疡的模型中，*strB* 的突变在感染早期对细菌的毒力没有影响，但是随着感染的进一步发展其可显著降低细菌的毒力。在此研究基础上，可以推测IsdC在不断变化的宿主体内对维持感染具有重要作用。另外两个基因（*isdA* 和 *isdB*）位于 *isdCDEFsrtBisdG* 操纵子的上游，并被分开转录成单顺反子。这个系统的每一个基因，包括 *isdCDEF-srtBisdG* 操纵子本身都含有一个TATA盒，它们都通过对铁的利用而受到严格的调控。IsdA结合血红蛋白、转铁蛋白和细胞外基质纤维蛋白和纤维蛋白原。这表明，IsdA可能同时具有铁吸附和黏附的功能。然而，2007年Tores等的研究通过与IsdB系统的比较发现 *isdA* 基因的突变对菌株从血红素蛋白中获取铁的能力影响很小。2006年Kuklin等同样证实了在鼠和恒河猴动物模型中，用IsdB蛋白进行免疫可以预防葡萄球菌引起的机体败血症。IsdB和IsdH蛋白在免疫学上是相似的，针对IsdB蛋白产生的抗体也具有与IsdH蛋白交叉反应的活性，同样在棉鼠模型中用纯化的IsdH蛋白免疫动物也可减少细菌在鼻腔的定植。其他Isd蛋白负责协助原血红素铁穿过细胞质膜，或者从细胞内的原血红素中移除铁。

2007年Reniere等提出了在葡萄球菌细胞内的原血红素铁的三种代谢途径。第一种，胞内原血红素被单加氧酶IsdG和IsdI所降解后，释放出的铁可以被葡萄球菌铁蛋白FtnA结合，该蛋白以无毒的形式储存铁，当铁缺乏时可以使用。第二种，完整的原血红素与膜相关亚铁血红素结合因子结合，该结合体可作为特定金黄色葡萄球菌酶的辅助因子，这种酶参与ATP生成和抗氧化过程，后者的一个典型例子就是过氧化氢酶。第三种，如果原血红素的毒性处在一个高的水平，过量的细胞内的原血红素就会被ABC型药物外排泵系统HrtAB（血红素调控转运系统）转运到细胞外。转运系统中的缺失突变株在以亚铁血红素作为唯一铁源的培养基中的生长能力下降，然而有矛盾的是在鼠感染模型中表现出毒力增强的情况。这种情况的出现与被招募到感染部位的吞噬细胞的数量下降有关。另外，*hrtA*突变株能产生大量的免疫调节蛋白，该蛋白能够抑制吞噬细胞的招募和调理吞噬活性。在此基础上，我们可以假设一旦金黄色葡萄球菌遇到由高溶血活性引起的亚铁血红素含量较高的环境，金黄色葡萄球菌为了避免原血红素毒性，一方面它会激活HrtAB系统促使其将血红素铁外排，同时减少特定毒力因子的产生，从而避免血红素毒性，否则这些毒力因子会促进宿主组织损伤和血红素的进一步释放。这个系统的其他基因包括编码反应调控因子和调节*hrtAB*表达的细菌二元信号传导系统反应调节器的*hssRS*。这似乎是一个非常特殊的且不受其他外界环境包括*agr*和*sarA*调控子影响的调节系统。

金黄色葡萄球菌有基于铁载体的铁捕获系统。目前已经鉴定出了四种铁载体，分别是葡萄球菌溶血素A、葡萄球菌溶血素B、金色横裂链霉菌和葡萄球菌素。在9个基因组成的*sbnABCDEFGHI*操纵子中编码葡萄球菌素产生所需的酶，九个基因中的一个（*sbnE*）突变体在铁受限培养基中的生长能力和在鼠肾溃疡模型中的毒力均下降。一旦铁载体结合了细胞外的铁，它们就被通过包括铁结合磷脂蛋白、ATP酶和完整膜蛋白在内的铁调控ABC转运系统转运进细胞内。Park等的结论是，尽管如上所述某些Isd蛋白也促进转铁蛋白的铁摄取，但铁磷修饰摄取从转铁蛋白中获取铁的过程中起着"主导和必要作用"。Modun等1999年在金黄色葡萄球菌和表皮葡萄球菌中发现了一个可结合人体转铁蛋白的42 ku大小的细胞膜相关蛋白Tpn。进一步研究确定该蛋白实际是一个可以结合铁转运蛋白的甘油醛-3-磷酸脱氢酶（GAPDH）。葡萄球菌的GAPDH与A群链球菌的GAPDH相似，其都能结合细胞外的纤维连接蛋白，同时可维持其酶的活性。Taylor和Heinrichs构建了金黄色葡萄球菌GAPDH（*gap*）的突变株，研究证实突变株的细胞壁部分缺乏GAPDH活性。然而，这相同的细胞壁成分却保留了结合转铁蛋白的能力。这使我们发现了另外一个转铁蛋白结合蛋白（SbtA），该蛋白仅仅在金黄色葡萄球菌处于缺铁的情况下才会产生。相应基因的突变表明，在金黄色葡萄球菌中StbA蛋白负责结合转铁蛋白而非Tpn（GAPDH）蛋白。

由于金黄色葡萄球菌能从不同的宿主蛋白中获得铁离子，因此Skaar等在2004年开展了与其他铁源相比，上述铁源是否优先给金黄色葡萄球菌供铁的研究，该分析结果表明，亚铁血红素依然是优先的铁离子源，尽管在生长后期采集的样品中亚铁血红素与转铁蛋白的吸收率下降。这显示金黄色葡萄球菌在感染早期和在亚铁血红素富集区会通过HtsABC转运系统优先利用亚铁血红素，一旦亚铁血红素利用受到限制就会转向通过铁载体介导铁转运途径获取铁离子。关于该综述的其他方面，转铁系统还有许多其他组件，但目前还不清楚在不同的葡萄球菌种属中这些组件间的相互影响，是否会影响其对哺乳动物宿主的感染的能力。话虽如此，鉴于机体普遍需要铁，溶血素在促进亚铁血红素中铁获取的可能作用，及在不同种属葡萄球菌中溶血活性的差异仍需要进一步研究。

● 耐药性和抗生素治疗

作为革兰阳性菌，抗生素治疗葡萄球菌感染的机制是抑制其细胞壁的合成。比如β-内酰胺类，最值得引起注意的是甲氧西林的衍生物、早期的头孢菌素和万古霉素。然而，许多种类的抗生素对葡萄球菌都有抗菌活性，但是很难预测哪种抗生素能够有效治疗特定菌株引起的感染。这就反映了葡萄球菌耐药性产生的广泛性，因此迫切需要不仅能鉴定出引起感染的具体病原，还能获得一些抗菌治疗所需信息的快速诊断方法。尽管目前建立的PCR方法主要用于金黄色葡萄球菌耐药性的检测，尤其是甲氧西林耐药的检测，但PCR的广泛应用已经展现出了很大的优势。

金黄色葡萄球菌在没有获得耐药性的时候，青霉素依然是临床抗感染治疗的选择，但是由于各种葡萄球菌均能产β-内酰胺酶，这导致青霉素的抗菌效果大大减弱。以甲氧西林为代表的半合成类青霉素被列为优先使用药物，但是这类药物的长期使用也同样引起了耐药性的产生。包括金黄色葡萄球菌和SIG种属在内的所有葡萄球菌中均存在对甲氧西林耐药的现象，近几年由于耐甲氧西林菌株的持续上升，造成了人和动物的大量感染。甲氧西林的耐药性受到多种因素的影响，但起决定因素的是编码青霉素结合蛋白类似物PBP2A和PBP2的*mecA*基因，*mecA*基因与染色体特定插入序列*SCCmec*的变异体有关。*SCCmec*元件的大小和组织结构呈现多样性，在人医临床携带片段较大*SCCmec*元件的菌株多与院内感染相关，而携带片段较小*SCCmec*元件的菌株多引起社区相关感染。如果从原核生物基因组的经济学角度考虑的话我们就不会感到奇怪了，这些*SCCmec*元件大小的差异反映了其他基因缺失的存在，多数情况下这些还包括其他抗生素抗性基因。因此，携带较大*SCCmec*元件的菌株对其他种类抗生素耐药的可能性就很大，这大大限制了临床抗生素治疗的选择性。

目前，万古霉素依然被认为是治疗甲氧西林耐药葡萄球菌感染的"最后一道防线"药物。但是，万古霉素正受到耐万古霉素金黄色葡萄球菌（VRSA）和耐万古霉素中间金黄色葡萄球菌（VISA）的威胁。幸运的是，VRSA在人源分离株中仍然非常少见，而且在动物分离株中还没有相关报道。VISA在临床相当普遍，尤其存在长期服用药物治疗的病人体内，目前看来VISA已经是人医临床存在的首要问题了。然而，包括SIG在内的所有葡萄球菌对甲氧西林耐药性的不断增加，这使得兽医工作者必须认识到VISA的存在，并在可能的情况下考虑其他替代治疗方案。现在仍然有许多新的治疗选择，如达托霉素、替拉万星、利奈唑胺、替加环素和最新的头孢菌素（头孢吡普），所有这些药物对甲氧西林耐药葡萄球菌都有抗菌效果。

● 总结

尽管过去几十年开展了大量的研究工作，葡萄球菌依然是人和动物最重要的病原之一。由于葡萄球菌种类多、不同种葡萄球菌均能产生各种不同的毒素，而且所有葡萄球菌均能引起多种宿主的感染。因此，本综述不能将葡萄球菌的重要性在此全面阐述。认识葡萄球菌在不同宿主间的传播、不同种葡萄球菌间发生的基因交换非常重要。同时建立一个可以对葡萄球菌致病机制各个方面产生影响的动态环境，这项工作不仅对当前而且对未来疾病的预测都有非常重要的作用。这就要求我们要进一步深入研究这些不断对人类和动物健康产生互相影响的科学问题。确实，这是所有问题中最重要的一个，它主要强调在临床医生中，无论他们研究的重点集中在人类健康、食品的供给或者改善伴侣动物健康，都应该采取综合措施来控制葡萄球菌引起的感染。写本章的目的是为未来进行这一不可或缺的目标提供一些可用信息。

参考文献

Lina G, Boutite F, Tristan A, et al, 2003. Bacterial competition for human nasal cavity colonization: role of Staphylococcal agr alleles[J]. Appl Environ Microbiol, 69, 18-23.

Modun B, Williams P, 1999. The staphylococcal transferrin-binding protein is a cell wall glyceraldehyde-3-phosphate dehydrogenase[J]. Infect Immun, 67, 1086-1092.

延伸阅读

Atalla H, Gyles C, Mallard B, 2011. Staphylococcus aureus small colony variants (SCVs) and their role in disease[J]. Anim Health Res Rev, 12 (1): 33-45.

Atalla H, Wilkie B, Gyles C, et al, 2010. Antibody and cellmediated immune responses to Staphylococcus aureus small colony variants and their parental strains associated with bovine mastitis[J]. Dev Comp Immunol, 34: 1283-1290.

Beenken KE, Mrak LN, Griffin LM, et al, 2010. Epistaticrelationships between sarA and agr in Staphylococcus aureus biofilm formation[J]. PLoS One, 5: e10790.

Boerlin P, Kuhnert P, Hüssy D, et al, 2003. Methods for identification of Staphylococcus aureus isolates in cases of bovine mastitis[J]. J Clin Microbiol, 41 (2): 767-771.

Casanova C, Iselin L, von Steiger N, et al, 2011. Staphylococcus hyicus bacteremia in a farmer[J]. J Clin Microbiol, 49 (12): 4377-4378.

Deurenberg RH, Vink C, Kalenic S, et al, 2007. The molecular evolution of methicillin-resistant Staphylococcus aureus[J]. Clin Microbiol Infect, 13: 222-235.

Devriese LA, Vancanneyt M, Baele Metal, 2005. Staphylococcus pseudintermedius sp. Nov., a coagulase-positive species from animals[J]. Int J Syst Evol Microbiol, 55 (4): 1569-1573.

Futagawa-Saito K, Sugiyama T, Karube S, et al, 2004. Prevalence and characterization of leukotoxin-producing Staphylococcus intermedius in isolates from dogs and pigeons[J]. J Clin Micorbiol, 42 (11): 5324-5326.

Kelesidis T, Tsiodras S, 2010. Staphylococcus intermedius is not only a zoonotic pathogen, but may also cause skin abscesses in humans after exposure to saliva[J]. Int J Infect Dis, 14 (10): e838-e841.

Kuklin NA, Clark DJ, Secore S, et al, 2006. A novel Staphylococcus aureus vaccine: iron surface determinant B induces rapid antibody responses in rhesus macaques and specific increased survival in a murine S. aureus sepsis model[J]. Infect Immun, 74 (4): 2215-2223.

Park RY, Sun HY, Choi MH, et al, 2005. Staphylococcus aureus siderophore-mediated iron-acquisition system plays a dominant and essential role in the utilization of transferrin-bound iron[J]. J Microbiol, 43 (2): 183-190.

Nickerson SC, 2009. Control of heifer mastitis: antimicrobial treatment-an overview[J]. Vet Microbiol, 134 (1-2), 128-135.

Reniere ML, Torres VJ, Skaar EP, 2007. Intracellular metalloporphyrin metabolism in Staphylococcus aureus[J]. Biometals, 20 (3-4): 333-345.

Skaar EP, Humayun M, Bae T, et al, 2004. Iron-source preference of Staphylococcus aureus infections[J]. Science, 305 (5690): 1626-1628.

Smeltzer MS, Lee CY, Harik N, et al, 2009. Molecular basis of pathology[M]. in Staphylococci in Human Disease, 2nd edn (eds KB Crossley, KK Jefferson, GL Archer, and VG Fowler), West Sussex, UK, 65-108.

Smetlzer MS, Gillaspy AF, Pratt FL, et al, 1997. Prevalence and chromosomal map location of Staphylococcus aureus adhesion genes[J]. Gene, 196 (1-2), 249-259.

Stranger-Jones YK, Bae T, Schneewind O, 2006. Vaccine assembly from surface proteins of Staphylococcus aureus[J]. Proc Natl Acad Sci USA, 103 (45): 16942-16947.

Torres VJ, Stauff DL, Pishchany G, et al, 2007. A Staphylococcus aureus regulatory system that responds to host heme and modulates virulence[J]. Cell Host Microbe, 1 (2): 109-119.

Vuong C, Kocianova S, Yao Y, et al, 2004. Increased colonization of indwelling medical devices by quorum-sensing mutants of Staphylococcus epidermidis in vivo[J]. J Infect Dis, 190 (8): 133-139.

Werckenthin C, Cardoso M, Martel JL, et al, 2001. Antimicrobial resistance in staphylococci from animals with particular reference to bovine Staphylococcus aureus, porcine Staphylococcus hyicus, and canine Staphylococcus intermedius[J]. Vet Res, 32 (3-4): 341-362.

Yarwood JM, Bartels DJ, Volper EM, et al, 2004. Quorum sensing in Staphylococcus aureus biofilms[J]. J Bacteriol, 186 (6): 1838-1850.

(张万江 译，胡森 校)

第27章 链球菌属和肠球菌属

● 链球菌属

链球菌是革兰阳性球菌，过氧化氢酶阴性，成对或成链状出现，具有相当高的生态学、生理学、血清学和遗传学多样性。目前该属内已被确认的有98种，但只有少数几种有明显的致病性，在表27.1中列出。

在血琼脂上，该菌表现出不同程度的溶血性，能用于早期鉴定临床分离株。血琼脂上菌落产生的溶血反应和兰斯斐尔德（Lancefield）血清分型是重要的鉴定依据。

α-溶血性链球菌不溶解红细胞，但会在菌落周围形成一个绿色区域（过氧化氢将血红蛋白氧化为高铁血红蛋白）。多数动物共生性链球菌有α溶血性，该类链球菌有时称为"草绿色链球菌"。

β-溶血性链球菌能溶解红细胞，在菌落周围产生一个完整的溶血区。致病性链球菌往往是β-溶血性链球菌。

γ-链球菌是非溶血性的，大部分为非致病菌。

早先根据链球菌的生物学特性进行分类，如下所示：

化脓链球菌：导致人和动物化脓性感染，通常为β-溶血性链球菌。

口腔链球菌：主要共生于皮肤和黏膜上，α溶血性或无溶血性。

乳酸链球菌：与牛奶和乳制品相关，现在归属于乳球菌属。

肠球菌：肠道正常菌群，机会致病，现在大部分属于肠球菌属。

厌氧链球菌：包括与厌氧性的一般消化球菌属和消化链球菌属无关的链球菌属的厌氧性菌种，大多数已经划分为其他属。

兰斯斐尔德分群计划

根据可提取的型特异性糖抗原进行的沉淀试验，链球菌被分成20个群（命名从A到V，但是没有I和J）。根据蛋白质抗原不同，兰斯斐尔德链球菌群可进一步分型。型特异性抗原为M、R和T蛋白。群抗原的特异性抗体不具备保护性，型特异性抗原M、R和T蛋白抗体具有保护性。化脓链球菌属具有基于M蛋白和其他蛋白质的100多个血清型，而肺炎链球菌属有90多个荚膜多糖型。

特征概述

形态和染色 链球菌从球形到卵圆形不等，直径大约为1μm。分裂发生在一个平面，成对或成链状，在液体培养基或临床样品中非常明显。其中某些种，例如肺炎链球菌，主要成对存在。

新鲜培养物的革兰染色呈阳性。在渗出液和较陈旧的培养物中（>18 h），菌体染色经常呈阴性，可能是由于自溶素破坏了细胞壁。

结构和组成 链球菌具有典型的革兰阳性细胞壁结构。某些菌种产生荚膜，也会出现细胞壁缺陷型（L型）。

生长特性 链球菌的生长条件相当苛刻，培养基中最好含有血液或血清。37 ℃培养过夜后，链球菌形成清晰的菌落，通常直径小于1 mm。有荚膜型的，例如马链球菌马亚种，能形成较大的黏液样菌落。致病性菌种在37 ℃和高CO_2浓度下生长最好，如在蜡烛罐或二氧化碳培养箱里。

表27.1 临床重要的链球菌种类

兰斯斐尔德分群	种名	溶血类型	最重要的宿主	疾病
A	化脓链球菌	β	人	呼吸道感染、风湿热和肾小球肾炎
B	无乳链球菌	α、β和γ	人、牛	新生儿脓毒症、乳腺炎
无	肺炎链球菌	α	人、马、非人灵长类和实验动物	肺炎
C	马链球菌马亚种	β	马	马腺疫
C	马链球菌兽疫亚种	β	马、猪、牛和人	化脓性传染病
C	类马停乳链球菌亚种	β	马、猪、牛和人	化脓性传染病
C	停乳链球菌亚种	α、β和γ	马、猪、牛和人	化脓性传染病、乳腺炎
E	豕链球菌	β	猪	颈部淋巴结炎
G	犬链球菌	β	犬	子宫炎、乳腺炎和新生儿感染
L	L型链球菌属	β	犬	泌尿生殖道感染
D、R、S和T	猪链球菌	α	猪	脑膜炎、肺炎和败血症
?	乳房链球菌	α、γ	牛	乳腺炎
?	副乳房链球菌	α、γ	牛	乳腺炎

生化活性 链球菌的过氧化氢酶反应呈阴性，专性发酵（可以在有氧环境生长但没有呼吸作用，仅通过发酵获得能量）。

具有医学意义的细胞产物 链球菌特异性产物与发病机制的关系多数是推测的，但下列情况除外。肺炎链球菌的荚膜是一种已证实的毒力因子。M蛋白是一种重要的毒力决定因子，其抗体有保护作用。

黏附素　链球菌表面产生大量蛋白，能结合宿主的多种胞外基质蛋白（纤连蛋白、纤维蛋白原、胶原蛋白、玻连蛋白、层粘连蛋白、核心蛋白聚糖以及含有硫酸肝素的多糖蛋白）。这些黏附素被称为识别吸附基质分子的微生物表面成分（MSCRAMM）。一些MSCRAMM，特别是结合纤维蛋白原的M蛋白，使链球菌细胞具有抗吞噬活性。链球菌细胞表面覆盖宿主蛋白，导致补体活化位点被掩盖（因此调理作用减少），以及抑制了由血清蛋白（胶原凝集素/ficollins）识别调理外源颗粒的作用。马链球菌马亚种的SeM蛋白是一种结合纤维蛋白原和免疫球蛋白的细胞表面蛋白，是该菌的主要毒力因子。

M蛋白是化脓链球菌和马链球菌马亚种的一个重要毒力因子。它结合纤维蛋白原，具有抗吞噬活性，增强鼻黏膜上皮细胞的黏附能力，并且与马感染后的自身免疫性疾病（出血性紫癜）相关。FbsA蛋白是无乳链球菌的纤维素原结合蛋白。FOG蛋白是G型类马停乳链球菌亚种的类似蛋白，Szp蛋白是马链球菌兽疫亚种M蛋白的类似物。

化脓链球菌的透明质酸荚膜是一种黏附素（同样具有抗吞噬作用），通过透明质酸结合糖蛋白CD44对人上皮细胞具有亲和力。具有重要兽医意义的链球菌透明质酸荚膜是否也充当黏附素，尚不清楚。

无乳链球菌的BibA蛋白能特异性结合人C4结合蛋白。C4结合蛋白是经典补体通路的调节因子，缺失后严重降低B型链球菌抗中性粒细胞的调理吞噬杀死作用。

其他黏附素负责链球菌与宿主细胞的结合。F蛋白和其他蛋白质，如Fnb和SFS，结合纤连蛋白，与细菌黏附和内化相关。PsaA（肺炎球菌表面黏附素）是在肺炎链球菌、马链球菌马亚种和马链球菌兽疫亚种上发现的脂蛋白，主要负责黏附上、下呼吸道内壁的细胞。E-cadherin是呼吸道内皮细胞的细胞结合蛋白，是PsaA的一种受体。

荚膜　某些链球菌产生荚膜。A群和C群链球菌荚膜由透明质酸组成。透明质酸也是哺乳动物结缔组织的构成成分，抗原性差，不容易结合补体成分，因此有抗吞噬作用。而B、E和G群的荚膜是多糖，不是透明质酸。

细胞壁　革兰阳性细胞壁含有具有治疗价值的蛋白质和多糖。革兰阳性细胞壁的脂磷壁酸和肽聚糖与巨噬细胞相互作用，导致促炎细胞因子的释放。

化脓链球菌毒素超抗原　超抗原能同时结合主要组织相容性复合体Ⅱ类分子和带有特定V-β区的T细胞受体分子，导致大量的抗原递呈细胞和T细胞被活化，随后全身免疫系统大量释放高表达水平的细胞因子。

链球菌感染所引发的部分全身症状来自毒素激发的大量T细胞活化导致的细胞因子风暴。研究最清楚的是由化脓性链球菌（A群链球菌）产生的化脓链球菌毒素超抗原（SPE）。化脓性链球菌产生若干种SPE：SPEA、SPEC、SPEG、SPEH、SPEI、SPEJ、SPEK、SPEL、SPEM、SSA和SMEZ（链球菌有丝分裂源外毒素Z）。所有已知的SPE（除了SMEZ、SPEG和SPEJ）都位于可移动的DNA元件内，因此每个化脓性链球菌分离株通常携带*SMEZ*、*SPEG*和*SPEJ*基因，再加上其他*SPE*基因的各种组合。已表明马链球菌马亚种能产生SPE，包括SeeI、SeeL和SeeM，可以刺激马外周血单核细胞的增殖。这些SPE是前噬菌体编码的。在马链球菌兽疫亚种中已经鉴定出3种SPE（SzeF、SzeN和SzeP），能刺激马外周血单核细胞的增殖，产生肿瘤坏死因子-α（TNF-α）和γ-干扰素（IFN-γ）。

多种毒素和酶　链球菌能产生大量潜在毒力蛋白。

链球菌溶血毒素O和S：氧-不稳定型（O）和氧-稳定型（S）溶血素是细胞裂解素，可裂解中性粒细胞、巨噬细胞和血小板。溶血素S是形成绵羊血琼脂平板上大面积β-溶血的原因。溶血素S的溶细胞谱广泛，包括红细胞、白细胞、血小板、组织培养细胞的细胞膜和细胞器膜，如溶酶体和线粒体。链球菌溶血素O和猪链球菌溶血素O对氧不稳定，有硫醇活性，可与膜内的胆固醇结合。少量毒素在靶细胞膜上或者膜内发生聚合，形成疏水性蛋白复合物，与亲水性通道在膜内整合形成中心，由此产生相对较大（最大30nm）的孔径。

链激酶：在前噬菌体中编码，能激活纤溶酶原为纤溶酶。纤溶酶是一种作用于宿主纤维蛋白的蛋白酶，能减少血栓。

无乳链球菌的C5a肽酶ScpB是一种在所有B群链球菌临床分离株中发现的多功能蛋白，对菌定植于黏膜是必需的。据报道，ScpB可通过酶促反应去掉补体成分C5a抑制中性粒细胞的趋化性。

对链球菌产生的毒力具有潜在作用的酶包括透明质酸酶、DNA酶（如SPEF）、NAD酶和蛋白酶。

具有医学意义的细胞产物的调控　化脓性链球菌毒力相关基因的表达至少有三个调节系统（尚不清楚这些系统是否存在于其他链球菌）。第一个是未定义的"生长阶段相关信号"，但某些基因（包括编码链球菌溶血素S和DNA酶的基因）在静止期上调，而其他基因（包括编码荚膜、链激酶、链球菌溶血素O和A群链球菌或Mga中的多基因调控蛋白）在指数生长后期上调。

调控是通过转录调控蛋白和双组分调控系统对基因的表达和抑制来实现的。主要调节蛋白包括：Mga，负责在指数生长期活化表达有关黏附、内化和免疫逃避的基因；RofA样蛋白，包括ROFA和NRA，调节有关持续感染的基因；FasA，涉及毒力基因表达的生长阶段调控；Rgg（RopB），激活胞外蛋白的表达，如SpeB半胱氨酸蛋白酶。Mga自身受生长期及其他未知环境因素的影响。

CovRS（毒力的控制）双组分调控系统直接或间接调节15%的基因组。多个重要的毒力基因的表达直接受CovR应答调节蛋白的调节，包括编码透明质酸荚膜的操纵子、链球菌溶血素S、链激酶、*spe*B和*sda*（编码链道酶DNA酶）。

抵抗力　β-溶血性链球菌可以在干燥的脓包中存活数周。55～60℃,30min灭活。6.5%的氯化钠、40%胆汁（除无乳链球菌）、0.1%亚甲蓝、低温（10℃）和高温（45℃）都能抑制其生长。肠球菌属的成员能耐受这些条件。草绿色链球菌对耐热性和耐胆汁性有差异。只有肺炎链球菌具有胆溶性。链球菌能耐受用于链球菌分离培养基的0.02%的叠氮钠。

致病性链球菌通常对青霉素、头孢菌素、大环内酯类、氯霉素和甲氧苄啶-磺胺类药物敏感，对氨基糖苷类、氟喹诺酮类和四环素有抗性。

生态学

传染源　大多数与动物医学有关的链球菌共生于上呼吸道、消化道和下生殖道。

传播　链球菌通过吸入和摄入、交配和先天性传播，或通过手和污染物间接传播。

致病机制

链球菌主要引起皮肤、呼吸道、生殖道、脐部和乳腺的化脓性感染。原发感染的血行扩散可能导致败血症。在临床上，链球菌病通常以某一阶段发热、单独或伴有败血症为特征。局部表现能形成脓，可观察到脓液从病灶排出。排脓受阻的地方出现脓肿。毒血症和免疫介导的病变是常见的后遗症。

病理变化　其基本病理过程类似于葡萄球菌感染，即典型病灶为脓肿，是一个炎症反应灶，参与的细胞被细菌和炎性细胞联合破坏。白细胞和微生物之间的相互对抗产生的脓液是宿主细胞碎片和活菌、死菌的混合物。在脓肿中，脓液被白细胞和纤维蛋白丝包围。如果脓液不排出，会逐渐形成纤维素性囊。

疾病模型

马　马腺疫是一种由马链球菌马亚种（*See*）引起的高度传染性鼻咽炎。*See*在上呼吸道黏膜沉积后，通过MSCRAMM（M蛋白、纤连蛋白结合蛋白、血纤蛋白原结合蛋白、Psa）途径和透明质酸荚膜黏附到上皮细胞。黏附过程启动内化及之后在皮下的定植。细胞壁成分以及致热外毒素（SPEH和SPEI）能引发急性炎症反应。荚膜、M蛋白和Scp保护马链球菌防止被调理和吞噬。溶血素可能通过破坏细胞膜来破坏宿主细胞。全身性临床症状可能源自致热外毒素（SPEH和SPEI）的超抗原作用。其他酶和毒素可能通过消化DNA（DNA酶）、纤维蛋白（链激酶）和透明质酸（透明质酸酶）参与这个过程。该疾病的特点是浆液性或脓性鼻分泌物、双相热、局部疼痛、咳嗽和厌食。局部淋巴结形成脓肿，通常在2周内破溃排脓，随后恢复。总死亡率在2%以下。并发症有恶性马腺疫，是由于 See 移行到气管、纵隔或内向运输的肠系膜淋巴结。脓血症可以传播到脑膜、肺、心包和腹腔脏器，或延伸到喉音袋。出血性紫癜是一种Ⅲ型超敏反应，主要表现为皮下水肿、黏膜出血和发热，急性病例在3周时死亡率达到50%。

马的细菌性肺炎/脓胸几乎总涉及β型溶血链球菌，分离株最常见于马链球菌兽疫亚种（Sez）。此外，分离Sez时常同时分离到革兰阴性微生物（最常见的是放线菌）。这是一个内源性的感染过程。所涉及的微生物是位于上呼吸道的一部分正常菌群，后来上呼吸道被受损伤的肺污染（如患病毒性肺炎）。Sez和其他菌沉积在肺脏，引发或扩大先前存在的炎症过程（细胞壁成分、致热外毒素）。炎症反应的强度不如See引发的反应强烈，临床症状也不似那么严重。但涉及的致病机制可能类似。脓胸可能是上述肺炎的延伸过程，像肺炎一样，马链球菌兽疫亚种是最常见的分离型，同时伴有革兰阴性菌。与肺炎不同的是，脓胸经常能发现专性厌氧菌（拟杆菌和梭杆菌最常见）。

马生殖道疾病与Sez有关，通常造成宫颈炎和子宫炎。新生马驹感染经常表现为脐部感染（肚脐生病、脓毒败血症、关节病和多发性关节炎），通过血液循环到达关节和肾皮质区。细菌来自母马的生殖道（属于正常菌群的一部分）。

β-溶血性链球菌（Sez最常见）与马的多种条件性疾病相关，包括骨髓炎、关节炎、脓肿以及创伤。所有这些疾病都是内源性的，感染性菌株来自正常菌群。

猪 猪颈淋巴结炎（面颊脓肿）是一种猪传染病。与豕链球菌（以前称为"E群链球菌"）有关。该疾病类似于马腺疫，但临床上没那么严重，往往只有在屠宰时才被检测到。它最大的损害是对胴体的损害。

猪继发感染肺炎有时与停乳链球菌马亚种有关。

猪链球菌、停乳链球菌马亚种和L群和U群链球菌可引起新生儿败血症、化脓性支气管肺炎、关节炎、脑膜炎、多浆膜炎、心内膜炎、繁殖问题和脓肿。据报道，在感染猪群出现一种"猪衰弱综合征"。猪通常有临床症状和大体病变，影响呼吸系统或者中枢神经系统，但不会同时都影响。传播途径为带菌猪（上呼吸道和扁桃体），可能通过腭扁桃体传播。通常感染3～12周龄的猪，但所有年龄的猪都会受到影响。猪链球菌产生的溶血素可能解释了一些与该疾病相关的组织损伤。

猪链球菌荚膜2型有人畜共患病的风险，导致人类严重感染，可能造成严重残疾（耳聋和共济失调）。与猪接触是一个诱发因素。

反刍动物 链球菌性乳腺炎的主要因素是无乳链球菌。停乳链球菌亚种、停乳链球菌和乳房链球菌较少见，引起慢性亚急性乳腺炎，伴随周期性急性发作。

无乳链球菌（B群链球菌）是导致人类新生儿和孕妇败血症和脑膜炎的主要原因。但对牛致病的菌株不会引起人类疾病。

犬和猫 犬继发肺炎有时与犬链球菌有关。犬链球菌与新生幼犬的败血症和犬中毒休克样综合征（链球菌中毒性休克综合征，STSS）及坏死性筋膜炎（NF）相关。STSS的特征是败血性休克伴随多种脏器衰竭。NF也可能存在。NF是快速发展的软组织和筋膜蜂窝织炎，通常在一侧肢体，特征为软组织坏死。之后常常发展成STSS。

猫往往对链球菌感染更有抵抗力，感染最常见于幼猫或免疫力低下的猫。感染的症状和犬相同。

灵长类动物　肺炎链球菌是灵长类动物肺炎、败血症和脑膜炎的首要原因。猴的肺炎链球菌性肺炎是个急性过程，伴随高死亡率。病变为纤维素性胸膜肺炎。最近运输和病毒感染是常见的原因。

其他物种　豚鼠的颈淋巴结炎是由兽疫链球菌兽疫亚种引起的。

淡水鱼场和咸水环境中的鱼类败血症与海豚链球菌相关，该菌是一种β-溶血链球菌，在兰斯斐尔德（Lansfield）分群中没有定义。处理（清洗/剖检）被感染的鱼有导致蜂窝织炎、心内膜炎，或自身接种后导致的关节炎的风险。

海豹败血症与海豹链球菌有关，是一种与抗血清C和F型反应的β-溶血链球菌。

流行病学　健康个体可能携带上述所有链球菌，许多感染可能是内源性的，与应激有关。新生儿感染通常来源于母体。

马腺疫和猪淋巴结炎是传染性疾病，主要影响幼畜（婴儿期之后）。链球菌可通过被污染的食物、饮水或器具和康复的动物传播，可保持临床健康下带菌数月。挤奶设备、乳房给药技术不熟练、不卫生的挤奶方式往往造成无乳链球菌在奶牛间的传播。

免疫学特征

免疫机制　人类感染链球菌后的疾病（风湿热和急性肾小球肾炎）属于自身免疫病。同样，马腺疫引起的马出血性紫癜也可能是由免疫复合物介导的。

康复和抵抗力　对链球菌感染的主要防御是吞噬，以及抗吞噬M蛋白引起的保护性抗体。患马腺疫和颈淋巴结炎的动物康复后至少暂时对再次感染有免疫力。

无乳链球菌和肺炎链球菌的多聚糖荚膜激发形成调理抗体。在链球菌性肺炎中，它们的存在决定了从感染中恢复。在牛乳腺炎，没有产生有用的免疫力；在奶牛中，除非受到治疗，否则将持续感染。实验证据表明，抗荚膜IgG2型抗体有保护性。

所有免疫都具有血清型特异性。

人工免疫　有全菌疫苗和M蛋白疫苗可供接种预防马腺疫。二者的免疫力都不稳定，并且在注射部位常引起局部反应。有鼻内无毒活疫苗，可以激发关键的局部抗体应答。投喂无毒活菌培养物可产生针对猪面颊脓肿的免疫。

实验室诊断

样品采集　用无菌注射器或无菌容器，优先采集未开放的病灶提取物。运输拭子是可以接受的。采集牛奶要注意无菌操作。

直接观察　渗出物或沉积物做涂片，进行固定和革兰染色。链球菌为革兰阳性球菌，成对或短链，在某些情况下为极长链（通常见于马链球菌感染后的马颈部淋巴结脓液）。链球菌有失去革兰阳性的倾向，有时呈革兰弱阳性或革兰阴性。

培养　渗出物、乳汁、组织、尿液、气管呼出物和脑脊液能直接在牛或绵羊血琼脂上培养。在37℃ 3%～5% CO_2的环境下孵育更好。18～48h后，出现光滑或有黏液的链球菌菌落。

鉴定依赖于经典技术（如兰斯斐尔德分群和生化试验）与分子技术（如确定16S核糖体RNA序列，或利用种特异性引物进行PCR）的结合。这两种方法都有商品化的诊断盒。其他有用的诊断技术包括：

1.CAMP现象（根据Christie、Atkins和Munch-Petersen命名）　CAMP现象反映的是葡萄球菌β-毒素（一种鞘磷脂酶）和无乳链球菌毒素之间的溶血增效作用（CAMP因子有时被称为cocytolysin）。

将产生β-毒素的葡萄球菌划线接种于绵羊或牛血琼脂平板，距离约0.5cm处，成直角划线接种疑似无乳链球菌。孵育后，CAMP阳性菌的溶血作用将在β-毒素区加强（图27.1）。相较于单因子，这两种毒素在绵羊或牛血琼脂上的联合作用产生的溶血区更大、更清晰。

2. 杆菌肽敏感性　杆菌肽片（0.04 U）抑制化脓链球菌在血琼脂的生长，但这种反应并不稳定或具有特异性。

3. 胆汁七叶苷琼脂试验　40%胆汁盐耐受细菌能水解七叶苷，属于D群链球菌的特征。

4. 奥普托欣灵敏感性　奥普托欣片（乙基氢铜蛋白盐酸盐）能抑制肺炎链球菌的生长，但不能抑制其他α-溶血性链球菌的生长。

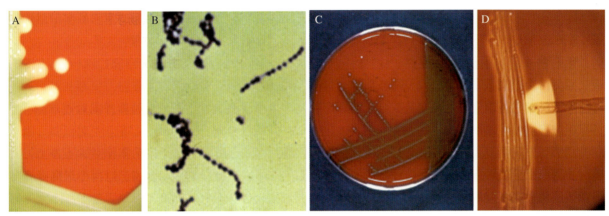

图27.1　（A）马链球菌兽疫亚种在绵羊血琼脂显示β-溶血。（B）马链球菌兽疫亚种的革兰染色。（C）肠链球菌在绵羊血琼脂显示典型的α-溶血。（D）绵羊血琼脂上的CAMP反应：垂直的是金黄色葡萄球菌，两侧是β-毒素反应区，与之垂直的是无乳链球菌，链球菌分泌的CAMP因子彻底溶解了β-毒素破坏的红细胞，使在金黄色葡萄球菌生长线的β溶血区内形成特征性的箭头状溶解区

治疗和控制

局部化脓时要排脓。

对于全身治疗，青霉素G和氨苄青霉素对大多数β-溶血性链球菌和草绿色链球菌有效。头孢菌素类和磺胺三甲氧苄氨嘧啶是替代药物。青霉素和庆大霉素联合使用可治疗链球菌性心内膜炎。对氟喹诺酮类药物的敏感性不确定。链球菌性中毒休克及NF可用青霉素G及克林霉素治疗（克林霉素减少毒素的产生，青霉素G能杀菌）。

青霉素类（乳房内）可有效治疗由无乳链球菌和其他大多数链球菌引起的乳腺炎。对于许多其他可用的方法在其他章节描述。乳腺炎控制主要依赖于卫生设施和畜群管理。

对于马腺疫，对暴露和感染动物的最有利的治疗是在脓肿形成之前，以及在发热期后继续治疗。马腺疫治疗不当或不足会使病程延长，并导致"混合马腺疫"（广泛的脓肿形成并伴随全身症状）。有风险的群体应进行免疫接种。感染或疑似感染马应被严格隔离。

● 肠球菌属

肠球菌曾归类为D群链球菌，但其表型特征，包括抗盐、胆汁和亚甲基蓝，在高温下生长，与大多数真正的链球菌属成员不同。分子遗传学分析结果显示，其遗传特征具有独特性，因而划分成一个新的属，即肠球菌属。

该属有41个种，大多数生活在哺乳动物和鸟类的肠道，它们大多为条件性致病菌，感染受损组织从而致病。某些（坚韧肠球菌、小肠肠球菌和绒毛肠球菌）与新生动物（仔猪、马驹、牛犊、幼犬和幼猫）以及成年犬和猫的肠道疾病相关。肠球菌在绵羊或牛血琼脂平板上表现α溶血或γ溶血。

特征概述

形态和染色 肠球菌从球形到短杆状不等，直径1μm。分裂发生在一个平面上，产生成对和链状菌。

结构和组成 肠球菌有一个典型的革兰阳性细胞壁结构。某些种产生多糖荚膜。大多数肠球菌具有兰斯斐尔德分群D群链球菌的碳水化合物结构。

具有医学意义的细胞产物 大部分已知的细胞产物及其医学意义来自对粪肠球菌和屎肠球菌的研究，肠球菌病最常见于人类患者。据推测，这两个物种的研究结果也适用于本属的其他成员。

聚集物 聚集物是种表面蛋白，能够促进肠球菌彼此之间形成聚合物，以及肠球菌黏附到上皮细胞表面（作为黏附素），是结合质粒的信息素诱导转运的一种重要成分。

荚膜 一些肠球菌产生多聚糖荚膜，通过阻碍补体沉积和使微生物表面相对具有亲水性，来阻止与吞噬细胞的相互作用。

细胞壁 细胞壁肽聚糖和脂磷壁酸在与巨噬细胞相互作用之后，启动炎症反应。

菌毛 已经表明革兰阳性菌菌毛与人类各种细胞的黏附和生物膜的形成有关，这两个过程在许多细菌性疾病发病机制中起关键作用。粪肠球菌和屎肠球菌均含有菌毛基因簇。

肠球菌MSCRAMMs 已公开的粪肠菌V583和屎肠菌TX0016基因组序列表明，它们各自具有17和15个MSCRAMM。到目前为止，7个肠球菌MSCRAMM的具体特征已经清楚：Ace（粪肠球菌胶原蛋白黏附素）、Fss1、Fss2和Fss3（粪肠球菌表面蛋白）、Acm（屎肠球菌胶原蛋白黏附素）、Scm（屎肠球菌第二胶原蛋白黏附素）和EcbA（屎肠球菌胶原蛋白结合蛋白A）。已经证明Ace能够结合胶原蛋白Ⅰ和Ⅳ、层粘连蛋白和牙质，并与试验性心内膜炎的发病机制有关。Fss1、Fss2和Fss3能结合纤维蛋白原。

细胞溶素 细胞溶素是一种细胞毒素，其破坏细胞的机制还不清楚。它也是一种溶血毒素，能溶解人和马的红细胞，但不能溶解绵羊和牛的红细胞（这两种红细胞常用于琼脂平板）。细胞溶素的产生受群体感应系统的控制。

胞外超氧化物 一些肠球菌能分泌一种超氧化物，这种超氧化物能针对吞噬细胞的杀伤作用提供保护。

明胶酶 一些肠球菌产生一种明胶酶，这种明胶酶在体内双组分调控系统控制下表达，对生物膜构成和毒力方面有重要作用。明胶酶显著降低Ace在细胞表面的表达，因此可能影响细胞的黏附性。

铁摄取 在低水平铁刺激下，肠球菌能够产生一种异羟肟酸型的铁载体。

肠球菌表面蛋白 肠球菌表面蛋白（esp）的抗原决定簇是由粪肠球菌和屎肠球菌基因组中致病性毒力岛基因编码。它在生物膜形成、泌尿道定植、心内膜炎和泌尿道感染中发挥重要作用。

生长特性 尽管肠球菌能在10~45℃生长，但是37℃过夜培养后，肠球菌能形成从清亮到灰色的直径1~2mm的菌落。肠球菌能在6.5% NaCl、40%胆汁和0.1%亚甲蓝中生长。

生化活性 肠球菌是过氧化氢酶阴性兼性厌氧菌，通过发酵获得能量。

抵抗力 肠球菌是一类罕见的能够在环境中存活较长时间的微生物，能够在6.5% NaCl、40%胆汁、0.1%亚甲蓝，以及低温10℃和高温45℃条件下生长。它们本身能耐受β-内酰胺类抗生素（头孢菌素和耐青霉素酶青霉素）、氨基糖苷类、克林霉素、氟喹诺酮类药物和甲氧苄啶-磺胺类药物。肠球菌是分泌液中胸腺嘧啶的有效清除者，因此能够耐受甲氧苄啶-磺胺类药物。它们能够耐受高剂量的β-内酰胺类抗生素、高剂量的氨基糖苷类、糖肽类（万古霉素）、四环素、红霉素、氟喹诺酮、利福平和氯霉素。

生态学

传染源 肠球菌生活在哺乳动物和鸟类肠道中，是正常菌群的一部分。与原发疾病有关的肠球菌（坚韧肠球菌、小肠肠球菌和绒毛肠球菌）与条件性疾病相对，是否属于正常菌群，目前还不知道。

传播 与条件性疾病相关的肠球菌是宿主正常菌群的一部分。

致病机制

除了坚韧肠球菌、小肠肠球菌和绒毛肠球菌与疾病相关外，内源性肠球菌能感染容易受侵袭的部位（如膀胱、潮湿的外耳道和导尿管）。细胞壁肽聚糖和磷壁酸能引发炎症反应。荚膜、细胞溶解素以及超氧化物增强了炎症过程。

坚韧肠球菌、小肠肠球菌和绒毛肠球菌与感染动物的小肠绒毛有关（从尖端到底层）。相关的腹泻似乎不是由于肠毒素或上皮细胞损伤造成的。

疾病模型

犬和猫 当外耳道抵抗力低时，感染通常造成外耳炎（细菌和酵母，马拉色菌属）。涉及的细菌通常是环境性种类（假单胞菌和变形杆菌），或是病人的正常菌群（肠球菌和伪中间葡萄球菌）。

肠球菌是下尿道感染犬的常见分离菌。肠球菌亚种（坚韧肠球菌、小肠肠球菌和绒毛肠球菌）与幼犬、幼猫、成年犬和成年猫的腹泻有关。几乎任何容易侵袭的部位都能被肠球菌污染。

马 肠球菌亚种（坚韧肠球菌、小肠肠球菌和绒毛肠球菌）与马驹的腹泻有关。容易被侵袭的部位（马钉/掌脓肿和伤口）被粪便污染后，在任何情况下都有可能分离到肠球菌亚种。

牛 肠球菌亚种（坚韧肠球菌、小肠肠球菌和绒毛肠球菌）与犊牛腹泻有关。容易被侵袭的部位（伤口）被粪便污染后，在任何情况下都有望分离到肠球菌亚种。

猪 肠球菌亚种（坚韧肠球菌、小肠肠球菌和绒毛肠球菌）与仔猪腹泻有关。容易被侵袭的部位（伤口）被粪便污染后，在任何情况下都有望分离到肠球菌亚种。

其他物种 肠球菌亚种（坚韧肠球菌、小肠肠球菌和绒毛肠球菌）与幼年大鼠腹泻有关。

流行病学 大多数从感染过程中分离到的肠球菌，都是由于正常菌群的成员被污染。在医院环境中，院内传播（如污染物、护理人员的手以及鞋底）到受损的部位，是一个严峻的问题。腹泻相关肠球菌（坚韧肠球菌、小肠肠球菌和绒毛肠球菌）的流行病学还不清楚。

肠球菌万古霉素抗性菌株是人类医学中的一个严重问题，因为该物种成员（特别是粪肠球菌和屎肠球菌）是院内获得性疾病的主要元凶。万古霉素抗性基因在转座子（Tn1546）上编码。肠球菌对抗菌药物有非常强的抵抗力。万古霉素（是一种糖肽抗生素）是治疗这样的感染过程为数不多的有效药物之一。欧洲在开始给食用动物饲喂另一种糖肽阿伏霉素（一种促生长剂）后，万古霉素抗性的肠球菌菌株就出现了。尽管最初万古霉素耐药株限于饲喂了该抗生素的动物的肠道，它们传播很快，同样，编码万古霉素抗性的基因（$vanA$）也能按照同样方式到达人类的肠道。在美国（阿伏霉素被禁止使用的地方），医院使用万古霉素不当也会造成同样影响：持续增加的选择压力导致耐万古霉素肠球菌株增加（尤其是在医院）。

实验室诊断

样品采集 最好利用无菌注射器或无菌容器抽取未开放的病变组织。可以运送棉签。尿液样本可通过耻骨前膀胱穿刺（膀胱）、插导尿管，或中游尿样获得。

直接检查 分泌物涂片染色（革兰染色、罗曼诺夫斯基染色或姬姆萨染色）检查。尿液检测可以不染色或染色（革兰染色或罗曼诺夫斯基染色）。来自肠球菌肠炎相关动物的小肠组织病理学切片，需要说明与绒毛黏附的肠球菌的形状特征。

培养 在血琼脂平板上划线，37℃培养过夜。菌落从清亮到灰色，直径1～2mm（α或γ溶血）。初步鉴定需要检测过氧化氢酶产物（阴性），并且能够在6.5% NaCL和40%胆汁上生长。大多数分离株都能应用商业化试剂盒鉴定，或通过测定16S核糖体RNA基因序列，或者二者结合使用。

治疗和控制

改善基础条件是对于分离出肠球菌的大多数病例中最重要的治疗措施。在某些情况下，消除使抵抗力降低的因素足以启动宿主清除肠球菌，因为肠球菌缺乏强毒力因子。这个理念很重要，因为肠球菌容易对抗生素产生强耐受性。在发生多重微生物感染的过程中，抵抗力随之下降，可以通过提高抵抗力，使用其他微生物更敏感的抗生素获得治疗。

从犬下尿道分离的肠球菌，通常对尿液中的阿莫西林-克拉维酸、氯霉素和四环素的浓度敏感。尽管大多数肠球菌尿分离株对甲氧苄啶-磺胺类敏感，但仍然应谨慎解释体外试验结果，因为该群微生物有清除胸腺嘧啶的能力。

犬肠球菌外耳炎，可以通过提高基础抵抗力和使用任何包含抗菌制剂的外用药物来控制，大多数联合抗生素的局部浓度通常远远超过抑制肠球菌生长所需的最低抑菌浓度。

目前还没有药物能治疗坚韧肠球菌、小肠肠球菌和绒毛肠球菌造成的腹泻。

● 营养缺陷菌属和颗粒链球菌属（营养变异链球菌）

从正常人的黏膜表面（眼睛、生殖道、口腔和呼吸道）采集样品，接种到血琼脂培养基上，发现营养缺陷菌属和颗粒链球菌属作为小菌落围绕其他菌落生长。这些球菌革兰染色阳性、过氧化氢酶反应阴性，生长需要维生素B_6（在培养基中加入0.002%的盐酸吡哆醛）。这些微生物暂时被称为"营养变异链球菌"，但根据编码16S核糖体RNA基因序列，后来归属于营养缺陷菌属和颗粒链球菌属。

临床上，已经从人类患者的血液、脓肿、牙菌斑、关节、角膜溃疡、术后急性发作眼内炎和心脏瓣膜的赘生物中分离到这些属的成员，也已经从马和反刍动物的生殖道、呼吸道脓肿和眼睛中分离到。

已经从毗邻颗粒链菌中鉴定到一种纤连蛋白结合蛋白Cha，特征也已确定。

📁 延伸阅读

Cole JN, Barnett TC, Nizet V, et al, 2011. Molecular insight into invasive group A streptococcal disease[J]. Nat Rev Microbiol, 9 (10): 724-736.

Feng Y, Zhang H, Ma Y, et al, 2010. Uncovering newly emerging variants of Streptococcus suis, an important zoonotic agent[J]. Trends Microbiol, 18 (8): 124-131.

Moschioni M, Pansegrau W, Barocchi MA, 2010. Adhesion determinants of the Streptococcus species[J]. Microb Biotechnol, 3 (4): 370-388.

Priestnall S, Erles K, 2011. Streptococcus zooepidemicus: an emerging canine pathogen[J]. Vet J, 188 (2): 142-148.

Sava IG, Heikens E, Huebner J, 2010. Pathogenesis and immunity in enterococcal infections[J]. Clin Microbiol Infect,16 (6): 533-540.

Waller AS, Paillot R, Timoney JF, 2011. Streptococcus equi: a pathogen restricted to one host[J]. J Med Microbiol, 60 (9): 1231-1240.

(韩凌霞 译,张万江 校)

第28章 隐秘杆菌属

隐秘杆菌属（Arcanobacterium，意为"隐秘的细菌"）成员为革兰阳性的杆菌，常具多形性、不形成孢子、不运动。从形状上看，隐秘杆菌属是"类白喉菌"，不是丝状的。该属的很多种原来被归于棒杆菌属（Corynebacterium，如 C. pyogenes），后又被归为放线菌属（Actinomyces，如 A. pyogenes），再后来经过16S rRNA基因分析，又将这些种从放线菌属划分出来，归到了隐秘杆菌属。

隐秘杆菌属包括伯纳德隐秘杆菌（A. bernardiae）、白俄罗斯隐秘杆菌（A. bialowiezense）、盆景隐秘杆菌（A. bonsai）、溶血隐秘杆菌（A. haemolyticum）、河豚隐秘杆菌（A. hippocoleae）、仙人掌隐秘杆菌（A. phocae）、冥王星隐秘杆菌（A. pluranimalium）和化脓隐秘杆菌（A. pyogenes）等种[1]。白俄罗斯隐秘杆菌和盆景隐秘杆菌分离于罹患龟头包皮炎野公牛的包皮上。溶血隐秘杆菌和伯纳德隐秘杆菌是人病原菌，其中伯纳德隐秘杆菌感染的病例非常少见，溶血隐秘杆菌参与引起咽炎、扁桃腺炎和皮疹，常见于青少年。仙人掌隐秘杆菌、冥王星隐秘杆菌和河豚隐秘杆菌分别分离于海豹的呼吸道、鼠海豚的脾脏以及鹿的肺部和马的阴道分泌物。最近的一项研究表明羊常被冥王星隐秘杆菌感染，可从羊的流产组织物中分离到很多冥王星隐秘杆菌菌株。化脓隐秘杆菌对兽医研究最为重要，参与所有动物的化脓过程，在牛、羊和猪中更为普遍。

● 化脓隐秘杆菌

特征概述

形态和染色 化脓隐秘杆菌为球杆状或短杆状（0.5～2μm），单个或成对存在，呈短小类白喉菌形状，具有棒状末端，特别是在早期培养中。化脓隐秘杆菌没有荚膜和异染颗粒，培养时间较长（>24h）时革兰染色着色不稳定。

结构和组成 化脓隐秘杆菌细胞壁肽聚糖含有赖氨酸、鼠李糖和葡萄糖。不同于棒杆菌属（Corynebacterium）和红球菌属（Rhodococcus），化脓隐秘杆菌细胞壁肽聚糖中没有分枝菌酸。

具有医学意义的细胞产物

细胞壁 化脓隐秘杆菌细胞壁中的脂磷壁酸和肽聚糖与巨噬细胞作用，导致促炎细胞因子的释放。化脓隐秘杆菌产生数种胞外产物和表面蛋白，在黏附、定植和破坏宿主方面起作用：

1.热解素O（pyolysinO，PLO） 所有化脓隐秘杆菌菌株都产生一种叫作热解素O的溶血外毒素。

---

[1] 现在研究者建议 bernardiae、bialowiezense、bonasi 和 pyogenes 应该被重新划分到一个新属 Trueperella。

PLO是化脓隐秘杆菌的重要毒力因子，对羊、马、人、兔和豚鼠的红细胞均有溶血活性，对多形核白细胞也具有细胞毒性，对实验动物能造成皮肤坏死甚至致死。PLO是一种成孔毒素，属于巯基激活的溶血素家族，发现于很多革兰阳性菌中，如链球菌的链球菌溶血素O（streptolysin O）、李斯特菌的李斯特溶血素O（listeriolysin O）和梭状芽孢杆菌的产气溶血素（perfringolysin O）。巯基激活家族是根据其对氧敏感且能被巯基还原的特性而命名的。在化脓隐秘杆菌感染中PLO被认为是一种主要的毒力因子。

2.神经氨酸苷酶（neuraminidase） 也称为唾液酸酶，其作用是从碳水化合物或糖蛋白末端切下唾液酸分子。化脓隐秘杆菌产生两种神经氨酸苷酶。一种是107 ku的胞壁相关蛋白NanH，由 *nanH* 基因编码。所有已检测的化脓隐秘杆菌菌株都产生NanH蛋白。NanH蛋白与很多其他细菌神经氨酸苷酶类似。另一种是186.8 ku的蛋白NanP，由 *nanP* 基因编码，一般存在于牛分离株，并不是在所有已检测的菌株中均存在。

3.细胞外基质结合蛋白（extracellular matrix-binding proteins） 这些蛋白存在于化脓隐秘杆菌的细胞表面，结合由结构糖蛋白组成的宿主细胞外基质，如纤连蛋白、胶原蛋白、纤维蛋白原、层粘连蛋白和弹性蛋白。其中结合纤连蛋白和纤维蛋白原的CbpA蛋白，已研究得较为详细，其与结合金黄色葡萄球菌胶原蛋白的Cna蛋白具有50.4%的相似性。除此之外，还有一个20ku的胞壁相关纤连蛋白结合蛋白被报道。

化脓隐秘杆菌分泌至少四种蛋白酶，可能均为丝氨酸蛋白酶，另外分泌一种DNA酶。虽然这些酶的某些性质已经被鉴定，但还没有明显的证据显示这些酶在化脓隐秘杆菌感染中对致病性起作用。

生长特性 化脓隐秘杆菌是兼性厌氧菌，行发酵型代谢，在提高CO_2浓度的情况下，获得最佳生长。在血琼脂平板上，化脓隐秘杆菌形成很小的菌落，菌落周围有明显的β-溶血环，溶血环的直径一般是菌落直径的2～3倍。

生化特性 化脓隐秘杆菌呈过氧化氢酶阴性，能发酵乳糖，降解蛋白（如明胶、酪蛋白和凝固血清）。

抵抗力 化脓隐秘杆菌对干燥、热（60℃）、消毒剂和β-内酰胺类抗生素敏感，但是对磺胺类药物具有抗性，对四环素的抗性呈逐渐升高的趋势。

生态学

传染源 化脓隐秘杆菌一般栖居于牛、猪以及其他家畜的上呼吸道、泌尿生殖道和胃肠道，另外还从牛瘤胃上皮细胞中分离到。化脓隐秘杆菌不是人体常在菌群的一部分。

传播 化脓隐秘杆菌是皮肤和黏膜上的一种共生菌，其感染传播往往是内源性的，"夏季乳腺炎"就是由苍蝇协助的牛到牛传播。

致病机制

机制 化脓隐秘杆菌的感染需要以某种损伤或压力为前提，如伤口或病毒、细菌感染，才有机会进入深层组织。这类菌能够在组织中扩散，甚至造成流产，但更多情况下是造成关节、皮肤和内脏器官的化脓性感染。感染过程中常常并发其他潜在病原共生菌感染，尤其革兰阴性、非孢子形成的厌氧菌的感染，如拟杆菌属（*Bacteroides*）、偶蹄形菌属（*Dichelobacter*）、梭杆菌属（*Fusobacterium*）、紫单胞菌属（*Porphyromonas*）、普氏菌属（*Prevotella*）和消化链球菌属（*Peptostreptococcus*）。据观察，化脓隐秘杆菌常常与坏死梭形杆菌（*Fusobacterium necrophorum*）相伴存在，因此推测这两种菌的致病性之间存在协同作用，这种协同作用后来在实验小鼠中得到证实。协同机制可能是为对方提供能量底物（如化脓隐秘杆菌提供乳酸）、保护免受吞噬（坏死梭形杆菌产生白细胞毒素）和创造厌氧共生条件（化脓隐秘杆菌消耗氧气）。热解素是化脓隐秘杆菌的主要毒力因子，缺失热解素的菌株毒力明显下降，针对其产生的抗体对宿主具有免疫保护作用。热解素在化脓隐秘杆菌感染中的具体作用目前还不清楚，推测破坏宿主细胞膜可能是其主要机制。神经氨酸苷酶在化脓隐秘杆菌结合上皮细胞中起作用，还能降低黏液的黏性，从而有利于细菌定植。神经氨酸苷酶还能通过对IgA的去唾液酸作用，提高IgA对蛋白酶的敏感性，从而破坏宿主的免疫反应。化脓隐秘杆菌表面蛋白结合细胞外基质蛋白的能力可能促进了黏附和随后的定植。蛋白酶则可能在感染和炎症反应中，在入侵和破坏宿主组织、逃避宿主防御和调节宿主的免疫体系方面起作用。DNA酶的作用可能是解聚从裂解细胞和分解化脓伤口的宿主细胞中释放的高黏度DNA。感染部位脓液中包括细菌、白细胞（活或死的细胞）和宿主细胞碎片。

病理变化 化脓隐秘杆菌造成的病变为脓肿、积脓、脓性肉芽肿，脓肿通常被重重包裹。由于是厌氧菌感染，还产生恶臭味道。

疾病模型 化脓隐秘杆菌造成创伤性或机会性化脓性感染，可能是独立感染，也可能和其他细菌混合感染。化脓隐秘杆菌常被分离于各种动物的肺部、心包膜、心内膜、胸膜、腹膜、肝脏、关节、子宫、肾皮质、脑、骨头和皮下组织等多处的脓性感染中，不过最常见于反刍动物和猪。

最常见的与经济效益关系密切的感染有以下几种：

牛肝脓肿 化脓隐秘杆菌是养殖场牛的肝脓肿中分离到的第二常见菌种，仅次于坏死梭形杆菌。感染的化脓隐秘杆菌源于瘤胃胃壁，通过门静脉到达肝脏。一般情况下，发生肝脓肿后，化脓隐秘杆菌出现的概率是2%～25%，但是在某些情况下（如以全谷类为食的牛），化脓隐秘杆菌出现的概率变得非常高。

母牛和小母牛夏季乳腺炎 在产犊期前或产犊期，化脓隐秘杆菌常造成干乳期母牛和小母牛严重的乳腺炎，产生浓稠的脓性分泌物偶尔也造成授乳母牛感染。感染源包括伤口、脓肿和产道，通过接触被污染的环境（如产犊区）在牛群中传播。在欧洲，这种疾病在牧场上的干乳期母牛和小母牛中很普遍，被称为"夏季乳腺炎"。这个疾病流行季与蝇类的生存季重合，牛血蝇的叮咬也是造成化脓隐秘杆菌进入乳头以及在动物中传播的重要因素。

猪化脓性关节炎 这种关节炎发生在猪分娩后，说明感染源可能是子宫。

其他常见的化脓隐秘杆菌感染还有小牛的脐带感染、母牛创伤性网胃炎和牛腐蹄病。

流行病学 化脓隐秘杆菌是易感物种中正常菌群的一部分，因此其导致的疾病是偶发性的，主要由应激或外伤等诱因决定。夏季乳腺炎在欧洲北部比较普遍。

免疫学特征

针对化脓隐秘杆菌的免疫反应现在还不是很清楚。有研究者试图用菌苗和福尔马林灭活的化脓隐秘杆菌粗发酵液免疫小鼠、牛和羊，结果并不理想。用纯化的重组表达的PLO免疫小鼠能够产生中和抗体，并保护小鼠免受化脓隐秘杆菌攻击。但是由于化脓隐秘杆菌感染是偶发性的，免疫的意义不大。

实验室诊断

化脓隐秘杆菌感染的组织或分泌物涂片进行革兰染色时，显示革兰阳性多形性杆状，且常混有其他细菌。样品用血琼脂平板在5% CO_2 的培养箱中培养，如果在血琼脂平板上长出小菌落，且四周有明显而狭窄的溶血环，通常说明其含有化脓隐秘杆菌。常规生化鉴定也被用于鉴定这种微生物，另外已经有专门的PCR引物用于扩增化脓隐秘杆菌特异性DNA。

治疗和控制

治疗时切开脓肿和脓汁引流非常必要。尽管在体外化脓隐秘杆菌对青霉素、氨苄青霉素、红霉素、磺胺甲嘧啶、泰乐菌素和四环素敏感，但是因为脓肿被重重包裹保护，而且脓液中含有结合抗生素的蛋白，所以体内使用这些抗生素治疗化脓隐秘杆菌感染的效果常不尽如人意。

延伸阅读

Billington SJ, Jost BH, 2000. Thiol-activated cytolysins: structure, function and role in pathogenesis[J]. FEMS Microbiol Lett, 182 (2): 197-205.

Billington SJ, Songer JG, Jost BH, 2001. Molecular characterization of the pore-forming toxin, pyolysin, a major virulence determinant of Arcanobacterium pyogenes[J]. Vet Microbiol, 82 (3): 261-274.

Jost BH, Billington SJ, 2005. Arcanobacterium pyogenes: molecular pathogenesis of animal opportunist[J]. Ant Van Leeuwenhock, 88 (2): 87-102.

Ramos CP, Foster G, Collins MD, 1997. Phylogenetic analysis of the genus Actinomyces based on 16S rRNA gene sequences: description of Arcanobacterium phocae sp. nov., Arcanobacterium bernardiae com. nov., and Arcanobacterium pyogenes comb[J]. Nov Int J Syst Bacteriol, 47 (1): 46-53.

Yassin AF, Hupfer H, Siering C, et al, 2011. Comparative chemotaxonomic and phylogenetic studies on the genus Arcanobacterium Collins, et al. 1982 emend.

Lehnen, et al, 2006. Proposal for Trueperella gen. nov. and emended description of the genus Arcanobacterium[J]. Int J Syst Evol Microbiol, 61 (6), 1265-1274.

（张跃灵 译，孙明霞 校）

第29章 芽孢杆菌属

芽孢杆菌属（*Bacillus*）成员为革兰阳性的杆状菌，能形成内生芽孢，兼性厌氧，一般存在于土壤和水中。芽孢杆菌在自然界广泛存在，能从各种各样的表面以及土壤和动物副产品中分离到。每克土壤中的芽孢杆菌平均数量为 $10^6 \sim 10^7$ 个。营养缺乏时，芽孢杆菌的细胞经过生孢过程，形成一个致密的、具有抗性的芽孢。芽孢对热、干燥、紫外线、离子辐射、抗菌剂以及其他多种环境应激都具有较强的抵抗力，能够在土壤和水中存活数十年，等待合适的营养条件或在芽孢杆菌致病情况下，进入合适的宿主。

芽孢杆菌有三个种属于致病菌：炭疽芽孢杆菌（*B. anthracis*）是一种人畜共患病原菌，是导致炭疽热的病原体；蜡样芽孢杆菌（*B. cereus*）可导致食物中毒；苏云金芽孢杆菌（*B. thuringiensis*）是鳞翅类昆虫的病原菌。DNA-DNA杂交、16S和23S rRNA序列比对、多位点序列分型、多区带酶电泳分析、扩增片段长度多态性分析等基因组学研究显示这三个芽孢杆菌种间存在很高的相关性，故研究者建议将它们归为同一个种。它们的致病性以及宿主范围取决于它们携带的编码毒力基因的质粒含量，如炭疽芽孢杆菌的致病性需要pXO1和pXO2质粒的存在，它们分别产生炭疽毒素和荚膜。

● 炭疽芽孢杆菌

特征概述

形态和染色 炭疽芽孢杆菌呈革兰阳性，不运动，大致为矩形杆状，末端方形（宽约1μm，长3～5μm）（图29.1），常连成链状。这种链状形成被认为在其抵抗调理-吞噬杀伤中起作用。营养缺乏情况下，细胞内形成芽孢，芽孢并不造成细胞膨大。荚膜一般在宿主体内形成，或者在体外添加碳酸盐以及增加CO_2的情况下也能形成。

结构和组成 炭疽芽孢杆菌具有典型的革兰阳性细胞壁结构，包裹细胞壁的是一层称为S层的蛋白质次晶体结构。虽然没有明确证据证明S层对炭疽芽孢杆菌的致病性是必要的，但是研究显示S层缺失突变体对补体C3组分的结合更为敏感。

芽孢是炭疽芽孢杆菌的传染性形式。芽孢具有免疫原性，添加失活的芽孢能够增强感染动物模型对高致病性菌株的免疫力。炭疽芽孢杆菌的芽孢包含很多层（图29.2），中心是惰性细胞（inert cell），包围惰性细胞的是由修饰的肽聚糖层组成的皮质层（contex）。皮质层外是包被层（coat layer），包被层由蛋白组成，是芽孢抗性的主要来源。芽孢最外层是外壁层（exosporium layer），与包被层之间被间隙层（interspace layer）分开。外壁层含有一层次晶体结构的基质层（basal layer），其表面覆盖一

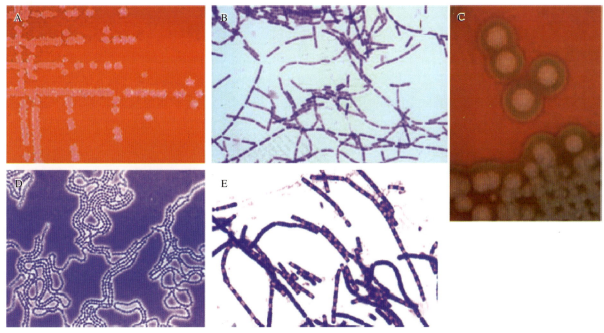

图29.1 （A）羊血琼脂平板上生长的炭疽芽孢杆菌菌落。（B）炭疽芽孢杆菌的革兰染色。（C）羊血琼脂平板上生长的蜡样芽孢杆菌菌落，有明显的溶血现象。（D）炭疽芽孢杆菌串珍珠试验阳性。（E）炭疽芽孢杆菌芽孢染色

层由BclA类胶原发丝状糖蛋白形成的纤丝。由于外壁层是芽孢的最外层结构，它可能在芽孢与外界环境以及宿主的免疫系统相互作用中起重要作用。有体外实验显示炭疽芽孢杆菌外壁层能够阻止其诱导巨噬细胞的细胞因子反应。据报道，BclA和整合蛋白Mac-1（CR3）之间相互作用，介导巨噬细胞吞噬芽孢，缺乏BclA糖蛋白的芽孢不再特异地靶向巨噬细胞，而是广泛地与上皮细胞结合。缺乏BclA的芽孢还被发现可结合细胞外基质组分，如层粘连蛋白和纤连蛋白。芽孢表面的BclA纤丝的作用可能在感染早期阶段是促进特异巨噬细胞吞噬，阻止非特异巨噬细胞与炭疽芽孢杆菌芽孢之间的非特异性相互作用。

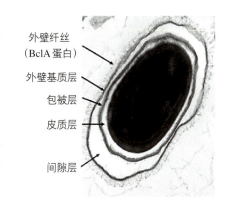

图29.2 钌红染色的炭疽芽孢杆菌芽孢透射电镜显微观察

钌红能够加强芽孢外壁BclA糖蛋白层的显色。芽孢各层的结构在图中做了标注

具有医学意义的细胞产物

1. **致死毒素**（lethal toxin，LeTx） 炭疽芽孢杆菌pXO1质粒编码两种与致病性相关的毒素之一。LeTx是一种二元毒素，由"保护性抗原"（protective antigen，PA）和"致死因子"（lethal factor，LF）组成。PA负责LeTx结合到目标细胞，而LF负责其毒素活性。只有PA结合到受体上，并由弗林蛋白酶家族的内肽酶加工后，PA和LF才能结合起来。加工后的PA在目标细胞表面形成同源七聚体（或同源八聚体）环状物，这时的PA可以被LF蛋白或水肿毒素结合。形成的毒素复合物经胞饮进入细胞内，当胞内pH下降时，毒素发生构型改变，PA形成一个跨膜通道，将LF运输到胞液中。LF是一个锌金属蛋白酶，通过裂解有丝分裂原激活的蛋白激酶（MAPK）的N端序列，使其失活，从而破坏所在细胞的信号通路，抑制其增殖，最终导致细胞的凋亡。研究发现多个物种的巨噬细胞可通过细胞凋亡来应对LeTx的影响。LeTx因为对多种动物模型的致死效果而得名，这些动物模型包括豚鼠、大鼠和小鼠。LeTx诱导血管崩溃（胸膜水肿和快速休克），但是当组织暴露于纯化的LeTx时，并未观察到任何病理学变化。

LeTx作用于心脏组织时被认为会造成肺水肿。在有些小鼠品系中，LeTx造成巨噬细胞快速裂解并产生炎症细胞因子，但是在其他小鼠品系中不产生这种现象，在其他动物模型中也不是一种常见的现象。LeTx在很多细胞类型中都引起凋亡，体外实验中造成上皮细胞或内皮细胞非死亡性的屏障功能丧失。LeTx的生成受调控基因产物AtxA（anthrax toxin activator）（炭疽毒素活化剂）的调控。AtxA也由pXO1质粒编码，受某种目前未知的环境因子诱导。在培养基中存在碳酸盐或提高CO_2气体浓度的情况下，体外培养的细胞产生LeTx的水平会发生上调，这种上调依赖于AtxA的存在，暗示这两种环境因素可能就是AtxA识别的环境因素。致死毒素产生的含量是水肿毒素的5倍。

2.水肿毒素（edema toxin，EdTx）　水肿因子（edema factor，EF）是EdTx的酶活性组分，也由pXO1质粒编码。EdTx是一种由PA受体结合亚基和EF组成的二元毒素。PA通过与LeTx递送LF同样的机制将EF递送到目标细胞胞质。EF是一个钙调蛋白依赖的腺苷环化酶，能够增加所在细胞的cAMP水平，从而破坏所在细胞的信号通路，造成细胞类型特异性的生理变化。在动物感染模型中，纯化的EdTx造成多个器官出血，伴发低血压和心动过缓。针对多种细胞类型的研究发现，EdTx并不显示细胞毒性。有报道发现EdTx能够抑制血栓诱发的白细胞聚集和凝血。EdTx的生成受AtxA调控。

3.荚膜　炭疽芽孢杆菌的营养体形式产生一层由聚γ-D-谷氨酸组成的荚膜。荚膜生成相关基因位于pXO2质粒上。这些基因的表达由两个调控基因产物AtxA和AcpA（炭疽荚膜激活剂）根据感应到的外界环境因素进行调控。荚膜使炭疽芽孢杆菌的营养体免受吞噬。Sterne免疫菌株就是因为缺少编码荚膜的质粒pXO2，从而降低了致病性。

4.其他毒力相关产物　在炭疽芽孢杆菌的基因组中发现了多种在其他微生物中证明是毒力相关基因的同源基因。这些基因包括协助炭疽芽孢杆菌存活于吞噬溶酶体和黏膜表面的蛋白（InhA和MprF）的编码基因，以及协助逃避吞噬溶酶体和吞噬细胞的蛋白（炭疽菌素）的编码基因。

a.InhA：免疫抑制因子A（InhA）是类似于蜡样芽孢杆菌的金属蛋白酶，它通过切割抗菌蛋白、协助细菌逃避巨噬细胞、控制血液凝固和降解基质相关蛋白等多种机制在炭疽芽孢杆菌的致病性中起作用。最近推测InhA可增加血脑屏障透性并导致脑出血。

b.MprF：在炭疽芽孢杆菌基因组中，发现存在与金黄色葡萄球菌多肽抗性因子MprF的编码基因相似的基因。MprF能通过将细菌细胞膜中的磷脂赖氨酸化，赋予细菌抵抗防御素的能力（防御素发现于吞噬溶酶体内和覆盖黏膜表面的分泌物中）。

c.炭疽菌素：炭疽芽孢杆菌基因组中含有编码炭疽菌素（也称炭疽素）的基因，其中三种是磷脂酶C的同源物，炭疽菌素O则是结合胆固醇并能形成孔的细胞溶素。虽然每种炭疽菌素单独对炭疽芽孢杆菌致病性的作用可有可无，但是所有四个都缺失时则造成毒力下降。有假设认为这些炭疽菌素对在巨噬细胞中出芽孢后从吞噬溶酶体逃逸的过程至关重要。炭疽菌素O在炭疽芽孢杆菌中表达量很低（这可能是炭疽芽孢杆菌不具有溶血活性的原因），这归因于炭疽菌素O的调控因子PlcR的编码序列在炭疽芽孢杆菌中由于发生重组而失活。重组表达的炭疽菌素O对人的单核细胞、中性粒细胞、巨噬细胞和淋巴细胞具有致死毒性。

d.一氧化氮合成酶：炭疽芽孢杆菌菌体和芽孢均具有一氧化氮合成酶活性，其作用可能是通过消耗宿主巨噬细胞合成一氧化氮所需的底物精氨酸，从而保护正在形成的芽孢免受宿主合成的一氧化氮的伤害。

5.细胞产物的调控　AtxA和AcpA这两种调控蛋白受环境因素调控而产生，但是在体内这些环境因素具体是什么还不清楚。在适当的条件下，AtxA提高了LeTx、EdTx以及参与逃避吞噬溶酶体和巨噬细胞的其他蛋白的表达量。AcpA蛋白在CO_2浓度增加（5%或以上）的情况下，表达量增加。AtxA和AcpA在调控方面具有协同作用。编码AtxA和AcpA的基因分别存在于pXO1质粒和pXO2质粒上。炭疽芽孢杆菌的转录调控因子CodY通过翻译后调节AtxA毒力基因调控因子的积累，激活毒素基因的表达。CodY对于炭疽芽孢杆菌利用亚铁血红素作为铁源是必需的。

生长特性 炭疽芽孢杆菌是兼性厌氧菌，在普通培养基上生长，生长温度为15℃～40℃。37℃生长24h，菌落直径可达2mm以上（图29.1）。菌落表面暗淡，边缘不整齐，呈卷发状。除了在CO_2浓度高于5%、培养基中含有0.7%碳酸氢盐的条件下形成荚膜外，其他条件下生长的炭疽芽孢杆菌均不形成荚膜。有荚膜形成时，菌落呈黏液状。炭疽芽孢杆菌不形成溶血环。

炭疽芽孢杆菌在体外营养缺乏时形成芽孢，形成过程中需要氧，在活宿主中不形成芽孢。在感染组织或液体中的炭疽芽孢杆菌暴露于空气（如尸体分解）数小时后形成芽孢。

抵抗力 虽然炭疽芽孢杆菌对抗生素敏感，但是所有已经测序的炭疽芽孢杆菌都含有一个潜在的β-内酰胺酶基因，不过是转录沉默基因。在这个基因被激活的菌株中，观察到了青霉素抗性。

在封闭的动物尸体中，炭疽芽孢杆菌能够存活1～2周，而芽孢在稳定干燥的环境中可以存活数十年。高压灭菌（121℃，15min）或干热灭菌（150℃，60min）能够杀死芽孢，但是煮沸（100℃）10min不足以杀死芽孢。芽孢对酚类、醇类和季铵盐类消毒剂不敏感，而对醛类、氧化、氯化消毒剂和β-丙内酯及环氧乙烷较敏感。10%的漂白剂可有效杀死芽孢。热固定涂片过程不能杀死芽孢。

多样性 炭疽芽孢杆菌急性感染的特性以及产芽孢为基础的生命周期，决定了其在感染宿主中分裂次数有限、在土壤中不复制。因此，这类微生物经历了远少于其他病原微生物的复制周期，相应地很少产生基因组序列的突变，菌株和菌株之间的变异很有限。相比其他病原菌，炭疽芽孢杆菌的基因组同源性更高。

生态学

传染源 土壤是草食动物感染炭疽芽孢杆菌的根源。其他物种，包括人类，则通过被感染的动物或动物产品感染。

传播 芽孢是炭疽芽孢杆菌的感染形态。感染一般发生在摄取了芽孢污染的饲料或水源。伤口接触和节肢动物叮咬也能引起感染。

人感染炭疽芽孢杆菌的途径：接触感染的兽皮或其他动物产品上的芽孢、接触来自土壤的芽孢，或接触感染动物的血液或组织。

致病机制

机制 来自环境（如土壤和动物产物）的芽孢被巨噬细胞或树突细胞（多形核白细胞似乎不参与致病过程）吞噬，然后芽孢在吞噬溶酶体中出芽产生营养细胞。营养细胞能够从吞噬溶酶体和吞噬细胞中逃逸出来，在细胞内复制，并由吞噬细胞运载到局部淋巴结，然后吞噬细胞释放炭疽芽孢杆菌使其进入到血液。

病理变化 在组织中，芽孢出芽形成营养体，营养体增殖产生凝胶状水肿和轻微炎症反应。感染进一步传播到网状内皮组织，当这些位置菌量饱和时，最终引起菌血症，血液循环系统中有大量菌。炭疽芽孢杆菌感染并不表现出特殊的病变，与其他造成猝死的感染有明显的相似性。尸检一般呈现广泛性出血，脾呈黑色肿大并且变得脆弱，血液不凝固，不出现死后僵直，常见体孔出血。

传播试验发现牛群对通过母婴传播的炭疽芽孢杆菌芽孢有抗性，而对经口传播的芽孢敏感，经口传播LD_{50}大约小于10^7个芽孢。对于绵羊，经皮下接种，炭疽芽孢杆菌芽孢的LD_{50}在50～250个之间。猪能抵抗炭疽芽孢杆菌芽孢的致死感染。包括犬、兔和鸡在内的其他物种对炭疽芽孢杆菌感染也具有很强的抗性。

疾病模型

反刍动物 前面描述的发病模式对多数易感动物如牛和羊都很典型。经过1～5d的潜伏期，发病过程一般为数小时到2d。有些动物死亡时还没有明显症状，有些动物则出现高热、断乳，还可能流产。其他症状还有黏膜堵塞、血尿、出血性腹泻和局部水肿，这些症状通常是致命的。偶尔情况下动物只显示出局部水肿或皮肤溃烂并能够自行恢复。

马　马感染后的症状有疝气和腹泻，水肿也有发生，尤其在感染发生部位（如咽部），可导致窒息引发死亡。在马中炭疽芽孢杆菌也可能像在反刍动物中一样，引起败血病。

猪　在猪中，比较典型的症状是炭疽芽孢杆菌在咽部组织定植，伤口溃疡诱发局部淋巴结炎，导致堵塞性水肿可造成死亡。有时发生溃疡性出血性肠炎和肠系膜淋巴结炎。

食肉动物　食肉动物（包括貂）一般很少受炭疽芽孢杆菌感染。当它们受到感染时，发病模式类似于在猪中的发病模式，在大量接触被污染的肉类的情况下，也可能诱发败血症。

人类　根据芽孢进入病人的方式，炭疽芽孢杆菌在人类中引起两类疾病，皮肤炭疽和肺炭疽。通过皮肤伤口或擦伤感染的造成皮肤炭疽病，这类疾病占自然发生的炭疽芽孢杆菌感染的95%。典型的病灶是恶性脓包，即一种覆盖黑色血痂（焦痂）的局部溃疡性炎症病灶。皮肤炭疽病可能伴发皮肤水肿和败血症，这类疾病的病死率为10%～20%。吸入芽孢导致肺炭疽或毛工病，这类疾病如果没有及时治疗，其病死率非常高，即使采用抗生素治疗，死亡率依然高达50%～90%以上。这类疾病预后不良，一方面是因为最初的症状和感冒类似，难以区别，往往延误正确诊断，另一方面是病程发展迅速。X线检查观察到的纵隔增宽是肺炭疽的一个典型症状，在感染病人中发现过肺部水肿、出血性肺炎和脑膜炎。从生物恐怖主义立场看，肺炭疽是一类引人关注的人类疾病。

流行病学　含有钙和硝酸盐、pH 5.0～8.0、温度高于15.5℃（60°F）的土壤，尤其是洪水过后，适宜炭疽芽孢杆菌孢子形成和细菌增殖。炭疽芽孢杆菌感染的地理性和季节性暴发正反映了这种情况。在牛、羊和马中，疾病的暴发都始于从土壤感染的少数几例，随后排泄物和尸解物中的孢子污染整个地区，发生继发病例。洪水和来自家禽处理工厂、制革厂、毛毯厂或刷子厂以及其他加工屠宰兽体的工业废液都有可能污染所在地区。骨粉和动物性食品添加剂则是造成非病区传染的常见载体。肉食动物（貂）通过感染的肉类被感染。

人类感染发生在与处理动物以及动物产品，如进口兽皮、羊毛和骨头等打交道的职业人员。工业上发生的炭疽热通常是致死的空气传播类型。非工业性感染近来发现与装饰鼓等产品有关。皮肤炭疽感染就是最常见的非工业性感染。

免疫学特征

高免血清能够预防或减轻炭疽感染，抗菌和抗毒素因子被认为参与了这个过程。在很多物种中，免疫反应主要针对PA，荚膜聚糖不能激发产生保护性抗体。

家畜免疫常用的是改造过的活芽孢疫苗。目前，这些疫苗来源于非毒性（无荚膜）突变体，使用最广泛的是Sterne疫苗（缺失pXO2质粒的炭疽芽孢杆菌菌株）。由浓缩培养滤液组成的无细胞疫苗也已被用于免疫工业上接触炭疽的人、研究炭疽芽孢杆菌的研究者或受可疑生物恐怖袭击事件中的受害者。这种疫苗建议在18个月内分5次进行肌内注射。基于PA的重组疫苗也显示出了不错的前景。

实验室诊断

样品采集　样品收集过程中，警惕环境的污染非常重要。血液从接近表皮的血管吸取，眼房水采样具有额外的优势，能够远离污染源头、避免解剖污染；由尸体孔流出的血性排出物则可用于直接检查。如果尸体已经被打开，也可以收集脾组织。

炭疽芽孢杆菌被归类于特殊病原（select agent），一旦被确定，就必须遵守严格的拥有或运输规定，只有注册的部门或个人可以拥有或操作特殊病原病原菌或毒素，其管理条例可以从疾病预防控制中心网站下载（http://www.cdc.gov/phpr/dsat.htm，2013.01.11）。

直接检查 血液和器官涂片进行革兰染色和荚膜染色，如麦氏亚甲蓝染色（McFadyean's methylene blue）。镜检观察到具荚膜、革兰阳性、无芽孢、杆状菌，则暗示可能是炭疽芽孢杆菌。其他芽孢杆菌通常不具有荚膜，而且没有炭疽芽孢杆菌的方形外观。荧光抗体能够帮助进一步区分炭疽芽孢杆菌和其他芽孢杆菌。

分离和鉴定 炭疽芽孢杆菌在普通培养基上生长，菌落周围没有明显的溶血环，而有些杂芽孢杆菌则能够产生溶血环。炭疽芽孢杆菌还是"串珍珠试验"（string of pearls test）阳性菌株，即在接触青霉素时，发生特征性细胞变圆，并形成类似珍珠项链的链状（图29.1）。炭疽芽孢杆菌的最终鉴定则通过检测是否对γ-噬菌体敏感。

实验动物（小鼠、豚鼠）皮下注射炭疽芽孢杆菌可疑物质，炭疽热引起的死亡发生在24h后，病变包括出血、接种位点周围的凝胶状渗出液和脾肿大，血液和组织中能分离到具荚膜的菌体。

免疫诊断 采用Ascoli检测，即使用抗血清（由Sterne菌株皮下免疫兔获得）检测污染物中的炭疽芽孢杆菌抗原。但这种检测特异性不强，因为检测的热稳定抗原在炭疽芽孢杆菌和其他芽孢杆菌中都有存在，其特异性取决于只有炭疽芽孢杆菌在动物中繁殖，并积累足够的抗原，从而显示阳性。现在，这种方法仅在欧洲使用。

分子生物学技术 靶向pXO1质粒、pXO2质粒和炭疽芽孢杆菌染色体上特异基因的PCR方法目前已经建立。

治疗、控制和预防

炭疽芽孢杆菌一般不具有抗生素抗性，治疗炭疽芽孢杆菌感染需要连续用药至少5d。在有些地区，使用抗生素治疗的同时需使用抗血清，但在美国不使用抗血清。对于急性炭疽热，抗菌治疗一般不成功。

高危人群每年都需要进行免疫。

当有大暴发或者一例炭疽热发生时，动物健康管理部门会被通知开始采取监管控制措施。动物尸体处理包括焚烧（优先使用）和生石灰（无水氧化钙）覆盖后深埋（深2m以上），幸存的患病动物被隔离和治疗。对易感动物接种疫苗。在最后一次确定的病例发生后，场所需隔离3周。感染动物的奶制品要采用合理的措施丢弃。畜棚和篱笆等设施要进行碱液（10%的NaOH溶液）消毒。器具上的芽孢可通过煮沸30min杀死。表面土壤通过3%过氧乙酸处理以清除芽孢，喷洒密度为每平方米8L（2gal）。其他物品可通过环氧乙烷气体消毒。

要预防从病区进口的动物制品感染炭疽热，需要对毛发和羊毛等物品进行甲醛消毒，对骨粉类采用干热灭菌（150℃，3h）或蒸汽灭菌（115℃，15min）。

● 蜡样芽孢杆菌

蜡样芽孢杆菌是常见于土壤的芽孢形成菌，其细胞和菌落都与炭疽芽孢杆菌相似。蜡样芽孢杆菌的细胞倾向于运动，产生的菌落在羊血琼脂平板上具有完全的溶血环。蜡样芽孢杆菌有产荚膜也有不产荚膜，对β-内酰胺类抗生素的抗性经常发生。

蜡样芽孢杆菌可引起机会性感染，显著的后果有流产和牛乳腺炎。这种感染往往是急性坏疽性的，对整个畜群有破坏作用，其常见的诱因是乳房手术或乳房内用药。

蜡样芽孢杆菌能引起人的多种食物中毒，表现为腹泻和呕吐。多种食物的中毒能引起腹泻，而呕吐一般是大米造成的。其中起作用的毒素是催吐毒素和三种分泌型的肠毒素（HBL、NHE和T）。芽孢使其在烹饪环境中存活，而之后的温度允许细菌复制和毒素生成。

蜡样芽孢杆菌能引起眼内炎，一般发生在眼外伤手术后，感染眼玻璃体的芽孢出芽并复制，症状是强烈疼痛伴随视力下降，恶化形成角膜环脓肿、眶周水肿和眼球突出。全身性症状包括发热、白细胞增多和全身不适，最终临床结果为光感完全丧失和眼球摘除。

含有类似于炭疽芽孢杆菌质粒编码毒素因子的蜡样芽孢杆菌菌株，能造成类炭疽热疾病（肺部、肠道或其他内部器官严重出血，以及特征性水肿和肺损伤）。2001—2004年，在科特迪瓦的塔伊国家公园和喀麦隆的德贾自然保护区死亡的黑猩猩和大猩猩身上分离出该菌株。序列分析显示这种蜡样芽孢杆菌菌株含有pXO1和pXO2质粒，但其荚膜由碳水化合物组成，而不是聚γ-D-谷氨酸。

● 枯草芽孢杆菌

1950年之前，好氧的产芽孢杆菌常常被鉴定为枯草芽孢杆菌。所以，早期发现的与枯草芽孢杆菌有关的感染实际上是由其他致病性芽孢杆菌引起的。枯草芽孢杆菌是土壤、水、动物副产品、手术器具的常见污染菌，从人和动物伤口中分离到枯草芽孢杆菌也不足为奇。少数情况下，枯草芽孢杆菌会从牛和羊流产以及乳腺炎病例中分离到，但是该菌不一定是这些疾病的致病因素。对人而言，极少数情况下，枯草芽孢杆菌感染能引起菌血症、心内膜炎、肺炎和败血症，但是这些病例只发生于免疫能力低下的个体。

延伸阅读

Beierlein JM, Anderson AC, 2011. New developments in vaccines, inhibitors of anthrax toxins, and antibiotic therapeutics for Bacillus anthracis[J]. Curr Med Chem, 18 (33): 5083-5094.

Beyer W, Turnbull PC, 2009. Anthrax in animals, The Bacillus anthracis spore. Mol Aspects Med, 30 (6): 368-373.

Driks A, 2009. The Bacillus anthracis spore[J]. Mol Aspects Med, 30(6): 368-373.

Ndiva Mongoh M, Dyer NW, Stoltenow CL, et al, 2008. A review of management practices for the control of anthrax in animals: the 2005 anthrax epizootic in North Dakota-case study[J]. Zoonoses Public Health, 55 (6): 279-290.

Schwartz M, 2009. Dr. Jekyll and Mr. Hyde: a short history of anthrax[J]. Mol Aspects Med, 30 (6): 347-355.

Twenhafel NA, 2010. Pathology of inhalational anthrax animal models[J]. Vet Pathol, 47 (5): 819-830.

（张跃灵 译，孙明霞 校）

第30章 棒状杆菌属

棒状杆菌属（*Corynebacterium*）（命名来自希腊文 *Koryne*，其含义为"球棍状"）的成员为多形性、不形成芽孢、无运动性的革兰阳性杆菌。在显微镜下呈现小球状至杆状，个别菌体呈球棍状。棒状杆菌呈 V 形排列，以平行状堆积成"栅栏状"，或呈纵横交错状排列，外观像"汉字"。这种菌体图案（形态学和菌体排列）称为"白喉"，是按照白喉棒状杆菌模式种来命名的，这是一种可引起幼儿和成年人白喉病的人源病原。菌体内含有包涵体，称为异染颗粒，是由无机类聚磷酸盐组成，用亚甲蓝染色后可观察到。

棒状杆菌属与结核分枝杆菌和诺卡菌属有一定的相似性，它们的 G+C 含量较高，细胞壁组成特异，是由肽聚糖、阿拉伯半乳聚糖和分枝菌酸组成。分枝菌酸的链相对较短（28～40个碳原子），比结核分枝杆菌属（60～90个碳原子）和诺卡菌属（40～56个碳原子）的链都短，通常呈饱和状态或只有一个双键。

棒状杆菌属成员可分离自不同的栖息地，如土壤、水源、植物和动物体表。棒状杆菌有许多物种，但具有致病性的很少。有2种与动物疾病有关：一种是伪结核棒状杆菌，为兼性寄生的细胞内病原，可以引起反刍动物和马的化脓症；另一个为肾棒状杆菌，可以引起反刍动物的尿道感染。此外还有本章节中的猪杆放线菌（曾称为猪真细菌和猪棒状杆菌），可引起母猪的尿路感染；还有犬耳棒状杆菌，与犬的外耳道炎症和皮炎有关。

● 伪结核棒状杆菌

特征概述

形态和染色 伪结核棒状杆菌（图30.1）是一种典型的类白喉杆菌，表现为多形态性，从小球状到丝状，长度为 0.5～3.0μm 或以上。不形成荚膜，无运动性，常含有颗粒，并有菌毛。

结构和组成 细胞壁为典型的革兰阳性菌的细胞壁，还含有内消旋二氨基庚二酸、阿拉伯半乳聚糖和分枝菌酸。细胞壁含有丰富的脂质。

具有医学意义的细胞产物 有趣的是至今未分离到无毒力的伪结核棒状杆菌。而且在伪结核棒状杆菌分离株中一直未检测到质粒。2种主要的毒力因子是磷酸酯酶 D（PLD）和胞壁脂类。PLD 是一种鞘磷脂酶，可以水解宿主细胞膜的鞘磷脂，可能有助于细菌感染的扩散。该毒素对上皮细胞有活性，可裂解绵羊和牛的红细胞，对山羊巨噬细胞有细胞毒性，可导致皮肤坏死，对一些实验动物有致死性。PLD 基因已被克隆并测序。缺失 PLD 基因的突变菌株不引起绵羊典型的淋巴结脓肿。PLD 抗

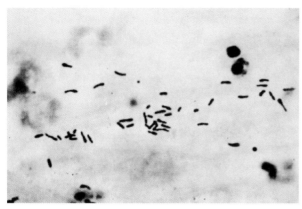

图30.1 分离自马属动物胸部脓肿的脓汁中的伪结核棒状杆菌

分离菌表现为球棍状、栅栏状及汉字样的外观，菌体呈多形态性（革兰染色，1 000×）

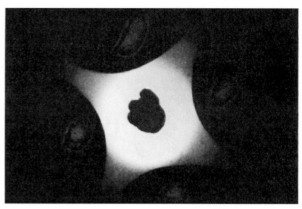

图30.2 伪结核棒状杆菌外毒素（磷脂酶D）在牛血液琼脂板上对葡萄球菌β-毒素（磷脂酶C）活性的抑制试验

毒素对感染的散播具有限制作用。PLD可抑制金黄色葡萄球菌的β-毒素（图30.2）和产气荚膜梭菌的α-毒素，在马红球菌细胞外因子存在下对红细胞的活性增强。

细胞壁脂类 细胞壁表面的蜡质分枝菌酸外壳已被确认具有细胞毒性，是导致发病的主要因素。经皮下注射小鼠和豚鼠可引起出血性坏死证实了菌体的脂溶性提取物具有毒性。菌体的蜡质外壳可以为菌体提供机械性保护，甚至可能提供抵抗巨噬细胞内溶酶体的生化保护，这种保护使得菌体得以在兼性细胞内寄生而存活，菌体从入侵部位传播到脓肿最终形成的部位。事实上，分枝菌酸的毒性是脓肿形成的一个促进因子。分离菌株菌体内分枝菌酸的含量与其在小鼠体内引起脓肿的能力是直接相关的。

另一个致病因子可能是铁离子获取系统。

伪结核棒状杆菌拥有4个基因簇——$fagA$、$fagB$、$fagC$和$fagD$（为铁离子获取基因）——位于pld基因下游，编码铁离子摄入相关蛋白。这一摄入系统类似于肠杆菌素（一种儿茶酚类含铁载体，位于大肠埃希菌科细菌膜内）所使用的系统。$fagA \sim fagD$等基因的缺失可降低细菌毒力。一种分子质量为40 ku的分泌性丝氨酸蛋白酶（CP40）已被证实为该菌的保护性抗原。

生长特性 伪结核棒状杆菌为兼性厌氧菌，在含有血液或血清的培养基中生长良好。在血琼脂板上（35~37℃）生长48h后，可形成灰白色、暗淡的菌落，呈弱β溶血，菌落直径约为1mm。菌落生长可从琼脂板一端到另一端，中间没有间断（这种生长方式被称为推"冰球"），菌体由于具有蜡质外壳，很难在液体中分散。

生化特性 伪结核棒状杆菌呈水解酶阳性。所有菌株可分解葡萄糖、果糖、麦芽糖、甘露糖和蔗糖产酸不产气。

抵抗力 消毒剂和加热（60℃）可杀死伪结核棒状杆菌，但在潮湿和有机物丰富的环境中存活良好。青霉素（包括盐酸头孢噻呋）、红霉素、氯霉素、林可霉素以及三甲氧苄二氨嘧啶-磺胺等药物在体外有抑菌作用。对氨基糖甙类药物有抗性。

多样性 有人认为可能有"绵羊/山羊"和"马/牛"生物型伪结核棒状杆菌，在其他方面（抗原结构和毒力因子）是相似的。马属动物和大多数牛的分离菌株可以将硝酸盐降解为亚硝酸盐（硝酸盐阳性）；分离自绵羊和山羊的"绵羊/山羊"分离株和部分牛源分离株没有这种功能（硝酸盐阴性）。

生态学

传染源 绵羊生物型的伪结核棒状杆菌（见"多样性"部分）存在于病灶、正常绵羊胃肠道和绵羊舍的土壤中。马属动物生物型的保菌宿主尚不清楚。

传播 绵羊可经皮肤创伤（如剪毛、去势、打耳号和断尾等造成的损伤）感染，山羊可能由于冲撞造成的损伤感染，马属动物亦可通过皮肤创伤感染（如厩螫蝇叮咬）。伪结核棒状杆菌在环境中可存活数周，有助于造成在畜群中的传播。家蝇可在牛群中机械性传播本病。

致病机制

机制 伪结核棒状杆菌是一种兼性细胞内寄生病原体，由于细胞表面脂质的保护，它可以在巨噬细胞内存活。PLD的作用包括增加血管内皮细胞的通透性、活化天然免疫系统的补体途径和破坏白细胞的趋化作用。感染后，脓肿形成，但当外毒素和蛋白酶缺失或被中和后脓肿仍保持局部化。

病理变化 早期病理变化为白细胞浸润和内皮损伤。病变为脓肿。脓肿的分布、转归及表现与动物品种和接种途径有关，而对淋巴组织的侵害则表现出一致性。脓液的性质与病变形成时间有关，外观为奶油色至干燥易碎型（"干酪样"）。陈旧的脓肿由死亡的巨噬细胞、外周血中性粒细胞、巨细胞和纤维组织组成。病变基本上只含有伪结核棒状杆菌。

疾病模型

绵羊和山羊 伪结核棒状杆菌可引起淋巴结炎，为一种绵羊和山羊的慢性传染病，流行于北美、欧洲、澳大利亚和新西兰。由于羊毛和肉以及奶产量减少、被感染动物的繁殖能力降低以及屠宰后皮革质量下降等给绵羊和山羊养殖户造成较大的经济损失。该病的特点为在皮肤、体内外淋巴结和体内器官中形成脓肿。病原通常经皮肤或黏膜创口入侵，侵入机体后，可引起弥散性炎症，随后形成脓肿，脓肿融合并形成包囊。炎性细胞在包囊四周游走，增加了一层化脓灶和新的包囊，经几个周期循环后脓肿形成"洋葱环"样外观，以绵羊多见。陈旧性损伤外围有厚实的纤维素性包囊。这种病有2种类型：一种为外在型，表现为入侵部位皮下组织和周围淋巴结（腮腺、颚、颈部皮下、髂骨下、腿弯部和乳腺）脓肿；另一种为内在型，其特征是在肺脏、肝脏、肾脏、子宫、脾脏和其他内脏器官（纵隔腔、支气管和腰椎）中形成脓肿。这2种类型可发生在同一动物体内。内在型表现为亚临床型，通常与进行性体重下降和发育不良有关，此类状况称为瘦弱母羊综合征。大部分感染是慢性的。

马属动物 马的伪结核棒状杆菌感染表现为3种形式：溃疡性淋巴管炎、体外脓肿和体内脓肿。其中溃疡性淋巴管炎不常见，感染从淋巴系统开始，表现为蜂窝织炎，通常发生于后肢，从感染球节开始，向腹股沟区蔓延，表现为肿胀和脓肿，破溃后形成溃疡。血源性播散少见。感染马常出现发热，患肢表现出疼痛和跛行。外在型常表现为单个大的脓肿，常发生在腹部或胸肌区。脓肿呈厚实的包囊（约几厘米厚），里面有深黄色至黄褐色脓汁。由于出现了鸽子胸样外观通常用"鸽热"和"胸骨热"来描述胸肌区脓肿。该病原感染机制尚不清楚，但其季节性发病高峰（秋季）和地理局限性（主要在加利福尼亚州）预示节肢动物为传播媒介。由角蝇（*Haematobia irritans*）造成的腹部皮肤丽线虫病和中腹皮炎的病变为可能的入侵部位。传染性痤疮（加拿大马痘）是一类不常见的由伪结核棒状杆菌感染造成的马蜂窝织炎。体内脓肿较难确诊，最常见的症状为体重下降、发热、精神沉郁和疝痛。最常见的体内脓肿发生于肝脏，还可发生于肾脏、肺脏和脾脏。败血症罕见，但可能会导致流产、肾脓肿、乏力和死亡。体表病灶在脓汁排出后可缓慢消退。

牛 牛偶见皮肤感染，并伴有淋巴结感染。这种感染常呈急性型，具有传染性。最常发部位为身体侧面，提示由创伤造成的皮肤破裂引发了感染。

人类 人感染伪结核棒状杆菌罕见，大部分报告病例为职业性接触（如剪羊毛工人）。被感染的人出现淋巴结炎和脓肿。

流行病学 目前的观点认为伪结核棒状杆菌是一种动物寄生物，仅偶然存在于土壤中。对绵羊来说，剪毛、断尾和药浴是重要的传染因素。对山羊而言，直接接触、采食和节肢动物传播媒介是必须考虑的因素。感染率随年龄增长而增高。干酪性淋巴腺炎是小反刍兽的一种重要的细菌感染之一。

马的接触感染假说已得到考虑。尚未发现年龄易感性。溃疡性淋巴管炎多因管理不良引起，目前已很少见。"鸽热"只局限于美国西部的偏远地区。每年的流行有所不同，似乎在潮湿的冬季之后发病率达高峰。

免疫学特征

在感染期间产生的抗体和细胞免疫应答的作用尚不明确。抗磷脂酶D（PLD）的抗毒素可限制脓肿的扩散。

菌素和细菌培养物上清或两者的混合物对该病可提供一定的保护。细菌培养物上清的效力归功于机体产生的针对PLD外毒素的抗体的保护作用。免疫不能消除已建立的感染，但可以阻止感染的建立，并减少已建立感染的扩散。一种由灭活的完整细胞壁抗原和PLD类毒素组成的商业化疫苗可以用于绵羊。该疫苗在绵羊3月龄时首免，4周后加强免疫一次。成年绵羊每年接种一次。大部分疫苗都与针对其他病原的疫苗组成联苗，特别是梭菌。对试验性DNA疫苗已进行了评估，结果表明有一定的前途。

实验室诊断

尽管绵羊和山羊体外脓肿的存在高度提示干酪样淋巴结炎，但仍需进行细菌学培养来证实，并排除化脓性隐秘杆菌，即另一种引发脓肿的病原。病变材料的直接抹片染色镜检可观察到细胞内和细胞外的白喉样微生物（图30.1）。血琼脂平板接种脓肿材料后培养24～48h（35～37℃），可看到小的白色轻度溶血的菌落，在琼脂表面向前推进（"冰球效应"）。观察到对葡萄球菌β-毒素的抑制作用（图30.2）和马红球菌的协同溶血作用（图30.3）可以确认为伪结核棒状杆菌。利用种属特异性引物可以通过PCR扩增其DNA。

尽管动物的肺脓肿可以用放射线诊断和气管内冲洗来诊断，其他脏器内的脓肿可以用超声波诊断，但动物患有体内脓肿时较难确诊。检测PLD外毒素抗体的协同溶血素抑制试验可能有用，高滴度与体内脓肿有很高的相关性。此外还开发了几种检测抗PLD抗体的试验，但大部分缺乏敏感性和特异性。其中很多试验能否作为诊断和排除工具尚有争议。已报道了一些ELISA试验有效，可用于控制和根除计划。

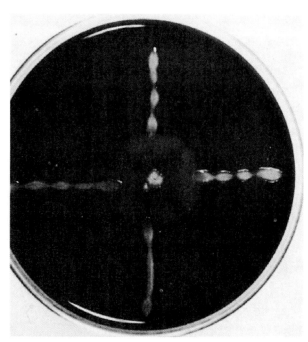

图30.3 伪结核棒状杆菌（位于中央）与马红球菌（位于周边）的协同溶血作用
2种细菌重叠区域的溶血作用最强

治疗和控制

一般来说，干酪样淋巴结炎脓肿拥有厚的包囊，对抗生素治疗无效。然而对绵羊和山羊来说，长期（4～6周）的全身性抗生素（青霉素和红霉素，常与脂溶性的利福平联合用药）治疗对体内脓肿有效，能降低体外脓肿的复发率。通过隔离和扑杀感染动物来减少接触机会，在剪毛、断尾和外科手术时采取严格卫生措施，以此达到防控的目的。

马的体外脓肿可进行外科处理。一旦脓肿被打开，脓汁排出后，马匹即可恢复，不会发生继发感染。长期的抗生素治疗可以用于预防或治疗溃疡性淋巴管炎或体内脓肿。

● 肾棒状杆菌群

该群由3种细菌组成，即肾型、多毛型和膀胱炎型，最初归类为肾棒状杆菌的3个血清型，即Ⅰ、Ⅱ和Ⅲ型。这3种细菌都定植于牛的下泌尿生殖道，有时也感染绵羊。它们都可引起牛的膀胱炎和肾盂肾炎，但肾棒状杆菌是这三种中最常见，引发的感染也最严重。肾棒状杆菌偶尔可引起绵羊的膀胱炎和肾盂肾炎，以及山羊的骨髓炎。比较常见的是肾棒状杆菌可引起绵羊和山羊的溃疡性阴茎头包皮炎（又称"地方性兽病龟头包皮炎"）。

特征概述

形态和染色 肾棒状杆菌群成员为典型的类白喉杆菌。细胞呈小球状至丝状，不耐酸，无荚膜，常含有颗粒。

结构和组成 为典型的革兰阳性菌细胞壁，含有内消旋二氨基庚二酸、阿拉伯糖苷和分枝菌酸（侧链脂肪酸符合棒状杆菌属C22～C38侧链长度的特征）。

具有医学意义的细胞产物

菌毛 3种肾棒状杆菌都含有菌毛。

脲酶 3种肾棒状杆菌都合成脲酶，其已被确认为重要的毒力因子。在大鼠模型中已证实该酶对肾盂肾炎的发生至关重要。

细胞壁 革兰阳性菌细胞壁含有的多糖和脂类有医用价值。革兰阳性菌细胞壁中的脂磷壁酸和肽聚糖与巨噬细胞相互作用，导致促炎性细胞因子的释放。

生长特性 肾棒状杆菌群的成员为兼性厌氧菌，能在常规的实验室培养基中生长，在37℃血琼脂平板培养48h后形成不溶血、不透明的灰白色菌落。

生化特性 肾棒状杆菌群有较强的脲酶活性，大多数菌株在与尿素接触数分钟内表现出这种活性。葡萄糖发酵缓慢，其他碳水化合物的发酵时间亦有差别。所有菌株过氧化氢酶阳性。肾棒状杆菌群产生一种细胞外蛋白肾素，可与金黄色葡萄球菌β-溶血素协同裂解红细胞（CAMP试验阳性；见第27章）。

抵抗力 该病原对热、消毒剂和抗微生物制剂的抵抗力不是特别强。

生态学

传染源 肾棒状杆菌群成员寄生于下生殖道，特别是看似健康的母牛外阴区及阉割牛和种公牛的包皮，有时还有其他的反刍动物。偶尔出现在绵羊、马、犬和非人灵长类动物的尿路感染。尚未见人感染的报道。

传播 该病原可经直接和间接接触在动物间传播。许多临床病例可能是内源性的。该病原可在土壤内存活很长时间，牧场可能是感染与再感染的一个传染源。

致病性

细菌吸附到下泌尿道上皮后引发感染。菌毛介导细菌吸附到膀胱上皮细胞和尿素水解产生氨对其致病性极其重要。

病理变化 牛肾盂肾炎的慢性炎症依次累及膀胱、输尿管、肾盂和肾实质。小反刍兽也出现类似的炎症反应，但通常仅限于尿路远端。

疾病模型

牛 牛肾盂肾炎是一种游走性尿路感染，从出血性膀胱炎开始，逐步发展为输尿管炎和肾盂肾炎。直肠触诊可发现膀胱和输尿管壁增厚，输尿管膨胀，肾肿大，伴有分叶不清。临床症状包括发热、厌食和弓背。排尿次数和尿量减少，尿液含有大量的白蛋白、白细胞和纤维蛋白，通常还有小的血凝块。慢性感染因尿毒症出现乏力和死亡。膀胱炎棒状杆菌可引起严重的出血性膀胱炎，伴有膀胱溃疡，也可发展为输尿管炎和肾盂肾炎。多毛棒状杆菌致病性相对较弱，其感染可导致轻度膀胱炎，但很少发展成肾盂肾炎。

绵羊和山羊　绵羊包皮炎（又称"地方性兽病龟头包皮炎"或"龟头包皮炎"）为绵羊的最常见感染类型，是阉割绵羊和种用公绵羊包皮及临近组织的一种坏死性炎症。疾病进展是由产生脲酶的细菌在经常受到尿液刺激的区域造成的。据认为是氨引发了炎症过程。山羊也可发生类似的状况。在绵羊包皮炎中仅发现了肾棒状杆菌和多毛棒状杆菌。

流行病学　牛肾盂肾炎绝大部分发生于母牛分娩时，表现为共生菌引起的机会性感染。种公牛很少感染，它是3种肾棒状杆菌的共生宿主及膀胱炎棒状杆菌的唯一共生源。"地方性兽病龟头包皮炎"常发生于高蛋白饲料饲喂或在富含高蛋白的豆类植物的牧草中采食的动物，这类草料可增加尿素的排泄，尿素经细菌尿素酶的水解产生氨，从而导致皮肤的刺激、炎症和溃疡。可观察到包皮肿胀和阴茎鞘内尿潴留。阴茎包皮内的尿液和脓性排出物能导致坏死。母羊表现为溃疡性外阴阴道炎。

免疫学特征

在感染过程中不产生有益的免疫应答。在牛肾盂肾炎（而非膀胱炎）中有血清抗体产生，抗体（大部分为IgG）包裹着细菌。无可用的免疫制剂。

实验室诊断

对尿液的眼观检查显示存在红细胞，尿液呈强碱性（pH 9.0）。镜下可见到成堆的多形态的革兰阳性的白喉类杆菌（图30.4）。从沉降的病料中容易分离到病原。大量的接种物在克里斯滕森尿素琼脂斜面上生长的菌落的位置会在接种后几分钟之内导致碱性交换，提示发生了尿素水解反应。可引发这类反应，并能发酵葡萄糖的白喉类杆菌尿液分离株，可能属于肾棒状杆菌群。

治疗和控制

肾棒状杆菌群对青霉素敏感，但抗生素治疗只在感染早期有效。

绵羊包皮炎的治疗可用外科手术处理病灶，局部使用抗生素，限制饮食，并给予睾酮等。

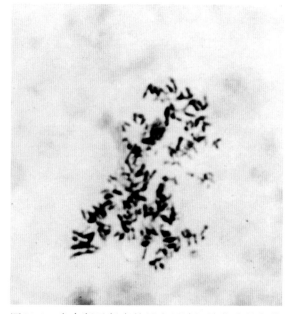

图30.4　患有肾盂肾炎的母牛尿液沉降物中的肾棒状杆菌

"类白喉杆菌"样外观，包括栅栏状和汉字样外观（革兰染色，3 000×）

● 溃疡棒状杆菌

这是一种可在不同动物中引发不同类型感染的病原体，包括奶牛和其他动物的乳腺炎、猕猴的呼吸道感染、绵羊和山羊的淋巴结炎以及猫和犬流鼻涕等。人类感染中最常见的是咽炎，据报道有些病例与牛奶有关。该菌类似于伪结核棒状杆菌，可产生外毒素PLD。一些人白喉病例分离菌株已被证明携带有编码类白喉样毒素的 *tox* 基因的前噬菌体。其他潜在的毒力因子有脲酶和铁离子摄入系统。

● 犬耳棒状杆菌

犬耳棒状杆菌是一种典型的类白喉杆菌，可分离自不同发病进程的犬，主要是外耳炎和脓皮病。已从正常犬的阴道分离到该菌。

● 猪杆放线菌

猪杆放线菌，曾称为猪棒状杆菌、猪放线菌和猪真细菌，是一种类白喉厌氧菌。猪杆放线菌这一新属的分类地位是可靠的，因为其16S rRNA序列与牛放线菌集群的差异为10%～14%，与隐秘杆菌的差异为8%～11%。

特征概述

形态和染色　菌体呈纤细的多形态小球菌［(1～3) μm×0.5μm）］，呈单个、成对（常形成一定的角度或栅栏状）或小集群排列。细菌革兰染色阳性，但陈旧性培养物容易掉色。不耐酸，不形成芽孢，可能形成荚膜。

具有医学意义的细胞产物　该菌有菌毛，可产生脲酶。

生长特性　在血琼脂平板上培养48h后形成直径0.5～3mm的菌落，其中心常微微凸起（呈煎蛋样外观），无溶血性。一周后，菌落稍微长大变平（3～5mm）。在pH 7～8时生长良好，在pH 5或以下时不生长。

生化特性　该菌为严格的发酵型代谢。在碳水化合物中，仅麦芽糖、淀粉和糖原可被发酵。脲酶试验阳性，但其他常规的生化试验为阴性。

传播

该菌为公猪包皮囊内的正常寄生物，很大一部分公猪为携带者。

致病性

该菌通过菌毛吸附到尿道上皮细胞上。尿素的分解作用产生氨和随后尿液pH的升高可能促进细菌的生长。

疾病模型

猪杆放线菌是猪的一个病原，可引起母猪的膀胱炎和肾盂肾炎，造成急性或慢性的肾衰竭（图74.3）。该病呈世界性分布，不仅发生于英国和其他欧洲国家，也发生于北美、澳大利亚和中国香港。该病在饲养于产房的年龄较大的母猪中多发，可能是由母猪会阴部位粪便污染的机会增多、缺乏运动、饮水量降低和排尿次数减少等因素造成的。公猪是常在的携带者。尿潴留可促进细菌的生长。类似于牛的肾盂肾炎，该病呈明显的游走性感染。在感染急性期，动物厌食，不愿意站立。尿中带血或脓汁。尿液通常呈棕红色，气味难闻。未进行治疗的被感染猪的死亡率很高，可高达100%。如果动物耐过感染，会出现体重下降，并表现为多尿和烦渴。通常母猪的繁殖力下降，并被淘汰。

通常根据临床症状进行诊断。镜检可在尿液以及采自膀胱壁、输尿管和肾盂的脓性病料中观察到大量的微生物。尿液和其他样品应在厌氧条件下培养，应培养48～72h再观察菌落。

该菌对革兰阳性及广谱抗生素（青霉素、头孢菌素类、红霉素、克林霉素和四环素类）敏感。然而治疗很难奏效。

延伸阅读

Baird GJ, Fontaine MC, 2007. Corynebacterium pseudotuberculosis and its role in ovine caseous lymphadenitis[J]. J Comp Path, 137 (4): 179-220.

Coyle MB, Lipsky BA, 1990. Coryneform bacteria in infectious diseases: clinical and laboratory aspects[J]. Clin Microbiol Rev, 3 (3): 227-246.

Dorellaa FA, Pachecoa LGC, Oliveirab SC, et al, 2006. Corynebacterium pseudotuberculosis: microbiology, biochemical properties, pathogenesis and molecular studies of virulence[J]. Vet Res, 37 (2): 201-218.

Williamson LH, 2001. Caseous lymphadenitis in small ruminants[J]. Vet Clin North Am Food Anim Pract, 17 (2), 359-371.

Yanagawa R, 1986. Causative agents of bovine pyelonephritis: Corynebacterium renale, C. pilosum, C. cystitidis[J]. Prog Vet Microbiol Immun, 2: 158-174.

（薛飞 译，党光辉　王刚 校）

第31章 丹毒丝菌属

丹毒丝菌属红斑丹毒丝菌能引起丹毒，丹毒是猪和家禽的一种重要疾病，也在绵羊和羔羊中散发。该病的临床症状包括败血症、关节炎、增殖性心内膜炎及广泛的皮肤病变。通常能从健康动物的消化道和淋巴组织以及鱼类的黏液层分离到细菌，红斑丹毒丝菌能够在土壤和海洋环境中存活很长一段时间而不增殖，红斑丹毒丝菌能引起人类丹毒症，是渔民、屠夫和兽医的职业病，通常会引起该类人员手的自限性感染。

扁桃体丹毒丝菌，是丹毒菌的第二个成员，某些菌株之前被认为是红斑丹毒丝菌血清型的一种。其生化特性和形态特征均与红斑丹毒丝菌相似，但是其基因组学特征与之存在明显差异。扁桃体丹毒丝菌偶尔引起临床症状，对猪无致病性。E.inopinata和小丹毒丝菌属之前已经进行了介绍。

● 特征概述

形态和染色

红斑丹毒丝菌为革兰阳性、没有鞭毛、不耐酸的非芽孢杆菌，大小为 (0.2~0.4) μm× (0.8~2.5) μm。在继代培养的过程中，部分菌落有形成长丝的倾向，常有60μm以上的长丝。

结构和组成

红斑丹毒丝菌具有典型的革兰阳性菌细胞壁，包含B1缺陷型的胞壁质。细胞壁肽聚糖的二氨基酸是赖氨酸。其DNA的G+C为35~40 mol%。肽聚糖荚膜与其毒力相关，SpaA是其保护蛋白，其C-端区域与链球菌肺炎克雷伯菌的胆碱结合蛋白相似。迄今为止，已鉴定的丹毒丝菌属Spa共有4种，分别为spaA、spaB1、spaB2和spaC。其他的表面蛋白包括16 ku的溶血素和64~66 ku的抗原。研究表明，针对后一种抗原的抗体具有保护活性。

具有医学意义的细胞产物

黏附素 已经鉴定2种黏附表面蛋白（RspA和RspB），且能和纤维连接蛋白及Ⅰ型和Ⅳ型胶原质结合，这些蛋白参与生物膜的初始形成过程，进而增强毒力。

荚膜 红斑丹毒丝菌产生不耐热多糖荚膜，具有抗吞噬作用。荚膜缺失的红斑丹毒丝菌突变体容易被小鼠多核白细胞吞噬，但是不引起小鼠发病。

细胞壁 该种属细菌的细胞壁是典型的革兰阳性菌的一种。革兰阳性菌细胞壁的脂磷壁酸和肽聚糖与巨噬细胞相互作用，导致促炎细胞因子的释放。

神经氨酸酶　神经氨酸酶是能切割宿主细胞的唾液酸糖结合物的末端唾液酸的酶类，其可破坏细胞的多种功能并促进生物膜的形成。不同的红斑丹毒丝菌产生神经氨酸酶的能力不同，神经氨酸酶产生的数量与其毒力直接相关。

透明质酸酶　人们认为，透明质酸酶破坏动物细胞之间的多糖基质，促进病原进入组织。大多数红斑丹毒丝菌菌株会产生透明质酸酶，但透明质酸酶似乎与细菌毒力无关。

生长特性

红斑丹毒丝菌在大多数标准培养基上均能生长，但是在添加血清和葡萄糖的pH为7.2～7.6的略微偏碱性的培养基上生长活力增强。红斑丹毒丝菌是一种兼性厌氧菌，5%～10% CO_2 的环境更适宜其生长。在30～37℃环境下培养24～48h细菌的生长活力最旺盛，其在5～42℃以及pH 6.7～9.2条件下均能正常生长。

耐药性

红斑丹毒丝菌对干燥、盐腌、酸浸和烟熏有抵抗力。在低温条件下，它能在猪的排泄物和鱼的黏液中存活6个月。55℃湿热环境下放置15min能使其灭活，但是在亚碲酸钾（0.05%）、结晶紫（0.001%）、苯酚（0.2%）和叠氮化钠（0.1%）中仍能存活。红斑丹毒丝菌对青霉素、头孢菌素、克林霉素和氟喹诺酮类药物敏感，但对新生霉素、磺胺类药物以及氨基糖苷类药物耐药。它对红霉素、竹桃霉素、土霉素和双氢链霉素有耐药性。其耐药性并不是由质粒介导的。

多样性

不耐热抗原与菌株之间的交叉反应有关。热稳定菌体抗原至少存在25种血清型。目前尚未发现宿主种属和细菌血清型之间的关系。相比于红斑丹毒丝菌，血清型3、7、10、14、20、22和23与扁桃体丹毒丝菌表现出更高程度的DNA同源性。培养物可见从突起、圆形、光滑的具有完整边缘的菌落到粗糙边缘不规则的菌落。L型菌株已被报道。

● 生态学

传染源

红斑丹毒丝菌在自然界中广泛分布，通常可从排放的废水、屠宰场、淡水鱼和咸水鱼表面黏液和土壤中分离得到。目前已经从50余种哺乳动物体内分离得到该细菌，包括猪、绵羊、羔羊、牛、马、犬、鼠、兔和30种禽类如火鸡、鸡、鹅、野鸡和鸽等。红斑丹毒丝菌可以从看似健康的猪的扁桃体和胃肠道中分离得到，扁桃体和胃肠道是红斑丹毒丝菌最容易生长的地方。

传播

动物之间的传播主要通过被污染物质的摄入（食物、土壤、水和粪便）。红斑丹毒丝菌也能通过伤口感染和节肢动物叮咬而传播。

● 致病机制

机制

红斑丹毒丝菌不同菌株之间的毒力不同，其原因尚不清楚。神经氨酸酶是一种重要的毒力因子，有些菌株在对数生长期会分泌大量的神经氨酸酶，从而引起感染动物的急性败血症。神经氨酸酶裂解细胞表面的唾液酸，导致血管损伤和透明血栓形成。神经氨酸酶在细菌吸附和入侵细胞的过程中发挥重要作用，针对神经氨酸酶的抗体能够为实验感染的小鼠提供保护。此外，荚膜在抵抗中性粒细胞对细菌的吞噬过程中也起着一定作用。在吞噬细胞中存活对于细菌的致病性是极其重要的。在正常血清中，无荚膜的突变株不能在吞噬细胞中存活，而有荚膜的菌株则能生存和繁殖。在免疫的血清中，菌株则很容易被巨噬细胞和多形核白细胞所清除。

在急性败血症期或感染后恢复过程中的动物也可能引起皮肤病变。这是由血管内皮细胞肿胀导致血管炎、血栓形成、血细胞渗出和纤维蛋白沉积所造成的。皮肤病变通常出现在由于宿主的局部免疫和低毒力菌株感染所致的非系统性感染。

红斑丹毒丝菌在猪的关节定植会引起纤维蛋白的渗出和关节翳形成。随后发生的增生性变化，主要是由于包括免疫复合物的形成、补体的活化和中性粒细胞的存在等所致的免疫反应造成耳郭软骨及滑膜组织损伤。关节退化成为慢性疾病并持续几年。虽然不能从关节液中培养获得红斑丹毒丝菌，但这种细菌或菌体抗原可能持续存在。瓣膜心内膜炎是由细菌栓子和血管炎症引起的，导致心脏瓣膜发生慢性病变和损伤，其发病率比关节炎低。进一步损伤可导致瓣膜闭锁不全和充血性心力衰竭，或释放栓子，可能导致猝死。

病理变化

死于急性丹毒感染的猪表现为胃浆膜、骨骼肌、心肌和肾皮质出血，肺、肝、脾、皮肤、膀胱常见充血。在显微镜下能观察到具有微血栓的血管损伤。很多病例中常见单核细胞浸润。此外，血管炎、血栓和局部缺血可导致凸起的颜色由粉红色到紫色的皮肤病变。

关节的病变表现为由急性滑膜炎发展为慢性关节病变。滑液膜增生并且呈绒毛状，以及单核细胞浸润。丹毒感染还有可能引起关节软骨表面上的肉芽组织的扩散和关节软骨的坏死，最终演变为关节僵硬。该菌定植椎间盘会导致椎间盘炎。

在瓣膜性心内膜炎中，二尖瓣常因纤维蛋白沉积和结缔组织增生而形成较大的瓣膜赘生物。血栓可引起脾、肾和其他内部器官的梗死。

丹毒菌感染火鸡通常引起的病理变化是淤血、肌肉和胸膜下的出血，特别是胸部和腿部肌肉（图31.1）。胃、小肠以及心脏的浆膜出血。肝、脾肿胀，腹部脂肪沉积。皮肤肿胀、发绀和弥散性变红。

羔羊感染后出现多发性关节炎，感染的关节肿胀，位于关节腔内表面的肉芽组织增厚。关节内存在澄清或混浊的黏液，其含有数量不等的浸润的多形核白细胞。

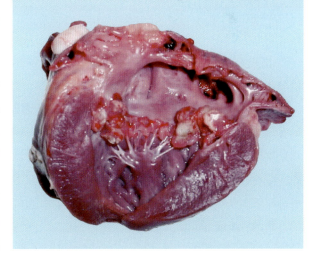

图31.1 丹毒丝菌感染猪有时会出现瓣膜性心内膜炎
（引自艾奥瓦州立大学兽医诊断实验室）

疾病模型

猪 发生败血症的猪表现为发热、厌食、沉郁、呕吐、步态僵硬以及不爱走动。病猪体表出现荨麻疹病变。这些疹块为粉红色，严重的病猪呈现为紫色，以腹部、大腿、耳朵和尾部最为明显。某些严重病例，皮肤会坏死和脱落。如果不进行治疗，会有较高的死亡率。

症状轻微的丹毒丝菌感染的病猪，通常只表现为皮肤的病变，但是可能会伴随轻度发热。皮肤

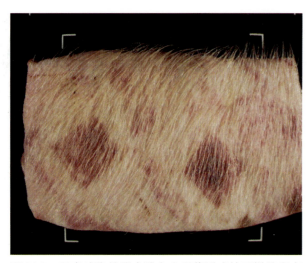

图31.2 丹毒感染的猪皮肤上出现菱形或钻石样的病变（引自艾奥瓦州立大学兽医诊断实验室）

出现红色或紫色的菱形斑块（钻石皮肤病）（图31.2）。皮肤病变可发展为坏死和消退，在皮肤上留有污垢，这种类型的病例其致死率较低。

定位到特定组织会导致慢性病，可能在急性期的转归期或无既往病的宿主中发生。增生性心内膜炎表现为心机能不全或突然死亡。慢性病例可见关节炎，症状包括跛行、步态僵硬以及关节肿大。偶尔，母猪会因丹毒杆菌感染而流产。

禽 禽类感染丹毒丝菌，尤其是火鸡，通常会出现败血症。火鸡感染后出现皮肤青紫，精神沉郁，然后死亡。皮肤肿胀、出现紫色条带是该病的特征性症状。死亡率为2%～25%。慢性病例会出现增殖性心内膜炎和关节炎。患有心内膜炎的火鸡表现为虚弱和消瘦，或者无任何症状而死亡。其他能够感染的禽类包括小鸡、石鸡、鸭、鸸鹋、鹅、鹦鹉、孔雀、野鸡（雉鸡）以及鸽。

绵羊 红斑丹毒丝菌（E.rhusiopathiae）感染的绵羊最常见的症状是多发性关节炎。细菌感染主要通过肚脐，以及由于阉割和断尾、或剪羊毛引起的伤口。感染的绵羊步态僵硬以及关节肿胀。任何关节均可能会被感染，但是最常见的是膝关节、肘关节以及后膝关节。绵羊感染也会出现败血症、肺炎和流产等症状。

其他物种 红斑丹毒丝菌（E.rhusiopathiae）感染的犬会发生关节炎以及心内膜炎。扁桃体丹毒丝菌（E.tonsillarum）是一种犬的病原体，已从患有心内膜炎的犬体内分离到。已经报道由红斑丹毒丝菌（E.rhusiopathiae）感染的海豚会出现败血症和荨麻疹。人类皮肤和皮下组织感染被称为类丹毒，主要感染从事动物和鱼类工作的人员。很少见有败血症、心内膜炎和多发性关节炎。人类的"丹毒"是一种链球菌所导致的感染。

流行病学

小于3月龄的仔猪以及超过3岁的猪对该菌不易感。主动、被动免疫诱导的免疫反应的差异主要是与动物的年龄有关。发病诱因包括环境应激、饮食改变、疲劳以及亚临床黄曲霉毒素中毒。

在火鸡中，雄性的通常较为易感，可能是通过争斗产生的伤口感染所致。母鸡交配时经污染的精液感染也是一个重要的感染来源。据报道，与绵羊或绵羊场接触后暴发该病。

在绵羊中，2～6月龄的羔羊通常易感。感染主要与羔羊生产、阉割或断尾时环境卫生条件差有关。已经报道一个绵羊感染丹毒的病例，是由于绵羊接触了由排泄物污染的水槽而导致感染。

● 免疫学特征

免疫相关发病机制

在关节组织中存在的抗原作为免疫反应和关节炎发展的慢性刺激物。此外，自体免疫反应对丹毒杆菌感染的二次加工可能引起关节的慢性病变。

抵抗力和康复的机制

机体针对神经氨酸酶、保护性表面蛋白以及其他细胞壁成分能够产生细胞和体液免疫反应。血清调理素在抵抗感染时发挥重要作用。吞噬作用主要由单核吞噬细胞进行。

人工免疫

减毒活疫苗以及菌苗已经用于猪和火鸡的免疫。这些疫苗的免疫持续期为6～12个月，并且疫苗的免疫效率是不同的。虽然对急性型感染有效，但对慢性（皮肤）丹毒的预防效果较差。减毒活疫苗主要经口服、肠道外给药，而在某些国家通过喷雾接种。全菌或可溶性抗原可以进行皮下和肌肉接种。大多数商品化的疫苗主要是针对血清2型的。研究表明，由血清1型和血清2型引起的急性病例可以交叉保护。然而，某些特殊的菌株对疫苗诱导的免疫反应不敏感。福尔马林灭活的氢氧化铝胶佐剂疫苗对火鸡是安全和有效的。

近年来的研究主要集中在用表面保护性抗原作为候选疫苗，但是迄今为止仍未有商品化的疫苗供使用。

被动免疫

过去曾经应用过特异性免疫血清进行短期保护（少于2周）。然而，这种治疗策略必须是在疾病发生的初期使用，如果抗体和疫苗同时使用，抗体可能会影响疫苗的免疫效力。这种策略很少长期应用。

● 实验室诊断

样品采集

根据症状情况确定样品采集的部位。感染动物的血液培养物可用于诊断败血症。剖检样本主要采集肝、脾、肾、心脏以及滑膜组织。在皮肤的损伤部位可能分离到细菌。在很多慢性病例中，关节和心瓣膜的细菌培养很难获得成功。

直接检测

样品可以直接进行革兰染色检测。阴性结果并不能排除感染。

细菌培养和分离

丹毒丝菌的分离主要是应用选择培养基和增菌培养基。通常应用的增菌培养基是丹毒丝菌选择培养基（ESB），其含有马血清、卡那霉素、新霉素以及万古霉素。其他的增菌培养基包括Bohm培养基，内含叠氮化钠、卡那霉素、苯酚、水溶蓝；Shimoji增菌培养基包括胰蛋白酶大豆肉汤、吐温-80、三氨基甲烷、结晶紫和叠氮钠。此外，选择琼脂培养基包括叠氮钠结晶紫培养基、萘啶酸培养基以及改良的血液叠氮化物琼脂。这些培养基利用了该细菌对不同抗菌剂和化学药物的抗性的特点。ESB可能是最常用的与选择培养基共同使用的增菌培养基。一项研究表明，ESB与选择琼脂培养基（黏菌素、萘啶酸或叠氮钠、结晶紫）联合使用明显提高了组织来源的丹毒丝菌的检测效果。在37℃ 10% CO_2培养条件下培养24h，在血琼脂上会出现非溶血的针尖大小的菌落。培养48h后，出现较明显的绿色溶血菌落。丹毒丝菌是过氧化氢酶和氧化酶阴性以及无运动能力的细菌。三糖铁琼脂斜面接种将会沿着接种线产酸和H_2S（图31.3）。在室温下放置3～5d，粗糙型

图31.3 红斑丹毒丝菌沿克氏双糖铁琼脂斜面穿刺线产生硫化氢（引自艾奥瓦州立大学兽医诊断实验室）

菌落在明胶穿刺培养后呈现"烟斗通条"式外观。红斑丹毒丝菌（E. rhusiopathiae）不水解七叶苷或尿素，还原硝酸盐，或产生吲哚。发酵活性较弱。可发酵的碳水化合物包括葡萄糖、乳糖、果糖和糊精。扁桃体丹毒丝菌（E. tonsillarum）通常发酵蔗糖，而红斑丹毒丝菌不发酵蔗糖。

血清学论断

诊断丹毒的血清学试验已经发展起来。这些试验包括平板、试管和微量滴定凝集试验、血凝抑制试验、补体结合试验、酶联免疫吸附试验以及间接免疫荧光试验。然而，这些方法无法对急性感染的样品进行最终确诊，可能只适合慢性感染的群体检测。作为一项研究工具，血清分型是很有用的，最常应用的是双琼脂凝胶沉淀试验。猪感染的病例中，76%～80%的分离株可能是血清1型或2型，并且血清1a型是与急性感染相关的，然而，血清2a型在慢性病例中较为常见。

分子生物学论断

用于检测红斑丹毒丝菌的分子生物学方法有很多。在这些方法中，聚合酶链式反应（PCR）是最常用的临床诊断方法。已经研制成功了常规PCR和实时PCR检测方法。针对16S rRNA的基因特异性PCR方法比较敏感，可以从小鼠脾组织检测少于20个细菌。然而，这种方法不能区分红斑丹毒丝菌和扁桃体丹毒丝菌。已经建立针对红斑丹毒丝菌特异性的PCR方法，但是检测水平每个反应也只能检测约1 000个细菌。有两个传统的多重PCR试验可以区分丹毒丝菌种属和部分血清型。这些方法可以识别多个靶标进行检测，但是不能定量，PCR之后需要后续处理。最近研发的富集和非富集的多重实时PCR试验均能达到高敏感性和特异性。其他报道的分子学方法如脉冲场凝胶电泳、限制性片段长度多态性、随机扩增多态性DNA以及spaA型，它们大多数用于流行病学研究或区分野毒株和疫苗株。

● 治疗和控制

急性型猪丹毒用青霉素治疗不少于5d是有效的，通常在治疗后的24～36h会产生明显的效果。对红斑丹毒丝菌高度敏感的其他药物还有氨苄西林、头孢噻呋、克林霉素、红霉素、泰妙霉素、替米考星和泰乐菌素；中度敏感的药物有金霉素、氟苯尼考、庆大霉素、土霉素和甲氧苄啶；对安普霉素、新霉素、磺胺二甲氧嘧啶、磺胺氯和磺胺的抗性极高。有时采用抗血清（马源）与抗生素相结合的治疗方式。慢性病例的治疗很少获得成功。

良好的卫生和营养有利于防止疾病暴发。感染的动物尸体应以适当的方式处置，替换的动物在引入畜群之前应隔离至少30d。单一或者组合的猪丹毒丝菌防控产品可用于该病的防控，建议在猪丹毒既往史地区接种弱毒活疫苗或灭活苗。

对火鸡来说，青霉素的治疗效果较好。如果实际情况允许，推荐皮下注射青霉素和接种丹毒菌苗。在饮水中添加青霉素4～5d可有效地控制该病的发生，注射青霉素是推荐的替代治疗。

良好的管理策略，如预防群内斗殴、保证火鸡正确地输精、将火鸡从污染区隔离以及在丹毒既往史地区接种疫苗是十分有效的预防和控制措施。

延伸阅读

Bender JS, Irwin CK, Shen HG, et al, 2011. Erysipelothrix spp. genotypes, serotypes, and surface protective antigen types associated with abattoir condemnations[J]. J Vet Diagn Invest, 23 (1): 139-142.

Bender JS, Kinyon JM, Kariyawasam S, et al, 2009. Comparison of conventional direct and enrichment culture methods for Erysipelothrix spp. From experimentally and naturally infected swine[J]. J Vet Diagn Invest, 21 (6): 863-868.

Bender JS, Shen HG, Irwin CK, et al, 2010. Characterization of Erysipelothrix species isolates from clinically affected pigs, environmental samples, and vaccine strains from six recent swine erysipelas outbreaks in the United States[J]. Clin Vaccine Immunol, 17 (10): 1605-1611.

Nagai S, To H, Kanda A, 2008. Differentiation of Erysipelothrix rhusiopathiae strains by nucleotide sequence analysis of a hypervariable region in the spaA gene: discrimination of a live vaccine strain from field isolates[J]. J Vet Diagn Invest, 20 (3): 336-342.

Opriessnig T, Hoffman LJ, Harris DL, et al, 2004. Erysipelothrix rhusiopathiae: genetic characterization of midwest US isolates and live commercial vaccines using pulsed-field gel electrophoresis[J]. J Vet Diagn Invest, 16: 101-107.

Pal N, Bender JS, Opriessnig T, 2010. Rapid detection and differentiation of Erysipelothrix spp. by a novel multiplex real-time PCR assay[J]. J Appl Microbiol, 108 (3): 1083-1093.

Riley TV, Brooke CJ, Wang Q, 2002. Erysipelothrix rhusiopathiae[M]. in Molecular Medical Microbiology, vols 1-3, Academic Press, London, 1057-1064.

Takahashi T, Fujisawa T, Umeno A, et al, 2008. A taxonomic study on Erysipelothrix by DNA-DNA hybridization experiments with numerous strains isolated from extensive origins[J]. Microbiol Immunol, 52 (10): 469-478.

Wang Q, Chang BJ, Riley TV, 2010. Erysipelothrix rhusiopathiae[J]. Vet Microbiol, 140 (3-4): 405-417

（李素 译，党光辉　李慧昕 校）

第32章 李斯特菌属

李斯特菌病是一种能够影响多种动物的散发性疾病，是重要的人兽共患病。目前已知有8种李斯特菌：格氏李斯特菌、无害李斯特菌、伊氏李斯特菌、产单核细胞李斯特菌、洛氏李斯特菌、塞氏李斯特菌和韦氏李斯特菌。其中产单核细胞李斯特菌和伊氏李斯特菌是重要的兽医病原。伊氏李斯特菌包括两个亚种，分别是伊氏亚种和伦敦军团亚种。

反刍动物是最易受影响的家养动物。李斯特菌病的主要表现形式包括败血病、脑炎和流产。羊和牛的流产可作为感染伊氏李斯特菌的一个常见指征。在世界范围内，特别是温带气候地区可见该病的发生。

● 特征概述

形态和染色

李斯特菌是革兰阳性、不耐酸、不形成芽孢、无荚膜的兼性细胞内寄生杆菌，大小为 $(0.4 \sim 0.5)\mu m \times (0.5 \sim 2)\mu m$。

结构和组成

李斯特菌具有典型的革兰阳性菌的细胞壁，细胞壁内的二氨基酸主要是消旋二氨基庚二酸。细胞壁脂多糖是菌体O-抗原主要决定因素。在22℃时菌体有周生鞭毛和运动性，但在37℃时运动性差。

具有医学意义的细胞产物

黏附素 许多黏附素包括李斯特菌的黏附蛋白（LAP）在吸附和入侵中发挥重要作用。其中两种黏附素蛋白被认为发挥关键作用。

ActA ActA蛋白在肌动蛋白多聚化介导的胞内运动过程中发挥重要作用。其也被认为在细胞滋养（黏附）和入侵中发挥作用。

内化素 内化素A和B是负责黏附和入侵靶细胞的菌体表面蛋白。

细胞壁 该属成员具有典型的革兰阳性菌细胞壁。革兰阳性细胞壁的脂磷壁酸和肽聚糖与巨噬细胞相互作用，导致促炎细胞因子的释放。肽聚糖层可充当一系列表面蛋白的锚点，这些蛋白在他们的C-末端都具有保守的LPxTG基序。一种称为分选酶的转肽酶对共价固定这些系列蛋白起关键作用。一些表面黏附素，包括LAP（见"黏附素"）也被这些酶锚定。

第二部分　细菌和真菌

溶血素　见"李斯特菌溶血素O"部分。

李斯特菌溶血素O　李斯特菌溶血素O（LLO）是依赖于pH的孔形成、依赖于胆固醇的细胞裂解素，是该类菌主要的毒力决定因素（缺失该蛋白的突变体毒力减弱，抗该蛋白的抗体为保护性抗体）。LLO的主要功能是在吞噬体酸化后，从吞噬体释放产单核细胞李斯特菌到细胞质中，吞噬体酸化情况下LLO活性最强。其他的功能包括裂解铁蛋白液泡和对单核细胞李斯特菌在细胞间移动时形成的二级囊泡的影响。LLO通过调节线粒体动力和释放宿主细胞粒酶来诱导凋亡。绵羊李斯特菌溶血素，为另一种依赖于胆固醇的细胞裂解素，是伊氏李斯特菌中的LLO相似物（见第27章的链球菌属链球菌素O、第35章中的梭状芽孢杆菌属产气荚膜梭菌溶血素和第28章的化脓隐秘杆菌溶血素）。

磷酸酯酶C　磷脂酰肌醇特异性的磷酸酯酶C和卵磷脂酶在介导膜裂解中发挥重要作用。

混杂产物　胆盐水解酶可促进李斯特菌在肠腔的存活和持续存在。一种称为P060的蛋白可能在靶细胞黏附中发挥作用。

生长特性

李斯特菌是兼性厌氧菌，其在低氧和高二氧化碳浓度下最易生长。在4～45℃之间均可生长，但最优温度是30～37℃。普通的细菌培养基，最好是偏碱性或中性pH的培养基即可支持其生长。在绵羊血琼脂平板上，产单核细胞李斯特菌的多数菌株可产生一个狭窄的溶血环。菌落直径通常为1～2mm，在斜透射光下，菌落在固体培养基（如在胰蛋白胨琼脂培养基）上呈现蓝绿色。伊氏李斯特菌通常产生较大的菌落和较明显的溶血环。目前有很多商业化的李斯特菌选择培养基可供选择。这些培养基中大多数包含对非李斯特菌的抑制剂，包括放线菌酮、黏菌素、吖啶黄素、两性霉素B和头孢替坦。

李斯特菌在培养基中可以耐受0.04%的亚碲酸钾、0.025%的乙酸铊、3.75%的硫氰酸钾、10%的氯化钠和40%的胆汁。大多数菌株在pH5.5～9.6范围内可生长。虽然较其他非芽孢形成菌具有较强的耐热能力，但瞬时的高温巴氏灭菌可有效杀死李斯特菌。

多样性

目前已知有13种基于体表抗原（O）和鞭毛抗原（H）的产单核细胞李斯特菌血清型。大多数临床分离株属于血清1/2a、1/2b和4b型。大多数食源菌株属于血清1/2c型。尽管在血清型和菌种间不呈现相关性，但血清型5的大多数菌株属于伊氏李斯特菌。目前已知血清型和宿主特异性间没有特定的关联。各种基于核酸的鉴定方法可用来进一步区分李斯特菌株，用于流行病学分析和菌株追溯。最近，在该属内各种全基因组测序已鉴定出来数个在毒力菌种中存在但是在非毒力菌种中没有的基因。

存在平滑和粗糙型菌落变异体。粗糙型菌落可观察到大于或等于20μm长的菌毛。可在含青霉素的培养基里形成L形，在人类临床病例中已分离到此种变异株。

● 生态学

传染源

李斯特菌呈世界范围分布，但在温带和寒带气候地区更常见。其已经从土壤、青贮饲料、下水道流水、河水和多于50种动物中分离到，这些动物包括反刍动物、猪、马属动物、犬科动物、猫科动物和各种禽类。有报道称在某些地区高达70%的人类是无症状的排泄物病原携带者。从环境样品中分离到的许多菌株均为非致病菌株（以前称为产单核细胞李斯特菌）。

传播

摄入污染的食物和吸入病原是李斯特菌最主要的传播方式。pH高于5.5的劣质青贮饲料通常含有李斯特菌，其可以导致李斯特菌病，因此李斯特菌病又被称为"青贮饲料病"。隐性携带宿主可通过污染环境的方式传播疾病，因此是间接传染源。

● 致病机制

机制

通过口腔或偶见通过鼻腔暴露于李斯特菌。大多数李斯特病原被胃酸所破坏。食用抗酸药和H_2阻滞剂可以提高李斯特菌的存活率，被认为是发生李斯特菌病的风险因子。肠道细菌易位表现为被动过程，处于淋巴结上层的肠上皮细胞和M细胞参与了这一过程。两种表面蛋白内化素A和B与宿主受体相互作用介导细菌侵入细胞。内化素A与细胞黏附分子E-钙黏蛋白相互作用，内化素B与肝细胞生长因子受体Met相互作用。通过肠壁屏障后，在黏膜固有层吞噬细胞内可观察到李斯特菌。这些细胞可通过血液流动进一步传播。

目前已鉴定出包括内化素家族ActA和p60等多种参与黏附的细菌配体，非吞噬细胞可通过一种"拉链机制"内化李斯特菌。内化后，李斯特菌逃离吞噬小体，在细胞质内与肌动蛋白丝相结合，并通过肌动蛋白丝的急性组装（ActA）侵染到细胞质膜上。李斯特菌可以通过此种方式穿过相邻细胞的细胞膜，以逃避宿主的防御。

细菌感染宿主的另外一种途径是在破损的口腔、鼻腔和眼睛结膜表面，菌体经过周围神经末梢的神经鞘，特别是三叉神经进入中枢神经系统。据推测，细菌沿着颅神经的向心移动导致中枢神经系统的感染。已在髓神经的细胞质和三叉神经的髓鞘触突发现李斯特菌感染。尽管血液途径可能是李斯特菌感染的主要方式，但是该类神经感染没有脏器的损伤暗示有除血液传播以外的其他途径。

病理变化

在脑炎形式的感染中脑干是最常见的感染区域。脑脊液混浊，脑膜管阻塞。髓质偶见软化区域。组织学上常见由淋巴细胞和组织细胞为主的多灶性血管套（图32.1）。在实质组织内可见点状坏死、小神经胶质和中性粒细胞浸透。微脓肿以中性粒细胞的液化为主要特征。病变可分布于整个脑干或更常见的单侧出现。这些现象进一步表明中性粒细胞向脑的迁移。

该菌导致的败血症病例中，多局灶和分散式的坏死多发于肝脏（图32.2），偶见于脾脏。

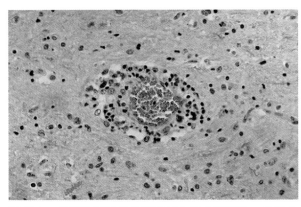

图32.1 李斯特菌引起的脑炎病牛的大脑切片，出现血管周围白细胞聚集（HE染色）。可分离到产单核细胞李斯特菌

图32.2 死于产单核细胞李斯特菌败血症的5周龄马驹的肝切片，可见严重的弥散性坏死性肝炎

在反刍动物的流产胎儿中，少见大体病变，常见自溶血现象，这一现象是由在死亡胎儿被排出体外前在体内的滞留所导致。

● 疾病模型

临床特征取决于感染菌体的数量、菌株的致病特性和宿主的免疫状态。败血症、脑炎和流产等临床表现最为常见。

反刍动物

脑膜脑炎 脑炎型，有时也被称为"转圈病"，是李斯特菌在反刍兽引起的最常见的疾病。牛感染时表现为亚急性到慢性。症状包括沉郁、厌食、单向转圈倾向、头向下或者头转向一侧、单侧面部神经或者三叉神经麻痹和双侧角膜结膜炎。类似的症状亦见于绵羊和山羊，但是病程更急，且经常致死。

流产 反刍动物感染李氏菌常导致流产，在其他种类动物也可发生。流产经常发生在妊娠晚期，牛7个月后，绵羊12周后，胎儿可能软化或者产后虚弱和濒死状态。也可导致胎衣残留和子宫炎。感染牛少见全身系统性症状，除非胎儿滞留，并引发致死性的败血症。尽管流产是散发的，但是有报道李斯特菌感染导致流产率高达10%。在疾病暴发中同时出现脑炎型和流产型李斯特菌病较为罕见。

结膜炎 在反刍动物中，不伴随流产的结膜炎与用高架进料仓喂食污染的青贮饲料有关。

局部性感染，比如急性或者慢性的乳腺炎经常表现为亚临床状态，因此这种隐性感染通常容易被忽略。李斯特菌乳腺炎的早期诊断和治疗是防止通过牛奶传播该病的一个重要措施。

单胃动物和新生仔畜

以沉郁、食欲不振、发热和死亡为特征的败血症型在单胃动物、幼龄反刍动物和新生动物中最为常见。多病灶肝坏死是这种形式的疾病中最常见的病变。

金吉拉兔

金吉拉兔特别易感李斯特菌败血症。

马

在马最常见的表现形式是新生马驹败血症。

人类

人感染李斯特菌常最常见的形式为脑膜炎（或者脑膜脑炎）。生殖性疾病症状包括流产、死产、早产或者新生儿败血症。新生儿脑膜炎常常导致脑积水。其他的临床症状包括感染性心内膜炎、眼腺疾病和皮炎。

● 流行病学

李斯特菌在环境中和动物中的广泛分布使定位特定暴发的疫源非常困难。

污染的青贮饲料是病菌的主要传染源。其他的来源包括有机垃圾（如家禽垫料）。诱发临床疾病的其他因素包括营养缺失、环境条件（包括较高的铁浓度）、疾病和妊娠。该病常散发，但散发疾病2个月内可在畜群引起5%的牛和10%的羊发病。在动物中李斯特菌病通常发生在冬季和春季。

大多数人类病例在夏季大城市中发生。偶尔有报道关于在兽医处理李斯特菌流产病组织后，发生李斯特菌皮炎和其他疾病的病例。但动物不太可能是人类感染的直接来源。人的李斯特菌病流行可由牛奶、拉丁奶酪、热狗和肝泥等被污染的食物引起。其中有一次暴发的源头是最近有绵羊李斯特菌病病史的农场供给的卷心菜。另一起最近暴发的例子与哈密瓜有关。很多例子表明，在食物的后加工阶段李斯特菌的污染是疾病的主要疫源。食物长时间的低温保存也可能为单核李斯特菌的生长提供机会。

● 免疫学特征

李斯特菌病的大多数人类病例与免疫抑制人群，例如老年人、新生儿和孕妇有关。同样，在动物群体中，新生儿和怀孕动物更易被感染，但是在一些特定病例中，菌体感染并不与免疫抑制因素呈现明显相关性。

作为一种机会性胞内菌，李斯特菌主要诱导细胞免疫应答。体液免疫在宿主防御反应中可能只起有限的作用。

目前尚没有生物制剂能够有效控制该病。致弱疫苗对绵羊有一定的保护作用，而灭活疫苗没有保护效力。该病易于散发的特性提示不能使用疫苗免疫作为控制疾病的主要手段。

● 实验室诊断

样品采集

实验室诊断主要是细菌的分离。根据临床症状、损伤程度或者可获取的组织，可对脑脊液、血液、脑组织、脾脏、肝、皱胃液体或者胎粪进行培养。

直接检查

将感染组织直接涂片，可在败血病和流产中发现许多革兰阳性杆菌，然而极少细菌能在脑炎型的直接检查中发现（图32.3）。阴性结果并不具有结论性。用特异抗血清进行免疫组化染色有利于诊断脑炎型李斯特菌病。

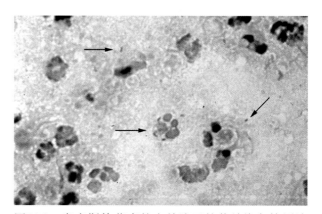

图32.3 患李斯特菌病的山羊脑干的革兰染色捺压法抹片，呈现稀疏的革兰阳性、规则棒状菌（箭头）

分离

将样品铺在绵羊血平板上，在含10% CO_2、35℃条件下培养。通过倒平板的方法可以增高从脑组织分离出产单核细胞李斯特菌的概率。经过初步的菌体分离后，可以将剩余组织置于4℃进行"冷富集"。这类组织可以在数周甚至到12周后进行下一轮培养。从李斯特菌病的流产或者败血病样品中分离细菌不需进行冷富集。

对一些可能发生污染的样品，建议进行富集和并利用选择培养基（李氏LPM培养基、牛津培养基或者PALCAM李斯特菌选择培养基）。USDA推荐利用改进型佛蒙特大学肉汤培养基、MOPS-缓冲李斯特菌富集肉汤、弗雷泽肉汤和改进型牛津琼脂从食物制品中分离菌株。各种基于DNA和抗原捕获的检测李斯特菌的方法已被报道，特别是在食物产品中的检测。

鉴定

典型的革兰阳性和规则杆状的菌落则提示是李斯特菌。李斯特菌过氧化氢酶阳性，在25℃具有运动性和可水解葡萄糖苷。在5%脱纤维绵羊血琼脂上，与产β-毒素金黄色葡萄球菌交叉划线时，产单核细胞李斯特菌表现为CAMP阳性。当伊氏李斯特菌与马红球菌交叉划线时，也可观察到类似的现象。在产单核李斯特菌和马红球菌有时可观察到较弱的CAMP样阳性反应（图32.4）。由于李斯特菌的微需氧特性，室温下在半固体培养基上培养时，可在表面下3～4mm处观察到伞形的运动特征（图32.5）。悬挂制备物在间歇的阶段性静止期可见首尾相连的翻转型的运动特征。产单核细胞李斯特菌可分解葡萄糖和L-鼠李糖产酸，但降解D-甘露醇或D-木糖不产酸。伊氏李斯特菌不同于产单核李斯特菌，其可发酵D-木糖而不发酵L-鼠李糖。也可借助荧光抗体染色或者与特异性抗血清凝集进行鉴定。

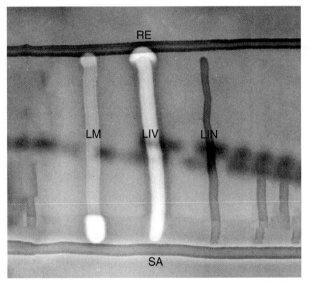

图32.4 产单核细胞李斯特菌（LM）和金黄色葡萄球菌（SA），以及伊氏李斯特菌（LIV）和马红球菌（RE）的阳性CAMP反应

在产单核细胞李斯特菌和RE间可见弱反应。而与LIV则没有反应。与伊氏李斯特菌相比较，产单核细胞李斯特菌的溶血程度变化明显，无害李斯特菌不溶血

图32.5 室温下，在半固体培养基上，产单核细胞李斯特菌的伞形运动性

该菌接种小鼠可在5d内引起死亡，在肝脏可见坏死病灶。这一过程可以从非致病李斯特菌种中区分产单核细胞李斯特菌。然而，很少有必要进行最后的鉴定。

免疫学诊断

由于在正常动物的血清中该菌的抗体常为阳性，并且该菌与金黄色葡萄球菌、粪肠球菌和化脓隐秘杆菌存在血清学交叉反应，因此，血清学诊断没有诊断意义。

● 治疗、控制和预防

产单核细胞李斯特菌在体外对盘尼西林、氨苄西林、氯霉素、红霉素、恩氟沙星、林可霉素、诺西肽、利福平、沙利霉素、四环素、万可霉素和维吉霉素敏感。最近的研究报道，一些分离株对四环素、氟喹诺酮类和盘尼西林有抗性，其药物最低抑菌浓度有所提高。氯化四环素和盘尼西林在治疗及

时的患脑膜脑炎的病牛中有效。但是对羊的治疗鲜有效果。

控制措施包括减少或者不用青贮饲料喂养，特别是不用劣质青贮饲料喂养。应尽量避免环境的刺激，及时隔离感染动物，而污染的物品应该妥善处置。

没有证据表明免疫接种可以成功预防该病。由于该病散发的特性，没有必要进行免疫接种预防。

延伸阅读

Maxie GM, 2007. Pathology of Domestic Animals[M]. 5th edn, Saunders-Elsevier, vol. 1, 405-408, vol. 3, 492-493.

NCBI. Bacterial Taxonomy, http://www.ncbi.nlm.nih.gov/Taxonomy/ (accessed January 8, 2013).

Quinn PJ, Carter ME, Markey B, et al, 1999. Clinical Veterinary Microbiology[M]. Mosby, 170-174.

Summers BA, Cummings JF, de Lahunta A, 1995. Veterinary Neuropathology[M]. Mosby, 133-135.

（李兆利　宋宁宁 译，王斌 校）

第33章 红球菌属

红球菌属是机会性胞内菌,属于诺卡尔科。在红球菌属的诸多成员中,马红球菌是唯一一种典型的致病菌。6月龄内的马驹感染后临床症状表现为化脓性肉芽肿性肺炎或肠炎。免疫抑制的成年马和其他动物(包括人类)可偶发该病。该菌在环境中存在,初生马驹在出生的数天有可能接触该菌。感染具有季节性,通常发生在干燥的夏季。

● 马红球菌

特征概述

形态和染色 马红球菌是典型的革兰阳性多形性球杆菌(图33.1)。在固体生长培养基上细胞形态主要表现为球形,大小为1~5μm。马红球菌用蒌-尼染色和金氏染色技术显示为弱抗酸染色,抗酸染色的程度随着培养的时间和培养基的不同而变化。气管吸出物和支气管肺泡灌洗样品的直接观察可用革兰染色、费特抗酸染色和格罗特甲氨银染。马红球菌的菌落为橙红色。

结构和组成 红球菌属富含类脂的细胞膜对干燥有较强的抵抗力,可支持细菌在土壤中存活数月,并使得细胞呈现抗酸染色的特征。其基本的细胞壁结构与超属分类群的放线菌其他成员相似,由脂肪酸和分枝菌酸组成,它们与阿拉伯半乳聚糖多糖垂直相连。细胞壁的外层部分含有许

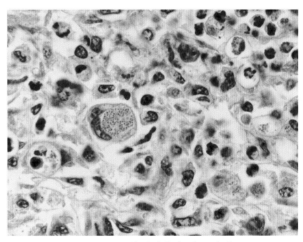

图33.1 马驹肺炎组织病理变化

注意革兰阳性球杆菌引起的巨噬细胞的细胞质膨胀(革兰染色,600×)

多脂类,如分枝菌酸、脂质阿拉伯半乳糖、海藻糖单霉菌酸酯、海藻糖二霉菌酸酯和心磷脂。马红球菌的放线菌酸共价结合于细胞壁。马分离株中与毒力相关的VapA脂蛋白处于外膜表面。VapA的结构使其能够锚定在细胞包膜内。VapA可以与其他表面抗原通过超声分离。

具有医学意义的细胞产物

毒力相关蛋白 马红球菌的毒力株包含由85~90 kb核苷酸组成的毒力质粒。缺少这个毒力质粒

的细菌对马驹没有感染性，即使使用高剂量的缺失毒力质粒的细菌人工攻毒也不能感染马驹。非毒力马红球菌可被成年马和马驹的免疫系统有效清除。对细菌培养物进行连续传代可导致毒力基因的丢失。

毒力质粒包含编码毒力相关蛋白（Vaps）的基因，其中VapA是毒力菌株的优势抗原。VapA锚定在细胞壁上的脂蛋白，分子质量为15～17ku，其主要功能是帮助菌体在巨噬细胞内存活。它通过阻止吞噬体和溶酶体的融合来实现这一点。基因 VapA 依赖于质粒上的其他毒力基因的表达，如正调控因子基因 virR 和 orf8。在巨噬细胞和树突状细胞中VapA是Toll-受体2（TLR2）的配体。在巨噬细胞中纯化的VapA可以诱导产生促炎细胞因子、肿瘤坏死因子、白细胞介素-12p40和一氧化氮。在树突状细胞中，纯化的VapA可上调CD40和CD86的表达，而这两种分子是细胞表面表达的共刺激分子。

VapB是与VapA相关的Vap蛋白。VapB分子质量比VapA稍大，大小约为20ku，且只在猪源分离株而非马源分离株中表达。基因 vapA 和 vapB 不在同一马红球菌分离株中共表达，表明它们属于不同的质粒亚群。

马红球菌的牛源分离株既不表达 vapA 基因也不表达 vapB 基因，因而被认为缺少毒力质粒。但最近的研究发现，牛源分离株确实含有一个毒力质粒，只是这个毒力质粒没有 vapA 和 vapB 基因，这一发现与存在第三种独立的质粒亚群相一致。

已发现的其他 vapA 同源基因包括功能性的 vapC、vapD、vapE、vapG 和 vapH 基因，和非功能性的假基因 vapF、vapI 和 vapX。VapC、VapD和VapE蛋白是分泌蛋白，与VapA相似，在38℃和pH<8时其表达水平显著上升。这些有利于Vap蛋白表达的条件与宿主吞噬体内部环境有关。

脂质阿拉伯半乳糖 脂质阿拉伯半乳糖（LAM）是决定菌株毒力的一种细胞膜脂。由于马红球菌的LAM较小，且阿拉伯糖含量较低，因此其与其他的诺卡尔菌，如结核分枝杆菌相比，有着不同的结构特性。尽管马红球菌LAM在体内的确切功能尚不清楚，但据推测LAM可能影响巨噬细胞的吞噬作用和早期巨噬细胞因子的产生。在相关细菌结核分枝杆菌中，细菌的生长和存活需要LAM，并且LAM可被宿主天然免疫系统通过TLRs识别。马红球菌LAM可能也有类似的功能。

细胞壁脂质 使用氯仿-甲醇技术可提取马红球菌的大多数细胞壁脂质成分，其中包括海藻糖单霉菌酸酯、海藻糖二霉菌酸酯和心磷脂。海藻糖单霉菌酸酯的化学结构式是$C_{48}H_{92}O_{13}$，海藻糖二霉菌酸酯的是$C_{84}H_{162}O_{15}$，心磷脂的是$C_{79}H_{154}O_{17}P_2$。在这些细胞壁脂质中，细胞毒性T细胞可以识别并裂解血液来源的含有海藻糖单霉菌酸酯和心磷脂但不含有海藻糖二霉菌酸酯的巨噬细胞。这些脂质抗原的递呈不受马白细胞抗原的限制（马主要组织相容性复合体分子），而可能通过CD1分子发生。所有三种脂质碎片均可诱导淋巴细胞γ-干扰素生成的上调。表明这些脂质分子除可被上述细胞毒性T细胞识别外，还可被还可以被$CD4^+$T细胞、γθT细胞或者自然杀伤细胞所识别。马红球菌和其他环境中的红球菌种的细胞壁脂质的碳链长短不一，这有可能影响CD1分子内脂质的朝向，进而影响免疫系统的识别。

体外特性

生长特性 作为专性需氧菌，马红球菌在自然气体条件下，在许多非选择性培养基上生长良好（如含5%绵羊血的胰蛋白胨固体培养基）。在35～37℃条件下，经过24h的培养，可见典型针尖大小的菌落，48h后可以形成典型的黏液样的"奶滴"外观的菌落（图33.2），菌落直径为3～10mm，常在密集生长的区域融合在一起。大多数马红球菌的菌落在3～4d的培养后，由于产生了γ-胡萝卜色素而形成橙红色菌落。在动物的粪便或环境土壤中，在低至10℃的条件下该菌也可生长。

生化特性 该菌过氧化物酶和尿素阳性，还可以还原硝酸盐。马红球菌不发酵碳水化合物（不分解糖），氧化酶阴性。另外一个有助于实验室鉴定的表型特征是马红球菌的CAMP（christie atkins munch-petersen）测试为阳性。马红球菌可产生磷脂酶（"马因子"），其可以增强金黄色葡萄球菌β-毒素和假结核棒状杆菌磷脂酶C的溶血活性（图33.3）。

图33.2 马红球菌菌落在培养平板上表现为"奶滴"外观

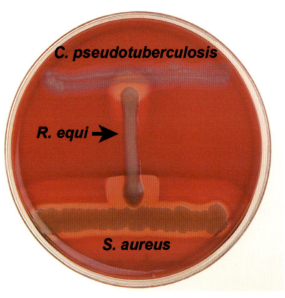

图33.3 马红球菌的磷酸酯酶增强了金黄色葡萄球菌β-毒素和假结核棒状杆菌磷脂酶C的溶血活性（CAMP平板）

抵抗力 马红球菌对酸性环境有较强抵抗力。这一特性与该菌可在低pH和高氧化应激的肺泡巨噬细胞内的吞噬溶酶体内存在相符合。从严重污染的材料，如土壤或者排泄物分离该微生物时，可充分利用该菌抗酸的特性。马红球菌对阳光直射下的紫外线照射也有抵抗力，且抵抗干燥，这些特征可以帮助该病原菌在马的生活环境中持续存在。

在体外，马红球菌对多种抗革兰阳性微生物的制剂敏感。但对β-内酰胺类和四环素类呈现抗性。在体内，亲脂类抗菌制剂特别是利福平和大环内酯类红霉素、克拉霉素和阿奇霉素最有效。当利福平与大环内酯类共用时，可产生协同杀伤作用。

多样性 已有报道的马红球菌不同的抗原荚膜类型超过27种。

生态学

传染源 在有马存在地方的土壤里就可以发现该菌，在高密度养殖的马场可能发生流行。感染马驹排出的每克粪便中含有$10^6 \sim 10^8$个细菌，这是主要的环境污染源。而成年马也可以在粪便中排出细菌，但这种情况往往是偶发的，且数量很少。通常成年马每克粪便的菌落形成单位低于2 000。马排出的细菌可能是环境菌株，不携带编码*vapA*基因的毒力质粒。患肺炎的马驹可以呼出细菌，但这是否成为环境污染的一个主要途径尚存疑问。

传播 采食或者呼吸可使动物被环境中的细菌感染。由于马红球菌可以在土壤中存活，并且马驹是本能食粪动物，有可能在马驹刚出生后通过摄入粪便而接触该菌。但这种方式感染的菌株可能是有毒力或者非毒力细菌，因此部分细菌可以成为正常的肠菌群的一部分。从环境中采食到的马红球菌可以迅速定植在胃肠消化道内，在小马驹出生后的第一个周便可在其粪便中检测到。吸入是马驹感染的主要途径，可导致呼吸系统疾病。吸入感染通常发生在夏季，这时含致病菌株的马粪便可能因干燥、气化而被吸入。菌体数量、免疫因素和感染途径（摄入和吸入）是决定动物是否发病的主要因素。

致病机制

机制 马红球菌是机会性胞内菌，被吞噬后可在巨噬细胞内存活。吞噬由补体或者抗体调理素介导，对细菌在细胞内的存活发挥作用。被抗体调理的细菌可通过 Fcγ-受体进入巨噬细胞，并在吞噬小体成熟时被杀死。由补体成分C3b调理的细菌通过Mac-1受体（CD11b/CD18）进入细胞，并且通过阻断吞噬小体的成熟和酸化在细胞内存活。细菌的胞内存活能力依赖于表达VapA表面蛋白的毒力相关质粒。缺乏毒力质粒的马红球菌菌株对马没有毒性，感染可以在没有病理变化的情况下被清除（即使是幼年马驹）。但不含质粒的菌株可感染免疫抑制的动物。

病理变化 马红球菌寄生在巨噬细胞，其可导致化脓性肉芽肿性肺炎（图33.4）。疾病的严重程度高度不一，有的自然感染的马驹为亚临床感染，而有的可致死。脓肿和肉芽肿的特征是中心为中性粒细胞和坏死的碎片，周围有巨噬细胞、多核巨细胞、白细胞和纤维囊膜。越急性的损伤越没有这种特征，通常有较多量的中性粒细胞，且缺少生长良好的纤维囊膜。慢性病变较为明显，可形成界限清楚的以干酪样坏死为中心的肉芽肿。若脓肿破裂可导致严重的纤维素性胸膜炎或者腹膜炎、败血病、休克和死亡。

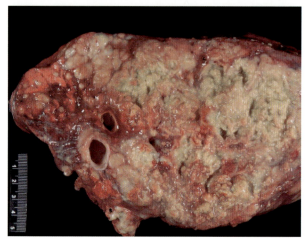

图33.4 马驹脓性肉芽肿肺炎。病变从干酪样到固化（引自俄亥俄州立大学）

疾病模型

马 被感染的马匹几乎都是小于6月龄的马驹，并且大多数发生在1～4月龄。患马发展为脓性肉芽肿性支气管肺炎，是最常见的病变。感染后，肺部病变区域的大小存在高度差异。由于马驹的年龄、感染和确诊的时间间隔，以及治疗方案的不同，感染红球菌肺炎后马驹的存活率也不同。据估计肺外感染约占红球菌感染马驹的74%，可继发呼吸系统感染或肺外感染。许多肺外感染只有亚临床特征，且只有将死于呼吸系统感染的马驹剖检后方可确诊。其他最常见的肺外感染症状包括腹泻、免疫介导的多滑膜炎、溃疡性肠炎、盲肠结肠炎、腹腔脓肿和腹腔淋巴结炎。其他肺外疾病如葡萄膜炎、肝炎和骨髓炎很少发生。免疫功能良好的成年马几乎不受该病攻击。在试验性高剂量细菌感染时，成年马仍然能产生有效的免疫反应。即使存在潜在的未被确诊的免疫缺陷或患有某些未知免疫缺陷的成年马也极少发展成肺炎。患肺炎的马驹分离株包含编码VapA的毒力质粒。

猪 从家猪和野猪淋巴结中可分离到马红球菌。最常分离到的部位是颌下淋巴结。猪源毒株为中等毒力，含有一个编码VapB的毒力质粒。

牛 从牛中分离到马红球菌是罕见的，与对牛呈低致病力有关。牛源菌株可在单个淋巴结引起肉芽肿，其与牛结核病变非常相似，应通过其他的诊断试验加以区分。咽后淋巴结、支气管淋巴结和纵隔淋巴结是最常见的感染淋巴结。奶牛的感染率比公牛和小母牛低，但这一流行病类型现象背后的原因尚不清楚。过去认为牛源分离株不含有毒力质粒，但是现在已经明确牛源分离株含有不编码VapA或者VapB蛋白的质粒。这与马源或者猪源菌株相反。

山羊 在山羊中的感染是罕见的。多发性肝脓肿是最常见的表现。其他受感染的位点包括肺和淋巴结，极少见于脊椎体。肝和肺的脓肿的类型表明该菌对山羊的细菌致病机制可能与肠肝循环有关。细菌的进入可能是通过胃肠道的损伤（如由于瘤胃酸中毒而导致的瘤胃黏膜屏障受损），但目前仍缺少进一步物论证。一旦细菌进入血液循环系统，则可以扩散到其他的器官系统。由于假结核棒状杆菌病是常见的引起山羊脓肿的疾病，所以应与该病做鉴别诊断。疑似病例应该通过培养来进行确定。羊源分离株没有与毒力质粒相关的报道。

人类 马红球菌在人类的发生率随着免疫抑制人群的增加而增加。艾滋病患者、器官移植者和接受化疗的人群为高风险人群。极少有马红球菌感染免疫功能正常人的报道。然而与免疫抑制人群相比，免疫力强的人倾向于发生局部性的感染，且死亡率较低。人类的马红球菌肺感染与结核病相似。细菌培养可以用来区分两种微生物。与其他物种分离株不同，没有必要将人的马红球菌分离株与毒力质粒相关联。一些人类的分离株含有编码 VapA 或者 VapB 的毒力质粒，一些菌株则没有质粒。

其他动物 马红球菌感染在一些其他种类的动物中有散发报道，这些动物包括猫、犬、绵羊、鹿、美洲驼羊、水牛、考拉、海豹、绒猴、短吻鳄、鳄鱼和单峰骆驼。在成年单峰骆驼中马红球菌可能是一种新发疾病，因为所有的分离株都与含有 VapA 的毒力质粒有关。许多临床上正常的动物的粪便中可发现存在马红球菌，这表明马红球菌可能是正常肠菌群的一部分或者是通过摄入环境中的细菌而排出。

流行病学

任何有食草动物粪便出现的环境中都有马红球菌的存在。高密度的马饲养场在其土壤中有高浓度的细菌。该疾病是季节性的，晚春到夏季干燥的多灰尘的环境中容易使干燥的马粪和土壤气溶胶化，进而提高了马驹接触病原的机会。由于缺少保护性 Ⅰ 型免疫反应，马驹特别易感。

免疫学特征

通过对小鼠的研究和对成年马和小马驹的免疫反应的比较，已经阐明马红球菌诱导的免疫应答特性。这些研究表明产生的免疫反应的类型直接影响感染的进程。Ⅰ 型免疫反应（可引起细胞介导的免疫反应）具有保护性，而 Ⅱ 型免疫反应（可引起体液免疫反应）则是有害的。保护性 Ⅰ 型免疫反应包括 $CD4^+$ 和 $CD8^+$ T 淋巴细胞。$CD4^+$ T 淋巴细胞是产生 γ-干扰素的主要细胞，而 $CD8^+$ T 淋巴细胞具有细胞毒性 T 淋巴细胞的功能。$CD4^+$ T 淋巴细胞产生的 γ-干扰素可促进吞噬小体的成熟和酸化。细胞毒性 T 淋巴细胞可以通过直接裂解感染马红球菌的巨噬细胞而杀死胞内细菌。

红球菌肺炎是具有免疫偏向性的疾病，特别是马驹对这类疾病敏感。总的来说，马驹和新生马驹在出生阶段具有不健全的免疫反应。这种缺陷可能是由于以下两个因素叠加造成的：前期缺少接触病原，并缺少免疫记忆反应；免疫系统在识别并对遇到的病原作出适当反应的能力具有质和量的区别。例如，在多数情况下，新生马驹（与成年马不同）可以产生 Ⅱ 型免疫反应，而不是产生对马红球菌具有杀伤性的 Ⅰ 型免疫反应。新生马驹与成年动物免疫系统的区别包括抗原递呈细胞（巨噬细胞和树突状细胞）和淋巴细胞。在新出生期，抗原递呈细胞缺少细胞因子的表达和共刺激分子，不能够适当地激活淋巴细胞。因此，可能需要较高水平的表面分子或者分化抗原剂量来刺激产生早期免疫反应。同样的道理，新生儿 $CD4^+$ T 淋巴细胞倾向于产生比成年马较低水平的 γ-干扰素，且在生命早期缺少马红球菌特异的 $CD8^+$ 细胞毒性 T 淋巴细胞。$CD4^+$ T 淋巴细胞产生的 γ-干扰素水平随着马驹的年龄增长而提高，但在早期不存在菌体特异性的细胞毒性 T 细胞，当马驹达到 6～8 周龄时，才达到成年的水平。尽管在具有选择性的试验条件下获得的上述机制障碍有数据支持，但是马驹仍然能够克服一些免疫缺陷。将有毒力马红球菌经支气管感染马驹，马驹可以产生接近成年马水平的 γ-干扰素。在马驹出生后 2 个周，经口接种毒力马红球菌，可以在马驹 3 周龄的时候产生马红球菌特异的细胞毒性 T 淋巴细胞。所以，一些环境因素（如暴露于微生物时的年龄、接种途径和细菌剂量）可能会影响动物个体的疾病进程。

尽管抗体在免疫保护中发挥作用，但是抗体单独作用并不足以预防该病。抗体可以利用 Fc 受体而发挥改变吞噬路径的作用。与利用 Mac-1 受体进行补体调理的细菌相比，通过 Fc 受体的吞噬作用与较差的细菌存活率有关。因此在一些高风险地区，商品化的高免血浆可用于预防马驹马红球菌病。

高免血浆包含各种抗体类型和其他的可增强体液免疫反应的成分。但由于在各生产商生产的产品不同，并且客户使用的产品缺少一致性标准，高免血浆的效果可能非常不稳定。生产高免血浆的公司未公开专利技术，这阻碍了对产品的独立评价。所以特定菌株、佐剂和免疫途径等可影响到高免血浆效力的因素仍然是不可知的变数。

到目前为止，仍没有有效的商业化马红球菌疫苗。不成熟的新生儿免疫系统和早期接触环境微生物有可能是使用传统疫苗所不能跨越的障碍。科学家对其他免疫接种方法也进行了尝试，包括使用DNA疫苗，免疫母马以提高马驹的母源抗体的水平和直接口服免疫。虽然DNA疫苗免疫在小鼠围产期可诱导产生Ⅰ型免疫反应，为疫苗应用带来了前景，但在马驹无效。类似地，使用聚乙二醇辛基苯基醚-X提取的抗原免疫母马可以提高具有调理功能的IgG抗体的滴度，但是不能够对初乳喂养的马驹提供抗马红球菌肺炎的保护。目前，最有希望的免疫接种技术是经口免疫。在其他物种，口服疫苗可用来抵抗病原的感染，如人类小儿麻痹症。由于马驹最初经常是通过采食接触马红球菌，与肠外免疫接种相比较，口服疫苗有可能可以模仿自然暴露情况而诱发较合适的免疫反应。试验表明，在出生后2周内，经口免疫接种活毒力马红球菌的马驹在后续的空气攻毒中显示了对该病不再易感。还需进一步的安全性试验研究，包括对肺外感染，如肠炎或者淋巴结炎的专门的监测。在安全性这一点上来看，由于通过粪便传播致病菌到环境中的潜在风险，口服免疫接种策略不适合于大规模应用。

实验室诊断

目前尚没有实验室诊断的金标准，气管灌洗是目前最好的诊断方法。洗后的收集液可以进行细胞学检查、培养或者用红球菌特异的引物进行PCR扩增。通过细胞学检查，可以发现细菌主要在泡沫状巨噬细胞内，形似西瓜子。有时细菌的形状很难与真正的球菌区分。据样品的质量不同，培养可能有假阴性结果，并且如果含有其他污染细菌，结果可能不易于判定。聚合酶链式反应（PCR）是一种较培养敏感的检测方法，尽管会有假阳性结果，需要与临床病史结合来评价。在气管灌洗显示结果为阴性的情况下，胸片有助于诊断。最初感染表现为边际不清的肺泡型。慢性感染可能表现为在肺内有结节样肿块和淋巴结病。酶联免疫吸附试验或者琼脂免疫扩散试验不能够充分区分患病马驹和健康马驹。

治疗和控制

马驹的马红球菌肺炎的预后要谨慎。在地方流行的农场大约44%的亚临床感染马驹可以在不使用抗生素治疗下康复。具有临床症状的马驹可用大环内酯类抗生素和利福平联合治疗。当与利福平联合使用时，大环内酯类药物克拉霉素较阿奇霉素或红霉素更为有效。极少马红球菌可抵抗大环内酯类和利福平的联合用药，但是感染这些分离株的马驹死亡率较高。虽然有报道说利用恩氟沙星可以成功治疗该病，但具有关节软骨毒性的风险，不能在幼龄动物中使用。在局部流行的农场，应该早检测早治疗。感染早期症状包括发热和血纤维蛋白原过多症，可以通过测直肠温度和全血纤维蛋白原计数来监测。一些马驹表现为非特异性的临床症状，如腹泻和体重减轻。早期病例可能在数周或更长时间内未被发现。

延伸阅读

Byrne BA, Prescott JF, Palmer GH, et al, 2001.Virulence plasmid of Rhodococcus equi contains inducible gene family encoding secreted proteins[J]. Infect Immun, 69 (2): 650-656.

Dawson TR, Horohov DW, Meijer WG, et al, 2010. Current understanding of the equine immune response to Rhodococcus equi. An immunological review of R. equi pneumonia[J]. Vet Immunol Immunopathol, 135 (1-2): 1-11.

Flynn O, Quigley F, Costello E, et al, 2001. Virulence-associated protein characterisation of Rhodococcus equi isolated from bovine lymph nodes[J]. Vet Microbiol, 78 (3): 221-228.

Garton NJ, Gilleron M, Brando T, et al, 2002. A novel lipoarabinomannan from the equine pathogen Rhodococcus equi: Structure and effect on macrophage cytokine production[J]. J Biol Chem, 277 (35): 31722-31733.

Giguere S, Jacks S, Roberts GD, et al, 2004. Retrospective comparison of azithromycin, clarithromycin, and erythromycin for the treatment of foals with Rhodococcus equi pneumonia[J]. J Vet Intern Med, 18 (4), 568-573.

Harris SP, Hines MT, Mealey RH, et al, 2011. Early development of cytotoxic T lymphocytes in neonatal foals following oral inoculation with Rhodococcus equi[J]. Vet Immunol Immunopathol, 141 (3-4): 312-316.

Harris SP, Fujiwara N, Mealey RH, et al, 2010. Identification of Rhodococcus equi lipids recognized by host cytotoxic T lymphocytes[J]. Microbiology, 156 (6): 1836-1847.

Hooper-McGrevy KE, Wilkie BN, Prescott JF, 2005. Virulence associated protein-specific serum immunoglobulin G-isotype expression in young foals protected against Rhodococcus equi pneumonia by oral immunization with virulent R. equi[J]. Vaccine, 23 (50): 5760-5767.

Kinne J, Madarame H, Takai S, et al, 2011. Disseminated Rhodococcus equi infection in dromedary camels (Camelus dromedarius) [J]. Vet Microbiol, 149 (1-2): 269-272.

Meijer WG, Prescott JF, 2004. Rhodococcus equi[J]. Vet Res, 35, 383-396.

Ocampo-Sosa AA, Lewis DA, Navas J, et al, 2007. Molecular epidemiology of Rhodococcus equi based on traA, vapA, and vapB virulence plasmid markers[J]. J Infect Dis, 196 (5), 763-769.

Patton KM, McGuire TC, Hines MT, et al, 2005. Rhodococcus equi-specific cytotoxic T lymphocytes in immune horses and development in asymptomatic foals[J]. Infect Immun, 73 (4): 2083-2093.

Reuss SM, Chaffin MK, Cohen ND, 2009. Extrapulmonary disorders associated with Rhodococcus equi infection in foals: 150 cases (1987-2007) [J]. J Am Vet Med Assoc, 235 (7): 855-863.

Sutcliffe IC, 1997. Macroamphiphilic cell envelope components of Rhodococcus equi and closely related bacteria[J]. Vet Microbiol, 56 (3-4): 287-299.

Venner M, Rodiger A, Laemmer M, et al, 2012. Failure of antimicrobial therapy to accelerate spontaneous healing of subclinical pulmonary abscesses on a farm with endemic infections caused by Rhodococcus equi[J]. Vet J, 192 (2), 293-298.

（李兆利　宋宁宁 译，王斌 校）

第34章 革兰阴性无芽孢厌氧菌

革兰阴性无芽孢厌氧菌普遍存在于各种动物的临床样品中，大多数是动物口腔或肠道、呼吸道、泌尿道以及生殖道黏膜正常菌群的一部分。因此，这些微生物为条件性致病菌，通常通过突破黏膜屏障和进入机体无菌部位而引起感染。例如，坏死梭形杆菌为瘤胃菌群之一，可以突破瘤胃屏障，通过门脉循环达到肝脏形成脓肿。近年来，随着主要基于16S rRNA核苷酸序列的基因系统发育为导向的分类方法的发展，对革兰阴性无芽孢厌氧菌进行了重新分类和命名。临床重要革兰阴性无芽孢厌氧菌，除梭菌外，之前主要分类为杆菌属，但与这个属表型特征明显不同。事实上，由于发现新的属和物种，革兰阴性厌氧菌的分类在不断修订，对现有的类群进行了重新分类，旧物种被重新命名。目前，在动物中具有重要临床意义的革兰阴性无芽孢厌氧菌主要包括类杆菌属、偶蹄形菌属、梭杆菌属、卟啉单孢（胞）菌属和普雷沃菌属。

● 特征概述

形态和染色

革兰阴性无芽孢厌氧菌的形态包括杆状、球形、丝状和螺旋状。其中杆状菌最常见。

结构和组成

细胞壁的结构和组成类似于兼性需氧革兰阴性菌。

具有医学意义的细胞产物

致病性厌氧菌具有创造厌氧微环境或耐氧的能力，是建立感染能力的前提。某些毒力因子如内毒素脂多糖（LPS）、溶血素和血小板聚集因子的作用或通过与兼性厌氧细菌的协同作用可能造成厌氧微环境。耐氧能力可以使厌氧菌在感染环境中生存，直到环境条件变得更有利于增殖和侵袭。许多致病性革兰阴性厌氧菌是耐氧的。例如，脆弱拟杆菌和坏死梭形杆菌在低氧环境中不仅可以存活，还可以繁殖。过氧化物歧化酶（在某些情况下为过氧化氢酶）可以防止氧的毒性作用。在革兰阴性厌氧菌中过氧化物歧化酶的量是可变的。

对于革兰阴性无芽孢厌氧菌携带的毒力因子了解甚少。尽管各种毒力因子已经确定，但由革兰阴性厌氧菌引起疾病的确切致病机制还不是十分清楚。然而与兼性厌氧菌相似，革兰阴性厌氧菌也含有细胞结构（如荚膜、菌毛、鞭毛、凝集素、黏附素、LPS和外膜蛋白），可产生外毒素（如肠毒素、溶血素和白细胞毒素）和胞外酶（如神经氨酸酶、蛋白酶、DNA酶和脂肪酶），有利于细菌黏附、定植、侵袭和破坏组织。另外，一些厌氧菌的发酵产物，如乳酸、丁酸、琥珀酸和氨气，具有抗炎和细胞毒作用，与发病机制密切相关。

虽然败血症的现象偶尔也能观察到，但革兰阴性无芽孢厌氧菌引起感染的临床表现主要是脓肿。一般情况下，脓肿形成更接近黏膜表面或直接接触部位，但由于血行散播也可形成远处的脓肿。厌氧革兰阴性杆菌引起的化脓性感染往往有多种微生物参与，如其他厌氧菌和兼性厌氧菌，这表明革兰阴性厌氧菌可能是低毒性的，而且毒力因子可能致病性较弱。例如，革兰阴性厌氧菌拥有基于化学结构和生物活性的"传统"LPS。然而，一些研究表明，革兰阴性厌氧菌的LPS生物学活性弱于沙门菌或大肠埃希菌的LPS。与某些微生物的联合可能具有协同作用，导致在某些情况下增强厌氧菌的感染能力。参与这一协同作用的机制可能是通过增加能量底物和必需的生长因子的供给，或者对于兼性厌氧菌，有利于创造低氧化还原电位。坏死梭形杆菌或节瘤偶蹄形菌频繁与化脓隐秘杆菌相互作用，提供了协同互作的经典范例。

荚膜 荚膜物质保护外膜免受补体复合物的攻击（在革兰阴性厌氧菌感染情况下），并抑制细菌附着于有吞噬作用的宿主细胞和被吞噬。脆弱拟杆菌、着色普雷沃菌和卟啉单胞菌的荚膜可引起强烈的炎症反应。脆弱拟杆菌的荚膜多糖甚至可以在没有活细胞情况下产生脓肿。

细胞壁 革兰阴性厌氧菌包含非典型细胞壁成分，由脂磷壁酸、肽聚糖、LPS和蛋白质组成。外膜的LPS是一个重要的毒力因子。革兰阴性厌氧菌LPS的生物活性一直被认为比肠杆菌中典型LPS的低。有人提出几种有争议的解释，包括脂质A成分的差异。然而，据报道梭杆菌属LPS具有与大肠埃希菌LPS相似活性。已证明脂磷壁酸和肽聚糖与巨噬细胞的相互作用可诱导炎性因子产生。某些革兰阴性厌氧菌（脆弱拟杆菌）内外膜蛋白的组成已经有相关报道。

菌毛 菌毛在厌氧菌中发挥黏附作用，黏附是细菌与宿主相互作用的初始阶段。节瘤拟杆菌是携带菌毛的革兰阴性厌氧菌的典型代表，其为绵羊腐蹄病的主要病原体。

胞外产物 细菌产生的外毒素、酶和代谢发酵产物具有毒力活性。两种具有代表性的外毒素是坏死梭形杆菌产生白细胞毒素和脆弱拟杆菌分泌的肠毒素。许多外毒素产生蛋白水解酶和其他酶，可能在致病性中起作用。IgA蛋白酶即可由高致病性革兰阴性兼性厌氧菌产生，也可由利氏卟啉单胞菌生产。短链脂肪酸由厌氧菌大量产生，聚集在受感染的部位（产生腐烂的气味），可以削弱宿主吞噬功能。

生长特性

厌氧菌可以不利用氧作为最终电子受体，并能够不利用氧产生三磷腺苷。有些是专性厌氧菌，因为分子氧可产生毒性，敏感程度随物种甚至菌株而变化。当暴露于分子氧，专性厌氧菌会形成强大的氧化剂，如过氧化氢、超氧阴离子、单线态氧等的氧自由基。这些氧自由基与细胞大分子、蛋白质和核酸相互作用，可以引起细胞致死性损伤。专性厌氧菌缺乏某些中和毒性产物的机制和酶系统，如超氧化物歧化酶和过氧化氢酶。临床重要的革兰阴性厌氧菌一般是耐氧菌，因为很多都含有超氧化物歧化酶，能抵抗暴露于氧，抵抗的时长因种类而异。通常，临床分离厌氧菌可以在预还原培养基中生长，也能够在无氧条件下的琼脂表面上生长。

● 生态学

传染源

引起化脓性坏死的无芽孢革兰阴性厌氧菌通常是正常菌群的一部分，但是它们有时也通过蚊虫叮咬或被污染的创伤进行传播。

致病机制

正常菌群（包括专性和兼性厌氧细菌）通过伤口、吸血昆虫叮咬以及接触被污染的器具引发损害部位感染导致疾病的发生，这种厌氧菌通常能在受伤部位或接触感染细菌部位而分离到。感染初期厌氧菌大量增殖，将通过外伤、血管破裂建立厌氧条件，或与兼性或需氧细菌共感染来促进增殖。兼性需氧和厌氧细菌之间发生协同作用。这种兼性厌氧微生物可以清除氧，减少厌氧成分的摄入，提供营养物质（如乳酸），并且会产生相关的酶（如β-内酰胺酶），可能保护对青霉素敏感的兼性或专性厌氧的共生菌（反之亦然）。另外，在受损组织中，炎性细胞和共感染兼性厌氧菌可以降低氧化还原电位（Eh），足以促进厌氧菌生长。某些厌氧菌产生荚膜，由于它们的化学组成，可以有效诱导脓肿形成。

实验室诊断

厌氧菌感染临床指征包括病变部位产生腐烂的气味，以及组织排放气体，黏膜或皮肤表面的深部感染导致组织坏死或坏疽。样本中直接检验出细菌但样本常规培养为阴性，经氨基糖苷类抗生素治疗无效的感染，同样也暗示有厌氧菌参与感染。

样品采集

厌氧培养费时且昂贵，并且在样品处理和分离鉴定时需要一定程度的专业知识。从正常厌氧环境部位（粪便、口腔和阴道）采集的样品，通常不进行厌氧培养。采集的尿液样本和耳、眼结膜或鼻拭子的样本厌氧培养通常也是不规范的。临床上显著化脓性和坏死性病变组织是分离厌氧菌的最佳病料来源。

用于厌氧培养的液体样品通常收集在有很少空气或氧气的容器里。最简单的方法是用排空空气的注射器直接收集样品。棉签或气管拭子采集的样本必须立即分离培养或放入厌氧环境中（厌氧传输培养基）保存。我们也可以用一些商用采集和运输系统采集厌氧菌。

直接检查

对所收集的材料直接进行涂片染色，可能对于发现厌氧细菌提供帮助，尤其是当需氧培养结果为阴性时。许多专性厌氧菌具有典型的、独特的形态：杆状且常带细螺纹状外观；一些菌两端尖或凸起。大多数革兰阴性菌对于革兰染色中石炭酸复红染色剂着色不佳，因此革兰染色结果颜色偏浅。如果有厌氧菌存在，病变组织具有腐败臭味。

分离

一般情况下，用于细菌学分析的厌氧技术遵从以下原则：

1.细菌学分析之前，病料和样本应该与氧隔离（暴露空气中的时间尽量短）。

2.使用具有低的氧化还原电位的培养基。常用的培养基包括煮过的肉汤培养基、巯基乙酸钠培养基、脑心浸液和含有还原剂（预还原、厌氧灭菌的培养基）的布鲁氏菌培养基。

3.应该在无氧条件下培养。两种最常用的培养方法是厌氧罐和厌氧手套箱。厌氧环境是在密闭容器内以钯作为催化剂，如在厌氧罐或手套箱中，使空气中的氢气和氧气相互作用形成的。带有内置培养箱的厌氧培养箱的一个主要优点是接种板可以在任何时候进行检查而不暴露于氧气中。

通常以最快速度将样品接种到合适的厌氧培养基中。如果样品采集后未及时处置，应放入无氧容器中，通常在该容器中充入无氧二氧化碳气体。样品接种到在厌氧环境中保存的血平板培养基上（通常以BHI或布鲁氏菌培养基为基质），接种后的平板放到厌氧环境中37℃培养。

大多数专性厌氧菌生长缓慢，尤其是在培养早期阶段，通常在培养48h后进行检查，除非在无氧环境中可以随时检查（如一个手套箱中）。由于兼性厌氧菌可以在厌氧环境中生长，故生长在厌氧环境中的菌落必须进行耐氧程度测试。

鉴定

当一种分离菌株证明为专性厌氧菌后，进一步根据菌体形态、革兰染色特性、在不同抗生素溶液中的生长特性以及通过气液色谱法分析底物代谢产物进行种属分类。快速和小型化的仪器已商业化用于鉴定具有临床重要意义的厌氧菌。

● 治疗、控制和预防

厌氧菌引起的感染的治疗，通常包括脓肿引流和抗菌药物的使用。收集样品后，48～72h内很难给出药物敏感性结果。在此之前，如果通过临床问诊、直接涂片观察或其他情况（气味）判定厌氧菌感染，可先使用以下药物中的一种进行治疗，如青霉素类（氨苄青霉素和阿莫西林）、四环素类、甲硝唑或克林霉素。虽然在体外试验表明大多数厌氧菌对甲氧苄啶-磺胺合剂敏感，但是由于坏死组织中胸苷的存在，这种合剂的活性在体内效果不确切。该专性厌氧菌对所有氨基糖苷类药物耐药，以及对大多数的氟喹诺酮药物（曲伐沙星除外）也都耐药。10%～20%分离株通常是脆弱拟杆菌群的成员，由于产生头孢菌素酶，对青霉素类（青霉素G、氨苄青霉素和阿莫西林）和第一代、第二代头孢菌素类耐药，但通常对四环素类较敏感。耐药株对克拉维酸-阿莫西林合剂、克林霉素、甲硝唑和氯霉素敏感。抗菌治疗应针对兼性厌氧菌和专性厌氧菌两者综合用药。

● 节瘤偶蹄形菌

该菌的前身是节瘤拟杆菌，是绵羊和山羊腐蹄病的主要病原。腐蹄病是一种具有传染性的损伤蹄趾的疾病，开始表现为趾间皮炎，进而发展为蹄冠间质病灶，导致蹄角质层与底层组织分开。最明显临床症状为跛行和由于采食量下降引起身体的衰竭，在某些情况下，由于长时间卧倒导致饥饿、干渴，以及全身性细菌感染而使绵羊死亡。除节瘤偶蹄形菌外，另一个革兰阴性厌氧菌坏死梭形杆菌（后述），以及革兰阳性兼性厌氧菌化脓杆菌也与腐蹄病感染有关。试验表明坏死梭形杆菌对于初期感染节瘤偶蹄形菌引起的蹄部感染是必需的，在新西兰农场报道的腐蹄病病例与这两种细菌密切相关。有迹象表明，引起羊腐蹄病相关的坏死梭形杆菌可能是引起牛腐蹄病坏死梭形杆菌的变种。

特征概述

结构　节瘤偶蹄形菌为直的或略微弯曲杆状菌，大小为（1～1.7）μm×（3～10）μm。在病灶涂片中，细菌成杆状，末端肿胀形成"哑铃型"（图34.1）；然而，临床分离株在培养基上增殖传代后，菌体形态特征会发生改变。该菌没有鞭毛，但具有长丝状附属物，因为它们的极性位置和主要菌毛亚单位蛋白的保守结构类似于牛摩拉克菌、淋球菌、多杀性巴氏杆菌和绿脓杆菌Ⅳ型，被称为Ⅳ型菌毛。Ⅳ型菌毛类似鞭毛独立运动，被称为抽搐蠕动。菌毛蛋白具有强免疫原性，可以作为节瘤偶蹄形菌血清分型的基础。

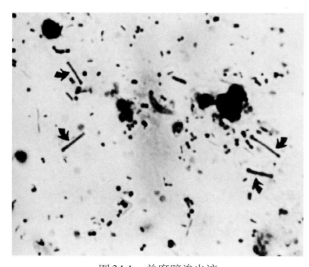

图34.1 羊腐蹄渗出液

细菌混合感染，节瘤偶蹄形菌为末端"哑铃型"的大杆菌（箭头）（革兰染色，1 000×）

具有医学意义的细胞产物

菌毛 菌毛与节瘤偶蹄形菌黏附到趾间表皮的上皮细胞密切相关。菌毛在引起腐蹄病的作用涉及感染初期促进节瘤偶蹄形菌与宿主细胞紧密接触。抽搐蠕动使菌体移动至更厌氧的微环境，这是细菌繁殖和产生胞外蛋白酶所必需的，最终导致损伤形成。因此，抽搐蠕动和胞外蛋白酶的产生是毒力作用的关键过程。

细胞壁 节瘤偶蹄形菌的脂多糖理化和生物学特性与其他革兰阴性细菌的脂多糖相似。

外膜蛋白 这些蛋白对致病的直接作用是未知的，但这些蛋白可干扰宿主的免疫反应。外膜蛋白基因的位点特异性转位导致其高度抗原变异和相变。感染的过程中，相位变异可以使节瘤偶蹄形菌抗原变异，以逃避免疫系统。

丝氨酸蛋白酶 节瘤偶蹄形菌分泌三种密切相关丝氨酸蛋白酶，这些酶可能是腐蹄病感染组织损伤的原因。这些蛋白酶具有相似的结构，并在成熟蛋白酶的N末端和C末端延伸处合成一个前导肽区。具有活性的蛋白酶可以将这两个区域进行切割。高致病性菌株可以产生两个酸性蛋白酶AprV2和AprV5，以及一个基础酶BprV。由于缺失AprV2的突变株不引起发病，因此AprV2对于菌株毒力产生是必需的。引起良性病变的菌株也产生相似的蛋白酶，命名为AprB2和AprB5以及BprB，这些酶与强毒株相比，氨基酸序列只有微小差异。这些蛋白酶基因位于毒力岛上，毒力岛为编码多个毒力基因的集簇，还包括一个整合酶蛋白，并具有可移动特性，暗示这些酶可能起源于外源染色体。

节瘤偶蹄形菌的菌株具有广泛毒力，可以分为强毒株、无毒株及中等毒力菌株。可以通过体外实验检测毒力的存在和活性（如蛋白酶和抽搐蠕动）。某些基因，如 *IntA*（前体为 *Vap* 基因）和 *Vrl*（毒力相关基因座），已经证实与毒力密切相关。这些基因不编码任何已知毒力因子，可能负责调节某些基因的表达。

生长特性 节瘤偶蹄形菌培养需要二氧化碳和营养丰富的培养基，尤其需要蛋白质促进其生长。虽然在接种2d后可以看到菌落形成，但要看到1~2mm光滑菌落需要培养4~5d。

抵抗力 这种菌虽然描述为严格厌氧菌，但其可以高度耐氧，暴露空气中在平板上可存活10d，在环境中可以存活2~3d，可以被消毒剂和多种抗生素杀灭。该种菌可以在土壤里存活和传播。在趾间皮肤或蹄间隐蔽的小病变作为亚临床感染持续数月。

多样性 菌落形态变异和毒力大小与丰富的菌毛相关。毒力大小也与菌株的水解蛋白活性变异相关。基于菌毛黏附素抗原结构差异，目前分为10个主要血清型（A~I和M）。基于菌毛蛋白FimA及其基因组成的结构变化，10种血清型节瘤偶蹄形菌分离株分为两大类。在血清型A~C、E~G、I和M血清型分离株携带 *FimB* 基因（位于 *FimA* 基因下游）（*FimB* 基因对于菌毛形成是非必需的），分类属于Ⅰ型。在血清型D和H分离株包括三个与 *FimA*、*FimC*、*FimD* 基因功能相似以及一个未知功能 *FimZ* 基因，分类属于Ⅱ型。Ⅱ型菌毛亚型分离株常见于绿假单胞菌和牛分枝杆菌。

生态学

传染源 该菌主要感染绵羊和山羊的蹄部。牛和猪的分离株是低毒力的菌株。

传播 传播可以通过直接或间接的接触。在短期内适应新的生存环境需要提升菌株对宿主的定植能力。

致病机制 致病机制包括菌毛介导对宿主细胞的黏附、蛋白水解活性以及与坏死梭形杆菌协同作用,为节瘤偶蹄形菌提供生长因子。

疾病模型 腐蹄病的特征是蹄的表皮组织渗出性炎症随后坏死。有三种不同发病特征:强致病性、中等毒力和无毒力感染。特定致病力的暴发是由流行节瘤偶蹄形菌类型,以及影响感染的不同因素,包括环境因素决定的。腐蹄病发病特征为:角质层被破坏,皮肤和角质层连接处被侵蚀,穿透底层组织引起脱层。强毒力类型的菌也具有强传染性,并显著影响其致病效率。良性表现为趾间皮肤炎症,但未破坏下层组织引起分层。典型发病阶段如下:

1. 趾叉表皮软化,由于持续浸泡而容易受损。

2. 坏死梭形杆菌,土壤中一种微生物,感染受损皮肤,产生表皮炎症、角化过度、角化不全和坏死。

3. 节瘤偶蹄形菌(经菌毛协助)定植,在坏死梭形杆菌引起病变环境中增殖,导致趾间肿胀。在蹄内侧面开始从表皮结构入侵,还可能在分泌型蛋白酶协助下,进而感染蹄表皮基质,最终其从底层真皮组织脱离(持续性的)。

再次侵袭可以导致病程持续或加重。感染固定于一个或多个蹄趾,结果导致极度跛行。

流行病学 虽然节瘤偶蹄形菌特定感染绵羊和山羊,但也报道可感染其他动物蹄部导致病变,包括牛、马、猪和鹿等。该疾病各大洲均有报道。在气候温和地区和雨量充沛[大于20in(500mm)]的季节感染该疾病会更加严重。在环境平均气温低于10℃时,节瘤偶蹄形菌才会基本停止传播,在干旱地区不会发生腐蹄病,在流行地区干旱季节也不会加重。除了新生动物外其他各个年龄的动物均易感,但易感性存在遗传差异。细羊毛品种感染最严重。该病原在污染的牧场内至少存活2周。

免疫学特征 抗性主要与抗菌毛循环抗体有关,它具有血清型特异。自然感染的不产生免疫力。即使羊最近刚从腐蹄病康复,也很容易再次受到感染。

实验室诊断

诊断通常基于明显的临床体征。蹄部病灶的直接涂片镜检可以观察到粗大、末端肿胀杆菌。由于该菌生长条件苛刻和生长缓慢,培养不作为常规诊断方法。弹性蛋白酶消化活性试验表明其与毒力密切相关。一种替代弹性蛋白酶的快速试验是明胶凝集试验,这基于分泌型蛋白酶的热稳定性。利用基因探针分子技术、聚合酶链式反应(PCR)(基于编码菌毛黏附素的基因或 *IntA* 基因),以及单克隆抗体(抗蛋白酶)可以确定相关毒力菌株。

治疗和控制

通过蹄修整(蹄削皮)去除和暴露患病组织开始实施治疗,其次是应用消毒药或抗生素,如用5%~10%福尔马林、5%硫酸铜、10%~20%硫酸锌,或局部应用5%四环素酊持续治疗。用福尔马林、硫酸铜和硫酸锌进行蹄浴。每周3次浸泡1h 20%的硫酸锌对未削皮腐蹄病有效。在缺乏局部治疗时,用大剂量青霉素和链霉素进行全身治疗也是有效的。

疫苗对于腐蹄病的治疗和预防是有效的。绵羊养殖大国广泛应用疫苗接种,尤其是澳大利亚和新西兰,并且是根除计划的一部分。疫苗接种对于加速愈合有一定的治疗作用。有效疫苗是以菌毛蛋白为保护性抗原。抗菌毛血清滴度与免疫后绵羊对同源菌株抵抗能力存在一定相关性。疫苗局限性是不能保护不同血清型菌株感染,而由于抗原之间竞争,包含多个菌株的疫苗又会减少其有效性。商用疫苗通常包括8~10种常见血清型的菌株。单价疫苗效果很好,但需要分离鉴定临床感染菌株的血清型。

良好地控制腐蹄病需要反复检查、预防接种、积极治疗感染,以及将发病个体及时从健康动物群隔离开来。必须小心,避免将感染的动物引进到健康羊群中。如果感染个体较多,2周内不应再引进新个体。控制计划应该在天气干燥的时候执行。

● 坏死梭形杆菌

梭菌名字源于拉丁词"*fusus*",意为"纺锤"。然而,不是所有梭菌生物都具有纺锤形菌体形态。该属细菌成员的一个共同的生化特征是产生丁酸作为主要发酵产物。虽然梭菌属于革兰阴性菌,但其生物特性与革兰阳性菌很相似。例如,梭菌通常对革兰阳性抗菌谱的抗生素敏感,如青霉素、泰乐菌素和维吉尼亚霉素。梭菌属细菌主要包括以下种类:*F. canifelinum*、*F. equinum*、*F. gonidiaformans*、*F. mortiferum*、*F. naviforme*、*F. necrogenes*、*F. necrophorum*、*F. nucleatum*、*F. perfoetans*、*F. periodonticum*、*F. plautii*、*F. polysaccharolyticum*、*F. russi*、*F. simae*、*F. ulcerans* 和 *F. varium*。其中 *F. nucleatum* 和 *F. necrophorum* 是临床样本中最流行的两种梭菌。这两个物种可进一步分为两个或更多的亚种。

F. canifelinum、*F. mortiferum*、*F. naviforme*、*F. nucleatum*、*F. periodonticum*、*F. ulcerans* 和 *F. varium* 主要在人的临床样本中分离得到。犬和猫是携带 *F. canifelinum* 和 *F. russi* 的主要宿主,可以在被犬猫咬伤的人体伤口上分离到。*Fusobacterium nucleatum* 是牙龈炎和牙周病的主要病原微生物之一,尤其在儿童和青少年人群中常见。*Fusobacterium equinum*、*F. necrogene* 和 *F. simiae* 主要在感染的动物体内分离到。*F. equinum* 是比较新的物种,与坏死梭形杆菌表型相类似,已经从正常和患口腔疾病的马分离出该菌。

坏死梭形杆菌是人类和动物主要病原,并且是动物和人的口腔、胃肠道和泌尿生殖道正常菌群的一部分。这种细菌因与人和动物坏死病灶密切相关而得名。在人类中,坏死梭形杆菌是引起炎症的重要原因,尤其是在青少年,仅次于 A 型链球菌。偶尔,该种菌与称为勒米埃综合征的疾病具有条件相关性,其主要影响青年人和健康的人。感染起始为一种急性咽喉肿痛伴有脓性渗出物、高热、颌下淋巴结肿大,然后迅速导致颈部弥散性转移性脓肿,常导致颈静脉化脓性、血栓性静脉炎。在动物中,由于其是与经济利益相关的重要疾病,坏死梭形杆菌被认为是牛主要病原。该菌是腹部脓肿和呼吸道感染性疾病中最常分离到的厌氧菌之一。

菌株特性

坏死梭形杆菌分为三种生物型或生物群 A、B 和 AB 型。已从羊蹄脓肿部位分离出 AB 型菌株,其同时具有 A 型和 B 型 16S 核糖体序列特征。目前,AB 生物型如何归类还未确定。生物型已分类至亚种,A 型为坏死亚种(ssp.*necrophorum*),B 型为基形亚种(ssp.*funduliforme*)。这两个亚种在菌体形态、菌落特征、在肉汤中的生长模式、胞外酶活性、血凝特性、溶血活性、白细胞毒素的活性、脂多糖的化学成分以及对实验小鼠的毒力等方面均不同(表34.1)。坏死亚种引起人类与动物感染的临床症状看上去明显不同,而与基形亚种动物感染却十分相似。

表34.1 牛源肝脓肿中坏死亚种和基形亚种的生长、生化、生物学及分子特征

特征	坏死亚种	基形亚种
肉汤中生长,沉淀	−	+
生化反应		
吲哚试验	+	+
碱性磷酸酶	+	−
蛋白酶	++	+
DNA 酶	+	−
脂肪酶	+	−

(续)

特征	坏死亚种	基形亚种
小鼠致死性试验（%）	92～97	8～10
生物活性测定		
白细胞毒素的生产	+++	+/-
血凝素滴度	+++	+/-
脂质A，脂多糖（%）	15	4
分子特征[a]		
*RpoB*基因	+	+
血凝素（hem）基因	+	-
*lkt*操纵子启动子长度（bp）	548	337

注：[a] PCR扩增方法。

形态和染色 坏死梭形杆菌为革兰阴性、无动力、无芽孢的杆状（多形性）细菌。通过显微镜观察，可以很容易地区别这两个亚种。坏死亚种具有高度多形性，许多菌体形态是丝状的（2～100μm），而基形亚种通常为更均一的短杆菌。通过电镜观察，坏死梭形杆菌存在黏多糖胞壁。

生长特性 该菌厌氧但对氧耐受。只要在无氧条件下，临床分离株在血琼脂或布鲁氏菌琼脂上均生长良好。两个亚种的菌落形态不同。坏死亚种的菌落光滑、不透明、边缘不规则、颜色浅灰白色，而基形亚种菌落小、蜡状、凸起、菌落黄色。虽然菌体分泌溶血素，但溶血环通常是观察不到的。当在液体培养基中培养（被预还原和厌氧灭菌处理过的BHI肉汤中生长良好），坏死亚种菌体沉淀到管底，而基形亚种在肉汤中的生长是均匀混浊的。除了一些菌株可以微弱发酵葡萄糖，该菌通常不发酵任何碳水化合物。主要能量底物是乳酸，发酵产物主要为乙酸盐、丁酸盐和少量的丙酸。色氨酸产生吲哚是鉴定该菌株重要的生化特性。

相关菌体产物 菌体产物（致病因子）与坏死梭形杆菌致病性密切相关，包括白细胞毒素（或杀白细胞素）、内毒素脂多糖、溶血素、血凝素、荚膜、黏附素、血小板聚集因子、皮肤坏死毒素和几种胞外酶，包括蛋白酶和脱氧核糖核酸酶。这些因子可以促进细菌的进入、定植、增殖和占位，进而发展为坏死性病变。与其他革兰阴性菌相类似，坏死梭形杆菌外膜包含内毒素脂多糖。坏死梭形杆菌脂多糖化学成分不同取决于不同的亚种。同样，坏死亚种脂多糖与基形亚种相比，更具有潜在生物学活性。白细胞毒素被认为是动物感染梭菌后产生的主要毒力因子。

白细胞毒素 坏死梭形杆菌产生的白细胞毒素是一种分泌型蛋白质，对中性粒细胞、巨噬细胞、肝细胞以及瘤胃上皮细胞发挥细胞毒活性。该毒素是一种高分子质量（336ku）的热不稳定蛋白质，特异性缺乏半胱氨酸，与其他细菌产生的白细胞毒素相比分子质量更大，且与其他细菌毒素的序列无显著相似性。白细胞毒素操纵子由*LktB*、*LktA*和*LktC*三个基因组成，其中*LktA*是结构基因，*LktB*蛋白质可能参与毒素分泌，*LktC*的功能未知。在实验动物中，毒素的产生和诱发脓肿的能力之间的关系密切，皮下接种白细胞毒素缺失菌株不能诱导牛的蹄脓肿，在攻毒试验研究中抗白细胞毒素抗体滴度和保护免受感染之间存在相关性，这些表明白细胞毒素是十分重要的毒力因子。坏死梭形杆菌中坏死亚种比基形亚种产生更多白细胞毒素，可以解释为何坏死亚种比基形亚种分离率更高，尤其在牛肝脏脓肿中，往往与感染更密切相关。白细胞毒素在发病机制中的作用包括利用其毒性调节宿主免疫系统，包括中性粒细胞的活化、介导凋亡吞噬细胞和免疫效应细胞杀伤作用。炎症介质的释放和免疫效应细胞的活化，最终在梭菌感染的病理生理学中起核心作用。

生态学

传染源 坏死梭形杆菌在动物和人的胃肠道是一种正常的菌群。该菌经常从健康宿主体内分离到,尽管其浓度相对很低。正常人类粪便含有相对高浓度的梭菌,其中坏死梭形杆菌是最主要的菌种。该生物体也是动物和人类口腔和雌性生殖道正常菌群中的一员。在牛体内,坏死梭形杆菌是瘤胃的正常菌群,能在饲喂各种饲料牛的瘤胃内容物中分离到。在瘤胃内容物中浓度范围为 $10^5 \sim 10^7$ 个/g,饲喂谷物的牛瘤胃中菌的浓度比饲喂草料的浓度更高。因为坏死梭形杆菌利用乳酸而不是糖作为主要底物,在养牛过程中普遍饲喂谷物含量高的饲料可能是增加乳酸利用率的原因。已经在瘤胃内容物分离出坏死梭形杆菌的两个亚种。

在瘤胃中,梭菌作为自由浮动生物体存在或附着于瘤胃上皮细胞壁上。由于它们在生理pH7.4条件下的耐受性和生长能力最好,梭菌非常适应瘤胃壁的环境。有可能通过称为血凝素的菌体表面蛋白介导黏附,血凝素主要负责介导不同物种的红细胞凝集。从瘤胃壁分离坏死梭形杆菌的报告很有限,报告通常与瘤胃病变相关。

传播 动物梭菌感染是内源性的,通常通过口腔黏膜或瘤胃壁进入受损组织。如发生腐蹄病,传染源可能是被粪便污染的土壤。

致病机制

坏死梭形杆菌通常与临床症状显著的厌氧菌感染密切相关。然而,坏死梭形杆菌感染流行情况被低估。坏死梭形杆菌通常与多种坏死性疾病密切相关,通常被称为"坏死杆菌病",并且最常见的感染见于肝脏(肝脓肿)、蹄(蹄叉坏死病或腐蹄病)、乳腺(乳腺炎)、子宫(子宫炎和子宫蓄脓)以及咽喉黏膜(坏死性喉炎和小牛白喉或羚羊、有袋动物、野生动物下颌脓肿)。梭菌感染通常是伴随多种微生物混合感染,涉及多种兼性和厌氧菌种,但最常见细菌为化脓隐秘杆菌、节瘤拟杆菌和列氏普氏菌。

坏死梭形杆菌被认为是牛的主要病原体。它会导致三种影响经济价值的牛病:肝脓肿、坏死性喉炎和趾间坏死菌病。

肝脓肿(肝坏死) 肝脓肿发生在世界不同地区、不同年龄、不同类型的牛身上,但最常见的集中在美国、加拿大、日本和南非的肉牛。肝脓肿继发于瘤胃壁感染的原发灶。由于牛瘤胃病理和肝脓肿的发生率之间的密切相关性,通常用术语"瘤胃炎-肝脓肿综合征"来表述。尽管确切的发病机制尚不明确,但普遍认为,谷物由瘤胃微生物快速发酵和有机酸的累积是导致瘤胃酸中毒的原因。酸诱导瘤胃炎和胃黏膜的损伤,常因异物(如锋利的饲料颗粒和毛发)加重损伤,使瘤胃壁易于坏死梭形杆菌入侵和定植。微生物导致瘤胃壁脓肿,随后,脱落的细菌性栓子进入门静脉循环。来自门静脉循环的细菌被肝脏过滤,导致感染和脓肿形成(图34.2)。在屠宰时发现肝脏脓肿常包裹得良好,拥有厚厚的纤维壁(图34.3)。组织学上,一个典型的脓肿是化脓性肉芽肿,具有坏死中心,并通常由炎性区包围。坏死梭形杆菌的两个亚种中,坏死亚种比基形亚种更容易引起肝脏脓肿。流行区别在于毒力反应的差异,尤其是白细胞毒素的产生。在大多数肝脓肿中,化脓隐秘杆菌是第二种最常分离到的病原。化脓隐秘杆菌感染的起源也是瘤胃,并有证据表明化脓隐秘杆菌和坏死梭形杆菌具有协同致病作用。

坏死性喉炎(小牛白喉) 通常感染3岁以下的牛,其特征是喉部黏膜坏死,特别是在横向构状软骨和相邻部位。病变表现为糜烂进而发展到溃疡和脓肿。因为坏死梭形杆菌是牛呼吸道的正常菌群,所以感染是内源性的。感染可以是急性或慢性的,并且是非接触性传染的。在临床上,最初发热,随后呼吸困难,导致呼气时产生轰鸣声("呼吸受阻"),并在严重的情况下,吞咽疼痛和咳嗽。

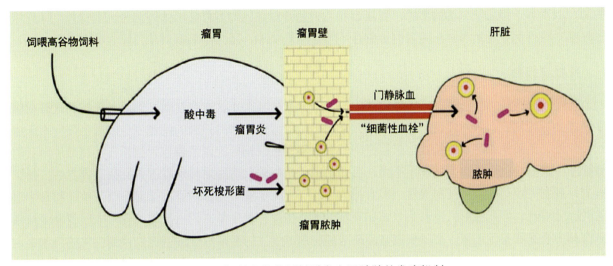

图34.2　饲喂高谷物饲料诱发牛肝脓肿的发病机制

剖检病变包括喉和声带黏膜坏死，覆盖炎性渗出物。偶尔，发生支气管肺炎时也可能观察到该菌。

趾间坏死菌病（趾间蜂窝织炎或腐蹄病）　这种形式的坏死菌病（腐蹄病或蹄脓肿）的特征在于急性或亚急性坏死性感染，涉及皮肤和蹄相邻底层软组织。这种感染是奶牛和肉牛跛足的主要原因。对经济的影响是生产力的损失（牛奶产量和体重）。诱发腐蹄病的因素是土壤潮湿和趾间区域的皮肤受到伤害。携带坏死梭形杆菌的粪便排泄是引起腐蹄和脓肿的主要原因。除了坏死梭形杆菌，利氏卟啉单胞菌、不解糖卟啉单胞

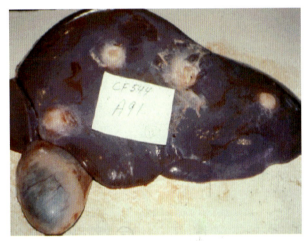

图34.3　屠宰牛的肝脓肿

菌、产黑色普雷沃菌和中间普雷沃菌也经常在腐蹄病病变组织中分离到。病变最初特征为轻度蜂窝织炎和趾间肿胀。几天之内，可以观察到结痂裂隙有渗出液，最终裂缝的边缘变成脓液。发热和跛行是常见的临床症状。通常情况下，一旦脓液排出，伤口愈合很快。诊断依据是识别特征性的趾间坏死性病变并伴有恶臭分泌物。

免疫学特征

健康或感染的动物及人类体内存在针对坏死梭形杆菌血清抗体，因此对使用坏死梭形杆菌免疫来抗感染的重要性产生怀疑。抗体可由正常坏死梭形杆菌诱导产生。另一个关注焦点为持续暴露于腐败梭菌是否会导致免疫抑制。许多研究者已经尝试通过使用菌苗、类毒素或其他细胞组分诱导针对坏死梭形杆菌保护性免疫。

药物敏感性

对坏死梭形杆菌敏感药物包括：β-内酰胺类（青霉素和头孢菌素）、四环素类（金霉素和土霉素）、大环内酯类（红霉素、泰乐菌素和替米考星）、林可霉素类（克林霉素和林可霉素）、氯霉素、新生霉素和维吉尼亚霉素。对菌体不敏感的药物包括氨基糖苷类（庆大霉素、卡那霉素、新霉素和链霉素，这些药物对一般厌氧菌活性很低）和离子载体抗生素（莫能菌素）。由于考虑到菌株为革兰阴

性菌，以及基于细胞壁结构的考虑，青霉素和头孢菌素对坏死梭形杆菌的体外活性也很意外。坏死梭形杆菌对维吉尼亚霉素和泰乐菌素的敏感性不符合常规机理，因为两者都对革兰阳性菌有活性。

实验室诊断

坏死杆菌病，尤其是腐蹄病和坏死性喉炎，可以根据临床症状进行诊断。然而，肝脓肿只有在屠宰时才会被检测到，因为即使是那些携带大量的小脓肿或几个大的脓肿的牛也很少表现出任何临床症状。此外，血液学和肝功能检查也未被证明是肝脓肿的良好指标。血清酶作为指标在检测自然形成的脓肿的牛的肝功能障碍方面的作用不大，因为临床正常牛的血清酶活性差异很大并缺乏特异性。超声检查，肝脏可视化应用存在局限性，因为扫描不能可视化全肝，尤其内脏覆盖面，以及被肺和肾所覆盖的部分肝叶。坏死梭形杆菌需要分离和鉴定。坏死梭形杆菌是革兰阴性厌氧菌，可以很容易地从临床样品中分离和鉴定出来。可以根据样品来源和在血琼脂上的菌落形态进行识别。商业化的快速鉴定试剂盒（如 RapID ANA Ⅱ 创新诊断系统，亚特兰大，美国佐治亚州）已被证明可以鉴定坏死梭形杆菌种甚至亚种。

治疗和控制

一般应用抗生素全身用药治疗坏死性喉炎和趾间坏死菌病。通常磺胺类和四环素类药物单独或联合使用用于治疗坏死性喉炎。对于趾间坏死杆菌病，青霉素或四环素全身给药是有效的，特别是在感染的早期阶段。由于感染的隐匿性，肝脓肿不好治疗。一般可用饲料添加剂中使用抗菌药物来预防。在饲养场最常用的抗生素是泰乐菌素，每吨饲料添加10g（每头每天90～100mg）。可以降低30%～70%的肝脓肿发病率。由于白细胞毒素是主要毒力因子，已经开发一种白细胞类毒素（灭活白细胞毒素）疫苗用于预防肝脓肿。除了饲料中添加抗菌药物，加强饲养管理以减少瘤胃菌群失调，也是有效控制肝脓肿的一个关键手段。

● 马梭菌

形态学和生物化学特性上，马梭菌与坏死梭形杆菌（相同亚种）没有明显区别。已经研制出一种PCR方法用来区分马梭菌和坏死梭形杆菌。马梭菌是马的消化道、呼吸道和泌尿生殖道的正常菌群。它是一种条件性致病菌，通常与马的脓肿和各种坏死性感染相关，尤其是口腔、口腔旁以及下呼吸道感染。与马梭菌有关的毒力因子所知甚少，但其确实含有白细胞毒素的基因，并表现出白细胞毒素活性。

● 拟杆菌属

拟杆菌属包括几个种类，但只有脆弱拟杆菌在临床上具有重要的意义。脆弱拟杆菌是人类和动物正常结肠菌群的一部分，并且是从人的临床样品中分离到的最常见的厌氧菌。它通常与动物腹腔内和软组织中的脓肿相关。荚膜多糖是引起脓肿的一个主要毒力因子。通过缺少菌体的情况下，注射纯化的荚膜多糖，可以诱导实验动物产生脓肿。脆弱拟杆菌的一些菌株产生一种肠毒素，已被证实可以引起羊羔、牛犊、仔猪、马驹和幼兔腹泻。在人类也存在与腹泻相关的菌株，尤其是在儿童中。

产肠毒素脆弱拟杆菌

产肠毒素脆弱拟杆菌菌株在新生羔羊的腹泻病首次被发现（羔羊结扎回肠环路刺激分泌试验）。

随后从患肠炎的牛犊、马驹和仔猪的病例中分离出产肠毒素脆弱拟杆菌（ETBF）。肠毒素，称为脆弱拟杆菌毒素或*Fragilysin*，是一种不耐热、约20ku的蛋白质，可导致肠襻液体分泌，增加细菌在肠细胞中的内化，并调节肠道上皮通透性。肠毒素实际上是一种锌金属蛋白酶，表明毒性是由该蛋白水解活性产生的。产肠毒素菌株可以通过扩增*bft*基因（通过PCR）来识别，也可以通过从粪便中提取DNA直接检测*bft*基因来诊断ETBF的感染。

● 普雷沃氏菌属和卟啉单胞菌属

这两个属为革兰阴性、无芽孢厌氧菌，包括发酵糖（普雷沃菌属）和不发酵糖（卟啉单胞菌属）以及产色素和不产素种类，之前归类于杆菌属。两个属的成员都是动物和人的口腔及胃肠道中正常菌群的一部分。普雷沃菌属目前包括约50种，与人或动物的感染相关的菌株主要从口腔、上呼吸道和泌尿生殖道分离到。大多数普雷沃菌是从人的口腔中分离出的。动物中大约发现了6种从瘤胃或口腔分离出的该属菌株。

卟啉单胞菌属包括17种成员，其中大多数是动物来源的。从各种动物的牙龈沟中分离到的菌株与从相关的人类牙龈分离到的卟啉菌的菌株不同，现在归属一个新的种属卟啉单胞咽喉菌属。菌株不酵解糖并呈黑色菌落，类似于人牙龈卟啉单胞菌，包含一个41ku的菌毛蛋白，这是在牙周病中的定植重要因素。除了卟啉单胞咽喉菌属外，已经确定其他卟啉单胞菌还包括*P. canoris*、*P. cangingivalis*、*P. canis*、*P. cansulci*、*P. gingivicanis*和*P. crevioricanis*。

引起疾病

由于普雷沃菌和卟啉单胞菌是所有动物口腔菌群的成员，他们在口腔和咬伤感染中发挥重要的作用。牙周病是成年动物的最常见的口腔疾病，包括牙龈炎和牙周炎，以及由牙菌斑中的细菌引起牙周脓肿。牙周疾病影响各种动物，如犬、猫、绵羊、牛以及圈养和自由活动的野生动物。据估计，大约80%犬和猫在4岁时有一定的牙周病。牙周炎的犬和猫可能引起严重的感染，可能导致厌食、消瘦、牙龈肿痛、龋齿、牙齿松动、破损或牙齿脱落甚至下颌骨断裂。如果不及时治疗，牙周细菌可能扩散到身体其他部位，导致肾、冠状动脉或肝脏感染。毫不奇怪，从被受感染的犬和猫咬伤的人类的伤口，经常分离到普雷沃菌和卟啉单胞厌氧菌。

利氏卟啉单胞菌是常与牛腐蹄病病例相关联的主要菌株。然而，分离的菌株是否符合柯赫法则尚未确定。关于菌株来源和携带毒力因子尚不清楚。认为该种菌与坏死梭形杆菌存在协同感染作用。

延伸阅读

Bennett GN, Hickford JGH, 2011. Ovine foot: New approaches to an old disease[J]. Vet Microbiol, 148 (1): 1-7.

Botta G, Arzese A, Minisini R, et al, 1994. Role of structural and extracellular virulence factors in gram-negative anaerobic bacteria[J]. Clin Infect Dis, 18, S260-S264.

Duerden BI, 1994. Virulence factors in anaerobes[J]. Clin Infect Dis, 18, S253-S259.

Kennan RM, Han X, Porter CJ, et al, 2011. The pathogenesis of ovine footrot[J]. Vet Microbiol, 153 (1-2): 59-66.

Nagaraja TG, Chengappa MM, 1998. Liver abscesses in feedlot cattle: a review[J]. J Anim Sci, 76 (1): 287-298.

Nagaraja TG, Narayanan SK, Stewart GC, et al, 2005. Fusobacterium necrophorum infections in animals: Pathogenesis and pathogenic mechanisms[J]. Anaerobe, 11 (4): 239-246.

Tadepalli S, Narayanan SK, Stewart GC, et al, 2009. Fusobacterium necrophorum: A ruminal bacterium that invades liver to cause abscesses in cattle[J]. Anaerobe, 15 (1-2): 36-43.

Tan ZL, Nagaraja TG, Chengappa MM, 1996. Fusobacterium necrophorum infections: virulence factors, pathogenic mechanism and control measures[J]. Vet Res Comm, 20 (2): 113-140.

(姜成刚 译，李雁冰 校)

第35章 梭菌属

梭菌属的成员均是革兰阳性、产芽孢的厌氧杆菌，以能够产生毒力强大的外毒素为主要特征。该属成员导致的疾病主要包括3种类型，分别为：由产气荚膜梭菌、鹑梭菌、艰难梭菌、毛状梭菌、腐败梭菌、螺旋状梭菌和索氏梭菌引起的肠毒性疾病，由产气荚膜梭菌、气肿疽梭菌、溶血梭菌、诺维梭菌、腐败梭菌和索氏梭菌引起的组织毒性疾病，以及由肉毒梭菌和破伤风梭菌引起的神经毒性疾病（表35.1）。

表35.1 梭菌属成员及相关疾病

梭菌属菌种	相关疾病
肉毒梭菌	肉毒素中毒
气肿疽梭菌	反刍动物黑胫病；马属动物医源性肌炎
鹑梭菌	鸟类溃疡性肠炎和肝炎
艰难梭菌	猪、仓鼠、马、人、猪、兔和其他物种的抗生素相关盲肠结肠炎
溶血梭菌	反刍动物细菌性血红蛋白尿
诺维梭菌	公羊气性坏疽、"伪黑腿病""大头病"；反刍动物"黑疫"；马属动物医源性肌炎
产气荚膜梭菌	肠道疾病和快疫，包括鸡坏死性肠炎、羔羊痢疾、新生动物和其他动物出血和坏死胃肠炎、反刍动物疾病"软肾病"、人类（可能包括犬）食物中毒；气性坏疽；奶牛坏疽性乳腺炎
毛状梭菌	泰泽病
腐败梭菌	反刍动物和猪的气性坏疽、"伪黑腿病"；家禽坏疽性皮炎；羔羊的严重皱胃炎（羊炭疽）；马属动物医源性肌炎
索氏梭菌	气性坏疽和"伪黑腿病"；羔羊严重皱胃炎；马属动物非典型性肌炎
螺旋状梭菌	抗生素诱发的和原发的兔盲肠结肠炎
破伤风梭菌	破伤风

由于能产生强大的外毒素，梭菌感染的后果往往非常严重。自细菌学科出现以来，已经通过免疫接种和抗生素的使用成功控制了许多细菌的感染。然而，梭菌的感染却没有得到有效的控制，甚至变得越来越普遍和严重，部分原因可能是它们形成的芽孢能够抵抗抗生素的作用。当然，仍有许多作用机制有待发现。

• 梭菌属的特征概述

形态和染色

梭菌属成员是革兰阳性杆菌，菌体大小为（0.2～4）μm×（2～20）μm。同一种菌产生芽孢的位置和形状是一致的，形成芽孢的能力对于其在动物肠道和环境中的长期生存至关重要，这也增加了控制梭菌感染的难度。

结构和组成

目前关于梭菌超微结构和组成的了解还很少。艰难梭菌的细胞壁具有有序排列类晶体蛋白的特征，可能有助于该菌抵御肠道内抗菌肽。一些梭菌（产气荚膜梭菌和艰难梭菌）能产生菌毛，另一些能够产生黏附结构，如细胞壁蛋白，但它们在致病过程中的作用并不明确。梭菌属的成员种内抗原具有多样性而且存在种间的交叉反应，但目前研究主要针对毒素的抗原性，因为毒素对于诱导免疫力至关重要。一些活动能力强的梭菌具有周生鞭毛或菌毛介导的"抽搐运动"。在致病菌中，产气荚膜梭菌和艰难梭菌可以形成荚膜。

生长特性

梭菌是厌氧菌，但厌氧要求的严格程度因物种而异。例如，艰难梭菌暴露在空气中比产气荚膜梭菌更容易被杀死。在一般情况下，梭菌的生长条件要求相对简单，也有一些梭菌的生长需要营养相对丰富和复杂的培养基，血液的添加能够促进细菌生长。37℃是梭菌最适宜生长的温度，培养1～2d可见其生长。菌落的形状和轮廓常不规则，有几种梭菌在潮湿的琼脂培养基上成片生长而不形成菌落。大多数梭菌可在血平板上形成溶血环。在液体培养基中，梭菌通常在提供还原剂（熟肉块或巯基乙酸盐）的情况下生长良好，而且其生长仅存在于培养基的厌氧部分。

生化特性

大多数梭菌具有高代谢活性，其主要代谢碳水化合物、蛋白质、脂质和核酸。由于梭菌培养物在碳水化合物和蛋白质的发酵降解过程中产生挥发性脂肪酸和硫化氢，所以梭菌培养物通常发出腐烂的气味，生化反应及其产物为物种鉴定提供了依据。

抵抗力

同其他细菌一样，梭菌易受到环境压力和消毒剂的影响。芽孢赋予其抵抗干燥、热、辐射和消毒剂的能力（图35.1）。

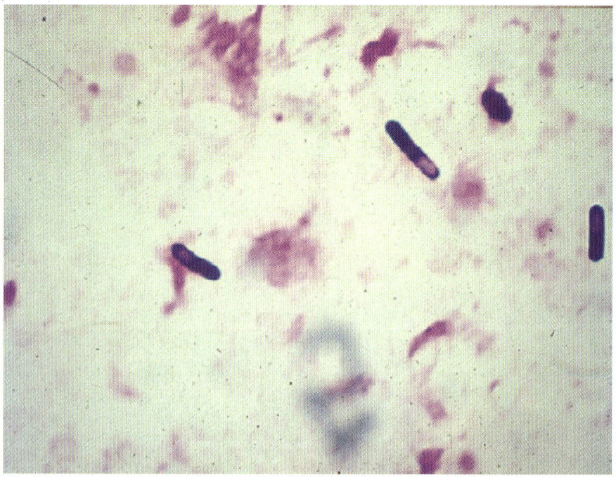

图35.1 梭菌属成员的革兰染色，可见种属特征性的芽孢

• 肠毒性梭菌

产气荚膜梭菌

特征概述 产气荚膜梭菌是一种革兰染色呈阳性、无动力、能形成芽孢、有荚膜的厌氧杆菌，可

以产生多种毒素。根据4种主要的毒素将本菌分为A—E共5个毒素型（表35.2），尽管目前认为这种分型模式不足以覆盖其引起的所有肠道疾病。

产气荚膜梭菌与肠毒性和其他肠道疾病有关，包括各种动物的腹泻类疾病；以及组织毒性疾病，如伤口感染（气性坏疽）和严重的乳腺炎。对产气荚膜梭菌在动物肠道疾病中作用的认识还比较有限，特别是严重出血性或坏死性的肠道疾病。这类似于50年前对于大肠埃希菌在肠道疾病中的理解，当时人们认为大肠埃希菌仅是正常的微生物群。然而，目前普遍认为本菌像大肠埃希菌一样能够引起不同宿主发病，其适应性强的一个重要基础是其拥有不同的结合质粒，这些质粒可以在肠道中的产气荚膜梭菌之间轻易移动，还可以获取携带有毒力决定簇的可移动遗传元件，并可能通过DNA重组改变它们。

表35.2 产气荚膜梭菌引起动物疾病的主要毒素型

毒素型	主要毒素				相关疾病
	α	β	ε	ι	
A	+				气性坏疽；牛坏疽性乳腺炎；大多动物零星出血和坏死性胃肠炎；小牛出血性皱胃炎；禽坏死性肠炎（NetB毒素相关）；食源性肠毒素相关的感染（人类，其他可能的物种）。与A型菌感染相关的各种肠道疾病及其与A型菌毒素的相关性仍有待研究
B	+	+	+		羔羊痢疾
C	+	+			新生动物出血性坏死性肠炎，包括农场动物（如牛犊、马驹、羔羊和仔猪）；成年羊"猝狙"
D	+		+		绵羊肠毒血症（小牛也偶尔出现）；成年山羊肠毒血症和小肠结肠炎
E	+			+	牛出血性胃肠炎

具有医学意义的细胞产物

黏附素 产气荚膜梭菌具有编码纤连结合蛋白和胶原黏附蛋白的基因。这些蛋白质负责在感染过程中与细胞外基质相结合。

荚膜 荚膜的主要作用可能是抵御巨噬细胞的吞噬，所以荚膜在伤口感染（如气性坏疽）时是一个重要的毒力因子，但在肠道中可能没有明显的作用。

毒素 产气荚膜梭菌能够产生大量的毒素蛋白和组织降解酶，这有利于其快速有效地分解组织。本菌在增殖时无法合成必需的15种氨基酸，这些营养完全需要从外界摄取。在最佳条件下，本菌每10min分裂一次，是已知细菌中繁殖率最快的，它被形象地描述为"厌氧食肉者"。大多数毒素的产生由"VirR/VirS"系统进行调节（见"毒素基因的调控"），这种调节由细菌自身的"群体感应"系统控制。产气荚膜梭菌的主要毒素包括对小鼠具有致死性的α、β、ε和ι毒素以及一些微小毒素，以下将对部分毒素进行描述。

α-毒素 α-毒素（Cpa）有时也被称为磷脂酶C（Plc），所有产气荚膜梭菌都能产生。这种对小鼠致死的磷脂酶C（一种卵磷脂）能够水解宿主细胞膜，这是分解组织以获取营养的重要步骤。

β-毒素 编码β-毒素（Cpb）的基因位于一个接合型质粒上。β-毒素是一种对小鼠致死的穿孔毒素，能够损伤宿主靶细胞（肠上皮细胞和内皮细胞）。另外，β-毒素通过影响钙离子在细胞膜的分布来影响神经组织，从而破坏正常的神经传导。该毒素易受到胰蛋白酶水解活性的影响。

ε-毒素 编码ε-毒素（Etx）的基因也位于一个接合质粒上。ε-毒素的作用靶点是真核细胞膜中的脂质（胆固醇和鞘脂）筏，在体内毒素主要聚集在脑部和肾脏。它是一个渗透酶，其通过影响细胞骨架导致上皮细胞和内皮细胞的通透性增加，这种作用主要体现在肠道和脑血管，从而使毒素渗入这些组织器官。毒素可能靶向作用于小脑神经元的颗粒细胞和大脑某些地方，从而导致神经递质谷氨酸盐的释放。Etx以能够被蛋白酶水解的前毒素形式分泌于肠道中。在感染动物体内，该毒素可延缓肠运输时间。

ι-毒素　ι-毒素（Itx）对小鼠具有致死性，该毒素由作用于上皮细胞的结合部分（Ib）和酶促活性部分（Ia）组成。毒素结合于细胞表面上的特异性受体之后，Ia得以进入细胞质。尽管目前对于毒素如何进入细胞还不十分清楚，但有可能是通过Ib在细胞膜上形成孔道，从而使Ia进入细胞。Ia为腺苷二磷酸（ADP）-核糖基化毒素，它使宿主细胞内的肌动蛋白核糖基化，导致细胞骨架解体而使感染细胞死亡。

肠毒素　编码产气荚膜梭菌肠毒素（Cpe）的基因，或位于染色体上（从人类食源相关的胃肠道疾病病例中分离的菌株），或位于接合型质粒上（从犬腹泻病例中分离的，或从非食源性的和与抗生素相关性腹泻病例中分离的菌株）。肠毒素是含有 Cpe 基因的产气荚膜梭菌（约小于5％的A型菌株含有 Cpe 基因，是携带 Cpe 基因最常见的血清型）在芽孢形成过程中产生。当芽孢释放时，肠毒素也被释放到周围环境中。肠毒素是一种双功能毒素，首先在小肠上皮细胞顶部形成一个孔，导致液体和电解质丢失，进而提供获取紧密连接蛋白（claudins蛋白和occludins蛋白）的途径。Cpe与紧密连接蛋白的相互作用，将导致细胞进一步丧失对液体和电解质的控制。

坏死性肠炎毒素B　坏死性肠炎毒素B（NetB）是一种受VirR/VIirS系统调节、与Cpb毒素相关的穿孔毒素，该毒素对于鸡坏死性肠炎的发生是必需的。编码NetB的基因与主要毒素Cpb、Etx和Itx一样，位于产气荚膜梭菌的接合质粒中。

部分微小毒素　κ-毒素是一种胶原蛋白酶（Col），该毒素能够促进梭菌在组织中的扩散。μ-毒素是一种透明质酸酶（Nag），其同样有助于梭菌在组织中扩散。Perfringolysin O（PFO，θ-毒素）是一种胆固醇结合的溶细胞素（相似毒素还包括后文所述的诺维梭菌的诺维毒素和气肿疽梭菌的气肿疽毒素，以及第28章链球菌溶血素O和第32章李斯特菌溶血素O）。PFO结合到真核细胞膜的胆固醇筏上，通过形成孔道而导致细胞死亡。唾液酸酶（神经氨酸酶或NaN）通过去除真核细胞细胞壁中糖复合物的唾液酸残基，从而破坏细胞间基质。最近报道的β2毒素（Cpb2）是一种对小鼠具有弱致死性的穿孔毒素，该毒素存在两种变种形式，但其确切致病作用尚不明确，编码这个毒素的基因也位于质粒上，受VirR/VirS系统控制。

毒素基因的调控　产气荚膜梭菌通过双组分调节系统"VirR/VirS"来同步调节其毒素和主要代谢酶的产生。VirS是一种组氨酸激酶，充当环境因素的"传感器"，导致其组氨酸残基的自磷酸化，然后将该磷酸盐转移至天冬氨酸残基，再转移至另一个组氨酸上用于磷酸化VirR（调节剂）。磷酸化的VirR是编码上述蛋白质的基因的转录激活因子。产气荚膜梭菌所感受到的环境信号包括体内微菌落形成（"群体感应"）。

传染源和传播途径　A型产气荚膜梭菌存在于人类和其他动物的肠道内，以及大多数的土壤中。B、C、D和E型菌株大多存在于动物的肠道内，而其在土壤中的存活情况不尽相同。产气荚膜梭菌主要通过摄入和伤口感染传播。

致病机制和疾病模型　产气荚膜梭菌主要引起两种严重的疾病，包括肠毒血症和组织毒性感染。

肠毒血症和肠道疾病　产气荚膜梭菌引起的大多数疾病发生于肠道，涉及所有毒素型菌株。

A型　在许多动物中，A型产气荚膜梭菌可以引起肠炎，尤其是出血性或坏死性肠炎；但对这些感染（微生物学诊断）的分子基础在某些情况下还了解甚少。例如，A型产气荚膜梭菌引起的鸡和其他鸟类的坏死性肠炎（图35.2）。直到最近才认识到，引起这种感染的菌株特征是能够产生NetB毒素，该毒素的基因位于鸡坏死性肠炎菌株的3个致病性基因座之一上。这一出乎意料的发现说明，梭菌能够适应不同动物物种并导致特定的疾病，其更详细的致病机制还有待进一步研究。A型产气荚膜梭菌是引起牛犊坏死性和气肿性皱胃炎的重要病原（图35.3），本菌还可以引起许多动物，包括犬和马驹，零星发生的出血性胃肠炎，尽管这些疾病的发病机制仍不清楚。组织破坏通常是由引起气性坏疽的重要的毒力因子造成的，但这种假设可能不完全正确的。产Cpb2毒素的产气荚膜梭菌可能与经庆大霉素治疗的成年马的致死性盲肠结肠炎有关。意外的是，Cpb2毒素基因通常是位于阅读框之外的，因此在马的分离株中未表达，但是用庆大霉素治疗可能导致核糖体畸变，使得mRNA转录被读入阅读框，从而能够使菌株产生毒素。A型菌株还涉及人类非肠毒血性食物中毒（菌株具有染色体编码的Cpe肠毒素，且具有耐热性）和人类抗生素相关性腹泻（与携带Cpe和Cpb2基因质粒的菌株有关）。有种推测为携带编码Cpe肠毒素的A型产气荚膜梭菌，可能引起犬和猫的水样腹泻疾病，但目前仍未被证实。还有一种推测携带Cpb2的A型菌株可引起仔猪轻度腹泻和生长迟缓，但是同样未被证实。

图35.2　A型产气荚膜梭菌引起鸡坏死性肠炎（引自由圭尔夫大学病理学系）

图35.3　A型产气荚膜梭菌引起小牛坏死性和气肿性皱胃炎（引自圭尔夫大学病理学系）

B型　B型产气荚膜梭菌通常导致新生羔羊发生"羔羊痢疾"。β-毒素是导致出血性肠炎的主要因素，能够影响整个小肠。它对胰蛋白酶敏感，这可以部分解释为什么该型菌株容易导致新生动物患病，因为初乳中含有抗胰蛋白酶的物质。B型产气荚膜梭菌引起的疾病症状包括精神抑郁、厌食、腹痛和腹泻等。该病病程发展迅速，死亡率接近100％。慢性型疾病往往发生在成年动物。肠道以外的病变包括充血、水肿、浆膜腔积液和各种器官出血。该病的临床症状和病理变化是由具有膜活性的毒素（β和ε）决定的。ε-毒素作为一个渗透性酶，可以增加肠道通透性，从而使其吸收到体循环中，通过损伤血管内皮细胞，导致液体损失和水肿，以及损害肾功能。β-毒素和ε-毒素也影响神经系统，导致重度抑郁，对纠正治疗缺乏反应以及高死亡率可能部分归因于这种致病作用。由于ε-毒素需要由蛋白水解酶激活，因此其在B型菌株致病作用中没有β-毒素重要。

C型　C型产气荚膜梭菌可引起世界范围内的新生犊牛、马驹、仔猪和羔羊的出血性肠炎（图35.4）；也可以引起包括人类和少数鸡在内其他动物发生坏死性肠炎。老龄羊的肠毒血症往往发病迅速并致命，被称为"羊猝狙"（类似雷击造成的猝死）。β-毒素是导致出血性肠炎的主要因素，主要作用于小肠。它对胰蛋白酶的敏感性一定程度上解释了该病对新生动物更易感，因为初乳中含有抗胰蛋白酶的物质。C型菌株引起的临床症状主要为精神抑郁、厌食、腹痛和腹泻等。疾病病程发展迅速，死亡率接近100％。与

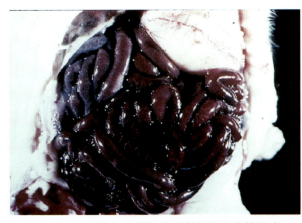

图35.4　C型产气荚膜梭菌引起仔猪出血性肠炎

此疾病有关的临床症状和病理变化是由具有膜活性β-毒素作用的结果。新几内亚的人发生C型产气荚膜梭菌引起的肠炎与食用未煮熟的和被污染的猪肉以及食用木薯相关，因为木薯具有抑制胰蛋白酶的特性，阻止了C型产气荚膜梭菌在小肠中产生的β-毒素的降解。

　　D型　D型产气荚膜梭菌能引起青年羔羊（小于1岁）的肠毒血症（"暴食症"或"软肾病"），该病在所有年龄段的山羊均可发生，偶尔也会在犊牛中发生。ε-毒素是以需要蛋白酶活化的前毒素形式分泌，这解释了为什么本病好发于青年以上的动物，因为初乳中含有抗胰蛋白酶的活性物质。ε-毒素可以增加肠的通透性，确保其吸收进入血液循环，从而破坏血管内皮导致液体损失和水肿。当毒素水平升高时，可引起脑毛细血管内皮细胞受损，由此产生的水肿大大增加了颅内压。但是，当毒素含量较低时（如部分免疫的动物可能如此），或者当肠道中产生的毒素量较少时，它会损害大脑中的毛细血管内皮细胞，从而使脑组织中的毒素水平增加，这将导致局灶对称性脑出血。除了这些与毒素剂量相关的致病特征外，ε-毒素还能引发儿茶酚胺的释放，使腺苷酸环化酶激活，从而引起与cAMP相关的高血糖症和糖尿症，这是肠毒素血症的常见表现。

图35.5　"软肾病"肾的剖检变化，与ε-毒素损害肾脏组织自溶有关。左边肾脏受到感染，右边是正常的肾（引自圭尔夫大学病理学系）

　　在羔羊发病时，可能没有眼观的病理变化，死亡率可能更高。毒素引起的血管内皮损伤能导致死后自溶加速（图35.5）。羔羊有时可见浆膜下和心内膜下出血，在体腔内有多余的液体。非急性病例中常见脑出血和退行性病变，组织病理变化可以表现为肠炎。羔羊可能死前无预兆，但也可能有在濒死阶段发生抽搐和在长期病例发生腹泻的情况。牛和大龄羊可表现出神经系统症状。在成年山羊中，局部坏死性肠炎伴发腹泻是常见的。小牛和山羊均可发生非致死性亚急性和慢性病症。

　　E型　E型产气荚膜梭菌能引起小牛出血性肠炎，但发病率较低，有时也见于羔羊。疾病主要由E型菌株产生的具有膜活性的ι-毒素导致，主要病理性损伤为出血性肠炎及溃疡性皱胃炎。由于螺旋梭菌毒素可以被ι-毒素抗血清中和，E型菌株曾被误认为会引起兔发病。

　　非肠毒血症性腹泻　产气荚膜梭菌在动物非肠毒血症性和轻度腹泻中的致病作用还有待证实。例如，新生仔猪发生的消瘦、发育迟缓和腹泻等症状，可能与产β2毒素的A型菌株相关。在某些动物中，发生非肠毒血症性腹泻，可能与Cpe肠毒素的相互作用（菌株形成芽孢后与小肠上皮细胞相互作用释放毒素）相关。虽然所有毒素型的产气荚膜梭菌都能够携带编码Cpe的基因，但A型菌是最常见的。本病是人类患者中最常见的食源性疾病之一，除了改变上皮的液体和电解质的流动性，Cpe还破坏上皮细胞和紧密连接导致其脱落，同时引起炎症反应。

　　组织毒性感染　A型产气荚膜梭菌单独或与其他细菌协同作用能导致严重的伤口感染（气性坏疽，有时在动物中也被称为恶性水肿），将A型菌株接种无菌部位可导致坏疽性厌氧蜂窝织炎。产气荚膜梭菌感染也是新生犊牛发生严重和致命的坏死性乳腺炎的原因。

　　产气荚膜梭菌产生的具有膜活性的毒素（α和PFO）是组织破坏的主要原因。胶原酶、唾液酸酶和透明质酸酶有助于感染的传播。众多高活性的蛋白酶、糖苷酶、脂肪酶以及其他酶由VirR/VirS系统负责上调，引起组织破坏和养分吸收，而芽孢形成有助于菌体抵抗吞噬。本病表现为坏死性蜂窝织炎和肌肉坏死，伴随水肿、出血、产气和致命的毒血症。这种类型的产气荚膜梭菌感染在动物中是比较少见的，通常是环境中的梭菌侵入严重创伤的组织，而外伤的缺氧环境适于梭菌的生长。

流行病学 许多健康动物的肠道中通常存在产气荚膜梭菌，这与肠道中常在大肠埃希菌相类似。在暴发腹泻疫情的时候，致病菌株在土壤中可以存活足够长的时间以感染其他动物。

肠毒血症（D型）的决定因素是受饮食和环境影响的肠道环境。暴食是一个重要的诱发因素，尤其是过多食用蛋白质和能量丰富的食物（包括牛奶、豆科牧草以及粮食等）。在年幼的动物中，过量的饲料通常会经过不充分的消化而进入肠道，在肠道中，它为食入或常驻细菌的增殖和毒素的产生提供了丰富的培养基。过饱能够减慢肠道蠕动，有利于细菌滞留和肠道对它们产生的毒素的吸收。此外，也有可能是细菌自身因素促进其在肠道定植，但这些还没有得到充分的证明。在肉鸡体内，坏死性肠炎的诱发因素包括球虫病，还有食用含有小麦成分以及胰蛋白酶抑制剂（如未加热的豆粕）的饲料。

梭菌引起的肠道疾病往往容易受年龄影响，这与饮食和新生动物消化道因素相关。新生动物消化道往往缺乏灭活毒素的酶，特别是初乳具有抗胰蛋白酶活性，这一因素加剧了这一方面。D型产气荚膜梭菌增殖时，ε-毒素需要胰蛋白酶的激活，而且年龄稍大的羊似乎是更青睐摄取高碳水化合物。

季节性流行与易感动物和草料增多有关，温暖的气候有利于环境中细菌的繁殖。

A型菌株引起的疾病在世界范围内发生。B型菌株引起的羔羊痢疾多发生在欧洲和南非，而伊朗也有过绵羊或山羊发生B型肠炎的报道。C型菌株相关疾病在全球范围均有发生。D型菌株相关疾病常在绵羊数量多的地方发生。E型菌株相关疾病在英国、美国和澳大利亚有过报道。

免疫学 免疫是抗体介导的，并且与抗毒素水平相关。免疫制剂通常包括细菌成分。主动免疫对于疾病的控制很重要。

实验室诊断 产气荚膜梭菌是相对耐氧的，并且在诊断实验室易于分离和鉴定。很少能够在无菌部位的分泌物中观察到芽孢。

细菌的分离主要采用含有血液的琼脂培养基，并在厌氧环境中孵育。如果产气荚膜梭菌是从受污染的环境中（如肠内容物）分离，样品可以先80℃加热15min，该菌的芽孢会抵制这种处理，而其他细菌将被灭活，随后再接种到分离培养基中。诊断特征包括在血琼脂培养基上形成双重溶血区（Cpa和PFO毒素），以及牛乳培养基的"爆裂发酵"。在肠毒血症病例中，小肠内容物的染色观察（如革兰染色、瑞氏染色和姬姆萨染色）往往显示含有大量革兰阳性大杆菌，具有典型产气荚膜梭菌的形态特征。然而，由于动物剖检后肠道的所有部位的细菌都可以快速增殖，这种染色检测的价值是有限的。目前编码各个毒素基因的特异DNA引物已被开发，可通过聚合酶链式反应（多重PCR）检测粪便或培养物中的细菌毒素基因。

在小肠内容物中的毒素可通过接种敏感动物进行证实，将少量的澄清肠内容物注射到小鼠尾静脉中，注射后十几分钟内死亡，是证实肠毒血症的证据，并且毒素可使用特定的抗毒素中和。这种小鼠尾静脉注射拟及通过豚鼠皮内注射进行毒素的检测的方法，现在通常认为是不人道的。因此大多数诊断实验室依靠PCR技术检测。羔羊的D型肠毒血症通常是通过尿糖测试阳性来确定。

肠毒素（Cpe）可通过酶联免疫吸附试验检测受感染犬或猫的粪便进行鉴定。虽然芽孢和Cpe的产生相关，但将粪便染色涂片有芽孢作为诊断方法还存在分歧。

治疗和控制 大多数肠毒血症的病例发病突然，很难成功治疗。预防肠毒血症的最好方法是分娩之前注射两次菌体-类毒素疫苗进行免疫预防。商业化疫苗产品通常涵盖C型和D型菌株，这些疫苗能确保新生动物在出生后最初几周获得被动保护。在疾病暴发时，可接种抗毒素和类毒素，几周后再次注射类毒素。为防止羔羊D型肠毒血症的发生，需要接种2次疫苗，间隔1个月，在羔羊投放全饲料前2周应该完成所有的免疫接种。奶山羊对软肾病（D型）疫苗免疫效果很差，因此，疫苗接种通常需要一年重复几次。

适当类型的抗毒素可用于病畜和那些有患病风险的动物，保护可持续2～3周。预防性接种可采用皮下注射方式，治疗时应采用静脉注射，并且剂量需要加倍。然而，抗毒素的成本高且不易获得，目前通常用抗生素替代抗毒素。

控制暴食是一个切实可行的预防措施。饲喂羔羊广谱抗生素可以减少肠毒血症发生，但也带来其他问题（见第4章）。饲喂家禽抗生素，可以预防A型产气荚膜梭菌引起的坏死性肠炎。犬和猫可采用甲硝唑、大环内酯类（泰乐菌素）或氨苄青霉素治疗由产Cpe的A型产气荚膜梭菌引起的相关腹泻。

鹑梭菌

鹑梭菌可以引起鹌鹑以及几种家禽发生溃疡性肠炎和坏死性肝炎。该病原对营养要求苛刻，很难形成芽孢。对于它的生命周期还不清楚，产生的毒素也尚未确定。动物发病后如果不及时治疗通常是致命的。

艰难梭菌

艰难梭菌是一种革兰阳性、能运动、有荚膜、产芽孢的厌氧杆菌。本菌能产生黏附素（菌毛或纤毛），通过电镜可以观察到其细胞壁含有晶体阵列（S层）。

艰难梭菌是引起人类严重腹泻的重要病原，通常与抗生素使用有关，可能发展为致命的伪膜性肠炎。本菌已成为人类医院的祸害，对于老年人（年龄大于65岁）危害大，这与医院的环境消毒很难杀灭芽孢有一定关系，以及与应用某些抗生素或胃抑酸剂等相关。本菌同样可以引起人类非抗生素相关性腹泻疾病。人们也逐渐认识到艰难梭菌感染是动物致命性腹泻的一个重要原因，尤其对于马、仓鼠、豚鼠和仔猪，但对于其他动物的意义现在还在认识过程中。有新闻报道，艰难梭菌能引起其他动物腹泻，包括犬、猫、兔和平胸鸟。本菌能在具有腹泻症状病例中分离获得，同样在无腹泻症状的猫和犬中也可以被分离到。本菌的致病通常发生在使用广谱抗生素（如第三代头孢菌素类和克林霉素）治疗之后。本菌引起马、仓鼠和豚鼠的病变主要包括出血性坏死性肠炎、盲肠结肠炎和伪膜性结肠炎，也可以引起仔猪坏死性盲肠结肠炎和结肠系膜水肿。尽管也有报道正常未用药的马驹发生艰难梭菌病，但该病通常与抗生素治疗史相关。

特征概述

具有医学意义的细胞产物

黏附素 艰难梭菌能产生菌毛黏附素，可能在大肠内对靶细胞起黏附作用。艰难梭菌还可以产生细胞壁蛋白（66ku的细胞壁蛋白Cwp66），使其具有亲和肠上皮细胞的功能。

荚膜 艰难梭菌具有糖类荚膜，可以保护它免受吞噬细胞的吞噬。

毒素 艰难梭菌产生3种与肠炎发生有关的毒素：毒素A（"肠毒素"）、毒素B（"溶细胞素"）以及ADP-核糖基转移酶。

艰难梭菌毒素A（TcdA）是一种糖基转移酶，负责Rho GTP酶的糖基化，使它们无法与底物相互作用（即使它们失活）。此外，糖基化作用能阻碍Rho GDP与鸟嘌呤交换因子相互作用，以及阻碍Rho GTP与GTP酶激活因子的相互作用，从而破坏膜循环。一些信号传导途径被破坏，能导致受影响的细胞骨架组分崩解，包括肠上皮细胞间的紧密连接的破坏，这些变化最终导致细胞死亡。TcdA的肠毒性，除了具有刚刚描述的细胞毒性外，还能通过肠神经系统（通过P物质释放和肥大细胞脱颗粒）刺激中性粒细胞（PMNs）内流的能力。由招募的PMNs合成前列腺素（也许受宿主细胞的影响），以及影响宿主细胞内各种肌醇信号传导途径的激活，导致氯离子和水的分泌（腹泻）。

艰难梭菌毒素B（TcdB）和TcdA一样，是一种糖基化Rho GTP酶的糖基转移酶。然而，TcbB的肠毒性较弱，但比TcdA的细胞毒性强。

艰难梭菌还产生ADP核糖基转移酶（Cdt，艰难梭菌转移酶）。Cdt是一个二元毒素（见产气

荚膜梭菌 ι-毒素和下文的螺旋梭菌毒素），包括与肠上皮细胞的结合部分（CdtB）和酶促活性部分（CdtA）组成。当毒素与细胞表面特定受体结合之后，CdtA 得以进入胞浆，但如何进入胞浆的机制还不十分清楚，可能是在 CdtA 穿过的细胞膜上形成一个孔径（由 CdtB 组成），使其通过细胞膜。CdtA 是一种 ADP-核糖化毒素，能核糖化宿主细胞内的肌动蛋白，导致细胞骨架解体和细胞死亡。

传染源和传播途径 除了能在临床感染动物体内发现艰难梭菌，在正常动物大肠中也能发现本菌。芽孢可以抵抗大多数环境压力，这导致它们在动物饲养区域广泛分布。对人类致病的菌株与对动物致病的菌株有一定的交叉重叠。

致病机制 艰难梭菌通过菌毛以及表面蛋白 Cwp66 附着于大肠上皮细胞。疾病通常由某些因素（如抗生素、非甾体类药物和化疗药）"触发"，导致肠道正常菌群中艰难梭菌数量的调节失控。在一些病例中，抗生素可以暂时控制艰难梭菌，但一旦停止使用，以芽孢形式在抗生素作用下得以存活的菌株就会迅速繁殖而引发疾病。另外，老年患者中具有先天性防御的抗菌肽的活性或数量降低，也可以诱发本菌感染。毒素（TsdA、TcdB 和 Cdt）的产生将导致上皮细胞的死亡，并伴随其肌动蛋白细胞骨架和紧密连接的破坏。前列腺素以及由强烈炎症反应（TcdA）引起的肌醇途径产物会导致液体和电解质分泌（图 35.6），导致无血或出血性腹泻。

流行病学 艰难梭菌相关性腹泻往往与抗生素、化疗药物、非甾体类抗炎药物的使用有关。由于这个原因，疾病在那些具有结肠和盲肠的动物（如马、兔和猪）中出现得更加频繁和严重。但目前也发现在没有上述诱发因素时马驹发病的

图 35.6　由艰难梭菌引起的马致命性坏死性肠炎
细菌感染结肠和盲肠可引起马发生严重的、甚至致命的疾病（引自圭尔夫大学病理学系）

情况，而且该病的诊断也非常复杂，如一些健康的新生马驹的肠道中也能检测到毒素，推测是通过母源抗体来防止疾病的发生的。疾病是通过芽孢污染环境而传播的，尤其是用抗生素治疗的动物的粪便中芽孢的数量可能很大。芽孢对常规的消毒和清洁程序具有抵抗力，因此在医院环境中通常可以发现芽孢。

从腹泻的犬和猫中分离的艰难梭菌通常不携带编码 Cdt 的基因。

免疫学特征 免疫力可能是抗毒素所介导的，目前对于针对菌体本身抗体的作用还有待进一步研究。口服抗毒素制剂（通过牛制造的）可以对人产生保护。

实验室诊断 可以通过 PCR 方法检测粪中编码毒素的基因。基于免疫学的方法也可用于粪便样品中毒素（TcdA 和 TcdB）的检测。艰难梭菌也可以通过使用选择性培养基从粪便中进行分离培养（图 35.7），如 CCFA 培养基（含环丝氨酸、头孢西丁和果糖琼脂），以及通过 PCR 来确认存在毒素的类型。然而，在人医中实验室诊断的最佳方法仍处于开发阶段，因为酶免疫测定（EIA）毒素 A 和毒素 B 方法的敏感性还不如直接进行毒

图 35.7　艰难梭菌的革兰染色
和许多梭菌一样，一些菌体呈革兰染色阴性；芽孢在此涂片中不容易看见

素毒性试验的敏感性高，而且该方法的特异性也存在问题。人医当前用于诊断的方法包括检测谷氨酸脱氢酶（GDH）和毒素的EIA方法。如果两者结果都是阴性的，则诊断结果为阴性，但如果两者结果都是阳性的，则诊断结果认为是阳性。然而，如果更敏感的GDH检测结果为阳性，而毒素检测为阴性，细胞毒性试验或毒素基因的实时PCR检测则被推荐为第二阶段的检测方法。实时PCR方法的成本贵但其检测也快，因此其应用日益增多，但目前仍常采用酶测定法。虽然毒素测定仍然是一种可选择的方法，但尚未开发出用于动物疾病诊断的理想的方法。细菌培养是缓慢的，有时由于在运送至实验室期间细菌在空气中死亡，从而阻碍了其培养增殖。

治疗和控制　与腹泻相关的艰难梭菌对甲硝唑敏感。不幸的是，目前已经存在甲硝唑耐药菌株。用于人体的替代抗生素是万古霉素。目前没有可以使用的疫苗，然而口服布拉酵母菌已被证明在预防人类患病方面是有效果的。在猪上，非产毒株的定植可以防止产毒株的感染。在使用抗生素的同时使用益生菌可以减少艰难梭菌感染的发生率。在医院，洗手是一个减少医护人员传播疾病的有效机制，而消毒剂不能有效的杀灭芽孢。

毛状梭菌

毛状梭菌能够引起实验小鼠急性致死性腹泻并伴有肝脏局灶性坏死（泰泽病），本菌能够产生芽孢，不能在无细胞的介质中生长，可在肝细胞内形成空泡。毛状梭菌在感染包括兔、野兔、沙鼠、大鼠、仓鼠、麝鼠、犬、猫、雪豹、马驹和恒河猴等动物时引起的疾病均相似。报道称在感染免疫缺陷病毒的人身上发现了泰泽病，但没有在免疫功能正常的人上发现。

特征概述　毛状梭菌是一种革兰染色可变的、能形成芽孢的大杆菌，它通过周鞭毛运动，可以在鸡胚和小鼠肝细胞中生长。姬姆萨染色和银染比HE染色和革兰染色效果好。

即使在冷冻或冻干条件下，营养细胞也会发生死亡，但芽孢在适度加热、冻结以及解冻条件下仍可存活，菌株致病性和形态学均不改变，少数菌株几个月内仍具有感染性。

传染源和传播途径　传染源是受感染的动物。病原通过粪-口途径和胎盘传播。多数是内源性以及应激引起的。

致病机制　病变从肠经淋巴管和血管浸润至肝脏，门静脉周围区域多出现凝固性坏死灶（图35.8），还有可能传播到心肌。寄生细胞包括肝细胞、心肌细胞、平滑肌细胞和肠上皮细胞，类痢疾病变在这些细胞里可能发生。此外，还曾在马驹中观察到淋巴结炎，尤其是肝的淋巴结炎，疾病病程通常是3d。

流行病学　疾病的暴发往往是与应激相关（如拥挤、辐射和类固醇注射等）。实验动物感染时发病率较高，病死率可达50%~100%，尤其年龄小的动物更为易感。许多菌株都能造成亚临床感染；可以通过血清学对这类病例进行鉴别诊断。

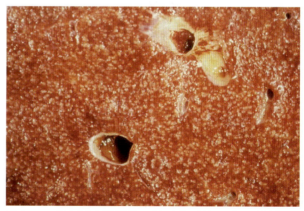

图35.8　患泰泽病的马驹，显示广泛的肝脏局灶性坏死
（引自圭尔夫大学病理学系）

实验室诊断　实验室诊断依据为观察到细胞内具有典型杆菌束（宽0.5μm，长8.0~10μm），特别是在肝细胞病变的周围（图35.9）。免疫抗体可以用于辅助诊断。以被感染的小鼠肝脏提取物作为抗原的补体结合试验已被用于测定小鼠的感染程度。

治疗和控制　临床治疗通常是无效的。对于预防有效的抗菌药物包括红霉素和四环素。

螺旋状梭菌

螺旋状梭菌经常可从兔的盲肠结肠炎中分离到。和艰难梭菌一样，使用抗生素可能导致本菌的感染。本菌产生的外毒素与E型产气荚膜梭菌的ι-毒素和艰难梭菌ADP核糖基转移酶的特性相同，能够通过激活ADP-核糖基化细胞的肌动蛋白发挥作用。

其他引起肠道疾病的梭状芽孢杆菌

由腐败梭菌和索氏梭菌引起的肠道疾病将在"组织毒性梭菌"部分介绍。

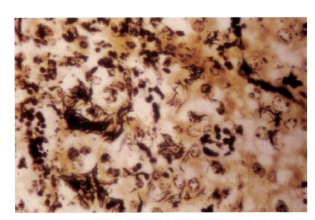

图35.9 泰泽病的组织革兰染色，显示出毛状梭菌聚集（引自圭尔夫大学病理学系）

组织毒性梭菌 组织毒性梭菌的特征在于它们引起的疾病主要是包括肌肉严重感染的软组织病变以及与厌氧环境有关的严重创伤性疾病。与产气荚膜梭菌相关的组织毒性疾病之前已简要说明。一些组织毒性梭菌也能引起肠毒性感染。

气肿疽梭菌

气肿疽梭菌是一种革兰阳性、能运动的专性厌氧杆菌，芽孢在菌体亚末端或亚中心产生。气肿疽梭菌可引起牛内源性、气肿性、坏死性肌炎（"黑腿病"）。

特征概述

具有医学意义的细胞产物 像其他梭菌一样，气肿疽梭菌能产生一批功能强大的蛋白质外毒素，这些毒素会导致疾病的发生。α-毒素是一种氧稳定性的溶血素，与腐败梭菌致死性的穿孔毒素α-毒素类似。其他细胞外产物对于发病机制也很重要，感染过程中DNA酶（"β-毒素"）和神经氨酸酶（唾液酸酶）可以消除真核细胞的细胞壁糖复合物的唾液酸残基，从而导致细胞间基质的破坏。气肿疽毒素（"δ-毒素"）是一种与胆固醇结合的溶细胞素，类似于前面描述的产气荚膜梭菌的PFO毒素，其结合到真核细胞膜的胆固醇筏中，可形成穿孔导致细胞的死亡。

传染源和传播途径 气肿疽梭菌定植于易感动物的肠、肝，以及其他组织中。在"黑腿病"流行的地区，认为感染主要源于土壤，包括被携带该病原动物粪便污染的土壤。气肿疽梭菌在肠道感染之后经肝脏传播进入组织，以芽孢形式在全身肌肉中存活。该菌也可从土壤中进入创伤处，可能会发生气性坏疽。

致病机制 在牛发病之前，来自肠道的气肿疽梭菌芽孢先在组织中，特别是在骨骼肌中定植。芽孢在有利的条件下萌发，随后细菌生长并产生毒素，引起水肿、出血和肌原纤维坏死等局部病变以及全身毒血症。通常并不清楚是什么因素触发了芽孢萌发，但任何具备缺氧条件的部位，包括瘀伤或注射刺激性的物质都会引起萌发。据推测，青年牛在夏季遭受飞虫恶性叮咬是主要的刺激因素，其导致的局部肌肉缺氧可激活芽孢。α-毒素与其他外毒素是造成最初病变的原因，细菌代谢发酵产生的气体可能也是引起病变的原因。坏死性感染的病灶中心呈现明显干燥、黑色和气肿，而病灶外围出现水肿和出血（图35.10），并发出典型腐臭黄油的气味。显微镜下观察，由于水肿、肺气肿和出血导致肌纤维发生退行性改变，但白细胞浸润一般是轻微的。

临床上主要表现为高热、厌食和精神沉郁，迅速发展的跛行也比较常见。浅表病变可见肿胀明显，按压会发出噼啪音。虽然"黑腿病"的主要特征为感染肢体肌肉，但感染的部位有时也涉及更小的肌肉如膈肌、心肌或舌肌。有些动物会突然死亡，而其他病例通常在1d或2d内死亡。

图35.10 牛的"黑腿病"

显示受感染肌肉颜色变黑,坏死肌肉中心由于气肿疽梭菌产气导致气肿(引自圭尔夫大学病理学系)

马有时因为注射刺激性化学物质从而激活内源性芽孢而引发医源性、致命性肌炎。

流行病学 "黑腿病"在世界范围内不同地理区域之间和内部发病率均不尽相同,这表明土壤储存或气候因素或季节性因素尚有待确定。饲喂情况好的青年牛(小于3岁)更为易感。如前所述,可能是劳累或擦伤引起的。

对羊和一些其他动物而言,气肿疽梭菌通常会导致伤口感染、恶性水肿或气性坏疽。在感染时,其他梭菌(诺维梭菌、腐败梭菌和索氏梭菌)也可能同时存在。

免疫学特征 针对毒素和菌体成分的抗体是对抗气肿疽梭菌的决定性因素。商品化的疫苗包括多达6种梭菌成分(溶血梭菌、气肿疽梭菌、C型和D型产气荚膜梭菌、腐败梭菌和索氏梭菌)。

实验室诊断 在感染组织的涂片中观察到形成芽孢的革兰阳性杆菌是重要的诊断依据,同时通过与免疫荧光试剂反应进行确诊。

气肿疽梭菌的生长需要严格的厌氧条件以及富含半胱氨酸和水溶性维生素的培养基。该菌的培养与生化特性与腐败梭菌相似。但与腐败梭菌不同的是,气肿疽梭菌可以发酵蔗糖,但不发酵水杨苷,在44℃也不会生长。利用DNA引物PCR扩增16S~23S的DNA区间,可以区分腐败梭菌和气肿疽梭菌。该方法也可以用于检测在组织中的微生物。

对于组织中或者培养物中的检测,也可以通过PCR扩增编码鞭毛蛋白基因的特异性区域,该方法已经成功地用于鉴别组织中的各种梭菌。

治疗和控制 治疗效果往往不理想。青霉素首先应静脉注射,然后再进行局部肌内注射。

在"黑腿病"流行地区,牛在3~6月龄时开始接种疫苗,以后每年接种,疫苗接种后至少2周才能产生抗体。在疾病暴发期间,应对所有的牲畜接种疫苗,并给予长效青霉素。当感染经常发生时,妊娠母羊在分娩前3周接种疫苗。羔羊可能需要在1岁以内开始接种疫苗。因为该疾病具有传染性,当第一次观察到病例感染时,通常建议牧场采取相应的防控措施。

溶血梭菌

溶血梭菌是一种无荚膜、能运动的严格厌氧菌,它能产生椭圆形且高耐热性的大型芽孢。溶血梭菌(以前称为D型诺维梭菌)几乎所有的表型特征都与B型诺维梭菌相类似。本菌产生的毒素磷脂酶C与B型诺维梭菌的β-毒素相同,但产生的量更大。现在已经发现了溶血梭菌血清型和毒素型的变种。

溶血梭菌可以引起反刍动物的细菌性血红蛋白尿("红水病")。

传染源和传播途径 溶血梭菌存在于反刍动物的消化道和肝脏中,以及存在于土壤中。疾病发生的地区范围比较广泛和分散,表明牛的活动对于传播发挥一定的作用,主要通过摄入进行传播。

致病机制 细菌性血红蛋白尿的发病机制包括芽孢的摄入、肝脏的定植、肝损伤以及芽孢萌发并且产生毒素(见"诺维梭菌")。外毒素是一种强活性的磷脂酶C,可在几小时或几天内引起动物溶血和死亡。病理反应包括浆膜腔积液和广泛出血。特征性病变为局限性的肝坏死(曾被误称为"梗塞"),这是β毒素的作用结果(图35.11)。临床表现为发热、面色苍白、黏膜黄疸、厌食、无乳、腹痛、血红蛋白尿("红水"),以及腹式呼吸,妊娠母牛可能会流产。

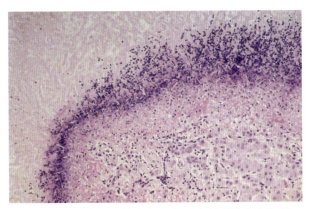

图35.11 患有细菌性血红蛋白尿牛的肝脏组织切片
该图的顶端显示为凝固性坏死,与强烈的炎症区域相邻(引自圭尔夫大学病理学系)

流行病学 细菌性红蛋白尿主要发生在北美落基山脉、太平洋沿岸各州和墨西哥湾沿岸,也发生在拉丁美洲、欧洲部分地区和新西兰。尽管沼泽低地可能与地方性流行和感染扩散有关,但对该病菌在土壤中的存活时间还不了解。袋鼠类动物可能在传播中起作用。

发病往往都集中在夏季和秋季,营养良好的1岁或1岁以上的动物更易发病。该病与血吸虫病的相关性不如"黑疫"明显(见"诺维梭菌"的"传染性坏死性肝炎")。

免疫学特征 免疫力是抗毒素介导的。流行地区的动物会产生一定的免疫力。全菌体-类毒素是有效的疫苗制剂。

实验室诊断 肝脏病变组织是用于革兰染色涂片和免疫荧光试验的最佳检测样品。培养需要新鲜血琼脂和严格的厌氧条件。

PCR可以检测组织或培养物的溶血梭菌,同时可以区分其他的组织毒性梭菌。

治疗和控制 患病动物早期治疗采用广谱抗生素(如四环素)、抗毒素(如果可用)以及输血会产生良好的效果。在流行区的动物最短每6个月接种一次疫苗,最好在流行期3~4周前免疫。

诺维梭菌

特征概述 诺维梭菌是一种无荚膜、能运动、革兰阳性的专性厌氧杆菌,能够产生椭圆形、强耐热性的大型芽孢。本菌有两种致病型(A型和B型),二者具有不同生化特性、流行病学和致病性特性。溶血梭菌如之前所述,曾经被称为D型诺维梭菌。诺维梭菌能引起反刍动物发生气性坏疽、"大头病"和"黑疫",极少数能够引起牛的"黑腿病"。

具有医学意义的细胞产物

毒素 诺维梭菌可产生多种胞外蛋白毒素,能够引起与其相关的疾病。其中,α-毒素和β-毒素以及α-毒素(诺维毒素)已经被证明在本菌致病中发挥重要作用。

α-毒素 α-毒素由诺维梭菌A型和B型产生。它是一种糖基转移酶,能够糖基化Rho GTP酶,从而使它们无法与底物相互作用。此外,糖基化能阻止Rho GDP与鸟嘌呤交换因子的相互作用,以及Rho GTP与GTP酶激活因子的相互作用,从而抑制膜循环。该毒素的作用将导致几个信号通路被破坏,使受影响细胞的细胞骨架成分崩解,随后导致细胞死亡。

β-毒素 β-毒素是由B型诺维梭菌产生的一种磷脂酶C(一种卵磷脂),能够水解宿主细胞膜的磷脂酰胆碱和鞘磷脂成分,从而导致细胞的死亡。这种毒素具有溶血活性。

δ-毒素(诺维毒素) δ-毒素(诺维毒素)由A型诺维梭菌产生,是一种胆固醇结合溶细胞素。诺维毒素结合在真核细胞膜的胆固醇筏上,通过形成孔道导致细胞死亡。

其他毒素 诺维梭菌能产生许多其他胞外蛋白酶或小毒素,包括卵磷脂酶、脂酶和肌球蛋白酶,它们对发病机制的作用还不明确。

传染源和传播途径 A型诺维梭菌常见于土壤中。A型和B型诺维梭菌均可存在于健康草食动物的肠道和肝脏,并且也能以芽孢形式存在于肌肉中,所有病原均通过摄入或伤口感染进入宿主。

致病机制 α-毒素、β-毒素和诺维毒素均是致死性和坏死性毒素,具有确定的致病意义,对于其他微小的非致命毒素的致病作用尚不明确。

气性坏疽和"黑腿病" A型诺维梭菌可引起人类和动物的气性坏疽("梭菌性伤口感染")。公羊出现的"大头病"是一种特殊的表现形式，诱因为公羊头部的上方由于角斗而出现损伤，进而可能导致存在于头部肌肉的内源性芽孢活化。毒素引起的内皮损伤会导致头部、颈部和颅胸部水肿，动物往往在2d内死亡。水肿液是黄色透明呈凝胶状的，很少出血，属于一种死后变化。诺维梭菌少数情况下会引起牛发生类似于气肿疽梭菌引起的牛"黑腿病"，有时也被称为"伪黑腿病"，应该将二者区别开来。

传染性坏死性肝炎 B型诺维梭菌引起传染性坏死性肝炎("黑疫")，易感动物包括羊和牛，很少感染马和猪及其他动物。源于肠道内的芽孢可以到达肝脏，并在枯否氏细胞内保持休眠。当肝细胞因肝吸虫迁移等因素受到伤害时，由此产生的厌氧条件使芽孢活化，营养的增加可以导致毒素的产生和扩散。可能突然死亡，或临床发病2d内死亡。症状包括抑郁、厌食和体温过低。尸检表现为水肿和浆膜腔积液，存在一个或多个含有细菌的肝坏死区域。心包水肿引起皮下静脉充血，导致皮肤下变暗，因此命名为"黑疫"。该病偶尔在猪中暴发，可能与蛔虫通过肝脏迁移有关。

流行病学 该病原在世界各地普遍存在。"大头病"在澳大利亚、南非和北美发生；"黑疫"主要分布于肝吸虫暴发的地区，这两种疾病大多发生在夏季和秋季的成年羊中，"黑疫"主要感染营养良好的动物。

免疫学特征 目前推测，产生抗毒素（针对α-毒素、β-毒素和诺维毒素）和菌体成分的抗体是抵抗诺维梭菌感染产生免疫力的基础。制备全菌体-类毒素疫苗对疾病具有预防价值。

实验室诊断 肝脏病变组织含有大量革兰阳性或可变阴性杆菌，菌体末端具有椭圆形的大芽孢，可以通过抗诺维梭菌的荧光抗体识别。

细菌的分离要求在最严格的无氧条件下进行，尤其是B型菌，对培养基营养的要求也比较苛刻。诺维梭菌可能在食草动物死亡后数小时内的正常肝脏中出现，因此，需要对死后入侵者与真正病原进行鉴别。

检测在组织中或培养物中的病原可以采用PCR技术（包括实时PCR），可以对细菌进行定量分析。扩增具有菌种特异性的编码鞭毛蛋白基因片段而设计的DNA引物已被成功地用于区分组织中的各种梭菌。

治疗和控制 目前尚无有效治疗方法，主要是应用治疗肝吸虫等肝病的药物。接种细菌类毒素疫苗通常能够有效预防疾病。

腐败梭菌

特征概述 腐败梭菌是一种或短小、或粗大的多形性革兰阳性专性厌氧菌，本菌能运动且能形成芽孢。在一些分泌物中，可呈长的细丝状。

腐败梭菌是引起家畜伤口感染（气性坏疽或恶性水肿）和家禽坏疽性皮炎的主要病原，而且还可引起绵羊的致命皱胃炎和反刍动物的"黑腿病"（"伪黑腿病"）。

具有医学意义的细胞产物 腐败梭菌产生多种外毒素蛋白，与其致病性密切相关。然而，只有α-毒素被明确证明是毒力因子。α-毒素是一种致死性的穿孔毒素，其与真核细胞表面（主要是内皮细胞）的糖基化磷脂酰肌醇锚定蛋白结合。结合后，与细胞结合的蛋白水解酶即弗林蛋白酶将其裂解，产生的片段插入到细胞膜中形成孔径，导致细胞死亡。腐败梭菌还产生具有杀白细胞活性的DNA酶（"β-毒素"）、毒素透明质酸酶（"γ-毒素"）以及一种胆固醇结合溶细胞素（septicolysin O）（具有类似于perfringolysin O和诺维毒素等的毒素活性）。其他的胞外产物（几丁质酶、神经氨酸酶、脂肪酶、唾液酸酶和血细胞凝集素）尚未确定在发病机制中的作用。

储存和传播 腐败梭菌广泛存在于土壤中，以及动物和人类肠道内，因伤口感染和摄入而传播。

致病机制 腐败梭菌引起的伤口感染通常被称为"恶性水肿"，但"气性坏疽"可能更容易被理解。前面提到的所有毒素都可能在这种严重的坏死性感染中起作用，但目前被明确证实参与的只有α-毒素。全身反应被认为是内皮损伤的结果，会出现严重的液体和电解质失衡以及局部的水肿。其中眼观可见的组织损伤是由膜活性毒素溶解结缔组织成分、同时破坏多形核白细胞并影响消化酶的释放所引起的。感染过程可以从数小时持续到数天。在组织坏死的过程中，随着邻近肌肉的变黑，出血、水肿、坏死的过程经常发生在筋膜平面之后（图35.12），肌肉的变化和肺气肿的产生，与"黑腿病"非常相似（见"气肿疽梭菌"），肿胀伴随着疼痛和发热，之后变为无痛发冷。临床症状包括发热、心搏过速、厌食和精神抑郁。病程发展快速，可1d之内死亡。伤口包括创伤性伤口，但也可能包括动物的产后子宫。

图35.12　仔猪的气性坏疽

可能与注射或阉割有关，沿着筋膜发生坏死（引自圭尔夫大学病理学系）

腐败梭菌引起牛的类黑腿病样疾病，有时也被称为"伪黑腿病"，以便同由气肿疽梭菌引起相同疾病区别开来。通过注射刺激物激活内源芽孢可引起马的医源性致命性肌炎。

腐败梭菌也可引起坏疽性皮炎，该病导致包括火鸡和肉鸡在内的家禽出现致命的坏死性蜂窝织炎和肌坏死，而且在这个过程中可同时感染产气荚膜梭菌。目前认为引起这种破坏性感染的因素包括卫生条件差、拥挤和粪便污染等；当然，可能还存在其他未知因素。

严重的致命性皱胃炎（羊快疫）是一种由腐败梭菌引起绵羊在严寒天气中发生的疾病，腐败梭菌在皱胃壁产生坏死性病变，与之前报道的皮下病变相似。临床症状通常为毒血症和肠胃不适。目前，人们对这种不寻常的、急性的、可致命的疾病的发病机制还知之甚少。感染与饲喂冷冻食物包括干草有关，暗示皱胃黏膜可能存在创伤性损伤（图35.13）。

人类因腐败梭菌引起的伤口感染可能发展成严重的蜂窝织炎和气性坏疽，与非法静脉注射药物、不卫生的条件下流产（产脓毒性子宫炎）、恶性肿瘤、皮肤感染、与糖尿病有关的外围血管

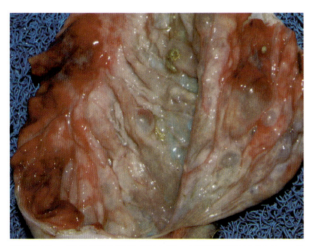

图35.13　羔羊皱胃发生羊快疫，表现广泛的出血、水肿、气肿、局灶性坏死（引自圭尔夫大学病理学系）

病变和严重创伤等情况有关。微生物也可导致人类"自发"的非创伤相关的肌肉坏死（"气性坏疽"），发病机制可能与牛的"黑腿病"相类似。

流行病学　气性坏疽的诱发因素主要包括阉割、手术和注射等。产后生殖器感染有时与难产和不熟练的产科服务有关。"羊炭疽"或"绵羊快疫"大多发生在寒冷的国家，如加拿大、苏格兰和斯堪的纳维亚等。

免疫学特征　免疫可能是抗毒素介导的。

实验室诊断　通过革兰染色或免疫荧光很容易观察到渗出液中的芽孢杆菌。

在厌氧条件下腐败梭菌容易在血琼脂上生长，48h内产生溶血环，直径可达5mm，具有根状轮廓和频繁聚堆的特点。虽然培养复壮和鉴定这个细菌都不难，但下结论应谨慎。因为腐败梭菌非常容易

入侵尸体，因此它的存在可能在某种情况下与疾病无关，并可能掩盖了真正的病原，如溶血梭菌和气肿疽梭菌。

在组织中或在分离物中鉴定该菌的方法包括荧光抗体染色法和α-毒素基因的PCR扩增。菌种的特异性鞭毛基因片段的PCR扩增可用于鉴别引起严重组织坏死的其他梭菌。

治疗和控制 预后不良。临床治疗包括青霉素或四环素的全身性给药，伤口切开引流，并用防腐剂冲洗。

小牛在3～4个月大时接种疫苗，绵羊和山羊在断奶后接种疫苗。在可能接触病原的时候，应加强卫生防护措施。

索氏梭菌

索氏梭菌感染对动物和人类中的危害可能被低估。本菌能产生大量的毒素，试验表明其对许多种动物具有致病性。

索氏梭菌与反刍动物和马的致死性肌炎以及肝脏疾病有关，但确切的致病过程尚不清楚。"急性牧场肌病"（"马非典型肌病""季节牧场肌病"）通常与急性的致命的横纹肌溶解相关。近年来在欧洲国家，该病已成为一个日益严重的问题。马匹通常在霜冻、暴风雨和类似秋季的气候条件下放牧时发病。该疾病与突然发作的肌无力有关，肌无力是全身肌变性的结果，尽管感染的具体部位并不明确，推测可能是源于肠道。用免疫组化的方法已经证明索氏梭菌的致死性毒素（TCSL）存在于被感染马的肌纤维中。

索氏梭菌可引起围产期马驹发生致命性的残余脐带感染，也能引起产后绵羊致命性的子宫感染。它也可能与人类的一些严重的甚至致命的感染有关，如人工流产引起的感染和与"黑腿病"类似的"自发"非创伤相关的肌肉坏死（"气性坏疽"）。

越来越多的证据表明，本菌可引起严重的肠道疾病，发病与腐败梭菌引起羔羊皱胃炎（"羊快疫"）完全相同。本菌已在狮子致命的肠道疾病中分离出来。

用于预防"黑腿病"和气性坏疽的梭菌全菌体-类毒素疫苗中通常含有索氏梭菌。

● 神经毒性梭菌

肉毒梭菌（引起肉毒中毒）和破伤风梭菌（引起破伤风）分别通过神经毒素肉毒毒素和破伤风毒素的作用致病。虽然肉毒毒素和破伤风毒素有相同的作用机制，但它们引起病变的表现形式明显不同，两种毒素在神经系统中的靶点也不同。

肉毒毒素和破伤风毒素均能够阻断神经递质的释放。两种毒素都是锌内肽酶，能干扰含神经递质的囊泡与突触前间隙裂膜的融合。这种干扰主要由对接蛋白的水解引起，而水解发生在含神经递质的囊泡与突触前膜融合之前。这些蛋白质水解导致突触变性和神经传递的阻塞，而突触的再生往往需要几周到几个月。

肉毒梭菌

肉毒梭菌是一种革兰阳性、产芽孢的专性厌氧杆菌，其导致的肉毒中毒是一种以弛缓性麻痹为特征的神经麻痹中毒，表现为"酸痛性麻痹"。七种神经毒素蛋白（A～G）均可引起中毒（表35.3），它们作用相同，但具有不同的效力、抗原特性及分布特性。毒素由一组异质性梭菌产生，肉毒梭菌的命名也是基于这些毒素的种类（肉毒梭菌G群已更名 *C. argentinense*）。

肉毒梭菌主要见于反刍动物、马、水貂和鸟类，尤其是水禽，不过越来越多的商业家禽被诊断为肉毒中毒，但猪、食肉动物和鱼却很少受到感染。

表35.3 经典肉毒毒素的类型、分布、来源及致病性

类型（以往分类）	地理分布	来源	感染物种
A（A）	北美西部、苏联	蔬菜、水果（肉、鱼）	人类（鸡、水貂）
B（B）	北美东部、欧洲、苏联	肉类、猪肉制品（蔬菜、鱼）	人类（马、牛）
Cα（C1）	新西兰、日本、欧洲	植被、无脊椎动物、腐尸	水禽
Cβ（C1，D）	大洋洲、非洲、欧洲、北美	变质的饲料、腐尸	马、牛、水貂（人类）
D（D）	非洲、苏联、美国西南部、欧洲	腐尸、鸡粪	牛、羊、鸡（马、人类）
E	北美、北欧、日本、苏联	生鱼、海洋哺乳动物	人类、鱼、捕鱼的鸟类
F	美国、北欧、苏联	肉、鱼	人类
G	阿根廷	土壤	人类

特征概述

形态 肉毒梭菌是一种革兰阳性、产芽孢的专性厌氧杆菌。当pH接近或高于中性时，可产生亚末端椭圆形的芽孢。

具有医学意义的细胞产物

毒素 肉毒梭菌产生的几种有毒性的蛋白质（A型肉毒毒素、C2毒素和C3胞外酶），但只有A型肉毒毒素起关键作用。

肉毒梭菌毒素（BoNT）有7种类型，用字母A至G命名（表35.3），可通过抗原性不同对其进行区别。神经毒素的类型是肉毒梭菌菌株的特征，所以肉毒梭菌产生A型BoNT的菌株也被描述为A型肉毒梭菌。

所有类型的BoNT都是具有相同活性的锌内肽酶，可以水解含神经递质囊泡与突触前膜融合所需的对接蛋白。虽然造成的损伤是相同的（阻断神经递质的释放），但各种类型BoNT水解的对接蛋白不同。A型和E型水解SNAP（突触相关蛋白），B、D、F和G型水解VAMP（也是突触的囊泡相关膜蛋白），C型水解SNAP和突触。水解后的突触发生退化，需几周到几个月才能再生。

BoNT是一个"双链"分子，包括一条轻链（具有锌内肽酶活性），和一条由易位结构域（负责形成供轻链通过的孔道）和结合结构域（负责结合于神经细胞）组成的重链。研究认为肉毒梭菌产生BoNT的同时能分泌几种有助于毒素在胃肠道中存活的"辅助"蛋白质。

BoNT的靶细胞是胆碱能神经细胞，但不同类型BoNT结合于不同的受体。结合之后，毒素通过受体介导的内吞作用内化，含BoNT的囊泡保留在神经肌肉的接头处。在"切割"作用后，轻链（锌内肽酶）穿过小泡膜进入神经细胞的胞浆中，从而水解对接蛋白。

C2毒素和C3胞外酶均是ADP核糖基转移酶，二者通过核糖化G-肌动蛋白和Rho导致细胞骨架破坏。这两种酶似乎都没有在疾病过程中发挥重要作用。

抵抗力 尽管芽孢的耐热性随培养特性、毒素类型和菌株的不同而有所差异，但一般情况下湿热120℃作用5min是可导致肉毒梭菌灭活的，当然也可能存在意外。低pH和高盐可以提高热杀菌效果。盐、硝酸盐和亚硝酸盐可以抑制食物中的细菌芽孢萌发。加热至80℃作用20min可以灭活毒素。七种毒素的抗原性、耐热性和毒力在不同动物中表现不同（可能与运动神经元的表面受体密度有关）。本菌根据培养特性不同可以分为4个群。

传染源和传播途径 肉毒梭菌主要来源于土壤和水体沉积物。引起中毒的媒介是被污染的动植物。动物死亡后，肠道和组织中的肉毒梭菌的芽孢通常会萌发并产生毒素，这可能直接污染当地环

境，如动物在干草制作过程中被杀死，并卷进了"大捆"的干草堆。在植物腐烂后，会发生类似的情况。其他动物接触、摄入毒素和芽孢以及伤口污染可能会导致肉毒中毒。芽孢摄入是婴儿肉毒梭菌中毒的重要因素之一。在人类和马中很少见到因伤口感染引起的肉毒中毒。

致病机制　BoNT是已知毒力最强的毒性蛋白质，1mg就可以杀死一个人。摄入的BoNT先从胃和小肠前段吸收，再通过血液扩散。毒素与受体结合后，通过受体介导的胞吞作用进入神经细胞，而BoNT如何从血液到达神经细胞的表面尚不清楚。含毒素的囊泡存在于肌肉神经结中，毒素（轻链）的片段穿过囊泡膜进入神经细胞的胞浆中，随后水解对接蛋白（蛋白种类取决于肉毒梭菌毒素类型）。由于缺乏神经递质（乙酰胆碱）将导致突触退化和弛缓性麻痹。当其影响到呼吸肌时就会因呼吸衰竭而死亡。肉毒梭菌中毒常无原发病灶产生。

临床症状主要为肌肉不受控制、斜卧、舌头受挤压及存在食品摄取、咀嚼和吞咽方面的障碍，但意识不会发生变化。除非发生吸入性肺炎等继发感染，否则体温保持正常。在非致命性的情况下，恢复比较缓慢，残留的症状可能会持续数月。目前推测，马草源性疾病常导致致命的自主神经功能异常，其主要原因为草叶上存在C型肉毒梭菌分泌的BoNT，当然，这个推测还有待证实。

在鸭子等鸟类中，该疾病因其典型的头部下垂的姿势被命名为"垂颈病"，往往会导致水鸟溺亡。

流行病学　A型和B型菌株存在于所有类型的土壤中，其中包括未开垦的土壤；C、D、E和F型菌株与潮湿环境相关，存在于泥泞土壤或水生沉淀物中。在动物中，以C和D型为主。C型存在于草叶（牧草）表面的生物膜上，马牧草病是否由肉毒梭菌中毒导致仍有待证明。E型与水生环境相关，因此通常与食用受感染或污染的鱼类有关。

饲料中添加死亡动物（鸟类、鼠类和猫）是疾病暴发的来源，鸡粪（其中可能包含死鸡）用作牛羊添加饲料、垫料或肥料可将病原传播到反刍动物牧场。近年来，越来越多地使用"大青贮饲料包"和干草捆，其中草在没有酸化作用的情况下被包裹在大型塑料密闭袋中或包裹在紧密的圆捆中，与马和牛肉毒梭菌中毒的概率提高有关。这可能因为收割的草非常靠近地面，收集草的同时雏鸟或老鼠也被收集起来，以及青贮饲料或紧紧包裹的干草容易形成厌氧条件。水貂养殖场暴发疾病通常是由于污染的肉饲料。鱼苗孵化场的鱼食中含有在池底污泥萌发的E型肉毒梭菌芽孢。夏天湖泊退去后留下泥泞岸边或浅池，腐烂的植物可被采食，所以容易引起水禽暴发疾病；主要过程为水禽摄入肉毒梭菌及其毒素，死后病原在尸体中加速繁殖，蝇幼虫食用后吸收了毒素，而水禽摄入这些幼虫又会导致中毒。在商业蛋鸡和肉鸡中，C型和D型肉毒中毒的病例正在增加，这显然是肠内产生了毒素的结果（"传染性肉毒中毒"），但是这种发病率增加的原因还不清楚。这种肠道感染可能与鸡舍附近反刍动物肉毒中毒病例增多有关。

在牛和骡中已经观察到B型肉毒梭菌的感染。虽然在马驹的"马驹震颤综合征"和成年马的"感染性肉毒中毒"中并未发现毒素，但可从组织中分离出病原。

D型肉毒中毒与磷缺乏有关。放牧的动物往往因食用了含有肉毒毒素的尸体和骨骼，从而导致中毒。在南非，牛因中毒而引发"跛脚病"，据报道这是与磷缺乏相关的跛行。在英国大量反刍动物携带D型肉毒梭菌，并已经确定这与接触肉鸡垫料有关。

E型肉毒梭菌已经出现在北美湖泊的食鱼鸟类中，这是各种入侵物种在水生环境中引起复杂生态变化的结果。迁徙的食肉鸟类肉毒中毒，这使它们更容易被捕食，并容易引发其他动物中毒。

人类肉毒中毒通常是由于食用了处理不当的肉类、海鲜或蔬菜类罐头。婴儿肉毒中毒涉及肠道内梭菌的生长和毒素的生成，从而产生"婴儿松软综合征"，并且可能与蜂蜜的摄入相关联，因为蜂蜜经常含有大量肉毒梭菌芽孢。此外，还存在伤口感染肉毒梭菌的可能。

免疫学特征　抗肉毒中毒的免疫力是抗毒素所介导的。一些以腐肉为食的动物，如秃鹰，能通过反复接触亚致死剂量毒素获得免疫力。

实验室诊断 肉毒中毒的诊断需要从动物死前或新鲜的尸体组织或血浆中检测到毒素。从肠内容物中分离病原，或者是死后检测到毒素往往不能作为确诊依据。在饲料以及新鲜胃内容物或呕吐物中检测到毒素可以支持肉毒中毒的诊断。

将可疑样品（非液体）与盐水混合过夜用于提取毒素。将混合物离心，上清过滤灭菌和加胰蛋白酶作用（1%浓度在37℃作用45min）。豚鼠或小鼠腹腔内分别注射提取物、提取物和抗毒素的混合物和100℃加热10min的提取物。接种动物发生肉毒中毒导致死亡的时间为10h至3周（平均为4d），临床表现为肌肉无力、四肢麻痹和呼吸困难。为了证实由于动物肉毒中毒而不是腹膜炎导致的死亡，提取物必须能够被肉毒梭菌抗毒素中和。

从可疑的饲料或组织中分离肉毒梭菌，首先将可疑样品在65～80℃加热处理30min，诱导芽孢萌发。此外，E型芽孢还需用溶菌酶处理（浓度为5mg/mL）。处理后的样品在厌氧条件下用血琼脂平板培养，通过生化反应和毒素检测进行鉴定。通过PCR扩增各种毒素基因，可鉴别所分离肉毒梭菌的类型。

治疗和控制 如果怀疑最近摄入了肉毒梭菌，可进行胃排气和洗胃。对于水貂和鸭，抗毒素对症治疗有时是有效的，但预防接种也十分必要。貂和其他动物应接种类毒素（A、B、C和D型）疫苗。用肉毒杆菌类毒素疫苗预防马牧草病的临床试验还正在进行当中。如果可行的话，将被感染的水鸟转移至旱地，可以有效控制感染，可以在干地上放置食物，引诱可能来自受感染地区的鸟类。在英国，农民用鸡粪作为肥料销售之前，必须清除肥料中的动物尸体。

胍和氨基吡啶可以刺激乙酰胆碱的释放，明胺可以加剧神经冲动。关于它们使用的临床报告很少且混杂。

破伤风梭菌

破伤风梭菌是一种革兰阳性、产芽孢的专性厌氧杆菌，其引起的破伤风是一种神经麻痹性中毒，特征是肌肉强直性痉挛和强直阵挛性抽搐。中毒由一种神经毒素蛋白引起。

所有哺乳动物对于破伤风均有不同程度的易感性，马、反刍动物和猪比食肉动物和家禽更易感。所有动物一旦患病死亡率都很高。人类和马属动物是最易感染的物种。

特征概述

形态 破伤风梭菌是一种革兰阳性、产芽孢的专性厌氧杆菌。破伤风梭菌的形态学特征是芽孢终端为球形（"鼓槌"或"网球球拍"状）。

具有医学意义的细胞产物 破伤风梭菌产生两种毒素（破伤风溶血素和破伤风毒素），只有破伤风毒素具有临床意义。

破伤风毒素（TeNT），又称破伤风神经毒素或破伤风痉挛毒素，其编码基因位于一个大的质粒上。TeNT需要在梭菌细胞裂解后才能释放。TeNT只有一种类型，是一种锌内肽酶，能通过含神经递质的囊泡与突触前膜融合水解对接蛋白。TeNT水解的对接蛋白为VAMP（囊泡相关膜蛋白，也被称为突触）。一旦对接蛋白被水解就会引起突触退化，需用几周到几个月才能再生。

TeNT是一个由"双链"分子组成，轻链具有锌内肽酶活性，重链由易位结构域（形成孔道供轻链通过）和结合结构域（负责结合于神经细胞）组成。

TeNT通过识别特异性受体（与BoNT识别的受体不同）与胆碱能神经细胞结合，这些受体由含脂筏和糖肌醇磷脂的锚定蛋白组成。结合后通过受体介导的内吞作用将毒素内化，含有TeNT的囊泡通过逆行轴突运输到脊髓腹角中的抑制性中间神经元。通过"切割"作用，轻链（锌内肽酶）穿过囊泡膜进入神经细胞的胞浆中，并水解对接蛋白。

破伤风溶血素是一种胆固醇结合溶细胞素，但在产生破伤风中未见其致病性意义。

生长特性 破伤风梭菌可在常规厌氧条件下的血琼脂上生长，有时呈聚堆生长。生化反应（碳水化合物发酵和吲哚试验）随所用的培养基不同而有所差异。芽孢可以抵抗长达1.5h的煮沸，但不能抵抗高压灭菌（121℃作用10min）。一些卤素化合物（3%的碘）消毒，可能在几小时之内杀灭该菌，但用常规浓度的苯酚、来苏儿和福尔马林是无效的。

传染源和传播途径 破伤风梭菌广泛分布在土壤中，在肠道中的存在通常是短暂的。芽孢主要从伤口入侵。

致病机制 芽孢萌发需要厌氧环境，这种环境常在因粉碎、焚烧、裂伤、血液供应中断（如脐部残端或胎盘遗留物）或细菌感染等所致的坏死组织中形成。在这些情况下，破伤风梭菌快速增殖，其毒素通过血液循环或外周神经干扩散。毒素与胆碱能神经上的受体结合，并被囊泡内化，囊泡在轴突内逆行，到达脊髓腹角的细胞体。毒素的轻链跨越小泡膜进入胞浆，水解对接蛋白，并抑制神经递质（甘氨酸和γ-氨基丁酸）的释放，从而引起神经支配的肌肉持续阵挛或强直性痉挛。该毒素还能通过脊髓扩散以影响更多的肌肉群。突触在囊泡对接蛋白水解后退化，需要数周时间才能再生。

"上行性破伤风"一种是对破伤风毒素不高度敏感的动物（如犬和猫）的病症，仅在产毒部位附近的神经干吸收足够的毒素以产生明显的体征。

"下行性破伤风"（广义破伤风）是典型的高敏感物种（马和人）的病症，其中有效毒素量可通过血液循环从毒素产生位点传播到偏远部位的神经末梢。毒素以多种方式进入中枢神经系统，产生广泛的破伤风作用，这种作用经常从颅骨开始，因为颅神经进入中枢神经系统的距离很短，该作用顺序也反映各种神经元的敏感性。

疾病模型 疾病一般有几天至数周的潜伏期，早期症状表现为僵硬、肌肉震颤和对刺激的反应敏感。

马、反刍动物和猪通常发展为下行性破伤风，可以观察到第三眼睑回缩（因为眼肌痉挛）、耳朵直立、磨牙以及尾部僵硬、不能进食（"牙关紧闭"）、四肢强直导致"锯木架"状态，并最终斜卧，反刍动物中常见胀气。强直痉挛起初是对刺激的反应，但后来变成永久性。此外，该病还表现为粪便和尿潴留、出汗和高热，但意识仍然存在。患病后常出现因呼吸骤停而死亡的情况，羔羊和仔猪在第1周内出现，成年动物多在1~2周内出现。疾病完全恢复需要数周至数月，死亡率至少为50%，其中幼龄动物的死亡率最高。

在食肉动物中，潜伏期往往会更长，并且在原始伤口附近经常会见到局部（上行）的破伤风。进展可能比有蹄类动物慢，但症状和病程是相似的。

流行病学 破伤风的发生与破伤风梭菌芽孢进入创伤组织有关（见"致病机制"）。钉子穿透脚的伤口、手术刀口、阉割、耳标记、打针、剪切伤口、产后子宫感染、围产期感染脐带以及动物角斗和绊足陷阱均易导致破伤风相关的损伤或土壤或粪便污染。

免疫学特征 TeNT的抗原性均一。抗破伤风的免疫力是抗毒素所介导的，已在一些健康的反刍动物体内发现存在少量的抗体。出人意料的是，由于破伤风的巨大毒性，破伤风的幸存者可能会被再次感染，除了犬和猫，因为导致犬和猫破伤风所需的毒素量有时足以引起抗毒素反应。给予抗毒素或类毒素免疫分别可提供被动和主动保护（见"治疗和控制"）。

实验室诊断 将可疑的伤口涂片革兰染色可显示典型的"鼓槌"类型的细菌（图35.1）。因为破伤风梭菌的形态并不独特，而且有时存在很隐蔽，所以未检到菌株并不能排除破伤风感染。伤口渗出物接种于血琼脂平板上进行厌氧培养，增加琼脂含量（最多4%）可以抑制破伤风菌株过度生长，加一滴抗毒素会抑制平板的溶血。

传统上，本菌采用熟肉汤培养基进行培养，通常将一部分样品在80℃下加热一定的时间（最多20min）以杀死芽孢以外的细菌。所有待检样品培养物均在37℃下孵育4d，并在此期间定期传代至血琼脂。在传代培养之前，将以前未加热的培养物进行加热，通过鉴别试验鉴定出可疑分离株。将48h

肉汤培养物肌肉接种2只小鼠，而其中一只事先接种了抗毒素，以此来确认其为破伤风毒素培养物。然而实际上，现在很少这样做，因为这种疾病具有特征性，因此不需要实验室诊断。

设计用于PCR扩增破伤风毒素基因编码的引物，也可用于分离菌株的鉴定。

治疗和控制　治疗的目的是中和毒素、抑制毒素产生、维持生命和减轻患者症状。通过注射适量的抗毒素（马匹的剂量为10 000 ～ 300 000U）来实现第一个目标。有些人建议鞘内给药，因为这可能更加有效。

伤口护理和肠外青霉素或甲硝唑旨在阻止毒素的产生。支持治疗包括使用镇静剂和肌肉松弛剂以及排除外部刺激。亢进期过后需要通过胃管或静脉内人工给药。加强护理是最重要的。

应该对伤口进行正确的清理和包扎。手术过程中，特别是在农场大规模暴发感染的情况下，应该采取适当的卫生防护措施。除非进行主动免疫，否则马属动物在受伤或手术后均要接受抗毒素治疗，并注射青霉素。

主动免疫采用甲醛灭活类毒素疫苗，每1 ～ 2个月接种2次，随后通常每年都接种，但免疫频率可有所下降。所有高度敏感的物种，尤其是马、人和羊，应接种破伤风疫苗，需严格按照包装说明书操作。当接种类毒素时，被动免疫可以通过免疫母马传递给马驹，可以提供大约10周的保护。

（姜志刚　译，李雁冰　校）

第36章 丝状杆菌科：放线菌属、诺卡尔菌属、嗜皮菌属和链杆菌属

放线菌属、诺卡尔菌属、嗜皮菌属和链杆菌属的成员都具有产生丝状体的共同特点。除了这个特性以及能引起化脓性肉芽肿以外，这些属的成员之间几乎无其他相似之处。表36.1总结了它们的不同特性。

表36.1 放线菌属、诺卡尔菌属、嗜皮菌属和链杆菌属的不同特性

特性	放线菌属	诺卡尔菌属	嗜皮菌属	链杆菌属
革兰染色	+	+	+	+
耐酸性反应	−	部分 +	−	−
运动性	−	−	游动孢子	−
环境偏好	严格或兼性厌氧	需氧	兼性厌氧	兼性厌氧
主要的贮主	口腔黏膜	土壤	皮肤	啮齿类咽部

注："+"表示阳性；"−"表示阴性。

● 放线菌属

放线菌属一般为厌氧或兼性厌氧菌，属于革兰阳性分枝杆菌，通常作为正常菌群存在于植物、动物和人类的口腔、肠道、泌尿生殖道。他们最常定植于口腔，在破坏口腔黏膜之后，引发化脓性肉芽肿。该属成员众多，其引起的疾病临床症状与在形态学上与之相似的微生物类似，如诺卡尔菌属等。

特征概述

形态和染色 放线菌属均为革兰阳性菌，耐酸，形态似白喉杆菌样或丝杆状。菌体不产生孢子，因不均匀染色而呈串珠样，在病理学标本中易观察到。培养时，类喉杆型为优势菌。

结构和组成 放线菌有独特的细胞壁成分，可以此区别于形态学上相似的其他种属，如诺卡尔菌属。表面黏性纤维为可能的黏附因子，使其能黏附宿主细胞或者其他细菌（聚集）。细菌表面抗原与其驱化性和促有丝分裂活性相关。

生长特性 放线菌属于需要丰富培养基的兼性或偏性厌氧菌，体外培养更适于生长在富含血清或血液的培养基上。该类细菌嗜二氧化碳，因此含二氧化碳的厌氧环境更利于其生长。生长至肉眼可见菌落通常需要在37℃下培养数天（2～3d）。属内不同成员之间菌落形态有差异，基本不具溶血性。

抵抗力 放线菌很容易被高温和消毒剂杀死，在培养基中需要频繁传代才能存活。放线菌属对抗生素的敏感性较高，尤其是对青霉素。放线菌的耐药性除氟喹诺酮曾有过报道外，关于对其他药物的耐药性鲜有报道。

生态学

传染源 放线菌通常分布于口腔黏膜或者牙齿表面；但也定植于泌尿生殖道内富含黏液腺的黏膜上，并能在许多动物胃肠道定植。放线菌的繁殖不受外界环境影响。

传播 放线菌感染通常是内源性感染，即其与共生菌共同侵入寄主的易感组织后引起感染。咬伤是另一种不常见的传播途径。

致病机制

放线菌属成员引起的典型化脓性肉芽肿病症的机制尚不清楚。菌体一旦在宿主组织定植，便在局部引起化脓性反应，在化脓灶周围形成肉芽肿，肉芽肿成分由肉芽组织单核细胞浸润和纤维化组成。渗出液从窦道渗出，这些渗出液通常含有特征性的黄色"硫黄状小粒"。这些硫黄状小粒直径大于5mm，通常称之为菊形团或者棒形集落。放线菌属成员常与其他多种微生物混合感染。

疾病模型

反刍动物 对于牛，牛型放线菌或者更为少见的衣氏放线菌引起的疾病表现为"大颌病"。由于创伤性事件（低质量饲料引起），菌体从口腔进入腭的齿槽及齿槽旁区，从而引发慢性疏松性牙髓炎。最终，多孔骨取代正常骨，愈合后形成不规则瘢痕和带有脓汁的蜂窝状窦道。这将使牙齿松动，丧失咀嚼能力以及下颌骨骨折。病灶扩大但无血行扩散的趋势。类似的感染也发生在人和有袋类哺乳动物中。牛型放线菌还与牛的肺部感染有关。

马 已有从马的脓肿、角膜拭子和皮肤脓疱中分离出放线菌的报道。此外，该菌还与马肩胛瘘的形成有关，常与布鲁氏菌混合感染。另外，由于马感染放线菌后可发展为淋巴结炎，故其感染症状可能与马链球菌引起的马腺疫症状类似。

犬猫 放线菌属与伴侣动物的胸腔和腹腔感染有关。对于犬类，放线菌病与其舔舐异物的习惯有关，尤其是舔舐外来引进的芒草。如果这些细菌定植处靠近椎骨，会引发放线菌性椎间盘脊椎炎。皮肤放线菌病在犬类表现为罕见的结节溃疡性淋巴管炎。

猪 临床上，猪放线菌病通常与乳腺炎相关，这可能源于仔猪的吮吸。流产胎儿和肺部感染组织中也曾分离到放线菌。

由于放线菌病与其他疾病（如马腺疫）临床症状相似，临床上很难将两者区分。

流行病学 除咬伤外（这是一种罕见的传播方式）放线菌病是非传染性疾病。黏液囊或体腔的感染可能是血液散播造成的，也可能来自消化道或体壁的咬伤创口。据报道，对于流浪犬而言，放线菌病与其在半干旱的芒草地活动有关。放线菌属相关的疾病在世界范围内的山羊、绵羊、野生反刍类动物、猴类、兔、松鼠、仓鼠、有袋类动物和鸟类中已有过报道。

免疫因子

人在感染放线菌后产生细胞免疫和体液免疫。感染期间产生的循环抗体不产生保护力。如果机体产生抵抗力的话，可能源于细胞介导的吞噬作用有效清除了放线菌。迄今，无可用商品化疫苗。

实验室诊断

从非开放性创伤组织中抽吸病料，若能抽吸到颗粒物质，则为最佳的实验室诊断材料。检查疑似渗出物中是否存在"硫黄状颗粒"，即硬度各异、直径长达数毫米的黄色小颗粒。将获取的颗粒清洗，破碎后置于显微镜下观察。若观察到菊形团，尤其是观察到细菌大小的丝状体渗入到锤形的边缘提示为放线菌。

破碎的颗粒、渗出物或组织压片可被革兰染料和抗酸性染料着色。菌体分枝、革兰阳性、呈现串珠样丝状体及耐酸，可提示为放线菌。大多数来自动物体的放线菌在培养时不需要严格厌氧的条件，但增加二氧化碳的浓度可使其生长得更快。以上提到的颗粒物是区分放线菌属与其他菌属分离株的最显著特征。放线菌在35～37℃，培养48～72h能形成菌落。因为不同菌属对大部分的生化试验的反应不同，故通过菌的特征性形态和染色特性，加上生化反应试验便能对放线菌进行鉴别。若菌落具有典型的非溶血性，呈白色，表面光滑或粗糙，黏附于培养基表面，则可初步鉴定为放线菌。病原种属的鉴别对疾病诊断非常重要，同时，分子技术的应用提高了鉴定效率。基于16S rRNA的序列设计的引物用于PCR检测，能区分放线菌属的不同成员。

治疗和控制

碘复合物已用于牛放线菌病的治疗，然而一旦出现毒性反应则应立即停止用药。对易于进行手术操作的软组织病变可排脓或切除。青霉素和氨基糖苷类药物常联合使用，能有效阻止病程的发展。对"大颌病"进行治疗并不能恢复正常的骨结构，但是通过引流、碘灌洗以及病灶清创并辅以全身的药物治疗，能够阻止病情的进一步发展。

对于感染此类疾病的其他物种，外科治疗（排脓、灌洗、切除和清除异物）仍存在争议，但可以使用并以长期的抗菌疗法作为辅助手段。青霉素的衍生物（如氨苄西林）便是首选药物。可以使用的药物还包括红霉素、克林霉素、多西环素和复方阿莫西林克拉维酸。此类疾病的复发颇为常见，特别是只经过短期药物治疗或者病变累及胸腔的情况。需注意的是，放线菌感染通常是多种微生物共同诱发的结果，不把其他病因考虑在内的治疗方法并不科学，因此现有的治疗方案仍需优化。

● 诺卡尔菌属

诺卡尔菌属是需氧、腐生、革兰阳性的丝状细菌，广泛分布于自然界的土壤和水中。到目前为止，该属鉴定出的成员已逾80种，其中约一半与动物或人类疾病密切相关。该属新的种类仍在不断地被鉴定出来，成员数量将继续增加。由诺卡尔菌属引起的感染在哺乳动物、鱼类、软体动物和鸟类中已有报道。此类细菌属机会致病菌，常感染免疫功能受损的个体。诺卡尔菌感染通常始于化脓性或者脓性肉芽肿，可变为慢性；然而，该属不同成员的致病力并不相同。以往认为，星形诺卡尔菌是引起该病最常见的菌种；如今，该菌已同其他几个种成员一起被统称为星形诺卡尔菌复合群。基于以上原因，在以下有关由诺卡尔菌属的成员引发疾病的讨论中，若病原均为该属成员，将不再一一指明具体的种，除非分离株由最近公认的、针对此类细菌的鉴定方法（多为基因分析）分析过。

特征概述

形态和染色 诺卡尔菌属是无运动性的革兰阳性菌，所以用革兰染色法难以与放线菌属区分。该菌通常是分枝的，呈串珠丝状，且这些细丝能分裂为具有多形性的杆菌或球菌。由于其细胞壁中含有分枝菌酸，呈部分的抗酸染色特性，因此能将他们与形态上相似的菌区分开。

结构和组成 诺卡尔菌属的细胞壁呈现典型的革兰阳性菌特征，此外还含有二氨基庚二酸（DAP）、阿拉伯半乳聚糖和分枝菌酸。其细胞壁富含脂类。

生长特性 致病性诺卡尔菌属是专性厌氧菌，能在基础培养基（如沙氏葡萄糖培养基）或营养丰富的培养基（如血琼脂培养基）中生长，且其生长温度范围广（10～50℃）。培养48h后出现形态小且无辨别性特征的菌落。培养时间较长的菌落的形态会产生变化，呈现出不透明状，并有不同程度的着色。通常菌落表面形态因生长时给予的气体环境的充裕度不同而产生差异，为蜡状、粉末状或绒毛状。这些气生菌丝可用于区分诺卡尔菌属与其他菌属。随着生长时间的推移，菌落可能出现皱褶样。在肉汤培养基中，培养物将产生菌膜或者沉淀，但浑浊度不高。

抵抗力 诺卡尔菌属在自然环境中生长旺盛，但对消毒剂敏感。其对抗生素表现出的不同耐药性，传统上用于与其他菌属进行区分。有报道称，皮疽诺卡菌对抗生素的耐药性显著。在使用磺胺类药物治疗此类疾病的地区，大部分人源诺卡尔分离菌株对磺胺类药物呈现耐药性。

生态学

传染源 诺卡尔菌常栖居于自然界的土壤、水、腐败植物和动物粪便中。该菌在全球广泛分布；但种群的分布呈现出地理特征。由于该菌的自然特性，它可成为引起感染的环境污染菌，罕见其感染人和动物后不出现任何症状的情况；当从出现临床症状的样本中分离出该菌时，通常视其为病原。

传播 呼吸传播、经由外伤直接接触传播和摄入传播是三种主要的传播途径。粉尘、土壤和植物均可作为传播媒介。由诺卡尔菌引起的牛乳腺炎可通过器械或人员流动传播。传播途径与疾病的临床表现有关。

致病机制

诺卡尔菌是兼性细胞内寄生菌，最初通过阻止吞噬溶酶体的形成使其能在吞噬泡内存活。诺卡尔菌的细胞壁与其在繁殖阶段分泌的分枝菌酸为其在胞内生活提供了便利。过氧化物歧化酶与溶酶体酶抑制剂阻止了吞噬细胞对该菌的杀菌作用。细胞壁的其他脂类成分可能诱发肉芽肿的形成。不同菌株和处于不同生长阶段的菌其菌体表面成分有差异，相应的，其毒性、感染性也不同。

诺卡尔菌病是以化脓性病变为主的细菌病，其肉芽肿的特点因发病部位不同而各不相同。淋巴结是主要发病部位，尤其是在外伤引起的病例中。发生损伤时，尤其是肺部的损伤，细菌能通过血管侵入，最终导致其在体内散播，形成广泛性脓肿。该病对人神经中枢的损害相当普遍，但鲜见于动物。对于犬类，主要病症是胸部发生肉芽肿性、浆膜炎性积脓。其渗出物为血液脓性，有时含有微小（直径<1mm）柔软的颗粒，该颗粒是由细菌、中性粒细胞、碎片（硫黄颗粒样）组成。这些颗粒缺乏在放线菌感染时常见的硫黄颗粒结构（见"放线菌属"）。

疾病模型 由于诺卡尔菌病能与其他类似疾病同时发病，故常被忽略。若不经实验室诊断，很难区分诺卡尔菌感染与放线菌属感染的病畜。该菌的感染可呈现地方性或散播性。人类与动物的感染通常都与机体的免疫状态有关。

反刍动物 牛乳腺炎感染是牛感染诺卡尔菌最常见的表现。常与畜群的卫生状态有关。该病起始阶段表现为高热、食欲减退和分泌异常乳。随后乳腺出现红热、肿胀和疼痛。乳腺形成瘘道。淋巴结症状十分常见。受感染的腺体通常丧失功能。很少有由诺卡尔菌引起反刍动物的肺炎、流产和淋巴结炎的报道。

马属动物 对于马类动物，有报道显示，该菌能引发足分枝杆菌病、肺部感染和流产，呈现局限性或播散性感染。"诺卡尔型胎盘炎"对母马来说相对少见，但能导致晚期流产、死胎或早产。虽然形态学与克洛菌（Crossiella equi）相似，呈革兰阳性、分枝丝状，但其致病因素与克洛菌并不相同。

犬和猫　犬猫感染诺卡尔菌后，表现为体虚、发热，并伴有沉郁、食欲减退等症状。感染的犬，常出现化脓性肺炎、脓胸。该菌在体内蔓延至肝、肾、骨和关节，有时甚至侵入中枢神经系统。与犬瘟热病毒混合感染十分常见。虽然感染猫的肺部和全身性疾病也可能发生，但皮下脓肿更为常见。这些动物的死亡率很高，尽管这可能与免疫抑制或合并感染等诱发因素有关。

猪　鲜有因诺卡尔菌感染引发猪肺炎、流产或淋巴结炎的报道。

其他动物　对于鸟类（鲜有）、鲸和海豚，经自然界传播，诺卡尔菌通常引起呼吸系统疾病。对于鱼类，据报道，患病动物的肌肉或内部器官可见肉芽肿。

流行病学　诺卡尔菌病在世界范围内分布，但该属某些种类呈区域性分布。对于人和动物，疾病的发生很大程度上与机体免疫缺陷有关。牛诺卡尔菌乳腺炎通常源于不良的饲养卫生状况。最常见的情况是在"干乳期"进行乳腺炎的乳房内疗法时引起诺卡尔菌病。

免疫学特征

感染诺卡尔菌后，机体会产生抗体和细胞介导的免疫反应，包括超敏反应。严重的诺卡尔菌病通常与机体的免疫抑制状态有关，细胞免疫的抑制尤甚。在诺卡尔菌的感染过程中，抗体对机体的保护力很弱，真正发挥免疫效力的是细胞免疫。目前仍缺乏有效的免疫产品。

实验室诊断

将感染诺卡尔菌的病料压片、涂片或切片后观察，发现分枝状、革兰阳性、丝状或短丝状的球杆菌。由于该菌与其他菌群存在形态学上的相似性，所以单凭形态学无法鉴别该菌，需通过培养或采用分子生物学方法加以鉴别。

诺卡尔菌在血琼脂上于37℃培养，开始时出现小而模糊的菌落；随着时间的推移，培养物出现暗淡不透明、橙色或微黄色的不同表型。因生长环境中氧气的充裕度不同，菌落表面可能呈现绒毛状或粉状。菌落附着于培养基表面，用环和针尖难以挑动。染色后观察，可见菌体形态呈现为多形杆菌、球菌或分枝丝菌。体外培养后菌的抗酸性可能消失。其生化特性包括产生过氧化氢酶、硝酸还原作用和酸化多种糖类。利用其生化特性和对多种抗生素的敏感性，可对诺卡尔菌属的不同种类进行鉴别，但该方法无法区别星形诺卡尔菌复合群的不同成员。

对诺卡尔菌进行血清学鉴别的可行性不高，且结果的可靠性也不确定。对于该菌的鉴别，分子生物学方法越来越受推崇。基于热休克蛋白基因 $hsp65$ 的限制性酶切片段多态性的测定已用于该菌的鉴定；然而，此方法的鉴别诊断能力并不完全被认可。曾有人提议将编码16S rRNA 或者 $hsp65$ 的基因测序作为鉴别诺卡尔菌的方法。但这些检测技术的有效性仍未在临床应用中得到验证。

治疗和控制

对于诺卡尔菌型乳腺炎，运用抗菌疗法虽然可能暂时缓解临床症状并且使其停止排菌，但无法根治。对于该病的防控包括扑杀感染动物，对畜舍及器械进行全面消毒，并严格做好马厩和挤奶卫生。

对于其他类型的诺卡尔菌病，可用氨基苯磺酰胺复方制剂进行治疗。阿米卡星、利奈唑胺和一些β-内酰胺复合剂（亚胺培南、头孢噻肟）也能有效用于感染人类和动物的治疗。据报道，氟喹诺酮的治疗价值很有限。由于短期治疗很容易导致疾病复发，故诺卡尔菌感染的治疗期通常较长（需数月）。对于有脓肿和积脓的病症，一般进行外科治疗和/或排脓，并配合使用抗菌药。在治疗期间已经观察到了抗菌药的耐药性，且不同菌株的耐药谱有所不同。

● 嗜皮菌属

嗜皮菌属通常与动物的渗出性皮炎或皮肤损伤相关，偶见于人。该属细菌最具代表性的种类是刚果嗜皮菌，它能引起牛或其他物种的嗜皮菌病或链丝菌病，马的雨淋病、雨斑病或脂热症，绵羊的羊潜蚤症或莓状腐蹄病。少数野生动物的皮肤病例中也分离出嗜皮分枝杆菌（嗜皮分枝杆菌的分类学地位还有待商榷）。

嗜皮菌属为革兰阳性、分枝、丝状杆菌，具有独特的生长特性。在温带地区，有过嗜皮菌属引起化妆品污染的情况，但相关管理部门能通过加强质检对此类事件进行有效控制。热带地区，该菌的感染会严重影响绵羊和牛群的生产性能，且可能是导致蝇蛆病等其他问题的重要因素。嗜皮菌很少在除皮肤外的其他部位分离到。

特征概述

形态和组成 刚果嗜皮菌为革兰阳性菌，具有独特的生命周期：首先形成具有能动性的球形"游动孢子"，并长出细菌萌发管；接着形成横向和纵向的隔膜（即数层菌丝），二分裂形成的球状菌体呈平行状；成熟后释放具有运动性的（鞭毛）游动孢子，完成其生命周期。嗜皮菌属细胞壁含肽聚糖，无半乳糖和阿拉伯糖。

生长特性 刚果嗜皮菌在血琼脂培养基上生长良好，在萨布罗葡萄糖琼脂培养基上不能生长。该菌兼性厌氧、嗜二氧化碳。菌落生长48h后，形态呈黏液样、黏稠状或蜡状，颜色灰色或黄色，菌落光滑或出现皱褶。刚果嗜皮菌单菌落在溶血性和酶活性等表型上存在较大差异。通常来说，该菌在血琼脂上呈现高度溶血性。另外，在野外分离株中已报道了抗原变异。基因分型的结果表明，分离菌的变异与其感染的宿主有关，而不受所分布地理位置的影响。

生态学

传染源 刚果嗜皮菌不营腐生生活，是一种专性寄生菌。牛、绵羊和马类动物是常见宿主；然而，在山羊、猪、犬、猫、火鸡、灵长类（包括人类）等野生哺乳类动物，以及海洋哺乳类动物也有该菌的寄生。刚果嗜皮菌呈全球分布，但在南美热带雨林地区其对经济影响最为显著。由于幼龄动物免疫系统尚未完全发育成熟，其比成年动物更加易感。

传播 刚果嗜皮菌通过动物间的直接接触以及节肢动物的间接接触传播。棘类植物和剪羊毛造成的伤口是该菌潜在的感染门户。

致病机制

刚果嗜皮菌会引起渗出性表皮炎。该病仅限于表皮部位。此类病灶主要因受浸泡或创伤后感染而发生。接触到伤口的活动孢子可感知二氧化碳的浓度变化，从而不断渗入更深处细胞层。孢子萌发后，表皮内的细菌萌芽管和菌丝形成分叉，并定居于毛囊。感染的表皮下层形成的炎性细胞层（主要为中性粒细胞）发生角质化。在中性粒细胞下层会形成新的侵袭性表皮。最终结果是中性粒细胞渗出物和感染形成的角质化表皮共同形成痂皮。侵袭性表皮层的两面都有毛发长出，使形成的痂皮被托起。刚果嗜皮菌的毒力因子包括磷脂酶、蛋白水解酶，其作用机制包括增加表皮的通透性以及应对机体的炎症反应。

感染刚果嗜皮菌的原发病灶无痛感、无痒感。潮湿环境利于其繁殖。由于叮咬类节肢动物在雨水充足的地区繁殖旺盛，因而潮湿地区的感染率更高。雨水的浸润是动物背部感染的诱因，如发生在马类背部的"雨斑病",或出现在足部、肢体的绵羊的"莓状腐蹄病"和马类的"脂热症"。发病可从表皮层毛发上的几个结痂部位或羊潜蚤病起始,发展为广泛性表皮缺损,进而引起继发性寄生或者继发性感染,最终使动物死亡。大部分严重的病例与彩饰钝眼蜱的感染引起的机体免疫抑制有关。此外,宿主动物的基因组成也决定了该病的严重程度。嗜皮菌病鲜有发生在非表皮组织包括舌头、淋巴结等部位,仅有几篇在猫中发现此类病例的报道。

流行病学 刚果嗜皮菌病的感染与环境条件密切相关,因此,其流行可能存在地区差异。刚果嗜皮菌病的流行与以下因素有关:①已感染动物(传染源);②传播途径,如节肢动物或者棘类植物;③易感宿主表皮的潮湿程度和损伤情况。

免疫学特征

在疫区,牛群体内普遍存在抗体。其保护机制尚不明了。

实验室诊断

如果痂皮或者脱落物的革兰染色或姬姆萨染色显示该病处于刚果嗜皮菌的典型生长阶段,可作出初步诊断。在一些亚急性和慢性病例中,细菌学证据可能不足,如仅出现多细胞分枝菌丝。游动孢子外观似大型球菌。若在皮屑中仅观察到以上菌丝、孢子或菌体碎片时,可用荧光抗体的方法加以鉴定。将新采集的痂皮制作压印涂片也是一种可靠的鉴定方法。

将未污染痂皮培养获得的刚果嗜皮菌新鲜培养物涂布于血琼脂,通入 5% ~ 10% 的二氧化碳,在 35 ~ 37℃ 培养,24 ~ 28h 后,生长出小的浅灰黄色溶血性菌落。延长培养时间(3 ~ 4d),菌落将会附着于培养基上,且生长得更大,菌落表面粗糙或出现皱褶。进行革兰染色时,其分支菌丝和游动孢子都可着色。游动孢子在湿涂片下清晰可见。嗜皮菌不耐酸,过氧化氢酶和尿素酶呈阳性,吲哚试验和硝酸盐反应呈阴性。

治疗和控制

急性嗜皮菌感染通常可自愈。若症状轻微,清洁病畜,并将其迁离潮湿环境即可出现好转。重症患畜可用抗生素治疗,如青霉素、链霉素或四环素。治疗应该侧重于缩小皮肤创伤面积,以及避免雨淋、防节肢动物叮咬。尽管已有用于控制牛羊患病的复合疫苗和灭活疫苗,然而,迄今为止,由于效力问题疫苗仍未获得广泛应用。

● 链杆菌属

据了解,念珠状链杆菌是唯一的曾多次改名的种属,如今分类学上将其归于梭形菌科。链杆菌是引起鼠咬热的两种动物病原中较为常见的一种(另一种是鼠咬热螺旋体)。

特征概述

念珠状链杆菌属是非运动性的、不产芽孢的革兰阴性多形杆菌,无荚膜。在培养基上,呈念珠状细丝样菌落,带有不规则瘤状结节。其细胞的组成蛋白因分离地的地理位置和分离部位的不同而存在差异。该菌可出现细胞壁缺陷的 L 型,此种类型体外培养更为不易,但一旦接种成功则生长迅速。目前,对于该菌的毒力因子以及菌体产物了解不多;然而,菌的两种形态下表达的抗原可能存在差异。

生态学

念珠状链杆菌的贮存宿主是啮齿类动物的咽部，特别是大鼠。野生小鼠不属于贮存宿主，仅在这些动物中发现严重临床病症时才会与念珠状链杆菌联系起来。其他以大鼠为食的肉食动物或者咬过大鼠的动物也是该菌的传播源。该菌的感染通常源于被感染的宿主的咬伤，除此之外，经口摄入病料也会导致感染。人类经口途径的感染常源于摄入被鼠排泄物污染的水、牛奶或食物，该病也被称为"哈佛希尔热"。

啃咬留下的伤口通常会发炎、化脓或者呈现坏疽样。对啮齿类动物的临床症状研究调查显示，患畜可能出现关节肿胀、淋巴结炎、支气管肺炎、肝肿大和败血症。在火鸡和小鼠中，败血症会导致多发性关节炎和滑膜炎并最终引起死亡。犬感染念珠状链杆菌会出现腹泻、呕吐和后肢关节炎。接触贮存宿主鼠类的其他动物也可能感染该菌，并出现一系列的临床症状。

人类患者中50%～70%会出现突然发热，伴随头痛、呕吐，四肢出现皮疹，随后皮疹见于关节。其他的并发症包括心内膜炎、肺炎、器官脓肿，偶发脑膜炎。若不进行治疗，死亡率在10%左右。治疗可能导致菌出现L型，该菌仍可能在体内继续繁殖，并引起复发，造成治疗后再度发热。

免疫学特征

虽然在感染期体内会产生针对念珠状链杆菌的抗体，但其免疫作用尚不明了。

实验室诊断

念珠状链杆菌的生长需要复杂的营养物质，在实验室需用血琼脂或血清培养基进行体外培养。比较适合进行实验室诊断的病料包括血液、关节液、脓肿吸出液、滑液以及创伤组织。但血培养系统中的抗凝剂会延缓该菌的生长。念珠状链杆菌为兼性厌氧菌，在富含营养的液体培养基中，会形成特有的"蓬松小球"样。在营养充足的固体培养基上，于35～37℃培养48h或者更长时间，会形成明显的灰色、黏液样菌落。此后可用形态学和生化试验进行鉴别。虽然念珠状链杆菌是相对惰性菌，包括在过氧化氢酶试验、氧化酶试验、吲哚试验、尿素酶反应和硝酸还原试验中均为阴性，但该菌能在碳水化合物选择培养基包括葡萄糖选择培养基上产酸。在培养基中，L型菌落的形成源于某些特定的培养基成分，形成的支原体样菌落可区别于其他正常菌落。

近年来，直接荧光抗体法和分子生物学方法（PCR和测序等）已经用于该菌的鉴别诊断；对啮齿类动物，可用ELISA和免疫印迹法进行诊断。

治疗和控制

青霉素是可用于该病治疗的抗生素之一，对青霉素过敏的念珠状链杆菌感染个体可用四环素进行治疗。尽管曾经认为该菌耐药性的问题并不严重，但已有头孢类和氨基糖苷类药物耐药性的报道。预防感染最有效的措施是避免直接或间接与传染源接触。

延伸阅读

Burd EM, Juzych LA, Rudrik JT, et al, 2007. Pustular dermatitis caused by Dermatophilus congolensis[J]. J Clin Microbiol, 45 (5): 1655-1658.

Gaastra W, Boot R, Ho HTK, et al, 2009. Rat bite fever[J]. Vet Microbiol, 133 (3): 211-228.

Larrasa J, Garcia A, Ambrose NC, et al, 2002. A simple random amplified polymorphic DNA genotyping method for field isolates of Dermatophilus congolensis[J]. J Vet Med B: Infect Dis Vet Public Health, 49 (3): 135-141.

Larruskain J, Idigoras P, Marimon JM, et al, 2011. Susceptibility of 186 Nocardia sp. isolates to 20 antimicrobial agents[J]. Antimicrob Agents Chemother, 55 (6): 2995-2998.

Norris BJ, Colditz IG, Dixon TJ, 2008. Fleece rot and dermatophilosis in sheep[J]. Vet Microbiol, 128 (3-4): 217-230.

Rodriguez-Nava V, Couble A, Devulder G, et al, 2006. Use of PCR-restriction enzyme pattern analysis and sequencing database for hsp65 gene-based identification of Nocardia species[J]. J Clin Microbiol, 44 (2): 536-546.

Saubolle M, Sussland D, 2003. Nocardiosis: Review of clinical and laboratory experience[J]. J Clin Microbiol, 41 (10): 4497-4501.

Sullivan DC, Chapman SW, 2010. Bacteria that masquerade as fungi: Actinomycosis/Nocardia[J]. Proc Am Thorac Soc, 7 (3): 216-221.

Wauters G, Avesani V, Charlier J, et al, 2005. Distribution of Nocardia species in clinical samples and their routine rapid identification in the laboratory[J]. J Clin Microbiol, 43 (6): 2624-2628.

（陈利苹 译，文辉强 校）

第37章 分枝杆菌属

分枝杆菌属的成员为好氧、耐酸的杆状细菌，其基因组的GC含量高（约65%）。这个属有近100个种和亚种，其中绝大多数为环境中存在的腐生菌。然而，这个属也包含一些最可怕的病原，如引起牛和人的结核病的病原、麻风病病原，以及能引起正常或免疫缺陷哺乳动物、鸟类、爬行类和鱼类多种肉芽肿疾病的病原。

根据其生长速度，分枝杆菌可以分为快生长型（在琼脂平板上形成菌落最多需要7d，如耻垢分枝杆菌和偶发分枝杆菌等）和慢生长型（在琼脂平板上形成菌落需要7 d甚至更长时间，如结核分枝杆菌和禽分枝杆菌等）两类。绝大多数致病性的种类生长慢，繁殖一代至少需要12h。需要注意的是，即便是快生长型的分枝杆菌，与在平板上仅需一晚就能长出菌落的大肠埃希菌相比，繁殖一代所需时间也要长很多。对分枝杆菌进行分类的另一个指标特征是是否含有胡萝卜烃色素（据此分为产色菌和非产色菌），以及产色的光依赖性（据此分为光照产色菌和暗产色菌）。

● 形态和染色

分枝杆菌无鞭毛，形态以杆状为主，杆的直径约0.5μm，长度不等。从细胞化学本质看，分枝杆菌属于革兰阳性菌，但革兰染液常不能使其着色。而石炭酸品红液（萋-尼染液，图37.1）或荧光染料（如碱性槐黄等）能使其着色。分枝杆菌以抗酸染色的特性著称，即一旦着色，能抵抗含3%盐酸的乙醇溶液的脱色作用。尽管不同种的分枝杆菌在平板上形成的菌落形态多样，但通常都是干燥和易碎的。禽分枝杆菌中人猿亚种的菌落常呈圆顶形，其余绝大部分致病性的禽分枝杆菌菌落光滑、透明，但当连续传代引起毒力下降时，菌落形态会逐渐变得粗糙、不透明。

通过冷冻电镜，可以观察到由松散连接的碳水化合物和蛋白质构成菌的最外层结构（荚膜）。在体外用液体培养基培养时，这层结构会脱落，而在体内生长的菌上很容易观察到。某些研究表

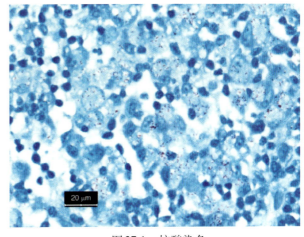

图37.1 抗酸染色
利用该方法展示了患约内氏病的牛空肠黏膜固有层巨噬细胞胞浆中存在的大量菌体（萋-尼染色，60×）（引自内布拉斯加大学兽医诊断中心）

明分枝杆菌可能形成孢子，但这些发现是在存放多年的培养物中观察到的，此观点备受争议。

结构和组成

分枝杆菌以胞壁富含脂类为特点，这些脂类与它耐酸的特性有关，也决定了其某些致病特征及免疫特性。菌体表面的分枝菌酸糖脂（主要为糖脂类和肽糖脂类）决定了分枝杆菌的定植能力、血清学特征以及对噬菌体的敏感性。菌体细胞壁的下层为长链带分枝结构的分枝菌酸，其上有酯类相连，构成了细胞壁的最主要成分。分枝菌酸通过阿拉伯半乳聚糖与细胞壁最里层的肽聚糖相连（见第30章和第36章）。分枝菌酸碳链的长度可以用来对菌的属和种进行鉴别，分枝杆菌的碳链比其他属的更长一些，能达到60～90个碳原子。一些分枝菌酸以海藻糖霉菌酸单酯（trehalose monomycolates，TMM）和海藻糖霉菌酸二酯（trehalose dimycolates，TDM）的形式与二糖海藻糖松散结合。其中一种荚膜抗原（Ag85）具有酶活性，参与海藻糖霉菌酸单酯和海藻糖霉菌酸二酯的合成。近来，海藻糖霉菌酸二酯又被定义为"索状因子"（cord factor），与某些液体培养基表面形成的蛇纹状菌膜有关。海藻糖霉菌酸二酯与分枝杆菌的多种发病机制有关，既保护菌体在吞噬细胞内不被杀灭，又对引起宿主细胞形成肉芽肿的这一病理变化有所贡献。

分枝杆菌的肽聚糖的结构也较特殊，其胞壁酰二肽亚单位组分中N乙酰化和N糖基化各占50%，不同于绝大部分真细菌中全部为N乙酰化的情况。这种特殊的组成似乎与其能激起宿主体液和细胞免疫的能力（佐剂活性）有关，因此被用作弗氏完全佐剂中的活性成分。

分枝杆菌的细胞膜由普通的磷脂双分子层构成，其上共价连接的糖脂（即脂阿拉伯甘露聚糖，lipoarabinomannan，LAM）是分枝杆菌最突出的特征。脂阿拉伯甘露聚糖也与分枝杆菌的致病机制（如抗吞噬作用，阻止吞噬小体的融合，见"分枝杆菌感染后的免疫反应"）相关，尤其在结核分枝杆菌（*Mycobacterium tuberculosis*，Mtb）中，脂阿拉伯甘露聚糖上连接的甘露糖形成的帽子结构（ManLAM）是其重要的致病因子。分枝杆菌的其他脂类（糖脂、磷脂、硫脂和蜡质）也在分枝杆菌的致病过程中发挥了一定作用。

分枝杆菌细胞壁的完整结构中，孔蛋白和与营养物质摄入相关的转运蛋白等其他蛋白质是必不可少的。这些蛋白中有些具有免疫原性，而且很容易从培养物上清液中大量分离。除了众所周知的Ag85，分枝杆菌还能分泌超氧化物歧化酶、丙氨酸脱氢酶和谷氨酸合成酶。

致病性的菌种、流行病学及进化概述

能引发人或动物结核病的、在亲缘关系上相近的一群分枝杆菌被统称为结核分枝杆菌复合群（*Mycobacterium tuberculosis* complex，MTBC）。在医学名词范畴内，复合群是指能引发相似疾病的一群微生物，这一定义与分类学无关。1882年，科赫的一项开创性研究证明了牛分枝杆菌（*Mycobacterium bovis*，Mb）和结核分枝杆菌是引起动物和人类结核病的病原。这一发现为科赫推演出著名的、用以解释疾病病因的科赫法则奠定了基础。啮齿动物，尤其小鼠和豚鼠，对牛分枝杆菌和结核分枝杆菌的试验性感染是易感的。然而，结核分枝杆菌是一种适应人类的病原体，很少感染动物。结核分枝杆菌在人群中的传播是通过携带有病原的气溶胶被吸入呼吸道而发生。相反，牛分枝杆菌则属于人兽共患传染病，尽管大多数动物传染人的病例是由于人饮用了来源于结核病患牛或其他病患反刍动物的未经巴氏消毒的奶引起的，但也有证据表明牛分枝杆菌能经气溶胶在动物和人之间双向传播。当时Koch开展结核病研究时，既有来源于人的样品，也有来源于牛的样品，所以，他的试验里包含了牛分枝杆菌和结核分枝杆菌两个种，而在当时，菌的分类还没有细致到区分这两个种。除牛分枝杆菌和结核分枝杆菌外，还有两种亲缘关系相近的分枝杆菌种，根据其宿主适应性命名，即

海豹分枝杆菌（*Mycobacterium pinnipedii*）和山羊分枝杆菌（*Mycobacterium caprae*）。最新的文献中，有将山羊分枝杆菌归类为牛分枝杆菌的亚种的报道。用来预防结核病的卡介苗（bacillus Calmette-Guerin，BCG）是牛分枝杆菌的一个减毒株。最初的疫苗BCG株流传到世界各地，在不同地方各自传代和保存的过程中发生了不同的突变，因此产生了多个BCG亚株，包括哥本哈根株、巴斯德株、东京株和俄罗斯株。

仅感染人的另一种分枝杆菌为最初在非洲发现的非洲分枝杆菌（*Mycobacterium africanum*）。此外，最初在北非发现的堪纳缇分枝杆菌（*Mycobacterium canettii*），其宿主范围仍然未知。田鼠分枝杆菌（*Mycobacterium microti*）是MTBC的另一成员，能引起田鼠的结核病，但最近在一些人结核病例中也有分离到。分子生物学和基因组学研究结果显示，分枝杆菌的进化是通过基因组减少产生的，包括单核苷酸位点多态性（single-nucleotide polymorphisms，SNP）和遗传物质的序列缺乏。基因片段的缺失造成了相应基因组位点的差异，是形成不同物种的基础。基于基因组信息的分析，认为堪纳缇分枝杆菌的祖先株即为结核分枝杆菌和牛分枝杆菌的前身。另外，曾经有观点认为结核分枝杆菌是从牛分枝杆菌进化而来，即人结核的前身为牛结核的陈旧观念，因无理论依据而得以改变。有趣的是，在所有分枝杆菌中，牛分枝杆菌的基因组最小，但却比结核分枝杆菌的宿主范围更广。正是由于基因组中"无毒力"岛（即编码调节毒力因子表达的调控元件）的缺失，使牛分枝杆菌具有更广泛的宿主范围。

麻风分枝杆菌是一类特殊的人类病原体，它是专性胞内寄生菌，未曾有过体外培养的成功经验。九带犰狳是少数几种能在实验室条件下培养此微生物的动物之一。无论是在实验室感染的九带犰狳还是自然感染的病人，麻风分枝杆菌都倾向于侵染温度较低的身体部位，如四肢远端（手足部位），随后扩散至面部。麻风病经由接触而传播，也可能经由气溶胶传播，罕见从人传播到动物的病例。麻风分枝杆菌侵袭外周神经系统，但不影响中枢神经系统。病原这一特征使得很多患者精神正常，但因外周神经系统受损，出现以破相为特点的症状。这种疾病甚至在圣经中，包括《旧约》和《新约》中都有提及。麻风病的概念在人群中得以普及最早可以追溯至1959年的叙事性电影 *Ben-Hur*。从远古时代直到20世纪早期，麻风病病人都是被严格隔离的；但如今这种疾病已很容易治愈，只有在病人完全没有获得治疗或在治疗过程中产生并发症的情况下，病情才会发展到严重的情况。

禽分枝杆菌复合群（*Mycobacterium avium* complex，MAC）的感染曾被认为是艾滋病患者中最常见的机会性致病菌。艾滋病治疗方法的快速发展，目前已能使患者维持较高的CD4 T细胞水平（尽管仍然比健康者低），因此MAC在艾滋病患者中引起的感染得到了更好的控制。继而，分枝杆菌中致病力最强的结核分枝杆菌取代MAC，成为造成艾滋病患者混合感染的头号元凶。尽管如此，对于那些不能获得有效治疗的艾滋病患者，MAC的感染仍然是令人担忧的问题。MAC包含相关但不同的物种：胞内分枝杆菌（*Mycobacterium intracellulare*）和禽分枝杆菌（*M. avium*）（这两种常常被统称为MAI复合群），以及快生长分枝杆菌，包括龟亚科分枝杆菌（*Mycobacterium chelonae*）和偶发分枝杆菌（*M. fortuitum*）。基于生化和遗传学分析，目前禽分枝杆菌又被分为四个亚种：禽分枝杆菌禽结核亚种（*M. avium* ssp. *avium*），是禽类结核病的病原；禽分枝杆菌人猿亚种（*M. avium* ssp. *hominissuis*），医学文献中经典的禽分枝杆菌，可感染人或猪，是"环境分枝杆菌"的代表；禽分枝杆菌副结核亚种（*M. avium* ssp. *paratuberculosis*），是引起反刍动物约内病的病原，也有研究者认为该病原与人的克罗恩病有关；禽分枝杆菌唾液亚种（*M. avium* ssp. *silvaticum*），最初在野生动物如斑鸠中发现该菌的定植，但其是否为致病菌仍无定论。气溶胶和被污染的水是禽分枝杆菌传播的主要途径，尤其是人猿亚种。副结核引起的病例中，经口感染是反刍动物感染的主要途径。小牛一般是因饮用污染的牛奶，或者摄入被含病原的粪便污染的食物而感染。易感个体暴露于含有病原的环境中，或摄入没有经过巴氏消毒或未彻底消毒（掺入次品）的奶制品，都有可能引起人的感染。分析MAC的进化谱系，推测胞内分枝杆菌这一个种，以及禽结核和人猿这两个亚种可能来源于MAC的其中一株祖先株，而副结核亚种又可能起源于人猿亚种。

另一种与MAC有关的分枝杆菌是堪萨斯分枝杆菌（*Mycobacterium kansasii*），它可引起艾滋病患者的弥散性感染和无肺部感染史病人的肺结核。海分枝杆菌（*Mycobacterium marinum*）是一种鱼的致病菌，在游泳池感染的人类皮肤结核也与之有关。溃疡分枝杆菌（*Mycobacterium ulcerans*）是一种新发现的病原，主要在热带地区发病，引起严重的传染性皮肤溃疡。金色分枝杆菌（*Mycobacterium aurum*）和耻垢分枝杆菌（*Mycobacterium smegmatis*）属于营腐生生活的环境菌，但也有可能引起人或动物的条件性感染。

与吞噬细胞的相互作用及疾病的发作

当分枝杆菌通过支气管或肠道黏膜进入宿主机体时，肺泡内或肠黏膜处的巨噬细胞便会趋化到感染处将其吞噬。吞噬过程由受体介导，不依赖于抗体，有补体受体、甘露糖受体和/或整合素的参与。大多数病原通过抗体依赖型受体的识别而激活巨噬细胞，触发杀菌反应，而分枝杆菌却能逃避这类受体。以这种方式，分枝杆菌就能保留在吞噬泡内，并阻止吞噬体的活化（活化指产生具有杀菌活性的中间体）和成熟（如吞噬体酸化、吞噬体与溶酶体的融合）。以这种方式，分枝杆菌能在吞噬细胞中存活和繁殖。有些研究发现，结核分枝杆菌的强毒力菌株甚至能逃离吞噬体，进入吞噬细胞的胞浆中，从而能更快地繁殖。

随后，单核细胞（血液中的吞噬细胞）被募集到感染处，最终形成肉芽肿和结核结节。大体病理学结构特征为灶形圆形结构，在感染器官中血管的入口/出口附近形成黄色结节（如肺的高恩复合物，Ghon complex）。结核结节的中心部位为感染的巨噬细胞，感染性中心部位被巨大的吞噬细胞（上皮样细胞）、淋巴细胞和成纤维细胞包围，最外层为胶原组织层。病变组织的中心出现干酪样坏死。根据疾病发展的方向，如果感染被控制，病变组织可能最终被钙化；如果疾病恶化，病变组织则会液化。结核结节可能扩大、融合并最终侵占相当大的器官组织，这类结节主要由干酪样物质组成。

人感染结核分枝杆菌的病例中，良好的宿主免疫反应很可能完全阻止疾病的发生，或者将菌体限制在肉芽肿内并最终钙化。然而，分枝杆菌还能形成潜伏感染状态，这些菌处于非繁殖状态，但仍然是活着的。一旦宿主的免疫防御开始变弱，或在四五十年后，宿主的免疫系统因衰老而开始退化，感染中心就可能开始坏死，并通过咳嗽散播感染性菌体。这一过程称之为潜伏感染的复燃。在非人类宿主中，这一潜伏感染及随后的复燃过程未被详细研究过。尽管我们可以肯定，在动物宿主中也会形成肉芽肿，但不清楚是否会发生潜伏感染和复燃。在很多非人类动物宿主中，很可能由于生命周期较短、宿主免疫反应较弱，在不使用药物进行治疗的情况下，分枝杆菌感染后很快从亚临床症状发展到较严重的疾病状态。

分枝杆菌感染后的免疫反应

分枝杆菌拥有大量的大分子抗原，包括蛋白质、脂类、糖类和糖脂类可诱导机体的体液免疫。然而，由于分枝杆菌为胞内病原，体液免疫反应并不能有效地控制感染，且只在疾病的中后期才出现。因此，体液免疫反应仅仅在诊断方面具有重要意义，可以通过体液免疫反应标记物的检测确定动物是否感染分枝杆菌，或确定疾病发展到什么程度。然而，近几年的研究表明，体液免疫反应在机体抵抗分枝杆菌感染方面发挥了一定的作用。例如，若及时免疫，某些针对重要的表面毒力因子的抗体能够阻止分枝杆菌进入吞噬细胞，从而可能发挥保护效力。

虽然如此，抵抗分枝杆菌感染最主要的宿主防御仍来自获得性细胞免疫反应，这种免疫反应能活化巨噬细胞和产生细胞毒性T细胞。分枝杆菌可能会通过其产物与吞噬细胞表面的Toll样受体相互作用，活化巨噬细胞，引起第一阶段应答。这一过程导致树突状细胞和巨噬细胞产生多肽类信使——白细胞介素-12（interleukin-12，IL-12，一种细胞因子），并将分枝杆菌抗原递呈至辅助型 $CD4^+$ T 细胞。抗原的递呈过程需要抗原在吞噬体内被降解，并将降解后的多肽与 II 类主要组织相容性复合体（class II major histocompatibility complex，MHC-II）分子相结合。在 IL-12 或其他细胞因子如 IL-17 出现时，T 细胞开始分化，成为能产生 γ-干扰素的 Th1 细胞，并进一步活化巨噬细胞，使其启动呼吸爆发。这一过程导致强力杀菌产物（即活性氧和活性氮中间体，包括超氧负离子、过氧化氢、NO 和亚硝酸盐）的产量上升。NO 和氮氧中间体的复合物（即过氧亚硝酸盐）可能发挥最重要的杀菌作用。然而，分枝杆菌能通过产生氧化还原反应酶类，包括超氧化物歧化酶和烷基-氢过氧化物酶，来部分抵抗这些作用，这些酶通过氧化还原反应破坏活性中间产物来抵抗此类杀菌反应。除直接杀菌外，NO 也有免疫刺激的作用，能进一步诱导细胞因子的分泌，启动巨噬细胞的凋亡，从而减少分枝杆菌用来进行复制的宿主细胞数量。活化的巨噬细胞还能进入成熟过程，即实现吞噬体的酸化和吞噬溶酶体的融合，从而协同 NO 和其他活性中间产物的杀菌效应。

由 IL-12 或 IL-17 激活的 Th1 细胞也能分泌 IL-2，激活 $CD8^+$ T 细胞向细胞毒性 T 细胞分化。它们的功能是裂解感染的巨噬细胞，释放出躲避于胞内的菌体。被释放出来的菌体随后被活化的巨噬细胞进一步吞噬并清除。因此，要有效地控制分枝杆菌感染，需获得性细胞免疫反应的两个分支——巨噬细胞和细胞毒性 T 细胞在抗原递呈后活化。需注意的是，MHC-I 类分子辅助的抗原递呈是 $CD8^+$ T 细胞的活化所必需的，这一过程需通过吞噬体分泌分枝杆菌的抗原到细胞质，或是分枝杆菌从吞噬体逃脱到细胞质之后的抗原递呈实现，且需要两种抗原递呈信号通路之间的交互作用。

基于宿主的免疫状态，$CD4^+$ T 细胞向 Th1 细胞分化的信号通路可能不被激活。感染的巨噬细胞分泌 IL-10 和 IL-14，而非 IL-12。这一过程将导致 $CD4^+$ T 细胞经由 Th2 通路成熟。Th2 细胞分泌更多的 IL-4，刺激 B 细胞分化为成熟的抗体分泌细胞。不幸的是，依赖于 Th2 细胞的延迟性体液反应完全没有免疫保护性，对宿主产生的是破坏性结果。在结核病感染中，这会引起粟粒性结核病，菌体不仅侵染肺部，还在其他脏器大量繁殖，造成多器官的损伤。在麻风病病例中，Th2 反应的激活可能导致毁容。

疾病模型

禽类　禽类主要对禽分枝杆菌禽结核亚种易感。大多数家禽是经消化道感染，然后扩散到肝脏和脾脏。骨髓、肺和腹膜也经常会受到侵染。尽管从蛋中也分离到禽分枝杆菌，但是鸡群中经由卵巢感染的病例几乎未见报道。虽然禽分枝杆菌能感染多种鸟类，但鹦鹉科对该病原不易感，它们更容易感染结核分枝杆菌。此外，金丝雀对哺乳动物型分枝杆菌的易感性比对禽型的更高。

牛　牛群易被牛分枝杆菌感染，感染常以呼吸道为中心，辐射至周围的淋巴结和浆膜腔。该病通过空气传播或垂直传播。血源性散播通常累及肝脏和肾脏。子宫可作为胎儿感染的门户，但这种疾病模式未在其他家养动物中发现过。幸存下来的小牛常常会发生肝脏或脾脏的病变。尽管牛乳房结核的病例非常罕见（不到总病例数的2%），但会因为污染牛奶而引发公共卫生问题。牛感染禽分枝杆菌人猿亚种后，会呈现亚临床症状。结核引起的牛流产是因为子宫壁定植了菌体，某些病例甚至会引起反复流产。人为地用结核分枝杆菌感染牛，只引起牛发生轻微的、无进行性的病变。

鹿科　无论是野生还是饲养的鹿科动物，都对牛分枝杆菌易感；牛结核对于家养鹿和野生鹿而言，都是影响较大的传染病。鹿群中疾病的发展和病变情况与牛群的相似，但在不同的鹿种之间仍会存在一些差异，特别是在组织学水平上。某些品种感染分枝杆菌后，更容易发生化脓性病变，病变组织中观察到的抗酸菌数量、巨细胞数量以及包囊作用的程度可能都不一样。

犬和猫　犬和猫对牛分枝杆菌易感，对禽分枝杆菌不易感。犬还对结核分枝杆菌易感。肠道和腹部的感染在猫中比犬中更常见，反映了饮食接触途径的可能性。接触分枝杆菌后，猫科动物比别的动物更容易发生溃疡性皮肤坏死症状，当感染眼部时，常引起结核性脉络膜炎而导致失明。在这两种动物中，尤其是犬，结核病的症状没有典型的上皮样细胞和巨细胞的出现，既无干酪样坏死或钙化点，也无液化型坏死，因而更像是机体的排异反应而非结核病。但它们的病程仍然是进行性的。

马 马的结核病罕见，通常来说，由禽分枝杆菌人猿亚种引起的比由牛分枝杆菌引起的要常见。通常经消化道感染，原发感染发生在咽和肠道，继发感染发生在肺、肝、肾脏和浆膜。若在颈椎处发生病变，可能是由肥厚性骨膜炎引起的继发感染。大体病变似肿瘤状，无干酪样坏死或钙化，病变组织中含有少量的淋巴细胞。有成纤维细胞增生，但往往不会形成坚固的包囊。

灵长类动物 非人灵长类动物对结核分枝杆菌和牛分枝杆菌都易感，但对禽分枝杆菌不易感，除非其本身免疫系统存在严重的缺陷，如被猿免疫缺陷病毒感染，或已患有支气管肺部疾病。事实上，能被禽分枝杆菌感染的个体也容易被非结核分枝杆菌感染。

绵羊和山羊 绵羊和山羊对牛分枝杆菌最易感，其次是禽分枝杆菌人猿亚种，相反，它们对结核分枝杆菌引起的进行性感染有抵抗力。疾病模式与牛的结核类似。

猪 猪通常经消化道感染结核杆菌，但仅牛分枝杆菌能引起呈现典型结核病变的进行性疾病。结核分枝杆菌感染猪后，在局部淋巴结便被控制住了。禽分枝杆菌人猿亚种的感染是许多国家报道的猪结核的最主要模式，该菌感染猪后可散播至其他脏器、骨髓，甚至到脑膜。病变不形成结核状结构，但仍呈现出一些肉芽肿的特征。几乎观察不到干酪样坏死、钙化或液化型坏死的病变，但菌的载量却可能较高。

野生动物和传染宿主 在牛结核几乎根除的北美和欧洲，已无须担忧牛分枝杆菌在家养动物中的宿主。然而，在某些地区，由于缺乏有效的措施支持根除计划，或是养殖企业的合并造成动物养殖群体过大，使淘汰结核阳性群的成本高昂，牛结核再次成为令人担忧的问题。狩猎场、动物公园、动物园、隔离的野生动物保护区中的结核阳性动物都是牛分枝杆菌的野生宿主。结核病是圈养野生动物或家养动物中的代表性传染病。结核感染野外生活的动物时，通常疾病转归较好，传播的范围也很有限；然而在圈养的动物群体中，结核的传播力很高。牛分枝杆菌很可能最初起源于牛，后来成为英国南部野生獾和新西兰刷尾负鼠（brush-tailed opossums）的地方病，这两种野生动物被认为是当地家畜结核病的重要传染源。在野生动物和家畜共存的生态中，结核病无论是从浣熊、负鼠、狐狸和土狼等野生动物传染给家牛，还是从家牛传染给这些野生动物，都给结核病的防控带来挑战。土狼和鹿之间的相互传播也很普遍，通过分析土狼的感染情况，也能评估出野生鹿群中结核的流行状况。由于圈养的鹿科动物对牛分枝杆菌非常易感，将其与其他反刍动物一起饲养，会增加牛结核传播的风险。对散发的犬结核病例进行溯源分析，常常发现是由于与人类接触后被结核分枝杆菌感染所致，姑且称之为"反式动物疫源性传染病"，这种现象在实验或动物园的非人灵长类动物中也有发现。

在商业化的禽类养殖场，种群轮替时间短（不到一年），世代之间传播途径的阻断使得种群中的禽结核分枝杆菌得以根除。但禽分枝杆菌的感染在谷仓鸟群、鸟舍和动物园中仍令人担忧，尤其是这种病原在土壤中可以存活数年。有人猜测阿米巴原虫可能在禽分枝杆菌的传播过程中发挥了一定的作用。相关试验支持了这一猜想，即在阿米巴原虫中生长的分枝杆菌比在肉汤或琼脂平板上生长的菌具有更高的传染性和致病性。

年龄、品种和性别的影响 一般而言，无论哪一种动物，感染某一特定的分枝杆菌，年幼的个体都会比年长的病变更严重。不同品种之间易感性也存在差异，瘤牛比欧洲牛更耐受，猎狐犬和爱尔兰长毛猎犬比腊肠犬更容易感染。分枝杆菌在奶牛中比在肉牛中流行率高，可能与奶牛频繁产仔、承受更高的繁殖压力有关。无须经历妊娠与泌乳可能解释了公牛比母牛发病率低的原因，但在犬这一种群中，却出现相反的现象。

● 实验室诊断

采集样品

对结核病人的采样以痰液和血清样品更普遍，而在动物中，尤其是反刍动物，采样以病变组织的穿刺物、气管-支气管及胃的灌洗液、胸部或腹部淋巴结、尿液或粪便，以及活检标本等为主。肺和呼吸道相关的淋巴结，包括咽部及肠道淋巴结是最常见的病变部位，当大体损伤不明显时，会选择性地对患病动物进行剖检，并在以上部位进行采样。通常推荐在转运途中冷冻样品或在硼砂中保存样品组织，能尽可能地保存分枝杆菌的活性并减少微生物污染物的增长。

直接检查

将采集的液体装在密封好的容器内，通过离心进行浓缩。利用抗酸染色法对离心的沉淀物或组织进行涂片检查，当有荧光显微镜时还可使用碱性槐黄-罗丹明进行荧光染色。组织学检查可用苏木精-伊红染色结合抗酸染色。抗酸染色阳性样品应通过培养或核酸检测进行确认。

分离培养和鉴定

一般建议对样品进行消化和选择性去污染，特别是在样本中可能含有其他微生物的情况下。对培养菌株的鉴定基于生长特性（快生长或慢生长）、色素沉着特性（产色是否需要光源）、生化反应等。分子生物学方法鉴定时，有商业化的群特异性DNA探针可用。利用PCR方法扩增分枝杆菌特异性的DNA片段，可以区分分枝杆菌属的不同种。

免疫学诊断

结核菌素试验　结核菌素纯蛋白衍生物（tuberculin-purified protein derivative，tuberculin PPD）是结核分枝杆菌释放至培养基上清中的一种蛋白和多肽的混合物，其中无分枝杆菌的菌体。孟陀结核菌素皮肤试验是指将PPD注射到动物真皮层，感染结核分枝杆菌的个体在接种后48～72h内接种部位会出现肿胀（即迟发型超敏反应）。对于牛，每头取0.2～0.3mg牛源PPD（来自牛分枝杆菌培养物），接种于尾部、外阴部或肛门附近的皮内，也有接种于颈部皮内的。阳性结果的判定标准为72h内出现肿胀现象（皮增厚大于5 mm）。当结核菌素没有诱导超敏反应时，被接种动物的脱敏时间应控制在数周或数月，之后才能再次做结核菌素试验。阳性反应的结果提示动物曾经感染过或正处于感染该病原的状态，要确认属于哪一种情况需要剖杀阳性个体，进行尸检。当动物曾被环境中的非结核分枝杆菌（如禽分枝杆菌）或相近种属病原如诺卡尔菌致敏过，会出现假阳性结果。同时使用禽源结核菌素（即禽分枝杆菌PPD）进行皮试，通过对比两种PPD诱导的皮肤增厚数值，常常能鉴别过敏反应到底是来源于牛分枝杆菌还是其他分枝杆菌。当动物感染的病程很短，或在比较严重的病例中会出现无反应性（源于抗原的过度刺激出现的免疫抑制），就会出现假阴性结果。此外，其他非特异性因素，如营养不良、应激、即将分娩或刚分娩过，也可能出现无反应性。在对猪或禽类进行皮试时，需选择合适的种特异性"结核菌素"。猪接种于耳部皮内，禽则接种于肉垂内。结核菌素试验应用于马属动物、绵羊、山羊、犬和猫的可靠性未曾分析过。皮试的便捷性、敏感性及成本低廉的特点，使其成为反刍动物进行结核病扑杀最有效的筛查方法。

γ-干扰素测定　该检测方法的原理是感染动物的全血与分枝杆菌的抗原（如PPD）混合时，会释放出γ-干扰素，这是动物机体细胞免疫反应被激活的结果。最近的研究显示，通过改变刺激干扰素释放的抗原，能提高检测的特异性。另有研究表明，同时分析其他细胞因子的释放水平，如IL-1β，能提高检测的敏感性。

血清学诊断 尽管结核的血清学检测方法敏感性较高，但结核病只在疾病的后期才产生相应抗体，因此血清学检测方法对结核病的诊断实用性不算太高。该方法最成功的应用是检测禽分枝杆菌副结核亚种的感染。

● 治疗和控制

治疗结核病的一线药物包括异烟肼、利福平、吡嗪酰胺、链霉素和乙胺丁醇；二线药物包括对氨基水杨酸、卡那霉素、环丝氨酸、卷曲霉素和乙硫异烟胺。当使用单一药物进行治疗的时候，容易产生耐药性，因此常常联合用药。在人医领域，最常用的组合是异烟肼、乙胺丁醇和利福平，至少用药9个月。

由于动物体内携带结核会给公共卫生带来威胁，因此并不提倡对患结核病的动物进行化疗。宠物例外，对新近有过结核接触史的宠物，可能会考虑用异烟肼进行预防性治疗。在实验室，有研究尝试对牛用异烟肼进行预防性治疗，取得成功。然而，在实施结核根除计划的国家，对患病动物进行治疗是不提倡的，甚至是违法的。

牛结核病的流行是通过对患病动物进行检测和扑杀得以控制的。该策略在很多国家获得成功，已接近于完全根除。但仍需持续性的监测，以防止流行的再现。在疾病防控方面所做的这些努力，使得曾经在牛群中广为流行、威胁到人类健康的牛结核，成为仅引起亚临床症状的传染病和罕见的人类感染源。

用BCG对人进行免疫接种可产生暂时的免疫反应和超敏反应。预防接种带来的益处在流行率很低的地方几乎体现不出来，但在暴露最为严重的地区最为明显。人类接种结核疫苗，主要是在婴儿或是必须接触该病但结核菌素反应阴性的成人中开展。

BCG疫苗也曾用于牛的免疫，但此举在意图根除结核病的国家是不合适的，因为这会干扰结核菌素试验的结果。目前，用于副结核防控有几种比较有效的疫苗，但绝大多数同样会干扰检测。研发更高效的、能区分感染和免疫的新型疫苗是当前要务。

禽分枝杆菌副结核亚种——约内病的病原

禽分枝杆菌副结核亚种（*M. avium* ssp. *paratuberculosis*，MAP）是引起反刍动物约内病的病原，该病属于慢性、不可逆的消耗型传染病。幼龄动物最易感，年长的动物也能被感染，但建立感染所需的菌量更大。经济损失的根源是产奶量下降和繁殖率降低（如产牛犊的间期延长），以及感染乳腺炎的概率增大（并非MAP引起），和动物的总体抵抗力降低有关。

与分枝杆菌属的其他成员类似，MAP是需氧菌，用赫罗德蛋黄培养基进行培养，生长极其缓慢（需在37℃培养8～12周）。从临床病料中首次分离菌株需要添加分枝菌素（一种由异羟肟酸衍生的铁结合复合物），以提供菌生长必需的铁元素。这种对分枝菌素的依赖性，对于从临床样品中鉴定和确认MAP具有诊断价值。

感染动物，不仅限于表现临床症状的个体，还包括无症状感染个体，其肠道皆为MAP的贮存库。在受到该传染病影响的动物群体中，无症状感染个体粪便中的排菌量可能是有症状的20倍之多。感染动物还可能排菌到初乳或乳汁中，并可能将粪便中的病原传染到子宫。感染公牛的精液、细精管及前列腺中也曾分离到MAP。感染常常是因为摄入或接触了被粪便污染的食物。在子宫内感染和食入被污染初乳或乳汁也是可能的感染途径。

MAP被摄入到消化道后，可能通过M细胞侵入肠道黏膜，随后在回盲区黏膜下层或回盲区附近淋巴结的巨噬细胞中发现菌体（图37.2、图37.3和图37.4）。原发性病灶一般在肠道。最初感染动物不表现任何临床症状，出现明显症状之前的潜伏期一般长达一年甚至更长。如先前所述，疾病进展遵循其他分枝杆菌感染的过程，形成缓慢发展的肉芽肿性病变。

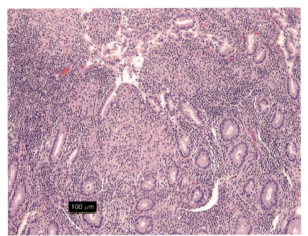

图37.2　感染约内病的牛空肠的典型组织病理学变化

黏膜固有层因充满了大量的上皮样巨噬细胞而变厚；隐窝变薄，其中包含一定量细胞碎片（苏木精-伊红染色，10×）（引自内布拉斯加大学兽医诊断中心）

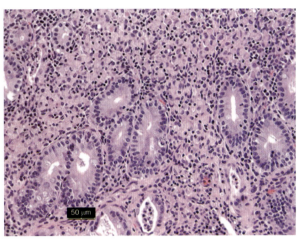

图37.3　大的上皮样巨噬细胞

在感染约内病的牛空肠，大量上皮样巨噬细胞占据了黏膜固有层的浅表部，并隔断了隐窝。仍有一些已退化的细胞残余在隐窝中（苏木精-伊红染色，20×）（引自内布拉斯加大学兽医诊断中心）

某些动物感染后疾病进展为营养吸收不良、蛋白丢失性肠病，和明显的临床症状。然而，一个感染群中通常仅有3%～5%的动物个体会发展到这一病程。出现吸收不良症状的个体，其黏膜上皮细胞呈现出特征性病变（黏膜产生皱褶）。绵羊和山羊感染后一般不出现腹泻的症状。一旦饲养动物种群的生产性能开始下降，就提示副结核感染的可能性，应立即进行MAP的检测。绵羊和山羊肠道病变一般没有牛的严重，但感染山羊仍有消瘦的表现。

某些DNA检测方法可以用来确认MAP的感染。这些检测利用MAP特异性基因序列，通过探针杂交或设计引物进行PCR扩增。编码16S rRNA的基因序列、IS900插入序列（针对这一基因元件

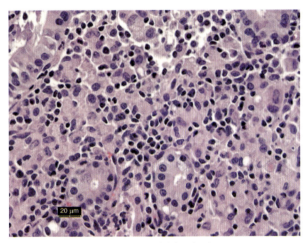

图37.4　上皮样巨细胞

这些细胞见于感染约内病的牛的肠隐窝。胞核偏离，胞质轻微空泡状，有时呈颗粒状（苏木精-伊红染色，40×）（引自内布拉斯加大学兽医诊断中心）

的引物设计非常关键，因为该插入序列在其他亚种中有同源区）等特异性序列被用来进行鉴定。

目前，没有能有效治疗MAP感染的商业化抗生素可用。新的大环内酯类抗生素如克拉霉素，以及仍处于试验阶段的荧光喹诺酮类，在体外模型中表现出功效，但临床应用的成本太高。正如前面提到的，减毒活疫苗和灭活疫苗已经在某些国家使用，但并未得到推广。

消除感染动物和防止其在畜群中的传播是有效的疾病控制方式。必须在饲养管理方面采取的措施，包括将新生儿与母畜和其他成年动物分开饲养，保证分娩在非污染地进行，防止给幼畜饲喂有潜在污染的、未灭菌的初乳或牛奶。运用免疫学方法和微生物培养能迅速判断该动物是否为感染动物或排菌动物。

巴氏消毒法是在奶牛场保证犊牛食用无MAP污染的牛奶或初乳的一个重要方法。由于MAP和克罗恩病之间的可能联系，从公共卫生的角度看，该举措也有重要意义。只有当牛奶中含大量菌体时，高温、瞬时的巴氏消毒才不能100%有效杀灭自然感染牛奶中所有的MAP。在某些地区，数个奶牛场收集的大批牛奶会被混合在一起，污染牛奶因此被稀释，因此对公共卫生带来的威胁并不大。然而，仅从单个农场采集牛奶进行加工的制造商，可能会受很大的影响。在克罗恩病中，水源的环境污染是感染MAP的另一个途径。

猫的麻风综合征

家养动物不会患上真正的麻风病。自从将猫的此类疾病称为猫麻风之后，我们应当通过几个关键的特征，对比真正的麻风病（人）与动物中的类似疾病的不同。

麻风病的特征包括了两种完全不同的病症。一种是瘤型麻风，这一类型麻风病中细菌会大量繁殖。产生非局限性的、非破坏性的病变，以单核细胞反应为主，少有其他炎性反应。细胞免疫虽被抑制，但循环的免疫球蛋白数量很高。另一种是结核性麻风，其中鲜见细菌繁殖。病灶呈现肉芽肿样，引起细胞介导的炎性反应，会造成神经损伤，导致麻痹、瘫痪、营养不良、面部变形和肢体残缺。

猫麻风综合征是一种慢性结节性皮肤分枝杆菌感染引起的疾病。该病表现为两种病理形式，麻风结节样（菌量大）和结核样（菌量小）。啮齿类麻风杆菌能引起鼠的麻风杆菌病，病原主要分离自结核样病变组织，偶尔从麻风结节样病变中也能分离到。引起动物麻风杆菌病的病原多种多样，有研究者建议，以可见分枝杆菌（*Mycobacterium visibile*）和分枝杆菌塔尔文分离株（*Mycobacterium sp. Strain Tarwin*）来定义从几个独立的猫麻风结节样病例中经PCR鉴定出来的新型分枝杆菌。另有其他几种分枝杆菌在个别病例报告中被描述。许多研究没有明确区分麻风综合征与其他的分枝杆菌病，在某些情况下还不能排除表皮中分枝杆菌污染的可能性。这些病例的传染源、传播形式和致病机制都不明确。病灶位于头部、颈部和前肢，提示此类疾病由啮齿类动物或节肢动物叮咬传播。多处皮肤和皮下组织出现可移动、无痛感的小瘤。该病常见溃疡形成，同时波及淋巴结，发病多为老龄猫，且病程缓慢。很难根据发病症状来推测疾病发展的速度。病猫的综合健康状况一般不受影响。显微镜下观察，病变主要为单核细胞性肉芽肿，混以不同数量的中性粒细胞、淋巴细胞、浆细胞和巨噬细胞。有时可见干酪样坏死和不同程度的神经损伤。嗜神经性并不是该病的特征。大量抗酸菌出现在组织细胞内。快生长分枝杆菌或结核病病原分枝杆菌的常规培养结果为阴性。PCR技术有可能为该病的确诊提供帮助。

治疗包括对感染部位进行外科切除并辅以抗生素的使用。氯法齐明、荧光喹诺酮、多西环素和克拉霉素单独使用或者联合用药已经在不同程度获得了成功。该病应给予长达3~6个月的治疗以防其复发。

犬的类麻风肉芽肿综合征

犬的类麻风肉芽肿综合征是由不能体外培养的腐生分枝杆菌引起的（基于对来自感染组织的DNA和该属其他成员DNA中16S rRNA基因序列的分析比对）。诊断基于感染的组织或病灶活组织检查或涂片染色（姜-尼抗酸染色）后观察到大量的抗酸菌。病变发生在外耳郭、面部以及前肢的皮下组织和皮肤。病灶可能只有单个，但多处病灶的情况更常见。病灶较大则可能发展成为溃疡。组织学特征是形成伴有坏死的脓性肉芽肿，以及出现少量的巨细胞。该病对神经束不造成伤害，因此所谓类麻风的命名只是基于分枝杆菌的病原学，而非在病理学中观察到与人类麻风病相似的症状。该病属于自限性疾病，能通过外科手术切除或使用抗生素治愈。利福平和克拉霉素的联合使用，或使用恩福沙星，都能有效治疗该病。该病最初发现于南美洲，在澳大利亚和巴西的病例中，其特征被较为全面的描述过；现在在北美洲也有发现。拳击手是易感人群。该病常出现在夏季，在大型犬、短毛犬和户外犬中最为常见。这种夏季高发率和外耳郭受损伤的显著特征，暗示节肢动物的咬伤可能是该病传播的方式。美国、巴西以及澳大利亚的病例中，检测出的 16S rRNA 序列与分枝杆菌的一致。

快生长分枝杆菌引起的犬猫溃疡性皮炎

最常见的溃疡性皮炎的病症为慢性（长达数月或数年）、长期不愈合的皮肤病变。通常病灶易出现在腹侧和腹股沟侧皮肤，由于该病持续期长，治疗周期也应相应延长。对病变活组织进行病理学检查，可观察到脓性肉芽肿性炎症。当进行革兰染色或罗曼洛夫斯基染色（如姬姆萨-瑞氏复合染色法）时，菌体可能染色性差（呈现"菌影"或"斑点"状，即分别代表分枝杆菌非染色性或者染色性差）。当用抗酸染色法（萋-尼抗酸染色）染色时，也并非每次都能使菌体着色，若视野内出现成片的非着色区，则该处很可能有菌的存在。

用标准血琼脂进行菌培养，可分离出快生长的（培养时间 48～72h）菌落。用生化试验和 DNA 检测可初步判断分离株的种类。在美国西北部病例中分离率最高的是偶发分枝杆菌。从病例中已鉴定出多种条件致病性分枝杆菌，每个临床病例需要仔细评估，以寻求病原学诊断依据。在确诊为皮炎和脂膜炎的病例中，已鉴定出的分枝杆菌包括耻垢分枝杆菌、龟分枝杆菌、脓肿分枝杆菌、田鼠分枝杆菌、转黄分枝杆菌、马赛分枝杆菌、溃疡分枝杆菌和分枝杆菌塔尔文株。牛分枝杆菌和禽分枝杆菌也曾从患皮炎的猫科动物病例中鉴定出来。主要流行株因分离地的地理位置不同而各有差异，表明在自然环境中，研究条件分枝杆菌的分布规律是预测在某一特定区域内引起猫科动物感染的病原的关键因素。

该病经皮肤伤口感染是一种可能的途径。分布于土壤和水中的分枝杆菌很有可能导致皮肤伤口的条件性发病。治疗方法包括外科清除感染伤口并辅以抗生素治疗。氯法齐明、荧光喹诺酮类、多西环素以及克拉霉素的单独使用或者联合用药法取得了不同程度的成功。根据有限的研究结果来看，抗生素的耐药模式在不同物种间不尽相同，因此，病原学诊断可能对如何采取适当的药物疗法非常关键。为防止疾病复发，通常疗程需坚持 3～6 个月。

特别专题

结核分枝杆菌胞内定植的模式是否随着疾病的发展而发生变化？早先和最近的研究都表明，答案是肯定的，且随着研究的逐步深入，其背后的机制已开始被揭示。

延伸阅读

Chacon O, Bermudez LE, Barletta RG, 2004. Johne's disease, inflammatory bowel disease, and Mycobacterium paratuberculosis[J]. Annu RevMicrobiol, 58, 329-363.

Cole ST, Riccardi G, 2011. New tuberculosis drugs on the horizon[J]. Curr Opin Microbiol, 14 (5): 570-576.

Conceição LG, Acha LM, Borges AS, et al, 2011. Epidemiology, clinical signs, histopathology and molecular characterization of canine leproid granuloma: a retrospective study of cases from Brazil[J]. Vet Dermatol, 22 (3): 249-256.

De Leon J, Jiang G, Ma Y, et al, 2012. Mycobacterium tuberculosis ESAT-6 exhibits a unique membrane-interacting activity that is not found in its ortholog from non-pathogenic Mycobacterium smegmatis[J]. J Biol Chem, 287 (53): 44184-44191.

Dhama K, Mahendran M, Tiwari R, et al, 2011. Tuberculosis in birds: Insights into the Mycobacterium avium infections[J]. Vet Med Int, 2011: 712369.

Fyfe JA, McCowan C, O'Brien CR, et al, 2008. Molecular characterization of a novel fastidious Mycobacterium causing lepromatous lesions of the skin, subcutis, cornea, and conjunctiva of cats living in Victoria, Australia[J]. J Clin Microbiol, 46 (2): 618-626.

Gengenbacher M, Kaufmann SH, 2012. Mycobacterium tuberculosis: Success through dormancy[J]. FEMS Microbiol Rev, 36 (3): 514-532.

Hunter RL, Olsen MR, Jagannath C, et al, 2006. Multiple roles of cord factor in the pathogenesis of primary, secondary, and cavitary tuberculosis, including a revised description of the pathology of secondary disease[J]. Ann Clin Lab Sci, 36 (4): 371-386.

Kalscheuer R, Syson K, Veeraraghavan U, et al, 2010. Self-poisoning of Mycobacterium tuberculosis by targeting GlgE in an alpha-glucan pathway[J]. Nat Chem Biol, 6 (5): 376-384.

Kaufmann SH, 2011. Fact and fiction in tuberculosis vaccine research: 10 years later[J]. Lancet Infect Dis, 11 (8), 633-640.

Kaur D, Guerin ME, Skovierová H, et al, 2009. Chapter 2: Biogenesis of the cell wall and other glycoconjugates of Mycobacterium tuberculosis[M]. Adv Appl Microbiol, 69, 23-78.

Kaur D, McNeil MR, Khoo KH, et al, 2007. New insights into the biosynthesis of mycobacterial lipomannan arising from deletion of a conserved gene[J]. J Biol Chem, 14, 282 (37): 27133-27140.

Mishra AK, Driessen NN, Appelmelk BJ, et al, 2011. Lipoarabinomannan and related glycoconjugates: structure, biogenesis and role in Mycobacterium tuberculosis physiology and host-pathogen interaction[J]. FEMS Microbiol Rev, 35 (6): 1126-1157.

Niederweis M, Danilchanka O, Huff J, et al, 2010. Mycobacterial outermembranes: in search of proteins[J]. Trends Microbiol, 18 (3): 109-116.

Palmer MV, Waters WR, Thacker TC, 2007. Lesion development and immunohistochemical changes in granulomasfromcattle experimentally infected with Mycobacterium bovis[J]. Vet Pathol, 44 (6): 863-674.

Palmer MV, Waters WR, Whipple DL, 2002. Lesion development in white-tailed deer (Odocoileus virginianus) experimentally infected with Mycobacterium bovis[J]. Vet Pathol, 39 (3), 334-340.

Russell DG, 2007. Who puts the tubercle in tuberculosis[J]? Nat RevMicrobiol, 5 (1), 39-47.

Takayama K, Wang C, Besra GS, 2005. Pathway to synthesis and processing of mycolic acids in Mycobacterium tuberculosis[J]. Clin Microbiol Rev, 18 (1), 81-101.

Tsai MC, Chakravarty S, Zhu G, et al, 2006. Characterization of the tuberculous granuloma in murine and human lungs: cellular composition and relative tissue oxygen tension[J]. Cell Microbiol, 8 (2): 218-232.

van der Wel N, Hava D, Houben D, et al, 2007. M. tuberculosis and M. leprae translocate from the phagolysosome to the cytosol in myeloid cells[J]. Cell, 129 (7): 1287-1298.

(陈利苹 译，孟庆文 校)

第38章 衣原体

●特征概述

衣原体科只能在宿主细胞内存活和繁殖，是专性细胞内寄生的病原微生物。它们具有与其他绝大多数革兰阴性菌一样的细胞壁，对抗生素（如四环素类和氯霉素）敏感，并拥有核糖体、DNA和RNA。衣原体目成员主要是通过吸入粉尘颗粒、飞沫以及人体接触进行传播，所有这些传播媒介中都含有衣原体结构（称为原体）。这些微生物感染宿主的上皮细胞和黏膜。与支原体相似衣原体具有上皮细胞嗜性，因此，由衣原体和支原体引起的靶组织感染的疾病都十分相似。根据临床症状，有时难以区分衣原体或支原体感染。衣原体目的分类依次为：只有一个科的衣原体目，即衣原体科，按属分为嗜衣原体属和衣原体属。已知的四种致病性衣原体是鹦鹉热嗜衣原体、兽类嗜衣原体、沙眼嗜衣原体和肺炎嗜衣原体。可以将鹦鹉热嗜衣原体进一步分为两类：鹦鹉热嗜衣原体和流产嗜衣原体。鹦鹉热嗜衣原体、沙眼嗜衣原体和肺炎嗜衣原体可以感染人体。在家禽养殖场和屠宰场工作的兽医和工作人员被家禽和牧场动物感染的风险最高。

形态和染色

衣原体属于短球菌，直径为 $0.2\sim1.0\mu m$，其大小与立克次体相近。姬姆萨（Giemsa）染色或其他染色方法可以对衣原体进行染色。

生命周期和生长特性

原体是衣原体中具有感染性的结构，大小为 $0.2\sim0.4\mu m$，通过受体介导的内吞作用进入易感细胞。进入易感细胞后噬菌小体中的原体并不与溶酶体融合，而是转变成没有感染性的复制形式，并且具有代谢活性。这种具有复制形式的病原称为网状体，其体积比原体更大（$0.6\sim1.0\mu m$）。网状体通过二分裂方式进行复制，继而转变成原体，并通过宿主细胞的完全裂解或胞吐作用释放出来。

衣原体在标准的细菌培养基或细菌平板上不生长。在体外条件下，它们需要真核细胞或鸡胚胎卵黄囊液才能生长。在宿主细胞的吞噬小体内衣原体通过二分裂方式进行复制，这和无形体科病原埃立克体、嗜吞噬细胞无形体和新立克次体非常相似。衣原体的宿主也很广泛，这与立克次体相似。

诊断、免疫和控制

衣原体的诊断通常依赖血清学方法检测其抗体，根据临床症状、感染组织的姬姆萨染色或多色染色涂片显示的特征、免疫学测定、分子技术检测等来进行确诊。酶联免疫吸附测定技术（ELISA）也用来检测样品中的衣原体抗原。血清学试验包括补体结合法和ELISA，它们用于检测感染动物血清中的特异性抗体。分子生物学方法也可以用来检测感染样品中的衣原体核酸。许多敏感性强的分子生物学方法已经用于体外衣原体的核酸扩增，扩增的核酸主要是16S和23S核糖体DNA或核糖体RNA。分子生物学方法最灵敏，运用该方法能快速检测出临床患病动物、人或从持续感染的患者组织样本是否存在感染。衣原体也可以通过对感染组织印压涂片快速染色的方法进行检测（图38.1）。

与立克次体一样，被感染宿主产生细胞介导和体液免疫反应，导致抗体滴度上升，但是这些免疫反应并不能消除感染源，也不能防止病原的再感染。衣原体在宿主中也会导致持续性感染。四环素是治疗衣原体感染的首选药物，它可以随饲料添加剂一起使用，或者在临床上直接用于患病动物的治疗。中等剂量可以用于预防支原体的感染，而较高剂量适用于宿主感染后的治疗。用于预防衣原体感染的疫苗已经取得了不同程度的成功，这些疫苗是经过基因改造或者灭活的菌体组成的。

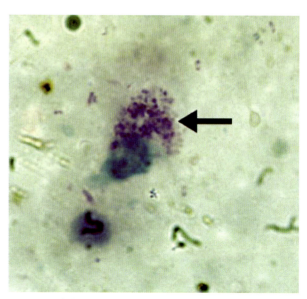

图38.1　感染羊的流产胎盘样本进行印压涂片鉴定出流产嗜衣原体

载玻片上的流产嗜衣原体使用Diff-Quick染色（1 000×）（引自Jerome C Nietfeld，堪萨斯州立大学兽医学院诊断医学/病理学系）

致病性和毒素

衣原体目的成员侵袭上皮细胞和黏膜。这些细菌具有便于它们黏附在细胞上的血凝素。细胞介导的免疫反应是炎症过程中组织损伤的主要原因。衣原体热休克蛋白引起的衣原体细胞壁上的脂多糖和低密度脂蛋白的氧化与衣原体的致病性相关。

● 衣原体引起的疾病

由于衣原体主要感染上皮细胞，它们感染呼吸道、眼睛、泌尿生殖道和关节，分别造成呼吸系统疾病、结膜炎、泌尿生殖道感染和关节炎。在宿主细胞的偏嗜性、传播方式和引起的疾病方面，衣原体感染与许多支原体的感染类似。

鹦鹉热嗜衣原体/流产嗜衣原体的感染

鹦鹉热衣原体又可以分成两类：鹦鹉热嗜衣原体和流产嗜衣原体。在很多国家流产嗜衣原体是导致绵羊和山羊流产的原因，也是导致牛、猪和妇女流产的原因。鹦鹉热嗜衣原体可以感染大多数脊椎动物，包括鸟类、山羊、绵羊、猪、牛和人类。

鸟类　鸟类感染鹦鹉热嗜衣原体被称作禽衣原体病（AC），鹦鹉感染称为鹦鹉热，其他鸟类感染称为鸟疫。它是导致观赏鸟类和家禽患全身性疾病的一个重要原因，能给世界家禽养殖业造成巨大的经济损失。鹦鹉热衣原体存在菌株特异性的变异导致其致病性存在很大差异。禽衣原体病可以表现为无症状、急性、亚急性或慢性。临床症状和死亡率取决于鸟的种类、菌株的毒力、感染剂量、应急因素、年龄以及治疗或预防的程度。感染鹦鹉热嗜衣原体的鸟类的典型临床症状为嗜睡、厌食和羽毛粗糙，其他症状包括眼部或鼻腔有分泌物、腹泻和排泄物中有绿色或黄绿色的尿酸盐。感染的鸟类可能在病情发作后很快死亡或者在死亡前逐渐消瘦和脱水。

牛　鹦鹉热嗜衣原体是许多国家公认的重要的牛病原。神经上皮的感染会导致神经系统相关的疾病，散发性牛脑脊髓炎（SBE），也称为布斯病。布斯病在小于3岁的牛中较为常见，以脑炎、纤维素性胸膜炎和腹膜炎为特征。它的临床表现为极度抑郁，通常在恢复或是死亡前一直伴有发热。经常能见到感染牛的步态不稳，并且一些感染牛往往走路转圈。本病可以通过感染母牛的牛奶传染给小牛。除了布斯病，鹦鹉热嗜衣原体感染还可导致多发性关节炎、肺炎、结膜炎、流产和不育。鹦鹉热嗜原体感染会造成巨大的经济损失。在牛和绵羊中也可以分离出兽类嗜衣原体，该衣原体可以引起各种疾病，包括散发性脑炎、多发性关节炎、肺炎和腹泻。

绵羊　绵羊的鹦鹉热嗜衣原体感染会导致肺炎、多发性关节炎和结膜炎。流产嗜衣原体感染会导致流产。

山羊　鹦鹉热嗜衣原体/流产嗜衣原体感染会导致山羊的肺炎、流产、肠炎/腹泻和关节炎。

马　在马中由鹦鹉热嗜衣原体引起的衣原体感染同样会导致肺炎、关节炎、流产和不育。

猫　鹦鹉热嗜衣原体感染猫可能先导致结膜炎和鼻腔分泌物增多，接着引起间质性支气管肺炎。

猪　鹦鹉热嗜衣原体感染猪会导致猪肺炎、关节炎和结膜炎。

其他动物　鹦鹉热嗜衣原体也感染豚鼠、兔和小鼠，引起结膜炎和生育问题。

兽类嗜衣原体感染

兽类嗜衣原体能感染牛、绵羊和猪。兽类嗜衣原体感染的临床症状从无临床症状到严重的疾病，这些疾病涉及中枢神经系统、呼吸系统、消化系统、关节和结膜。从临床疾病恢复后，许多动物仍然携带病原并在很长一段时间内向外排泄这些病原。

● 衣原体病：一种人畜共患疾病

鹦鹉热嗜衣原体

世界范围内均有鹦鹉热嗜衣原体感染人的报道。这种疾病称为鹦鹉热，会导致致命性肺炎。大多数病例是由鹦鹉、鸽、火鸡、绵羊和山羊身上脱落的微生物感染。这种病原可以在人与人之间传播。被感染的鸟类和动物通过粪便、尿液、唾液、眼和鼻分泌物、羽毛灰尘传播原体，这些感染性颗粒被其他鸟类、动物或人类吸入式摄入体内。人类通常是通过吸入空气中感染性颗粒而感染的。感染的潜伏期为1～2周，症状一般和其他流感相似，如发热、腹泻、畏寒、结膜炎和喉咙痛。人和鸟类感染鹦鹉热嗜衣原体可以通过多西环素和四环素进行治疗，人的治疗期为3周，鸟类的治疗期为45d。

沙眼衣原体

在美国，沙眼衣原体是最常见的性传播病原。每年有300万～400万人感染。盆腔炎（PID），是沙眼衣原体感染的严重并发症，已经成为导致育龄期妇女不育的主要原因。在分娩过程中，孕妇可将感染传给新生儿，这也可引起新生儿结膜炎、肺炎。女性感染沙眼衣原体的病例是男性的5倍。尽管一些女性感染者可无症状，但在男性中，临床症状往往更轻。在男性和女性中，衣原体感染都可以导致严重的疾病,并且可由于输卵管和输精管的瘢痕化而导致不育。人的沙眼衣原体感染也可引起失明。在猪、猴和实验小鼠中也有感染沙眼衣原体的报道。

肺炎嗜衣原体

肺炎嗜衣原体会引起人的呼吸系统疾病(图38.2)。这非常类似于支原体所致的肺炎。它通过呼吸途径进行传播。肺炎嗜衣原体感染还可能与动脉粥样硬化有关。

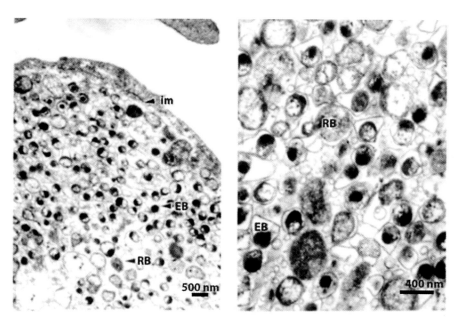

图38.2 肺炎嗜衣原体感染HEp-2细胞在感染细胞的吞噬体中含有典型的包含物
EB,原体;RB,网状体;im,包涵体膜(引自Kutlin等,2001)

参考文献

Kutlin A, Flegg C, Stenzel D, et al, 2001. Ultrastructural study of Chlamydia pneumoniae in a continuous model[J]. Clin Microbiol, 39 (10): 3721-3723.

延伸阅读

Bavoil PM, Wyrick PB, 2006. Chlamydia: Genomics and Pathogenesis[M]. Horizon Scientific Press.
Harvey JW, 2012. Veterinary Hematology: A Diagnostic Guide and Color Atlas[M]. Elsevier Inc.
Raskin RE, Meyer DJ, 2010. Canine and Feline Cytology, A Color Atlas and Interpretation Guide[M]. Elsevier Inc.
Stephens RS, 1999. Chlamydia: Intracellular Biology, Pathogenesis, and Immunity[M]. ASM Press.
Stuen S, Longbottom D, 2011. Treatment and control of chlamydial and rickettsial infections in sheep and goats[J]. Vet Clin North Am Food Anim Pract, 27 (1): 213-233. Epub December 13, 2010.

(辛九庆 译,刘恒贵 校)

第39章 支原体

支原体属于支原体目、柔膜体纲（拉丁语含义：软的、柔软的；表皮、皮肤）。其中支原体属和脲原体属是兽医临床重要的病原。无胆甾原体属，有时也被列为病原，但通常为污染物。当涉及该种属中的所有成员时，"柔膜体纲"是正确的术语。然而，有时也使用其俗名"支原体"。支原体普遍存在于自然界，已经在哺乳动物、爬行动物、鱼类、节肢动物、昆虫和植物中发现该病原。它们也是常见的组织培养污染物。人们可能只发现了支原体中的少部分，因为无论在哪里都能发现新的物种。已经有鉴定了超过113种动物支原体和5种脲原体，更多的还是处于"暂定种"阶段，其中超过45个全基因组已经完成测序。此外，根据16S核糖体RNA基因序列分析，2001年将血巴尔通体和附红细胞体属中的血液立克次体重新划分到支原体属，它们被共同命名为"血营养性支原体"。

支原体感染本质上是寄生的，临床症状通常较轻，但有时也导致严重或致命性的疾病。多数致病性支原体和脲原体只感染呼吸道或泌尿生殖道黏膜，但也可以感染身体的其他部位，如结膜、滑膜表面和乳腺。血营养性支原体感染红细胞，导致溶血性贫血。

● 特征概述

形态和染色

支原体具有高度的多态性，包括球形、环形、梨形、螺旋形和丝状形，有时表现为链珠状，这是基因组复制和分裂不同步的结果。在感染血营养性支原体的红细胞中也观察到了环形支原体。球形支原体的直径是$0.3 \sim 0.8 \mu m$。由于这些微生物的大小和形状，它们能够通过$0.22 \sim 0.45 \mu m$的滤器；所以，组织细胞系培养中很难去除支原体。

由于支原体缺少细胞壁，所以，革兰染色效果不佳。推荐使用姬姆萨染色、卡斯塔尼达染色、Dienes染色、甲苯基蓝快速染色、地衣红染色和吖啶橙染色。

结构和组成

支原体不能产生细胞壁。因此，它的细胞膜结构分为三层，由蛋白质、糖蛋白、脂蛋白、磷脂和甾醇组成。细胞膜中的胆固醇使细胞膜具有渗透稳定性。在某些支原体种类中可以见到糖类包膜。

相对于其他细菌，支原体的基因组较小（$540 \sim 1\,380 kb$），是迄今为止发现的最小的能进行自我繁殖的生物体。支原体碱基中鸟嘌呤和胞嘧啶含量少，G+C含量在24%～40%。由于支原体与梭菌-

链球菌-乳酸菌组最密切相关，因此推断支原体是通过这些微生物还原或退化演变而来的。在某些种属的支原体中已发现转座子、质粒和噬菌体。

● 非血营养性支原体

非血营养性支原体包括脲原体属和不寄生于红细胞的支原体属。与血营养性支原体不同（见"血营养性支原体"），它们可以在无菌的培养基中进行体外培养。临床表现包括呼吸和泌尿生殖道感染、结膜炎、关节炎、乳腺炎、败血症和化脓性中耳炎。大多数种类表现出高度的宿主特异性，但也能发生交叉感染，最容易感染免疫力低下的宿主（表39.1）。

表39.1 致病性支原体及其主要宿主

动物种类	病原类型	常见临床表现
猫	猫支原体	结膜炎
	狸猫支原体	呼吸系统疾病
	猫支原体	关节炎
牛	产碱支原体	关节炎、乳腺炎
	牛生殖道支原体	不孕、乳腺炎和精囊炎
	牛支原体	脓肿、关节炎、乳腺炎、中耳炎和肺炎
	牛眼支原体	角膜结膜炎
	加利福尼亚支原体	关节炎、乳腺炎
	加拿大支原体	关节炎、乳腺炎
	殊异支原体	肺泡炎、支气管炎
	差异支原体	不孕不育、肺炎和外阴阴道炎
	丝状支原体丝状亚种	关节炎、胸膜肺炎
	温氏支原体	贫血
鸡	鸡毒支原体	呼吸系统疾病
	滑液囊支原体	肺泡炎、胸骨滑囊炎和滑膜炎
犬	犬支原体	泌尿生殖道疾病
	狗支原体	肺炎
	泡沫支原体	关节炎
猫科动物	小猫支原体	呼吸系统疾病
	捕狮支原体	呼吸系统疾病
	狮咽支原体	呼吸系统疾病
	非洲狮支原体	呼吸系统疾病
山羊	无乳支原体	无乳、关节炎和结膜炎
	山羊支原体山羊亚种	关节炎、乳腺炎、肺炎和败血症
	山羊支原体山羊肺炎亚种	胸膜肺炎
	结膜支原体	角膜结膜炎
	丝状支原体山羊亚种	肺炎
	腐败支原体	关节炎、乳腺炎
马	马生殖道支原体	不孕不育

（续）

动物种类	病原类型	常见临床表现
马	马鼻支原体	呼吸系统疾病（疑似）
	马生殖道支原体	不孕
	苛求支原体	呼吸系统疾病（疑似）
	狸猫支原体	胸膜炎
	伪色支原体	不孕不育
大鼠	溶神经支原体	结膜炎、神经系统疾病
	肺支原体	呼吸系统疾病
小鼠	关节炎支原体	关节炎
	肺支原体	呼吸系统疾病、生殖道疾病
绵羊	无乳支原体	无乳
	结膜支原体	角膜结膜炎
	绵羊肺炎支原体	肺炎
猪	猪肺炎支原体	地方流行性肺炎
	猪鼻支原体	关节炎、肺炎和多发性浆膜炎
	猪滑液支原体	关节炎
火鸡	鸡毒支原体	鼻窦炎、呼吸系统疾病
	衣阿华支原体	胚胎死亡、腿部畸形
	火鸡支原体	肺泡炎、卵孵化率降低和锰缺乏症
	滑液囊支原体	胸骨滑囊炎、滑膜炎

生长特性

非血营养性支原体一般生长缓慢，通常需要培养3～10d（或更长）才能在琼脂上观察到比较明显的菌落。33～38℃在气体环境中加入CO_2是其体外生长的最佳条件。支原体缺少多种生物合成途径。它们无法合成氨基酸，也不能完全合成或部分合成脂肪酸。支原体需从血清中获得的外源性甾醇。由于支原体有很高的营养需求，各种支原体和脲原体生长所需的培养基非常丰富和复杂，多数含有牛心浸出液、蛋白胨、酵母提取物和血清以及其他添加物。支原体生长的最佳pH取决于其被鉴别的正常环境，一般在6.0～8.0。支原体的菌落很小，肉眼很难观测到。菌落大小在0.01～1.0mm。当用解剖显微镜观察时，许多物种呈"煎蛋样"形态（图39.1），这是由于菌落中心部分深入到琼脂内部，周围区域表面生长的结果。某些支原体可产生膜斑点，这些膜斑点由胆固醇和磷脂组成，并且在培养基表面出现褶皱薄膜。菌落形态和大小的差异可用于区分某些支原体。菌落大小的差异也可用来区分两种变异体。脲原体产生的菌落比其他支原体产生的菌落小，也不能形成"煎蛋样"的菌落形态。

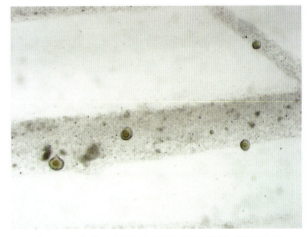

图39.1　多种支原体的典型"煎蛋样"菌落形态

生态学

传染源 感染了非血营养性支原体的宿主是主要的传染源。亚临床感染的动物在其黏膜表面携带该病原，包括上下呼吸道、泌尿生殖道、结膜、消化道、乳腺以及关节。一般来说支原体可在宿主之外的潮湿、阴凉的环境中存活很长一段时间。支原体对热、多数洗涤剂（吐温）和消毒剂（季铵盐、碘和酚系化合物）敏感。

传播和流行病学 一些支原体，如丝状支原体丝状亚种具有重要的临床意义和经济意义。支原体一般引起轻度至中度疾病，年龄、遗传易感性、环境条件、拥挤程度以及并发感染等诱因又可使病情加重。减少潜在应激能降低疾病的发生。由于毒力差异存在于种间和整个支原体种属中，使得疾病症状表现不同。

支原体传播主要通过动物之间的直接接触、呼吸道分泌物以及性传播。引入感染动物到未感染种群是支原体感染传播的常见途径。定植到无症状携带者黏膜表面的支原体是动物种群中支原体持续存在的传染源。合适的条件下，传染性支原体大范围传播可通过风来实现。例如，距离感染猪群9km以外的地方可以分离到猪肺炎支原体。通过挤奶仪的机器传播是牛和山羊支原体乳腺炎传播的一种方式，污染的奶也是感染牛犊和小山羊的传染源。在家禽中，孵蛋导致的垂直传播是许多禽致病性支原体传播的一种重要途径。目前对于体外寄生虫、飞虫在支原体传播中的作用知之甚少，但已经从山羊耳螨中分离出了致病性山羊支原体。

致病机制和免疫 支原体利用多种途径来侵占宿主以便维持自身的慢性寄生感染。由于这些微生物与宿主之间的关系复杂，尤其在免疫学方面，因此很难将病原的致病机制与其诱导的宿主自身免疫反应区分开。事实上，宿主的免疫反应与疾病的发病机制密切相关（免疫病理学）。

支原体的慢性感染表明，感染一旦形成，免疫反应将无法有效清除感染，且潜伏感染很常见。急性感染期的强烈炎症反应通常不能清除支原体，并且至少部分宿主保持长期感染。某些支原体通过抗原变异机制来逃避宿主的防御系统。如pMGA基因家族占据鸡毒支原体全基因组的16%，它会使表面蛋白产生抗原性变异。支原体通过加入宿主抗原，这种情况称之为加帽，这种方式可以帮助某些支原体逃避免疫系统的检测。猪鼻支原体的移相可通过改变表面蛋白的长度逃避宿主的免疫反应，使它们不易接触到免疫细胞。另外，支原体与宿主组织之间的共有抗原可能会导致生物拟态，使得宿主将支原体识别为自身，从而导致持续感染。同样，宿主和支原体共有的抗原，如在牛的肺部和丝状支原体丝状亚种中发现的半乳糖，也可导致自身免疫性疾病。另一种在宿主中携带病原的形式是形成生物被膜，生物被膜是指细菌黏附于接触表面，分泌多糖基质、纤维蛋白、脂质蛋白等，将其自身包绕其中而形成的大量细菌聚集膜样物，用于逃避宿主免疫和抗生素治疗。某些支原体易于形成生物被膜（图39.2）。一些潜在因素，如年龄、过度拥挤、并发感染和运输应激可导致疾病加重。

多数支原体建立感染的第一步是黏附于宿主细胞，阴离子表面层可促进该过程（图39.3）。黏附的宿主受体是表面蛋白，特别是允许黏膜表面定植的糖结合蛋白。在某些种类如鸡毒支原体中，黏附是通过一个特殊的顶端结构来介导的。在一些支原体中，如鸡毒支原体，也发现在黏附宿主细胞表面发挥作用的极性气泡，这些气泡增加了支原体的运动性，这被称为滑行运动。有证据表明，一些支原体和脲原体可以穿透并存活在非吞噬细胞内，使它们免受自身免疫系统的侵袭并且促进其在宿主体内繁殖。一些能够导致肺炎的支原体能够诱导纤毛停滞，破坏和阻碍纤毛扶梯的有效性，有助于病原的定植。

先天免疫应答的下调，如巨噬细胞的吞噬活性的抑制，已被认为与某些支原体感染有关。另外，支原体质膜中丰富的脂蛋白通过Toll样受体2和Toll样受体6激活先天免疫系统，并通过产生细胞因子和其他各种因素刺激促炎反应。此外，支原体也通过经典途径激活补体级联系统来促进炎症反应。

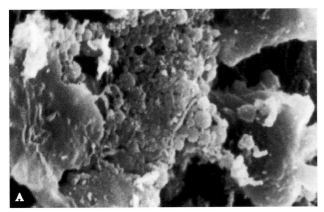

图39.2 粒细胞包围支原体形成的生物被膜（由D Trampel 和F C Minion 提供）
A.支原体黏附于球囊的生物被膜 B.支原体体外黏附于玻璃形成的生物膜

炎症反应对旁宿主细胞的损伤可帮助支原体从宿主细胞中获取其自身生长所需要的养分，而随后的免疫反应并不能有效地清除支原体。

　　对宿主组织的损伤也可能由其他机制引起。支原体的代谢产物如过氧化氢和超氧自由基会导致宿主细胞损伤。脲原体也产生磷脂酶和尿素酶。由于免疫复合物介导炎症反应的发展和抗原在感染位点如关节的持续存在，导致损伤加剧。激活的巨噬细胞产生的白细胞介素-1（IL-1）、IL-6、IL-12、IL-18和肿瘤坏死因子激活细胞毒性T淋巴细胞，在宿主内产生内毒素样效应。急性败血症可导致凝血功能障碍和广泛的血管血栓形成，与革兰阴性菌败血症类似，至少部分是通过细胞因子介导的。

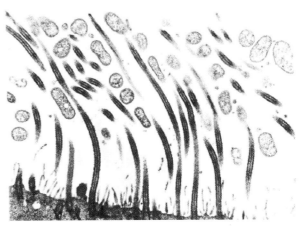

图39.3 猪肺炎支原体黏附于呼吸道上皮纤毛的扫描电子显微镜图（由F C Minion 提供）

　　支原体感染引起的细胞免疫和体液免疫应答，已被证实对控制宿主内支原体的数量具有一定的作用。然而与先天免疫应答相似，支原体也能破坏这些宿主的应答机制。例如，牛支原体表现出对淋巴细胞应答的抑制；相反，许多支原体已被证明具有独特的有丝分裂因子，该因子能够诱导非特异性多克隆B细胞和T细胞的反应。关节炎支原体具有小肽MAM，它作为超抗原能刺激大量的T淋巴细胞产生。支原体使用的所有有丝分裂因子和抑制子在支原体致病中的重要作用已经很明确，但它们的作用机制尚未阐明。

　　疾病模型　支原体感染可以通过多种方式表现，包括败血症、多个位点的扩散性感染或局部感染。不同支原体感染几种重要动物种类的常见临床表现见表39.1。除了支原体引起的特异性反应，支原体对免疫系统的广泛影响提高了诱发细菌和病毒继发性感染的风险。

　　支原体感染相关的病变从急性到慢性各不相同，这取决于病原及感染部位。急性感染中存在中性粒细胞、巨噬细胞及淋巴细胞浸润的炎症反应和纤维蛋白的聚积。支原体感染中经常能观察到淋巴细胞和浆细胞浸润，尤其在血管、气管和副黏膜周围。呼吸道感染的特征性表现是在支气管、细支气管和血管三者周围的淋巴细胞聚集。非特异性促有丝分裂效应及特异性抗支原体免疫反应，是许多感染中血管细支气管和周围淋巴样增生严重的原因。

　　全身感染会导致滑膜和脓性纤维蛋白的渗出。持续的局部感染对组织的破坏是巨大的。脓肿可在犊牛承重部位发展，其特点是嗜酸性粒细胞的凝固性坏死和坏死周围纤维化。支原体乳腺炎的病例中，感染的乳腺组织中出现脓性渗出物。感染部位最终纤维化。在关节支原体感染的急性期，关节肿胀并出现含纤维蛋白的积液，当感染转变为慢性时，会出现滑液绒毛肥大和增生以及侵蚀性关节炎。

禽　禽支原体病会带来严重的经济损失。鸡毒支原体导致鸡慢性呼吸系统疾病及火鸡传染性鼻窦炎，并感染许多其他家禽。临床症状包括咳嗽、流鼻涕和气管啰音。火鸡可以发展为鼻窦炎，分泌厚厚的黏液导致眶下窦严重肿胀（图39.4）。有时，可观察到与大脑和关节有关的临床症状。支原体感染也能导致产蛋量下降。滑液囊支原体也感染各种禽类。滑膜炎引起的常见症状有跛行、关节和腱鞘肿胀及生长迟缓。在火鸡中经常能观察到胸骨滑囊炎。另一种临床表现是气囊炎。火鸡支原体和衣阿华支原体感染主要限于火鸡。火鸡支原体可导致呼吸系统疾病，主要是气囊炎，它的临床症状通常轻微或不明显，偶尔能发现骨骼畸形，包括跗跖骨和颈椎的弯曲或扭曲。火鸡支原体感染的一个严重后果是孵化率下降。衣阿华支原体感染会导致气囊炎、下肢畸形和发育迟缓及

图39.4　鸡毒支原体引起火鸡的眶下窦炎（由D Trampel提供）

孵化率下降。由于鸡毒支原体的感染导致家雀（house finches）结膜炎的自然暴发已经造成美国东海岸家雀数量的锐减。

牛　丝状支原体丝状亚种被认为是牛支原体中毒性最强的。它会导致呼吸道疾病、牛传染性胸膜肺炎（CBPP），在牛群中有时会由持久的亚临床感染转变为急性致命性疾病。临床症状包括呼吸困难、咳嗽、流鼻涕和活动力下降。严重情况下，动物会伸长脖子张大嘴来增强呼吸。亚临床感染的牛是牛群中主要的传染源。尽管小牛表现为关节炎症状，但大多数感染仅限于呼吸道。

支原体乳腺炎可由多种的支原体引起。牛支原体是最常见的造成严重的疾病的病原。加利福尼亚支原体和加拿大支原体也经常会导致严重的疾病。产碱支原体和牛生殖道支原体有时也是引起疾病的病因。通常会导致牛奶产量的下降。牛奶变得黏稠，混杂着水样分泌物，并可能发展为化脓性渗出物。乳房肿胀但不疼痛。有时四个乳房都疼痛。它是一种毁灭性乳腺炎，往往难以治疗。大多数感染只局限在乳腺。然而，菌血症后会导致关节炎。在某些情况下，扩散性感染会影响关节周围，并导致筋膜炎。奶牛之间的传播与管理和卫生条件差有关。

犊牛呼吸道感染支原体经常表现为肺炎，与其他牛呼吸道病原体有关（图39.5）。牛支原体是主要的致病菌种。殊异支原体会引起轻度呼吸疾病，其特征是细支气管炎和肺泡炎，通常是由环境压力或原发性病毒感染引起的。牛支原体和殊异支原体可以在上呼吸道作为共生菌存活。

泌尿生殖道感染是由牛生殖道支原体和脲原体引起的。公牛的精囊炎以及母牛的颗粒性外阴炎、阴道炎、子宫内膜炎、不孕不育和流产与这两种病原感染有关。这两种病原都可以在泌尿生殖道下部的正常共生菌中发现。

关节炎在犊牛中散在发生。虽然有许多种类的病原都可引起关节炎，但牛支原体是最常见的病原。其他较少见的表现包括中耳炎和褥疮脓

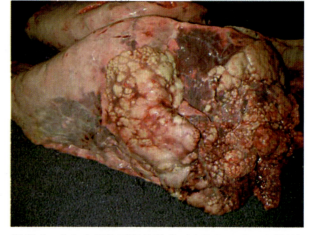

图39.5　由牛支原体引起的肺炎（由R Rosenbusch提供）

肿。中耳炎常和呼吸系统疾病并发。褥疮脓肿与住房条件有关。牛支原体也是一种常见的病原。

犬　从犬中已分离出许多种支原体，但对它们在疾病中起的作用所知甚少。试验和临床证据表明，犬支原体可引起泌尿生殖道疾病，包括前列腺炎、膀胱炎、子宫内膜炎、睾丸炎和附睾炎。尽管支原体在母犬生殖系统紊乱中起的作用目前还不确定，但已经证实不孕不育与支原体感染有关，尤其是在卫生条件差的犬舍中。犬传染性呼吸道疾病（CIRD）是一种常见的呼吸道感染，多见于生活在犬舍中的犬类。犬支原体是引起犬传染性呼吸道疾病的主要病原，同时发现犬支原体能加剧犬传染性呼吸道疾病的发病率。据报道泡沫支原体可引起关节炎。

山羊　山羊支原体感染会对经济产生很大的影响，并可导致家畜流行疾病的发生。在成年山羊中，丝状支原体山羊亚种感染的表现为乳腺炎、肺炎、滑囊炎和关节炎。有些会发展为广泛的中毒性疾病，可能会致命。小羊中比较常见的是急性致命性败血症。存活下来的山羊会发展为慢性、破坏性关节炎和/或滑囊炎。丝状支原体山羊亚种还能引起胸膜肺炎，与丝状支原体丝状亚种（牛传染性胸膜肺炎病原）所引起的胸膜肺炎类似。败血症、关节炎和乳腺炎的发生与不同的山羊支原体亚种感染有关。山羊支原体山羊肺炎亚种（原名为F-38）会引起传染性山羊胸膜肺炎（CCPP），这和牛群中的CBPP相似。无乳支原体和腐败支原体都能引起乳腺炎。腐败支原体引起的乳腺炎是化脓性的，而无乳支原体感染则会导致产奶量的减少或停止产奶。两种病原都可导致关节炎。结膜支原体引起角膜结膜炎的表现为流泪、结膜充血和角膜炎，有时会导致明显的血管翳。

马属动物　狸猫支原体是唯一的可能会使马致病的支原体。它作为共生菌在马的上呼吸道长期存在，可引起胸膜炎，此病通常与劳累性活动有关。胸膜炎具有自身限制性，并经常能自行消退。马鼻支原体和苛求支原体可能与呼吸道疾病有关，但还没有被证实。已在两种母马的生殖道内发现马生殖器支原体和伪色支原体，推断它们可能与母马不孕有关。

猫　多种共生支原体可以在猫黏膜表面存活，但只有少数与疾病相关。已在患有关节炎的猫中发现猫支原体。狸猫支原体在黏液性结膜炎分泌的浆液中发现，通常会引起结膜水肿，但不会侵袭角膜。一种类支原体的病原与皮下脓肿相关，但是还没完全了解它所引起的疾病以及病原的特性。已从脓胸分泌物中分离到该支原体。

鼠　肺支原体会引起大鼠的轻度呼吸道疾病。感染部位为鼻腔、中耳、喉、气管和肺。临床最常见的表现是由鼻腔脓性渗出物导致的低喘息声或吸鼻声。尽管小鼠眼睛和鼻子的颤动声和持续的摩擦声可能暗示病原感染，但临床症状往往不明显。该病原感染的死亡率低，发生时与肺炎有关。在大鼠中发现大鼠肺支原体也可以感染其生殖道。尽管许多感染是亚临床型的，但关节炎支原体会导致大鼠和小鼠患有多发性关节炎。在某些情况下，人工感染小鼠会引起关节肿胀和后躯麻痹。尽管有报道称溶神经支原体会引起结膜炎，但是溶神经支原体的自然感染一般不引起疾病。试验接种的溶神经支原体或无细胞滤液会导致神经综合征，称为鼠滚转病。

绵羊　与其他反刍动物相比，家养绵羊支原体感染的症状通常是温和的。大角羊的野生种群对绵羊肺炎支原体易感，并可能受到严重的影响。当纯种大角羊被感染时往往会导致致命的疾病。绵羊肺炎支原体与肺炎有关，通常与其他常见的结核细菌病原体一起发现。角膜结膜炎的暴发与结膜支原体有关。无乳支原体引起的乳腺炎与山羊中观察到的感染症状相似。绵羊也被许多感染山羊的支原体感染。

猪　许多临床试验性的猪都能感染支原体。猪肺炎支原体会引起慢性呼吸系统疾病，称之为"猪地方性肺炎"。这种疾病发病率较高但死亡率较低，主要临床症状为慢性干咳，猪表现不适以及病理性体重增加。猪肺炎支原体是导致猪呼吸道疾病综合征（PRDC）的主要因素。猪呼吸道疾病综合征给猪生产带来严重的负面影响，猪肺炎支原体已被证明会加剧由猪繁殖和呼吸综合征等其他病原引起的疾病。猪鼻支原体会导致3～12周龄小猪全身感染，初期表现包括发热、食欲不振和精神萎靡。随后经常出现关节炎和跛足，然后出现特征性多发性浆膜炎，涉及胸膜、腹膜和心包浆膜。猪关节液支原体，导致12～24周龄的小猪关节炎（图39.6）。跛行及相关的行动困难是主要临床症状。

实验室诊断

采集样品 根据临床表现选择不同样品进行分离鉴定，包括渗出液、感染部位的拭子、感染的组织和牛乳。由于支原体不易存活的特性，样品在收集后应尽快送到实验室。在运送过程中，样品应该保持阴凉和潮湿。各种市售的培养基都适合用来运送拭子。如果运送时间比预期长（大于24h），样品应冷冻运送，最好在干冰或液氮中运送。

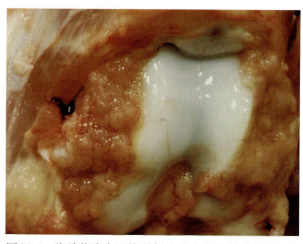

图39.6 猪关节液支原体引起的关节炎伴绒毛滑膜组织增生（由J C G Neto提供）

直接检查 由于微观形态的差异和革兰染色差，显微观察和革兰染色并不能直接检测到大多数支原体。直接荧光抗体试验和DNA荧光染色已被描述特别是用于诊断结膜炎和乳腺炎，但它们并没有被广泛使用。

免疫荧光和组织病理切片的免疫组化染色已成功地应用于组织中物种的鉴定，包括牛组织中的牛支原体、猪肺炎中的猪肺炎支原体和一些家禽支原体。

病原分离 没有任何一种培养基能适合所有支原体的生长。培养基的选择应根据具体的种类来确定。一般情况下，需要一个含有多种成分且营养丰富的培养基。血清是甾醇的主要来源，大多数支原体的培养均需要它。然而，不同种类的病原在不同来源的血清中生长更好。酵母提取物也可以作为生长因子的来源。如果在培养基中加入某些特定的物质，如阴道黏液（无乳支原体）和烟酰胺腺嘌呤二核苷酸（关节支原体），某些种类的支原体就会生长更好。某些山羊支原体在绵羊血琼脂上生长，形成具有α型（"绿化"）溶血的小菌落。支原体可以抵抗多种抗生素和生长抑制剂，如萘夫西林、杆菌肽、氧呱羟苯唑头孢菌素、乙酸铊和两性霉素B，通常会添加到培养基中以抑制细菌和真菌污染。共生支原体的特异免疫血清添加到培养基中可用于致病菌种的分离。接种到液体和固体培养基中，5%～10%的CO_2浓度，36～38℃的环境中至少培养7d可使病原达到最佳生长效果。某些支原体需要更长的培养时间。精液和关节液中可能含有抑制因子，在培养前应稀释以提高生长率。培养基中连续传3代可以增加病原的生长活性。由于尿素在培养基中水解，解脲支原体易受pH变化的影响，当分离解脲支原体时，必须频繁地进行继代培养以维持其生长活性。没有任何一种血营养性支原体是可以连续培养的。

鉴别 琼脂培养物必须用立体显微镜来进行观察。具有典型丝状形态的菌落可以在琼脂上利用免疫过氧化物酶染色法来区别于其他的细菌（图39.7）。由于支原体缺少细胞壁，革兰染色效果不佳。二烯烃染色是常用的染色方法。由于支原体不能减少染色中亚甲基的蓝色，所以被染成蓝色。其他细菌通过麦芽糖氧化中的氢受体来减少亚甲基蓝，因此在二烯烃染色中不会被染色。

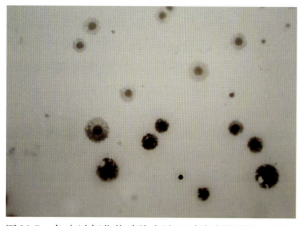

图39.7 免疫过氧化物酶染色法可对琼脂培养基上直接分离的支原体进行分类。检测样品中可见两种支原体：一种类型为猪鼻支原体（深色菌落），另一种为不和抗血清发生显著反应的猪关节液支原体

L型细菌是例外，它表现出与支原体类似的菌落形态和染色反应。L型细菌可以通过重新获得细胞壁而具有特有的染色特点，并与支原体区别。还有其他染色方法可用于检测支原体，包括姬姆萨染色、卡斯塔尼达染色、赖特染色、甲酚快速紫染色、地衣红染色和吖啶橙染色。

毛地黄皂苷的灵敏性可以用于区别支原体、脲原体和无胆甾原体。含有1.5%毛地黄皂苷的纸片周围支原体和脲原体会出现较大的抑菌圈，但是无胆甾原体属只出现一小部分或不出现。常用生化试验来进一步鉴定菌株的特性，包括磷酸酶活性检测、发酵葡萄糖检测以及精氨酸或尿素的水解检测。

尽管支原体之间共有某些抗原，但是抗原差异性也可以用来鉴别某些物种。一些鉴定方法是基于特异性抗血清抑制生长或新陈代谢能力，或证明与特异性抗血清的反应性，使用荧光或基于染色的检测系统。生长抑制试验使用抗血清浸渍的磁盘或在培养基中放置抗血清成分来指示抑制区。代谢抑制试验在液体培养基中使用生长抑制剂并根据pH的颜色变化作为指示系统。其他的特异性检测试验包括直接或间接菌落免疫荧光试验和菌落免疫过氧化物酶染色试验。

一些免疫诊断试验也用来检测重要的支原体疾病，尽管这个问题有敏感性，尤其会涉及无症状携带者，它们可能使结果的解释变得复杂化。交叉反应抗体所导致的特异性缺乏也是一个问题。

常用酶联免疫测定法、血凝抑制试验和平板凝集试验检测鸡群是否感染鸡毒支原体、火鸡鸡支原体和关节支原体，这也是应用商品化试剂来消除支原体感染的重要部分。

分子检测是取代前面介绍的传统检测的一种方法，它主要基于聚合酶链式反应（PCR）。PCR扩增特定DNA序列或对PCR产物利用限制性核酸内切酶分析可以用来识别和鉴定分离菌株。许多PCR方法用于鉴别从临床材料中直接获得的致病菌种，可以省去培养的过程。

治疗、控制和预防

目前了解到的支原体和脲原体感染的免疫学是非常不完整的，并且也没有很好地解释这些病原的保护性免疫应答。灭活或减毒活疫苗已显示出对支原体所致疾病的部分保护作用，但没有完全的免疫性。与未接种疫苗的动物相比，接种疫苗的动物因感染受到的损害较轻，感染病原的数量较少，但两组中都观察到了因感染所致的疾病。有些疫苗免疫后在随后的感染中增加了疾病损害程度，但发生这种情况的机制并不清楚。

流行牛传染性胸膜肺炎的地区，用减毒疫苗保护牛群，有效保护期限是18个月。减毒或灭活疫苗用于控制由无乳支原体、丝状支原体山羊亚种和山羊肺炎支原体引起的山羊感染，取得了不同程度的成功。猪肺炎支原体猪灭活疫苗可以降低猪肺炎的感染率，但并不能阻止疾病的发生或病原的定植。在家禽中，活疫苗（减毒株）和灭活疫苗用来控制产蛋率下降以及与鸡毒支原体感染相关的呼吸系统疾病。目前没有针对脲原体和血营养性支原体的疫苗。

抗生素用来控制支原体和脲原体感染。由于支原体缺少细胞壁，对作用于细胞壁或其合成的抗菌药耐药，如糖肽和β-类酰胺类，但支原体对抑制蛋白质和核酸合成的药物敏感。支原体对下列抗生素敏感：四环素类、大环内酯类、林可酰胺类、酮内酯类、氨基糖苷类、头孢菌素、截短侧耳素和氟喹诺酮类。治疗的成功取决于感染物种、部位及病程。已经证实支原体和脲原体分离株对某些抗生素耐药这是通过多种机制介导的。有关支原体的耐药性还没有完整的报告，因为这些支原体在培养过程中对抗生素敏感性的测定是十分困难的，并且这种测定只能在专门的实验室进行。

支原体控制措施取决于国家的疾病状况、该类特定疾病的种类以及被感染的动物种类。感染大量动物的疾病如CBPP和CCPP，可以通过检疫和在全国范围内屠宰感染动物来保持无病状态。在疫区可通过疫苗接种、扑杀感染的动物和改善管理方式来防止疾病的传播。一般来说，由于并未取得成功治疗感染性疾病的案例，扑杀临床上感染的动物成为控制群体感染的主要方法，而检疫和屠宰肺感染动物往往不可行。常规散装储罐培养支原体常用于监测牛和山羊中支原体引起的乳腺炎。在牛奶中检测到病原的奶牛通常会被扑杀。由于产业驱动力,特别对家禽业来说,已经采取了一些措施来消除或预防感染。消灭感染过程中,特别是在群体繁殖中,用血清学试验消除阳性鸡群以及在孵育过程中采用抗生素治疗使小鸡不感染支原体。鸡蛋的处理方法包括将温热的鸡蛋浸在冷存的抗生素溶液中,从而促进抗生素渗透入鸡蛋中。

预防感染应基于严格的生物安全措施,防止将受感染的动物引入到无感染的种群中。新的动物与兽群混合前应进行隔离和检查,但亚临床感染的动物可能难以辨认。进行动物表演和展览的动物,把它们送回到兽群中会成为一种感染源。在地方性感染的区域,良好的卫生和管理措施在预防感染传播中十分重要。由于牛奶也可以作为传染源,尤其是在山羊和牛中,应采用巴氏杀菌法灭菌以防止传染给犊牛。

● 血营养性支原体

血营养性支原体包括以前包含在血巴尔通体属和血虫体属中的微生物(表39.2)。所有这些都是红细胞寄生虫(图39.8),能导致溶血性贫血,可在任何年龄的动物中观察到,但通常是在免疫低下或应激个体中观察到。亚临床感染的动物是血营养性支原体的感染源,它们通常通过血液接触传播。一些血营养性支原体也可以通过体外寄生虫传播。与非血营养性支原体不同,它们不需在无菌培养基中培养。

表39.2 血营养性支原体种类及其主要宿主

动物种类	病原类型	常见临床表现
猫	猫血巴尔通体	贫血(猫传染性贫血)
牛	温氏支原体	贫血
犬	犬支原体	贫血
鼠	球型支原体	贫血
	人(型)支原体	贫血
山羊	牛支原体	贫血
猪	猪附红细胞体	贫血

血营养性支原体感染可能引起黄疸、脾肿大以及骨髓增生。根据临床症状、外周血涂片染色(如瑞氏染色、吉姆萨染色或吖啶橙染色)或PCR检测进行诊断。治疗包括溶血性贫血的纠正和抗生素治疗,通常使用四环素。

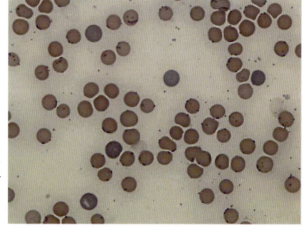

图39.8 猫红细胞中的猫血巴尔通体(改良瑞氏染色,1 000×)(由S Hostetter提供)

延伸阅读

Dybvig K, Voelker LL, 1996. Molecular biology of mycoplasmas[J]. Ann Rev Microbiol, 50: 25-57.

Herrmann R, Razin S, 2002. Molecular Biology and Pathogenicity of Mycoplasmas[M]. Springer, New York, NY.

Krieg NR, Staley JT, Brown DR, et al, 2010. Division (=Phylum) III. Tenericutes, in Bergey's Manual of Systematic Bacteriology, Vol. 4, 2nd edn, The Bacteroidetes, Spirochaetes, Tenericutes (Mollicutes), Acidobacteria, Fibrobacteres, Fusobac-teria, Dictyoglomi, Gemmatimonadetes, Lentisphaerae, Verrucomicrobia, Chlamydiae, and Planctomycetes[M]. Springer, New York, NY: 567-723.

Miles R, Nicholas R, 1998. Mycoplasma Protocols, Methods in Molecular Biology[M]. Vol. 104, Humana Press, New York, NY.

(辛九庆 译,刘恒贵 校)

第40章 立克次体科和柯克斯体科

● **特征概述**

立克次体目都为严格细胞内寄生的革兰阴性菌。立克次体目下面包含两个科，即无形体科和立克次体科，这两个科都包括几种重要的、能导致脊椎动物和人患病的病原。α-变形菌纲下面的无形体科包括无形体属、埃利希体属和新立克次体属的吞噬体内病原体。因为这些微生物都寄居在被感染的宿主细胞的吞噬体内，在显微镜下这些微生物看起来非常相似。细胞嗜性是脊椎动物宿主中区别于其他微生物的主要特征。立克次体科包括立克次体属的病原，这些病原能侵入血管内皮。γ-变形菌纲中的柯克斯体属只包括一种病原即能够感染巨噬细胞的伯氏柯克斯体。

同病毒一样，立克次体目也只能在宿主细胞内（胞内）繁殖。同多数革兰阴性细菌一样，大多数立克次体目（埃利希体属和无形体属除外）有细胞壁，对抗生素（如四环素类衍生物和氯霉素）敏感，且细胞内含有核糖体、脱氧核糖核酸和核糖核酸。它们是短小杆状的细菌。微生物的直径为 $0.2\sim0.5\mu m$，长度为 $0.8\sim2\mu m$。姬姆萨染色或其他多色性染色效果最好。对动物和人来说，很多致命性的感染和慢性感染都是由这些有氧致病菌引起的。这些有氧致病菌不能在标准的细菌培养基中生长。试管内生长需要和真核细胞（如鸡胚的卵黄囊、巨噬细胞，或者脊椎/节肢动物的上皮细胞）紧密联合。病原通过二分裂法在吞噬体或细胞质内复制。这些病原严重依赖于从宿主中获得的能量（三磷腺苷）和其他营养物质。有一些病原（如立克次体）含有 ATP/ADP 移位酶，可以从宿主中获得 ATP 分子以交换 ADPs。

立克次体的致病性尚未完全明确。情况可能会比较复杂，因为立克次体目代表了几个不同属的微生物，这些微生物有着截然不同的宿主特异性和宿主细胞结合位点。毒性可能是由于内毒素（脂多糖）的释放、免疫复合物的产生和超敏反应。病原主要破坏血管内皮或造血细胞，严重削弱宿主的防御机制。立克次体目具有高致病性，能造成人类和动物高死亡率。典型的诊断基于临床表现、在特异性宿主细胞和细胞器中发现该微生物以及血清学和分子生物学技术。分离培养可用于部分细菌，但是过于耗时，而且对于常规诊断来说也不实际。然而，试管内分离培养是相当不错的用来研究这些病原体的工具。脊椎动物宿主可以产生抗体，一些物种具有广泛的抗原相似性。物种之间存在抗体交叉反应，因此很难将抗体检测作为特异性诊断工具。灭活疫苗或弱毒活疫苗对某些病原有效，但是失效也快，这可能是因为它们的外膜表达蛋白持续不断的变化。对某些病原感染而言，通过控制传播媒介的数量能获得较好的控制效果。

第二部分 细菌和真菌

本章将讨论立克次体科病原在兽医学方面的重要性。在第41章、第42章，将讨论无形体科病原。立克次体属的两种主要的病原是立克次体（犬和人类落基山斑疹热的病原）和普氏立克次体（人类患流行性斑疹伤寒的病原）。立克次体属的寄生细菌感染血管内皮。当节肢动物吸血时，细菌就从节肢动物带菌体传播到脊椎动物宿主中。毛细血管内皮受损，出现出血性皮疹。急性病例的典型症状是发热、斑点状皮疹和顽固性头痛。微生物逃离吞噬体，在细胞质或细胞核内自由繁殖。柯克斯体属包括一种主要的病原，即伯氏柯克斯体。该微生物主要通过气溶胶从一个宿主传播到另一个宿主体内，不需要无脊椎动物宿主来完成其生命周期。伯氏柯克斯体的生长方式与立克次体的不同，它在宿主细胞的细胞质中生长。在酸性条件下，伯氏柯克斯体在胞质内的吞噬泡内进行复制。

● 立克次体

生态学

肆虐了一个世纪的顽疾——发生在犬和人类中的落基山斑疹热（RMSF），正是由立克次体引起的。虽然落基山斑疹热在南北美最为常见，但该病在全世界都有发生。立克次体由安氏矩头蜱和变形矩头蜱传播。病原诱发宿主细胞肌动蛋白发生聚合，使立克次体从感染细胞的细胞质中向细胞间迁移（图40.1）。感染可导致一系列的疾病，从亚临床症状到严重或致命的多器官衰竭。事实上，病原长期存在于小型哺乳动物和蜱虫中。犬科动物和人类被受感染蜱虫叮咬后感染。

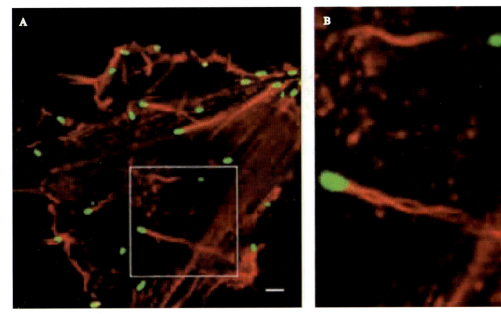

图40.1 （A）立克次体有长的肌动蛋白尾，尾中通常包含着多种扭转明显的纤维状肌动蛋白束。（B）高倍镜下，可以看到A中的立克次体肌动蛋白尾包含两条纤维状肌动蛋白束（引自Van Kirk等，2000）

致病机制

犬早期表现出的临床症状常常是非特异性的。实验室检测通常显示血小板减少，但确诊需进行血清学检测。通过临床症状来辨别犬科动物的立克次体病（见第41章）比较困难。蜱传播立克次体所导致的两种疾病的特征都是发热、抑郁、淋巴结病和神经功能障碍。明显的红疹，尤其是发生在人类身上时，是落基山斑疹热的一个重要症状。因为是由蜱叮咬传播，所以落基山斑疹热和多数其他由蜱传播的疾病往往是季节性的。年轻的犬和儿童患有落基山斑疹热后，会发展成更急性、更严重的临床疾病。

立克次体在受感染蜱虫的上皮细胞内复制，然后转移到唾液腺和卵巢组织。受感染蜱虫叮咬了一个合适的宿主后，病原进入到该宿主动物的血液中，通过内吞作用感染血管内皮细胞，随后，从吞噬体中逃逸，在细胞质和细胞核内繁殖。立克次体磷脂酶和蛋白酶损伤内皮细胞膜，导致坏死、血管炎、出血、水肿、供血不足、血栓和呼吸困难。受感染的犬表现的临床症状包括高热（40℃）、厌食、呕吐、腹泻、黏膜淤斑、淋巴结、关节和肌肉压痛。中枢神经系统障碍也时有发生。在某些情况下，心和肾受累会导致致命的后果。免疫复合物可能参与了落基山斑疹热晚期血管症状的发生。该病诱导体液和细胞介导的免疫应答。细胞免疫反应对激活巨噬细胞清除病原尤为重要。目前没有疫苗对落基山斑疹热有效。

实验室诊断

间接荧光抗体（IFA）和酶联免疫吸附试验（ELISA）是最常见的用来检测立克次体抗原的特异性抗体的方法。发生立克次体感染后，可能至少要2周之后才能检测到抗体。直接免疫荧光试验也可以在宿主内皮细胞中检测出微生物。分子生物学方法，如聚合酶链式反应，对于检测蜱虫和犬体内的立克次体DNA也是有效的。

治疗和控制

使用四环素和多西环素治疗14～21d能有效治疗立克次体感染。有临床症状的受感染犬也必须接受积极的支持治疗。减少蜱虫繁殖和接触蜱虫能更好地防治落基山斑疹热。

流行性斑疹伤寒热

由普氏立克次体引起的流行性斑疹伤寒是一种高度致命的人类疾病。20世纪，该病导致了三百多万人死亡（在战争期间，如第一次世界大战和第二次世界大战期间，大量人口死亡）。这种由蜱传播的斑疹伤寒在天气寒冷和环境不卫生的拥挤地区内迅速传播。该微生物导致的死亡率约30%。普氏立克次体持续存在于野生动物（如野生松鼠）体内。

● 伯氏柯克斯体

生态学

伯氏柯克斯体遍布全球，是导致人畜共患病Q热的病原。该微生物与立克次体目其他的微生物不同，是通过气溶胶传播的。然而，这种病原也可寄生在媒介上，如蜱虫。牛、绵羊和山羊是伯氏柯克斯体感染的主要宿主。尽管山羊和绵羊的流产与伯氏柯克斯体感染有关，但该病原通常不会引起这些动物的临床疾病。被感染的动物通过奶、尿液和粪便中排出该微生物。分娩时，该微生物从羊水和胎盘中大量排出。伯氏柯克斯体耐热、耐干燥，对很多常用消毒剂有抵抗力，这使它能在环境中长时间存活。此外，吸入单个的伯氏柯克斯体也能使人患病。

人类的感染通常吸入由感染牲畜的胎盘、分娩时的液体和排泄物污染的谷仓灰尘中空气传播的生物体而发生的。人类，特别是与那些排出该微生物的动物有密切接触的人，非常容易感染这种病，只需一个病菌就足够引起感染和发病。在所有感染伯氏柯克斯体的人中，约一半人有临床疾病的迹象。大多数急性Q热病例都从以下一个或几个症状突然出现开始：高热、严重头痛、全身不适、肌痛、精神错乱、喉咙痛、寒战、流汗、干咳、恶心、呕吐、腹泻、腹痛和胸痛。发热通常持续1～2周。体重可能持续减轻。伯氏柯克斯体是一种耐热耐干旱的高度传染性的病原体。可由空气传播并被人类吸入。正因为单个伯氏柯克斯体就能使易感的人患病，所以，它可以用在生物战中，并被认为是潜在的生物恐怖主义微生物。然而，由于致死率低，所以伯氏柯克斯体并未引起密切关注。

致病机制

伯氏柯克斯体能通过吸入、摄入或节肢动物叮咬等方式进入体内，然后到达肺巨噬细胞。同埃利希体属、查菲埃利希体属和新立克次体属类似，伯氏柯克斯体也可在巨噬细胞的吞噬体内进行复制。大约50%的感染者没有表现出临床症状，或者只是表现出轻微的自限性感染。只有不到10%的人会严重发病，症状包括血管炎、肺炎、脾肿大、发热和淋巴细胞增多。患者死亡的主要原因是肺炎、肝感染或心内膜炎。

免疫学特征

某些国家有疫苗，但据报道，其疗效不佳。能杀死整个细胞的疫苗可能提供保护。人们对于研发Q热疫苗颇感兴趣。

实验室诊断

伯氏柯克斯体能够从以下处理中分离到：将该微生物注射到豚鼠和小鼠中，在鸡蛋中培养，或者在细胞培养后分离出来。没有可用的诊断工具来检测该病原。直接免疫荧光法、补体结合或酶联免疫吸附试验被用来检测抗体。在细胞培养、鸡蛋和实验动物组织中，直接免疫荧光染色法有助于识别该微生物。聚合酶链式反应试验也用来检测样本中的柯克斯体属脱氧核糖核酸。在培养基中，伯氏柯克斯体在吞噬体内进行复制。该微生物的两种形态是大变形体的复制形态和被称为小变形体的传染形态（图40.2）。

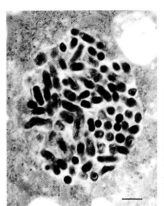
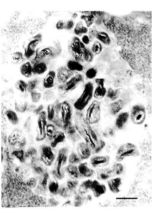

图40.2　透射电子显微图像显示的是感染了伯氏柯克斯体的J774A.1细胞中典型的空泡（100nm）（引自Howe和Mallavia，2000）

治疗和控制

要想成功治疗该病，面临的主要挑战在于：伯氏柯克斯体存活在强酸性的吞噬体中，而大多数抗菌剂在低pH的条件下无效的。使用氯喹来碱化细胞能提高四环素的临床疗效。对伯氏柯克斯体感染有中等疗效的药包括四环素、克拉霉素和复方磺胺甲噁唑。人们试着用长期服用四环素的方法来控制动物体内伯氏柯克斯体微生物的排出。妊娠的绵羊和山羊可服用四环素来减少流产的风险。

参考文献

Van Kirk LS, Stanley FH, Robert AH, 2000. Ultrastructure of Rickettsia rickettsii actin tails and localization of cytoskeletal proteins[J]. Infect Immun, 68: 4706-4713.

Howe D, Mallavia LP, 2000. Coxiella burnetii exhibits morphological change and delays phagolysosomal fusion after internalization by J774A.1 cells[J]. Infect Immun, 68: 3815-3821.

延伸阅读

Dumler JS, Barbet AF, Bekker CP, et al. 2001. Reorganization of genera in the families Rickettsiaceae and Anaplasmataceae in the order Rickettsiales: Unifification of some species of Ehrlichia with Anaplasma, Cowdria with Ehrlichia and Ehrlichia with Neorickettsia, descriptions of six new species combinations and designation of Ehrlichia equi and "HGE agent" as subjective synonyms of Ehrlichia phagocytophila[J]. Int J Syst Evol Microbiol, 51(Pt 6): 2145-2165.

Harvey JW, 2012. Veterinary Hematology: A Diagnostic Guide and Color Atlas[M]. Elsevier Inc. ISBN: 978-1-4377-0173-9.

Raskin RE, Meyer DJ, 2010. Canine and Feline Cytology: A Color Atlas and Interpretation Guide[M]. Elsevier Inc. ISBN: 978-1-14160-4985-2.

Renvoise A, Merhej V, Georgiades K, et al 2011. Intracellular Rickettsiales: Insights into manipulators of eukaryotic cells[J]. Trends Mol Med, 17(10): 573-583.

Rikihisa Y, 2006. New findings on members of the family Anaplasmataceae of veterinary importance[J]. Ann N Y Acad Sci, 1078: 438-445.

Stuen S, Longbottom D, 2011. Treatment and control of chlamydial and rickettsial infections in sheep and goats[J]. Vet Clin North Am Food Anim Pract, 27(1): 213-233.

(汪洋 译，李媛 校)

第41章 无形体科：艾立希体属和新立克次体属

● 特征概述

立克次体目是一类严格细胞内寄生的小型革兰阴性菌，包括无形体和立克次体两个科，包含若干个可使许多脊椎动物和人类致病的重要病原。变形菌纲中的无形体科包括无形体属、艾立希体属和新立克次体属。这些病原感染后寄生于宿主细胞的吞噬体内，在显微镜下看起来非常相似。细胞嗜性是鉴别这些生物体的主要特征。立克次体科包括感染血管内皮的立克次体属。

立克次体目成员像病毒一样只在宿主细胞内繁殖。除了艾立希体属和红孢子虫属，大多数立克次体目成员具有革兰阴性菌的细胞壁，对抗生素敏感（如四环素衍生物及氯霉素），并且具有核糖体、脱氧核糖核酸以及核糖核酸。它们是小球状到短棒状的细菌，直径和长度分别为0.2～0.5μm和0.8～2μm。姬姆萨或其他多色染色剂对生物体的染色效果最佳。这些需氧病原可以导致动物和人类多种致命性以及慢性感染。它们在标准细菌培养基中不生长，体外生长需要真核细胞（如鸡胚的卵黄囊、巨噬细胞、或脊椎动物/节肢动物媒介的上皮细胞）的存在。病原在吞噬体内或在细胞质中通过二分裂方式进行复制，严重依赖宿主提供的能量（ATP）和其他营养。某些病原（如立克次体）具有三磷腺苷/二磷腺苷转移酶，通过该酶这些病原可以从宿主中获得ATP分子转换为ADP。

立克次体目成员的致病性还不清楚，这一问题可能还很复杂，因为立克次体目包含多个属的生物体，它们的宿主特异性以及与宿主细胞的关系迥然不同。它们的毒力可能与它们释放的内毒素（细菌脂多糖）、产生的免疫复合物以及过敏性反应有关。病原主要破坏血管内皮或造血细胞，严重削弱宿主防御机制。立克次体目具有很强的致病性，是造成人类和动物高死亡率的原因。典型诊断是基于临床表现、宿主特定细胞类型和细胞器中的病原的检测以及血清学和分子技术。分离培养的方法对某些细菌有效，但耗时，在常规诊断中不实用。但对于这些病原的研究而言，体外培养是极好的研究手段。由于不同病原的抗原之间具有相似性，宿主针对这些抗原产生的抗体会有交叉反应，因此很难通过检测抗体的方法进行诊断。某些病原有灭活疫苗或减毒活疫苗，但是，这些病原外膜蛋白的表达持续变化，从而导致这些疫苗的效果很快失效。保护宿主的最好方法可能是控制传播媒介。

艾立希体属和新立克次体属中对兽医重要的无形小体科病原将在本章中予以探讨，立克次体科病原和无形体属病原分别在第40章和第42章加以论述。艾立希体属病原通过感染的蜱虫传播至脊椎动物宿主体内，新立克次体属病原时有这样传播。致病性艾立希体属病原主要包括犬艾立希体（一种重要的单核细胞/巨噬细胞热带犬类病原）、反刍动物艾立希体（反刍动物心水病病原，可感染许多家养以及野生反刍动物的血管内皮）、伊氏艾立希体（通常为某种犬粒细胞性病原），以及查菲艾立希体（人类单核细胞的艾立希体病原也会感染犬、山羊及土狼）。致病性新立克次体属病原包括里氏新立克次体（波多马克马热病原）以及蠕虫新立克次体（犬类三文鱼中毒病原）。这两种新立克次体属均感染单核细胞和巨噬细胞。

● 犬艾立希体、查菲艾立希体、伊氏艾立希体和反刍动物艾立希体

生态学

传染源和传播途径　犬艾立希体是导致犬类单核细胞艾立希体病的主要病原。它通过血红扇头蜱进行传播。该病原感染后2周内会引起临床症状。病原在康复动物体内会一直存在，并产生高滴度的抗体，但是在宿主血清中常常难以检测到该病原。感染和携带该病原的动物也是感染蜱虫的一个主要来源。幼小的德国牧羊犬是受影响最严重的品种，感染后会表现出临床症状。犬艾立希体感染普遍存在于世界上的热带和亚热带地区，除了澳大利亚之外各大洲均流行。在委内瑞拉，报道了几例因犬艾立希体感染而引发人单核细胞艾立希体病的病例。

伊氏艾立希体是犬粒细胞性艾立希体病的病原，美洲花蜱（通常称为孤星蜱）是其传播媒介，在北美洲中部伊氏艾立希体感染非常普遍。由于蜱虫更广泛分布于美国东南部，因此在沿海地区也有该疾病的报道。在美国的中西部地区也有关于人从孤星蜱感染伊氏艾立希体的报道。

在撒哈拉沙漠以南的非洲地区，反刍动物艾立希体（原反刍动物考德里体）是一种重要的蜱传播病原，是导致家养以及野生反刍动物心水病的病因。该病原感染血管内皮，并导致牛、绵羊以及山羊发生严重的神经系统疾病。该病原通过花蜱属的若干外来蜱虫进行传播。该病原连同花蜱一起传到加勒比岛上引发了该病原可能会传到美洲大陆上的担忧。如果该病原传入非疫病区会导致家养和野生反刍动物的死亡率高达90%。

查菲艾立希体首先是在人单核细胞艾立希体病中鉴定出来的。随后，也有了犬、土狼以及山羊感染该病原的报道。四种艾立希体属在遗传上具有高度相似性，因此，针对一种病原体的抗体对艾立希体属中的其他成员也具有很强的交叉反应性。由于这些病原具有很高的遗传相似性、均能形成持续性感染、血清学上具有交叉反应，并且具有相同的细胞嗜性，因此临床上很难对它们进行确诊和针对性治疗。白尾鹿以及其他野生动物对于该病原在自然界中的持续存在起了重要作用。

犬艾立希体见图41.1，查菲艾立希体见图41.2和图41.3，伊氏艾立希体见图41.4。

致病机制　艾立希体属病原通过蜱虫感染人体后，通常在2～3周内急性发作，在此期间，病原通过二分裂的方式在受感染宿主细胞的吞噬体内复制。在急性重症病例中，该疾病可能持续数周，并且会出现难以辨别某些病原的临床症状。例如，犬艾立希体、查菲艾立希体以及伊氏艾立希体能引起相似的临床症状。这些症状可能包括发高烧、肌肉酸痛、呕吐、厌食以及昏睡。由于艾立希体属病原感染会导致血细胞计数下

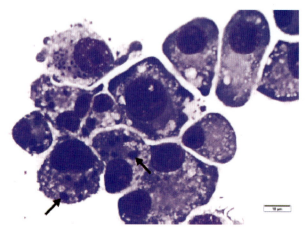

图41.1　犬巨噬细胞株DH82内培养的犬艾立希体细胞质中的包涵体包含许多生物体。将体外培养物转移到载玻片上，用多色染色剂染色

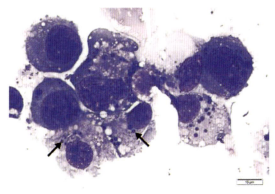

图41.2 犬巨噬细胞株DH82内培养的查菲艾立希体

细胞质中的包涵体包含许多生物体。将体外培养物转移到载玻片上,并用多色染色剂染色

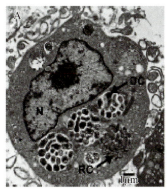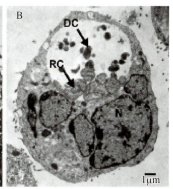

图41.3 犬巨噬细胞(DH82)(A)和蜱虫细胞(B)的细胞质中感染的查菲艾立希体(桑椹胚)的透视电镜(TEM)图

在透视电镜成像中可以看到含有许多艾立希体属生物体的桑椹胚(引自Ganta等,2009)

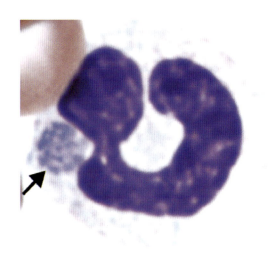

图41.4 感染犬血液中性粒细胞的细胞质中的伊氏艾立希体(桑椹胚)(姬姆萨-瑞氏染色)(引自Harvey,2012)

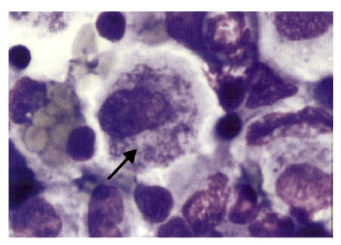

图41.5 犬淋巴结周围吸出物中的蠕虫新立克次体包涵体(罗曼诺夫斯基)(引自Raskin和Meyer,2010)

降,因此白细胞减少以及贫血症也较为常见。其他临床症状包括身体不适、精神压抑、食欲不振、体重减轻、淋巴结病以及关节疼痛(关节疼痛在感染伊氏艾立希体的犬和人身上更为常见)。犬单核细胞艾立希体病可以分为三个阶段:急性、亚临床型以及慢性。感染犬艾立希体的犬一生都处于受感染的状态,它们甚至在接受了多西环素类抗生素治疗后,病原也会一直存在。犬艾立希体病的慢性期持续数月到数年不等,会造成所有血细胞计数的减少,这可能出现出血、水肿、呼吸困难、间质性肺炎、贫血以及继发感染等症状,也可能会伴有脾、肝脏以及淋巴结的增大。

反刍动物艾立希体所引发的心水病是反刍动物的一种急性、致命性疾病。山羊以及绵羊比牛更容易感染此病。此种疾病的临床症状包括突然高热、抑郁以及神经系统症状,这会导致死亡。心包积液、胸膜积水以及肺水肿通常会引起死亡。从临床疾病中康复的动物,包括家养以及野生的反刍动物,均会成为该病菌的携带者,这一点与犬艾立希体病相类似。

免疫学特征

犬艾立希体感染可引起强烈的体液以及细胞免疫应答。感染宿主针对病原不同的外膜蛋白产生抗体，且这些抗体的滴度会随着感染时间的延长而升高。尽管感染宿主对抗原产生了强烈的体液以及细胞免疫应答，甚至在感染后进行了诸如多西环素之类的抗生素治疗，病原仍然在宿主一生中都会持续存在。活的犬艾立希体攻毒后，免疫犬的血清中很快可以检测到体液免疫应答。针对反刍动物艾立希体的免疫应答也与主要外膜蛋白特异性抗体的滴度发展相关，这些免疫应答也包括强烈的细胞免疫应答。针对伊氏艾立希体和查菲艾立希体的免疫应答与针对犬艾立希体和反刍动物艾立希体的免疫应答十分相似。

实验室诊断

姬姆萨染色的外周血白膜层或全血涂片通常用于鉴定细胞内包涵体（通常称之为桑椹胚）。但是，该内含物最有可能在感染的急性期观察到。由于艾立希体属、新立克次体属，以及无形体属中所有种类的桑椹胚在外表上都十分相似，因此，病原感染的鉴别主要通过宿主细胞嗜性特征、该病原的传播媒介以及该病原与宿主之间的相关性来判断。除伊氏艾立希体外，所有种类的艾立希体属病原均可利用犬巨噬细胞株或蜱虫细胞进行体外培养。通过间接荧光抗体或酶联免疫吸附试验（ELISA）进行血清诊断以检测外膜表达蛋白质的抗体是一种常用的诊断方法。但是，这种方法经常导致不同种类的艾立希体属的抗原之间发生血清学交叉反应。人们发展了分子生物学方法（如聚合酶链反应试验）对特定的病原进行诊断，这种方法对感染早期临床阶段以及开始抗体治疗之前非常实用。

治疗和控制

四环素衍生物用于治疗艾立希体属病原感染的早期临床阶段很有效，但对于慢性感染的治疗效果较差。在撒哈拉沙漠以南的非洲国家，减少由反刍动物艾立希体所引发的心水病的有效措施是控制幼小动物体中的蜱虫，并为其接种活疫苗，制定治疗和接种疫苗的程序。虽然许多灭活的全细胞或亚单位疫苗已处于评估阶段，但是它们在预防艾立希体感染方面的作用还不确定。

● 里氏新立克次体

在20世纪70年代末，人们将马里兰的波多马克河谷发生的波多马克马热公认为一种马流行病。无形体科病原里氏新立克次体（之前将其称为里氏艾立希体）是引发该疾病的病原。该疾病在动物身上的临床症状包括抑郁、发热、食欲不振以及腹泻，并经常伴有蹄叶炎。腹泻较为常见，腹泻物呈大量水样或少量稀释样不等。未经治疗的马匹死亡率高达5%～30%，并且严重的蹄叶炎会导致毒血症、急性腹痛。

生态学

传染源、传播途径和发病症状 里氏新立克次体感染最初是在北美洲发现的，后来，在加拿大和欧洲也出现了报道。里氏新立克次体感染马单核细胞、肠上皮以及结肠肥大细胞，它通过被感染的蜗牛向水中排出的尾蚴传播，马通过饮用污染的水感染里氏新立克次体。临床上波多马克马热与艾立希体病相似，会伴有发热、精神萎靡、厌食以及变异的白细胞减少症。而腹泻和蹄叶炎是该疾病晚期的症状，可导致高达30%的死亡率。

免疫学特征

我们还未能充分了解免疫学因素，但受感染的动物会引起体液免疫应答。感染后康复的马匹似乎对该疾病具有免疫力，这表明细胞免疫应答可能是主要因素。

实验室诊断

微生物学诊断包括在瑞氏染色的血液涂片的单核细胞内检测到病原。血清学诊断是通过间接荧光抗体试验或ELISA试验进行检测。核酸分析法如聚合酶链式反应用于病原诊断。

治疗和控制

在感染早期使用四环素治疗可以降低死亡率,支持性护理也是必要的。目前市面上可以获得有效的菌苗,但由于病原变异的原因,该疫苗的免疫保护效果不太理想。

● 蠕虫新立克次体

特征概述

蠕虫新立克次体可引起犬类三文鱼中毒。该病原在单核细胞和巨噬细胞的细胞质中繁殖。除了病原不通过蜱虫传播之外,蠕虫新立克次体感染与犬艾立希体以及犬类查菲艾立希体十分相似。姬姆萨染色后,可以在淋巴结组织的巨噬细胞内,或在由患有临床症状的动物制成的血液涂片中的单核细胞内,观察到以细胞质内包涵体形式存在的病原体。

生态学

传染源和传播途径　蠕虫新立克次体的宿主为鲑隐孔吸虫。该吸虫通过鱼和蜗牛完成其生命周期。犬通过食入携带有蠕虫新立克次体吸虫的生鱼而被感染,并导致其患病。三文鱼中毒病原的地理分布受到蜗牛以及吸虫中间宿主范围的制约。尤其是在南美洲沿海地区,如加利福尼亚、俄勒冈、华盛顿以及英国哥伦比亚的南部海岸,均有蜗牛分布。犬是吸虫的终末宿主,其成虫居住于犬的肠内。犬通过吃了感染吸虫的鱼类而使蠕虫新立克次体进入其体内引起感染。感染犬的吸虫会将卵排在犬的粪便中,并孵化出毛蚴,毛蚴在环境中进入蜗牛体内。尾蚴从受吸虫感染的蜗牛体内排出,并对鱼类造成感染。

致病机制　由于吸虫可进入鱼类体内,因此,在病区接触到了受感染的生鱼是犬类感染蠕虫新立克次体的主要原因。然后,吸虫在犬的胃肠道中成熟,蠕虫新立克次体从犬的胃肠道释放,之后进入犬的血液以及淋巴结中。在血液中该病原感染单核细胞。病原在犬体内复制引起临床症状,进而引发疾病。在感染后1~2周内,犬会出现发热、厌食、抑郁、体重减轻和淋巴结肿大,也会经常发生出血性肠炎。呕吐和腹泻也是常见的临床症状。在患病的2周内,未接受治疗的动物的死亡率可高达90%。

免疫学特征

从临床疾病中恢复的犬类似乎对该疾病具有免疫能力。

实验室诊断

对血液涂片或淋巴结吸出物进行染色后,在单核细胞的细胞质内的液泡中观察到病原即可确诊。可以对病原进行体外培养,但这种方法很耗时。也可以利用分子生物学方法检测血液或淋巴结样本中立克次体的核酸。

治疗和控制

四环素以及磺胺类药剂在治疗蠕虫新立克次体感染方面较为有效。辅助性治疗也十分必要。拒绝让犬类食入受感染的三文鱼才是最佳的预防措施。

高温烹饪或冷冻24h可杀死吸虫以及蠕虫新立克次体。

参考文献

Ganta RR, Peddireddi L, Seo GM, et al, 2009. Molecular characterization of Ehrlichia interactions with tick cells and macrophages[J]. Front Biosci, 14: 3259-3273.

Harvey JW, 2012. Veterinary Hematology: A Diagnostic Guide and Color Atlas[M]. Elsevier Inc.

Raskin RE, Meyer DJ, 2010. Canine and Feline Cytology, A Color Atlas and Interpretation Guide[M]. Elsevier Inc.

延伸阅读

Dumler JS, Barbet AF, Bekker CP, et al, 2001. Reorganization of genera in the families Rickettsiaceae and Anaplasmataceae in the order Rickettsiales: unification of some species of Ehrlichia with Anaplasma, Cowdria with Ehrlichia and Ehrlichia with Neorickettsia, descriptions of six new species combinations and designation of Ehrlichia equi and "HGE agent" as subjective synonyms of Ehrlichia phagocytophila[J]. Int J Syst Evol Microbiol, 51 (6): 2145-2165.

Renvoisé A, Merhej V, Georgiades K, et al, 2011. Intracellular Rickettsiales: Insights into manipulators of eukaryotic cells[J]. Trends Mol Med, 17 (10): 573-583.

Rikihisa Y, 2006. New findings on members of the family Anaplasmataceae of veterinary importance[J]. Ann N Y Acad Sci, 1078: 438-445.

Stuen S, Longbottom D, 2011. Treatment and control of chlamydial and rickettsial infections in sheep and goats[J]. Vet Clin North Am Food Anim Pract, 27 (1): 213-233.

(刘恒贵 译,辛九庆 校)

第42章 无形体科：无形体属

●特征概述

立克次体目是一种严格细胞内寄生的小革兰阴性菌，包含无形体科和立克次体科两科，这两科中的许多成员能够对许多脊椎动物和人致病。无形体科属于变形菌纲，它包括无形体属、艾立希体属和新立克次体属三个属，由于它们感染宿主细胞时寄生于吞噬体中，因此，在显微镜下它们非常相似，但是可以通过细胞嗜性来区分脊椎动物宿主中的这些微生物。立克次体科包括感染血管内皮的立克次体属病原。

立克次体目的成员像病毒一样只能在宿主细胞内繁殖。除了艾立希体属和无形体属这两种之外，大多数立克次体目病原具有细胞壁，像其他多数的革兰阴性菌一样对抗生素敏感（如四环素衍生物以及氯霉素），并且具有核糖体、脱氧核糖核酸以及核糖核酸。它们的形状呈小球菌样至短杆状，直径和长度分别为$0.2 \sim 0.5 \mu m$和$0.8 \sim 2 \mu m$，姬姆萨染色法或其他多色染色法染色效果最佳。这些需氧病原可以导致动物和人类多种致命性以及慢性感染。它们在标准细菌培养基中不生长，体外生长需要真核细胞如鸡胚的卵黄囊、巨噬细胞或脊椎动物/节肢动物媒介的上皮细胞的存在。这些病原在吞噬体内或在细胞质中通过二分裂法进行复制。严重依赖宿主提供的能量（三磷腺苷）和其他营养。某些病原（如立克次体）具有三磷腺苷/二磷腺苷转移酶，通过该酶这些病原可以从宿主中获得三磷腺苷分子以置换二磷腺苷。

立克次体目的致病性尚未明确，可能很复杂，因为立克次体目包含了多个不同属的病原，而这些病原的宿主特异性以及与宿主细胞的相关性迥然不同。它们的毒性可能与释放的内毒素（细菌脂多糖）、产生的免疫复合物以及过敏性反应有关。病原主要破坏血管内皮或造血细胞，严重削弱宿主的防御机制。立克次体目具有很强的致病性，能导致人类和动物的高死亡率。基于临床表现、在宿主特定细胞和细胞器中检测到病原、血清学和分子生物学技术的诊断是对这些病原的典型诊断方法。对某些病原可以用分离培养方法进行诊断，但很耗时，在常规诊断中不实用。但对于这些病原的研究而言，体外培养的方法是极好的研究手段。由于病原之间具有抗原相似性，在脊椎动物宿主产生的抗体具有种间交叉反应，因此很难将抗体检测作为特定的诊断工具。已获得针对某些病原的灭活疫苗或减毒活疫苗，但是它们的免疫效果失效很快，这可能是由于其外膜蛋白的表达持续变化所致。因此对某些病原感染而言，保护宿主的最好方法可能是控制传播媒介。

在本章中将讨论无形体科无形体属中对兽医有重要意义的病原。艾立希体属和新立克次体属的病原已经在第41章进行了讨论,以及立克次体科病原已经在第40章进行了探讨。无形体属包括边缘无形体、中央无形体(感染牛的红细胞)、绵羊无形体(感染绵羊红细胞,是绵羊无形体病的病原)、扁平无形体(感染犬的血小板,是犬类周期性血小板减少症的病原)和嗜吞噬细胞无形体(感染动物的粒细胞,该病原的宿主范围十分广泛,包括牛、马、犬和人)。

● 边缘无形体

特征概述

经姬姆萨或多色染色法染色的血液涂片中,边缘无形体在牛红细胞的细胞质中以紫色包涵体的形式出现,并且通常位于红细胞的边缘(图42.1)。这些边缘无形体(包涵体)是膜结合型吞噬泡,其中含有多达十个生物体。该生物体可通过带菌的针头在动物间连续传播。近期研究表明它们在需氧条件下可以进行体外培养,也可以在肩突硬蜱的细胞中进行连续传代。

生态学

传染源和传播途径 被感染的反刍动物是边缘无形体的主要储存宿主。尽管该微生物可以感染许多脊椎动物,但是,通过蜱和机械接触传播感染该微生物是牛患病的主要原因。世界各地均有牛无形体病的报道。通过污染的针头、动物角切和其他外科器械是该病从感染动物中向外传播的主要原因。事实上,该病的常规传播是通过感染的蜱虫(如变异矩头蜱之类)吸食幼小动物血液来实现的。其他传播方式包括通过吸血飞虫(如诸如马蝇)的机械传播。

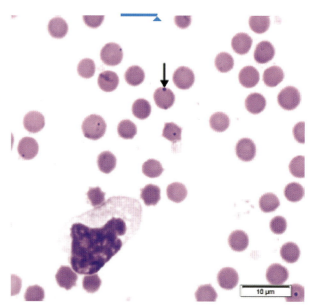

图42.1 牛红细胞中的边缘无形体(姬姆萨-瑞氏染色,1 000×)

致病机制 感染性病原先通过其细胞表面蛋白黏附在宿主细胞表面,然后通过内吞作用进入红细胞,并在细胞的吞噬体内以二分裂的方式进行复制。被感染的红细胞通过溶解细胞释放出新的传染性病原。针对被感染的红细胞产生的免疫应答也可以导致红细胞裂解,这样会导致巨噬细胞系统不加选择地清除红细胞。牛无形体病的临床症状有腹泻、发热、贫血、心搏加速、厌食、抑郁、便秘、流产、肌无力、心肌缺氧,最后心脏骤停。

疾病的严重程度取决于被感染动物的年龄。通常情况下,不足6个月的小牛被感染后并不表现出临床症状,然而6个月到3岁的牛可能会患有严重的疾病。超过3岁的牛感染其死亡率为30%~50%。但是,感染康复的动物会呈现持续性和慢性感染,并且没有明显的患病迹象。慢性感染的动物是蜱和未感染动物的传染源。成年牛(超过3岁)的死亡率可能会达到50%。这种疾病通常见于1岁或1岁以上的牛。

免疫学特征 被边缘无形体感染的动物可诱导体液和细胞免疫应答。边缘无形体在红细胞生长时会表达几种主要的表面蛋白。该病原在牛体内持续生长时,部分主要表面抗原蛋白的表达会发生变异,这种抗原变异有助于病原躲过宿主的免疫清除。从感染早期康复的动物看起来与正常动物无异,但病原在体内可能持续存在,这些持续感染的动物可能会充当蜱和健康动物的感染源。因此,临床上产生免疫并不能说明病原已被清除。

中央无形体的感染会引发轻微的疾病。中央无形体灭活的全细胞疫苗可以产生为期几个月的免疫力,而且接种这种疫苗的牛对边缘无形体的感染具有保护性。减毒活疫苗也可以诱导很长时间的保护性免疫。注射四环素类药物进行治疗也是用于防治牛无形体病的一种好方法,但这种类型的疫苗不会诱导无菌免疫。

实验室诊断

在感染的前几周,通过多色染色法染色,可以在血液涂片上的红细胞内观察到边缘无形体(图42.1),但是这种感染的边缘无形体在几周之后则无法通过血液涂片上的红细染色观察到。该病原也可以利用多克隆血清进行荧光免疫的方法进行检测。利用特异性引物进行聚合酶链式反应的分子生物学技术来检测边缘无形体是非常灵敏的检测方法。

治疗和控制

四环素是治疗牛边缘无形体感染的最有效的抗生素。接种疫苗和控制传播媒介可以有效减少动物的感染。

● 嗜吞噬细胞无形体和扁平无形体

特征概述

在多色染色的厚血涂片中,嗜吞噬细胞无形体在中性粒细胞中表现为几个生物体的膜结合型桑椹胚形式。这种感染普遍存在于反刍动物、马、犬和人类之中。而扁平无形体感染发生在犬血小板中,并且会引发周期性血小板减少症,可以在厚的血涂片中观察到。这两种病原的早期临床感染阶段,血涂片可呈阳性。像大部分其他蜱传播的疾病一样,这些立克次体目的临床疾病在夏天报道得最多。嗜吞噬细胞无形体由硬蜱传播至脊椎动物,而蜱与扁平无形体的关系还有待确认。从患者的临床表现和病史中可以了解该疾病的很多方面,从而预测动物可能会遭受嗜吞噬细胞无形体(图42.2)和扁平无形体(图42.3和图42.4)感染。

生态学、传染源和传播途径

啮齿动物是嗜吞噬细胞无形体的主要储存宿主。储存宿主在不同区域可能存在显著差异。在北美

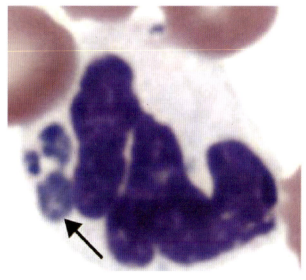

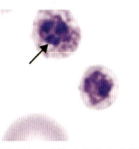

图42.3 感染犬血液血小板细胞质内的扁平无形体(桑椹胚)(姬姆萨-瑞氏染色)(引自 Harvey,2012)

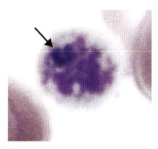

图42.2 感染犬血液中性粒细胞的细胞质内嗜吞噬细胞无形体(桑椹胚)(姬姆萨-瑞氏染色)(引自 Harvey,2012)

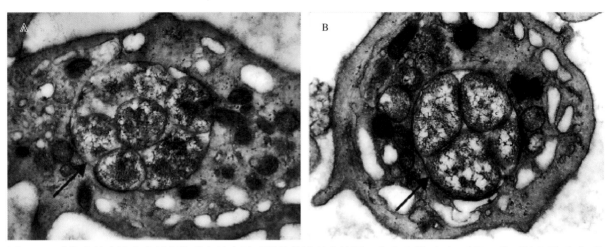

图42.4　感染犬的血液血小板细胞质内的扁平无形体的透射电镜图，含有多种（A）以及四种可见病原（B）的桑椹胚（引自 Harvey，1978）

洲东部地区，白足鼠（白足鼠属）和肩突硬蜱分别是主要的储存宿主和传播媒介。在美国西海岸，太平洋硬蜱可能是主要的传播媒介。在欧洲，篦子硬蜱是主要的传播媒介，各种啮齿类动物可能是储存宿主。尽管我们推测扁平无形体病原是通过蜱叮咬的方式传播给犬类，但扁平无形体的储存宿主和传播媒介还有待确定。

致病机制　起初，粒细胞的嗜吞噬细胞无形体感染仅见于欧洲反刍动物中，当时通常将这种感染称为蜱媒热。后来，在北美洲出现该病原感染马的报道（早期将其称为马艾立希体病原、艾立希体属等）。在北美洲，该病原也感染人和犬类。所有宿主都出现血管炎并伴有血栓、血小板减少、水肿以及出血症状。反刍动物的睾丸以及卵巢中血管病变更为明显。嗜吞噬细胞无形体感染可能会造成脾肿大和出血。临床症状可能包括发热、抑郁、呼吸急促、食欲不振、水肿、贫血、黄疸和共济失调。共济失调在马匹中更为常见。牛感染可能导致其产奶量下降。该疾病在幼畜中的症状较轻。由于中性粒细胞计数降低，被感染的动物也更容易发生继发感染。某些动物会发生更严重的并发症，可能包括呼吸道感染或蹄叶炎。犬扁平无形体感染会引发周期性血小板减少症。

免疫学特征

宿主对病原的免疫应答包括细胞和体液免疫应答。嗜吞噬细胞无形体和扁平无形体中的抗原变异可促使病原持续存在和免疫逃避。尽管对边缘无形体和嗜吞噬细胞无形体部分表面表达的外膜抗原的变异情况进行了大量研究，但是对扁平无形体的抗原性变异机制的了解仍然很少。扁平无形体中的周期性血小板减少症可能会引起菌血症水平发生周期性变化，进而引起血小板计数的周期性变化。有报道称，嗜吞噬细胞无形体和边缘无形体菌株表达的主要表面蛋白具有显著多样性。

实验室诊断

在感染的早期临床阶段，利用多色染色法（如姬姆萨染色）对厚血液涂片或血白膜层细胞样本（图42.2和图42.3）进行染色，粒细胞的细胞质中可能发现内含物（吞噬体中复制的微生物）。利用感染宿主的中性粒细胞进行间接免疫荧光和ELISA试验可以检测病原。重组的抗原蛋白通常用于ELISA检测。在疾病的临床阶段，可以用诸如聚合酶链式反应之类的分子生物学方法来检测病原。同样，利用经多色染色法对感染犬的血小板中进行染色可以检测扁平无形体。

治疗和控制

与其他立克次体目一样,四环素是治疗嗜吞噬细胞无形体以及扁平无形体最有效的抗生素。控制传播媒介也是减少动物患病的有效方法。目前,嗜吞噬细胞无形体或扁平无形体没有研制出疫苗。

参考文献

Harvey J, 2012. Veterinary Hematology: A Diagnostic Guide and Color Atlas[M]. Elsevier Inc.

Harvey JW, Simpson CF, Gaskin JM, 1978. Cyclic thrombocytopenia induced by a rickettsia-like agent in dogs[J]. J Infect Dis, 137: 182-188.

延伸阅读

Dumler JS, Barbet AF, Bekker CP, et al, 2001. Reorganization of genera in the families Rickettsiaceae and Anaplasmataceae in the order Rickettsiales: unification of some species of Ehrlichia with Anaplasma, Cowdria with Ehrlichia and Ehrlichia with Neorickettsia, descriptions of six new species combinations and designation of Ehrlichia equi and "HGE agent" as subjective synonyms of Ehrlichia phagocytophila[J]. Int J Syst Evol Microbiol, 51 (6): 2145-2165.

Raskin RE, Meyer DJ, 2010. Canine and Feline Cytology, A Color Atlas and Interpretation Guide[M]. Elsevier Inc.

Renvoisé A, Merhej V, Georgiades K, et al, 2001. Intracellular Rickettsiales: Insights into manipulators of eukaryotic cells[J]. Trends Mol Med, 17 (10): 573-583.

Rikihisa Y, 2006. New findings on members of the family Anaplasmataceae of veterinary importance[J]. Ann N Y Acad Sci, 1078: 438-445.

Stuen S, Longbottom D, 2011. Treatment and control of chlamydial and rickettsial infections in sheep and goats[J]. Vet Clin North Am Food Anim Pract, 27 (1): 213-233.

(刘恒贵 译,辛九庆 校)

第43章 巴尔通体科

巴尔通体科的成员都是小的革兰阴性杆状菌。直到20世纪90年代早期,人们仅知道巴尔通氏体属的一个菌种:杆状巴尔通氏体。现今已鉴定属于该属的菌种包括之前划分于巴尔通体属(*Bartonella*)、罗克利马体菌属(*Rochalimaea*)和格拉汉体属(*Grahamella*)下的所有菌种。巴尔通体属已列入巴尔通体科,该科已不再被列入立克次体目。巴尔通体属下的成员属于α-蛋白菌中的α-2亚群,其中的大多数具有红细胞黏附特性。

巴尔通体科包含了20个以上的菌种或亚种,以及多个疑似菌种,其中14个菌种或亚种或疑似菌种,都是人类致病菌。

1. 与人类疾病相关的菌种　杆状巴尔通体(*Bartonella bacilliformis*)是人类的奥罗亚热(oroya fever)的病原,引起急性的菌血症,表现为败血性溶血;同时也是秘鲁疣(verruga peruana)的病原,主要引起慢性的皮肤结节性皮疹。

五日热巴尔通体(*Bartonella quintana*)是战壕热(trench fever)的病原,也是杆菌性血管瘤的病原之一,该病导致免疫机能不足的个体血管增生性障碍,主要引起获得性免疫缺陷综合征(Acquired immuno deficiency syndrome,AIDS)病人的继发感染。五日热巴尔通体导致的杆菌性血管瘤在流浪者中较常见,以体虱为媒介。该病的另一种可能病原是汉氏巴尔通体(*Bartonella henselae*)。

汉氏巴尔通体可在免疫机能正常的人群中引起猫抓病。

伊丽莎白巴尔通体(*Bartonella elizabethae*)、*Bartonella koehlerae*、*Bartonella alsatica*和蛋黄念珠菌(*Condiclatus B. mayotimonensis*)与免疫机能正常人群的心内膜炎有关。

文氏巴尔通体(*Bartonella vinsonii* ssp. *berkhoffii*)与沃氏巴尔通体(*Bartonella washoensis*)与心内膜炎或心肌炎有关。

*Bartonella grahamii*与视神经视网膜炎有关。

文氏巴尔通体*arupensis*亚种是从一个牧场工人血液中分离得到的,病人表现为发热和轻微神经症状,后来又在另一个心内膜炎病人体内检测到该病原。

蜱蝇巴尔通体(*Bartonella melophagi*)与心包炎和疲劳症有关。

塔米巴尔通体(*Bartonella tamiae*)是从泰国的一个发热病人中分离得到的。

克拉巴尔通体(*Bartonella clarridgeiae*)可能是引起猫抓病的次要病原。

2. 与动物疾病相关的菌种　某些对人致病的巴尔通体属成员,已证实还能引起犬的多种疾病如心内膜炎等,具体包括以下成员:文氏巴尔通体、克拉巴尔通体、汉氏巴尔通体、五日热巴尔通体、沃氏巴尔通体、伊丽莎白巴尔通体、*B. grahamii*、泰勒巴尔通体(*Bartonella taylorii*)以及新的BK1、

KK1、KK2分离株。还有一些虽能感染犬却未见临床症状的菌种，如文氏巴尔通体、类龟巴尔通体（*B. volans*-like）、牛巴尔通体（*B. bovis*）与HMD毒株（推荐物种名为 *Candidatus B. merieuxii*）。此外，还有汉氏巴尔通体感染猫以及牛巴尔通体感染牛的病例报道。

另一些巴尔通体属成员，如文氏巴尔通体文氏亚种、泰勒巴尔通体、*B. peromysci*、*B. birtlesii*、细粉巴尔通体（*B. tribocorum*）、*B. talpae*、牛巴尔通体和 *B. capreoli*，仅能在野生啮齿类动物如松鼠、兔、猫科、犬科、牛科和羊科的动物的血液中分离到。而这些病原是否引起动物发病迄今为止并无定论。

● 特征概述

形态和染色

巴尔通体科的细菌，对营养需求苛刻，属于需氧型、短菌体、多形态的革兰阴性球杆菌或棒状菌（0.6～1.0 μm），在含全血的基础培养基培养5～15 d（最多45 d）后形成可见菌落，具有高氯化血红素依赖性（图43.1）。银染法看到病料组织中小的杆状菌，易形成细菌团。其他类似的方法，可用姬姆萨染色鉴定红细胞中的细菌。巴尔通体属与布鲁氏菌属、农杆菌属、根瘤菌属在进化史上亲缘关系较近。

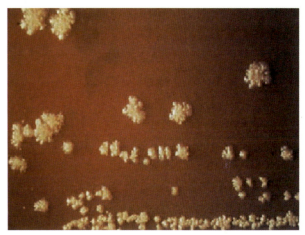

图43.1 汉氏巴尔通体菌落（5%兔血平板）

结构和组成

杆菌状巴尔通体与克拉巴尔通体是仅有的含单极鞭毛的可游动巴尔通体。昆塔纳巴尔通体（*B. quintana*）与汉氏巴尔通体通过菌毛或纤毛可以震颤运动。由于这些菌长得慢，标准的生化鉴定方法并不适用。巴尔通体为氧化酶阴性、过氧化氢酶阴性。目标酶检测与标准试验在不同菌种间获得的结果不一致。大多数菌种除了产生肽酶外无别的生化活性。有报道称Baxter诊断机构建立的微扫描快速厌氧菌面板法可以用于该属的菌种鉴定。巴尔通体属全菌脂肪酸（CFA）的分析也可用于菌种鉴定，因为不同种的巴尔通体含有的CFA组成具有特异性。CFA气液色谱分析主要含以下三型：$C_{18:0 9}$，$C_{18:1 9}$与$C_{16:0}$。有限制性内切酶片段长度多态性的分子生物学方法可应用于巴尔通体种或分离株鉴定，该方法的靶基因一般为柠檬酸合成酶、16S rRNA 或 16S～23S rRNA间隔序列，以及针对随机重复回文序列设计的PCR方法等。限制性内切酶片段长度多态性以及基于16S rRNA、柠檬酸合成酶基因的PCR方法已广泛应用于巴尔通体病原学检测与菌种鉴定，可检测样品包括临床样品或细菌纯培养物。16S～23S rRNA间隔序列或某个编码基因是细菌PCR鉴定的主要靶标。被广泛用作PCR靶标的基因包括：柠檬酸合成酶（*gltA*）、热休克蛋白（*groEL*）、核黄素（*ribC*）、细菌分裂蛋白（*ftsZ*）以及17ku抗原。

生长特性

巴尔通体可在新鲜兔血或羊、马血平板上培养，培养条件为5% CO_2，温度35℃（杆状巴尔通体除外，培养温度为28℃）。一些巴尔通体菌种如汉巴尔通体、克拉巴尔通体、文氏巴尔通体及伊丽莎白巴尔通体，初次分离时菌落形状为白色、粗糙、干燥的隆状物或凹陷状。挑菌落时分散或转移菌体都比较困难。另一些巴尔通体，如昆塔纳巴尔通体形成小的、灰色、半透明并有时呈瘤状或稍微黏液样的菌落。一种新型预富集液体培养基，名为巴尔通体/α蛋白生长培养基（BAPGM），已成功用于生物样品中巴尔通体检测。

生态学

传染源、传播与地理分布

大多数巴尔通体菌种需要媒介的传播。其宿主、媒介以及地理分布见表43.1。

表43.1　巴尔通体菌种或亚种、主要宿主、已鉴定或可能的传播媒介

巴尔通体亚属（*Bartonella* spp.）	主要宿主（英文，拉丁文）	媒介或潜在媒介（英文，拉丁文）
B. alsatica[a]	兔（Rabbits, *Oryctolagus cuniculus*）	蚤（Fleas, *Spilopsyllus cuniculi*）
杆菌状巴尔通体 *B. bacilliformis*	人（Humans）	蠓（Pheblotomine, 或 sand flies, *L. verrucarum*）
五日热巴尔通体[a] *B. quintanaa*	人（Humans）	人体虱（Human body lice, *Pediculus humanis corporis*）
汉氏巴尔通体[a] *B. henselaea*	猫（Cats, *Felis catus*）	蚤（Fleas, *Ctenocephalides felis*），蜱（Ticks）?
克拉氏巴尔通体 *B. clarridgeiae*	猫（Cats, *Felis catus*）	蚤（Fleas, *Ctenocephalides felis*）
B. koehlerae[a]	猫（Cats, *Felis catus*）	蚤（Fleas, *Ctenocephalides felis*）
文氏巴尔通体文氏亚种 *B. vinsonii* ssp. *vinsonii*	草原田鼠（Meadow voles, *Microtus pennsylvanicus*）	耳螨（Ear mites, *Trombicula microti*）?
文氏巴尔通体 *arupensis* 亚种[a] *B. vinsonii* ssp. *arupensisa*	白蹄鼠（White footed mice, *Peromyscus leucopus*）	蚤（Fleas）?
文氏巴尔通体 *berkhoffii* 亚种[a]	土狼（Coyotes, *C. latrans*） 犬（Dogs, *Canis familiaris*）	蜱（Ticks）? 蚤（Ticks）?
B. talpae	鼹科（Moles, *Talpa europaea*）	蚤（Fleas）?
B. peromysci	田鼠（Field mice, *Peromyscus* spp.）	蚤（Fleas）?
B. birtlesii	木鼠（Wood Mice, *Apodemus* spp.）	蚤（Fleas）?
B. grahamii[a]	Bank voles, *Clethrionomys glareolus*	蚤（Fleas, *Ctenophthalmus nobilis*）?
勒巴尔通体 *B. taylorii*	木鼠（Wood mice, *Apodemus* spp.）	蚤（Fleas, *Ctenophthalmus nobilis*）?
B. doshiae	田鼠（Meadow voles, *Microtus agrestis*）	蚤（Fleas）?
伊丽莎白巴尔通体[a] *B. elizabethaea*	大鼠（Rats, *Rattus norvegicus*）	蚤（Fleas）?
细粉巴尔通氏体 *B. tribocoruma*	大鼠（Rats, *Rattus norvegicus*）	蚤（Fleas）?
罗克利马巴尔通体[a] *B. rochalimaea*	灰红狐（Gray and red foxes, *Urocyon cinereoargenteus, Vulpes vulpes*） 浣熊（Raccoons, *Procyon lotor*）	蚤（Fleas, *Pulex irritans, P. simulans*）
牛巴尔通体 *B. bovis* (*weissii*)	家牛（Domestic cattle, *Bos taurus*）	牛虻（Biting flies）? 蜱（Ticks）?
B. chomelii	家牛（Domestic cattle, *Bos taurus*）	牛虻（Biting flies）?，蜱（Ticks）?
B. capreoli	狍（Roe deer, *capreolus capreolus*）	牛虻（Biting flies）? 蜱（Ticks）?
B. schoenbuchensis	狍（Roe deer, *capreolus capreolus*）	羊蜱蝇（Deer keds, *Lipoptena cervi, Lipoptena mazamae*）
B. aff. schoenbuschensis	黑鹿（Rusa deer, *Cervus timorensis russa*）	羊蜱蝇（Deer keds）?
龟巴尔通体 *B. volans*	南方鼯鼠（Southern flying squirrel, *Glaucomys volans*）	蚤（Fleas）?

（续）

巴尔通体亚属（*Bartonella* spp.）	主要宿主（英文，拉丁文）	媒介或潜在媒介（英文，拉丁文）
B. japonica	日本小田鼠（Small Japanese field mouse, *Apodemus argenteus*）	蚤（Fleas）？
B. silvatica	日本大田鼠（Large Japanese field mouse, *Apodemus speciosus*）	蚤（Fleas）？
塔米巴尔通体 *B. tamiae*	大鼠（Rat, *Rattus* spp.）？	螨（chigger mites，*Leptotrombidium, Schoengastia, Blankarrtia*）？蜱（ticks？）
B. rattimassiliensis	大鼠（Rats, *Rattus norvegicus*）	蚤（Fleas）？
B. phoceensis	大鼠（Rats，*Rattus norvegicus*）	蚤（Fleas）？
B. australis	东方灰袋鼠（eastern grey kangaroos, *Macropus giganteus*）	蚤（Fleas）？蜱（ticks）？
Candidatus *B. melophagi*[a]	绵羊（Sheep, *Ovis aries*）	羊蜱蝇（Sheep ked, *Melophagus ovinus*）
Candidatus *B. washoensis*[a]	加利福尼亚地松鼠（California ground squirrel, *Spermophilus beecheyi*）	蚤（Fleas, *Oropsylla montana*）
Candidatus *B. thailandensis*	啮齿类（Rodents）	蚤（Fleas）？
Candidatus *B. mayotimonensis*[a]	啮齿类[Rodents，小鼠（mice）]？	蚤（Fleas）？
B. rattaustraliani	澳大利亚啮齿类（Australian rodents）	蚤（Fleas）？
B. queenslandensis	（*Melomys* sp., *Uromys caudimaculatus Rattus tunneyi, R. fuscipes, R. conatus, R. leucopus*）	
B. coopersplainsensis	大鼠（*Rattus leucopus*）	
Candidatus *B. antechini*	阔脚袋鼩（Yellow-footed Antechinus, *Antechinus flavipes*）	蚤（Fleas, *Acanthopsylla jordani*），蜱（Ticks, *Ixodes antechini*）
Candidatus *B. bandicootii*	西袋狸（Western barred Bandicoot, *Perameles bougainville*）	蚤（Flea, *Pigiopsylla tunneyi*）
Candidatus *B. woyliei*	毛尾袋鼠（Woylie, *Bettongia Penicillata*）	蚤（Flea, *Pygiopsylla hilli*），蜱（Tick, *Ixodes australiensis*）
Candidatus *B. merieuxii*（HMD 株）	豺（jackal, *Canis aureus*）	蜱（Ticks,），蚤（fleas）？

注：[a] 与动物疫病相关的巴尔通体菌种或亚种；

？，表示极有可能是媒体的种属。

● 致病机制

机制

昆塔纳巴尔通体和汉氏巴尔通体与临床发生的增生性新生血管病变相关（图43.2）。巴尔通体引起杆菌性血管病变的致病机制包括引起血管内皮损伤与增生，该菌可在体外诱导内皮细胞增殖并迁移。与该致病机制相关的毒力因子经鉴定是血管生成因子。因为细胞骨架的修饰，巴尔通体在体外感染时可刺激内皮细胞增殖并形成多种形态变化。汉氏巴尔通体经证实可诱导感染细胞

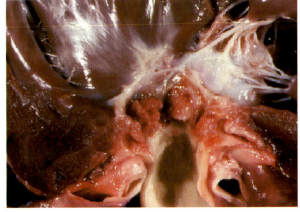

图43.2 克拉巴尔通体引起犬心内膜炎（引自 Chomel 等，2001）

产生血管内皮生长因子,进而刺激细胞增殖以及病原繁殖。

汉氏巴尔通体与杆状巴尔通体类似,致病机制也相似。在杆状巴尔通体中发现一种类噬菌体颗粒,而在汉氏巴尔通体培养上清液中也发现类似颗粒。该颗粒至少含三种相关蛋白,以及不同长短共计14kb的DNA片段。推测汉氏巴尔通体与杆状巴尔通体都具有介导血管增生(angioproliferation)的能力,该能力增强了其自身转移能力,以便从宿主获得更多营养物质。推测两种微生物具有相似致病特性的原因可能是通过一种转导型噬菌体进行了遗传物质的交换。

所有巴尔通体菌种均能在红细胞内增殖并持续存在。杆状巴尔通体拥有极性鞭毛,可介导其黏附红细胞。无鞭毛的巴尔通体的菌毛束和膜蛋白可能在黏附红细胞过程中起作用。而巴尔通体引起哺乳动物持续性菌血症的发病机制至今仍不清楚。研究推测,细菌在红细胞内定植是持续性菌血症的原因。依赖于红细胞非溶血性胞内寄生的特点可保护由媒介传播的病原,逃避宿主免疫反应并降低抗菌药药效。细粉巴尔通体已在大鼠上建立持续感染模型。感染后的前5d为病原的潜伏期,之后病原开始增殖,直至每个红细胞平均包含8个菌体。此后,细菌一直生活在红细胞中。依赖于红细胞非溶血性胞内寄生可能是巴尔通体感染扩散的策略,便于如节肢动物媒介传播该病原,因为宿主为吸血媒介提供感染来源,随后媒介可感染新宿主。

巴尔通体 IV 型分泌系统属于与细菌接合系统相关的超分子转运蛋白,在其适应特定宿主过程中是关键的致病因素。在分子水平上,IV 型分泌系统 VirB/VirD4,通过向宿主细胞转运一系列不同的效应蛋白,以干扰细胞正常功能,从而有利于病原感染。此外,巴尔通体黏附素分子结合细胞外基质,是介导致病的早期关键步骤,而稳定的黏附过程的前提是 IV 型分泌系统效应蛋白能实现转运。巴尔通体中研究较深入的黏附素分子是自转运三聚体黏附素同源类似物,如汉氏巴尔通体的 BadA 与昆塔纳巴尔通体的 Vomp 家族蛋白。遗传多样性与菌株变异特性可增强巴尔通体侵染储存宿主与非储存宿主,如典型的汉氏巴尔通体。

疾病模型和流行病学

人类疾病

猫抓病　猫抓病(cat scratch disease,CSD)是由汉氏巴尔通体导致的疾病,人被猫抓伤或咬伤后到发病的潜伏期为1~3周。仅50%的病例中有很小的皮肤损伤,常与虫子叮咬类似,主要部位在手或前臂,从丘疹发展为水疱并部分形成溃疡。这样的病例在几天到几周内减轻。大约3周后发展为淋巴结炎,通常是单侧的,多出现在肱骨内、腋下或颈部淋巴结。症状为淋巴结肿大和疼痛,持续几周至几个月。25%的病例发现有化脓灶,绝大多数病例出现系统感染特征:发热、畏寒、全身乏力、厌食和头痛等。通常情况下该病较为温和,会自愈并无任何后遗症。CSD非典型病例仅占5%~10%,最常见的是帕里诺眼淋巴结综合征(耳周淋巴结炎与结膜炎),还可能发生脑膜炎、脑炎、骨溶解性损伤以及血小板减少性紫癜。脑炎是CSD主要的严重并发症之一,通常发生在淋巴结炎后的2~6周,但通常会痊愈,并无或极少数有后遗症。

据统计,1992年美国有22 000例CSD病人,其中2 000人入院治疗。估算每年因CSD治疗费用至少1 200万美元,55%~80%的病人年龄在20岁以下。CSD感染呈季节性,主要发生在秋冬季节。

已有报道汉氏巴尔通体感染免疫力正常的人会出现新的临床表现,包括引起慢性疲劳综合征的视神经视网膜炎和菌血症,或引起猫主人的心内膜炎。汉氏巴尔通体最近被认为是儿童长期发热、无名热的常见病因。巴尔通体感染引起的风湿症表征在儿童中已有报道,包括肌炎一例,关节炎与皮肤结节一例,已报道的关节炎病例非常少见。巴尔通体感染引起人的其他风湿症表征包括结节性红斑、白细胞分裂性血管炎,伴随肌肉疼痛的无名发热,以及关节痛。已有报道巴尔通体可引起人(尤其是美国人)的慢性感染与菌血症。

心内膜炎 多种巴尔通体被认为是引起人心内膜炎或心肌炎且带血培养呈阴性的病原,包括汉氏巴尔通体、昆塔纳巴尔通体、伊丽莎白巴尔通体、文氏巴尔通体 berkhoffii 亚种和 arupensis 亚种、B. alsatica 和蛋黄念珠菌。人的心内膜炎病例大约有3%是由伯内特考克斯体(导致Q热,见第40章)引起。

杆菌性血管瘤病 杆菌性血管瘤病(Bacillary Angiomatosis,BA)在免疫损伤病人中的临床表征与CSD引起的表征完全不同。杆菌性血管瘤病,又叫上皮样血管瘤病,是一种皮下血管增生性疾病,形成多重血管覆盖的囊性瘤。通常可见紫罗兰色或无色丘疹样或结节性皮肤病灶,临床上叫作卡波西肉瘤,但在组织学上类似上皮样血管瘤。当病灶涉及内脏实质器官时,根据病变的不同部位分别叫作紫癜肝病、脾紫癜或系统性BA。弥散性BA的病人可出现发热、消瘦、全身乏力以及器官肿大。BA病人患心内膜炎的病例也有过报道。

猫 现有报道猫自然感染巴尔通体后无主要的CSD临床表征,但感染呈普遍性,尤其是小猫。据估测,约10%的宠物猫以及高达30%~50%的流浪猫患有巴尔通体菌血症。在北美洲西部(美国加利福尼亚州)的旧金山-萨克拉门托地区,猫的巴尔通体菌血症流行率高达40%。试验感染猫的亚临床特征,包括发热、淋巴结肿大、葡萄膜炎以及轻微的神经症状。在宠物猫中已诊断出多个葡萄膜炎病例以及一些汉氏巴尔通体引起的心内膜炎病例。感染巴尔通体猫的血清学阳性或菌血症,与口腔病灶(牙龈炎、口腔炎)之间的潜在相关性已有文献报道。另外,有试验证实巴尔通体会引起感染母猫的繁殖障碍,如不能正常妊娠,或多次交配才能妊娠,或死胎。菌血症通常持续数周到数月之久。细菌存在于红细胞内,菌毛可能是巴尔通体的一个致病因子,在猫体内每微升血液至少含一百万个细菌。经不同试验证实,病原不能在猫与猫之间直接水平传播,或在母猫与小猫之间进行垂直传播。但从病猫身上收集吸血跳蚤使之寄生于其他小猫,则成功复制了感染。现已证实,当被猫抓伤后跳蚤粪便是可能的传染源,唾液作为可能的传染源还需要进一步的证实。在吸血跳蚤中提取到汉氏巴尔通体的DNA。流行病学研究证明,居住在温暖潮湿环境的流浪猫群的抗体阳性率与菌血症的发生率最高,源于这样的环境中猫的跳蚤感染率更高。

犬 已鉴定文氏巴尔通体 Berkhoffi 亚种是引起犬心内膜炎的重要病原,尤其在大型养殖场里更容易出现。在对犬心内膜炎长达2年的研究中发现,18个病例中约有1/3是由巴尔通体引起的。克拉巴尔通体、沃氏巴尔通体、轮状巴尔通体、昆塔纳巴尔通体、B koehlerae 以及汉氏巴尔通体已证实与犬的心内膜炎相关。犬的这类疫病感染范围还在不断扩大,与其相关联的疾病类型包括:心律不齐、心内膜炎与心肌炎、肉芽肿淋巴结炎与肉芽肿性鼻炎。某些病例在诊断出心内膜炎的前几个月即可出现间歇性跛行、骨痛或无名发热。有一例患淋巴细胞性肝炎的犬体内检测到克拉巴尔通体的DNA。此外,在一例紫癜肝病、一例肝炎以及其他三例临床病例中均检测到汉氏巴尔通体的DNA。该三例汉氏巴尔通体阳性病例呈现出非特异性临床表现,如严重消瘦、嗜睡以及厌食。由PCR诊断及DNA测序技术证实其中一例病犬感染了伊丽莎白巴尔通体,由此证明可感染犬的巴尔通体的种类在增加。血清学研究表明,在北美与欧洲,巴尔通体感染犬的病例较为罕见(低于5%),而在热带国家阳性率高(苏丹达到65%)。在北美尤其在东南部,对多种由蜱介导的其他疾病(主要是埃里克体、巴贝斯虫和微粒孢子虫)呈血清阴性的犬中有很高的巴尔通体血清阳性率。据报道加州山狗的巴尔通体血清学阳性率高达35%,在该地区某个村庄里的土狼菌血症发生率约为28%。

啮齿类 对妊娠小鼠进行 B. birtlesii 的试验性感染证实其在动物繁殖过程中有致病性。未成年雌鼠发生菌血症的概率显著高于雄鼠。雌鼠妊娠前感染巴尔通体引起胎儿致死或吸收的比率比对照组高,活下来的胎儿体重比对照组低。巴尔通体的跨胎盘传播已得到证实,因为胎儿吸收病例中有

76%为 *B. birtlesii* 菌培养阳性。患病胎盘组织学诊断显示，胎盘母体部出现血管损伤，从而证实其引起繁殖障碍。最近报道已分离鉴定细粉巴尔通体全部的 *virB* 基因同源类似物（virB2-11）及其下游的 *virD*4 基因，并已阐明Ⅳ型分泌系统效应子 VirB/VirD4 对巴尔通体在红细胞内建立感染过程中的关键作用。

免疫学特征

巴尔通体感染可刺激机体产生细胞免疫与体液免疫应答。汉氏巴尔通体与昆塔纳巴尔通体可诱导上皮细胞增殖与迁移。这类效应基于一种胰酶敏感因子，该因子与细菌的细胞壁或膜成分有关。汉氏巴尔通体感染并激活上皮细胞，其外膜蛋白足以诱导激活宿主细胞的 NF-κß 通路，菌体的黏附分子表达能增强其在白细胞表面旋转及黏附的过程。

不同感染个体中，特异性抗体在感染后几天到几周内可检测到。大多数的 CSD 或 BA 临床病例中，可检测到汉氏巴尔通体或昆塔纳巴尔通体的特异性抗体。CSD 病例通常会产生较为持久的免疫力。人心内膜炎通常会出现很高的 IFA 滴度（>1∶800）。

在小鼠模型中，热灭活的巴尔通体抗原感染 C57BL/6 小鼠后，可刺激鼠脾细胞特异性增殖，其中 $CD4^+$ T 细胞占主导。这种效应随着感染时间延长而上升，在感染后 8 周达到峰值。特异性抗原刺激脾细胞产生了 γ-干扰素，而非 IL-4。与人、猫和犬类似，鼠感染巴尔通体后约 2 周，可在血清中检测到特异性 IgG，12 周达到峰值，IgG 抗体中以 IgG2b 为主。因此，汉氏巴尔通体在正常免疫功能的 C57BL/6 鼠中主要诱导 Th1 反应。

在猫的模型中，试验感染汉氏巴尔通体后 2~3 周，可用间接免疫荧光法或 ELISA 法检测到抗体，通常持续几个月。大多数猫感染后虽抗体滴度高，但菌血症仍持续数周。尽管能激发体液免疫反应，但感染猫中普遍存在慢性菌血症。尽管抗体滴度与菌血症严重程度之间无直接相关性，但当 IFA 滴度在 512 或以上时，更容易出现菌血症。

犬心内膜炎病例通常抗体滴度高。犬试验感染文氏巴尔通体 *Berkhoffii* 亚种后，因呈慢性感染，从而导致免疫抑制，可见单核细胞吞噬系统有缺陷，$CD8^+$ T 细胞亚群损伤，以及淋巴结中检测到抗原递呈功能受损。

实验室诊断

多年来 CSD 病例诊断依靠临床诊断、接触病史、普通细菌分离失败以及淋巴结组织学活检。CSD 病例的淋巴结渗出液经巴氏消毒后制备抗原，可建立一种皮试检测方法，但该方法目前尚未标准化，且需要考虑安全性。

血清学试验如 IFA 或 ELISA，以及从人、犬或猫源样品中进行病原分离等技术从 20 世纪 90 年代中期就已建立。由于巴尔通体属红细胞内寄生菌，可通过裂解-离心方法很容易从全血中分离细菌。人 CSD 病例或犬病例中通过血液分离的菌很少。相反，人 BA 病例中从血样中分离菌却很容易，可能因其血清学检测结果常为阴性有关。自然宿主血样中细菌分离结果通常与菌血症相关，相关程度为 10%~20%，有的甚至高达 95%（肉牛与鹿）。

从病猫采集血液 1.5mL 于裂解-离心管中，或将血液收集于 EDTA 管中在检测前于 -270~-70℃保存几天或几周，后者因其易控制与低成本，已成为优先选择方法。病犬或病牛，采血量可更大（3~5mL）。采集管离心后取其沉淀，涂布于含 5%新鲜兔血的琼脂板，在 35℃、5% CO_2、高湿培养箱中培养 3~4 周。猫血来源的菌株通常在几天内长出菌落，有些则需要几周的时间（图 43.1）。

巴尔通体进行病原体检测有较大局限,如细菌分离、PCR检测病原体特异性DNA等方法检出率不高,可通过ELISA或IFA测抗体的方法进行补充。文氏巴尔通体 *Berkhoffii* 亚种抗体检测率不高,病犬中小于4%,健康犬中小于1%。病犬中进行其相关抗体监测为该病感染早期与潜伏感染的发现提供有力证据。

Bactec与BacT/Alert培养系统已应用于巴尔通体菌种分离。菌种鉴定可通过酶鉴定系统进行,但通常需再由PCR-RFLP方法进行确认。可使用几种限制性内切酶(如柠檬酸合酶基因中的 *TaqI* 与 *HhaI*)来消化特异性引物所扩增出的单一产物。缺乏体外培养方法的菌种,可用PCR方法直接检测组织中的巴尔通体。人或犬的巴尔通体引起的心内膜炎诊断依赖于PCR检测以及相应的高灵敏度的特异性抗体检测。

人或动物是否感染,可通过IFA或ELISA检测其特异性抗体来确认。IFA滴度至少为1∶64时确定为阳性。有时猫和人感染汉氏巴尔通体时,发生菌血症的同时,也可检测到抗体。

2005年,Maggi等报道过一种经化学修饰、主要成分来自昆虫的液体培养基(BAPGM),可支持至少7种巴尔通体菌种的培养。该培养基也可支持不同巴尔通体的共培养。之后,该研究组建立起一种预富集培养的BAPGM系统以及与高敏感性PCR方法相结合的独特的诊断平台,其敏感性为每微升DNA中含0.5个细菌基因组,扩增模板为16S～23S区域,或 *Pap*31基因(一种噬菌体相关基因)。该方法已获批准可用于犬的诊断,检测样品包括血液、脑脊液、淋巴结渗出液、关节液、全血,以及手术取出的组织样品。

● 治疗

当人出现BA、杆状紫癜或复发性菌血症时,通常采用抗菌药治疗。BA症状的病人用大环内酯类药物后效果显著。免疫功能不全的病人推荐用红霉素、利福平或多西环素,至少服药2～3个月,但仍可能复发。类似这样的病例,病人应终生使用其中一种抗生素。对于CSD病人,通常不推荐进行抗菌药治疗,因为大多数病例用抗菌药后没有效果。也有报道称,对弥散性CSD与视神经视网膜炎病人,联合应用庆大霉素与多西环素静脉注射,同时口服红霉素治疗获得成功。对于巴尔通体心内膜炎病例,应用氨基糖苷类药物可完全康复,治疗周期超过14d的病人比疗程短的病人预后效果更好。

处于巴尔通体活跃期的感染犬推荐使用阿奇霉素治疗。治疗方案的标准用量为每天每千克体重5～10mg,连续7d,隔天给药,连续5周,该方案在大多数犬猫病例中证实有效。氟喹诺酮类单独给药,或与阿莫西林联合给药,在犬病例中治疗有效,但治疗效果与文氏巴尔通体抗体滴度呈反比。多西环素对于文氏巴尔通体 *Berkhoffii* 亚种病例的治疗效果不确切,但在猫试验感染或自然感染汉氏巴尔通体或克拉氏巴尔通体病例中,使用多西环素按照每千克10mg、间隔12h、连续4～6周的给药方案,有可能清除猫、犬或其他动物体内的巴尔通体感染。

各种抗生素(多西环素、红霉素和恩诺沙星)均已表明可以降低人工感染猫的菌血症水平但不能完全消除,且在治疗结束后几周内菌血症的水平可能还会超过最初的水平。

● 预防

据统计,北美有1/3的家庭养宠物猫,总数近6 890万只,成为汉氏巴尔通体或克拉氏巴尔通体潜在的巨大宿主库。因此,可能对宠物主人产生负面效应,尤其对免疫功能不全的人。血清学阴性的猫不会有菌血症,而小猫,尤其是圈养小猫与携带跳蚤的小猫更可能出现菌血症。因此,想领养宠物猫的主人,尤其是免疫不全的人,可从猫养殖场获得或领养无跳蚤的成年猫。可惜的是,血清学阳性与菌血症之间无相关性，菌血症常呈短暂性并可复发。可考虑去除猫爪，但作用有限，因为跳蚤可在猫与猫之间转移。因此，消灭跳蚤可作为阻止感染以及传播的主要措施之一。防止汉氏巴尔通体感染的最有效方法是普及常识、保持卫生和消灭跳蚤，并且可能需要猫主人改变自身一些行为习惯。在接触宠物之后洗手，以及迅速用肥皂和水清理所有的伤口，包括咬伤或划伤。

对犬巴尔通体病而言，蜱流行的地方可能是获得感染的潜在危险因素，在蜱和跳蚤活动的季节应该采取控制蜱蚤的措施。对在疫病流行区域活动的犬，极力推荐进行全身性蜱检查。

参考文献

Chomel BB, et al, 2001. Aortic valve endocarditis in a dog due to B. clarridgeiae[J]. J Clin Microbiol, 39(10): 3548-3554.

延伸阅读

Billeter SA, Levy MG, Chomel BB, et al, 2008. Vector transmission of Bartonella species with emphasis on the potential for tick transmission[J]. Med Vet Entomol, 22(1): 1-15.

Breitschwerdt EB, Maggi RG, Chomel BB, et al, 2010. Bartonellosis: an emerging infectious disease of zoonotic importance to animals and human beings[J]. J Vet Emerg Crit Care (San Antonio), 20(1): 8-30.

Chomel BB, Boulouis HJ, Breitschwerdt EB, et al, 2009. Ecological fitness and strategies of adaptation of Bartonella species to their hosts and vectors[J]. Vet Res, 40(2): 29.

Chomel BB, Kasten RW, 2010. Bartonellosis, an increasingly recognized zoonosis[J]. J Appl Microbiol, 109(3): 743-750.

Tsai YL, Chang CC, Chuang ST, et al, 2011. Bartonella species and their ectoparasites: selective host adaptation or strain selection between the vector and the mammalian host[J]? Comp Immunol Microbiol Infect Dis, 34(4): 299-314.

（文辉强　韩凌霞 译，陈利苹　包红梅 校）

第44章 酵母菌——隐球菌属，马拉色菌属和假丝酵母菌属

依据真菌在组织或培养基上的微生物学形态（无性生殖阶段），可将其分为霉菌和酵母菌。在显微镜下观察，有菌丝结构的是霉菌，呈单一细胞排列且有出芽结构的是酵母菌。在培养基上，通常霉菌菌落呈绒毛状，酵母菌菌落呈现与细菌类似的单菌落形态。一些致病性真菌会根据生长环境的不同呈现出酵母样的结构或有菌丝的结构，这样的真菌被称作双相型真菌（第46章和第47章）。

本章将对以下三种典型的酵母真菌展开讨论：新型隐球酵母菌、厚皮马拉色菌和白色念珠菌。

● 新型隐球酵母菌

新型隐球酵母菌可以引起多种动物，如猫（尤其是家猫）、犬、雪貂、马、绵羊、山羊、牛、骆驼、鹦鹉和麋鹿的上呼吸道黏膜（包括鼻窦）溃烂、中枢神经系统病变（脑膜炎）和眼部病变（脉络膜视网膜炎）。新型隐球酵母菌最常见的是引起猫的全身性霉菌病，也是牛乳腺炎的罕见病因，在极少数情况下，它与肠道疾病、子宫内膜炎和马流产有关。新型隐球酵母菌还可以感染其他物种，包括人。它是人的一种条件致病菌，当人体免疫功能下降时可能引起疾病，如中枢神经系统疾病。

特征概述

形态 新型隐球酵母菌是酵母菌属成员。细胞呈球状（直径2～20μm），通常在长轴上出芽。菌体周围有肥厚的多糖荚膜（图44.1）。新型隐球酵母菌是一种单形性真菌，无论是在感染组织还是环境中都只有一种形态。具有肥厚的荚膜是这种菌的典型特征。

具有医学意义的细胞产物

荚膜 多糖荚膜（主要由葡萄糖醛酸木糖甘露聚糖构成）是新型隐球酵母菌的主要毒力因

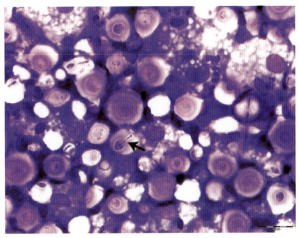

图44.1 由新型隐球酵母菌引起的猫口腔病变涂片（箭头，改良革兰染色，1 000×）

子，可以引起多种对宿主免疫应答的有害反应。这些有害反应包括：阻止抗体介导的细胞吞噬，激活T淋巴细胞通路，抑制白细胞迁移，抑制细胞因子的产生，阻碍共刺激因子的产生，破坏补体反应通路。荚膜的大小与环境有关。

黑色素 黑色素（苯酚在苯酚氧化酶的作用下经漆酶途径产生）是一种强的抗氧化剂（自由基清除剂），能降低吞噬溶酶体中羟基自由基、强氧化物和氧自由基的毒性。黑色素还可以为菌体阻止高温、酶解、辐射、重金属等提供条件，并为菌体摄取营养物质。细胞壁中的黑色素颗粒还能减少抗真菌药物的进入。

磷脂酶 磷脂酶是新型隐球酵母菌在巨噬细胞中生存所必须的物质，也是其从呼吸系统向中枢神经系统传播所必须的酶。磷脂酶被认为参与了宿主体内膜破裂的过程。

唾液酸 在细胞壁中发现的唾液酸是引导补充蛋白质的降解途径，而不是产生有效的蛋白酶片段和过敏毒素。

生长特性 新型隐球酵母菌可以在普通的培养基上以室温或在30℃下生长。在5%二氧化碳、37℃条件下培养，用巧克力平板进行密闭性试验是其最佳培养条件。单克隆生长2d可以长成单菌落。菌落呈凸起的浅灰色或白色，表面湿润，直径达数毫米。

生化特性 隐球酵母菌属可以分解尿素。新型隐球酵母菌可以利用肌酸酐，在含有双酚或多酚的培养基上生长，菌落黑色，无光泽。这种培养基可用来筛选新型隐球酵母菌。

抵抗性 放线菌酮可以抑制新型隐球酵母菌的生长。其培养温度不能高于40℃，对高碱环境不耐受。

多样性 依据荚膜多糖的抗原成分，可以将新型隐球酵母菌划分为A、B、C和D共4种血清型。根据不同血清型间的不同细菌表型、遗传特征和流行病学特点将新型隐球酵母菌分为 *grubii*（血清A型）、*gattii*（血清B型和C型）和 *neoformans*（血清D型）。*gattii* 分布于南加州，而 *grubii* 和 *neoformans* 分布于除南加州以外的温带地区。

生态学

传染源 新型隐球酵母菌（*grubii* 和 *neoformans*）存在于土壤表层中。在土壤中的生长情况不如常驻菌。阿米巴虫对有些隐球酵母菌菌株有吞噬和杀伤作用，而有些隐球酵母菌可以利用它们在巨噬细胞中存活的策略在阿米巴虫中存活下来。因此，有些菌株被杀死，而有些菌株可以与阿米巴虫共生。在鸽的干燥粪便中（富含肌酸酐，可以抑制其他微生物的生长），真菌浓度很高并可以存活长达1年。*gattii* 与其他种类隐球酵母菌不大相同，这种隐球酵母菌主要生活在桉树的腐木中，而 *grubii* 和 *neoformans* 很少在其中被发现。

感染途径 一般经呼吸道感染，很少能通过皮肤感染。隐球菌病没有传染性。

致病机制

在环境潮湿和营养丰富的条件下，新型隐球酵母菌可形成较薄的荚膜。在干燥的条件下，荚膜凹陷以保护菌体抵御干燥环境。新型隐球酵母菌只有3μm大小，很容易进入到肺泡中。在生理条件下，新型隐球酵母菌利用体内的重碳酸盐、CO_2和游离的铁离子就能合成荚膜。隐球酵母菌的荚膜可以激活补体替代途径，使C3b在荚膜表面沉积。即使有抗荚膜抗体存在，新型隐球酵母菌也不容易被巨噬细胞吞噬。因为荚膜成分通过干扰Fc蛋白和吞噬细胞受体的结合，阻止了IgG的结合。荚膜多糖的增加可以调节T淋巴细胞，减少抗原递呈，导致抗体应答失败。荚膜多糖还可以减弱过敏毒素在补体替代途径中C3a和C5a的化学活性。在吞噬过程中，菌体产生的黑色素和甘露醇不仅可以清除游离的自由基，而且还可通过失活超氧化物、羟基和游离的氧来减少宿主环境中的溶酶体。此外，产生的磷脂酶可以减弱吞噬细胞的能力，因此可以减少炎症反应。隐球酵母菌大量生长可以形成由隐球酵母菌、炎性细胞和黏液构成的黏液瘤，其中还包含大量的组织细胞，如上皮细胞和多核巨噬细胞。

肺部病变的发展是不稳定的，从肺部扩散后，感染通常发生在中枢神经系统（可能是由于中枢神经系统中补体浓度较低，儿茶酚胺浓度较高，而儿茶酚胺是酚氧化酶的底物，酵母可通过这种酶产生黑色素），并表现出神经症状（图71.3）。眼部感染后通常出现脉络膜视网膜炎或失明。

临床表现

猫、犬 临床上猫、犬感染很常见，呈现出鼻、口腔、咽和鼻窦黏膜溃疡性病变或黏液性鼻炎。中枢神经系统感染也很常见，多为局部感染。多数的皮肤型感染都是血源性的。猫比犬易感，主要集中于3～7岁的猫。

牛 牛感染后多发生乳腺炎。患牛乳腺严重肿胀，变硬，乳汁变性，上皮细胞发生广泛性病变。乳腺的病变呈不可逆性。

马 新型隐球酵母菌可以引起马的髓膜炎、鼻肉芽肿、鼻炎和肉芽肿性肺炎，少数情况下可见肠道疾病、子宫内膜炎和流产的病例。

在鸡、鸽、山羊、绵羊、考拉、骆驼和印度豹中都有关于隐球酵母菌感染的报道，但在山羊和绵羊中并不常见。

流行病学 隐球酵母菌似乎可以感染任何哺乳动物，在世界范围均有散在发生。隐球酵母菌常存在于鸟类尤其是鸽的肠道内，使其成为储存宿主，隐球酵母菌黏附在肠黏膜表面不引起临床症状，可随粪便传播。

隐球酵母菌可以引起人类免疫抑制疾病（器官移植、霍奇金氏淋巴瘤、流产、获得性免疫缺陷综合征、恶性肿瘤），感染情况与动物感染的相似。

牛的隐球酵母菌乳腺炎通常是由医源性感染导致的。

免疫学特征

隐球酵母菌可以造成免疫抑制。荚膜多糖可以引发免疫麻痹、补体耗尽和抗体掩蔽。

机体通过体液免疫和细胞免疫（Th1激活巨噬细胞）抵御隐球酵母菌感染。巨噬细胞可以清除隐球酵母菌。有研究证实，T淋巴细胞（CD4和CD8）和自然杀伤性细胞可以直接杀死或抑制隐球酵母菌，但免疫试验的结果还不确实，而且感染后无疫苗可用。

隐球酵母菌对已感染逆转录病毒（如猫免疫缺陷病毒FIV、猫白血病病毒FeLV）的猫不易感，而对已感染HIV的人却易感。FIV或FeLV阳性的猫对抗真菌治疗的反应不确定，HIV感染的病人对抗真菌治疗的反应即使有也很弱。

实验室诊断

临床诊断 在临床中，隐球酵母菌可用Romanowsky法染色（姬姆萨-瑞氏）。可见蓝染的菌体周围有蓝紫色荚膜，有的可见细长的芽体（图44.1）。为了增强染色效果，采集的气管和支气管处的沉淀物和脑脊液在载玻片上与等量的印度墨水混合，加盖盖玻片后在显微镜下观察。视野中间明亮的是菌体，周围较暗的部分是荚膜，出芽或没出芽都可见。经HE染色后，菌体为圆形或椭圆形，荚膜不着色。真菌染色，如PAS和GMS染色，则细胞壁可以着色，而荚膜不着色。

组织切片观察，可见酵母细胞呈彼此分离的光圈状。

培养 血平板和沙氏平板（无放线菌酮）分别在30℃和室温条件下培养（见第46章）。单克隆可通过印度墨汁染色初检。若发现有荚膜的菌体，则可通过脲酶活性、乳糖缺失、蜜二糖和硝酸盐试验来进一步确定，也可以通过商品检测试剂盒来检测。

环境采样中常用含有抗生素、抗真菌药、肌酸酐和联苯的选择培养基。

犬和猫的鼻窦处是新型隐球酵母菌最容易生长的部位，因此在采样培养时应格外注意。即使犬的鼻窦中有新型隐球酵母菌存在，血清中也可能检测不到荚膜抗原。

免疫诊断 可用血清和脑脊液进行抗原检测。目前有用荚膜抗原抗体包被的检测试剂盒。由于荚膜抗原呈不规则分布，因此表现出来的抗体水平也不规律。EIA方法可应用于犬、猫隐球酵母菌的血清学检测。

治疗和控制

隐球酵母菌病的治疗首选氟康唑和伊曲康唑或者使用5-氟胞嘧啶，不过要注意其耐药性。严重者可使用两性霉素B，也可配合氟胞嘧啶一起使用。

治疗要持续到临床症状消失并且在脑脊液和血清中检测不到抗原为止。

可使用石灰溶液（1Lb熟石灰配3gal水［注：1Lb≈0.453 6kg；1 gal≈4.546L（英制），1 gal≈3.785L（英制）］）对器具消毒，粪便等需要用熟石灰掩埋，裸露的地面也可用熟石灰消毒，消毒时注意个人防护。

● 厚皮马拉色菌

厚皮马拉色菌可以引起多种动物疾病，通常引起犬的外耳炎和皮肤炎。这种菌具有嗜油脂性，存在于健康和临床感染的犬、猫、反刍动物、马的皮肤及外耳道中被发现。厚皮马拉色菌的广泛分布与其特征有关，它是一种动物和人的条件致病菌。马拉色菌属的其他成员也可以引起动物疾病。然而，这些疾病或条件致病菌是罕见的，在多数情况下，用一般程序很难诊断。

特征概述

形态 厚皮马拉色菌是一种椭圆形的出芽酵母（2～5μm）。显微镜下只有一个芽体可见（0.9～1.1μm）（图44.2），通常没有菌丝，细胞壁由糖蛋白（75%～80%）、脂质（15%～20%）和几丁质（1%～2%）构成。

生长特性 虽然厚皮马拉色菌嗜油脂，但并非依赖于油脂才能存活，只是培养基中富含脂质可以提高其生长速度。大多数厚皮马拉色菌在血平板中培养若干天（最适温度37℃，25～41℃都能生长）后可形成很小的菌落（直径<1mm，有时只是一个绿点）。在有氧、微氧条件均可生长（在无氧条件下不生长）。

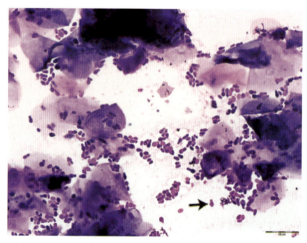

图44.2　含有许多厚皮马拉色酵母的犬外耳炎分泌物
注意出芽酵母特征性的"鞋印"式样（箭头，改良瑞氏染色，1 000×）

生化特性 厚皮马拉色菌利用葡萄糖和D-甘露醇作为碳源，但不能利用碳水化合物进行发酵。有的菌种可以水解尿素。厚皮马拉色菌可以产生很多酶，如蛋白酶、硫酸软骨素、透明质酸酶和磷脂酶。研究表明，这些酶在致病过程中发挥了重要作用。厚皮马拉色菌还可引起免疫介导的超敏反应。

抵抗力 厚皮马拉色菌对放线菌酮有耐药性。

多样性 根据厚皮马拉色菌对D-甘露醇和山梨醇的分解代谢作用、尿素的水解作用及细胞壁脂肪酸的浓度不同将其分为多个遗传型。

目前根据编码核糖体大亚基的DNA序列将其分为7个遗传型（从Ia到Ig）。还有通过RAPD的方法及比较编码几丁质合成酶的基因序列将其划分为4个基因型（从A到D）。

生态学

传染源 多种健康动物的皮肤和外耳道均有厚皮马拉色菌存在，如犬、猫、雪貂、猪和犀牛。厚皮马拉色菌表面有甘露醇糖蛋白，可以与角质细胞表面的甘露醇受体结合，将菌体固定在角质细胞上。在人皮肤或环境中很少能够分离到此菌。

传播 厚皮马拉色菌是一种条件致病菌，只有条件合适（如过敏性皮炎）时才致病。致病菌来自于体内（属于是正常菌群）。这种菌的感染多是医源性的，厚皮马拉色菌可以从患有耳炎的犬传染给人。

致病机制

在许多动物的外耳炎和皮肤炎症中，厚皮马拉色菌起着次要但也很重要的作用，在犬中尤为常见，但在猫中不常见。厚皮马拉色菌在致病过程中发挥的具体作用不是十分明确，从一种无害的共生菌演变成致病菌的原因也尚不清楚，不过研究者认为可能与免疫抑制有关。

流行病学 厚皮马拉色菌在除了人以外的动物皮肤上（包括外耳道）寄生，由其引起的皮炎常见于澳大利亚丝毛梗犬、巴吉度猎犬、可卡犬、腊肠犬、贵宾犬、西高地白梗犬。这种菌在世界范围内均有分布。

免疫学特征

厚皮马拉色菌是一种条件致病酵母菌，寄生于皮肤和外耳道。其致病机制尚不清楚，但其产生的多种酶（如蛋白酶、硫酸软骨素、透明质酸酶和磷脂酶）在致病过程中发挥重要作用。免疫介导的超敏反应也可能与此菌有关。

实验室诊断

临床诊断 正常动物皮肤和外耳道内的厚皮马拉色菌的数量不足以进行镜检。但由厚皮马拉色菌引起的外耳炎的病犬外耳道内可以很容易检到该菌，有遗传性过敏的犬健康时也可检到。

用棉拭子从外耳道取样后在载玻片上擦拭，自然干燥后，用Romanowsky法染色（姬姆萨-瑞氏），可见菌体呈椭圆形（图44.2）。在血平板上划线培养，37℃、24～48h可见小的、绿色的菌落。厚皮马拉色菌可于37℃在海藻糖或沙氏葡萄糖平板等真菌选择性培养基上生长良好。

分子生物学方法 可通过PCR扩增核糖体大亚基或小亚基转录区DNA来检测马拉色属菌。

培养 通过体外培养的方式来确定有外耳炎的耳道内是否有厚皮马拉色菌并不理想，因为外耳道内含有生长速度比厚皮马拉色菌快很多的其他细菌，但可以通过镜检来快速确定样品中是否存在厚皮马拉色菌。体外培养适合用来检测皮肤样品和制定特定的治疗方案。

治疗和控制

改善环境卫生是应对厚皮马拉色菌引起的外耳炎或皮炎最好的办法。几乎所有可买到的治疗外耳炎的药中都含有抗真菌的成分（制霉菌素、克霉唑或者咪康唑）。治疗由厚皮马拉色菌引起皮炎的药物洗剂（咪康唑+洗必泰）中也含有这些全身抗真菌药物。灰黄霉素对厚皮马拉色菌无效。

● 白色念珠菌

寄生在黏膜处的白色念珠菌可以引起哺乳动物和鸟类的念珠菌病。目前假丝酵母有200多种，只有少数种类可引起动物疾病，其中白色念珠菌的致病力最强，通常在宿主免疫力低下时致病。过量使用抗生素和类固醇，或激素使用不当都可能破坏正常的免疫功能，导致假丝酵母致病。

特征概述

细胞形态学和组成 在常规培养基和黏膜上白色念珠菌为椭圆形，出芽生殖，大小为5～8μm。在合适的温度、pH、营养和氧气的条件下，细胞出芽呈管状（图44.3），菌丝体之间有膜隔开。假菌丝是由延伸的孢子和没有分离的菌体构成。在体内，菌丝和假菌丝的生长与菌的增殖活性和侵袭力有关。

原壁孢子（厚膜孢子）壁厚，功能未知，附着在菌丝或假菌丝的一个胚柄细胞上，这对白色念珠菌的体外生长是必须的（图44.4）。

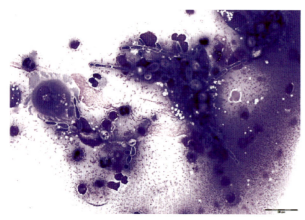 

图44.3 厚壁孢子琼脂上的白色念珠菌培养物，显示芽生孢子（箭头）（改良瑞氏染色，1 000×）　　图44.4 来源于犬腹腔液的白色念珠菌，注意酵母细胞（芽生孢子和伪菌丝）

细胞壁的主要成分有糖蛋白、脂质和几丁质。多糖主要是葡聚糖和甘露聚糖。甘露糖蛋白主要分布在细胞表面。细胞可以产生多肽水解酶，可能是毒力因子。两个主要的血清型A型和B型有交叉反应。

白色念珠菌可通过Romanowsky法（姬姆萨-瑞氏）、PAS和GMS等真菌染色方法染色，然后在光学显微镜下观察（图44.3），也可用革兰染色。

具有医学意义的细胞产物

黏附素 细胞壁的多种成分（几丁质、甘露糖蛋白和脂质）被认为与黏附胞外基质蛋白有关。

其他 蛋白酶和神经氨酸酶与致病性有关。细胞壁上的糖蛋白有内毒素活性（见第7章和第8章）。白色念珠菌产生的磷脂酶和蛋白酶已被证实是毒力因子，这两种蛋白分别可以起到促进入侵组织和黏附宿主细胞的作用。

生长特性 白色念珠菌属专性需氧菌，可在较宽的pH和温度范围内的普通培养基上生长，20～30℃下培养24～48h呈奶油膏状白色菌落。通常在35℃以上、微碱性、无糖液体培养基中培养。适应各种无选择性真菌和细菌培养基，如沙氏葡萄糖培养基或者血平板。

不同发酵或吸收碳水化合物的能力是种群鉴定的基础。

50℃以上高温、紫外线、氯气和季铵型消毒剂都可以杀死白色念珠菌。冷冻下可以长期保存。对多烯（烃）类抗真菌药、氟胞嘧啶和唑类药物敏感。

生态学

传染源 白色念珠菌分布于哺乳动物和鸟类的皮肤及黏膜上，尤其是消化道和生殖道内。但其他部位也可能感染。

传播　多数白色念珠菌引起的疾病是由共生菌引起的内源性疾病，有的是医源性的。奶牛在挤奶时乳房通过乳头管感染后在牛群中传播。近些年发现，这类疾病还可以通过血液途径传播。

致病机制

机制　在人的念珠菌病中，几丁质、甘露糖蛋白和脂质都可能是黏附素，多种细胞外基质蛋白已被证明是该受体。对芽管形成的致病性试验中，菌丝的致病性尚不清楚。蛋白酶和磷脂酶被认为是毒力因子。细胞壁糖蛋白有内毒素活性。

病理　白色念珠菌最常感染黏膜，可通过口腔进入到胃部，通常感染所在部位的鳞状上皮细胞。白色念珠菌也可以感染生殖道、皮肤和爪。少数病例也会感染呼吸道、肠道，可能引发败血症。

在上皮细胞表面，白色念珠菌形成白色、黄色或灰色的斑，造成不同程度的溃疡。在肠道或呼吸道可能会形成白喉膜，并可在内脏形成脓肿，肉芽肿的情况并不常见。炎症反应主要是由中性粒细胞引起的。

致病性

鸟　鸟的假丝酵母菌可以感染鸡、火鸡、鸽等禽类。谷物中的白色念珠菌可以引起鸟类的霉菌病、消化道疾病，致死率极高。

猪　假丝酵母菌可以感染猪的消化道，造成溃疡、疝气。

马　幼年马驹可以通过消化道感染假丝酵母菌，造成溃疡和疝气。生殖道感染可造成不孕、子宫炎和流产。

牛　犊牛的肺部、肠都可以被假丝酵母菌感染，且感染后会影响抗生素治疗的效果。由白色念珠菌引起的乳腺炎通常是温和的，一般1周左右会自愈。妊娠母牛感染后会造成流产。

犬和猫　犬和猫以局部感染为主，表现为口腔溃疡及上呼吸道、胃肠道、泌尿生殖黏膜感染。几乎没有传染性。临床上表现为典型的局部或特定器官病变。

其他　可引起低等灵长类动物和海洋中哺乳动物的皮肤与黏膜假丝酵母菌病。

流行病学　假丝酵母菌可以在温血动物体内共生。疾病易发生在宿主免疫力下降、激素水平低或者局部酵母菌生长密度特别大的时候。年幼的、有糖尿病史、使用抗生素和类固醇药物的动物，或做导尿管手术的动物和泌乳期的奶牛易感。

免疫学特征

受到感染的病畜，会导致免疫功能缺失。

中性粒细胞和活化的巨噬细胞是应对假丝酵母菌的免疫细胞。抗体和补体等成分可以促进巨噬细胞的吞噬作用。Th1细胞受IL-12刺激分泌γ干扰素，可以激活巨噬细胞。

目前没有针对假丝酵母菌病的疫苗。

实验室诊断

取患处积液抹片镜检，白色念珠菌形态呈酵母状。可用革兰染色法、Romanowsky法（姬姆萨-瑞氏）、PAS和GMS等真菌染色方法染色。

白色念珠菌可在有或无抑制剂的血平板和沙氏平板生长（见第46章）。其他假丝酵母菌可被放线菌酮抑制。能产生菌丝的酵母菌就认为是假丝酵母菌。若从黏膜分离到假丝酵母菌，则可通过病理变化和涂片结果来综合诊断。

在血清中37℃培养2h以上，如果有芽管状结构的就是白色念珠菌（图44.3）。在玉米粉及吐温-80平板上可以产生厚壁孢子，或者用酵母菌检测试剂盒。

分子生物学和血清学检测方法在普通实验室中并不常用。然而在参考实验室中，基于DNA的检测方法较常用。

治疗和控制

临床上处理得当，通过合理的治疗则白色念珠菌病可以治愈。

养禽业，在饮水中加入硫酸铜是常用的治疗方法。制菌酶素可以通过饮水或拌料饲喂。哺乳动物中由白色念珠菌引起的皮炎和黏膜炎可以用两性霉素B、伊曲康唑和咪康唑治疗。氟康唑或氟胞嘧啶可用于治疗犬、猫泌尿系统感染。

口服氟康唑和氟胞嘧啶是首选。在治疗人白色念珠菌病时可联合使用氟胞嘧啶和两性霉素B，但在动物中不常见。

● 其他

白地霉菌

这类酵母样真菌在自然界中分布广泛，会引起一种在动物中极为罕见的病，即地丝菌病。在临床上该病不容易被诊断。可以引起包括牛、猪、马、犬、禽类和人在内的多种动物的消化道黏膜、呼吸道、乳腺感染。在真菌培养基上生长速度快，可通过菌落特征和镜检区分。对两性霉素B和氟胞嘧啶敏感。

白色毛孢子菌

这是一种存在于土壤中酵母样的可引起毛孢子菌病的真菌。是一种条件性致病菌，在人和动物免疫力低下时易致病。在沙氏平板上37℃培养5～7d，可见光滑、奶油状菌落，可通过生化试验、生长特性和镜检来确定。治疗上和其他酵母菌感染相似。

延伸阅读

Bond R, 2006. Malassezia dermatitis in cutaneous fungal infections, in infectious diseases of the dog and cat[M]. 3rd edn, Saunders Elsevier: 565-569.

Greene C E, Chandler F W, 2006. Candidiasis and rhodotorulosis, in infectious diseases of the dog and cat[M]. 3rd edn, Saunders Elsevier: 627-633.

Malik R, Krockenberger M, O'Brian C R, et al, 2006. Cryptococcosis, in infectious diseases of the dog and cat[M]. 3rd edn, Saunders Elsevier: 584-598.

Quinn P J, Markey B K, Carter M E, et al, 2002. Veterinary microbiology and microbial diseases, in yeast and disease production[M]. Blackwell Publishing Ltd: 233-239.

Songer J G, Post K W, 2005. Veterinary microbiology: bacterial and fungal agents of animal diseases[M]. Elsevier Saunders.

（高宏雷　王笑梅 译，李凯　王素艳 校）

第45章 皮肤癣菌

根据真菌在组织或常规培养基中无性繁殖阶段的显微形态，可将其划分为霉菌和酵母菌。能够观察到菌丝结构的真菌，称为霉菌；能够观察到单细胞出芽结构的真菌，则称为酵母菌。在常规培养基上，霉菌呈现"绒毛状"或"羊毛状"的形态，而酵母菌呈现类似细菌的固有菌落形态和特征。在不同的生长条件下，某些致病性真菌可产生菌丝样结构或酵母样结构，这样的真菌被称为双相性真菌（见第46章和第47章）。

皮肤癣菌属于霉菌，仅能寄生于角质化的表皮结构中，包括表皮、毛发、羽毛、角、蹄、爪和趾。具有有性繁殖阶段的皮肤癣菌均属于子囊菌。皮肤癣菌感染也称为癣菌病或癣。有时，由酵母菌和腐生真菌引起的皮肤感染与皮肤癣菌感染很相似，而归因于皮肤癣菌。因此，习惯上以通用术语"真菌性皮肤病"代表所有的皮肤真菌感染。

● 特征概述

形态和染色

在非寄生期（包括培养期），皮肤癣菌能产生具有隔膜和分支的丛生菌丝，称为菌丝体。在气生菌丝体中，无性繁殖单位称为分生孢子。这些分生孢子或为大分生孢子，为多细胞的类豆荚结构，可长达100μm；或为小分生孢子，为单细胞的球状或杆状结构，向任一方向伸展的长度均小于10μm。菌丝体的形状、大小、结构、排列方式及产生的分生孢子数量可以作为皮肤癣菌的形态学诊断依据。对于某些种的皮肤癣菌，其菌丝的某些形态特征（螺旋形、结节状、球拍状、枝形吊灯样、厚壁孢子）比其他种的皮肤癣菌更为常见，但这些特征很少用于诊断。但某些菌落特征及色斑在皮肤癣菌的鉴别诊断方面是还有用的。

在寄生状态时，仅能观察到菌丝和关节孢子（分节孢子），是一种无性繁殖单位。皮肤癣菌不同种的分节孢子除了在大小上存在差异外（而且不同种皮肤癣菌的节分生孢子的大小范围存在交叉），无其他可鉴别的差异。

在寄生阶段，皮肤癣菌不产生有性孢子（子囊孢子）。

皮肤癣菌的3个属：小芽孢癣菌属、发癣菌属和表皮癣菌属（其特征见表45.1），通常只有小芽孢癣菌和发癣菌可在人体内被看到。

生长特性

用于培养皮肤癣菌及其他致病性真菌的培养基是沙保琼脂培养基，该培养基含2%的琼脂、1%的蛋白胨和4%的葡萄糖，在酸性环境（pH 5.6）中能轻微抑制细菌生长，从而具有一定的选择培养性。加入可抑制其他真菌生长的环己酰亚胺（500μg/mL）、可抑制细菌生长的庆大霉素（100μg/mL）、四环素（100μg/mL）或氯霉素（50μg/mL），可提高该培养基的选择培养性。皮肤癣菌为需氧的非发酵菌，某些皮肤癣菌可分解蛋白质，并可使氨基酸脱氨基。皮肤癣菌的最适生长温度为25～30℃，需要数天到数周的培养时间。

存在于皮肤和毛发中的某些皮肤癣菌（不包括培养基中的）可产生绿色荧光，这是由于其中含有一种色氨酸代谢物，在紫外线下（λ = 366nm）可以发光，有时称这种绿色荧光为伍德氏光。在动物皮肤癣菌中，只有犬小芽孢癣菌可发生发光反应。

抵抗力

皮肤癣菌对常见的消毒剂敏感，特别是对那些含甲酚、碘或氯的消毒剂。在无生命的环境中，皮肤癣菌可存活数年之久。

多样性

在小芽孢癣菌属和发癣菌属中的每个菌种中都存在大量的不同菌株，因此研制和构建有效的免疫制品非常困难。

表45.1 皮肤癣菌各个属的特征

项目	小芽孢癣菌属	发癣菌属	表皮癣菌属
大分生孢子	一般有	不一定，常常没有	有
细胞壁	厚	薄	厚
表面	粗糙	光滑	光滑
形状	纺锤状、雪茄状	球棒形（细长）	球棒形（宽扁）
小分生孢子	不一定，常常没有	通常有	没有
有性体	奈尼兹皮真菌属	节皮菌属	未知

● 生态学

传染源

皮肤癣菌具有亲土性、亲动物性和亲人性，也就是说，其分别具有土壤、动物和人三个病原贮存库。表45.2列出了侵害动物的重要皮肤癣菌。动物皮肤癣菌能通过直接接触感染人，但人皮肤癣菌却很少传播给动物。

传播

由于皮肤癣菌持续性地存在于污染物和房舍中，因此可经直接和间接接触途径传播。

表45.2 重要的动物皮肤癣菌

种	侵害的动物宿主	人的感染情况
犬小芽孢癣菌[a]	猫，犬（马，山羊，牛，猪，其他动物）	+
格氏小芽孢癣菌	禽（猫，犬）	+
石膏样小芽孢癣菌	犬，马（牛，猫，猪，其他动物）	+
猪小芽孢癣菌	猪	+
马类毛癣菌	马	+
须毛癣菌	犬（马，牛，羊，猫，猪，其他动物）	+
疣状毛癣菌	牛	+
希氏毛癣菌	猴，禽	+

注：[a] 偶尔发生在牛、羊、马、猪上。
"()" 不常见的宿主。

● 致病机制

机制

蛋白水解酶（弹性蛋白酶、胶原酶、角蛋白酶）似乎决定了病原的毒力，特别是对于发生严重炎症反应的病例。病灶仅局限于角质化的表皮，是由于仅在该部位具有足够的铁元素，这或许可以解释为何炎症反应（由于铁结合蛋白的流入）和酶抑制剂通常能抑制皮肤癣菌病发展的原因。

感染单位

一个分生孢子经皮肤角质层缺损处进入表皮，然后在某种未知因素的刺激下萌发，芽管在角质化的上皮中发育形成分枝菌丝，部分菌丝分化为节分生孢子。皮肤癣菌的这种生长模式见于无毛发的皮肤，以某些皮肤癣菌（奈氏小芽孢癣菌和红色毛癣菌）的生长为主。对于大多数的动物毛发癣菌病，起始于毛囊孔附近孢子的萌发，在菌丝伸入毛囊后沿着根鞘外部生长，继而侵入活的根细胞附近生长中的毛发。菌丝可在毛发皮层中生长。在毛发外，节分生孢子形成并聚集于毛干外，这种生长模式称为毛外癣菌；由节分生孢子形成并聚集于毛干内的，称为毛内癣菌。

病理

皮肤癣菌病的发病过程始于病原在表皮的定植，这种定植发生于前面描述的病理过程，宿主只产生轻微的应答反应。感染表皮可出现角质层增厚，加速表皮的角质化和脱落，皮屑增多和毛发缺损。犬感染犬小芽孢癣菌后，常出现上述病理表现；但成年猫感染后，或许不出现任何症状。成年猫可在其皮肤上携带犬小孢菌的孢子，但并不表现任何临床症状和皮癣病变。

第二个阶段开始于感染的第2周，即在寄生部位边缘出现炎性反应，临床表现包括表皮出现红斑，进而出现脓疱。小牛感染疣状毛癣菌后可见轻微病变，犬感染须毛癣菌和马感染石膏样小芽孢癣菌后可见严重、典型的病理反应。局部表皮形成的色斑（"脓癣"）或许同某些特定的皮肤肿瘤相似，特别是对于犬。炎症反应或许会抑制真菌的进一步感染，但继发性、化脓性细菌感染却成为主要问题。

近似圆形的损伤部位及其发生炎症反应的边缘表明了术语"癣"和"*tinea*（癣，拉丁文——蠕虫）"的原意。

病型

家畜的皮肤癣菌病病型见表45.3。

如果不存在并发感染或宿主体质因素的影响，一般在数周到数月内，癣菌病可自发发生退行性变化。经临床治疗后，病原可持续存在。

表45.3 重要的家畜皮肤癣菌感染

宿主	病原	病变特性
马	马类毛癣菌	发干，表面通常有非炎性的脱落物（如果没有发生继发感染）
	石膏样小芽孢癣菌	通常在发生脱毛增厚的部位下面出现化脓
	马类小芽孢癣菌	至多发生轻微的炎症，类似马类毛癣菌的病变
牛	疣状毛癣菌	无痛，增厚，变白，"石棉样"，色斑，局部脱毛
猪	猪小芽孢癣菌	浅褐色，有硬皮，在躯干部呈离心式扩散。无痛，边缘有轻微炎症。无毛发脱落受损
犬	犬小芽孢癣菌	典型的非炎性反应，有脱落物，有片状脱毛区域，偶尔可见脓癣
	须发毛癣菌	通常可发生扩散，在非炎性病变区出现鳞片状脱落，继发感染可出现化脓
	石膏样小芽孢癣菌	同须发毛癣菌
猫	犬小芽孢癣菌	在成年猫，通常呈亚临床感染。除猫外，一般呈非炎性病变；对于虚弱的猫，或许会出现全身病变，偶尔可发生足分枝菌病（波斯猫）
	须发毛癣菌	同犬
鸡	格氏小芽孢癣菌	一般侵害无羽毛的部位。鸡冠和肉髯可出现白垩样鳞片状脱落物，非炎性病变
	希氏毛癣菌	表面同格氏小芽孢癣菌引起的病变，但常常出现炎性甚至是坏死性病变。仅在印度引起家禽疾病

流行病学

幼年动物常发生皮肤癣菌病，发病范围和严重程度受环境因素影响。动物饲养密度高或大量动物聚集常常与该病的流行有关。将小牛由潮湿、黑暗、拥挤的冬季住所放到户外之后，病情往往有所改善。

同种动物个体感染使得这些严重的动物皮肤癣菌病难以被消除。猪经土壤感染石膏样小芽孢癣菌，一般呈散发；而感染亲土性的小芽孢癣菌后一般呈地方流行，但病变很轻微。

主要的动物皮肤癣菌病病原呈全球性分布。

● 免疫学特征

免疫机制

与皮肤癣菌感染相关的主要抗原为角蛋白酶（可诱导产生细胞介导的免疫）和糖蛋白（糖基部分可刺激产生抗体，蛋白部分可刺激产生细胞介导的免疫应答）。

在皮肤癣菌病的发生过程中，可产生抗体介导和细胞介导的超敏反应。发病开始时与感染的炎性阶段相一致，并可导致相应的临床症状。由于宿主体内释放干扰素γ，因此促进了皮肤损伤的产生。

人感染癣菌病后，皮肤可发生无菌性的炎性病变（真菌疹）。病人可对真菌抗原产生过敏反应。

康复和抵抗力的产生

在抵抗力方面，抗体仅起一些有限的作用。有证据表明，细胞介导的免疫反应在产生保护力和宿主康复方面起决定性作用。

康复的个体可抵抗再次感染，但比起初次接触病原来说，局部反应或许会更快速、更强烈。宿主产生的获得性抵抗力的强度和持久性，随宿主种类、所感染的皮肤癣菌的种类及感染部位的不同而不同。

人工免疫

在欧洲地区使用的疣状毛癣菌的菌丝体疫苗（包括灭活疫苗和无毒活疫苗），可以减少感染动物和新发感染的数量。研究表明，使用混有小芽孢癣菌和发癣菌的疫苗（无论是活疫苗，减毒疫苗还是灭活疫苗）都不能保护猫免除皮肤癣菌病的感染，但似乎能限制局部病变的扩散。尽管活疫苗能够产生较好的保护性免疫应答，但对于小芽孢癣菌和发癣菌的许多菌株，制备疫苗还是相当困难。

● 实验室诊断

直接检查

犬感染小芽孢癣菌和奥杜盎小芽孢癣菌后，在紫外灯下，有50%～70%的病例的毛发和皮肤的鳞屑可发出一种明亮的黄绿色荧光，如伍德氏光（Wood's light，$\lambda = 366\mu m$）。

显微检查

在显微镜下，可检查皮肤刮取物和毛发中的菌丝及节分生孢子。刮取物应包括来自病变部位边缘和整个角化表皮层的样品。应拔取毛发，以便获取毛囊内的样品。将采集的样品置于玻片上，滴10%～20%的氢氧化钾（淹没样品），再加盖玻片，然后轻微加热。这样处理之后，不仅使得被观察的样品透明清晰，而且还可保留真菌结构，以及保留足够的未损伤的毛发和表皮，便于观察病原及与所寄生结构的关系。

应先用低倍镜（100×）在暗视野下观察，然后在较高的放大倍数下（400×）即可观察到单个的、球形的节分生孢子。

染色剂、渗透剂及湿润性液体（永久性墨汁、乳酸石炭酸棉蓝、二甲亚砜）可使样本在显微镜下的观察效果更清晰。用卡尔科弗卢尔增白剂处理后，真菌会产生荧光，在荧光显微镜下观察有助于作出诊断。

培养

将刮取物接种到选择培养基的表面和内部[含氯霉素和环己酰亚胺的沙保琼脂培养基、皮肤癣菌检测培养基（DTM）、快速孢子形成培养基（RSM）]，在25℃（室温）培养4周。对于疑似含有疣状毛癣菌的样本，需要在37℃培养。在DTM和RSM上，如果呈碱性反应，则表明样品中存在皮肤癣菌（对于皮肤癣菌，如果同时加入葡萄糖和蛋白质，则皮肤癣菌首先消化蛋白质，从而产生碱性产物；腐生性真菌通常优先利用葡萄糖，从而产生酸性产物。注意：优先利用的底物被消耗掉之后，此微生物还会利用其他的营养物质，这样会使pH更低）。

对可疑生长物，在显微镜下进行检查时，先用洁净、透明胶带的黏性一面在可疑菌落上轻压

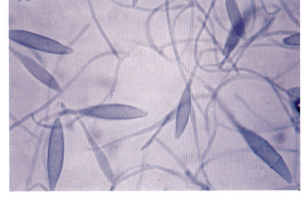

图45.1 犬小芽孢癣菌

在乳酚棉蓝中加入沙保琼脂培养物，可观察到具有纺锤形的大分生孢子，400×

一下（从RSM或含氯霉素和环己酰亚胺的沙保琼脂培养基上取样，在DTM上，皮肤癣菌不能很好地形成孢子），然后涂于加有一滴乳酚棉蓝的玻片上（表45.1，图45.1至图45.3）。菌落颜色（前、后）、结构及生长速度对于辨别发癣菌很重要，同时发癣菌的巨分生孢子和小分生孢子的大小和形状也很重要。对于发癣菌属的各个种，在缺乏具有诊断意义的分生孢子时，可采用营养缺陷试验进行种的鉴定。

很显然，分离物的背景资料（宿主来源、病变类型）有助于动物皮肤癣菌的初步鉴定。

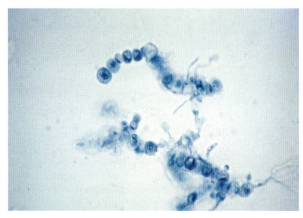
图45.2　在37℃沙保琼脂培养基中的疣状毛癣菌经乳酚棉兰染色后，出现大分生孢子（400×）

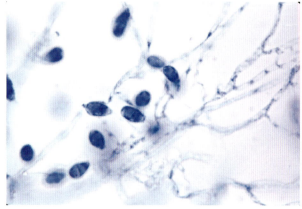
图45.3　在沙保琼脂培养基中的矮小孢子菌（经乳酚棉兰染色后，大分生孢子呈现珍珠样，400×）

分子生物学方法

目前，已有许多基于DNA的分子检测技术，它们不仅适用于临床样本的直接检测，而且也可用于对所分离的皮肤癣菌进行鉴定。这些分子检测技术包括：测定编码特定产物的DNA序列（如几丁质合成酶1基因）、内部转录间隔区的序列测定、编码核糖体大亚基（28S）的序列测定，以及采用特异性或随机引物进行PCR特定DNA片段的扩增。

● 治疗和控制

通常发病时，采用局部治疗和全身治疗相结合的方法效果较好。局部治疗包括使用咪康唑、益康唑、酮康唑、伊曲康唑和达唑，但并不局限于这些产品。特比萘芬（是一种能够抵抗真菌的丙烯胺，可抑制麦角固醇的生物合成，主要分布于皮肤和爪甲）、氟康唑和依曲康唑（对猫特别有效）都是有效的选择药物。

应用抗真菌剂对患有癣菌病的大、小动物进行喷雾治疗是有效的（克菌丹45%的粉剂、两大汤匙/加仑）。首先，对病变部位进行剪毛，对于大动物推荐以2周为间隔，喷雾治疗2次；对于犬每周治疗1次，直至有效。治疗时避免人的皮肤接触药物。噻苯达唑（Ttresaderm，Merck公司）也可用于大、小动物皮肤癣菌病的治疗。

聚烯吡咯酮碘（Betadine）和双氯苯双胍己烷（Nolvasan）可分别用作洗剂和油膏，具有广谱的消毒和抗真菌作用。

对房舍进行彻底清扫，用含碘、氯或酚的消毒剂进行消毒很有必要。对于舍内器具和设施，可用克菌丹或波尔多液用抗真菌剂进行喷雾消毒。

对犬舍和猫舍内的刷拣样本进行培养，有助于媒介物的鉴定。来源于猫或猫舍的菌落可用伍德氏光进行筛查。因为对于猫来说，只有犬小芽孢癣菌比较重要。对已感染的动物，应进行隔离治疗；对于可能接触病原的动物，应进行药物预防。

在欧洲，免疫接种已经广泛用于牛皮肤癣菌病的预防，免疫原性最好的是减毒活疫苗株（疣状毛癣菌），但减毒活疫苗和灭活苗均不能有效用于猫皮肤癣菌病的预防。

延伸阅读

Songer J G, Post K W, 2005. Veterinary microbiology: bacterial and fungal agents of animal diseases[M]. Elsevier Saunders.

（孟庆文 译，陈利苹 校）

第46章 皮下真菌病

根据真菌在组织或常规培养基（无性繁殖期）中的形态，可将其分为霉菌或酵母菌。即在显微镜下，能观察到菌丝结构的，则称为霉菌；观察到单细胞出芽结构的，则称为酵母菌。在常规培养基中，霉菌呈现绒毛样外观，酵母菌则呈现细菌样的菌落形态。一些致病性真菌在不同的生长环境下，有时呈霉菌结构，有时呈酵母菌结构。这类双相性真菌在本章及第47章中进行介绍。

本章主要讨论双相性真菌和类真菌微生物对皮肤及皮下组织的影响。申克孢子丝菌（*Sporothrix schenckii*）可致多种动物的孢子丝菌病，常见于人、马属动物、犬科动物及猫科动物；荚膜组织胞浆菌马皮疽变种（*Histoplasma capsulatum* var. *farciminosum*）主要引起马属动物（马、驴、骡）的流行性淋巴管炎；卵霉菌病病原（丝囊霉属、壶菌属、腐霉属、水霉属）可导致鱼和哺乳动物的多种疾病；产色真菌、暗色丝孢菌及足分枝菌可以引起皮肤及皮下组织的多种疾病。全身性真菌主要引起皮肤病变，将在第47章中详细介绍。

● 申克孢子丝菌（*S. schenckii*）

孢子丝菌病是由一种腐生的双相性真菌引起的相对罕见的疾病（虽然近期报道了几种致病菌，但主要以申克孢子丝菌为主要致病菌）。在免疫功能健全的人群中，这种病通常在皮肤和皮下组织中表现为慢性溃疡性淋巴管炎。而在免疫功能低下的人群（如由酗酒、病毒引起的免疫缺陷型人群）中，通常表现为全身性（弥散性）疾病。在免疫力健全的马属和犬科动物中，该病常见于皮肤或角质组织，几乎不会引起体内病变。除了患有免疫功能缺陷型疾病外，孢子丝菌几乎不引起马属和犬科动物的弥散性疾病。相反，即使免疫力健全，孢子丝菌感染猫科动物依然可引起皮肤淋巴性或弥散性疾病。此外，在猫科动物的病变处和渗出物中，易发现大量的微生物。

特征概述

形态和染色 申克孢子丝菌（*S. schenckii*）是一类双相性真菌，在不同生长条件下可表现出不同的形态。在室温条件下（25℃，沙氏琼脂培养基），申克孢子丝菌以霉菌形式生长。该腐生期由分隔的菌丝组成，分生孢子呈椭圆形或水滴形（2～3μm至3～6μm）簇生在分生孢子梗上并以菌丝方向生长。在35～37℃条件下（组织或营养丰富的培养基中，如血琼脂培养基）孵育，它以多边出芽的酵母菌形式存在（通常以独特的"雪茄状"存在，同时也以圆形存在），最长可达10μm。酵母菌可用革兰染色进行染色，罗曼诺夫斯基型染色（如姬姆萨-瑞氏染色）或真菌染色（如过碘酸锡夫染色、乌洛托品银染色和格里德利法染色）可对双相性真菌进行染色（图46.1）。

细胞成分及其产物

申克孢子丝菌（*S. schenckii*）具有典型的真菌细胞壁，含有几丁质、麦角甾醇。在细胞壁上存在多种具有黏附性的糖复合物（见"具有医学意义的细胞产物"部分）。

具有医学意义的细胞产物

黏附素 申克孢子丝菌的细胞壁表面有可与细胞外基质蛋白结合的糖复合物（纤连蛋白层粘连蛋白和Ⅱ型胶原蛋白）。这类相互作用不涉及"Arg-Gly-ASP"序列。

细胞壁 申克孢子丝菌的细胞壁中含有几种可能会发挥一定毒力作用的物质，包括脂质、黑色素、肽多糖和唾液酸。

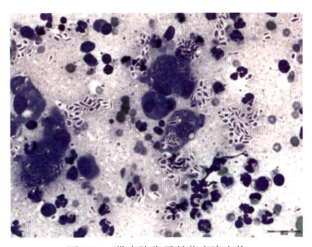

图46.1 猫皮肤孢子丝菌病渗出物
注意酵母细胞的多形性，从圆形到椭圆形再到雪茄状，雪茄状主体（改良型瑞氏染色，1 000×）

1. 脂质 申克孢子丝菌细胞壁中的脂质可部分抑制单核细胞和巨噬细胞的吞噬。

2. 黑色素 细胞壁中的黑色素可以保护申克孢子丝菌避免受吞噬细胞溶酶体内活性氧中间体的影响。黑色素是一种自由基清除剂，能降低羟基、活性超氧化物和单线态氧自由基在吞噬溶酶体中的毒性。

3. 肽多糖 细胞壁中的肽多糖是一种免疫抑制物质，可通过抑制吞噬细胞来释放促炎细胞因子。

4. 唾液酸 细胞壁中的唾液酸能抑制吞噬细胞吸收申克孢子丝菌。唾液酸不产生有效的调理片段和过敏性蛋白，而是直接通过降解补体蛋白途径引起炎症反应。

蛋白酶 申克孢子丝菌产生蛋白酶Ⅰ和蛋白酶Ⅱ。尽管这两种酶在孢子丝菌致病过程中的作用尚不明确，然而已被证实可在体外水解人角质层细胞。

生长特性 申克孢子丝菌室温、潮湿的条件下，在沙氏琼脂培养基中培养几天后，灰白色至黑色的菌落逐渐发展为皱起的绒毛形态。在35～37℃条件下，于血琼脂培养基中培养数天，能长出发白、光滑的酵母菌菌落。在室温条件下，于马铃薯葡萄糖琼脂培养基中，会呈现出黑色和起皱的菌落。

多样性 线粒体的DNA检查显示（通过限制性酶切长度多态性分析），至少存在20种不同类型的申克孢子丝菌菌株。

生态学特征

传染源 微生物偏爱富含丰富有机物的腐败土壤，有些微生物也可从世界各地的植物中分离得到，少数情况下也能从健康猫科动物的爪子、健康动物的黏膜及动物产品中分离得到。相关疾病已经在人、犬、猫、马、骡、驴、山羊、牛、豚鼠、仓鼠、狐狸、鸟、骆驼、海豚、犰狳和黑猩猩中被报道。由申克孢子丝菌引起的疾病常见于猫、犬和马，且发病形式多样。人感染通常与玫瑰园艺紧密相关（又称"玫瑰花匠疾病"），通常发生在由植物或植物原料造成的外伤性穿刺伤。也可以说，任何带刺的植物都可以被认为是潜在的感染源。虽然有通过吸入孢子感染等的报道，但并不常见。

传播 这类微生物的菌丝首先由创伤部位进入到组织中，然后发展为酵母菌，并在真皮和皮下组织中繁殖，最终导致溃疡等渗出性皮肤结节。这些损伤组织具有传染性，特别是猫的渗出物中含有大量微生物。可在感染猫的指甲或是从与感染猫有接触的健康猫中分离到这类微生物。在少数情况下，吸入或摄入微生物可导致机体内部感染。

致病机制

接种、微生物局灶增殖，以及相关炎症反应，可引起出现类似猫咬伤脓肿或蜂窝织炎等创伤。这些创伤在皮肤和皮下组织中，逐渐发展为溃烂的皮肤结节，并且用抗生素治疗效果不佳。随后，受损伤等局部组织出现溃疡并形成坚硬外皮。典型的炎症反应是化脓性肉芽肿，脓性中心被上皮样巨噬细胞、多核巨噬细胞包围，外周有淋巴细胞及浆细胞。然而，在去除结痂时通常可看见脓性渗出物流出。病菌主要是通过皮下淋巴管进行传播，引起间歇性化脓性溃疡，这些创伤愈合速度很慢并且极易复发。此外，常伴随淋巴管增厚。对免疫功能健全的动物而言（猫科动物除外），该病仅局限在皮肤或皮肤上的淋巴结。同样，除了猫科动物及患有免疫缺陷的患者外，由病菌引起的全身性疾病比较罕见。相反，不论其免疫状况如何，大多数猫在受到感染时都会发展为皮肤淋巴性或全身性疾病，因此病菌常在患猫的内脏、关节、骨骼和中枢神经系统中传播。

蛋白酶是潜在的毒力因子，并且蛋白酶抑制剂表现出了对结节形成的抑制作用。细胞壁成分和黏附素延缓了微生物被消除的速度。

流行病学　孢子丝菌病来自后天非生物环境，但有从化脓病变中产生的可能性，该病是公认的可感染人类和猫科动物的人畜共患病。还没有证据显示，该病能从犬科动物传播到马属动物。据报道，该病感染猫科动物和犬科动物的区别在于，在患病猫的病变组织、分泌物、粪便及指甲中存在大量微生物；相反，在犬科动物等病变组织中的微生物含量较少。然而，即使患猫的病变组织中只有少量的微生物，也能传染给人，但是接触含大量病原菌的患病犬的畜主并没有被传染的迹象。因此，该病导致人畜共患的原因不是指病原菌的数量，而很可能是其他未知等因素。该病还未有人传染人的相关报道。

免疫学

由细胞介导的免疫反应与抵抗力密切相关，无可用的人工免疫程序。

实验室诊断

除了猫科动物或免疫缺陷患者等富含酵母细胞（圆形和雪茄状微生物）的样本外，直接检查分泌物通常收效甚微（图46.1）。如果在细胞学制片中，发现典型的椭圆形和雪茄状酵母结构（雪茄体），则可以比较容易地对病原菌进行鉴定。然而，当只有在圆形的酵母菌存在的情况下，这些病原菌可能很难与荚膜胞浆菌区分。在组织切片中，申克孢子丝菌也被误诊为新型隐球菌。这可能是由于制备样本时，细胞质从细胞壁收缩从而出现较大的透明胶囊状阴影导致出现误诊。对于其他宿主，真菌染色和免疫荧光可能有助于检测酵母细胞。

这种致病菌在培养基中容易生长。明确的诊断需要两个阶段的证明。血清学试验（酵母细胞和乳胶凝集试验、琼脂凝胶扩散）对动物的检测作用有局限性。已经证明，可利用聚合酶链反应（PCR）扩增几丁质合成酶1的基因片段，来检测临床样本中的真菌及菌株（当菌株抵抗霉菌——酵母转化时有用）。

治疗和控制

由致病菌引起的皮肤症状通常可口服碘化钠或碘化钾进行治疗。唑类药物，如伊曲康唑和酮康唑的治疗效果好。特比萘芬（丙烯胺抗真菌剂，可抑制合成麦角甾醇）在孢子菌引起的人类皮肤病中表现出了一定的疗效。两性霉素B和氟胞嘧啶可用于控制致病菌的传播。

● 荚膜组织胞浆菌马皮疽变种（*H. capsulatum* var. *farciminosum*）

作为双相性真菌，荚膜组织胞浆菌（*H. capsulatum*）在25～30℃（腐生阶段时）时以霉菌形式存在，在37℃（寄生阶段）时以酵母菌形式存在。该菌有3种变种：荚膜组织胞浆菌荚膜变种、荚膜组织胞浆菌杜波氏变种、荚膜组织胞浆菌马淋巴结炎变种。荚膜变种和杜波氏变种能造成荚膜组织胞浆菌病，这是一种全身性的真菌病（将在47章中讨论）。马淋巴结炎变种可导致各种流行性淋巴管炎（假鼻疽），它是一种慢性化脓性肉芽肿病变，通常涉及皮肤和淋巴管，主要影响的是马、驴、骡，并且在骆驼、牛和犬中也有报道，已经建立了试验用小鼠、豚鼠和家兔的感染模型，该病菌几乎不造成内脏器官的损伤。

特征概述

形态和染色 荚膜组织胞浆菌变种马淋巴结炎是一种双相性真菌，可以产生出芽酵母（2～3μm或3～4μm）组织，在25℃或室温条件下生长时通常为无菌丝形态。在特殊情况下，可见关节孢子、厚壁孢子和球形厚壁大孢子。

酵母菌阶段最好是用罗曼诺夫斯基型染色（如姬姆萨-瑞氏染色）或真菌染色（如过碘酸锡夫染色、乌洛托品银染色和格里德利法染色）进行观察。

生长特性 荚膜组织胞浆菌马皮疽变种可用实验室常规培养基（葡萄糖、血液添加剂及添加或不添加抗菌剂和放线菌铜），适应温度范围广。最佳生长温度是25～30℃，几周时间便可形成菌毛，白色菌落转变为褐色菌落。色素沉着与大分生孢子含量成正比。酵母菌时期需要丰富的培养基（如葡萄糖半胱氨酸血琼脂和脑心灌注血琼脂），温度为34～37℃，几天内可形成淡黄色至棕褐色的酵母样菌落。霉菌转化为酵母菌的过程，需要在37℃、15%～20%二氧化碳条件下于血琼脂培养基中进行孵育，并需要培养数代。

抵抗力 荚膜组织胞浆菌马皮疽变种对物理和化学物质有很强的抵抗力。自然环境温度下在土壤中能存活数月，在畜栏或马厩、牛棚中存活数周，在低温环境或干粉状态下能保存数年。

生态学

传染源 组织胞浆菌属主要存在于富含氮元素的土壤中。

传播 主要通过皮肤上的伤口感染。致病菌可通过受感染的皮肤、患病动物鼻或眼的分泌物，或是环境中（如土壤中）的菌丝体而感染。刷毛用具或马具或马具的污染物传染源。在热带和亚热带地区，致病菌在潮湿的土壤中可生存数月，因此大量马属动物高密度饲养时极易传播该病。节肢动物也是潜在的传染源。少数情况下，吸入的致病菌可能感染呼吸道或局部的胃肠道。然而，还未能通过试验证明口服致病菌能引发胃肠道疾病。

致病机制

感染初期症状为疼痛，皮肤有结节，逐渐发展成脓疮，最终形成溃疡。尽管一些损伤部位看似能自行痊愈，但一般情况下创口会继续恶化，随之蔓延出新的损伤。通常情况下，病灶沿着相邻的淋巴交替蔓延发展为结节。局部淋巴结发展为脓疮，通过静脉窦向外溢出，但不常引起发热，可能会造成血液传播并波及内脏。组织学上，以淋巴细胞、巨噬细胞及巨细胞为标志，受损组织从化脓性到肉芽肿性（化脓性肉芽肿），最终发展为纤维化。酵母细胞存在于细胞外和细胞内，尤其是在巨噬细胞中。

病菌引起的皮肤病变主要发生于头部、颈部和四肢。并且除了原发性呼吸道感染或者全身性感染外，一般情况下通常不受影响。轻微的症状不会引起进一步的恶化。

流行病学　非洲的部分地区存在疫区，亚洲地区包括印度、日本、巴基斯坦和地中海沿岸也存在疫区。目前，有关荚膜组织胞浆菌马皮疽变种的流行病学尚不清楚。根据地理区域其流行情况各异，表现为季节性高峰的节肢动物传播特点。

该病主要影响马属动物，牛、骆驼、犬也可能会受到一定的影响。幼马（小于6岁）最易感。

免疫因子

机体对该病的免疫机制尚不清楚，但由宿主细胞介导的免疫反应可能发挥关键的防御作用。即使没有患病，但遭受病原菌侵袭也会提高皮肤的敏感度。可利用间接荧光抗体法、琼脂凝胶扩散法、酶联免疫吸附试验及血清凝集试验检测血液中的抗体，进而判断是否感染。

实验室诊断

鉴别诊断包括孢子丝菌病（见"申克孢子丝菌"部分）和假结核棒状杆菌产生的溃疡性淋巴管炎（见第30章）。直接对分泌物（姬姆萨-瑞氏染色）或活检材料（苏木精-伊红，过碘酸锡夫和乌洛托品银）染色，可显示细胞内（巨噬细胞内）或细胞外酵母菌的特性。

荚膜组织胞浆菌马皮疽变种（*H. capsulatum* var. *farciminosum*）生长在含有抑制剂（放线菌酮、氯霉素）的沙氏葡萄糖琼脂培养基中。通过琼脂凝胶扩散或血清凝集试验能证明菌丝体提取物中含有特异性抗原。可以从生长模式和形态特点将荚膜组织胞浆菌马皮疽变种和荚膜组织胞浆菌荚膜变种（*H. capsulatum* var. *capsulatum*）（见第47章）相区分。

治疗和控制

患病时用静脉注射碘化物（伴有或没有灰黄霉素）治疗有效。用两性霉素B也有一定的治疗效果，也可以使用伊曲康唑和氟康唑进行治疗。在非流行性地区，建议扑杀受感染的动物。

● 卵菌病（oomycosis）

卵菌病是由一类不等鞭毛类（同时包含有硅藻类和褐色海藻类）的真核微生物成员导致的疾病。该病病原属于腐生性微生物，一般在水中和潮湿的土壤中生存。尽管它在形态学上与霉菌相似（该致病菌在组织中产生菌丝，并在体外培养基中以霉菌状菌落生长），但它们并不属于不等鞭毛类种属的成员。这类致病菌可以导致一些植物和动物疾病。从历史上看，最重要的事件是疫霉属导致了爱尔兰马铃薯饥荒，也是目前造成北美洲太平洋海岸橡树死亡的原因。以下是与动物疾病有关的致病菌属：丝囊霉属（引起鱼和甲壳类动物溃疡性疾病）、大链壶属（引起犬和猫科动物化脓性肉芽肿病，临床上与感染脓毒症相似）、腐霉属（又称为脓毒症，引起多种动物的脓性肉芽肿疾病）和水霉菌属（引起鲑鱼全身性疾病）。下面主要介绍腐霉属，该类致病菌可导致犬（"沼泽癌"）、马（"佛罗里达马水蛭"），以及牛、猫和人的化脓性肉芽肿（脓毒症）。

● 皮肤脓毒症（"沼泽癌""佛罗里达州马水蛭"）

腐霉属（*Pythium*）包含超过85种菌属，其中只有隐袭腐霉（*P. insidiosum*）与动物疾病有关。隐袭腐霉能引起溃疡性纤维肉芽肿性、化脓性肉芽肿和嗜酸性皮肤病，以及马、牛、犬、猫的皮下病变和犬的胃肠道疾病。也有报道称，它是导致人动脉炎、角膜炎或眶蜂窝织炎的致病菌。由隐袭腐霉导致的疾病主要见于热带或亚热带地区，常见于美国北部地区，在沿墨西哥湾的沿岸经常诊断出该病。最常见的易感动物是犬科和马属动物。中间宿主为宽4 μm的水生卵菌，具有稀疏的带隔膜的菌丝。患病马会出现严重的渗出性肿胀，通常发生在四肢、腹部或头部，同时可能引起鼻黏膜。在肉芽肿性凝固物中有明显的菌丝（称为马的"*kunkers*"或"水蛭"），由坏死的巨噬细胞（包括上皮样巨细胞、多核巨细胞）和嗜酸性粒细胞组成。

诊断方法包括细胞学检查（即在化脓性肉芽肿和嗜酸性粒细胞中观察到较宽且带隔膜的菌丝）、血清学检查（酶联免疫吸附测定法）、分子生物学技术（利用设计的引物扩增隐袭腐霉特异DNA进行PCR）、对渗出液进行免疫组化检查和培养。细胞培养技术相对繁琐和耗时，霉菌样微生物需要在30℃条件下，在沙氏葡萄糖琼脂培养基或脑心浸液琼脂培养基中生长24～48h。需要通过证明活动的游动孢子或分离的提取物对与标准血清是否具有反应来鉴定。基于PCR检测的样本可用于确定临床样本中是否存在隐袭腐霉，以及用于鉴定分离株。PCR检测也能成功地识别大链壶菌属的成员（另一个卵菌），其在犬科和猫科动物中引起的临床症状相似。

早诊断是成功治疗的关键。治疗方法包括手术治疗和抗真菌治疗（两性霉素B），免疫疗法也取得了较好的效果。

• 着色芽生菌病和暗色丝孢霉病

着色芽生菌病和暗色丝孢霉病是由深色（暗色）真菌引起的疾病。所涉及的菌属包括链格孢属（*Alternaria*）、平脐蠕孢（*Bipolaris*）、枝孢霉（*Cladosporium*）、斑替枝孢霉属（*Cladophialophora*）、弯孢菌（*Curvularia*）、外瓶霉（*Exophiala*）、着色真菌属（*Fonsecaea*）、寄生性子囊菌（*Phaeoacremonium*）和瓶霉属（*Phialophora*）等70余种微生物。被着色芽生菌感染的组织中真菌较大（< 12 μm），伴有色素的"硬化体"。而存在菌丝时称为暗色丝孢霉病。

着色芽生菌病较少发生于非人类哺乳动物中，但常见于青蛙和蟾蜍中。暗色丝孢霉病偶发于猫、犬、马、牛和山羊等动物，可能会引起全身性症状。斑替枝孢瓶霉（*Cladophialophora bantiana*）最常感染猫和犬科动物，常引起中枢神经系统疾病。

与土壤和植物相关的腐生菌通过皮肤进入机体并在皮下繁殖，引起化脓性肉芽肿，但未见组织菌落或颗粒。结节或较大的肿胀进一步恶化可能发展成溃疡和排出脓液。

可通过活体检测和细胞培养进行诊断。对样本切片染色后（苏木精-伊红，过碘酸锡夫和乌洛托品银）可以观察到硬化体（着色芽生菌病）和菌丝（暗色丝孢霉病）。在不添加抑制剂的沙氏琼脂琼脂上进行培养通常需要较长的孵育时间，菌落的变化从橄榄色到棕色到黑色不等。

切除病变部位也可能复发。用药物治疗（氟胞嘧啶、伊曲康唑、两性霉素B和酮康唑等药物）的效果不一。

• 真菌足肿病（Eumycotic Mycetoma）

窦道肿胀、颗粒形成和溢出是足分枝菌病的特征，这可能与放线菌，如诺卡菌（放线菌病，见36章）等细菌或真菌（真菌性足菌肿病）有关。足分枝菌病偶发于牛、马、犬、猫等动物。皮肤病变呈结节状，并且伴有鼻窦炎样病变。

真菌性脑膜炎、刺螺旋病菌（分别为无茎孢子虫和长穗离蠕孢的有性形式）和膝弯孢霉（*Curvularia geniculata*）都与真菌足肿病有关。并且由于都是腐生菌，因此可能通过伤口进入机体。

由于相同的病原菌可以导致其他致病模式，因此尚不明确触发该疾病的发病机制。

真菌菌落周围产生化脓性肉芽肿。含有致病菌和炎性成分的脓液和颗粒从窦道中溢出到表面。根据真菌的特点，颗粒的颜色和形状也有所不同。该过程较为缓慢，可侵染邻近组织。

抗真菌药物（唑类和两性霉素B）的治疗效果不佳，切除病变部位是最有效的治疗方法。

● 鼻孢子虫病（rhinosporidiosis）

是由鼻孢子菌引起的，这种真菌存在于自然界中，在真菌培养基上无法培养，但可以在细胞中传代培养。它引起马、牛、犬、山羊及野生水禽等的皮肤与黏膜交界处发生慢性肉芽肿。少见有人类感染的报道。鼻孢子虫菌感染的特点是，形成菜花状赘生物，也称为息肉。鼻孢子虫病多发于热带和亚热带国家，但在美国也有零星病例报道。可通过组织切片的显微镜检查或肉眼可见息肉进行诊断。在组织切片中，可根据观察到充满内生孢子的大孢子囊（200～300μm）而准确诊断。在细胞样本中，可观察到典型的大量内生孢子，但很少看到孢子囊（图46.2）。本病治疗无效，采取手术切除效果较好，但多数病变会复发。

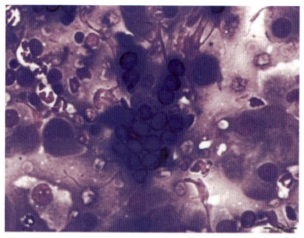

图46.2　犬鼻腔图片中显示菜花状赘生物
在脓性肉芽肿性炎症中内生孢子的中心团块（改良瑞氏染色，1 000×）

📁 延伸阅读

Ginn PE, Mansell JEKL, Rakich PM, 2007. Skin and Appendages in Jubb, Kennedy, and Palmer's Pathobiology of Domestic Animals[M]. vol. 1, 5th edn, Elsevier Saunders.

Greene CE, 2006. Infectious Diseases of the Dog and Cat[M]. 3rd edn, Elsevier Saunders.

Gross TE, Ihrke PJ, Walder EJ, et al. 2006. Skin Diseases of the Dog and Cat: Clinical and Histopathologic Diagnosis[M]. 2nd edn, Blackwell Science.

Raskin R, Meyer D, 2009. Canine and Feline Cytology: A Color Atlas and Interpretation Guide[M]. 2nd edn, W.B. Elsevier Saunders Company.

Songer JG, Post KW, 2005. Veterinary Microbiology: Bacterial and Fungal Agents of Animal Diseases[M]. Elsevier Saunders.

（陈晓春　孙东波　译，石达　校）

第47章 系统霉菌

根据真菌在组织或常规培养基（无性繁殖期）中的显微形态，可将其分为菌丝型真菌和酵母型真菌。在显微镜下，若观察到菌丝结构存在则称为菌丝型真菌；若观察到单细胞、芽殖结构存在，则称为酵母型真菌。在常规培养基上，菌丝型真菌呈现绒毛或羊毛样菌落外观，而酵母型真菌具有细菌样的菌落形态及黏度。由于生长环境不同，一些致病性真菌有时呈现出菌丝型形态，有时呈现出酵母型菌落形态。该种真菌称为双相型真菌。

最常见的引起系统性（或深部）真菌病的病原通常为腐生真菌。从形态学和生态学的角度上分析，这些腐生真菌具有与疾病相关的以下特征：

（1）许多腐生真菌是双相型真菌，表现为在腐生期与寄生期内具有不同的菌落形态。如球孢子菌、组织胞浆菌、芽生菌和副球孢子菌等在休眠期为霉菌；在组织中，球孢子菌产生孢子囊，而其他的则成为芽殖酵母。

（2）常常通过呼吸道而感染。

（3）宿主因素通常是疾病发生的决定因素，一些真菌病（曲霉菌病、接合菌病）主要见于免疫缺陷动物。

（4）病理损伤主要表现为肉芽肿性和化脓性肉芽肿性病变。在肺部感染的初期阶段，疾病的发展取决于细胞免疫反应的有效性。如果细胞免疫反应低下，则感染可能会持续发展到骨骼、皮肤、中枢神经系统及腹部的各个脏器。

（5）系统性真菌病为非接触性传播。尽管受感染动物常常会排出病原体，但不能通过接触而感染其他个体。

（6）由系统性真菌病引起的炎症损伤主要表现为肉芽肿性病变和化脓性肉芽肿性病变，该病变可能引起患畜血钙过高。其原因是肉芽肿炎症反应引起巨噬细胞活化，促使维生素D前体以不可调节的方式转化为活化的维生素D（即骨化三醇）。

本章将继续探讨双相型真菌：粗球孢子菌（*Coccidioides immitis*）、荚膜组织胞浆菌（*Histoplasma capsulatum*）、皮炎芽生菌（*Blastomyces dermatitidis*）及属于霉菌的曲霉菌（*Aspergillus*），并对真菌肺孢子虫及藻类原膜菌进行简要介绍。

● 球孢子菌属（*Coccidioides*）

球孢子菌属成员为双相型真菌，包含两个菌种：粗球孢子菌（*C. immitis*）和波萨达斯粗球孢子菌（*posadasii*）。这两个菌种是在不同地理特征地域引起球孢子菌病的主要致病真菌。由于受特有的土壤环境、温度和降雨模式的影响，因此它们只存在于西半球的下北美洲生物带。粗球孢子菌分布于美国加利福尼亚州的中央山谷（主要在圣华金河谷），而波萨达斯粗球孢子菌分布于除加利福尼亚州以外的地区（美国得克萨斯州、新墨西哥州、亚利桑那州及南美洲）。家畜中犬最易感，马偶有感染。在猫、猪、绵羊、牛、人、灵长类动物及约30种非家养哺乳动物中，感染该病的现象较为少见。

特征概述

形态、结构、组成 在土壤中，球孢子菌是一种由细长且有隔膜的菌丝组成的霉菌，在较粗的二级菌丝分支上，形成一连串的感染性分生孢子（节孢子、分生核孢子）。这些分生孢子通常由外观突起、筒状、具有厚壁的细胞组成，大小为 2～4μm 甚至为 3～6μm。细胞之间由空细胞分离器分隔开，关节孢子成熟后通过这些细胞之间发生的断裂完成孢子传播。

在组织中，分生孢子生长为具有双折射壁的球形孢囊，其直径为 10～100μm，孢子囊内部分裂后可以产生几百个内孢子（直径为 2～5μm）（图47.1）。芽孢壁破裂后释放出内孢子，而每个内孢子重复同样的生命周期或者在非生命的物体上长出菌丝（一种菌丝集体）。尽管只有关节孢子具有自然感染性，但是内孢子在试验条件下也具有致病性。有性孢子的感染性尚不清楚。

球孢子菌的肉汤培养物上清液中的球孢子菌素主要成分为多糖，但也含有氨基酸等含氮物质。球孢子菌素通常用来做皮内球孢子菌素试验和血清学试验。孢囊裂解之后产生的抗原同样可以用于皮下球孢子菌素试验。

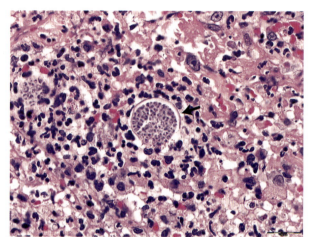

图47.1 犬皮肤病灶的组织切片

炎性化脓性肉芽肿包围着含有内孢子（箭头）的粗球孢子菌（苏木精-伊红染色，1 000×）。

具有医学意义的细胞产物

黏附素 小球外壁糖蛋白（SOWgp）是一种黏附在孢囊表面并富含脯氨酸的糖蛋白，它可以吸附胞外的蛋白（层粘连蛋白，纤连蛋白和胶原蛋白），并刺激T_{H2}淋巴细胞引起强烈的免疫应答，诱导产生高水平的抗体并抑制保护性细胞介导的免疫应答。突变菌株由于不能产生小球外壁糖蛋白而毒力大大降低。

其他产物

1. β-葡萄糖苷酶2（Bgl2） β-葡萄糖苷酶2是由球孢子菌属的内孢子分泌的一种酶，与孢子内壁的形态相关。在感染的早期阶段可产生针对Ⅱ型β-葡萄糖苷酶的抗体（IgM型），利用该抗体进行的沉淀素试验对于感染初期的诊断具有重要意义。

2. 几丁质酶1（Cts1） 几丁质酶1作为几丁质酶之一，参与内孢子在孢囊中的形成和释放。几丁质酶的一种重要底物是位于孢囊中的几丁质，似网格状。几丁质酶1的IgG型抗体主要在感染阶段的后期产生，利用该抗体进行的补体结合试验同样可以用于诊断。

3. β-1,3-葡萄糖转移酶 β-1,3-葡萄糖转移酶位于内孢子的表面，可以诱导T_{H1}淋巴细胞的强烈应答，产生高水平的γ干扰素，从而活化巨噬细胞产生非特异性免疫应答，以抑制疾病扩散。

4. 丝氨酸蛋白酶类 这一类型酶参与了球孢子菌诱发的炎症应答，同时可以水解弹性蛋白、胶原蛋白和免疫球蛋白。

5. 脲酶 尽管脲酶对毒力的影响尚未可知，但是其可以刺激T_{H1}淋巴细胞活化巨噬细胞，引起强烈的保护性免疫应答。

生长特性 球孢子菌生长环境简单，适应温度范围广。在萨布罗氏甘露醇培养基或者血平板中可以长出菌丝。几天后最初暗淡的灰色菌落开始有稀疏的气生菌丝体产生，这些菌丝体最后会变得密集，5~7d后可长出关节孢子。

内孢囊（孢子囊）在体外同样可以生长，生长的具体条件为：用含有酪蛋白水解物、葡萄糖、生物素、谷胱甘肽和盐的混合培养基，在40℃温度下培养。

生态学

传染源 球孢子菌属栖息于下北美洲生物带的土壤中，包括加利福尼亚州的部分地区（粗球孢子菌），美国的西南部、墨西哥、中美洲、南美洲的北部和西部边缘地区，以及阿根廷和巴拉圭（波萨达斯粗球孢子菌）。这些地区年降水量为127~508mm，冬、夏季的平均温度分别超过7.2℃和26.7℃，因此球孢子菌高度流行。

分生孢子较土壤中的其他微生物更加耐干燥、耐高温和耐盐。在夏季高温季节，相对于其他微生物，球孢子菌更容易生活在土壤表层。当雨后生长环境适宜时，球孢子菌重新进入土壤的表层以便于扩散，同时具有感染性的分生孢子还可以通过风力进行自身传播。在一些流行区域，啮齿动物的洞穴中常常含有大量具有感染性的分生孢子。犬由于经常嗅探洞穴，因此更易接触该类型真菌。

传播 通常是由于吸入具有感染性的分生孢子而发生感染。机体对于球孢子菌高度易感，吸入很少量的感染性关节孢子就可以致病。原发性皮肤接触性感染非常罕见。

致病机制

机制和病理 被吸入体内后，筒状的分生孢子（barrel-shaped arthroconidia）逐渐成长为球形的内孢子（spherical-shaped endospores），随后逐渐膨大且内部不断分裂，最终形成含有数百个内孢子（2~5μm）的多核小球体（10~100μm），这一过程一般需要数天。内孢囊破裂并释放出内孢子，接着进入下一个生命周期。关节孢子、内孢子及含有内孢子的球体均可引起肺部炎症反应（丝氨酸蛋白酶参与该过程）。虽然吞噬细胞能够吞噬分生孢子和内孢子，但不能将其杀灭，而是将其转移至肺门淋巴结形成新的炎症病灶（同时产生更多含有内孢子的球体）。在该真菌生长过程中，机体释放更多的丝氨酸蛋白酶，在一定程度上加剧了炎症反应。正常情况下，活化的T_{H1}淋巴细胞能够激活巨噬细胞并启动细胞介导的免疫反应，细胞介导的免疫反应会阻止真菌扩散，并消灭内孢子。在感染初期，机体能够产生针对Bgl2的抗体。当细胞免疫低下时（如SOEgp介导的免疫调节、遗传组成及感染剂量），感染便可能蔓延至骨骼、皮肤、腹部脏器、心脏、生殖道及眼睛（少量会蔓延至动物的脑和脑膜）。大体病变为形成肉眼可见的白色肉芽肿，粟状结节，大到不规则团块，并伴有腹腔、胸腔及心包积液。在该感染阶段，可产生Cts1的抗体。显微镜下可以明显看到化脓性肉芽肿性病变，其中分生孢子和内孢子主要引起化脓性病变；球体主要引起肉芽肿性病变，病变灶中可见大量上皮样巨噬细胞并混有多核巨细胞、淋巴细胞及中性粒细胞（图47.1）。

疾病模型

犬 犬是最常见的能感染球孢子菌病的动物，临床症状表现为乏力、厌食、体况不佳。由于组织深度损伤引起骨骼受损、关节炎或鼻窦炎，因此患病犬出现跛行、呼吸道症状（包括咳嗽）及发热。

猫 猫的球孢子菌病大多数为内脏损伤，极少表现为骨骼受损。另外，有关皮肤损伤的报道最为常见。

马 与猫一样，马很少出现骨骼损伤而更多表现为内脏受损伤。

牛、羊、猪 该病在牛、羊、猪中一般无明显症状，仅在肺和局部淋巴结出现病变，且屠宰前无法确诊。

人 一般情况下，人自然感染球孢子菌时常常没有明显的临床症状。轻者类似于流感，重者表现为重症肺炎，但在免疫功能低下时可引起患者死亡。

流行病学 对于所有动物来说，显性病例往往是特例。4～7岁的公犬最易感染全身性球孢子菌，且每年的1—3月、5—7月为该病的高发期。这与地理位置和气候都有关，还可能与季节及阳光照射强度变化有关。其中，年幼的拳师犬和杜宾犬对该病特别易感。

免疫学特征

皮肤接触试验发现，当接触球孢子菌1周至数周后，可发生细胞介导的变态反应，并持续存在。变态反应的存在是机体进行性抵抗疾病的一个信号。一般首次感染时无症状，当再次接触同种病原时症状明显。

感染球孢子菌后，通过试管凝集试验或乳胶颗粒凝集试验可检测到针对Bgl2的特异性IgM抗体，但仅能在感染初期检测到。通过补体结合试验和免疫扩散试验测定针对Cts1的特异性IgG抗体效价发现，感染过程中抗体的效价逐渐升高，疾病得到控制后可稳定在1∶16。

目前还没有研制出可用的商品化疫苗。

实验室诊断

病料直接镜检 可使用含10% KOH的盐水对感染动物的体液和组织标本进行涂片，观察球孢子菌的小球体。小球体直径为10～100μm，含有较厚的细胞壁（＜2μm）。随着生长，小球体内部会产生内孢子（图47.1）。一般情况下，湿扫法观察不到游离的内孢子，需要进行固定涂片染色才能观察到（如过碘酸雪夫氏染色、格里德利染色或六胺银染色）。

经瑞氏染色后的细胞涂片制备物，诸如病变组织的提取物或组织压片的印记，可以明显地观察到脓性肉芽肿性炎症病变和直径较大（10～100μm）、具有双层波状轮廓及清晰的蓝色小球体，在其内部含有各种可见的圆形内孢子。球孢子菌与皮炎芽生菌的差异表现为前者具有内孢子及小球体大小上的巨大差异。组织染色部分（苏木精-伊红染色，图47.1，六胺银染色和格里德利染色）可以观察到病原及病灶的特点。

培养特性 在生物安全柜中，将球孢子菌分别接种于添加抗生素或不添加抗生素的血琼脂培养基和萨布罗氏甘露醇培养基中，分别置于37℃和25℃下培养，1周后可见明显的菌丝。在制备的乳酸酚棉蓝染色的涂片中，可观察到筒状的分生孢子，菌落为白色并带有棕褐色、褐色、粉色或黄色的棉絮样绒毛。通过动物接种或在小球体培养基（spherule medium）中接种对其分离，可使球孢子菌回到孢子囊阶段（见"生长特性"一节）。当不能采取恰当的生物封存措施时，不应进行球孢子菌的培养及培养物的处理。另外，不恰当的操作容易污染实验室。

商品化的"外源性抗原"检测试剂盒，是利用针对荚膜组织胞浆菌（*Coccidioides, H. capsulatum*）和皮炎芽生菌（*B. dermatitidis*）的抗性血清，采用琼脂扩散试验来检测琼脂扩散板中的培养物，沉淀线位于培养物和同源抗血清之间。

免疫诊断 补体结合试验和免疫扩散试验用来检测疾病的传播。由于补体结合试验是定量的，因此在需要定量检测及治疗时，使用补体结合试验更加精确。

球孢子菌素皮肤敏感性试验已经应用于动物流行病学调查。

分子生物学方法 利用大部分分子生物学方法鉴定或检测球孢子菌属，通常用编码核糖体RNA的一段特异性引物进行PCR扩增来进行诊断。

治疗和控制

两性霉素B在治疗人类球孢子菌病的过程中起到了关键作用，但由于受到毒性作用和静脉注射的限制，因此往往需要住院治疗或频繁就医。两性霉素B的脂质体制剂毒性降低，可以大剂量给药，因此具有很好的应用前景。氟康唑（精选药）、酮康唑、伊曲康唑等药物也用于小型动物治疗中。口服一段时间后，有永久性治愈的趋势。除了妊娠期会有死胎出现的可能外，毒性影响相对较小。补体结合试验常用于评定治疗效果。

目前无疫苗可用。

● 荚膜组织胞浆菌（*H. capsulatum* var. *capsulatum*）

荚膜组织胞浆菌是双相型真菌，在25～30℃时呈菌丝型（营腐生），在37℃时呈酵母型（营寄生）。组织胞浆菌分为3个变种：荚膜变种（*H. capsulatum* var. *H. capsulatum*）、杜波依斯氏变种（*H. capsulatum* var. *H. duboisii*）和假皮疽变种（*H. capsulatum* var. *H. farciminosum*）。多种假皮疽组织胞浆菌能引起流行性淋巴管炎（类鼻疽）及马皮肤慢性化脓性肉芽肿（有关知识已在46章讨论）。荚膜组织胞浆菌和杜波依斯氏组织胞浆菌引起组织胞浆菌病，该病是一种哺乳动物易感的全身性疾病。杜波依斯氏组织胞浆菌病只在非洲发现过，而荚膜组织胞浆菌病则遍布全球各地，同时是引起组织胞浆菌病最主要的病原。本章中，不讨论该菌变种之间的差别，这3个变种统一称为荚膜组织胞浆菌。

特征概述

形态、结构、组成 自然状态的荚膜组织胞浆菌包括隔膜的菌丝，直径为2～4μm的球型小分生孢子，结核状的大分生孢子，直径为8～14μm的厚壁球形细胞，以及镶有指状的突触（图47.2）。在动物体内或适当的培养基中，菌丝型荚膜组织胞浆菌可变成圆形或椭圆形的酵母型荚膜组织胞浆菌，每个出芽细胞直径为2～4μm。有性生殖的子囊菌类荚膜组织胞浆菌已经描述。

用于免疫诊断的荚膜组织胞浆菌可以从菌丝体培养滤液中获得，胞浆是由多糖、各种糖蛋白和细胞分解产物组成。而菌丝型阶段和酵母型阶段的细胞组成成分不同（如细胞壁葡聚糖），这与其自身毒性有关。

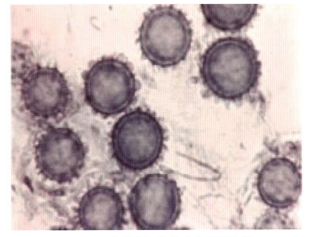

图47.2 荚膜组织胞浆菌菌丝型阶段

25℃培养的乳酚棉蓝液。周围布满指状凸起的"结核性"大分生孢子，400×

具有医学意义的细胞产物

黏附素 在酵母相和菌丝相寄生阶段，中性粒细胞和巨噬细胞表面的β-2整合素可以识别并结合吸入性小分生孢子，但是参与该过程的真菌结构仍不得知。同样，一些未知的黏附素可以使荚膜组织胞浆菌吸附在树突状细胞的纤连蛋白受体上。荚膜组织胞浆菌黏附在这些中性粒细胞、巨噬细胞和树突状细胞上，能够进入细胞而不会引起氧化反应，进而产生活性氧和氮气等中间产物。

其他产物 荚膜组织胞浆菌能产生多种物质，在组织包浆菌病中起重要作用：

1. 钙结合蛋白 酵母型（寄生）阶段产生的钙调蛋白（calcium-binding protein）可以使酵母型真

菌在低钙环境中（吞噬溶酶体）生长，该蛋白能有效结合钙离子并且传递给菌体。此外，钙调蛋白螯合物还能降低某些钙离子依赖的溶酶体酶活性。吞噬溶酶体的正常酸化也是一个钙离子依赖性过程。不能产生钙调蛋白的荚膜组织胞浆菌突变体无致病性。

2. H-抗原　宿主针对H-抗原所产生的免疫应答，最初可用作诊断组织胞浆菌病的特征。随后发现，酵母型的荚膜组织胞浆菌的H-抗原可以作为一种β-葡萄糖苷酶，引起细胞介导的免疫反应（具有保护作用）。

3. 铁元素的摄取　对于组织荚膜胞浆菌来说，铁离子是其生长所必须的（所有生命都需要）。组织荚膜胞浆菌通过4种方式获取铁：合成氧肟酸盐型铁载体，从而能够从机体的铁结合蛋白（转铁蛋白和乳铁蛋白）中摄取铁元素；在酵母型（营寄生）真菌表面表达血红素结合受体；合成谷胱甘肽依赖的铁还原酶，减少Fe^{3+}向Fe^{2+}的转化，从而使铁元素从机体的铁结合蛋白中得到释放；还有一些酵母型菌体表面表达的一些定义不清的铁还原酶。

4. M-抗原　宿主针对M-抗原的免疫反应，最初被用作诊断组织胞浆菌病的工具。随后发现，M-抗原是一种过氧化氢酶，对在酵母型菌阶段吞噬溶酶体中的生存起到了一定作用。

5. 黑色素　黑色素是由荚膜组织胞浆菌产生的，是一种自由基清除剂（降低吞噬溶酶体中羟基自由基、过氧化物和单线态氧自由基的毒性）。

6. 吞噬溶酶体酸化　正常溶酶体的pH<5，该pH环境适合许多消化酶发挥作用。荚膜组织胞浆菌可以使溶酶体中的pH升高到6.0～6.5，因此可以降低这些消化酶的活性，但这一机制尚不明确。

生长特性　荚膜组织胞浆菌生长在普通培养基中，且生长温度范围广泛，菌丝型菌体生长的最适温度为25～30℃。棉絮状菌丝型菌体为白色、棕色或居于白、棕色之间的颜色，大分生孢子的颜色比较丰富。酵母型菌体则需要含有丰富营养物质的培养基（如葡萄糖-半胱氨酸血琼脂），生长温度需要控制在34～37℃，需要1周或更长的时间才能形成典型的克隆菌落。

荚膜组织胞浆菌在外界环境温度中能够生存数月，在冷藏条件下能够生存数年。该菌体可在反复冻融的情况下正常生长，45℃时能够存活1小时之久。

多样性　荚膜组织胞浆菌存在3个变种：荚膜变种、杜波依斯氏变种和假皮疽变种。荚膜变种（分布于全球）和杜波变种（分布于非洲）能够引起荚膜组织胞浆菌病，而多种假皮疽变种能够引起马属动物的流行性淋巴管炎（类鼻疽）（见第46章）。荚膜组织胞浆菌分布于全球，但主要集中在美洲。根据遗传学，荚膜组织胞浆菌可以分为6类：1类和2类主要发现于北美洲；3类发现于中美洲和南美洲；4类在佛罗里达州（北美洲）被发现；5类在纽约（北美洲）同时患有获得性免疫缺陷综合征的病人体内被发现，6类在巴拿马（中美洲）被发现。

生态学

传染源　虽然大多数荚膜组织胞浆菌病都集中在北美洲的密西西比河和俄亥俄河流域，但是在全球也有零星发生。荚膜组织胞浆菌常常栖息于土壤表层，特别是鸟类（北美洲的棕鸟和南美的鸡体内）和蝙蝠的粪便中，它们可以为菌体生存提供丰富的必须元素（氮）和培养基。鸟类主要作为荚膜组织胞浆菌的传播媒介，而蝙蝠可以通过肠道传播。荚膜组织胞浆菌适宜生长在年降水量为890～1 270mm、温度为20～32.2℃及呈中、碱性的土壤中。

传播　主要通过吸入小分生孢子或菌丝碎片感染，还可能通过误食真菌引起感染，但是很少通过伤口引起感染。

致病机制

机制和病理　小分生孢子、菌丝碎片（分布在环境中）或酵母型菌体细胞（来自吞噬细胞内环境）与β-2整合素结合附着在肺脏的巨噬细胞上。随后立即被吞噬，出现轻微的突发性呼吸道症状，以及与溶酶体融合后产生吞噬溶酶体。小分生孢子和菌丝分化成为酵母型菌，通过调节吞噬溶酶体内的pH（6.0～6.5），分泌M-抗原（过氧化氢酶）、钙调蛋白、黑色素并获取寄生细胞中的铁元素，从而在吞噬溶酶体中生存下来。酵母型菌体在吞噬溶酶体内增殖，最终裂解寄生细胞，释放子代酵母型菌体（进行下一次循环）。酵母型菌体在细胞内持续增殖，进而激活细胞介导的免疫反应，活化巨噬细胞，最终有效控制酵母型菌体不再增殖。

疾病早期的症状和病变类似于肺结核。胸腔淋巴结肿大，肺内可见灰白色结节。组织病理学反应各有不同，从化脓性肉芽肿到肉芽肿性炎症不等，干酪样坏死和钙化点均常见。

在弥散性组织胞浆菌病中，淋巴结和实质性器官增大，并可能伴有结节性病变。弥散性组织胞浆菌可能引起皮肤和黏膜溃疡，腹部和胸腔积液，并累及中枢神经系统（包括眼睛）、皮肤和骨髓。炎性渗出物由受到酵母型菌侵染的巨噬细胞成分组成（图47.3）。

疾病模型　几乎所有动物都会感染荚膜组织胞浆菌病，但犬和猫是最易感的哺乳动物。经过一段时间，受感染的犬和猫就可以把这一疾病传播给它们的主人及兽医工作者。随后病犬和病猫表现出很多非特异的临床症状，包括沉郁、发热、嗜睡、厌食、体重降低、腹泻、脱水、贫血。同时，还包括肝脏肿大、脾脏肿大、肠系膜淋巴结炎和腹腔积液引起的腹部膨胀。荚膜组织胞浆菌易引起犬咳嗽，而猫不常见，但两者都会表现出呼吸困难和肺部声音异常等症状。同样，感染后引起犬的胃肠道临床症状也很常见，但是猫不常见。

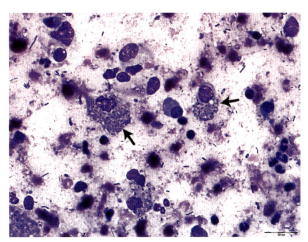

图47.3　患系统性组织胞浆菌病犬的直肠涂片

吞噬细胞内部含有大量的酵母型菌体，并围成椭圆形，直径2μm（改良瑞氏染色，1 000×）

人患该病后也会出现上述症状。

流行病学　在流行地区，犬、猫和人经常会发生荚膜组织胞浆菌病的亚临床感染。该病主要在初秋（9—11月）和冬末至早春（2—4月）流行，2～7岁的犬易感。雌雄均易感，但一些品种，如威玛猎犬和布列塔尼猎犬具有更高的患病风险。人、犬和猫易感染播散性组织胞浆菌病与自身的免疫缺陷有关。

免疫学特征

康复和抵抗弥散性组织胞浆菌的感染常常依赖于细胞介导的免疫反应，而机体内的循环抗体并没有明显的保护作用。感染组织胞浆菌病的患者康复后会产生获得性免疫。

该病发生时尚无可用的疫苗。然而在试验中，用荚膜组织胞浆菌抗原免疫后，小鼠可以抵抗病原菌的侵染。

实验室诊断

病料直接镜检　将血液、白细胞或含有细胞的物质（如痰液和组织穿刺物）用改良瑞氏染色法（如姬姆萨和莱氏）染色后，可观察到呈圆形或椭圆形且直径为2～4μm（为红细胞的1/4～1/2）被吞噬细胞吞噬的酵母型菌体（图47.3）。酵母型菌体被染成浅蓝色，偏离中心的细胞核被染成粉色。菌体主要存在于巨噬细胞中，在外周血的中性粒细胞和单核细胞中也可以观察到。真菌染色法（过碘酸锡夫反应、格里德利法、格莫瑞六亚甲基四胺银）有助于观察菌体，但不常用于细胞物质。

用苏木精-伊红法染色后，荚膜组织胞浆菌被染成周围带光环的小点，因此做平行染色（如碘酸雪夫染色、格里德利染色、六胺银染色）是很有必要的。

免疫荧光可用于鉴定组织和分泌物中的酵母型菌体。

培养特性　将带菌样本分别接种于含有或不含抗生素的血琼脂和沙氏琼脂培养基上，在温箱或塑料袋中室温培养2个月。在从褐色棉絮状到白色菌丝转变前，菌落呈淡红色的皱褶状。

在乳酚棉蓝液中可呈现出小分生孢子和大分生孢子。双相性菌体可在37℃培养或注射到小鼠体内转化为酵母型菌体从而得到证明。小鼠在注射后的几周内死亡，死后体内的巨噬细胞中含有酵母型菌体。

商品化的"分泌性抗原"检测试剂盒中含有球孢子菌、荚膜组织胞浆菌和皮炎芽生菌的抗血清，可用于检测琼脂扩散平板中可疑培养物的提取物，能够在提取物和相应抗血清间产生沉淀线。

免疫诊断　在动物感染时，利用菌丝型或酵母型菌体作为抗原进行的皮内组织胞浆菌素试验和补体结合试验，其结果并不可靠。在免疫扩散试验中，沉淀带的位置可用于区分早期和康复病例（沉淀带靠近血清孔），以及活跃期和进行期病例（沉淀相靠近抗原孔）。由于有假阳性，因此在动物中该检测方法使用得较少。

现在用于抗原检测的放射免疫分析法已经建立。

分子生物学方法　主要利用引物扩增该菌DNA中特定序列来鉴定和检测荚膜组织胞浆菌。例如，对于编码核糖体RNA或编码M蛋白的基因，设计引物后进行PCR反应来扩增这些特定的序列，但是这些检测方法在实验室诊断中并不常用。

治疗和控制

在犬和猫的一些荚膜组织胞浆菌病的治疗中，唑类药物（酮康唑、伊曲康唑和氟康唑）和两性霉素B都起到了很好的治疗效果。

感染的严重程度及患者的反应决定治疗时间的长短。需定期评价血液和生化指标变化、临床症状和病灶的影像学变化来监测治疗效果。如果没有达到相应的治疗时间（至少4～6个月），则疾病非常容易复发。弥漫性组织胞浆菌病预后需谨慎。

使用3%甲醛和5%苯酚能有效控制环境中的真菌，消灭椋鸟科和野鸽也可有助于控制真菌。

● 皮炎芽生菌（*B. dermatitidis*）

皮炎芽生菌是一种双相型真菌，在土壤中呈菌丝型（腐生阶段），在组织体内则以酵母型的形式存在（寄生阶段）。它引起的系统性真菌病称为芽生菌病，一般出现在北美洲的东部地区。该病在非洲、亚洲和欧洲地区偶有发生。人和犬易得芽生菌病。然而，有报道称该病原也可感染马、雪貂等许多野生物种。

特征概述

形态、结构、组成　在腐生阶段（土壤或者是25～30℃的人工培养基中），皮炎芽生菌的菌丝能够产生直径2～10μm或有光滑细胞壁的球形、椭圆形的分生孢子，而在体内组织或者37℃血琼脂培养基中，则以一种厚细胞壁酵母型的形式存在。该真菌还有一种有性形式，为阿耶罗菌属皮炎芽生菌。

该菌的细胞壁提取物中含有3～10份的多糖及1份的蛋白质。在菌丝型阶段，蛋白质的含量最高，而在酵母型阶段几丁质的含量最高。皮炎芽生菌的脂类含量高于其他菌，而真菌的毒性与脂类、蛋白质和几丁质的含量有直接关系。

具有医学意义的细胞产物

黏附素 酵母型阶段的皮炎芽生菌产生的黏附素蛋白称作芽生菌黏附素1，又称为WI1。芽生菌黏附素1具有以下与该真菌毒力相关的两个功能：①芽生菌黏附素1黏附到吞噬细胞表面的整合素β-2上，激发吞噬细胞摄取酵母型菌体，引起轻微的呼吸症状，并产生少量的活性氧和氮等中间产物。②芽生菌黏附素1通过调节巨噬细胞，来抑制促炎性细胞因子的产生（特别是肿瘤坏死因子）。芽生菌黏附素1的氨基酸序列与由耶尔森菌产生的侵入蛋白的氨基酸序列高度同源（见第10章），不能产生芽生菌黏附素1的皮炎芽生菌突变体无致病性。

其他产物 皮炎芽生菌能产生多种胞外酶和致病性产物，包括蛋白酶、磷酸酶、酯酶及糖苷酶。该菌的培养滤液对人中性粒细胞具有白细胞趋化作用，但目前对这些产物在疾病的发展中所起的作用还不清楚。

生长特性 皮炎芽生菌在室温或者37℃条件下，能够在绝大多培养基上生长，2～7d形成菌落。在室温下可以形成菌丝型菌落，且分生孢子的数量决定了此霉菌菌落呈白色还是褐色。在37℃血琼脂培养基上可以形成酵母型菌落，其为白色或褐色、不透明、带有粗糙表面的馅饼状。

多样性 2种血清型的分类与其地理起源有关，基于聚合酶链式反应指纹识别系统的使用，目前可以识别具有相似地理位置的菌株之间的关系。

生态学

传染源 芽生菌主要栖息于土壤中。潮湿、低pH、动物粪便及腐败的植物都可以滋生芽生菌，且适宜的湿度可以促进芽生孢子释放。

传播 芽生菌病主要由于动物吸入了小分生孢子。犬的慢性芽生菌病基本是经皮肤创伤感染。然而一般来说，单一病灶的产生应该考虑是系统性芽生菌病的一部分。

致病机制

小分生孢子和菌丝片断被吸入后，在呼吸道的肺泡内转换为酵母型形式。酵母型菌体可以表达芽生菌黏附素1（Bad1），随后被吞噬细胞摄取（伴有较低程度的呼吸道症状暴发）。在细胞免疫中，Bad1通过影响巨噬细胞，抑制肿瘤坏死因子（对杀伤酵母型菌体来说，这是至关重要的）的产生。在犬中，由巨噬细胞和中性粒细胞引起的炎症反应，可导致细支气管末端化脓性肉芽肿性病变，随后在淋巴结内也发生相似的反应。芽生菌病相对于荚膜组织胞浆菌病和球孢子菌病来说，发病更急，而且通过血管系统和淋巴系统进行散播。在犬的体内，该真菌首先感染淋巴结、皮肤、骨骼、骨髓、眼睛、皮下组织、大脑、睾丸及外鼻孔，较少通过乳腺、前列腺、肝脏、心脏、嘴、阴户、泌尿生殖道感染。尽管该病原通常经肺部进入体内，但经过一段时间，肺部的组织损伤会自我愈合。这些结节状的损伤可形成肉芽肿，其内主要有单核细胞及混杂有大量的中性粒细胞。这些肉芽肿最后被溶解或者干酪样化，但很少钙化。

临床症状主要包括：皮肤损伤、高热、呼吸困难、精神沉郁、厌食、消瘦。骨骼和关节的感染使运动功能失调，但很少会累及中枢神经系统。芽生菌病常引起眼部症状，涉及多器官感染的犬在几个月内死亡，目前还不清楚具体从哪些器官开始发病。虽然芽生菌病在动物身上很少出现相似的症状，但在猫身上却呈现与犬相似的症状。

流行病学 每年从春季到秋季，该病在犬之间广泛流行，且年龄小于4岁的雄性犬更易感染。一般来说，大型犬比小型犬更易感染。对于猫，芽生菌病并没有性别、年龄、品种的趋向性。虽然通常该病并没有传染性，但是已有犬咬伤人从而感染的报道。

免疫学特征

犬感染芽生菌病主要是由于细胞免疫应答低下。病原真菌感染之后，会激活体内的细胞免疫和体液免疫应答，其中细胞免疫应答在抵抗病原真菌感染及扩散方面起决定性的作用。但是，目前人工免疫未得到成功应用。

实验室诊断

病料直接镜检　如果在显微镜下观察到大量渗出液或组织涂片中带有单芽厚壁的酵母孢子，就可以鉴定为芽生菌。利用细胞切片也可能发现酵母孢子。一些细胞制备物，如痰、组织涂片通过罗曼诺夫斯基染色（如姬姆萨染色或瑞氏染色）后，可以观察到直径为5～20μm、具有弹性双层结构厚壁的酵母孢子（图47.4和47.5）。在一些样本中，可以观察到比较多的芽生孢子。然而，芽生孢子一般都是单一的。隐球菌与皮炎芽生菌不同，其缺少清晰的荚膜，但具有深颜色嗜碱性的细胞壁，且广泛出芽。真菌染色法（碘酸雪夫染色、格里德利染色或六胺银染色）也可以用于染色并观察出芽孢子，但在常规的细胞学检查上并不常用。

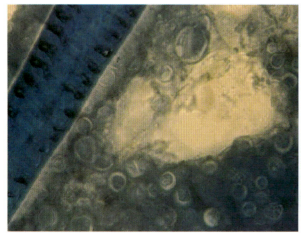

图47.4　皮炎芽生菌酵母型阶段，患病犬的皮肤图片（苏木精-伊红染色，压制酵母菌，1 000×）

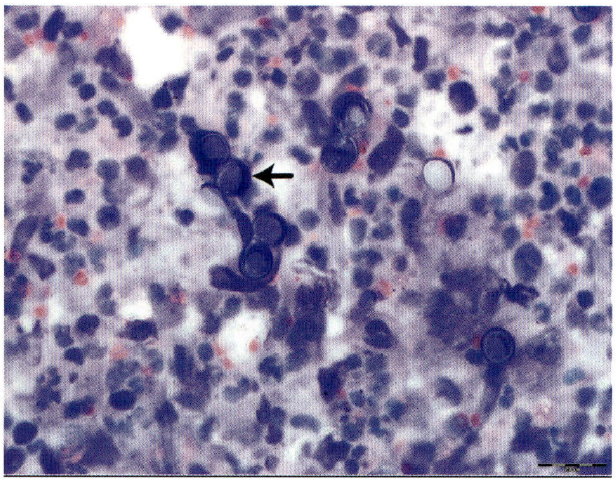

图47.5　患皮炎芽生菌病犬的坏死性淋巴结节分泌物。深颜色的是皮炎芽生菌酵母型菌体，具有双层轮廓的厚壁（箭头）（改良瑞氏染色，1 000×）

用苏木精-伊红对切片染色，可观察到具有厚壁并带有单一出芽孢子的酵母孢子。使用多种真菌染色方法（如碘酸雪夫染色、格里德利法染色或六胺银染色），有利于结果的判定。

培养特性　在沙氏琼脂培养基（有或没有抗生素）中，室温条件下进行培养大约需要3周。首次分离很难获得酵母孢子，但将温度升高到37℃时菌丝型较易转变为酵母型。

利用商品化的"菌体外抗原"检测试剂盒提供的针对粗球孢子菌、荚膜组织胞浆菌和皮炎芽生菌的抗血清，可以对琼脂免疫扩散板上可疑培养菌的提取物进行检测，且提取物和它们的同源抗血清之间可出现沉淀线。

免疫诊断　芽生菌素表皮接种试验和补体结合试验（CF）的灵敏度及特异性都不高。商品化的琼脂凝胶双扩散检测试剂盒（利用一种称为"抗原A"的细胞壁自溶物组成的抗原）具有较好的特异性（96%）和敏感性（91%），但成功治愈后在机体内仍可检测到抗体。在感染过程中，利用多种方法（如放射免疫法）检测到Bad1抗体伴随着疾病的进程逐渐增加，在成功治疗后下降，因而研制针对Bad1特异性的抗体具有非常良好的临床应用价值。利用商品化的抗原建立的酶联免疫吸附试验在检测芽生菌病方面有非常好的效果。

分子生物学方法 针对编码核糖体RNA的DNA设计引物（如28SRNA，内部转录间隔区），利用PCR方法扩增相应的DNA片段可对芽生菌进行鉴别诊断。

治疗和控制

可使用两性霉素B、酮康唑（或两者结合使用）及伊曲康唑（首选药物）治疗芽生菌病，同时氟康唑也有一定的治疗效果。虽然芽生菌病从动物传染给人的情况极为罕见，但也应当尽量避免接触疑似感染芽生菌病的动物或动物组织。

● 曲霉菌（*Aspergillus*）

曲霉菌属成员为普遍存在的腐生霉菌，属于机会性致病菌，当机体受到损伤、重压或病原逃避宿主机体的防御体系时，就可能引起曲霉菌感染。在900多种曲霉菌中，动物和人最易感染烟曲霉菌。

特征概述

形态和组成 曲霉菌属于由有隔膜的菌丝和特有的生长在分生孢子梗上无性分生孢子头（asexual fruiting structures）组成的霉菌。分生孢子梗是营养菌丝中的足细胞产生的菌丝分支，其末端是一个膨大的顶囊。囊泡被一层或多层管瓶状物覆盖，由此产生一连串有色分生孢子（无性繁殖单位）（图47.6）。顶囊导致真菌菌落产生不同的颜色。

在组织中，只能观察到菌丝；而在含气体的体腔中（如鼻腔、气囊和空洞性病变），可观察到分生孢子头。

分生孢子头是辨别曲霉菌属与其他菌属的重要诊断特征。

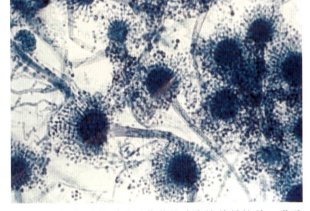

图47.6 烟曲霉菌（沙氏葡萄糖琼脂培养基培养，乳酸酚棉蓝染色，400×）

具有医学意义的细胞产物

黏附素 曲霉菌属成员可产生大量与胞外基质蛋白（胶原、纤维连接蛋白、纤维蛋白原和层粘连蛋白）结合的细胞表面蛋白（分生孢子和菌丝）。

细胞壁 曲霉菌属的细胞壁呈现一种被宿主巨噬细胞表面的Toll样受体识别的"病原相关分子模式"（见第2章）。病原与这些受体结合可导致促炎细胞因子的分泌。

胞外酶 曲霉菌属可产生大量酶类，包括弹性蛋白酶、蛋白酶和磷脂酶等，而这些酶具有破坏宿主组织的潜在功能。此外，该菌属的成员能产生过氧化氢酶，减少酶解吞噬细胞产生的过氧化物带来的影响。

铁摄取 当曲霉菌属产生一些异羟肟酸铁载体（一种铁色素和镰孢氨酸）时，需要从宿主的铁结合蛋白（转铁蛋白和乳铁蛋白）中摄取铁元素。

色素（黑色素） 曲霉菌属的分生孢子着色，分生孢子中的色素——黑色素，是一种自由基清除剂（可消除吞噬溶酶体中的羟基自由基、过氧化物和单线态氧自由基）。

生长特性 曲霉菌属可以在所有常见的培养基中生长，生长温度范围很广泛（最高为50℃）。但目前还未发现与其毒力相关的或可用于诊断的生化活性。

自然环境中曲霉菌属生长旺盛，甚至一些可以高度耐受高温和干燥。但是大多数曲霉菌不能在含环己酰亚胺的培养基中生长。

生态学

传染源 曲霉菌属主要存在于土壤、植被、饲料中，其次是空气、水及暴露在其中的物体。在发酵植物材料（如干草、青贮饲料和堆肥）中，烟曲霉是主要的竞争微生物。这些发酵植物材料，常常是导致动物曲霉菌病暴发的源头。

传播 曲霉菌病一般是由于机体吸入或感染了周围环境中的曲霉菌而导致的。大多数曲霉菌乳腺炎是由于预防接种时而感染曲霉菌所导致的。牛子宫感染是由于亚临床性肺或肠道感染曲霉菌引起的。

致病机制

机制 曲霉菌沉积在组织或组织表面（由于黏附素黏附作用），经吞噬细胞识别（通过"病原相关分子模式"）后，激发炎症反应。炎症过程伴随着真菌弹性蛋白酶、蛋白酶和磷脂酶的释放，从而导致组织损伤。色素和过氧化氢酶可延缓吞噬细胞的破坏进程。

在人曲霉菌病中已经识别曲霉菌是其过敏因子，但在动物疾病中并没有充分的证据。

病理 肺部感染时，脓性渗出物聚集在支气管和毗邻淋巴结。该渗出物在菌丝型菌体周围产生，通过引起感染性血栓和血管炎症造成散播。感染也可以直接散播到邻近空气中。进一步发展为肉芽肿，其为非常明显的灰白色结节，由外周血单个核细胞和成纤维细胞组成。与放线菌病类似的是，在旧的病灶区，菌体周围环绕着嗜酸性粒细胞（行星小体）（图37.2）。

病禽肺部病变表现为干酪样结节。在浆膜上，干酪样病灶被肉眼可见的霉菌菌落所覆盖，并伴随着浆膜的增厚（如气囊），由细胞介导的免疫反应伴随着急性化脓性到慢性化脓性肉芽肿的转变。

胎盘瘤的血行性传播可造成流产，可能是其对胎盘组织中生长因子的反应所致。菌丝侵染血管，造成结节性脉管炎及坏死，引起出血性胎盘炎。胎儿感染后表现为消瘦和脱水，也可能涉及淋巴结、内脏及脑等。皮肤常常表现为癣样斑块。

在黏膜表面（如鼻腔和气管）坏死组织的顶部形成霉菌菌落，周围被出血组织包围。

疾病模型 对于大多数物种来说，肺部及弥散性感染通常涉及肾脏和中枢神经系统。

禽类 禽曲霉菌病可感染多种鸟类，有时可造成大的流行，这反映了家禽或宠物鸟市场长时间暴露和严峻的压力，以及原油泄漏对海鸟的影响。这种疾病一般是通过呼吸道感染，有时也通过血源性传播。在幼禽中，这种疾病也被称为"幼雏肺炎"。幼鸟感染该病是由于在孵化阶段吸入了大量的菌孢子，其症状为食欲不振、精神萎靡、体重下降、呼吸困难，有时产生腹泻或出现姿势异常，眼睛也常常受到影响，死亡率可达50%。在一些轻微病例中，仅可观察到喘气、呼吸加快等症状，持续时间为1d到几个星期。

反刍动物 牛流产通常发生在妊娠后期，与其他原因造成的流产症状类似。由其余真菌引起的流产病例中也常出现胎牛皮肤斑块病灶。

由烟曲霉引起的牛的乳腺炎病例逐年增加，在欧洲尤其较多。该病通常进程缓慢，导致乳房脓肿，在犊牛中偶尔引起腹泻。

犬和猫 曲霉菌常常感染犬的鼻腔黏膜和鼻窦黏膜（猫很少发生）。症状通常表现为打喷嚏，单边或双边持久性鼻腔分泌，病犬对药物治疗没有反应。鼻脓性分泌物的产生可能是由继发细菌感染引起的。

土曲霉、黑曲霉常常感染犬（特别是德国牧羊犬），并播散曲霉菌病。骨髓炎是一种常见的症状。曾有报道猫肠道曲霉菌病的主要症状为腹泻。

马 曲霉菌感染是引起真菌性角膜炎的主要原因。上呼吸道症状主要表现为马的喉囊炎，而马驹肠道曲霉菌病主要表现为腹泻。

第二部分　细菌和真菌

人　曲霉菌属可能是人的原发性或继发性病原，但取决于个人的免疫状态。其感染的相关组织包括肺、骨骼、鼻窦、耳皮肤和脑膜。

其他动物　其余种属动物偶尔发生肺部感染。

流行病学　高度接触是造成动物曲霉菌病传染的一个重要特征。牛流产的暴发往往与接触霉变饲料有关。禽曲霉病通常与接触严重污染的垃圾相关。

应激在疾病暴发过程中也起着重要作用。禽在较差的饲养环境下比较容易暴发禽曲霉菌病。被石油污染的海鸟，其对温度的调控能力显著下降。对于妊娠母牛来说，低质量的饲料、恶劣的天气及较差的饲养环境对晚期妊娠的影响巨大。

犬鼻曲霉菌病易发生于长头型品种的幼犬。

可能存在一些T细胞免疫缺失。

患真菌性角膜炎的马，频繁地用局部抗菌剂和类固醇治疗可以造成免疫抑制并且破坏机体的抵抗力。

免疫学特征

在犬鼻曲霉菌病病例中，血液中的循环抗体并未起到明显的保护作用（参照"治疗及防控"部分），通常认为是细胞免疫在控制疾病扩散过程中起到了主要作用。

目前尚没有相应的免疫接种程序。

实验室诊断

病料直接镜检　无论是在由10% KOH处理的标本或是用荧光增白剂处理的标本中，曲霉菌均可分为菌丝、顶囊和分生孢子。用固定染色涂片检查时，真菌涂片（碘酸雪夫染色、格里德利法染色或六胺银染色）的效果是最好的，罗曼诺夫斯基型涂片（姬姆萨-瑞氏染料处理）的效果也很好，但革兰染色作用有限。含有隔膜的分枝菌丝是曲霉菌病的典型症状。由其他真菌（青霉菌属、假霉样真菌属、淡紫拟青霉菌属）引起的疾病也可产生相同症状，但十分罕见。分生孢子也可能存在未受感染的气道或其他暴露位点。

在污染的细胞培养物和部分组织中，仅能看到隔膜，并呈锐角的分枝菌丝。

分离和鉴定　曲霉属菌易培养。但因为曲霉属真菌普遍存在，所以其结果常存在假阳性。其病原存在与否必须与病理特征和临床症状结合起来考虑。对真菌分离株的鉴定需要考虑其形态和生长特性。

免疫诊断　血清学方法在曲霉菌病的诊断方面很有效，因为该法具有良好的种属特异性，这对于曲霉菌的鉴定十分必要。例如，烟曲霉（A. fumigatus）常常在患鼻曲霉菌病的犬中被检测到，而弯头曲霉菌（A. deflectus）和土曲霉（A. terreus）存在散播曲霉菌病的危险。检测烟曲霉抗体的商品化免疫扩散试剂盒应用广泛。同时检测人曲霉菌病的血清学诊断方法，如酶联免疫吸附试验和对流免疫电泳也得到了广泛的应用。

分子生物学方法　针对编码核糖体RNA的DNA设计引物（包含内部转录间隔区），利用PCR方法扩增相应的DNA片段可对曲霉菌属进行鉴别诊断。

治疗和控制

对于犬的鼻曲霉菌病可以通过鼻道或鼻窦局部滴注克霉唑或恩康唑来进行治疗，当局部治疗没有效果时口服伊曲康唑也可以达到治疗目的。

伊曲康唑在治疗传染性曲霉菌病方面也有很好的效果。

但是，针对乳腺曲霉菌病并没有很好的治疗方法。

仔猪、马驹、犊牛肠道感染曲霉菌，建议口服制霉菌素。

患角膜真菌病时可以局部涂抹抗真菌软膏或制剂。

● 其他腐生真菌/机会性真菌病原

根霉属（Rhizopus）、根毛霉属（Rhizomucor）、犁头霉属（Absidia）、毛霉属（Mucor）、被孢霉属（Mortierella）均可导致反刍动物、猪和犬等宿主的真菌性流产，以及以溃疡性病变和肠系膜淋巴结炎为特征的胃肠传染病，同时还可引起呼吸及造血系统的感染，从而影响包括神经系统在内的各个器官的功能。需要强调的是，这些霉菌还可引起食欲减退和厌食、产生肠道益生菌抗生素、混合感染、早产等症状。同时，在人和其他非灵长类动物感染该类真菌已有报道。室温条件下，该类真菌在沙保氏琼脂上生长迅速。两性霉素B可作为治疗人和动物感染该类真菌的首选药物。

拟青霉菌病（Paecilomyces）常常在犬中呈弥漫性传播，可以造成猫骨骼肌受损及龟的呼吸道疾病。在马属动物、犬、山羊、非灵长类动物及人中，虫霉属真菌（Conidiobolus）和蛙粪霉属真菌（Basidiobolus）可以导致鼻息肉和皮下感染。根据临床症状和实验室培养的方法可以进行病原鉴定，但是实验室的病原诊断需要非常专业的知识。两性霉素B是针对这2种真菌的特效药，其余药物，如氟康唑和氟胞嘧啶也有效果。火鸡和家禽的真菌病是由指状菌属导致的，是一种神经系统疾病，具有很高的发病率及大约20%的死亡率。对于由该种真菌引起的疾病没有很好的治疗方法，但是良好的卫生条件可以控制该病的发生。

● 肺孢子虫（*Pneumocystis*）

真菌肺囊虫属的成员可以感染免疫功能不全的个体从而导致肺炎。该类真菌只能从感染的宿主（如人、犬、猫、马、猪、山羊、雪貂、小鼠、大鼠、猩猩和猴子）中分离得到。目前为止，该属可以分为两类：耶氏肺囊虫（jiroveci）（感染患病人群）和卡氏肺囊虫（carinii）（可感染所有的物种）。肺囊虫属成员的分类至今尚不明确，需要进一步研究。卡氏肺孢子虫至少有30种，而每一种的感染谱都不一样，如大鼠卡氏肺囊虫（P. carinii f. sp. ratti）只感染大鼠，而小鼠卡氏肺囊虫（P. carinii f. sp. muris）只感染小鼠。因此，肺孢子虫属具有宿主特异性，其只能在相同种属间传播而不能跨种传播。

肺孢子虫属真菌是通过空气传播的，一般感染免疫缺陷者，也有报道称健康的动物（非免疫抑制或免疫低下）也可遭受感染宿主的传染。

真菌在非细胞培养系统中并不能生长，可以通过细胞质离心和罗曼诺夫斯基染色（如姬姆萨染色或者莱特染色）检测肺泡腔分泌物来进行鉴定。在细胞制备物中，可以观察到细胞内部（肺泡巨噬细胞）和细胞外的圆形囊泡（直径为4～7μm）含有4～8个呈圆形的嗜碱性颗粒，通常也可见到许多卵圆形或新月形的滋养子（为1～2μm）。银染法（如真菌特异性六胺银染色方法）可以用于区分孢体和细胞器。设计相关DNA引物来扩增真菌基因组的特定片段可对样本进行检测和鉴定。

治疗药物包括以下一种或多种：磺胺甲氧苄啶、丁脲、氨苯砜、阿托伐醌、喷他脒、克林霉素或三甲曲沙/亚叶酸钙。

● 原生藻病

原生藻菌属于无叶绿素的小球藻，通过体内产生直径为8～25μm的孢子进行繁殖。病原菌包括左氏原生藻菌（zopfii）和魏氏原生藻菌（wickerhamii）（可能为*Auxenochlorella*属）。左氏原生藻菌和魏氏原生藻菌分别在25℃和37℃环境下的真菌培养基中（不需要放线菌酮），1周内可生长成白色至浅棕色的菌落，可通过血清学试验和碳水化合物同化试验来区分鉴定。

原生藻菌广泛存在于自然界中，通过摄入、皮肤、奶牛乳房接种等传染。

这种病通常发生在犬、猫、牛、鹿、蝙蝠、蛇、鱼和人身上。犬感染后，通常伴有出血性腹泻，另外还波及中枢神经系统，而且眼部也常常发生病变。到目前为止，在猫和人中只发现皮肤型的病例，因此怀疑可能是由于个体的免疫缺陷。在牛身上发展为慢性乳腺炎。组织病变为化脓性肉芽肿。

该病原易于体外培养，通过样本未染色的分泌物或固定的涂抹片，用罗曼诺夫斯基（瑞氏或姬姆萨）染色或真菌染色（碘酸雪夫染色，格里德利染色或六胺银染色）来显现鉴定。

人治疗原生藻病的药物主要是两性霉素B和酮康唑。在体外，球藻对氨基糖苷类抗生素很敏感。虽然两性霉素B脂质体制剂有很好的应用前景，但对于动物的治疗没有太好的效果。

延伸阅读

Greene CE, 2006. Infectious Diseases of the Dog and Cat[M]. 3rd edn, Elsevier Saunders.

Raskin R, Meyer D, 2009. Canine and Feline Cytology: A Color Atlas and Interpretation Guide[M]. 2nd edn, W.B. Elsevier Saunders Company.

Songer JG, Post KW, 2005. Veterinary Microbiology: Bacterial and Fungal Agents of Animal Diseases[M]. Elsevier Saunders.

（邓永 石达 译，刘建波 校）

第三部分
病　毒

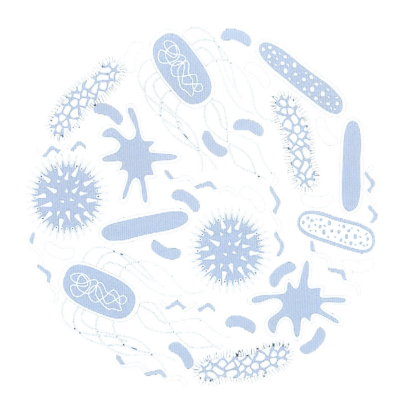

第48章 病毒性疾病的致病机制

病毒的致病性是指由病毒感染引起宿主疾病的过程。"毒力"一词被用来形容病毒致病性的强弱程度。毒力较强的病毒能够引起宿主显著发病。病毒感染引起宿主发病是多因素作用的结果，其中宿主的健康状态和病毒的特性发挥着主要作用，宿主的易感性和病毒的毒力共同决定病毒感染的结果（宿主发病甚至死亡）。宿主的易感性由其遗传背景、物种、免疫力、免疫状况、营养、年龄、是否存在并发感染等因素决定。毒力则与病毒的细胞毒性（直接或间接）、复制方式、组织嗜性、感染途径及入侵数量相关。病毒与宿主的相互作用既可以在细胞水平也可以在动物水平体现，细胞水平的相互作用主要表现为病毒能够感染并在细胞内复制，以及病毒复制对该细胞的影响，而宿主水平体现的是细胞水平的累积效应。因此，宿主动物水平所出现的病症体现了病毒与宿主细胞直接作用的结果。

● 病毒宿主相互关系

病毒与宿主作用的结果受多个因素影响，其中病毒与细胞的相互作用、动物种类、感染途径、病毒在体内的传播方式及宿主抗性发挥着至关重要的作用。大多数的感染动物只有在出现明显的临床症状后才会被送到兽医面前。然而值得注意的是，并不是所有被微生物感染的动物都会出现临床症状。事实上多数病毒与宿主相互作用的结果是宿主不出现或出现亚临床症状，且无论毒力多强的病毒均不能感染具有抗性的动物。病毒与宿主相互作用可能产生的结果详见表48.1。

病毒可利用多种途径侵入宿主，如通过呼吸系统、消化系统和泌尿生殖系统感染，甚至通过蚊虫的叮咬直接感染宿主。病毒成功完成感染的先决条件是：适当的物理条件、化学条件和存在相应的受体。病毒必须克服宿主的屏障到达允许其复制的靶细胞/组织才能启动感染，如通过食物感染宿主的病毒通常可耐受消化道的低pH，且能够抵抗各种消化酶的水解作用。

表48.1 病毒与宿主互作的结果

1	动物具有抗性，病毒不能建立感染
2	隐性或亚临床感染－康复或持续性感染
3	急性感染－死亡，康复或持续性感染
4	慢性感染－疾病复发或持续性感染
5	形成肿瘤

病毒在宿主体内的传播形式

病毒感染通常分为两种形式：局部感染和全身感染，其传播模式见图48.1。局部感染是指病毒仅在靶组织（如皮肤与呼吸道、消化道和生殖道的黏膜）进行增殖，且只向靶细胞相邻的细胞扩散，从而引起细胞损伤。例如，鼻病毒感染仅局限于鼻腔上皮细胞，不能进入下呼吸道；其他呼吸道病毒，如副流感病毒和呼吸道合胞体病毒感染的靶组织是肺

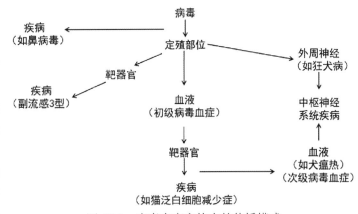

图48.1　病毒在宿主体内的传播模式

组织，导致的组织损伤也局限于呼吸道。全身性感染的发生通常经历如下几个阶段：①病毒在入侵靶组织及邻近淋巴结中进行初始复制；②子代病毒通过血液（初始病毒血症）和淋巴系统扩散至其他组织中；③在扩散组织中进一步复制；④通过病毒血症进一步扩散至其他靶器官中；⑤在多个组织器官中复制，导致细胞退化或坏死、组织损伤和临床疾病。

感染后至表现出临床症状之前的时期是病毒的潜伏期。全身性感染的病毒只有在病毒散布到体内各个部位且复制滴度达到最高时才出现显著的病症。兽医通常在感染的这个阶段才开始诊治。犬瘟热是典型的由病毒全身性感染引起的疾病。犬瘟热病毒在侵入位点起始复制，通过血液或淋巴系统感染全身其他部位的靶器官（图48.2）。在试验条件下感染犬瘟热病毒后，不同动物在潜伏期和病症期所表现的一系列临床症状不尽相同，症状的不同与病毒感染的靶器官密切相关。病毒通过游离的病毒颗粒或者细胞结合性病毒血症（如犬瘟热病毒）在体内扩散。细胞结合性病毒血

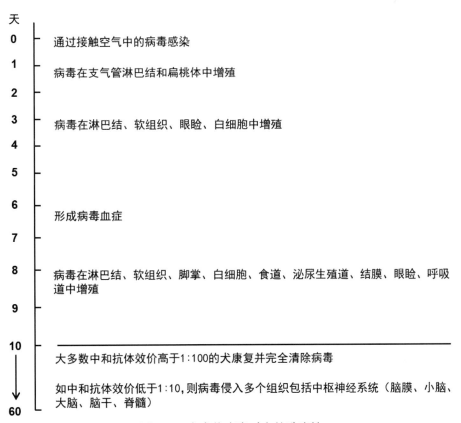

图48.2　犬瘟热病毒对犬的致病性

症通常指病毒与血液中的白细胞结合，而一些病毒如蓝舌病病毒、猪瘟病毒和细小病毒可与被感染宿主的红细胞结合。病毒可通过病毒血症扩散至中枢神经系统，而狂犬病病毒则通过外周神经感染中枢神经。

● 病毒嗜性

病毒感染或是复制仅局限于某些特定的细胞或组织的现象称为病毒嗜性。某些病毒具有广泛的嗜性，能够感染较多种类的细胞和器官，甚至是多个宿主种属的动物。疱疹病毒科的伪狂犬病病毒能够感染猪的呼吸道、中枢神经系统和胎儿。此外，伪狂犬病病毒能够感染除灵长类动物之外的大部分哺乳动物。然而同为疱疹病毒的恶性卡他热病毒仅感染一些反刍动物（牛、角马）的T淋巴细胞亚群。理解病毒嗜性是充分认识病毒致病过程的必要一环。

尽管病毒嗜性主要在宿主水平体现，但其主要是由细胞水平决定的。细胞中特定细胞因子的存在与否决定了病毒是否能够感染该细胞并完成复制。首先细胞必须表达病毒的受体以供病毒吸附，这是病毒复制的第一步。病毒利用这些正常细胞膜表面的分子侵入细胞。某些特定的细胞膜表面分子或是受体可能是多种病毒入侵的受体，反之亦然，一种病毒可能吸附多种受体。细胞是否表达特定的受体决定病毒是否易感的关键因素。病毒侵入细胞后需要特定的细胞因子才能完成其复制周期。如果缺少特定的细胞因子，则将不能复制产生子代病毒。不同病毒完成复制需要的细胞因子存在差异。某些细胞因子只在特定的细胞周期中表达。例如，细小病毒复制过程中需要利用细胞的DNA聚合酶复制其基因组，这种酶在处于旺盛分裂期（S期）的细胞中大量表达。因此，细小病毒主要感染处于旺盛有丝分裂期的细胞，如更新期非常短的骨髓造血细胞和肠道隐窝细胞。感染免疫细胞的病毒复制更加依赖于细胞的分化阶段。相比其他细胞，活化的淋巴细胞和巨噬细胞是病毒复制的理想场所，其机制目前仍不清楚。乳头瘤病毒仅能在高度分化的角蛋白细胞中完成复制并释放子代病毒。

局部环境也是决定特定病毒组织嗜性的关键因素，如温度和pH。猫1型疱疹病毒（FHV-1）复制的适宜温度是33～35℃，此正是上呼吸道的温度，因此FHV-1主要引起猫的鼻气管炎。小RNA病毒科的肠道病毒对酸性pH环境有极强的耐受性，因此其能够穿过胃部到达复制的靶器官——肠道。然而同属小RNA病毒科的鼻病毒却易于在胃部的酸性pH环境下降解，其复制仅局限于上呼吸道。

患病毒性疾病的动物预后的情况主要取决于感染的靶器官。如果病毒感染的靶器官不允许出现即使是轻微的组织损伤，如神经组织，那么感染的结果可能是致命的。其他组织，尤其是可再生组织，如肠道感染后可能只出现轻微或短期的自限性病症。有些病毒感染妊娠动物后，动物自身仅出现轻微病症，但对于胎儿可能是致命的。

没有显著疾病症状的病毒感染非常普遍，这种感染可能对病毒的传播有利。特别是一些弱毒力毒株感染宿主后能够激活免疫系统，使宿主获得针对相同病毒强毒力毒株攻击的免疫保护。非显性感染需要如下因素：①病毒自身特性（强毒或弱毒）；②宿主免疫力；③病毒干扰；④病毒不能到达复制的靶器官（如血-脑屏障）。

● 感染后机体的反应

动物体内普遍存在的一类具有广谱性抗病毒感染作用的因子被称为非特异免疫因子或先天性免疫因子，这类因子在抗病毒感染过程中发挥了重要作用。先天性免疫因素包括组织屏障、生理条件（如pH和温度条件）、激素、非抗体抑制剂和吞噬细胞。吞噬作用是一种重要的抗细菌感染机制，然而很多病毒能够感染发挥吞噬作用的淋巴细胞或单核细胞和巨噬细胞，因此这些细胞在吞噬病毒后实际上成了病毒在宿主体内传播的载体。

• 干扰素

干扰素的产生和分泌是抗病毒反应过程中非常重要的一环。干扰素是细胞分泌的一类能够调节免疫系统的蛋白质（细胞因子），能够调节免疫细胞的分化，使易感细胞获得抗病毒能力，同时还具有抗肿瘤作用。许多病毒都能够诱导感染细胞产生干扰素，多种细胞在受到适当刺激后也具有合成干扰素的能力。病毒感染过程中至少能够产生3种不同类型的干扰素，即α、β和γ。目前发现细胞内存在2种截然不同的干扰素作用机制（图48.3）。一种作用机制是干扰素可以诱导产生蛋白激酶（P1/eIF-2α激酶），在双链RNA存在的情况下，P1/eIF-2α激酶通过磷酸化蛋白合成起始因子eIF-2来抑制蛋白质合成。另一种作用机制是在干扰素的作用下，ATP和双链RNA诱导产生一类寡聚腺苷酸合成酶，即2′-5′A合成酶，2′-5′A激活特定的核酸内切酶降解病毒和细胞的RNA，从而抑制蛋白质的合成。

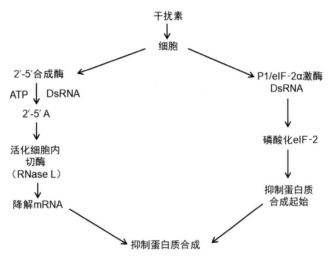

图48.3　干扰素影响蛋白质合成的作用机制

除了对病毒复制进行抑制外，干扰素还能够对细胞发挥其他调节作用，如调节细胞的增殖和吞噬作用，诱导淋巴细胞产生抗体和淋巴因子，诱导细胞表达表面抗原，诱导细胞执行免疫杀伤性作用。干扰素在宿主的抗病毒感染过程中发挥了重要的作用。

• 体液免疫和细胞免疫

病毒具有免疫原性，宿主感染后可产生强烈的特异性免疫应答。体液免疫主要指抗体的产生。抗体可以通过常规的血清学方法检测，如补体结合反应、凝集反应、沉淀反应及凝胶扩散试验等。当抗体和病毒或病毒蛋白结合时介导产生抗病毒反应，如病毒中和作用、病毒凝集反应、补体激活反应及抗体依赖性细胞介导的免疫应答。这些反应在终止病毒感染、控制病毒血症、抑制再感染及预防疾病等方面发挥着重要作用。在体液免疫应答过程中，中和抗体的作用尤为重要。当一定量的病毒与含有中和抗体的抗血清混合后，中和抗体能够完全抑制病毒感染。IgG、IgM和IgA这3种免疫球蛋白可发挥中和抗体的作用。当抗体与病毒发生作用，尤其是与病毒受体结合蛋白结合形成复合物时，可抑制病毒与细胞受体的吸附，从而在一定程度上抑制病毒入侵。在抗体与病毒反应形成复合物的初期，通过简单的稀释或者离心即可将病毒从复合物中重新分离出来，表明此阶段的结合相对疏松。抗体与病毒结合后并不改变病毒的物理结构，但是补体系统和抗病毒抗体可以诱发囊膜病毒的裂解，并可清除病毒感染的细胞。

前面讨论的细胞免疫在宿主抗病毒感染中也发挥了重要的作用。杀伤性淋巴细胞能够清除被病毒感染的细胞，阻止病毒感染正常细胞，从而限制病毒感染和扩散。巨噬细胞在宿主的抗病毒感染过程中也发挥着重要作用。巨噬细胞是宿主炎症反应过程的重要参与者，通过与病毒的相互作用或者由病毒感染其他淋巴细胞分泌的可溶性产物而被激活。被激活的巨噬细胞广泛参与宿主的抗感染反应，包括吞噬抗体-病毒复合物、产生干扰素、清除感染细胞及发挥免疫调节作用。

在病毒感染过程中发生的细胞和组织损伤并不仅来源于病毒感染，宿主的抗感染反应也会导致损伤。虽然细胞免疫和体液免疫主要针对病毒感染的细胞，但是也会伤及周边正常细胞。由中性粒细胞、细胞毒性T细胞及自然杀伤性细胞分泌的毒性调节因子也会导致与感染细胞相邻的正常细胞损伤。但多数情况下这种损伤是轻微的，同时为了完全清除所有病毒感染细胞，这种损伤也是病毒性疾病恢复过程的必要组成部分。然而在某些情况下，如持续性感染过程中，这种过度的免疫反应正是疾病发生的原因。持续的抗原刺激导致过度的炎症反应（可以是细胞免疫或体液免疫介导的），最终的结果是造成细胞、组织和器官损伤，表现出疾病症状。

● 病毒免疫抑制

许多兽医学上重要的病毒能够感染淋巴细胞，如犬瘟热病毒、猫泛白细胞减少症病毒、猫白血病病毒、牛病毒性腹泻病毒、猪瘟病毒、新城疫病毒及鸡传染性法氏囊病病毒。这些病毒能够破坏淋巴细胞，使淋巴结组织萎缩，从而抑制宿主的免疫反应，使宿主易于受到其他病毒和细菌的攻击。极少情况下，先天性免疫缺陷也可使宿主易受传染病的威胁，如先天性免疫缺陷（缺失功能性T细胞和B细胞）阿拉伯马驹感染马呼吸道腺病毒时是致命的。

● 病毒持续性感染

持续性感染和潜伏感染的发生是由于病毒不能被宿主从体内完全清除。在此种慢性感染的情况下，机体可能发病也可能不发病。病毒能够通过多种机制逃避宿主的免疫防护系统而形成持续性感染。例如，有些病毒感染后宿主不具有杀细胞效应，有些病毒能够破坏宿主免疫效应细胞或将其作为复制的靶细胞来逃避细胞因子和抗体的作用，有些病毒通过将自己的基因组整合进入宿主细胞基因组来逃避宿主的免疫识别。持续性感染时，病毒在机体内持续存在，机体可能发病也可能不发病，发病通常是免疫病理效应的产物。潜伏感染通常仅在病毒被再次激活时才出现症状，如疱疹病毒采取这种方式感染宿主。

● 病毒释放

病毒感染的最后阶段是宿主向环境中释放病毒。病毒可经由最初侵染的组织释放，也可通过全身所有组织向环境中散播。例如，许多通过呼吸道感染的病毒正是通过呼吸道分泌物而传播的。只在宿主局部组织复制的病毒只在复制地点释放。乳头瘤病毒经由宿主皮肤表面的创口侵入，在皮肤表层复制，通过皮肤表面分化的角质细胞释放。全身性感染的病毒可通过多种组织释放。例如，犬瘟热病毒主要感染组织上皮细胞，通过粪便、尿液、呼吸道及眼部分泌物传播。感染消化系统器官的病毒通常随粪便排出体外。一些感染白细胞的病毒可通过精液和乳汁传播。感染血细胞或者可引起病毒血症的病毒通过血液传播。血液还是虫媒病毒及一些通过输液扩散病毒的传播源。

在某些情况下，宿主动物感染后不向外界排毒，通常在病毒非正常感染或感染终末宿主时发生。例如，披膜病毒属的东方马脑炎病毒的自然宿主为鸟类和蚊子，但是病毒通过蚊子叮咬可感染马。马感染该病毒后会出现短暂的病毒血症，并可导致中枢神经系统感染。由于病毒血症持续的时间过短，马感染后不排毒，因此马不是蚊子感染的正常来源。

延伸阅读

Flint JS, Racaniello VJ, Krug R, et al, 1999. Principles of Virology: Molecular Biology, Pathogenesis, and Control[M]. ASM Press.

Norkin LC, 2009. Virology: Molecular Biology and Pathogenesis[M]. ASM Press.

MacLachlan NJ, Dubovi EJ, 2010. Fenner's Veterinary Virology[M]. 5th edn. Academic Press.

（陈普成 译，薛飞　石达 校）

第49章 细小病毒科和圆环病毒科

● 细小病毒科

细小病毒科细小病毒属的病毒是动物而非人类特定传染病的病原。虽然细小病毒属病毒的致病性往往具有种属特异性，但也不全尽其然。例如，有些犬细小病毒毒株不但感染犬也感染猫、狼和狐狸。细小病毒的名字来源于拉丁文"*parvus*"，这个单词的意思是"小"。细小病毒是已知最小病毒中的一类，病毒粒子直径只有18～26nm，无囊膜，二十面体对称，基因组含长度约为5 000 nt的线性单链DNA，主要编码2个开放阅读框架，一个编码负责病毒DNA转录和复制的蛋白酶，另一个编码包裹单链负义DNA基因组的病毒衣壳蛋白。细小病毒具有一种非常重要的特性，即可以凝集红细胞，病毒感染后产生的血凝抑制抗体与病毒中和抗体具有相关性。因此，血凝试验（HA）和血凝抑制试验（HI）是研究细小病毒致病性、免疫保护和流行病学非常实用而有效的2种方法。病毒粒子20面体对称的结构特性使它们具备了耐酸碱、有机溶剂及60℃高温的能力。细小病毒是已知最稳定的病毒中的一类，对环境因素和很多市售消毒剂都有很强的抵抗力，用家用漂白剂（次氯酸钠）配制成5%溶液是这类病毒有效且实用的消毒剂。

由于细小病毒基因组简单，因此病毒需要在处于活跃分裂期的细胞中复制。病毒复制发生在宿主细胞核中，因为该病毒缺乏自身的DNA聚合酶，所以需要正处于分裂周期的S期晚期或G2期早期的宿主细胞酶来完成自身复制。

由猫细小病毒、犬细小病毒、猪细小病毒、水貂细小病毒感染所引发的疾病是宠物和家畜养殖业中最常见的疾病，会造成比较大的经济损失。上述病毒所致疾病将在后文中进行详细讲述。在其他动物中也鉴定出了多种细小病毒，包括鸡细小病毒、水貂肠炎病毒、小鼠微小病毒、小鼠细小病毒1型和浣熊细小病毒。此外，还发现一些尚未鉴定的其他动物细小病毒。

猫泛白细胞减少症（feline panleukopenia, FP）

疾病 猫泛白细胞减少症也称猫瘟热或猫传染性肠炎，是由猫泛白细胞减少症病毒（feline panleukopenia virus, FPV）感染所引发的一种高度传染性、急性病毒性疾病。患病猫的典型症状是：高热、厌食、精神沉郁和呕吐，随后出现脱水、腹泻，甚至死亡，主要原因是病毒感染导致小肠隐窝细胞被破坏和缺失，进而导致绒毛萎缩，然后阻碍营养物质和液体吸收。该病的另一个主要特征是白细胞减少，临床症状的严重程度往往与白细胞减少症的严重程度密切相关，免疫系统缺乏抵抗力往往导致继发性的细菌感染。各种年龄的猫均易感，其中幼龄猫的死亡率最高。该病经消化道和呼吸道传播，潜伏期短。妊娠猫感染FPV往往会造成子宫内感染，其后果是新生胎儿死亡或幼猫小脑性共济失调，后者是由于中枢神经系统先天性畸形所致。2周龄以内的幼猫感染该病毒也会表现小脑性共济失调的症状。血清抗体呈阴性的健康成年猫感染该病毒往往形成轻微病症或隐性感染。

病原　根据病毒粒子结构、基因组组成。复制要求和理化特性判断，FPV是一种典型的细小病毒。FPV与犬细小病毒和水貂肠炎病毒紧密相关。虽然这3种病毒在抗原上具有相关性（交叉反应性），但是可以通过序列分析进行鉴别。还有一种细小病毒从抗原特性不能与FPV相互鉴别，这种病毒可以引发水貂肠炎，也可以致浣熊和长鼻浣熊发病。从进化角度分析，犬细小病毒2型（canine parvovirus type 2, CPV2）与FPV关系更为密切（该部分内容将在犬细小病毒部分详细讨论）。犬细小病毒2a、2b和2c型能够感染猫并使其发病，但是病症与FP非常相似，不易鉴别。FPV可以在原代和传代的猫肾细胞上增殖，但不能在犬的细胞中复制。

宿主-病毒相互关系

疾病分布、传染源和传播途径　所有猫科动物还有雪貂、水貂、浣熊都可能是FPV和近期犬变异毒株的易感动物。FP遍布全世界，感染猫是主要的病原储存宿主。急性感染和隐性感染猫均可以通过尿液、粪便和各种分泌物排毒。易感动物接触被FPV污染的餐具、笼子和垫料后都会造成感染，随后该病在被污染的圈舍中快速传播。FPV在环境中高度稳定，因此该病毒很难被控制和清除。

发病机制和病理变化　吸入或摄入FPV感染动物的分泌物是最常见的传播途径。病毒在局部组织中复制，通过血液传输，最终引发全身性感染。经鼻内或口腔途径人工感染的幼猫，几天后会出现"无细胞"病毒血症。病毒传播到全身各处，感染适合受体的靶细胞。FPV的繁殖要求在处于活跃分裂期（即细胞分裂周期的S期）的细胞中进行，特别偏爱骨髓和淋巴组织（胸腺、脾脏和淋巴结）中的造血干细胞或肠隐窝细胞。造血细胞和淋巴细胞感染FPV会导致严重的、长期的白细胞减少，并会影响所有类型白细胞和导致淋巴组织萎缩。由于隐窝细胞感染病毒导致小肠上皮细胞受到严重损坏，因此会出现消化不良性腹泻。发生严重感染的动物往往因继发感染或严重脱水而死亡。急性感染动物典型的组织病理学损伤包括肠隐窝上皮细胞坏死，以及淋巴结、胸腺和脾组织中淋巴细胞显著损坏和缺失。经历过轻度感染并康复的动物其淋巴组织会出现再生性淋巴样增生。

妊娠晚期子宫内感染FPV或者是幼猫感染FPV都会导致胎儿或幼猫小脑外部颗粒层细胞损伤，造成小脑发育不全、变性、浦肯野氏细胞减少和内颗粒层发育不良造成的萎缩。FPV感染导致幼猫小脑发育不良的症状是头部震颤及行动困难。大鼠、仓鼠、雪貂和小鼠在妊娠期子宫内感染特定种类的细小病毒将会造成类似于幼猫一样的先天性损伤。

感染后机体的反应　病毒感染后大约1周，猫体内产生HI和中和抗体。高水平抗体一般在感染后10～12d产生，并且可以持续数年。源于母源抗体的被动免疫在抗病毒感染方面发挥重要作用，当抗FPV中和活性的HI抗体效价高于80则幼猫即可抵抗病毒感染，然而这些抗体也会干扰FPV减毒活疫苗和灭活全病毒疫苗的主动免疫。在FPV感染过程中也会产生细胞免疫反应，并且很可能在急性感染期限制病毒复制的过程中发挥重要的作用。

实验室诊断　幼猫如果出现高热、厌食、精神沉郁、呕吐、腹泻和脱水，或者出现严重的白细胞减少，应该初步诊断为猫泛白细胞减少症，可以通过下述试验方法中的一种进行确诊。

（1）采用抗原捕获ELISA、扩增病毒核酸的PCR或电镜技术从活的感染动物粪便中检测到FPV的抗原。

（2）通过抗原捕获ELISA、基于FPV特异性抗体的免疫荧光或免疫组化，以及PCR法从病死动物组织中检测到FPV抗原或核酸。

（3）使用猫肾细胞一般会从滤过的粪便或组织样品中分离到FPV。可以采用HI方法检测FPV急性感染或疫苗免疫猫血清中特异性抗体水平，HI抗体效价大于80则被认为具有保护作用。ELISA或间接免疫荧光方法也是监测猫是否感染FPV的2种有效的抗体检测方法。源于同一动物不同时间的2份血清，如果抗体效价升高4倍，则需要再次检测确定，或者是由于疫苗免疫所致。

治疗和控制　对FPV感染动物进行补液和调节电解平衡的支持疗法能提高感染动物的存活率。无论如何，目前没有特异性治疗方法可以将FPV从感染动物身上清除。预防FPV感染是控制该病的关键。遏制FPV这种高度传染性病原的关键方法包括接种预防疫苗、隔离存活感染的猫及彻底消毒受污染的圈舍。5%的家用漂白剂的溶液（1∶20稀释）和用于细小病毒污染的商品化消毒剂均可有效地杀灭FPV，应该广泛使用。目前有很多商品化的FPV灭活疫苗和减毒活疫苗可供选用。幼猫的母源抗体能干扰疫苗的免疫效果，这一点需要在疫苗接种方案中加以考虑。由于被动抗体（母源抗体）通常在猫4～12周龄时逐渐减少，因此需要实施多次免疫接种以便在"易感窗口"期到来之前及时免疫猫，确保达到一致的免疫保护。

犬细小病毒病（canine parvovirus disease，CPD）

疾病　犬细小病毒病是犬类中相对较新的传染病，和猫泛白细胞减少症类似，主要特征是感染犬突发腹泻、呕吐、食欲缺乏、发热、精神沉郁、白细胞减少和脱水。幼犬感染后的死亡率高于成年犬，并且非常小的犬感染后有时会发展成为无肠炎临床症状的心肌炎。犬细小病毒病于1978年在北美洲首次被发现，但是回顾性血清学调查研究表明，该病毒曾于20世纪70年代初在世界各地迅速蔓延，造成全球大流行。犬细小病毒病的病原是CPV2，该病毒是FPV的变异毒株。自从CPV2首次出现在犬群中，它就持续地发生进化。CPV新变种的出现似乎源于其衣壳蛋白的点突变，划分为CPV2a型、CPV2b型和最近出现的CPV2c型。另一种可以感染犬的细小病毒是犬的微小病毒，也就是众所周知的犬细小病毒1型（canine parvovirus type 1，CPV1），该病毒感染并不会表现临床症状。

病原　CPV2显然是FPV的变种，FPV通过其VP2衣壳蛋白少量的突变获得了感染犬的能力。这些突变导致病毒表面的氨基酸残基发生改变进而获得了结合犬1型转铁蛋白受体分子的能力。1979—1980年，CPV2a替换了CPV2，PCV2a与它的亲本毒株CPV2存在抗原性和受体结合特性的差异。CPV2a的感染宿主范围扩大，能够感染很多包括猫科动物在内的食肉动物。CPV2b和CPV2c变种的共同祖先是CPV2a，目前这2个变种流行于全世界的犬群中。最近，跨种属传播数据显示，浣熊细小病毒和犬-浣熊细小病毒的后代也许是CPV2a进化和其感染宿主范围扩大演变的中间体。

对理化因素的抵抗力　CPV是典型的细小病毒，在环境中非常稳定，对环境因素（如极端温度、pH和大多数消毒剂）具有抵抗性。该病毒可长期存在于受污染的犬舍中，通过飞沫、尘埃传播到其他区域。5%的家用漂白剂溶液（1∶20稀释）和用于细小病毒污染的商品化消毒剂可有效地杀灭CPV，应该被广泛使用。

对其他动物物种的感染性及培养系统　CPV2可以感染所有品种的犬和其他一些犬科动物，如狼、狐狸和郊狼。CPV2抗体阴性的家猫也易感，但不表现临床症状。CPV2a、CPV2b和CPV2c可以感染所有品系的犬和一些犬科动物，但与CPV2不同的是，这些病毒还可以感染猫，并引发泛白细胞减少症。犬或猫原代的胎肺和肾细胞、犬传代细胞系A72、猫传代细胞系NLFK和CRFK均可用于犬细小病毒的分离和培养。

宿主－病毒相互关系

疾病分布、传染源和传播途径　世界各地普遍存在犬和犬科动物的其他成员及绝大多数食肉动物感染CPV。犬感染细小病毒之后，自发病起持续10d可从粪便中排放具有感染性的病毒，这些病毒很容易通过粪口途径在犬之间传播。

发病机制和病理变化 虽然小脑发育不良和萎缩不是CPV子宫内感染所造成的损伤，但是CPV感染犬的发病机制与泛白细胞减少症病毒感染猫的致病机制类似。心肌炎是细小病毒感染幼犬后一种潜在的病症，而FPV感染幼猫后却没有这种症状。

易感动物吸入或摄入从感染动物排出的分泌物是该病毒最常见的传播途径。病毒首先在组织中复制，然后通过血液传输，最终导致全身性感染。病毒复制需要感染快速分裂的细胞，这些细胞主要来源于小肠上皮和淋巴样组织，包括胸腺、扁桃体、咽、肠系膜淋巴结和脾脏。犬人工感染CPV后第6天，病毒广泛感染肠黏膜。实验动物暴露于CPV 3d后即可在粪便中检测到排毒，随后不久排毒达到峰值。大多数犬在感染后12d停止排毒。

小肠腔内出血是犬细小病毒性肠炎最典型的病理损伤，同时伴随着肠系膜淋巴结的增大和水肿。心肌出现斑驳的白色条纹及出现心肌炎病变，该病变是幼犬心脏受损的指示性病理变化。

CPV感染所引发的病理学变化仅限于大多数细胞快速增殖的组织，如小肠、淋巴结和骨髓。小肠中最常见的病理变化是隐窝上皮细胞坏死和上皮绒毛萎缩。肠道感染急性期幸存的犬其小肠上皮细胞会得以再生。CPV感染胸腺皮质和淋巴结生发中心的淋巴细胞，导致淋巴组织中淋巴细胞裂解和耗损。心室肌纤维感染CPV会导致心肌纤维变性和坏死，并伴有单核细胞浸润。

感染后机体的反应 犬感染CPV后的免疫反应类似于猫。感染后大约1周产生HI和中和抗体，10～12d产生高水平的抗体，且可以长期存在。母源CPV中和抗体或HI抗体效价大于80则可以保护幼犬免受病毒感染，但是这些抗体也会干扰CPV弱毒或灭活疫苗的主动性免疫应答。病毒感染过程中机体也会产生细胞免疫反应，该反应在CPV急性感染期限制病毒的复制过程中发挥很大的作用。

实验室诊断 CPD的实验室诊断与猫细小病毒病的诊断类似。幼犬如果具有高热、厌食、精神沉郁、呕吐、腹泻和脱水，或者表现严重的白细胞减少症状，应该初步诊断为犬细小病毒感染，可以通过下述试验方法中的一种进行确诊。

（1）采用抗原捕获ELISA、检测病毒核酸的PCR或电镜技术在活的感染动物粪便中检测到CPV抗原。

（2）通过抗原捕获ELISA、基于CPV特异性抗体的免疫荧光或免疫组化，或者PCR在病死动物组织中检测到CPV病毒。

（3）使用猫或犬细胞一般可以从滤过的粪便或组织样品中分离到CPV病毒。可以采用HI方法检测CPV急性感染或疫苗免疫犬血清特异性的抗体水平，HI抗体效价大于80则被认为具有保护作用。ELISA或间接免疫荧光方法也是监测犬是否感染CPV有效的2种抗体检测方法。源于同一种动物不同时间的2份血清，如果抗体效价升高4倍，则需要再次检测确诊或者由于疫苗免疫所致。

治疗和控制 犬细小病毒重症感染病例的特点是明显的脱水和代谢性酸中毒。对CPV感染动物进行补液和调节电解质平衡的支持疗法能提高感染动物的存活率。无论如何，目前没有特异性治疗方法可以将CPV从感染动物身上清除。预防不被该病毒感染是控制疾病的关键。遏制CPV这种高传染性病原的关键方法包括预防接种、隔离存活的感染猫和彻底、细致地消毒受污染的圈舍。5%的家用漂白剂溶液（1∶20稀释）和用于细小病毒污染的商品化消毒剂可有效地杀灭CPV，应该广泛使用。CPV特异性抗体水平与保护犬免受CPV感染具有直接相关性。目前有很多商品化的CPV灭活疫苗和减毒活疫苗可供选用。幼犬的母源抗体能干扰疫苗免疫的效果，这一点需要在疫苗的接种方案中加以考虑。由于被动抗体（母源抗体）通常在幼犬4～12周龄逐渐衰减，因此需要实施多次免疫接种以便在"易感窗口"期到来之前及时免疫幼犬，确保达到一致的免疫保护。

猪细小病毒病 猪细小病毒病（porcine parvovirus，PPV）在世界范围内广泛存在，在美国大部分猪群中呈地方性流行。妊娠猪感染PPV会导致繁殖障碍或者SMEDI综合征，其特征是死胎、产木乃伊胎、胚胎死亡和不孕。通常情况下，PPV感染血清阴性妊娠猪将导致该PPV经胎盘感染正在发育的胎儿。如果胚胎感染先于免疫系统发育，则母猪将会出现不孕、胚胎死亡、胎儿木乃伊化和死胎。如果PPV感染非妊娠猪，将会诱导机体产生针对该病毒快速、持续一生的免疫应答反应，同时不表现任何临床症状。

病原

理化和抗原特性　PPV是典型的细小病毒，具有和FPV、CPV类似的外观形态及基因组结构。目前为止，已鉴定4种不同基因型的猪细小病毒，包括PPV1、PPV2、PPV3和PPV4。然而，PPV1是北美洲最常见的猪细小病毒。和其他细小病毒一样，由于病毒的感染性、血凝活性和抗原性对较宽范围的温度、pH和酶处理具有很强的抵抗力，因此该病毒在环境中非常稳定。如果圈舍管理得当，用5%的家用漂白剂溶液和商品化具有杀细小病毒活性的消毒剂可将PPV灭活。PPV只有一个血清型，不同分离毒株之间的抗原性非常相近。PPV的抗原性与其他细小病毒具有明显差异。

对其他动物物种的感染性及培养系统　PPV的宿主范围仅限于猪。该病毒既可以在胎猪或新生仔猪的肾细胞中复制，也可以在传代细胞系PK-15（猪肾）和ST（猪睾丸）细胞系中繁殖。

宿主-病毒相互关系

疾病分布、传染源和传播途径　PPV广泛存在于世界各地的猪群中，且血清学调查结果显示，该病毒感染非常普遍。PPV感染后，经口腔分泌物和粪便进行排毒，所以能在环境中持续存在。有证据显示，由子宫内感染和免疫耐受造成的持续性感染猪排毒期将会延长。在一项研究中，初产母猪妊娠55d之前人工感染PPV，到研究结束时该母猪所生的血清抗体呈阴性的存活仔猪中多种脏器带毒时间可长达8个月。PPV可以长时间存活于环境中，被污染的圈舍是新引进阴性猪的主要传染源。因感染的精液在动物交配或人工授精所造成的传播也是PPV传播途径中的一种。因为绝大多数母猪都感染过PPV，所以它们具有高水平的抗体，对PPV具有较强的免疫力，并可以通过哺乳传递给仔猪。在母源抗体消失前（一般是3~6月龄），仔猪具有抵抗PPV感染的能力。初产母猪在妊娠之前感染PPV将会产生无临床症状的坚强的免疫应答反应，并且可以抵抗PPV的再次感染。如果PPV感染发生在初产母猪或经产母猪妊娠前期，将会导致典型的不孕、胚胎死亡、木乃伊胎和死产等症候群。

发病机制和病理变化　非妊娠母猪感染PPV后，会导致亚临床感染或隐性感染并诱导机体产生强大的免疫反应。大多数母猪都经历过PPV感染，因此它们一直对这种病毒保持免疫力并维持非常高的抗体水平，然后通过初乳传递给它们的后代。小猪在母源抗体减少之前（3~6月龄）对PPV的感染都存在抵抗力。在未妊娠之前感染PPV的初产母猪会产生较强的免疫反应，可以抵抗后期的暴露和感染。初产或经产母猪在妊娠期间感染PPV会导致不孕、胚胎死亡、胎儿木乃伊化。母猪妊娠早期（小于30d）感染PPV往往症状不明显，因为感染会导致胚胎死亡和死胎被母体吸收，进而误判为不孕或返情。如果妊娠30~70d胚胎感染PPV，则常常出现胎儿死亡和木乃伊化。如果胎儿在妊娠70d之后感染病毒，则会产生免疫应答，虽然会产下活的仔猪，但是往往晚期感染所产仔猪都不会茁壮成长。妊娠母猪感染PPV的大体病理变化未见报道。试验感染猪的组织学病理变化包括子宫基层和子宫内膜血管单核细胞的广泛袖套式浸润和子宫体淋巴细胞的聚集。胎儿的微观病理学变化往往是非特异性的，但可能出现肝脏、心脏、肾脏、大脑组织的坏死灶和单核细胞浸润。

感染后机体的反应　感染血清抗体阴性非妊娠猪时不会出现任何临床症状。感染后，动物出现病毒血症并产生非常强的免疫应答反应，大多数情况下可以为动物提供终生的免疫保护。免疫母猪可以通过初乳为其后代提供高水平的母源抗体。仔猪在母源抗体减少之前（3~6月龄）对PPV感染都存在抵抗力。如果血清抗体阴性母猪在妊娠期间感染PPV则会导致繁殖障碍性疾病。

实验室诊断　在鉴别繁殖障碍性疾病的病因时，如果出现胚胎或胎儿死亡应该考虑到是PPV感染所致。如果发生在初产母猪而不是经产母猪，该诊断基本是正确的。从胎儿木乃伊化或产出的死猪脏器中直接检测到PPV抗原或者基因组核酸则可以确诊为PPV感染所导致的母猪繁殖障碍。基于PPV特异性抗体的免疫荧光和免疫组织化学方法或者PCR是确诊PPV感染最常用的诊断技术。利用猪的细胞系可以从感染猪组织脏器中分离到PPV。但是，该方法并不是可以信赖的，因为其分离病毒的成功率并不高。采用血清中和试验或HI抗体（HI抗体大于40被认为具有保护性）检测方法可以跟踪监测PPV感染后血清抗体水平和PPV疫苗免疫后的抗体水平。如果在木乃伊化或死产胎儿胸腔液体中检测到PPV特异性抗体则说明为子宫内感染。

治疗和控制　目前，由PPV感染导致的母猪繁殖障碍没有治疗办法。繁育群中控制PPV感染的推荐方法是疫苗免疫。在后备母猪培育过程中使它们接受可控的PPV感染会产生高水平PPV抗体，并得以抵抗后期由PPV感染引发的繁殖障碍。不论是疫苗免疫还是可控的PPV感染都要在合适的时间进行，确保在母源抗体消退后和配种之前。

水貂阿留申病（aleutian disease，AD）　阿留申病或水貂的浆细胞增多症于20世纪50年代中期发现于人工养殖的水貂中。青铜-灰相间毛色的阿留申貂对阿留申病毒（aleutian disease virus，ADV）的易感性高于其他毛色驯养貂。阿留申病是水貂的致命性疾病，感染ADV之后病程缓慢，通常需要1年的时间才会观察到临床症状。AD的典型症状有繁殖能力差，渐进性消瘦，口腔、呼吸道和肠道出血，排尿困难，尿毒症和频繁死亡。ADV不仅感染水貂和雪貂，还可能感染其他的貂（鼬）科动物。AD可给水貂养殖业造成巨大的经济损失，目前该病正在向野生水貂群蔓延，也正慢慢成为宠物雪貂的一种严重威胁。

病原

理化和抗原特性　ADV是细小病毒科水貂阿留申病毒属唯一已知的成员，类似于细小病毒属中"真"细小病毒。ADV通过唾液、粪便和尿液散毒，而且这些分泌物可以在长达几个月甚至几年都具有感染性。ADV是一种小的包含一条线性单链DNA，无囊膜病毒，对pH、极端温度和大多数消毒剂都具有抵抗性。对污染圈舍进行最有效的消毒方法是先用蒸汽清洗，然后用5%的家用漂白剂或专用于细小病毒的消毒剂长时间处理。ADV在基因和抗原水平上与水貂肠炎病毒和其他食肉动物细小病毒不同。

对其他物种的感染性及培养特性　虽然ADV感染阿留申特殊毛色水貂引发的疾病更严重，但是ADV可以感染各种属水貂，包括驯养的和野生的。血清学调查研究显示，ADV已经蔓延到加拿大野生水貂群，这可能与野生水貂的退化有关系。雪貂感染ADV并不一定表现临床症状，但发病的雪貂一般在未表现临床症状之前迅速死亡。ADV的一些分离毒株可以在水貂胎儿肾细胞或猫细胞系中繁殖。

宿主-病毒相互关系

疾病分布、传染源和传播途径　阿留申病存在于世界各地的很多水貂养殖场中，被感染的水貂通过血液、唾液、粪便和尿液散播病毒，病毒通过粪-口或可能的呼吸道途径感染其他动物。使用保存的ADV污染物感染驯养的水貂，有的会出现明显的临床症状，有的则检测不到感染。目前，在加拿大和欧洲检测到驯养水貂和野生水貂存在ADV的交叉传播。宠物雪貂的AD正在引起大家的关注，因为隐性感染动物是ADV的携带者，能够在雪貂表演或聚集场所散播病原。最近出现一例与ADV相关的人类病例。有2名非水貂饲养人员患血管病，2个病例均出现微血管病变，并检测到ADV抗体和核酸。

发病机制和病理变化　ADV在试验感染的水貂体内可快速繁殖，攻毒后10d可以检测到病毒滴度。大多数动物发展成为持续性感染，ADV一直存在于它们的脏器、血清和尿液中，直到死亡。感染后抗体很快就达到非常高的水平，然后病毒与体内循环抗体结合形成具有感染性的免疫复合物。AD典型病理变化是动脉和肾小球损伤，是由免疫复合物的沉积和随后的炎性反应造成的。自然感染的病程发展得非常缓慢，一般感染后1年才会表现出明显的临床症状。在疾病发展的过程中，感染水貂从粪便和尿液中散毒，能够感染其他易感动物。病毒感染之后数周或几个月才会出现临床症状，表现为食欲减退、活动性减弱、体重下降、焦油样腹泻和被毛杂乱。一旦症状变得明显，则感染动物将会面临死亡。病理变化包括脾肿大，肾小球肾炎，肠系膜淋巴结肿大。显著的病理学变化是肾脏、肝脏、脾脏、淋巴结和骨髓中浆细胞浸润。幼小水貂感染后发病速度较快，常常死于急性间质性肺炎。感染动物均会出现免疫功能不全并容易发生继发感染。宠物雪貂感染ADV后偶尔会出现临床症状，该症状与成年水貂的类似。然而大多数雪貂感染后均不表现临床症状，并随时间的推移来清除体内病毒。

感染后机体的反应　感染后免疫球蛋白水平显著升高，所产抗体与循环病毒形成具有感染性的免疫复合物，该复合物不能被免疫系统清除。许多方法包括间接免疫荧光抗体检测和对流免疫电泳方法都可以用于监测和评价动物感染后的抗体反应情况。

实验室诊断　感染之后，免疫荧光、免疫组化和PCR方法可以用于检测分泌物和组织中的病毒。这些方法都可以用于检测病毒携带动物，并将它们从健康易感动物群中被淘汰或隔离。上述方法也可以用于监测可能存在散毒风险的宠物雪貂的感染状态。

治疗和控制　无论是水貂还是雪貂，维持血清阴性动物群的唯一有效方法是生物安全控制。在驯养和野生水貂群之间辅以安全、有效的物理性隔离将会使交叉传播降到最低水平。应该对所有即将进入已建立的血清阴性水貂群的动物进行ADV抗体检测。如果出现血清阳性水貂，则应该将其隔离并远离阴性水貂，并在收获季节将其剔除。血清阳性雪貂应该从血清阴性雪貂群隔离，以防止水平传播。被污染的圈舍应该彻底清洗，优选蒸汽消毒，随后使用5%次氯酸钠溶液或商品化有效的消毒剂长时间地对圈舍进行消杀。

● 圆环病毒科

圆环病毒的名称源于其单链共价闭合的基因组。圆环病毒科包括圆环病毒属和环旋病毒属2个成员。圆环病毒属包括11种病毒：猪圆环病毒1型（porcine circovirus type 1, PCV1）、猪圆环病毒2型（porcine circovirus type 2, PCV2）、金丝雀圆环病毒、鸭圆环病毒、雀圆环病毒、鹅圆环病毒、海鸥圆环病毒、鸽圆环病毒、燕八哥圆环病毒、天鹅圆环病毒和喙羽病病毒（beak and feather disease virus, BFDV）。在黑猩猩、蝙蝠、牛、鱼和犬中也报道过其他种类的圆环病毒，但是这些病原是否具有致病性还不清楚。鸡贫血病毒（chicken anemia virus, CAV）是环旋病毒属的唯一成员，其他的环旋病毒种类在禽类和人类中也有报道。有专家建议将线圈病毒属归为圆环病毒科。在黑猩猩、山羊、绵阳、骆驼、蝙蝠、鸡和蜻蜓中可检测到线圈病毒的序列。此外，在牛肉产品和人的粪便中也检测到线圈病毒序列。目前关于线圈病毒的认识均严格基于基因组的序列分析数据。圆环病毒科包含已知最小的病毒，基因组大小为1~4 kb。基因组比较小，限制了其容纳能力，仅包含最必需的基因，包括编码病毒的复制酶和衣壳蛋白的基因。与细小病毒科病毒类似，在病毒复制周期中，圆环病毒科成员也需要依赖宿主细胞的酶类物质。病毒的繁殖需要处在活跃分裂期的宿主细胞中完成。

理化特性

圆环病毒科成员是无囊膜的病毒，包含单链环状DNA基因组，其大小为1~4 kb。病毒粒子直径为17~28nm，是由60个衣壳蛋白亚基，按照T=1的方式排列形成的二十面体对称结构。病毒粒子在CsCl中的浮密度为1.37 g/mL。

对理化因素的抵抗力 圆环病毒可以稳定存活于pH为3的环境中，在56℃ 1h和70℃ 15min中均不被灭活。一些溶脂类的消毒剂，如乙醇、洗必泰、碘酒和苯酚不能灭活圆环病毒，碱性消毒剂（氢氧化钠）、氧化剂（次氯酸钠）和季胺类化合物是该类病毒有效的消毒剂。

喙羽病（beak and feather disease，BFD）

疾病 多年以来，家禽生物制品的研制工作取得了很多的进步，唯有与鹦鹉相关的研究信息甚少。病毒传染性疾病，如喙羽病，也叫鹦鹉喙羽病（psittacine beak and feather disease，PBFD），是鹦鹉最常见疾病之一。20世纪70年代早期，PBFD首次发现于澳大利亚，之后多个国家均发现该病。该病的发生和严重程度依赖于鹦鹉的年龄。PBFD典型的临床症状是鹦鹉的羽毛坏死或者不规则，如羽毛弯曲、出血或过早脱落。慢性感染会造成喙和指甲畸形。新生鹦鹉特别易感，并导致严重的急性PBFD，显著的病症为肺炎、肠炎、体重快速下降和死亡。

病原

对其他物种的感染性及培养系统　PBFD的病原是BFDV，其首要宿主是鹦鹉。目前还没有可用于该病毒繁殖的细胞培养体系。

宿主–病毒相互关系

疾病分布、传染源和传播途径　很多国家包括日本、德国、意大利、新西兰、南非、美国和澳大利亚都有PBFD的报道和描述。感染病毒的澳大利亚鹦鹉四处飞动，可能是造成BFDV传播的原因，因为BFDV在澳大利亚自由放养的几个鹦鹉群中呈现地方流行性，因此从60多种圈养和自由放养的鹦鹉中可检测到BFDV感染。该病毒可以通过水平和垂直两种途径传播。

发病机制和病理变化　大多数自由放养和圈养的鹦鹉暴露于BFDV将会导致亚临床感染。无论如何，感染的严重程度依赖于多种因素，如年龄、母源抗体的水平、病毒感染途径和感染量。BFDV的潜伏期也许会延长，以至于感染后很长时间才观察到临床症状。发病的幼小鹦鹉其临床症状是食欲不佳、精神倦怠、谷物淤积、渐进性羽毛畸形，最终死亡。在某些病例，由免疫抑制造成的继发感染是死亡的主要原因。组织学损伤也取决于多种因素，包括病程的长短和疾病的严重程度。无论如何，在胸腺、法氏囊和其他淋巴组织中的巨噬细胞中能够检测到典型的细胞核内和包浆内包涵体，同样在羽毛毛囊上皮细胞中也能观察到这种包涵体。

感染后机体的反应　暴露于BFDV会使鹦鹉对再次感染该病毒具有抵抗力。母源抗体很有可能为小鹦鹉提供几周（从出生后）的被动免疫保护。

实验室诊断　根据感染鹦鹉的临床症状和特征性的眼观及组织病理变化可以诊断PBFD。鉴定BFDV感染的方法包括原位杂交、血凝和血凝抑制试验、电镜检测技术、PCR和定量PCR技术。

治疗和控制　控制PBFD最有效的方法是带毒鹦鹉的检疫和淘汰。重组BFDV Cap蛋白亚单位疫苗正在研制，目前还没有商品化的BFDV疫苗可供使用。

禽传染性贫血病（chicken infectious anemia disease）

1979年，人第一次认识禽传染性贫血（chicken infectious anemia，CIA），该病是2～4周龄雏鸡的一种高度传染性疾病。鸡贫血病毒（CAV）是该病的病原，并且非常罕见的是，该病是由于大范围的疫苗免疫引发的。无论如何，CIA的亚临床感染会发生于繁殖饲养的所有环节，并在全世界范围内都有分布。患病雏鸡的临床症状包括再生障碍性贫血、普遍的淋巴样组织萎缩和严重的免疫抑制，后者会导致病毒、细菌和真菌的继发感染。该病亚临床感染的特点是病毒血症延长和生长迟缓，最终给养禽业带来严重的经济损失。在圆环病毒科中，CAV是一种最独特的病毒，与指环病毒科的病毒存在基因组成上的相似性。虽然CAV各分离毒株在抗原性和毒力上非常相似，但也能鉴定出一些基因差异性毒株。

病原

对其他动物物种的感染性及培养系统 CAV首要感染的宿主是鸡。该病毒可以在鸡胚、鸡原代单核细胞和MDCC-MSB-1细胞系中繁殖。

宿主–病毒相互关系

疾病分布、传染源和传播途径 CAV在养殖的鸡和SPF鸡中广泛存在。各年龄段的鸡均易感,年龄大的鸡对该病具有较强的抵抗性。该病毒可以通过水平和垂直两种途径进行传播。

发病机制和病理变化 在非保护性鸡群中,CAV的靶细胞是骨髓中的原始血细胞和胸腺中的淋巴细胞,最终导致再生障碍性贫血、白红胞减少症、血小板减少症和胸腺萎缩。临床症状一般在感染后的7~14d出现,翅膀上呈现坏疽性损伤。此外,CAV诱导的免疫抑制常常导致其他病毒、细菌和真菌的机会性感染。早期研究发现,母源抗体在预防CIA的过程中起到非常重要的作用。一旦母源抗体衰退,年长的鸡对CAV会变得易感,并造成亚临床感染。除了会降低生长速度外,免疫抑制也是该病的一种表现形式。

感染后机体的反应 自雏鸡孵化之后的几周内,母源抗体将会给其提供抵抗CAV感染的被动免疫保护。一旦母源抗体耗尽,鸡暴露于CAV污染的环境中就会导致持续性感染,最终表现为生长迟缓和免疫抑制。

实验室诊断 基于禽群的历史、临床症状和病理学变化进行CIA诊断。确诊CAV感染的方法有病毒分离、PCR和定量PCR方法或者基于CAV特异性抗体的免疫组化方法。检测CAV感染的血清学方法包括ELISA、间接免疫荧光和病毒中和试验。

治疗和控制 控制CAV感染的有效方法是为繁育群免疫接种减毒活疫苗,该方法可以阻止病毒的垂直传播,并为雏鸡提供母源抗体。对于CAV感染的禽类,目前没有特异性治疗方法。

猪圆环病毒相关疾病(porcine circovirus-associated disease,PCVAD)

疾病 猪圆环病毒(porcine circovirus, PCV)作为一种细胞污染物首次于20世纪70年代被发现。当时,PCV被认为没有致病性,并广泛存在于猪群中。在20世纪90年代初期,猪群中出现一种新的消瘦性疾病;随后,该病的致病因子被鉴定为一种PCV,该病毒与从污染细胞中分离到的PCV存在60%序列一致性。因此,非致病性PCV被命名为PCV1,后分离到的致病性PCV被命名为PCV2。目前为止,PCV2感染与多种综合征有关系,这些疾病统称为猪圆环病毒相关疾病(PCVAD)。PCVAD是一些复杂的多因素的综合征,发病于生猪养殖的整个阶段,其临床症状涵盖非显性临床症状到严重的死亡。典型的临床症状表现为消瘦、腹泻、呼吸困难、皮肤炎或繁殖障碍。PCVAD出现于20世纪90年代初期,一直冲击着世界的养猪业。PCV2是PCVAD的主要致病因素。PCV2分离株被划分为2个主要的基因型,PCV2a和PCV2b。最近,有学者推荐一种新的分类表用来描述PCVAD综合征。经典的PCVAD包括断奶仔猪多系统衰竭综合征(porcine multisystemic wasting syndromes,PMWS)、PCV2相关的肠炎、PCV2相关的呼吸道疾病、增生性坏死性肺炎、PCV2相关的繁殖障碍、猪皮炎肾炎综合征和急性肺水肿。

病原

对其他物种的感染性及培养系统 家猪和野猪是PCV2首要的感染宿主。猪肾脏和睾丸的上皮细胞可以支持PCV2的体外培养。利用小鼠已经建立了PCV2的感染模型。

宿主–病毒相互关系

疾病分布、传染源和传播途径 过去曾经按北美洲分离株或欧洲分离株将PCV2分类为PCV2a或PCV2b基因型。无论如何,这2个基因型在世界猪群中均呈现地方流行性。PCV2感染猪的时间较长,在有PCVAD的农场中,感染猪通过口鼻分泌物、尿液、血液和粪便散播病毒,散毒时间可以长达28

周。该病通常以水平传播为主。另外，PCV2在环境中非常稳定，因此该特性很可能在PCV2传播过程中扮演重要角色。

发病机制和病理变化　PCVAD的临床表现和严重程度与多种因素有关，如PCV2分离毒株的致病力、致病性或机会性感染的存在、宿主的遗传学、像疫苗之类的免疫刺激因子的使用等。一般而言，临床和病理学变化都是综合征特异性的。PMWS是最常见的猪圆环病毒相关疾病，患猪的临床表现包括倦怠、腹泻、淋巴肿大、皮肤变色、黄疸和消瘦。眼观病理变化包括：下颌淋巴结、腹股沟淋巴结和肠系膜淋巴结、肺脏非塌陷杂色病变、偶发脾梗死、肝脏萎缩褪色和肠炎。PMWS组织病理学变化包括淋巴组织中淋巴细胞耗损伴随肉芽肿性炎症反应，可能还包含胞浆内包涵体、肉芽脓性和淋巴组织细胞性间质性肺炎、淋巴组织细胞性肝炎、间质性肾炎和肉芽肿性肠炎。图49.1所示为PCV2a毒株在感染猪睾丸细胞中的包涵体电镜图片。

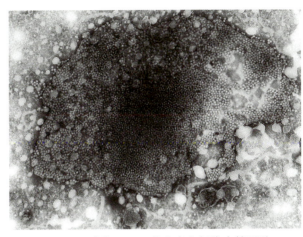

图49.1　感染PCV2a的猪睾丸细胞电镜图片

感染后机体的反应　PCV2感染之后，机体会产生显著的体液免疫和细胞免疫反应。一般情况下，这种免疫反应并不能清除病毒感染。源于自然感染提供给后代仔猪的母源抗体为其提供的抵抗PCV2感染的能力有限。

实验室诊断　结合临床症状、病史和组织病理学检测可以初步诊断PCVAD。用于PCV2感染确诊的实验室检测程序包括以下几点：

（1）使用敏感细胞系从感染动物血清和组织中分离PCV2，或者采用PCR方法检测感染组织中的PCV2核酸。

（2）基于PCV2特异性抗体采用免疫荧光或免疫组化的方法在肺脏或淋巴组织切片中检测PCV2抗原。

（3）采用血清学检测方法，如IFA、病毒中和试验或ELISA检测PCV2特异性抗体。图49.2所示为IFA阳性血清样品特异性的PCV2检测结果。

治疗和控制　在疫苗没有出现之前，多种措施混合使用，效果也参差不齐。这些措施包括：提供适当的饲养空间、减少应激、实施"全进全出"策略和避免各年龄段猪混养。使用抗生

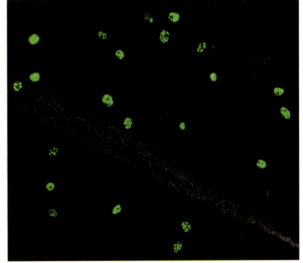

图49.2　猪睾丸细胞中PCV2抗原的免疫荧光染色结果

素控制继发感染、血清疗法和减少饲养数量等方法的效果有限。控制PCV2感染最有效的方法是疫苗免疫。临床和试验应用结果证明，疫苗免疫可以预防PCVAD，降低病毒血症水平和提高猪生长性能。目前，商品化的疫苗有杆状病毒表达的PCV2a ORF2抗原亚单位疫苗、灭活的PCV2疫苗和灭活的PCV1/2嵌合体疫苗。5种商品化疫苗中，4种用于仔猪，1种用于母猪。无论是一免还是二免，仔猪均于3周龄进行首免，对于2次免疫的疫苗使用方法是一免后3周进行二免。妊娠母猪在分娩前2周和5周分别进行疫苗免疫。

📁 延伸阅读

Allison AB, Harbison CE, Pagan I, et al, 2012. Role of multiple hosts in the cross-species transmission and emergence of pandemic parvovirus[J]. J Virol, 86: 865-872.

American Ferret Association, 2012. Aleutian Mink Disease: A Hidden Danger to Your Ferret, http://www.ferret.org/read/aleutianarticle.html (accessed January 11, 2013).

Bachmann PA, Sheffy BE, Vaughan JT, 1975. Experimental in utero infection of fetal pigs with a porcine parvovirus[J]. Infect Immun, 12: 455-460.

Balamurugan V, Kataria JM, 2006. Economically important non-oncogenic immunosuppressive viral diseases of chicken-current status[J]. Vet Res Commun, 30: 541-566.

Battilani M, Balboni A, Ustulin M, et al, 2011. Genetic complexity and multiple infections with more Parvovirus species in naturally infected cats[J]. Vet Res, 42: 43.

Bonne N, Shearer P, Sharp M, et al, 2009. Assessment of recombinant beak and feather disease virus capsid protein as a vaccine for psittacine beak and feather disease[J]. J Gen Virol, 90: 640-647.

Cheng F, Chen AY, Best SM, et al, 2010. The capsid proteins of Aleutian mink disease virus activate caspases and are specifically cleaved during infection[J]. J Virol, 84: 2687-2696.

Cutlip RC, Mengeling WL, 1975. Pathogenesis of in utero infection of eight and ten-week-old porcine fetus with porcine parvovirus[J]. Am J Vet Res, 36: 1751-1754.

Ettinger SJ, Feldman EC, 1995. Textbook Vet. Internal Med. W.B. Saunders Company.

Farid AH, Rupasinghe P, Mitchell JL, et al, 2010. A survey of Aleutian mink disease virus infection of feral American mink in Nova Scotia[J]. Can Vet J, 51: 75-77.

Gillespie J, Opriessnig T, Meng XJ, et al, 2009. Porcine circovirus type 2 and porcine circovirus-associated disease[J]. J Vet Intern Med, 23: 1151-1163.

Grau-Roma L, Fraile L, Segalés J, 2011. Recent advances in the epidemiology, diagnosis and control of diseases caused by porcine circovirus type 2[J]. Vet J, 187: 23-32.

Hoerr FJ, 2010. Clinical aspects of immunosuppression in poultry[J]. Avian Dis, 54: 2-15.

Ikeda Y, Mochizuki M, Naito R, et al, 2000. Predominance of canine parvovirus (CPV) in unvaccinated cat populations and emergence of new antigenic types of CPVs in cats[J]. Virol, 278: 9-13.

Jepsen JR, d'Amore F, Baandrup U, et al, 2009. Aleutian mink disease virus and humans[J]. Emerg Infect Dis, 15: 2040-2042.

Johnson RH, 1973. Isolation of swine parvovirus in Queensland[J]. Aust Vet J, 49: 257-259.

Johnson RH, Collings DF, 1971, Transplacental infection of piglets with a porcine parvovirus[J]. Res Vet Sci, 12: 570-572.

Jones TC, 1997. Vet. Patho[M]. Blackwell Publishing Ltd.

Katoh H, Ogawa H, Ohya K, et al, 2010. A review of DNA viral infections in psittacine birds[J]. J Vet Med Sci, 72: 1099-1106.

Lobetti R, 2003. Canine parvovirus and distemper. Proceedings 28th World Congress. World Small Animal Veterinary Association.

Mengeling WL, Cutlip RC, 1975. Pathogenesis of in utero infection: Experimental infection of 5-week-old porcine fetuses with porcine parvovirus[J]. Am J Vet Res, 36: 1173-1177.

Mengeling WL, Cutlip RC, Barnett D, 1978. Porcine parvovirus: Pathogenesis, prevalence, and prophylaxis[J]. Proc Int Congr Pig Vet Soc, 5: 15.

Miller MM, Schat KA, 2004. Chicken infectious anemia virus: an example of the ultimate host-parasite relationship[J]. Avian Dis, 48: 734-745.

Nituch LA, Bowman J, Beauclerc KB, et al, 2011. Mink farm predicts Aleutian disease exposure in wild American mink[J]. PLoS One, 6: 7.

Opriessnig T, Halbur PG, 2012. Concurrent infections are important for expression of porcine circovirus associated disease[J]. Virus Res, 164 (1-2): 20-32.

Redman DR, Bohl EH, Ferguson LC, 1974. Porcine parvovirus: Natural and experimental infections of the porcine fetus and prevalence in mature swine[J]. Infect Immun, 10: 718-723.

Segalés J, 2012. Porcine circovirus type 2 (PCV2) infections: clinical signs, pathology and laboratory diagnosis[J]. Virus Res, 164 (1-2): 10-19.

Segalés J, Allan GM, Domingo M, 2012. Porcine circoviruses, in Diseases of Swine[M]. 10th edn, Blackwell Publishing Ltd, Ames: 405-417.

Tapscott B, 2010. Aleutian Disease in Mink, Ministry of Agriculture, Food and Rural Affairs, Ontario.

Trible BR, Rowland RRR, 2012. Genetic variation of porcine circovirus type 2 (PCV2) and its relevance to vaccination, pathogenesis and diagnosis[J]. Virus Res, 164 (1-2): 68-77.

Varsani A, Regnard GL, Bragg R, et al, 2011. Global genetic diversity and geographical and host-species distribution of beak and feather disease virus isolates[J]. J Gen Virol, 92: 752-767.

(黄立平　冯力 译，华荣虹 校)

第50章 非洲猪瘟相关病毒科和虹彩病毒科

● 非洲猪瘟相关病毒科

非洲猪瘟相关病毒科仅含有1个属,即非洲猪瘟病毒属,非洲猪瘟病毒是其代表种。

非洲猪瘟病毒

非洲猪瘟(African swine fever,ASF)是一种高度接触性传染病,可以感染家猪和一些品系的野猪。感染猪可表现为急性、慢性和无临床症状。该病最主要的自然宿主是撒哈拉以南非洲地区的疣猪和节肢动物媒介。在野生动物中感染很长一段时间后,该病于1921年首次在肯尼亚报道感染家猪。ASF首次在非洲以外地区报道是在1957年的葡萄牙。从那时起,ASF在欧洲国家和加勒比海岛地区被多次报道。近年来,俄罗斯多次暴发非洲猪瘟(Costard等,2009)。非洲猪瘟病毒感染猪后,通常会导致急性ASF的大范围暴发。无论是地方流行性还是新传入的非洲猪瘟,都会对经济和食品安全造成非常严重的影响。考虑到不同种类的野猪和家猪及节肢动物媒介均易感,因此ASF仍具有全球威胁性。

疾病 在急性期具有很高的致死率,通常可达100%,病猪往往在出现临床症状之前就会死亡。该病的主要特征是高热,白细胞减少,常出现皮肤红斑、肌肉无力、呼吸急促、脉搏加快、呕吐,出血性腹泻,鼻和结膜有分泌物。亚急性期临床症状较轻、死亡或3~4周内康复。感染猪通常会出现高热。流产很常见,并可能是唯一的症状。慢性期的猪不能正常生长(发育障碍和消瘦),多出现关节肿胀和跛行,皮肤溃疡和肺炎。

病原

理化和抗原特性 ASFV为有囊膜的DNA病毒,核蛋白核心直径为70~100nm,外周包裹脂质层,形成直径为170~190nm的二十面体衣壳

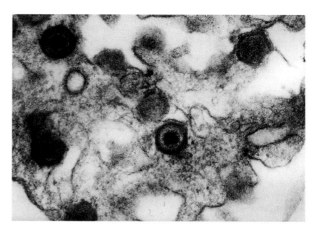

图50.1 感染组织培养细胞切片中的非洲猪瘟病毒(58 000×)(由彭志中提供)

第三部分 病 毒

（图50.1）。ASFV的基因组为双链DNA，长170～190 kb，含有约150个开放阅读框（open reading frames，ORF）。其病毒粒子中含有50多种蛋白，包括大量复制所需的酶和蛋白。病毒基因组也编码调节宿主抗病毒反应的蛋白。

对世界范围内不同地区的ASFV分离株进行基因组的限制性酶切分析，现已鉴定出多种遗传学不同的群。不同ASFV毒株对猪的致病力差异明显，最大的遗传变异出现在丛林传播的区域。

对理化因素的抵抗力　ASFV在组织及分泌物中可稳定存在，承受的pH范围为4～13。该病毒于60℃条件下加热20min可被灭活，也可被脂类溶剂和一些消毒剂（苯基苯酚型酚醛树脂消毒剂对该病毒非常有效）灭活。

对其他物种的感染性及培养系统　ASFV感染家猪和野猪（包括欧洲野猪）、疣猪、巨林猪、假面野猪。钝缘蜱属的软蜱可作为载体传播ASFV。感染后仅家猪和野猪（欧洲野生猪和野猪）表现临床疾病，而非洲野猪则不表现临床症状。

ASFV在猪的巨噬细胞中复制，能在体外培养的猪骨髓细胞、单核细胞和肺泡巨噬细胞中增殖，也能适应不同的细胞系（PK-15、Vero和BHK）。

宿主-病毒相互关系

疾病分布、传染源和传播途径　ASF首次于20世纪20年代在肯尼亚的欧洲家猪中报道，从那时起该病出现在世界各地。1957年该病首次传播至非洲以外的伊伯利亚半岛，随后出现在欧洲地中海地区（西班牙、法国、意大利、马耳他、撒丁岛）、北欧（比利时和荷兰）、加勒比海（古巴、多米尼加共和国和海地）及南美洲（巴西）。ASF感染了非洲的大多数地区。

ASFV存在两种不同的感染循环：第一，非洲地区的蜱和野猪介导的丛林传播循环；第二，家猪之间的流行性和地方流行性循环。在非洲，ASFV感染的丛林传播循环中，病毒感染非洲野猪（尤其是疣猪）和软蜱媒介，以持续或隐性感染的形式表现。ASFV能在蜱媒介中垂直传播，使其成为该病毒的有效贮存器。病毒可通过被感染蜱的叮咬或摄入带毒猪的组织而传染给家猪。该病毒通过包括气溶胶和污染物的直接接触非常容易传播至易感猪。由于非洲猪瘟病毒在感染组织，包括生肉和一些康复猪的猪肉产品中能稳定存在，因此能够实现长距离的传播。更重要的是，软蜱通过采食具有病毒血症的猪可以感染此病。因此，软蜱进入未感染地区后可变为非洲猪瘟病毒的储存宿主。感染后康复的猪也可以作为该病毒的储存宿主。

发病机制和病理变化　ASFV经口、鼻感染家猪后，首先在上呼吸道中进行复制，随后扩散至邻近的淋巴结，再经血液和淋巴中的白细胞、红细胞进行全身性传播。此过程发生在非洲猪瘟病毒感染后3d，与发热密切相关。非洲猪瘟病毒在巨噬细胞中复制，因此病毒在巨噬细胞含量丰富的组织中可以达到最高的滴度。

重症急性ASF以内脏器官出现水肿和出血为特征，尤其是淋巴结和脾脏，可见大范围的严重出血。肺水肿和肠道充血、出血也很常见。亚急性ASF所造成的损伤相似，但是不那么严重。然而，感染慢性ASF的猪可出现纤维素性心包炎、胸膜炎及肺部小叶突变，关节肿胀和皮肤的片状坏死。对于流产仔猪的损伤相对来说不特异，但可能包含弥散性的点状出血。

微观病理损伤以淋巴组织最为明显，包括淋巴细胞和单核吞噬细胞的广泛性坏死。在急性ASF暴发性病例中，内皮细胞坏死和肺血管内形成血栓较常见。

感染后机体的反应　感染ASF后康复的猪可产生强烈的体液免疫反应，然而这种反应产生的抗体无法有效地中和病毒，其原因仍不明确，但是可以清楚地反应映ASFV本身的固有特性。由于不能够产生中和病毒的高滴度中和抗体，因此研制一种有效的疫苗很难，似乎细胞免疫在抗病毒反应中起重要作用。

实验室诊断　实验室诊断需要对猪瘟和非洲猪瘟进行区分，因为这两种病在易感猪上所引起的症状和损伤极为相似，包括发热、高死亡率、内部脏器出血。采集的组织应包括脾、肝、淋巴结和血。

可通过病毒分离来鉴定ASFV，然后用红细胞吸附试验进行确诊。对感染猪的组织切片，用ASFV特异性抗体进行免疫荧光及免疫过氧化物酶染色可进行快速诊断。PCR技术也能通过检测ASFV核酸的存在与否进行快速确诊。

治疗和控制　　目前，针对ASF无有效的疫苗和治疗方法。病毒侵入新地区后，可以通过扑杀所有接触猪来根除该病。然而，这些严格的措施却不能阻止病毒传播至当地的软蜱和野猪。非洲猪瘟的根除程序不仅要对所有猪进行扑杀，还要用含有表面活性剂的邻苯基苯酚的杀虫剂和消毒剂对污染地进行处理，并且至少1个月内不能养猪。在引进猪之前，应该在曾经的污染地放置易感的哨兵猪，以证实该病毒是否被清除。

在流行地区，一定要避免家猪和野猪接触。为控制非洲猪瘟在家猪中暴发，早期检测非常关键。建立无ASF区对局部地区的疾病扑杀非常有益，同时对更大规模的扑杀项目有促进作用。

● 虹彩病毒科

虹彩病毒科包括5个病毒属（虹彩病毒属、绿虹彩病毒属、蛙病毒属、淋巴囊肿病毒属和肿大细胞病毒属），血清学上差异较大。淋巴囊肿病毒属和肿大细胞病毒属病毒是引起鱼的重要病原，而蛙病毒属的病毒是爬行类动物、两栖类动物及鱼的重要病原。肿大细胞病毒属和蛙病毒属病毒具有重要的经济意义，能引起淡水鱼和海水鱼的严重性疾病（Whittington，2010）。

虹彩病毒为有囊膜的病毒，病毒粒子直径为120～200nm（有的甚至可达350nm），呈二十面体对称。病毒基因组为一条双链DNA，长度为140～300kb。如同非洲猪瘟病毒一样，虹彩病毒结构复杂，基因组编码大量的病毒特异性蛋白（至少36种）。一种单一的蛋白构成外衣壳的大部分。双链DNA基因组是环形的，末端冗余大量高度甲基化的内部胞嘧啶残基。病毒在感染细胞的细胞核和细胞质中进行复制。虹彩病毒可以抵抗干燥，在水中可以存活数月。最终确诊需经病毒分离和/或经分子生物学技术分析基因组特性。

淋巴囊肿病毒能感染许多种类的鱼，引起严重的疣状表皮损伤。这些损伤包括皮肤、腹膜和肠系膜病毒感染细胞过度肥大的良性增殖，但感染鱼的死亡率较低。病毒通过皮肤损伤经直接接触传播，尤其是在鱼的饲养密度非常大的情况下。因此，由淋巴囊肿病毒引起的疾病，在水族馆及商业水产养殖鱼中尤为重要。在2个株系的淋巴囊肿病毒（LCDV）已有所描述，其中LCDV-1与比目鱼相关，LCDV-2与鲽相关。

相反，蛙病毒属病毒可引起养殖和自由放养鱼类很高的死亡率。由致病性的虹彩病毒引起的致命的全身性疾病与蛙病毒3密切相关。蛙病毒3是蛙病毒属的原型病毒，此属成员可引起鱼的流行性造血器官坏死及全身出血性疾病。蛙病毒属病毒对无尾两栖类幼虫是有致病性的，尽管在不同种属间易感性不同。最近，大范围的两栖类动物的死亡可能是宿主免疫、自然和人为的应激、新毒株出现的共同结果（图50.2）。肿大细胞病毒属病毒可以感染多种热带鱼及淡水鱼，导致全身性感染，死亡率很高。商业贸易及鱼、两栖类动物、爬行类动物的移动可能会促使新的虹彩病毒出现（Gray等，2009）。

图50.2　灰树蛙（*Hyla chrysoscelis*）

幼鱼在实验室条件下暴露于蛙病毒，其身体和腿肿胀，腿部出血，符合蛙病毒感染的特性

参考文献

Costard S, Wieland B, de Glanville W, et al, 2009. African swine fever: how can global spread be prevented[J]? Phil Trans R Soc B, 364: 2683-2696.

Gray MJ, Miller DL, Hoverman JT, 2009. Ecology and pathology of amphibian ranaviruses[J]. Dis Aquat Organ, 87: 243-266.

Whittington RJ, Becker JA, Dennis MM, 2010. Iridovirus infections in finfish-critical review with emphasis on ranaviruses[J]. J Fish Dis, 33: 95-122.

（孙元 译，王永强 校）

第51章 乳头瘤病毒科和多瘤病毒科

● 乳头瘤病毒科

乳头瘤病毒在哺乳动物中广泛分布，已经证实在牛、绵羊、山羊、鹿、麋鹿、兔、犬、猴、猪、负鼠、鼠、象和一些种类的鸟中存在该病毒。棉尾兔乳头瘤病毒是其模式毒种。病毒诱发的乳头瘤（疣）通常是良性的，皮肤或黏膜上皮增生，在某些情况下会发生恶性转化。有些乳头瘤病毒，不论是否诱发上皮增生，都能造成皮肤间质组织增生。单纯的上皮细胞增生形成的是乳头瘤，而间质细胞（细微组织）和上皮组织共同产生的细胞增生被称为纤维乳头瘤。乳头瘤病毒具有高度的种属特异性，通常仅仅感染自然发生该病的宿主动物。病毒引起的皮肤乳头瘤（疣）在马和牛中很常见，在犬、绵羊和山羊中不常见。在某些情况下，乳头瘤病毒可能在肿瘤进程中发挥作用，就像在人身上发生的一样。

病原

乳头瘤病毒具有裸露的正二十面体衣壳，直径约55nm（图51.1）。病毒基因组是由单一的双链DNA环状分子组成，编码8～10种蛋白。其中，2种蛋白是结构蛋白（L1和L2），其余的是病毒复制必需的非结构蛋白。

乳头瘤类型

乳头瘤病毒根据它们的宿主特异性、组织和细胞趋向性及序列相关性加以区分。然而一些乳头瘤病毒虽然不能感染其他物种，却导致肿瘤发生，如与牛乳头瘤病毒1型（BPV-1）和2型（BPV-2）相关的马的肉状瘤即是这种情况。

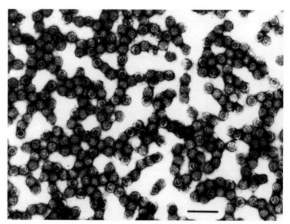

图51.1 马乳头瘤病毒负染色标本（75000×）
（引自Sundberg和O'Banion，1986）

乳头瘤病毒也可根据它们造成的损伤加以区分，损伤包括皮肤乳头瘤（疣）、非层叠的鳞状上皮细胞增生（息肉），以及不论与皮肤乳头瘤有无相关的皮下纤维瘤（纤维乳头瘤）。

牛乳头瘤病毒 依据抗原性和核苷酸序列同源性，至少可以区分出6种牛乳头瘤病毒。这些病毒可以根据它们在牛体上造成的损伤进一步加以区分。据此确定牛乳头瘤病毒的3个属：卯型（ξ）乳头瘤病毒属（Xipapillomavirus），该属病毒具有上皮趋向性；丁型（δ）乳头瘤病毒属（Deltapapillomavirus），可引起纤维乳头瘤；以及戊型（ε）乳头瘤病毒属（Epsilonpapillomavirus），其包含了卯型（ξ）乳头瘤病毒属和丁型（δ）乳头瘤病毒属这2种病毒的性质。然而大多数的牛乳头瘤病毒是按照数字型号提及的，至少包括10个型。由1型、2型和5型乳头瘤病毒引起的皮肤纤维乳头瘤常见于不足2岁的小牛。皮肤纤维乳头瘤最常出现在头部，特别是眼睛周围的皮肤上，也可能出现在颈部的两侧，而较少出现在身体的其他部位。皮肤纤维乳头瘤最初呈现小的结节状生长，随后迅速成长为干燥、角质、白色的菜花样团块，最终自行复归。组织学表现为一种由增生的皮肤纤维组织和覆盖在它上面的上皮组成的可变混合物。发生在奶牛皮肤和乳头的传染性乳头瘤（不包含纤维组织成分）也与牛乳头瘤病毒的感染有关，发生在膀胱和肠道的一些上皮增生（息肉），尤其是那些影响食管、前胃和肠的上皮增生也是如此。

纤维乳头瘤是乳头瘤病毒诱导的肿瘤，发生在年轻公牛的阴茎和年轻母牛的阴道和阴户上。这些纤维乳头瘤是肉质的、隆起的多结节增生，由丰富的纤维组织组成，被不同厚度的上皮覆盖。

宿主的免疫反应最终控制了乳头瘤病毒感染，因为大多数疣在持续不同的时间后通常会自行消退。随后宿主对这种病毒的再次感染产生免疫，但对其他类型的牛乳头瘤病毒不免疫。有时它们可能演变为上皮或间质来源的癌症。

吃蕨类植物的牛，BPV-2和BPV-4分别同膀胱和上消化道肿瘤有关。相反，BPV的DNA已在正常的牛皮肤中被鉴定出来，表明BPV能够在潜伏状态下持续存在，并不引起临床症状。为控制牛乳头瘤病的暴发，用悬浮于0.4%的福尔马林中的疣组织研磨液治疗该病的方法已经应用了多年。但是，由于这种疾病是自限性的，而且每个动物的病程各不相同，因此很难评估这种方法的效果。使用自体肿瘤制剂免疫后，相当比例的免疫动物未能阻止疣的产生。接种BPV-4L2结构蛋白的牛在受到该病毒类型的攻击时不会发生消化道乳头状瘤。

马乳头瘤病毒和马肉状瘤　马的皮肤疣不像牛的那样常见，大多发生在年轻马的鼻上或唇周围，表现为小的、凸起的、乳突状（角状）的包块。皮肤疣也发生在耳部内侧（耳斑块）。致病病毒通过创伤或皮肤擦伤直接接触感染物而传播。病毒可以通过皮内接种疣组织悬液而传播给马，但不能感染其他种类的动物。马乳头瘤通常是自限性的，于4～8周内自动消失，极少情况下能发展为鳞状细胞癌（SCC）。自然感染可以提供坚强免疫力。

肉状瘤是马常见的皮肤肿瘤，临床上和组织学上与牛纤维乳头瘤相类似。有趣的是，在某些这样的肿瘤中存在BPV-1或BPV-2的基因组，却不存在马乳头瘤病毒的基因组。直接在易感马上接种牛乳头瘤病毒可以复制肉状瘤的病例。这些肿瘤本质上是从上皮细胞到成纤维细胞，组织学诊断依赖于对肿瘤的上皮和间质成分的证实。肉状瘤在感染马中经常是多发的，通常会发生溃烂。手术切除后常复发，但病灶是否转移尚没有报道。因此，尽管肉状瘤具有局部侵染性，但它不属于恶性肿瘤。

犬口腔乳头瘤病毒　犬乳头瘤病毒在犬的口腔中诱发炎。疣通常生长在唇上，向颊黏膜、舌、上颚和咽部扩散。疣通常是良性的，几个月后自动消失。乳头瘤偶尔会妨碍进食或影响呼吸，需要切除。从感染中恢复的犬可对再次感染产生免疫力。这种感染具有高度的传染性，经常在一个犬舍中的所有犬中传播。有报道指出，免疫抑制的犬更容易发生乳头瘤病。

在试验条件下，疣体可以通过疣组织摩擦易感犬的受损黏膜传播。在这种情况下，潜伏期是4～6周。也有报道描述过犬中发生的传染性性病乳头瘤（疣）。

阿奇霉素是一种大环内酯类抗生素，已经证实对人类乳头瘤病的治疗有效。最近的研究表明，它对犬乳头瘤病的治疗也有效。虽然这种治疗机制还不清楚，但有助于慢性病例的治疗。

猫乳头瘤病毒（felis domesticus papillomaviruses，FdPV）　在猫的病毒性斑块中鉴定出一种乳头瘤病毒的DNA。这些皮肤损伤通常没有临床意义，但偶尔会发展为鳞状细胞癌（SCC）。迄今为止，至少有2种新的乳头瘤病毒，即家猫乳头瘤病毒（felis domesticus papillomaviruses, FdPV）1型和2型，与猫的病毒性斑块有关。乳头瘤病毒DNA确定存在，可以推断其在猫的这种肿瘤发展过程中发挥作用。然而，同其他乳头瘤病毒一样，在正常的猫皮肤上也发现了病毒DNA。需要进一步的研究来确定猫病毒斑块和SCC中FdPV的作用（如果存在这种作用的话）。

多瘤病毒科

除了一种禽类多瘤病毒可以引起虎皮鹦鹉雏鸟发生急性、全身性感染外，多瘤病毒与家畜疾病并无关联。多瘤病毒无囊膜，直径40nm，包含1个正二十面体的衣壳和单分子的环状双链DNA基因组。基因组编码至少3种结构蛋白和5种非结构蛋白。

禽多瘤病毒是鹦鹉雏鸟病的病原，该病以腹胀、羽毛异常和急性死亡为特征。迄今为止，至少发现了4种禽类多瘤病毒，其中一些发生在除鹦鹉以外的其他物种上，包括雀科和乌鸦。这种病毒可以通过水平和垂直方式传播。病毒的靶细胞是内皮细胞和巨噬细胞，可见于任何组织中。雏鸟和幼鸟最为易感，无症状的成年鸟是主要的感染源。发病后主要通过临床症状和聚合酶链式反应检测病毒的方法进行诊断，目前还没有治疗方法。

参考文献

Sundberg JP, O'Banion MK, 1986. Cloning and characterization of an equine papillomavirus[J]. Virology, 152: 100.

延伸阅读

Borzacchiello G, Roperto F, 2008. Bovine papillomaviruses, papillomas and cancer in cattle[J]. Virus Res, 39: 45.

Hiroshi K, Ogawa H, Ohya K, et al, 2010. A review of DNA viral infections in psittacine birds[J]. J Vet Med Sci, 72 (9): 1099-1106.

Potti J, Blanco G, Lemus JA, et al, 2007. Infectious offspring: how birds acquire and transmit an avian polyomavirus in the wild[J]. PLoS One, 2: e1276.

（刘长军 译，李凯 高玉龙 校）

第52章 腺病毒科

虽然已从很多种动物中分离到腺病毒，但仍可能存在尚未鉴定的动物腺病毒。腺病毒具有严格的宿主特异性。感染动物常表现为亚临床症状或无症状，但有些腺病毒具有致病性，可引起呼吸道和/或全身性疾病，表52.1列出了由腺病毒引起的家畜疾病。

腺病毒科分为4个属：哺乳动物腺病毒属，包括很多感染哺乳动物的腺病毒；禽腺病毒属，包括感染禽的腺病毒。近年来，上述2个腺病毒属中的一些成员被重新划归出2个独立的腺病毒属：腺胸腺病毒属，包括感染爬行动物的腺病毒和禽减蛋综合征病毒；唾液酸酶腺病毒属，包括火鸡出血性肠炎病毒和雉鸡大理石样脾病病毒。各属之间没有共同的群抗原。腺病毒无囊膜，病毒粒子直径为70～90nm，呈二十面体对称，由252个壳粒组成，纤突蛋白位于病毒粒子表面，可与靶细胞结合。腺病毒基因组为双股线性DNA，长26～45kb，大约编码40种蛋白。腺病毒在感染的细胞核内大量复制，从而抑制细胞蛋白和DNA合成，导致细胞死亡。

表52.1 由腺病毒引起的家畜疾病

病毒	疾病类型
哺乳动物腺病毒属	
牛腺病毒1～10型	结膜炎、肺炎、腹泻、多发性关节炎
犬腺病毒1型（CAV-1，犬传染性肝炎）	出血性疾病和肝病
犬腺病毒2型	呼吸道疾病
马腺病毒1～2型	呼吸道疾病
绵羊腺病毒1～6型	呼吸道疾病和肠道疾病
猪腺病毒1～4型	腹泻或脑膜脑炎或同时发生
鹿腺病毒	全身性血管炎，伴有出血和肺水肿
禽腺病毒属	
禽腺病毒1～12型	呼吸道疾病、肠道疾病、减蛋综合征、再生障碍性贫血、法氏囊萎缩
火鸡腺病毒1～4型	呼吸道疾病、小肠炎、大理石样脾病

注：鹿腺病毒、禽腺病毒、牛腺病毒4型归类于腺胸腺病毒属，火鸡腺病毒归类于唾液酸酶腺病毒属。

● 犬传染性肝炎（犬腺病毒1型）

疾病

犬传染性肝炎（infectious canine hepatitis，ICH）是由犬腺病毒1型（canine adenovirus 1，CAV-1）引起的疾病，尽管曾经是犬的一种重要疾病，但也许是由于普遍接种疫苗的缘故，目前ICH在世界上的大部分地区正变得越来越少。然而，在CAV疫苗没有进行常规免疫的地区，ICH仍可暴发。大多数呈隐性感染，但易感犬表现为发热、肝坏死和由血管损伤而引起的大面积出血。感染犬表现口渴、厌食、扁桃体炎、黏膜点状出血、腹泻、不愿动。急性感染犬也可能出现眼结膜炎及畏光反应。未免疫的幼犬可发生严重的ICH。

患急性ICH存活的犬多数能顺利恢复，但有些犬在急性症状消失后可能会出现短暂的角膜水肿。CAV-1也被认为是犬慢性渐进性肝炎和间质性肾炎的病原，但其在犬的这些自然发生的疾病中的作用则是推测性的（因为CAV-1不太可能是犬慢性渐进性肝炎和间质性肾炎的主要发病原因）。

病原

理化和抗原特性 CAV-1与CAV-2的抗原性既相关，又有明显的差别。CAV-1在形态学上与其他腺病毒类似，但抗原性差别明显。

对理化因素的抵抗力 CAV-1能抵抗乙醇、氯仿，在pH为3～9的环境中至少可稳定存在30min，室温条件下于土壤中可存活数天。50～60℃加热10min可使病毒失去感染性。蒸汽灭菌、碘、苯酚、氢氧化钠、来苏儿均能有效杀灭病毒。

对其他物种的感染性及培养系统 CAV-1在临床上可引起犬和其他犬科动物（狼、狐狸和土狼）发病，臭鼬和熊也易感，在海洋哺乳动物和陆生食肉动物中也可检测到犬腺病毒抗体。狐狸感染后可出现脑膜炎症状。CAV-1在犬肾细胞中复制良好。

有些CAV-1和CAV-2毒株接种仓鼠可致瘤，但与犬的肿瘤性疾病无关。

宿主-病毒相互关系

疾病分布、传染源和传播途径 ICH呈世界性分布，但临床病例越来越少。该病可通过感染犬的尿液传播，病毒可在感染犬肾脏存活数月并通过尿液向外排毒。

发病机制和病理变化 吸入气溶胶感染后，病毒先定植在扁桃体，再蔓延到区域淋巴结，然后到循环系统形成病毒血症，导致病毒迅速传播到身体的所有组织和分泌物中，包括唾液、尿液和粪便。病毒对肝细胞和内皮细胞具有特殊的嗜性，从而产生特征性症状，诱导内皮细胞损伤，导致消耗性凝血病（弥散性血管内凝血）和广泛的出血倾向（出血性素质），这些可由凝血参数异常所体现。急性感染期死亡犬一般有水肿和浅表淋巴结及颈部皮下组织出血。腹腔内常有腹水，腹水颜色可从浅红到鲜红。所有浆膜表面均可见出血。纤维素性渗出物覆盖肿胀和充血的肝脏，胆囊呈现典型水肿。肝细胞、血管内皮细胞和巨噬细胞内可见大的特征性核内包涵体。

有些患有ICH的恢复犬，由于免疫复合物沉积在眼睫状体而表现眼部病变。恢复后1～3周，由于免疫复合物沉积可引起间质性肾炎。

感染后机体的反应 不管发病严重与否，患有ICH的恢复犬可获得高滴度的CAV-1中和抗体，均能产生长期或者终生免疫。

实验室诊断

特异性诊断主要依靠血清学诊断和病原学诊断。血清学诊断（补体结合试验、血凝抑制试验或酶联免疫吸附试验）可揭示CAV-1特异性抗体滴度升高。病原学诊断可从感染组织进行病毒分离和聚合酶链式反应（PCR）检测病毒核酸，也可利用CAV-1特异性抗体进行免疫组化染色来检测病毒抗原。患病动物死前，眼和咽拭子、粪便及尿液均可用于病毒鉴定。

治疗和控制

发生犬传染性肝炎后可采用对症支持治疗。控制本病的根本措施是接种疫苗，对受感染的场所进行严格的卫生消毒，同时加强暴露犬的检疫。可用的疫苗包括灭活疫苗和修饰的活疫苗。犬腺病毒2型疫苗可诱导抗犬腺病毒1型的异源保护作用，不会诱发因免疫复合物沉积而引发的葡萄膜炎，而其他修饰的活疫苗往往引发葡萄膜炎。中和抗体水平的高低是决定免疫预防成功与否的关键，因此给幼犬免疫时必须特别关注母源抗体的干扰。

● 犬腺病毒2型

CAV-2已从患急性咳嗽的犬体内分离获得，是引起犬传染性气管支气管炎（犬窝咳症）重要的传染性病原之一。试验感染犬腺病毒2型可引起轻度咽炎、扁桃体炎和气管支气管炎，病毒可在呼吸道持续存在28d。与CAV-1不同，CAV-2感染不产生广泛性疾病，不从尿液排毒，不产生肾病和眼病。CAV-2与CAV-1在抗原性上相关，已经开发出了CAV-2疫苗，可用于免疫预防CAV-1，且该疫苗不会引发接种后的眼病。

● 牛腺病毒

牛腺病毒（bovine adenoviruses，BAV）目前分为10个血清型（BAV-1～BAV-10），其中BAV-3和BAV-5比其他血清型具有更强的致病性。BAV仅能引起年龄非常小的牛或免疫抑制牛产生典型的肺炎或肠炎。BAV常从表现为健康的牛体中分离获得，血清学调查显示全球广泛存在无症状或亚临床的BAV感染牛。BAV-3能够使易感牛产生轻微的肺炎，引起肺气道末端上皮细胞坏死和坏死性细支气管炎，在感染的上皮细胞内可见典型的核内包涵体。

免疫功能正常的犊牛在接种BAV后的10～14d内可产生中和抗体，自然感染牛能产生长期的免疫力。对BAV感染的诊断需要进行病毒分离或血清学试验。BAV可从直肠、鼻腔和眼结膜拭子中分离获得。大多数血清型的BAV需要盲传几代后才能产生特征性的细胞病变。

尽管在美国还没有注册的疫苗，但在欧洲存在有限使用的预防BAV-1、BAV-3和BAV-4的疫苗。

● 马腺病毒

健康马感染腺病毒很少发生呼吸道病，且免疫功能正常的马驹多呈现亚临床或无症状感染。然而，有严重联合免疫缺陷（severe combined immunodeficiency，SCID）的阿拉伯马驹对马腺病毒1型高度敏感，可导致迁延性呼吸道疾病，表现为咳嗽、呼吸困难和发热。这些马驹还可发生全身性的腺病毒感染，侵害多种器官和组织。

血清中和试验表明马腺病毒有2个血清型。实验室诊断可以采集感染组织、鼻腔拭子及眼拭子，然后接种马胎肾细胞或马胎真皮细胞培养物进行病毒分离。对分离病毒可用电子显微镜观察鉴定。感染组织中的病毒可用免疫荧光和免疫组化试验进行检测。PCR可以检测腺病毒的核酸。血清学诊断可用病毒中和试验和血凝抑制试验检测血清抗体的存在及抗体滴度的升高。没有商品化的疫苗。

● 绵羊腺病毒

绵羊腺病毒已经从表现健康绵羊的粪便和表现呼吸道疾病的羔羊中分离获得，已鉴定了6个血清型。由于感染绵羊均表现轻微的或不明显的呼吸道或胃肠道感染，因此大部分绵羊腺病毒的致病作用还不确定，但有散发病例报道。羔羊可暴发严重的腺病毒感染，导致肺炎和肠炎，特别小的羔羊可引起全身性感染。

● 鹿腺病毒

最近鉴定出了一株独特的腺病毒，其可引起长耳鹿（包括黑尾鹿）致命的全身性出血性疾病。最初是在北美洲（加利福尼亚州）广泛暴发了长耳鹿致死性疾病，包括圈养与放养的鹿，随后在更广泛的地区发生疾病，而且在驼鹿中也出现了类似的疾病。这株致病性腺病毒具有独特的基因型，血清型与牛腺病毒和山羊腺病毒相关，因此建议把鹿腺病毒和牛腺病毒4型、鸭腺病毒1型、其他一些腺病毒归类于腺胸腺病毒属。鹿腺病毒感染内皮细胞，随后形成血栓，从而引起局部或全身性血管损伤，导致严重的肺水肿、口腔和胃肠道溃疡及广泛性出血。感染鹿的死亡率很高，尤其是1岁以内的幼鹿。病毒可在原代鹿呼吸道上皮细胞中增殖，但诊断基于特征性肉眼和组织学病变，针对BAV的抗血清免疫组织化学染色及电子显微镜检查。

● 禽腺病毒

腺病毒感染家禽和其他鸟类，呈全球性分布。常从表现健康的鸟类中分离到，但禽腺病毒感染也引起特异性疾病，如减蛋综合征，家禽和野禽均可发病，产软壳蛋或无壳蛋。火鸡出血性肠炎和雉鸡大理石样脾病是两种相似的疾病，感染禽都出现肠道出血和脾脏肿大，而引发这类疾病的禽腺病毒则被归类于唾液酸酶腺病毒属。禽腺病毒可引起3~7周龄肉鸡的包涵体肝炎和鹌鹑支气管炎，还能引发雏鸡很高的死亡率。禽腺病毒4型感染可引起一种相对较新的肉鸡心包积液综合征或安加拉病，能引起3~5周龄的鸡死亡，死亡率高达75%。

鹦鹉感染腺病毒后表现精神沉郁和泄殖腔出血性腹泻，可死于围场内。其肝、脾、肾、肺和胃肠道都有病变，可观察到嗜碱性核内包涵体，并伴有肝和脾的坏死性病变。

(朱远茂 译，刘家森 校)

第53章 疱疹病毒科

几乎在所有被调查的物种中都发现了疱疹病毒，并引起除绵羊外其他家畜的重大疾病。疱疹病毒之间在包括致病性和致瘤能力等生物学特性上存在很大的不同。疱疹病毒在形态上很相似，都有一个双股DNA核心和一个由162个衣壳体组成的二十面体衣壳，外层被球状蛋白组成的粒状区域（外皮层）和脂质囊膜包被（图53.1）。疱疹病毒基因组较大，长为125～290kb，并编码许多不同的蛋白质，包括病毒复制相关蛋白、病毒结构蛋白，以及一些与调节细胞生长和宿主抗病毒反应相关的蛋白。

疱疹病毒复制和衣壳包装在细胞核中进行，囊膜通过内层核膜出芽的形式获得。核内包涵体的出现是疱疹病毒感染的典型特征（图53.2）。感染疱疹病毒导致病毒终生潜伏感染、随后的复发并且伴有间歇性或持续性地排毒。

疱疹病毒离开宿主不能存活。传播通常需要密切接触，但在畜舍等动物活动密集场地的呼吸道飞沫对疱疹病毒的传播也起到很重要的作用。该病毒在阴凉、潮湿的环境下能够存活更长时间，而且潜伏感染的动物常常作为病毒传播的主要传染源。

疱疹病毒已被分成3个不同科的疱疹病毒目：疱疹病毒科，包括鸟类、哺乳动物和爬行动物疱疹病毒；异疱疹病毒科，可以感染鱼类和两栖类物种；软体动物疱疹病毒科，只含有1种从牡蛎中分离的疱疹病毒（牡蛎疱疹病毒1型）。疱疹病毒科根据其不同的感染宿主范围、复制持续时间、生长周期和潜伏感染等特征分为3个主要的疱疹病毒亚科：α-疱疹病毒亚科、β-疱疹病毒亚科、γ-疱疹病毒亚科。α-疱疹病毒亚科在细胞培养中能够产生较为严重

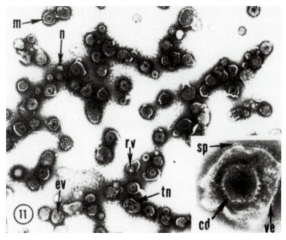

图53.1 牛传染性鼻气管炎病毒负染电镜图片
n，核衣壳；ev，囊膜；rv，囊膜病毒粒子；tn，双核衣壳 17000×。插图：带有囊膜的完整病毒粒子。sp，病毒纤突；cd，病毒核心；ve，病毒囊膜。10 000×（引自Talens和Zee，1976）

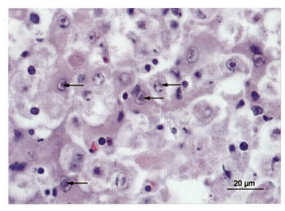

图53.2 肝脏显微图片（100×）苏木精-伊红染色
箭头表明几个核染色质组成的细胞和核内包涵体（引自Robert Donnell）

的细胞病变，拥有较短的复制周期（24h），随后在感觉神经中潜伏感染。大部分的α-疱疹病毒亚科病毒具有宿主依赖性，这可能是由于它们与宿主长期进化的结果。β-疱疹病毒亚科病毒具有较为广泛的宿主感染范围和较长的复制周期，感染后细胞增大（巨细胞瘤），因此它们也被称为巨细胞病毒；另外，β-疱疹病毒亚科病毒可以在很多组织中潜伏感染，包括分泌腺和淋巴组织。γ-疱疹病毒亚科病毒除了少数病例外，大部分对B淋巴细胞或T淋巴细胞具有趋向性，在原淋巴细胞中复制，同时也能引起上皮细胞或者成纤维细胞产生裂解性感染，随后通常会进入长期的并且病毒基因组很少表达的潜伏阶段，而且病毒通常潜伏在淋巴组织中。γ-疱疹病毒亚科病毒宿主范围很窄，通常每种病毒都会有特有的宿主。

● 马疱疹病毒

α-疱疹病毒亚科病毒和γ-疱疹病毒亚科病毒都在马属动物中被发现。从驯养的马体内分离出的α-疱疹病毒亚科病毒有马疱疹病毒Ⅰ型（EHV-1，马流产病毒）、EHV-3（马交媾疱疹病毒、马鼻肺炎病毒）。另外，从驴体内也分离出了α-疱疹病毒亚科病毒，包括EHV-6（驴疱疹病毒Ⅰ型）和EHV-8（驴疱疹病毒Ⅲ型）。Ⅰ型驴疱疹病毒能引起病症，和EHV-3相似，Ⅲ型驴疱疹病毒与EHV-1相似。另外，这些病毒除了感染驴以外，也能够感染斑马、野驴等。其他的马属动物疱疹病毒还有EHV-9，该病毒首次从亚马孙瞪羚羊体内分离出来，其基因型与EHV-1较为相似，感染马属动物后通常引起较轻病症或者无病症，斑马是EHV-9的自然宿主和主要传染源。EHV-9在非马属动物中能够引起神经性疾病，在长颈鹿和北极熊中能够引起脑炎。

马疱疹病毒1型（马流产病毒，EHV-1）

疾病 EHV-1感染能够引起母马流产、呼吸道疾病和偶尔的神经症状。母马流产可能发生在妊娠期的前4个月，但通常会使母马在第7~11个月无任何先兆的情况下发生流产。感染的马驹通常身体较弱，基本上会在2~3d内死亡。由EHV-1引起的呼吸道症状以发热、咳嗽、不同严重程度的流鼻涕、眼角分泌物增多等为主要症状。在人工感染的情况下，EHV-1能够比EHV-4引起更为严重的呼吸道症状。马疱疹病毒脑脊髓病（equine herpesvirus myeloencephalopathy，EHM）常伴有各种神经症状，包括共济失调、四肢麻木、跛行甚至死亡，不同程度的神经症状也跟EHV-1不同的毒株有关。EHM是EHV-1引起的不太常见的病症，但最近该病的发生呈现上升趋势，并且会引起很大的损失。另外有研究证明，可引起神经系统疾病且具有遗传倾向的EHV-1毒株的流行率在持续增加，并有可能引起更大的EHM的暴发。

病原

理化和抗原特性 马属疱疹病毒有一般疱疹病毒的形态和结构，所以形态学上不能将它们区分。但是通过血清学方面的试验，利用它们抗原型的差异可以将它们区分。

对理化因素的抵抗力 马科疱疹病毒对酸性（pH = 3）和干燥环境敏感，56℃ 30min、普通的清洁剂和消毒剂都能将其灭活。

对其他物种的感染性及培养系统 EHV-1通常只感染马，但其也能引起骆驼科动物的玻璃体炎、视网膜炎、视神经炎等眼病，严重时可能导致失明。EHV-1也能引起其他一些物种的脑炎并导致感染动物的急性死亡。妊娠的牛和斑马感染EHV-1后会流产。

EHV-1能在马肾、兔肾及鼠成纤维细胞上培养，并引起细胞病变和核内包涵体。

宿主-病毒相互关系

疾病分布、传染源和传播途径 EHV-1在野生马中广泛传播。病毒几乎主要在马之间传播，但犬、狐狸及一些食腐肉的鸟采食流产的胎儿也可能发生感染，并会使病毒在不同农场之间传播。直接接触携带病毒的流产胎儿或者胎盘可能引起病毒的传播，直接接触病马和接触病马污染物的饲养员被认为是主要的传播途径，相比以上两个方面，空气传播就显得不那么重要了。

发病机制和病理变化 感染初期，EHV-1主要在上呼吸道上皮细胞和局部淋巴结中复制，并引起白细胞相关的病毒血症。在急性感染病例中，这种通过EHV-1在母马子宫血管内皮细胞和中枢神经系统中复制引起的白细胞相关的病毒血症是引起母马流产和EHM的先决条件。EHV-1在子宫内皮细胞中的大量感染能够引起严重的子宫内膜血管炎和多处血栓，进而引起病毒阴性胎儿流产。不太广泛的子宫血管病变能够导致病毒突破胎盘屏障，引起胎儿病毒感染性流产。母马妊娠后期的短期感染可引起早产，产出已被感染的马驹，通常这种早产马驹在出生数天后死亡。由于不同EHV-1的毒株引起不同严重程度的病毒血症和血管内皮细胞感染，因此不同毒株引起母马流产的严重程度也不同。

从宏观的角度，感染病毒的胎儿最突出的病变包括黏膜出血，黄疸，皮下及胸膜水肿，明显的淋巴滤泡肿大，脾脏、肝脏局灶性坏死。组织学上，有毛细支气管炎，肺炎，脾白髓的严重坏死，局灶性肝坏死，都伴随着核内包涵体。小于3个月的胎儿感染病毒后症状很少或没有。然而，在妊娠的最后4个月，感染病毒的胎儿会表现出明显的症状，病毒感染7个月以下的胎儿所引起的损伤明显小于较大点的胎儿。病毒损伤程度代表胎儿对病毒的反应能力。

EHM的神经症状不是由感染病毒对神经元或神经胶质细胞的损伤引起的，是由于病毒在中枢神经系统血管内皮细胞的大量复制引起弥散性多灶性脑脊髓病进而继发血管炎、出血和血栓等，最终引起缺血性神经元损伤。病灶的损伤和神经症状的严重程度与中枢神经系统感染病毒的程度有关。最初的临床症状表现为下运动神经元的功能缺陷，包括排尿困难、便秘、会阴痛、阴茎突起、从轻度共济失调到严重瘫痪的运动功能障碍，以及可能的四肢瘫痪。当大脑皮层和脑干发生脑炎时抽搐就可能发生。

感染后机体的反应 病毒感染后能够在淋巴细胞中维持9d。妊娠母马在感染后90～120d可能发生流产。补体和病毒中和抗体都会在感染马的血清中出现。在一般情况下，补体结合抗体会在感染的6个月后出现，比病毒中和抗体的持续时间要长一些。IgG抗体只能中和病毒的囊膜蛋白，而对病毒核衣壳蛋白不起作用。EHV-1的攻毒试验结果表明，病毒中和抗体滴度和感染后的病毒血症存在显著的相关性。EHV-1在感染马的整个周期中基本上都在细胞内，所以中和抗体在控制细胞相关的病毒血症上所起到的作用很有限。在实验室条件下，对体内含有EHV-1抗体的妊娠母马攻毒EHV-1同样可能引起其流产。

同样，在接种神经致病性的EHV-1之前体内抗体的滴度与接种后的保护没有相关性。尽管控制EHV-1引起的神经性疾病的特定免疫机制在很大程度上还是未知的，但有些数据表明，较高的针对EHV-1的记忆性T淋巴细胞水平对EHM的保护具有很重要的相关性。之前的研究也表明，较高水平的记忆性T淋巴细胞对防治由EHV-1引起的母马流产也起到很重要的作用。EHV-1的神经致病性毒株比非神经致病性毒株的复制效率更高，并且病毒感染在体内的病毒载量是EHV-1引起中枢神经疾病的重要因素，细胞毒性T淋巴细胞在限制EHV-1病毒血症的免疫作用中起到很重要的作用。

实验室诊断 针对流产病例，诊断主要基于在胎儿的肝、脾、肺与胸腺等器官中存在核内包涵体的特征性病变。这些组织中含有大量的病毒，可以通过免疫荧光或免疫组化染色的组织切片来证实病毒是否存在。通常对疑似EHM的马进行大脑和脊髓的组织病理学检查来确诊EHV-1感染。脊髓和脑部的小血管发生血管炎和血栓的病变是一致的，对中枢神经系统的病毒检测是通过免疫组化、原位杂交和PCR来实现的。最终对流产症状确诊EHV-1感染是通过病毒分离的方法，但从EHM病例的神经组织中很难分离出病毒。

PCR技术具有较高的敏感性和特异性，已成为实验室诊断的首选。对EHV-1的常规PCR实验室检测通常采用鼻咽拭子或抗凝血样品。EHV-1 DNA聚合酶基因可变区（ORF30）参与病毒在细胞内的起始复制，该片段与EHM相关。基于ORF30开发的PCR诊断方法能够区分EHV-1神经症状型EHV-1和非神经症状型不同毒株（Allen，2007）。然而，从患有EHM的病例中分离出EHV-1有14%～24%没有神经致病性症状，因此需要对不同的病毒分离株进行进一步的基因分型（Nugentet等，2006；Perkins等，2009）。不同EHV-1毒株具有不同的神经致病性特征，感染EHV-1神经致病性特征的毒株比感染非神经致病性毒株产生神经症状的可能性要高出162倍。

对7～21d收集的处于急性期和恢复期的样品进行血清中和抗体试验显示，血清中和抗体滴度增加4倍或者更高才能确定病毒感染。对于母马抗体滴度的上升只能推测感染，而不能确定感染。另外，病毒感染后抗体滴度会快速上升，并在神经症状出现前达到高峰，所以很多患有EHM的马血清中的抗体滴度并没有上升4倍。

治疗和控制　虽然目前商品化的改进型活疫苗和灭活疫苗在广泛应用，然而并不能阻止病毒感染、病毒血症及潜伏感染的建立。定期接种疫苗的母马已经被证明可以降低由EHV-1病毒引起的流产风险，但目前没有疫苗能够预防EHM的发展。间隔3～5个月定期给马接种灭活疫苗或改性型活疫苗可以预防EHV-1病毒的感染。为了通过接种疫苗达到预防由EHV-1病毒引起的脑脊髓炎的效果，疫苗必须能够刺激马的免疫应答使细胞毒性T淋巴细胞产生功能效应。养殖人员必须要有一个概念，要通过提高群体免疫力来保护个体，而不是期望主治兽医通过给予一支当前可用的疫苗切实保护一匹马不发展为潜在的致死性EHM。

因此，疾病控制措施是防止病毒传播的重要措施。隔离饲养传种母马群和马驹群，限制引进和输出；将妊娠母马的压力降到最低；并且将妊娠母马隔离饲养。这些措施可以用来预防流产疾病的发生。

众所周知，EHM马鼻分泌物中含有大量复制病毒，并且这些分泌物特别有助于疾病在其他易感个体中传播。因此，必须要尽快将被怀疑患有EHM的马进行隔离饲养，直到被证明长达21d无临床症状为止。EHM的治疗是具有挑战性的，并且治疗结果不好会直接导致患病马严重的神经功能缺损。由于没有具体的治疗方法，因此对患病马加强饲养管理、增加营养保健和减少神经系统炎症是可行的。保持长久站立的患病马预后良好，并且病情缓解一般在几天内就会看到，但是一些马可能会有神经功能缺失的后遗症。

马疱疹病毒2型

疾病　EHV-2在全世界广泛存在并且已经从亚临床症状和患病的马中分离出来，是从急性和慢性咽淋巴滤泡增生病例中分离出来的。EHV-2不仅会引起马的轻度呼吸系统疾病和胃溃疡，还会使马驹患有肺炎和角膜结膜炎。另外，EHV-2还会引起肉芽肿性皮炎和流产。EHV-2在疾病中的作用很值得人们怀疑。EHV-2能否致病是不确定的，因为在马群中到处存在着病毒。γ-疱疹病毒亚科病毒最适合在天然宿主中生存，这就意味着很少会发生感染后的重要临床表现。

病原

理化和抗原特性　EHV-2是一种典型的γ-疱疹病毒亚科病毒。

对理化因素的抵抗力　该病毒在环境中不稳定，会被热、干燥、清洁剂和消毒剂所破坏。

培养系统　原代兔肾脏细胞、马真皮细胞及仓鼠胚胎都可以用来分离病毒。

宿主-病毒相互关系

疾病分布、传染源和传播途径　EHV-2已经在世界范围内从马中分离得到。97%的马在1周龄内会产生抗EHV-2抗体，并且研究证明EHV-2可以从88.7%的正常马的中性粒细胞中分离得到。同样，从1～8个月大的69匹中的68匹马驹中分离出了病毒。临床上无症状的马和发病的马可以作为病毒的储存库。给小型试验马接种EHV-2后，该病毒会在感染后118d再激活。该病毒潜伏在B淋巴细胞中，在感染或复发后可以从鼻咽拭子中分离到。在感染EHV-2的早期，小马驹抵抗EHV-2的能力最强，但随着年龄的增长而减弱。

发病机制和病理变化　目前有关EHV-2的发病机制知之甚少。感染起始于扁桃体，并在发生病毒血症和细胞联合的部位复制。尽管有母源抗体存在，但小马驹也可能会被母马所感染。该病毒能够通过水平传播感染非接触的马驹。基因序列的异质性存在于不同毒株间，而且不同的个体每次可能会感染不仅一种毒株。一项研究表明这种异质性可能是由于阳性选择，在中和区域中产生变异。然而，毒株的变化和病毒载量与疾病的临床表现没有关系。一项最近的研究表明，由EHV-2引发的疾病可能是免疫介导的，就像是传染性单核细胞增多症就是源于相关的γ-疱疹病毒亚科病毒、Epstein–Barr病毒（人疱疹病毒Ⅳ）一样。个体马驹发热会引起EHV-2在PBMC中的免疫应答增加，但效果不很明显。小马驹几个方面的免疫应答及EHV-2感染状况与小马驹的临床疾病无关。

实验室诊断　没有与EHV-2感染相关的明确的诊断特征。该病毒可以从鼻咽拭子及血液白膜中分离，也可以通过PCR进行鉴别。在培养过程中EHV-2会缓慢引起CPE，仅通过复制特性不能与EHV-5等其他马γ-疱疹病毒亚科病毒相区别。由EHV-2引起的CPE通常会在感染后的12～21d内检测到。

治疗和预防　目前针对EHV-2还没有防控方法和疫苗。

马疱疹病毒3型（ECE病毒）

疾病　ECE是由EHV-3引起的一种急性传播性疾病，在临床上以在种公马的阴茎包皮，以及母马的前阴、会阴上形成丘疹、小囊疱、脓疱、溃疡为特征。这些病症通常在感染后14d左右消失。由ECE病毒造成的症状很少发生在嘴唇、外鼻孔、鼻黏膜以及眼结膜上，该病毒不会引起全身症状，也不会引起不孕和流产。该病毒对感染的动物（特别是良种繁育）会引起很多消极影响，使得交配活动暂时中断，造成医源性EHV-3的传播风险，引起人工授精和胚胎转移设施中ECE的暴发，这些影响可能造成严重的经济后果。

病原

理化和抗原特性　EHV-3是一种典型的α-疱疹病毒亚科病毒，并且其抗原、基因和致病性不同于其他马疱疹病毒。

对理化因素的抵抗力　该病毒在自然环境中稳定，但会被高温、干燥、洗涤剂及常用消毒剂所破坏。

对其他物种的感染性及培养系统　该病毒以马为唯一宿主，并且EHV-3只能在马源细胞中复制。

疾病分布、传染源和传播途径　1968年，EHV-3在1968年同时在北美洲和澳大利亚被首次分离，并且广泛流行于全世界的繁育种群。EHV-3常见的传播途径是交配传播，但是也可以通过交配以外的途径传播。EHV-3能够通过与射出的精液相接触的人工阴道或阴茎套传播，因此也可以通过新鲜的或冷冻的精液传播。感染也可以通过污染物，或者昆虫也可以作为EHV-3传播的载体。外阴和阴道在不损坏的情况下也会感染EHV-3。这就说明对于一些感染EHV-3的公马和母马，EHV-3在非繁殖季节潜伏，在繁殖季节重新被激活。EHV-3在体内的潜伏感染部位目前还不清楚，但很可能是在坐骨神经和骶神经节细胞建立潜伏感染。

发病机制和病理变化　病毒复制仅限于皮肤和皮肤黏膜边缘的表皮复层上皮组织。由溶血性病毒感染引起的上皮破坏可导致剧烈的局部炎症反应，形成ECE的特征性皮肤损伤。显微镜下外阴组织的表皮糜烂，在生发上皮或者在坏死区域核残留物中偶尔会有典型的核内包涵体弥散。

感染后机体的反应　目前对EHV-3的免疫反应还没有详细的研究。马通过产生血清补体固定（CF）和病毒中和（VN）抗体对感染EHV-3产生免疫应答，可以在感染后14～21d到达最高水平。

实验室诊断　ECE对母马和种马产生的特征性病变足以作为临床诊断的依据并且可以确诊，可以通过在实验室分离病毒做出初步诊断。通过PCR检测EHV-3 DNA或者在配对血清样本中显示血清阳转或者是抗体效价上升4倍或更多都可以确诊。休眠病毒的活化可以使抗体滴度降低。

治疗和控制　目前还没有商品化的ECE疫苗，也没有通过疫苗接种预防疾病发生的研究。预防措施主要有：每天用消毒剂对污染区域进行消毒，用消炎药来减轻炎症反应，用抗生素来避免细菌继发感染。ECE发生的2～3周内可以康复且不会留下永久性后遗症。为达到预防ECE的目的，在配种前需要检查种马和母马；但是休眠病毒的激活是无法预防的，并且亚临床症状的马可通过排泄物扩散病毒，控制养殖场所ECE暴发的基本措施是控制传染源。具有临床症状的动物不能生育，直到病变消失并且病毒排泄停止。通过新临床病例的早期诊断和严格遵守卫生程序来预防病毒的传播。

马疱疹病毒4型（马鼻肺炎病毒）

EHV-4感染的临床症状主要表现在母源抗体保护效果减弱的小马驹和年轻的马上。但是历史上马鼻肺炎的临床状况与EHV-1相关，这个专业术语现在已改为EHV-4。症状通常包括乏力和体温高达40.6℃以上，这些症状可以持续2～5d；后期会流脓性鼻涕，结膜充血，一部分还会出现下颌淋巴结肿大。鼻腔中细菌增殖也可能是引发马鼻肺炎的因素。马流产散发病例也与这种病毒有关。相较于EHV-1，EHV-4的发病机制还没有研究。白细胞相关病毒血症不是EHV-4感染的特性。介质遍布全世界，但很少是隔离开的。EHV-1和EHV-4有许多共同抗原，这就导致在这些病毒间存在许多血清交叉反应，并且预防EHV-4的也可以用来生产EHV-1疫苗。有些疫苗可以同时用来预防EHV-1和EHV-4。灭活疫苗和改进型活疫苗可以使用，但效果不很理想。现在利用ELISA是可行的，可以用来在血清学上辨别EHV-1和EHV-4。PCR检测也可以在感染上辨别EHV-1和EHV-4。

马疱疹病毒5型

在一项分离复杂EHV-5的研究中，有几个病毒被发现存在明显不同的基因组和蛋白组成。EHV-5已经作为从呼吸道分离出的病毒被提出来了。新西兰、澳大利亚、美国已经从外周血淋巴细胞和临床正常成年马鼻拭子中分离出了EHV-5。EHV-5在患有临床呼吸道疾病马的取样中培养，与马结节性肺纤维化相关（equine multinodular pulmonary fibrosis，EMPF），一个总的肺部病变和组织病理学特征的新的病理实体。肺间质纤维化的肺泡腔中积累的中性粒细胞，以及在肺泡和气道中积累的巨噬细胞已经被描述。嗜酸性核内病毒包涵体很少出现在巨噬细胞。该病毒在EMPE中引起疾病的作用是不知道的，EHV-5在EMPE的发展过程中可能是病原或辅因子。EHV-5可以在RK13、马胚胎肾细胞、马皮肤细胞及Vero细胞中分离得到。CPE在3～4代出现，以马真皮细胞形成合胞体为特征。

● 反刍动物疱疹病毒

疱疹病毒，以α-疱疹病毒亚科病毒和γ-疱疹病毒亚科病毒为代表，在反刍动物中能够引起多种系统疾病，包括神经系统、生殖系统、胚胎及呼吸系统疾病。感染程度从不明显症状到致命性症状。感染牛的几种疱疹病毒（牛疱疹病毒BHV）都是α-疱疹病毒亚科病毒，包括牛传染性鼻气管炎病毒（BHV-1）、牛乳头炎病毒（BHV-2）及牛脑炎病毒（BHV-5）。BHV-1可以引起牛呼吸道（IBR）和生殖器疾病［传染性脓疱性外阴道炎（infectiaus pustular vulvovaginitis，IPV）］。BHV-4是一种γ-疱疹病毒亚科病毒，但它在引起疾病过程中所起的作用不确定。另一种γ-疱疹病毒亚科病毒，即枭猴疱疹病毒（alcelaphine herpesvirus-1，AIHV-1），是引起非洲恶性卡他热（malignant catarrhal fever，MCF）的原因，与引起MCF的羚羊和绵羊的γ-疱疹病毒亚科病毒Ⅱ（OvHV-2）相关。α-疱疹病毒亚科病毒从山羊（ChHV-1）和鹿（CerHV-1和CerHV-2）中分离得到，并且CerHV-1是引起山羊生殖病的病因。

● 牛疱疹病毒

牛疱疹病毒1型（IBR和IPV病毒）

疾病 BHV-1感染牛后可能表现为眼病、生殖系统疾病及呼吸道疾病。呼吸系统疾病的典型表现为气管炎（IBR），可能引起严重和致命的肺炎，有时还会引发角膜炎和全眼球炎。BHV-1可以感染生殖器，引起包皮龟头炎和阴道炎（IPV）。BHV-1已经从患有乳腺炎的牛可视化损伤的乳房和乳头上分离得到。以前有关于BHV-1的小牛脑膜脑炎的报告现在为BHV-5提供了研究依据。尽管BHV-1很少会到达被感染牛的脑部，但一些关于在牛中发现由BHV-1引起的脑炎已经被报道。

病原

对其他物种的感染性及培养系统 尽管牛是BHV-1感染的主要物种，但是该病毒涉及猪阴道炎与龟头炎，而且已经从死胎中和新生仔猪中分离得到。在北美洲的部分地区（艾奥瓦州和得克萨斯州）在大约11%的猪体内检测到了IBR抗体。该BHV-1已经从红鹿的眼病中分离得到，并且在马来西亚水牛中可以通过类固醇激素激活。BHV-1并不是山羊的一种重要病原。在美国动物园的1 146份圈养动物的血清样品中仅仅有3%含有IBR病毒抗体。

BHV-1可以在各种细胞中生长，包括牛、犬、猫、绵羊、兔、猴及人的细胞，在这些细胞中产生一种特征性的CPE。

宿主-病毒相互关系

疾病分布、传染源和传播途径 BHV-1在世界各地都有发生，但是在欧洲的几个国家已经被根除。野生动物在疾病传播中可能起到一定作用，但是为了防止病毒复发，牛被视为首要宿主。病毒可以通过患病牛的呼吸道、生殖器及结膜分泌物而传播。

发病机制和病理变化 IBR通常在牛场中被诊断出，通过牛与牛之间的近距离接触和呼吸道飞沫传播。该病毒会引起呼吸道黏膜损伤，表现为从局灶性上皮坏死到大面积溃疡出现充血和损伤，并且会被一些由纤维蛋白和细胞碎片组成的假膜覆盖，以至于会引起强烈的炎症反应。损伤诱发牛细菌感染和随后的细菌性肺炎（运输热复合）。在感染后大约2周病毒会在鼻分泌物中复发。虽然很难证明病毒血症，但是在各个器官中试验性的感染弱化了病毒，也许作为一种白细胞相关病毒血症的后果。

结膜炎是BHV-1感染的常见症状，通常情况下动物表现出多泪。BHV-1偶尔感染角膜，导致角膜炎。在一些牛的睑结膜上可看到多灶性淋巴结增生。

生殖器感染在奶牛中最常见，而且很有可能是通过交配传染的，也可能是在人工授精时公牛之间通过接触传播的。用被感染的精液进行人工授精也可能会产生生殖器感染。脓疱及纤维性坏死灶通常发生在母牛的外阴部和后阴道。在被感染的公牛包皮上可以发现类似病变。病变通常在10～14d内逐渐好转，而且很多情况下是亚临床型（呼吸系统疾病会随生殖器隔离而产生生殖器病变，也会导致呼吸分离）。呼吸道和生殖器疾病同时自然暴发是罕见的。患有IBV的妊娠母牛会出现流产，偶尔接种改良活病毒疫苗也会出现流产。潜伏期从感染高峰到胎儿死亡有15～60d。从胎儿死亡出现几天后但未发生流产时，胎儿经常会发生自溶。胎儿水肿，尤其是胎膜，伴随肾周组织出现广泛的出血性水肿。广泛的肾皮质出血性坏死伴随着肝脏局灶性坏死而出现或者出现在淋巴结。一些坏疽可能会在胎盘瘤中看到，这个通常可以作为尝试分离病毒的资源。

在呼吸道和生殖系统疾病发生后，病毒在三叉神经和坐骨神经潜伏，在自然条件下可以通过再激活而向外界排毒，并且伴随糖皮质激素反应。

感染后机体的反应 除了诱导中和抗体外，BHV-1的免疫反应还包括许多方面，其中大部分免疫反应针对病毒表面的糖蛋白。IgG和IgM在感染后7d出现。

实验室诊断 纤维坏死的斑块通常出现在患有IBR的牛外鼻孔和鼻中隔，是用来分离病毒的好资源。通过观察多病灶白色病变的睑结膜可对结膜组织进行初步诊断。如果没有病变，那么分离病毒或者PCR观察病毒DNA是必须的。该病毒能够容易从结膜拭子中分离得到。当胎儿发生自溶时，流产很难诊断出来。如果胎盘是可用的和相对新鲜的，那么可以试着从胎盘瘤中分离病毒。通过对流产的胎儿组织进行免疫组织化学染色和PCR检测病毒DNA来进行诊断。基于血清学的诊断是困难的，因为动物每次流产都会产生很高的滴度，无论什么原因要证明滴度上升是很困难的。通过PCR技术检查精液中的BHV-1是可行的。

治疗和控制 被修饰的活疫苗和灭活疫苗均可用于BHV-1且在以BHV-1为地方病的地区中被广泛使用。试验性的重组DNA疫苗也已经被开发。饲养动物应在交配前接种以防止流产。断奶和运输前接种对在紧急情况下保持群体免疫也是很有用的。接种疫苗虽然不能预防但确实降低了发病率和疾病的严重程度。

净化 欧盟的几个国家（丹麦、芬兰、瑞典、瑞士、奥地利、意大利）已经成功地消灭了BHV-1或实现一个欧盟批准强制程序（德国）。在这些地方弱毒苗和野毒苗被禁止使用，而且严格限制进口，目的是为了防止再次引入病毒阳性动物和胚胎或者是阳性公牛的精液。

牛疱疹病毒2型（牛乳头炎病毒）

BHV-2已经从患有全身性皮肤病（伪块状皮肤病）、乳腺炎、口腔炎的牛中分离得到。BHV-2能在许多细胞中复制，但在牛肾细胞中培养应用最广泛。黄牛是主要感染的动物，而绵羊、山羊和猪则会产生轻度试验性疾病。

在美国、澳大利亚及非洲、欧洲，BHV-2已经从牛皮肤和膜感染中分离得到。最初的病毒是从南非患有全身性皮肤病的黄牛中分离得到的，随后这种病又被成为伪块状皮肤病。由BHV-2引起的乳腺炎在非洲和英国都有报道，随后传到美国。报道称，牛和牛犊的口炎与患有乳头炎的牛哺乳有关。该病毒可以通过挤奶、昆虫及潜伏期病毒的激活等方式传播。静脉暴露会引起全身性皮肤损伤，核内包涵体和合胞体增多会导致严重的间质水肿的病理变化。由单核和淋巴细胞真皮血管周围浸润可导致表皮单核细胞和中性粒细胞浸润。

伪块状皮肤病和乳头炎可以根据临床症状及进行细胞培养分离病毒来做出初步诊断。血清学上的配对样本能够证明抗体的增加。

牛疱疹病毒4型

BHV-4组成了γ-疱疹病毒亚科病毒群，该病毒群的病毒是从具有不同临床综合征和正常的牛中分离出来的。它们的作用机制尚不清楚。只有DN-599毒株被报道能引起结膜炎和呼吸道疾病。与该毒群相关的病毒反复从患有子宫炎的北美洲黄牛中分离得到，而且有可能引起小母牛的阴道炎。该病毒与这些病之间的因果关系不清楚，将其接种到易感牛中则牛不会发病。北美洲毒株与欧洲毒株密切相关。因为病毒再激活出现在其他炎症反应之后，所以该病毒感染后会出现潜伏感染。

牛疱疹病毒5型

牛疱疹病毒5型是α-疱疹病毒亚科病毒中引起年轻牛非化脓性脑膜脑炎的病原，在抗原和基因上相近于牛疱疹病毒1型。尽管有报道声明欧洲发生了一例与牛疱疹病毒5型相关的病例，也曾报道美国及澳大利亚也暴发过由牛疱疹病毒5型引起的疾病，但当前牛疱疹病毒5型感染病例主要分布于南美洲，尤其是在巴西和阿根廷。然而，由于这个病毒与牛疱疹病毒1型关系密切，当前可用的血清学试验并不能区分这两个病毒的抗体，因此牛疱疹病毒5型感染的真正的流行情况是未知的。PCR方法能区分两种病毒，抗体也用于区别不同的血清型。牛是该病毒的自然宿主，潜伏期感染的牛能携带病毒。牛疱疹病毒5型自然感染产生的抗体也曾在绵羊体内分离得到。基于试验证据，绵羊和山羊可能是病毒的携带者，目前很少有关牛疱疹病毒传播的资料。病毒DNA和感染性病毒曾在亚临床感染的公牛精液中被检测到。牛疱疹病毒5型最初入侵部位的上皮细胞完成最初的复制后，病毒可能通过3种方式传播，正如前面描述的牛疱疹病毒1型的3种途径，分别是局部传播、通过病毒血症全身传播和神经元传播。由病毒血症引起的全身性感染并不是牛疱疹病毒5型发病机制的重要组成部分，牛疱疹病毒5型既能诱发亚临床感染，也能引起成年牛的中等严重疾病。然而，该病毒能诱发年轻牛（6个月以内）致命的脑炎。尽管牛疱疹病毒5型和牛疱疹病毒1型关系密切，但这两种病毒在神经侵蚀和病毒毒力上并不相同。牛疱疹病毒1型通常局限于最新感染的三叉神经元，后继感染也在该范围内，然而牛疱疹病毒5型能够感染大脑的不同区域。牛疱疹病毒5型感染导致的肉眼可见的主要病理变化包括薄壁组织软化、前额或腹侧区脑膜局灶性出血、脑桥和左顶叶的出血灶。严重的呼吸道病变，如鼻塞、皮下出血及咽喉部黏膜充血，同时也能观测到支气管肺炎。牛疱疹病毒5型能够在没有临床症状的情况下重新激活和排出体外，感染牛表现出同严重感染病牛相似的脑炎临床症状。由于特异性牛疱疹病毒5型疫苗目前仍然处于试验阶段，因此牛疱疹病毒1型疫苗的应用被认为是抵抗牛疱疹病毒5型感染的最好选择。然而，一些研究表明，牛疱疹病毒1型疫苗很难诱导对牛疱疹病毒5型感染的完全保护。

ALCE疱疹病毒1型和绵羊疱疹病毒2型（MCF）

MCF是一种牛科和鹿科动物的严重感染，呈现出两种不同的流行形态，包括羚羊相关MCF和绵羊相关MCF。ALCE疱疹病毒1型（AIHV-1）能够引起羚羊源型（或者非洲型）MCF，在牛或者其他易感野生反刍动物与羚羊混合放牧时会发生。这种疾病的形式发生在非洲，曾在养殖有蹄动物的非洲动物园中被发现。绵羊相关疱疹病毒在非洲以外的牛、北美洲野牛及鹿群中都有感染的报道，也在动物园中从与绵羊接触过的动物中发现。尽管还没有分离到绵羊相关型MCF的病原因子，但感染免疫疱疹病毒2型（OHV-2）的绵羊能将MCF通过气溶胶和鼻分泌物传播到牛或野牛群中，这暗示着OHV-2是导致该种形态的MCF的原因。OHV-2的基因组全序列已经被测序，与AIHV-1的基因组相关密切。AIHV-1和OVHV-2都属于γ-疱疹病毒亚科病毒，并且都没有被认为是它们的自然宿主羚羊和绵羊的主要致病因子。

AIHV-1 MCF与羚羊和牛在羚羊产犊期间混群有关。新生的牛羚在3月龄前能够通过鼻腔和眼睛分泌物排泄病毒。病毒的排出也发生在成年牛羚分泌皮脂的过程中，目前没有证据表明OVHV-2的先天性感染；相反，羔羊在第1年中呈现易感性，5月龄之后就不再特征性排毒。尽管牛中绵羊相关型MCF与羔羊相关，但新生羔羊不像新生羚羊那样起病毒传播的作用。研究表明，所有的美洲家养绵羊都携带OVHV-2。由于牛与牛之间的传播并没有被阐述，因此牛被认为是OVHV-2的终末宿主。

AIHV-1和OVHV-2均能在牛中产生相似的疾病临床症状。感染的动物呈现出黏液性鼻水、眼睛分泌物和双侧眼膜浑浊。也可能出现由弥散的充血和唾液的多重侵蚀导致的口腔损伤。中枢神经紊乱和腹泻是常见现象。

组织病变主要是淋巴组织增生性紊乱，以血管周围单核细胞浸润、血管炎坏死和组织淋巴样浸润为特点，导致扩大的、水肿的和潜在出血性淋巴结。免疫球蛋白的沉积物和互补成分在感染牛肾小球中被发现，提示有免疫介导性疾病。动物通常在临床症状出现后2～7d内出现死亡。病史、临床症状和组织病理学能够帮助诊断MCF。AIHV-1的诊断可能被用来从血淋巴细胞分离病毒，或者使用PCR的方法检测病毒DNA，OVHV-2还没有从细胞培养中分离出来，但病毒DNA已经通过PCR的方法从感染动物组织中被检测出来。当前没有MCF可用的疫苗，所以防控要点主要在于防止易感宿主与病毒携带者之间接触。

OVHV-2相关MCF也在猪中有过报道。在无明显症状的野猪血液和精液中检测到了病毒DNA，也从发病母猪和小猪体内检测到了MCF，这些感染可能是通过人工授精传播的。患病母猪和小猪的发病症状包括精神抑郁、高热、厌食、流产等，通常伴随一些神经症状包括共济失调、颤抖、抽搐、攻击行为及死亡。存活下来的猪前肢瘫痪。猪是该病原的终末宿主，并不传播病毒。

山羊疱疹病毒Ⅰ型

山羊疱疹病毒Ⅰ型（CpHV-1）属于α-疱疹病毒亚科病毒，在世界范围内的山羊养殖中传播。血清反应呈阳性的山羊及相关疾病的流行情况在美国均未知。CpHV-1在基因型和抗原型上均与BHV-1相关，尽管该病毒能够感染牛，但它与牛的疾病没有相关性。

CpHV-1能广泛诱导1～2周龄幼崽致死性感染。大体的损伤局限于瘤胃、盲肠及结肠坏死和溃疡。在坏死部位附近能观察到核内包涵体。成年山羊感染，呈温和型或者临床症状不明显，呈现轻微的呼吸紊乱、阴茎炎、包皮炎，有时也会发生流产。

CpHV-1能导致潜伏感染，但不像其他疱疹病毒，CpHV-1的激活无论在自然感染中还是试验环境中都非常困难。在自然感染中，CpHV-1在动物发情期被激活，但只在含有较低中和抗体滴度的动物体内被激活。中和抗体能够在初次感染后1～2周从动物血清中检测到，抗体滴度能在接下来的第3或第4周达到高峰，然后在第6～10个月缓慢减少。如果动物在这段期间受到压力，则CpHV-1能够被激活和传播，尤其是通过生殖道途径传播。病毒再激活使体液免疫和细胞免疫反应增强。在最初CpHV-1感染后剩余的血清中和活性能够持续甚至几年的时间。

CpHV-1能够从鼻腔分泌物和排泄物中分离得到，能在犬、兔、猫、马、牛、羊的细胞中复制。用PCR方法检测DNA也可用于该病毒的诊断。血清中和作用是血清诊断技术的标准，ELISA也得到了发展。目前美国没有可用的CpHV-1疫苗，它不像其他疫苗那样得到研究和发展是因为较小的市场应用范围。由于BHV-1抗体能与CpHV-1反应，因此BHV-1疫苗可以用来保护山羊抵抗CpHV-1感染。目前并没有任何研究确定疫苗免疫是否能够保护动物不受CpHV-1感染。

猪疱疹病毒Ⅰ型（伪狂犬病；伪狂犬病病毒）

疾病　伪狂犬病在猪病中是应申报的一种传染病，在伪狂犬病病毒存在的国家，伪狂犬病对养猪业造成了巨大经济损失。病毒通常感染神经系统，致死率为5%～100%。感染的母猪在妊娠中后期会发生流产，胎儿死亡或者产死胎。在成年猪中，很少见到严重的神经紊乱。伪狂犬病发生时通常表现为一个相当短暂的不明显的热症疾病，感染猪通常反应迟钝，食欲不振，共济失调。呼吸道症状可以在不同年龄猪上观察到，但最普遍发生在成长猪和育肥猪上。成年猪上不明显的症状或者温和的症状可能被忽略或者误诊。伪狂犬病也发生在其他部分物种中，包括牛、绵羊、犬、猫和浣熊等，它们感染的临床症状通常是神经性的，有明显的瘙痒症状。

病原

理化和抗原特性　伪狂犬病病毒（pesudorabies virus，PRV）是一种α-疱疹病毒科病毒，命名为猪疱疹病毒Ⅰ型（SuHV-1）。虽然目前只有一种血清型被确认，然而对不同地区分离的病毒进行限制性核酸内切酶消化展示了菌株的特异性。弱毒株在基因组组成中有一个剔除，暗示这个特异性区域与病毒毒力相关。

对理化因素的抵抗力　PRV对高温极度敏感，但在低温、pH为6～8的培养液中可稳定存在。该病毒能在不含氯的水中存活7d，在厌氧水池中存活2d。分解氯的化学物质是最有效的杀毒剂。

对其他物种的感染性及培养系统　该病毒在自然条件下能感染牛、羊、犬、猫和鼠。在所有成年猪中，伪狂犬病几乎都是致命性的；因此，其他动物都是PRV的重要终末宿主。尽管有报道存在人感染的病例，但PRV并不传染人。

PRV能在多个物种和组织来源的细胞中复制，包括猫、犬、牛、獾、狼、鹿、鹰、鸡和鹅。

宿主-病毒相互关系

疾病分布、传染源和传播途径　虽然在欧洲的部分地区、加拿大、新西兰和美国，家猪中的狂犬病已经被根除，然而狂犬病仍被认为是家猪最重要的疾病之一，尤其是在密集养猪的地区，包括欧洲的一些保留地和拉丁美洲及亚洲地区。PRV的贮存宿主主要是猪，传播也主要发生在猪与猪之间。病毒通过摄取和吸附传播，在杂交过程中，病毒能在野猪中传播，反之亦然。病毒并不通过尿液和排泄物传播，疫情的传播往往发生在拥挤及污染的饲养环境中。

野猪能够将病毒传播给家猪。在美国和欧洲的野生猪群中，流行性感染显示不断将PRV引入无该病原的家养猪群和地区的危险。猪是病毒传播给其他物种最基本的源头。犬的病例与野生猪组织的消化有关。猫更加敏感，有猫的农场中，PRV感染率可达到51%。

发病机制和病理变化　病毒复制最新发生在上呼吸道上皮细胞，包括扁桃体组织。感染后24h能从大脑中分离到病毒，说明感染途径通过轴浆运输。病毒血症很难证明，但病毒可能存在鼻腔分泌物中达14d之久。下呼吸道感染经常导致心脏等内脏的感染。

该病毒能够产生非化脓性脑膜脑炎，对神经元产生广泛损伤，存在大量血管周袖套及神经胶质过多。其中，脑干受影响最大，但损伤也出现在大脑皮质和小脑。在所有类型细胞中，可能出现核内包含物。发生伪狂犬病后，坏死性气管炎和肺炎导致上皮细胞损失和肺泡细胞坏死。

流产胎儿的显微病变包括许多器官的损伤，核内包涵体通常出现在退化的肝细胞、肾上腺皮质细胞中，偶尔也出现在脾和淋巴结的单核吞噬细胞中。胎盘的病变特点是滋养层变性和坏死及绒毛膜的间质细胞。

感染后机体的反应　在感染后第5天首先被检测到IgM抗体，第7天出现IgG抗体，抗体最大浓度出现在感染后的第12～14天。

实验室诊断　由该病感染导致的症状广泛分布于各个年龄段的猪群，且病毒滴度的不同、毒株不同、感染途径不同，因此临床诊断比较困难。

实验室中，伪狂犬病的确诊方法是病毒分离或者用PCR法检测病毒DNA。对冻结的扁桃体或脑组织进行免疫荧光染色是一种快速的诊断方法。ELISA检测常用来区分不同反应和感染，也用于病毒根除计划。在严重暴发病例中，血清学方法可能不起作用，因为抗体需要重新制备。

治疗和控制　在没有PRV感染的地区，应该注重生物安全，防止感染的野猪同家养猪接触。每年对家养猪进行血清学检测保持伪狂犬病空白状态。在有该病流行的地区，对家养猪应当采取措施防止育种猪群发病。在感染猪群中，隔离是最紧迫的措施，猪群的宰杀也要受到限制。目前可以使用弱毒活疫苗，该疫苗能有效减少该病流行地区猪群的死亡。这些疫苗并不能防止强毒株的再感染，也不能防止强毒株在不同期间排毒。潜伏期感染的猪或者已经接种疫苗的猪并不表现症状，但可能会在某个时期排毒。

灭活疫苗常用于商业预防。应用原则是为该病流行地区的易感猪群提高初乳抗体，以防止新生猪在刚出生的前几周感染。在无伪狂犬病的地区，禁止疫苗接种。

犬疱疹病毒1型

疾病 犬疱疹病毒Ⅰ型（CHV-1）能导致新生犬的严重系统性感染和成年犬的相对温和感染。CHV目前已经从有呼吸道症状的犬中分离到，该病毒与其他病毒、细菌共同导致"养犬咳嗽"综合征。在缺乏并发的系统传染病的情况下，CHV-1可能与易感成年犬高度接触性眼部传染病的暴发有关。CHV-1可以在母犬和公犬中诱导轻微的损伤。感染的犬表现健康，但常常有过感染史。

病原

理化和抗原特性 犬疱疹病毒是典型的α-疱疹病毒。CHV-1和其他疱疹病毒，如单纯性疱疹病毒、PRV或者IBR都没有交叉中和现象。然而，CHV-1表现出与单纯疱疹病毒相关的抗原特性。目前，只有一种CHV-1血清型被鉴定。然而，CHV-1的核酸限制酶酶切分离能够检测到不同病毒基因型，CHV-1基因组与疾病模式的相关性并没有被阐明。

对其他物种的感染性及培养系统 CHV-1的宿主范围仅限于家养和野生犬科动物。在人的肺细胞，以及小牛、猴、猪、兔、仓鼠的肾细胞中呈现限制性生长。

宿主-病毒相互关系

疾病分布、传染源和传播途径 CHV-1呈世界性分布。CHV-1血清型在许多家养犬中的含量较高，大部分犬最初感染是在幼年时期。在所有地理区域中，唯一已知的CHV-1的储存宿主是犬，美国土狼也可能是另一种储存宿主。血清反应呈阴性的母犬所产的幼犬发生感染，既不是因为母犬，也不是因为其他感染的犬，而是源于由眼部和鼻腔分泌物排泄的病毒。

发病机制和病理变化 许多疱疹病毒（包括CHV-1）初次感染后，临床症状和感染的严重程度都是宿主年龄依赖性的。在4周龄以下的幼龄动物中，CHV-1初始感染可能是由于病毒在血液中传播导致一些普遍的疾病。这导致了很多器官的坏死性血管炎，该病经常是致命的。通常肾脏会出现斑点，也可能出现肺栓塞，充血和水肿，脾肿大，有淋巴结炎和非化脓性脑膜脑炎。广泛的坏死灶和充血是组织损伤的特点，如肾脏、肝脏、肺脏和胃肠道。细胞核内容物可在临近坏死组织的区域被发现，尤其是在肝脏中。在更大的犬中，最初的CHV-1感染经常是亚临床的或者导致局部的呼吸道、生殖道黏膜或者眼睛疾病。眼睛损伤与最初CHV-1在成年犬中的感染有关，包括结膜炎和角膜炎。病毒血症在有免疫活性的成年犬中并不是CHV-1感染的典型病变。然而，基因型疾病源于病毒血症，目前该研究已经在免疫缺陷成年犬中得到报道。

感染后机体的反应 犬体内出现的中和性抗体能在接种CHV-1后第7天检测到，抗体滴度能在第21天达到高峰，然后缓慢下降，大约持续8个月。CHV-1在试验条件下的激活会影响小猪和犬糖皮质激素的上升。潜伏期建立在感觉神经节的基础上。CHV-1的中和抗体在病毒复活期间可以被检测到，并在7d内得到提升，但接下来的几周快速下降。

实验室诊断 临床症状和组织病理学可以用来作为诊断依据。确诊是通过病毒分离和免疫荧光染色的方法对感染组织进行快速诊断或者使用PCR的方法对病毒的基因组DNA进行扩增确诊。

治疗和控制 目前在美国并没有合适的商业性CHV疫苗。在欧洲有杀伤性病毒疫苗。免疫球蛋白可以应用但很难获得，因为该病毒的免疫特性较弱。对感染动物的移除或者分离应当被考虑。病毒复制的适宜温度大约是33℃。由于小猪直到4周龄才能控制体温，因此容易感染，正常体温的维持对小猪来说有重要意义。

猫疱疹病毒Ⅰ型（病毒性鼻气管炎病毒）

疾病 猫科的疱疹病毒Ⅰ型（felid herpesvirus 1，FHV-1）是导致猫科病毒性鼻气管炎的原因。初次感染导致严重的鼻炎和结膜炎，通常伴随发热、抑郁和厌食。溃疡性结膜炎是FHV-1感染的后遗症，目前被认为是猫角膜溃疡的发病原因。该病毒也与溃疡性口腔炎、流产、肺炎和面部皮炎相关。

病原

理化和抗原特性 FHV-1是典型的α-疱疹病毒科病毒。血清学比较表明，来自世界各地的FHV-1属于一个已知血清型，然而，临床表现差异会出现不同的病毒分离株。病毒DNA分析显示毒株之间的基因不同。

对理化因素的抵抗力 该病毒能被大多数可用的清洁剂、消毒剂和防腐剂灭活。病毒在37℃的细胞培养液中，6h可丧失90%的活性，在25℃需要6d，4℃可维持1个月。病毒在pH为6时最稳定，在pH为3或9时3h失去活性。FHV在15℃的潮湿环境中感染性可达18h，在干燥环境中则少于12h。

对其他物种和培养系统的感染性 自然感染FHV-1的病例目前只在猫科动物中被发现，FHV-1在体外生长仅限于猫。高滴度的病毒显示，在猫科动物的睾丸、肺脏和肾脏的原代细胞中能够产生细胞病变。

宿主-病毒相互关系

疾病分布、传染源和传播途径 血清学研究显示FHV-1于世界范围内在猫科动物中广泛传播，达到97%。作为病毒的储存器，处于FHV-1病毒感染潜伏期的健康猫受到压力或皮质类固醇升高时能够排泄病毒，潜伏感染的猫能够在三叉神经节中检测到病毒。FHV-1的主要传播途径是通过感染性分泌物在猫和猫之间直接传播，尤其是呼吸道分泌物。过度拥挤或者较密的饲养条件大大增加了FHV-1传播的可能性，因为FHV-1在环境中的存活时间很短。间接或者污染物直接进入污染的环境，通道或者饮食及清洁器具，这在多猫环境（如养猫处所、收容所及多猫家庭中）显得很重要。因此，严格注意卫生能够防止这条感染路径的发生。鉴于在分娩和哺乳期发现病毒脱落物，因此新生猫的感染是极有可能的，主要感染可能发生在小猫。经胎盘感染产生的自然感染目前并没有发现。

发病机制和病理变化 FHV-1能引起结膜充血，鼻腔和咽喉肿胀。感染的致病机制与接种路径不同而有所区别。FHV-1感染的临床症状常出现在上呼吸道，目前已经对鼻腔和眼睛进行了试验研究。当通过滴鼻的方法接种时，病毒能通过鼻腔上皮细胞产生快速的溶细胞反应。病毒通常于上呼吸道存在2周的时间。急性疾病的鼻甲损伤容易使一些猫患慢性鼻炎。在慢性感染中，该病毒并不复制，表明由FHV-1导致的发病是免疫介导机制导致的。

尽管许多猫在最初发病时会出现结膜充血，但很少发生结膜炎。处于潜伏期FHV-1病毒的激活通常与结膜炎和角膜上皮入侵有关。例如，上皮细胞溃疡，起初是病理上的形式（图53.3），但会向着区域形式更快发展。在损伤的结膜和角膜的复层鳞状上皮细胞中有很多核内包涵体。从组织学上看，角膜溃疡预示上皮细胞有功能障碍和变性，有的细胞中存在包涵体。许多溃疡恢复缓慢，导致比最初的疾病更为慢性的演变。慢性炎症是免疫介导的疾病，角膜基质中病毒抗原的持续感染，导致角膜细胞血管化和炎性细胞浸润。角膜坏死能出现在任何慢性溃疡性角膜炎的二次感染，包括FHV-1的溃疡。

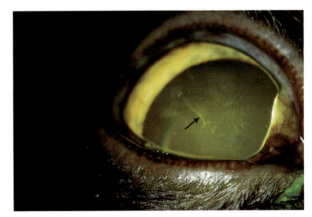

图53.3 角膜溃疡（箭头），疱疹病毒科感染的特征性病变（引自田纳西大学，戴安·亨德里克斯博士）

感染后机体的反应 通常免疫反应可以保护动物免于发病，但是不能使其免于感染，而且较轻的临床症状在初次感染150d的再次感染后就可以被检测到。通过血清中和抗体检测发现，猫对鼻内感染的初始反应并不强烈。虽然抗体滴度在12个月的观察期内上下波动，但抗体通常可持续1～3个月。抗体存在和对感染的抵抗力之间的相关性并不是绝对的。与其他α-疱疹科病毒一样，细胞免疫在保护中起着非常重要的作用，因为接种疫苗后没有检测到抗体的猫不易患病。

与此相反，血清阳转与FHV攻毒保护间存在相关性。在这些情况下，抗体或许作为细胞免疫的指示器，因为T淋巴细胞对于B淋巴细胞功能的维持是必要的。由于FHV是呼吸道病原，因此黏膜细胞和体液免疫应答十分重要。虽然FHV抗体和对临床症状的保护之间存在相关性，但还没有试验可以预测对个别猫能产生保护。

实验室诊断 免疫荧光染色可以证明病毒抗原存在于感染猫的组织中。但这种方法并不是特别敏感，而且使用染色，如荧光素可能会导致假阳性结果。PCR已经成为FHV-1感染诊断的支柱。检测到病毒存在可能表明，要么是从潜伏感染中被再激活（由于另一个疾病过程被间接激活），要么是疾病的发生原因。猫疱疹病毒1型也可以从组织样品，并从眼、鼻或口咽黏膜拭子分离。该病毒可以感染后培养14～21d，但第1周最稳定。病毒分离在慢性病例中比较困难。病毒中和抗体可以在恢复期猫的血清中被检测到。血清学检查由于疫苗病毒存在而十分复杂，阳性的血清效价是独立的临床症状。由于抗体滴度在急性和慢性疾病中可能都很低，因此血清学检测在FHV-1感染诊断中的价值非常有限。

预防和控制 目前有改良的肠外活疫苗和灭活疫苗可供使用。FHV亚单位疫苗和滴鼻的改良活疫苗不再向欧洲提供。免疫可以保护动物抵抗发病，但不能保护其免于感染。然而，免疫可以减少感染后动物排毒的量。对免疫力持续时间的评估是复杂的：免疫后短时间内不能产生完全保护；对病毒的再激活和排毒没有保护力；而且保护水平随免疫时间的延长而下降。即使是免疫后的猫也会因疫苗接种而存在感染风险，肠外和鼻内接种都是如此。免疫接种仅对临床症状提供部分保护力，而且不能抵抗再激活和排毒。母源抗体在一定程度上可以对8周龄内的幼猫提供体液免疫保护，因此幼猫的初次免疫应在9周龄，2～4周后再进行加强免疫，这对处在高风险情况或环境下的猫特别重要。然而，对于处在低风险情况下的猫（如只在室内不与其他猫接触的猫），建议是3年的时间间隔。应注意避免从发展中国家、亚临床、潜伏或感染的地区引入猫。

恒河猴疱疹病毒1型（猕猴B病毒）

疱疹病毒B可引起猕猴（猕猴和食蟹猴物种）的自然感染，其特征是有与由单纯疱疹病毒引起的人唇疱疹类似的口腔水疱。该病在猕猴中常见，不致死，病毒可能在受感染动物的三叉和腰骶神经节潜伏。直接接触是病毒在猴中最常见的传播方式，因为病毒可从有临床症状、持续感染猴的唾液和中枢神经组织中分离到。

病毒可以对人和实验动物（如兔和断奶小鼠）造成致命的中枢神经系统感染。大多数人感染是由于被分泌感染性病毒的猴咬到，虽然处理病毒感染的原代猴肾细胞培养物也能导致感染。在人体的潜伏期为10～20d。通常，在咬伤部位发生局部炎症，随后形成坏死区囊泡。病毒通过外周神经到达中枢神经系统，在大多数情况下，死亡的发生是由急性脑炎或脑脊髓炎引起的。

疱疹病毒B在形态上类似于其他α-疱疹科病毒，很容易被洗涤剂灭活。该病毒可在鸡胚绒毛尿囊膜，以及兔、猴和人的细胞中培养，产生核内包涵体和合胞体形成。人类单纯疱疹病毒和疱疹病毒B之间存在很强的交叉反应。

B病毒感染可以通过从致死病例的中枢神经组织中分离病毒而得到诊断。基于PCR的检测方法已用于病毒鉴定。疱疹病毒B特异性抗体的检测十分困难。目前有效的疫苗尚未研制，快速诊断和治疗（如抗病毒药物如阿昔洛韦）是有益的，或许可避免死亡或者康复患者的永久性残疾。在处理猴时保持谨慎和戴护具仍然是避免感染的最好方法。

鸡疱疹病毒1型（传染性喉气管炎病毒）

疾病 传染性喉气管炎病毒（infecticus laryngotracheiris virus，ILTV）通常引起鸡的急性呼吸道疾病，是集约化养禽业的一个严重问题。病毒感染引起鸡的呼吸困难并咳出血样黏液。ILTV感染的温和型症状包括产蛋下降、结膜炎、持续性流涕，以及鼻腔和眶下窦肿胀。温和型症状是现代养禽业最常见的形式。

病原

理化和抗原特性 ILTV是一种典型的α-疱疹科病毒，又被称作鸡疱疹病毒1型。该病毒只有1个血清型，但是不同地区分离的病毒存在遗传学差异。

对理化因素的抵抗力 传染性喉气管炎病毒可被3%的来苏儿和1%的氢氧化钠灭活，暴露于醚24h或55℃ 10～15min可被灭活。病毒冻干后可长期保存。

对其他物种的感染性及培养系统 鸡是ILTV的主要自然宿主，以4～18月龄鸡最易感。该病在雉鸡和孔雀上也有报道。幼年火鸡可以在试验条件下被感染，但极少发生自然感染。麻雀、乌鸦、鸽、鸭、珍珠鸡对ILTV有抵抗力。目前没有发现野生鸟类是ILTV的携带者。

鸡肾单层细胞培养物、鸡胚（肾、肝和肺）细胞培养物被用于培养ILTV。

宿主-病毒相互关系

疾病分布、传染源和传播途径 鸡传染性喉气管炎病毒几乎在世界上的任何国家都有，主要发生在集约化养殖场。鸡传染性喉气管炎病毒仍然是养禽业的问题，特别是在美洲和澳大利亚。鸡是主要的携带者和传播源，主要通过对眼睛和呼吸道分泌物的直接接触而进行传播，通过受污染的设备和垃圾可以发生机械性传播。尚未证实ILTV可以通过鸡蛋传播。带毒状态可以在亚致死病鸡中发生，而且ILTV可以从感染2年的病鸡中分离。未接种疫苗的鸡很容易受到免疫鸡的感染，接种疫苗的鸡也可能成为携带者。急性感染的鸡与临床症状恢复的带毒鸡相比是更严重的传染源。

致病机制和病理学 在自然条件下，病毒通过上呼吸道进入体内。在自然疾病中，ILTV在气管内的复制滴度最高，而病毒复制仅发生在鼻腔、气管和下呼吸道中。潜伏感染的病毒可在三叉神经节被检测到。病毒血症未见报道。

鸡传染性喉气管炎病毒的致死性感染是因窒息造成的，是广泛的白喉性膜形成导致的气管分叉堵塞。组织病理学检查发现纤维素性喉气管炎，伴随气管上皮细胞和离体细胞大量的核内包涵体脱离，这是初步诊断的基础。

感染后机体的反应 ILTV感染的最初症状通常发生在自然暴露后6～12d。感染和免疫后对疾病的抵抗通常持续大约1年。虽然感染鸡能产生中和抗体，但是细胞免疫在抗感染中的作用很重要。完全免疫保护可以发生在切除法氏囊及没有体液免疫发生的鸡中。

实验室诊断 病毒可以将气管和肺组织接种在鸡胚及细胞培养物中进行分离，可以通过PCR检测病毒基因组DNA。免疫荧光染色显示病毒抗原可以持续存在于气管中直到感染后14d。基因ELISA的血清学检测目前得到了广泛应用。

预防和控制 ILTV活疫苗的使用会产生病毒携带者，它们会向未免疫鸡群排毒。据报道，ILTV疫苗株病毒的毒力能够返强，这与一些鸡场疾病的暴发有关。由于ILTV可以在13～23℃存活10d，因此感染场所的清洁十分重要。整场淘汰和消毒已经被用来控制该病。使用弱毒疫苗在蛋鸡场和种鸡场是一种常用的预防措施，虽然疫苗既不能保护免疫鸡抵抗感染的发生也不能控制潜伏感染。基因工程疫苗的发展有望提供更好的预防措施。

鸡疱疹病毒2型（马立克病病毒）

疾病 马立克病（Marek's disease，MD）是一种淋巴增生性疾病，感染鸡的许多组织常见淋巴肿瘤发生，大部分常见的外周神经会受到感染。在疫苗使用之前，MD造成了巨大的经济损失，且免疫鸡群越来越严重的损失表明该病毒的毒力在逐步增强。一个或多个肢体进行性麻痹、共济失调、翅膀下垂、低头是马立克病的常见症状。由温和型MDV毒株导致的死亡率为10%，未免疫鸡群的死亡率达50%以上。

病原

理化和抗原特性　鸡疱疹病毒2型属于α-疱疹病毒亚科病毒，不同毒株间的毒力差异很大。

对其他物种的感染性及培养系统　游离的病毒在温度高于37℃时易被灭活，只能在25℃存活4d或4℃存活2周。MDV可以在27℃维持较长的时间。病毒在pH为3和11下可被灭活。MDV感染的羽毛组织的感染性可被氯、有机碘、季铵类化合物、甲苯基酸、合成苯酚、氢氧化钠破坏。

对其他物种的感染性及培养系统　鸡是MDV的主要自然宿主，除鹌鹑外，MD在其他物种中很少见。目前没有发现MDV可以感染除禽外的其他动物。在MDV和人肿瘤之间没有发现相关联的病因环节。MDV常用鸡胚或鸭胚成纤维细胞培养，鸡肾细胞也可用于培养。

宿主-病毒相互关系

疾病分布、传染源和传播途径　MD是世界范围内危害养禽业的主要疾病。MDV是严格的细胞结合性病毒，只有羽毛囊上皮细胞可以释放出游离的、具有感染性的完整病毒粒子。由羽毛囊上皮细胞排出的感染性游离病毒可以使接触的鸡因吸入而被感染。病毒可以存活于垃圾和鸡舍的粉尘中。病毒不能通过鸡胚垂直传播。

发病机制和病理变化　MD的发病率是可变的，取决于病毒株和鸡的年龄。它通常发生在2～5月龄的鸡，22周龄以上的鸡通常不感染。然而，MD在3～4周和60周龄的蛋鸡中均被观察到。该病毒主要感染神经系统，虽然内脏器官和其他组织也可感染。病变涉及外周神经和脊髓根。主要感染的神经主干显示包含灰白色肿胀的大体病变，组织学上的特点是广泛的淋巴细胞浸润。神经肿大经常是单方面的，可能出现水肿，也可能出现明显的神经鞘髓磷脂变性。

眼内淋巴瘤是MDV感染的另一个可能的结果，由虹膜受累导致眼盲。组织学上，类似的淋巴细胞浸润是存在的，这也可以在视神经中发生。

在内脏型中，性腺、肝脏、肺、皮肤可发生不同程度的淋巴肿瘤浸润。感染鸡的内脏器官增大，伴有白色结节或粟粒灶。已在试验中观察到闭塞性动脉粥样硬化。

感染后机体的反应　对MDV的免疫反应是复杂的，因为正常感染鸡中体液免疫和细胞免疫（CMI）均被诱导。切除法氏囊的鸡在试验感染下存活表明细胞免疫的重要性。雏鸡被动获得的母源抗体被认为是限制感染的程度而不是预防或清除病毒。病毒特异性抗体在感染后1～3周内出现，中和抗体在感染鸡体内可持续终生。MD病毒基因组中存在癌基因，导致T细胞的感染和T淋巴细胞瘤的发生，随后发生淋巴细胞浸润和转化细胞增殖。感染后，细胞免疫的瞬时抑制是常见的，它可能在发生肿瘤的感染鸡中维持。遗传抗性与禽类携带B红细胞血型的抗原B21有关。这种遗传抗性的基础还没有被充分揭示。

实验室诊断　在剖检时，眼观病变最常见于外周神经、神经节和脊髓神经根。淋巴瘤病变的特点是由小淋巴细胞、淋巴细胞和网状细胞组成，常见动脉粥样硬化病变。验证性诊断是通过病毒分离或用荧光抗体或免疫酶标抗原检测，或经PCR检测病毒DNA。抗体可以通过琼脂凝胶免疫扩散试验、间接免疫荧光试验、病毒中和试验和ELISA检测。

预防和控制　试验条件下，没有MDV的鸡群可以通过严格隔离，保持持续监测，并对病毒和抗体经常检测，但这些技术在商品化条件下的应用是有限的。商品化疫苗可以有效地减少MD的发生率。疫苗并不能阻止感染和排毒，但是可以阻止肿瘤的形成，特别是内脏肿瘤的形成。虽然外周神经病变仍然发生，但是频率减低。火鸡疱疹病毒株（HVT，MDV血清3型）与常规用于预防接种的病毒株抗原性相关，但是毒力更强的MDV毒株的出现造成了HVT疫苗的免疫失败，因而增加了无致病性的血清2型疫苗株和低毒力的血清I型疫苗株的使用。在美国，每年都会给鸡接种MDV疫苗，而且绝大部分是进行胚内接种。

参考文献

Allen GP, 2007. Development of a real-time polymerase chain reaction assay for rapid diagnosis of neuropathogenic strains of equine herpesvirus-1[J]. J Vet Diag Invest, 19: 69-72.

Nugent J, Birch-Machin I, Smith KC, et al, 2006. Analysis of equid herpesvirus 1 strain variation reveals a point mutation of the DNA polymerase strongly associated with neuropathogenic versus nonneuropathogenic disease outbreaks[J]. J Virol, 80(8): 4047-4060.

Perkins GA, Goodman LB, Tsujimura K, et al, 2009. Investigation of the prevalence of neurologic equine herpes virus type 1 (EHV-1) in a 23-year retrospective analysis (1984-2007)[J]. Veterinary Microbiology, 139(3-4): 375-378.

Talens LT, Zee YC, 1976. Purification and buoyant density of infectious bovine rhinotracheitis virus[J]. Proc Exp Biol Med, 151: 132.

延伸阅读

Allen GP, 2008. Risk factors for development of neurologic disease after experimental exposure to equine herpesvirus-1 in horses[J]. Am J Vet Res, 69 (12): 1595-1600.

Azevedo Costa E, de Marco Viott A, de Souza Machado G, et al, 2010. Transmission of ovine herpesvirus 2 from asymptomatic boars to sows[J]. Emerg Infect Dis, 16 (12): 2011-2012.

Baigent SJ, Smith LP, Nair VK, et al, 2006. Vaccinal control of Marek's disease: Current challenges, and future strategies to maximize protection[J]. Vet Immunol Immunopathol, 112: 78-86.

Barrandeguy M, Thiry E, 2012. Equine coital exanthema and its potential economic implications for the equine industry[J]. Vet J, 191 (1): 35-40.

Borchers K, Lieckfeldt D, Ludwig A et al, 2008. Detection of equid herpesvirus 9 DNA in the trigeminal ganglia of a Burchell's zebra from the Serengeti ecosystem[J]. J Vet Med Sci, 70 (12): 1377-1381.

Brault SA, Blanchard MT, Gardner IA, et al, 2010. The immune response of foals to natural infection with equid herpesvirus-2 and its association with febrile illness[J]. Vet Immunol Immunopathol, 137: 136-141.

Brault SA, Bird BH, Balasuriya UBR, et al, 2011. Genetic heterogeneity and variation in viral load during equid herpesvirus-2 infection of foals[J]. Vet Microbiol, 147: 253-261.

Davison A J, 2010. Herpesvirus systematics[J]. Vet Microbiol, 143(1-2): 52-69.

Del Medico Zajac MP, Ladelfa MF, Kotsias F, et al, 2010. Biology of bovine herpesvirus 5[J]. Vet J, 184: 138-145.

Donovan TA, Schrenzel MD, Tucker T, et al, 2009. Meningoencephalitis in a polar bear caused by equine herpesvirus 9 (EHV-9) [J]. Vet Pathol, 46 (6): 1138-1143.

Fortier G, van Erck E, Pronost S et al, 2010. Equine gammaherpesviruses: pathogenesis, epidemiology and diagnosis[J]. Vet J, 186: 148-156.

Hartley C, 2010. Aetiology of corneal ulcers assume FHV-1 unless proven otherwise[J]. J Feline Med Surg, 12: 24-35.

House JA, Gregg DA, Lubroth J, et al, 1991. Experimental equine herpesvirus-l infection in llamas (Lama glama)[J]. J Vet

Diag Invest, 3: 137-143.

Jones RC, 2010. Viral respiratory diseases (ILT, aMPV infections, IB): are they ever under control[J]? Br Poult Sci, 51 (1): 1-11.

Kasem S, Syamada S, Kipuel M, et al, 2008. Equine herpesvirus type 9 in giraffe with encephalitis[J]. Emerg Infect Dis, 14 (12): 1948-1949.

Kleiboeker SB, Schommer SK, Johnson PJ, et al, 2002. Association of two newly recognized herpesviruses with interstitial pneumonia in donkeys (Equus asinus)[J]. J Vet Diag Invest, 14: 273-280.

Ledbetter EC, Dubovi EJ, Kim SG, et al, 2009. Experimental primary ocular canine herpesvirus-1 infection in a dult dogs[J]. Am J Vet Res, 70 (4): 513-521.

Ledbetter EC, Kim SG, Dubovi EJ, 2009. Outbreak of ocular disease associated with naturally-acquired canine herpesvirus-1 infection in a closed domestic dog colony[J]. Vet Ophthalmol, 12 (4): 242-247.

Malone EK, Ledbetter EC, Rassnick KM, et al, 2010. Disseminated canine herpesvirus-1 infection in an immunocompromised adult dog[J]. J Vet Inter Med, 24: 965-968.

Marinaro M, Bellacicco AL, Tarsitano E, et al, 2010. Detection of caprine herpesvirus 1-specific antibodies in goat sera using an enzyme-linked immunosorbent assay and serum neutralization test[J]. J Vet Diag Invest, 22 (2): 245-248.

McCoy MH, Montgomery DL, Bratanich AC, et al, 2007. Serologic and reproductive findings after a herpesvirus-1 abortion storm in goats[J]. J Am Vet Med Assoc, 231 (8): 1236-1239.

Muller T, Han EC, Tottewitz F, et al, 2011. Pseudorabies virus in wild swine: a global perspective[J]. Arch Virol, 156: 1691-1705.

Nardelli S, Farina G, Lucchini R, et al, 2008. Dynamics of infection and immunity in a dairy cattle population undergoing an eradication programme for Infectious Bovine Rhinotracheitis (IBR)[J]. Prev Vet Med, 85: 68-80.

Patel JR, Heldens J, 2005. Equine herpesviruses 1 (EHV-1) and 4 (EHV-4)-epidemiology, disease and immunoprophylaxis: A brief review[J]. Vet J, 170: 14-23.

Pusterla N, Wilson W, David M, et al, 2009. Equine herpesvirus-1 myeloencephalopathy: A review of recent developments[J]. Vet J, 180: 279-289.

Schrenzel MD, Tucker TA, Donovan TA, et al, 2008. New Hosts for Equine Herpesvirus 9[J]. Emerg Infect Dis, 14 (10): 1616-1619.

Smith KL, Allen GP, Branscum AJ, et al, 2010. The increased prevalence of neuropathogenic strains of EHV-1 in equine abortions[J]. Vet Microbiol, 141 (1-2): 5-11.

Thiry E, Addie D, Belak S, et al, 2009. Feline herpesvirus infection ABCD guidelines and prevention and management[J]. J Feline Med Surg, 11: 547-555.

Vengust M, Wen X, Bienzle D, 2008. Herpesvirus-associated neurological disease in a donkey[J]. J Vet Diagn Invest, 20: 820-823.

Williams KJ, Maes R, Del Piero F, et al, 2007. Equine multinodular pulmonary fibrosis: a newly recognized herpesvirus-associated fibrotic lung disease[J]. Vet Pathol, 44 (6): 849-862.

Wong DM, Belgrave RL, Williams KJ, et al, 2008. Multinodular pulmonary fibrosis in five horses[J]. J Am Vet Med Assoc, 232(6): 898-905.

(李凯 王笑梅 译，李志杰 高玉龙 校)

第54章 痘病毒科

痘病毒科的病毒是感染动物的病毒中最大且较为复杂的病毒之一。该科病毒具有多形性，有包膜，大致呈砖形。痘病毒粒子长220～450nm，宽140～260nm，在光学显微镜下的分辨能力有限。包含大约80种不同的病毒蛋白，并有特征性的管状结构呈现于病毒表面（图54.1A）。痘病毒粒子之间的大小和形态有很大差异，因此很多兽医病毒学实验室通过对感染材料中的痘病毒进行负染，经电子显微镜观察来进行快速初步诊断。

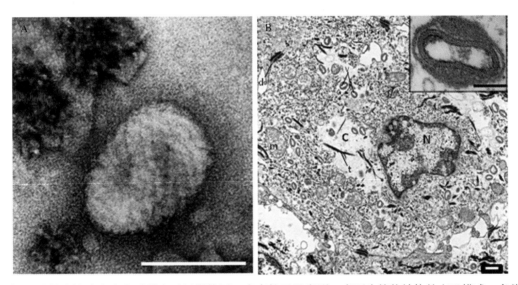

图54.1 （A）羊传染性脓疱病毒透射电子显微镜图。病毒粒子呈卵形，表面为管状结构的交叉模式。负染色；标尺=200nm。（B）羊痘病毒感染角质形成细胞切片的透射电子显微照片。N，细胞核；C，胞浆；V，病毒粒子；T，方向；d，桥粒；m，线粒体。标尺=500nm。插图，一个放大的成熟的病毒粒子。标尺=100nm

痘病毒基因组由线性双链的DNA分子构成，其长度为134～300kb，编码130～300个基因。参与病毒结构形成、形态发生、转录和DNA复制的基因聚集在一个大的中央基因组区域，并且在痘病毒属中是保守的。中心基因组的侧翼区域不那么保守，并含有参与免疫逃避、宿主范围和毒力作用的基因。病毒基因组侧翼区的许多基因与宿主基因同源，这些宿主基因在先天免疫中发挥了作用，表明痘病毒可以操纵宿主的抗病毒应答过程。有学者认为，调控宿主的抗病毒应答对于痘病毒感染和疾病发生非常重要。作为DNA病毒中的特例，痘病毒在受感染细胞的细胞质中复制，这意味着它们可以不依赖宿主细胞核的功能分配。痘病毒基因组中存在大量的病毒复制相关基因，表明痘病毒的复制不需要核酶和相应的因子。病毒感染时，痘病毒在胞浆中复制诱导的细胞质间隔被称为病毒发生基质或病毒工厂，病毒基因组复制和病毒粒子组装就在这里进行。

痘病毒家族分为两个亚科：痘病毒脊索亚科（感染脊椎动物的痘病毒）和昆虫痘病毒亚科（感染昆虫的痘病毒）。脊索动物痘病毒目前的分类详见表54.1。有些痘病毒具有宿主种属特异性，而其他的则可感染多个物种。有些动物痘病毒能引起人畜共患传染病。

脊索动物痘病毒的一个共同特点是：在感染宿主过程中的某个阶段在皮肤中定居、复制，很少会在黏膜中产生病变。皮肤的病变可能是局限性的，也可能蔓延。常见的皮肤损伤通常以皮疹的形式出现，历经红斑、丘疹、结痂等阶段的演变，伴有或没有明显的水疱或脓疱的中间阶段。有些痘病毒病的发病特点是结节性皮肤损伤，而另一些则是明显增生。对于某些痘病毒病（如猪痘），皮肤损伤可能是疾病的唯一表现；而另一些除皮肤损伤外还会伴有发热和其他全身性疾病，如内部器官损伤（如绵羊痘和鼠痘）和淋巴结肿大。

一般情况下，脊索动物痘病毒作用于皮肤的靶细胞是角质细胞。角质细胞出现在表皮分化的不同阶段并与毛囊相关，形成多层细胞，从基底干细胞到顶端角化细胞（即角质鳞片）。典型痘病毒在结痂阶段的病理学表现为表皮增生、角质棘层变形膨胀及角化异常（图54.2A）。利用透射电镜观察感染的角质细胞可见到不同成熟阶段的病毒粒子（图54.1B）。

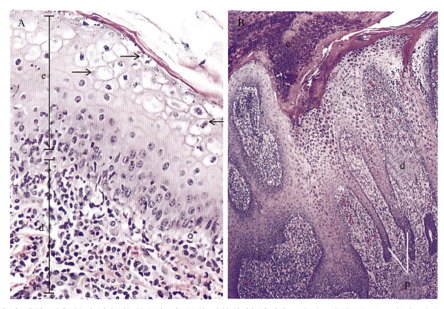

图54.2 由痘病毒感染引起的皮肤损伤的组织病理学（传染性脓疱）。（A）感染后5d。表皮（e）出现角质形成细胞增生，特别是在棘层，伴有该层上部细胞出现球样变性。在一些角质形成细胞中可见苍白的细胞质包涵体（箭头所示）。真皮（d）存在中性粒细胞和单核细胞的炎症浸润。HE染色，400×。（B）感染后20d，增生的表皮（e）向内生长形成表皮钉（p），与浸润的真皮相互交错（d）；c，结痂。HE染色，100×

表54.1 痘病毒感染各脊椎动物物种

属	病毒（代表）	宿主	其他受感染的宿主	地理分布
	牛痘病毒	野生啮齿类动物	猫、人、牛、动物园中的动物	欧洲、亚洲
正痘病毒属	猴痘病毒	可能是野生啮齿类动物	猴子、人、动物园中的动物	非洲
	天花病毒	人	无	根除

(续)

属	病毒（代表）	宿主	其他受感染的宿主	地理分布
正痘病毒属	痘苗病毒	未知的	人及牛	全世界
	骆驼痘病毒	骆驼	无	非洲、亚洲
	马痘病毒	未知	马	亚洲？
	鼠痘病毒	未知	试验小鼠	欧洲
兔痘病毒属	黏液瘤病毒	野兔	欧洲兔或普通兔	美洲、欧洲、澳大利亚
	兔纤维瘤病毒	野兔	欧洲兔或普通兔	欧洲
	松鼠纤维瘤病毒	灰色的松鼠	土拨鼠	北美洲
猪痘病毒属	猪痘病毒	猪	无	全世界
羊痘病毒属	绵羊痘病毒	绵羊、山羊	无	非洲、亚洲
	山羊痘病毒	山羊、绵羊	无	非洲、亚洲
	疙瘩皮肤病病毒	未知的	牛	非洲
鹿科动物痘病毒属	鹿痘病毒	鹿科	未知的	北美洲
亚塔痘病毒属	树鼠痘病毒	猴	人、猴子	非洲
	雅巴猴肿瘤病毒	猴	人	非洲
副痘病毒属	羊口疮病毒	绵羊、山羊	人、骆驼、野生哺乳动物	全世界
	牛丘疹口炎病毒	牛	人	全世界
	伪牛痘病毒	牛	人	全世界
	马鹿副痘病毒	马鹿	未知的	新西兰、欧洲
软疣痘病毒属	传染性软疣病毒	人	无	全世界
禽痘病毒属	金丝雀痘病毒	金丝雀	未知的	全世界
	鸡痘病毒	鸡	未知的	全世界
	鸽痘病毒	鸽子	未知的	全世界
	鹦鹉痘病毒	鹦鹉	未知的	全世界

痘病毒感染细胞后的一个突出特点是出现胞浆包涵体。两种类型的痘病毒包涵体是已知的。大多数痘病毒诱导形成瓜尼里氏或B型包涵体，略微嗜碱性，是由病毒颗粒与蛋白聚集体组成的（图54.2A）。此外，有一些痘病毒（如牛痘病毒和鼠痘病毒），诱导A型包涵体或ATI小体的产生，它们是嗜酸性的并且主要由一种类型的病毒蛋白聚集体组成。不同的痘病毒在不同的感染时期检测到的包涵体大小和类型具有较大差异。从病变的组织切片中检测包涵体有助于一些痘病毒病的诊断。

痘病毒不能感染完整的皮肤。病毒感染物（如结痂、分泌物和污染物）接触破损的皮肤是痘病毒传播的一个共同途径。有些痘病毒已经适于气溶胶传播（如绵羊痘病毒），其他的病毒（如黏液瘤病毒和禽痘病毒）是通过节肢动物叮咬而传播的。

● 正痘病毒属

正痘病毒属的成员是痘病毒中最知名的。其中一个原因是天花病毒，其是引起天花的人类病原体。历史上，天花是一种最具破坏性的人类疾病之一，直到1980年才被消灭。该病发生后的死亡率接近35%，通过呼吸途径传播，天花在世界范围内造成人的大规模疫情。就其中最常见的普通天花而言，该病的发病特点是发热，咽部和口腔黏膜出现丘疹，进而产生皮疹。最严重的并发症是支气管肺炎，是病毒在呼吸道中复制和/或继发性细菌感染的结果。引起人发病的正痘病毒包括牛痘病毒、痘苗病毒、骆驼痘病毒和鼠痘病毒。

牛痘病毒

牛痘病毒的感染普遍存在于欧美和西亚。啮齿动物是该病毒的储存宿主，自然状态下还可感染人和多种动物。牛痘病毒可导致奶牛乳头的脓疱样病变，故起名牛痘病毒，是目前一种罕见的疾病。另外，牛痘病毒还可感染猫、犬、小鼠，以及大型猫科动物。

牛痘病毒通过破损的皮肤进入宿主后，在大多数物种中（包括人），可导致局部的、自限性的脓疱，通常侵蚀的皮肤病灶可在几天之内结痂和淋巴结溶胀。在家猫中，牛痘病毒的感染具有全身性特征。初级感染发生在病毒进入的位点，随后形成病毒血症。7~10d后发展成多样性病变，主要是在皮肤、头、颈、四肢，偶尔出现在口腔内。有些猫表现出结膜炎，并引起发热。在极少数情况下，感染是致命的，表现为肝脏和肺脏等内部器官病变。大多数猫感染牛痘病毒出现在夏末和秋季，是由于存在高密度潜伏感染的啮齿动物。猫传染猫的情况也有发生，但通常为亚临床感染。猫感染牛痘病毒后血清阳性率一般为0~16%。

人兽共患的牛痘病毒传播给人是因为人接触了受感染的动物。该病主要由猫传播给人（尤其是儿童），也可从牛、小鼠和动物园等其他动物传播给人。

痘苗病毒

痘苗病毒是正痘病毒属的代表，在免疫学上与天花病毒和牛痘病毒密切相关。世界卫生组织在世界范围内消灭天花行动中成功地选择了各种痘苗病毒株作为疫苗。痘苗这个名字源于拉丁文"vacca"，但没有证据证明这种病毒源自奶牛。该病的自然宿主仍然不得而知。

尽管天花疫苗在30多年前已经暂停使用了，但在多个物种中发生痘苗病毒感染的事件仍有零星报道。例如，在巴西就有奶牛和挤奶员感染各种痘苗病毒的报道。在奶牛中发生的病例被称为牛痘苗病毒感染，出现丘疹、水疱，在乳房和乳头形成痂皮，与牛痘无法区分。无防护的挤奶员通过与病牛接触而被感染，并且在奶牛中传播该病。从巴西森林的野生啮齿动物中分离到痘苗病毒，为该病毒在自然界中存在和在牛群中暴发提供了一个假说。

与牛痘病毒和牛痘苗病毒类似的水牛痘病毒，是一种在印度北部水牛中流传的病毒，在巴基斯坦、埃及和印度尼西亚等地的发病程度较轻，导致水牛乳头和乳房脓疱病变。水牛痘可以地方性地传播给未受保护的挤奶员，在手和脸部产生病变。水牛痘病毒和兔痘病毒（即试验兔高致命性的空气性传播疾病的病原体）被认为是痘苗病毒株已经分别适应了水牛和兔。疫苗逃避假说已用来解释水牛痘和牛痘苗毒株的起源。

骆驼痘病毒 骆驼痘是在中东、亚洲和非洲等地区骆驼群体中流行的重要经济性疾病，新大陆中的骆驼也易感。DNA测序和病毒基因组的分析表明，骆驼痘病毒与天花病毒最相似。事实上，在过去，以牛痘苗病毒为基础的疫苗已经成功地防止骆驼感染骆驼痘病毒。

骆驼痘病毒被认为是通过呼吸途径或通过与擦伤的皮肤接触而进入宿主的。以节肢动物为媒介，包括蜱虫和苍蝇都可能在骆驼痘病毒的传播中发挥作用（详见Bhanuprakash等于2010年发表的综述）。骆驼痘可以表现出几种临床类型，从局部轻度皮肤感染到中、重度全身性感染。发展到全身感染一般是8～13d，之后是发热和不同程度的皮疹及淋巴结肿大。发热1～3d后会出现皮疹，随后发展为黄斑、丘疹、脓疱和结痂。病变首先出现在头部，然后是颈部和四肢。在最严重的感染时（广义骆驼痘），皮肤损伤扩散到整个体表、口腔、呼吸道和胃肠道的黏膜。在不严重的情况下，病变会在4～6周内消失。骆驼可能会出现流泪、流涎、流涕。在严重的情况下，继发性细菌感染将引起骆驼死亡。在涉及幼兽的家畜流行病中，病死率可能高达25％，也存在很高的流产率。有报道称人类密切接触发病动物也会感染骆驼痘。根据临床症状可对骆驼痘进行诊断。病变材料的电子显微镜检查和病毒分离可证实与正痘病毒有关。感染温和型的骆驼痘病毒易与感染奥兹克病毒相混淆，它是一种没有被充分鉴定的副痘病毒，主要在脸上引起局部皮肤病变。灭活疫苗和减毒活疫苗均可用于保护骆驼免受骆驼痘病毒的侵害。

鼠痘病毒

鼠痘是由鼠痘病毒引起的试验用鼠的一种罕见的致命性疾病。虽然已有野生鼠自然感染鼠痘病毒的报道，但是该病毒的自然储存宿主是未知的。鼠痘病毒通过破损的皮肤进入体内，引发急性的全身性疾病，导致大面积肝坏死，以及脾、淋巴结和淋巴集结坏死。如果感染急性疾病的小鼠存活，则它们将发展为无显著特点的皮疹，并伴随足部、鼻和尾巴末端的坏死与溃疡。结膜炎往往与鼠痘病毒有关，可通过眼部分泌物大量排毒。

小鼠对鼠痘病毒的易感性取决于病毒株及小鼠年龄、免疫状态和遗传背景（例如，BALB和A/J小鼠品系是高度易感的，而AKR和C57BL6鼠能抵御严重的疾病）。高度易感的小鼠品系在感染后还未出现显著排毒时就迅速死亡。耐药品系能够少量排毒，并出现有限感染。中度易感的小鼠是病毒传播中最重要的群体，因为它们会发展成全身性疾病，并且能够存活足够长的时间，用以把病毒传播给其他动物。

鼠痘疫情的暴发可能会显著影响试验小鼠群体。通过检疫和监管试验小鼠的流动来进行预防和控制。通过血清学试验，如酶联免疫吸附试验（ELISA）可对有价值的鼠进行定期检测。

● 副痘病毒属

副痘病毒属的病毒在全球范围内感染家养动物和野生动物。该属包括羊传染性脓疱病毒、牛丘疹性口炎病毒、伪牛痘病毒和新西兰马鹿的副痘病毒。不同分支的副痘病毒都能感染海豹和海狮。病毒颗粒呈卵形，长260nm，宽160nm，呈现出规则排列的超级管状结构排列成一个典型的纵横交错的模式（图54.1A）。病毒颗粒的大小和形态可在对病变材料进行电子显微镜检查后快速诊断。在一般情况下，副痘病毒引起自限性的、非全身性的疾病，病灶局限性在皮肤和口腔黏膜，表现出向黏膜迁移的偏向性。许多人兽共患的副痘病毒可感染人类，免疫功能正常的人感染后会表现出温和的自限性感染症状。

羊传染性脓疱病毒

羊传染性脓疱或传染性脓疱性皮炎，是绵羊和山羊的一种普遍存在的高度传染性疾病，主要是感染的嘴部周围皮肤、鼻孔、指尖区、乳头和口腔黏膜处出现典型的斑丘疹和增生性病变（图54.3）。该病在羊群中传播迅速，健康羊通过接触病羊或脱落的结痂而被感染。羊传染性脓疱主要影响不到1岁的羊，在易感羊群中的发病率可能会达到90％，死亡率通常较低。然而，发生在嘴唇和乳头的病变应预防羊羔通过哺乳而被感染，进而导致快速消瘦。病灶主要局限在病毒入侵的位点，通过阶段性红斑演变成丘疹和结痂。病理组织学检验可见经典型的痘病毒病变，包括表皮增生、角质细胞形成球囊样变性、角化过度、偶尔形成包涵体、真皮和表皮细胞的炎性浸润、在皮肤表面沉积的大量结痂（图54.2A）。表皮内的微泡和微脓疱很少合并成肉眼可见的水疱和脓疱。通常在浸润性的真皮处可见新生的血管。随着感染的进一步发展，表皮生长深入真皮层形成一个复杂的上皮细胞网络（表皮钉）、持续时间超越皮损的肉眼可分辨范围（图54.2B）。晚期尤其是在嘴的周围，可能会发展成明显的乳头瘤样增生（图54.3B）。在不发生继发感染的情况下，病变通常在6～8周内消失；然而，也有持续性感染的报道。羊传染性脓疱病毒是一种高度的嗜上皮细胞和表皮细胞病毒，如果不是唯一的细胞类型支持病毒复制的话，它们出现在口腔黏膜中是最重要的。病毒抗原在感染后第2～3周的表达量最高，通常出现在再生表皮细胞中。

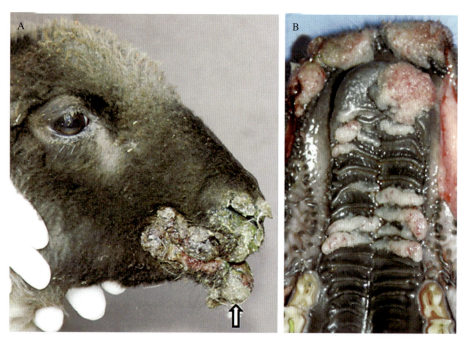

图54.3 （A）羔羊的深脓疱。嘴巴和鼻周围包围着厚的结痂。箭头所示是源于下唇内侧增殖的肿块。
（B）硬腭和上嘴唇黏膜出现的增生性病变（引自 Courtesy of Francisco A. Uzal.）

尽管存在活性的、典型的抗病毒辅助型T细胞（Th1细胞）的免疫反应，但由传染性脓疱病毒引起的免疫反应是短暂的，羊可以反复感染，并且与原发性感染相比，病灶更小，恢复速度更快。传染性脓疱皮炎是一种人兽共患疾病。一般来说，病变是孤立的、结节性的，通常出现在手部。传染性脓疱病毒偶尔会感染骆驼和野生动物，包括羚羊、山羊、麝香牛和日本鬣羚。

妊娠母羊可以使用非致弱的来源于患病动物结痂物分离的病毒通过划破的皮肤进行免疫接种，产生局限性病灶。虽然用这种方式获得的免疫力是短暂的，但接种疫苗的羊及其后代不容易发生臁疮。

牛丘疹性口炎病毒

由牛丘疹性口炎病毒感染所致的牛丘疹性口炎是牛的一种温和性疾病，主要表现为丘疹，通常为口部、嘴唇、鼻孔、牙垫、腭、舌头和乳房等部位的轻度糜烂。病变偶尔见于食管和前胃。组织学上，病变与传染性脓疱相似，但没有其增殖广泛。该病在全球范围内发生，挤奶牛群与不到1岁的动物发病率最高。与传染性脓疱类似，牛丘疹性口炎病毒的再感染是很常见的，提示经病毒感染后动物并没有显著的免疫力。由于该病的临床表现与口蹄疫相似，因此发病时应上报到兽医主管部门。与其他副痘病毒感染相似，牛丘疹性口炎是一种人兽共患的职业病。

伪牛痘病毒

由牛伪牛痘病毒引起的伪牛痘是世界范围内牛常见的地方性传染病。伪牛痘病毒的感染是温和的，影响奶牛的乳头和乳房，有时可由皮肤黏膜传播给哺乳犊牛的口、鼻。典型副痘病毒的病变发生于这些位点。用手剥落或自然脱落的结痂暴露出愈合的肉芽组织形成特征性的圆环，这一过程需要1～2周。已有慢性感染的报道。感染在牛群中慢慢地传播，病毒可能通过母牛给小牛交叉哺乳或通过苍蝇而机械性传播。黄牛可能在随后的哺乳期时再次感染。对结痂匀浆的部位进行电子镜检可见副痘病毒颗粒，因此可排除牛痘病毒与痘苗病毒的感染和机械损伤。伪牛痘可通过接触由牛传播给人，导致疼痛的结节性病变，通常出现在手部，被称为挤奶结节。

● 山羊痘病毒科

山羊痘病毒科有3个已知的病毒，即绵羊痘病毒、山羊痘病毒和结节性皮肤病病毒，分别是绵羊痘、山羊痘和结节性皮肤病的病原体，可以说是生产性动物最严重的痘病毒。感染的动物除了直接死亡外，羊痘与牛奶产量降低、流产率增加、体重下降有关，并且增加细菌继发感染的易感性。羊痘对国际动物贸易存在负面影响，是世界动物卫生组织列出的必须通报的重要动物疾病。山羊痘病毒在美洲、东南亚和澳大利亚都不存在。尽管欧洲已经几十年没有羊痘，但最近有报道绵羊痘在希腊暴发。

病毒粒子呈卵圆形，大小为300nm×270nm，3种病毒在形态学上无法区分（图54.1B）。对绵羊痘病毒、山羊痘病毒和结节性皮肤病病毒基因组DNA进行比较表明，它们是密切相关的病毒，这表现在感染任何一种病毒均能诱导异源山羊痘的交叉保护。然而结节性皮肤病病毒只感染牛，绵羊痘和山羊痘的某些毒株能感染绵羊和山羊，伴有大多数病毒株在同源宿主中引起更严重的疾病。绵羊痘和山羊痘在临床上无法区分，它们被描述为一个单一的实体。

绵羊痘病毒和山羊痘病毒

绵羊痘和山羊痘发生在非洲赤道以北、西南亚、中亚和中东地区，发病时可从症状不明显到严重的全身性疾病。影响疾病表现的因素包括品种、年龄和动物的免疫状态及病毒株。最常见的形式是急性疾病，潜伏期一般是6～12d。发热是第一个临床症状，随后2～4d出现皮疹。皮肤损伤从红斑开始发展成直径为0.5～1.0cm的丘疹（图54.4A）。皮肤损伤最初定位于羊毛较少的区域，如腋窝、身体内侧、腹股沟、会阴区及面部，它们往往会在几天之内汇合，特别是在嘴唇、眼睑和鼻的周围，但最终皮肤损伤可覆盖整个身体表面。与丘疹的外观表现相一致的是，动物表现出过度流涎、流鼻涕和流眼泪。随着直肠温度下降，浅表淋巴结开始变大。如果动物能够存活并成功跨过这个阶段，则丘疹进一步发展成伤疤，有或没有中间水疱和脓疱阶段。伤疤可能会持续6～8周，在皮肤脱落后仍能维持数月的传染性。在死亡病例中，支气管肺炎是一种常见并发症，通常与直肠温度出现第二次高峰有关。虽然病毒引起肺部原发性结节性病变，但继发的细菌感染也是引起支气管肺炎的主要原因。胃肠道中也可见结节性病变（图54.4C），包括肝脏和肾脏。在上呼吸道和口腔中的病变是短暂的，并且溃疡成为一个重要的传染源（图54.4B）。绵羊痘的组织学病变通常含有明显的空泡状核和染色体边界的细胞（称为绵羊痘病毒感染的细胞），这代表病毒感染的上皮细胞和吞噬细胞，也许还有其他类型的细胞（图54.4D和图54.4E）。

感染后，幼小动物的死亡率高达50%～70%，可能接近100%。在成年动物中死亡率为1%～10%。绵羊痘病毒和山羊痘病毒的传播主要是通过气溶胶，需要动物之间的亲密接触。试验感染绵羊和山羊表明，临床痊愈后仍可通过分泌物继续排毒。病毒可通过昆虫媒介而被机械性传播。有趣的是，在患病动物损伤的皮肤间正常皮肤中可检测到高浓度的感染性病毒。

在流行区，通过临床症状和剖检观察可进行诊断。有很多检测方法可用于绵羊痘和山羊痘的实验室确诊，包括ELISA和琼脂免疫扩散检测羊痘病毒抗原、聚合酶链反应（PCR）和实时PCR。用原代绵羊细胞（如羊肉睾丸细胞或肾细胞）进行病毒分离可以对皮肤样本、鼻腔及口腔分泌物中的病原进行检测。病毒中和试验是应用最广泛的抗体检测方法。

通过在细胞培养中连续传代致弱的病毒株已成功地用作疫苗制备，但目前报道称疫苗保护时间短和疫苗失效。

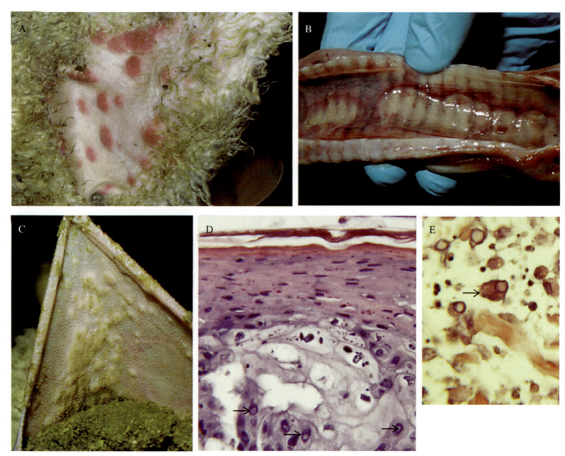

图54.4　羔羊的绵羊痘病变。（A）腋窝皮肤丘疹。（B）气管黏膜出血性溃疡。（C）瘤胃壁结节性病变。（D）皮肤丘疹性病变的切片。切片显示角质形成细胞角化不完全、增生并且有球样变性。角质形成细胞与核表现出染色质边集，这样的细胞被称为绵羊痘细胞，箭头所示是病毒复制位点，HE染色，380×。（E）真皮中具有绵羊痘细胞表型的巨噬细胞（箭头）HE染色，400×

结节性皮肤病病毒

结节性皮肤病发生在撒哈拉以南的非洲，埃及和以色列也有疫情报告。该病是牛的一种重要疾病，发病率为10%～85%，死亡率为1%，但也有死亡率在75%以上的记载。病毒中和活性在一些野生动物中偶尔能检测到，这些物种作为羊痘病毒的储存宿主起不到决定性的作用。

结节性皮肤病是一种从亚急性到急性的全身性疾病，其特点是广泛的皮肤损伤。潜伏期一般为4～14d，40～41℃的发热可持续1～2周。与此同时，动物出现抑郁、流涎、流涕、流泪及浅表淋巴结增大。发病后的第1～2周出现皮肤红斑病变，迅速发展成坚实、边界清晰的直径为0.5～5cm的结节。结节首先出现在头部、颈部和会阴部，最终可以覆盖整个身体表面，有的结节可持续数周甚至数月后变得坚硬而干燥。在没有细菌继发感染的情况下，结节最终形成溃疡并在几周内愈合。

结节性皮肤病在牛之间的传播效率很低，在季节潮湿、有大量昆虫时盛行，在旱季发病能力减弱。有报道称，该病在试验条件下可通过埃及伊蚊传染给易感牛，表明昆虫叮咬对该病的暴发具有重要意义。

结节性皮肤病病毒的野生活病毒株已通过在组织中培养或在鸡胚的绒毛尿囊膜中连续传代进行致弱后被成功地作为疫苗使用。

● 禽痘病毒属

禽痘病毒被鉴定为200余种鸟类的致病性病原体，包括本土鸟类、宠物和野生鸟类，它们根据宿主物种、疾病特征、病毒生长特性和抗原性进行分类。鸡痘病毒属中的代表成员和金丝雀痘病毒的基因组已经被测序，揭示鸡痘病毒是目前已知的痘病毒中最复杂的病毒。鸡痘病毒的一个显著特点是在野生型病毒和疫苗毒的基因组中整合了几乎全长的网状内皮组织增殖症病毒的前病毒（Hertig等，1997）。网状内皮组织增殖症病毒是禽类免疫抑制性逆转录病毒，能导致鸡的淋巴瘤。虽然这些自然重组病毒的选择优势是未知的，但猜测由网状内皮增生病病毒诱导的免疫抑制有利于鸡痘病毒感染宿主及其传播。

鸡痘病毒

鸡痘是严重的传播缓慢的全球性疾病，主要影响鸡和火鸡。通过皮肤擦伤和蚊虫叮咬进行接触性传播。其最常见的形式是皮肤型禽痘或干燥型禽痘，发病特点是增生性病变主要局限于没有羽毛覆盖的身体部位，如眼睑、鸡冠、肉垂、腿、脚和喙附近的皮肤。当病变影响眼睑时，通常眼睛完全闭合（图54.5）。病变由小的结节发展成疣状肿块，在愈合前形成瘢痕。组织学观察可见，由增生的表皮角质形成的细胞中含有大量胞浆嗜酸性的（H&E）包涵体（被称为博林格尔氏体）。一般3周痊愈。

鸡痘发生时鸡的死亡率低，但蛋鸡的产蛋量瞬时下降，幼鸟的生长率降低可能具有显著的经济学意义。此外，该病有一种不常见的、严重的形式，称为白喉鸡痘或湿痘，其特点是干酪样物或坏死性假膜斑块紧附在上呼吸道和食道黏膜上。在同一种动物中，皮肤型和白喉型可能并存。气溶胶被认为在鸡白喉传播中扮演了重要角色。

可根据临床症状和组织病理学（包涵体）对鸡痘进行诊断。病毒分离可以通过将病变材料接种禽类细胞培养物后观察细胞病变效应，或接种鸡胚绒毛尿囊膜观察痘斑病变。大多数毒株于接种后的3～5d在膜上产生痘斑，不是所有的毒株都能在鸡胚中生长良好。PCR能够敏感、特异性地检测禽

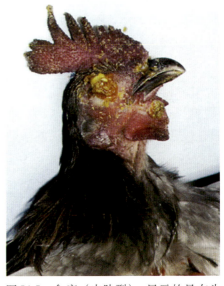

图54.5 禽痘（皮肤型）。显示的是在头部没有羽毛覆盖部分结痂期病变及完全闭塞的眼皮上的病变。（引自Courtesy of Francisco A. Uzal.）

痘病毒的DNA序列，并能够区分野毒株与疫苗毒株。

昆虫控制方案和饲养卫生条件对于减少鸡痘暴发的可能性至关重要。鸡痘致弱活病毒和鸽痘病毒株可用于家禽禽痘的防控。疫苗通常是通过翅翼刺种，但大量接种费力。高度致弱的减毒疫苗可通过体外传代或在鸡胚卵内通过重组DNA技术获得。

其他鸟类物种的痘病毒病

禽痘病毒能感染多种野生的和笼养的鸟类，包括企鹅、鸵鸟、金丝雀、鹦鹉和麻雀。病理变化从头部、脚部的皮肤损伤到严重的白喉形式。金丝雀痘通常是全身性的，伴有肝坏死和肺结节，死亡率接近90%。一些饲养人员尝试对金丝雀进行疫苗接种。金丝雀痘病毒是个特例，人们对这种致病性病毒的生物学特性、毒株变异性，以及它们与已知禽痘病毒的关系知之甚少。虽然鸡通常用来测定新毒株的致病性，但很多病毒（如鸽痘病毒）对这些鸡都没有致病性或存在轻微的致病性，说明分离株具有宿主特异性。

禽痘病毒作为疫苗载体在兽医中可替代常规疫苗，痘病毒已作为疫苗载体用于表达异源基因，编码病原体免疫原性的蛋白被插入减毒痘病毒的基因组可随疫苗载体的感染而表达，禽痘病毒（如鸡痘病毒）被用作疫苗载体可表达禽流感、新城疫和传染性喉气管炎。重要发现是，禽痘病毒可以进入哺乳动物细胞，并产生非复制性感染（即不产生子代病毒），因此可以开发安全的用于哺乳动物的禽痘病毒重组疫苗。目前已存在获得许可的金丝雀痘病毒载体疫苗能表达狂犬病病毒、犬瘟热病毒、西尼罗病毒、猫白血病病毒和马流感病毒。

● 猪痘病毒属

猪痘是全世界猪的轻度急性疾病，其发病特点是皮肤的典型痘病毒病变。该病是由猪痘病毒引起的，猪痘病毒是痘病毒科猪痘病毒属的唯一成员。病原体在形态上与痘苗病毒类似，切面呈砖形结构，大小约320nm×240nm。

猪痘病毒发病率可高达100%，但死亡率通常可忽略不计（<5%）。幼龄猪最易感，成年猪通常表现为温和的、自限性疾病的形式。多种皮肤损伤通常出现在四肢、腹部、腿的内侧、耳朵，面部很少出现。

猪痘的发生通常与卫生条件差有关，在现代化生产设施中很少见。猪痘病毒是由虱（猪血虱）进行机械性传播的，影响皮肤损伤的程度和分布，通常发生在腹部及腹股沟区。然而，已有描述称没有证据证明虱参与猪痘病毒的传播，表明可能存在其他昆虫媒介或存在水平传播的可能性。猪痘病毒的垂直传播是由先天性感染导致的，可造成死胎的全身性病变。

临床症状和流行病学可用于猪痘诊断。鉴于该疾病存在对经济效益的影响较小，因此目前没有研发的疫苗。

● 马痘病毒属

虽然在19世纪和20世纪早期马痘屡有报道，但马痘病毒感染是非常罕见的。马痘的几个临床形式已有描述，但只有少数情况能鉴定出致病性病原体。蒙古马感染正痘病毒从患有严重的脓疱性皮炎的蒙古马体内分离一种名为马痘的正痘病毒，其与痘苗病毒相似但又有区别。在天花根除运动期间，痘苗病毒感染马匹是比较常见的。最近，在巴西的马中暴发了与正痘病毒相关的疾病。感染的动物在口、鼻和唇部出现丘疹病变，在愈合之前出现水疱和结痂。有一种名为瓦辛吉舒的疾病影响非洲某些地区的马,特点是乳头瘤皮肤损伤,是由一种与正痘病毒抗原性相关的病毒造成的。有研究证明,有一种形态上类似传染性软疣的影响人的痘病毒(表54.1),可以在受感染马的皮肤上形成小的持续性病灶。

参考文献

Bhanuprakash V, Prabhu M, Venkatesan G, et al, 2010. Camelpox: epidemiology, diagnosis and control measures[J]. Expert Rev Anti-Infective Ther, 8: 1187-1201.

Hertig C, Coupar BE, Gould AR, et al, 1997. Field and vaccine strains of fowlpox virus carry integrated sequences from the avian retrovirus, reticuloendotheliosis virus[J]. Virology, 235: 367-376.

Nollens HH, Gulland FMD, Jacobson ER, et al, 2006. Parapoxviruses of seals and sea lions make up a distinct subclade within the genus Parapoxvirus[J]. Virology, 349: 316-324.

延伸阅读

Babiuk S, Bowden TR, Boyle DB, et al, 2008. Capripoxviruses: an emerging worldwide threat to sheep, goats, and cattle[J]. Transbound Emerg Dis, 55: 263-272.

Balinsky CA, Delhon G, Smoliga G, et al, 2008. Rapid preclinical detection of sheeppox virus by a real-time PCR assay[J]. J Clin Microbiol, 46: 438-42.

Baxby D, Bennett M, 1997. Cowpox: a re-evaluation of the risk of human cowpox based on new epidemiological information[J]. Arch Virol, 11(Suppl): 1-12.

Bennett M, Gaskell CJ, Gaskell RJ, et al, 1986. Poxvirus infections in the domestic cat: some clinical and epidemiological investigations[J]. Vet Rec, 118: 387-390.

Bennett M, Gaskell CJ, Gaskell RJ, et al, 1989. Studies on poxvirus infections in cat[J]. Arch Virol, 104: 19-33.

Bera BC, Shanmugasundaram K, Barua S, et al, 2011. Zoonotic cases of camelpox infection in India[J]. Vet Microbiol, 152: 29-38.

Bhanuprakash V, Indrani BK, Hosamani M, Singh RH, 2006. The current status of sheep pox disease[J]. Comp Immunol Microbiol Infect Dis, 29: 27-60.

Bowden TR, Babiuk SL, Parkyn GR, et al, 2008. Capripoxvirus tissue tropism and shedding: a quantitative study in experimentally infected sheep and goats[J]. Virology, 371: 380-393.

Boyle DB, 2007. Genus Avipoxvirus, in Pox viruses (eds AA Mercer, A Schmidt and O Weber)[M]. Birkhäuser Verlag, Basel-Boston-Berlin: 217-251.

Brum MC, Anjos BL, Nogueira CE, et al, 2010. An outbreak of orthopoxvirus-associated disease in horses in southern Brazil[J]. J Vet Diagn Invest, 22: 143-147.

Carn VM, Kitching RP, 1995a. The clinical response of cattle experimentally infected with lumpy skin disease (Neethling) virus[J]. Arch Virol, 140: 503-513.

Carn VM, Kitching RP, 1995b. An investigation of possible routes of transmission of lumpy skin disease virus (Neethling)[J]. Epidemiol Infect, 114: 219-226.

Chihota CM, Rennie LF, Kitching RP, et al, 2001. Mechanical transmission of lumpy skin disease virus by Aedes aegypti

(Diptera: Culicidae)[J]. Epidemiol Infect, 126: 317-321.

Davies FG, 1991. Lumpyskin disease, an African capripox virus disease of cattle[J]. Br Vet J, 147: 489-503.

de Boer GF, 1975. Swinepox, virus isolation, experimental infections and the differentiation from vaccinia infections[J]. Arch Virol, 49: 141-150.

de la Concha-Bermejillo A, Guo J, Zhang Z, et al, 2003. Severe persistent orf in young goats[J]. J Vet Diagn Invest, 15: 423-431.

Delhon GA, Tulman ER, Afonso CL, et al, 2007. Genus Suipoxvirus, in Poxviruses (eds AA Mercer A Schmidt and O Weber)[M]. Birkhäuser Verlag, Basel-Boston-Berlin: 203-215.

Diallo A, Viljoen GJ, 2007. Genus Capripoxvirus, in Poxviruses (eds AA Mercer A Schmidt and O Weber)[M]. Birkhäuser Verlag, Basel-Boston-Berlin: 167-181.

Essbauer S, Meyer H, 2007. Genus Orthopoxvirus: Cowpox virus, in Poxviruses (eds AA Mercer A Schmidt and O Weber)[M]. Birkhäuser Verlag, Basel-Boston-Berlin: 75-88.

Essbauer S, Pfeffer M, Meyer H, 2010. Zoonotic poxviruses[J]. Vet Microbiol, 140: 229-236.

Fenner F, 1981. Mousepox (infectious ectromelia): past, present, and future[J]. Lab Anim Sci, 31: 553-559.

Fleming SB, Mercer AA, 2007. Genus Parapoxvirus, in Poxviruses (eds AA Mercer, A Schmidt and O Weber)[M]. Birkhäuser Verlag, Basel-Boston-Berlin: 127-165.

Garner MG, Sawarkar SD, Brett EK, et al, 2000. The extent and impact of sheep pox and goat pox in the state of Maharashtra, India[J]. Trop Anim Health Prod, 32: 205-223.

Griesemer RA, Cole CR, 1961. Bovine papular stomatitis. II. The experimentally produced disease[J]. Am J Vet Res, 22: 473-481.

Haenssle HA, Kiessling J, Kempf VA, et al, 2006. Orthopoxvirus infection transmitted by a domestic cat[J]. J Am Acad Dermatol, 54: S1-4.

Haig DM, Mercer AA, 1998. Ovine diseases. Orf[J]. Vet Res, 29: 311-326.

Haig DM, McInnes CJ, 2002. Immunity and counterimmunity during infection with the parapoxvirus orf virus[J]. Virus Res, 88: 3-16.

Heine HG, Stevens MP, Foord AJ, 1999. A capripox virus detection PCR and antibody ELISA based on the major antigen P32, the homolog of the vaccinia virus H3L gene[J]. J Immunol Methods, 227: 187-196.

Hinrichs U, van de Poel PH, van den Ingh TS, 1999. Necrotizing pneumonia in a cat caused by an orthopox virus[J]. J Comp Pathol, 121: 191-196.

Jenkinson DM, Mc Ewan PE, Moss VA, et al, 1990. Location and spread of orf virus antigen in infected ovine skin[J]. Vet Dermatol, 1: 189-195.

Jubb TF, Ellis TM, Peet RL, et al, 1992. Swinepox in pigs in northern Western Australia[J]. Aust Vet J, 69: 99.

Kasza L, Griesemer RA, 1962. Experimental swine pox[J]. Am J Vet Res, 23: 443-450.

Knowles DP, 2011. Poxviridae, in Fenner's Veterinary Virology, 4 the dn (eds NJ MacLachlan and EJ Dubovi)[M]. Academic Press: 151-165.

Lange L, Marett S, Maree C, 1991. Molluscum contagiosum in three horses[J]. J S Afr Vet Assoc, 62: 68-71.

Mazur C, Machado RD, 1989. Detection of contagious pustular dermatitis virus of goats in a severe outbreak[J]. Vet Rec, 125: 419-420.

Moss B, 2007. Poxviridae: the viruses and their replication, in Fields Virology, vol. 2, 5th edn (eds DM Knipe and PM

Howley)[M]. Williams & Wilkins, Lippincot: 2905-2945.

Munz E, Dumbell K, 1994. Horsepox, in Infectious Diseases of Livestock-with Special Emphasis to Southern Africa, vol. 1, (eds JAW Coetzer, GR Thomson and RC Tustin)[M]. Oxford University Press, Oxford United Kingdom: 631-632.

Paton DJ, Brown IH, Fitton J, 1990. Congenital pig pox: a case report[J]. Vet Rec, 127: 204.

Pfeffer M, Meyer H, 2007. Poxvirus diagnosis, in Poxviruses (eds AA Mercer, A Schmidt and O Weber) [M]. Birkhäuser Verlag, Basel-Boston-Berlin: 355-373.

Rao TVS, Negi BS, Bansal MP, 1997. Development and standardization of a rapid diagnosis test for sheep pox[J]. Indian J Comp Microbiol, Immunol Infec Dis, 18: 47-51.

Silva-Fernandes AT, Travassos CE, Ferreira JM, et al, 2009. Natural human infections with vaccinia virus during bovine vaccinia outbreaks[J]. J Clin Virol, 44: 308-313.

Singh RK, Hosamani M, Balamurugan V, et al, 2007. Buffalopox: an emerging and re-emerging zoonosis[J]. Anim Health Res Rev, 8: 105-114.

Tripathy DN, 1993. Avipox viruses, in Virus Infections of Birds (eds JB McFerran and MS McNulty)[M]. Elsevier, London: 5-15.

Tulman ER, Delhon G, Afonso CL, et al, 2006. Genome of horsepox[J]. J Virol, 80: 9244-9258.

Vikøren T, Lillehaug A, Åkerstedt J, et al, 2008. A severe outbreak of contagious ecthyma (orf) in a free-ranging musk ox (Ovibos moschatus) population in Norway[J]. Vet Microbiol, 127: 10-20.

Weli SC, Tryland M, 2011. Avipoxviruses: infection biology and their use as vaccine vectors[J]. Virol J, 8: 49-63.

(赵妍 译, 刘长军 刘爱晶 校)

第55章 微RNA病毒科

微RNA病毒科分为12个属，包含许多在兽医学中有重要地位的病毒（表55.1）。微RNA病毒的特征之一是病毒基因组为单股正链RNA（+ssRNA），其基因组被一个小的、无囊膜的、二十面体对称的衣壳包裹。尽管微RNA病毒科是由一些最小的病毒组成，但却能够导致一些重大动物疫病。例如，口蹄疫病毒是传染性最强的病毒之一，一旦暴发会对养殖业带来毁灭性的打击，造成严重的经济损失。复制周期短、在环境中存活稳定、在易感宿主之间传播速度快，这3个特点是一些微RNA病毒感染动物后导致高发病率并造成严重经济损失的主要原因。本章将从普通病毒学、致病机制、诊断和疫病防控4个方面，讨论兽医学中重要的微RNA病毒。

表55.1 兽医学中重要的微RNA病毒

微RNA病毒属	相关的病毒种类	相关的主要疾病
口蹄疫病毒属	口蹄疫病毒	水疱、跛行
	1型马鼻病毒	呼吸道疾病
	牛鼻炎病毒	呼吸道疾病
马鼻病毒属	乙型马鼻病毒	呼吸道疾病
肠道病毒属	猪水疱病病毒	水疱病、中枢神经系统疾病
	牛肠道病毒	肠炎
萨佩洛病毒属	猪萨佩洛病毒	产死胎、木乃伊胎及胚胎死亡、不育综合征、胃肠炎、呼吸道疾病
	禽萨佩洛病毒	生长抑制
嵴病毒属	牛嵴病毒	肠炎
捷申病毒属	1型猪捷申病毒	脑脊髓炎、SMEDI综合征
	2～11型猪捷申病毒	SMEDI综合征、猪泰法病
震颤病毒属	禽脑脊髓炎病毒	脑脊髓炎
	鸭甲型肝炎病毒	中枢神经系统疾病、肝炎
禽肝炎病毒属	鸭肝炎病毒1型和3型	中枢神经系统疾病、肝炎
	火鸡肝脏胰腺炎病毒	中枢神经系统疾病、肝炎
心脏病毒属	脑心肌炎病毒	急性心肌炎
塞尼卡病毒属	塞尼卡谷病毒	未知
SMEDI：死产、木乃伊胎、胚胎死亡和不育		

病毒结构、基因组特征和复制

电子显微镜下微RNA病毒是二十面体对称、无刺突的球形颗粒（图55.1）。病毒衣壳是由60个完全相同的亚单位（原体）组成，每个原体由3个表面结构蛋白，即VP2（1B）、VP3（1C）和VP1（1D），以及1个内部结构蛋白VP4（1A）组成。

不同属病毒颗粒的理化特性不同。一些病毒在pH为7以下的环境中不稳定，如口蹄疫病毒属的病毒；其他属的病毒则能高度耐受pH的变化，如肠道病毒属的病毒。所有的微RNA病毒对有机溶剂（乙醚和氯仿）均不敏感。

微RNA病毒基因组是一条长7.0～8.8kb的单股正链RNA（+ssRNA），编码一个大的开放阅读框（open reading frame, ORF）。3′末端有一个长度不等的polyA尾巴，5′末端共价连接一个2.2～3.9ku的小蛋白（3B或者叫VPg）。高度结构化的5′非编码区（5′UTR）包含引发病毒蛋白翻译的内部核糖体起始位点（internal ribosome entry site, IRES）和对病毒RNA复制起关键作用的具有三叶草结构的S片段。

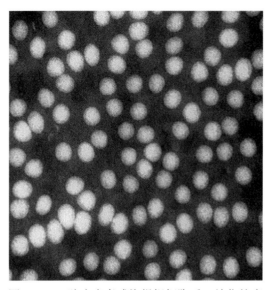

图55.1 口蹄疫病毒感染组织细胞后，纯化的病毒粒子用2%磷钨酸负染后的电镜图。（放大倍数300 000×）（引自美国国土安全部和科学技术部美国梅岛动物疫病研究中心，病毒、细胞和分子影像组的T.G. Burrage）

病毒复制

与细胞表面受体结合进入易感细胞后，病毒基因组释放到细胞质内。病毒基因组既能作为mRNA翻译蛋白，又能作为模板复制子代病毒的基因组。蛋白合成的引发是通过病毒的IRES招募细胞的核糖体复合物完成的。大的开放阅读框翻译出一个240～250ku的多聚蛋白前体，该多聚蛋白前体被宿主和病毒蛋白酶切割成结构蛋白（来源于P1区）和非结构蛋白（来源于P2和P3区）。病毒RNA在感染细胞中的复制主要是由RNA依赖的RNA聚合酶（3D聚合酶）来完成的，一些病毒和细胞蛋白也参与其中。RNA转录成负链RNA，负链RNA以复制中间体的形式合成多条子代病毒的正链RNA。负链RNA作为模板合成多拷贝的基因组RNA，这些基因组RNA有的会用来翻译蛋白，有的会被包装进病毒粒子中。由于RNA依赖的RNA聚合酶（3D聚合酶）缺乏复制校正机制，因此复制错配率大约为1/10 000，这就导致每条基因组上至少有1个核苷酸错配。微RNA病毒是由一系列遗传多样的群体（准物种）组成，种群多样性使病毒在面对宿主的选择压力（如免疫反应）时能够做出快速的反应。

● 口蹄疫病毒属

口蹄疫病毒

口蹄疫病毒是口蹄疫病毒属的成员，有7个血清型：A、O、C、Asia1、SAT1、SAT2和SAT3型。一种血清型病毒的感染并不能对其他血清型病毒的感染提供交叉保护，即使在同一血清型内也存在多个不同的亚型。因此，口蹄疫疫苗需要包含多个血清型甚至亚型特异性的抗原才能提供有效的免疫保护。口蹄疫是家养和野生偶蹄动物的高度传染性疾病，易感动物包括牛、猪、绵羊、山羊和鹿等。口蹄疫病毒能在宿主体内快速复制，易感动物可通过接触或气溶胶而被感染。口蹄疫发生的临床特征为发热、跛行，在舌、蹄、鼻和乳头部出现水疱。成年动物一般表现为高发病率、低死亡率。然而，口蹄疫病毒能引起幼年动物的心肌炎，死亡率高。口蹄疫被视为最具传染性的动物疾病，一旦暴发须立即上报世界动物卫生组织（World Animal Health Organization, OIE）。口蹄疫暴发导致禁止或限制发病国家易感动物及其产品的交易，能给发病国家造成严重的经济损失。

口蹄疫病毒在很多国家呈地方性流行，除南极洲之外各大洲都曾有流行。目前欧洲和北美洲已经根除该病，南美洲的大部分地区依靠疫苗免疫来控制该病。然而，该病在南美洲、东亚、东南亚、中亚、南非、北非和中东地区长期存在，使得这些国家或地区经常暴发口蹄疫。口蹄疫流行国家（地区）的病毒会侵入到无口蹄疫的国家（地区）。例如，1997年我国台湾地区暴发口蹄疫，2001年英国暴发口蹄疫，2001年和2010年日本暴发口蹄疫。2010—2011年韩国多次暴发口蹄疫，其中2011年暴发的口蹄疫是该国历史上最大规模的口蹄疫疫情。疫情暴发后，有些国家采取非疫苗免疫的"扑杀"防控策略，扑杀了几百万头牲畜，造成了几十亿美元的损失。尽管韩国也采取了"扑杀"策略，但最后不得不采取疫苗免疫来控制该病。

致病机制

易感动物可以通过直接接触或间接接触患病动物及其分泌物、被污染的食品而受到感染。病毒还可以长距离传播。自然情况下，牛、羊的感染主要是吸入了气溶胶形式的口蹄疫病毒，猪主要是通过采食被病毒污染的食物或者通过损伤的皮肤、黏膜接触感染动物及其分泌物而被感染。最近的研究表明，易感动物吸入感染性的气溶胶后，病毒复制的主要位置是口咽部的上皮细胞，随后感染肺部的上皮细胞并出现病毒血症。病毒血症使病毒分布动物全身，但是高滴度的病毒复制只发生在水疱部位，包括趾间上皮细胞、蹄冠部和口腔，偶尔发生在心肌。决定病毒嗜性和其在损伤部位高滴度复制的特定因子有待鉴定。大约50%的偶蹄动物在急性感染口蹄疫病毒后，无论是否接种过疫苗，都会成为无症状携带病毒的持续性感染动物。在病毒最初感染后的28d，仍能从持续性感染动物体内分离到病毒。持续性感染在口蹄疫病毒的流行病学、生态学及动物长期带毒中的作用至今还不清楚。但是，牛和非洲水牛体内持续性感染的病毒会存在3.5～5年，也有持续性感染的非洲水牛将口蹄疫病毒传染给其他牛的报道。

分子致病机制

口蹄疫病毒是通过结合4种特异性的细胞受体（整联蛋白 $\alpha v\beta 1$、$\alpha v\beta 3$、$\alpha v\beta 6$ 和 $\alpha v\beta 8$）进入细胞的。在体外，口蹄疫病毒VP1蛋白G-H环上保守的RGD（精氨酸、甘氨酸和天冬氨酸）基序能够与细胞整联蛋白结合。动物试验表明，$\alpha v\beta 6$ 是口蹄疫病毒的主要受体，因为口蹄疫病毒易感的上皮细胞表面能够持续表达高水平的 $\alpha v\beta 6$，所以在口蹄疫感染的上皮细胞中也表达 $\alpha v\beta 6$。病毒结合细胞后进入细胞，是通过网格蛋白介导的内吞途径完成的，随后内体的酸化作用使病毒衣壳解聚从而释放病毒基因组RNA。

病毒脱壳并释放基因组RNA到细胞质后，蛋白翻译从5′端下游大约1 500个碱基处起始，由非帽依赖的IRES介导完成。口蹄疫病毒存在2个起始密码子（AUG），但翻译起始主要是从第2个AUG开始，翻译出一个大的多聚蛋白，该蛋白被病毒编码的前导蛋白、3C蛋白酶和2A蛋白酶等裂解成结构蛋白和非结构蛋白。病毒的复制和包装需要4种结构蛋白和10种非结构蛋白。病毒蛋白被翻译和裂解后，一些非结构蛋白与细胞因子相互作用促进病毒复制。病毒蛋白具有多种功能，如3D蛋白发挥RNA合成的聚合酶功能；2C蛋白是一种ATP酶，包含核苷酸结合基序；2B蛋白能够与细胞膜结合形成复制复合物；VPg蛋白（口蹄疫病毒属的3B蛋白）通过病毒基因组中的顺式复制元件和3D聚合酶被尿苷酰化后形成VPgpUpUOH，充当RNA转录的引物。

在感染的细胞中，病毒RNA主要由RNA依赖的RNA聚合酶（3D聚合酶）与其他病毒蛋白和细胞蛋白形成复合物进行复制。病毒的组装是由3个表面结构蛋白VP1、VP2、VP3和1个内部结构蛋白VP4形成的。形成感染性病毒粒子的最后一步是VP0被裂解成VP4和VP2，并包装单股正链RNA。

病毒对宿主免疫的干扰

口蹄疫病毒进化出了一系列干扰宿主抗病毒免疫的策略。前导蛋白除了裂解病毒的多聚蛋白之外，还能切割延伸因子eIF4G，后者在由核糖体介导的蛋白翻译起始中参与mRNA加帽过程。虽然前导蛋白的切割有效地阻止了宿主mRNA帽依赖的蛋白翻译，但是病毒RNA仍然能够翻译成蛋白，因为其翻译是通过位于5′UTR中非帽子依赖IRES介导的。前导蛋白除了阻断宿主蛋白的翻译外，还能够通过降解NF-κB（NF-κB能够调节干扰素β的转录），使其在病毒感染后不能进入细胞核内，从而干扰宿主的先天免疫。

口蹄疫病毒感染猪后会导致猪在急性感染期形成短暂的淋巴细胞减少症，这与猪的病毒血症和T细胞功能障碍密切相关。猪感染口蹄疫病毒对先天免疫的另一个影响是急性感染期内各种树突状细胞产生的α-干扰素水平显著下降。由病毒诱导的免疫病理使先天免疫反应下降或者延迟出现，猪可能出现细胞免疫反应低下，包括自然杀伤性细胞的功能下降。尽管先天免疫反应被抑制，但抗体反应却能很快产生，通常在感染后4～6d产生的中和抗体能够保护动物免受同一血清型内抗原性相似毒株的再次感染。

口蹄疫病毒感染后还会降解MHC-Ⅰ类分子，从而干扰细胞毒性T细胞发挥抗病毒作用。总之，口蹄疫病毒感染后，在分子、细胞和宿主水平对宿主产生致病作用，其中有些机制还未阐明。深入了解病毒的致病机制，有助于我们开发更加有效的疫苗、抗病毒药物及采取生物治疗措施。

控制和康复

每个国家或地区根据疫病状态（地方流行或无口蹄疫流行）、动物和动物产品的国际贸易等情况，采取的口蹄疫病毒控制措施不尽相同。联合国粮农组织（FAO）制定了不同国家在口蹄疫防控项目进展的不同阶段指南（http://www.fao.org/ag/againfo/commisions/en/eufmd/pcp.html，2013年1月25日获取）。第0阶段，国家不需要监测和控制口蹄疫；第1～3阶段，国家采取不同层次的从监测到控制的策略；第4阶段，采取疫苗免疫等措施达到没有病毒流行的状态；第5阶段，不免疫也无口蹄疫流行。第2～3阶段，国家暴发口蹄疫时要限制动物运输、免疫未感染的动物、在暴发地扑杀一些动物。对未免疫而发生口蹄疫疫情的国家，采取扑杀感染动物和疫苗免疫高风险易感动物群体相结合的策略。无口蹄疫国家暴发口蹄疫后要采用扑灭（stamping-out）策略，尽可能减少疫苗的应用，这可能导致销毁数百万动物，造成严重的经济损失和社会后果，甚至要考虑到动物福利。有一个情况是，扑灭策略的应用并不成功，还需要建立长期的大规模群体免疫来控制该病，如2001年阿根廷和乌拉圭暴发的口蹄疫、2011年韩国暴发的口蹄疫。

疫苗免疫

口蹄疫疫苗的应用已有几十年的历史，在世界范围内的兽用疫苗市场中，口蹄疫疫苗的销售份额最大。商品化的疫苗通过灭活的全病毒抗原制备。由于口蹄疫病毒具有多血清型、亚型及毒株存在高度变异，因此世界上特定国家或地区的口蹄疫疫苗抗原总是针对当地特定的流行毒株。在口蹄疫病毒流行的地区，需要进行深度的流行病学调查和疫苗毒株与流行毒株抗原性的匹配研究，来确定疫苗毒株是否能对流行毒株提供有效的免疫保护。一些无口蹄疫的国家通过选择几个血清型的毒株来建立疫苗抗原库，以应对万一暴发口蹄疫时的早期防控。抗原库中的毒株是根据风险评估选择的，而且需要定期进行更新，以保证新疫苗抗原库能够覆盖新发疫情的毒株。

商品化的口蹄疫疫苗，包括用于流行地区使用的有常规保护效力的疫苗和用于无口蹄疫地区突发疫情紧急免疫的高效力疫苗。由于灭活疫苗可以保护动物不产生临床症状且不向环境中排毒，因此在世界范围内的不同国家或地区根除口蹄疫计划中起到了有效的作用。然而，灭活疫苗也有一些自身的缺点：首先，制备灭活疫苗需要活的病毒，存在病毒从工厂泄露的风险；灭活疫苗的免疫保护期短，需要半年内多次免疫以维持动物的免疫保护水平；此外，口蹄疫病毒的抗原谱窄，灭活后疫苗不稳定，特别是O型口蹄疫疫苗更不稳定。对于口蹄疫疫苗来说，其效力至关重要。世界动物卫生组织（OIE）最新的《陆生动物诊断与疫苗操作手册》中提出牛用口蹄疫疫苗效力需要达到6个半数保护剂量（PD_{50}）。但在无口蹄疫病毒的国家，不总是有与暴发毒株相对应的特异性疫苗。因此，需要研发针对异源毒株起保护作用、能诱导快速免疫反应，且能更好地阻断动物排毒和病毒传播的高效力疫苗。

口蹄疫疫苗最重要的一个特征是要能够鉴别诊断感染与免疫的动物（DIVA）。为了达到这个目的，通常在生产疫苗过程中去除病毒的非结构蛋白，这样，只有在感染过口蹄疫病毒而非免疫疫苗的动物体内才能够检测到针对非结构蛋白的抗体。实际上，只有高质量的口蹄疫疫苗才能够完全不含病毒的非结构蛋白，接种动物后才可实现病毒感染和疫苗免疫动物的鉴别诊断。

农场防控与消毒

在口蹄疫暴发后的恢复期，对牧场进行消毒是很有必要的。口蹄疫病毒对酸、碱非常敏感，病毒在pH低于6.5和高于7.5条件下很快被解聚成五聚体。因此，可以利用酸性或碱性消毒剂进行消毒，如柠檬酸和次氯酸钠（漂白剂）。最近的研究表明，在无孔干燥的物体表面，口蹄疫病毒能够很快被1 000mg/kg的次氯酸钠、1%的柠檬酸或4%的碳酸钠灭活。然而，当用有孔物体（木头）进行消毒测试时，2%的柠檬酸比2 500mg/kg的次氯酸钠灭活口蹄疫病毒的效果更好。基于上述研究，推荐使用低pH的消毒剂进行口蹄疫病毒的消毒。

口蹄疫病毒属其他成员

将导致牛和马鼻炎的病毒与人的鼻病毒序列比对分析，根据病毒的基因组结构组成和与口蹄疫病毒序列的相似性，将此前属于鼻病毒属（Rhinovirus genus）的牛鼻病毒和马鼻病毒划归为口蹄疫病毒属。这些病毒包括A-1、A-2、B型牛鼻病毒和A型马鼻病毒，正式命名分别是1型、3型和2型牛鼻病毒和1型马鼻病毒。将牛鼻病毒和马鼻病毒划归为口蹄疫病毒属的分子证据包括：遗传基因结构基序的相似性、氨基酸同源性及是否存在功能性的前导蛋白（功能性的前导蛋白仅存在于口蹄疫病毒属和马鼻病毒属中）。牛鼻病毒被认为仅能引起轻微的呼吸道症状，该病毒从健康牛和表现出临床症状的牛体内都能分离获得。试验条件下，牛鼻病毒感染自然宿主仅能引起轻微的疾病或无症状感染。在牛体内广泛存在的抗体提示，牛鼻病毒在易感宿主之间的传播通常不会引起人们的注意。由于牛鼻病毒不引起严重的疾病，因此目前该病发生时没有针对其采取任何的防控措施。相反，A型马鼻病毒（equine rhinitis virus A，ERVA）通常在马群中引起严重的呼吸道疾病，感染的马呈现高热和病毒血症。A型马鼻病毒能从粪便中分离。此外，与马群接触过的人其血清学检测呈现A型马鼻病毒抗体阳性，说明人也能感染该病毒。

● 马鼻炎病毒属

马鼻炎病毒属包括马乙型鼻炎病毒（equine rhinitis virus B，ERVB）1型和2型。该病毒此前被划分到鼻病毒属。与其他鼻病毒相比，马乙型鼻炎病毒的显著特征是高度耐酸性。此前马乙型鼻炎病毒1型和2型被命名为马鼻炎病毒2型和3型，该病毒引起马的上呼吸道疾病和发热，与A型马鼻病毒引起的症状相似。病毒从鼻咽部排毒，有些情况下，感染马症状消失1个月后还能排毒。通常认为，马乙型鼻炎病毒可能存在显著的亚临床感染，甚至在临床感染时也不能在马体内建立病毒血症。

● 肠道病毒属

肠道病毒是一群耐酸的微RNA病毒，可引起轻微的胃肠炎或感染后不引起临床症状。肠道病毒在牛群和猪群中广泛存在，主要通过污染的水或食物经粪口途径传播，也可直接接触传播。由于每种病毒通常有多种血清型，因此在兽医学领域很少有人试图控制这些病毒的传播。

肠道病毒中一个显著的例外是猪水疱病病毒（swine vesicular disease virus，SVDV），其曾经在世界范围内流行，目前主要在欧洲偶尔暴发。遗传证据提示，猪水疱病病毒可能是人的柯萨奇病毒B5型在猪体内的变异株。该病毒经粪口和呼吸道途径传播，感染猪可能存在持续性感染带毒的状态，其最重要的临床特征与口蹄疫病毒、水疱性口炎病毒和猪水疱疹病毒等引起的症状类似，因此无法从临床上确定猪蹄部和口鼻部的水疱是由猪水疱病病毒还是上述其他几种病毒引起的。除了引起水疱外，猪水疱病的临床症状还包括发热、跛行和食欲丧失。尽管该病发生后猪的死亡率低，但仔猪发病率很高且伴有严重的临床症状，常出现共济失调和舞蹈症。猪水疱病的诊断方法包括病毒分离、ELISA检测抗原和实时荧光定量PCR，血清学检测仅在病毒中和试验和ELISA抗体监测中使用。

● 萨佩洛病毒属

萨佩洛病毒属是指除其他微RNA病毒属进化分支之外的具有相似遗传特性的新发现或/和重新命名的病毒，包括猴、禽和猪的肠道样病毒。重新命名的病毒包括鸭微RNA病毒，现命名为禽萨佩洛病毒；猪A型肠道病毒，现命名为猪萨佩洛病毒。新发现的病毒根据序列相似性归类为新萨佩洛病毒，如海狮1型和2型萨佩洛病毒。猪萨佩洛病毒是从患有呼吸道和胃肠炎疾病的猪体内分离的，病毒接种猪后产生了完全相同的临床症状。猪萨佩洛病毒能从具有死产、木乃伊胎、胚胎死亡及不育（SMEDI）综合征的母猪子宫内死胎的呼吸道剖检组织中分离，引起的症状与细小病毒引起的死产、木乃伊胎、胚胎死亡和不育（SMEDI综合征）类似。另外，由于猪萨佩洛病毒还与原发性水疱病相关，因此需要与猪口蹄疫进行鉴别诊断。

● 嵴病毒属

嵴病毒属病毒的基因组具有微RNA病毒科的特征，其感染的宿主包括人、牛和猪。这些病毒与胃肠炎相关，在猪体内能引起病毒血症。牛嵴病毒在牛粪中普遍存在。感染人的艾滋病病毒是通过粪口途径传播的。在有些动物血清内可以检测到高水平的嵴病毒特异性抗体。基于部分基因组的进化发育分析表明，在蝙蝠和绵羊的粪便中能检测到类似崤病毒的毒株。

● 捷申病毒属

猪捷申病毒感染的宿主仅限于猪。该病毒有11个血清型，但是只有血清1型能引起成年猪严重的疾病，叫捷申病或捷申病毒脑炎。捷申病毒在世界范围内广泛分布，过去20年内在东欧和非洲均有捷申病毒脑炎的报道，最近发生的一次疫情是在海地。和其他微RNA病毒一样，捷申病毒在环境中非常稳定，猪群通常是采食了未经过完全热处理的泔水或者其他被污染的食物而感染。该病毒通过采食进入猪体内，在胃肠道内复制，经粪便向环境排毒。除了血清1型外，捷申病毒感染猪还会导致亚临床症状。仔猪感染后有时会出现神经症状，但死亡率低。由于存在母源抗体，因此通常病毒很少有机会进入中枢神经系统，仔猪断奶后会产生特异性免疫。捷申病毒感染猪引起的轻症是指猪泰法病（Talfan）（厌食、共济失调，偶见抽搐或麻痹）。捷申病毒1、3和6血清型的感染与SMEDI综合征相关。

另外，捷申病毒可以使任何年龄的猪发生脑炎，感染猪的死亡率高达90%。捷申病毒脑炎症状包括发热、厌食、沉郁、肌肉震颤、脑炎和四肢瘫痪。由于呼吸道肌肉麻痹，因此病猪在出现临床症状后最快1周内就能死亡。由于该病毒侵害中枢神经系统，因此可在大脑、脊髓神经节和脑神经中观察到组织病理学损伤。该病毒感染中枢神经系统后，应注意与伪狂犬、日本乙型脑炎、狂犬病和蓝耳病的鉴别诊断。捷申病毒可以通过病毒分离和血清学定性鉴别，但是由于抗体广泛存在，因此脑炎病例必须通过病毒分离或者是大脑、脊髓的组织病理变化来确诊。过去有捷申病毒疫苗可用，但现在已经不再使用，因此目前还没有针对该病的治疗和预防措施。防控该病主要通过检疫和消毒。

2009年海地暴发了一起由1型捷申病毒引起的疫情，并且该疫情快速传播，给正在遭受经典猪瘟疫情重创的养猪业雪上加霜。到2010年捷申病毒几乎遍布整个海地，直至2011年初还有新增病例的发生，全国大约1/3的生猪遭受感染，受感染猪的死亡率为25%。由于海地东部与多米尼加共和国接壤的边界很长，因此多米尼加共和国猪群面临被传染的高风险。

另一起捷申病毒感染的报道是对2002年加拿大西部许多农场发生猪脑脊髓炎的样本进行的回顾性研究，发病样品的病原是1型捷申病毒。尽管每个农场仅有不到1%的猪感染，但大多数猪出现了临床症状并被实施了安乐死。未表现临床症状的猪没有被实施安乐死而幸存下来，但这些猪的神经功能受到持续损伤。报道中没有提到病毒的可能来源，也没有证据表明其传播范围超出了最初发病的疫区，因此这次感染的意义很难评估。

● 震颤病毒属

震颤病毒属的唯一成员是禽脑脊髓炎病毒（avian encephalomyelitis virus，AEV），该病毒是鸡群流行性震颤病的传染源，其还感染鹧鸪、火鸡、鹌鹑、珍珠鸡和雉鸡等禽类。流行性震颤病最早于20世纪30年代在美国的新英格兰地区被发现，目前在世界范围内流行，引起的临床症状包括成年鸡产蛋量减少，低于3周龄的雏鸡发生神经症状，后者包括震颤、共济失调、虚弱、两翅下垂和瘫痪。该病的发病率较高，死亡率可达25%。病鸡由于麻痹常坐于脚踝，最终倒卧一侧，部分存活病鸡失明。母鸡会有2周的产蛋量下降。禽脑脊髓炎病毒通过粪口途径传播，其在消化道的上皮细胞内复制。鸡感染病毒3d后通过粪便排毒，排毒期可达2周。病毒在雏鸡体内能建立病毒血症，通过血液到达中枢神经系统和其他脏器。通过病理组织学观察大脑损伤或者用鸡胚进行病毒分离可以做出诊断，检测到针对禽脑脊髓炎病毒的抗体只能说明此前鸡接触过该病毒。目前没有针对禽脑脊髓炎病的治疗措施，可以通过弱毒活疫苗点眼或者饮水来预防该病。

● 禽肝炎病毒属

禽肝炎病毒属，包括此前被划归为肠道病毒属的鸭甲型肝炎病毒。鸭甲型肝炎病毒在世界范围内分布，是导致幼鸭高死亡率的重要疾病。感染鸭甲型肝炎病毒后，1周龄以内的鸭死亡率可达到100%，3周龄左右的鸭死亡率低于50%。发病鸭的临床症状包括瘫痪、角弓反张、局部麻痹、眼球内陷和突然死亡。临床剖检可见肾脏、脾脏和肝脏肿大，肝脏可见弥散性出血和坏死，呈绿色。可通过接种鸭胚或鸡胚后对肝脏匀浆进行病毒分离或对组织切片进行免疫荧光检测来诊断。目前尚无治疗措施，但有效的疫苗可用于预防该病。预防该病的最佳方法是，不让幼鸭与成年鸭接触，直至幼鸭成长至4周龄。

与鸭甲型肝炎病毒相关的病毒是目前还未分类的导致火鸡病毒性肝炎的火鸡肝脏胰腺炎病毒。火鸡病毒性肝炎多发于北美洲和欧洲，主要危害6周龄以下的火鸡。病毒通过粪口途径传播。临床症状包括体重减轻、厌食和突然死亡，有些病例会出现神经症状。成年火鸡感染后通常无症状，有短暂的产蛋量下降。通过接种鸡胚，取其肝脏、胰腺、脾脏或者肾脏可分离出病毒。病理组织学变化包括肝脏和胰腺呈现灰白色凹陷的多病灶坏死。死亡病例表现出肝脏和胰腺弥散性出血并伴有空泡、单核细胞浸润和脏器充血。

● 心脏病毒属

脑心肌炎病毒（enccphalomyocarditis virus，EMCV）是心脏病毒属的成员，是啮齿类动物病毒，也可以感染农场动物和人。脑心肌炎暴发能使狒狒死亡，这与野生啮齿类动物在狒狒笼具附近出没有关。该病的发生主要与不卫生的环境相关，动物尤其是猪通过接触啮齿类动物的粪便可被感染。病毒在消化道内复制产生病毒血症，病毒通过血液循环到达靶器官心脏。脑心肌炎的发病和死亡多见于幼年动物，但是该病可以通过胎盘垂直传播，导致产死胎。仔猪突发死亡前的主要症状是高热、呼吸困难和皮肤变蓝。组织病理学观察可见肺部和腹部水肿，肝脏增大。剖检可见心脏变软、苍白并伴有明显的坏死，存活动物的心肌纤维化。目前该病发生时尚无治疗措施，但有商品化的灭活疫苗可用于免疫，防控措施主要依靠隔离和消毒。此外，用活的门戈病毒（另一个与兽医无关的心脏病毒属病毒）免疫后能够保护狒狒、猕猴和猪免受致死性脑心肌炎病毒的攻击。

● 塞尼卡病毒属

塞尼卡谷病毒是新创建的塞尼卡病毒属的唯一成员，该病毒的起源尚不清楚，最早发现于被污染的组织细胞中。在对猪临床样品进行回顾性研究分析时，分离出了与塞尼卡谷病毒几乎相同的病毒，血清学证据表明该病毒可以感染猪、牛和野生小鼠。塞尼卡谷病毒感染动物后无明显的疾病发生，因此兽医病毒学上对该病毒还不了解。然而，从美国发生的多起猪水疱类疾病中分离到的唯一病原是塞尼卡谷病毒，因此诊断时不要与引起猪水疱的其他病毒（如口蹄疫病毒）混淆。在试验条件下。塞尼卡谷病毒感染猪后能够被复制且将病毒传播给未感染的猪，但是这些猪无论是注射还是接触感染该病毒都不出现相关的临床症状。有趣的是，塞尼卡谷病毒能够在人的癌症细胞中选择性地复制，可以作为溶瘤病毒治疗肿瘤。

延伸阅读

Diaz-Mendez AL, Viel J, Hewson P, et al, 2010. Surveillance of equine respiratory viruses in Ontario[J]. Can J Vet Res, 74: 271-278.

Dynon KWD, Ficorilli BN, Hartley C A, et al, 2007. Detection of viruses in nasal swab samples from horses with acute, febrile, respiratory disease using virus isolation, polymerase chain reaction and serology[J]. Aust Vet J, 85: 46-50.

Grubman MJ, Baxt B, 2004. Foot-and-mouth disease[J]. Clin Microbiol Rev, 17: 465-493.

Honkavuori KS, Shivaprasad HL, Briese T, et al, 2011. Novel picornavirus in Turkey poults with hepatitis, California, USA[J]. Emerg Infect Dis, 17: 480-487.

Lin F, Kitching RP, 2000. Swine vesicular disease: an overview[J]. Vet J, 160: 192-201.

Lin JY, Chen TC, Weng KF, et al, 2009. Viral and host proteins involved in the picornavirus lifecycle[J]. J Biomed Sci, 16: 103.

Pogranichniy RM, Janke BH, Gillespie TG, et al, 2003. A prolonged outbreak of polioencephalomyelitis due to infection with a group I porcine enterovirus[J]. J Vet Diagn Invest, 15: 191-194.

Reuter G, Boros A, Pankovics P, et al, 2011. Kobuviruses-a comprehensive review[J]. Rev Med Virol, 21: 32-41.

Rodriguez LL, Gay CG, 2011. Development of vaccines toward the global control and eradication of foot-and-mouth disease[J]. Expert Rev Vaccines, 10: 377-387.

Shan T, Li L, Simmonds P, et al, 2011. The fecal virome of pigs on a high-density farm[J]. J Virol, 85: 11697-11708.

Tannock GA, Shafren DR, 1994. Avian encephalomyelitis: a review[J]. Avian Pathol, 23: 603-620.

Tseng CH, Tsai HJ, 2007. Sequence analysis of a duck picornavirus isolate indicates that it together with porcine enterovirus type 8 and simian picornavirus type 2 should be assigned to a new picornavirus genus[J]. Virus Res, 129: 104-114.

Yamada M, Kozakura R, Nakamura K, et al, 2009. Pathological changes in pigs experimentally infected with porcine teschovirus[J]. J Comp Pathol, 141: 223-228.

(王海伟 译，于力 校)

第56章 杯状病毒科

杯状病毒，又译为嵌杯病毒，是一种很小的病毒粒子，直径为27～40nm，无囊膜，呈二十面体对称结构，基因组为单股正链RNA，病毒基因组行使mRNA功能并具有感染性。在负染电镜下，病毒粒子的球形表面覆盖着众多圣杯状的结构，故命名为杯状病毒。本科病毒可以分成4个不同的种属：兔病毒属、诺瓦克病毒属、札幌样病毒属和水疱疹病毒属。戊肝病毒早先被列为杯状病毒科，最近被重新分类为戊肝病毒科、戊肝病毒属。杯状病毒科的成员，特别是猪水疱疹病毒、圣米格尔海狮病毒、猫杯状病毒、欧洲野兔综合征病毒及兔出血症病毒，都是重要的动物病原。

● 综合特性

杯状病毒基因组仅包含2个或3个开放阅读框。病毒粒子由单一的主要衣壳蛋白构成。杯状病毒与小RNA病毒的非结构蛋白具有相同的特性。病毒感染细胞后，在细胞质和细胞核内同时产生包涵体，但细胞质是病毒复制的主要场所。

● 水疱疹病毒属

猪传染性水疱疹病毒和猫杯状病毒同时归类为水疱疹病毒属，该种属的病毒较容易在细胞培养物中增殖，这与其他种属的杯状病毒形成了鲜明的对比。

● 猪水疱疹病毒

疾病

猪水疱疹病是一种急性病毒性疾病，可在口腔、嘴角和蹄冠部形成水疱。在临床上很难与口蹄疫、猪传染性水疱病及水疱性口炎相区分。该病潜伏期为24～72h，病程可持续1～2周，发病率高但致死率低。猪水疱疹病虽然可以对猪的生产造成一定的经济影响，但难以与口蹄疫相区分。本病最后一次暴发是在1956年的美国。1959年，美国农业部宣布猪水疱疹病在美国绝迹；然而在海洋哺乳动物中，却分离到一种可引起动物水疱性疾病和繁殖障碍的病毒，该病毒与猪水疱疹病毒相似，包括海豹、海狮、海象和海豚在内的多种海洋哺乳动物都被该病毒感染。猪水疱疹病的暴发可能是因为给猪饲喂了死亡的海洋哺乳动物，进而导致海洋哺乳动物体内的杯状病毒传播到猪体内。

病原

理化和抗原特性 猪水疱疹病毒是一类典型的杯状病毒,在感染病毒的猪细胞中,病毒粒子存在于细胞质囊泡中(图56.1),病毒成晶体阵列式分布(图56.2)。猪水疱疹病毒在酸性(pH=5)条件下稳定。目前至少已经鉴定出有13种不同抗原独特型的猪水疱疹病毒,其中很多病毒来自猪以外的其他物种,它们同样可以引起猪水疱疹病,故同样归属为猪水疱疹病毒,如牛杯状病毒、鲸杯状病毒、灵长类杯状病毒及多达17个型的圣米格尔海狮病毒。从鱼类、鸟类、爬行类及臭鼬等动物体内,人们也分离到了类似病毒。通过血清中和试验可以对这些病毒进行区分,并且它们对猪的毒性也各不相同。

对理化因素的抵抗力 猪水疱疹病毒可以在外界环境及被污染的肉制品中长期存活。病毒经2%的氢氧化钠和0.1%的次氯酸钠处理后可以被彻底灭活。

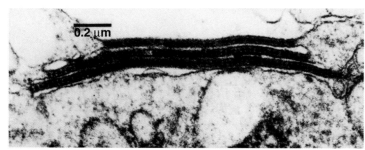

图56.1 细胞质囊泡中平行排列的病毒粒子(72 000×)(引自Zee等,1968)

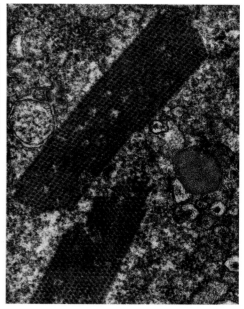

图56.2 细胞内部猪水疱疹病毒形成的晶体片段(64 000×)(引自Zee等,1968)

对其他物种的感染性及培养系统 自然发生的猪水疱疹病只能在猪群中传播,不同品种不同年龄的猪都会感染。试验条件下,给海豹接种猪水疱疹病毒,可在接种部位观察到小水疱,同样的情况也发生在马和仓鼠身上。从接种部位和引流淋巴结处再次分离的病毒效价较低。猪水疱疹病毒可以在猪肾细胞及猴肾细胞(Vero)上增殖。

宿主-病毒相互关系

疾病分布、传染源和传播途径 猪水疱疹病于1932年在北美洲地区(加利福尼亚州)被首次报道,在1932—1951年(只有1937—1938年例外)每年在加利福尼亚州都有本病暴发。1951年,本病首次传播到加利福尼亚州以外的地区,1952—1953年本病传播到美国境内的42个州。在世界范围内,除了冰岛和夏威夷之外,本病从来没有在别的地方见到报道,而在夏威夷和冰岛发生猪水疱疹病是由于输入了来自加利福尼亚受到污染的猪肉制品导致的。

海洋哺乳动物可以作为猪水疱疹病毒的终末宿主。1972年在远离南加利福尼亚州的圣米格尔岛的海狮中,首次分离到一株杯状病毒。这株病毒被命名为圣米格尔海狮病毒,从形态学、生物物理学和生物化学角度没法与猪水疱疹病毒相区分。试验条件下,圣米格尔海狮病毒感染猪同样产生猪水疱疹病症。从无病症的家猪体内同样分离到了圣米格尔海狮病毒。在加利福尼亚州的海洋哺乳动物、野猪和家猪体内，都发现了针对圣米格尔海狮病毒和猪水疱疹病毒的血清中和抗体。由于当地有用死亡的海狮作为饲料养猪的传统，因此早期流行病学调查显示，猪水疱疹病的暴发与饲喂了未加工的海狮残体有关。

用感染圣米格尔海狮病毒的海洋哺乳动物作为饲料养猪，可以造成猪水疱疹病的暴发，并且疫情可以随着与病猪的直接接触进而传播至整个种群。

发病机制和病理变化 猪水疱疹病的典型特征是在感染猪的口、鼻、蹄冠及舌部出现充满液体的小囊泡。试验条件下，皮内接种猪水疱疹病毒或者圣米格尔海狮病毒可造成同样的病理变化。感染的猪呈现发热体征，可在感染后几天内从血液和口、鼻分泌物中检出病毒。在感染的第3～4天可在蹄冠部和脚趾间隙出现水疱。如果没有出现继发的细菌感染，水疱破裂后会很快自愈。从水疱里流出的液体中含有高滴度的病毒粒子，进而可以污染环境。一些感染猪水疱疹病毒的猪会出现温和的脑炎症状，而从感染圣米格尔海狮病毒的猪的脑组织中也可以分离到圣米格尔海狮病毒。

感染后机体的反应 接种猪水疱疹病毒和圣米格尔海狮病毒后，机体可以很快产生中和抗体，并在感染后的7～10d内抗体效价达到峰值。

实验室诊断

猪水疱疹病需要与其他猪水疱类疾病，如口蹄疫、水疱病和水疱性口炎等快速区分。通过细胞培养分离病毒、直接电镜观察小囊泡液体样本及PCR反应可以做出实验室诊断。虽然猪的这些水疱类疾病通常具有相似的症状，但还是具有重要的区别：水疱性口炎可以感染马和反刍动物，口蹄疫也可以感染反刍动物，而猪水疱疹病和水疱病只感染猪（表56.1）。

表56.1 家畜对引起猪水疱类疾病病毒的敏感性

动物种类	猪水疱病毒*	猪水疱疹病毒	口蹄疫病毒	水疱性口炎病毒*
牛	−	−	++	++
猪	++	++	++	+
绵羊	−	−	+	−a
马	−	−a	−	++
豚鼠	−	−a	+	+
乳鼠	+	−	+	+
人	+	−	−a	+

注：a 特殊病毒株可引发偶然感染病例；
* 猪水疱病毒属于肠道病毒属，水疱性口炎病毒属于弹状病毒属（译者注）。

治疗和控制

尚没有有效的治疗与疫苗用于控制猪水疱疹病。目前，在美国该病已经绝迹。作为消除该病的重要因素，法律强制要求饲喂给猪的海洋哺乳动物残体必须经过烹煮处理。

● 猫杯状病毒

疾病

猫杯状病毒可以感染猫的口腔和上呼吸道，并伴随发热、打喷嚏、鼻眼分泌物增多、鼻炎、结膜炎、口腔溃疡等症状，重症病例可出现肺炎。关节和肌肉酸痛、感觉器官过敏及慢性口腔溃疡都与猫杯状病毒感染有关。最近，出现了具有高毒力、高致死率的猫杯状病毒感染。本病的潜伏期为2~3d，在未发生继发细菌感染的情况下，病猫通常在7~10d康复。猫被高致病性毒株感染后可造成脱毛、皮肤溃疡、皮下水肿和高死亡率。

病原

理化和抗原特性 猫杯状病毒仅有一个血清型，但是各毒株之间具有不同的抗原性，这给疫苗的使用带来了影响。病毒的毒力与抗原特性无关，每种病毒的毒力也各不相同。也就是说，病毒可以引起相似的临床症状但是抗原性不一样。

对理化因素的抵抗力 猫杯状病毒对很多通用消毒剂都有抵抗力。用0.175%的次氯酸钠处理后容易被灭活，因此可选择其作为灭活剂。季胺类化合物对猫杯状病毒无效。病毒在pH为4~5的条件下稳定，50℃、30min可以被灭活。

对其他物种的感染性及培养系统 猫杯状病毒分布广泛，世界各地都能从猫体内分离到病毒毒株。尚无证据表明猫杯状病毒可以引发实验动物疫病。病毒可在猫源细胞系中传代培养，有些毒株则还可以在非洲绿猴肾细胞（Vero）和海豚肾细胞中生长。

宿主-病毒相互关系

疾病分布、传染源和传播途径 猫杯状病毒病分布范围广，各个品种的猫对该病毒均易感染。通常幼龄的猫更容易感染和发病，而成年猫感染后不易发病进而获得免疫。感染的猫康复后能长期带毒，在口咽部滋生的病毒可引发新的感染。病毒以气溶胶、接触污染物等水平传播。由于病毒对环境因素具有较强的抵抗力，因此接触污染物是病毒传播的主要方式。

发病机制和病理变化 猫接触气溶胶或者污染物，经呼吸系统感染猫杯状病毒。病毒复制早期的场所是口腔上皮细胞、呼吸道和扁桃体。急性感染时会出现病毒血症。

小猫或年轻猫对猫杯状病毒易感，在口腔（舌和上颚）及鼻孔出现小泡样的典型损伤。小泡很快破损造成腐烂和溃疡。强毒株可以引起小猫肺炎。在轻微病例中，破损的口腔黏膜可以迅速再生。猫杯状病毒也与猫的跛脚病有关，该病表现为关节滑膜炎，滑膜液增多。跛脚病的成因尚不清楚，可能与免疫有关。

猫杯状病毒的强毒株可以造成易感猫的流行性死亡。强毒株可以造成脉管炎和多器官衰竭，感染猫表现出严重的口腔溃疡、头部皮下囊肿和跛脚症，可见耳廓、脚垫、鼻孔和皮肤有多处溃疡。一些猫会表现出肺炎和肝、脾坏死。通过免疫组化可在上皮细胞和内皮细胞中检测到猫杯状病毒抗原。即使是接种疫苗的猫其感染强毒株后也会表现出高发病率和高死亡率。在猫杯状病毒流行区域的流浪宠物救助站和集中饲养设施里，会有强毒株出现。

感染后机体的反应 感染过病毒的猫及接种过灭活疫苗或活疫苗（人工修饰的）的猫都会获得血清中和抗体，新生小猫通过吸取乳汁可以从免疫耐受的母猫体内获得母源抗体。

实验室诊断

实验室检测需要把猫杯状病毒和其他可以引起呼吸疾病的病原区分开来，特别是猫鼻气管炎病毒（一种疱疹病毒）。检测内容包括从猫的鼻分泌物、咽拭子、从眼结膜刮取物中分离培养病毒及扁桃体活体穿刺物的免疫组化染色检测，也可以采用反转录PCR进行基因检测。当无症状带毒个体出现时，必须要重视阳性的检测结果。由于病毒基因多会变异，因此也会出现假阴性的结果。通过电子显微镜观察病毒的典型外观可以做出快速诊断。除了根据临床表现外，尚不能区分强毒株和经典的毒株。

治疗和控制

感染猫杯状病毒后主要采取辅助性的症候疗法。广谱的抗生素可以用来预防继发细菌感染,当出现脱水时可以通过输液治疗。所有毒株都是源自单一血清型的变异体,它们之间都具有相当多的血清交叉反应。此外,给猫免疫一株变异的猫杯状病毒后可抗击其他的变异病毒,只是有时候保护并不完全彻底。在疫苗研发中,病毒中和试验是评价疫苗交叉保护能力的最好方法。灭活疫苗或者修饰的活疫苗都方便购买,并可对猫杯状病毒提供有效的保护。猫杯状病毒疫苗通常和猫鼻气管炎病毒(一种疱疹病毒)疫苗、猫泛白细胞减小病毒(一种细小病毒)疫苗,通过肌内注射或者滴鼻联合应用。

在引入新的易感猫之前,对出现呼吸症状的病猫需进行隔离,并以次氯酸钠消毒笼具和场地,从根本上控制猫杯状病毒的感染。

● 兔病毒属

疾病(兔出血症和欧洲野兔综合征)

兔出血症和欧洲野兔综合征是相似的疫病,引起这两种疫病的病原是两种有关联但抗原性有区别的杯状病毒。兔出血症是欧洲兔和家兔的一种急性传染性疾病,在敏感兔中具有很高的致死率。兔出血症的一个显著特点就是该病仅致死2月龄以上的兔,潜伏期短,病兔表现为发热,全身多器官弥散性出血,死亡迅速。该病于1984年在中国首次被报道,并很快传播到世界的多个地方。欧洲野兔综合征只在欧洲野兔中出现。

病原

理化和抗原特性 不同的兔出血症病毒和欧洲野兔综合征病毒可以通过血清学加以区分。

对其他动物物种的感染性及培养系统 兔出血症病毒和欧洲野兔综合征病毒不能在细胞上增殖,只能采集感染兔的肝脏经匀浆处理后进行病毒的特性研究。这两种病毒表现为高度的种属特异性。

宿主-病毒相互关系

疾病分布、传染源和传播途径 兔出血症最早出现在中国,在此之前,欧洲就已经出现了欧洲野兔综合征。可能是欧洲野兔综合征病毒的突变体导致兔出血症病毒的产生,而兔出血症病毒造成了致死性疫病的流行。兔出血症可以通过粪口途径传播,可导致90%～100%的欧洲家兔死亡,可对发病农场造成严重的经济损失。

发病机制和病理变化 感染兔出血症的家兔表现为肝脾肿大、弥散性出血。显著特点为大量的肝坏死,进而导致弥散性血管内凝血。肾脏、肺脏和心脏也会表现出损伤。由兔出血症导致的弥散性血管内凝血现象在其他杯状病毒感染中没有出现过,只在由黄病毒引发人的黄热病和登革热中有类似现象。

实验室诊断

兔出血症可以通过免疫荧光和酶联免疫反应得到快速诊断。兔出血症病毒的基因组已经得到测定,反转录PCR也应用于感染的快速诊断。肝脏通常被选作病毒检测的靶器官。

治疗和控制

对兔出血症尚无治疗措施。源自感染兔肝脏组织经福尔马林灭活制备的疫苗可以提供有效的免疫保护，用以抵抗兔出血症。执行严格的检疫和隔离，防止被兔出血症病毒污染的材料输入到养兔场，可以控制该病流行。在非疫区，被污染的皮毛和肉制品可能成为污染源。值得关注的是，在多数国家都致力于防控兔出血症时，其他一些国家正在使用兔出血症病毒作为生物武器来控制兔的数量。

● 诺如病毒

1968年，与人暴发性肠胃炎相关的诺如病毒，首次在俄亥俄州的诺瓦克镇得到确诊。诺如病毒在多种动物中都有确诊，包括小鼠、牛、猪、绵羊及幼狮等，病毒通常导致低龄动物的腹泻。已经证实，诺如病毒存在多个基因型，基本不能在体外增殖。

病毒的传播是通过粪口途径实现的，排泄物在环境中表现稳定。病毒靶向的是肠细胞，病情通常比较温和并且表现自我限制性。通过电镜观察及反转录PCR可以做出诊断。虽然人和动物源的分离株关系较近，但动物源诺如病毒是否具有人兽共患的特性尚不明确。

● 未指定的杯状病毒属

肠道杯状病毒已经在牛、狗、鸡、猪等动物中得到诊断。一些案例中，由动物源性的杯状病毒引起的肠道疾病与人诺瓦克病毒病相似。

📁 参考文献

Zee YC, Hackett AJ, Talens LT, 1968. Electron microscopic studies on the vesicular exanthema of swine virus. II. Morphogenesis of VESV Type H54 in pig kidney cells[J]. Virology, 34: 596.

📁 延伸阅读

Chassey D, 1997. Rabbit haemorrhagic disease: the new scourge of Oryctolagus cuniculus[J]. Lab Anim, 31: 33-44.
Scipioni A, Mauroy A, Vinje J, et al, 2008. Animal noroviruses[J]. Vet J, 178: 32-45.

（刘家森 译，赵妍 校）

第57章 披膜病毒科与黄病毒科

披膜病毒科与黄病毒科是具有很多相似特征的两个病毒科，其包含的病毒都属于单链、正义RNA病毒，病毒粒子具有囊膜结构，基因组作为单一mRNA编码一个多聚蛋白，多聚蛋白存在翻译后加工修饰。这两科病毒均包含多种虫媒病毒。黄病毒属与瘟病毒属曾被归纳为披膜病毒科中。但是基于基因组的组织结构及糖蛋白的差异，于1984年成立了一个新的病毒科，即黄病毒科，而黄病毒属与瘟病毒属也被归纳为黄病毒科成员。

● 披膜病毒科

披膜病毒科的名字来源于拉丁词汇 *toga*（意为长袍或斗篷），是因该病毒科成员均具有囊膜结构。该病毒科包含2个病毒属，即甲病毒属与风疹病毒属。风疹病毒属仅有风疹病毒一个成员，风疹病毒在人上能引起风疹（德国麻疹）。而甲病毒属成员多数为虫媒病毒，由蚊传播，具有在昆虫与脊椎动物中复制的能力（表57.1）。本书还论及了4种非脑炎性甲病毒，即3种近来发现的鱼类甲病毒与1种象海豹病毒。

表57.1 披膜病毒科的甲病毒属

血清群/代表	病毒载体	感染物种	分布
甲病毒			
马脑炎血清群	蚊（黑砂库蚊与黑尾脉毛蚊）	马、人、雉、火鸡、鹎鹩、猪、鹿、犬、绵羊、企鹅与鹤	美国东北部、加勒比盆地、中美洲、南美洲
东方马脑炎病毒			
委内瑞拉马脑炎病毒	蚊——地方性库蚊 黑砂库蚊——流行性库蚊与鳞蚊	马、人	中美洲、南美洲
西方马脑炎病毒	蚊——跗斑库蚊	马、人、鹎鹩	美国西北部、南美洲
鲑鱼甲病毒血清群			
鲑鱼甲病毒1、3型（胰腺病病毒）	无	鲑鱼	北欧
鲑鱼甲病毒2型（嗜睡症病毒）	无	虹鳟	西欧
盖塔病毒型（鹭山病毒）	蚊——库蚊	马、猪	东南亚（印度、日本）
南方象海豹病毒	虱	象海豹	澳大利亚

甲病毒

辛德毕斯病毒是甲病毒属的原型病毒。对动物致病的重要甲病毒包括东方马脑炎（eastern equine encephalitis，EEE）病毒、西方马脑炎（western equine encephalitis，WEE）病毒、委内瑞拉马脑炎（venezuelan equine encephalitis，VEE，包括Ⅱ亚型沼泽地病毒）病毒，以及其他几种病毒（如摩根堡病毒、高地J病毒及塞姆利基森林病毒）。其中，EEE、WEE、VEE是人兽共患病病原。另有3种密切相关的鲑甲病毒分别为鲑胰腺病病毒（salmon pancreas disease virus，SPDV）、嗜睡症病毒（sleeping disease virus，SDV）和挪威鲑甲病毒（norwegian salmonid alphavirus）。此外，还发现了另外一种甲病毒，即象海豹病毒（southern elephant seal virus，SESV），但其致病作用还未知。

理化和抗原特性 甲病毒的病毒粒子呈球形，具有囊膜结构，直径约为70nm（T=4）（图57.1A）。甲病毒对脂溶剂、氯仿、酚类及低pH敏感，60℃加热30min可被灭活。

甲病毒粒子在成熟出芽过程中从宿主细胞质膜获得囊膜。囊膜包裹一个二十面体对称的核衣壳（T=4）（图57.1C）。核衣壳直径约为40nm，由单一核衣壳蛋白与线性单链正义RNA基因组组成（图57.1B～D）。囊膜结构中含有由2种病毒糖蛋白（E1与E2）组成的异源二聚体（图57.1A和57.1B），而某些甲病毒（塞姆利基森林病毒）还有第3种糖蛋白E3。病毒在感染细胞中可产生至少4种非结构蛋白（图57.1D）。血清学方法检测表明，各种甲病毒间存在抗原相关性。甲病毒分为不同的抗原群，在各个群内又包含众多的亚型或毒株。在各个亚型内存在广泛的基因与抗原变异，而各个抗原群的变异表现为毒力差异；蛋白电泳迁移率、RNA酶切图谱等生化与物理化学特性；以及宿主范围、地理分布、病毒载体与宿主嗜性等方面的差异。WEE病毒即为发生在数千年前的EEE病毒与一种辛德毕斯样病毒间的一次重组的结果（图57.2）。

对其他物种及培养系统的感染性 EEV病毒感染的宿主范围广泛，包括人、马、啮齿类动物、爬行动物、两栖动物、猴、犬、猫、狐狸、臭鼬、牛、猪、鸟类及蚊。EEV病毒可在多种培养细胞中增殖，包括鸡成纤维细胞、鸭成纤维细胞、Vero细胞、L细胞及蚊细胞，而通常在蚊细胞中不发生细胞病变。多种实验动物可以被人工感染，而乳鼠则最为常用，鸡胚与雏鸡也易感。

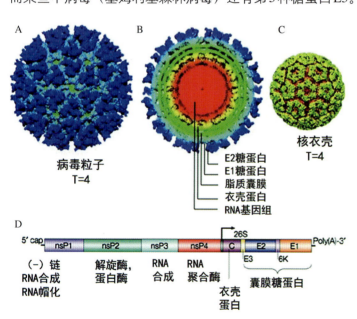

图57.1 甲病毒病毒粒子结构与基因组组织结构

（A）披膜病毒的原型病毒——辛德毕斯病毒的表面阴影视图。由E1-E2异源二聚体组成的花朵样的三聚物纤突显示为蓝色和蓝绿色，小部分绿色区域为脂质双层结构。（B）病毒颗粒中央横截面、E2糖蛋白（蓝色）、E1糖蛋白（蓝绿色）、脂双层（绿色）中有糖蛋白的螺旋跨膜区，衣壳蛋白的蛋白酶结构域（黄色），蛋白-RNA区域（橙色），RNA区域（红色）。（C）从二十面体双重轴观察核衣壳核心呈五聚体和六聚体壳粒结构。（D）委内瑞拉马脑炎病毒基因组（VEEV）。单链正义RNA基因组编码4个非结构蛋白（nsPs）与3个主要结构蛋白。在感染过程中合成2条mRNA，即一条全长基因组mRNA与一条略小的用来产生病毒颗粒蛋白的mRNA。3个结构蛋白由26S的亚基因组mRNA翻译而来，再与基因组RNA形成病毒粒子（A、B与C引自Jose等，2009；D引自Weaver和Barrett，2004）

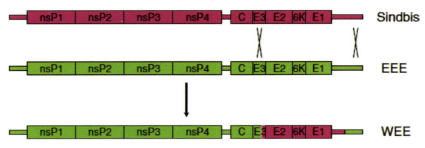

图57.2 产生WEE的基因重组示意图（引自Strauss和Strauss，1997）

动物甲病毒与人兽共患甲病毒

马脑炎病毒

疾病 EEEV、WEEV与VEEV都可导致马脑炎，但表现不一，从症状不明显至发生致死。通常感染WEE后症状不明显或较为温和，而EEEV与VEEV则毒力较强。由VEE导致的死亡可发生在没有神经症状时。脑炎病毒感染马中枢神经系统（CNS）后的症状特征表现为病马无目的地漫游，随后表现为严重沉郁、行为异常、中枢性失明、麻痹，并且在出现临床症状后很快死亡。VEE与EEE感染后的死亡率很高（可达90%）。青年马发病更严重。其他成员EEEV与WEEV也可感染驯养禽类而导致严重的疾病，其中EEE更为常见且死亡率很高。

雉类与走禽类（如鸸鹋等）感染后临床发病尤为常见。EEE还可发生于猪与牛。EEE对鸟类致病的特征为伴随腿麻痹的脑炎、颈斜与颤抖。野生鸟类也可能被感染，但很少发病，野鸟是病毒的脊椎动物贮存宿主。

流行病学 尽管相关的甲病毒在世界各地都有发生，但EEV发生于西半球（图57.3A-C）。EEE发生于北美洲东部（主要在密西西比河以东与大西洋海岸地区）、加勒比盆地、中美洲和南美洲（图57.3A）。EEE是最为严重的马脑炎病毒，2003—2011年平均每年有254个病例（每年有65～712个病例）（表57.2）。在美国经常有局部暴发。尽管病毒侵入了北美洲并周期性发生，最近在美国暴发是在1971年，VEE主要局限于中美洲与南美洲（图57.3B）。美国将VEE列为动物外来病，然而一株低毒VEE病毒（Ⅱ型，沼泽地）已在佛罗里达部分地区流行。WEE在北美洲的大部分地区流行，尤其是在密西西比河西部地区和南美洲（图57.3C）。与EEE不同，WEE的感染率显著下降，2003—2011年在美国只有4例确诊病例（表57.2）。其他脑炎性甲病毒在美国零星发生，另外一种发生率更低但最主要的致病病毒为高地J病毒，尤其是在佛罗里达地区该病毒可导致马脑炎，同时也对火鸡、鹧鸪致病。

蚊传播马脑炎病毒，无论是哪种马脑炎病毒，马与人均为终末宿主，在EEE与WEE的自然循环中不重要（图57.4）。这些病毒最早被描述为虫媒病毒（arboviruses），尽管这些病毒在自然界中有着相似的存留特征但却有着不同的自然感染循环。在自然循环中，蚊是病毒的贮存宿主，感染的鸟类或啮齿类动物也是病毒的贮存宿主。在热带地区病毒感染可常年发生，发病高峰在夏末，在气候条件不适宜于蚊活动的季节发病率下降。蚊是这些病毒的生物媒介，蚊传播病毒需要蚊真正感染病毒而不仅仅是携带。对于一个生物媒介来说要感染病毒，必须吸食有病毒血症的脊椎动物宿主的血液（图57.5）。感染媒介所需的病毒血症水平与病毒毒株及蚊媒的种类有关。吸食血液后，病毒先感染蚊肠道细胞，然后至唾液腺，在该部位病毒复制累积成为叮咬脊椎动物时传播病毒的病毒源。这个过程所需时间是非固定潜伏期（exrrinsic incubation period，EIP），随病毒不同及蚊种类不同而异。EEE病毒的EIP时间很短，只有2～3d（图57.5）。一旦感染，媒介终生保持感染。

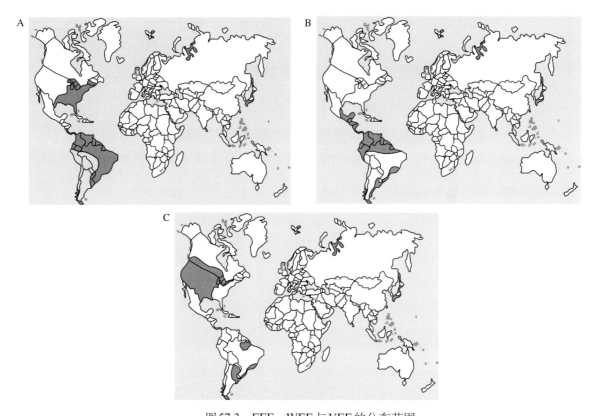

图57.3 EEE、WEE与VEE的分布范围

地图显示脑炎性甲病毒的分布范围:(A) EEEV;(B) VEEV;(C) WEEV(引自Scott和Slobodan,2009)

表57.2 2003—2011年美国EEE与WEE阳性马数量

年份	EEE[a,b]	WEE[b]
2003	712	1
2004	133	2
2005	330	0
2006	111	0
2007	206	0
2008	185	0
2009	301	0
2010	247	0
2011	65	1

注:[a]数据来自USDA—Aphis Animal Health and Monitoring and Surveillance site 12/29/2011 http://www.aphis.usda.gov/vs/nahss/equine/ee/eee_distribution_maps.htm(2013年2月8日获取);

[b]数据来自USGS Disease Maps site 12/29/2011 EEE(http://diseasemaps.usgs.gov/eee_us_veterinary.html, accessed February 8, 2013)与WEE(http://diseasemaps.usgs.gov/wee_us_veterinary.html,2013年2月8日获取)。

EEE病毒存在于两种不同的生态系统中:①北美洲(美国东部与加拿大)与加勒比地区;②中美洲与南美洲地区。黑尾脉毛蚊传播北美洲病毒。病毒维持为地方性感染循环,其中涉及嗜鸟性蚊类、沿海脊椎动物贮存宿主雀类、涉禽与内陆沼泽环境(图57.4)。病毒能周期性地溢出并感染邻近的马、人、鸟与其他动物(图57.4)。在流行期,多种蚊类可传播病毒,在病毒血症高峰期鸟类还可以水平传播病毒。另一种蚊,即库蚊能传播中美洲与南美洲生态型EEE。在这些地区,小型哺乳动物与鸟类

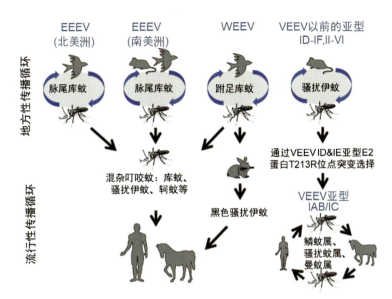

图57.4 EEEV、WEEV与VEEV的地方性与流行性传播循环（引自Pfeffer和Dobler，2010）

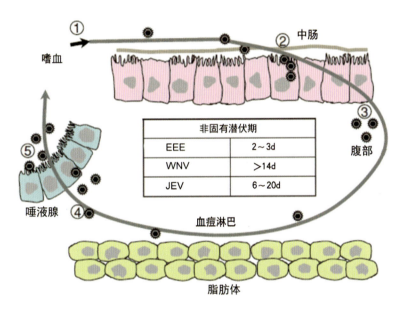

图57.5 嗜血后雌蚊体内虫媒病毒复制过程：①吸食感染的血液；②病毒感染中肠细胞增殖；③病毒通过上皮细胞基膜释放并且在其他组织中增殖；④病毒感染唾液腺；⑤病毒从唾液腺细胞中释放并传至唾液中。EEE、JEV与WNV的非固有潜伏期如图中所列出

作为脊椎动物的贮存宿主。

WEE有与EEE相似的宿主-病毒相互关系，病毒维持在蚊（库蚊）、家禽及雀类野鸟的感染循环中，病毒可周期性溢出感染人、马与家禽。在暴发期，其他蚊类也可传播病毒。

VEE的生活周期更为复杂。存在几种不同世系的VEE病毒（Ⅰ～Ⅵ型），其中大多数对马不致病（Ⅰ型，变种D至F；Ⅱ～Ⅵ型）。这些病毒在美洲的整个热带与亚热带地区呈地方性流行[包括发生过Ⅱ型（沼泽地）VEE的佛罗里达地区]。这些地方流行性VEE病毒维持在库蚊与热带沼泽地小型啮齿动物间的感染循环中。只有1AB与1C型VEE病毒对马致病，尽管在南美洲北部地区经常发生，但却只在流行期分离出病毒。一般认为这些流行毒株是地方流行性1D型VEE毒株E2囊膜糖蛋白突变后而出现的，而这些地方流行性毒株在局地不断循环且对马无致病性（图57.4）。一旦对马与人致病的毒株出现，感染的马就成为主要的病毒源，这一点与EEE和WEE不相同，VEE在感染马体内复制，且病毒滴度很高。因此，地方流行性与流行性VEE病毒有着非常不同的感染循环模式（图57.4）。

发病机制和病理变化　马脑炎甲病毒感染导致的结果不一，从不明显到严重的致死性疾病。感染起始于感染蚊的叮咬。病毒最初在被叮咬部位的局部淋巴管中复制，然后是一般性感染和病毒血症。在病毒血症期，病毒在全身的淋巴组织、骨髓组织及其他组织中复制。病毒可能是在脑部血管壁内层内皮中复制后而进入中枢神经系统的，在感染急性期与病毒血症期，病毒可通过血脑屏障进入脑部。在整个脑灰质部分造成病变，形成炎性细胞血管套、脑灰质中性粒细胞浸润、神经元与实质组织坏死、血管炎、血栓与出血。中性粒细胞浸润是EEE与VEE感染早期脑部的特征性病变。

感染后机体的反应　诱导产生EEV病毒中和抗体对于限制病毒复制与传播是非常重要的机体反应，并且可以防止再感染。机体对所有病毒蛋白都产生抗体，存活的感染动物在2周内出现病毒中和抗体峰值。这种抗体可以有效中和病毒，促进病毒的清除，并且通过补体或自然杀伤细胞裂解感染的细胞。细胞免疫在病毒清除与保护性免疫中发挥重要作用。细胞毒性T淋巴细胞可最早在感染后3～4d被检测出来。

实验室诊断　马脑炎甲病毒感染可以通过多方面进行综合判断，如神经性疾病的发生、易感染动物种类、地方流行性区域、历史发病情况及发病季节等。而确诊需要实验室检测，常用的实验室检测有检测急性感染动物血清中特异性抗体IgM的ELISA法。而诊断可通过对血液与中枢神经组织的病毒分离进行确认。

当感染动物表现出脑炎等症状时，病毒血症可能会发生变化，所以通过中枢神经组织进行病毒分离更为可取。抗原捕获ELISA检测EEE可用于检测中枢神经组织中的病毒。免疫组织化学方法与PCR方法也可用于检测神经组织中的病毒抗原。病毒可通过多种培养系统进行分离，包括细胞培养、鸡胚接种及乳鼠接种等。

治疗和控制　对于临床发病动物没有特异性的治疗方法。可以通过疫苗免疫及灭蚊等措施控制马脑炎病毒感染，或通过喷洒药物或控制蚊滋生的水源地来灭蚊而控制传染媒介。对于家禽养殖场，可以使用密眼防虫网饲养围栏，并且将这些围栏放置在远离淡水沼泽的地方也是一个可行的方法。现已经开发出了有效的灭活疫苗与弱毒活疫苗用于预防马脑炎病毒。如果使用灭活疫苗，为了保持有效的免疫力，需要定期对易感动物进行加强免疫。

鲑鱼甲病毒

疾病　鲑鱼甲病毒是欧洲养殖大西洋鲑、斑鳟、虹鳟与大马哈鱼的致病病原。有3种甲病毒鲑鱼病毒病。鲑鱼胰腺病病毒［SPDV或SAV亚型1（SAV 1）或亚型3（SAV 3）］是胰腺病（PD）病原。这种病发生于养殖的大西洋鲑幼鱼，尤其是在第一年入海时易发病，发病高峰虽然在7月下旬至9月初，但在整个养殖周期中均可能暴发。依先后顺序胰腺病的发病表现为突然食欲不振、倦怠、排泄物增多、死亡率上升与体弱。鱼箱中感染的鱼由于肌肉损伤在水流中不能维持姿态，并诱发皮肤和鳍的溃疡与糜烂。外观正常的鱼也可能因为心肌与骨骼肌损伤与衰竭而突然死亡。有时可能看到状态正常或良好的鱼出现螺旋或转圈状游泳或在池底假死（与SD的症状类似），但用手触碰时即游走离开。PD暴发时的致死率为1%～48%。在经过一段时间的厌食后恢复进食的鱼及高密度饲养的鱼发病后往往死亡率高。且高达15%的存活鱼发育迟缓，体形弱小。嗜睡病（sleeping disease, SD）是后期在淡水中生活的虹鳟的一种传染病，这种病是在分离到嗜睡病病毒（SDV）后确定的。虹鳟在饲养的各个阶段均受SDV的影响。感染后的临床表现为在池底侧躺，似睡着，嗜睡病也因此而来。这些临床症状主要是由于骨骼肌红肌的广泛坏死而造成的。受感染鱼群的死亡率不等，范围为可忽略至22%及以上。

流行病学 已发现的SAV几乎只存在于欧洲的大西洋鲑和虹鳟养殖场中。而SPDV或SAV1存在于爱尔兰和苏格兰养殖的大西洋鲑中。SAV亚型2（SAV2）首先在法国证实，目前已在英格兰、苏格兰、意大利和西班牙等地的患病虹鳟中被分离到。SPDV（SAV1）和SDV（SAV2）是密切相关的同一毒种亚型，都属鲑鱼甲病毒。挪威鲑鱼甲病毒［NSAV；(SAV3)］是从有胰腺病（PD）的养殖大西洋鲑中分离的，并只有在挪威被发现。SAV3的基因组结构与SAV1及SAV2相同，与这两种病毒基因序列的同源性分别为91.6%和92.9%。胰腺病只于1987年在北美洲有过一次报道，但是没有分离出病毒，并且这也是在欧洲地区以外的唯一的一次类胰腺病的报道。2000年加拿大新不伦瑞克省报道发生一起鲑鱼贫血病病毒（正黏病毒科成员）与披膜样病毒双重感染的病例。

发病机制和病理变化 在PD暴发的早期阶段主要的尸检症状是肠道中缺乏食物与存在粪便管型。自然发生PD时其重要病变组织依出现的先后顺序为胰腺、心脏和骨骼肌。胰腺坏死，心肌和骨骼肌病变，包括食管肌肉病变是最特征性的PD病变。大约有3/4的PD病例存在心肌与骨骼肌病变。PD暴发致病的重要致病原因为肌肉损伤病变。肌肉病变病例中一小部分（<2%）存在急性胰腺病变。

PD的急性感染期较短，伴随快速的大部分胰腺腺泡组织损伤与一系列炎症反应。在出现胰腺和心脏损伤后的前3～4周，开始出现骨骼肌病变，而在疾病后期可能只有骨骼肌病变。

SD也有与PD相同的组织病变病程：外分泌胰腺、心脏与骨骼肌发生病变的先后与特点。主要的组织病理变化是骨骼红肌的大量坏死。

感染后机体的反应 很少有鱼感染SAV后的特异性免疫方面的研究。无论是在大西洋鲑中还是在虹鳟中，SAV 1（SPD）与SAV 2（SD）间都存在交叉免疫保护。感染后14～16d，60%的鱼出现中和抗体反应，而感染后21d所有鱼都发生抗体阳转。没有在先前已感染过的鱼群中再发病的报道，表明自然感染后可以对之后的一个完整的饲养周期提供足够的免疫保护。

实验室诊断 在SAV感染的急性早期可以用组织学（胰腺、心脏与肌肉）与免疫组织化学方法进行诊断，或检测血清与心肌中病毒与病毒核酸（real-time PCR）。而SAV感染慢性期也可以通过组织学与血清学方法进行诊断，如中和抗体检测、病毒RNA检测。

治疗和控制 已经开发出了SAV1与SAV2疫苗，也有了PD的商业化疫苗。尽管在一些田间试验研究中表明疫苗非常有效，但还存在免疫持续期方面的担心。在有PD发病的2年龄大西洋鲑入海养殖场，进行了海洋疫苗接种或重复接种研究。一种重组SAV2活疫苗可使虹鳟获得对最野生型SAV2的免疫保护，且免疫期可达5个月。

SAV1可以在灭菌的低温海水中存活2个月以上，所以要减少SAV1的发病影响需要尽可能减少应激，提高管理水平，加强养殖场的卫生。用井船进行海上点对点地迁移鱼或海上养殖点至收获鱼地点的迁动鱼都具有传播鱼病风险。对鱼进行加工时，注重生物安全防护并安全处理内脏及废水都可以最大限度地减少鱼病传播的风险。控制海虱是预防该病的必要措施，不仅是对鱼的健康与福利有益，而且海虱可以作为病毒贮存宿主与传播媒介。因为大多数甲病毒是虫媒病毒，所以病毒在易感染脊椎动物宿主与嗜血昆虫间的传播循环是可能的。虽然SAV可不经昆虫媒介传播，但海水或淡水虱在传播病毒中的作用还有待研究。有证据表明，SAV2可经亲鱼垂直传播至鱼卵和鱼苗，但这种垂直传播还有待进一步研究确认。

其他重要的甲病毒 多种其他甲病毒可感染动物，包括辛德毕斯病毒、萨姆利基森林病毒、高地J病毒、盖塔病毒等。高地J病毒在北美洲地区都有与EEE病毒类似的分布，但很少引起马脑炎，然而它是火鸡、野鸡、鹧鸪石鸡、鸭、鹈鹕和美洲鹤的重要病原。盖塔病毒在东南亚地区可以感染马与猪。感染马有时特征性地表现为发热、皮疹和四肢水肿（但不引起脑炎），另外盖塔病毒还可以导致妊娠母猪流产。盖塔病毒属于萨姆利基森林脑炎病毒群甲病毒，而在非洲萨姆利基森林脑炎病毒可以引起马发热。另一种甲病毒，SESV是从大洋洲麦夸里岛象海豹虱（lepidophthirus macrorhini）中分离出的，并且该地区海豹群中SES病毒的血清阳性率很高，表明SESV由虱子传播。南方象海豹数量在过去50年减少了50%，但SESV对海豹数量的变化没有因果关系。

● 黄病毒科

黄病毒科的病毒数量庞大，包含3个抗原性迥异的病毒属（表57.3）：黄病毒属、瘟病毒属和肝炎病毒属（人丙型肝炎病毒）。黄病毒科包含许多重要的对人类致病的病原。

表57.3　重要的对动物致病的黄病毒科病毒

属	血清群/代表	病毒媒介	影响特种	分布
黄病毒属				
	流行性乙型脑炎病毒血清群			
	流行性乙型脑炎病毒	蚊-库蚊	人、马、猪、禽类	东南亚
	西尼罗病毒	蚊-库蚊与伊蚊	人、马、鹅、猛禽类、乌鸦	世界范围内
	黄热病病毒血清群			
	韦赛尔斯布朗病毒	蚊-伊蚊	羊	撒哈拉以南的非洲
	蜱传脑炎病毒	蜱-硬蜱	羊	英伦诸岛、南欧
	跳跃病病毒			
瘟病毒属				
	牛病毒性腹泻病毒	无	牛、羊、野生反刍动物	世界范围内
	边界病病毒	无	羊	世界范围内
	典型猪瘟病毒	无	猪	亚洲、非洲、欧洲、中美洲、南美洲

黄病毒属

黄病毒属成员中包含由蚊或蜱传播的病毒。由蚊传播的病毒有流行性乙型脑炎病毒（JEV）血清群，该群包括流行性乙型脑炎病毒、墨罗河谷脑炎病毒、圣路易脑炎病毒、西尼罗病毒和昆津病毒。黄热病病毒（YF）血清群包含黄热病病毒、韦赛尔斯布朗病毒。还有登革病毒（DV）血清群，登革病毒可以致人登革出血热。而蜱媒传播黄病毒包括蜱传脑炎病毒（TBE，欧洲型、远东型、西伯利亚型）和波瓦桑病毒与跳跃病病毒，这些病毒导致动物和/或人类脑炎或全身性出血-败血症。

　　理化和抗原特性　　黄病毒属的名字由拉丁词汇"*flavus*"而来，该词汇的意思为黄色的，黄热病病毒是该病毒科的原型病毒。该病毒属成员为有囊膜的球形结构，直径约为50nm，表面有突起结构（图57.6）。病毒粒子在pH为7～9的范围内稳定，但在以下条件下易失活：酸性环境、40℃以上高温、脂溶剂、紫外线、离子型或非离子型去污剂及胰酶。单一的核衣壳蛋包裹着基因组，囊膜中包含两种膜蛋白（E与M）。病毒感染细胞内还产生几种非结构蛋白（NS1～5）。病毒基因组是一条单链正义RNA。基因组RNA具感染性，基因组编码一个大的多聚蛋白，在翻译后加工剪切为不同的结构蛋白与非结构蛋白。黄病毒通过群特异性血清学方法，如ELISA和血凝抑制试验进行检测时都存在交叉反应。可通过中和试验来进行区分，但在同一血清群内不同病毒间仍存在一定的交叉反应。病毒囊膜蛋白E是诱导中和抗体的决定因子。

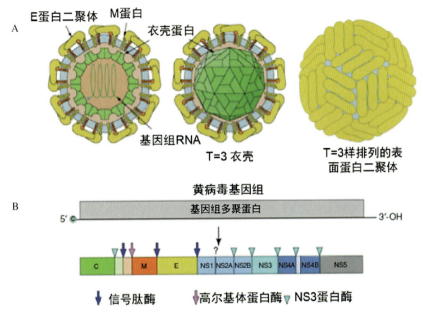

图57.6 黄病毒属的病毒粒子结构与基因组结构

(A) 黄病毒属，囊膜结构，呈球形，直径大约50nm。表面蛋白呈二十面体对称排列。
(B) 一条单链线性正义RNA病毒基因组，长9.7～12 kb。基因组3′端不含多聚A，但有一个loop结构。基因组5′端有一个甲基化帽子结构与基因组连接蛋白（VPg）（引自 viralzone.expasy.org, SIB Swiss Institute of Bioinformatics. http://viralzone.expasy.org/all_by_species/43.html; accessed January 25, 2013）

动物及人兽共患性黄病毒

流行性乙型脑炎病毒群 JEV是流行性乙型脑炎病毒抗原群的原型病毒。该群病毒全为蚊媒传播病毒，病毒感染能导致脑炎。JE群病毒包括圣路易脑炎病毒、墨罗河谷脑炎病毒、西尼罗病毒（昆津病毒）及流行性乙型脑炎病毒。这些病毒全为对人致病的病原，但同时JEV与WNV也是重要的动物病原。

流行性乙型脑炎病毒

疾病 JEV通常为隐性感染，但人、马、猪感染后可发病。病毒亦可感染家禽与狗。JEV感染猪通常为无症状的隐性感染，但可对初产母猪造成流产或产死胎。感染马可导致严重的神经系统疾病，类似于EEE，但死亡率较低。

流行病学 JEV的感染与流行目前局限在亚洲的温带与热带地区，这些地区的血清流行病学调查表明，病毒在马、牛与猪中广为传播。病毒在亚洲大部分地区流行，从印度次大陆到西太平洋群岛东（图57.7）。大部分感染为隐性感染或温和型感染。人与马在JEV的流行感染循环链中并不重要，因为人与马感染后病毒血症很低，不足以作为病毒贮存宿主传播给易感媒介蚊（图57.8）。而感染猪和鸟类可以产生高滴度的病毒血症，因此它们可以作为病毒的扩增宿主（图57.8）。库蚊是JEV的主要传播媒介，EIP为6～20d（图57.5）。在猪中，病毒可通过母猪感染给胎儿，或感染公猪通过污染的精液而传染给母猪。病毒在热带地区的蚊、鸟及猪间持续循环传播而维持存在。

发病机制和病理变化 在马中，该病的发病机制与病理变化与前文描述的EEV情况相似。

感染后机体的反应 动物感染JEV后可诱导体液免疫与细胞免疫反应。感染后数天即可产生抗体（HI抗体与病毒中和抗体）。病毒中和抗体主要是E蛋白特异性抗体，而细胞毒性T淋巴细胞免疫反应主要是病毒非结构蛋白特异性的。无论是在康复还是在长期的免疫保护中，体液免疫都发挥重要作

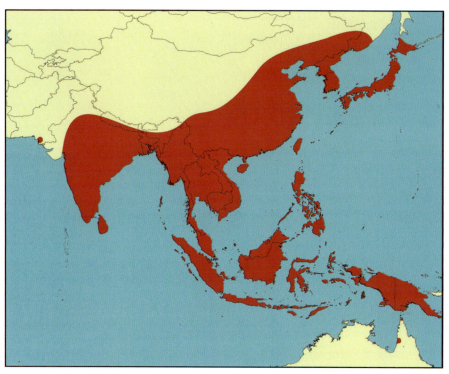

图57.7　基于现在与历史数据的乙型脑炎病毒分布（引自 van den Hurk 等，2009）

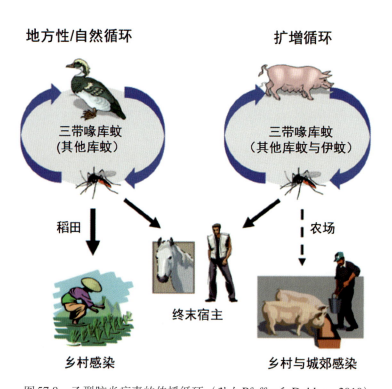

图57.8　乙型脑炎病毒的传播循环（引自 Pfeffer 和 Dobler，2010）

用。细胞免疫反应（细胞毒性T淋巴细胞）可能在病毒清除中发挥作用。自然感染可提供终生免疫保护。

实验室诊断　可以通过感染动物组织或血液样品分离病毒诊断JEV，分离病毒可通过乳鼠接种法或细胞培养（哺乳动物细胞或昆虫细胞）法进行。用PCR检测病毒核酸的方法可用于多种样品的检测诊断。另外，还可以通过对脑组织切片进行免疫组织化学染色方法进行病毒抗原检测。虽然有多种血清学方法可以进行检测，但通常需要检测病毒特异性的IgM抗体（表明近期感染）进行诊断，因为IgG抗体在相关病毒间存在交叉反应。

治疗和控制　在流行区进行疫苗免疫是控制JEV的有效措施，现有弱毒活疫苗与灭活疫苗可用。灭蚊等对传播媒介的控制也是防控该病的重要措施。

西尼罗病毒与昆津病毒

疾病　WNV为JEV血清群成员，最近在西半球出现，在人、马、鸟与其他多种动物（鳄鱼、松鼠、山羊、骆驼、羊、猫、犬等）中可造成重大流行。虽然大多数马（>90%）是无症状感染，但感染发病的马出现的特征性神经症状为运动失调、虚弱、躺卧、肌肉震颤和高死亡率。某些种类的鸟感染后可能出现与感染并发病的马相似的高致死率，鹅等（尤其是雏鹅、猛禽和乌鸦）也是如此。

流行病学　在1999年以前，WNV发生在整个非洲与欧洲的部分地区、中东、亚洲与澳大利亚（该地区称为昆津病毒）。然而在1999年，这种病毒传至纽约与美国的东南部，至2002年时已经席卷了美国的2/3地区，于2003年时传到了美国西海岸（图57.9）。马的发病高峰期出现在2002年，随后因为2003年引入了WNV灭活疫苗后发病数量开始下降（表57.4）。人的感染病例高峰出现在2004年，但WNV仍是美国主要的虫媒病毒病病原（表57.4）。病毒在蚊与鸟间循环感染而维持。人与马为终末宿主，因为感染后的病毒血症水平不足以感染易感染的媒介蚊虫（图57.10）。WNV有两种不同的世系，即1世系与2世系。2世系病毒在赤道以南的非洲呈地方性流行，在该地区很少致病或少数对马致病。不同的是，1世系WNV病毒株可引起疾病暴发，流行地区有地中海地区、东欧、非洲北部、亚洲与北美洲地区。多种鸟类呈亚临床或无症状感染，感染鸟可产生高滴度的病毒血症，成为病毒的贮存与扩增宿主。在地方性流行地区，特定种类的蚊传播病毒，然而在北美洲地区有多种蚊被认为可传播病毒（图57.10）。与其他脑炎病毒相比，WNV的EIP期较长（>14d）（图57.5）。

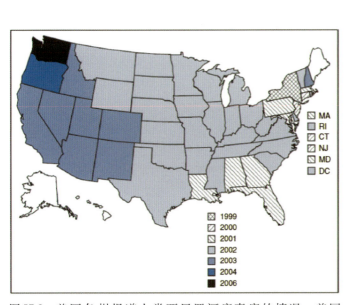

图57.9　美国各州报道人类西尼罗河病毒病的情况，美国1999—2008（引自Lindsey等，2010）

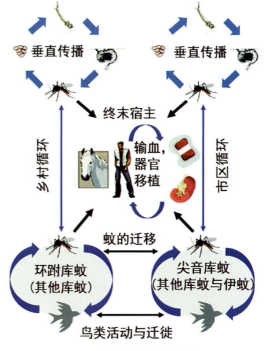

图57.10　西尼罗病毒的传播循环（引自Pfeffer和Dobler，2010）

表57.4 美国1999—2011年人与马WNV阳性数量

年份	人[a]	马[a,b]
1999	62	25
2000	21	60
2001	66	738
2002	4 156	15 257
2003	9 862	5 181
2004	2 539	1 406
2005	3 000	4 008
2006	4 268	1 121
2007	3 630	507
2008	1 356	224
2009	720	298
2010	1 020	157
2011	667	115

注：[a] 数据来自USGS Disease Maps site 1/2/2012 WNV（http://diseasemaps.usgs.gov/wnv_us_veterinary.html, accessed February 8, 2013; http://diseasemaps.usgs.gov/wnv_us_human.html，2013年2月8日获取）；

[b] http://www.aphis.usda.gov/vs/nahss/equine/wnv/wnv_distribution_maps.htm（2013年2月8日获取）。

发病机制和病理变化 病毒对马的致病机制与病理变化与前文描述的EEV相似。

感染后的机体反应 宿主的感染应答与上文中的JEV相似。

实验室诊断 诊断WNV最好用PCR方法，也可以用合适的培养细胞进行病毒分离。在动物感染WNV的急性期，用ELISA方法检测WNV特异性的IgM抗体的血清学方法对该病的诊断也非常有益。

治疗和控制 有4种不同的WNV疫苗可用于马，分别为灭活西尼罗病毒疫苗、金丝雀痘病毒重组西尼罗病毒疫苗、YF病毒-西尼罗病毒的嵌合重组疫苗和WNV DNA疫苗。强烈推荐每年进行疫苗复种。控制传播媒介也是控制该病的重要手段。

黄病毒属其他重要成员——乙型脑炎病毒血清群 墨罗河谷脑炎病毒是乙型脑炎病毒血清群中的另一个成员，该病毒在新几内亚、澳大利亚等地呈地方性流行，并且引起零星的人脑炎病例。圣路易脑炎病毒也是乙型脑炎病毒血清群中的另一成员，在北美洲、中美洲与南美洲地区流行，同样引起零星的人脑炎病例。

黄热病（YF）病毒血清群 黄热病病毒血清群是一小群引起出血热的蚊媒黄病毒。YF病毒是该群的原型病毒，该血清群病毒还包括韦赛尔斯布朗病毒。

韦赛尔斯布朗病毒

疾病与流行病学 韦赛尔斯布朗病毒在撒哈拉以南地区对绵羊致病，对牛、马呈亚临床感染，也能感染猪。该病毒是一种人兽共患病病原，人感染后可导致发热、头痛、肌肉痛与关节痛。病毒还造成广泛的肝脏坏死、黄疸、皮下水肿、消化道出血，感染羊还产生发热症状，导致羔羊高的死亡率及妊娠母羊流产。韦赛尔斯布朗病毒由伊蚊传播。

发病机制和病理变化 病毒感染可造成肝脏坏死、出血与系统性器官衰竭。

感染后机体的反应 感染后发生严重的免疫细胞耗竭。

实验室诊断　可通过分离病毒法进行确诊，病毒分离方法有培养细胞法（BHK细胞、羊肾细胞）、鸡胚接种法、乳鼠接种法。还可以用任何组织样品进行PCR法检测病毒核酸。疫苗接种或曾经感染过其他黄病毒时则会对血清学检测造成干扰。

治疗和控制　流行地区可用弱毒疫苗进行预防。对传播媒介进行控制也是防控该病的重要措施。

其他重要的蚊媒黄病毒

黄热病病毒是人类最严重的出血热病原之一。黄热病主要发生在中美与南美地区及非洲地区的丛林地区。病毒在篷蚊、猴和媒介蚊虫之间循环。在西半球，埃及伊蚊是主要的传播媒介。黄热病在美国南部地区流行，在19世纪90年代由于消灭了传播媒介伊蚊后该病得到了控制。对于YF病毒有疫苗可用于预防。DV是登革出血热的病原，也是人类最为严重的蚊媒病原威胁之一。DV不仅发生在整个中美洲、南美洲、非洲和东南亚等地区，还发生在加勒比地区和美国南部。埃及伊蚊是DV的传播媒介。由于抗体依赖增强现象，DV再感染会导致随后更强的巨噬细胞感染，以及严重的弥漫性血管内凝血和出血热。有4种血清型DV，并且相互之间没有交叉保护反应，而且目前没有可用的疫苗。

蜱传脑炎病毒血清群　该血清群病毒包含众多的对人类致病的病原。TBEV为该血清群原型病毒，有3个亚型：欧洲型、西伯利亚型和远东型（亦称为俄罗斯春夏季脑炎病毒）。该血清群病毒还包括科萨努尔森林病病毒、鄂木斯克出血热病毒、玻瓦森病毒，以及重要的动物病原——跳跃病病毒。该群病毒全由蜱传播，这也使得其流行病学更为复杂，因为蜱同时是病毒的传播媒介与贮存宿主。与蚊不同，蜱可以存活数年，因此蜱也是比蚊更有效的病毒贮存宿主。此外，这些蜱传病毒不仅可在蜱的不同发育期进行传播，而且还可以经卵垂直传播。蜱的幼虫和若虫寄生于鸟类及小型啮齿动物，而成年蜱喜欢叮咬较大的动物（图57.11）。

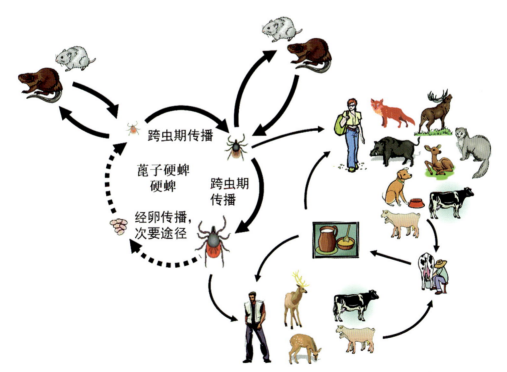

图57.11　蜱传脑炎病毒的传播循环（引自Pfeffer和Dobler，2010）

跳跃病病毒

疾病　跳跃病病毒是由蜱传播的黄病毒，可以自然感染多种动物，包括人、绵羊、马、鹿与鸟类。病毒感染绵羊可导致脑炎，当向病毒流行区引入易感绵羊时，健康羊感染发病会造成高死亡率。

跳跃病的发病特征是出现神经系统症状，如超级兴奋、小脑性共济失调、渐进性麻痹。动物发病后共济失调有时呈现跳跃步态，跳跃病的名字也由此而来。跳跃病为人兽共患病，可引起人的流感样症状，之后4～10d出现脑膜炎症状。该病有时也发生于牛、马与山羊中。

流行病学 跳跃病局限于英伦诸岛和部分欧洲大陆地区（西班牙、希腊和土耳其）。硬蜱是主要传播媒介。

实验室诊断 跳跃病的诊断方法有病毒分离法，以及对中枢神经组织切片进行免疫组织化学染色法及血清学方法。可对任何组织样品进行PCR来检测病毒RNA。病毒分离可以通过培养脊椎动物细胞或昆虫细胞进行，也可通过乳鼠脑内接种进行。分离的病毒可以通过中和试验进行证实。

治疗和控制 跳跃病可以通过控制蜱而得到控制，具体措施为用药物浸渍和喷涂羊以预防其被叮咬。对于跳跃病的免疫，一种细胞培养福尔马林灭活疫苗是有效的。免疫母羊所产的羔羊可以通过母源抗体获得为期约4个月的免疫保护。

其他重要的蜱传脑炎病毒

玻瓦森病毒（powassan virus）是北美洲地区人和马蜱传脑炎的病原。该病毒可感染多种动物，包括野生动物与家畜，也有多种蜱易感。该病毒导致马脑炎时表现与其他黄病毒（如WNV）相似的症状，因此需要通过PCR方法或病毒分离法进行鉴别诊断。相关蜱传病毒在欧洲和亚洲引起人类脑炎，包括鄂木斯克出血热病毒、TBE病毒（欧洲型、远东型和西伯利亚型），以及贾萨努尔森林热病毒。蜱传脑炎造成患者永久性神经功能障碍的比例较高（高达50%）。这些蜱传病毒维持在蜱与脊椎动物宿主间的感染循环中，脊椎动物（如家畜与犬）是病毒的扩增宿主。病毒可以通过牛奶（或被TBE污染的牛奶）羊奶制品而传染人（图57.11）。在病毒流行区动物能零星地发生脑炎。

瘟病毒属

瘟病毒属包括牛病毒性腹泻病毒（BVDV，1型与2型）、边界病病毒（BDV），以及典型猪瘟病毒（CSFV，以前称为猪霍乱病毒）。所有这些病毒都是重要的家畜致病病原。与黄病毒属相比，瘟病毒属病毒都不是通过虫媒传播的。

理化、生物与抗原特性 瘟病毒属病毒易被低pH、热、有机溶剂与去污剂灭活。病毒粒子呈球形至多形（直径40～60nm），具有囊膜结构，表面有放射状排列的纤突突起。病毒粒子由囊膜与核衣壳组成，有4种结构蛋白、核衣壳蛋白（C）与3种囊膜糖蛋白（Erns、E1与E2）（图57.12）。在感染细胞内产生7种或8种非结构蛋白。基因组为一条单链正义RNA，包含一个大的开放阅读框编码一个大的多聚蛋白，多聚蛋白在翻译后被切割加工成不同的结构蛋白与非结构蛋白（图57.12）。

瘟病毒属病毒感染细胞有2种表现型：致细胞死亡的细胞病变（CP）型与细胞形态正常的无病变（NCP）型。尽管BDV与CSFV都有病变株的报道，但BVDV最常与致细胞病变病毒相关。自然界中NCP型病毒是主要的生物型。所有的细胞病变型病毒是通过非细胞病变型病毒突变或重组而来的，包括NS2-3基因内或旁单核苷酸位点突变，细胞基因或病毒基因的插入或缺失而造成CP株的出现（图57.13）。这些细胞培养表型的差异并不影响病毒的致病性或致病程度，因为绝大多数致病病毒为NCP型。

瘟病毒属病毒间关系密切，只能通过单克隆抗体和/或用分子生物学技术进行区分。但是这些病毒都是宿主特异性的。瘟病毒属病毒在抗原性上的相关性高，存在交叉反应表位。通过新分离的几种瘟病毒发现，这些病毒在抗原性上与BVDV（1型、2型）、BDV及CSFV不同，这些新的瘟病毒如鹿源分离株经鉴定为一个新的病毒种。对瘟病毒进行分型是基于基因组5′非编码序列而进行的（图57.12）。病毒中和抗体为Erns蛋白和E2蛋白特异性。动物感染CP型BVDV会产生NS3蛋白特异的强免疫反应，而针对其他病毒蛋白的免疫反应较弱。

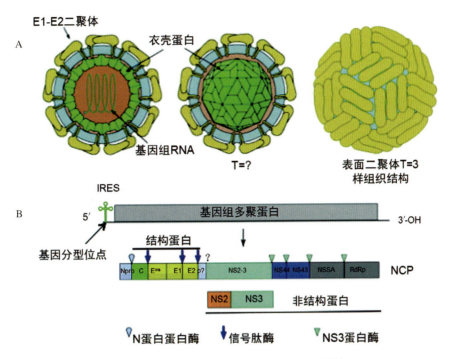

图 57.12　瘟病毒属病毒粒子结构与基因组结构

（A）BVDV 病毒粒子具有囊膜结构，球形，直径约 50nm；成熟的病毒粒子包含 3 种病毒编码的膜蛋白（Erns、E1、E2）与衣壳蛋白。（B）BVDV 基因组为单链线性正义 RNA，长约 12kb；基因组 3′端无 poly A 结构，但末端有一个短的 poly-（C）束，在 5′端有一个 IRES 序列起始病毒翻译。在多数细胞病变型（CP）毒株中存在基因重复、缺失及基因重排（引自 viralzone.expasy.org，SIB Swiss Institute of Bioinformatics. http://viralzone.expasy.org/all_by_species/43.html；2013.1.25 获取）

图 57.13　产生 4 种 CP 型 BVDV 毒株的重组（1）宿主细胞泛素基因序列的插入；（2）包含 NS3 基因的病毒序列（>2 kb）的重复与重排；（3）缺失导致产生 CP 缺陷的干扰颗粒（DIs）；（4）病毒一小段序列（27 nt）重复，序列与 300nt 的上游序列相同（引自 Kummerer 等，2010）

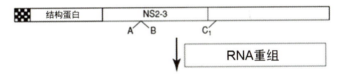

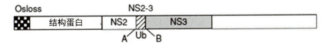

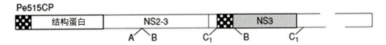

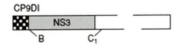

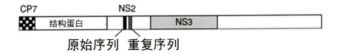

对其他动物及培养系统的感染性　BVDV虽然感染牛、绵羊、山羊、猪与野生反刍动物，但通常是牛的传染性病原，有时也对绵羊致病。无论是CP型还是NCP型BVDV毒株，都可以在培养细胞中生长。可用免疫荧光或免疫组织化学染色法检测BVDV的NCP毒株。常用的多种细胞中有BVDV污染。产生噬斑的CP毒株可以用于准确的病毒滴定。

对不同宿主物种及培养系统的感染性　尽管BDV通常感染绵羊，但也可以感染牛、山羊。试验性感染妊娠母猪能导致所产仔猪发育不全。病毒可在牛或羊原代细胞或次代细胞及细胞系中增殖，包括猪肾细胞、羊胎肌细胞与牛鼻甲骨细胞。

CFSV只感染家猪与野猪，可以在猪源细胞，如脾、肾、睾丸及外周血白细胞中增殖。多数毒株为非细胞病变毒株，可以在培养细胞中传至多代。培养细胞中HCV的感染可以通过免疫荧光或免疫组织化学染色法进行检测。亦有致细胞病变的毒株报道。

牛病毒性腹泻病毒

疾病　BVDV可引起各种呼吸道、消化道与生殖系统疾病，其症候群实际上包括3种不同的类型。

1.呼吸系统　BVDV感染牛所呈现的症状不等，从无明显症状到严重疾病都可能发生。青年牛急性感染BVDV后通常病程温和，表现为白细胞数量减少、发热、上呼吸道（特别是硬颚与牙龈）糜烂溃疡。如无复合感染，则病毒感染的典型特征为发病率高与死亡率低。通常，BVDV感染是牛呼吸系统综合征中的病毒性病原，这种综合征使得牛易于继发呼吸道细菌和/或支原体感染，继而导致严重的支气管肺炎、高发病率与高死亡率。有时BVDV急性感染也可导致小牛与成年牛的高死亡率，通常伴随因血小板减少导致的广泛性出血。这种疾病综合征首先于20世纪90年代出现，Ⅱ型BVDV致病性与大多数Ⅰ型BVDV的类似，但现在Ⅱ型BVDV在牛中的致病性越来越温和。

2.生殖系统　生殖系统感染型BVDV在胎牛的不同发育阶段会导致不同的症状。母牛在妊娠前40d感染可导致胎儿死亡。在妊娠中期（40～150d）胎牛感染NCP型BVDV时通常会导致出生犊牛持续感染BVDV（图57.14）。其他牛通常为传染源，特别是持续感染的母牛所生的小牛也会持续感染（图57.14）。感染牛在牛群中成为病毒的贮存宿主与传染源，可发生水平与垂直传播（图57.15）。而且持续感染牛免疫反应弱或没有明显的体液免疫应答。持续感染牛在1岁内的发病率高。在妊娠期

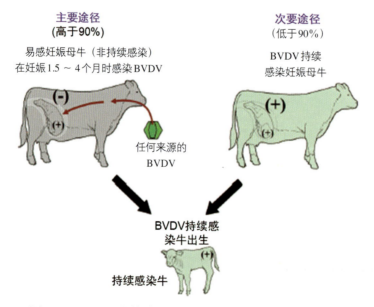

图57.14　BVDV的持续感染（引自RL Larson, Kansas State University and D Connor, University of Missouri）

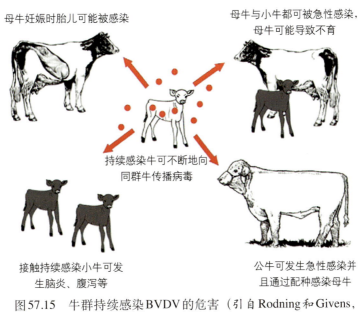

图57.15 牛群持续感染BVDV的危害（引自Rodning和Givens，2010）

150d（免疫系统已经发育）后感染NCP型BVDV为先天感染，这种感染牛体内可以清除感染病毒，但感染会对其免疫系统与生殖系统产生终生损害。无论持续性感染还是先天感染都可导致小牛虚弱综合征，这种牛在出生后多发生夭折，另外还易发生先天畸形。母牛在整个妊娠期感染还可导致流产，通常也是导致流行的主要病原。

3.黏膜病型　在数月龄至数年龄牛中，黏膜病（MD）感染的发病特征为低发病率，但高致死率。发病特征为严重致死性上消化道广泛性溃疡、腹泻和淋巴细胞减少。MD仅发生于持续感染牛。

流行病学　BVDV在世界范围内分布，在牛中感染广泛，世界多数国家牛血清的阳性率较高。病毒可通过接触而传播与水平传播。尤其是持续感染牛携带高滴度病毒，在其身体的各个分泌排泄器官可发生病毒水平散播，另外还可通过垂直传播感染胎牛（图57.15）。

发病机制和病理变化　牛感染BVDV的致病及预后与年龄、感染时的免疫状态，以及感染病毒株的生物学特性相关。BVDV可导致小牛不同严重程度的系统性感染。感染小牛的病变包括上消化道轻度糜烂、溃疡至整个消化道严重溃疡和弥散性出血。高毒力BVDV毒株对易感牛可产生严重类似于MD的病变。

先天BVDV感染的病理变化包括眼部病变（视网膜脱落与发育不全、眼神经炎）和小脑萎缩或发育不全。持续感染牛其各组织中均有病毒，且毛囊组织中BVDV的滴度较高，可用于诊断。

当持续性感染牛中出现CP型BVDV感染时就会发生黏膜病。而CP型毒株通常为NCP型持续性感染毒株的突变型病毒。在黏膜病中这些NCP型与CP型毒株相对应。MD的特征是口吻部、整个口腔、食道和小肠（派伊尔氏结节溃疡为特性病变）发生糜烂和溃疡，以及广泛的淋巴细胞坏死。MD中组织损伤的机制还不清楚，可能与组织细胞的凋亡有关。

感染后机体的反应　BVDV感染牛通常产生高滴度的病毒中和抗体，感染后康复牛可以产生持久性免疫。在妊娠150d内感染BVDV的牛可以产生对BVDV的免疫耐受，以至出生后持续性感染，且不产生病毒特异性抗体或抗体滴度很低。

实验室诊断　MD的临床诊断较为困难，需要与其他致消化道溃疡性疾病，如恶性卡他热与牛瘟等进行区分。可以用抗原捕获ELISA进行快速诊断，也可以用BVDV特异性抗体对感染动物组织进行免疫化学染色检测进行诊断。而任何组织样品均可用于PCR检测病毒核酸。耳部活体组织样本可用于持续性感染的检测，也可进行病毒分离。BVDV感染的血清学诊断还受疫苗广泛应用的干扰，因为持续感染牛无抗体或抗体滴度很低。

治疗和控制　牛BVDV的控制措施首先是做好生物安全防范，包括对新引入牛进行检疫，特别是对持续性感染牛进行检测。引入种牛具有向牛群中带入BVDV的高风险。在牛群中，所有带毒的持续感染牛都需要检测并且进行剔除淘汰。疫苗免疫只能是辅助性措施，因为疫苗不能对持续感染牛进行有效免疫。致弱活疫苗与灭活BVDV疫苗都可用。使用致弱活疫苗存在一些隐患，包括毒力返强、病毒在牛群中扩散、可能造成免疫抑制及胎牛感染。过去曾发生过因疫苗制造中在细胞培养环节污染BVDV（NCP型）而造成BVDV的感染。对隐性感染牛免疫弱毒活疫苗有时会造成黏膜病的发生。对4月龄内小牛进行疫苗免疫会受母源抗体的干扰，这种情况需要进行重复免疫。

边界病病毒

疾病　边界病是绵羊的一种先天性瘟病毒病，发病特征为出生羔羊被毛异常（多毛）与中枢神经系统髓鞘异常性震颤（亦称为多毛震颤羔羊）。羔羊发病表现因胎羊在妊娠期胎龄不同而异，亦因感染毒株而异。胎羊感染可造成胎儿死亡、产木乃伊胎、流产、产死胎或产异常羊羔，而成年羊通常为亚临床感染。

流行病学　BDV最初是于20世纪40年代发生于英格兰与威尔士的一种绵羊的先天性疾病。该病发生于欧洲的很多国家及澳大利亚、新西兰、加拿大与美国。像BVDV在牛群中持续存在一样，BDV也在绵羊中持续存在，且当病毒进入无免疫的羊群中后可引起BDV的暴发。病毒传染源为感染动物或感染胎儿，最常见的传播途径为口鼻途径。

发病机制和病理变化　BDV感染未免疫幼羊可导致病毒血症，进而将病毒传播至胎儿。一般胎儿感染后可死亡，畸形。胎儿感染的后果与胎龄呈相反关系，在妊娠前3个月内感染比妊娠后期感染的要严重。妊娠80d后感染可以清除病毒且不发病。BDV感染的致畸作用也与胎龄相关。发育中中枢神经系统感染导致髓鞘形成降低或改变及脱髓鞘，继而导致新生羔羊特征性先天性震颤。发育中大脑坏死可能导致更严重的发育损伤，导致脑积水畸形、脑穿孔和/或小脑发育不良。

感染后机体的反应　BDV感染成年羊可引起快速的体液免疫反应，感染羊血清中产生可长期存在的病毒中和抗体。胎羊的免疫反应与感染时胎龄相关。在母羊妊娠前期感染可导致持续的羔羊出生后感染，并且免疫反应不足或微弱。这样的羊可能出现持续性感染，并在之后的生命中BDV抗体阴性。而在母羊妊娠后期感染，胎羊已经具备相当的免疫能力，感染后其免疫系统会清除感染。

实验室诊断　剖检及组织病理学检查可进行诊断。感染动物组织可用于免疫组织化学染色法进行抗原检测。另外，还可用多种组织样品进行PCR法检测病毒核酸。

治疗和控制　控制BDV相当困难。无免疫畜群的初次感染能导致严重损失。而已有病毒感染流行的牧场感染后导致的损失要小很多。有时还用BVDV疫苗进行预防。

经典猪瘟病毒

疾病　猪瘟是世界范围内的重要猪病，虽然很多养猪密集的国家已经净化了该病，但还经常出现再发，并且引起暴发导致严重的经济损失。猪瘟发病特征为发热（≥40℃）、白细胞减少，以及厌食、呆滞、嗜睡、聚堆、畏寒。呕吐和腹泻也较常见，还有出现结膜炎、皮肤发绀及神经系统症状（如瘫痪和运动失调）。妊娠母猪感染可导致产弱仔、死胎、早产或所产仔猪小脑共济失调或先天性震颤。在强毒株引起的疾病流行期发病率与死亡率都很高，而病毒呈地方性流行时则发病表现不明显，这种情况下检测与根除则比较困难。

流行病学　猪瘟在世界范围内都有发生，但在一些国家与地区已经被净化，如北美洲、英国与爱尔兰、斯堪的纳维亚、澳大利亚、新西兰、欧洲的部分地区。而在很多地区呈地方性流行，如亚洲的大部分地区、非洲、欧洲的部分地区、南美洲与中美洲。家猪与野猪是病毒宿主，常常作为不明显的携带者。胎猪在子宫内感染可能成为持续感染带毒猪，这种情况类似于BVDV及BDV。病毒通过飞沫、污染物和感染材料，尤其是通过给猪饲喂未经高温消毒的泔水而传播。

发病机制和病理变化　猪瘟为急性、高度接触性传染病。病理特征为多组织弥散性血管内凝血导致的出血与梗死。疾病的潜伏期较短，为3～8d。病毒首先在上呼吸道或扁桃体淋巴组织中增殖，而后在全身内皮细胞与单核炎性细胞内广泛扩散与复制。典型病理变化为多种浆膜面、淋巴道及肾脏出血，脾脏梗死。而地方性流行多为慢性型猪瘟。感染猪还可表现为发育迟缓、慢性腹泻，易发生继发性细菌性肺炎。

感染后机体的反应　感染后康复猪会产生持久的免疫力。中和抗体效价与免疫保护力呈正相关。哺乳仔猪可通过初乳获得母源抗体。子宫内感染仔猪一般在出生后为持续感染性病毒的携带者，无论出生时健康与否。

实验室诊断　非疫区猪突然暴发严重疾病可怀疑为猪瘟，但还需实验室诊断及与其他疾病进行鉴别诊断。可用感染猪组织进行免疫组织化学染色法检测病毒抗原，或用脾脏、扁桃体、淋巴与血液等组织进行病毒分离。因为大多数毒株不致细胞病变，所以可以用荧光抗体染色法检测培养细胞中的病毒抗原。另外，还可以用PCR法检测病毒核酸进行诊断。而检测慢性型猪瘟病毒则更为困难，需要进行更多的实验室检测。

治疗和控制　猪瘟的控制措施取决于特定地区或国家是否有病毒流行。在非疫区，主要是控制从疫区引种，禁止给猪饲喂垃圾及含猪肉制品的泔水。在疫病流行区，可以采用疫苗免疫和/或根除措施。弱毒疫苗可以有效预防猪瘟。使用疫苗对血清学诊断有干扰，以及不利于某些地区或国家猪瘟根除工作的开展。

参考文献

Jose J, Snyder JE, Kuhn RJ, 2009. A structural and functional perspective of alphavirus replication and assembly[J]. Future Microbiol, 4: 837-856.

Kummerer BM, Tautz N, Becher P, et al, 2000. The genetic basis for cytopathogenicity of pestiviruses[J]. Vet Microbiol, 77: 117-128.

Lindsey NP, Staples JE, Lehman JA, et al, 2010. Surveillance for human west Nile Virus Disease-United States, 1999-2008. MMWR, 59(SS02): 1-17, http://www. cdc.gov/mmwr/preview/mmwrhtml/ss5902a1.htm (accessed January 25, 2013).

Pfeffer M, Dobler G, 2010. Emergence of zoonotic arboviruses by animal trade and migration. Parasites & Vectors, 3, 35, http://www.parasitesandvectors.com/ content/3/1/35 (accessed January 25, 2013).

Rodning SP, Givens MD, 2010. Bovine viral diarrhea virus. Alabama Cooperative Extension System ANR-1367, http://www.aces.edu/pubs/docs/A/ANR-1367/index2.tmpl (accessed January 25, 2013).

Scott CW, Slobodan P, 2009. Alphaviral encephalitides, Chapter 21, in Vaccines for Biodefense and Emerging and Neglected Diseases, (eds DT Alan Barrettand LR Stanberry)[M]. Elsevier.

Strauss JH, Strauss EG, 1997. Recombination in Alphaviruses[J]. Sem Virol, 8: 85-94.

van den Hurk AF, Ritchie SA, Mackenzie JS, 2009. Ecologyand geographical expansion of Japanese encephalitis virus[J]. Ann Rev Entomol, 54: 17-35.

Weaver SC, Barrett ADT, 2004. Transmission cycles, host range, evolution and emergence of arboviral disease[J]. Nature Rev Micro, 2: 789-801.

📁 延伸阅读

McLoughlin MF, Graham DA, 2007. Alphavirus infections in salmonids-a review[J]. J Fish Dis, 30: 511-531.

OIE Technical Disease Cards: Japanese Encephalitis Virus, Classic Swine Fever Virus, Venezuelan equine encephalitis virus, http://www.oie.int/animal-health-in-the world/technical-disease-cards/ (accessed February 9, 2013)

Pfeffer M, Dobler G, 2011. Emergence of zoonotic arboviruses by animal tread and migration. Parasites & Vectors, http://www.parasitesandvectors.com/content/3/1/35 (accessed January 25, 2013).

Thiel HJ, Collett MS, Gould EA, et al, 2005. Family flaviviridae: positive sense single stranded RNA viruses, in Virus Taxonomy: 991-998[M]. Academic Press/Elsevier.

Weaver SC, Frey TK, Huang HV, et al, 2005. Family togaviridae: positive sense single stranded RNA viruses, in Virus Taxonomy: 999-1008[M]. Academic Press/Elsevier.

（华荣虹 译，孙元 校）

第58章 正黏病毒科

正黏病毒科属于RNA病毒，包括5个病毒属：A型流感病毒属、B型流感病毒属、C型流感病毒属、传染性鲑鱼贫血病毒属和托高土病毒属。最近，又发现了正黏病毒科的一种新型病毒属，该病毒属包含夸兰菲病毒、约翰斯登环礁病毒和乍得湖病毒。其中，前3个病毒属，即A型、B型、C型流感病毒属是根据它们核蛋白（NP）和基质蛋白（M）抗原性的差异进行划分，可以导致脊椎动物流感，包括鸟类、人类和其他哺乳动物。传染性鲑鱼贫血病毒属感染鲑鱼；托高土病毒属既可以感染脊椎动物，也可以感染无脊椎动物，如蚊子和海虱。

● 流感

流感病毒属于正黏病毒科正黏病毒属的成员，其命名根据病毒型别、分离的动物种属（人除外）、分离地区、该地区分离病毒的序列编号和分离年份。流感病毒根据NP和M蛋白的抗原性不同可以分为A、B、C 3个型。人类历史上的所有流感大流行（1918—1919年、1957—1958年、1968—1969年、1977年和2009年）都是由A型流感病毒中出现的新的病毒亚型造成的；其中，1918—1919年的西班牙流感大流行最具破坏性，造成全球高达5 000万人死亡。

分类

根据病毒粒子表面血凝素（HA）和神经氨酸酶（NA）抗原性的不同，A型流感病毒进一步划分为不同的亚型。到目前为止，已经发现的A型流感病毒有17种HA亚型和10种NA亚型。除了H17和N10亚型外，所有其他亚型病毒都已经从野生水鸟中被分离到，其中包括作为A型流感病毒自然宿主的水禽和海岸鸟类。A型流感病毒也能感染多种不同的哺乳动物，包括人、马、猪、犬、猫、蝙蝠和海洋哺乳动物；B型和C型流感病毒都感染人；另外，C型流感病毒还可以感染猪和犬。不同型别流感病毒之间的一个关键区别在于其寄主范围不同。B型和C型流感病毒主要是人的病原，且可分别从海豹和猪体内偶尔分离到，C型流感主要是与儿童的普通感冒样症状相关；只有A型和B型流感病毒可以导致人的重大疫情和严重疾病。A型流感病毒不同亚型的命名系统包括宿主来源、地域来源、毒株编号和分离年份，在括号中还含有2个主要表面抗原HA和NA的描述，如A/swine/Kansas/8/2007（H1N1）。按照惯例，现在省略了人类毒株的宿主来源。

这些不同的抗原亚型可以通过高免动物血清的双向免疫扩散试验（血凝抑制和神经氨酸酶抑制试验）来区分，是因为这些检测方法可以揭示A型流感病毒之间的抗原关系，而用其他方法揭示的抗原关系则不明显。

形态学

流感病毒粒子具有多形性，病毒囊膜来源于宿主细胞的细胞膜，呈球形或丝状两种形式。通常来说，不规则的球形病毒粒子直径80～120nm，丝状病毒粒子直径20nm、长200～300nm（图58.1）。流感病毒表面有2种不同类型的纤突（囊膜突起）：一种是棒状的HA，另外一种是蘑菇状的NA，且NA具有神经氨酸酶活性。HA和NA是病毒表面的糖蛋白，它们通过短的疏水性氨基酸序列粘连在病毒囊膜表面（图58.2）。病毒粒子表面的NA成簇地散乱分布在HA之间，HA与NA之间的比例是（4～5）∶1。病毒囊膜内层是M蛋白衣壳，包围着8条独立的单链RNA片段（C型流感病毒是7条RNA片段），这些RNA片段由NP及3个大的蛋白包裹，分别是碱性聚合酶PB1、碱性聚合酶PB2和酸性聚合酶PA，它们形成核糖核蛋白（RNP）复合体，负责RNA的复制和转录。病毒基因组的每一条RNA片段都能编码一两种蛋白。流感病毒基因组的片段化特性使其具有很高的重组率，当细胞感染2种或者更多种不同流感病毒时，它们之间就会交换RNA片段，从而形成含有新的重组基因的子代病毒粒子。

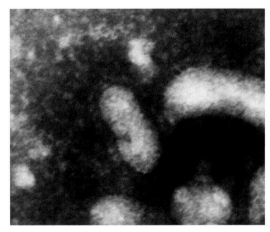

图58.1 电镜显示形状不规则的禽流感病毒的球形颗粒（直径80～120nm）（引自佐治亚州雅典市美国农业部和农业研究服务部东南家禽研究实验室David Swayne博士）

病毒基因组

流感病毒的基因组包含8条负链RNA片段，每条片段含有890～2 341个核苷酸，能编码10～11种蛋白。第1和3条片段编码RNA依赖性的PB2和PA蛋白。第2条片段编码PB1蛋白，有些病毒也可以利用额外的开放阅读框编码第2个小蛋白PB1-F2。第4和6条片段分别编码表面糖蛋白HA和NA。第5条片段编码NP蛋白，负责结合病毒RNA（vRNA）。第7和8条片段由于存在不同的剪接转录本因而编码2种蛋白，分别是M1/M2和NS1/NS2。每种蛋白的功能将在下一段落中讲述。流感病毒通过抗原漂移和抗原转变两种机制发生变异，且非常频繁。抗原漂移是vRNA聚合酶的低保真性使得病毒基因不断积累随机突变。人类季节性流感的多变性

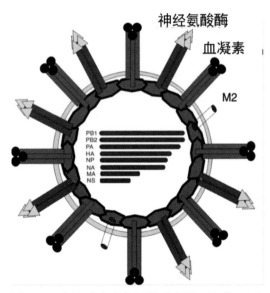

图58.2 禽流感病毒粒子的示意图。注意HA和NA表面蛋白及病毒基因组的8种RNA片段（引自Swayne和King）

就是由于抗原漂移造成的。当一个细胞感染不同的流感病毒时，病毒基因组的片段化有利于抗原转变和基因重组的发生，造成病毒间vRNA片段互换而产生新的重组病毒。1957年亚洲流感大流行、1968年香港流感大流行及2009年流感大流行都是由抗原转变造成的。

病毒蛋白

血凝素 A型和B型流感病毒都有2种表面糖蛋白抗原：血凝素（HA或H）和神经氨酸酶（NA

或N）。A型流感病毒有17种抗原性不同的HA亚型，除了H17之外，其余亚型均可以在水生鸟类中循环存在，并且携带病毒的水生鸟类无症状出现。A型流感病毒的HA蛋白是一种Ⅰ型跨膜糖蛋白，最初合成后是一个分子质量约为76ku的单个多肽前体HA0。成熟的HA形成同源三聚体，每一个单体都是由HA0经过胰蛋白酶样或弗林蛋白酶样的蛋白酶裂解为HA1和HA2后形成的。在宿主细胞内的早期复制过程中，A型流感病毒HA有两个功能：受体结合和膜融合。第一，HA通过和细胞表面糖蛋白和糖脂上的唾液酸受体结合帮助病毒结合在细胞表面。第二，一旦结合在细胞膜上，HA就会通过介导内吞体膜和病毒囊膜融合，将病毒基因组释放到靶细胞的细胞质中，从而起到促进病毒侵入细胞的作用。流感病毒保守的唾液酸受体结合区域位于HA1亚基的顶部末端。流感病毒HA1亚基上有5个主要的抗原表位（A～E）。所有流感病毒都可以凝集人、豚鼠、鸡及其他多种动物的红细胞。抗HA的抗体可以通过中和病毒从而阻止病毒感染宿主细胞，这对宿主的免疫非常重要。实际上，HA的变异是新毒株不断出现的主要原因，从而造成新的流感疫情暴发，并且导致疫苗免疫控制措施失败。

神经氨酸酶 NA是一种Ⅱ型跨膜糖蛋白，位于病毒表面。NA蛋白是由4个一样的单体组成的蘑菇状的四聚体，平均分子质量为220ku。NA的胞外区由一个茎部和球状的头部组成。在已知的10种NA亚型中，茎部和跨膜区的序列高度变异。NA茎部将其头部的活性中心和跨膜区及胞质区隔开。在进入细胞和从被感染细胞中释放时，NA负责将唾液酸残基从病毒及被感染细胞上切割下来。另外，NA似乎可以帮助病毒穿透呼吸道黏蛋白层到达上皮细胞，这是流感病毒的靶细胞。NA的酶活性可以阻止流感病毒自身聚积并促进新生成的病毒粒子从被感染细胞中释放出来。抗NA的抗体并不能保护细胞免受病毒感染，但可以赋予对流感的保护并降低病毒的传播能力。

核蛋白 NP最初被认定为可溶性抗原或"S"抗原，是一种分子质量约为56ku的结构蛋白。NP包裹vRNA，并与PB1、PB2及PA相互作用，共同形成RNP，参与病毒基因组的转录和复制。NP还可以形成同源多聚体以维持RNP结构的稳定。另外，NP还被认为是主要的调控因子，以决定病毒基因组vRNA是转录生成mRNA还是作为模板合成互补RNA（cRNA），从而进行病毒基因组复制。

NP是一种型特异性抗原，用以区分流感病毒的不同种属，可以通过酶联免疫吸附试验、双向免疫扩散、补体结合、单向免疫扩散和琼脂凝胶沉淀试验来鉴定NP的型别。抗NP的抗体不能提供对流感病毒的被动保护。但是，A型流感病毒的NP蛋白是一种能被细胞毒性T淋巴细胞识别的主要蛋白。

基质蛋白 A型流感病毒的第7条RNA片段通过RNA剪接编码2种蛋白，即M1和M2，这2种基质蛋白是非糖基化的型特异性抗原。基质蛋白M1在病毒粒子中的含量最多，位于囊膜内侧，同时与病毒RNP及病毒囊膜结合。M1蛋白在病毒组装出芽过程中发挥着重要作用。它的功能包括：①与vRNP复合体及核输出蛋白NEP相互作用，调控vRNP在细胞质和细胞核之间的运输；②调控vRNP的转录和复制；③与病毒囊膜蛋白HA、NA及M2相互作用；④在组装位点招募病毒组分，起始病毒出芽；⑤招募宿主组分以完成病毒的出芽和释放过程。

M2蛋白发挥离子通道的作用，能引发病毒在内吞体中脱壳。由于病毒离子通道是一种理想的抗病毒药物靶点，因此对M2蛋白的研究非常深入。金刚烷胺和金刚乙胺已经被研发出来，在临床上作为抗流感病毒的药物投入使用。但是，金刚烷胺的耐药性毒株已经广泛出现，它们在M2蛋白的跨膜区发生突变。抗M1蛋白的抗体基本不能对感染起到保护作用。A型流感病毒的M2蛋白是能被细胞毒性T细胞识别的重要蛋白之一。

非结构蛋白

A型流感病毒的第8条RNA片段通过mRNA剪接编码2种蛋白：非结构蛋白NS1和核输出蛋白

NEP，NEP之前也被称作NS2蛋白。虽然A型流感病毒的NS1蛋白不是病毒的结构组分，但在被感染细胞内能够高水平表达。NS1蛋白的分子质量为26ku，具有多种功能，能够颉颃Ⅰ型干扰素介导的抗病毒天然免疫反应，抑制干扰素诱导蛋白的抗病毒作用，如双链RNA依赖性的PKR蛋白及2′-5′-寡腺苷酸合成酶/RNase L。NS1还能直接调控病毒复制周期中的重要过程，包括：①病毒vRNA合成的时间调节；②增强病毒mRNA的翻译；③病毒粒子形态发生的调节；④抑制宿主免疫应答和细胞凋亡；⑤激活磷酸肌醇激酶3（PI3K）信号通路。

NEP之前被认为是一种非结构蛋白，但现在发现在病毒粒子中有少量NEP通过与M1蛋白相互作用再与RNP联系在一起。NEP能介导新合成的RNP从细胞核中的输出过程。

聚合酶蛋白

3条最长的vRNA编码流感病毒RNA依赖性的RNA聚合酶3种亚基：PA、PB1和PB2。聚合酶亚基PB2、PB1、PA与NP、vRNA一起形成RNP复合体，负责病毒转录和复制。在细胞核内，病毒的聚合酶利用一种"帽子抢夺"机制起始vRNA复制。PB2与细胞mRNA帽子区域结合以产生病毒RNA合成的引物。PA有核酸内切酶功能，能够切下mRNA前体中带有帽子结构的寡聚核苷酸进而作为病毒mRNA合成的引物。然后，聚合酶起始延伸反应以转录病毒vRNA，从而形成病毒mRNA。PB1亚基在核苷酸延伸过程中发挥催化作用。在病毒基因组复制过程中，vRNA是合成cRNA的模板，cRNA是与病毒基因组RNA完全互补的有义链，之后cRNA被转录成vRNA，vRNA存在于最终的子代病毒粒子中。流感病毒的聚合酶没有校正活性，会导致很高的基因突变率，大约每个复制的基因组就含有一个错误。

在部分A型流感毒株中存在PB1-F2，它是由PB1的-1开放阅读框表达的一个短肽，被认为是一个决定流感病毒毒力的重要因子。但是，很多A型流感病毒的PB1片段编码的是一种截短了的PB1-F2。

● 马流感

疾病

马流感是马的一种急性呼吸道疾病，所有年龄段的马均易感，而2~6月龄的马最易感。感染马流感的马死亡率低，但发病率可达100%。潜伏期为1~5d。症状表现为高热，可达41℃以上，约持续3d。其他临床症状有频繁剧烈的干咳，持续1~3周；鼻分泌物起初为水样，随后变为浆液状；厌食；精神沉郁；畏光，流泪并伴有黏脓性眼分泌物，角膜浑浊（有时会失明）；肢体水肿；肌肉酸痛。在一些重症病例中，可发生由重症肺炎所致的猝死。1989年中国北方的马流感疫情中出现肠炎症状，这次疫情由一株可能起源于鸟类的A/equine/2/Jilin病毒传播给马后引起。

马流感由A型流感病毒的2个亚型引起，根据血凝素（HA）和神经氨酸酶（NA）抗原性的不同，分为A/equine/1（H7N7）和A/equine/2（H3N8），在这2个亚型之间没有免疫交叉反应。A/equine/1的原型病毒是A/equine/Prague，于1956年被首次分离到。随后，A/equine/1亚型病毒发生了抗原漂移，从而被分为2个亚群，但这2个亚群病毒在接种后的免疫性方面并没有显著差异。近些年来，没有从马体中分离到H7N7亚型病毒，可能是该亚型病毒已经消失或仅在某些地区以低水平存在。1980年以来的所有马流感疫情暴发都是由A/equine/2亚型毒株造成的。A/equine/2亚型病毒的原型毒株A/equine/2/Miami/63最初分离于1963年佛罗里达州的一次严重马流感疫情，之后该亚型病毒发生了显著的抗原漂移并演变为2个不同的谱系。基于病毒最初的地理分布，这2个谱系分别被命名为"美洲型"和"欧洲型"。2007年8月，之前一直没有发生过马流感的澳大利亚暴发了疫情，是由"美洲型"

第三部分 病毒

谱系的马流感病毒引起的。变异株的出现表明，A/equine/2亚型病毒已发生相当大的抗原漂移，这可能影响疫苗免疫的效果。马流感在全世界分布广泛，是马群在表演、出售及在马厩或赛马场聚集时一个普遍且棘手的问题。

病原

对理化因素的抵抗力 通常情况下，马流感病毒经56℃、30min即可被灭活。与A型流感病毒一样，马流感病毒也能被苯酚、脂溶剂、去污剂、福尔马林及氧化剂（如臭氧）灭活。

对其他物种的感染性及培养系统 马流感病毒一般能感染马、驴、骡，也能跨越物种间的屏障而感染犬。2004年，美国报道了首例马流感病毒跨种感染赛犬，病犬发生呼吸道疾病甚至死亡。英国的回顾性研究表明，H3N8马流感病毒正是犬暴发严重呼吸道疾病的原因。在试验中，马流感病毒能经鼻腔途径感染小鼠。所有的正黏病毒，包括马流感病毒均能在鸡胚尿囊腔中增殖。马流感病毒也能在鸡胚肾细胞、牛肾细胞、恒河猴肾细胞及人胚胎肾细胞中生长。

宿主-病毒相互关系

发病机制和病理变化 马流感病毒能感染上呼吸道和下呼吸道。通过支气管肺泡灌洗从鼻咽、气管、支气管及肺泡采集的样本中均能检测到病毒抗原。早期出现淋巴细胞减少症，并伴有头部淋巴结肿大。起初可能仅流轻微的水样鼻涕，随后变为浆液性。幼驹可发生致死性肺炎，大龄动物偶有发生。有时病马躯干和下肢发生水肿。据知，A/equine/2亚型病毒能引起幼驹的后脑病。卡他性甚至出血性肠炎也有发生。马流感的特征性病理变化为坏死性细支气管炎，即细支气管进行性阻塞。A/equine/2病毒感染后，严重的坏死性肌炎会提高血清酶水平。多数马在感染后2～3周内恢复，没有恢复的则发展为慢性阻塞性肺病。恢复期的长短及病情的严重程度可能与病马的应激程度有关，因此充分休息对病马恢复十分重要。

马流感病毒通常经气溶胶传播，病马频繁而剧烈的咳嗽可以使病毒得到非常迅速的传播。病马在出现最初症状后，能持续排毒5d。病毒也能经污染物传播，如被污染的车辆。

实验室诊断

马流感的初步临床诊断可通过疾病在马群（尤其是马厩中马群）间的典型快速传播及病马频繁的干咳进行。确诊需要分离出病毒，检测出病毒抗原或者通过补体结合试验及血凝抑制试验检测到急性期和恢复期之间血清抗体滴度上升。发生疫情时，分离并确定致病毒株对将来成功执行免疫计划很重要。

临床样品通常通过鼻部或鼻咽部拭子，或者通过鼻部或气管灌洗液获得，而灌洗液的收集通常借助于内突击窥镜。病毒可通过鸡胚或细胞培养分离到，可在5～10d内完成。病毒分离后，可通过测序以确定其进化关系。有3种方法可用来检测马血中的马流感病毒抗体，即血凝抑制试验、单扩散溶血试验和竞争ELISA。其他检测方法也已经开发出来，主要依赖于检测病毒RNA（real-time PCR，qPCR）、病毒蛋白（抗原捕获ELISA）或多种商品化快速检测试剂盒（如Directigen Flu A，Directigen Flu EZ和A+B试验）。

治疗和控制

免疫接种是防止马流感在马群中传播的有效手段。然而，疫苗的保护力主要依赖于免疫方式和疫苗质量，尤其重要的是选择适当的疫苗株。目前已有的疫苗是A/equine/1和A/equine/2亚型病毒的二价灭活苗。A/equine/Prague/56（H7N7）和A/equine/Miami/63（H3N8）分别是A/equine /1和A/equine /2

亚型的原型毒株。越来越多的证据表明，当前自然界中流行的马流感病毒存在抗原变异，这意味着随着时间的变化，传统疫苗株所能提供的保护力会越来越有限。基于此，当前应用的疫苗中含有一些新的A/equine/2亚型病毒的变异株。但是，由于H3N8毒株的抗原漂移率较高，因此这些疫苗的免疫保护水平并不一致。多种可用的灭活疫苗都含有佐剂，已证明其可显著增加疫苗的免疫原性潜力。初次免疫需要连续接种两次疫苗，间隔2～4周。在马1周岁时需要加强免疫一次，然后每6个月重复免疫一次直至3岁，此后间隔时间可以延长但不能超过1年。最近，有些国家开始使用弱毒活疫苗。

研究表明，马鼻腔中的流感病毒抗体滴度与其抗感染能力之间存在相关性。马被感染前血清中存在的抗体可缩短感染后的排毒持续期，减轻发热反应。

发生马流感疫情时，为减少疾病传播，除了预防接种外，也建议采取隔离和检疫措施，而且消毒畜舍、设备和衣物对于阻断病毒的机械传播非常必要。

● 猪流感

疾病

猪流感是猪的一种重要呼吸系统疾病。自然发病时，大部分猪表现为高发病率（接近100%）和低死亡率（<1%）。猪流感在寒冷的季节发生更为频繁。由猪流感单独引发的疾病通常较温和，但是继发感染会加重病情。其潜伏期短，为1～3d，发病后4～7d可迅速康复。症状包括发热、厌食、乏力、呼吸困难、打喷嚏、咳嗽和流鼻涕。一些患病猪发展为结膜炎、肺水肿或支气管肺炎。

1918年人类流感大流行期间，猪流感首次被确认。随后研究证实，一个与1918年人类流感病毒类似的H1N1流感病毒能使人和猪发病。猪流感病毒可以从猪传播给人并造成疾病，令人担忧的是猪可以作为流感病毒的储存器，从中产生出引起人流感流行和大流行的病毒。尽管已从鸟类中分离出16种HA和9种NA病毒亚型，但只有H1N1、H3N2和H1N2亚型已在猪中建立并最常引起全世界范围内的猪病。已经发现猪流感病毒毒株之间在遗传性和抗原性上存在差异，如欧亚类禽型H1、类人型H1及经典H1猪流感病毒在全世界范围的猪群中共存，而且在北美洲的猪群中至少已经发现5个分支的H3N2猪流感病毒。

宿主-病毒相互关系

发病机制和病理变化 上呼吸道黏膜阻塞，支气管和纵隔淋巴结增大、水肿。肺呈现紫红色、多病灶聚集融合，尤以肺的膈叶为主。显微镜检查损伤通常包括气道充满分泌液、广泛的肺不张、间质性肺炎和肺气肿，也可见支气管和血管周围的细胞浸润。

猪流感病毒可以通过小液滴和气溶胶感染而传播，也可经感染与未感染猪之间的直接接触而传播。通过咳嗽和喷嚏产生的气溶胶和小液滴感染是猪流感传播的一种重要方式。病毒可以在猪群内快速传播，并在几天内迅速波及全群。鼻部直接接触是猪流感传播的主要途径。病毒通过鼻分泌物排出，鼻分泌物在急性发热期时充满了病毒。如果猪在密集饲养条件下养殖，将会提高猪流感传播的风险。猪流感病毒也可通过人和野生动物传播，这将把疾病从感染的农场扩散到未感染的农场。

实验室诊断

在秋、冬季节，当许多猪只出现暴发性的呼吸道疾病时就要怀疑是否感染了猪流感。确诊需要从猪鼻分泌物或死亡猪的肺脏分离出病毒，或检测到急性期和恢复期双份血清中的抗体滴度上升，或进行病毒RNA和抗原检测。猪流感病毒可在10～12日龄的鸡胚、多种单层组织培养系统，包括原代细胞或稳定的细胞系（如MDCK犬肾细胞、PK15猪肾细胞和猪睾丸细胞）上培养。

治疗和控制

患流感后康复的猪产生的中和抗体通常能够保护猪免受同源病毒的感染。因此，接种疫苗是控制猪流感的有效措施之一。欧洲国家和美国已经研制出了猪流感疫苗，并已上市和广泛使用。市场上的猪流感灭活疫苗包括H1N2和H3N2亚型流行毒株，当疫苗中使用的毒株与流行毒株匹配时疫苗是有效的。最近几年，通过疫苗免疫防控猪流感已经变得非常困难，这是由于猪流感病毒进化迅速，而且新毒株的出现导致对传统疫苗出现免疫逃避。由于很多与猪流感相关的疾病和死亡都伴随着其他病原的继发感染，因此仅仅依靠接种疫苗的防控策略是不行的。控制猪流感的最好方法是避免疾病的发生和蔓延，对设施和猪群进行管理对控制猪流感也是必不可少的。设施管理包括使用标准化的卫生措施来控制环境中的病毒。A型流感病毒很容易被消毒剂、热等灭活。必须确保对货车、拖车和任何可能污染的设备进行清洁和消毒。如果一群育成猪已患有猪流感，在引入下一群猪之前，必须对猪舍进行彻底清洁和消毒。携带或接触流感病毒的猪通常会将病毒传染给未感染的猪群，因此，新引进的猪在进入猪群之前应该隔离检疫。治疗需要一些支持性的措施，包括不具有穿堂风的环境，提供清洁、干燥、无尘的垫料及新鲜清洁的饮水、良好的食物来源。对猪群使用抗生素能够防止细菌性疾病带来的继发感染。

● 禽流感

疾病

禽流感是一种高死亡率的家禽传染病，其首次报道是在1878年，发生在意大利北部，最初被称为"鸡瘟"。1955年以前，认为"鸡瘟"的病原是A型流感病毒。在1981年的首届禽流感国际学术研讨会上，"鸡瘟"一词被改为"高致病性禽流感（HPAI）"。到目前为止，已经从水禽和海岸鸟类中分离出16种不同HA亚型和9种不同NA亚型的A型流感病毒。理论上讲，16种HA和9种NA之间共有144种组合（如H5N1、H9N2和H6N1），它们可以组成不同亚型的禽流感病毒。基于特定的分子遗传学和致病性标准，禽流感被进一步划分为高致病性禽流感（HPAI）和低致病性禽流感（LPAI）。HPAI是禽类的一种具有极高传染性的多脏器全身性疾病，会造成高的死亡率。迄今为止，所有已暴发的高致病性禽流感疫情都是由H5或H7亚型病毒造成的，它们的HA蛋白裂解位点具有多个碱性氨基酸。大多数的禽流感病毒都是LPAI病毒，通常与家禽的温和型疾病有关，并且只在家禽的呼吸道和肠道中复制。LPAI病毒的HA蛋白裂解位点通常只有1个碱性氨基酸。

禽流感病毒感染家禽，对全世界范围的养殖业都能造成严重的损失。水禽和海岸鸟类作为A型流感病毒的自然宿主，感染不同亚型病毒后通常不会表现出任何临床症状。在野鸭中，流感病毒在肠黏膜上皮细胞中复制，并且以高浓度排泄出来。病毒已经从湖泊和池塘的水中分离到。调查表明，高达60%的幼鸟在迁徙之前的聚集时可能已被感染。2005年，在中国的青海湖有超过6 000只野生候鸟由于感染H5N1 HPAI而死亡。从那时起，H5N1 HPAI病毒传播至欧洲、中东和非洲，这最有可能是通过候鸟传播的。

宿主-病毒相互作用

地理分布、传染源和传播途径 虽然LPAI病毒在全世界范围的野鸟和家禽中都存在，但是HPAI是世界家禽养殖业的一个主要威胁。2002年之前，家禽中暴发HPAI的仅有少数的几次。从2003年开始，包括中国、印度尼西亚、泰国和越南在内的一些东南亚国家家禽中暴发了大规模的H5N1 HPAI。2005年，中国青海湖的野生鸟类死于H5N1禽流感病毒感染。随后，H5N1 HPAI蔓延至欧洲、中东和非洲，导致HPAI在全世界范围内暴发。这种现象使流感专家认为，H5N1病毒会导致下一次流感的大流行。幸运的是，H5N1自然分离株尚未获得在人与人之间传播的能力。

禽流感在禽群中主要通过摄入病毒而传播，但它也可以通过吸入传播或通过人员在鸡群或场地之间活动的机械方式传播。在鸟类中，禽流感病毒可通过粪便、唾液和鼻腔分泌物排出。粪便中含有大量的病毒，粪-水-口传播是禽流感在水禽中传播的主要途径，但也可能通过粪-水-泄殖腔途径传播。此外，禽流感可能会借助于曾接触过感染鸟或场地的鞋、衣服、箱子等物体而传播。尽管存在通过感染的禽蛋进行垂直传播的可能性，但还没有证据表明禽流感通过这种方式进行传播。对于H5N1 HPAI病毒传播方式的争论非常激烈，候鸟和家禽贸易可能是传播的潜在因素。

水禽被认为是流感的主要自然储存宿主。感染的鸭会长期排毒而不表现临床症状，也不产生可检测到的抗体应答。有证据证明，流感病毒感染一些鸟后可在其体内持续存在数月。多种因素可影响病毒的生命周期，包括细胞表面受体、宿主体温和免疫应答，因而病毒在不同种类的动物体内适应后就形成了具有不同物种特异性的病毒谱系。除了鸟类以外，已经发现禽流感病毒能够感染广泛的哺乳动物物种（包括人、猪、马、犬、猫及陆地鸟类），表现出其跨种间传播的特性。

发病机制和病理变化　禽流感的致病性由于病毒株系、感染的动物物种和年龄、并发感染及饲养管理的不同而变化很大。*HA* 基因是流感病毒致病性的重要因素。高致病性H5和H7病毒的HA蛋白裂解位点上含有多个碱性氨基酸，可以被普遍存在的蛋白酶，如弗林蛋白酶和PC6所识别，而导致全身性感染。与之相比，LPAI病毒HA蛋白的裂解位点上缺乏这一系列的碱性氨基酸残基，仅能够被存在于少数几种器官中的蛋白酶裂解，这就限制了病毒只能局限在呼吸系统中复制。除了*HA*基因，其他基因如*PB2*和*NS1*也能够影响病毒的致病性。

家禽感染了高致病性禽流感病毒后可能发生猝死，而没有任何临床症状。尸检时，死亡的家禽不存在明显的损伤。没有立即死亡的家禽可能会出现无精打采，水肿、鸡冠、肉髯及腿部紫绀等症状。尸检时，病变包括不同部位的坏死灶，如皮肤、鸡冠、肉髯、脾、肝、肺、肾、肠和胰腺，在气囊、输卵管、心包腔或腹膜可能出现纤维素性渗出液。其他病变可能包括心肌、腹部脂肪和腺胃黏膜淤血点，非化脓性脑炎和浆液纤维素性心包炎。研究表明，感染了LPAI病毒的鸡只在呼吸系统有组织病变或者没有组织病变；其他家禽，如鸭、鹅、走禽类和鸽子，较不易受到禽流感的危害。然而，感染HPAI病毒后可能会导致神经症状，包括共济失调、斜颈和痉挛。

实验室诊断

禽流感病毒可以通过反转录聚合酶链式反应（RT-PCR）试验、抗原检测和病毒分离来鉴定。A型流感亚型特异性RT-PCR或实时RT-PCR检测方法已经被开发并广泛应用。这些方法通常用于禽流感的初步检测和快速检测，具有高度的敏感性。然而，这些检测方法需要以不同亚型病毒中都高度保守的基因为靶标，以避免出现假阴性结果。抗原捕获ELISA试验已被用于病毒的快速检测。然而，这种方法的主要缺陷是敏感性低，不适合禽流感监测和早期检测。病毒分离是禽流感病毒检测和鉴定的一种传统方法。由于禽流感病毒可在鸡胚及雏鸭、小牛和猴肾细胞上培养，因此可以从气管、肺、气囊、鼻窦分泌物或泄殖腔拭子等样品中分离出来。尿囊液或细胞培养物中是否存在A型流感病毒可以通过HA试验、抗原捕获ELISA或基因测序来确定。为进一步确定病毒的亚型，应使用一系列分别针对16种血凝素（H1～H16）和9种神经氨酸酶（N1～N9）亚型的抗血清进行血凝和神经氨酸酶抑制试验。

治疗和控制

禽流感感染后的康复禽至少会在几个月内保持对同源毒株攻击的免疫力。已经证明抗HA的抗体在对病毒感染的保护中发挥重要作用，而抗NA的抗体可以对感染造成的疾病提供保护并减少病毒排出，但不能阻止感染。不同的禽流感疫苗，如全病毒灭活疫苗、表达禽流感病毒HA蛋白的新城疫病毒载体疫苗或禽痘病毒载体疫苗已经开发、上市并用于控制禽流感。通常情况下，这些疫苗能够对病毒感染提供有效的保护。然而，由于禽流感病毒的遗传性和抗原性差异极大，而且A型流感病毒的进化迅速，因此对禽流感的控制存在很多挑战，仅依靠疫苗免疫不足以控制禽流感。精心的饲养和采取严格的生物安全措施对于预防和控制禽流感是必需的。新引进的禽不应进入正在饲养的群体中，应采取严格的预防措施以防止家禽直接或间接与野鸟、候鸟或外来鸟接触。由于发现火鸡也容易感染猪流感病毒，因此猪与火鸡不在同一农场内饲养是一个很好的管理措施。用来孵化的鸡胚应该来自不带病毒的鸡群。已经证明在家禽被扑杀后，流感病毒可以在粪液中持续存在105d。由于人员和设备有被粪液污染的可能，因此应该采取严格的措施，以杜绝人员和设备在禽群及场地间流动。在禽流感暴发期间，应该将禽群的隔离与其有序销售结合起来考虑。应用广谱抗生素治疗感染的禽群对控制细菌继发感染有效，而且适当的营养供应和饲养管理有助于降低死亡率。

● 动物流感的人兽共患重要性

越来越多的证据显示不同流感病毒毒株（人流感病毒与动物流感病毒之间或动物流感病毒之间）的重组导致了人流感大流行病毒的出现，如1957年H2N2亚洲流感和1968年H3N2香港流感病原均是人流感病毒及禽流感病毒之间的重组病毒，2009年H1N1大流行病毒则是北美洲和欧亚种系的猪流感病毒经过重组后产生的。水禽是产生新的人流感分离株的重要来源。鸭可以作为一个"熔炉"，不同病毒在鸭体内相遇并进行基因重组，会导致新的流感病毒株的产生。虽然对以往的大流行病毒是否在猪体内产生仍知之甚少，但是猪被认为是禽流感病毒和人流感病毒的"混合器"。支持这种观点的证据包括：猪同时具有禽流感病毒和人流感病毒的受体；带有猪、禽和人流感病毒基因的三元重组猪流感病毒已经在北美洲猪群中传播超过了12年，并且偶尔感染人。由于内部基因和HA基因对于流感病毒的宿主范围至关重要，而且HA和NA对于宿主免疫非常重要，因此在猪或鹌鹑这样的中间宿主体内发生重组可以导致新病毒的形成。这些新病毒会有相同或相似的内部基因，但具有非常不同的HA和NA蛋白，而且这种HA蛋白能够结合哺乳动物的受体。通过这种方式产生的新病毒可能仍然对人有感染性，但其表面抗原与之前人群中感染且具有免疫力的病毒抗原大不相同。随着新毒株在易感人群中的快速蔓延，其结果可能导致大规模流感的流行。

通常禽流感病毒不能跨越种间屏障而直接感染人和哺乳动物。然而，越来越多的证据表明禽流感病毒可以直接感染人。1997年在香港第一次暴发的H5N1禽流感造成18人感染，6人死亡。自从2005年H5N1高致病性禽流感病毒在中国青海湖的野鸟中暴发后，该亚型病毒已经从东南亚国家蔓延到欧洲、中东和非洲。目前，H5N1高致病性禽流感病毒在一些国家的家禽中呈地方性流行，如埃及、越南，并且一直有人被感染的报道。截至2012年2月24日，向WHO报告的人感染H5N1高致病性禽流感确诊病例已经有586例，其中346人死亡。H5N1 HPAIV被认为是造成下一次人流感大流行的潜在病毒。此外，其他亚型禽流感病毒也能直接感染人，如H9N2和H7N7。有幸的是，所有这些禽流感病毒都不具备在人与人之间传播的能力，包括H5N1和H9N2。很明显，禽流感是一种重要的人兽共患传染病。

猪对人流感、禽流感和猪流感病毒均敏感，说明新的病毒可能通过在猪体内的重组而产生。由于人对这种病毒没有免疫力而造成季节性流行和大流行，特别是在东南亚国家的猪体内已经分离到了H5N1和H9N2禽流感病毒。由于东南亚国家的居民住所与农场毗邻，家庭农场中猪、家禽和人之间的联系密切，因此那里被认为是流感的温床，是产生新抗原毒株和将这些病毒引到人群中的理想场所。这些事实说明，在该地区加强人和动物流感病毒监测对阻止下一次人流感大流行具有重要意义。

然而2009年，H1N1病毒在墨西哥引发了21世纪的第一次人流感大流行。我们从这次大流行中得到的教训是，大流行病毒同样可能在除了东南亚以外的其他地区产生，包括拥有现代化猪和家禽养殖设施的北美洲或西欧等高度工业化国家。

延伸阅读

Wright PF, WebsterRG, 2001. Orthomyxoviruses, in Fields Virology, 4th edn (eds DM Knipe and PM Howley)[M]. Lippincott, Philadelphia: 1533-1579.

Landolt GA, Townsend HG, Lunn DP, et al. 2007. Equine influenza infection, in Equine Infectious Diseases, 2nd edn (eds DC Sellon and MT Long)[M]. St. Louis, MO: 124-133.

Vincent AL, Ma W, Lager KM, et al, 2008. Swine Influenza Viruses: A North American Perspective, in Advances in Virus Research, (eds K Maramorosch, AJ Shatkin, and FA Murphy)[M]. Academic Press, Burlington: 127-154.

Swayne DE 2009. Avian Influenza[M]. John Wiley&Sons/Wiley-Blackwell.

Werner O, Harder T, 2006. Avian influenza, in Influenza Report, (eds BS Kamps, C Hoffmann, and W Preiser)[M]. Flying Publisher, Paris, Cagliari, Wuppertal, Sevilla: 48-86.

（李呈军 译，施建忠 校）

第59章　布尼亚病毒科

布尼亚病毒科是最大的一个病毒科，包括正布尼亚病毒属（*Orthobunyavirus*）、汉坦病毒属（*Hantavirus*）、内罗病毒属（*Nairovirus*）、白蛉病毒属（*Phlebovirus*）和番茄斑萎病毒属（*Tospovirus*）。布尼亚病毒属中包含有几百种病毒，其中一些病毒对兽医领域有重要意义，如加利福尼亚脑炎血清群的病毒和阿卡班病毒（也包括艾诺病毒和卡奇山谷病毒）；白蛉病毒属——裂谷热病毒；内罗病毒属——内罗毕绵羊病病毒及汉坦病毒属。许多布尼亚病毒是通过媒介传播的，即病毒通过节肢动物（如蚊、蜱和叮咬蝇）等传播，因此这些病毒在昆虫和脊椎动物体内均能复制。对兽医领域具有重要意义的布尼亚病毒见表59.1。

表59.1　布尼亚病毒科成员，导致的疾病，宿主，主要载体和是否为人兽共患病

病毒	分布	节肢动物载体	感染动物	疾病和临床症状	是否人兽共患
正布尼亚病毒属					
阿卡班病毒	澳大利亚，亚洲，非洲，中东	蚊，库蠓	牛，羊	流产，先天畸形	否
卡奇山谷病毒	美国	蚊	羊，牛	先天畸形	极少，致死性感染
拉克罗斯病毒，加州脑炎血清群	北美洲	蚊	啮齿动物，人	无	是，引起脑炎
施马伦贝格病毒	荷兰，法国，德国	库蠓	羊，牛		否
白蛉病毒属					
裂谷热病毒	非洲	蚊	羊，牛，野生反刍动物，骆驼，人	系统性疾病，肝炎，脑炎，流产	是，引起肝炎，脑炎，出血性疾病
内罗病毒属					
克里米亚-刚果出血热病毒	非洲，亚洲，欧洲	蜱	羊，牛，山羊，人	一些临床症状	是，出血热，肝炎
内罗毕绵羊病病毒	东非	蜱	绵羊，山羊	出血性肠炎	轻微发热
汉坦病毒属					
汉坦病毒	中国，俄罗斯，	无	黑线姬鼠	无记录	出血热和肾衰竭
新世界汉坦病毒	西半球	无	多种啮齿动物	无记录	肺综合征

一些布尼亚病毒是重要的人兽共患病病原，包括汉坦病毒（能够引起人汉坦病毒肺综合征和伴有肾病综合征的出血热）、裂谷热病毒、克里米亚-刚果出血热病毒和内罗毕绵羊病病毒。

布尼亚病毒家族的一般特性

布尼亚病毒是具有囊膜的多形性病毒，病毒粒子直径为80～120nm，成熟的病毒粒子表面分布着许多纤突（图59.1）。病毒粒子由4种结构蛋白组成，包括2个囊膜糖蛋白，1个包裹着基因组的核衣壳蛋白及1个转录酶蛋白（L蛋白）。囊膜蛋白能诱导机体产生中和抗体并引起血凝反应。病毒基因组同时也编码一系列非结构蛋白。病毒基因组核酸呈螺旋状，分为3个节段：分别为大节段（L节段）、中节段（M节段）和小节段（S节段），每个节段基因组均由单股负链或双链RNA组成。基因组的构成方式和组织结构决定了这些病毒在布尼亚病毒科中的分属。此外，血清学方法被用来对这些病毒进行进一步分类。本科病毒囊膜蛋白和核衣壳蛋白的许多表位是高度保守的，因此给病毒分类带来了极大挑战。布尼亚病毒科的成员具有相似的遗传多样性和血清学交叉反应。多种亲缘关系接近的布尼亚病毒在同时感染体外细胞或昆虫的时候彼此之间可以发生基因组重排（genetic reassortment）。在一些已知的布尼亚病毒流行区域，特别是在节肢动物体内，布尼亚病毒经常发生遗传漂移和选择。

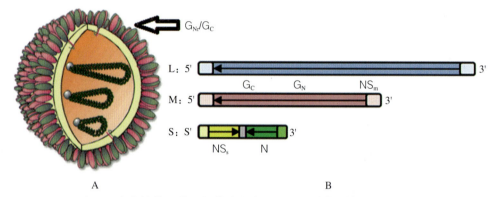

图59.1 布尼亚病毒结构、基因组构成和表面糖蛋白结构（包括Gn和Gc）示意图
(A) Gn和Gc在病毒出芽过程中整合到病毒的脂质双层囊膜中，病毒基因组的3个节段与N蛋白和L蛋白结合，在出芽过程中整合到病毒粒子内部。(B) 裂谷热病毒基因组的3个节段和编码策略示意图。箭头所示为开放阅读框，开放阅读框两端为非编码区域（引自Mandell和Flick 2011）

布尼亚病毒通常对干燥、热、酸、漂白剂、去垢剂及大多数消毒剂敏感。

正布尼亚病毒属——阿卡班病毒、艾诺病毒和卡奇山谷病毒

阿卡班病毒在亚洲、澳大利亚、中东和非洲流行，能导致反刍动物的周期性暴发胎儿畸形，尤其是牛。病毒通过蚊和拟蚊库蠓（culicoides midges）传播，在妊娠家畜中能导致胎儿产生显著的肌肉组织和神经系统的畸形病变（关节弯曲-积水性无脑）。未出生胎儿感染时的周龄决定其出生时呈现的症状。妊娠中期之前感染的胎儿出生时呈现典型的后肢刚性弯曲（关节弯曲），并伴有不同程度的脊柱弯曲。受影响的胎儿有的大脑半球缺失，或仅呈现出液体充斥的囊状结构，这些症状是由于妊娠期病毒感染破坏了胎儿大脑发育的结果（积水性无脑）。目前使用的有阿卡班病毒灭活疫苗，配种前接种反刍动物能够产生有效的免疫保护。

艾诺病毒的分布、导致的症状均与阿卡班病毒非常类似。卡奇山谷病毒主要导致美国西部和西南部羊群暴发关节弯曲-积水性无脑病。在2011—2012年一种相似的病毒导致荷兰、德国和英国的羊发

生相似的畸形症状。这种病毒被命名为施马伦贝格病毒（schmallenberg virus）。目前，认为该病毒属于正布尼亚病毒属的辛部血清群（simbu serotype），且很可能是沙蒙达（shamonda）病毒和萨苏佩里（sathuperi）病毒重组的产物。

加州脑炎血清群病毒

加州脑炎血清群病毒是一群具有血清学交叉反应的、能通过蚊传播的病毒，属于正布尼亚病毒属，成员包括拉克罗斯病毒（la crosse）、雪脚兔病毒（snowshoe hare）和詹姆斯顿峡谷病毒（jamestown canyon）。这些病毒在北美洲的不同地区呈地方性流行，可以感染不同种类的哺乳动物，也有极少的人感染后引起脑炎的报道。

布尼亚病毒的其他成员，如梅恩君病毒（main drain）能够引起马的脑炎病例也有零星报道。

● 白蛉病毒属（*Phlebovirus*）——裂谷热病毒

裂谷热病毒是一种由蚊传播的人兽共患病，能够导致反刍动物，尤其是山羊和绵羊的严重、系统性致死疾病。致死率在低龄动物中最高，而妊娠家畜感染会造成妊娠终止。裂谷热病毒在山羊和绵羊中可造成严重的肝脏坏死和广泛性出血。有些感染动物中也可见脑炎和神经坏死症状。

裂谷热在撒哈拉沙漠以南的非洲地区流行，且周期性地传播到撒哈拉沙漠以北的地区，如埃及、沙特阿拉伯和也门（表59.2）。气候条件对该病的发生影响很大，尤其是在多雨季节，携带病毒的伊蚊种群大量繁殖时极大地增加了该病的感染概率。裂谷热是人兽共患病，人感染后的平均致死率约为1%，但近年来也有报道该病暴发时的致死率可高达30%。

表59.2 近年来裂谷热在非洲和亚洲国家的分布

裂谷热流行国家	冈比亚、塞内加尔、毛里塔尼亚、纳米比亚、南非、莫桑比克、津巴布韦、赞比亚、肯尼亚、苏丹、埃及、马达加斯加、沙特阿拉伯、也门
有病例或血清学证据的国家	博茨瓦纳、安哥拉、刚果、加蓬、喀麦隆、尼日利亚、中非、乍得、尼日尔、布基纳法索、马里、几内亚、坦桑尼亚、马拉维、乌干达、埃塞俄比亚、索马里

由于裂谷热对人和多种动物具有高致病性，以及能够通过多种蚊而传播，因此引起了人们的恐慌。建立病毒的快速诊断方法，尤其是病毒分离或血清学方法对控制该病至关重要。一种试验型裂谷热灭活疫苗可以给受威胁的兽医和能接触到裂谷热感染动物和病料的实验室研究人员提供免疫保护。

理化、抗原特性和病毒结构

裂谷热病毒粒子呈球状，有囊膜，直径为80～90nm，有糖蛋白纤突（Gn/Gc），但没有基质蛋白。病毒基因组由3个节段的RNA组成：①双义S节段编码N蛋白（核蛋白）及NSs蛋白（小非结构蛋白），②负义M节段编码Gn和Gc纤突蛋白，③负义L节段编码病毒转录酶。RVFV与多种细胞受体结合，通过内吞（endocytosis）作用进入细胞，在细胞质中开始复制。病毒脱壳后，RNA依赖的聚合酶开始转录对病毒复制至关重要的非结构蛋白。之后病毒结构蛋白开始合成，病毒粒子完成组装并从高尔基体完成出芽。最后病毒粒子通过胞吐作用（exocytosis）从细胞顶膜或基底膜释放到胞外。

疾病分布、传染源和传播途径 裂谷热病毒在非洲多地（主要在肯尼亚和南非）呈地方性流行（表59.2）。目前对该病毒在流行期之间是如何存活的仍然未知，但据推测在蚊和野生反刍动物间的循环对病毒的生存十分重要。该病暴发期间，强烈的降水会导致蚊的大量滋生，携带病毒的蚊可将病毒传播给野生动物和家养的反刍动物。多种蚊，如伊蚊（aedes）、库蚊（culex）和按蚊（anopheles）均能传播和扩散该病毒。病毒也有可能通过直接接触感染组织和乳汁，或通过气溶胶传播。

致病机制 裂谷热的潜伏期较短，一般为3～5d。羊、牛、人和骆驼较为易感。临床症状包括发热，食欲减退，从鼻腔脓性流分泌物及腹泻。几乎所有受感染的妊娠母羊都会流产。羔羊的死亡率可达100%，成年羊的死亡率可达60%。该病对牛的致病性稍弱于羊，平均致死率约为30%，然而妊娠母牛的流产率几乎为100%。马、骆驼、猫和犬均可以被感染，但只有幼畜呈现严重的临床症状。该病感染人后可引起流感样症状。大部分感染患者的症状较轻，致死率低于2%。其中，10%的病例会有肝炎或神经症状（失明和脑炎）的并发症（图59.2）。

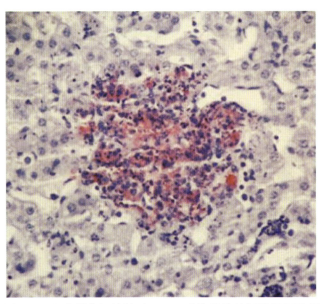

图59.2 免疫组化切片显示RVFV感染羔羊的肝脏组织局部坏死性病变中的病毒抗原（引自Drolet等，2012）

宿主反应 由于病毒能够快速传播到肝组织和主要淋巴组织内，因此经常可以观察到肝脏坏死，脾脏肿大和浆膜下出血（图59.3）。发热、系统性和局部性炎症经常与组织坏死相关。一般感染后3～5d内即可观察到这些组织变化。在一些更为严重的病例中，肝脏和肾脏衰竭、出血热综合征及脑炎的症状都会发生。感染的动物一般在第5天产生IgM抗体，在第10～14天产生IgG抗体。机体

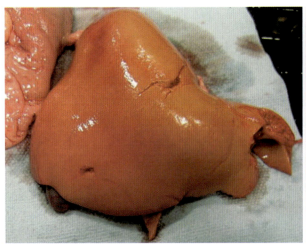 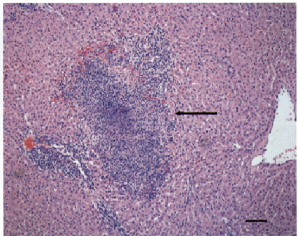

图59.3 羔羊感染RVFV引起的肝炎：（A）肉眼病变；（B）肝脏坏死和炎症（引自Drolet等，2012）

康复伴随免疫反应的建立，该病的免疫力通常能持续较长时间。

诊断 多种聚合酶链式反应（PCR）目前被用来检测血液和其他组织中的病毒，具有很高的特异性和敏感性。病毒分离也是该病诊断的金标准，然而体外病毒分离试验也不可避免地使试验人员面临病毒直接暴露的风险。IgM捕获试验、病毒抗原直接检测试纸及免疫组织化学试验也正在研发（或已成功应用），这些方法能利用重组蛋白抗原，因此能够在专业诊断实验室中安全检测组织样品中的病毒抗原。

防控 对该病流行区域的易感家畜进行疫苗免疫是主要控制策略。裂谷热灭活疫苗和弱毒疫苗都取得了一定成功。RVF的弱毒疫苗株（MP-12或克隆-13）对牛和羊有效，并且在一些非洲国家通过了注册。此外，具有能够区分自然感染和疫苗免疫的RVF疫苗也在研发。

在该病流行区域控制传播载体，限制易感动物迁移从而能降低人感染的概率等措施对该病控制也有一定作用。

● 内罗病毒属——内罗毕绵羊病病毒

内罗毕绵羊病（nairobi sheep disease，NSD）病毒及相关病毒在亚洲和非洲能够导致山羊、绵羊的严重疾病。该病毒由具尾扇头蜱（brown ear tick）传播。NSD的典型症状是高热、肠道出血及易感反刍动物死亡。妊娠母畜感染该病会导致流产。NSD也是一种偶发性人兽共患病，能够感染与患病动物接触的兽医和实验室工作人员。

其他对兽医领域比较重要的内罗病毒属成员还有克里米亚-刚果出血热病毒，由该病毒导致的疾病分布于非洲全境、东欧、中东和亚洲。该病毒由硬蜱传播。尽管野生动物和家畜都可作为该病毒的储存宿主，但发病后的典型临床症状只见于人，包括严重的感冒样症状、黄疸和出血。病毒也可通过接触感染动物而经血液传播，人间传播也可能通过接触患者血液或其他组织液而发生。

● 汉坦病毒属

汉坦病毒属至少有20个成员，这些病毒成员主要以慢性感染的方式存在于啮齿动物体内。旧世界汉坦病毒通常导致出血热和肾综合征，而新世界汉坦病毒则主要引起肺病。汉坦病毒的一个特点是这些病毒难以在体外细胞上分离和培养，因此PCR方法对该病的诊断至关重要。

绝大部分汉坦病毒感染发生在韩国、中国、俄罗斯东部和巴尔干半岛。人感染一般由直接接触啮齿类动物粪便而引起。感染引起一过性病毒血症，且在中和抗体生成后消失。然而病毒会持续存在于肾脏和肺脏中，导致坏死和炎症发生。病毒诊断通常采用免疫学或分子生物学方法（PCR）。中国和韩国使用灭活疫苗进行防控，然而对该病最有效的防控方法仍是控制啮齿动物数量及加强个人卫生。

参考文献

Drolet BS, Weingartl HM, Jiang J, et al 2012. Development and evaluation of one-step rRT-PCR and immunohistochemical methods for detection of Rift Valley fever virus in biosafety level 2 diagnostic laboratories[J]. J Virol Methods, 179 (2): 373-382.

Mandell RB, Flick R, 2011. Virus-like particle-based vaccines for Rift Valley fever virus[J]. J Bioterr Biodef, S1, 008. doi: 10.4172/2157-2526. S1-008.

延伸阅读

Bird BH, Ksiazek TG, Nichol ST, et al. 2009 Rift Valley fever virus[J]. J Am Vet Med Assoc, 234 (7): 883-893.

Boshra H, Lorenzo G, Busquets N, 2011. Rift valley fever: recent insights into pathogenesis and prevention[J]. J Virol, 85 (13): 6098-6105.

Goris N, Vandenbussche F, De Clercq K, 2008. Potential of antiviral therapy and prophylaxis for controlling RNA viral infections of livestock[J]. Antivir Res, 78 (1): 170-178.

Gould EA, Higgs S, 2009. Impact of climate change and other factors on emerging arbovirus diseases[J]. Trans R Soc Trop Med Hyg, 103 (2): 109-121.

Haller O, Weber F, 2009. The interferon response circuit in antiviral host defense[J]. Verh K Acad Geneeskd Belg, 71 (1-2): 73-86.

Hollidge BS, González-Scarano F, Soldan SS, 2010. Arboviral encephalitides: transmission, emergence, and pathogenesis[J]. J Neuroimmune Pharmacol, 5 (3): 428-442.

LaBeaud AD, Kazura JW, King CH, 2010. Advances in Rift Valley fever research: insights for disease prevention[J]. Curr Opin Infect Dis, 23 (5): 03-408.

Linthicum K, Anyamba A, Britch SC, 2007. A rift valley fever risk surveillance system for Africa using remotely sensed data: potential for use on other continents[J]. Vet Ital, 43: 663-674.

Metras R, Collins LM, White RG, 2011. Rift Valley fever epidemiology, surveillance, and control: what have models contributed[J]. Vector Borne Zoonotic Dis, 11(6): 761-771.

Walter CT, Barr JN, 2011. Recent advances in the molecular and cellular biology of bunyaviruses[J]. J Gen Virol, 92 (11): 2467-2484.

Weaver SC, Reisen WK, 2010. Present and future arboviral threats[J]. Antivir Res, 85 (2): 328–345.

Wilson WC, Weingartl H, Drolet BS, 2013. Diagnostic approaches for rift valley fever. In vaccine and diagnostics for transboundary and zoonotic diseases[J]. Devel Biol (Basel), 135: 73-78.

（温志远 译，孙军锋 校）

第60章　副黏病毒科，丝状病毒科和波纳病毒科

单股负链RNA病毒目包括副黏病毒科、丝状病毒科、波纳病毒科及弹状病毒科（第61章）家族中的病毒。这些病毒的祖先具有共同的特征，其起源是相关的，如它们基因组为单股负链RNA，复制策略和基因组排列顺序相似，病毒粒子形态也相似，均包含囊膜。

● 对理化因素的抵抗力

单股负链RNA病毒能够被一些对囊膜病毒有效的物理措施和化学制剂灭活，其中包括加热、紫外线、酸或碱溶液处理；以及包括脂类溶剂、来苏儿、苯酚、季铵类化合物、丁基羟基甲苯在内的化学制剂。对物料彻底清洁后进行消毒是最为有效的。病毒灭活的效率与毒株、接触病毒的数量、作用时间及环境中是否存在有机物有关。在组织中和冰冻状态下具备感染活性的病毒能够长时间存活。

● 副黏病毒科

副黏病毒科分为两个亚科，即副黏病毒亚科和肺病毒亚科。副黏病毒亚科又可分为5个病毒属（包括禽腮腺炎病毒属、亨尼帕病毒属、麻疹病毒属、呼吸道病毒属和腮腺炎病毒属），肺病毒亚科又分为两个病毒属（偏肺病毒属和肺病毒属）（表60.1）。这类病毒可引起人、哺乳动物及禽的众多呼吸道和/或引起全身系统性疾病。

副黏病毒的特点是病毒粒子具有囊膜，呈多形性（丝状或球状，直径大约150nm或者更大），病毒粒子包含线状单股负义RNA的基因组，病毒核衣壳呈螺旋对称，直径为13～18nm（图60.1）。与核衣壳有关的蛋白至少有3种，包括一种RNA结合蛋白（N或者NP），一种促进转录的磷蛋白（P）及病毒聚合酶（大蛋白L）。核衣壳由来源于宿主细胞浆膜的脂蛋白囊膜所包裹，囊膜上包含2种或3种病毒跨膜糖蛋白，形成表面的纤突（8～12nm）。纤突由受体结合吸附蛋白和融合蛋白（F）所构成，其中受体结合吸附蛋白包括副黏病毒亚科的血凝素（H）或血凝素-神经氨酸酶（HN）及肺病毒亚科的G蛋白，而融合蛋白（F）对病毒的感染性和与细胞之间的扩散至关重要。另外，基质蛋白（M）位于病毒囊膜的内表面。在病毒感染的细胞中往往能够形成多种非结构性病毒蛋白，起调控病毒复制的作用。副黏病毒科是单型的，如针对一个毒株产生的抗体能够中和同一物种中的所有毒株。

表60.1 单股负链RNA病毒目

科	属	种
波纳病毒科	波纳病毒属	波纳病毒
纤丝病毒科	埃博拉病毒属	扎伊尔埃博拉病毒
	马尔堡病毒属	维多利亚湖马尔堡病毒
副黏病毒科		
	禽腮腺炎病毒属	新城疫病毒
	亨尼帕病毒属	亨德拉病毒
		尼帕病毒
	麻疹病毒属	犬瘟热病毒
副黏病毒亚科		小反刍兽疫病毒
		海豹瘟热病毒
		牛瘟病毒
	呼吸道病毒属	牛副流感病毒3型
		人副流感病毒3型
	腮腺炎病毒属	腮腺炎病毒
		副流感病毒病毒5型（犬）
	偏肺病毒属	禽偏肺病毒
		人偏肺病毒
肺病毒亚科	肺病毒属	牛呼吸道合胞体病毒
		人呼吸道合胞体病毒
		鼠肺炎病毒

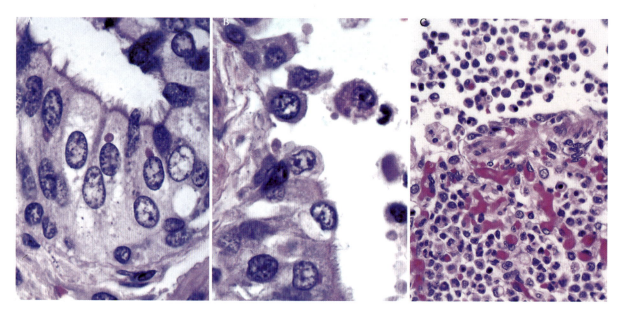

图60.1 CDV感染的犬的肺脏。苏木精和伊红染色的切片

（A）初期感染后呼吸道上皮细胞不引起细胞病变，但是能够导致大量病毒进入到呼吸道腔中。感染的细胞中存在大量嗜酸性（粉色）的细胞质包涵体。（B）随着感染的进程能够观察到细胞病变效应，细胞分化丧失，细胞变圆、脱落，导致形成裸露的黏膜表面。（C）黏膜损伤和病毒诱导的免疫抑制导致产生继发性细菌性支气管肺炎。呼吸道腔（顶部）被脱落的上皮细胞和中性粒细胞所充满，这些呼吸道附近的肺泡空间（底部）被中性粒细胞和肺泡巨噬细胞所充满

疫苗接种

所有用来预防副黏病毒感染的疫苗都是基于活组织培养致弱的病毒,该病毒不引起疾病但可诱导保护性免疫反应。灭活疫苗也被大量应用,但通常不如活病毒疫苗有效。对于犬瘟热病毒,目前已经研制出了一种基于金丝雀痘病毒载体的疫苗。

● 副黏病毒亚科

禽腮腺炎病毒属

新城疫病毒

疾病 新城疫(Newcastle disease,ND)是鸡的一种高度传染性疾病,以呼吸困难、腹泻和神经症状为特征。疾病的严重程度取决于鸡的年龄、免疫状态及所感染的新城疫病毒株的毒力。大多数强毒株命名为速发型毒株,能引起感染鸡高达90%或者更高的死亡率;中发型毒株引起的疾病程度较轻,而且死亡率通常低于25%;缓发型毒株相对来说是无毒力的,通常作疫苗用。

宿主-病毒相互关系

地理分布和传播 新城疫病毒(newcastle disease virus,NDV)能感染鸡、珍珠鸡、火鸡、大量家养和野生的禽类。海鸟的易感度较低,但可作为NDV的携带者。接触感染的禽或活疫苗时人偶然性感染NDV可能会引起暂时性的结膜炎。

ND在世界范围内都有发生,家禽是NDV主要的储存宿主。尽管能够从大量野鸟或水禽,如麻雀、乌鸦、鸭和鹅中分离到NDV,但它们在该病的传播中作用很小。诸如,北美洲(加利福尼亚州)地区在1971年由外源性NDV强毒株引起的流行病暴发被认为是由引进笼养鸟所引起的。

呼吸道气溶胶感染是NDV最常见的传播途径。禽感染后2~3d开始通过呼吸道排毒,并持续几周。同时,病毒也可通过污染物进行传播。

发病机制和病理变化 在以气溶胶途径感染后,NDV最初在上呼吸道黏膜复制,随后以病毒血症将病毒扩散至全身。病毒在实质器官的细胞中大量增殖,导致二次病毒血症,在某些情况下会导致中枢神经系统细胞感染。鸡新城疫发病有几种不同的表现形式,这取决于所感染毒株的毒力。NDV不同毒株毒力存在差异是由于切割病毒融合蛋白的蛋白酶差异而导致的,其中低毒力毒株利用仅存在于呼吸道和消化道中的胰样蛋白酶,而强毒株利用在组织中普遍表达的弗林样蛋白酶。超强毒株(速发型)引起非常迅速的致死性感染,涉及内脏器官或中枢神经系统。中发型NDV毒株引起感染鸡的呼吸道症状,偶尔引起神经症状,但死亡率低,缓发型弱毒株仅引起温和症状或者通常观察不到明显的症状。

新城疫引起的病变差异很大。隐性感染很少引起病变,影响肠道、呼吸道和内脏器官的出血性坏死是较严重病变的特征。中枢神经系统感染的鸡,通常能够观察到神经胶质细胞坏死、神经元退化、血管套及内皮细胞肥大。

感染后机体的反应 鸡感染NDV后第6~10天产生抗体。针对囊膜糖蛋白HN的抗体具有病毒中和活性和血凝抑制活性,在宿主抗新城疫免疫中发挥作用。

实验室诊断 由于新城疫引起的临床症状和病理损伤是可变的和非特异性的,因此诊断该疾病必须依靠实验室的方法来鉴定NDV。应用PCR方法、序列测定和/或核酸杂交分析可以鉴别病毒是强毒分离株还是活疫苗株,能很好完成对新城疫的诊断。或者将呼吸道分泌物或组织悬液(脾脏、肺脏或脑)接种鸡胚或细胞对NDV进行病毒分离,感染组织或细胞中的NDV抗原能通过免疫荧光或

者免疫组织化学染色进行鉴定。血清学诊断需要通过血凝抑制试验或中和试验或酶联免疫吸附试验（ELISA）检测NDV抗体滴度的升高。

预防与控制　通过规范的卫生管理来防止易感鸡接触NDV对防治新城疫很重要。由于NDV只有一个血清型，因此预防新城疫可通过接种灭活疫苗或活疫苗。大多数活疫苗为NDV弱毒株，可通过饮水或者气雾方式免疫。

亨尼帕病毒属

亨德拉病毒　亨德拉病毒病仅发现于澳大利亚，首次报道于1994年，当时被认为是引起一起大量马匹和驯马师死亡、造成呼吸道和神经症状的严重疾病的病因。自澳大利亚布里斯班近郊的亨德拉镇第一次暴发这种疾病之后，这一病毒被命名为亨德拉病毒。感染的马发生了严重的间质性肺炎、肺水肿及神经症状，并迅速致死。多种果蝠能够无症状携带这种病毒。尽管果蝠是亨德拉病毒的储存宿主，但这种病毒在马和人之间只有通过直接接触含有病毒的鼻腔分泌物或污染物才具有传染性。

尼帕病毒　尼帕病毒与亨德拉病毒关系密切。自1998年以来，尼帕病毒在马来西亚、新加坡、孟加拉国和印度多次暴发疾病。这种病毒的宿主是狐蝠属中的大部分蝙蝠，通常呈亚临床感染，通过尿液排出病毒。猪被感染时（推测是通过被感染的饲料感染）表现为肺炎和脑炎。与感染猪密切接触及食物污染（污染的棕榈油）能导致人发病，且与感染猪表现同样的临床症状。人感染这种病毒后由于发生脑炎而导致很高的死亡率，但可用利巴韦林治疗来减少死亡。

麻疹病毒属

麻疹病毒之间具有广泛的血清学交叉反应性，说明不同的麻疹病毒之间是密切相关的，但可通过病毒各自的宿主范围、基因组序列和抗原性差异进行区分。这些病毒都具有表面蛋白血凝素（H），只有牛瘟病毒具有神经氨酸酶（HN）。野生型麻疹病毒的受体是各自物种的CD150分子（图60.1）。

犬瘟热病毒

疾病　犬瘟热（canine distemper，CD）是犬的一种重要病毒性疾病（图60.2至图60.4）。急性CD以双相热、眼和鼻分泌物、厌食、抑郁、呕吐、腹泻、脱水、白细胞减少症、肺炎和神经症状等的任意组合表现为特征。动物表现临床症状的严重程度可能会有显著差异。这一疾病潜伏期为3～5d，死亡率在很大程度上取决于感染犬的免疫状态。幼犬的死亡率最高，急性感染后生存下来的犬可能会有其他症状，包括脚垫的过度角化（硬跖病）和神经性疾病。其中，神经性疾病以抽搐、震颤、肌阵挛、运动障碍、瘫痪和失明等的任意组合表现为特征。神经症状通常在急性CD出现明显的全身性症状之后几周开始出现。老龄犬感染后出现脑炎是由缺陷型CD病毒引起的慢性神经疾病的一种非常罕见的形式。

宿主-病毒相互关系

传播途径　犬瘟热病毒（canine distemper virus，CDV）能够感染多种动物，除了犬之外，犬科的其他成员（如狐狸、郊狼、狼和野狗）、熊猫科（如小熊猫）、鬣狗科（如鬣狗）、鼬科（如雪貂、貂、臭鼬、獾）、西貒科（如西貒）、熊科（如熊）、灵猫科（如猫、猫鼬）及浣熊科（如浣熊和熊猫）都易感。猫科的一些成员（如狮子、老虎和豹）也是易感动物，烈性犬瘟热已经在非洲的狮子中暴发过。

尽管能够有效预防犬瘟热的疫苗已经得到了广泛应用，但犬瘟热在世界范围内仍有发生，并且在很多地区呈地方性流行。感染犬从鼻和眼的分泌物中分泌病毒，而且试验感染犬在感染后6～22d尿

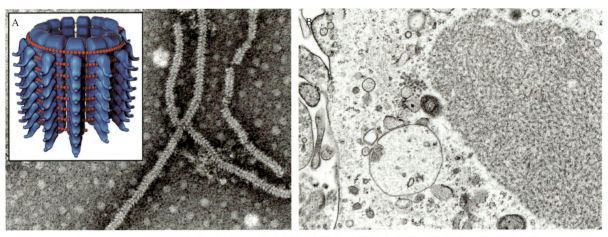

图60.2　CDV感染后细胞质包涵体是由复制过程中病毒核心粒子（核衣壳）积累形成的

（A）核衣壳由包裹病毒单股负链基因组RNA（插图，红色）的螺旋状N蛋白（插图，蓝色）形成。负染透射电镜显示病毒核心粒子的长度，核衣壳外侧叠加的N蛋白形成副黏病毒典型的鱼骨状结构。（B）透射电镜显示感染细胞胞质中病毒核衣壳倾向于形成大的聚合体，构成光镜中包涵体的基础（四氧化锇染色的切片）

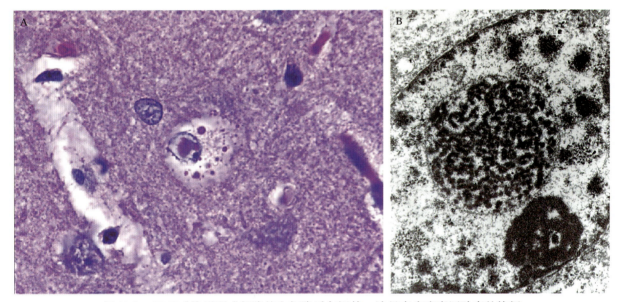

图60.3　CDV感染后形成细胞核和细胞质包涵体，这是麻疹病毒属独有的特征

（A）感染的浣熊大脑星形胶质细胞中的嗜酸性（粉红色）细胞核和细胞质包涵体（HE染色）。细胞核包涵体与嗜碱性（蓝色）的核仁形成对比。细胞质包涵体为病毒核衣壳的聚合物，通常被认为是病毒的"加工厂"。（B）细胞核包涵体是一种独特的细胞结构，称作核体，通过透射电镜显示（四氧化锇染色）核体包含细纤维胶囊（顶部）环绕的粗纤维，很容易与紧凑的网状核仁（底部）区分开来。这一结构是由病毒N蛋白在细胞核内运输而聚集形成的，含有大量的N蛋白，这些蛋白影响细胞RNA代谢并在某种程度上支撑病毒复制过程

液中存在CDV。感染犬的排泄物中同样可能含有CDV。CDV通常通过气溶胶或直接接触进行传播，从而导致易感动物出现呼吸道感染。

　　发病机制和病理变化　CDV是一种嗜性广泛的病毒，对上皮细胞和淋巴组织有很强的嗜性。肺脏在CDV感染发病机理中同样起着重要的作用。在呼吸道感染之后，CDV迅速在支气管淋巴结、扁桃体中的巨噬细胞中复制。随后发生病毒血症将病毒扩散至其他淋巴组织（淋巴结、脾脏、胸腺和骨髓），甚至包括中枢神经系统（CNS）和眼在内的几乎所有器官中。CDV全身性扩散导致病毒感染消化、呼吸和泌尿生殖道上皮细胞、皮肤和黏膜、内分泌腺及CNS，一般在感染后的8~9d感染中枢神经系统，不过这种感染中枢神经系统的情况仅发生在感染病毒8~9d仍未产生足够中和抗体的犬身上。

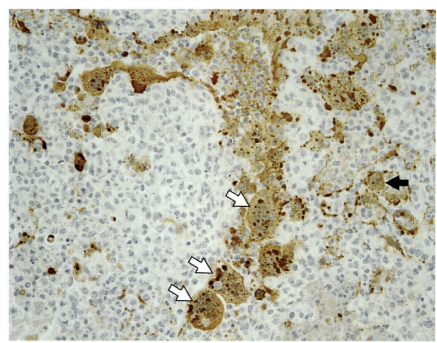

图60.4　血清阴性的小牛BPIV攻毒后7d感染病病变

(A) 免疫过氧化物酶染色肺脏中的病毒抗原（褐色），显示气道上皮（中央）细胞广泛感染。胞质中离散聚合的病毒抗原是形成嗜酸性（粉色）包涵体的基础，这种包涵体很容易通过常规的苏木精和伊红染色鉴定，代表病毒核心粒子聚集。病毒囊膜蛋白介导感染病毒的上皮细胞形成合胞体（白色箭头）。同样能够观察到病毒抗原阳性的肺泡巨噬细胞（黑色箭头）。(B) 病毒感染引起继发性细菌性支气管肺炎，炎性细胞引起的气道阻塞从而引起肺脏小叶崩溃，肺小叶头腹侧颜色褐变。（引自萨斯卡彻温大学的John Ellis）

犬瘟热感染后的病变发生在病毒复制的器官中，其中呼吸道和消化道尤为明显，这些器官主要参与病毒的感染和传播。犬感染急性CD后肺脏发生弥漫性支气管间质性肺炎，表明病毒在气道上皮细胞中复制。病毒诱发黏膜损伤和免疫抑制反应，通常继发肺脏细菌性感染而引起支气管肺炎，特征性的嗜酸性细胞核和细胞质中的包涵体经常出现在呼吸道上皮、胃上皮、膀胱和肾盂细胞中。大量淋巴细胞坏死是急性CD的特征，淋巴损伤导致免疫抑制，这为病毒进入神经系统奠定了基础。

感染急性CD后幸存的犬可能随后发展成神经症状，这与病毒诱导的脱髓鞘现象相关。这些犬的中枢神经系统形成脱髓鞘病变，并伴有淋巴细胞浸润和巨噬细胞聚集。这种病变发生在小脑、脑干和大脑，CDV包涵体可能出现在星状胶质细胞和神经元中。尽管CDV主要在感染犬的脑星状胶质细胞和小胶质细胞中复制，但病毒感染导致少突胶质细胞损伤被认为是最初引起大多数脱髓鞘现象的主要因素。

老龄犬发生脑炎是成熟犬的一种罕见疾病，是CDV在中枢神经系统中长期持续性感染导致的痴呆现象，该病以严重的淋巴细胞性脑炎和神经元变性为特征，并伴随细胞中存在CDV包涵体，但脱髓鞘现象并不是该病的典型特征。

感染后机体的反应　感染犬瘟热的犬康复后能够保持持久的免疫力，体内保护性中和抗体最早出现在感染后8～9d的血清中，并能持续多年。CDV感染犬也能产生细胞介导的免疫反应。病毒诱发的免疫抑制作用继发感染发生二次细菌感染，并促进病毒向CNS扩散，导致病毒进一步引发感染和致病。

实验室诊断　由于犬瘟热的临床症状是可变的，且有时是非特征性的，因此明确诊断需要通过病毒分离和鉴定，或者用CDV特异性的抗体对感染犬的细胞或组织中的CDV抗原进行染色，通过免疫组织化学或免疫细胞化学染色方法进行确诊。尸体解剖后常规的组织学评估可根据病变分布、细胞形成核内和胞质内包涵体、病毒诱导的合胞体等细胞病变效应进行初步诊断。此外，可以通过ELISA检测血清中IgG滴度的升高来判断病毒感染情况。

预防与控制　推荐对发生犬瘟热的犬只进行治疗，如以抗生素控制细菌继发感染，使用电解质溶液恢复体液和电解质。免疫是预防该病的最好方法，可用CDV修饰的活疫苗和灭活疫苗，免疫后能够很大程度上降低犬发生该病的概率。母源抗体能够干扰幼犬对CDV的有效免疫，幼犬应在1岁时免疫CD疫苗，这时母源抗体已经消退。尽管灭活疫苗和CDV修饰活疫苗均已安全地应用于免疫包括狐狸、雪貂、貂、薮犬和鬃狼在内的多种野生动物，但是在很多物种中仍有疫苗引起发病的报道，貂、蜜熊和小熊猫在用CDV修饰的活疫苗免疫后仍会发病。基于这一考虑，在疫苗安全性尚未评价的物种中应该使用灭活疫苗，然而也会有灭活疫苗引起犬只发病的报道。为了提供更安全的疫苗，已经研制了表达CDV血凝素和融合蛋白的金丝雀痘病毒载体疫苗。

水生哺乳动物的麻疹病毒（海豹犬瘟热和鲸类动物麻疹病毒）

麻疹病毒感染后能在鳍足类和鲸类引发大量疫病流行。海豹犬瘟热是海豹的一种类似于CD的传染性疾病，首次发现于20世纪80年代末，在波罗的海和北海发生了海豹的大规模死亡，感染海豹的病变和临床症状与CD的极为相似，随后海豹的这一疾病被证实是由海豹瘟热病毒（phocine distemper virus，PDV）引起的，该病毒是与CDV非常接近的麻疹病毒。20世纪90年代初，在北美洲的大西洋海岸海豚的大量死亡是由海豚瘟热病毒引起的，而鼠海豚麻疹病毒被证实是引起鼠海豚感染的病因。海豚、鼠海豚和海豹瘟热病毒密切相关。另外，人们根据在海豹中发现感染CDV的现象推测，感染水生哺乳动物的麻疹病毒可能来源于CDV。与犬发生CD类似，水生哺乳动物感染麻疹病毒能够导致肺炎，有时能够感染中枢神经系统。

牛瘟病毒

牛瘟病毒已经在2011年5月25宣布被彻底根除。除了1979年宣布根除人类痘病毒之外，牛瘟病毒是在世界范围内第二个被根除的病毒，也是兽医领域第一个被根除的重要病毒。

疾病　牛瘟也被称作牛疫，是家养牛、水牛和一些野生反刍动物的一种毁灭性大流行的病毒性疾病。牛瘟病毒感染大量偶蹄目中的物种，包括牛、水牛、猪、疣猪及多种非洲羚羊。现在来看，已报道的绵羊和山羊感染该病毒被认为是由小反刍兽疫病毒感染引起的。牛瘟以发热、淋巴细胞减少、鼻和眼有分泌物、腹泻、口腔糜烂和溃疡（溃疡性口炎）为典型特征。该病潜伏期3～8d，病毒极具传染性，发病率也很高。没有免疫抵抗力的牛死亡率可能高达100%，死亡率也取决于病毒株的毒力。

宿主-病毒相互关系

地理分布和传播　历史上，牛瘟在欧洲、非洲和亚洲均发生过，但是在美洲和大洋洲没有发生过。最近，这种病毒在亚洲、中东和非洲的某些地区呈地方性流行。

牛瘟病毒在感染动物的鼻分泌物、唾液、眼分泌物和排泄物中滴度很高，往往通过易感动物与已感染病毒动物的分泌物和排泄物直接接触而传播。

发病机制和病理变化　牛瘟病毒可感染整个上呼吸道。病毒通过非肠道试验接种途径可以感染牛。病毒感染后首先在扁桃体和局部淋巴结复制，随后发生明显的淋巴细胞相关病毒血症并将病毒扩散至全身。病毒在淋巴样组织（脾脏、骨髓和淋巴结）、食道和上呼吸道黏膜中复制，这时眼、鼻分泌物中含有很高的病毒滴度。发热（可高达41℃以上）和白细胞减少症发生后往往出现口腔溃疡及可能含血的腹泻（痢疾）。牛感染病毒血清中出现中和抗体之后，组织和分泌物中的病毒滴度开始下降，康复时期首先是口腔病变逐渐康复，完全康复则需要4～5周。

牛瘟引起病毒复制的组织出现病变，口腔溃疡是牛发生严重牛瘟时的特征病变，并在上皮基底细胞层形成坏死区域。皱胃和小肠黏膜也会发生坏死病变。感染的上皮细胞中出现合胞体是牛瘟的显著特征，其他溃疡性疾病，如牛恶性卡他热和牛病毒性腹泻则无此特征。由于病毒破坏淋巴细胞，因此肠道相关的淋巴组织也出现了广泛性的坏死，相似的淋巴退化现象也发生在其他淋巴组织中（淋巴结、脾脏和骨髓）。

净化　在众多国际组织的共同努力下，最终根除了存在于东非地区的牛瘟。以下对于根除疾病是至关重要的：①感染动物后较短的感染期；②没有持续感染病例，也没有病毒的储存宿主；③该病毒仅通过密切接触途径传播；④能够保护所有毒株感染的安全、可靠的疫苗；⑤简单并且可靠的诊断方法；⑥遵守这一计划的经济激励措施。

小反刍兽疫病毒

疾病　小反刍兽疫病毒（peste des petits ruminants virus, PPRV）可感染绵羊和山羊，虽然该病毒与牛瘟病毒有明显不同，但临床症状与牛瘟相似。牛和猪也可以感染并产生抗体，但通常不表现临床症状。山羊和绵羊感染潜伏期为3～9d，随后表现高热、腹泻和肺炎。物种、品种、年龄及是否继发二次感染决定病毒感染的严重程度。

宿主-病毒相互关系

传播途径　PPRV在非洲和亚洲均有发现，是传播速度最快并在兽医领域具有重要意义的病毒之一。目前在中国及与欧洲接壤的非洲国家发现了PPRV。PPRV主要影响那些依靠反刍动物作为经济来源的社会收入底层的人群。病毒主要引起急性感染，因此不存在持续性感染的宿主动物。健康动物与患病动物直接接触或者健康动物接触患病动物的呼吸道分泌物或排泄物后会传播病毒。

发病机制和病理变化　小反刍兽疫病毒感染上呼吸道后，首先在扁桃体和局部淋巴结中复制，随后通过明显的淋巴细胞相关病毒血症将病毒扩散至全身。开始时表现为发热，可见呼吸道症状，眼、鼻、口黏膜充血，眼、鼻有分泌物等。呼吸困难，排痰性咳嗽，口腔黏膜开始表现为白色/灰色的坏死性病灶，随后坏死灶变黄并被分泌物所覆盖。患病动物大量饮水但不进食饲料。一些动物在1～3d后由于胃肠黏膜感染而出现腹泻。在死亡的病例中，PRRV感染动物8～12d后出现死亡。在感染和恢复阶段，由于病毒产生免疫抑制，因此动物血液中的白细胞数目少，容易继发二次感染。在充血的肺组织中可以观察到标志性的巨噬细胞扩散和浸润。与RPV相比，在肺上皮细胞中可观察到合胞体。

实验室诊断　山羊、绵羊感染PPRV后出现的临床症状与由其他病原引起的感染性疾病症状相似，所以临床上不易鉴别。对急性感染的病例通过实验室PCR或捕获ELISA方法进行检测诊断，运用ELISA方法检测抗体可作为动物是否能够抵抗感染的诊断依据。

预防与控制　预防PPRV感染的最好方法是隔离感染动物，因此应禁止转移发病地区牲畜，如果必须转移，应该对被转移牲畜进行严格检疫和监管。另外一种预防的方法是免疫接种弱毒疫苗。接种弱毒疫苗能提供至少3年的免疫保护，而且已经用于该病的控制。

● 肺病毒亚科

肺病毒亚科中病毒的抗原性不同，并且复制方式与副黏病毒亚科的其他成员不同，大多数病毒用G蛋白作为受体结合蛋白，没有血凝素和神经氨酸酶。

呼吸道病毒——牛副流感病毒3型

疾病　由牛副流感病毒（BPIV）3型感染引起的临床疾病往往发生在母源抗体水平较低或无母源

抗体的犊牛中（图60.2）。该病通常表现较温和，呈现发热、流鼻涕和干咳症状。血清阴性的犊牛感染后症状较严重，高热可至7d，表现从气管炎到肺炎。BPIV3型病毒感染通常是牛呼吸道疾病综合征的一部分（见"牛呼吸道合胞体病毒"部分）。

宿主-病毒相互关系

传播途径 BPIV3首次在美国被发现，但是目前在世界各国牛群中呈地方性流行。BPIV3通过呼吸道途径传播，鼻腔黏液和眼睛分泌物都可传播。通风不良、过度拥挤导致的直接接触都可能加重该病的危害。尽管在一些物种（大多数是有蹄动物）中发现了针对BPIV3的抗体，但目前还没有研究明确跨物种传播的意义。

发病机制和病理变化 病毒进入呼吸系统之后，BPIV3感染呼吸道上皮细胞，导致呼吸道上皮细胞的纤毛功能丧失。另外，病毒感染肺部巨噬细胞导致免疫应答减弱。对黏膜纤毛清洁功能的抑制作用，以及局部和系统免疫反应的抑制导致继发细菌感染，通常与牛呼吸道疾病综合征相关。BPIV3感染的组织学特征是支气管炎/细支气管炎。在急性感染期，上皮细胞中出现特征性嗜酸性包涵体。在病毒感染第14天后的恢复阶段，可观察到气道和肺泡上皮细胞增生。

实验室诊断 在急性感染期间可以从鼻腔黏液中分离培养病毒或者用PCR检测病毒核酸。血凝抑制试验、中和试验和ELISA可以用来检测抗体。但母源抗体或者地方流行毒株产生的抗体易于在诊断中混淆。

防控 避免过度拥挤、减少压力及改善通风等良好的饲养管理有助于控制该病的传播和疾病的严重程度。目前已有灭活疫苗及基因修饰活疫苗，通常与其他病毒或细菌疫苗联合使用。

● 腮腺炎病毒属

副流感病毒5型（犬副流感病毒）

犬副流感病毒5型与犬腺病毒和支气管败血波氏杆菌可引起犬传染性气管支气管炎（犬窝咳）。该病的特征是发病迅速，轻度发热，出现少量或大量鼻腔分泌物及剧烈干咳现象。犬副流感病毒与猴5型病毒抗原性相关，这些相同的或非常相似的病毒能感染多种动物。基因修饰活疫苗通常与其他犬病毒疫苗，如CD和犬病毒性肝炎或支气管败血波氏杆菌疫苗联合使用。

● 肺病毒亚科

偏肺病毒属

基于基因序列和病毒粒子蛋白组成结构，能够将偏肺病毒与肺病毒进行区分，禽和人偏肺病毒都划分为偏肺病毒。

禽偏肺病毒存在4种亚型（A～D），在宿主物种和地理分布上有所不同。C亚型发现于美国，引起火鸡的鼻气管炎。A、B和D亚型存在于世界上的其他地区。除了火鸡外，禽偏肺病毒感染鸡的呼吸道和生殖道，引起鼻气管炎和产蛋量下降。同时，也有鸭和野鸡感染禽偏肺病毒的报道案例。灭活疫苗和减毒活疫苗可用来预防该病。

肺病毒属

肺病毒属病毒包括可感染人、牛和鼠的呼吸道合胞体病毒，以及可感染绵羊和山羊并与牛呼吸道合胞体病毒相近的病毒。可根据宿主范围和交叉中和反应区分该属病毒。这类病毒缺乏神经氨酸酶，核壳体直径为13～14nm，比副黏病毒（18nm）小。肺炎病毒属所有成员的抗原性相关，但是与其他副黏病毒的抗原性明显不同，它们的凝集素蛋白命名为G蛋白，而副黏病毒亚科成员的凝集素蛋白命名为H或HN。

牛呼吸道合胞体病毒

疾病 牛呼吸道合胞体病毒（bovine respiratory syncytial virus，BRSV）是引起牛呼吸道疾病的主要病因（图60.5）。能引起小牛发生急性肺炎，临床特征表现为咳嗽、发热、厌食和呼吸窘迫。牛群感染BRSV将导致严重的经济损失。

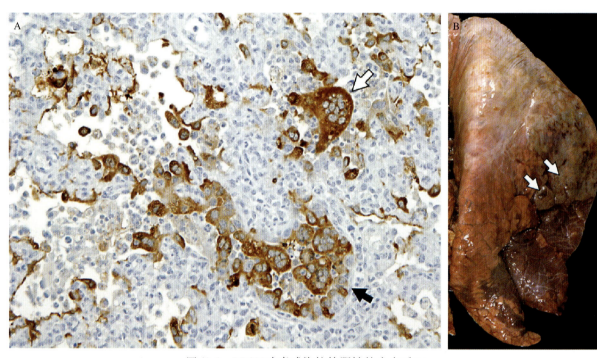

图60.5　BRSV攻毒感染抗体阴性的小牛后8d

（A）以免疫过氧化物酶染色肺脏（棕色）中病毒抗原显示呼吸道上皮被广泛感染。病毒膜蛋白表达导致上皮细胞广泛融合，形成大的合胞体（白箭头），并且合胞体广泛存在于下方的气道中（黑色箭头）。免疫过氧化物酶染色的线性模式反映了肺泡上皮细胞的病毒感染情况，细胞质中的病毒包涵体并不明显。（B）病毒感染不仅会导致继发细菌性支气管肺炎，而且还会引起与炎性细胞导致的气道阻塞相关的小叶衰竭（肺不张），肺叶上部和小叶的褐色病变说明这一现象。在用力呼吸的时候气道阻塞会导致气室破裂，甚至肺气肿（大块空气被困住，白色箭头）（引自萨斯卡彻温大学的John Ellis）

此外，BRSV是引起牛呼吸道疾病综合征的主要病原，常与BPIV、溶血曼海姆菌和/或支原体混合感染，导致的临床综合征被贴上牛呼吸道疾病综合征或"运输热"的标签。该病的特点是高热、结膜炎、呼吸窘迫、黏脓性鼻炎和肺炎，通常发生在养殖场牛群聚集后。该病广泛分布于美国，是引起养牛业经济损失的重要病原之一。

宿主-病毒相互关系

传播途径 1970年，BRSV首次发现于欧洲，目前已分布于世界各地，主要引起牛的呼吸道疾病。病毒通过鼻分泌物和密切接触传播。

发病机制和病理变化 通过呼吸道途径感染病毒后，呼吸道上皮细胞被感染。感染动物表现发热、咳嗽，没有或有少量鼻涕，感染后3～9d表现呼吸急促。病理学观察发现，单一的BRSV感染后，肺脏呈现红色、凹陷和质地变硬，组织学上，支气管和细支气管上皮坏死，有多核合胞体细胞，有时在气道中检测到上皮细胞内存在包涵体。尽管与牛副流感病毒3型相比，包涵体形成并不太明显。幼畜感染症状表现更严重，且继发感染引发的并发症（见BRD复合体）会导致更严重的疾病和经济损失。

实验室诊断 免疫荧光和定量RT-PCR检测鼻分泌物中的BRSV可用于诊断BRSV。双份血清样品（10~14d的间隔）可以通过中和试验抗体滴度的增加来确定是否感染。

预防与控制 鉴于BRSV在世界范围内的高度流行，因此需要通过接种疫苗来控制该病。使用福尔马林灭活的病毒进行试验性疫苗接种不能提供免疫保护，反而导致在感染野生型病毒后疾病加剧，该现象与人RSV福尔马林灭活疫苗的结果非常类似。目前，灭活疫苗和基因修饰活疫苗通常与其他病毒及细菌疫苗联合使用。

● 丝状病毒科

该科病毒以有囊膜、多形性（丝状）病毒颗粒、单股负链RNA基因组为特征。丝状病毒有2种主要病毒群，包括埃博拉病毒和相关病毒，以及马尔堡病毒和相关病毒。这些病毒可引起人严重的致死性疾病，人感染后以"出血热"为特征。这些病毒感染灵长类动物，也能适应性地感染实验动物。人群暴发比较罕见，仅局限于非洲的部分地区。据推测，人类和啮齿类动物宿主接触是暴发疾病的原因。

● 波纳病毒科

该科病毒具有囊膜，病毒粒子是直径为80~140nm的球形粒子，基因组为单股负链RNA。相对于单股负链RNA病毒目中的其他病毒，波纳病毒利用宿主细胞核进行转录和复制。禽波纳病毒（avian bornavirus，ABV）和博尔纳病病毒（borna disease virus，BDV）是该科成员。

禽波纳病毒

禽波纳病毒是鹦鹉腺胃扩张病（proventricular dilatation disease，PDD）的病原体，PDD也称为金刚鹦鹉消耗综合征、腺胃扩张综合征、鹦形目神经性胃扩张或肌肠层神经节神经炎。禽类感染PDD后表现出食欲降低和不同程度的胃肠功能紊乱，体重下降。在一些情况下，可以观察到中枢神经疾病症状，如抽搐、共济失调和运动障碍。鹦鹉感染ABV已在全球范围内有记载。此外，其他禽类物种感染ABV的报道表明，该病毒的宿主范围比现在定义的要宽，经常发生没有临床症状的持续性感染。

博尔纳病病毒

最初，博尔纳病被描述为发生于德国马中的一种神经性疾病，但此后已在世界各地发现BDV的感染。BDV作为兽医病原的确切意义仍需充分界定。绵羊和马自然感染BDV的情况时有发生，BDV的自然宿主可能是食虫动物。BDV具嗜神经特性，持续感染大脑中的神经元有可能导致动物出现临床症状。试验牛、兔、山羊、犬、猫和啮齿动物都可以感染BDV。对于BDV是否是引起人类神经紊乱的原因仍存在争议。

预防与控制 确定是否感染BDV可通过抗体检测来确定，通常通过PCR诊断ABV感染。目前没有针对这两种病毒的疫苗。为预防感染，感染动物需与未感染动物隔离。波纳病毒对针对囊膜病毒的常用消毒剂敏感。

延伸阅读

Brodersen BW, 2010. Bovine respiratory syncytial virus. Vet Clin North Am Food Anim Pract, 26: 323-333.

Chatziandreou N, Stock N, Young D, et al, 2004. Relationships and host range of human, canine, simian and porcine isolates of simian virus 5 (parainfluenza virus 5) [J]. J Gen Virol, 85: 3007-3016.

Di Guardo G, Marruchella G, Agrimi U, et al, 2005. Morbillivirus infections in aquatic mammals: a brief overview[J]. J Vet Med A Physiol Pathol Clin Med, 52: 88-93.

Dortmans JC, Koch G, Rottier PJ, et al, 2011. Virulence of newcastle disease virus: what is known so far[J]. Vet Res, 42: 122.

Ellis JA, 2010. Bovine parainfluenza-3 virus[J]. Vet Clin North Am Food Anim Pract, 26: 575-593.

Lo MK, PA, 2008. The emergence of Nipah virus, a highly pathogenic paramyxovirus[J]. J Clin Virol, 43: 396-400.

Martella V, Elia G, Buonavoglia C, 2008. Canine distemper virus[J]. Vet Clin North Am Small Anim Pract, 38: 787-797.

Morens DM, Holmes EC, Davis AS, et al, 2011. Global rinderpest eradication: lessons learned and why humans should celebrate too[J]. J Infect Dis, 204: 502-505.

Raghav R, Taylor M, DeLay J, et al, 2010. Avian Bornavirus is present inmany tissues of psittacine birds with histopathologic evidence of proventricular dilatation disease[J]. J Vet Diagn Invest, 22: 495-508.

Staeheli P, Rinder M, Kaspers B, 2010. Avian Bornavirus Associated with Fatal Disease in Psittacine Birds[J]. J Virol, 84 (13): 6269-6275.

(孙军峰 译，韩宗玺 校)

第61章 弹状病毒科

弹状病毒的病毒粒子呈子弹状，基因组为不分节段的单股RNA，其感染宿主范围广泛，包括脊椎动物、无脊椎动物及植物。弹状病毒科分为6个已知属和1个未知属（表61.1）。许多弹状病毒可引起一些哺乳动物或植物的严重感染甚至死亡，具有重要的公共卫生和经济意义。例如，感染狂犬病病毒的人或动物一旦出现明显的临床症状，其预后几乎都是死亡。水疱性口炎病毒感染可引发类似口蹄疫（foot-and-mouth disease，FMD）感染的临床表现，牛流行热病毒感染牛和水牛会严重影响其生产性能，由鲤病毒引发的春季病毒血症会使鲤科鱼类出现严重的出血性疾病。传染性造血系统坏死病毒可引发鲑科鱼类严重的疾病。植物弹状病毒感染同样会导致严重后果，某些严重的植物疾病会对食用谷物造成毁灭性打击，如玉米花叶病、水稻黄叶病及马铃薯黄矮病。弹状病毒家族中，目前研究最为透彻的病毒是狂犬病病毒和水疱性口炎病毒。大多数弹状病毒包含5个结构基因，分别编码核蛋白（nucleoprotein，N）、磷蛋白（phosphoprotein，P）、基质蛋白（matrix protein，M）、糖蛋白（glycoprotein，G）和大亚单位蛋白（large subunit protein，L）。有研究报道，在一些特定的弹状病毒之间存在低水平的血清学交叉反应。

表61.1 弹状病毒家族的种和属

属	种（粗体）
细胞质弹状病毒属	大麦黄条点花叶病毒 分支花椰菜坏死黄化病毒 羊茅叶线条病毒 莴苣坏死黄化病毒 北方禾谷花叶病毒 苦苣菜病毒 草莓皱缩病毒 美洲小麦条点花叶病毒
暂时热病毒属	阿德莱德河病毒 贝里马病毒（澳） 牛暂时热病毒
狂犬病病毒属	阿拉万病毒 澳洲蝙蝠狂犬病病毒 杜文黑基病毒 欧洲蝙蝠病毒1型 欧洲蝙蝠病毒2型

(续)

属	种（粗体）
狂犬病病毒属	伊尔库特病毒 库詹德病毒 拉各斯蝙蝠病毒 莫科拉病毒 狂犬病病毒 西高加索蝙蝠病毒
粒外弹状病毒属	牙鲆弹状病毒 传染性造血坏死病毒 黑鱼弹状病毒 病毒出血性败血症病毒
细胞核弹状病毒属	曼陀罗黄脉病 茄斑驳矮缩病毒 玉米细条纹病毒 玉米花叶病毒 马铃薯黄矮病毒 水稻黄矮化病毒 苦苣菜黄网病毒 苦苣菜黄脉病毒 芋头脉退绿病毒
未分属病毒	费兰杜病毒 恩盖恩加病毒 西格马病毒 树鼩病毒 温格拜尔病毒（澳大利亚昆士兰的一个地方，中文名字查不到）
水疱性病毒属	卡拉加斯病毒 金迪普拉病毒 科卡尔病毒 伊斯法罕病毒 马拉巴病毒 帛黎病毒 鲤春病毒血症病毒 阿拉戈斯水疱性口炎病毒 印第安纳水疱性口炎病毒 新泽西水疱性口炎病毒

● 狂犬病病毒

疾病

狂犬病发病的临床表现为渐进性脑炎，尽管偶尔也有利用密尔沃基疗法延长非免疫接种病人的存活时间，甚至有康复的病例报道，但狂犬病的预后几乎都以受害者的死亡为结局。人患狂犬病的早期症状不典型，有类似流感的症状，也可能出现全身无力、头疼、发热、虚弱或不适。随疾病进程而发展出更为特异的临床症状，包括失眠、焦虑、思维混乱、部分瘫痪、唾液分泌增加、恐水症、幻觉，甚至出现咽喉肌肉的疼痛性痉挛，也可能是创伤部位出现瘙痒、疼痛或异样感。如果不积极治疗，患者可能在出现上述症状后几天之内死亡。动物的狂犬病症状与人的相似，早期症状也可能是非特异性的，容易被忽视，早期的动物狂犬病症状包括嗜睡、发热、呕吐和食欲不振。这些症状可能同时出现，也可能仅表现其中一种。这些症状很快发展成大脑功能异常、共济失调、虚弱、瘫痪、惊厥、吞咽或呼吸困难、流涎、行为异常，表现出攻击行为或是自我伤害。犬类的狂犬病病程相对较短，临床症状表现为以下一种或多种：下颚下垂和/或舌头脱出，异常吠叫，呕吐，撕咬或进食异物，有攻击性，无预兆地袭击人、畜，坐立不安或天然孔僵硬。猫感染狂犬病后同样会导致其行为显著改变。患猫具有显著的攻击性，并呈现以下一种或多种症状，包括体质下降、被毛脏乱、高热、坐立不安及瞳孔扩张。约90%的患猫会表现攻击性行为。对于与疑似狂犬病病毒感染动物有过接触史的猫，其毫无预兆的攻击性行为或是行为异常都可以看作疑似狂犬病病毒感染。马狂犬病的症状包括行为改变，如从具有攻击性、共济失调、轻度瘫痪、感觉过敏、发热、急性腹痛、跛行到卧地不起。患马一旦出现明显的临床症状，将在4~5d内死亡。牛狂犬病初期，精神沉郁，进食减少，离群索居。随着病程发展，患牛四肢虚弱，肌肉紧张，嘶嚎，也可能有吞咽困难并导致过度流涎。

病原

理化和抗原性 狂犬病病毒粒子长约180nm，直径约80nm，基因组是一条单股负链RNA，基因组RNA与核衣壳蛋白（nucleocapsid, N）、RNA聚合酶（RNA polymerase, L）和聚合酶辅助因子——磷蛋白（phosphoprotein, P）共同形成核糖核蛋白体（ribonucleoprotein, RNP）。RNP与基质蛋白（matrix protein, M）组装形成弹状病毒特有的子弹状外形病毒颗粒。糖蛋白（glycoprotein, G）锚定在RNP-M结构表面突出包膜形成突起。用细胞培养的狂犬病疫苗免疫后能够诱导机体产生保护性抗体，其中针对G蛋白的特异性抗体能够中和狂犬病病毒。

在这些病毒蛋白中，N蛋白最为保守，但其基因的某些节段却呈现高度多样性。因此，对N蛋白进行分析可以提供确定狂犬病病毒基因型的信息，也可以作为分子流行病学监测手段来解释狂犬病病毒的进化及追踪病毒的迁移轨迹。例如，当在一个非狂犬病疫区的动物体内检测到狂犬病病毒时，可以利用该方法追溯该狂犬病病毒的起源地。

对理化因素的抵抗力 狂犬病病毒很容易被肥皂和其他的消毒剂、干燥剂、日光破坏。56℃加热30min或多种一定浓度的化学试剂和消毒剂，包括0.1%的漂白剂和1%的福尔马林溶液均可使灭活。通常认为狂犬病发病动物的唾液一旦干燥后，在环境中或在完整的皮肤上不具有感染性。人一旦发生暴露，应当用肥皂和水彻底冲洗伤口至少15min以灭活病毒。

其他物种的感染性及培养系统 理论上，狂犬病病毒可以感染所有的哺乳动物，但每一种狂犬病病毒的变异毒株倾向于在同一地区、特定种类动物之间循环传播，偶尔可以感染同一地域的其他物种。超过98%的人狂犬病死亡病例发生在非洲和亚洲，通常被狂犬病发病犬咬伤所致。在美洲，尽管存在很多变异毒株在野生动物之间循环传播，包括浣熊、臭鼬和狐狸，但大多数人感染后死亡是由蝙蝠狂犬病病毒毒株引起的。狂犬病病毒可以在多种哺乳动物和植物细胞系中进行传代培养，以用于科学研究、诊断试验及疫苗生产。用于诊断试验和疫苗生产的狂犬病病毒株由于稳定或被"固定"而具有可以预计的潜伏期；与之相反，"街"毒是直接从感染动物分离的，可能具有多变的潜伏期。现有多种细胞系用于诊断目的，包括成神经细胞瘤细胞（CCL-131）和乳仓鼠肾细胞（BHK-21）。还有些细胞系用于人和动物用疫苗生产，最常用的细胞类型包括鸡胚成纤维细胞、Vero细胞、人二倍体细胞和乳仓鼠肾细胞。

宿主-病毒相互关系

疾病分布、传染源和传播途径 狂犬病是一种除南极洲之外在世界各地广泛存在的法定报告传染病。人狂犬病，尤其是麻痹型狂犬病占狂犬病总发病人数的30%，并且经常被误诊为如疟疾或格林-

巴利综合征等脑炎类疾病，因此掩盖了全球狂犬病流行的严重情况。尽管哺乳动物对狂犬病普遍易感，但食肉目和翼手目动物（包括犬、狐狸、豺狼、土狼、臭鼬、狸貉、浣熊、猫鼬和蝙蝠）却是狂犬病的主要宿主。狂犬病在易感动物种群中的持续存在取决于以下几个因素，包括宿主种群数量、宿主生态学特点，以及宿主的敏感性和接触频率。哺乳动物之间撕咬，会使富含狂犬病病毒的唾液污染受伤动物的组织而造成病毒传播。含有狂犬病病毒的唾液或其他体液进入黏膜层也会发生病毒感染。狂犬病病毒不能透过完整的皮肤，因此感染性的唾液或体液接触完整的皮肤不属于暴露。气溶胶传播也曾见于报道，但这种方式极其罕见。

发病机制和病理变化 狂犬病病毒感染起始于病毒与细胞的接触，病毒首先吸附于细胞表面，进而透过细胞膜进入细胞。狂犬病病毒的特异性受体仍然未知，但各种脂类、神经节苷脂、糖类和蛋白质都是潜在受体。在进入外周神经末梢后，狂犬病病毒在运动神经和感觉神经轴突之内运行，最后向心运动到达中枢神经系统（central nervous system, CNS）。有证据表明病毒的运动速度为50～100mm/d。病毒连续跨过树突状的突触，最后到达中枢神经系统并继续向大脑进发。一旦病毒到达大脑，就会以离心方式沿着外周神经到达全身各个器官，包括唾液腺。尽管狂犬病患病动物和人都表现出非常严重的神经症状，但其神经病理学病变相当轻微，表明患狂犬病后神经机能异常并没有使神经元出现可检测到的形态学改变。可能会有一些软脑膜和脑实质血管充血，血管周围白细胞聚集，小胶质细胞激活伴有巴贝斯氏结节及嗜神经细胞现象，但是蛛网膜下腔和脑组织出血的病例并非狂犬病的典型症状。内基氏小体，即狂犬病包涵体被确定为神经元胞质小体，在"街毒"感染的人和动物脑组织可能会出现此类结构，但在固定毒株感染的脑组织内却很少发现内基氏小体。内基氏小体质地致密，界限清晰，呈卵圆形或圆形，嗜酸性细胞质内含物直径2～10μm。

感染后机体的反应 狂犬病病毒在感染大脑边缘系统（limbic system）并导致病患产生狂怒症状的同时，病毒分泌进入唾液，从而通过攻击性撕咬将病毒传播给下一个受害者。狂犬病患者会经历激动、过度兴奋、出现攻击性、思维混乱，并有幻觉与清醒交错出现的情形。暴露发生后，高度嗜神经的病毒首先在侵入部位复制，然后进入并沿着外周神经系统到达脊髓，最后到达大脑。到达大脑后，病毒会持续复制，并通过神经以离心方向散播到各个组织器官，包括唾液腺。在唾液腺病毒释放进入唾液并通过撕咬传染下一个受害者。

狂犬病的恐水症表现仅出现在人狂犬病病例中。动物患狂犬病的最初表现是非特异的，包括食欲不振、嗜睡、发热、吞咽困难、呕吐、小便涩痛、便秘及腹泻。随着病程的发展，动物的行为发生改变，平时比较温和的动物会变得有攻击性，反之亦然。野生动物变得不再惧怕人类，通常的夜行动物可能在白天变得比较活跃。可能出现撞头行为。人患狂犬病可能出现感觉异常，类似临床表现可以在动物身上看到，如撕咬或是抓挠被病毒感染的伤口。感染动物还可能无缘由地攻击无生命物体。通常根据狂犬病的临床表现将其分为狂怒型狂犬病和呆滞型狂犬病，但实际上临床表现是随着疾病的发展而不断变化的，直至进入昏迷，最后死亡。尽管有报道确认至少有一位狂犬病患者在未经暴露后预防接种的情况下，通过密尔沃基疗法幸存下来，但是狂犬病康复病例确实极其罕见。

实验室诊断

被咬伤或经其他方式暴露疑似狂犬病患病动物，对可疑动物的处置和检验都应与相应的公共卫生部门联系。是否对接触过人或其他动物的疑似狂犬病患病动物进行隔离观察，或实施安乐死并进行进一步检测都应当由卫生部门作出最终决定。如果动物需要进一步检测，则首先需要对动物进行安乐死，然后完整地取下头部。由于样品自溶后会降低检测的敏感性和特异性，因此组织样品应冷冻保存以延缓降解速度。脑组织还要进行多区域取样，以保证检测结果的可信性。荧光抗体检测（fluorescent antibody test, FAT）是用以荧光标记的狂犬病病毒特异性抗体来检测组织中的狂犬病病毒。

对FAT阴性组织样品的确定检验，一般通过组织样本小鼠接种试验或细胞接种试验来完成。直接快速的免疫组织化学检测（direct rapid immunohistochemicaltest, dRIT）在美国等国家均获得了广泛评估，目前已在世界范围内推广使用。dRIT的费用比FAT的低，并可以在现场使用。因此，dRIT在资源匮乏的国家使用率持续上升，这有助于提高疫情监测水平并评估全球狂犬病的流行状况。实时聚合酶链式反应（real-time polymerase chain reaction, RT-PCR）检测不仅有助于检测和确认狂犬病病毒的毒株特异性，而且有助于阐明特定病毒变异株在全球的流行情况，但此类检测方法需要昂贵的仪器设备和装备精良的实验室，过高的成本使之不适用于对动物组织进行常规检测。在被疑似狂犬病患病动物咬伤之后，由值得信赖的实验室执行快速的实验室诊断可以显著减少人类暴露后采取的预防措施（post-exposure prophylaxis, PEP）的支出。PEP，包括清洗伤口，接种狂犬病免疫球蛋白，以及注射一系列狂犬病疫苗。尽管这些措施费用较高，但都是为了预防暴露后发生狂犬病的必要措施。如果可以确认可疑动物没有感染狂犬病病毒，就没有必要进行PEP，即使已经开始PEP程序，也可以随时终止。

治疗和控制

狂犬病的病死率高达100%，感染动物一旦出现临床症状任何治疗措施都将无效。然而通过有效的免疫接种可以预防家养动物感染狂犬病。目前应用的动物狂犬病疫苗包括灭活疫苗和重组疫苗。根据OIE标准生产的狂犬病灭活疫苗可以保护免疫动物抵抗所有基因Ⅰ型狂犬病病毒毒株的感染，该疫苗可通过非肠道途径接种3月龄幼畜，然后根据生产商推荐的程序进行后续加强免疫。地方和国家法规也许还会规定免疫接种时间。基因修饰的活疫苗在美国未被批准使用，但在其他国家或许可以生产并使用。重组疫苗是以其他病毒作为载体而构建的，如牛痘病毒或金丝雀痘病毒，通过将狂犬病病毒糖蛋白基因插入载体病毒而获得。金丝雀痘病毒重组狂犬病疫苗在美国已经获准用于猫的非肠道途径免疫接种。为克服对野生动物需要逐一捕捉来进行免疫接种的困难，对口服狂犬疫苗（oral rabies vaccines, ORV）的研究已经进行了多年。ORV的使用始于1969年，瑞士将经修饰的狂犬病病毒活疫苗（SAD Berne strain）包埋于鸡头中散布于红狐栖息地，成功消除了红狐狂犬病。最近，安全性更好的新型ORV是以痘病毒为载体，插入狂犬病病毒糖蛋白制成的重组疫苗。这些口服疫苗的应用已经成功消除了西欧地区狐狸和美国南部地区土狼的狂犬病，并继续作为美国和欧洲国家狂犬病防控策略的重要组成部分。

● 水疱性口炎病毒

疾病

水疱性口炎病毒（vesicular stomatitis virus, VSV）感染可以导致马、牛和猪发生急性发热性疾病，此病目前仅见于美洲国家。该病与牛的口蹄疫（FMD）相似，水疱性口炎病毒感染牛会引发口舌黏膜产生小水疱样病变。小水疱也可能出现在乳头、冠状沟和蹄趾间隙部分。水疱性口炎在猪上的临床表现与猪的传染性水疱病（vesicular exanthema, VES）或猪水疱病（swine vesicular disease, SVD）相似。马既不会发生VES，也不会发生SVD。因此，在暴发VSV时，马可以作为监测VSV的哨兵动物。为防止疾病可能扩散，或将其传播范围限制在美洲区域，在以上所述3种疾病中对VSV的确认至关重要。水疱性口炎是一种自限性疾病，患病动物通常会恢复健康而不会留下任何后遗症。当疾病暴发时，奶牛的产奶量会下降，病变部位引发的疼痛会使患病动物采食量减少或者完全停止进食，这会对其生产性能产生显著影响。

对于人类而言，水疱性口炎会导致流感样的临床症状，若VSV直接感染眼结膜时会引发严重的结膜炎。

病原

理化和抗原特性 VSV在形态学、基因组和蛋白组成上近似于RV（图61.1）。VSV分2种血清型，代表株分别是新泽西株（Newjersey, NJ）和印第安纳株（Indiana, IND）。另外，IND血清型又分为IND-1（classical IND）、IND-2（cocal virus）和IND-3（alagoasvirus）（ICTV2012）共3个血清亚型。

对理化因素的抵抗力 VSV经有效消毒剂处理后很容易失活，如甲醛、乙醚和其他有机溶剂（如二氧化氯、1%福尔马林、1%次氯酸钠、70%乙醇、2%的戊二醛、2%的碳酸钠、4%的氢氧化钠及2%的碘消毒剂）。尽管该病毒在低温条件下可以存活很长时间，但是阳光直接照射或是在58℃下持续加热30min，可以很容易被灭活。VSV在pH为4～10时能稳定存在，并且对碱液（2%～3%的氢氧化钠溶液不能完全灭活病毒）具有抵抗力。

对其他物种的感染性及培养系统 VSV可以感染家畜，包括牛、猪、马、驴和骡。绵羊和山羊自然感染VSV的案例极其罕见，但是实验室接种均可使二者感染VSV。野生动物宿主包括白尾鹿和许多其他小型哺乳动物。人可在接触患病的家畜过程中感染VSV。在实验室中，试验性感染VSV成功的动物包括小鼠、大鼠、豚鼠、鹿、浣熊、山猫和猴。VSV一直以来作为试验模型用于研究病毒的形态学、复制过程和遗传学特征。

图61.1 VSV病毒粒子透射电镜负染图（引自疾病预防控制中心公共卫生图像库的Fred Murphy博士，网址：http://phil.cdc.gov,accessed January 30, 2013; photo ID # 5611.）

宿主-病毒相互关系

分布、宿主和传播 尽管历史上对于VSV的描述出现在1915年的法国和18世纪末的南非，但目前VSV的传播仅限于美洲地区。在墨西哥南部地区、中美洲、委内瑞拉、哥伦比亚、厄瓜多尔和秘鲁，由NJ和IND-1亚型造成的感染占所有感染的80%，呈地方性流行。墨西哥北部和美国西部地区也曾出现NJ和IND-1亚型的零星暴发。到目前为止，仅在阿根廷和巴西出现IND-2亚型感染马的报道。而IND-3亚型感染病例只零星出现于巴西，大部分的病例为马，很少部分为牛。尽管已经确认VSV可以通过直接接触传播，但其传播途径目前还不完全清楚。研究人员已经从白蛉、蚊子和其他的昆虫分离到了VSV病毒，提示这些昆虫很有可能参与了病毒的传播。

发病机制和病理变化 水疱性口炎的发病机理还不十分清楚，但临床上可以与FMD、SVD和VES鉴别诊断。鉴别诊断中还需要考虑的疾病包括传染性牛鼻气管炎（infectious bovine rhinotracheitis）、牛病毒性腹泻（bovine viral diarrhea）、牛恶性卡他热（malignant catarrhal fever）、牛流行性口炎（bovine popular stomatitis）、牛瘟（rinderpest）（在2011年根除）、蓝舌病（bluetongue）、家畜流行性出血病（epizootic hemorrhagic disease）、腐蹄病（foot rot）、化学性或热灼伤等。

水疱性口炎的潜伏期为2～8d，首先出现的症状是发热和流涎，之后是起水疱和水疱破裂，溃疡性侵蚀，最后口角和嘴唇出现结痂，病灶局限于口、鼻孔、乳头和蹄部的上皮组织。水疱大小不一，小的如豌豆，大的可能覆盖整个舌头表面。对于牛，水疱常见于硬腭黏膜、嘴唇、牙龈，并可能扩展到鼻孔和口角。然而对于马，起初水疱难以被发现，直至在口角、嘴唇和下腹出现结痂才可能引起注意。对于猪，水疱常见于蹄部和鼻部，蹄部的水疱常导致猪跛行。

奶牛乳头的损伤常引发继发感染，导致乳腺炎。在拉丁美洲国家，水疱性口炎全年均可发生，雨季末期比较常见。在美国西南部，水疱性口炎常发生于比较温暖的月份，在沿河地区和山谷地区常见。

感染后机体的反应 有研究报道，体液特异性抗体并不能够完全抵抗病毒感染。水疱性口炎的发病率为5%～90%，牛和马很少死亡，感染NJ毒株的猪死亡率较高。发病动物一般2周左右即可恢复健康，感染过程中最常见的并发症是乳腺炎和奶牛产奶量下降。发病率的高低与VSV血清型和动物种属有关。发生感染的种群中10%～15%的成年动物会出现临床症状，1周龄以内的牛和马几乎不感染此病，而牛和马的死亡率接近0%。

实验室诊断

如果怀疑发生了水疱性口炎感染，应该立即通知相关部门。并按照FMD、VES和SVD的采样要求进行病料采集以进行鉴别诊断。为了防止VSV扩散，应该在保证安全的条件下进行样本采集并运送至授权的实验室。考虑到水疱引发的疼痛和动物福利要求，建议对动物注射镇静剂。送检的样本应包括口、足和其他出现水疱的水疱液，未破裂的水疱上皮或是破裂的水疱的皮瓣。如果不能采集到上皮组织，可收集食道和咽喉部的液体样品。采集猪的样本时，应包括咽喉拭子。如果运输时间超过2d，则所有样品应在冷藏或冷冻的状态下运输，还应以间隔2周采集双血清样本一起送检。在美国，只有指示病例需要采集双血清样本。一旦确定暴发，对所有动物采集一次血样，用于确定是否感染VSV。检测抗原的分析方法包括病毒分离、酶联免疫吸附试验（enzymelinkedimmunoadsorbent assay，ELISA）、补体结合试验（complement fixation）及PCR。间接ELISA是一种鉴别病原血清型的可选诊断方法。在国际贸易中，常用血清学方法确定VSV的抗体，这些方法包括液相阻断ELISA或竞争ELISA、病毒中和试验及补体结合试验。

治疗和控制

发生VS后无有效治疗措施，抗生素也许可以阻止破损组织继发细菌感染。疑似VS感染种群隔离检疫期结束后进行确认检验。交通工具和污染物需进行消毒，亚临床感染动物应该在室内隔离。处理感染和疑似感染动物的人员要采取预防措施，包括戴手套防止污染和传播疾病。在所有伤口痊愈之后的21d之内，牛除非送去屠宰，否则不能从污染区域移动至别处。病虫害防治可以有助于防止疾病传播，要清理所有的害虫繁殖区域。VSV灭活疫苗在委内瑞拉和哥伦比亚有售。

● 牛流行热

疾病

牛流行热（bovine ephemeral fever, BEF）是一种感染牛和水牛的非接触性传播、虫媒传染病，通常也叫"3日热"（3-day sickness, 3-day stiff sickness）或龙舟病（dragon boat disease）。BEF可引起奶牛产奶量下降、流产，公牛的暂时性不育，因而可造成巨大经济损失。在某些动物还会造成病程延长。在良好的饲养环境下，牛的死亡率很低，而过于肥胖的牛可能会产生很严重的临床症状，死亡率高达30%。需要与之进行鉴别诊断的疾病包括裂谷热、心水病、蓝舌病、肉毒梭菌感染、巴贝斯虫病和黑腿病。唾液分泌过多的症状与FMD类似，但观察不到水疱。

病原

理化和抗原特性 BEF是由牛流行热病毒（bovine ephemeral fever virus，BEFV）引起的。BEFV为弹状病毒，其抗原性与其他几个非致病性病毒相近，如阿德雷德河病毒。同属于弹状病毒的科汤卡恩病毒和蒲种病毒也能引发与BEF相似的临床症状。

对理化因素的抵抗力 BEFV可以被次氯酸钠一类的消毒剂灭活。

对其他物种的感染性及培养系统 偶然接触不会导致BEFV传播，但其可由携带病毒的蚊虫叮咬而通过静脉途径扩散。报道感染并表现临床症状的动物包括大羚羊、非洲大羚羊、角马和山羊。另外，在非洲的黑色大水牛、鹿、羚羊，以及澳大利亚的鹿体内均检测到了BEF血清抗体。BEF对非疫区的动物和精液贸易造成了冲击。

宿主-病毒相互关系

疾病分布、传染源和传播途径 BEF在非洲、亚洲和澳大利亚的热带、亚热带地区呈地方性流行。在地理分布上包括赤道以南的所有国家，如以色列、伊拉克、伊朗、叙利亚、印度、巴基斯坦、孟加拉国、中国中部和南部、日本南部。在澳大利亚，每年由BEF造成的经济损失超过100万美元。BEF由节肢动物传播，已经从澳大利亚和非洲的库蚊、按蚊及库蠓属的吸血蠓体内分离到BEFV。BEF也可通过静脉接种发病动物血液而传播。近距离接触，体液包括精子或是气溶胶颗粒都不能传播BEF。由于肉制品中的病毒很快失活，因此肉类消费不太可能造成病毒传播。

发病机制和病理变化 在试验条件下，疾病平均潜伏期为2～4d，也曾出现过潜伏期长达9d的个例。BEFV感染的临床症状是血管炎症反应的结果，当开始出现发热和其他临床症状时常伴随标志性的白细胞减少，中性粒细胞相对增多，血浆纤维蛋白原升高，生化指标失衡，包括低钙血症和细胞因子水平上升。也有报道称在急性感染恢复期动物出现持续瘫痪或共济失调。损伤包括胸膜、腹膜和心包腔出现少量富含纤维蛋白的积液，积液也可能出现在关节囊腔。浆液纤维素性滑膜炎、多发性关节炎、多发性腱鞘炎及蜂窝织炎也常见于研究报道中。肺常见散的水肿和淋巴结炎。淋巴节常见点状出血和水肿。主要肌肉群出现局灶性坏死。

感染后机体的反应 BEF的临床症状虽然短暂，但很严重。感染牛常出现两相热或三相热。发病率为1%～100%，取决于流行病学因素，病死率通常不会超过1%。每次发热间隔12～18h。最先出现的疾病指征也许是发热，并伴随产奶量的急剧下降，而且在下一个泌乳期前不会恢复到正常水平。第二次发热时的临床症状会比较严重，患病奶牛出现心率加快，呼吸急促，精神沉郁，厌食，瘤胃蠕动迟缓，鼻、眼有黏液流出，流涎，肌肉震颤，寒颤，关节疼痛，僵硬，跛行。另外，也可能出现下颌水肿或头部块状水肿。可能卧倒8h至几天，并暂时失去反射。有些发病奶牛可能从此无法站立。大部分患病奶牛在1～2d之内恢复。BEF的并发症比较少见，可能包括暂时瘫痪、行走障碍、吸入性肺炎、肺气肿及沿背部出现皮下积气等。

实验室诊断

如果怀疑动物感染BEFV，首先需要向相关权力机构报告。所有送检病料样本都必须安全运输以防止疾病扩散。BEF可通过血清学方法鉴定，送检样本要包括约20mL非抗凝血及5mL的抗凝血，抗凝剂不能使用EDTA。采集双份血清进行病毒中和试验或ELISA检测以便监测抗体滴度变化。可能与相关的弹状病毒发生血清学交叉反应。从血样中分离病毒相当困难，给易感牛或断奶小鼠接种抗凝全血可以确诊BEF。

第三部分 病 毒

治疗和控制

次氯酸钠和其他消毒剂可以灭活BEFV。但消毒剂在防控BEF的过程中并不重要，因为BEFV是通过蚊或蠓传播的，而非直接接触。推荐注射消炎药和葡萄糖酸钙来治疗发热、厌食、肌肉强直、眼鼻分泌物增多、瘤胃蠕动减缓和胸部着地躺卧的症状。感染牛恢复后可获得免疫力，疫苗免疫是控制BEF的重要手段。目前，亚洲和非洲地区有灭活疫苗和弱毒活疫苗两种疫苗在使用。

● 弹状病毒引起的鱼类疾病

弹状病毒科水疱病毒属（*Vesiculovirus*）和诺拉弹状病毒属（*Novirhabdovirus*）的一些病毒可引起野生鱼类和养殖鱼类的严重疾病并造成重大经济损失。这里列举2个对野生鱼类和养殖鱼类影响巨大的特殊病毒：鲤春病毒血症病毒（spring viremia of carp virus, SVCV），分类学上属于水疱病毒属；传染性造血组织坏死病毒（infectious hematopoieticnecrosis virus, IHNV），分类学上属于诺拉弹状病毒属。

鲤春病毒血症病毒（SVCV）

SVCV可以导致鲤科鱼类发生致死性疾病。其中锦鲤是感染SVCV的主要品种，其他鱼类如米诺鱼家族的一些成员也对该病易感。鲤春病毒血症的报道见于欧洲、中东、亚洲及美国的北部和南部。本病最初的临床表现包括行为改变，鲤鱼在缓慢流动的水中开始聚集或是躺在池塘和溪流的水底。随着疾病的发展，鲤鱼开始侧躺，变得呆滞，呼吸频率下降，外表上可能出现皮肤变黑、腹水、眼球突出、皮肤或鳃出血、排泄口突出。体内感染的鱼会出现器官水肿、鱼鳔出血、膀胱发炎的症状。大部分SVCV的暴发出现在春季温度较低的水域。当水温上升到15～18℃时，鲤的免疫系统就能产生中和抗体从而抑制病毒繁殖。SVCV呈水平传播，健康鱼通过接触患病鱼的排泄物、尿和鳃分泌的黏液而感染。由于曾经在鱼的卵巢液中检测到SVCV，推测SVCV也可能发生垂直传播，但至今未见鱼苗和小鱼暴发SVCV的病例报道，因此垂直传播可能并不是其主要的传播途径。SVCV的诊断主要通过病毒分离、FAT或ELISA。SVCV的预防主要通过使用无SVCV水源作为饲养用水，尤其是在SVCV流行地域，对鱼卵进行碘伏消毒，对池塘和设备进行定期的物理和化学方法消毒，对感染鱼进行适当清理。

传染性造血组织坏死病毒（IHNV）

IHNV感染是鲑科鱼类的一种严重疾病。IHNV存在于北美洲、欧洲和亚洲的一些国家。感染常发生于未成年鱼，IHNV感染会给幼鳟和三文鱼养殖场造成巨大经济损失。流行病学研究发现，野生鲑也感染IHNV。对IHNV易感种属包括鳟和三文鱼家族成员。目前研究人员在实验室成功建立了梭子鱼苗、海鲤和大比目鱼的IHNV感染模型。直接接触或通过水接触到发病鱼和无症状带毒鱼的排泄物、性器官液体、体外黏液可导致水平传播。也有垂直传播案例的报道。潜伏期一般为5～45d，临床症状一般包括腹胀、眼球突出、皮肤变黑、鱼鳃苍白。感染鱼表现沉郁，疾病发作时表现兴奋和狂暴。胸鳍根部、嘴、侧线后的皮肤、肛门肌肉及卵囊内鱼苗的卵黄常出现点状出血。病愈恢复鱼会出现脊柱侧弯的后遗症。剖检病死鱼可见消化道内无食物，肾脏苍白，肝脏出现局灶性坏死，内脏常见出血点。出血常发生于肾脏浆膜和鱼鳔。本病常发生于水温8～15℃时，也有更高水温时暴发的报道。2月龄以下的未成年鱼最易感，而发病后存活的鱼能获得对IHNV良好的免疫力，但也可能成为病毒携带者。IHNV确诊可以通过病毒分离、FAT和PCR进行。在国际贸易中，血清学检测方法还未获得认可。如果怀疑是IHNV，首先要通报相关权力机构。一般通过筛选、消毒和检疫来控制本病暴发。鱼卵需要经过碘伏溶液消毒，用无IHNV的安全水源孵化鱼卵和饲养鱼苗。大部分消毒剂都能灭活IHNV，包括碘伏。IHNV的DNA疫苗已经研制成功，在孵卵处对鱼苗进行一次性肌内注射即可。

参考文献

ICTV, 2012. Virus Taxonomy. International Committee on Taxonomy of Viruses, www.ictvdb.org (accessed January 15,2012).

延伸阅读：

Frymus T, Addie D, Belák S, 2009. Feline rabies: ABCD guidelines on prevention and management[J]. J Fel Med Surg, 11: 585-593.

Guleria A, Kiranmayi M, Sreejith R, 2011. Reviewing host proteins of Rhabdodoviridae: Possible leads for lesser studied viruses[J]. J Biosci, 36: 929-937.

Hemachudha T, Laothamatas J, Rupprecht CE, 2002. Human rabies: a disease of complex neuropathogenetic mechanisms and diagnostic challenges[J]. Lancet Neurol, 1: 101-109.

Hudson LC, Weinstock D, Jordan T, 1996a. Clinical features of experimentally induced rabies in cattle and sheep[J]. Zentralbl Veterinarmed B, 43: 85-95.

Hudson LC, Weinstock D, Jordan T, 1996b, Clinical presentation of experimentally induced rabies in horses[J]. Zentralbl Veterinarmed B, 43: 277-285.

Jackson AC, Wunner W, 2007. Rabies[M]. 2nd edn, Elsevier.

Meat and Livestock Australia, 2006. Assessing the economic cost of endemic disease on the profitability of Australian beef cattle and sheep producers[M]. Final Report: 1-119.

Nandi S, Negi BS, 1999. Bovine ephemeral fever: a review[J]. Comp Immunol Microbiol, 22: 81-91.

National Association of State Public Health Veterinarians, Inc, 2011. Compendium of animal rabies prevention and control. MMWR Recomm Rep, 60 (RR-6): 1-17.

OIE, 2008. OIE Manual of Diagnostic Tests and Vaccines for Terrestrial Animals, 6th edn, OIE.

OIE, 2009. Manual of Diagnostic Tests for Aquatic Animals, OIE.

Rodriguez LL, 2002. Emergence and re-emergence of vesicular stomatitis in the United States[J]. Virus Res, 85: 211-219.

Slate D, Algeo TP, Nelson KM, 2009. Oral rabies vaccination in North America: Opportunities, complexities and challenges[J]. PLoS NTD, 3: e549.

Spickler AR, Roth JA, 2006. Emerging and Exotic Diseases of Animals[M]. 4th edn, Iowa State University.

WHO Expert Consultation on Rabies, (2004) 2005 WHO Tech Rep Series 931. First Report. pp. 1-121.www.who.int/rabies/trs931_%2006_05.pdf (accessed January30, 2013).

Willoughby RE Jr, Tieves KS, Hoffman GM, et al, 2005. Survival after treatment of rabies with induction of coma[J]. N Engl J Med, 352: 2508-2514.

（葛金英 译，温志远 校）

第62章 冠状病毒科

冠状病毒科（Coronaviridae）、动脉炎病毒科（Arteriviridae）及杆状套病毒科（Roniviridae）同属于套式病毒目（order Nidovirales）（图62.1）。套式病毒目的所有病毒均有囊膜，基因组为线性单股正链RNA。尽管它们的基因组结构和复制方式极其相似，但在遗传复杂性及病毒结构上有很大不同（图62.2）。套式病毒目的名称"Nido"源于拉丁文"*Nidus*"，意为"套状"，是指这些病毒在复制过程中能够产生基因组3′端共末端的嵌套式亚基因组病毒mRNA。本章重点介绍冠状病毒科冠状病毒亚科下，即冠状病毒亚科（Coronavirinae）和环曲病毒亚科（Torovirinae）的2个属（图62.1）。其中，冠状病毒亚科包括3个属，即α冠状病毒属（*Alphacoronavirus*）、β冠状病毒属（*Betacoronavirus*）及γ冠状病毒属

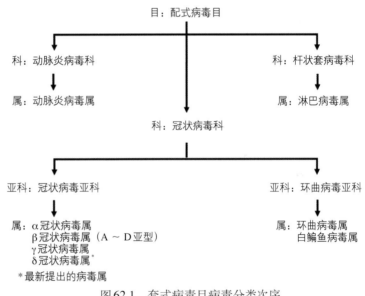

图62.1 套式病毒目病毒分类次序

（*Gammacoronavirus*），环曲病毒亚科则包括白鲑鱼病毒属和环曲病毒属。冠状病毒能在人和多种动物中引起急性和慢性感染，导致不同程度的呼吸道、胃肠道、肝脏及神经系统疾病。环曲病毒感染人和动物（包括马、牛和猪），主要引起肠道疾病。动脉炎病毒科和杆状套病毒科成员将在第63章论述。

众所周知，冠状病毒是引起人和家畜呼吸道、肠道及神经系统疾病的病毒。据报道，冠状病毒也是唯一一个在人中引起疾病的套式病毒。2003年春季，在中国发现一种具有潜在致命性且不可治愈的人呼吸道疾病——严重急性呼吸系统综合征（severe acute respiratory syndrome，SARS），该疾病是由此前未知的一种冠状病毒株引发的。SARS冠状病毒（SARS-CoV）的发现引发了人们对储存宿主类型的研究。近年来广泛的调查研究，确定了特定种类的蝙蝠是SARS-CoV的储存宿主。另外，研究过程中还发现人类、蝙蝠及禽类的许多种冠状病毒。2008年从捕获的死亡白鲸中鉴定出一种与以往冠状病毒存在高度差异的冠状病毒，将其归类为γ冠状病毒。冠状病毒能够感染很多种哺乳动物（包

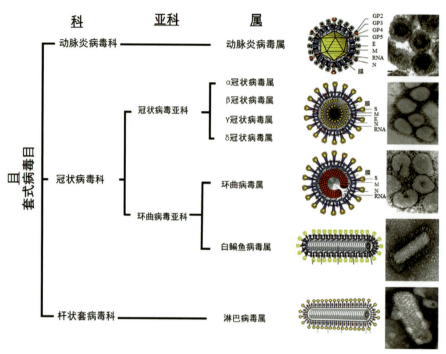

图62.2 套式病毒目成员病毒粒子结构存在差异 [示意图和电镜照片来自Gorbalenya 等（2006）（动脉炎病毒、冠状病毒、环曲病毒和鄂卡病毒），Schutze 等（2006）和Enjuanes 等（2008）（白鲺鱼病毒）]

括人、蝙蝠和鲸）和禽类。这些病毒对呼吸道和肠道上皮细胞及一些动物的巨噬细胞具有明显的嗜性。冠状病毒能在不同宿主体内引起不同的疾病（表62.1），它们一般具有严格的宿主特异性，只感染它们的自然宿主或相近类型的动物。然而，这些病毒也能跨越种属屏障（物种跳跃）而感染新的宿主。

表62.1 冠状病毒科（冠状病毒亚科和环曲病毒亚科）中重要的人和动物病毒

科/属/种	缩写	自然宿主	疫病/感染组织
科：冠状病毒科			
亚科：冠状病毒亚科			
属：α冠状病毒属（1群）			
传染性胃肠炎病毒	TGEV	猪	肠道感染
猪呼吸道冠状病毒	PRCoV	猪	呼吸道感染
猪流行性腹泻病毒	PEDV	猪	肠道感染
犬冠状病毒（犬肠道冠状病毒）	CCoV	犬	肠道及全身性感染
猫传染性腹膜炎病毒	FIPV	猫	腹膜炎、呼吸道肠道及神经系统感染
猫冠状病毒	FCoV	猫	肠道感染
雪貂肠道冠状病毒	FRECV	雪貂	肠道感染
雪貂全身性冠状病毒	FRSCV	雪貂	腹膜炎和肠道感染
兔冠状病毒	RbCoV	兔	心脏
人冠状病毒229E	HCoV-229E	人	呼吸道感染

(续)

科/属/种	缩写	自然宿主	疫病/感染组织
人冠状病毒 NL63	HCoV-NL63	人	呼吸道感染
小黄蝠冠状病毒 512	Sc-BatCoV-512	小黄蝠	无临床症状
菊头蝠科蝙蝠冠状病毒 HKU2	Rh-BatCoV-HKU2	中国菊头蝠	无临床症状
长翼蝙蝠冠状病毒 HKU8	Mi-BatCoV-HKU8	长翼蝠	无临床症状
长翼蝙蝠冠状病毒 1A	Mi-BatCoV-1A	长翼蝠	无临床症状
长翼蝙蝠冠状病毒 1B	Mi-BatCoV-1B	长翼蝠	无临床症状
属：β冠状病毒属（2群）			
A亚群			
猪血凝性脑脊髓炎病毒	PHEV	猪	肠道和呼吸道感染
牛冠状病毒	BCoV	牛	肠道和呼吸道感染
肠道牛冠状病毒	EBCoV		
呼吸道牛冠状病毒	RBCoV		
犬呼吸道冠状病毒	CRCoV	犬	呼吸道感染
马冠状病毒	ECoV	马	肠道感染
鼠肝炎病毒	MHV	小鼠	肝炎、肠道和神经系统感染
大鼠冠状病毒	RCoV	大鼠	唾液泪囊腺炎-唾液和泪腺体和眼睛
唾液泪囊腺炎病毒	SDAV	大鼠	
帕克氏大鼠冠状病毒	RCoV-P	大鼠	呼吸道感染
人冠状病毒 OC43	HCoV-OC43	人	呼吸道感染
人冠状病毒 HKU1	HCoV-HKU1	人	呼吸道感染
B亚群			
SARS冠状病毒	SARS-CoV	人	呼吸道感染
SARS相关菊头蝠冠状病毒	SARSr-Rh-Bat-CoV	中华菊头蝠	无临床症状
C亚群			
扁颅蝠冠状病毒 HKU4	Ty-BatCoV HKU4	扁头蝠	无临床症状
家蝠冠状病毒 HKU5	Pi-BatCoV HKU5	东亚家蝠	无临床症状
D亚群			
棕果蝠冠状病毒 HKU9	Ro-BatCoV HKU9	列氏果蝠	无临床症状
属：γ冠状病毒属（3群）			
传染性支气管炎病毒	IBV	鸡	呼吸道、生殖道和肾脏感染
火鸡冠状病毒	TCoV	火鸡	肠道感染
白鲸冠状病毒 SW1	BWCoV	白鲸	无临床症状
属：δ冠状病毒属*			
夜莺冠状病毒 HKU11	BuCoV-HKU11	白头翁	无临床症状
画眉冠状病毒 HKU12	ThCoV-HKU12	灰背画眉	无临床症状
文鸟冠状病毒 HKU13	MunCoV-HKU13	白腰文鸟	无临床症状
亚科：环曲病毒亚科			
属：环曲病毒属			
马环曲病毒	EToV	马	肠道感染

(续)

科/属/种	缩写	自然宿主	疫病/感染组织
牛环曲病毒	BToV	牛	肠道感染
猪环曲病毒	PToV	猪	肠道感染
人环曲病毒	HuToV	人	肠道感染
属：白鳊鱼病毒属			
白鳊鱼病毒	WBV	鱼	无临床症状

注：*提出的新属。

禽传染性支气管炎病毒（IBV）是第一个被发现的冠状病毒，于1937年从鸡胚中分离获得。此后，在20世纪40年代和70年代相继分离到小鼠肝炎病毒（mouse hepatitis virus，MHV）及其他一些哺乳动物冠状病毒，其中包括几种动物冠状病毒 [如猪传染性胃肠炎病毒（porcine transmissible gastroenteritis virus，TGEV）、牛冠状病毒（bovine coronavirus，BCoV）、猫冠状病毒（feline coronavirus，FeCoV）] 和人冠状病毒（HuCoV，如HuCoV-OC43株和HuCoV-229E株）。自2003年发现人冠状病毒SARS-CoV以来，研究者对于冠状病毒的认知得到进一步强化。SARS发生后，登录在公共数据库中冠状病毒的全长基因组数据增加了2倍，其中包括HuCoV-NL63株和HuCoV-HKU1株这2株人冠状病毒的基因组数据，以及10种其他哺乳动物冠状病毒 [包括蝙蝠SARS冠状病毒，蝙蝠冠状病毒（bat-CoV）-HKU2、bat-CoV-HKU4、bat-CoV-HKU5、bat-CoV-HKU8、bat-CoV-HKU9、bat-CoV-512/2005、bat-CoV1A，马冠状病毒（ECoV），以及白鲸冠状病毒（BWCov）]，另外还有4种禽类冠状病毒 [火鸡冠状病毒（TCoV）、夜莺冠状病毒-HKU11（BuCoV-HKU11）、画眉冠状病毒-HKU12（ThCoV-HKU12）及文鸟冠状病毒-HKU13（MunCoV-HKU13）]。根据血清交叉反应结果将冠状病毒属分为3个群，第1群和2群由哺乳动物冠状病毒组成，第3群由禽冠状病毒组成。应用分子生物学技术获得了大量关于这些冠状病毒基因序列的数据，以这些序列数据进行遗传进化分析对冠状病毒进行分类，其与传统的抗原分类（即第1～3群）相一致。然而，这些遗传进化分析还发现了在抗原分类第2群和第3群中的亚群，即抗原第2群中的2a、2b、2c和2d亚群，以及抗原第3群中的3a、3b和3c亚群。最近，国际病毒分类委员会冠状病毒研究组正式将冠状病毒属传统抗原分类的第1、2和3群分别命名为α冠状病毒、β冠状病毒和γ冠状病毒（图62.1，同时见2013年2月27日登录的病毒分类网址http://www.ictvonline.org/virusTaxonomy.asp）。有人提议将最新鉴定的禽冠状病毒归入第4亚群δ冠状病毒。α冠状病毒属包括人、猫、犬、猪、雪貂、兔及蝙蝠的几种冠状病毒，β冠状病毒包括人、牛、猪、马、大鼠、小鼠和蝙蝠冠状病毒。据报道，β冠状病毒中无论人冠状病毒还是动物冠状病毒之间均存在广泛的同源或异源基因重组情况，这导致在冠状病毒属中产生变异的亚群和毒株。β冠状病毒又可分为4个亚群（A～D），所有β冠状病毒中的动物冠状病毒均归入A亚群，而SARS-CoV在B亚群，新鉴定的蝙蝠冠状病毒则分别归入C和D亚群。γ冠状病毒属包括以前鉴定的禽冠状病毒（IBV和TCoV）和新鉴定的白鲸冠状病毒。

SARS暴发后发现了蝙蝠源冠状病毒bat-SARS-CoV，该发现启示人们可以在人、蝙蝠、禽和其他动物中追踪冠状病毒。从那时起，研究者相继在人、蝙蝠、白鲸、亚洲豹猫和禽中鉴定出许多新的冠状病毒（表62.1）。由于大多数的新病毒是在蝙蝠和野生鸟类中被鉴定，因此推测人类和动物冠状病毒是由存在于蝙蝠和野生鸟类（图62.3）中不同群的冠状病毒演变而来。蝙蝠和鸟类中冠状病毒越来越明显地呈现出病毒的多样性，可能由以下几个原因：

（1）蝙蝠和鸟类都是高度多样化的物种。蝙蝠占5 742种哺乳动物物种的20%，而世界各地存在约10 000种鸟类。

（2）蝙蝠和鸟类能远距离飞行。已经发现蝙蝠能飞行5 000km，而一些鸟类在迁徙期间飞行距离甚至可以超过10 000km。这使得蝙蝠和鸟类可通过近距离接触而交换病毒。

（3）不同的环境压力（气候、食物、庇护所和天敌）会对在不同种类的蝙蝠和鸟类中建立不同的冠状病毒提供不同的选择压力。

（4）栖息（蝙蝠）和集群的习惯（鸟类）在很大程度上促进了在蝙蝠和鸟类个体之间病毒的交换。

最近提出的观点认为目前存在的冠状病毒祖先感染了一

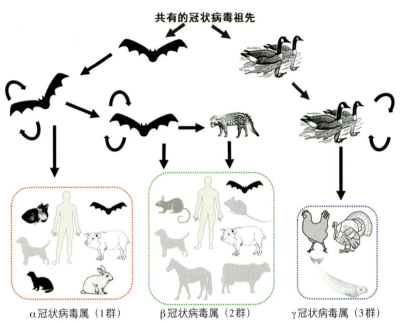

图62.3　提出的冠状病毒进化模型

蝙蝠和禽类冠状病毒可能从共同的祖先进化而来，接着来自蝙蝠的冠状病毒进化成α冠状病毒属和β冠状病毒属（即第1和2群），而来自禽类的冠状病毒进化出γ冠状病毒属（第3群）

只蝙蝠，它再从蝙蝠感染一只鸟。还有可能存在另一种情况，病毒感染一只鸟后再感染一只蝙蝠，如此分别进行进化，导致的结果是蝙蝠冠状病毒感染其他种类的蝙蝠，从而产生第1群和第2群的冠状病毒（即最新分类的α冠状病毒属和β冠状病毒属），这些病毒再次进化演变。这些蝙蝠冠状病毒依次感染至其他蝙蝠物种及包括人在内的其他哺乳动物，在物种间感染并进行持续进化。另外，鸟冠状病毒也感染不同于原有宿主的其他种类的鸟，甚至偶尔感染一些特定的哺乳动物，如鲸鱼和亚洲豹猫。这些冠状病毒经过进化，已分化出第3群冠状病毒（即γ冠状病毒）。此外，冠状病毒的遗传多样性是由于病毒RdRp酶的高误差率（在复制过程中高突变率为在每1 000～10 000核苷酸突变1个碱基），同源和异源重组主要是由于其基因组大，在病毒基因的调节和修饰方面具有可塑性。冠状病毒的进化史及鉴定出的越来越多的与冠状病毒亲缘关系越来越密切的亚种清楚地表明了它们的种间跳跃能力。因此，冠状病毒很有可能成为新的动物传染病病原和人兽共患病病原，对动物和公众健康构成重大威胁。

环曲病毒亚科的成员（白鳊鱼病毒属和环曲病毒属）与冠状病毒在基因组结构和复制模式上相似，但是病毒粒子的形态有所不同。到目前为止，被确认为环曲病毒亚科、环曲病毒属的成员只有4个种：马环曲病毒（EToV，以前被称为伯尔尼病毒）、牛环曲病毒（BToV，原名被称为布雷达病毒）、猪环曲病毒（PTOV），以及人环曲病毒（HuToV）。通过电子显微镜（EM）从犬、猫和火鸡粪便中已检测出环曲病毒样（TVL）颗粒。人环曲病毒能够引起人的腹泻，尤其是在年轻的和/或免疫功能低下的人群中更易发生。值得一提的是，牛环曲病毒和人环曲病毒之间被证实存在较近的遗传关系和抗原相关性。此外，在马、绵羊、山羊和猪中均检测到了环曲病毒抗体，可见环曲病毒具有生物多样性。

最近分离的白鳊鱼病毒（white bream virus，WBV）是环曲病毒亚科白鳊鱼病毒属的唯一成员。德国分离出该病毒是通过接种鳊（真鱼骨总目、鲤形目，Bliccabjoerkna L.）的心脏、脾脏、肾脏和鳔组织匀浆至鲤丘疹上皮瘤细胞培养获得的。到目前为止，WBV还没有发现与任何鱼病相关，首次发现WBV是在实验室进行常规疫病诊断研究中通过显微镜观察及组织培养分离获得的。

● 病毒粒子特性及病毒复制

冠状病毒

冠状病毒表面具有独特的冠状形态外观，其命名来自拉丁词 *corona*（希腊语 κορωνα），意思是"冠"。病毒呈球形，病毒粒子表面覆盖大型棒状纤突（表膜突起），纤突从病毒囊膜延伸出来（图62.2）。病毒粒子直径大小为100～160nm，基因组是单股正链RNA分子，大小为26.4～31.7kb，它与核衣壳蛋白N蛋白结合形成一个具有弹性的长螺旋形核衣壳。但是，至少有2个冠状（TGEV和MHV）的螺旋形核衣壳封闭于一种"内核结构"中，直径为65nm，呈球形或二十面体结构。病毒核心包裹着一种病毒在细胞出芽期间源自胞内的脂蛋白包膜。脂蛋白包膜上存在3～4种冠状病毒特有的蛋白，包括长的纤突蛋白（20nm），其中包括由S（spike）糖蛋白组成的长纤突和由血凝素酯酶（HE）糖蛋白组成的短纤突，该短纤突仅存在于一部分冠状病毒中。病毒囊膜还包含糖蛋白M及大部分深埋于囊膜的跨膜蛋白。如上述所述，M蛋白和N蛋白至少在2种冠状病毒中形成内核结构。小膜蛋白E在病毒中的数量远远少于其他的病毒囊膜蛋白。E蛋白与M蛋白在冠状病毒粒子组装过程中共同发挥重要作用。冠状病毒在蔗糖中的浮力密度为1.15～1.20g/cm^3，在氯化铯中的浮力密度为1.23～1.24g/cm^3，沉降系数（S20，w）为300～500。冠状病毒对热、脂溶剂、非离子型去污剂、甲醛、氧化剂及紫外线照射敏感，一些冠状病毒具有耐酸性和/或耐干燥性。

冠状病毒科（冠状病毒亚科和环曲病毒亚科）成员基因组构成与套式病毒目其他成员基因组结构相似（图62.4）。冠状病毒和环曲病毒基因组RNA具备5′端的帽子结构和3′端多腺苷酰化，3′端还可以作为一个功能性mRNA。因此，纯化的这些病毒RNA具有感染性。冠状病毒基因组从5′端前导序列（65～98核苷酸）到非翻译区（5′UTR，200～400核苷酸）。在病毒基因组3′末端有一个长为200～500个核苷酸的非翻译区（3′UTR），接着是长度可变的Poly-A尾巴。5′端和3′端非翻译区侧翼排列多个基因（开放阅读框，ORF），其数量根据冠状病毒亚科成员的不同而有变化。冠状病毒基因组有9～14个ORF，编码病毒的结构蛋白和非结构蛋白。靠近5′端的2/3（～20-22kb）位置的基因组编码2个最大的非结构蛋白（ORF1a和ORF1b），ORF1a与ORF1b中间由-1核糖体阅读框漂移位点连接。病毒基因组RNA的翻译起始位点为ORF1a的起始密码子，翻译后产生一种多聚蛋白pp1a。在某些情况下，特定的RNA信号在ORF1a与ORF1b中间的-1 RFS位点或"滑脱"序列位点启动核糖体的阅读框漂移，从而使得编码的pp1a蛋白C末端继续延伸，与ORF1b编码的序列形成完整的一条多肽pp1ab。pp1a和pp1ab蛋白在翻译过程中和翻译后，在病毒编码的2个蛋白酶[木瓜蛋白酶样蛋白酶（nsp3）和小核糖核酸病毒3C样半胱氨酸蛋白酶（nsp5）]的作用下产生16个nsp蛋白，其中nsp14具有RNA依赖性RNA聚合酶活性。这些大的复制酶蛋白产物可能与其他病毒蛋白和细胞蛋白一起组装成复制/转录复合物，并结合到修饰的细胞内膜上。

编码结构蛋白的ORF位于基因组3′端，占总基因组的1/3。对所有冠状病毒而言，结构蛋白基因顺序均为5′-S-E-M-N-3′，编码这些蛋白的ORF之间穿插着编码nsp（辅助蛋白）的几个ORF及HE糖蛋白基因，其中穿插的这些基因由于不同冠状病毒而在数量、核酸序列、基因顺序和表达方法上均显著不同（图62.4）。然而，这些基因在同一群的冠状病毒之间是保守的，因此它们被称为群特异性蛋白。当HE糖蛋白获得表达时，编码了基因组5′端到S基因的蛋白。结构蛋白和辅助蛋白的表达是由共享3′末端的套式亚基因组mRNA（英文缩写为sgmRNAs）所表达。冠状病毒的生命周期（吸附、进入、基因组复制、转录mRNA、病毒粒子组装和释放）与套式病毒目其他成员[如马动脉炎病毒（EAV）]非常相似，EAV基因组复制、sgmRNA合成和病毒生命周期在第63章阐述。简而言之，基因组RNA的复制包括全长负链RNA的合成，并以此为模板合成全长基因组RNA。结构蛋白和辅助蛋白是由多个共享3′端互相套叠的sgmRNA所表达，每个sgmRNA在其5′端有一段共同的前导序列，这个前导序列来源于病毒全基因组的5′端，这些sgmRNA的合成过程是以病毒的亚基因组负链RNA为模板，前导序列的反向序列先结合到该负链RNA模板的3′末端通过延伸合成这些sgmRNAs（负链RNA的不连续延伸合成内容参见第63章）。通常，一种病毒结构蛋白翻译来自特异的单个sgmRNAs，但在某些情况下，可能1个sgmRNA合成并翻译2个ORF。

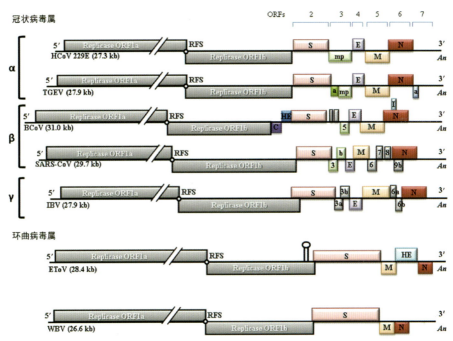

图62.4　冠状病毒属（HCoV-229E、TGEV、BCoV、SARS-CoV、IBV）和环曲病毒属（EToV和WBV）部分成员基因组结构

　　S糖蛋白在病毒粒子表面形成大的膜粒，在电子显微镜下可观察到该糖蛋白赋予病毒的冠状形态。S蛋白是一种高度糖基化的Ⅰ型膜糖蛋白，可分为3个结构域，其中一个大的N端外部结构域进一步分成S1和S2共2个结构域。此外，还有跨膜结构域及另外一个短的C羧基端胞质结构域。S1结构域形成病毒表面纤突的球状部分，不同冠状病毒的S1结构域由于各种碱基缺失、碱基替换使得该段序列变异程度相当大。因此，S1序列的突变与病毒抗原、致病性和病毒的细胞嗜性相关。与S1相反，S2结构域更为保守，并构成纤突的杆状结构。有证据表明，一些冠状病毒成熟的S蛋白形成寡聚体，最有可能组装成一个三聚体。在一些冠状病毒（如MHV和BCoV）中，S蛋白在病毒成熟期间或成熟后被细胞蛋白酶切割，切割后的S1和S2结构域保持非共价键结合。S蛋白切割的程度因冠状病毒而异，并且还取决于宿主细胞类型。然而，在一些其他的冠状病毒（如SARS-CoV）中，S蛋白的切割作为病毒进入细胞的一个过程。α冠状病毒（抗原1群）的S蛋白并不裂解，但仍然可以诱导细胞融合，如猫传染性腹膜炎病毒（FIPV）。冠状病毒的S蛋白具有几个生物学特性，包括结合到特定的细胞受体上、诱导产生中和抗体、激发细胞免疫应答、诱导病毒囊膜与宿主细胞膜融合、诱导细胞之间的融合及结合免疫球蛋白的Fc片段（如MHV和TGEV）。目前已确定出多种冠状病毒的S蛋白细胞受体。

　　HE糖蛋白在所有β冠状病毒属A亚群成员中呈二硫键连接的二聚体，构成了病毒表面的短纤突。β冠状病毒属中，B、C和D亚群成员病毒粒子不存在HE蛋白，一些冠状病毒中缺乏HE蛋白，HE蛋白结构往往在细胞培养传代过程中发生突变或完全缺失，说明该蛋白不是病毒复制所必需的。冠状病毒的HE基因是通过异源重组从C型流感病毒中获得的。冠状病毒HE蛋白的生物学特性包括血凝特性、红细胞吸附活性、酯酶活性、从9-O-乙酰基神经酸中裂解乙酰基团，还有可能在病毒吸附初始阶段及病毒进入细胞或从感染细胞中释放的这些进程中发挥重要作用。

冠状病毒的M蛋白是糖基化蛋白，其氨基端较短的结构域暴露在最外面，随后是3个跨膜域，1个α螺旋结构域和病毒囊膜内羧基端较大的结构域。一些冠状病毒的M蛋白氨基末端的糖基化是由O桥接（MHV）或是由N桥接的（如IBV、TGEV、SARS-CoV），在有些病毒，M蛋白的羧基末端则暴露在病毒粒子表面（TGEV）。在对MHV的研究中，用针对M蛋白的单克隆抗体能够中和MHV病毒。冠状病毒的M蛋白既能与N蛋白相互作用，也能与S蛋白作用。M蛋白可能在病毒组装过程中发挥关键作用，也可能在病毒组装中将病毒RNA包装到核衣壳的环节中起主要作用。

在被病毒感染的细胞出芽期间，冠状病毒的E蛋白与M蛋白具有协同作用，除此之外，E蛋白也可以作为离子通道。病毒基因组RNA与N蛋白相互作用形成病毒核衣壳。N蛋白有3个比较保守的结构域，这些结构域能与M蛋白相互作用，从而使得核衣壳包装进入病毒粒子。

环曲病毒

环曲病毒呈多形性，直径为120～140nm，电镜下可见球形、长椭圆形和肾形病毒粒子。环曲病毒由螺旋对称的管状核衣壳包裹，其中核衣壳形成一个环形结构，囊膜包含大量的小纤突（15～20nm），类似于冠状病毒的表面突起。环曲病毒粒子至少有4种结构蛋白质：核衣壳蛋白（N）、非糖基化膜蛋白（M）、纤突糖蛋白（S）和HE蛋白。环曲病毒基因组是由多聚腺苷酸化的单股正链RNA的线性分子，长20～30kb。环曲病毒在蔗糖中的浮力密度为1.14～1.18g/cm^{3}沉降系数（S20,w）为400～500。病毒在pH为2.5～9.7的环境中稳定，但遇热、有机溶剂和射线照射则被迅速灭活。

白鲦鱼病毒

白鲦鱼病毒外形呈杆状［大小为（170～200）nm×（75～88）nm］，病毒囊膜中含有冠状病毒纤突样结构（20～25nm），病毒粒子包括由一个杆状核衣壳［(120～150)nm×(19～22)nm］，以及由糖基化的S蛋白和整合膜蛋白M构成的外周囊膜。病毒能在各种鱼类的细胞系中复制。该病毒在蔗糖中的浮力密度为1.17～1.19g/cm^3，对脂溶剂敏感。

● 由α冠状病毒成员引起的动物疫病

传染性胃肠炎病毒（transmissible gastroenteritis virus，TGEV）和猪呼吸道冠状病毒（porcine respiratory coronavirus，PRCoV）

疾病 猪传染性胃肠炎（TGE）是由传染性胃肠炎病毒（TGEV）引起的猪的一种高度接触性肠道传染病，TGEV在抗原性上与人、犬和猫的冠状病毒相关。目前认为TGEV只有1个血清型，但是该病毒抗体能够与猪呼吸道冠状病毒（PRCOV）交叉反应。然而，PRCoV中S蛋白的氨基末端缺失，导致TGEV的一些抗原位点在PRCoV中缺失。传染性胃肠炎病毒和猪呼吸道冠状病毒能够被脂溶剂（乙醚和氯仿）、次氯酸钠、季铵类化合物、碘、在56℃加热45min，以及阳光直射条件下灭活。冷冻条件下这2种病毒稳定，但在室温下不稳定。猪传染性胃肠炎病毒在-80℃能够稳定保存，但在37℃下维持4d则完全失去感染活性。在液体粪便中，病毒在5℃条件下感染活性达8周以上，在20℃时感染活性为2周，在35℃则维持活性24h。猪传染性胃肠炎病毒能够耐受胰蛋白酶和酸性pH（为3.0）条件，在仔猪胆汁中相对稳定。病毒的这些特性使得其能够在猪的胃和小肠中存活。

TGE以严重腹泻、呕吐、脱水、仔猪（不超过2周龄）死亡率高为特征的疾病，大于5周龄的猪则死亡率通常较低。年龄较大的生长育肥猪感染后呈现短暂一过性水样腹泻，但呕吐并不常见。大多数情况下，被TGEV感染的成年猪是无症状的，但有时被感染的母猪会出现厌食、腹泻、发热、呕吐、停止泌乳等症状。

25年前，在检测出PRCoV的猪群表现轻微的呼吸道症状，与猪传染性胃肠炎相似。这两种猪冠状病毒之间的主要区别是PRCoV的纤突蛋白基因缺失一个片段（621～681核苷酸缺失），PRCoV是TGEV的天然缺失突变体，且组织嗜性出现变化，从猪的肠上皮细胞转向呼吸道上皮细胞和肺泡巨噬细胞。这2种病毒的结构差异，使得猪传染性胃肠炎病毒具有唾液酸结合活性，而PRCoV则不具有这种活性。唾液酸结合活性使得病毒能够与黏蛋白及黏蛋白型糖蛋白结合，可使TGEV克服肠道的黏液屏障障碍，从而结合到肠上皮细胞激发感染进程。由于PRCoV与TGEV共有一些中和抗体的表位，因此其作用类似于一种天然的TGEV疫苗，导致欧洲TGE暴发的数量急剧减少。PRCoV可以通过气溶胶或直接接触感染所有年龄段的猪。PRCoV感染后猪通常表现亚临床症状，但病毒株不同引起的临床症状的严重程度也不同，该病临床症状包括中度至重度呼吸道间质性肺炎。此外，PRCoV能够与其他相关的呼吸道病毒同时感染猪，如同时感染猪繁殖与呼吸综合征病毒（porcine reproductive and respiratory syndrome virus，PRRSV），混合感染可改变疾病的严重程度和相关临床症状。

宿主-病毒相互关系

疾病分布、传染源和传播途径　TGE只在猪上报道过，然而，经试验感染猫、犬、狐狸和八哥（Sturnus vulgaris）多达20d后，仍能从排出的粪便中分离出TGEV。血清学研究还表明，臭鼬、负鼠、麝鼠和人可发生自然感染。病毒也存在于试验感染和自然感染的家蝇（musca domestica linneaus）中。

TGEV在世界范围内发生和流行，在北美洲、中美洲、南美洲、欧洲和亚洲都有报道。在美国，TGE的流行具有季节性，多发生在冬季。TGEV主要传播途径是通过采食被病毒污染的饲料（粪-口途径）。自然环境下，TGEV有可能持续存在于康复猪的粪便和排泄物中，因此该病毒通过粪-口途径感染易感猪。呈地方猪群通常呈现亚临床症状，而病毒在非免疫性流行的感染猪群中扩散迅速，并可导致疾病的严重暴发。除了通过感染猪的活动进行传播外，TGEV还可能通过污染物和其他动物在畜群之间传播。

PRCoV已经在北美洲和欧洲被分离。受感染的猪可通过呼吸道分泌物排毒，断奶仔猪的持续感染可能是病毒在猪群中持续存在的原因。虽然这不是一种肠道病原，但是能够通过病毒分离方法和套式逆转录聚合酶链反应（nRT-PCR）在粪便中检测到病毒，表明病原可能通过粪-口途径传播。

发病机制和病理变化　TGEV由于对低pH和胰蛋白酶耐受，因此在胃肠道中也不会失活。胃内接种病毒6～12h后，病毒开始在小肠绒毛上皮细胞中复制，在空肠中的滴度最高。TGEV感染并破坏小肠绒毛的柱状上皮细胞，导致绒毛萎缩。小肠绒毛钝化和隐窝深度增加（原因是绒毛隐窝内前体细胞复制以便修复裸露的绒毛）发生在感染后24～40h，这与严重腹泻症状出现的时间相吻合。绒毛表面的肠上皮细胞大量损坏导致猪吸收和消化不良，进而导致腹泻和脱水。在肠道内没有消化的乳糖传递到大肠，通过渗透作用进一步加剧了猪传染性胃肠炎病毒感染猪的腹泻程度。受感染的仔猪表现为脱水，并在会阴部附近沾染粪便。典型病变包括肠道壁变薄、肠绒毛萎缩、胃肠道扩张并充满未消化的乳凝块的黄色液体。

PRCoV通过气溶胶形式经呼吸道传播给易感动物。病毒在扁桃体、鼻腔黏膜的上皮细胞、肺气管及肺泡表面的Ⅰ型和Ⅱ型肺泡细胞中复制，引起末端肺支气管的炎症和坏死，从而导致弥漫性支气管性肺炎。猪群感染后的临床症状和病变的严重程度可能不同，也可发生亚临床感染。

感染后机体的反应　猪感染TGEV后7d产生中和抗体。分泌型IgA在保护性免疫和病毒清除中发挥重要作用。猪肌内接种TGEV能够产生体液IgG免疫反应，但这并不是保护性免疫力。相反，经

TGEV口服免疫的猪会在肠道的黏膜分泌物中产生病毒特异性保护抗体IgA。母猪感染TGEV后导致分泌的初乳中具备保护性IgA，即乳源性免疫力，能够保护哺乳仔猪免受感染。细胞介导的免疫在TGEV感染的免疫应答中也很重要，把免疫猪的外周血单核白细胞被动转移给免疫反应相容性的易感仔猪会使发病减轻。感染猪的肠道细胞能产生高水平的Ⅰ型干扰素，可能在控制病毒复制中发挥作用。PRCoV感染猪后诱导产生针对PRCoV的中和抗体，抗PRCoV抗体对感染TGEV的猪提供部分保护。因此，在呈地方流行性的PRCoV感染猪群中，TGE发病率和严重程度可能下降。

实验室诊断　仔猪感染猪传染性胃肠炎的诊断通常通过免疫组织化学（IHC）或用病毒特异性抗体染色的免疫荧光（IFA）方法检测肠道黏膜碎屑中或空肠、回肠冰冻切片中的病毒抗原。确诊须通过接种动物（2～7日龄的猪）或细胞培养物（猪肾、睾丸或甲状腺）进行病毒分离。电镜或免疫-电镜也可用于粪便内容物或肠道的诊断。用来检测和区分TGEV和PRCoV的标准方法和实时RT-PCR（rRT-PCR）方法已有报道。

TGEV能在不同的细胞系中繁殖，包括猪肾、睾丸、唾液腺、甲状腺、食道组织培养、肠和鼻上皮细胞，犬肾细胞和鸡胚（羊膜腔）。猪肾（PK）和猪睾丸（ST）细胞株常被用来进行感染猪的粪便或肠道内容物的病毒分离。细胞病变的产生可能需要在细胞培养中多次传代。PRCoV可在PK细胞、ST细胞和猫胎儿细胞系中繁殖。

急性期和恢复期血清都可用于血清学诊断。但是由于PRCoV和TGEV诱导的中和抗体能够发生交叉反应，使得血清学诊断变得复杂。因此，通过中和试验不能区分TGEV病毒株与非致病性PRCoV病毒株，但可通过阻断ELISA区分。

治疗和控制　通常不推荐对TGEV感染猪进行治疗。补充液体和应用抗菌药物仅对由大肠埃希菌引起的并发症有作用。灭活和弱毒活疫苗可用来预防TGE，这些疫苗可以接种新生仔猪或免疫母猪，或者两者都接种来预防TGE。疫苗接种妊娠母猪后可提供母源抗体，通过初乳被动转移到小猪。用疫苗预防TGE取得了不同程度的成功。口服免疫是最佳免疫途径，能够诱导在肠道的局部黏膜免疫（分泌型IgA）。有报道称，猪分娩前至少3周用强度株TGEV感染母猪以诱导免疫反应来为仔猪提供初乳免疫，但是这种做法很复杂，会因TGEV强毒污染环境而感染其他易感猪。

猪流行性腹泻病毒

由于从猪身上分离出了与腹泻相关的冠状病毒样病毒，因此它们被命名为猪流行性腹泻病毒（PEDV）。该病毒与TGEV和猪凝集性脑脊髓炎病毒（PHEV）抗原性不同，猪接种后可出现腹泻、呕吐和脱水。对其发病机制的研究表明，猪流行性腹泻病毒能在小肠和大肠复制，但病变仅限于小肠。感染猪的小肠扩张，充满黄色液体，病变类似于TGE。

PEDV颗粒可以通过电镜在感染猪的粪便中观察到，并且该病毒可以在某些非洲绿猴（Vero）细胞系中繁殖，但在其他细胞中不能繁殖。病毒是否能繁殖取决于细胞培养液中是否存在胰蛋白酶。通常，猪流行性腹泻病毒株适应细胞培养后才能用作常规诊断检测。病毒可在猪原代细胞培养或Vero细胞（非洲绿猴细胞）中生长。对小肠组织直接进行IFA和免疫组化技术是猪流行性腹泻病毒诊断最敏感、快速和可靠的方法。血清学诊断可通过IFA和ELISA检测猪流行性腹泻病毒抗体。用来同时检测断奶前腹泻的仔猪传染性胃肠炎和猪流行性腹泻病毒的多重rRT-PCR方法已有报道。

一些亚洲国家使用减毒活疫苗预防PEDV感染，但是控制该病还是依赖于管理和饲养方法。

犬肠道冠状病毒

疾病　犬冠状病毒（CCoV）主要感染家养和野生的犬科动物，已从犬急性肠炎中分离到第1个CCoV。CCoV具有高度传染性，通常会导致隐性或轻度胃肠炎。CCoV是犬重要的肠道病原，也广泛存在于犬群中，主要是在犬舍和动物收容所。感染CCoV后，犬的临床症状包括食欲减退、嗜睡、呕吐、流体腹泻和脱水。被该病毒感染的犬可通过粪便大量排毒，因此有高发病率和低死亡率的典型粪-口途径传播的特点。致命感染通常是由CCoV与犬细小病毒2型、犬腺病毒1型或犬瘟热病毒混合感染引起的。CCoV与其他的冠状病毒有抗原相关性，包括猪传染性胃肠炎病毒、猫科动物肠道冠状病毒及猫传染性腹膜炎病毒。已经发现CCoV多基因型及遗传特性不同的毒株，其中包括一种新型的呼吸道冠状病毒。

基于遗传、抗原和生物学特性，犬肠道冠状病毒可以大致分为两种类型：Ⅰ型CCoV（CCoV-Ⅰ）和Ⅱ型CCoV（CCoV-Ⅱ）。Ⅰ型和Ⅱ型CCoVs具有96%的核苷酸序列同源性。最近，CCoV-Ⅱ被分为CCoV-Ⅱa和CCoV-Ⅱb共2个亚型，其中第2个亚型是由于CCoV-Ⅱ和TGEV（类似TGEV的CCoV）之间双重重组事件引起的。与CCoV-Ⅰ株相比，CCoV-Ⅱa株是强毒力的，可引起幼犬致死性疾病。CCoV-Ⅱa毒株包括一种泛组织嗜性的变异株，该变异株在2005年被鉴定为引起幼犬系统性疾病（CCoVCB/05）。该病毒从感染的幼犬粪便及各种实质器官中被分离到。随后，该病毒在试验感染的犬中复制，幼犬表现为更严重的临床症状。泛CCoV-Ⅱa型（如CB/05和NA/09株）导致犬严重的全身性疾病，并伴有发热、嗜睡、厌食、抑郁、呕吐、出血性腹泻、严重的白细胞减少症和神经症状（癫痫和共济失调），发病48h后死亡。

此外，已有研究报道CCoV-Ⅰ和CCoV-Ⅱ型毒株，以及猪传染性胃肠炎纤突蛋白基因之间出现各种重组体病毒。虽然在自然感染犬的内脏中检测到了类似TGEV的CCoV，但试验性感染不能引起全身性的损害，病毒不能通过血液传播。CCoV可被脂溶剂灭活，并且不耐热。该病毒是酸（pH为3.0）稳定的，在低温条件下能保持感染性。

宿主-病毒相互关系

病原分布、传染源和传播途径　CCoV于1971年2月在德国只有腹泻症状的犬中首次被分离到。此后这种病毒已在全世界公认，包括北美洲、欧洲、澳大利亚和亚洲。感染的犬可通过其粪便持续排毒2周甚至更长时间，污染的粪便通过粪-口传播是感染的主要途径。

发病机制和病理变化　潜伏期为1~4d，该病毒通过胃肠道上皮细胞感染。腹泻发生在感染后1~7d，病毒在出现临床症状后1~2d内出现在粪便中。病毒复制导致肠上皮细胞脱落和绒毛缩短。与CCoV感染相关的腹泻是由肠道消化不良和吸收不良引起的。虽然CCoV感染很普遍，但犬的死亡率通常很低。

感染后机体的反应　黏膜免疫似乎对CCoV具有保护作用，因为口服感染CCoV的犬获得了免疫，而经肠胃外免疫的犬则不能。据报道，自然暴露于肠道CCoV后产生的免疫力不能完全防止新的泛嗜性CCoV的感染。

实验室诊断　病毒或病毒抗原可以在粪便或尸检组织中通过电镜或荧光抗体（FA）染色观察到。CCoV特异性抗血清通常用于制备负染色电镜标本前的病毒聚集，病毒可从粪便或肠组织中通过细胞培养分离。一些原代（肾和胸腺）和连续传代的犬其胸腺、胚胎、滑膜和肾（A-72系）细胞系很容易被感染，该病毒也感染猫肾及胚胎成纤维细胞系。目前，已建立了粪便中检测CCoVs的RT-PCR方法。CCoV-Ⅰ型和CCoV-Ⅱ型可以通过基因型特异性的常规RT-PCR技术或rRT-PCR检测方法进行区分。检测CCoV抗体的血清中和试验和酶联免疫吸附试验也已经建立。最近报道了一种基于重组S蛋白的酶联免疫吸附试验鉴别TGEV样CCoV和其他CCoV-Ⅱ型毒株抗体。

治疗和控制　CCoV相关性胃肠炎的治疗仅限于缓解重症患者的脱水和电解质丢失情况。灭活和致弱活病毒（MLV）疫苗通过非肠道途径接种预防CCoV感染。然而，局部黏膜免疫在肠道黏膜中的重要性使得它们的使用值得商榷。

猫传染性腹膜炎和猫科动物肠道冠状病毒

疾病 猫传染性腹膜炎（FIP）是家养猫和一些野生猫科动物的一种具有传染性、持续性、高致命性的疾病。因病毒感染的组织不同而表现不同的症状，但持续发热、体重减轻、嗜睡、呼吸困难和腹胀是常见的临床症状。FIP可以发生在所有年龄的猫身上，但在幼年和非常年老的猫身上尤为常见。目前有两种不同形式的猫传染性腹膜炎：渗出型（湿）和非渗出型（干）形式。渗出型的发生概率是非渗出型的2~3倍，其特征是富含蛋白质的液体（渗出液）在腹膜腔中积聚。非渗出型的特点是在内部器官，中枢神经系统（CNS）和眼部形成肉芽肿，感染猫的死亡率很高。FIP有一个不寻常且高度复杂的发病机制，它涉及将相对不致病的猫肠道冠状病毒（FCoV）突变为FIPV，在巨噬细胞中复制从而在感染的猫中产生免疫介导的疾病。FCoV似乎局限于肠道，引起轻微的、不明显的肠炎，尤其是在幼猫。FCoVs和FIPVs的序列比较分析表明，这2种病毒在基因上有着密切的联系，但它们的致病潜力不同（同一病毒的不同病理类型）。FIPV有效地感染巨噬细胞和单核细胞，这些巨噬细胞和单核细胞从肠道逸出，导致致命的全身性疾病，使得多器官受累，在典型病例中伴有腹腔渗出物（腹水）的积聚。其病因中的一个假设是FIPV的病理变化是由*FCoV*基因突变引起的。然而，与FIPV发病相关的特异性病毒毒力因子尚未被确定。非结构蛋白3c和纤突蛋白的一些突变似乎与FIP的发生相关。

病原

理化和抗原特性 基于血清学的差异，FCoV被分成两种类型：更常见的FCoVⅠ型和不太常见的FCoVⅡ型，这两种类型都能导致干和湿两种形式的FIP。FCoVⅡ型基因与犬冠状病毒更密切相关。FCoVs和FIPV能够耐酸和胰蛋白酶，但是容易被大多数消毒剂包括脂溶剂灭活。

对其他物种的感染性及培养系统 除了感染家猫以外，FIPV也能感染野生猫科动物，如狮子、美洲狮、豹、美洲豹、猞猁、狞、沙丘猫和帕拉斯猫等。仔猪可以通过试验感染FIPV，导致类似于猪传染性胃肠炎的症状。乳鼠对该病毒易感，病毒能在大脑中复制。FIPV主要在巨噬细胞中复制，但体外病毒可以在猫的器官培养物、细胞系和单核巨噬细胞中繁殖。

宿主-病毒相互关系

疾病分布、传染源和传播途径 FCoV和FIPV在世界范围内流行。FCoV有效地通过粪-口途径传播，但相比之下，FIPV不易传播。FCoV可能以亚临床感染持续长达一年或更长时间，并且这些持续感染的猫是病毒库，允许猫之间水平传播。

发病机制和病理变化 FIP的发病机制复杂，而且很多尚未知。最初的FCoV感染很少以明显的疾病为特征，但会导致许多组织中巨噬细胞的持续低水平感染。临床FIP的发展与病毒复制增加有关，通常继发于一些细胞免疫抑制的情况。病毒复制的增加导致病毒变异体（FIPV）的出现，这种变异使病毒在巨噬细胞中的复制效率不断提高，在巨噬细胞中持续存在，且不会被免疫清除。抗体会使疾病恶化，表明FIP在一定程度上是一种"免疫介导"的疾病。病毒特异性抗体实际上有助于巨噬细胞摄取FIPV。

FIP的"湿"和"干"形式均以血管周围肉芽肿（或脓肿）的出现为特征。推测FIPV和特异性抗体（免疫复合物）在血管壁的沉积导致血管外周出现特征性的病变。血管周围肉芽肿可发生在猫的肠道、肾脏、肝脏、肺、中枢神经系统、眼睛和淋巴结上，尤其常见于感染湿型FIP的猫腹部内脏的浆膜上。

感染后机体的反应 人们对FIPV免疫的基础知之甚少。猫感染FCoV后很快产生体液和细胞免疫反应，这些免疫应答能够控制感染，直到一些应激或并发感染出现引起免疫抑制。抗FCoV抗体会与FIPV发生交叉反应，会促进疾病发生且抗体不会起到保护作用；这种抗体促进巨噬细胞有效地摄入病毒，病毒在巨噬细胞中有效地复制，病毒抗原与特异性抗体（和补体）结合导致免疫介导的血管炎。

实验室诊断 FIP是猫的一种常见疾病，通常可根据临床症状结合血清学和血液学做出诊断。由穿刺确定腹腔或胸膜腔中含有积液，结合血清或体液抗体阳性，提示有渗出性FIP。非渗出FIP更难诊断，必须与其他传染病、肉芽肿和肿瘤性疾病相区别。组织学检查化脓性肉芽肿或纤维坏死性炎性损伤和血管炎，再结合血清学有助于诊断。RT-PCR技术已被开发用于临床材料中FIPV序列的鉴定，另外还有检测FIPV的免疫组织化学染色方法。

血清学诊断包括病毒中和试验、酶联免疫吸附试验或间接免疫荧光技术。血清抗体滴度大于1：3 200可诊断为FIP。感染FIP的猫病毒特异性抗体滴度较低，相反，未感染猫的病毒抗体滴度较高。

治疗和控制 目前还没有一种治疗FIP的方法能够持续逆转疾病的进程。一种对温度敏感的突变型FIPV可用于猫的疫苗接种，但不建议在血清阳性猫中使用。控制FIP的最佳方法是净化（使用季铵化合物）感染的场所，从无症状的猫中分离出血清学阳性的猫，并筛选新获得的猫血清抗体。

雪貂冠状病毒

最近，在驯养雪貂（鼬雪貂）身上发现了一种新的雪貂肠道冠状病毒（FRECV）与流行性卡他性肠炎（ECE）相关。ECE是驯养雪貂一种相对较新的疾病，在1993年春季首先在美国的东海岸被发现。从那时起，FRECV蔓延了整个美国和其他国家。该病的特征是厌食、嗜睡、呕吐和排出带有高黏液含量的恶臭的亮绿色粪便。发病率一般接近100%，但总体死亡率较低（<5%）。在年轻雪貂，往往只出现轻度或亚临床疾病；老年雪貂更严重，病死率往往较高。系统发育分析表明，FRECV与α冠状病毒（第1群）密切相关。另一种冠状病毒已经出现在美国和欧洲，引起雪貂全身性疾病［雪貂系统性的冠状病毒（FRSCV）］，表现出与FIP类似的临床症状和病变特点。常见的临床症状包括食欲减退、体重减轻、腹泻和腹部大肿块。总体病变的特点是浆膜表面和腹胸部各器官内部的薄壁组织中存在广泛分布性肉芽肿。组织病理学检查显示，涉及肝、肾、脾、胰腺、肾上腺、肠系膜脂肪、淋巴结、肺的全身性化脓性肉芽肿炎症。核苷酸序列比较分析发现，FRECV和FRSCV在S基因上有显著差异（79.5%同源性）。在遗传进化方面，FRSCV与FRECV的关系比其他α冠状病毒更为密切。

雪貂冠状病毒的诊断可以通过电镜或抗冠状病毒单克隆抗体染色（如FIPV3-70）证实临床样本（如粪便和内脏器官）中是否存在冠状病毒样颗粒。此外，可通过免疫组织化学染色（IHC）检测在福尔马林固定组织中的病毒抗原。在显微镜下，在许多的内脏器官中可以观察到化脓性肉芽肿的病变。用常规和rRT-PCR方法均能检测和区分这两种雪貂冠状病毒。在梅丁-达秘犬肾、克兰德尔猫肾、Vero和兔肾（RK-13b）细胞中不能分离出病毒。

兔冠状病毒

疾病分布、传染源和传播途径 兔冠状病毒（RbCoV）感染首次报道于1961年，斯堪的纳维亚研究人员观察到50%~75%的试验兔死亡。急性RbCoV感染以心脏为靶点，导致病毒性心肌炎和充血性心力衰竭。通过对被感染兔心脏组织的电镜检查，以及对存活于兔体内的人冠状病毒229E和OC43的补体结合性抗体，证明了RbCoV的存在。此外，用抗229E血清免疫荧光染色法能在被感染兔心肌间质组织中检测到荧光。放射免疫法测定RbCoV抗血清与FIPV、CCoV和TGEV存在交叉反应。

• β冠状病毒属成员引起的动物疾病

猪血凝性脑脊髓炎病毒病

猪血凝性脑脊髓炎病毒病（PHEV） 是引起幼猪呕吐和消瘦病（VWD）的原因，以脑脊髓炎、呕吐和消瘦为特征。PHEV与BCoV有抗原相关性。该病毒能凝集鸡、大鼠、小鼠、仓鼠和火鸡的红细胞。PHEV对脂溶剂包括脱氧胆酸钠敏感，不耐热，冷冻时相对稳定。VWD发生在小于3周龄的猪身上，年龄较大的猪可能表现出较轻的临床症状。仔猪VWD的特征是厌食、嗜睡、呕吐、便秘和中枢神经系统紊乱（感觉机能亢进、肌肉震颤、腿部划水），死亡率高，可达100%。感染猪也可能发展成慢性感染，最终死于饥饿或继发感染。

宿主-病毒相互关系

疾病分布、传染源和传播途径　1958年，在加拿大的猪中首次分离出PHEV，并证实与VWD相关。随后，在世界许多地区的猪身上都发现了这种病毒。猪是已知的PHEV的唯一宿主，可能存在亚临床或隐性携带者状态。本病的传播机制是含有病毒的鼻腔分泌物、水平气溶胶和动物的直接接触传播。

发病机制和病理变化　PHEV感染的发病机制已通过试验接种断奶仔猪进行了探讨。经口鼻腔接种后，原发性病毒在鼻黏膜、扁桃体、肺和小肠的上皮细胞中复制，随后沿外周神经系统感染中枢神经系统。发病前，病毒抗原存在于三叉神经、下迷走神经和下颈区的上颈神经节、太阳和背根神经节、肠神经中枢。感染的脑干首先从三叉神经和迷走神经的感官核开始，随后蔓延至其他的核和脑干的延髓头端部分。感染后期，病毒可能在大脑、小脑和脊髓中复制，感染晚期病毒通常出现在胃神经丛中。

自然PHEV的感染有几个特征性病变，轻度卡他性鼻炎有时在脑脊髓炎病例中，比较明显，胃肠炎有时在VWD病例中观察到，中枢神经系统的病变是一种非化脓性脑脊髓炎，其特征是单核细胞的血管周围套、胶质结节的形成、神经元变性和脑膜炎。呼吸道病变包括局灶性或弥漫性间质性支气管炎，细胞浸润（主要包括单核细胞、淋巴细胞和中性粒细胞）。

感染后机体的反应　体液免疫反应可通过病毒中和试验、血凝抑制试验、琼脂凝胶免疫扩散来定量检测。由于母源抗体能迅速产生并通过初乳提供给仔猪，因此表现出临床症状的猪可自行痊愈。

实验室诊断　诊断仔猪PHEV脑脊髓炎或VWD需要对被感染猪组织中的病毒抗原进行IHC染色，对从原代猪肾（PK）或猪甲状腺（PT）细胞上分离病毒，或检测抗体显示抗体滴度升高。PHEV在原代PK或PT细胞中生长，形成特征性合胞体。

治疗和控制　PHEV诱导的脑脊髓炎或VWD无有效治疗方法，临床暴发后可自我痊愈。目前还没有疫苗，良好的饲养管理对预防和控制该病至关重要。

牛冠状病毒

疾病　BCoV是一种能感染上、下呼吸道，以及牛和野生反刍动物肠道的肺、肠道病毒。对于牛，BCoV可引起3种不同的疾病综合征：新生犊牛的腹泻［(1～3周龄，犊牛腹泻（CD）］和成年牛的冬季痢疾（WD）；不同年龄的牛有出血性腹泻和呼吸道感染。牛呼吸道感染包括运输发热或牛呼吸道疾病综合征（BRDC）。

新生犊牛发生腹泻（1～3周龄）的症状是厌食和黄痢，持续4～5d。冬季痢疾（WD）是成年牛的一种散发性急性疾病，以暴发性血性腹泻为特征，伴随着产奶量下降、抑郁和厌食症。从腹泻液体或肠道液体中分离出的BCoV株现在被鉴定为肠致病性牛冠状病毒（EBCoV），其他的BCoV株最近被鉴定为牛的呼吸道病原体，这些冠状病毒株已从患有严重运输发热肺炎的牛的鼻腔分泌物和肺中分离出来，并被命名为呼吸道牛冠状病毒（RBCoV）。由RBCoV引起的呼吸系统疾病通常发生在6～9个月的犊牛身上，其特征是高热，流鼻涕和呼吸窘迫。BRDC可以由RBCoV单独诱发，或与其他几种呼吸道病毒（牛呼吸道合胞病毒、副流感3型病毒、牛疱疹病毒），以及介导免疫抑制的病毒（如牛病毒性腹泻病毒）一起混合感染。此外，还有其他诱发因素使鼻腔内的共生细菌（如溶血性曼杆菌、巴氏杆菌属、支原体属）感染肺部，和BRDC一起导致致命的纤维素性肺炎。

病原

理化和抗原特性　　BCoV是酸（pH为3.0）稳定的，但能被脂类溶剂、洗涤剂和高温灭活。尽管EBCoV株和RBCoV株在表型、抗原和遗传上存在显著差异，但BCoV肠道株和呼吸道株之间的确切关系尚不清楚。到目前为止，只有1个已知BCoVs血清型分型，没有发现一致的抗原或遗传标记以区分3种不同临床症状的BCoV株。BCoV与其他物种的冠状病毒存在抗原相关性，BCoV粒子能够凝集仓鼠、小鼠和大鼠的红细胞。

对其他物种的感染性及培养系统　　BCoV已在乳鼠体内进行传代，其能通过脑内和皮下途径感染乳鼠和仓鼠。EBCoV已在梅丁-达秘牛肾、非洲绿猴肾（Vero）、牛胎儿甲状腺和牛胎儿脑细胞中培养获得。胰蛋白酶处理牛胎儿甲状腺和牛胎儿脑细胞可促进噬斑形成和细胞融合。某些毒株不易在体外繁殖，可能需要自然宿主的传代。目前只能从人的直肠肿瘤细胞系（HRT-18）中初步分离出RBCoV。

宿主-病毒相互关系

疾病分布、传染源和传播途径　　BCoV在世界各地广泛分布，EBCoV可能通过粪-口途径摄入被病毒污染的饲料、乳头和污染物的垫料而传播。RBCoV通过感染动物的呼吸道分泌物传播病毒，因而可通过空气水平传播。然而，RBCoV也可以发现在粪便中，从而引起病毒的粪-口传播。在水牛、犊牛和羊驼中也发现了牛样冠状病毒。利用间接免疫荧光试验进行的血清学调查显示，流行的冠状病毒与在圈养和野生反刍动物中流行的BCoV抗原密切相关。来自圈养反刍动物（桑巴鹿、白尾鹿、麋鹿、水鹿和长颈鹿）的一些冠状病毒在生物学、遗传学和抗原性（交叉中和）上与BCoVs密切相关。从圈养反刍动物中对这些密切相关的冠状病毒进行测序，在某些病毒蛋白中显示出与肠道和呼吸道BCoV株非常接近的氨基酸同源性（93%～99%），进一步证实了它们之间的密切遗传关系。因此，野生反刍动物和圈养反刍动物有可能将牛冠状病毒传播给牛，反之亦然。这种跨种间传播（种间跳跃）的BCoV与它们的重组能力结合起来，会导致出现更多基因型的冠状病毒。序列分析显示，猪戊型肝炎病毒和HCoV-OC43可能是从祖代的BCoV株进化而来的。此外，犬呼吸道冠状病毒（CRCoV）与BCoV的遗传和抗原相似性也得到了证实。

发病机制和病理变化　　小牛经口感染EBCoV后24～30h内出现腹泻。腹泻发生4h后，在小肠上皮和结肠隐窝可检测到病毒抗原。蛋白水解酶促进了肠道中感染的发生，因为胰蛋白酶在细胞培养中可以增强病毒复制。病毒也能感染邻近的肠系膜淋巴结，破坏肠绒毛周围的成熟肠细胞，导致受影响的绒毛萎缩和融合，随后引起肠道消化不良和吸收不良，液体和电解质迅速流失，严重时导致脱水、酸中毒、休克和死亡。

犊牛RBCoV感染能引起间质性肺炎，肺小叶间隔充血、出血、水肿。组织学上有间质性肺炎，单核炎症细胞浸润，肺泡间隔增厚。

感染后机体的反应　　犊牛感染EBCoV和RBCoV均能产生体液免疫应答，可通过病毒中和试验、血凝抑制试验、血细胞吸附抑制试验和酶联免疫吸附试验进行定量检测。由于循环抗体不能保护小牛免受感染，因此局部免疫应答发挥着重要作用。新生犊牛摄入初乳IgA可在一定时间内保护肠腔免受

EBCoV感染。

实验室诊断　BCoV感染可通过检测临床样本（如粪便、呼吸道分泌物、组织）中的感染性病毒、病毒抗原或病毒RNA来诊断。诊断由EBCoV引起的新生犊牛腹泻需要在粪便样本或肠道切片中鉴定出病毒，这可以通过病毒分离、电镜、荧光抗体或免疫组织化学染色来实现。上呼吸道疾病急性期采集的鼻拭子是RBCoV诊断的首选标本，可将鼻拭子中的呼吸道上皮细胞贴在载玻片上，进行直接荧光抗体试验。

常规RT-PCR、nRT-PCR和rRT-PCR可检测粪便、鼻腔分泌物或组织中的BCoV-RNA。由于BCoV抗体在牛中广泛存在，因此对急性和恢复期血清标本进行配对检测对BCoV感染的血清学诊断具有重要意义。

治疗和控制　治疗取决于疾病的严重程度和类型。电解质溶液可用于由EBCoV感染引起的犊牛腹泻脱水，抗生素治疗可用于控制继发感染。所有的BCoV感染最好通过良好的管理措施来控制，尽量减少接触这些病毒的机会，例如，避免将新引进的（受感染的）动物引入密集的产犊作业区。BCoV感染很难通过接种疫苗来控制肠道疾病，因为年龄很小的犊牛在对接种疫苗作出反应之前就受到了最严重的影响。另一种防控方法是免疫母牛以提高初乳中的抗体水平。然而，目前还没有研制出BCoV疫苗来预防幼年犊牛或饲养场牛BRDC中的BCoV相关呼吸道疾病。

犬呼吸道冠状病毒

2003年，在英国一家收容犬的呼吸道中发现了一种新的冠状病毒，该病毒被称为CRCoV。对CRCoV纤突蛋白基因的核苷酸序列分析表明，其与beta冠状病毒（第2群）BCoV和HCoV-OC43的同源性分别为97.3%和96.9%。最近有证据表明，HCoV-OC43是在从牛到人的传播后出现的。有趣的是，CRCoV和BCoV纤突蛋白的遗传关系表明，病毒很可能是从牛传染给犬的。CRCoV的纤突蛋白与CCoV-Ⅰ的氨基酸同源性仅为21.2%。CRCoV引起犬轻度呼吸道疾病，然而，在大多数情况下，它常与其他犬呼吸道病原（如支气管败血症波氏杆菌、犬腺病毒1型和2型、犬副流感病毒、犬疱疹病毒、呼肠孤病毒和流感病毒）混合感染导致犬传染性呼吸系统疾病（CIRD）。血清学研究表明，在英国、加拿大、爱尔兰、意大利、美国和日本调查的犬血清样本中存在抗CRCoV抗体。与CRCoV感染相关的犬传染性呼吸系统疾病（CIRD）在犬舍全年都发生，尤以冬季较常见。CRCoV用犬细胞系分离较困难，但可以用人的直肠肿瘤细胞系（HRT-18）及其克隆株HRT-18G分离，然而，并非所有的CRCoV毒株都可以用HRT-18或HRT-18G细胞分离，使用鸡红细胞血凝试验在4℃条件下可以检测CRCoV是否感染细胞培养物，用标准RT-PCR或实时荧光定量RT-PCR可检测临床标本中的CRCoV核酸，用抗BCoV交叉反应抗体在福尔马林固定组织上也可检测到CRCoV。已经开发出几种使用BCoV抗原或CCRoV抗原检测的ELISA方法。然而，与使用BCoV抗原的方法进行比较发现，使用CRCoV抗原检测的ELISA方法具有较高的敏感性和特异性。CRCoV抗体也可以通过IFA检测到在感染的HRT-18细胞中的CRCoV。抗CRCoV抗体与肠道CCoVs无交叉反应。由CRCoV引起的感染没有具体的治疗方法，但对由其他细菌引起的CIRD感染应做特定治疗。目前没有针对CRCoV的疫苗，由于这些病毒的纤突蛋白抗原相似性低，因此针对CCoV的疫苗可能不能抵抗CRCoV感染。

马冠状病毒

对患有肠道疾病和发热的马驹及成年马粪便样本进行电镜检查，已鉴定出冠状病毒样病原。2000年首次从腹泻马驹粪便中分离到了ECoV（NC99株）。系统发育树分析表明，ECoV NC99株与BCoV、HCoV-OC43和PHEV的亲缘关系最为密切。2011年，日本报道从出现发热和肠道疾病的成年马中分离到了ECoV（Tokachi09株）。核衣壳和纤突蛋白基因的核苷酸和氨基酸序列比较分析表明，Tokachi09株和北美洲NC99株非常相似（核苷酸同源性分别为98.0%和99.0%，氨基酸同源性分别为97.3%和99.0%）。然而，Tokachi09株在纤突基因的终止密码子后4个碱基中有185个核苷酸缺失，导致在NC99株中没有预测的编码4.7ku非结构蛋白的开放阅读框。然而，这些马冠状病毒的致病性，以及它们在肠道疾病中的作用尚没有得到详细研究。ECoV与美国越来越多马驹和成年马匹肠道疾病暴发相关，需要进一步的研究来确定ECoV在健康马和病马中的感染率，与其他肠道病原体混合感染的发生率，以及ECoV作为马肠道疾病病因的重要性。

ECoV的诊断可以通过在电镜下检查粪便中的冠状颗粒来实现。然而，可能难以在诊断的粪便标本中找到足够数量的ECoV粒子，因此成功率可能较低。ECoV很难被分离，也很难通过细胞传代。然而，ECoV已成功地通过接种HRT-18细胞从粪便中分离。据报道，最近研发出了针对保守核衣壳蛋白基因常规RT-PCR和rRT-PCR的检测方法。抗ECoV抗体与BcoV存在交叉反应，因此，血清样本中BcoV中和抗体滴度（4倍或更多）升高表明感染过ECoV。

小鼠肝炎病毒

小鼠肝炎病毒（MHV）具有高度传染性，在世界各地的小鼠群体中引起暴发性疾病。临床症状的严重程度取决于几个因素，大致分为病毒因素（毒株、剂量和感染途径）及宿主因素（小鼠品系、年龄和免疫状态）。有许多不同的MHV毒株，它们各自有特定的组织嗜性和相关的临床表现。不同病毒株感染小鼠可引起肠炎、肝炎、肾炎和脱髓鞘性脑脊髓炎。例如，小鼠肝炎病毒的A59株引起中度至重度肝炎，而MHV-4株则不会。肠道致病性MHV毒株引起乳鼠严重腹泻，死亡率近100%，肠道扩张，充满淡黄色液体；年龄大的鼠出现黄疸，体重减轻，并停止繁殖。组织学病变特点包括肠绒毛变钝（棒状），并存在广泛的合胞体，所有小鼠发展为急性肝炎局灶性肝细胞坏死和炎症细胞浸润。MHV的其他毒株可引起小鼠呼吸道和中枢神经系统疾病。MHV的A59和JHM株是最常用于研究的嗜神经病毒株。A59是一个组织培养适应双嗜性毒株，感染肝脏及大脑。引起中度至重度肝炎及大脑的轻度脑炎和脱髓鞘，中枢神经系统感染嗜神经型MHV可导致脱髓鞘麻痹（可用于多发性硬化等人慢性脱髓鞘疾病的模型）。

小鼠是否存在MHV感染是通过检测肠道和肝脏中总的病理特征和组织学病变来诊断的。有些MHV毒株高度致弱，很少引起病理变化或疾病，通过免疫组化和酶免疫分析的血清学方法可以鉴别，病毒可用几种小鼠细胞系分离出来。

该病毒在流行后持续存在，不断感染被引入到小鼠群中的易感小鼠。防控主要是通过采用严格的检疫措施打破MHV的传播周期。

大鼠冠状病毒

此部分内容介绍2株具有不同组织嗜性和疾病相关性的大鼠冠状病毒（RCoV）毒株。第1株是唾液泪腺炎病毒（SDAV），其是实验室大鼠唾液泪腺炎的病原体，是一种严重的自限性炎症疾病，病变见于大鼠的上呼吸道、唾液腺、泪腺和眼部。SDAV也已从下呼吸道分离到，能够引起小鼠轻度间质性肺炎。该病毒具有高度传染性，能导致感染鼠群的高发病率和低死亡率。感染的临床症状包括面部和颈部肿胀，过度流泪，眨眼，眯眼和眼球突出，泪小管的病变可能导致角膜干燥。典型的病变于2周内消失，该病毒可通过气溶胶直接接触和通过污染物传播。

第2株是帕克斯RCoV（RCoV-P），其只在呼吸道中被分离到，可导致小鼠的致命性肺炎。实验室经鼻内感染，RCoV-P在小鼠上呼吸道和下呼吸道均能复制，导致间质性肺炎和局灶性肺泡水肿，感染8d后才能消失。

γ冠状病毒属成员引起的动物疾病

禽支气管炎病毒

疾病　禽支气管炎病毒（IBV）是造成养禽业经济损失的重要因素之一，并且影响蛋鸡和肉鸡的性能。禽支气管炎病毒引起10日龄到4周龄雏鸡的呼吸道症状。各个日龄、性别和品种的鸡都易感，但是6周龄以上的鸡感染后死亡率低。病毒不仅在上、下呼吸道中复制，还在消化道（如食管、前胃、十二指肠、空肠、盲肠扁桃体、直肠、泄殖腔和法氏囊）、生殖道（如输卵管和睾丸）和肾脏等组织中复制。其呼吸道症状主要是呼吸困难、啰音、咳嗽、流鼻涕和精神沉郁，临床症状持续6～18d。发病率为100%，死亡率在25%以上。无母源抗体的雏鸡可能存在长时间的输卵管损伤，并且在成熟后出现产蛋障碍。IBV感染的消化道组织不会呈现典型的临床症状。此外，只有部分感染IBV的肉鸡出现肾炎，感染IBV引起的肾脏病变根据病毒毒株的不同而不同。被许多对肾脏有亲和力的病毒株感染后，肉鸡只有轻微或不明显的呼吸症状，但会导致高死亡率。产蛋鸡感染IBV后产蛋量和孵化率下降，若在良好的条件下饲养，则感染鸡可在几周内就恢复正常的产量，产蛋量的下降被认为与输卵管的感染有关。

病原

理化和抗原特性　IBV与其他冠状病毒抗原性不同，研究者通过血清学技术、聚丙烯酰胺凝胶电泳、寡核苷酸和核苷酸测序，已经鉴定了许多不同的病毒株并进行了分组。用单克隆抗体进行病毒中和试验和血凝试验鉴定了毒株特异性的表位位于S1蛋白（S蛋白被裂解，产生2个亚基，即氨基端S1和羧基端S2）。越来越多的新的中和表型抗原变异体的出现，使得我们很难根据血清分型区分IBV毒株和鸡诱导的IBV血清特异性抗体。S1蛋白少量的氨基酸改变，就会改变病毒的中和表位，导致新的抗原变异株和血清型出现。因此，IBV变异体可能有百余种血清型。根据S1纤突糖蛋白亚基的RT-PCR和测序，现已初步实现毒株的基因分型，其是保护性免疫的主要诱导蛋白，并展示大部分的病毒中和表位，包括血清型特异性表位。在一般情况下，*S1*基因高度同源性的毒株能够提供较好的交叉保护，但是*S1*基因同源性低的毒株却不能。

对理化因素的抵抗力　大多数IBV毒株在56℃、15min的条件下都能被灭活，但在低温下相当稳定。在酸性pH下的稳定性有差异，一些毒株在4℃、pH为3.0的条件下可存活3h。脂溶剂也可以灭活病毒。

对其他物种的感染性及培养系统　鸡是已知的传染性支气管炎病毒唯一的自然宿主，然而，IBV也感染鹌鹑和海鸥，通过脑内接种可感染乳鼠。该病毒可以在禽胚胎、细胞培养物和器官内培养。IBV也能感染火鸡胚胎，但感染效率较低。IBV可以接种在鸡胚细胞（肾、肺和肝）、火鸡胚胎肾细胞和猴肾（非洲绿猴肾）细胞，器官培养（包括气管和卵巢）已用于IBV的连续传代。

宿主-病毒相互关系

疾病分布、传染源和传播途径　世界各地已出现大量的IBV变异株，有趣的是，一些IBV变异株只限定在特定的区域，而其他毒株却广泛分布。该病毒可持续感染鸟类和/或连续周期性传播，在隔离环境下感染长达49d或在自然条件下更长时间后病愈。病毒通过吸入传播，呼吸道是首要的感染部位。此外，病毒还可通过呼吸道和排泄物排出，经接触污染物和气溶胶传播。

发病机制和病理变化　IBV感染的潜伏期为18～36h。IBV由呼吸道进入体内，导致气管炎和支气管炎，在幼禽体内，死亡率可以高达25%。毒株对肾脏的侵害是肾小管损伤，导致肾功能衰竭。感染肾型病毒的鸡产生苍白肾，即肾脏中尿酸结晶的积累导致肾小管和输尿管扩张引起的以肿胀和苍白为特征的肾小管坏死。感染后主要在气管、鼻腔、鼻窦出现浆液性、卡他性或干酪样渗出物。气囊中可能含有干酪样渗出物，小支气管肺炎病灶比较明显。该病毒可严重感染雏鸡，产生输卵管病变。显微镜下观察到呼吸道的损伤包括细胞浸润、黏膜水肿、血管充血并有出血。

感染后的机体反应　IBV感染可引起机体的体液和细胞免疫应答。体液免疫应答反应可以通过ELISA、病毒中和试验和HI进行检测。感染IBV后，鸡先产生ELISA抗体，随后是病毒中和抗体和HI抗体。在孵化4周内，被动获得的母源抗体滴度减少到可以忽略的程度，从自然感染中恢复的鸡可以抵抗同源病毒的攻击。毒株的多样性，使得免疫力的持续时间往往多变和难以确定。母源抗体的被动传递不能给雏鸡提供完全的保护，但可以降低疾病的严重程度和死亡率。气管免疫力在抵抗IBV感染中发挥重要作用，体液与细胞免疫应答的相对重要性尚不清楚。研究表明，细胞毒性T细胞反应程度与鸡在初始感染和临床体征的下降有关。鸡在没有保护抗体存在的前提下可以完全被保护的结果表明，由细胞介导的免疫在宿主保护IBV感染中起重要作用。

实验室诊断　传染性支气管炎的诊断可通过使用免疫组化或荧光抗体染色、病毒分离或血清学在气管涂片中直接检测出病毒抗原。传染性支气管炎必须与鸟类的其他急性呼吸道疾病，如新城疫、喉气管炎、传染性鼻炎进行鉴别诊断。

病毒分离是通过将气管或呼吸道分泌物接种到10～11日龄的鸡胚（ECE）绒毛尿囊中进行的。在胚胎蜷缩或死亡发生前需进行病毒传代。用实时荧光定量RT-PCR检测IBV核酸的方法得到了广泛应用。IBV感染的血清学诊断需要配对血清样本与IBV特异性病毒中和试验、HI、AGID或ELISA检测。

治疗和控制　目前，对于支气管炎尚无特异性治疗方法。通过有效管理和接种疫苗可以控制传染性支气管炎，通过严格的隔离可以降低该病毒的传播。已开发出用于控制传染性支气管炎的减毒和灭活疫苗，灭活疫苗可以诱导中和抗体，但其有效性受到质疑，通过连续传代减毒MLV疫苗不仅减少其致病性，同时降低了其免疫原性。接种MLV疫苗后能产生短暂的保护，并在接种后的9周开始下降。因此，存栏一年或一年以上的商品蛋鸡应多次接种MLV疫苗，甚至接种不止一种血清型的MLV疫苗。疫苗可以通过喷雾或在饮用水中接种，高传代疫苗病毒侵入性明显降低，一般要求喷雾接种。

IBV毒株和血清型的多样性使得研制有效疫苗非常困难，没有一个单一的毒株能够诱导对异种病毒的有效保护。多价疫苗可用，但在某些情况下，疫苗接种后反应延长，疫苗株间存在相互干扰。IBV肾型毒株的疫苗还没有商业化，虽然已经开发出了灭活和亚单位疫苗，但它们并不能提供良好的保护。

火鸡冠状病毒

疾病　火鸡冠状病毒（TCoV）是火鸡冠状病毒性肠炎（CE）的病原，是所有日龄火鸡的一种急性、高度接触性疾病，该病毒的防控对火鸡行业有重要的经济意义。CE发症症状包括蓝冠、发热、传染性肠炎和感染性肠炎。TCoV主要影响消化道。火鸡感染后精神沉郁，低温，厌食，食欲不振，体重减轻和粪便潮湿。此外，头部与皮肤变黑，皮肤压紧是受感染的生长中火鸡的特性。种鸡产蛋量快速下降，产白壳蛋。发病率基本上为100%，死亡率随火鸡年龄和环境条件的不同而不同。

病原

理化和抗原特性　TCoV可由脂溶剂和清洁剂灭活，但在20℃、pH 3.0下可以存活30min，50℃可以存活1h。TCoV与其他冠状病毒无抗原相关性，因此基于抗原性和生物学上的差异很容易与IBV区分。但是，根据核衣壳基因的系统发育分析证明，相比其他哺乳动物的冠状病毒，TCoV与IBV关系更密切。TCoV能凝集兔和豚鼠红细胞，但不凝集牛、马、羊、鼠、鹅、猴或鸡的红细胞。

对其他物种的感染性及培养系统　TCoV感染局限于火鸡，只在肠上皮细胞和法氏囊中复制，通过免疫组化可以证实TCoV的抗原存在这些组织中。试验证明，TCoV难以感染鸡、野鸡、海鸥和鹌鹑。病毒的实验室传代仅限于火鸡和鸡胚胎，TCoV在细胞上培养没有获得成功。

宿主-病毒相互关系

疾病分布、传染源和传播途径　火鸡冠状病毒性肠炎（CE）已在北美洲和澳大利亚被报道。病毒在疾病恢复的火鸡体内持续存在，可在冷冻的粪便和感染的粪便中生存长达整个冬季。因此，TCoV主要是由感染鸟的粪便经粪-口传播。病毒可能通过携带病毒的火鸡、被粪便接触的污染物（如人和设备）或者经自由飞行的鸟进行机械传播。

发病机制和病理变化　火鸡冠状病毒性肠炎的潜伏期为1～5d。肉眼病变主要限于肠道，有点状出血，有时在浆膜表面明显。病变在空肠最明显，但也可能发生在十二指肠、回肠和盲肠。气体和液体通常使小肠和盲肠扩张。胸肌典型的脱水和禽体出现消瘦。微观病变包括破坏肠绒毛的肠上皮细胞，导致其缩短，微绒毛丧失和受影响肠固有层的单核细胞浸润。

感染后机体的反应　感染TCoV后会产生体液和细胞免疫反应。血清抗体（IgM、IgA和IgG）感染后即产生，但IgG仅持续21d。局部IgA抗体在肠道分泌物中产生并且能够持续至少6个月。未观察到母体抗体的被动转移，对幼禽注射抗血清也不起保护作用。

实验室诊断　CE的确切诊断需要通过IHC染色，病毒分离来鉴定肠道组织中的病毒抗原或确定血清抗体。病毒可以经接种火鸡胚胎或幼禽分离，经荧光抗体染色感染的组织确定病毒存在。尝试在各种禽类和哺乳动物细胞培养物中繁殖TCoV，通常都没有成功。血清学诊断能够通过病毒中和试验或间接免疫荧光试验检测血清样本来实现。

治疗和控制　尽管可以使用多种治疗方法来预防其他肠道感染，但没有特定的治疗方法能够有效降低CE的发病率。目前还没有TCoV疫苗，但是预防感染是可能的，该疾病在某些地区已通过净化感染的处所而被清除。另一种病毒清除方法是将鸡（5～6周龄）在理想的环境中暴露于康复的病毒携带鸡中以诱导保护性的免疫反应。该策略只在持续出现感染并且其他控制方法失败的情况下推荐。

● 环曲病毒科成员引起的病毒疾病

最近鉴定了4种环曲病毒（TVL）：BToV、PToV、EToV和HuToV（表62.1）。环曲病毒粒子已在马、牛、猪、猫、犬和人的粪便样品中被发现。另外，环曲病毒可感染马、牛、绵羊、山羊、猪、兔、大鼠和2个野生鼠的品种，已通过血清学试验被确认。据推断，环曲病毒与多种动物的肠道疾病有关，但是在动物中只有BToV（也被认为是牛肠道Torovirus）被明确认为与动物的胃肠炎有关。

血清流行病学研究显示，BToV感染牛在全世界普遍存在。由BToV感染引起的腹泻在幼龄及老年牛中均有报道，临床症状包括水样腹泻、虚弱和精神沉郁。2～3周龄的血清小牛影响最严重，到3～4月龄时仅呈现温和的腹泻但是会持续排毒。BToV在成年牛中引起的腹泻也有报道。多数感染牛出现水样腹泻，厌食和产奶量下降。BToV感染通常局限在肠道，但有证据表明成年牛的呼吸道感染会引起老年牛的肺炎。用RT-PCR方法在日本出现呼吸道症状的犊牛鼻拭子中检测到了BToV核酸，提示该病毒可能是牛呼吸系统疾病的诱因和/或病原体。环曲病毒感染小肠和大肠延伸至结肠的上皮细胞。BToV可能通过口和呼吸道途径传播。感染后牛产生针对BToV的中和抗体并且该抗体能与其他动物种属的环曲病毒发生交叉反应。BToV感染的诊断是通过确定病毒粒子，其病毒粒子很像冠状病毒科其他成员，环形的核衣壳外包着囊膜和大量小的纤突。尽管从直肠拭子中分离EToV已有报道，但分离该基因型的其他成员却非常困难。在日本从腹泻牛的粪便样品中用HRT-18细胞分离到了BToV。BToV感染的诊断主要是通过鉴定抗原或免疫学方法鉴定抗体，粪便样品中的病毒能够用牛抗BToV抗血清通过间接免疫荧光检测，BToV抗体可以通过中和试验或ELISA检测。用常规和实时RT-

PCR方法检测粪便样品中BToV和PToV的核酸也有报道。

PToV最先在1998年从没有任何肠炎或腹泻症状的仔猪粪便中分离到，但是从断奶期腹泻的猪体内也分离到。在世界上很多国家中的仔猪体内分离到PToV，但其是否引起猪腹泻还不清楚。EToV（Bern病毒）最初是从腹泻的马的直肠拭子中分离到的，这是截至目前报道的唯一的EToV分离株。有限的血清流行病学研究显示，该病毒在美国和欧洲存在。关于环曲病毒感染动物致病性的重要性还有待确认。

参考文献

Enjuanes L, Gorbalenya AE, de Groot RJ, et al, 2008. Nidovirales, in Encyclopedia of Virology (eds BWJ Mahy and MHV Regenmortel)[M]. Elsevier, Oxford: 419-430.

Gorbalenya AE, Enjuanes L, Ziebuhr J, et al, 2006. Nidovirales: Evolving the largest RNA virus genome[J]. Virus Res, 117: 17-37.

Schütze H, Ulferts R, Schelle B, et al, 2006. Characterization of White Bream virus reveals a novel genetic cluster of Nidoviruses[J]. J Virol, 80 (23): 11598-11609.

延伸阅读

Decaro N, Buonavoglia C, 2008. An update on canine coronaviruses: Viral evolution and pathobiology[J]. Vet Microbiol, 132: 221-234.

de Groot RJ, Baker SC, Baric R, et al, 2012. Order Nidovirales, in Virus Taxonomy, Ninth Report of the International Committee on Taxonomy of Viruses, (eds AMQ King, MJ Adams, EB Carters, and EJ Lefkowitz)[M]. Elsevier Academic Press, London, Nidovirales: 806-828.

de Groot RJ, Cowley JA, Enjuanes L, et al, 2012. Order Nidovirales, in Virus Taxonomy, Ninth Report of the International Committee on Taxonomy of Viruses, (eds AMQKing, MJ Adams, EB Carters, and EJ Lefkowitz)[M]. Elsevier Academic Press, London, Nidovirales: 785-795.

Faaberg KS, Balasuriya UBR, Brinton MA, 2012. Family Arteriviridae, in Virus Taxonomy, Ninth Report of the International Committee on Taxonomy of Viruses (eds AMQ King, MJ Adams, EB Carters, and EJ Lefkowitz)[M]. Elsevier Academic Press, London, Nidovirales: 796-805.

Lai MMC, Perlman S, Anderson LJ, 2007. Coronaviridae, in Fields Virology, 5th edn (eds DM Knipe and PM Howley)[M]. Lippincott Williams & Wilkins, Philadelphia, PA: 1305-1335.

Perlman S, Gallagher T, Snijder EJ (ed.), 2008. Nidoviruses[M]. ASM Press, Washington DC.

Saif L, 2010. Bovine respiratory coronaviruses[J]. Vet Clin Food Anim, 26: 349-364.

Siddell SG, Ziebuhr J, Snijder EJ, 2005. Coronaviruses, toroviruses and arteriviruses, in, Topley & Wilson's Microbiology and Microbial Infections, Virology (eds BWJ Mahy and V ter Meulen)[M]. Hodder Arnold. London: 823-856.

Woo PCY, Lau SKP, Huang Y et al, 2009. Coronavirus diversity, phylogeny and interspecies jumping[J]. Exp Biol Med, 234: 1117-1127.

Woo PCY, Huang Y, Lau SKP, et al, 2010. Coronavirus genomics and bioinformatics analysis[J]. Viruses, 2: 1804-1820.

（刘平黄　韩宗玺　薛美译，刘平黄　冯力校）

第63章 动脉炎病毒科和杆状套病毒科

动脉炎病毒科、杆状套病毒科及冠状病毒科均属于尼多病毒目。动脉炎病毒科和杆状套病毒科成员均为单股正链RNA病毒。病毒基因组包含5′-帽子结构和3′-尾巴结构，在5′和3′末端含有非翻译区。它们的基因组结构及复制方式同冠状病毒的极其相似，但遗传复杂性及病毒粒子的构架与冠状病毒差异较大（图63.1和图63.2、表63.1至表63.3）。动脉炎病毒科（动脉炎病毒属）包含4种种属特异性病毒：①马动脉炎病毒（equine arteritis virus，EAV），感染马、驴、骡及斑马（马属动物）；②猪繁殖与呼吸综合征病毒（porcine reproductive and respiratory syndrome virus，PRRSV），感染猪；③猴出血热病毒（simian hemorrhagic fever virus，SHFV），感染猴；④乳酸脱氢酶病毒（lactate dehydrogenase-elEAVting virus，LDV），感染鼠类。动脉炎病毒属成员主要感染相应宿主的巨噬细胞，感染后发病症状多样，包括无临床症状的持续性感染、呼吸系统疾病、繁殖障碍疾病（流产）及致死性的出血热。动脉炎病毒科的4个病毒成员都可引起相应宿主的持续性感染而不表现临床症状。杆状套病毒科（杆状套病毒属）包括许多密切相关的能够感染介壳类成员（如河虾、对虾及螃蟹）的病毒。杆状套病毒的命名起源于这些病毒具有感染对虾淋巴或类淋巴（Oka）器官的能力。杆状套病毒属的成员包括黄头病毒（YHV）和鳃相关鳃联病毒（GAV），二者在亚洲及澳大利亚均能引起黑虎虾（竹节虾）的高死亡率。

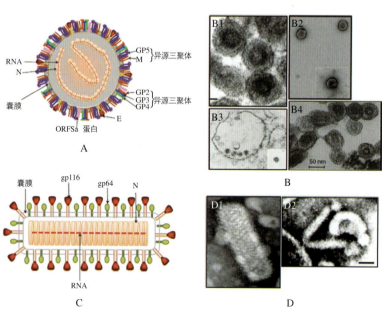

图63.1 动脉炎病毒和杆状套病毒的结构及形态学
(A) 动脉炎病毒。(B) 动脉炎病毒：EAV (B1)、PRRSV (B2)、SHFV (B3)、LDV (B4)。(C) 杆状套病毒。(D) 杆状套病毒GAV (D1)、EsRNV (D2) [引自 Snijder 等 (2005)（EAV 和 GAV）、Spilman 等 (2009)（PRRSV）；Gravell 等 (1980)（SHFV）；Brinton-Darnell 和 Plagemann (1975)（LDV）、Zhang 和 Bonami (2007)（EsRNV）]

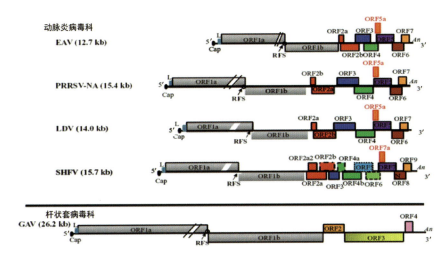

图63.2 动脉炎病毒和杆状套病毒的基因组结构。动脉炎病毒家族典型的病毒基因组RNA（EAV、PRRSV-NA和SHFV）和杆状套病毒科（GAV）标尺相同。描述开放性阅读框（ORFs）编码复制酶蛋白和病毒结构蛋白质类。SHFV结构蛋白ORFs的重复区通过方框和折线的方式显示。5′-帽子结构，5′-前导序列（L）显示了ORF1a/1b，和3′ poly A尾巴（An）核糖体结构转变（RFS）（引自Gorbalenya等，2006）

表63.1 动脉炎病毒科（动脉炎病毒属）和杆状套病毒科（杆状套病毒属）病毒

科/属/物种	分离年份	自然宿主	疾病/组织的影响	传播途径
动脉炎病毒科，动脉炎病毒属				
马动脉炎病毒[a]	1953	马、驴、骡	马病毒性动脉炎-呼吸道疾病（流感样疾病）、流产和幼年马驹的间质性肺炎	气雾，接触，污染物，性病（繁殖）、胚胎移植和先天性感染
猪繁殖与呼吸综合征病毒[b]	1990	猪	猪繁殖与呼吸综合征、呼吸困难、流产、产死胎、产木乃伊胎	气雾，接触，污染物，性病（繁殖）
乳酸脱氢酶病毒[c]	1960	小鼠	没有临床症状，但是血液中的乳酸脱氢酶升高	抓咬和食粪
猴出血热病毒[d]	1964	猴	全身性出血性疾病	气雾，接触，污染物，抓咬和医源性
杆状病毒家族 (genus okavirus)				
黄头病毒[e]	1990	河虾和对虾	肝、胰脏变黄	水平传播（水传播），同类相食和垂直水平传播（水传播）
腮相关病毒[f]	1993	河虾和对虾	鳃和淋巴器官	水平传播（水传播），同类相食和垂直水平传播（水传播）
河蟹病毒（EsRNV）	1996	蟹类	影响淋巴器官，鳃和肝胰腺，导致"叹息疾病"的发生	水平传播（水传播）

注：动脉炎病毒属基因全长GenBank序列号：
[a]EAV致病性Bucyrus毒株（EAV-VBS）-DQ846750、适应传代细胞的Bucyrus毒株-X53459（=NC_001639）；
[b]PRRSV1型［PRRSV-1或PRRSV EU（Lelystad病毒）］-M96262和PRRSV 2型［PRRSV-2或PRRSV-NA（VR-2332）］；
[c]LDV Plagemann（LDV-P）-U15146（=NC_001639）、LDV-C（L13298）；
[d]SHFV-AF180391（=NC_003092；
[e]YHV（YHV1992）-FJ848673；
[f]GAV-NC_010306。

表63.2 动脉炎病毒分子特征

病毒（基因组大小，bp）	复制酶蛋白			结构蛋白		
	ORFs	NSP名称	大小（aa）	ORFs	蛋白名称	大小（aa）
EAV (12 704~12 731)	ORF1a	8/9	1 727	2a	EGP2	67
	ORF1ab	11	3 175	2b	GP3	227
				3	GP4	163
				4	ORF5a	152
				5a	GP5	59
				5b	M	255
				6	N	162
				7		110
PRRSV-NA (15 047~15 465)	ORF1a	9/10	2 504	2a	GP2	256
	ORF1ab	12	3 962	2b	E	73
				3	GP3	2 254
				4	GP4	178
				5a	ORF5a	51[a]
				5b	GP5	200
				6	M	174
				7	N	123
PRRSV-EU (15 111)	ORF1a	9/10	2 397	2a	GP2	249
	ORF1ab	12	3 854	2b	E	70
				3	GP3	265
				4	GP4	183
				5a	ORF5a	43
				5b	GP5	201
				6	M	173
				7	N	128
LDV (14 104)	ORF1a	9	2 206	2a	E	70
	ORF1ab	12	3 616	2b	GP2	227
				3	GP3	191
				4	GP4	175
				5a	ORF5a	47
				5b	GP5	199
				6	M	171
				7	N	115

(续)

病毒（基因组大小，bp）	复制酶蛋白			结构蛋白		
	ORFs	NSP名称	大小（aa）	ORFs	蛋白名称	大小（aa）
SHFV (15 717)	ORF1a	9/10	2 105	2a	GP2a	281
	ORF1ab	12/13	3 594	2a2	E	94
				2b	GP2	204
				3	GP3	205
				4a	E	80
				4b	GP4	214
				5	GP3	179
				6	GP4′	182
				7a	ORF7a	64
				7b	GP7	278
				8	M	162
				9	N	111

注：分子数据基于以下GenBank序列：DQ846750（致病性的Bucyrus株）、U87392（PRRSV-NA [VR-2332]）、M96262（PRRSV-EU [Lelystad病毒]）、U15146（LDV-P）和AF180391（SHFV）；

[a] 在北美洲PRRSV毒株中大小的变化在46～51个氨基酸之内。

● 病毒粒子特征及复制

动脉炎病毒属

动脉炎病毒属病毒粒子呈球形，病毒直径为45～60nm，包含直径为25～39nm的核衣壳，外周有囊膜蛋白包裹，囊膜表面有直径为12～15nm的纤突，没有冠状病毒及杆状套病毒特有的刺突。动脉炎病毒在蔗糖中的浮力密度是1.13～1.17g/cm^3，沉降系数是214～230S。病毒基因组为单股正链RNA，基因组全长12.7～15.7kb，包含10～14个开放阅读框（表63.2及图63.2）。动脉炎病毒易被类脂类溶剂（如乙醚和氯仿）、普通的消毒剂及去污剂（如0.01% NP-40或Titron X-100）灭活。此外，病毒耐热性差，活性随温度的升高而降低。EAV在4℃时可存活75d，37℃时可存活2～3d，56℃时可存活20～30min。含有EAV的细胞培养物或脏器样本在-70℃条件下能保存数年，而病毒的感染力无明显下降。在4℃条件下，PRRSV感染力在1周之内丧失，但在低温条件下（如-70或-20℃）可维持较长的时间（数月至数年）。PRRSV在较高或较低pH环境下很快失活（<6或>7.5）；LDV在-20℃下极不稳定并很快失去感染性。

EAV和PRRSV的病毒粒子由核衣壳蛋白（N）和7个膜蛋白（E、GP2、GP3、GP4、ORF5a、GP5及M蛋白）组成（图63.1A和表63.2）。GP5蛋白（糖基化蛋白）和M蛋白（非糖基化蛋白）是EAV和PRRSV的主要膜蛋白，它们在成熟的病毒粒子中以二硫键链接形成二聚体。此外，动脉炎病毒包含由3个小的囊膜糖蛋白（GP2、GP3和GP4）和2个非糖基化囊膜蛋白（E和ORF5a蛋白）组成的异质三联体。所有的主要结构蛋白（N、GP5和M）和4个小囊膜蛋白（E、GP2、GP3和GP4）在子代病毒的形成过程中都是必需的。反向遗传操作技术显示，ORF5a蛋白的缺失可抑制EAV生长，主要表现是子代病毒空斑减小和病毒效价显著降低。在LDV病毒中，ORF2a、ORF2b、ORF3、ORF4

及ORF5编码的蛋白还没有被证实是病毒的结构蛋白。美洲型PRRSV（type2）及LDV感染的细胞能够产生非病毒粒子相关性的GP3并释放到培养基中。EAV、PRRSV和LDV的GP5蛋白中含有中和表位（图63.3），在EAV和PRRSV中，GP5蛋白和M蛋白形成的异源二聚体是GP5蛋白翻译后的修饰和中和表位构象成熟的关键因素。M蛋白可能为GP5蛋白折叠而诱导鼠、马及猪体内产生中和抗体，以提供支架作用。

此外，欧洲型PRRSV毒株（LV株）GP4中还含有高免疫活性的线性中和表位（57～68位氨基酸），且该毒株GP4表位的中和抗体不能识别或中和其他与该区域不同的欧洲型临床分离株。GP2、GP3和GP4的异源二聚体与病毒吸附及与受体结合有关。近期的研究表明，美洲型PRRSV的GP2和GP4蛋白能够与膜蛋白相互作用形成多蛋白复合体。GP4和GP5的相互作用明显强于其他囊膜糖蛋白。

反向遗传技术显示，EAV毒力决定子集中在非结构蛋白（nsp1、nsp2、nsp7及nsp10）和结构蛋白（GP4、GP5和M）2个结构区域，主要的毒力决定子位于病毒的结构蛋白基因区。GP2、GP3、GP4、GP5及M蛋白间的相互作用决定病毒对$CD14^+$单核细胞的嗜性，而GP2、GP4、GP5及M蛋白间的相互作用决定病毒对T淋巴细胞的嗜性，而不需要GP3，但与病毒在种马生殖道中持续性感染有关的特异性蛋白目前还未被鉴定。通过反向遗传技术确定PRRSV主要的毒力决定子集中在nsp3～nsp8及ORF5上，但在nsp1～nsp3、nsp10～nsp12及ORF2上的其他一些小的毒力决定子也已被鉴定出来。因此，EAV和PRRSV的毒力决定子是非常复杂的，通常涉及编码膜蛋白和编码非结构蛋白的复合区域（多基因的）。

表63.3 杆状套病毒分子特征

病毒（基因组大小，bp）	复制蛋白		结构蛋白		
	ORFs	大小（aa）	ORFs	蛋白名称	大小（aa）
YHV (26 652～26 673)	1a	4 074	2	N	146
	1ab	6 692	3	gp116	1 666[a]
				gp64	
				p20	
			4	多肽	20
GAV 26 253	1a	4 060	2	N	144
	1ab	6 706	3	gp116	1 640[a]
				gp64	
				p20	
			4	多肽	83

注：分子数量来源于GenBank序列：YHV（YHV1992）-FJ848673和GAV（NC_010306）。

SHFV的结构蛋白特征目前研究较少，与其他动脉炎病毒属成员不同的是，ORF2a、ORF2a2、ORF3和ORF4的重复编码，使*SHFV*基因含有额外4个ORFs，分别为ORF2b、ORF4a、ORF5和ORF6（表63.2和图63.2A）。预测ORF2b、ORF4a、ORF5和ORF6能够编码4个额外的重复蛋白（E′、GP2′、GP3′和GP4′）。由SHFV ORF 2a2和ORF4a编码的2个蛋白与其他动脉炎病毒属成员的E蛋白存在同源区域。但与E蛋白不同的是，E′没有被预测到十四烷基化。其他动脉炎病毒属成员的E蛋白脂肪酸酰基化后在病毒入侵的脱衣壳过程中发挥离子通道蛋白功能。SHFV的GP7a蛋白及主要糖基化膜蛋白GP7与其他动脉炎病毒属成员的GP5a和GP5蛋白对应（表63.2）。GP7蛋白同其他动脉炎病毒属相应的蛋白具有相似结构特征，被预测为表达主要的病毒中和表位（图63.3）。

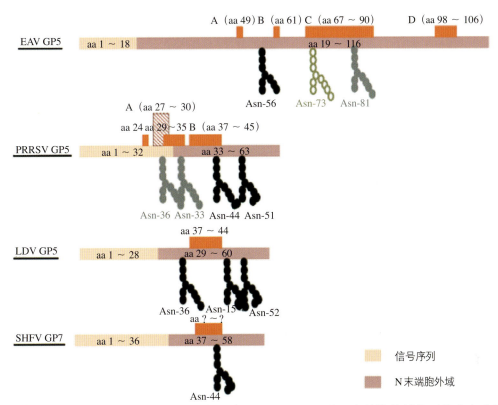

图63.3 对位于EAV、PRRSV和SHFV GP5蛋白,以及SHFV GP7蛋白N末端胞外域的可能中和表位的比较。绘制保守的(黑色圆点)和不保守的(黑灰色圆点)糖基化位点及可能的主要中和位点(棕色方框)和非中和表位(阴影方框)图。在一些EAV毒株确定的第3个可能的糖基化位点,如空的灰色圆点所示(引自Balasuriya和MacLachlan,2004)

动脉炎病毒属最初在相应的自然宿主巨噬细胞中复制。EAV能够感染马、驴、骡和斑马,并最先在巨噬细胞和内皮细胞中复制,也能选择性地在上皮细胞、间皮细胞和小动脉中层、小静脉及子宫肌层的平滑肌细胞中复制。与其他动脉炎病毒属成员不同的是,EAV可在多种原代组织中复制,包括马的肺动脉内皮细胞及马、兔、仓鼠肾细胞,它也能在细胞系中复制,如幼仓鼠肾细胞(BHK-21)、兔肾细胞(RK-13)、非洲绿猴肾细胞(Vero)、猕猴肾细胞(LLC-MK2)、仓鼠肺细胞(HmLu)、转染SV-40的马卵巢细胞及犬肝炎病毒转染的仓鼠肿瘤细胞(HS和HT-7)。PRRSV最先感染的宿主是猪,但研究发现,通过饮水的方式接触PRRSV的鸡、鸭,于其粪便中也能检测到该病毒,显示鸡、鸭对PRRSV也易感。美洲型PRRSV分离株(2型)能够在PAM、CRL-11171、MA-104及其衍生细胞系(CL2621或MARC-145)中复制,但大多数欧洲型PRRSV分离株(1型)只能在PAM上复制或只有在PAM上复制。即便如此,欧洲型分离株已适应了在CL2621细胞系生长。PRRSV疫苗株较PAM相比更容易在CL2621细胞系中生长(100~1 000倍)。LDV最开始能够在1~2周龄鼠的巨噬细胞和其他鼠巨噬细胞系中生长,但不能在其他别的细胞系中生长。SHFV能够感染恒河猴和赤猴外周巨噬细胞的原代细胞系,也能在MA-104细胞系中增殖。

和其他有包膜的病毒一样,动脉炎病毒属成员通过自身的囊膜蛋白与细胞表面受体结合,介导病毒吸附并参与宿主细胞的膜蛋白融合过程(图63.4)。除PRRSV外,其他动脉炎病毒属成员的细胞受体目前还没有被鉴定。近年来已鉴定出与PRRSV相关的病毒吸附和内化的相关潜在细胞分子,这些分子包括CD163(巨噬细胞清道夫受体家族成员)、唾液酸黏附素(巨噬细胞限制性表面分子)和硫酸乙酰肝素氨基葡聚糖。研究表明,PRRSV的GP4和GP2蛋白与CD163分子结合并发挥重要的病毒吸附作用，在EAV中，硫酸乙酰肝素可能发挥病毒的吸附作用。研究表明，EAV中所有小蛋白（GP2、GP3和GP4）和主要膜蛋白（GP5和M）之间的相互作用决定了病毒对$CD14^+$单核细胞的嗜性，而GP2、GP4、GP5和M蛋白而非GP3蛋白决定病毒对$CD3^+$细胞的嗜性。EAV和其他动脉炎病毒属成员通过低pH依赖性的胞吞方式进入易感细胞。伴随着病毒基因的脱壳，动脉炎病毒属成员通过核糖体框架移位的方式转录位于5′-端的占整个基因组3/4的2个大的多聚蛋白基因复制酶（ORF1a和ORF1b），此复制开始（图63.5）。2个多聚蛋白复制酶被处理成13～14个剪切产物或"非结构蛋白"（nsps）（图63.5）。5′-前导序列（5′-UTR）和转录调节序列（TRSs）均位于每个ORF的上游区，发挥基因复制和病毒蛋白的转录作用。动脉炎病毒属成员的复制发生在被感染细胞的细胞质内，其中宿主细胞膜被修饰成典型的双层膜的囊泡结构，这个囊泡结构被认为是携带病毒复制/转录的复合体。然而，一些病毒蛋白（nsp1和N）在病毒复制过程中被移位至核内。病毒结构蛋白的编码基因是重叠的且位于3′端，占整个基因组1/4的区域（图63.2），这些结构蛋白基因由3′末端的一系列巢式亚基因mRNA（sgmRNAs）所表达。所有的sgmRNAs都具有一个共同的起源于病毒的5′-UTR引导序列。动脉炎病毒的复制和转录是通过不同的负链中间体来进行的（图63.6），全长负链模板用于复制，同时，在一系列不连续的RNA合成过程中产生的亚基因组大小的负链被用于合成sgmRNAs。开始合成的全长负链RNA（或互补基因）也作为模板被用于新的基因组RNA的复制，这种复制发生在RNA依赖的RNA聚合酶（RdRp）复合体识别靠近病毒3′末端的RNA信号之后。为了产生新的基因组RNA，需要利用靠近3′末端互补基因组的识别信号。N蛋白壳体化新合成的病毒基因组RNA后动脉炎病毒在穿过内质网和/或高尔基复合体出芽过程中获得了自己的外膜。出芽之后，子代病毒颗粒通过细胞内的小囊泡被转运到细胞膜得以释放。

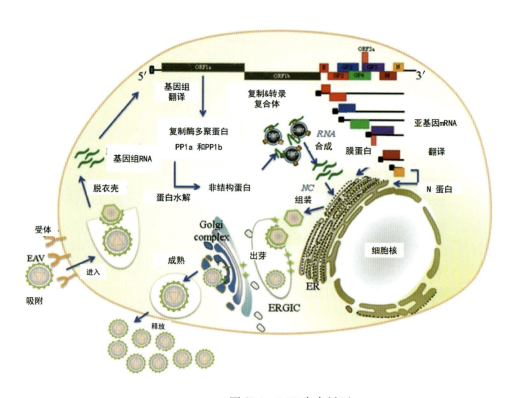

图63.4　EAV生命循环

DMV，双膜囊泡；ER，内质网；ERGIC，内质网-高尔基体中间的隔区；NC，核衣壳

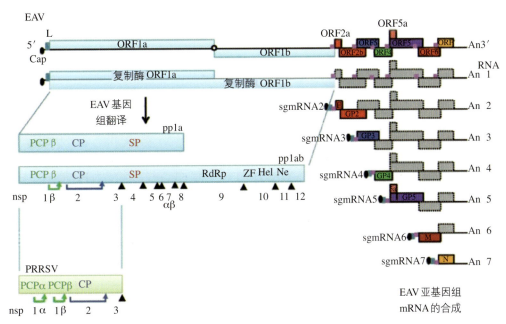

图63.5 动脉炎病毒基因组表达证实5′前导序列（蓝盒）和主体TRSs（粉盒）位于每个基因的上游。对sgmRNA2和sgmRNA5近5′末端的遗漏翻译因子扫描确定E、GP2、ORF5a和GP5基因翻译发生。EAV复制酶多聚蛋白1ab加工如图左下角所示。预测的PCPβ 和CP切割位点分别由绿色和蓝色箭号所示。3CLSP（SP）切割位点由黑色箭头所示。基因编码的结构蛋白由不同颜色所示。PCP，木瓜蛋白酶样的半胱氨酸蛋白酶；CP，半胱氨酸蛋白酶；3CLSP（SP），3-糜蛋白酶样的丝氨酸蛋白酶；ZF，预测的锌指结构；Hel，解旋酶；Ne，NendoU；nsp，非结构蛋白

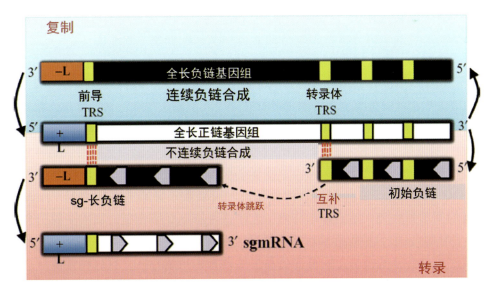

图63.6 基于"负链RNA模型不连续的延伸"的动脉炎病毒复制（基因组合成；顶部）和转录（sgmRNA合成；底部）图解

复制模型-RdRp产生全长的负链RNA（反基因组）作为合成新基因组RNA的模板。转录模型-负链RNA合成是不连续的，并被TRSs调控。抗体TRS作为一种初期负链到全长基因组正链5′末端引导TRS的"跳跃"信号。随后，含有位于3′末端抗体TRS的初期负链将通过3′前导子末端TRS的碱基配对相互作用重新导向基因组模板5′近端区域。在加入初期负链的抗前导子（+L）后，亚基因组长度负链将作为sgmRNA合成的模板（引自Pasternak等，2006；Balasuriya和Snijder，2008）

杆状套病毒属

杆状套病毒是有囊膜包裹的杆状病毒粒子[(40~60)nm×(150~200)nm](图63.1C和图63.1D)。核衣壳蛋白具有螺旋对称结构并具有直径为16~30nm的卷曲纤丝。核衣壳由囊膜包裹，囊膜弥散性投射（厚约8nm，长约11nm）并延伸至表面。具有较大研究价值的杆状套病毒包括黑虎虾的YHV和GAV。YHV的病毒粒子在蔗糖中的浮力密度为1.18~1.20g/mL。与其他套式病毒相似，杆状套病毒基因组是单股正链RNA，大小为26.2~26.6kb，包含5′帽子结构和3′多聚腺苷酸的尾巴结构，并含有5个开放阅读框（5′-ORF1a-ORF1b-ORF2-ORF3-ORF4-polyA-3′，图63.2B）。YHV在海水中的感染性能保持最少72h，病毒在30mg/kg的次氯酸钙中能被有效灭活。

同其他套式病毒家族成员一样，这些病毒在它们基因组RNA中编码2个大的多聚蛋白复制酶：ORF1a（pp1a）和ORF1ab融合产物（pp1ab）。pp1a和pp1ab被加工成数个非结构蛋白，包括病毒蛋白分解酶、RdRp、解旋酶和其他保守的酶区域。全长基因组RNA（RNA1）和2个smgRNA（smgRNA2和smgRNA3）在病毒复制过程中形成。同动脉炎病毒属类似，病毒的结构蛋白基因由两个嵌套的3′末端sgmRNAs（sgmRNA2和sgmRNA3）开始表达。与其他套式病毒不同的是，杆状病毒N蛋白由ORF2编码，ORF2一过性地位于5′末端ORF1a/ab复制基因的下游（表63.3）。ORF3被编码多聚蛋白剪切的目的是能够生成2个囊膜糖蛋白（gp116和gp64）和约25ku的N末端跨膜区的三倍体蛋白，目前功能未知。ORF4编码的多肽在病毒感染的细胞中的表达水平极低，且功能未知。

动脉炎病毒属

马动脉炎病毒

疾病 EAV目前已知只有1个血清型，然而，临床毒株的毒力及中和表位具有极大差异。基于EAV ORF5系谱的系统进化树分析将EAV分成北美洲型和欧洲型，欧洲型又进一步分成2个亚型。EAV是马动脉炎的病原，是全球范围内发生的马呼吸与繁殖性疾病病原。感染马的临床症状特征依赖于多种因素，包括马的品种、年龄体况、病毒数量、感染方式、毒株及环境条件等。大多数感染马呈现隐性或亚临床症状，但急性感染的马能够表现一系列临床症状，包括发热、精神沉郁、食欲不振、水肿（阴囊、腹部及四肢末梢）、四肢僵硬、结膜炎、流泪及眼部周围肿胀（末梢及眼眶水肿）、呼吸障碍、荨麻疹及白细胞减少。潜伏期为3~14d（通过交配传播的潜伏期通常为6~8d），然后出现高热，达41℃，并持续2~9d。该病毒能引起妊娠母马流产，在自然感染EAV的母马群中，流产率为10%~60%。由EAV引起的母马流产可发生于妊娠3~10个月。EAV感染新生马驹可引起严重的间质性肺炎，感染青年马可引起渐进性肺肠炎综合征。很大一部分急性感染期的种马（10%~70%）发展为持续感染状态且能通过精液散毒，但没有类似的母马、阉畜及新生马驹感染后持续感染并传播的报告。病毒在公马生殖器官内持续存在，且这种带毒状态具有睾丸酮依赖性。

宿主-病毒相互关系

疾病分布、传染源和传播途径 尽管EAV血清阳性率在不同地区及同一地区不同年龄的马群之间具有很大的差异性，但EAV在世界范围内都存在。在美国，有70%~90%的成年马呈现EAV血清学阳性，但在纯种马中仅为1%~3%。同样，在欧洲温血马中EAV血清阳性率也很高。EAV血清阳性率随年龄增加，显示它们在生长过程中持续暴露在病毒感染中。受病毒持续感染的种马作为病毒的自然生存场所，将病毒散布到育种期对病毒易感的母马群中（图63.7）。EAV的传播有两个理论模型：

一个是水平传播，急性感染期马呼吸道分泌物通过气溶胶的方式传播；另一个是垂直传播，即通过自然交配或人工授精的方式传播含有EAV的精液传播病毒。不仅如此，病毒还可通过使用病毒感染的精液受精胚胎移植而传播。EAV还可通过病毒感染的污染物或人员之间接触而传播。病毒的先天感染是由于妊娠后期母马感染病毒后经胎盘感染胎儿所致。

发病机制和病理变化 EAV的致病机制主要来源于对不同毒株、不同剂量经鼻腔接种试验马的研究。值得注意的是，除了致死性EAV和新生马驹的感染外，EAV感染的马死亡率较低。很多发表文献描述由高致病EAV试验性感染引起的损伤不能代表EAV临床毒株引起的发病情况。大部分EAV临床毒株在感染马中仅仅能引起轻度到中度的临床症状，但也有一些EAV毒株在感染马中能引起严重的疾病。病毒通过呼吸作用感染马，并最先在马肺泡巨噬细胞中定居并增殖，接着出现在淋巴结区域，支气管淋巴结中的居多。感染3d内病毒就存在于所有的组织和器官（病毒血症），并在相应的巨噬细胞和上皮细胞内复制增殖。EAV的临床表现为内皮细胞损伤和血管渗透性增加。体内外研究显示，编码促炎性反应基因 *IL-1β*、*IL-6*、*IL-8* 和肿瘤坏死因子（TNF）-α随EAV的感染而增加，表明这些炎性因子决定了病毒的感染强度和发病严重程度。研究表明，感染EAV马的临床发病症状由基因遗传因素决定。值得注意的是，根据体外EAV对CD3$^+$T淋巴细胞的易感性研究表明，马可分为对EAV易感型和非易感型2个群体。对基因相关性的广泛研究鉴定了具有共性的、基因显性的单倍体，在体外与易感性相关的位于马染色体11（ECA11；49572804～49643932）的区域。动物感染试验表明，体外对CD3$^+$敏感或具有抗性的马动脉炎病毒在2组马之间存在显著差异，在体外具有CD3$^+$T细胞抗性表型的马在促炎性和免疫调节细胞因子mRNA中表达并加重临床症状。这些研究为病毒感染因宿主基因型变化和表型差异而引起病毒复制、增殖、临床症状及细胞因子基因表达水平的差异提供了直接证据。

EAV感染妊娠母马后会导致胎儿流产，分娩出的胎儿通常会有部分自溶。流产胎儿可能会出现小叶间肺水肿、胸腔和心包积液，以及小肠浆膜和黏膜表面的瘀点性和瘀斑性出血。新生马驹偶尔会发展成非常严重的急性间质性肺炎。EAV的特征性组织学特点是小血管严重坏死，受影响的肌动脉内膜也具有内膜和中层坏死病变、水肿及淋巴细胞和中性粒细胞浸润。主要功能性血管病变也可见于流产胎儿的胎盘、脑、肝和脾，受影响的新生马驹的肺也有严重的间质性肺炎。

感染后机体的反应 EAV感染耐过的及接种灭活或者减毒EAV毒株的动物均能产生中和抗体，并对随后的EAV感染有抵抗力。中和抗体在宿主接触病毒的1～2周内能被检测到，在2～4个月达到最大滴度，该抗体持续3年或更长时间。除公马能持续感染外，其他马在病毒感染后28d后不再携带病毒。母马免疫后，可通过初乳被动转移的中和抗体保护马驹免受临床EAV的侵袭。马驹的中和抗体在初乳喂养后的几个小时出现，在1周龄达到高峰期，并在2～7个月逐步下降直至消失。马的血清学试验显示，机体对EAV单个结构蛋白和非结构性蛋白的反应具有多样性。免疫印迹法已经证实，被感染的马对多数病毒结构蛋白（如GP5、M和N）有反应，而种马血清却不能持续性识别M蛋白的保守羧基末端区域。同样，试验或持续感染EAV的马对nsp2、nsp4、nsp5和nsp12反应强烈，但接种现有经修饰的活病毒疫苗的马不与nsp5反应且与nsp4的反应微弱。机体对EAV感染的先天免疫反应未完全被阐明，但研究表明，病毒可抑制感染细胞Ⅰ型干扰素（IFN）的产生。研究表明，nsp1、nsp2和nsp11能够抑制Ⅰ型IFN活性。在这3个蛋白中，nsp1抑制干扰素合成的作用最强。在感染的细胞中，诱导Ⅰ型干扰素的产生失败可以使病毒破坏马先天免疫反应，但现有对马感染EAV的细胞免疫反应研究得非常少，并且对EAV感染有反应的马细胞毒性T淋巴细胞所针对的特定病毒蛋白尚待深入研究。

实验室诊断 需要强调的是，EAV感染马通常表现亚临床症状或轻度感染症状，尤其重要的是，病毒性呼吸道感染的临床症状常常与EAV感染类似。目前，EAV的确诊是根据病毒分离试验（VI）

和/或使用病毒中和试验（VNT）检测间隔21～28d配对血清样本中的中和抗体滴度上升情况（4倍或更大）的血清学方法。VNT是世界各地的大多数实验室检测EAV感染的主要血清学方法，且仍然是世界动物卫生组织当前规定的检测EAV的金标准。几个实验室已开发和评估酶联免疫吸附试验（ELISA）来检测EAV抗体，使用全病毒、合成肽或重组病毒蛋白（如GP5、M和N）作为抗原。各种研究表明，抗原来源及血清评价标准能显著影响EAV蛋白特异性的ELISAs和竞争性ELISA的结果。目前这些ELISA方法或最近描述的微球免疫测定（Luminex公司）均尚未被证明与VNT有同样的灵敏度和特异性。

EAV可以从有EAV感染症状的成年马鼻拭子、抗凝血或流产马胎儿的组织（如肺、脾、淋巴结和胎盘）中被分离。种马携带病毒首先通过血清学检测的方法确定，因为它们始终呈血清阳性；持续感染是通过在培养的细胞中接种精液分离病毒（VI），通过检测血清阴性母马在育种期EAV的血清转化情况，或通过逆转录聚合酶链式反应（RT-PCR）、标准RT-PCR或实时RT-PCR（rRT-PCR）检测精液中的病毒核酸进行确诊。针对携带病毒种马的监测在流行病学方面是预防和控制EAV的关键。VI是目前世界动物卫生组织认可的检测精液中EAV的金标准，且被建议用于马进出口国际贸易的检测。但目前已经证明，用文献中描述的rRT-PCR方法检测精液样品中的EAV与VI具有同样的检测结果或更高的灵敏度。病理组织学检查结合免疫组化染色对流产马的检测能获得与标准RT-PCR或rRT-PCR测定同样的效果。

治疗和控制　目前除了手术去势以外，没有其他有效的方法可以消除持续感染EAV的种马的病毒携带状态。对于感染EAV的马匹，目前还没有有效的治疗手段。但是，有初步数据支持GnRH（促性腺激素释放激素）的疫苗或颉颃剂可以暂时限制公马精液中携带病毒的散播。此外，针对EAV基因组5′末端肽结合的磷酰吗啉代寡聚物（PPMO）在体外条件下也可阻断EAV感染HeLa细胞，通过噬斑测定法、间接免疫荧光测定法及rRT-PCR测定PPMO固化的HeLa细胞均没有检测到感染性病毒、病毒抗原及EAV核酸。尽管这些研究结果表明PPMOs在细胞培养可用于阻断EAV的持续性感染，但

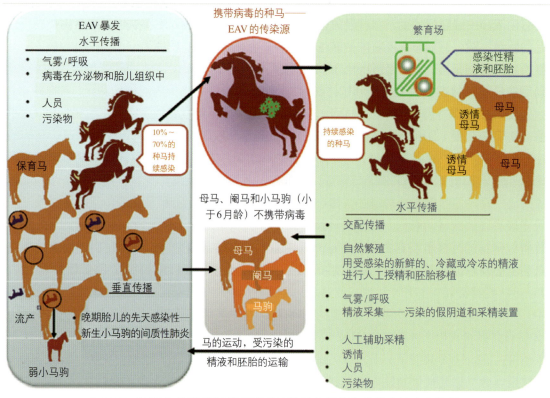

图63.7　EAV的传播　描述携带病毒的种马在携带和传播中的核心作用

是PPMO在体内是否有阻断EAV的作用仍待进一步研究。

目前有2种商业疫苗被广泛用于马的免疫保护性免疫：减毒修饰的活病毒（MLV）疫苗和灭活疫苗。MLV疫苗是肌内注射的，但是这种疫苗不推荐用于妊娠母马，尤其是在妊娠的最后2个月，或者小于6周龄的小马驹，建议马驹在6个月龄时接种疫苗。小马驹应在进入初情期之前接种疫苗，因为这样可以防止它们成为持续感染的携带者。因此，初情期前小马的免疫保护对控制EAV的感染扩散至关重要。目前，实验室针对EAV的重组DNA疫苗也已研制成功，但它们都没有市场化。

通过净化持续携带EAV的公马能有效预防疾病暴发，有效监测也可以防止引进EAV感染的马匹。应对带毒公马保持物理隔离，并只允许与有自然感染史或疫苗血清阳性的母马进行繁殖。母马在与携带病毒的公马交配后应与其他血清阴性的马隔离。

猪繁殖与呼吸综合征病毒

疾病　欧洲型（type 1）代表株LV和美洲型（type 2）代表株VR-2332在基因和抗原方面属于同一病毒的不同群体。虽然2种类型的病毒只有55%~70%核苷酸同源性，但都与猪繁殖与呼吸疾病的暴发有关。基于GenBank的ORF5序列的系统发育分析已经确定欧洲型PRRSV的3种亚型在世界各地流行。Ⅰ亚型毒株流行的国家包括西欧国家、泰国和美国，Ⅱ亚型流行的国家包括东欧国家（立陶宛、俄罗斯和一些来自白俄罗斯的毒株），Ⅲ亚型仅在白俄罗斯流行。Ⅰ亚型又被进一步细分为12进化枝（A~L）：进化枝A包括1990年首次在荷兰分离的LV，还有许多来自西欧国家的PRRSV毒株，一些来自美国和泰国的毒株。Ⅰ亚型PRRSVs已传入北美洲（美国和加拿大）和亚洲（泰国、中国和韩国）的5个非欧洲国家。针对Ⅱ型PRRSV分离株的系统进化分析已经确定了9个谱系。9个谱系中的7个包含大多数从北美洲分离的PRRSV，而其余2个谱系（3和4）只含有从亚洲分离的毒株。PRRSV的许多亚洲分离株均包含在7个北美洲谱系（1、2和5~9）中，显示北美洲毒株已传入亚洲国家。

猪繁殖与呼吸综合征（PRRS）的临床表现变化极大，并受到病毒毒株、猪群免疫状态和管理措施的影响。PRRSV的低致病力毒株可能导致其广泛传播但发病极低，而强毒株在易感猪群可引起严重的临床症状。在没有免疫的猪群中所有年龄的猪均易感PRRSV，急性感染PRRSV的猪群发病特点是厌食、发热（39~41℃）、呼吸困难和嗜睡。感染猪的淋巴细胞减少并表现出短暂的皮肤充血或四肢紫绀，其中以在耳、口、鼻部和乳腺最明显。PRRSV经胎盘最易感染的时间是妊娠3个月后（通常在怀孕后100d），受影响母猪的流产率为10%~50%。受感染母猪的死亡率低，但可引起该母猪产弱仔、死胎及部分或完全木乃伊胎儿。感染的母猪也能表现神经症状，如共济失调和转圈等。PRRSV感染的公猪可长时间通过精液传播病毒。

2006年，PRRSV强毒株在中国出现（也称为猪高热症），随后出现在其他亚洲国家。感染这种PRRSV强毒株的猪表现为长期高热（41~42℃）、严重的呼吸道症状、全身发绀、高发病率（50%~100%）和高死亡率（20%~100%）。病毒的全长基因组序列分析显示与以前所有报道过的北美洲基因型PRRSVs相比较在非结构蛋白2（nsp2）上有2个不同的缺失。以中国PRRSV毒株和有代表性的北美洲和欧洲毒株的全基因组为基础的系统进化分析表明，新出现的高致病性病毒是从1996年的中国株进化而来的（PRRSV CH-1a）。

宿主-病毒相互关系

疾病分布、传染源和传播途径　PRRSV在世界上几乎所有的猪生产国中都以地方病的形式出现，PRRS现在已成为世界上最流行的猪病之一。PRRSV来源及在何种环境下猪群可能引入该病毒还未确定。通过RT-PCR已经确定欧洲和北美洲的野猪中存在PRRSV感染。PRRSV一般通过感染动物和未感染动物的紧密接触而传播。猪是PRRSV的易感动物，可以通过多种途径感染，包括口、鼻、阴道、肌肉和腹膜。PRRSV可通过感染动物的呼吸道分泌物、唾液、精液、乳汁、尿液和排泄物排出。易感猪通过吸入感染性气溶胶或摄入被PRRSV污染的食物而被感染（水平传播）。先天性感染主要来自胎盘传播（垂直感染）。现已证明，母猪可在妊娠过程中经带毒公猪的精液感染PRRSV，PRRSV也可与污染物、工作人员和扁桃体中含有病毒的猪直接接触而传播。苍蝇和蚊子也可能是PRRSV的传播途径。PRRSV可引起淋巴结（如腹股沟和胸骨部）、扁桃体和雄性生殖系统的慢性、持续性感染。该病毒可以在感染后157d从扁桃体和淋巴结中分离得到。在人工感染公猪的精子内，病毒可持续生存4～92d。RT套式PCR从精子中检测到PRRSV核酸的最长时间是感染后92d，然而使用VI方法检出病毒的时间是在感染后的4～42d。感染公猪精子中PRRSV可能从生殖系统中（附睾和尿道球腺）排出或经单核细胞和巨噬细胞传播。由于猪的人工授精技术得到了广泛应用，因此精液中的PRRSV备受关注。

发病机制和病理变化 PRRSV主要在肺部和淋巴组织中的巨噬细胞和树突状细胞中复制。病毒血症在感染后很快产生，成年猪可持续1～2周，年龄较小的猪则持续8周。病毒血症的持续时间一般不会超过感染后28d，但使用RT-PCR方法可在感染后251d的猪血清中检测到病毒RNA。肉眼可见的损伤一般仅发生在部分组织（如呼吸系统和淋巴结）。轻度病变包括弥散性间质性肺炎、心肌炎、血管炎和脑炎。淋巴结表现为增生和淋巴滤泡坏死并伴有炎性细胞浸润。临床PRRSV的暴发伴有细菌性肺炎、败血症或者肠炎。

PRRSV最初在淋巴结和肺的巨噬细胞中复制，然后扩散到其他组织中。PRRSV感染的临床症状表现多样，成年猪出现从温和感染、亚临床感染到急性死亡的变化。感染猪的临床表现不同是由多种因素导致的，包括宿主遗传因素、管理、感染毒株的毒力。多种作用机制导致PRRSV的临床症状和病理损伤，包括感染细胞的直接凋亡和周围细胞的间接凋亡，诱导促炎性因子和免疫调节因子（IL-1、IL-6、IL-10、IL-12、TNF-α和IFN-γ）产生，多克隆B细胞活化、细菌吞噬作用的降低，以及巨噬细胞的杀伤作用能导致继发呼吸道细菌病和菌血症。研究表明，PRRSV感染可以改变天然免疫应答，从而加重与其他呼吸道病原（如猪呼吸道冠状病毒）共感染的发病症状。不同品种的猪对PRRSV的易感性不同，对PRRS，具有大抗力的猪有更多能分泌IFN-γ的细胞和较强的细胞免疫应答。同样，在一些PRRSV复制水平低的猪中可检测到高水平的*TNF-α*和*IL-8 mRNA*表达。另外，特定的猪主要组织相容性复合体-猪白细胞抗原-Ⅰ、Ⅱ和Ⅲ类（SLAⅠ、Ⅱ、Ⅲ）等位基因影响了猪对PRRSV的易感性/抗性。SLAⅠ类和Ⅱ类调节循环病毒水平和机体的抗病毒免疫应答。

感染后机体的反应 不同的猪对PRRSV的体液免疫应答不同。PRRSV的保护性免疫可以在一定程度上产生交叉保护来抵抗其他毒株。被动注射PRRSV抗体可以完全保护妊娠母猪免受强毒的攻击。初生仔猪可通过免疫母猪的乳汁获得抗PRRSV的抗体，这些母源抗体在仔猪体内能持续6～8周。感染PRRSV的猪也可以产生针对多种蛋白不同抗原表位的抗体（如GP3、GP4、M、N和非结构蛋白nsp1、nsp2和nsp7等）。病毒感染猪后可产生多种病毒特异性抗体，感染5～7d出现IgM，7～14d产生IgG。ELISA抗体滴度峰值出现在感染5～6周，此后持续存在。然而，PRRSV的中和抗体产生缓慢，通常在感染后4～5周产生，直到第10周才达到峰值。中和抗体的出现与感染猪肺部PRRSV的清除有关。尽管中和抗体在保护感染上扮演重要角色，但它们在抵御异源性PRRSV毒株的感染作用上却非常有限。尽管多种研究方法表明不同的病毒囊膜蛋白（如GP2、GP3、GP4、GP5和M）均能诱导中和抗体的产生，但PRRSV中和决定簇（表位）还没有完全阐明。目前PRRSV特异性中和抗体表位已经证明存在于欧洲型的GP3和GP4上，但在GP5上也有北美洲和欧洲型的中和表位（图63.3）。

感染PRRSV猪的T细胞（如$CD4^+$和$CD8^+$）介导的免疫应答是迟发性的，T细胞产生IFN-γ是在感染后的4～12周。IL-12是Th1型免疫应答的关键调节因子，在感染后产生的水平较低并伴随IL-10的升高，IL-10可能使免疫应答向低效应Th2应答转变。病毒的GP2、GP3、GP4、GP5、M和N蛋白可诱导机体特异性的T细胞应答，M蛋白也可能递呈重要的T细胞表位引起细胞免疫。因此，M蛋白是最重要的T细胞增殖诱导蛋白。北美洲型PRRSV株的GP5上含2个明显的T细胞免疫显性表位：

117～131位和149～163位氨基酸，但保守T细胞表位能否对不同的PRRSV毒株提供交叉保护仍需进一步研究。

关于PRRSV的天然免疫研究得较多，这些研究表明病毒通过抑制感染细胞IFN-α的产生来减弱天然免疫（如巨噬细胞）和逃避抗病毒细胞因子的应答。天然免疫应答减弱的后果是获得性免疫应答也减弱，导致较弱的细胞免疫。中和抗体的延迟出现导致了持续性的病毒血症和持续性感染。毒株不同及PRRSV介导的抑制Ⅰ型IFN分泌的细胞类型不同已有所报道。研究表明12个nsps中有4个具有强烈抑制感染细胞产生Ⅰ型IFN的作用（nsp1＞nsp2＞nsp11＞nsp4），这些蛋白抑制Ⅰ型IFN的感应和信号通路。感染PRRSV的免疫激活的胎儿能通过上调表达细胞因子、炎性因子及免疫调节因子（Th1和Th2）来启动抗病毒免疫应答。PRRSV可通过破坏猪的天然免疫应答、体液免疫应答及细胞免疫应答来进行自我保护，这使得PRRSV疫苗的研发十分困难（表63.4）。

表63.4　PRRSV的免疫逃逸机制

病毒逃逸策略	免疫逃逸机制	相关病毒蛋白	逃逸结果
逃逸先天免疫反应			
下调IFN-α生产通路并干扰IFN-α信号通路	阻断dsRNA诱导的IRF-3和IFN启动子激活	Nsp1	降低先天性免疫反应、减少感染的肺巨噬细胞内IFN-α反应，推迟体液和细胞免疫反应
	抑制IFN信号通路中的STAT1、STAT2和ISG3	Nsp1	
	抑制ISG15依赖RIG和JAK1途径	Nsp2	
	干扰NF-κB信号通路	Nsp2	
	抑制IRF3磷酸化和核转运	Nsp11	
减少NK细胞活性	减少NK细胞介导的细胞毒性功能	?	不能杀死病毒感染的细胞，减少IFN-γ的产生从而减少先天性免疫反应
干扰树突状细胞和巨噬细胞的抗原递呈	树突状细胞和巨噬细胞凋亡，下调CD11b/c、CD14、CD80/86、SLA-Ⅰ/Ⅱ	?	降低抗原递呈功能并诱导IL-10，下调炎性细胞因子的产生
诱导IL-10并抑制IL-12适应性免疫逃逸	通过N蛋白直接靶向IL-10启动子	N	抑制T细胞反应产生的IFN-γ
基因和抗原变异	病毒RdRp错误率高而且校正能力有限	GP3^a、GP4^{a}和GP5^b	中和表位多样性导致缺少交叉保护，病毒的持续性感染，缺乏保守性B细胞抗原决定簇，缺乏保守性T细胞抗原决定簇
	其他B细胞表位基因内重组多样性	Nsp2、GP3、GP5和Nsp2	
中和表位屏蔽	中和抗原决定簇屏蔽	GP5	延迟中和抗体反应，降低对病毒的中和活性，延长持续性感染
"诱饵"表位	中和表位屏蔽	GP5	
干扰T细胞反应	诱导调节性T细胞（CD4$^+$CD25$^+$Foxp3$^+$）	?	延迟T细胞反应

注：^{a}仅PRRSV欧洲株中和表位多样性；
^{b}PRRSV欧洲株和美洲株中和表位多样性；
?，未知。

实验室诊断　对PRRSV的诊断较为复杂，很多猪感染后的症状不明显。当临床上猪群中出现呼吸系统疾病并伴有流产时，应当考虑PRRSV感染。PRRS的诊断可通过各种血清学试验，如ELISA、微球体免疫分析（Luminex）、免疫荧光试验、免疫过氧化酶单层试验、血清中和抗体试验检测PRRSV的抗体。急性和耐过猪的血清学检查可为血清转化提供证据。虽然PRRSV的不同毒株在不同细胞系的复制能力不同，但临床样本都可用PAM、MA104及其衍生物，以及CRL-11171细胞系进行

VI试验，如细支气管灌洗液、肺、淋巴结、白细胞层和血清等。目前，已建立的各种PCR试验（如标准RT-PCR、套式RT-PCR和rRT-PCR）都可以用来检测血液、精子、组织匀浆、肺灌洗液、口咽部碎片及口腔液中或其他临床样本中病毒的核酸。这些试验具有高度的特异性和灵敏性，与VI的细胞培养相比更省时间。然而，VI可检测感染性的病毒，PCR可检测临床样本中病毒RNA。目前，有几种rRT-PCR试验诊断方法可鉴别PRRSV欧洲型和北美洲型。

治疗和控制　PRRSV减毒活疫苗和灭活疫苗对预防PRRSV感染有效，可以用来免疫母猪和断奶仔猪，但关于MLV疫苗的安全和效力具有很大争议。与灭活疫苗相比，MLV活疫苗能诱导持续的保护力，但不能完全阻止野生型病毒的再次感染和传播。此外，MLV疫苗株毒力增强可从疫苗免疫猪传播到未免疫的猪。使用MLV疫苗的目的是降低疾病的发生，以及减少病毒血症的持续时间和排毒时间，母猪和后备母猪可用灭活疫苗免疫来降低PRRSV引起的繁殖损失。目前PRRS无有效的治疗方案，靶向到 PRRSV 基因组5′末端区域高保守序列的PPMO能抑制病毒复制，可作为幼龄仔猪试验治疗的候选。预防和控制程序的制定可用来净化感染猪群中的病毒。PRRSV预防程序的目标是阻止病毒侵入阴性猪群或者病毒的新毒株进入阳性猪群。实施严格的生物安全和猪群封闭措施且进入一个新的饲养周期，原来寄存的病毒就会死亡，这样可以有效控制PRRSV感染猪群。

乳酸脱氢酶增高病毒

哺乳动物动脉炎病毒科的乳酸脱氢酶增高病毒（LDV）最初是从血浆乳酸脱氢酶（LDH）活性升高的肿瘤耐受小鼠中分离到的，随后被发现在一些国家的家鼠类群中是内生性的，虽然那时在世界范围内该病毒鲜为人知。LDV引起小鼠终生无症状感染，只能通过血浆中LDH的高水平来鉴别。LDV可以在感染小鼠的肺、胸腺、淋巴结和脾脏中的巨噬细胞中复制。通常循环LDH酶的减少是与LDV能够在其他一些巨噬细胞亚群中复制有关。LDV对这些巨噬细胞持续性的破坏导致了血中LDH水平升高，LDV的命名由此而来。非易感的巨噬细胞前体细胞分化成LDV易感的巨噬细胞维持了LDV在鼠体内持续感染这一特征。不同于增高LDH的水平和对宿主免疫功能的细微影响，LDV对小鼠的持续性感染通常是无症状的，并且其对实验室小鼠的感染目前十分少见。

抗LDV的抗体在感染后4～5d开始出现，并在3～4周达到高峰。LDV的中和抗体仅在LDV感染小鼠后4周出现，此类抗体是直接针对病毒的GP5蛋白。LDV在巨噬细胞中的复制使其能够逃避宿主的防御机制，但其精确的免疫逃逸和持续感染机制尚不清楚。该病毒分为神经致病性（LDV-C和LDV-V）和非神经致病性（LDV-P和LDV-VX）毒株。LDV-P和LDV-VX能够持续感染小鼠是由于其GP5蛋白的短的N末端胞外域有一个大的N-连接多聚半乳糖化胺聚糖链（以前将其称为VP-3P囊膜糖蛋白，图63.6），其能够抵抗中和作用。此外，为了携带中和反应决定簇，LDV的N末端胞外域，GP5与宿主细胞受体结合相关。神经致病性的LDV-C和LDV-V株的GP5在其N末端缺少2个N-糖基化区域（Asn36和Asn45），这使得它们能够与运动神经元上的替代受体相互作用，也增强了其免疫原性和对中和反应的敏感性。由于神经毒性的毒株对中和反应十分敏感，因此其在免疫活性的小鼠能够被极大程度地抑制；同时，非神经致病性抗中和抗体的毒株在持续性感染小鼠中占有优势。LDV某些神经毒性毒株（如C58、AKR、PL/J和C3H/FgBoy）感染小鼠能够引起致命的增龄性脊髓灰质炎（ADPM），ADPM只在6～12个月龄自发性免疫抑制的小鼠或者试验性免疫抑制的小鼠中发生。

LDV具有多种成功逃避宿主免疫应答的途径，因此建立了对小鼠的终生持续性感染。LDV感染通过许多直接或间接的影响调控了免疫应答的多个方面，包括抑制细胞免疫、扰乱细胞因子和影响巨噬细胞功能。因此，其对免疫应答的调控是实验室小鼠感染LDV的主要研究热点。感染引发了强烈且特异性的抗病毒免疫应答，但血清抗体和T细胞应答并没有在急性感染阶段参与清除高载量的病毒，很大程度上是因为病毒感染后的最初几个小时复制速度过快。在感染早期降低血清中病毒载量的主要因素是靶细胞（巨噬细胞）亚群的耗尽，而不是其他病毒特异性的免疫应答。细胞毒性T细胞在持续性感染期间由于克隆衰竭消失了。此外，IL-4的产生受到辅助性T细胞的抑制。在感染早期分离到的病毒能够被有效中和，然而在持续性感染期间分离的病毒则能抵抗中和效应，证明在病毒准种亚群中选择了具有中和抗体逃逸效应的毒株（参见前文）。免疫活性的小鼠感染后引发了多克隆B细胞的激活，以及增强的特异性和非特异性IgG2a限制性抗体应答。在感染小鼠中，病毒血症以感染性的病毒-IgG复合体形式出现。

LDV在小鼠间的传播并不高效，虽然感染小鼠呈现终生性的病毒血症并且其尿液、排泄物和唾液中含有病毒，小鼠的食粪性行为也许在病毒传播中扮演重要角色。如果母体免疫原性不成熟，则LDV极易通过胎盘或哺乳实现从母代到子代的传播。但在母体中持续性存在的病毒通过这些途径的传播较为少见，因为LDV抗体阻止了病毒传播迁移和向母乳中释放。通常LDV在小鼠间的平行传播会被黏膜屏障阻止，但实验室小鼠中LDV会通过其相互撕咬攻击而平行传播，LDV在小鼠中通过性行为的传播尚不明确。

LDV只能通过终点稀释法试验进行定量分析，其根据LDV感染小鼠中与病毒感染同步的血浆LDH活性增长来判断。LDV可通过注射血浆、组织匀浆和其他材料（如移植小鼠肿瘤）出现在同组感染的小鼠中，通过感染后4～5d进行检测血浆LDH活性确定。可移植的小鼠肿瘤在经过3周非小鼠的其他宿主动物体外培养或传代后，很容易变为LDV阴性。

猴出血热病毒

猴出血热病毒（SHFV）最初是在苏联和美国的灵长类动物研究中心中患有出血热的恒河猴体内分离到的。3个属的非洲绿猴、赤猴和狒狒是SHFV持续感染的野外种群，并且它们均不表现任何临床症状。SHFV从非洲猴到亚洲恒河猴的意外传播导致亚洲恒河猴的3个种属均出现了致病的出血热。猴出血热（SHF）感染恒河猴的临床症状包括神经性厌食、发热、发绀、皮肤淤血和出血、鼻血、面部浮肿、腹泻带血、脱水、无渴感和蛋白尿。通常在临床症状出现5～25d死亡，恒河猴感染的死亡率接近100%。病毒对恒河猴的高致病性可能是因为它们的巨噬细胞对SHFV的胞内感染十分敏感。用持续感染的赤猴中的SHFV感染圈养的赤猴可导致持续感染，但没有任何临床症状。但用从患病的恒河猴体内分离到的病毒感染圈养的赤猴则表现了短暂而温和的疾病，表明其在感染了恒河猴之后选择出了毒力更强的变体。大多数SHFV的强毒在试验中感染赤猴7d之后诱导产生中和抗体。然后，在持续感染SHFV的赤猴体内只发现了低水平的抗SHFV抗体。SHFV一种毒株的中和抗体不能完全中和其他毒株，表明在SHFV不同毒株之间的中和抗原决定簇具有差异。对SHFV的ORF7编码的GP7进行的疏水性、膜结构和N连接糖蛋白区域的分析预测，GP7包含病毒的中和抗原决定簇。

在非洲地方性流行区域，非洲猴中SHFV的感染流行和发病率是未知的，但在野生型赤猴中表现亚临床症状的持续性感染时发病率很高。SHFV在野生非洲猴中的传播途径并不清楚，感染很容易通过受伤和撕咬发生，但尚未排除通过性来传播。SHFV也不会从持续感染的母体经胎盘传播给后代。圈养恒河猴群落中SHF的几种流行病学源于无症状、持续感染的非洲猴意外地机械传播SHFV。一旦在恒河猴种群中出现明显的病症，则SHFV可迅速在猴群内传播，很有可能是通过直接接触和气溶胶传播。目前没有预防猴感染SHFV的疫苗。

SHFV在恒河猴和赤猴的腹膜巨噬细胞初级培养物中出现并复制，可以作为对持续感染猴的鉴别。对该病毒持续感染的猴最为敏感的检测方法就是在实验室将其接种恒河猴。目前没有检测SHFV的分子诊断方法，间接免疫荧光、ELISA和中和试验可以用来进行SHFV感染的血清学检测。但由于在持续感染猴体内的抗SHFV抗体水平较低，因此这些检测方法均不可靠。严格遵守卫生条件和动物护理措施，可以减少SHFV从持续感染的非洲猴到灵长类动物恒河猴的意外传播。

若尼病毒科

黄头病毒（YHV）和鳃病毒（GAV） 黄头病毒（YHV）是1990年在泰国中部农场的黑虎虾中被检测到的，从那时起，YHV就蔓延到了东南亚和印度洋-太平洋区域。1993年，一种与YHV完全相同的高致病性的病毒在澳大利亚农场和野外的斑节对虾中被发现，由于其与淋巴器官损伤相关，因此被命名为淋巴器官病毒（LOV）。随后，在1995年和1996年，一种高水平、具有明显致病性且表现出类似黄头病病理组织学损伤的病毒在濒死的斑节对虾腮中被检测到，将其命名为鳃病毒（GAV）。如今已经证实LOV是一种在斑节对虾中温和或者慢性感染的GAV，并且GAV已经成为这些病毒被认可的名称。进一步通过有限的序列比较证实，LOV和GAV是同种病毒的2个亚种，YHV是与其不同但密切相关的毒株。对57种病毒ORF1b序列的系统进化分析表明，YHV至少存在6种不同的遗传谱系（基因型1～6），YHV和GAV分别属于基因型1和2，并且能引起黑虎虾发病。相反，低水平的3～6基因型毒株只在明显健康的小虾中被检测出。

YHV是感染农场养殖斑节对虾主要的病原，并被列为OIE必须报告的虾类疾病。YHV和GAV有多种水平传播途径，包括通过共聚居区饮水的水源传播和嗜食被感染同类的行为。并没有直接的证据证明YHV能垂直传播，但却有大量证据证明澳大利亚东海岸的GAV可以在野生和农场养殖的斑节对虾中垂直传播。在试验条件下，YHV呈现比GAV更强的毒力，斑节对虾在感染后3～4d的死亡率接近100%。另外，GAV在感染后7～14d出现致死性，农场养殖中该病的暴发通常呈现慢性病程，进一步表现为出现相对低数量的濒死虾。YHD感染的虾体表苍白或脱色，头胸部由于肝胰腺（HP）黄化而呈现淡黄色污点。感染虾的肝、胰、腺肿胀、柔软。YHD感染的组织分布和眼观组织病理学非常类似，包括鳃部、HP、淋巴器官和心脏的坏疽。病理组织学上，GAV与YHV不同，仅局限于对淋巴器官和鳃的损伤。此外，在被YHV感染虾的淋巴器官中发现了大量碱性内容物，这在GAV感染虾中并未证明。

GAV和YHV的诊断是通过常规苏木精、伊红组织病理学检查和透射电子显微镜（TEM）来实现的。该诊断可通过与病毒特异性探针原位杂交进一步证实，也可对多克隆兔抗血清或者这些病毒的单克隆抗体进行免疫组化染色。使用兔多克隆抗体的硝化纤维素酶测定法和使用单抗的免疫印迹法已被用来检测斑节对虾的鳃组织和血淋巴样品中的YHV。最近，几种RT-PCR和rRT-PCR检测方法已经用于样本中GAV和YHV的检测。免疫印迹测定法特异性好，该方法是由OIE推荐，与原位核酸杂交、TEM和RT-PCR结合起来作为YHV感染的诊断方法。对YHV和GAV的防控主要通过各种管理方式来实现，包括使用SPF或SPR虾繁殖种群来排除或预防病毒。

参考文献

Balasuriya UB, MacLachlan NJ, 2004. The immune response to equine arteritis virus: potential lessons for other arteriviruses[J]. Vet Immunol Immunopathol, 102: 107-129.

Balasuriya UB, Snijder EJ, 2008. Arterivirus, in Animal Viruses: Molecular Biology (eds TC Mettenleiter and F Sobrino) [M]. Caister Academic Press, Norwich, United Kingdom: 97-148.

Brinton-Darnell M, Plagemann PG, 1975. Structure and chemical-physical characteristics of lactate dehydrogenase-elevating virus and its RNA[J]. J Virol, 16 (2): 420-433.

Gorbalenya AE, Enjuanes L, Ziebuhr J, et al, 2006. Nidovirales: evolving the largest RNA virus genome[J]. Virus Res, 117: 17-37.

Gravell M, LondonWT, Rodriguez M, et al, 1980. Simian haemorrhagic fever (SHF): new virus isolate from a chronically infected patas monkey[J]. J Gen Virol, 51: 99-106.

Pasternak AO, Spaan WJ, Snijder EJ, 2006. Nidovirus transcription: how to make sense…? [J]. J Gen Virol, 87: 1403-1421.

Snijder EJ, Siddell SG, Gorbalenya AE, 2005. The order Nidovirales, in Topley and Wilson's Microbiology and Microbial Infections, 10th edn (eds BWJ Mahy and V ter Meulen)[M]. Edward Arnold, London.

Spilman MS, Welbon C, Nelson E, et al, 2009. Cryoelectron tomography of porcine reproductive and respiratory syndrome virus: organization of the nucleocapsid[J]. J Gen Virol, 90: 527-535.

Zhang S, Bonami JR, 2007. A roni-like virus associated with mortalities of the freshwater crab, Eriocheir sinensis Milne Edwards, cultured in China, exhibiting "sighs disease" and black gill syndrome[J]. J Fish Dis, 30 (3): 181-186.

延伸阅读

Balasuriya UBR, 2012. Equine viral arteritis, in Infectious Diseases of the Horse, 3rd edn (eds D Sellon and M Long)[M]. Saunders Elsevier.

Balasuriya UBR, Snijder EJ, 2007. Arteriviruses, in Animal Viruses: Molecular Biology (eds TC Mettenleiter and FS Caister)[M]. Academic Press, Chapter 3: 97-148.

de Groot RJ, Cowley JA, Enjuanes L, et al, 2012. Order Nidovirales, in Virus Taxonomy, Ninth Report of the International Committee on Taxonomy of Viruses (eds AMQ King, MJ Adams, EB Carters, and EJ Lefkowitz)[M]. Elsevier Academic Press, London: 785-795.

Enjuanes L, Gorbalenya AE, de Groot RJ, et al, 2008. Nidovirales, in Encyclopedia of Virology (eds BWJ Mahy and MHV Regenmortel)[M]. Elsevier, Oxford: 419-430.

Faaberg KS, Balasuriya, UBR, Brinton MA, et al. 2012. Family Arteriviridae, in Virus Taxonomy, Ninth Report of the International Committee on Taxonomy of Viruses (eds AMQ King, MJ Adams, EB Carters, and EJ Lefkowitz)[M]. Elsevier Academic Press, London: 796-805.

Gorbalenya AE, Enjuanes L, Ziebuhr J, et al. 2006. Nidovirales: Evolving the largest RNA virus genome[J]. Virus Res, 117: 17-37.

Lunney JK, Rowland RRR, 2010. Progress in porcine respiratory and reproductive syndrome virus biology and control[J]. Virus Res, 154: 1-224.

Perlman S, Gallagher T, Snijder EJ (eds), 2008. Nidoviruses[M]. ASM Press, Washington, DC.

Siddell SG, Ziebuhr J, Snijder EJ, 2005. Coronaviruses, toroviruses and arteriviruses, in Topley and Wilson's Microbiology and Microbial Infections (eds BWJ Mahy and V ter Meulen)[M]. Hodder Arnold, London: 823-856.

Snijder EJ, Spann WJM, 2007. Arteriviridae, in Fields Virology, 5th edn (eds DM Knipe and PM Howley)[M]. Lippincott Williams & Wilkins, Philadelphia, PA: 1337-1355.

(王刚 译，陈普成 校)

第64章 呼肠孤病毒科

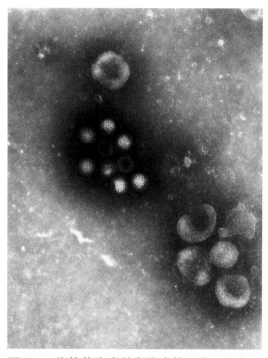

图64.1 猪轮状病毒的负染电镜观察,图右下方为冠状病毒(堪萨斯州立大学的Richard Hesse博士提供)

呼肠孤病毒科病毒的感染谱广,可感染多种物种,包括哺乳动物、鱼类、贝类、昆虫及植物。该科病毒基因组均为分节段双链RNA(dsRNA),但不同属病毒之间基因片段数不同。呼肠孤病毒科分为9个属:正呼肠孤病毒属、环状病毒属、轮状病毒属、水生动物呼肠孤病毒属、科罗拉多蜱传热病毒属、水稻病毒属、质型多角体病毒属、植物呼肠孤病毒属和斐济病毒属。其中,水稻病毒属、质型多角体病毒属、植物呼肠孤病毒属和斐济病毒属病毒主要感染昆虫和植物。科罗拉多蜱传热病毒属的科罗拉多蜱传热病毒,是一种以蜱作为传播媒介可感染人的病原。正呼肠孤病毒属和轮状病毒属(图64.1)可感染多种脊椎动物。环状病毒属病毒感染的宿主范围较广,包括脊椎动物和无脊椎动物,蓝舌病病毒(BTV)为该属的典型代表。水生动物呼肠孤病毒属病毒的感染宿主是鱼类和贝类,金体美洲鲥鱼呼肠孤病毒为该属的典型代表。表64.1中列举了在兽医研究领域中几种比较重要的呼肠孤病毒属成员。

表64.1 与兽医研究领域有关的呼肠孤病毒属

属	血清群	最少血清型数量
正呼肠孤病毒属	哺乳动物	3种
	禽	11种
环状病毒属	蓝舌病	26种
	流行性出血病	8种(可能9种)
	非洲马瘟	9种
	马脑炎	7种
	帕利亚姆病	11种

(续)

属	血清群	最少血清型数量
轮状病毒属	5个主要群	未确定
水生动物呼肠孤病毒属	未确定	未确定

● 正呼肠孤病毒属

哺乳动物正呼肠孤病毒（MRV）

疾病 呼肠孤病毒（正呼肠孤病毒属）已从许多动物物种（如非人类灵长类动物、啮齿类动物、马、牛、绵羊、猪、猫和犬）的呼吸道和胃肠道中分离获得。由于呼肠孤病毒通常是从健康动物中分离出来的，与任何疾病无关，因此被称为"呼吸道、肠道、孤儿病毒"，有时也会从患有轻度呼吸道和肠道疾病的动物中分离到。新生小鼠感染该病毒后会导致严重的全身性疾病，用血清3型呼肠孤病毒人工感染幼猫，可引起结膜炎、畏光、牙龈炎、浆液性流泪及流鼻涕等症状。有研究报道，呼肠孤病毒的3个血清型均已从绵羊体内得到成功分离，其中血清1型病毒可引起感染动物的肠炎和肺炎。

病原

理化和抗原特性 MRV分为3个不同的血清型和许多菌株。对不同病毒基因组及其编码氨基酸序列分析，已鉴定出具有不同毒力的MRV毒株。MRV基因组由10个片段的dsRNA组成，根据电泳迁移率的不同，将其分为大（L）、中（M）、小（S）3个组。除S1基因包含2个完全不同的开放阅读框外，其他基因均含有1个开放阅读框，编码1种蛋白。完整的呼肠孤病毒粒子呈无囊膜、二十面体对称结构，病毒粒子直径为85nm左右。病毒颗粒由8个内外排列的衣壳蛋白组成，其中内部蛋白质核心包含病毒RNA依赖性RNA聚合酶（转录酶）、介导mRNA合成和加帽的酶、具有解旋酶活性的酶及病毒复制所需的其他酶。σ1蛋白作为主要的外壳蛋白，既是病毒的细胞吸附蛋白，也是病毒血清型和血凝特性的主要决定因素。完整的MRV病毒粒子经消化酶切去除外衣壳蛋白σ3后会形成具有感染性的亚病毒颗粒，去除外衣壳蛋白σ1、σ3和μ1蛋白后则会形成核心颗粒。上述这3种病毒粒子状态在呼肠孤病毒的整个复制生命周期中都很重要。呼肠孤病毒的遗传多样性是通过单个病毒基因组内突变的积累（遗传漂移），以及不同毒株或不同血清型病毒混合感染期间交换整个基因片段（基因重配）而形成的。

对理化因素的抵抗力 MRV在低温状态下（4℃至室温）比较稳定，可以在短时间内耐受55℃温度。该病毒还对清洁剂、多种消毒剂具有抵抗力，并能在较宽的pH范围（pH2～9）内稳定存活。95%的乙醇和次氯酸钠（漂白剂）可将其灭活。

病毒分布、传染源及传播途径 MRV地理分布广泛，通常存在于河水、未处理的污水和积水中，这也反映出粪便污染可能与动物或人感染呼肠孤病毒有关。病毒传播途径主要通过直接接触，或消化道感染的粪便（口-粪），或呼吸道排放物污染的环境。MRV可以感染大多数哺乳动物，并可在多种培养细胞中增殖。

发病机制和病理变化 在小鼠的感染试验中，MRV可通过粪-肠途径感染肠道上皮细胞，也可通过气溶胶经呼吸道感染呼吸道上皮细胞。病毒感染胃肠道或呼吸道后，初期主要在胃肠道淋巴结或呼吸道支气管相关局部淋巴组织内复制。有时病毒可以进入新生小鼠的全身循环，从而导致胰腺炎、心肌炎、肌炎、脑脊髓炎或肝炎等，其特定的疾病过程和致病机制反映了不同MRV毒株的致病性，以及感染小鼠的耐受性和年龄特点。MRV可以引起灵长类动物的脑炎和肝炎。

感染后机体的反应　MRV经呼吸道及肠道感染小鼠均可诱导机体体液免疫和细胞免疫应答反应。自然杀伤性细胞、干扰素及其他细胞因子是阻止病毒感染的重要因素。

实验室诊断　呼肠孤病毒感染可通过病毒分离与鉴定、血清学方法进行诊断。通过细胞培养技术可以从组织、直肠、鼻和咽拭子中分离到病毒，通常需要盲传几代才能看到明显的细胞病变（CPE）。通过血凝抑制试验（HI）或使用特异性血清型抗血清进行病毒中和试验（VN）可以对分离毒株进行血清分型，利用免疫荧光抗体染色试验（FA）或免疫组织化学试验（IHC）可以对组织或细胞培养物中的呼肠孤病毒进行鉴定，利用配对的血清和VN或酶联免疫吸附试验可以对病毒进行血清学检测。

治疗和控制　由于哺乳动物感染MRV后症状比较轻微，通常不需要治疗即可自愈，因此目前尚无相关疫苗或防控措施。

禽呼肠孤病毒（ARV）

疾病　ARV（为禽呼肠孤病毒属）对家禽养殖业具有重要经济意义。家禽感染ARV后可引起多种临床症状，包括肠胃炎、肝炎、心肌炎、心包炎、肺炎及发育迟缓等。ARV急性感染可引起死亡率上升、生长缓慢及饲料转化率降低。对于耐过急性感染的家禽，其最常见临床症状是关节炎和腱鞘炎。ARV是禽类关节炎的主要病原，主要发生在肉鸡中，蛋鸡和火鸡少见发生。

病原

理化和抗原特性　ARV与MRV相似，不同之处在于ARV可在培养细胞中产生细胞融合（合胞体），缺乏血凝活性，通常不能在哺乳动物细胞系中生长。禽类和哺乳动物呼肠孤病毒存在不同程度上的抗原相关性。目前，至少有11个ARV血清学得到鉴定，且不同毒株间毒力差异较大。通过琼脂扩散试验及补体固定试验可以鉴定ARV不同血清型的共同抗原。

对其他物种的易感性及培养系统　ARV可以在鸡胚、禽原代细胞及某些适应的哺乳动物细胞系中增殖。

疾病分布、传染源和传播途径　在全球范围内，ARV感染存在于鸡、火鸡和其他禽类中。ARV通过环境污染或已感染鸟类（包括持续感染该病毒的鸟类）传播到易感鸟类而在自然界中持续存在。其传播方式为水平传播和垂直传播，水平传播主要是经粪-口途径、直接接触和间接接触，垂直传播是指经口、鼻、气管感染种鸡后传播给雏鸡。

发病机制和病理变化　家禽感染ARV后无明显症状，疾病的发生与禽类年龄（幼鸟易感）、毒株毒力及接触途径相关。ARV诱发的关节炎初期特征是受影响的关节内出现急性炎症，随着关节软骨不断受到侵蚀，逐渐形成血管翳。因此，由ARV引起的鸡关节炎在某种程度上类似于人的类风湿关节炎。患病鸡的严重病变还包括趾屈肌和跖骨伸肌腱的广泛性肿胀，这可能会导致腱鞘的慢性硬化和融合。

感染后机体的反应　ARV诱导机体产生的抗体可通过AGID、CF和VN试验来进行检测。但机体免疫保护机制尚不清楚，据报道，已检测出具有不同程度交叉保护能力的毒株。

实验室诊断　ARV诱发的禽类关节炎必须与由其他病毒和细菌引起的关节炎和滑膜炎进行区别。ARV需要通过直接FA染色（腱鞘）、病毒分离或血清学试验确诊。

治疗和控制　目前尚无治疗禽病毒性关节炎的方法，正确的饲养管理程序及接种弱毒疫苗或灭活疫苗是防控的关键。

● 环状病毒属

环状病毒是牲畜的重要病原。目前已经确定14个血清群，其中5个具有真正的或潜在的兽医学意义，即蓝舌病病毒（BTV）、鹿流行性出血病病毒（EHDV）、帕利亚姆病毒（PALV）、非洲马瘟病毒

（AHSV）及马脑炎病毒（EEV）。与MRV（正呼肠孤病毒）类似，环状病毒具有双层衣壳结构，有分节段的dsRNA基因组（10个节段），在感染细胞的细胞质中复制。环状病毒与正呼肠孤病毒及轮状病毒的区别在于，环状病毒在昆虫和哺乳动物中均可复制，并且不是引起脊椎动物腹泻的病原。环状病毒在能够传播该病毒的吸血昆虫肠上皮细胞内复制，子代病毒释放后感染数个次级器官，包括唾液腺，从而促进其向易感哺乳动物宿主传播。

蓝舌病病毒（BTV）

疾病 蓝舌病（BT）是由以节肢动物为传播媒介引起的家养和野生反刍动物的病毒病。BTV主要感染绵羊（口鼻糜烂、卡他热）及一些野生动物中，特别是白尾鹿。绵羊和鹿感染BTV的临床特征是口、鼻和上呼吸道黏膜充血、出血及溃疡，其他特征性病变主要是冠状动脉充血及心脏和骨骼肌坏死。BTV感染绵羊和鹿有时是致命的，最终会引发弥散性血管内凝血。在严重的蓝舌病发作过程中幸存下来的绵羊通常表现为消瘦、虚弱、跛行，并且恢复期较长，在此期间容易遭受继发感染。个别康复绵羊的羊毛纤维可能会出现断裂现象。在BTV流行地区，牛也容易被感染，但大多数血清型的BTV并不能引起牛的临床症状。BTV疫苗株及在细胞培养物中多次传代的毒株，可以通过妊娠的绵羊和牛的胎盘感染正在发育的胎儿，从而导致胎儿死亡、流产、死产或胎儿畸形。

图64.2 正在吸血的蠓（引自美国堪萨斯州曼哈顿市USDA ARS节肢动物-动物疾病研究组）

由于蓝舌病是所有监管机构都应报告的疾病，与口蹄疫及其他14种疫病被认为是影响经济和社会发展的重大动物疾病，因此，来自BTV流行国家的反刍动物及其种质的国际运输受到严格管制。近年来，BTV被认为是食肉动物的潜在病原，接种被BTV污染的疫苗可引起妊娠母犬流产和死亡。血清学方法已经证实，非洲食肉动物可以感染BTV。

病原

理化和抗原特性 BTV与其他环状病毒的基因组均包含10个dsRNA片段，每个基因片段至少编码1种蛋白质（表64.2）。BTV粒子由7个结构蛋白构成，其中2个结构蛋白构成外部蛋白衣壳，2个结构蛋白围绕其余3个内部核心蛋白形成内部核心外层。外衣壳蛋白VP2含有血清特异性抗原表位，可通过中和试验或血凝抑制试验对其进行识别（图64.5），另一个外衣壳蛋白VP5有助于VP2中和表位空间构象的形成。在被BTV感染的细胞中也出现了4种非结构蛋白，其中NS-1参与形成环状病毒感染细胞所特有的胞质大管结构，内在核心蛋白VP7包含所有BTV血清型和毒株共有的抗原表位，该表位是AGID和竞争性ELISA（cELISA）等群特异性血清学方法检测的基础。

表64.2 环状病毒分子结构组成

基因	编码蛋白	功能
1	VP1	RNA聚合酶；病毒核心颗粒的次要成分
2	VP2	受体结合；血清型鉴定；外衣壳的成分
3	VP3	与基因组RNA相互作用；病毒核心颗粒的结构成分
4	VP4	RNA加帽酶；病毒核心颗粒的次要成分
5	VP5	促进VP2空间结构的形成；外衣壳的成分

(续)

基因	编码蛋白	功能
6	NS1	参与形成病毒小管；是病毒的非结构蛋白
7	VP7	群特异性抗原；病毒核心颗粒的结构成分
8	NS2	结合RNA；参与形成病毒包涵体；是病毒的非结构蛋白
9	VP6	解旋酶活性；结合RNA；病毒核心颗粒的次要成分
10	NS3/3A	参与病毒释放过程；是病毒的非结构蛋白
	NS4	参与病毒释放过程；是病毒的非结构蛋白

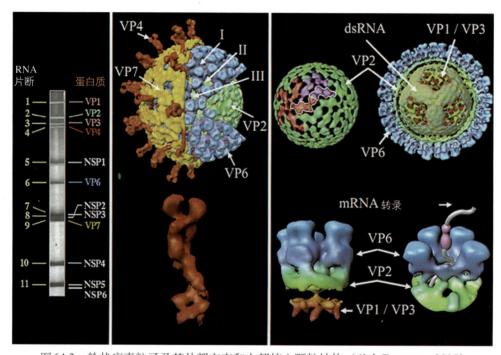

图64.3　轮状病毒粒子及其外部衣壳和内部核心颗粒结构（引自Fayquet，2005）

BTV的血清型较多，具有26个血清型，每个血清型之间均具有不同的生物学特性。这种遗传多样性的出现是由于单个基因片段的遗传漂移，以及在昆虫或反刍动物混合感染多种BTV血清型或不同毒株过程中由基因片段的重配所造成的。有趣的是，最近的基因序列和遗传进化分析表明，BTV与世界各地不同种类的媒介昆虫长期共同进化导致了BTV毒株在每个区域都是特异的，即所谓的病毒基因表型。

对其他物种的感染性及培养系统　BTV通常感染家畜（如绵羊、牛和山羊）及野生反刍动物（如鹿、羚羊、野绵羊等），在乳鼠、鸡胚卵黄囊内及各种哺乳动物和昆虫细胞系中均可增殖。37℃有利于BTV在哺乳动物细胞中增殖，在鸡胚卵黄囊中增殖的最适温度是33.5℃，在昆虫细胞中增殖的最适温度范围为27～30℃。

对其他物种的感染性及培养系统　与呼肠孤病毒类似，环状病毒在低温条件（4℃至室温）下稳定，短时间内可耐受高温（55℃）。95%乙醇、次氯酸钠（漂白剂）及一些季铵盐消毒剂可使其失活。

疾病分布、传染源及传播途径　除南极洲外，BTV已从其他各大陆反刍动物体内被成功分离。BTV感染发生在世界各地的热带、亚热带、温带地区，这与易感反刍动物和有效媒介昆虫（库蠓属）的分布相吻合。BTV在反刍动物之间不会传播，然而在反刍动物被BTV感染的库蠓叮咬后可发生感染。反刍动物的亚临床和无症状感染发生在世界各地的BTV流行地区。BT大暴发偶有发生，在媒介昆虫存在的区域内，媒介昆虫通过叮咬使BTV侵入未免疫的反刍动物种群，进而引起该病暴发。

蠓虫在吸食患有毒血症的反刍动物血液后可以处于长期持续感染BTV的状态，这些吸血昆虫是BTV的真正生物载体，它们通过吸食感染动物的血液从而感染病毒，而后病毒在吸血昆虫体内经过4～20d的潜伏期。在此期间，BTV从昆虫的中肠扩散到唾液腺，然后通过叮咬将病毒再次传播给其他反刍动物。BTV在昆虫体内的增殖依赖于环境温度，温度升高有利于BTV在媒介昆虫体内复制，但温度升高的同时又会缩短昆虫的寿命。BTV的传播不受季节限制，随着其在反刍动物体内的持续循环感染，可以在有媒介昆虫活动的气候下全年传播；相反，在世界的北部和南部（约北纬35°S和45°N），BTV的传播具有明显的季节性。在这些地区，BTV传播只发生在夏末和秋季，因为此时是媒介昆虫的繁殖高峰期且环境温度相对较高（这很可能反映了温度依赖性病毒增殖的影响作用）。由于有效媒介昆虫的北部扩散，因此传统的BTV全球感染范围已扩大至欧洲地中海，这种现象也许是全球变暖的结果。

发病机制和病理变化 对于BTV的大多数血清型病毒来说，绵羊和鹿都很容易感染并发病，而牛通常是亚临床感染。在所有反刍动物中，BTV感染的发病机制都很相似。病毒最初在感染部位的淋巴结中增殖，病毒血症最早可在感染后3d发生，随后感染动物出现发热反应。一旦病毒分布全身后，就会在单核吞噬细胞和小血管内皮中增殖，导致血管损伤、血栓形成和组织梗死（包括上消化道和呼吸道、冠状动脉带、心脏和骨骼肌等）。弥散性血管内凝血可能导致血管损伤、出血和组织梗塞，这是绵羊和鹿患严重蓝舌病病例的特征。

BTV感染反刍动物导致的病毒血症具有高度细胞相关性。病毒最初与血细胞结合，在每种细胞中的滴度反应了该病毒感染血液中各细胞的比例。由此可知，BTV最初主要感染血小板和红细胞，白细胞感染则较少。在感染后期，病毒似乎只感染红细胞，导致反刍动物的长时间感染及以它们为食的嗜血库蚊等媒介昆虫载体的感染。BTV感染反刍动物持续时间较长（可高达60d）。然而，除了一个未得到证实的报道外，BTV不会长期感染反刍动物。

BT的损害包括面部水肿和充血，口腔或鼻黏膜、皮肤和冠状动脉带出血（足癣和瘀斑），口腔内外特别是硬腭处出现溃疡和糜烂，严重者肺动脉底部出血，在心肌、心包膜、骨骼肌和上消化道组织中也会出现瘀斑（图64.4）。

感染后机体的反应 BTV感染反刍动物后，机体会产生体液和细胞免疫应答反应。感染后7～14d即可产生病毒中和抗体（血清型特异性抗体）及非中和抗体（群特异性抗体）。由于BTV与感染红细胞的细胞膜高度紧密结合，因此可以与高滴度中和抗体共存于血液中数周。BTV各血清型病毒中和抗体之间仅存在有限的交叉反应性，然而当用单一血清型BTV感染动物后，随后又将其暴露于其他血清型病毒时会产生一系列具有广谱交叉反应的中和抗体。但是，对绵羊和牛的免疫主要提供同源的血清型特异性保护。

实验室诊断 绵羊和鹿感染后的初步诊断是基于已知BTV流行地区中感染的绵羊和鹿的特征性临床体征。BT多发生在夏末和秋季。确诊通常需要进行病毒学检测，通过PCR分析或通过接种易感绵羊、鸡胚卵黄囊、乳鼠或细胞进行病毒分离。最常用的细胞包括Vero和BHK细胞，往往需要进行多代次的盲传才可见CPE。病毒适应细胞培养后，可以通过荧光抗体染色或VN试验进行鉴定。在流行地区的健康反刍动物血液中通常会检测到BTV，特别是使用敏感的巢式PCR方法，该方法可以在BTV感染后长达200d或更长时间内检测到病毒核酸。因此，反刍动物血液中病毒或核酸的存在并不是疾病初期发生的依据。

可以使用针对群特异性抗体（AGID、CF、ELISA、IFA）或型特异性抗体（病毒中和、HI）的检测方法进行血清学诊断。血清学检测需要配对的血清样品以证明血清转阳或滴度升高。一次血清学检

图64.4 患有蓝舌病的绵羊
（A）抑郁。（B）呼吸困难、典型的舌头发绀。（C）冠状动脉带发绀。（D）鼻腔黏膜溃疡和出血（引自美国堪萨斯州曼哈顿市USDA ARS和Timothy J. Graham DVM节肢动物-伯恩动物疾病研究统筹部）

测通常是没有意义的，因为在BTV流行地区很大比例的反刍动物会出现血清转阳，而其中绝大多数反刍动物均无明显的临床发病特征。

治疗和控制 尽管目前蓝舌病的发病情况日趋严重，但对于该病尚无特效疗法。可以通过将反刍动物转移到无媒介昆虫的室内（如果可行的话）来防止BTV传播给未感染的反刍动物。在南非和北美洲，多年来一直使用BTV减毒株对绵羊进行免疫接种。南非使用的疫苗包含15种不同的BTV血清型，并且需要在3种不同情况下进行疫苗接种。减毒活疫苗的潜在缺点包括毒力返强及其在自然环境中具有一定的传播能力。此外，还可能会与BTV野毒株发生基因组片段重配，从而产生新型变异病毒。BTV减毒活疫苗株已被反复证明能够穿过胎盘屏障引起胎儿死亡或伤害，而野毒株通常不能，最近在欧洲暴发的血清8型BTV却例外。利用重组杆状病毒表达的病毒样颗粒和表达VP2抗原的金丝雀痘被列为BTV候选疫苗，该类疫苗避免了减毒活疫苗固有的毒力残留问题。

流行性出血病及茨城病毒

流行性出血病（EHD）是由EHDV引起的通过节肢动物传播的野生反刍动物病毒病。EHDV是引起北美洲白尾鹿（有时包括叉角羚羊和大角羊）疾病和死亡的重要病原。在EHDV流行地区，家养反刍动物感染该病毒的现象常见。该病毒可能是家畜的重要病原，尤其是与鹿急性暴发疾病有关。值得关注的是，在日本和韩国流行的牛茨城病，其病原是茨城病毒，该病毒与EHDV血清2型密切相关。EHDV与BTV具有许多相似的病理特征，白尾鹿的EHD与暴发性BT非常相似，伴有充血、上消

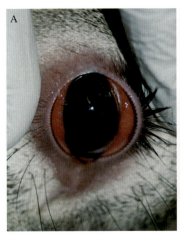 

图64.5 地方性出血疾病（A）人工感染EHDV后9d死亡的白尾鹿，出现眼部水肿和结膜充血症状。（B）人工感染EHDV后7d死亡的白尾鹿，表现出严重的充血和气管黏膜出血（引自美国堪萨斯州曼哈顿市USDA ARS节肢动物-动物疾病研究组的Mark Ruder博士；Ruder，2012）

化道出血和溃疡、心脏和骨骼坏死，肌肉和末端弥散性血管内凝血，伴有广泛出血（图64.5）。牛茨城病的其他特征还包括由喉、咽、食道和舌头肌肉坏死而引起的吞咽困难。

与BTV相似，EHDV感染主要发生在热带和温带地区，反刍动物感染EHDV在非洲、亚洲和美洲都有报道。EHDV在流行病学方面与BTV非常相似，包括需要通过媒介昆虫作为载体、感染反刍动物的发病机制、病毒复制策略、分子结构及诊断方法。对于EHDV可分为几种血清型，血清型之间存在一些差异，当前比较公认的说法认为存在8种血清型。有人提出将茨城病毒列为EHDV血清2型，这样就出现了9种血清型。通过基因序列和血清学数据也有人认为EHDV只有7种血清型，其中血清3型可归为血清1型。除了茨城病毒疫苗和自家疫苗之外，疫苗还不能广泛用于EHDV的防控。

帕利亚姆病毒

帕利亚姆病毒是引起非洲、亚洲和澳大利亚的牛流产和产生畸形胎的环状病毒。胎儿在妊娠中期之前感染该病毒，并存活下来可能会发展为脑畸形，包括脑萎缩和/或假性脑穿通畸形。与其他具有重要意义的环状病毒一样，帕利亚姆病毒也可以利用库蠓昆虫作为其传播载体。帕利亚姆病毒共有11种血清型，其中对感染牛胎儿的Chuzan病毒（CHUV）的发病机制和致畸作用的研究已取得较好结果。

非洲马瘟病毒（AHSV）

疾病 非洲马瘟是一种由节肢动物传播的、环状病毒引起的马科动物疾病，包括马、骡、驴。尽管很少有人感染致命，但AHSV是人兽共患病病原。研究表明，AHSV可感染犬并导致其死亡。马感染该病毒后的发病严重程度差异较大，这取决于病毒株的感染力和马的易感性。AHS有几种不同的发病形式，包括：①以头部浮肿为特征的外周型；②以肺水肿、高热、严重抑郁、咳嗽、鼻孔积液和许多受感染马匹快速死亡为特征的中枢型；③中间形式，其特征是发热、头部和皮下组织水肿（眶上水肿具有高度特征性），并且患马的死亡率很高；④马瘟热，这是一种良性病程的发热性疾病。

病原

理化和抗原特性 AHS的病原属于环状病毒属中一个独特的血清群。在小鼠体内进行交叉中和试验，现已经鉴定出了9种AHSV血清型。所有血清型均具有共同的群特异性抗原。

对其他物种的感染性及培养系统 已有文献报道，AHSV可以感染马、驴、骡、斑马、山羊、犬和大型非洲食肉动物（如狮子）。对引起马和犬疾病的相关研究发现，该病毒可以在乳鼠体内增殖，并可以适应鸡胚卵黄囊和细胞系（Vero和BHK）培养。

疾病分布、传染源和传播途径 AHS发生在整个非洲南部，在非洲北部、中东部及亚洲（印度次大陆），有时甚至在伊比利亚半岛都有周期性流行。非洲马瘟不能直接由病马传播给健康马，必须通过媒介昆虫库蠓的叮咬才能进行传播。与蓝舌病类似，非洲马瘟主要流行于夏末和秋季，其分布取决于传播病毒的昆虫载体和环境温度。斑马被认为是非洲南部潜在的AHSV哺乳动物储存库，这是因为斑马感染后无明显症状且病毒血症持续时间比马的长。犬可能会因进食感染的马肉而感染AHSV。血清学调查显示，在非洲南部的大型野生食肉动物中，普遍存在抗AHSV的抗体。

致病机制和病理变化 被携带AHSV的昆虫叮咬后，潜伏期通常少于7d。易感马感染了AHSV强毒株的潜伏期最短，死亡率可达95%。AHSV可以在淋巴结、脾脏、胸腺和咽黏膜的单核细胞及血管内皮细胞中增殖。AHS可引起血管损伤，但目前尚不能确定该损伤是由病毒直接介导的内皮损伤所致，还是由AHSV感染的单核巨噬细胞释放的血管活性介质所致。AHS的严重中枢型特征是肺水肿、胸膜积水和心包积膜，并伴有心外膜和心内膜出血。长期患有该疾病的马会出现广泛的皮下水肿。

感染后机体的反应 AHSV的所有血清型具有共同的群特异性抗原，该抗原诱导机体产生的抗体可被CF、AGID和间接FA方法识别。机体感染病毒后也可产生病毒中和抗体，这些主要是血清型特异性的抗体，但是它们之间也存在一定程度的交叉中和抗体活性。

实验室诊断 对AHS的诊断特别是非疫区的诊断主要采用病毒分离、血清学方法或PCR方法进行鉴定，以区分可能产生类似临床症状的其他病原的感染。使用AHSV特异性捕获ELISA方法可以对组织标本中的病原进行快速鉴定。病毒分离是一种耗时但准确性高的检测方法，用血液或组织悬浮液经脑内接种乳鼠是分离AHSV的一种非常敏感的方法，但需要进行连续传代才能使病毒适应增殖，利用细胞培养物分离病毒不如用小鼠或马匹接种的方法有效。此外，可以通过VN、HI或FA试验对分离病毒进行鉴定。

血清学诊断需要设置配对的血清样本来证明血清发生转阳或抗体效价升高。常规检测方法包括竞争性ELISA、CF和VN试验。前2个方法针对群特异性抗体进行检测，与感染病毒的血清型无关，都可以检测到针对AHSV的抗体，VN试验非常敏感且具有血清型特异性。

治疗和控制 目前尚无AHS的特效治疗方法。高免疫马血清可提供暂时性保护。将马饲养在无昆虫的安全设施中可减少其与媒介昆虫的接触。在非洲南部，每年都会用含有9种AHSV血清型的减毒疫苗对马进行接种，以控制AHSV入侵欧洲。使用多价AHSV活疫苗存在一些潜在问题，如缺乏对所有血清型的保护、病毒疫苗株毒力返强、媒介昆虫对疫苗病毒的获取和传播、在混合感染期间不同病毒株/血清型毒株之间基因片段的重配等。

马脑炎病毒（EEV）

疾病已从患有肝脂血症和神经系统症状的马匹中分离获得EEV，但其作为主要病原的重要性尚不确定。该病毒还可从流产的胎儿中分离获得。血清学研究表明，在非洲南部马匹感染EEV的现象非常普遍。EEV的7个血清型具有共同的群特异性抗原，这与AHSV非常相似。EEV的流行病学也与AHSV相似，都是通过库蠓昆虫传播。

● 轮状病毒属

疾病

轮状病毒可引起许多哺乳动物（包括人）和鸟类的肠炎及腹泻。轮状病毒是引起幼畜（包括小牛、羔羊、小马驹和仔猪）腹泻的重要病原，可感染肠道绒毛顶部上皮的成熟隐窝细胞，从而导致感染动物吸收与消化不良，进而引起腹泻。感染后临床症状的严重程度取决于多种因素，如患病动物的年龄和易感性、感染毒株的毒力及是否存在其他肠道致病菌。

表64.3 轮状病毒血清型和基因型决定因素

A～E（F、G）群	PCR或RNA指纹识别-VP6
G基因型	PCR-VP7
P基因型	PCR-VP4

病原

理化和抗原特性 轮状病毒是呼肠孤病毒科的一个独特属病毒，无囊膜，其基因组由11个节段的dsRNA组成。完整的病毒粒子为双层衣壳结构，直径约100nm（图64.2）。已鉴定出该病毒至少可编码13种不同的蛋白，在这11个基因组节段中有2个基因节段可编码2种完全不同的蛋白。在其编码的13种蛋白中，有7种是结构蛋白，参与病毒粒子的组成（包括酶）；有6种是非结构蛋白，仅在病毒感染的细胞中产生，并未被装配到病毒粒子中。

轮状病毒目前分为5个主要群（A～E），另外还有2个可能存在的群（F和G）。同一个群中可能存在多个完全不同的毒株和/或血清型（表64.3）。处于同一群中的轮状病毒具有共同的群特异性抗原，它们可以在混合感染期间发生基因组节段的重配，在病毒保守的基因上具有较高的序列同源性，并倾向于感染相同的动物种类。病毒外衣壳蛋白VP7和VP4可诱导中和抗体的产生，VP6蛋白是轮状病毒群和亚群的特异性抗原。

对其他物种的感染性及培养系统 尽管从一种物种中获得的轮状病毒有时可以感染其他物种，但轮状病毒在很大程度上具有物种嗜性特异性。轮状病毒很难在细胞培养物中增殖，培养轮状病毒的重大进展是发现低浓度的胰蛋白酶可以促进病毒在细胞培养物中感染和复制。胰蛋白酶可以切割病毒外壳蛋白VP3，从而促进其感染细胞。一旦适应细胞，则轮状病毒便可在细胞培养物中获得良好增殖。最常用的细胞系是肾上皮细胞，尤其是恒河猴肾细胞系MA104。

疾病分布、传染源和传播途径 轮状病毒呈世界分布，存在于许多不同的动物物种中。高滴度的病毒可以从感染动物的粪便中排出，如果病毒与粪便结合则可在环境中稳定存在。病毒可以通过直接或间接口-粪途径传播给其他动物。

发病机制和病理变化 轮状病毒感染机体后的发病机制在不同物种中相似。病毒经口进入体内后，可感染肠绒毛的顶端（腔）侧面排列成熟的吸附性上皮细胞，从小肠的上端感染到下端，在某些物种中可感染到结肠。这些成熟的绒毛肠上皮细胞受到破坏后导致绒毛萎缩，而位于绒毛上的成熟吸收性细胞则被肠隐窝中更多的未成熟细胞所取代，从而导致消化不良、小肠吸收不良和腹泻。有趣的是，单独轮状病毒的NSP4蛋白可以诱导肠道隐窝细胞过度分泌，表明吸收不良及液体和电解质的过度分泌都会导致轮状病毒性肠炎腹泻。幼年动物最易感染轮状病毒，可迅速引起致命性酸中毒、脱水和低血容量性休克。

死于轮状病毒肠炎的动物表现为脱水症状，肠内容物多为液体。腹泻物（主要是液体及黄白色物质，即白痢）经常附着在动物的会阴部。组织学病理变化为绒毛萎缩，覆盖绒毛的成熟吸收性细胞丢失及肠隐窝内未成熟细胞增生。

感染后机体的反应 动物感染轮状病毒后可产生局部和全身的体液免疫反应，可通过各种血清学方法进行检测。病毒中和抗体是针对VP4和VP7蛋白的血清型特异性抗体。ELISA方法可用于检测群和亚群特异性抗体。肠内的局部免疫反应对于预防幼畜严重的轮状病毒肠炎非常重要，因此，摄入含有高滴度轮状病毒中和抗体的初乳可为刚出生的幼畜提供暂时的免疫保护。

实验室诊断 轮状病毒腹泻的确诊需要对粪便或尸检时获得的组织中的病毒进行鉴定。粪便和肠组织切片的电子显微镜观察（EM）、免疫EM和间接荧光抗体（IFA）染色均有助于将病毒或病毒抗原直接可视化，但粪便中的轮状病毒更容易通过抗原捕获ELISA进行检测。根据所使用的捕获抗体，可以利用敏感的ELISA方法区分不同血清型病毒。可以通过聚丙烯酰胺凝胶电泳直接检测动物粪便中轮状病毒的dsRNA基因组，同时还可以鉴定出特定种类的轮状病毒。PCR检测方法也可进行鉴定。

病毒分离是在低浓度胰蛋白酶存在的MA104细胞上进行的。禽轮状病毒的分离是在原代鸡胚肝和肾细胞上进行的。血清学诊断可通过ELISA或VN试验进行。然而由于轮状病毒感染非常广泛性，因此血清学检测的结果参考价值不大。这也意味着无论是否有疾病发生，大多数动物的血清都呈阳性。

治疗和控制 动物临床疾病的治疗以疾病的严重程度为指导，严重病例的治疗包括补充液体疗法以治疗脱水和酸中毒、使环境压力降至最低及对继发感染的治疗。由于病毒在粪便中存在的稳定性会导致其长期污染环境，因此难以控制疾病，但是严格的卫生措施可以使病毒接触最小化。疫苗免疫策略主要针对刚出生的幼畜，以确保它们能从初乳中获得高滴度的抗体。

● 水生动物呼肠孤病毒属

水生动物呼肠孤病毒属病毒在形态和理化学特性上与正呼肠孤病毒相似，但是其基因组由11个基因节段组成，可编码12种蛋白（第11个基因节段编码2种蛋白）。其中，7种是结构蛋白，VP7是主要的衣壳蛋白。该病毒属病毒有6个基因型（A～F）。该属病毒可感染鱼类和贝类，并造成感染鱼实质脏器坏死及新孵化鱼苗的高死亡率。在16℃环境下，水生呼肠孤病毒可在鱼类和贝类细胞系中增殖，并可诱导合胞体形成。

参考文献

Ruder MG, Howerth EW, Stallknecht DE, 2012. Vector competence of Culicoides sonorensis (Diptera: Ceratopogonidae) for epizootic hemorrhagic disease virus serotype 7[J]. Parasites and Vectors, 5, 236: 1-8.

Fayquet CM, Mayo MA, Maniloff J, et al, 2005. Virus Taxonomy: Eighth Report of the International Committee on Taxonomy of Viruses[M]. Elsevier, San Diego, CA: 485.

延伸阅读

Lazarow PB, 2011. Viruses exploiting peroxisomes[J]. Curr Opin Microbiol, 14 (4): 458-469.

Savini G, Afonso A, Mellor P, 2011. Epizootic hemorrhagic disease[J]. Res Vet Sci, 91 (1): 1-17.

Maclachlan NJ, 2011. Bluetongue: history, global epidemiology, and pathogenesis[J]. Prev Vet Med, 102 (2): 107-111.

Falconi C, López-Olvera JR, Gortázar C, 2011. BTV infection in wild ruminants, with emphasis on red deer: a review[J]. Vet Microbiol, 151 (3-4): 209-219.

McDonald SM, Patton JT, 2011. Assortment and packaging of the segmented rotavirus genome[J]. Trends Microbiol, 19 (3): 136-144.

Depaquit J, Grandadam M, Fouque F, 2010. Arthropodborne viruses transmitted by Phlebotomine sandflies in Europe: a review[J]. Euro Surveill, 15 (10): 195-207.

Randolph SE, Rogers DJ, 2010. The arrival, establishment and spread of exotic diseases: patterns and predictions[J]. Nat Rev Microbiol, 8 (5): 361-371.

Tate JE, Patel MM, Steele AD, 2010. Global impact of rotavirus vaccines[J]. Expert Rev Vaccines, 9 (4): 395-407.

Maclachlan NJ, Guthrie AJ, 2010. Re-emergence of bluetongue, African horse sickness, and other orbivirus diseases[J]. Vet Res, 41 (6): 35.

（李志杰 译，刘家森　高立 校）

第65章 双RNA病毒科

双RNA病毒科包括3个属：禽双RNA病毒属（感染禽）、水生双RNA病毒属（感染鱼）和昆虫双RNA病毒属（感染昆虫）。其中，传染性法氏囊病病毒（禽双RNA病毒属）被研究得最为深入，传染性胰腺坏死病病毒（水生双RNA病毒属）是鲑鱼的一种重要病原。

● 传染性法氏囊病

疾病

传染性法氏囊病（infectious bursal disease，IBD）又称甘布罗病，最早发现于美国北部特拉华州的甘布罗镇，是危害雏鸡的一种重要病毒性疾病，给养禽业造成了严重的经济损失。传染性法氏囊病病毒（infectious bursal disease virus，IBDV）在法氏囊组织（bursa of fabricius，BF）未成熟的B淋巴细胞中增殖，抑制机体免疫应答。IBDV可导致3～6周龄雏鸡的较高致死率，并可对早期感染的雏鸡造成严重的免疫抑制。3周龄以上的鸡感染IBDV的临床症状是：泄殖腔周围羽毛脏乱（鸡经常自啄泄殖腔）、腹泻、抑郁、厌食、震颤、极度虚弱、脱水，直至最终死亡。

在美国，由该病造成经济损失最主要的原因并非是鸡死亡，而是鸡的增重速度变缓，以及因骨骼肌出血造成的胴体被淘汰。在欧洲和世界其他地方，导致感染鸡高致死率的IBDV高致病力毒株越来越受重视。这类毒株被称为IBDV超强毒株（very virulent IBDV，vvIBDV），其抗原性与IBDV经典毒株相似，然而却能够突破针对经典毒株母源抗体的保护。3周龄以下的鸡往往是隐性感染，会造成毁灭性的经济损失。这些感染病鸡的免疫功能严重受损，对多种其他疫病的易感性增加，对疫苗接种的应答能力很差。

病原

理化和抗原特性 IBDV病毒粒子无囊膜，呈二十面体对称（直径约60nm）。其基因组由2条双股RNA（dsRNA）构成，即A、B节段，共编码5种蛋白。A节段有2个开放阅读框，分别编码1个非结构蛋白（VP5）和1个多聚蛋白，该多聚蛋白被进一步裂解为2个结构蛋白（VP2和VP3）及1个病毒蛋白酶（VP4）。基因组B节段编码RNA依赖的RNA聚合酶（VP1）。IBDV有2个血清型，各血清型又有不同的抗原群或基因群。血清Ⅰ型IBDV毒株能导致鸡发病而威胁全球养禽业，血清Ⅱ型IBDV毒株主要感染火鸡，不致病，对血清Ⅰ型毒株也不能交叉保护。

对理化因素的抵抗力 IBDV非常稳定，能抵抗酸（当pH为3时仍稳定）、脂类溶剂、多种消毒剂、高温（60℃、30min仍能存活）等灭活因素。

对其他动物物种的感染性及培养系统　IBDV主要感染鸡，也可感染火鸡、鸭等家禽及野鸟。IBDV既可在鸡胚内增殖并造成鸡胚死亡，也可在多种禽源细胞内培养。

宿主-病毒相互关系

疾病分布、传染源和传播途径　IBD在全球集约化高密度养殖地区均有暴发。由于有较强的稳定性，因此IBDV能在环境中得以持续存在。据报道，IBDV在鸡舍内能长期存在，甚至在空置的鸡舍内存活时间超过100d。IBDV在禽类中的真正储存状态尚未明确。

接触到含有病毒的粪便或被粪便污染的饲料及饮水，均可能造成IBDV的传播。

发病机制和病理变化　在感染的数小时内，IBDV在肠道内进行初次复制，并扩散到包括法氏囊在内的多种组织中，胸腺、脾和扁桃体等其他淋巴器官也会受到影响，特别是感染vvIBDV后，这些器官会发生萎缩。

鸡感染IBDV严格的年龄依赖特征很可能反映了感染时法氏囊的成熟状态。具体来讲，3～6周龄的鸡对IBD最易感，而法氏囊被切除的相同日龄的鸡则不发病。大于6周龄或小于3周龄的鸡感染IBDV后也不表现严重的临床症状。雏鸡感染IBDV会损害免疫应答，这是由法氏囊组织损伤造成的，这种损伤导致B淋巴细胞不能有效地循环到外周淋巴器官中，使体液免疫能力减弱。感染IBDV的雏鸡其细胞免疫能力也会降低。

IBD的眼观病变包括脱水、胸部肌肉发暗，以及胸部肌肉、腿部肌肉出血。法氏囊的眼观病变取决于疫病的发展进程。法氏囊最初由于水肿和充血而变大，随后急速进入渐进性萎缩期，这在感染后约8d时尤为显著。重症病例中，法氏囊的细胞坏死和出血特征十分明显。

组织病理学观察，可见法氏囊组织的上皮表层多处损伤，淋巴滤泡内有大量的淋巴细胞坏死，进而造成淋巴细胞缺损。受损的法氏囊组织最初出现水肿和异嗜性白细胞浸润，随后由于柱状上皮细胞和淋巴细胞缺损而形成囊性空腔。除非是感染了vvIBDV，否则通常情况下其他淋巴器官的病理损伤相对较轻且能够较快恢复。

感染后机体的变化　感染IBDV后的鸡会产生体液免疫应答，该应答可通过病毒中和试验、免疫琼扩试验和酶联免疫吸附试验检测到。在耐过鸡中，法氏囊组织中的B淋巴细胞会重新恢复。另外，在对抗IBD和IBDV清除过程中，T淋巴细胞也是必需的，但应答过程中产生的细胞因子和细胞毒素会导致法氏囊损伤，并延缓其恢复。鸡胚能从成年鸡只中获得母源抗体，如果效价足够，则母源抗体能够对雏鸡产生时长不等的免疫保护。

实验室诊断

IBD通常通过典型的临床症状、高发病率和大多数鸡的快速耐过等特征进行诊断。法氏囊萎缩是雏鸡亚临床IBD的特点。确诊可以通过荧光标记抗体介导的法氏囊和脾脏的原位杂交试验，以及病毒分离试验进行。此外，可以通过接种鸡胚或细胞进行病毒分离。血清学方法对于IBD的诊断也是有效的，IBDV的型或亚型只能通过中和试验来鉴别。RT-PCR等分子诊断技术越来越多地被用于IBD的诊断和毒株鉴定中。

治疗和控制

对于感染IBDV的鸡只，尚无有效的治疗方法。良好的卫生管理措施有利于防控IBD，疫苗免疫被广泛用于防控IBD，对蛋鸡群进行免疫可使雏鸡获得母源抗体。雏鸡也要进行疫苗免疫，但必须在母源抗体较低的时候进行才有效果。减毒疫苗和灭活疫苗均被使用。

● 传染性胰腺坏死病

传染性胰腺坏死病病毒（infectious pancreas necrosis virus，IPNV）是鲑科鱼类（鳟鱼和鲑鱼）的一种高度传染性和致死性疫病病原，对于全球范围内的水产养殖业越来越重要。IPN不仅严重危害6月龄以下的鱼，年龄较大的鱼从淡水转到海水等的应激状态下也容易发病。幼鱼感染IPNV后颜色变暗，呈旋转状泳动。被感染的鱼其胰腺坏死，腹部脏器常呈点状出血。IPNV也感染人工饲养的鲕鱼，导致该类鱼腹部液体集聚而引起病毒性腹水和腹部肿胀，造成高致死率。此外，鳗鱼也可感染该IPNV并出现临床症状。IPNV感染耐过的鱼为病毒携带者，并成为传染源（尤其是在孵化条件下）。IPNV在自然环境中非常稳定。通过鱼类细胞培养的病毒分离技术和RT-PCR技术，感染或带毒鱼类组织中的病毒可被鉴定。多达10种IPNV血清型已被报道，其中和抗原表位在VP2蛋白上。IPNV血清型的多样性，以及对易感幼鱼免疫的困难性，使得有效疫苗的研发比较复杂。对IPN进行控制目前只能依赖于饲养管理，如改善环境卫生、降低饲养密度和应激、减少已被病毒感染的备用鱼苗或鱼卵的引入等。严格的鉴定和淘汰带毒鱼，是控制IPN的一种有效手段。

📁 延伸阅读

Muller H, Islam MR, Raue R, 2003. Research on infectious bursal disease-the past, the present and the future[J]. Vet Microbiol, 97 (1-2): 153-165.

Essbauer S, Ahne W, 2001. Viruses of lower vertebrates[J]. J Vet Med, 48: 403-475.

（祁小乐　王笑梅 译，王永强　高玉龙 校）

第66章 反转录病毒科

反转录病毒（反转录病毒科）是有囊膜包被的单链RNA病毒，通过RNA-依赖性DNA聚合酶（反转录酶，RT）合成DNA中间产物（前病毒）进行复制。这一庞大而多样的病毒家族和各种免疫系统紊乱相关，并导致退行性和神经性综合征，其成员有的具有致癌性。

● 分类

反转录病毒科（Retroviridae）（拉丁语 *retro* 意为逆转）分为2个亚科，即正反转录病毒亚科和泡沫病毒亚科，共有7个属（表66.1）。分类原则是以病毒的基因组结构和核酸序列为基础，同时也参考以往根据形态学、血清学、生物化学特性，以及反转录病毒分离时宿主种类等进行划分的旧的分类规范。

表66.1　反转录病毒分类

亚科	属	病毒示例
正反转录病毒亚科	甲型反转录病毒（致癌）	禽白血病病毒
		禽成红细胞性白血病病毒
		禽成髓细胞性白血病病毒
		禽骨髓细胞瘤病毒
		劳氏肉瘤病毒
	乙型反转录病毒（致癌）	小鼠乳腺瘤病毒
		猿猴D型反转录病毒（猿猴AIDS相关病毒）
		绵羊肺腺瘤病毒（英文：Jaagsiekte）
		松鼠-猴反转录病毒
	丙型反转录病毒（致癌）	鼠白血病病毒
		猫白血病病毒
		猪C型致瘤病毒
		猫肉瘤病毒
		鼠肉瘤病毒
		绒毛猴肉瘤病毒
		禽网状内皮组织增生症病毒

(续)

亚科	属	病毒示例
	丁型反转录病毒（致癌）	牛白血病病毒
		人T淋巴细胞嗜性病毒1型和2型
		猿猴T淋巴细胞嗜性病毒
	戊型反转录病毒	大眼梭鲈皮肤肉瘤病毒
		大眼梭鲈表皮增生病毒
	慢病毒	梅迪-维斯纳病毒（绵羊慢性肺炎）
		羊关节炎脑炎病毒
		马传染性贫血病毒
		牛免疫缺陷病毒
		猫免疫缺陷病毒
		灵长类慢病毒（HIV-1和HIV-2，SIV）
泡沫病毒亚科	泡沫病毒	人泡沫病毒
		猿猴泡沫病毒
		牛合胞体病毒
		猫合胞体病毒

注：每个属列出了少数病毒实例，致癌反转录病毒包含正反转录病毒亚科的前5个属。

慢病毒属（Lentivirus）（拉丁语 lenti 意为慢的）包括人类免疫缺陷病毒（HIV）和许多重要的动物反转录病毒。慢病毒大多数情况下与慢性免疫机能失常和神经疾病相关。泡沫病毒属的成员（拉丁语 spuma 意为泡沫）是在自然退化的细胞培养物中发现的非致癌性病毒，它导致多核空泡（泡沫）样巨细胞的形成。目前，在人和动物界还没有发现与泡沫病毒直接相关的疾病。其余的病毒属被称为致癌RNA病毒（oncornaviruses）（希腊语 onkos 意为肿瘤）或RNA肿瘤病毒，是因为它们能够诱发肿瘤，尽管现在知道它们也可以诱发其他疾病。这些病毒包括甲型反转录病毒属（如禽白血病病毒）、乙型反转录病毒属（如小鼠乳腺瘤病毒）、丙型反转录病毒属（如猫白血病病毒，FeLV）、丁型反转录病毒属（如牛白血病病毒，BLV）和戊型反转录病毒属（如大眼梭鲈皮肤肉瘤病毒，WDSV）的病毒。

对反转录病毒的分类和描述还要考虑其他一些特征。外源性反转录病毒通过横向传播（或非遗传性纵向传播）的方式在动物之间扩散，这与其他病毒的传播机制相类似。与此相比，内源性反转录病毒通过遗传的方式进行传播，它们以整合的DNA前病毒形式存在并通过动物宿主的配子DNA代代相传。因此，动物的每个细胞都含有内源性反转录病毒的基因组，许多脊椎动物都拥有这种内源性反转录病毒的DNA序列。这些内源性反转录病毒通常既不对其宿主动物具有致病性也不表达，有些即使进行复制也是受到限制的。然而在有些情况下，其他非宿主动物的细胞不限制此类病毒，并且支持病毒以外源性病毒感染的方式复制。许多致癌RNA病毒通过内源性模式进行传播，但慢病毒属和泡沫病毒属是否也利用此传播方式目前尚不得而知。内源性反转录病毒对于防御相关的外源性反转录病毒可能起到很重要的作用，内源性反转录病毒在每个动物物种的遗传信息中都占据相当大的比例（在人的基因组中约占8%）。有证据表明，内源性反转录病毒在绵羊胎盘形成过程中起到至关重要的作用。

某些致癌RNA病毒还可根据其与不同种属细胞的相互作用而分类。亲嗜性毒株只在原始宿主动物的细胞中复制，异嗜性毒株只在其他种属的细胞中复制，兼嗜性毒株则在以上两种情况下均可复制，大多数内源性反转录病毒是异嗜性的。

透射电镜下反转录病毒的形态学也可用于病毒分类（图66.1）。反转录病毒粒子大小为80～130nm。

A型粒子只存在于细胞内，由囊膜包被的环状核样体组成；B型病毒粒子有一个非对称型（偏心式）核心；C型病毒粒子在其中心有核；D型病毒粒子形态学上介于B型粒子和C型粒子之间，具有一个加长的致密核。慢病毒属核心结构形状则类似于底面扁平的冰激凌蛋筒。

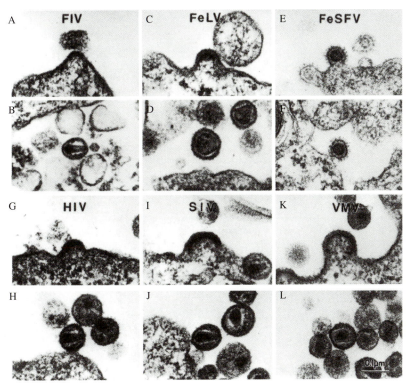

图66.1　猫免疫缺陷病毒（A，B）；猫白血病病毒（C，D）；猫合胞体形成病毒（E，F）；人免疫缺陷病毒（I，J）；梅迪-维斯纳病毒（K，L）。醋酸铀及柠檬酸铅双重染色（引自Yamamoto等）

● 反转录病毒的一般特征

由于对致癌RNA病毒和慢病毒分别在癌症及获得性免疫缺陷综合征（AIDS）领域里进行了非常深入的研究，因此，我们对反转录病毒的很多特征都有了非常详细的了解。反转录病毒属的成员在组成、结构，以及生活周期上存在很多共同特征，不过个别反转录病毒在细节上存在差异。

反转录病毒的组成成分

典型的反转录病毒粒子包含2%的核酸成分（RNA）、60%的蛋白质、35%的脂质和3%（或者更多）的碳水化合物。它的浮力密度为1.16～1.18g/mL。

反转录病毒脂质　反转录病毒脂质成分主要是磷脂，存在于病毒粒子囊膜中。这些脂质也形成一个双层结构，与外层细胞膜类似，因为反转录病毒的囊膜来源于细胞的外层细胞膜。

反转录病毒核酸

反转录病毒RNA　反转录病毒粒子以其包含的RNA为遗传物质，每个病毒粒子的基因组RNA是2条线性、单股的正链分子拷贝，在每个RNA拷贝的近5′末端以非共价键联结成二聚体（图66.2）。

因此，病毒粒子是二倍体。基因组RNA在中性蔗糖梯度中的沉降系数为60～70S。变性后每个RNA拷贝的沉降系数为38S。在聚丙烯酰胺凝胶电泳中，单体RNA的分子质量为（2～5）×10^3ku或（7～11）×10^3个碱基。宿主细胞的转运RNA（tRNA）在基因组RNA的3′末端附近与其结合并作为反转录聚合酶合成DNA的引物。病毒粒子中包被进去的tRNA种类对于反转录病毒的分类也很有用。每个RNA单体的3′末端都有多聚腺嘌呤（A）序列，在5′末端有甲基化核苷酸的帽子结构。

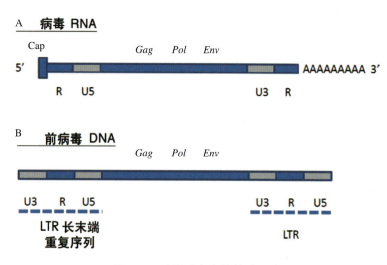

图66.2　反转录病毒的核酸形式
A.反转录病毒RNA结构　B.反转录反应之后形成的病毒DNA（前病毒DNA）

前病毒DNA　在细胞内，反转录病毒RNA基因组通过反转录合成DNA拷贝，成为细胞内反转录病毒基因组，即前病毒DNA。反转录病毒DNA比反转录病毒RNA基因组多几百个碱基，因为反转录过程中RNA基因组独特的末端重复序列要进行一次复制。这些序列位于反转录病毒DNA中基因的两侧，形成长末端重复序列（LTR）（图66.2B）。前病毒DNA共价整合于感染宿主细胞的DNA中，整合过程由病毒酶完成。该病毒酶的准确专业术语是整合酶，由病毒聚合酶开放读码框编码。

反转录病毒核酸结构和序列　反转录病毒结构基因顺序从基因组RNA的5′末端到3′末端依次为Gag-Pol-Env。一些反转录病毒，如慢病毒、泡沫病毒和丁型反转录病毒还含有另外的基因（*tax*和*rex*），以调节反转录病毒基因组的表达及执行其他附属功能（图66.3）。高度致癌的反转录病毒往往会有一个致癌基因取代一部分*pol*和/或*env*基因。

反转录病毒蛋白

反转录病毒结构蛋白　反转录病毒结构蛋白由*Gag*基因和*Env*基因编码（图66.4）。Gag（种群特异性抗原）

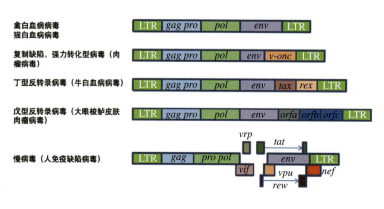

图66.3　一些反转录病毒前病毒DNA的结构

所有反转录病毒编码*gag*、*pol*和*env*基因。另外，一些反转录病毒种群还编码额外的基因，可能来源于细胞（如v-onc），也可能是病毒基因，如*tax*、*orfa*（病毒周期蛋白）和*orfb*（Rank1），在诱发癌变过程后发挥作用。复杂的慢病毒，如人免疫缺陷病毒除*gag*、*pro*、*pol*和*env*外还有6个附属基因

蛋白构成病毒的核心，由3种主要蛋白组成，核衣壳（NC）为一类小蛋白分子（5～10ku），与病毒RNA相结合，衣壳蛋白（约25ku）构成反转录病毒核心的主要结构元件，基质蛋白（MA，约15ku）连接反转录病毒衣壳核心与外层囊膜蛋白，有一些反转录病毒还会有其他的小核心蛋白。

Env（囊膜）基因负责合成非共价结合的2个糖蛋白，这2个糖蛋白在一些反转录病毒中会形成三聚体。反转录病毒的外部糖蛋白（SU表面）形状类似于蘑菇形门把手（约100ku），主要负责病毒感染时与细胞受体结合，另一个糖蛋白（TM，跨膜蛋白）状如棘突（约50ku），连接反转录病毒囊膜与SU蛋白。

反转录病毒的酶类 Pol基因编码几个具有酶活性的蛋白，这些酶类对于反转录病毒复制具有非常重要的意义，它们也存在于病毒粒子中，但比反转录病毒结构蛋白的量少很多。

RT酶（反转录酶）负责将反转录病毒RNA基因组合成反转录病毒DNA。RT酶拥有几个催化功能用以有效完成合成反应，包括RNA-依赖性DNA聚合酶和RNA酶H的活性。RT酶需要二价阳离子的存在才能行使功能，所需的二价阳离子种类（镁离子或锰离子）对反转录病毒的分类也有帮助。RT酶活性的测定也是检验和分析反转录病毒的主要实验室方法之一。

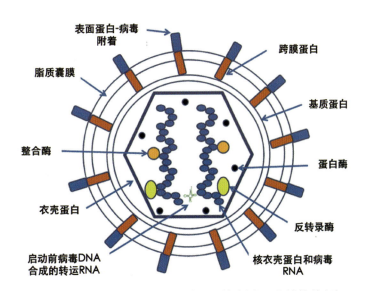

图66.4 反转录病毒粒子的示意图（包括常见的结构特征）

每个粒子有2个拷贝的病毒RNA，转运RNA和反转录酶启动病毒RNA的合成，粒子直径大约为100nm

Pol基因还编码其他酶类。反转录病毒蛋白酶（PR）介导反转录病毒包装和成熟过程中Gag和Pol多聚蛋白的切割。人类免疫缺陷病毒的蛋白酶是抗反转录病毒药物的一个重要靶点，反转录病毒整合酶（IN）通过共价键将病毒DNA整合到宿主细胞的DNA形成整合前病毒。一些反转录病毒还编码脱氧尿嘧啶三磷酸（dUTP）酶，此酶有助于病毒在非分裂细胞的复制。

其他反转录病毒蛋白 反转录病毒的许多成员只有gag、pol和env基因编码的蛋白。其他反转录病毒（如丁型反转录病毒、戊型反转录病毒、慢病毒和泡沫病毒）还含有另外的基因，其产物的功能有诸如控制前病毒转录水平、协助反转录病毒mRNA的运输、增强反转录病毒在某种特定细胞中的复制和干扰宿主免疫力等。

反转录病毒复制

反转录病毒复制的通常模式如图66.5所示。病毒粒子通过其SU蛋白与靶细胞表面的特异性受体相结合，病毒穿透细胞，病毒核心（衣壳）会经受特殊的结构变化。构造改变的衣壳中病毒RNA被反转录酶通过与之接触的tRNA引物进行反转录，首先生成RNA／DNA杂交体，继而形成带有长末端重复序列的线性双链DNA结构，新合成的反转录病毒DNA仍然与一些病毒衣壳蛋白和酶相结合，这一结构被称为整合复合体。一些反转录病毒在感染时一定要在分裂细胞中进行，因而整合复合体可以接近宿主细胞核DNA；而另一些反转录病毒整合复合体可以主动地转移到宿主细胞核，从而使这些反转录病

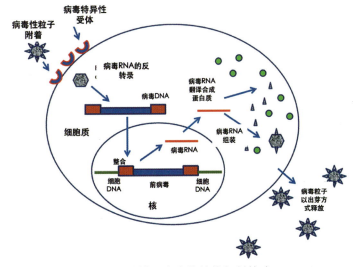

图66.5 反转录病毒的整体复制策略

病毒DNA的合成通过病毒反转录酶在细胞质内病毒开壳时完成。病毒DNA一定要整合进入细胞DNA，以便细胞中的酶类，如DNA依赖性RNA转录酶（PolⅡ）合成全长病毒基因组RNA，以及亚基因组的病毒信使RNA

毒在非分裂细胞或终端分化细胞内复制。

反转录病毒DNA通过整合酶的活性整合入宿主细胞DNA。反转录病毒的整合并不是发生在细胞DNA的某个特定位点而是在很多位点都可以整合，整合后的DNA前病毒与真核细胞基因别无二致，可以利用宿主细胞的酶转录合成mRNA和基因组RNA，从而产生更多病毒，也可以长期维持潜伏状态并随细胞DNA复制而复制。

新生成的病毒粒子以出芽方式从细胞膜产生，未成熟病毒Gag多聚蛋白与基因组RNA经过组装在脱离感染细胞时从细胞膜获得病毒囊膜，此时囊膜镶嵌有反转录病毒SU和TM囊膜蛋白。

在病毒复制的最后一步，PR修剪Gag多聚蛋白而使其成为基质、衣壳和核衣壳等成熟结构蛋白。

反转录病毒的免疫学特性

反转录病毒蛋白拥有多种类型的抗原位点。囊膜糖蛋白是亚型特异性抗原，可以用来界定病毒血清型亚群。种群特异性抗原为相关的反转录病毒所共有，并且一般来说，与病毒粒子衣壳蛋白相关。也有一些由不同宿主衍生的其他不相关病毒共有同样的种间抗原。反转录酶（RT）也具有抗原性，含有亚型特异性、群特异性和种间特异性抗原决定簇。

致癌病毒与癌基因

致癌性病毒会使易感宿主的组织发生细胞异常增长。癌症亦即恶性肿瘤，特点是失去正常的细胞调控，导致无节制的增长并向相邻组织入侵及向身体其他部位转移。癌症可以根据其原发组织划分为肉瘤和癌瘤。肉瘤是结缔组织（间充质）的恶性肿瘤，癌瘤是源于上皮组织的恶性肿瘤。

近一个世纪以来，人们对病毒在自然条件或试验条件下导致癌症发生的能力开展了大量的研究工作。这些研究工作对于我们了解病毒、肿瘤形成和细胞生物学做出了巨大贡献。该领域研究最重要的发现是致癌病毒可通过它们携带或激活的基因促使癌症发生，这些基因被命名为癌基因。

反转录病毒的致癌性

反转录病毒会通过多种机制导致癌症。高度致癌或急性转化反转录病毒通常会在感染后几周甚至几天内迅速而有效地诱发癌症。这种反转录病毒在自然界动物种群中很少出现，却在实验室中被广泛地用于癌症研究。于1910年发现的鸡劳氏肉瘤病毒（RSV）就是一种典型的高致癌反转录病毒。

高致癌性反转录病毒在病毒基因组中含有一个完整或部分癌基因，该癌基因通常会替换病毒基因。这一病毒癌基因赋予反转录病毒高度致癌性并诱发细胞癌化。目前已知的有20多个不同的反转录病毒癌基因，这些基因的每一个都可以在正常细胞中找到相对应的基因。与病毒癌基因相对应的正常细胞基因被称为c-癌基因或原癌基因，相应的病毒基因称为v-癌基因。在正常细胞环境下，原癌基因的基因产物通常在生长调控中发挥一定功能，如蛋白激酶、生长因子或其受体、GTP结合蛋白、转录激活因子等。而当它们成为反转录病毒基因组的一部分时，这些原癌基因往往受到反转录病毒LTR的控制而不是正常细胞机制的调节，而且表达水平通常很高。v-癌基因也可能被截短，含有点突变或与其他反转录病毒基因相融合。变异蛋白的异常表达会导致感染细胞的异常生长并开始瘤变。

例如，RSV的*src*癌基因会引起细胞的瘤变转化。v-*src*基因是在反转录病毒基因组序列与细胞基因组序列之间发生非常规重组时（这种状况比较罕见）从正常细胞c-*src*原癌基因获得的。c-*src*基因编码具有蛋白激酶活性、大小为60ku的蛋白，该蛋白定位于细胞膜内膜表面附近。细胞内信号转导通路错综复杂，蛋白激酶活性作为其中之一可以调控细胞生长。另一些在正常细胞中v-癌基因与c-癌基因相对应的实例是在其他急性转化反转录病毒中发现的，如*myb*基因（禽成髓细胞瘤病毒）、*erb*基因（禽成红细胞增多症病毒）、*myc*基因（禽髓细胞瘤病病毒）和*ras*基因（小鼠肉瘤病毒）。

高致癌性反转录病毒通常是缺陷型的。原因在于v-癌基因替换了病毒基因组中的一部分，从而使病毒缺乏 Gag-Pol-Env 基因的完整性。为了能够复制，这些缺陷病毒需要具有复制能力的辅助病毒来提供它们所缺失的基因产物。辅助反转录病毒通常是关系很近的、没有缺陷的反转录病毒，含有正常的 Gag-Pol-Env 完整基因。这种缺陷型高致癌性病毒被包装成带有辅助病毒囊膜蛋白的病毒粒子，它们的宿主范围依赖于辅助病毒。在自然条件下，这种有缺陷的高致癌性肉瘤病毒产生以后，可能于几天或几周内在宿主体内造成多克隆肿瘤而导致宿主死亡，但是这种高致癌性病毒向其他动物的传播却很少见。拥有一种病毒的基因组且同时带有其他病毒蛋白成分的病毒被称为假病毒。

弱型致癌反转录病毒（非急性转化型）的致癌性没有高致癌反转录病毒那样迅速而有效，这种病毒存在于家养动物中。弱型致癌反转录病毒不携带v-癌基因也不需要辅助病毒。但是对弱型致癌反转录病毒诱发的肿瘤进行检测时，可以发现在克隆增殖细胞的癌基因附近有反转录病毒基因组。例如，禽白血病病毒的基因组通常整合在 c-myc 基因附近或者整合到 c-myc 基因中。现在认为弱型致癌反转录病毒的致癌机制是通过插入或顺式激活而引发的，在反转录病毒复制过程中，前病毒DNA随机插入到宿主基因组中。前病毒有时会整合到细胞原癌基因的附近，此时，由于反转录病毒启动子的通读或反转录病毒LTR的增强子活性而产生异常的癌基因转录。前病毒在原癌基因附近整合的情况非常少见，因此与反转录病毒本身携带癌基因的情况相比，其发生的频率非常低。肿瘤的发生是由一个单克隆细胞发展起来的，因为尽管感染的细胞有很多，但只有一个很少见的细胞会发生插入性癌变而最终发展成肿瘤。病毒复制的水平与肿瘤形成的发生率直接相关，在宿主机体内，病毒复制水平越高，就越有可能发生在原癌基因附近整合的情况。另外，原癌基因的异常激活也是导致癌症的多种因素之一。

反转录病毒致癌的第三种机制常见于牛白血病病毒——人嗜T淋巴细胞病毒属。这些病毒除 Gag、Pol 和 Env 外，还有一个被称为 tax 的调节基因。Tax蛋白产物作为反式激活因子，能够通过结合反转录病毒LTR里的特殊DNA序列上调反转录病毒的转录。在一些条件下，Tax蛋白有时也会与细胞基因的转录活化序列结合而干扰被感染细胞的调节通路。与插入性癌变的机制不同，在这种情况下，整合的前病毒DNA并不一定要在原癌基因附近，因为是Tax蛋白造成癌基因的激活（反式），而反转录病毒DNA本身不能激活。与插入性癌变一致的是，反式原癌基因的激活也只是导致癌症的诸多因素之一。

DNA病毒的致癌性

许多DNA病毒，包括腺病毒、乳多空病毒（多型瘤和乳头瘤）、疱疹病毒、嗜肝DNA病毒和痘病毒都有致癌潜能。与高致癌性反转录病毒不同，DNA病毒v-癌基因不是来源于细胞而是真正的病毒基因。病毒基因的正常功能是激活DNA复制的细胞通路，这一活化过程是DNA病毒在休眠细胞内增殖所必需的，因为休眠细胞缺少病毒复制其DNA所需要的酶和材料。致癌DNA病毒导致癌变转化的机制是，病毒基因能够有效活化细胞DNA复制，但是却不能增加病毒的产物，这导致感染细胞获得不适当的激活信号却没有后续的病毒产物来破坏细胞，结果造成细胞异常活化和分裂，这也是形成癌症的初始步骤。与弱型致癌反转录病毒一样，DNA病毒也存在插入和反式激活机制。

● 禽白血病/肉瘤复合体——甲型反转录病毒属

疾病

禽白血病/肉瘤复合体病毒（ALSV）能在家禽中诱发各种疾病，这在经济上对家禽业非常重要，也是了解癌症的重要研究工具。这些疾病包括鸡淋巴白血病、骨髓成红细胞增多症、成髓细胞血症、骨髓细胞增多症、肉瘤、骨骼石化病、血管瘤和肾母细胞瘤。由ALSV引起的疾病症状并没有特殊性，因此对症状的鉴别诊断需要进行详细的组织病理学诊断和实验室检测。

禽白血病是由ALSV引起的最为常见的也是最容易造成经济损失的疾病，感染鸡的鸡冠苍白，萎缩，偶尔也会变为青紫色，常见食欲不振、消瘦、衰弱等症状。此外，感染鸡的肝脏、法氏囊（滑液囊）和肾脏肿大，触诊有时会检测到肿瘤的小结节。

目前也有由ALSV引起淋巴肿瘤的散发病例，如骨髓成红细胞增多症、成髓细胞血症和骨髓细胞增多症，这些疾病的临床表现为嗜睡、全身无力、鸡冠苍白或青紫色。在一些疾病的晚期可见感染鸡虚脱、衰弱、腹泻和偶尔的羽囊大出血。

骨骼石化症也是由ALSV引起的，此病常常影响肢翼的长骨。通过观察或触诊能够检测到骨干或骨端变厚，患病家禽通常发育迟缓、苍白、步态僵硬或跛行。

网状内皮组织增生病毒（REV）是在家鸡和火鸡中发现的与甲型反转录病毒属（白血病／肉瘤病毒种）无关的反转录病毒，以其核酸同源性和生物化学特性被归类为丙型反转录病毒属，会引起一些家禽种群的肿瘤病变和非肿瘤性发育迟缓。

病原

分类　ALSV根据病毒囊膜糖蛋白抗原的不同可以分为从A到E的5个亚群。这些囊膜糖蛋白抗原影响病毒-血清的中和特性，以及病毒干扰同亚群或不同亚群病毒的方式。E亚群病毒包括普遍存在的内源低致病性白血病病毒，其他亚群（F、G、H、I）包含从雉、鹌鹑、山鹑体内分离的反转录病毒，具有与A～E亚群不同的抗原特性和宿主范围。

值得一提的是，许多用于科研的高致癌性禽类甲型反转录病毒（C型）是需要辅助病毒的帮助才能复制的缺陷病毒，这些病毒利用辅助病毒的囊膜蛋白包装成假病毒，因此这些假病毒拥有辅助病毒的干扰特性与中和活性。

理化和抗原特性　从大小、形状和超微结构特性上看，禽白血病／肉瘤复合体病毒属于甲型反转录病毒属（C型），而且同属病毒的彼此之间没有明显差别。一个亚群的ALSV在不同程度上可以交叉中和，不同亚群的病毒是不能被交叉中和的，只有B亚群和D亚群除外，它们之间可以部分交叉中和。

对理化因素的抵抗力　ALSV经乙醚或洗涤剂（如SDS）等脂质溶剂处理后会丧失感染力，在高温下会迅速失活，但是在低于26℃条件下会保存很长时间。这一群的病毒在pH为5～9时稳定，但是超过这一范围失活率会大大上升。

对其他物种的感染性及培养系统　ALSV发生于鸡，也可从雉、鹌鹑和山鹑体内分离出来，火鸡中还有关系更远的反转录病毒。在试验条件下，一些ALSV具有更广泛的宿主范围，尤其是RSV，一些RSV病毒株会引起其他种的禽类甚至哺乳动物（如猴）的癌症。当然，一般情况下只有非常幼小或免疫耐受的动物才会被感染。

与许多反转录病毒一样，禽白血病病毒复制时并不破坏细胞。在鸡胚胎成纤维细胞中培养时，RSV和其他ALSV种群中的高致癌病毒成员能够迅速诱导细胞转化，典型表现为细胞生长特性改变和细胞形态变化。这些增殖的细胞会在几天内形成散在的集落或转化细胞群落，转化细胞群落的数目与病毒的稀释度成反比，因此可以作为病毒浓度的计量方法。肉瘤病毒的不同毒株能够诱导小鼠、大鼠、仓鼠及鸡的胚胎成纤维细胞转化。

尽管ALSV群的弱致癌病毒能够引起肿瘤疾病，但它们在鸡成纤维培养细胞中并不产生明显的细胞病变或可检测到的细胞转化，病毒的存在可以通过鸡的亚型特异性抗血清用免疫荧光集落检验法，或根据它们对RSV诱导细胞转化的抵抗能力进行检测。相同的或相近的病毒糖蛋白（接触位点）会阻断细胞受体使病毒超级感染无法进行，从而显现对细胞转化的抵抗效果。通过检测干扰RSV特性而得到的白细胞组织增生病毒也被称为抵抗性诱导因子毒株。

宿主-病毒相互关系

疾病分布、传染源和传播途径 除了从无特定病原的禽类分离的病毒以外，ALSV自然条件下发生于鸡群，世界各地的大多数鸡群都携带不同ALSV种群。即便于感染鸡群，罹患淋巴肿瘤的概率也很低，致死率仅为2%或更低，不过有时损失会更高。ALSV的储存宿主为感染的鸡群。

病毒可以是垂直传播（从母鸡到鸡蛋）或水平传播。垂直感染的雏鸡对病毒有免疫耐受，无法产生中和抗体并且一生维持病毒血症（图66.6）。水平传播是通过感染的唾液和粪便进行的，特征是经过短暂的病毒血症后产生抗体，垂直感染形成肿瘤的概率比水平感染的要高。

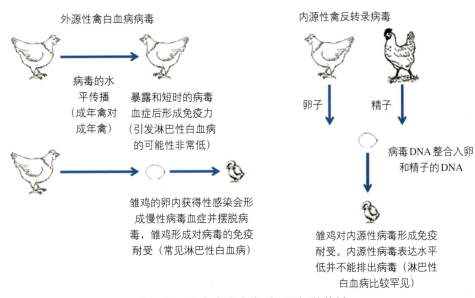

图66.6 禽白血病病毒（ALV）的传播

ALV向易感成年禽类的水平传播（成年对成年）导致短暂的病毒血症之后形成免疫力，因此病毒血症终止，这类感染很少造成淋巴性白血病。卵内传播（母鸡向雏鸡的传播）应是主要关注的问题。雏鸡孵化成熟后会形成对病毒的免疫耐受和慢性病毒血症。禽类体内持续的病毒复制会导致淋巴性白血病的形成，内源性禽反转录病毒遗传上通过卵子或精子传播，内源性病毒的基因表达通常很低（或不表达）并且很少造成疾病

内源性禽白血病病毒，如E亚群通常通过遗传方式以生殖细胞内前病毒DNA的途径进行传播。许多这些内源性ALSV是缺陷病毒，但是有一些释放出来的病毒（如RAV-O）是有感染性的，并以水平方式传播，不过大多数雏鸡遗传上对感染具有抵抗性。

发病机制和病理变化 ALSV会诱发多种肿瘤的形成。被ALSV感染的禽类是否发病取决于所感染的ALSV是否携带癌基因。含有v-癌基因的ALSV是高致瘤性反转录病毒，会使培养细胞发生转化，但通常是缺陷性的，多见于实验室，在自然条件下即使有这样的病毒也仅仅是零星散在的。含有某种特殊v-癌基因的ALSV毒株通常在相当高比例的感染鸡群中导致迅速而且相对来说可复制的肿瘤疾病。

相比之下，ALSV的自然感染诱发肿瘤的能力弱，通过插入性癌变而引发疾病，且检测不到其转化培养细胞的能力。这种病毒通常不是缺陷性的，而且在自然条件下可以传播。不含癌基因的ALSV的致癌范围有叠加趋势。也就是说，某种ALSV可能因其他因素的不同，如病毒量、年龄、鸡的基因型和感染路径不同而引起多种肿瘤。这与这些病毒的插入型癌变概念相一致，即ALSV可以感染不同类型的细胞并在其内复制，但是为了产生癌变转化，它必须整合到细胞相应的原癌基因附近。

在自然条件下，由ALSV引起的最常见的疾病是淋巴细胞性白血病。淋巴细胞转化通常是在感染几个月后发生于法氏囊。这些由ALSV引发的早期病灶有时会退化，有时也会扩大而最终扩散到其他内脏器官。大体上可见的癌变其肿瘤大小和靶器官会有很多不同，但几乎总是牵涉肝脏（淋巴细胞性白血病的别称为大肝病）、脾脏和法氏囊。个体肿瘤柔软、光滑、发亮而且通常是粟粒状或扩散的，但也有结节状的或上述几种状况都存在。这些肿瘤团块由表达表面免疫球蛋白的B淋巴细胞组成。在循环血液里常常没有显著的血液学变化而且单纯的淋巴性白血病也很罕见，完全分化的淋巴细胞性白血病大约在禽4月龄或更大的时候发生。

成红细胞增多症散于ALSV感染的鸡群里。由增殖的成红细胞浸润而使肝脏和脾脏变大，骨髓也因同样的细胞浸润而变得稀薄。感染鸡会表现为贫血和血小板低下症状，血涂片会显示成红细胞白血病特征。自然状况下，由ALSV缓慢转化而引起的成红细胞增多症伴有细胞癌基因 $c\text{-}erbB$ 通过插入性癌变而被激活的现象。携带这种v-形式癌基因的、高致癌性ALSV实验室株被称为禽成红细胞增生症病毒（AEV）。一些AEV毒株经过人工感染后能在1周内引发鸡的成红细胞增生症而使其致死。

成髓细胞性白血病是自然条件下相对不常见的病症，常发生于成年鸡。这种疾病的靶器官为骨髓。最初的癌变为成髓细胞增生形成多个结节，继而变成白血病并向其他器官侵入，尤其是肝脏、肾脏和脾脏。显微镜下血管内外成髓细胞大量累积并带有不同比率的前髓细胞。高致癌性禽成髓细胞性白血病病毒株带有 $v\text{-}myb$ 基因，这些实验室病毒株在人工感染几周后能致死鸡群。

骨髓细胞瘤也是白血病的一种，零星出现于鸡群中。这种疾病的特征是肿瘤发生于骨的表面与骨膜相连，与软骨组织相近，也发生于肋骨与软骨交界、胸骨后部、下颌骨和鼻骨的软骨部分。它们由同样的骨髓细胞形成致密的团块。最早的变化发生于骨髓，髓细胞向窦状隙淤积，破坏窦壁，最终造成骨髓过度成长。肿瘤可能穿过骨质延伸到骨膜，高致癌性禽骨髓细胞瘤病毒携带 $v\text{-}myc$ 基因。

ALSV感染鸡群会零散地发生各种各样良性和恶性的结缔组织肿瘤。禽肉瘤病毒（ASV）有许多种实验室毒株，其中最著名的为RSV。由ASV引发的肉瘤（结缔组织肿瘤）包括纤维肉瘤、纤维瘤、黏液肉瘤、黏液瘤、组织细胞肉瘤、骨瘤、骨原肉瘤和软骨肉瘤。这些高致癌性ASV都携带某个癌基因，如 src（在RSV基因组里）、fps、ros 和 yes 基因。

ALSV感染本身也会产生重要影响。与没有感染病原的鸡群相比，感染鸡群即便没有形成肿瘤也会生长缓慢，产蛋率低，目前对临床上ALSV感染禽的致病机制还知之甚少。

感染后机体的反应 ALSV病毒感染的鸡群可分为四类：①无病毒血症，无抗体；②无病毒血症，有抗体；③有病毒血症，有抗体；④有病毒血症，无抗体。第一类是在遗传上即有抵抗性的禽类。大多数感染的鸡群属于第二类，终其一生都带有抗体而且抗体可通过卵黄传播到后代。母源抗体所提供的被动免疫一般可以维持3～4周。除针对囊膜蛋白的中和抗体之外，还有针对于内部种群特异性抗原的抗体。这些抗体没有中和能力，也无保护作用。尽管病毒中和抗体会抑制病毒的量，但这些抗体对由病毒引发的肿瘤生长没有直接作用。属于第三类的鸡群几乎没有，而这一类可能代表正在清除急性感染的ALSV的过程。绝大多数属于第四类的鸡是还在胚胎时从上一代获得ALSV的，它们对于病毒呈免疫耐受。第四类的母鸡通过鸡胚把病毒传给大部分后代。

因为一般鸡群会感染多种亚型的病毒（A～D），而这些病毒又不会被其他病毒的抗体交叉中和，所以感染某一亚型的ALSV后不影响对其他亚群ALSV的感染。

实验室诊断

ALSV通常可以从血浆、血清、肿瘤组织、蛋清或者感染的鸡胚中分离得到。由于ALSV一般不会引起细胞病变，因此要检测和确认培养细胞中存在的病毒则必须用到补体结合、荧光抗体和放射免疫等检测方法。ELISA法可以直接用来检测蛋清或泄殖腔拭子样本里的病毒，可以直接在检测样本

（蛋清）上也可以间接在用来进行病毒分离的培养细胞上进行，所有这些检测都要求鸡胚中无内源性ALSV。

另一个鉴定病毒的方法是基于病毒的表型混合进行的。囊膜缺陷RSV毒株转化的鸡成纤维细胞不产生有感染性的RSV，因而简称非生产者（NP）。另一种ALSV对NP培养细胞的超级感染会起到辅助病毒的作用，从而使细胞产生有感染性的RSV，这些病毒能在易感鸡胚成纤维细胞上形成转化集落。

治疗和控制

目前还没有用于该病的疫苗。先天性感染的鸡产生肿瘤的可能性非常大，它们对ALSV的免疫耐受使其不能通过疫苗免疫来控制感染。

通过建立没有外源性ALSV的种鸡可以实现ALSV的净化。种蛋为ALSV抗原阴性的母鸡生产的受精卵孵化后，雏鸡分小群饲养。没有禽白血病病毒抗原或抗体的鸡被用来作为无禽白血病病毒鸡群的种鸡。而这些鸡群必须与未经检验的鸡群分开隔离饲养。

● 羊肺腺癌病毒（Jaagsiekte）——乙型反转录病毒属

疾病

羊肺腺癌病或Jaagsiekte（南非阿非利卡人称为"气喘病"）是一种进展缓慢但致命的呼吸系统肿瘤疾病。该病遍布世界各地（澳大利亚、新西兰和冰岛除外），主要感染绵羊，山羊也偶尔发病。

病原

羊肺腺癌病毒属于乙型反转录病毒属，这一外源性病毒的囊膜蛋白本身就足以导致癌细胞转化，目前还没有证据证明该病毒有癌基因的表达。

理化和抗原特性　由于缺乏相应的细胞培养系统用以复制病毒，对病毒粒子特性的研究也受到了阻碍。对从感染绵羊分泌液中提取的病毒基因组序列分析表明，病毒的基因组结构和同源性最接近于乙型反转录病毒，如小鼠乳腺肿瘤和猿猴D型病毒（梅森-费舍猿猴病毒，MPMV）。针对于猿猴D型病毒和小鼠乳腺肿瘤病毒衣壳蛋白的抗体也能与羊肺腺癌病毒的衣壳蛋白反应。

对其他物种的感染性及培养系统　绵羊是这种病毒的原始宿主。山羊也能够被感染，但与绵羊相比，山羊对病毒感染的易感性和发病进程都要低。现在尚无法通过细胞培养来繁殖这种病毒。

宿主-病毒相互关系

疾病分布、传染源和传播途径　这种疾病遍布世界各地，不同国家的发生率不同（1%～20%）（在美国该病少见）。这种病毒常与绵羊慢病毒同时被检测到。病毒通过飞沫传播。

发病机制和病理变化　病毒倾向于感染二型肺泡细胞和支气管细胞（无纤毛），这些细胞表达细胞受体透明质酸酶-2。由以上两种细胞的增生而形成的肿瘤最终危及肺脏功能而导致感染动物窒息死亡，或因为肺炎而引起下呼吸道的继发细菌感染（通常是巴氏杆菌病）。这种疾病的特征是二型肺泡细胞向外分泌大量的表面活性物质和大量肺积液，肺部肿瘤的转移扩散可能殃及附近的淋巴结，在偶然的情况下会转移到心脏或肌肉组织。

感染后机体的反应　绵羊和山羊基因组存在亲缘关系相近的内源性乙型反转录病毒，该类病毒可能在绵羊进化过程中对抵御外源性绵羊反转录病毒的侵袭起到一定作用。这些内源性乙型反转录病毒主要在胎盘中表达，影响胎盘的正常发育。因此当遭受外源性病毒感染时，机体不能产生抗体。这也可以解释为什么羊肺腺癌病一直是致命疾病的原因。

实验室诊断

由于血清学检测可以鉴定感染外源性病毒的绵羊和山羊,因此可用PCR法检测肺脏渗出液中的病毒核酸(内源性病毒在渗出液没有表达)和用ELISA检测病毒抗原。

治疗和控制

此病发生时尚无行之有效的治疗方法。在20世纪50年代早期,冰岛曾经通过确定感染后即严格扑杀的方式根除了该病。疾病的抵抗性与年龄相关,有人在严格隔离的条件下饲养羔羊,并将感染绵羊和曾经暴露于病毒环境的羊群淘汰,成功地根除了该病。

● 猿猴D型反转录病毒——乙型反转录病毒属

疾病

猿猴D型反转录病毒会导致猿猴致命性的免疫抑制病。感染的最初症状是淋巴结肿大、脾肿大并伴随发热、体重减轻、腹泻、贫血、淋巴细胞减少、粒细胞减少和血小板减少。严重免疫抑制的猿猴因机会性感染发病,最为常见的是传染性巨细胞病毒感染。

病原

分类 灵长类反转录病毒分为4个不同属:①乙型反转录病毒属,包括猿猴D型反转录病毒(SRV);②丁型反转录病毒属,包括猿猴嗜T淋巴细胞病毒(STLV)和人嗜T淋巴细胞病毒(HTLV);③灵长类慢病毒,包括HIV-1型病毒(HIV-1)、HIV-2型病毒(HIV-2)及猿猴免疫缺陷性病毒(SIV);④猿猴和人泡沫病毒。尽管SRV与导致人和猿猴获得性免疫缺陷疾病的灵长类慢病毒(HIV和SIV)分属不同的属,但它们在导致免疫缺陷及相关的机会感染等方面都很相似。

MPMV是最早分离的SRV。

理化和抗原特性 SRV是D型反转录病毒(乙型反转录病毒属)。这类病毒的特征是会在细胞质内形成A型前体衣壳粒子。成熟的D型病毒形状多样,但多为球状体,外被囊膜,直径为80~100nm。NC为球面等距的球形,内有一个不对称的球形核仁。

SRV的RT偏嗜Mg^{2+},利用$tRNA^{lys}$作为反转录的引物合成负链DNA。

SRV根据其囊膜的血清中和活性可以分为至少5个血清型。

对其他物种的感染性及培养系统 SRV感染某些品系的猿猴,血清学测试尚无法提供可靠的证据证明参与猴相关工作的驯兽师是否可感染SRV。

SRV分离株在T淋巴细胞、B淋巴细胞和巨噬细胞内都能复制。不同人和猿猴的T细胞、B细胞、巨噬细胞和成纤维细胞等细胞系都能支持SRV的生长。SRV能在Raji细胞内诱发合胞体,这一现象也被用来作为定量病毒的手段。

SRV的姊妹——人D型反转录病毒也被报道过,其分布、临床价值及其与SRV的关系都还有待进一步探究。

宿主-病毒相互关系

疾病分布、传染源和传播途径 SRV有地域特异性,广泛传播于亚洲猕猴,在自然条件下不感染非洲猴。在一项研究中,美国灵长类中心大约25%的圈养猕猴为血清阳性,然而病毒的流行程度却由于地域和所研究的猿猴物种不同而差异非常大。

SRV初始是通过撕咬由唾液传播的。有统计结果显示其致死率为30%～50%，而且往往发生于年幼的动物上。具有病毒血症但是抗体阴性的隐性携带者可能是SRV的重要储存宿主。

发病机制和病理变化　SRV在体内既感染T淋巴细胞也感染B淋巴细胞，并造成这两种细胞的严重缺失而导致致命的免疫抑制病。感染时淋巴细胞的绝对数下降但CD4/CD8细胞比例相对稳定。在淋巴结部位，淋巴细胞逐渐枯竭且浆细胞缺失。SRV也感染巨噬细胞但不感染粒细胞。

感染后机体的反应　一些实验室病毒接种的猿猴会在7～20周后因急性感染而死亡，而也有一些会维持持续性感染，一些会产生中和抗体而消灭体内病毒，保持机体的健康状态。

实验室诊断

血清学筛查方法包括ELISA和蛋白免疫印迹法。但是由于有一些感染的猴会显示血清阴性，因而在筛查过程中有必要进行病毒分离。目前基于抗原捕获和PCR检测技术也趋于成熟。

治疗和控制

建立和维持无特殊反转录病毒的非人类灵长类动物种群，从动物健康和提高非人类灵长类动物在生物医学研究中的质量方面非常重要（将来可能用于器官移植的品质等方面考虑）。通过一系列的检测和去除病毒程序可以排除群养猴SRV的感染。

疫苗目前在试验研究条件下证明有效。

● 猫白血病/肉瘤病毒（FeLV）——丙型反转录病毒属

疾病

FeLV会使猫罹患多种重要疾病。持续性FeLV感染最应该引起注意的是由于严重的免疫抑制而导致机会性继发感染。FeLV感染猫的临床症状还包括血液淋巴系统肿瘤（淋巴瘤和白血病）、顽固性贫血、口腔溃疡、猫类肠炎病、FeLV诱导的神经系统综合征和免疫复合体血管球性肾炎。

淋巴瘤（淋巴肉瘤）仍然是猫所发生的癌变里最常见的，猫的淋巴瘤中约70%是由FeLV感染引起的。多中心淋巴肉瘤影响多种组织（如肝脏、胃肠道、肾脏、脾脏、骨髓和中枢神经系统），也是FeLV感染猫最常见的肿瘤。而胸腺和营养（胃肠）系统的淋巴瘤则多不是由FeLV感染引起的。幼年猫的淋巴瘤多是由FeLV感染而引起，而年长的猫罹患淋巴瘤则大多不是FeLV感染。典型患淋巴瘤的猫呈现体重减轻的症状，并经常伴随呼吸困难、腹泻、呕吐和便秘。FeLV还会造成红细胞和髓样细胞的异常增殖，从而导致包括白血病在内的多种骨髓增生性紊乱。

猫的传染性纤维瘤与猫肉瘤病毒（FeSV）感染相关，并且一般发生于幼龄猫，更常见的发生于成年猫的纤维瘤则与FeSV无关。由FeSV诱发的纤维瘤与由非FeSV诱发的肿瘤很难区分，只是比非FeSV肿瘤更具有浸润性。

病原

分类　外源性FeLV通过病毒干扰测试和抗体中和检验分为3个亚群（A、B和C）。这两个分类依据都与囊膜糖蛋白有关。

FeSV是不能复制并且高度致癌（急性转化）的病毒，其癌基因是FeLV基因组与某个细胞癌基因重组而获得的。通常认为FeSV是被FeLV感染的猫重新合成而产生的病毒，并且在自然条件下，不能进行猫与猫之间的传播。

猫也有内源性反转录病毒如RD-114，它通过遗传垂直传播。在所有猫的细胞中都发现了RD-114前病毒的多个分子拷贝，但还没有发现这些内源性病毒与任何猫的疾病有关联。

理化和抗原特性　在形态学上，猫反转录病毒是丙型反转录病毒属中典型的C型哺乳动物反转录病毒。FeLV由2种囊膜蛋白[gp70（SU）、p15E（TM）]及3种Gag蛋白[p10（NC）、p15（MA）和p27（CA）]所组成，Gag蛋白在感染细胞里超量表达，因而对于猫感染FeLV的实验室诊断非常有用。

对理化因素的抵抗力　与大多数带囊膜病毒一样，FeLV也对脂质溶剂和洗涤剂敏感。FeLV在56℃下可被迅速失活，但是在37℃培养基里即使到48h也仅有小部分失活，在干燥条件下可迅速灭活。

对其他物种的感染性及培养系统　FeLV-A只在猫细胞中复制，而FeLV-B和FeLV-C却可以在很多不同类型的细胞中复制，包括人类细胞。FeLV的宿主范围特异性与gp70相关。FeLV尚未证明与人类疾病有关联，也没有证据表明FeLV可以传播到人。

FeSV是另一种更罕见的肉瘤病毒，本身是缺陷型的，其宿主范围依赖于辅助白血病病毒向其囊膜提供蛋白，许多试验研究都是利用FeSV（FeLV-B）伪病毒而展开的。FeSV能够转化非猫物种的成纤维细胞，包括犬、小鼠、豚鼠、大鼠、水貂、绵羊、猿猴、兔和人。FeSV在许多被检测的动物中都有致癌作用，不过为了证明FeSV在猫以外的物种也有致癌性还需要接种胎儿或新生动物。

宿主-病毒相互关系

疾病分布、传染源和传播途径　猫感染FeLV在世界各地都有发生，就目前所知猫是该病毒的唯一储存宿主。在美国有2%的猫为血清阳性，表明过去或现在存在感染状况，而血清阳性中约50%的猫通过外周血淋巴细胞的免疫荧光抗体检测（IFA）被证明为FeLV抗体阳性，说明当前也存在感染。FeLV-A可单独感染猫（约50%），也可以和FeLV-B或FeLV-C共同感染。

FeLV通过唾液、眼泪，也可能是尿液排出。病毒传播会在撕咬或舔舐（如梳理皮毛）等密切的接触过程中发生，感染也有可能通过污染的食器而发生。有效的传播还需要猫与猫之间长时间的全面接触。在一个有多只猫存在的环境中，一只被感染的猫的存在会大大增加其他猫感染的风险。FeLV也能先天性传播，幼龄猫在母体内或者8周龄前出现持续性病毒血症。

发病机制和病理变化　穿透口腔、眼睛或鼻腔黏膜的FeLV会在头颈部附近淋巴结的淋巴细胞内复制。急性FeLV疾病一般在感染后2～4周出现发热、淋巴结肿大、萎靡不振等症状，但是这些症状却很少引人注意。被感染的猫中有一半会很快康复，变成FeLV抗体阳性而FeLV抗原阴性状态。一部分猫会彻底清除病毒，也有一部分猫体内的病毒会维持潜伏状态。FeLV长期潜伏感染的意义还不清楚，FeLV的病毒血症会在某些感染的猫里因为环境压力或皮质类固醇治疗等原因而复发。

对于一些没有产生足够免疫应答的猫，FeLV会在迅速分裂的骨髓细胞里复制。这些猫会持续性感染FeLV，且对外周血淋巴细胞的免疫荧光抗体检测呈FeLV抗原阳性。病毒在唾液腺表皮细胞内的复制表明，病毒完成感染周期，感染性FeLV会随唾液而散播出来。

从病毒血症初期开始到后期FeLV感染症状出现的这段时间称为诱导期。这一时期的跨度为几个月到几年，平均约2年。大多数持续性带有病毒血症的猫在感染后3.5年以内死亡。持续感染的猫往往表现为白细胞水平低下、免疫缺陷以继发机会性感染。应注意区分由FeLV造成的免疫缺陷和猫免疫缺陷病毒（FIV）造成的免疫缺陷，因为FIV是另一种反转录病毒。

感染后机体的反应　约有一半FeLV感染的猫会产生大量的针对主要囊膜糖蛋白的中和性抗体，而FeLV也会被限定在局部淋巴结的细胞里，病毒最终被根除或潜伏下来。这些猫不会维持FeLV的持续性感染而且也会有正常的寿命。对FeLV感染的免疫应答，取决于猫的年龄、接受病毒的量或者其他的遗传学和病毒学因素。幼年小猫对病毒的免疫应答很弱，因此容易发生持续性FeLV感染。

实验室诊断

因为有一些猫能够清除FeLV感染，而大多数的猫都接受了抗FeLV的疫苗，因而抗FeLV抗体检测就显得用途有限。对FeLV诊断最为有用的检测是检查FeLV抗原，ELISA法可以检测血清或唾液里的FeLV抗原，这也是快速筛查FeLV感染非常有用的方法。免疫荧光抗体检测（IFA）用以检测感染细胞里的FeLV抗原，此法也证明病毒在骨髓内复制且猫的病毒血症是持续性的。

治疗和控制

抗FeLV疫苗是目前可用的方法，不过它们的效价会因现场条件不同而存在争议。目前的FeLV疫苗要么是灭活疫苗，要么是病毒某一亚单位的蛋白制备品。小猫应该在出生后9~10周开始接种疫苗，需要免疫2次，第2次接种的疫苗应在第1次接种3~4周之后并每年强化接种。12周龄以下的小猫暴露于病毒后，有85%出现持续性感染，而6月龄以上的猫如果接触病毒则只有10%~15%出现持续性感染。因此，使用FeLV疫苗也是对幼年小猫防止感染FeLV的最为有效的方法。

猫舍的FeLV感染可以通过检测和淘汰手段得以控制，也可以使用FeLV疫苗进行控制，因为疫苗不影响对感染猫进行的FeLV抗原检测结果。

被诊断为FeLV感染的猫也没有必要通过安乐死处理掉，因为FeLV阳性但健康的猫可以存活很多年。但是因为猫可能释放病毒感染其他猫，所以仍然有必要实施防止病毒扩散和接触机会性病原的措施。

● 牛白血病病毒——丁型反转录病毒属

疾病

BLV是引起成年牛淋巴瘤（如淋巴肉瘤和淋巴网质内皮细胞瘤）的病毒，由该病毒引起的疾病也称地方性牛白血病（EBL），散见于被BLV感染的牛群。患有EBL的牛一般都在3岁以上，5~8岁为形成肿瘤的高峰。被感染牛的典型症状是淋巴结肿大，但无痛，不发热。由于感染的器官不同，因感染牛会显示不同的症状，如胃肠系统功能失调、麻痹、眼球突出和心脏功能失调等。有一些被感染牛，癌变淋巴细胞侵入到血液导致淋巴细胞性白血病。有些牛犊（小于6个月）和幼龄牛（6~18个月）会形成淋巴瘤，但这些并不是由BLV感染而引起的。

病原

分类 根据基因组结构、核苷酸序列、基因大小、结构蛋白和非结构蛋白的氨基酸序列，BLV近来与HTLV-Ⅰ和HTLV-Ⅱ一同被列入丁型病毒属，与STLV亲缘关系很近。这些病毒引起病理学上相似的疾病，血内病毒量低且潜伏期长，肿瘤内前病毒整合位点没有倾向性（亦即前病毒并不一定在癌基因附近）。

理化和抗原特性 形态学上，BLV更类似于C型反转录病毒，抗gp51抗体具有中和活性。

对理化因素的抵抗力 BLV会因脂溶剂、高碘酸盐、酚、胰酶、福尔马林的处理而失去感染性。病毒的感染性在56℃会迅速被破坏，但是在低于50℃的条件下会维持很长时间。巴斯德氏灭菌法（加热灭菌）会破坏病毒的感染性，在感染奶牛的牛奶里能够发现被病毒感染的淋巴细胞。

对其他物种的感染性及培养系统 除牛以外，BLV对一些其他动物也具有感染性，包括绵羊、山羊和猪。自然条件下，BLV的致癌性只在牛和绵羊中发生。由于从牛和绵羊体内分离的病毒在抗原性和遗传学上没有显著差异，因此被称为绵羊白血病病毒的致病因子，可以认为是感染异种宿主的

BLV。

BLV可以在各种物种的培养细胞里复制，包括牛、人、猿猴、犬、公山羊和马的细胞。虽然BLV可以在人细胞里复制，但尚不知晓人能否被感染。对高风险人群（如畜牧业主、农民、动物饲养员和屠宰场工作人员）进行血清流行病学调查时没有发现他们被感染，目前也没有发现BLV和人的癌症病变有关联。

宿主-病毒相互关系

疾病分布、传染源和传播途径　BLV的地理分布非常广泛，它的储存宿主是牛。疾病的发生直接与BLV流行相关，不同地区差异较大，但在密集型乳牛饲养区域发病率最高（接近50%甚至更高）。除BLV感染牛造成的饲养量降低外，一些国家的禁令使得BLV阳性牛或感染公牛的精子无法出口也会导致一定的经济损失。

BLV在密切接触的条件下可进行水平传播，这在把小母牛引入到产奶牛群时最为常见。病毒与细胞是紧密联系的，通过血液或含有淋巴细胞的组织在动物之间传播，也可通过外伤、污染的兽医设备或其他尚不明晰的途径进行传播。BLV的扩散可以通过皮肤、生殖系统、营养系统和生殖道，病毒极易传播给易感小牛或绵羊，即使只有2 500个淋巴细胞也可以把病毒从感染动物传染到这些动物。试验条件下病毒也可以通过牛奶和初乳传播，这两者中都含有淋巴细胞，但这种传播方式可能并不重要。BLV通过子宫传播的方式也有过纪录，但并不常见。有试验证明，通过吸血蚊虫和蜱虫也能造成BLV传播，但现场观察发现这并不是传播的主要途径。因BLV病毒感染而引起持续性淋巴细胞增生症的牛，是病毒的主要储存宿主，且具有最大的传播风险。

发病机制和病理变化　大多数BLV感染都不呈现症状。易感牛感染后会出现短暂的病毒血症继而是很长的潜伏期，病毒作为前病毒潜伏下来并随机整合到感染细胞的基因组。只有很少一部分BLV感染动物会形成淋巴瘤，这表明诱发癌变所需要的培养期要比很多感染动物的寿命要长。一些牛只出现短暂的病毒血症而没有血清转化，3～4月后便不再能分离出病毒，而还有一些牛会在感染后几个月或几年形成持续性淋巴细胞增生症。

患有EBL的牛一般都伴有内部或外表淋巴结、心脏、皱胃、肠、肾脏、子宫、肝脏、脾脏、腰背硬膜外腔和眼球后脂肪的癌变。肿瘤的分布是无法预测的，但是往往不在血液中形成。T淋巴细胞和B淋巴细胞都可以感染BLV，但是肿瘤只是由增生的B淋巴细胞组成。

感染后机体的变化　大多数BLV感染的牛都会产生抗BLV结构蛋白的抗体。对糖蛋白gp51和gp30的反应要比对内部蛋白p24、p15、p12、p10及RT的要强。大多数感染牛都会产生滴度很高的病毒特异性抗体，但也有一些例外，有的牛感染病毒之后一直维持血清阴性状态。

抗BLV抗体也能在牛奶和初乳中被检测得到，而且可以部分保护小牛不被感染。但是对于已经感染的动物来说，抗体并不能保护被感染的动物使其不发展成肿瘤，也不能阻止具有感染性的BLV通过携带者向外扩散。

实验室诊断

有多种检测BLV特异性抗体的血清学方法，如琼脂凝胶免疫扩散、免疫荧光和ELISA。动物接触病毒一般在4～12周后变成血清阳性。BLV可以诱导靶细胞形成合胞体。

治疗和控制

病毒感染一旦成立，感染牛就会终其一生地维持感染状态。对淋巴瘤和BLV感染的牛现在还没有处理方法。从饲养牛群清除BLV，可以通过反复的血清学检测并立即清除阳性牛的方法来实现。

大眼梭鲈皮肤肉瘤病毒——戊型反转录病毒属

疾病

1960年代末,在纽约州奥奈达湖首次报道了大眼梭鲈的增殖性皮肤病变。此后,这一疾病在美国和加拿大都有过报道。从两种大眼梭鲈的增殖性皮肤病灶中,即大眼梭鲈皮肤肉瘤(WDS)和大眼梭鲈表皮过度增生灶(WEH)中都分离出了病毒,而且证明病毒与这两种病变有关。每年在奥奈达湖有大约10%的大眼梭鲈会罹患表皮过度增生,多达27%会有皮肤肉瘤。这种病最引人注目的特点就是它的季节性,年幼的大眼梭鲈会在深秋季和冬季出现这种皮肤病变,到春季这种病变又会自发地退化,此病变在夏季很罕见。

病原

分类 戊型反转录病毒属包括3种鱼的反转录病毒:大眼梭鲈皮肤肉瘤病毒及大眼梭鲈表皮过度增生病毒1型和2型。随着基因组测序工作的完成,另有2种病毒,即鲈鱼表皮过度增生病毒1型和2型可能将隶属于这一病毒属。外源性鱼反转录病毒、黑鱼反转录病毒和鲑鱼鱼膘肉瘤相关病毒(SSSV)还没有被归类。

理化和抗原特性 WDSV最早是于1990年在肿瘤DNA中被克隆出来的,长度为12.7kb。序列分析表明,除了 *gag*、*pro*、*pol* 和 *env* 外还有3个开放阅读框(分别称为开放阅读框a、b、c)用来编码病毒附属蛋白,分别与细胞周期蛋白(orfa)、RACK1蛋白(orfb)和凋亡蛋白(orfc)有关。

对其他物种的感染性及培养系统 皮肤肉瘤可以通过试验手段感染几种鲈鱼品种,如加拿大梭鲈(*Stizostedion canadense*)和黄金鲈(*Perca flavescens*)。

宿主-病毒相互关系

疾病分布、传染源和传播途径 病毒和宿主已经建立了一种微妙的平衡,即病毒在宿主种群内以最低的死亡率进行有效传播。在秋季和冬季,肿瘤萌发,病毒复制的量维持在最低限度。当春季水温升高时,肿瘤细胞内的病毒大量复制,导致在增殖期(排卵高峰)时大量释放,肿瘤退化。幼年的鱼对病毒更易感,更容易发生肿瘤。有证据表明,肿瘤一季度的发展和退化可使成年鱼得到免疫力。

发病机制和病理变化 这种病为鱼皮肤间质的癌变,可分布于鱼的任意部位,由鳞浅面开始,直径为0.1~1.0cm(图66.7)。如果是大面积的,则单个的皮肤瘤可以通过淋巴细胞性浸润合并成大的肿瘤。这些肿瘤是在表皮上由纤维原细胞构成的小瘤团块组成的。这些肿瘤不会形成囊状,并且退化时经常会成为溃疡,退化时的溃疡发生在病毒大量释放的时候。真皮下肿瘤的扩散只是偶尔才发生的。由于大量病毒释放发生在春季鱼大量接触时,因此整个过程较为短暂。为保证最大的病毒增殖,病毒能促使感染的细胞增殖(秋季和冬季),也会使感染的细胞消退(春季)。细胞增殖时,病毒表达周期蛋白(Orfa)和类RACK1蛋白(Orfb),这与病毒基因表达量低时这些蛋白会诱导细胞增殖相符合。Orfc蛋白是促进凋亡蛋白,只在病毒大量表达基因和复制时表达,这与肿瘤的退化相一致。

图66.7 成年大眼梭鲈的皮肤肉瘤(引自康奈尔大学PRBowser)

感染后机体的变化 大多数幼年大眼梭鲈都会感染这种病。有证据表明，病毒感染、肿瘤发展和肿瘤退化在鱼的一生中只经历一次，这暗示了宿主的免疫力就是在这一循环中获得的。在损伤部位偶尔能观察到炎症反应。

实验室诊断

可利用肉眼对损害部位的观察和组织病理学检查进行诊断，气候变暖时肿瘤的自发性退化也是这一疾病的指征。

治疗和控制

目前对这一病毒性疾病还没有防控和治疗措施。理论上，在病毒释放较少的冬季将感染的鱼和未感染的鱼分开可以阻止病毒在春季传播，这样可避免在肿瘤退化的春季大量病毒释放，康复的鱼一般不会再携带和感染病毒。

● 绵羊脱髓鞘性脊髓炎/梅迪病/进行性肺炎病毒和山羊关节炎脑炎病毒——慢病毒属

疾病

这些病毒引起几种不同的疾病，关系感染绵羊和山羊的肺、关节、乳腺及中枢神经系统。绵羊脱髓鞘性脊髓炎的最初征兆是轻微而隐蔽的，包括轻微的步态紊乱，尤其是后肢，嘴唇颤抖及头部不正常的歪斜等。在一些不太常见的情况下，还会出现失明的现象。症状发展下去就变成局部麻痹甚至全身麻痹。此病发生时没有发热症状。如果没人注意，绵羊会虚脱致死，因而这种病名为维斯纳病，"visna"在冰岛语中意为衰败。典型的绵羊脱髓鞘性脊髓炎发生于2岁以上的绵羊，临床过程漫长。

梅迪维斯纳病病毒可导致被感染的绵羊患上很相似的慢性肺炎，早期症状有体况逐渐不佳并伴随呼吸困难，最后呼吸时需要借助呼吸辅助肌肉并伴随头部有规律的抽搐。有时候还会出现干咳，但没有鼻涕流出。临床期很漫长，但也有些感染动物会死于继发细菌性肺炎。

山羊关节炎-脑炎病毒（CAEV）会导致家养山羊的几种疾病综合征，包括慢性进行性关节炎和乳腺炎。年老的山羊偶尔会出现间质肺炎。有的小山羊会发生急性瘫痪综合征，表现为后肢失调、虚弱和麻痹。

病原

分类 绵羊脱髓鞘性脊髓炎/梅迪病/进行性肺炎的病原（梅迪-维斯纳病病毒）及与CAEV相近的生物都属于慢病毒。对病毒的命名大都有历史性，且往往涉及病毒分离的地点或某一动物的主要病理症状，绵羊进行性肺炎病毒和梅迪病病毒都是指同一病毒。

理化和抗原特性 病毒粒子包含4个结构蛋白，分别为gp135、p30、p16和p14。次要的结构蛋白包括反转录酶、整合酶和脱氧尿嘧啶酶。中和试验显示，在个别动物中感染的病毒株会产生变异。如果某个动物接种了噬斑纯化的病毒很长时间以后，从被感染动物体内分离的病毒不能被抗病毒血清所中和，而抗病毒血清却可以中和原来接种时的病毒株。接种毒株和变异毒株可以同时被分离出来，表明新的病毒株并不是替换原来的毒株。随时间的进展，被感染动物会产生针对新毒株的中和抗体。

这些病毒RT偏嗜Mg^{2+}，并以$tRNA^{Lys}$作为引物通过反转录合成负链DNA。

涉及主要结构蛋白的免疫扩散试验显示，绵羊脱髓鞘性脊髓炎/梅迪病/进行性肺炎病毒与山羊关节炎脑炎病毒有广泛的交叉反应。

对理化因素的抵抗力 相对来说，慢病毒对紫外线的照射具有一定的抵抗性。病毒被脂质溶剂、高碘酸盐、酚、胰酶、核糖核酸酶、福尔马林溶液和低pH（低于4.2）处理后会失活。在血清存在的条件下，病毒的感染性在 0～4℃ 保持相对稳定，但在 56℃ 时感染性会迅速被破坏。

对其他物种的感染性及培养系统 绵羊脱髓鞘性脊髓炎和进行性肺炎只在绵羊和山羊中有过报道。有些品种的绵羊会更具易感性，尤其是冰岛绵羊是高度近亲繁殖的。绵羊脱髓鞘性脊髓炎病毒会感染很多种脊椎动物细胞，但是只在绵羊细胞中有效复制。未经传代的病毒分离株在巨噬细胞中复制的效果最好。

宿主-病毒相互关系

疾病分布、传染源和传播途径 由这些病毒引起的绵羊和山羊疾病发生在世界各地。感染频率随不同地区的疾病控制情况不同而迥异。在美国，一些羊群的感染率大于75%。感染的绵羊可作为病毒的储存宿主。

传播是通过呼吸道分泌物和气雾形式进行的。病毒随牛乳排出体外，感染病毒的母羊可以通过哺乳传染给幼龄羔羊。储存带毒乳汁可增加该病毒的感染率。子宫内感染较为少见。

发病机制和病理变化 绵羊慢病毒可感染单核-巨噬细胞。维斯纳病是一种慢性进行性脑脊髓炎，以伴随神经元髓鞘脱失的多病灶慢性炎症为特点。该病程开始于与脑室接壤的室管膜下，随后扩散至整个大脑和脊髓。

患进行性肺炎的绵羊肺部明显扩大，重量增加2～3倍。组织病理学观察可见肺泡间隔增厚，由淋巴细胞、单核细胞和巨噬细胞浸润而导致，肺泡显著增厚以至于无法观察到空腔，淋巴聚集、滤泡和生发中心的形成分散在整个肺实质中。

感染绵羊慢病毒的一些成年羊可发展为慢性关节炎和/或乳腺炎。

山羊关节炎脑炎病毒（CAEV）导致2～4月龄的羔羊呈现特殊的脊髓运动功能障碍，感染的山羊产生的病变与维斯纳病的类似。幼龄时感染CAEV存活的山羊往往发展为进行性、慢性关节炎、乳腺炎，偶尔也有间质性肺炎，类似于绵羊慢病毒引起的进行性肺炎。

感染后机体的反应 多数慢病毒感染反刍动物呈亚临床型，很可能是因为由这些病毒引起的疾病的潜伏期比较长。所有这些疾病的病变包括慢性、进行性炎症，因此病变本身有可能部分是由宿主的免疫反应引起的。

在试验性感染中，补体结合性抗体在接种后的几周出现，并在2个月内上升至最高，且在整个疾病的过程中保持不变。中和抗体随后出现，在约1年达到最高值，然后保持恒定。然而尽管存在有效的体液免疫反应，病毒依然持续存在，这可能是因为大多数感染细胞不产生病毒抗原，因此病毒可以逃避免疫监视机制。

实验室诊断

在早期阶段，绵羊脱髓鞘性脊髓炎很难与其他中枢神经系统疾病区分。然而，在疾病发展过程中，没有发热症状，并在脑脊液（CSF）中细胞增多都是维斯纳病的特性。摇头、磨牙、剧烈瘙痒等是痒病的典型症状而不只是维斯纳病具有的特征。

病毒可以从中枢神经系统、肺、脾、外周血白细胞和脑脊液进行分离，但由于病毒复制有限，因此分离会很困难。组间特异性试验可以检测到在早期产生和在疾病过程中始终都存在的抗体，因而要比血清中和抗体试验更适合用作血清学诊断。中和试验在诊断中的意义不大，因为中和抗体在疾病后期才出现，并且具有毒株特异性。因此，血清学检查，如AGID现在被用来判定慢病毒感染的绵羊和山羊。

治疗和控制

目前没有有效的疫苗和有效的治疗药物，这些病毒和疾病的控制是通过血清学检测结合消灭感染的动物，冰岛绵羊的脱髓鞘性脊髓炎和梅迪病就是这样通过扑灭感染动物而被消灭的。

● 马传染性贫血病毒——慢病毒属

疾病

马传染性贫血病毒（EIAV）可引起马的严重贫血，其临床表现是高度变化的。急性型，在感染后7～21d症状会突然发生，包括发热、厌食、血小板减少和严重贫血，也可能有多汗、严重流鼻涕等症状。这种急性发作通常持续3～5d，此后感染的马出现恢复迹象。在马传贫急性期早期阶段，马的血清学检测是阴性的。

亚急性型通常发生在急性感染后2～4周的恢复期时，急性期的症状也会重复出现，同时伴有虚弱、水肿、瘀斑、嗜睡、沉郁、贫血和共济失调。患病马会再次出现康复并且还可能复发。

慢性型是所谓疟疾样发热的典型代表，类似于亚急性型，但相对温和，很少导致马死亡。周期性发热、体重下降、厌食，临床症状可反复发生6次或更多次。每次发作一般持续3～5d，且间隔时间无规则（数周至数月）。一年内的发作频率和严重程度通常在第6～8次后有所下降。大部分感染后没有临床症状的马匹，余生一直携带病毒。马传染性贫血可以因为应激或免疫抑制药物而导致。

马传染性贫血病毒感染的马匹通常引起隐性、亚临床或轻微的临床症状，虽然这些马保持没有症状的状态，但有抗病毒的抗体并且终生携带病毒。有些不表现症状但可以长期有病毒血症（病毒载量低）的感染马，时间可超过18年。

病原

分类 马传染性贫血病毒属于慢病毒，并且是第一个由可以过滤的病毒引起的动物疾病。

理化和抗原特性 马传染性贫血病毒由2种囊膜糖蛋白（GP90=SU和GP45=TM），以及4种主要的非糖基化蛋白（P26=CA、P15=MA、P11=NC和P9）组成，p26是主要的核心蛋白，代表群特异性，而囊膜相关的糖蛋白证明有血凝活性且具有亚型特异性。

马传染性贫血病毒的基因组是高度可变的。当病毒面对宿主免疫系统的选择性压力时，单个核苷酸替换（突变）可产生新的GP45和GP90抗原变异株。这些抗原的变异株导致马传染性贫血间断性复发。在细胞培养（没有免疫选择）时，抗原类型维持稳定，可被分离该病毒的马血清中的中和抗体中和。病毒进入新的马体内，变异的抗原不再被原来的原始抗体中和。

对理化因素的抵抗力 马传染性贫血病毒容易被包括常用洗涤剂在内的消毒剂灭活。该病毒也可被氧化钾、次氯酸钠、大多数有机溶剂和消毒剂灭活。马传染性贫血病毒在58℃马血清中加热30min能失去感染性。然而，在25℃下，马传染性贫血病毒在注射针头内96h后仍然有感染性。

对其他物种的感染性及培养系统 马、小马、驴和骡很容易受到马传染性贫血病毒的感染。只有一例病毒感染人的报告，但是没有EIA样疾病特征。研究者试图在羔羊、小鼠、仓鼠、豚鼠和兔中增殖病毒，但都以失败告终。初次分离的马传染性贫血病毒仅可以在马白细胞中培养增殖，在单核-巨噬细胞系中生长。实验室毒株可在其他几个物种的细胞系上增殖，包括人胎儿肺成纤维细胞。这些实验室毒株与初次分离的毒株显示出显著的序列差异，尤其是在LTR的U3区。

宿主-病毒相关关系

疾病分布、传染源和传播途径 马传染性贫血病毒在全球范围内均有分布，但在气候温暖的地区普遍流行。感染率变化很大，但马传染性贫血的发病率在美国等一些国家日益减少。马、驴、骡是唯一已知的马传染性贫血病毒的储存宿主和天然宿主。

血液的机械接种被认为是马传染性贫血病毒最主要的传播方式，该病毒是通过吸血类昆虫而自然传播的，特别是斑虻和厩螫蝇。马传染性贫血病毒不在昆虫细胞中复制，但是蚊虫可以通过简单的接触感染血液而进行机械性传播。马传染性贫血病毒的血液传播也可以经由被污染的注射器实现，因此在兽医手术过程中，不使用已经用过的针头或者没有灭菌的注射器显得尤为重要。大量的报道表明，该病毒可经由母马传播给哺乳的马驹。EIAV也可能在子宫内传染，但是概率很小。

发病机制和病理变化 急性马传染性贫血通常和病毒的大量复制相关。贫血反映出红细胞（红细胞）的寿命降低，这是由溶血或者活化巨噬细胞的噬红细胞作用引起的。从EIAV感染的马可检测到补体水平的下降和补体包被的红细胞，红细胞水平和铁代谢的降低能促进慢性贫血病的发生。

马传染性贫血病变主要体现在感染的持续时间和疾病的严重程度上，包括广泛出血、淋巴组织坏死、贫血、水肿坏死和消瘦。镜检病变包括所有淋巴组织中单核巨噬细胞系统激活、枯否氏细胞激活，以及多种组织内含铁血黄素沉积。由免疫复合物介导的肾小球肾炎和肝小叶中心坏死都比较常见，后者是严重、急性发作性贫血所导致的，也可见和共济失调有关的脑室管膜炎肉芽肿、脑膜炎、脉络膜炎、室管膜下脑炎和脑积水。

感染后机体的变化 感染了马传染性贫血病毒的马匹在45d内会产生可持续的抗体。大多数马匹在感染12d以内使用ELISA检测呈阳性，在24d内AGID呈阳性。

实验室诊断

实验室诊断依赖于检测特异性抗体的AGID试验（也称为科金氏检验），更敏感的ELISA现在也在使用。

治疗和控制

目前没有具体的治疗方案可以应用，对症治疗对于马匹康复是最重要的。

马传染性贫血病毒具有传染性，需要扑杀或物理隔离感染的马，防止马厩内苍蝇和蚊子滋生可以减少马传染性贫血病毒的传播，同时也要避免重复使用注射针头和输注未经检测的血液。

感染公马不应该与血清阴性的母马配种，尽管病毒不一定可以在两者间传播。即便是病毒阳性的公马或者母马，只要将它们所产马驹与受感染的母马隔离并且不喂养母乳，仍然能得到不被病毒感染的马驹。

马传染性贫血病毒疫苗在一些国家（如古巴和中国）使用，但可能不会诱导广谱保护力以对抗所有的马传染性贫血病毒变异株。

● 牛免疫缺陷病毒——慢病毒属

疾病

尽管被冠名为牛免疫缺陷病毒（BIV），但该病毒是否是引起免疫失调和牛慢性炎症的病因仍不确定。有未经证实的报告称，BIV是引起嗜睡、乳腺炎、肺炎、淋巴结肿大及慢性皮炎的一个原因，这种观点受到越来越多的质疑。一种被称为Jembrana病病毒与BIV密切相关，在巴厘岛牛（博斯爪哇-印尼）有相关报道。这些牛感染病毒后可引起发热、厌食、淋巴结肿大等症状，偶见死亡。

病原

分类 BIV属于慢病毒，但与其他已知的慢病毒相关性不大。

理化和抗原特性 BIV的形态和物理性能与其他慢病毒接近。BIV有100ku的SU糖蛋白、45ku的TM糖蛋白和Gag蛋白。MA、CA和NC分别为16ku、26ku和7ku，BIV也产生几种非结构蛋白，BIV的RT有嗜Mg^{2+}倾向。

对其他物种的感染性及培养系统 试验条件下BIV可感染兔和羊，但这些动物感染后不发病。BIV可在不同物种的细胞上培养，其中包括牛、兔和犬的细胞，但不包括灵长类或人类的细胞。

宿主-病毒相互关系

疾病分布、传染源和传播途径 BIV可能呈世界性分布。在美国，BIV感染的发病率很低，但也可能在个别牛群有很高的发病率，感染BIV的牛群往往也感染了BLV。

发病机制和病理变化 BIV在感染牛的单核-巨噬细胞中复制。

感染后机体的变化 BIV感染牛引起很强的宿主抗体反应。然而，类似于其他慢病毒，BIV诱导慢性终生感染，绝大多数感染是亚临床型。

实验室诊断

感染牛可通过检测BIV抗体进行血清学诊断，从血液分离BIV也可以用于检测感染动物。

治疗和控制

对于BIV感染，目前尚没有疫苗或治疗方法。作为牛的病原，BIV感染的严重性仍然不确定。

● 猫免疫缺陷病毒——慢病毒属

疾病

感染猫免疫缺陷病毒（FIV）的猫会发生急性热病和淋巴结肿大，随后呈无症状的病毒携带期。一些猫感染FIV后能引起明显的免疫缺陷，进而导致继发的慢性感染。猫FIV感染与人的艾滋病有共同特点，因此已经成为艾滋病研究的一个重要动物模型。

病原

分类 FIV属于慢病毒，但与其他已知的慢病毒相关性不大。

理化和抗原特性 FIV的形态和物理性能与其他慢病毒接近。BIV有95ku的SU糖蛋白、41ku的TM糖蛋白和Gag蛋白。MA、CA和NC分别为16ku、27ku和10ku，FIV也产生几种非结构蛋白，FIV的RT有嗜Mg^{2+}倾向。

对理化因素的抵抗力 适当浓度的消毒剂可以灭活FIV，如含氯消毒剂、季铵类化合物、酚类和酒精，病毒在60℃下只能存活几分钟。

对其他物种的感染性及培养系统 FIV感染家猫，同时也有血清学证据表明，类似于FIV的病毒能感染非洲（如狮子和猎豹）和美洲（如美洲狮、山猫和美洲豹）的野生猫科动物。FIV分离株在含有有丝分裂原和白细胞介素-2（IL-2，T细胞生长因子）刺激的猫单核细胞中原代培养时能够复制，一些FIV的分离株也能够在猫细胞系建立复制，FIV不能在非猫类细胞系中复制。FIV和任何人类疾病之间没有联系，包括艾滋病。

宿主-病毒相互关系

疾病分布、传染源和传播途径 FIV在世界各地的猫中流行，但并不像FeLV那样蔓延。FIV隐藏于唾液中，其最重要的传播路径可能是通过撕咬。颇为好战的雄性流浪猫感染FIV的概率也最大。在猫偶然性的、无侵犯性的接触过程中，病毒是不进行有效传播的，性接触可能也不是病毒传播的主要方式，病毒有可能从感染母猫向小猫传播。

尽管大多数FIV感染猫在临床上不显现出症状，但被感染的猫一生都携带病毒。

同时感染FIV和FeLV的情况并不常见，但感染这两种病毒的猫会有更严重的病症。

发病机制和病理变化 即使在疾病晚期，被感染猫的组织中也没有显著的外观和组织学病变。在感染早期，病毒在局部淋巴结复制，并通过淋巴液扩散至全身，有时会造成一过性全身淋巴结肿大。大多数感染是无症状的，而有些易感猫会出现淋巴耗竭和免疫抑制，因而容易发生机会性继发感染。活体条件下FIV可以感染CD4淋巴细胞、CD8淋巴细胞及巨噬细胞。多数病猫表现为CD4淋巴细胞的显著减少，并因此导致CD4/CD8比值的反转。

感染后机体的变化 感染的猫会表现出典型的、比较强烈的体液免疫应答（抗体）和细胞免疫应答。这些反应在初始急性期足以限制疾病的发展。但是和大多数慢病毒相似，FIV无法被彻底清除。多数感染猫可能会产生不同程度的亚临床免疫功能障碍，少数病猫会产生显著的免疫抑制和相关继发感染。

实验室诊断

FIV感染通过对血液进行抗体检测很容易被诊断。可以用酶联免疫吸附试验（ELISA）、免疫印迹（western immunoblotting）和间接荧光抗体（IFA）来检测FIV的抗体。Snap检测（Idexx）和ELISA常被用作第一次筛查试验，随后通过免疫印迹检测作为验证试验。FIV感染还可以通过对病毒分离和PCR检测FIV核酸进行鉴定。

幼龄猫可能通过检测后显示抗体阳性，但实际上并没有感染FIV，这是因为抗体是从母猫的被动免疫中获得的。

治疗和控制

FIV的对症治疗对于控制本病有很大作用。对继发及机会性感染主要通过适当的抗生素进行治疗。控制FIV感染主要是通过避免与流浪猫接触，防止猫互相打斗。相关疫苗已经问世，并已证实对感染可提供一定的免疫保护。

● 猿猴免疫缺陷病毒——慢病毒属

疾病

猿猴免疫缺陷病毒（SIV）包括许多非洲野生猿猴的天然慢病毒。在自然宿主非洲猿猴中，这些病毒引起轻度疾病或根本不致病。与此不同的是亚洲猕猴在野生条件下没有感染过SIV，但感染某些SIV毒株后会罹患被称为SAIDS的致死性免疫缺陷综合征。

亚洲猕猴在感染SIV后通常会很快发生一过性皮炎。感染初期，淋巴结和脾脏可能肿大。淋巴结的结构被破坏，并最终萎缩。SAIDS在亚洲猕猴中的主要临床特征是持续性消耗性腹泻，通常免疫功能低下的猕猴会发生机会性感染。几乎所有的亚洲猕猴在感染致病性SIV病毒株后2个月至3年内都会死于SAIDS。

SIV感染亚洲猕猴后引起的免疫缺陷综合征是人艾滋病的重要动物模型。另外，熟悉SIV的生物学对猿猴的饲养员、技师及兽医的职业健康是非常重要的，对灵长类的生物医学研究和药学研究也是很有帮助的。目前还有人工构建的猴/人类免疫缺陷病毒嵌合毒株（SHIV），这种病毒有HIV的囊膜蛋白基因及SIV基因组骨架，现在已广泛应用于实验室，利用非人类灵长动物模型研究HIV囊膜蛋白的免疫及发病机制。

病原

分类　灵长类慢病毒具有很广的进化延续性。例如，从亚洲猕猴体内分离的原始SIV毒株（称为SIVmac）与HIV-1的基因组核苷酸序列同源性仅为50%，而与HIV-2的同源性则高达75%。从非洲黑猩猩分离的SIV分离株（SIVcpz）与HIV-1的基因同源性高于HIV-2。一些来自其他非洲灵长类物种的SIV株比SIVmac更接近HIV-2。为进一步研究艾滋病的起源、多样性及灵长类慢病毒的流行趋势，学者们已经分离了很多SIV和HIV病毒株，并且根据其核苷酸序列在系统进化树上进行了分类。

理化和抗原特性　SIV的病毒形态和物理特性与其他慢病毒非常相似。SIV包括1个120ku的SU糖蛋白和32ku的TM糖蛋白。Gag蛋白的MA、CA和NC蛋白分别为16ku、28ku和8ku。此外，SIV也编码几个非结构蛋白，能够调节病毒表达且具有一些辅助功能。

SIV的RT有嗜Mg^{2+}倾向，并以$tRNA^{Lys}$作为引物通过反转录合成负链DNA。

通过血清流行病学分析，非洲猴宿主中可能携带多达30种不同的SIV病毒株。与HIV-1相比，原始SIVmac株在抗原性上和HIV-2的相关性更大，这一点在总体序列同源性分析上得到了验证。而从黑猩猩体内分离的SIVcpz与HIV-1则呈现更多相关性，与其他类型的SIV没有相关性。

对其他物种的感染性及培养系统　在灵长动物（包括人）淋巴细胞培养物中，SIV分离株可以在经过刺激的、表达CD4受体的细胞中复制。SIV分离株不能在非灵长类动物细胞中增殖。SIV有可能跨物种传染给人类，在实验室曾发生过SIV感染人的意外。HIV也能够感染黑猩猩，但致病性不强。

宿主-病毒相互关系

疾病分布、传染源和传播途径　SIV对其自然宿主的感染无害，其自然宿主包括非洲非人类灵长动物（如包括非洲绿猴在内的长尾猴属，以及包括白眉猴在内的白眉猴属）。SIV在野外和动物园中的感染率是不同的，但都可能超过50%。尽管SIV自然感染亚洲猕猴的情况还没有发现，但是一旦感染则会导致致命性免疫缺陷病，与艾滋病有许多共同的特点。

SIV可通过叮咬、不恰当的兽医操作及人工试验感染等方式传播。试验条件下，母婴垂直传播及性传播都有可能发生，但在自然条件下基本不会。

发病机制和病理变化　在疾病的最初阶段，亚洲猕猴往往有淋巴组织增生的症状，淋巴衰竭的症状在感染晚期阶段才出现，病变程度取决于是否发生继发感染及疾病病程。尽管机体会出现强烈的体液免疫应答和细胞免疫应答，但是SIV在感染的亚洲猕猴及其天然宿主体内都能持续复制。然而感染的猕猴可能很快发生致死性免疫抑制，病毒会出现逃避免疫中和的突变株并成为优势毒株。SIV病毒感染动力学及CD4淋巴细胞比例的变化与HIV-1感染人的情况非常一致，可以作为疾病发展的标志性参考。

感染后机体的变化　猕猴感染后通常会发生强烈的抗体应答，以及细胞介导的免疫应答。这些反应在最初的急性阶段似乎是足以限制SIV感染的。与大部分慢病毒相似，在亚洲猕猴和其天然宿主中，SIV都无法被彻底清除。

实验室诊断

血液抗体检测是检测SIV感染的最容易的方法。抗SIV抗体可通过间接荧光抗体、蛋白印迹和ELISA试验检测到。SIV感染还可以通过病毒分离、病毒抗原检测及PCR检测SIV核酸等方法进行诊断。

治疗和控制

试验疫苗和治疗方案是艾滋病研究中投入最多的一部分。最近，有些更为有效的方法都使用了 *nef*（附属基因）缺失的活病毒。这些方法目前能最有效地使成年猕猴抵抗致命病毒的感染。然而，对幼年猕猴使用 *nef* 缺失的活病毒会导致一些疾病的发生，这种情况可能是由于 *nef* 的部分功能得到了恢复。后续研究将着眼于如何增强这些基因缺失减毒活疫苗的效力，并使其返祖的能力降到最低。

参考文献

Yamamoto JK, Sparger E, Ho EW, et al, 1988. Pathogenesis of experimentally induced feline immunodeficiency virus infection in cats[J]. Am J Vet Res, 49, 1246.

（张险峰 译，于长清 校）

第67章 可传播性海绵状脑病

可传播性海绵状脑病（transmissible spongiform encephalopathy，TSE）是一类存在于人类和动物中的，具有100%致死率的中枢神经系统（central nervous system，CNS）退行性疾病。这类疾病具有相似的临床表现、神经病理学特征、发病机制及病原学特征。人类的可传播性海绵状脑病分为遗传型（15%）、散发型（80%）和感染型（5%），而动物的可传播性海绵状脑病大多数为传染型，即该病可通过不同途径传播给易感宿主导致疾病的发生。多年来，该病的病原一直未知，直到1982年，斯坦利·普鲁西纳（Stanley Prusiner）提出了一个假说，认为该病的病原是一种异常的宿主蛋白，被称为朊病毒（Prion，由"蛋白质性质的感染性粒子"派生而来，缩写为PrP^{Res}、PrP^{Sc}、PrP^{BSE}或PrP^{CWD}），该蛋白的增殖发生在翻译后水平，不需要核酸和遗传物质的参与。普鲁西纳的"唯蛋白（protein-only）"假说认为，朊病毒（PrP^{Sc}代表由正常的细胞朊蛋白发生错误折叠形成致羊瘙痒病的朊病毒）能够诱导正常的细胞朊蛋白（PrP^C）向异常朊蛋白的转换，这一理论可以解释可传播性海绵状脑病的遗传型和感染型疾病表现。自普鲁西纳首次提出该假说起，他和其他人发表了大量支持其首创假说的研究成果，普鲁西纳也因此于1997年获得了诺贝尔奖。目前，朊病毒作为感染因子的概念被广泛接受，并且有些人认为朊病毒因子相关的遗传物质仍可能会被发现。与"唯蛋白"假说相对立的假说包括：①病毒粒子假说，该假说认为病原有一个由核酸构成的小核心，该核心受蛋白的保护或包裹；②一些非传统的病毒或细菌被认为是与可传播性海绵状脑病病原增殖及发病机制相关的关键因素。大量的研究工作支持朊病毒假说，而对于其他假说缺乏明显数据支持，因此接下来的讨论都是围绕朊病毒为这类疾病病原这一前提展开的。

通常情况下，可传播性海绵状脑病的宿主范围有限。到目前为止，人类的可传播性海绵状脑病只见于人类中（不包括试验性研究）。人类的可传播性海绵状脑病包括2种克罗伊茨费尔特-雅各布病（简称克-雅病，creutzfeldt-Jakob disease，CJD）、吉斯特曼-史特斯勤-先克综合征（简称吉斯特曼综合征，gerstmann-sträussler-scheinker syndrome，GSS）、致死性家族失眠症（FFI）、库鲁病（Kuru）和变异型克-雅病（variant CJD，vCJD）。其中，变异型克-雅病具有一定的特殊性，因其与牛海绵状脑病（bovine spongiform encephalopathy，BSE）有一定关联。人类可传播性海绵状脑病中有一部分（如家族型克-雅病、吉斯特曼综合征和致死性家族失眠症）是遗传型的，而散发型克-雅病每年自然发生的比率为百万分之一。动物的海绵状脑病主要为传染型，除牛海绵状脑病外，其他动物的海绵状脑病宿主范围较窄。动物的可传播性海绵状脑病及其自然宿主包括绵羊和山羊的羊瘙痒病、牛和其他物种（外来有蹄动物脑病、猫科动物海绵状脑病、人类变异型克-雅病）的牛海绵状脑病、貂属的可传播性脑病及骡鹿、麋鹿、驼鹿的慢性消耗性疾病。虽然所有的可传播性海绵状脑病具有一些相似之处，但不同种类的可传播性海绵状脑病也表现出许多显著性差别，最明显的是朊病毒在不同宿主间的组织分布情况、疾病的传播方式不同，并且最为重要的差别是牛海绵状脑病可能存在人兽共患的风险。此外，非典型的朊病毒毒株在羊瘙痒病及牛海绵状脑病中已有报道。在具有抗羊瘙痒病的传统基因型的羊体内可检测到非典型羊瘙痒因子（"Nor98"或"类Nor98"羊瘙痒因子）。目前，已鉴定的牛海绵状脑病病原共3种：经典型、高分子质量型或H型、低分子质量型或L型。非典型的牛海绵状脑病和羊瘙痒病病原可能是散在发生的或是朊病毒的遗传形式。

● 羊瘙痒病

羊瘙痒病（被称为"经典型羊瘙痒病"）是朊病毒病的原型，是一种慢性、进行性和100%致死的中枢神经系统退行性疾病，自然状态下只感染绵羊和山羊。目前，没有证据表明羊瘙痒病为人兽共患病。羊瘙痒病经典型毒株有别于非典型毒株。1998年，在挪威的绵羊体内首次检测到羊瘙痒病非典型毒株，并命名为羊瘙痒因子Nor98。随后，在欧洲大多数国家及北美洲地区均有了类Nor98羊瘙痒因子或非典型羊瘙痒因子的报道。

羊瘙痒病呈地方性流行，除少数地区（如澳大利亚和新西兰）外，世界各地均有该病发生，包括欧洲、北美洲、亚洲和非洲。而在澳大利亚和新西兰可检测到非典型羊瘙痒因子。根据目前对羊瘙痒病的检测情况来看，该病在其流行国家的发病率较低，不到0.05%。羊瘙痒病是由异常的朊蛋白PrP^{Sc}（朊蛋白，羊瘙痒因子）所引起的。世界各地的羊群对羊瘙痒病经典型毒株的易感性和抗性存在一定的差异。这种差异形成的原因很复杂且对其情况知之甚少，可能与羊的品种、基因型及所感染的PrP^{Sc}株系都有一定的关系。对于羊瘙痒因子经典型毒株和非典型毒株，朊蛋白序列中第136、141、154和171位密码子基因型是决定羊对羊瘙痒因子易感性和抗性强弱的主要因素。其中，第136和171位密码子与羊对羊瘙痒因子经典型毒株的易感性具有重要影响，而第141位密码子与羊对非典型毒株的易感性密切相关。和所有的可传播性海绵状脑病一样，羊瘙痒病从感染到出现临床症状的潜伏期很长，时间为18～60个月。临床症状的变化与PrP^{Sc}在中枢神经系统的进行性积累和分布直接相关，并伴随着所有可传播性海绵状脑病共有的中枢神经系统退行性改变及空泡样病变。在对淘汰和屠宰时临床表现正常的羊进行监测，发现了很多感染非典型羊瘙痒因子/Nor98病例。与经典型羊瘙痒因子不同，非典型羊瘙痒子感染的羊通常不表现神经症状和瘙痒症状，而在个别病例中有共济失调现象的报道。大多数情况下，非典型羊瘙痒病为群体检测中的个例。因此，在自然条件下，非典型羊瘙痒病被认为是低感染性或非接触传播的朊病毒病。

羊瘙痒病是通过与受感染羊直接接触传播的，可能通过口腔感染（如摄食）PrP^{Sc}进行传播。羊瘙痒病的自然感染也可能通过划伤的黏膜偶发。羊瘙痒病可通过试验性接种传播，包括输入受感染羊的大量血液。这表明被羊瘙痒因子感染的羊血液中含有低水平的PrP^{Sc}。通过蛋白质错误折叠循环扩增（protein misfolding cyclic amplification，PMCA）的方法，可在临床感染羊瘙痒因子的羊的白细胞中检测到PrP^{Sc}。最近的一项研究也表明，经典型羊瘙痒因子感染的羊其血液中各组分与羊瘙痒因子的感染力相关，如外周血单核细胞、B细胞、血小板及浆细胞。

自然接触传播大多发生在母羊产羔的过程中，可能由PrP^{Sc}感染的胚胎、受污染的胎儿或子宫内液的排出使幼小的绵羊或山羊暴露在PrP^{Sc}环境中而引起。目前，还没有明确的证据表明该病存在垂直传播（遗传或子宫内传播）。与成年羊相比，羔羊对该病更易感。流行病学研究表明，羊群暴露在受污染的环境（饲养过受感染羊）中同样可造成羊瘙痒病的间接传播。比如，冰岛一个发生过羊瘙痒病的农场后来重新饲养羔羊，2年后在羔羊中诊断出羊瘙痒病。原来该农场在16年前宰杀羊瘙痒病感染羊后并没有进行消毒。这意味着羊瘙痒病感染因子可以在环境中持续存在很长时间。这种情况在有过高密度羊瘙痒因子感染，尤其有过产仔情况下发生得更多。研究表明，在受污染的环境中，羊瘙痒病可通过花粉和螨虫传播。

羊瘙痒病的临床表现呈渐进性，并至少伴有一个中枢神经系统症状：行为改变、运动障碍（运动失调、轻度瘫痪、本体感觉受损和运动范围过度）、轻微的头部或颈部震动、感觉过敏及瘙痒，其中瘙痒会导致羊经常摩擦或撕咬皮肤而导致皮毛不完整或缺失。行为改变包括离群，紧张不安或具有攻击性。经典型羊瘙痒因子感染的羊还表现身体进行性消瘦。一些典型的临床症状可以辅助羊瘙痒病的临床诊断，包括头颈向上伸，并伴以舔、咬或磨牙的动作，以摩擦羊的臀部。需要强调的是，某些临床症状在受感染羊间存在很大差异。相反，大部分的非典型羊瘙痒因子，包括类Nor98羊瘙痒因子的感染，均是对无临床症状和淘汰羊的主动监测过程中发现的。已有报道的病例中，非典型羊瘙痒因子感染的羊，通常表现为共济失调和体质虚弱，但没有瘙痒或皮毛脱落的症状。

病原

普遍认为，羊瘙痒病的病原为一种朊病毒，是羊宿主蛋白的异构体，称为PrP^{Sc}。PrP^{Sc}与其他可传播性海绵状脑病的异常朊蛋白有许多相似之处，包括蛋白大小、氨基酸序列及生化和理化特性。下文中，大部分关于PrP^{Sc}（及羊瘙痒因子）的扩展讨论同样适用于其他朊病毒及其所引起的疾病。PrP^{Res}（"resistant" PrP）代指所有的异常朊蛋白，而PrP^{Sc}特指引起羊瘙痒病的异常朊蛋白。

朊病毒的起源、结构及生化特性

PrP^{Res}由正常的细胞蛋白（"细胞朊蛋白"或PrP^{C}）衍生而来，PrP^{C}存在于所有哺乳动物的多种组织中。它们是细胞膜相关蛋白，通过糖基磷脂酰肌醇锚定于细胞膜上。PrP^{C}蛋白大小为35～36ku，在中枢神经系统神经元和胶质细胞中的分布尤为丰富（大约为其他组织的50倍），同时分布于单核巨噬系统的细胞（巨噬细胞、树突细胞、滤泡树突状细胞）中。PrP^{C}的确切功能还不确定，可能具有的功能包括参与铜代谢、与胞外基质相互作用、影响嗅辨能力及作为细胞凋亡的信号转导。PrP^{C}本身不致病。PrP^{Res}在氨基酸序列及长度上与其宿主的PrP^{C}完全一致，仅在二级和三级空间结构上存在差异。三级空间结构的改变可能是PrP^{Res}获得感染能力且可在组织中进一步增殖和传播以致引起疾病的基础。在患有朊病毒病的人和动物脑中已检测到具有抗蛋白酶消化的PrP^{Res}核心（27～30ku，约142个氨基酸），称为PrP27～30。它作为PrP^{Res}中较小的一部分，同样具有感染性。人类和动物中，PrP^{C}来源于一个单拷贝基因，即朊蛋白基因（*PRNP*或*Prnp*基因）。虽然PrP^{C}和PrP^{Res}结构差异的确切性质还不确定，但普遍认为，PrP^{Res}理化性质和感染特性的改变主要是由PrP^{C}中部分α螺旋结构转变为PrP^{Res}中大比例的β折叠片状结构所造成的（随着PrP^{C}向PrP^{Res}的转变，β折叠的比例显著增加）。在易感宿主中，PrP^{Res}的产生发生于翻译后水平，不涉及DNA或RNA，而是通过存在的宿主蛋白PrP^{C}向PrP^{Res}的转换。试验证据表明，当PrP^{C}与PrP^{Res}相互作用时，PrP^{Res}确实充当了PrP^{C}转换的物质模板，这一过程还需要另一种特异性宿主蛋白（"X"）结合PrP^{C}并促进其向新的PrP^{Res}转换。一旦转换完成，新产生的PrP^{Res}可以进一步作为PrP^{Res}增殖的新模板。在人类遗传型可传播性海绵状脑病中，*Prnp*基因突变或插入可能是引起PrP^{C}自发转换为PrP^{Res}的原因，而新产生的PrP^{Res}可以作为PrP^{C}进一步转换的模板。

在生化方面，PrP^{C}性质不稳定，可通过多种方法将其灭活，比如蛋白酶消化和高温。相反，PrP^{Res}对蛋白酶、高温、紫外、电离辐射、酸、碱、某些高压灭菌程序、福尔马林固定及消毒剂都有很强的抗性。由于PrP^{Res}对灭活方法有较强的抗性，因此有效的灭活程序很有限，有效的灭活方法包括134～138℃蒸汽高压灭菌18min以上、碱水解、焚化、Environ LpH，以及室温暴露于2mol/L NaOH溶液或2%的次氯酸钠溶液下1h。PrP^{Res}抗灭活的特征恰好解释了其可长期存在于环境中的原因，同时也解释了可传播性海绵状脑病甚至可通过煮熟或加工过的被污染的草料传播的原因，通过使用未充分高压蒸汽处理和污染的外科器械传播，以及通过受感染的人或动物的组织或液体制得的人或兽用生物制剂而传播。

宿主-病毒相互关系

羊瘙痒病和其他可传播性海绵状脑病是一类由宿主PrP^C构象改变所引起的疾病，可想而知，朊病毒与宿主间关系很复杂。

PRNP多态性

绵羊暴露于PrP^{Sc}环境中时，其对羊瘙痒病的易感性似乎受控于绵羊 *PRNP* 基因型、PrP^{Sc}的株系及其他了解较少的因素，如羊的品种。绵羊对经典羊瘙痒因子的易感性及潜伏期主要受 *PrP* 基因第136、154和171位密码子组成的影响。在第136位密码子中，缬氨酸（V）相对于丙氨酸（A）具有更高的易感性；在第154位密码子中，组氨酸（H）相对于精氨酸（R）具有更高的易感性；在第171位密码子中，谷氨酰胺（Q）和组氨酸（H）与易感性相关，而精氨酸（R）与抗性相关。这3个密码子存在多种组合形式，自然界中常见的只有5种，包括$A_{136}R_{154}R_{171}$、$A_{136}R_{154}Q_{171}$、$A_{136}H_{154}Q_{171}$、$A_{136}R_{154}H_{171}$及$V_{136}R_{154}Q_{171}$。第171位密码子似乎是决定绵羊对羊瘙痒因子易感性和抗性最重要的位点，其次为第136位密码子，第154位密码子对其影响更小一些。特别是对于经典羊瘙痒因子，第171位密码子的Q/Q与其高易感性相关，而Q/R和R/R与抗性相关。在北美洲地区，被诊断患有羊瘙痒病的羊其第171位密码子多态性通常为Q/Q。第171位密码子为Q/R的萨福克羊中，只有少量的经典羊瘙痒因子感染的病例，且目前仅见1只第171位密码子为R/R的萨福克羊被诊断为羊瘙痒病阳性。进一步的研究表明，当感染羊瘙痒因子的绵羊第171位密码子为Q/R时，这些绵羊第136位密码子更倾向于为A/V。在北美洲地区，美国农业部（United States Department of Agriculture，USDA）的国家羊瘙痒病根除计划已经利用这种遗传易感性建立标准来消除或限制患有羊瘙痒病的羊移动。这一标准首先根据对明确诊断为羊瘙痒病感染羊PRNP多态性的检测，这有助于羊瘙痒病现存株系信息的建立。一旦羊瘙痒病感染羊的 *PRNP* 基因型已知，便可制定标准消除或限制羊群中剩下的带有易感 *PRNP* 多态性的羊，以此作为消灭该病的一种手段。这一标准冗长而又复杂，但其显著的特征包括以下内容：如果患有羊瘙痒病的绵羊其第171位密码子为Q/Q，则该群内剩余的第171位密码子为Q/Q的绵羊要被转移或被限制移动。有少量Q/R型绵羊被诊断为羊瘙痒病，这些绵羊几乎全部为A/V_{136}和Q/R_{171}。因此，如果在Q/R_{171}型绵羊中检测到羊瘙痒病感染，随后除Q/Q_{171}型外，Q/R_{171}型绵羊全部锁定为转移或限制移动对象。如果R/R_{171}型绵羊被诊断为阳性，那么该群绵羊将全部转移。

具有VRQ或ARQ的杂合子或纯合子的绵羊对经典型羊瘙痒病高度易感。患有非典型羊瘙痒病的绵羊其 *PrP* 基因型主要是AHQ和/或$AF_{141}RQ$（第141位为苯丙氨酸F而不是亮氨酸L）。因此，F_{141}和H_{154}等位基因似乎与其对非典型羊瘙痒病易感性增加有关。

PrP 基因多态性在山羊中也有记载，但关于基因多态性对山羊对羊瘙痒病敏感性/抗性的影响知之甚少。

朊病毒毒株

对各种动物研究的数据表明，多种朊病毒株系可存在于同一种朊病毒病中。报道显示，羊瘙痒因子存在不同的株系。支持羊瘙痒因子存在不同株系的数据起初来源于两个发现，即对不同PrP^{Sc}株系分别进行试验接种于其易感宿主，导致了不同的潜伏期及不同程度和不同部位的脑部损伤。此外，PrP^{Sc}株系在生化水平上的分类是可行的，这一方法基于其对蛋白酶K（proteinase K，PK）的耐受程度、

PrP^{Res}糖链异质体的比率及蛋白酶K的作用位点进行分类。欧洲食品安全局（the European Food Safety Authority，EFSA）总结了小型反刍动物可传播性海绵状脑病（经典型羊瘙痒病、非典型羊瘙痒病及小型反刍动物的牛海绵状脑病）的分类标准，见表67.1。

表67.1 小型反刍动物可传播性海绵状脑病分类

可传播性海绵状脑病的类型	试验方法		
	"高标准的"蛋白质免疫印迹	"蛋白酶K弱处理的"蛋白质免疫印迹	免疫组织化学及组织病理学
经典型羊瘙痒病	3条PrP^{Res}条带（16~30ku）可被N末端及核心特异性的抗体识别	同"经典型养瘙痒病"	灰质有空泡形成及/或在迷走神经背核相关髓质中有免疫标记
非典型羊瘙痒病/Nor98	无条带或与其他可传播性海绵状脑病不同模式的条带（10~35ku）	多重PrP^{Res}条带，包括1条小于15ku的无糖形式带	小脑的免疫染色强于脑干，延髓闩层的迷走神经背核不着色，PrP^{Sc}沉积物的分布限制在小脑、黑质、丘脑及基底核
小型反刍动物的牛海绵状脑病	3条PrP^{Res}条带只被核心特异性抗体识别，N末端特异性抗体不识别或反应较弱，无糖的PrP^{Res}条带分子质量低于经典羊瘙痒病的分子质量	同"小型反刍动物的牛海绵状脑病"	灰质有空泡形成及/或在迷走神经背核相关髓质中有免疫标记

注：该分类改编自欧洲食品安全局对小反刍动物非典型可传播性海绵状脑病的意见。

不同PrP^{Sc}毒株在构象上似乎进行了加密，可将其构象特征复制到招募到的PrP^{C}上。这一假设推测每个毒株均有其独特的三级结构，但同样说明每个毒株对宿主的效应在某种程度上依赖于宿主基因组所决定的PrP^{C}的氨基酸序列，并且这一序列参与决定PrP^{Res}的最终构象。

羊瘙痒病的发病机制

羊瘙痒病的发病机制包括以下内容：对羊瘙痒因子易感的羊，其经口腔接触病原后，最先在扁桃体和内脏相关淋巴组织的滤泡树突状细胞和巨噬细胞中检测到PrP^{Sc}。PrP^{Sc}在这些位置增殖，通过淋巴血管系统向外周淋巴组织扩散，包括脾脏和大量淋巴结，随后可在其中检测到PrP^{Sc}；同时，可在咽后淋巴结、羊第三眼睑的淋巴滤泡、自主神经系统脊神经节、胸段脊髓及脑干尾部的迷走神经背核检测到PrP^{Sc}。朊病毒对中枢神经系统早期的侵袭可能通过侵入回肠淋巴滤泡中的神经末梢或胃肠道的其他部位，然后通过自主神经系统或迷走神经迁移到达胸段脊髓和脑干的迷走神经核。一旦PrP^{Sc}在中枢神经系统内增殖扩散，则其在中枢神经系统内含量的增加与中枢神经系统退行性病变的程度及临床症状表现直接相关。

由于PrP^{Sc}的氨基酸序列和宿主PrP^{C}一致，因此被视为自身抗原而不引起体液免疫反应和细胞免疫反应，这样感染羊死前便没有血清抗体可应用于检测。与羊瘙痒病或其他可传播性海绵状脑病相关的损伤只发现于中枢神经系统中（除了继发性损伤，如脱毛）。这些损伤呈对称性分布，并主要与灰质区域相关。它们包括3个基本变化：①海绵样变性，指神经纤维网的灰质内空泡形成，标志着神经突触胞浆内空泡的形成；②神经元的退化或减少，包括胞浆内的神经元空泡形成，神经元皱缩、变暗、棱角分明，罕见的神经元坏死及丢失；③灰质中星状细胞增多或星形胶质细胞增生肥大。损伤首先发生于脑干尾部，然后向脑干其他区域、小脑及大脑皮层发展。在检测到中枢神经系统损伤之前，便可通过免疫组织化学（immunohistochemistry，IHC）的方法检测到PrP^{Sc}的存在。

PrP^{Sc}分布于神经元内部及其周围,以及神经纤维网内的神经胶质细胞中。在非典型/类Nor98羊瘙痒病中,PrP^{Sc}的检测位点主要包括小脑、脑黑质、丘脑、基底核,但不包括经典羊瘙痒病诊断的主要靶点,如脑干和延髓闩层的迷走神经背核(dorsal motor nucleus of the vagus,DMNV)。同样,对于经典羊瘙痒病中通常易受到影响的脑干部位,在神经解剖学上也无明显的空泡形成。针对羊瘙痒因子感染的妊娠羊的研究表明,胎儿对羊瘙痒病的遗传易感性不仅影响母婴传播,同时对疾病在群体中传播的可能性也有很大影响。结果表明,在被感染的母羊中,胎儿并不存在子宫内感染的情况。然而,在妊娠期,胎膜可被PrP^{Sc}感染,而在产羔羊过程中和产羔后,感染的胎膜便成为其向环境散播PrP^{Sc}的途径,胎盘是否被感染由胎儿PrP的基因型所决定。例如,当胎儿基因型在第171位的密码子为Q/Q时,可在感染母羊的胎盘中检测到PrP^{Sc}的存在;而当胎儿基因型在第171位的密码子为抗性Q/R时,在感染母羊的胎盘中便检测不到PrP^{Sc}的存在。在产羔时,胎盘内的PrP^{Sc}是引发感染的高危因素,并且带有遗传易感性表型的小羊对其尤其易感。目前,对于幼龄动物易感性增加的原因并不清楚,但理论上认为可能与幼龄动物较为发达的肠道相关淋巴样组织(年龄大的动物其肠道相关淋巴样组织萎缩)有关。

种间屏障

对于大部分可传播性海绵状脑病,其易感宿主范围十分有限。限制跨种传播的障碍被称为种间屏障。试验条件下,这些种间屏障通常能被克服,但存在一定难度。促进这些跨种间屏障传播所用的方法是将指定的PrP^{Res}直接注入另一物种的宿主大脑内部,并将感染的中枢神经系统组织在该物种内进行多次连续传代。对于种间屏障形成的确切机制知之甚少,可能很复杂,但已知的影响种间屏障因素包括以下几个方面:

(1)供者和受者在PrP^{C}氨基酸序列上的同源程度 遗传学上所决定的宿主PrP^{C}的氨基酸序列很重要,因为在某种程度上它对PrP^{C}模仿PrP^{Res}三级结构的再折叠具有直接影响。

(2)朊病毒毒株 如前所述,PrP^{Res}构造是加密的。

此外,证据表明试验过程中适应了的特定PrP^{Res},在跨越种间屏障时大多数发生了改变,本质上是产生了新的PrP^{Res}株系。

亚临床感染

一些试验证据表明,在一定情况下,针对特定的可传播性海绵状脑病,PrP^{Res}感染可导致无临床症状的携带者出现,并不发展为疾病。除生物学方法外,在这类携带者体内很难检测到PrP^{Res}的存在。例如,在啮齿类动物中要实现跨种间屏障的试验性感染,可能需要在啮齿动物中进行多次连续传代。而在这种情况下,对非易感动物进行首次注射后可能检测不到PrP^{Res}的存在,且宿主可能终生不发病。然而,当对该宿主的脑部组织在同物种间进行连续传代时,种间屏障将被打破,产生一类新的可传播性海绵状脑病。利用转基因小鼠开展的研究表明,在跨种传播过程中,淋巴组织比脑组织的兼容性更强,表明在中枢神经系统不能复制的朊病毒可存在于淋巴组织中。

实验室诊断

朊病毒病的一些诊断试验已经发展为针对组织中特定PrP^{Res}的检测。这些检测方法依赖于抗PrP蛋白的多克隆或单克隆抗体的使用。由于这些抗体不能区分PrP^{C}和PrP^{Res},因此利用PrP^{C}和PrP^{Res}在生化特性上的区别,采用消化或变性程序(如蛋白酶K、乙酸处理或高压灭菌变性方法)消除PrP^{C},只剩下具有完整抗原表位的PrP^{Res}。这组试验方法包括免疫组织化学、蛋白质免疫印迹及酶联免疫吸附试验,它们已成功应用于许多种可传播性海绵状脑病的PrP^{Res}检测。值得注意的是,对于蛋白酶K,

非典型羊瘙痒因子 PrP^{Sc} 比经典型羊瘙痒因子更敏感，因此世界动物卫生组织建议在用蛋白质免疫印迹检测非典型羊瘙痒因子时，应适当降低蛋白酶K的使用浓度。此外，在检测非典型羊瘙痒因子的确诊试验中，所使用的脑部区域的选择至关重要。因为在大多数非典型或Nor98羊瘙痒因子感染病例中，脑干处的检测可能是阴性的，然而在一些动物的延髓闩部可检测到非典型羊瘙痒因子。

在动物临死前，通过免疫组织化学方法，可在第三眼睑或直肠活检中检测到 PrP^{Sc}。活组织检查由一个小的淋巴滤泡集合构成，该淋巴滤泡集合可见于第三眼睑内表面，可对其进行切除取材。阴性检测结果并不完全保证该动物没有感染羊瘙痒因子，原因如下：第一，动物可能处于感染早期的潜伏阶段，或者一小部分临床感染羊，在其中枢神经系统被感染之前，淋巴组织中不存在或检测不到 PrP^{Sc}；第二，可能没有足够的淋巴组织存在（这可发生于特定年龄动物，且在某些品种的羊中其含量可能高于其他品种）。

蛋白质错误折叠循环扩增（protein misfolding cyclic amplification，PMCA）是一种以正常细胞宿主朊蛋白（PrP^C）或重组朊蛋白（$rPrP^C$）为扩增底物，在体外实现 PrP^{Sc} 指数扩增的新方法。蛋白质错误折叠循环扩增的原理类似于扩增DNA的聚合酶链式反应，但是它利用 PrP^C 或重组 PrP^C（$rPrP^C$）替代了dNTP、引物和Taq聚合酶。蛋白质错误折叠循环扩增由37℃孵育和超声降解相互交替的步骤组成。孵育步骤为 PrP^C 向 PrP^{Sc} 转换提供条件，并产生de novo PrP^{Sc}，在 PrP^C 含量充足时，PrP^{Sc} 进一步扩增。在接下来的超声降解步骤中，新聚集的 PrP^{Sc} 被分离成为更小的单位。孵育和超声降解步骤不断重复，de novo PrP^{Sc} 的含量由蛋白质错误折叠循环扩增循环数（孵育和超声降解）所决定。目前，蛋白质错误折叠循环扩增技术已实现自动化及最优化，并且连续的蛋白质错误折叠循环扩增能够检测到羊瘙痒因子感染仓鼠血液中的 PrP^{Sc}；在对羊瘙痒因子临床前和临床感染羊的检测中，可获得类似的数据。另一个快速超敏感朊病毒检测方法为震动诱导转化（quaking-induced conversion，QuIC）试验，通过孵育和震动（替代了蛋白质错误折叠循环扩增中的超声降解）交替进行的方法扩增含有朊病毒的淀粉样纤维。蛋白质错误折叠循环扩增和震动诱导转化可检测到来源于羊瘙痒因子感染动物的脑脊液（cerebral spinal fluid，CSF）、脑匀浆及血液中的 PrP^{Sc}。未来蛋白质错误折叠循环扩增和震动诱导转化技术可能会作为诊断工具，用于感染朊病毒病的动物死前和死后的诊断。

临床感染动物的死后诊断通常依赖于对脑组织的病理学评估。病变程度及相应的常规组织学诊断的准确性，与死亡时临床疾病的严重程度直接相关。

治疗和控制

对于羊瘙痒病并无有效的治疗办法，因此该病主要以预防、控制或根除为主。在北美洲地区，有一个联邦政府监管程序来根除此病，具体措施包括以下内容：

（1）羊瘙痒病畜群认证程序以监管区域畜群无羊瘙痒病迹象为目标，对畜群疾病状态进行长期监控。这一程序需要对动物个体进行鉴定，保留记录和报告，并限制畜群的扩增来避免可检测到的羊瘙痒病传入无病畜群。

（2）羊瘙痒病的根除要通过疾病的监测来寻找对象，对感染或暴露畜群的诊断、鉴定，淘汰阳性或疑似及暴露动物，监控羊的移动来控制羊瘙痒病传播的可能性，并且从确诊羊可成功追溯到其原羊群。

在单个畜群中，畜群状态的测定及严格限制新进动物的增加是预防控制该病最好的方法。畜群的起始状态可通过羊瘙痒病畜群检定程序来获得。无病畜群的保持是通过保持畜群封闭管理来实现的，尤其是对母羊群的封闭管理。如果需要引进新的羊群，则需要多加小心，以确保所引进的羊来源于无病的羊群（通常很难）。在进行这一评价时，对于超过14月龄的动物可以考虑进行第三眼睑试验，但不容易执行。虽然有抗性基因的羊仍可携带病毒的这种可能性还没有被排除，但对于新引进的羊进行基因型检测和挑选抗性基因型同样有一定作用。此外，包括美国在内的许多国家禁止通过给反刍动物饲喂反刍动物肉和骨粉来预防疾病的发生。

● 牛海绵状脑病

牛海绵状脑病（BSE或"疯牛病"）是一种慢性、进行性及100%致死的中枢神经系统退行性疾病，自然发生于牛、野生有蹄动物、家养及野生猫科动物，很可能引起一种公认的人类可传播性海绵状脑病，称为变异型克-雅病（vCJD）。1986年，英格兰牛海绵状脑病成为公认的一种新型可传播性海绵状脑病。在接下来的几年，牛群中牛海绵状脑病的发病率迅速增加，大量发生于英格兰地区的乳牛中。之后在很短时间内，在英国动物园的有蹄动物和猫科动物及家养猫中，增加了许多新的可传播性海绵状脑病病例。对这些病例试验研究及其PrP^{Res}的特征概述，确定了该病由PrP^{BSE}所引起，进一步表明牛海绵状脑病与其他可传播性海绵状脑病不同，其具有异常广泛的易感宿主。值得注意的是，在同一时间，英国境内出现了少量变异型克-雅病患者。与散发型克-雅病不同，变异型克-雅病发生于较年轻的人群中，并且具有不同的病程、脑电图（electroencephalogram, EEG）模式和中枢神经系统临床症状。除在山羊中有过确诊或疑似的牛海绵状脑病样病例外，在自然状态下，并未见该病在绵羊、猪、灵长类（猕猴）、狨猴、狐猴和小鼠中发生；而在试验水平上，这些物种对牛海绵状脑病均易感。试验中，绵羊可通过口腔接种感染牛海绵状脑病。这便提出了实质性的问题，如何将其与羊瘙痒病区分。由于牛海绵状脑病与变异型克-雅病相关联，因此牛海绵状脑病被认为是公共卫生的主要威胁，这便是所有存在该病的国家制定根除程序的基础；同时，也是不存在该病的国家实施广泛的国家监测和预防计划的基础。

英国对牛海绵状脑病展开广泛检测之后，其他国家也出现了牛海绵状脑病病例，这是由于被感染的肉骨粉（meat and bone meal，MBM）、被感染的活体动物及其他可能被感染的动物产品的出口所导致。截至2011年11月，共有25个国家（世界动物卫生组织数据）报道了牛海绵状脑病病例，这其中包括欧洲的许多国家，以及日本、以色列、美国和加拿大。

流行病学分析明确表明，自然状态下牛海绵状脑病传播的最主要形式是通过摄取被污染的肉骨粉造成的，包括受感染的碎屑。动物之间不会发生大范围的水平传播。与成年牛相比，幼龄牛对该病更易感，且受牛海绵状脑病感染的母牛所产小牛患牛海绵状脑病的风险更高，这意味着该病具有低水平的母畜传播的可能。然而，对于小牛患病风险增加的相关机制（母牛对小牛的感染方式、遗传倾向及饲养环境情况等）并不清楚。在英国，1996年8月1日之后出生的动物被强制禁止饲喂动物性蛋白，虽然，仍有一小部分新发牛海绵状脑病病例，但并无有力的证据表明受污染的环境可传播该病。

英国出现牛海绵状脑病的原因可能永远是个谜，关于牛海绵状脑病的起源有3个看法：①源于给牛饲喂被羊瘙痒因子污染的羊的肉骨粉；②源于给牛饲喂了散发或遗传的牛海绵状脑病所污染的肉骨粉；③源于从印度次大陆进口的感染人朊病毒的人类遗体所污染的动物饲料。20世纪70年代晚期，流行病学证据表明，在不考虑PrP^{Res}来源（如感染羊、牛或其他物种的内脏）的情况下，英国所实施的饲料处理程序的改变可能增加了PrP^{Res}的存活率，这便增加了牛暴露在PrP^{Res}中的机会。流行病学数据支持牛海绵状脑病起源于羊瘙痒病的说法，包括以下内容：20世纪80年代，大概在牛海绵状脑病出现时，羊群数量大幅增加，这可能造成了英国本土羊瘙痒病的流行，并且作为廉价饲料来源的肉骨粉被列为乳用犊牛的早期饲料。但这些单一来源理论（无论它源于羊瘙痒病感染羊还是牛海绵状脑病感染牛）很难解释为何在英国多地同时出现牛海绵状脑病，除非这单一来源分布广泛。一旦牛群中存在牛海绵状脑病感染的情况，其传播可通过将感染了牛海绵状脑病的牛组织制成肉骨粉，再饲喂其他牛的重复循环而不断扩大。因此，在英国牛海绵状脑病很快达到了流行的程度，1992年诊断病例达37 280例,为1992—1993年的峰值。疾病根除和预防程序的成功制定已经大幅减少了发病病例。牛海绵状脑病向猫科动物和野生有蹄动物的传播可能是通过饲喂受感染的动物蛋白所引起的,同时,虽然变异型克-雅病(人类)的起源并不清楚,但摄入受污染的牛产品被认为是可能性最大的原因。

牛海绵状脑病的潜伏期较长,平均为4～5年。临床表现包括体质虚弱或消瘦,伴有至少一种中枢神经系统症状,包括行为改变(恐惧、害怕、易受惊吓及沮丧)、感觉敏感、反射亢进、肌肉震颤、颤抖、肌痉挛、共济失调、运动范围过度、瘙痒和自主神经障碍(反刍减少及心动过缓)。

病原

牛海绵状脑病由朊病毒PrP^{BSE}所引起,PrP^{BSE}的理化特性与所有的异常朊蛋白相一致。人类和动物的可传播性海绵状脑病病原表型的区分主要通过蛋白质免疫印迹分析PrP^{BSE}糖基化程度及片段分子质量大小来实现。近年来,非典型牛海绵状脑病在欧洲国家、北美洲及日本已有报道。有2种非典型牛海绵状脑病因子,分别称为L型和H型,二者在生化特性上与经典型牛海绵状脑病因子存在差异。与非糖基化经典型PrP^{BSE}相比,L型的分子质量稍微小一些,而H型的分子质量稍微大一些。大部分的非典型牛海绵状脑病是通过国家对屠宰动物的主动监测发现的(根据世界动物卫生组织指导方针动物被建议为健康的、病态的、紧急屠宰的、状态欠佳的及需要淘汰的)。总体来讲,这些非典型牛海绵状脑病与经典型牛海绵状脑病所具有的临床症状并无明显差别。重要的是,大约85%的非典型牛海绵状脑病发生于10岁以上的牛。在法国,2001—2007年对牛海绵状脑病监测中,非典型牛海绵状脑病(H型和L型)发生概率估算值分别为0.41、0.35/百万成年试验牛,但大于8岁的牛的比例分别为1.9、1.7/百万成年试验牛。这样的概率与每年每百万居民中约有1例散发型克-雅病相似。这些结果并不能确定非典型牛海绵状脑病的起源,但它们可能代表了可传播性海绵状脑病的散发形式。

另一项关于非典型牛海绵状脑病的研究表明,H型牛海绵状脑病因子感染牛的PRNP的第211位氨基酸存在E211K(谷氨酸E到赖氨酸K)多态性。该多态性类似于人类的E200K,E200K是一个人类遗传型克-雅病中已知的发生概率很高的病理性突变。

目前,在各品种的牛之间,年龄易感性和潜伏时间上没有明显差别。虽然已经认识到绵羊存在被牛海绵状脑病因子感染的潜在风险,但只在山羊中发现过PrP^{BSE},未见于绵羊中。

宿主-病毒相互关系

牛*PrP*基因多态性很少被鉴定过,但目前为止,除了E211K外,没有证据表明这些多态性对疾病的易感性有明显影响。然而,有报道称预测的牛*Prnp*启动子区域和内含子1内有23bp和12bp的插入/缺失与牛对牛海绵状脑病的易感性相关,这是因为这些区域调节*Prnp*的表达水平。与羊瘙痒病不同,在出现中枢神经系统感染症状和临床症状之前,在淋巴组织中并不容易检出PrP^{BSE}。在自然感染的牛中,只在中枢神经系统(脑和脊髓)、外围神经系统及视网膜中检出过PrP^{BSE}。试验研究表明,PrP^{BSE}分布于淋巴组织,但与羊瘙痒因子相比,其检测到的含量相对较少。下文对牛体内的试验研究做了简短总结。

在对牛进行口腔接种6个月后,最先在回肠末端的淋巴小结中检测到PrP^{BSE}。随后,偶尔可在回肠中检测到PrP^{BSE}。接种6～14个月后,可在扁桃体中检测到PrP^{BSE}。接种32个月后,可在中枢神经系统和背根神经节中检测到PrP^{BSE}。接种36个月后,可在三叉神经节中检测到PrP^{BSE}。对于自然感染的牛,在其后咽部、肠系膜或腿弯部的淋巴结中检测不到PrP^{BSE}的存在。在中枢神经系统中,$PrPB^{SE}$不断积累,并与其退行性损伤相关,这与其他可传播性海绵状脑病的表现相似。同时,和其他可传播性海绵状脑病一样,宿主对于PrP^{BSE}也不产生免疫应答反应。

实验室诊断

目前并没有可用于因牛海绵状脑病而死的动物死前诊断的方法。而死后针对脑组织进行确切的诊断与羊瘙痒病的诊断方法相似（针对中枢神经系统特异的延髓闩部而非淋巴组织进行免疫组织化学、酶联免疫吸附试验和蛋白质免疫印迹方法的检测）。这些方法用于存在牛海绵状脑病的国家，作为其国家监测和根除该病的一部分。常规的脑组织病理学检测可在临床感染动物中发现牛海绵状脑病所具有的特征性病变，但是疾病需要通过免疫组织化学或蛋白质免疫印迹方法进行确诊。在美国，针对牛海绵状脑病的国家监测程序由农业部的动植物健康监测组织（Animal Plant Health Inspection Service，APHIS）制定完成。监测对象包括表现神经症状的野生牛、因神经方面的原因被屠宰的牛、提供给公共健康实验室的狂犬病阴性牛、提供给兽医的试验教学医院的神经性疾病病例、"不能行走的（淘汰的）"牛及在农场中死亡的牛。

治疗和控制

目前，没有治疗牛海绵状脑病的方法。确诊有牛海绵状脑病发生的国家正试图消除该病，不存在该病的国家提出制定预防和监测程序来预防牛海绵状脑病的发生。在英国，政府采取一系列控制手段来阻止通过食物摄入造成的牛海绵状脑病的传播。这些方法与检测、诊断及捕杀程序联合应用，有效阻止了该病的流行，并且病例数量明显减少。这些方法中的第一个就是1988年7月的一条禁令，即禁止在反刍动物饲喂中使用肉骨粉。随后，1990年9月进一步禁止在任何物种包括人类的食物中使用指定的牛组织碎渣。含有高浓度感染性生物材料（又叫做"特定的危险生物材料"）的牛组织包括头盖骨、脑、三叉神经节、眼、扁桃体、脊髓、背根神经节及小肠回肠末端。这些感染性生物材料可能会因安全指南或不同国家的规程而不同。虽然这些措施在很大程度上降低了新发病例的产生，但有证据表明在动物中依然有新发的食源性传播的病例。1996年3月，饲料禁令扩大到全面禁止任何农场使用含有哺乳类动物蛋白的饲料。

最近报道，在山羊中发生了类牛海绵状脑病的病例。小反刍兽牛海绵状脑病的发病机制与牛的牛海绵状脑病不同。试验中，感染牛海绵状脑病的羊在神经组织和淋巴网状组织可检测到病原，而在牛的牛海绵状脑病中，在淋巴网状组织中并未检测到病原。因此，有必要增强小反刍兽的监测来阻止类牛海绵状脑病病原通过小反刍兽的动物产品进入人类食物链。

● 慢性消耗性疾病

慢性消耗性疾病（chronic wasting disease，CWD）是一类慢性的、致命的和进行性的中枢神经系统退行性疾病，最早发现于北美洲地区，主要发生于骡鹿（黑尾鹿）、白尾鹿、驼鹿及麋鹿中。未见与慢性消耗性疾病相关的人类可传播性海绵状脑病病例的报道。1967年，伊丽莎白·威廉姆斯博士（Dr Elizabeth Williams）在骡鹿中诊断出第一例慢性消耗性疾病，并且在1978年，通过对感染骡鹿的脑组织进行检测，将慢性消耗性疾病鉴定为可传播性海绵状脑病的一种。随后，在美国科罗拉多州、怀俄明州及内布拉斯加州的部分地区，该病被公认为骡鹿和麋鹿的地方性疾病。该病的发生范围及发病率在1990年后开始增加。其快速传播的原因并不清楚，可能与该病的独特性及鹿科动物的饲养有关。慢性消耗性疾病可通过直接接触进行水平传播，这一特点与牛海绵状脑病完全不同。慢性消耗性疾病的水平传播效率很高，可在唾液、血液、尿液、绒毛及排泄物中检测到具有传染性的病原。这些发现表明无论是散在或圈养的鹿，被感染的体液，如唾液、尿液或排泄物污染的环境对慢性消耗性疾病的水平传播都发挥了重要作用。模型研究表明，PrP^{CWD}的水平传播可能发生于受感染鹿科动物出现临床症状之前。慢性消耗性疾病从感染动物向未感染动物的传播发生于它们被限制在有限环境中时。除了直接接触传播外，通过污染的牧草地及小围场的间接传播也有发生，并且这种间接传播与报道的羊瘙痒病相比效率更高。相对来说，慢性消耗性疾病的直接传播和间接传播都较容易发生，这似乎可以解释在一些圈养骡鹿群中它的高度流行性（在一个骡鹿群中，大于2岁的骡鹿发病率高于90%）。在疾病流行区域，慢性消耗性疾病在散在鹿科动物中的发病率也很高（高达30%）。

慢性消耗性疾病除了传播相对容易外，受感染骡鹿和麋鹿在农场之间的运输很大程度上促进了疾病的区域性扩散。在北美洲（截至2012年3月），在散在的骡鹿和麋鹿中检测到该病的地区包括科罗拉多州、怀俄明州、内布拉斯加州、威斯康星州、南达科他州、北达科他州、新墨西哥州、伊利诺伊州、堪萨斯州、马里兰州、明尼苏达州、纽约州、犹他州、弗吉尼亚州、西弗吉尼亚州，以及加拿大的萨斯喀彻温省；在农场的鹿科动物中检测到该病的地区包括南达科他州、内布拉斯加州、科罗拉多州、俄克拉荷马州、堪萨斯州、明尼苏达州、蒙大拿州、威斯康星州、纽约州、怀俄明州、密歇根州，以及加拿大的亚伯达省和萨斯喀彻温省。在科罗拉多州和怀俄明州，在散在骡鹿中已鉴定出慢性消耗性疾病的存在。在出口到韩国的农场鹿科动物中同样诊断出了慢性消耗性疾病。

慢性消耗性疾病也可能存在垂直传播，但目前并没有证据。在野生状态下，患有慢性消耗性疾病的动物尸体腐烂后释放到环境中的PrP^{CWD}也可能导致疾病的传播。牛、羊和山羊可通过试验性方法实现慢性消耗性疾病的感染，但只是通过颅内接种的方式。这些宿主对PrP^{CWD}的感染存在明显的种间屏障。目前，该病从骡鹿或麋鹿自然传播给这些物种的情况未见报道。同时，没有试验证据表明牛可以通过直接接触或口腔摄入途径（至少5年）而传播该病。

根据对自然病例的检查，慢性消耗性疾病的潜伏期最短为16～17个月，慢性消耗性疾病的潜伏期明显短于羊瘙痒病和牛海绵状脑病。患有慢性消耗性疾病的骡鹿或麋鹿的临床表现包括体质虚弱及至少包含一种中枢神经系统异常行为，如行为改变（与训导员的互动行为和行走模式改变，萎靡、头和耳低垂）、烦渴、多尿、唾液或口水流出增多、失调、共济失调、头部震颤、四肢分开站立及亢奋。然而，散在分布的被感染骡鹿的临床症状不易被观察到，因此尸检时的典型特征可能包括消瘦及死于吸入性肺炎，骡鹿可能由于吞咽困难、多涎或吞咽障碍而引起死亡。

流行病学

慢性消耗性疾病由朊病毒PrP^{CWD}所引起，其理化特性与其他异常朊蛋白相似。我们可能永远都不清楚PrP^{CWD}的起源，但可能性包括散发型PrP^{CWD}在鹿科动物中的形成，或是从羊瘙痒病感染羊或受污染的饲料而来的跨种适应毒株。许多报道指出，慢性消耗性疾病与羊瘙痒病相似，可能存在不同的株系。当对雪貂接种两个不同慢性消耗性疾病分离株时，结果可表现出不同株系特征，如不同的临床进程、存活时间、病理损伤及生化特性。此外，通过鹿源化的转基因小鼠得到的慢性消耗性疾病感染病料，鉴定出了慢性消耗性疾病的两个不同株系。这两株慢性消耗性疾病虽然表现出了相似的生化特性，但具有不同的潜伏期和神经病理学特征。

宿主与朊病毒相互关系

慢性消耗性疾病的感染受到种属特异的多态性影响，表现为骡鹿PrP的第96位和225位氨基酸、麋鹿的第132位氨基酸与其对慢性消耗性疾病的易感性相关。怀俄明州和科罗拉多州散在的骡鹿中，具有 *S225S*（S代表丝氨酸）基因型的骡鹿比具有 *S225F*（F代表苯丙氨酸）基因型的骡鹿对慢性消耗性疾病的易感性高30倍。在白尾鹿中，仅在某些 *G96S*（G代表甘氨酸，S代表丝氨酸）基因型动物中检测到慢性消耗性疾病。因此，*G96S* 多态性可能与其对慢性消耗性疾病易感性较低相关，但与抗性无关。麋鹿PrP第132位密码子的多态性（甲硫氨酸M,亮氨酸L）与人PrP第129位密码子的多态性（甲硫氨酸M,缬氨酸V）相一致。人第129位密码子的多态性与其对克-雅病的易感性相关，包括变异型克-雅病。在转基因小鼠和麋鹿的试验中，当第132位为L时，其对慢性消耗性疾病易感性似乎低于第132位为M时。

与羊瘙痒病相似，在感染的骡鹿和麋鹿全身的淋巴组织中均可检测到PrP^{CWD}，并且组织的病理学分布与羊瘙痒痒病有很多相似点。口腔感染PrP^{CWD}之后，在脑组织检测到PrP^{CWD}之前，便可在淋巴组织（肠淋巴组织和咽后淋巴结）中检测到PrP^{CWD}。试验感染42d后，可在回肠的派伊尔、回盲部淋巴结、扁桃体及咽后淋巴结中检测到病原。与羊瘙痒病相似，最先在大脑尾侧脑干（闩）的迷走神经背核处检测出病原。在一项研究中，在肠淋巴组织中首次检测到PrP^{CWD}后，经过3个月才在延髓闩部中首次检测到PrP^{CWD}。与自然界其他可传播性海绵状脑病相似，由慢性消耗性疾病造成的特异性损伤局限在中枢神经系统内。

实验室诊断

目前，针对因慢性消耗性疾病而死亡的动物死前诊断并无确切的方法。一些有希望作为死前诊断的技术已用于慢性消耗性疾病的监测和管理，如扁桃体和直肠的活组织检查。扁桃体活组织检查可用于潜伏期病畜的检测，但是这一技术应用于牧场并不容易。而另一项利用直肠黏膜相关淋巴组织进行的死前诊断方法，已于最近用于临床阶段及潜伏阶段圈养麋鹿的诊断中。该方法能够检测到慢性消耗性疾病亚临床感染的麋鹿，而通过死后检测进行进一步确诊。

慢性消耗性疾病的死后诊断方法与羊瘙痒病和牛海绵状脑病诊断所用的方法相似，并且美国用于检测羊瘙痒病和牛海绵状脑病的一些单克隆抗体同样适用于PrP^{CWD}的检测（图67.1）。蛋白错误折叠循环扩增技术已用于扩增和检测慢性消耗性疾病感染组织或体液中低浓度的PrP^{Res}。这一高敏感性的方法为朊病毒感染的早期检测提供了可能。如果临床感染动物表现出了明显的中枢神经系统损伤，那么利用常规的组织病理学检测便可以做出推测性诊断。可通过像羊瘙痒病和牛海绵状脑病确诊的方法对该病进行进一步的诊断。

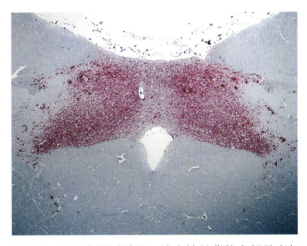

图67.1 白尾鹿的延髓闩，迷走神经背核全部呈亮红色，伴有少量溢出于相邻神经组织。免疫组织化学对PrP^{CWD}检测说明在脑中存在致病的朊病毒。（引自美国农业部动物卫生检查局国家兽医服务实验室Mark Hall 和 Aaron Lehmkuhl博士）

治疗和控制

目前，对慢性消耗性疾病并无有效的治疗方案。慢性消耗性疾病的控制和根除工作是很复杂的，原因包括其潜伏期很长，其病原对于灭菌程序具有抗性，缺乏可靠的死亡前诊断方法，以及其潜在传播途径的多样化（包括动物间的接触及环境的污染）。农场控制该病采取的基本方法包括对感染畜群的检疫和捕杀，甚至要对感染农场设施进行清理，担心可能存在环境污染，从而导致新引进的未感染畜群有再次被感染的风险。同时，还存在受感染农场向邻近散在畜群的传播，或者从地方性流行的散在畜群到养殖农场的传播。因此，主动而有效地监测程序是值得推荐的，不仅可以确诊并转移受感染的动物，同时可以阻止受感染的动物向其他农场转移。对于散在畜群的管理更加困难。当前的管理办法包含主动监测，以此来确定患病率；同时，在流行地区进行针对性地扑杀可降低该病的发病率。在流行地区，禁止人对圈养及散在鹿科动物进行辅助性迁移。仅针对具有临床症状动物的扑杀对该病在流行地区的流行情况影响不大。在科罗拉多州已设置了一项减少地区群体数量的计划，但这一计划的有效性还没有确定。另一项激进计划被认为是有效的，即在散养的新发感染病例形成流行之前，检测到该病并进行选择性扑杀或大面积减少畜群数量。慢性消耗性疾病向新地区扩散需要考虑的因素还包括猎杀活动，被猎杀的具有感染性的尸体存在向未感染地区传播的风险，并且具有感染性残渣的丢弃会对环境造成污染。目前，美国农业部有一项计划正用于根除美国境内农场养殖麋鹿的慢性消耗性疾病。

延伸阅读

Hörnlimann B, Riesner D, Kretzschmar H, et al, 2007. Prions in Humans and Animals[M]. Walter De Gruyter.

Tatzelt J, 2011. Prion Proteins[M]. Springer Publications.

（马月 译，马月 校）

第四部分
临床应用

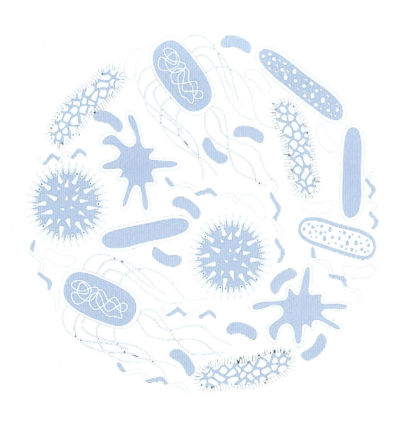

第68章 循环系统和淋巴组织

循环系统包括血液循环系统和淋巴系统。血液循环系统由心脏（相关疾病也涉及包围在心脏外的心包囊炎症）、动脉、毛细血管、静脉和血液组成。淋巴系统包括淋巴毛细管、淋巴窦、淋巴结、不同的淋巴管及血液中以淋巴细胞为主的细胞成分。循环系统连接着不同的免疫器官（如脾、骨髓和胸腺等），病原可在其中自由转运，本章也将对这些免疫器官加以介绍。黏膜淋巴组织与其他淋巴组织也相互联系，它们相对分散，而且也是一些抗原进入机体的第一道防线，黏膜免疫将在其他相关章节中加以阐述。

哺乳动物和禽类淋巴组织功能虽然相似，但解剖结构却大不相同。禽类特有上皮样淋巴组织——法氏囊，其位于泄殖腔背侧并与之相通。作为中枢淋巴器官，B淋巴细胞在其中分化成熟。大部分禽类都没有淋巴结，外周淋巴系统包括盲肠扁桃体、派伊尔氏节、肠道美克尔憩室、多组织器官内的淋巴滤泡及脾脏和特殊的鼻旁淋巴组织（应为眼球后部——译者注）哈德尔氏腺。

● 抗微生物特性

脾脏和肝脏内的吞噬细胞负责清除循环中的抗原成分。随着感染部位、感染程度、感染抗原及抗原毒素不同，机体的免疫反应也呈多样化。心肌的修复能力较差，感染后会导致心肌细胞死亡，这种损伤会导致瘢痕形成。小血管内皮细胞损伤会引起血栓形成，周围未受损伤的血管内皮增生，补偿受损血管功能。

淋巴组织在机体抵御外来感染中起到关键作用（关于淋巴系统的反应机制在第2章已阐述），正由于淋巴组织对外来抗原的免疫监视才能让机体避免系统性感染。

● 一过性及持续性感染

一般来说，循环系统和淋巴组织不能识别常驻菌。细菌一过性感染时有发生，比如外伤或由医疗导致的感染（如拔牙、插入消化道内镜及导尿管等），或者因治疗手段引起的黏膜损伤导致继发感染（如放疗、化疗等）使得常驻菌群进入血液循环。慢性感染如严重牙龈疾病等会导致持续的菌血症，有时也会发生不明病因的菌血症。一般菌血症是一过性的，通常持续不到30min就会被肝脏和脾脏中的巨噬细胞清除。

不是所有微生物感染都能被迅速清除，有时会持续较长时间。比如，在一些猫体内的巴尔通氏体属通常呈亚临床而长期存在。菌血症可导致循环系统严重感染，比如出现细菌性心内膜炎和脓毒血症。

微观研究和分子生物学研究均提示，血液实际上可能作为一些特定微生物的培养基，而这些"定居者们"往往是不致病的，该说法尚需进一步验证。

一些病毒特别是反转录病毒持续存在于淋巴组织和血液细胞内，导致机体终生带毒。

● 感染

病原微生物可通过许多途径进入循环系统，可直接进入血液（昆虫叮咬、污染的注射针头和输血等）或者从最初感染部位扩散入血液或淋巴系统。

通过淋巴系统进入体内的微生物抗原一般会被清除，至少也是限制在特定区域的淋巴结内。如果它们侥幸逃逸出淋巴组织扩散至血液则能够感染机体的其他部位，此时，循环系统就成为微生物扩散的通道。当输送抗原时，循环系统有可能感染也可能不被感染。当有病毒感染时，病毒进入血液形成病毒血症，这是病毒感染的临床特征之一。同样，临床上在循环系统虽然检测不到细菌或真菌，但它们却能通过循环系统到达靶器官。

本章重点介绍循环系统和/或淋巴组织的感染。由许多抗原引起的淋巴组织和循环系统的损伤常引起系统性、非特异性症状，如发热、厌食、精神沉郁、虚脱和消瘦。一些烈性病的病原进入血液后在产生临床症状前就引起死亡（如炭疽和黑腿病）。畜禽循环系统及淋巴组织中常见重要病原见表68.1 至表68.7。各病原致病机制、临床症状和引起的疾病等详细信息见相应章节。

表68.1 犬循环系统和（或）淋巴组织中常见重要病原

病原	疾病	循环/淋巴系统症状
病毒		
犬腺病毒1型	犬传染性肝炎	弥散性血管内凝血，口腔瘀斑性出血，淋巴结肿大
犬瘟热病毒	犬瘟热	白细胞减少症，新生犬心肌炎
犬疱疹病毒1型	犬疱疹病毒病	幼犬全身出血点，淋巴结坏死
犬细小病毒	犬细小病毒病	白细胞减少症，淋巴结坏死，心肌炎
细菌		
巴尔通体属[a]	传染性心瓣膜炎	心杂音，瓣膜性心内膜炎
伯氏疏螺旋体	犬莱姆病	心律失常，心肌炎
犬埃立克体[b]	犬埃立克体病	贫血，出血性素质，四肢肿胀，淋巴结肿大，脾肿大
丹毒丝菌属	传染性瓣膜心内膜炎	心杂音，血栓，瓣膜性心内膜炎
钩端螺旋体属	钩端螺旋体病	广泛性出血，黄疸，败血症
新立克次体属	鲑鱼毒性	淋巴结、脾肿大
立氏立克次体	落基山斑疹热	水肿，出血，淋巴结肿大，心肌炎，血栓

注：[a] 包括 *B. vinsonii* ssp. *berkhoffi* 和 *B. clarridgeiae*。
[b] 其他埃立克体属感染后的临床症状包括贫血、白细胞减少和血小板减少。

表68.2 猫循环系统和（或）淋巴组织中常见重要病原

病原	疾病	循环/淋巴系统症状
病毒		
猫免疫缺陷病毒	猫艾滋病	淋巴肿大，贫血，白细胞减少和继发感染
猫传染性腹膜炎病毒	猫传染性腹膜炎	免疫复合物沉积性血管炎，淋巴结肿大，心包积液
猫白血病病毒	猫白血病	贫血，淋巴细胞减少，淋巴肉瘤，骨髓增生性疾病，继发感染
猫白细胞减少症病毒	猫泛白细胞减少症	白细胞减少症，肠系膜淋巴结肿大
猫肉瘤病毒	猫肉瘤	纤维肉瘤

(续)

病原	疾病	循环/淋巴系统症状
细菌		
支原体属	猫传染性腹膜炎	贫血，黄疸，脾肿大
土拉热杆菌	土拉菌病	白细胞减少症，肠系膜淋巴结肿大
犬链球菌	窒息	颈部淋巴结炎，淋巴结脓肿
鼠疫杆菌	鼠疫	颈部/下颌淋巴结炎，淋巴结脓肿，败血症

表68.3　马循环系统和（或）淋巴组织中常见重要病原

病原	疾病	循环/淋巴系统症状
病毒		
非洲马瘟病毒	非洲马瘟	肺血管炎，皮下和眼睑水肿
马传染性贫血病毒	马传染性贫血	贫血，出血，黄疸，脾肿大
马动脉炎病毒	马病毒性动脉炎	水肿，出血，白细胞减少症，血管梗塞
委内瑞拉马脑炎病毒	委内瑞拉马脑炎	淋巴结、脾脏和骨髓细胞排空
细菌		
放线菌属	放线菌病	下颌淋巴结脓肿
嗜粒细胞无形体	马埃利希菌病	腿部贫血，水肿，出血
新生儿败血症病原[a]	新生儿败血症	败血症，低血压，器官衰竭
马莱伯克菌属[b]	马皮疽、鼻疽病	淋巴管炎，淋巴结炎，脾脓肿
伪结核棒状杆菌	伪结核	淋巴管炎
新立克次体属	波多马克马热	白细胞减少症，肠系膜淋巴结肿大
链球菌属	马出血性紫癜	免疫复合物性血管炎，水肿
真菌		
皮疽组织胞浆菌	马流行性淋巴管炎	淋巴管炎、局部淋巴结炎
申克氏孢子丝菌	孢子丝菌病	淋巴管炎

注：[a] 包括放线埃希菌、大肠埃希菌、沙门菌和链球菌；
[b] 在美国被认为是外来动物疫病病原。

表68.4　牛循环系统和（或）淋巴组织中常见重要病原

病原	疾病	循环/淋巴系统症状
病毒		
狷羚疱疹病毒1型	恶性卡他热	出血，白细胞减少症，淋巴增生，淋巴结肿大
牛白血病病毒	牛白血病	淋巴肉瘤
绵羊疱疹病毒	牛恶性卡他热	出血，白细胞减少症，淋巴增生，淋巴结肿大
裂谷热病毒	裂谷热	脾肿大，广泛出血
牛瘟病毒	牛瘟	白细胞减少症，淋巴器官损伤
细菌		
牛边缘无浆体	无形体病	贫血，黄疸，脾肿大
化脓隐秘杆菌	创伤性网胃心包炎；传染性瓣膜心内膜炎	心包炎（多病原）心杂音，心脏衰竭，瓣膜心内膜炎
炭疽杆菌	炭疽病	水肿，败血症，脾肿大，天然孔出血
肖氏梭菌	黑腿病	心肌炎，心包炎
溶血梭状芽孢杆菌	细菌性血红素尿	黄疸，血管内溶血，出血
反刍兽艾利希体[a]	非洲水胸病	水肿，出血，心包积水，脾肿大
钩端螺旋体	钩端螺旋体病	贫血，黄疸，血管内溶血
禽结核分枝杆菌、副结核	约尼氏病	肠系膜淋巴管肉芽肿性淋巴管炎
牛结核分枝杆菌	牛结核病	气管支气管/纵隔淋巴结肉芽肿

(续)

病原	疾病	循环/淋巴系统症状
巴氏杆菌血清型B：2或E：2[a]	出血性败血症	水肿，出血，出血性淋巴结病
沙门菌[b]	沙门菌病	败血症，脾肿大

注：[a] 在美国被认为是外来动物疫病病原；
[b] 常见血清型包括都柏林和鼠伤寒。

表68.5 绵羊、山羊循环系统和（或）淋巴组织中常见重要病原

病原	疾病	循环/淋巴系统症状
病毒		
蓝舌病病毒	蓝舌病	头部和颈部水肿，出血，充血
小反刍兽疫病毒[a]	小反刍兽疫	全身淋巴结肿大，白细胞减少症，脾肿大
裂谷热病毒[a]	裂谷热	脾肿大，广泛出血
牛瘟病毒[a]	牛瘟	白细胞减少症，淋巴器官损伤
细菌		
绵羊无浆体	无浆体病	贫血
炭疽杆菌	炭疽病	水肿，败血症，脾肿大，天然孔出血
伪结核棒状杆菌	干酪样淋巴结炎	淋巴腺炎，淋巴结脓肿
支原体	附红细胞体病	贫血
溶血曼海姆菌（山羊）	败血型巴氏杆菌病	羊羔出血性败血症
丝状支原体（绵羊）	支原体性败血症	败血症，心包炎
巴氏杆菌（山羊）	败血型巴氏杆菌病	幼畜出血性败血症
金黄色葡萄球菌	羔羊蜱传脓毒症	淋巴结病，败血症

注：[a] 在美国被认为是外来动物疫病病原。

表68.6 猪循环系统和（或）淋巴组织中常见重要病原

病原	疾病	循环/淋巴系统症状
病毒		
非洲猪瘟[a]	非洲猪瘟	广泛水肿，出血，梗死，出血性淋巴结炎，心包炎，皮肤发绀，脾肿大
脑心肌炎病毒	脑心肌炎	心包积水，心肌炎，心包炎
猪瘟[a]	猪霍乱、典型猪瘟	广泛出血，梗死，淋巴结出血，淋巴结损伤，皮肤发绀，脾梗死
莱利斯塔德病毒	猪繁殖与呼吸综合征	
圆环病毒2型	断奶后多系统衰竭综合征	巨噬细胞损伤导致继发感染 淋巴结肿大，心肌炎，发育迟缓
细菌		
炭疽杆菌	炭疽病	咽部淋巴结肿大，水肿，败血症
类鼻疽杆菌[a]	类鼻疽	淋巴结和脾脓肿
猪丹毒杆菌	丹毒	出血，脾肿大，皮肤发绀，传染性瓣膜心内膜炎
大肠埃希菌	败血症	哺乳仔猪败血症，皮肤发绀，器官充血，淋巴结肿大
大肠埃希菌（志贺毒素阳性）	水肿	皮下组织水肿/胃黏膜血管炎
副猪嗜血杆菌	格拉瑟氏病	心包炎，败血症
禽结核分枝杆菌[b]	猪结核	肉芽肿性颈部，咽和肠系膜淋巴结炎
支原体[c]	支原体性多发性浆膜炎	心包炎
猪嗜血支原体	猪附红细胞体病	贫血，黄疸，脾肿大
沙门菌[d]	沙门菌病	淋巴结肿大，皮肤发绀，败血症，脾肿大

(续)

病原	疾病	循环/淋巴系统症状
猪链球菌	颊脓肿	颈部淋巴结炎
猪链球菌	链球菌败血症	心包炎，败血症

注：[a] 在美国被认为是外来动物疫病病原；
[b] 包括猪菌株，其他分枝杆菌包括堪萨斯分枝杆菌、蟾分枝杆菌和偶发分枝杆菌，马红球菌也包括在内；
[c] 包括猪肺炎支原体 M. hyorhinis 和 M. hyosynoviae；
[d] 常见血清型为霍乱弧菌 Kunzendorf 和鼠伤寒杆菌。

表68.7　家禽循环系统和（或）淋巴组织中常见重要病原

病原	疾病	循环/淋巴系统症状
病毒		
禽流感病毒H5或H7亚型[a]（高致病性）	禽流感、真性鸡瘟	广泛出血，头部、肉髯、冠部水肿，淋巴坏死，心肌炎
禽白血病病毒（鸡）	淋巴细胞性白血病	贫血，肝血管瘤，淋巴肿瘤，肉瘤
鸡传染性贫血病毒	鸡贫血病	贫血，出血，心包积水，淋巴和造血组织发育不全
新城疫病毒	新城疫	广泛出血（特别是肠道），水肿
鸡传染性法氏囊病病毒	传染性法氏囊病、甘布罗病	肠道扩张/出血性水肿
马立克病病毒（鸡）	马立克病	心脏，法氏囊，胸腺，脾脏淋巴瘤
网状内皮增生症病毒（火鸡）	网状内皮增殖病	淋巴肿瘤，淋巴瘤
土耳其腺病毒2型（火鸡）	火鸡出血性肠炎	免疫抑制，肠道出血，脾肿大
细菌		
鹅包柔氏螺旋体	禽螺旋体病	贫血，出血，脾肿大
鹦鹉热衣原体（火鸡）[b]	鸟疫、鹦鹉热	心包炎，脾肿大，纤维蛋白渗出液
猪丹毒杆菌	丹毒	广泛出血，心包炎，败血症
大肠埃希菌	大肠埃希菌败血症	心包炎，脐炎，败血症，脾肿大
禽结核分枝杆菌	禽结核病	脾肉芽肿
多杀性巴氏杆菌	禽霍乱	广泛出血，心包炎，败血症
沙门菌[b]	沙门菌病[c]	心肌炎，脐炎，心包炎，脾炎

注：[a] 在美国被认为是外来动物疫病病原；
[b] 包括鸡白痢、鸡沙门菌病和伤寒3型；
[c] 包括雏鸡白痢、鸡伤寒和鸡副伤寒。

● 败血症

败血症和败血性休克以血管崩解和多器官衰竭为特征。具体表现为器官供血改变，临床特征包括发热、呼吸困难和低体温症。尽管其他革兰阴性菌（如绿脓假单胞菌）和革兰阳性菌（如葡萄球菌和链球菌）也会引起败血症和败血性休克，但常见的败血症病原是革兰阴性肠杆菌。败血症多发于初生动物，也常见于生产动物，如马和禽等。体况较差的保育动物往往易得细菌性败血症。

引起败血症性休克的主要原因是革兰阴性菌的内毒素或其他革兰阳性菌细胞壁成分（如肽聚糖和脂磷壁酸）。这些抗原相关分子可与单核细胞和巨噬细胞表面受体复合物结合。Toll样受体、跨膜信号转导受体在此过程中都起到重要作用。这些分子的结合导致免疫反应紊乱，大量分泌炎性因子（TNFα、IL-1和IL-6等）导致系统性损伤，血管内皮细胞表面也有Toll样受体。

部分革兰阳性菌产生非特异性超抗原，活化T细胞产生大量致炎性细胞因子。凝血功能异常、弥散性血管内凝血也是败血症的表现。

在败血症动物血液内很难直接用光镜观测到病原。部分晚期败血症动物体液内病原大量复制，可在涂片中直接检测到细菌。在患炭疽濒死时的反刍动物血液内可检测到大量炭疽杆菌，患禽霍乱及禽螺旋体病的禽体血液内可见到大量相应抗原。

● 心脏及心包膜感染

传染性心脏疾病有很多种，如瓣膜心内膜炎（通常是由细菌引起）和心肌炎（由细菌或病毒导致）。心包发生感染往往是全身性感染导致，心脏只是局部病变（如传染性心内膜炎）或者是邻近组织病变（如胸膜肺炎或创伤性网胃心包炎）影响到心肌。

传染性瓣膜心内膜炎

传染性瓣膜心内膜炎起源于全身性细菌感染。早期瓣膜功能障碍和创伤导致血小板和纤维蛋白沉积。这些沉积物为循环系统中的细菌提供了附着点，这些细菌可能是前文提及的一过性菌血症中暂时出现在血液中的。细菌通过其表面的黏附素附着在瓣膜表面，这些黏附素包括葡聚糖和纤维连接蛋白等。瓣膜暴露的细胞外基质可作为细菌表达的纤维蛋白原和层粘连蛋白受体。心瓣膜损伤是传染性瓣膜心内膜炎形成的必要条件。其他心脏异常，如犬主动脉狭窄或创伤性血管手术（导管插入术）也会引起心瓣膜感染。心瓣膜炎的后遗症包括血栓、多器官梗死和猝死。

由细菌导致的传染性心内膜炎的主要病原为革兰阳性菌，包括链球菌、肠球菌、葡萄球菌、棒杆菌属和隐秘杆菌属等。丹毒丝菌属会引起心瓣膜内膜炎（猪、犬和家禽）。肠杆菌科和假单胞菌科是较常见的引起心内膜炎的革兰阴性菌。巴尔通氏体属是新发现的会引起犬心内膜炎的革兰阴性菌。

心肌炎

心肌炎，顾名思义指心脏肌肉发炎，通常是全身性炎症的局部体现。损伤多发于心肌和为心肌供血的血管。心肌损伤机制不同，包括：①病原有心肌细胞毒性；②循环中有独立因子；③免疫介导机制。能引起心肌炎的病原有很多，许多动物常见病原都能引起心肌炎，包括犬细小病毒、猪脑心肌炎病毒、牛梭菌，以及反刍动物、家禽单核细胞增生性李斯特菌。

心包膜感染

心包积液，指心包腔内积有大量浆液，结合其他系统症状可有不同疾病表现，如牛心水病、美洲马病和鸡传染性贫血等。心包积液是血管损伤导致的，血管免疫复合物沉积也是导致心包积液的原因之一，如猫传染性腹膜炎。

心包炎即为心包膜的炎症，与心肌炎类似，许多病原都能引起该病。心包炎经常是其他浆膜或腔隙性炎症的组成部分（如猪格雷舍氏病和山羊支原体败血症等）。

最常见的外伤性心包感染就是牛创伤性网胃心包炎。一般是牛食用了长而尖利的物品（如电线或钉子等）后，该物品穿破网胃和隔膜刺入心包腔。损伤使细菌进入心包腔，从而引起炎症。该炎症往往是混合感染引起的，包括化脓隐秘杆菌、坏死梭菌等感染。临床表现为右心衰竭，生产性能下降，活动受限，心脏输出减少导致心动过速和颈静脉扩张（图68.1），颈静脉波动和下颌水肿。出现浑浊心音，如果心包内有气液界面，也出现类似"洗衣机"样的杂音。

图68.1　荷斯坦奶牛右侧颈沟，当右侧充血性心力衰竭时表现为颈静脉膨胀。右侧充血性心力衰竭是由心包积液导致，此病例继发于创伤性网胃心包炎

● 血管壁感染

一般来说，血管内皮通过内皮-淋巴细胞相互作用，凝血物质活化和一些因子（如细胞因子和趋化因子）的释放在所有炎症反应中都起到一定作用。一些病原或毒素可直接导致血管内皮损伤引起内皮细胞坏死，免疫复合物沉积和随之发生的炎性反应也会损伤内皮细胞。内皮损伤会导致水肿和/或出血。机体感染病原的情况决定血管病变的发生程度，如非洲马病会导致肺血管病变继而引起肺水肿。犬立克次氏体病和落基山斑疹热均会引起中枢神经系统出血。同样，由猫传染性腹膜炎引起的血管免疫复合物沉积，可导致浆膜腔内大量液体积聚。裂谷热除了能导致严重的肝坏死之外，也能引起大面积的内皮细胞损伤，引发出血。感染使血管内皮凝血物质活化及血小板聚集导致血栓和梗死，局部组织出现梗死（如由猪丹毒引起的皮肤损伤）。不同传染源引起的不同症状会在相应各章中详述。

新生儿脐炎是尤其要注意的一种疾病，该病会影响动脉和静脉，在养殖动物和马中最常见。病原可能是肠源的，也可能从外界环境（如放线杆菌属、大肠埃希菌和链球菌等）感染的。脐炎可能引起局部脓肿，当感染破伤风杆菌时会引起破伤风。当脐炎影响到脐静脉时，感染可由脐带胎儿残余部分进入循环系统，继而影响肝脏，可导致胎儿死亡（图68.2）。

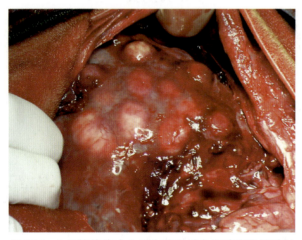

图68.2　3月龄盖普威小母牛脐炎继发肝脏多发性脓肿

脐静脉炎可发展为败血症，导致全身性感染，如关节炎和脑膜炎等。禽卵黄囊感染和脐炎也会导致严重病变，相关病原包括大肠埃希菌、沙门菌和假单胞菌等。

● 与红细胞有关的感染

许多感染都伴随贫血，许多原因都导致贫血、红细胞抑制、抗体介导的溶血、噬红细胞作用、红细胞膜变性和寿命缩短等。

牛边缘无浆体感染牛红细胞（图68.3）后，被感染和未被感染的红细胞被免疫反应清除，导致红细胞压积仅为6%。

鸡传染性贫血病毒和猫白血病病毒感染都会引起贫血、红细胞生成减少，细菌、寄生虫、支原体感染都导致红细胞螯合和免疫性溶血。免疫性溶血是猫白血病病毒感染和犬埃立克体病的典型症状。导致免疫性溶血的原因有以下几种：①红细胞内微生物寄生；②正常红细胞和抗原的交叉反应；③未知红细胞抗原感染。细菌毒素也可引起血管内溶血（如磷脂酶C），钩端螺旋体和溶血梭菌也是破坏红细胞的重要病原，由这些病原导致的贫血也常伴有血红蛋白尿等症状。

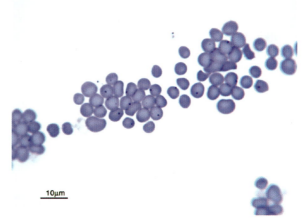

图68.3 血涂片示牛边缘无浆体（瑞氏染色）（引自Bruce Brodersen）

白细胞相关感染 许多病毒都可以感染骨髓细胞和淋巴细胞。委内瑞拉马脑炎病毒可破坏造血细胞和淋巴网状内皮细胞，消耗骨髓内细胞、淋巴结细胞和脾细胞。这些变化往往继发于由病原引起的免疫抑制。鸡传染性法氏囊病病毒感染法氏囊时，初期法氏囊水肿、体积增大，最终导致法氏囊萎缩，B细胞损伤导致继发感染。猫白血病是猫免疫缺陷病。猪圆环病毒也会引起猪免疫抑制，从而导致继发感染。上述病毒都引起长期免疫抑制，其他病毒，如犬瘟热病毒、猪瘟病毒、细小病毒和牛病毒性腹泻病毒都能引起一过性白细胞减少和短期免疫抑制。

细菌性病原也可感染白细胞，如无形体属、埃立克体属和新立克次氏体属等都能感染骨髓和巨核细胞系细胞。而荚膜组织胞浆菌只特异性感染巨噬细胞，因此组织胞浆菌病是单核-巨噬细胞系统疾病。

● 淋巴结、淋巴管和其他组织感染

淋巴结可滤过通过淋巴管感染的病原，因此在抑制潜在病原时起到重要作用。许多病原在体内扩散并感染靶器官都是通过此途径。

淋巴结炎发生时可感染单个或局部的几个淋巴结，有时可发生广泛性系统性淋巴结炎。由于病因不同，因此炎性反应可能是非化脓性、化脓性、坏死性或肉芽肿性的。一些情况下，由于宿主和抗原相互作用，淋巴结表现为脓肿。淋巴结脓肿常由细菌或真菌感染引起。山羊、绵羊感染伪结核棒状杆菌后引起的干酪性淋巴结炎。马感染链球菌导致的马腺疫均可见淋巴结脓肿。猪链球菌可引起额骨脓肿，不过现在已不多见。当局部地区流行鼠疫时，猫下颌淋巴结脓肿通常是由鼠疫杆菌引起的。犬链球菌也会引起猫头、颈部淋巴结化脓性炎症，猫一般经口感染这些病原。

全身性淋巴结炎一般由霉菌引起，如芽生霉菌、球孢子菌、隐球菌和组织胞浆菌等，通常感染的淋巴结表现为干酪样坏死。

当感染不限于局部，顺淋巴循环扩散时会引起急、慢性淋巴管炎，感染通常发生于皮下淋巴管。一般动物很少见淋巴管炎，若发病则病因通常为细菌或真菌感染。寄生虫也会引起淋巴管炎，但本书不涉及该领域。淋巴管炎会引起淋巴回流受阻和局部淋巴水肿，淋巴管可发生水肿及零星脓肿。淋巴管炎常见于马，双相性真菌申克氏孢子丝菌和C型伪结核杆菌是其主要病原。一些外来病原（指美国外来病原），如鼻疽假单胞菌（马鼻疽）、皮疽组织胞浆菌（马流行性淋巴管炎）也可引起马淋巴管病变。由副结核菌属的鸟型结核分枝杆菌引起的慢性细菌性肠炎，表现为以结肠肠系膜肉芽肿性淋巴管炎为特征的肉芽肿性结肠炎。

脾脏能够捕获抗原，同时可以清除有缺陷的红细胞。全身性感染导致脾脏急性充血和/或反应性增生，从而引发脾炎。沙门菌可引起多种动物的脾肿大。炭疽和无形体病引起牛脾肿大。当猪发生脾肿大时，可怀疑为非洲猪瘟病毒、猪丹毒杆菌或沙门菌感染。

胸腺感染一般不多见。感染T细胞的病毒（猫白血病病毒和猫免疫抑制病病毒）会导致胸腺萎缩。美国西部常见的牛流行性流产的主要病理特征是胸腺皮质细胞数量显著减少，该病由皮革钝缘蜱传播的三角洲变形菌引起。

● 传染性造血系统及淋巴组织肿瘤

许多病毒都会引起动物造血及淋巴系统肿瘤。疱疹病毒属的马立克病病毒感染神经系统的同时也会在心脏、法氏囊、胸腺和脾脏内引起淋巴细胞增生性肿瘤。一些逆转录病毒可使癌基因整合到宿主细胞DNA上。猫白血病病毒可感染不同的造血细胞，引起造血系统的多种病变。此外，也可见胸腺淋巴肉瘤等实体肿瘤。牛逆转病毒中的牛白血病病毒可引起多组织器官淋巴肉瘤，如心、肾、脾、淋巴结和脑等（图68.4）。由禽逆转录病毒引起的白血病/肉瘤可导致成红细胞增多、髓样细胞增多和骨髓细胞瘤病等，同时也可引起淋巴细胞性白血病和内皮肿瘤（血管瘤）。网状内皮组织增殖病毒会引起火鸡淋巴细胞性白血病和网状内皮组织增生。

图68.4　8岁安格斯牛腰椎硬膜外肿瘤。牛白血病病毒感染导致成年牛多发性淋巴肉瘤。

（张卓 译，姜丽 校）

第69章 消化系统及相关器官

消化系统的主要功能是加工处理食物，为机体提供营养，是在一系列复杂的物理、化学和吸收过程中完成的。本章主要讲述消化系统与病原相互抗争的过程及其影响因素，对于消化系统更加复杂多样的功能和系统内的相互作用不作详细介绍。简单来说，消化系统代表机体对外界环境的一个开口，其暴露在外界环境中感染潜在病原体的机会较大。

不同动物消化系统的解剖结构差别极大。肉食动物的消化系统包括口腔、食管、胃、小肠和大肠。而草食动物的消化系统无论在结构上还是功能上都与肉食动物完全不同，即便是在草食动物中，不同种类草食动物消化系统的组成也存在很大差异，具体取决于其消化机制（如反刍和盲肠消化）。家禽的消化系统更为特别，存在独特的嗉囊（食道储存食物的憩室），胃分为腺胃和肌胃（砂囊），这些解剖结构的差异与特定感染过程密切相关。本章还将介绍与消化系统相关器官的感染性疾病，其中包括肝胆系统和胰腺的常见疾病。

● 消化系统的抗微生物特性

动物机体拥有许多特定的解剖学、生理学和免疫学机制可以保护消化系统免受潜在病原微生物的感染。以下是消化系统的主要防御手段。

胃酸

胃酸是阻挡病原体到达消化系统远端的主要防御屏障。正常情况下，胃的酸性环境可以有效灭活某些病毒并杀死大多数肠道细菌。它的重要性在机体内是显而易见的，在胃酸缺乏或胃酸被中和的机体中可以观察到肠道被感染的风险增加。

蠕动

消化系统可以进行蠕动，将未附着在消化道的微生物排向远端。疾病的发生是足够多的病原体（相对感染剂量）与肠细胞接触足够长的时间从而附着并感染肠细胞。由此可见，小肠蠕动在宿主防御中发挥重要作用。蠕动是小肠调节微生物群落多少最重要的因素，这是因为小肠中很少有像存在于大肠的调控因素——Eh（氧化还原电势）、脂肪酸和pH。此外，蠕动还能通过保持正常菌群的分布和数量发挥间接保护作用。

黏液和黏膜的完整性

黏液层和黏膜表面的完整性是保护消化系统免受感染，以及避免由消化系统感染引起全身感染的重要因素。黏膜屏障是由杯状细胞分泌形成的黏蛋白与机体相结合，从而阻断与底层上皮细胞的相互作用，随着蠕动，促进其清除作用。消化系统的单层上皮细胞通过管腔结构提供了额外的屏障保护，肠上皮细胞通过细胞间连接复合物连接起来，受损的肠上皮细胞允许潜在病原微生物在细胞间易位，致使一些病原微生物可以通过细胞内途径穿过肠上皮细胞造成感染。

细菌性干扰

正常菌群一旦建立，可为机体提供有效的防御屏障，从而抵抗可能引起疾病的微生物。"定植抗性"就是一个实例，通过服用含有正常菌群的微生物"混合物"可以将沙门菌从家禽肠道驱除。定植抗性被破坏后会使潜在的靶细胞受体暴露并使调节共生生物体种群的功能丧失，使动物处于危险之中，共生生物体包括具有潜在致病力的菌种或菌株。正常菌群的产物在控制致病菌中发挥重要作用（见"消化系统的微生物区系"），尤其是口腔和结肠菌群内的厌氧菌群。刚出生的动物特别易患肠道疾病，不是因为免疫功能缺陷，而且是因为未建立一定的正常肠道菌群，肠道最脆弱的部位是空肠中间段和回肠末端。

免疫防御

新生儿通过吃初乳获得被动免疫保护。初乳中含有一些特异性抗原决定簇与黏附素抗原决定簇的免疫球蛋白，而黏附素被病原体利用以便吸附在靶细胞上，初乳中的这些免疫球蛋白结合黏附素上的相应结构，可以阻止病原体吸附在其靶细胞上。被动免疫失败造成相应保护性免疫球蛋白缺乏是导致新生儿（哺乳动物）肠道易感性增加的主要因素之一。

消化系统主动免疫防御机制依赖于游走的巨噬细胞、特异性体液及细胞介导的免疫。在固有层中检测到正常水平的中性粒细胞、巨噬细胞、浆细胞和淋巴细胞表明在机体中存在持续的监测活动。当潜在病原体产生刺激时，炎症介质和趋化因子的产生导致大量炎性细胞浸润，参与免疫防御。肠相关淋巴组织（GALT）作为身体黏膜免疫系统的一部分，是由在淋巴结和固有层中的淋巴细胞组成的。覆盖在淋巴滤泡上皮的M细胞不仅对免疫系统起到抗原摄取的作用，而且也可以成为一些病原体进入内环境的通道。消化系统中GALT和抗原摄取的作用不仅体现在消化系统局部，而且还可以通过黏膜免疫系统使整个宿主受益。在消化系统中，分泌型IgA和一些相关分泌成分可以抵抗腔内降解，并具有调节作用和中和作用，特异性的IgM抗体也参与其中。

共生细菌可以促进淋巴滤泡发育，在胃肠道黏膜免疫系统发育中起重要作用。相对于共生微生物来说，免疫系统对致病微生物的反应更为强烈。这可能是因为病原体更紧密地附着在黏膜细胞或共生生物上，能在肠道中定居更久，并能通过阻断促炎反应来调节针对它们的免疫反应。对于由正常的共生细菌引起的不适当的炎症反应被认为是人类炎性肠病可能的潜在原因。

在消化道部分区域，正常菌群是维持活跃的先天宿主监视系统所不可或缺的。例如，在口腔中，牙周微生物刺激白细胞介素-8（IL-8）梯度的形成，从而促进中性粒细胞向细菌或皮界面迁移。由此可见，口腔中共生微生物群落可以在牙龈沟中发挥针对潜在口腔病原体的主动监测作用。

肝脏作为消化系统相关的器官，在消除去血流内病原体中起到重要作用。这种先天的宿主防御是通过复杂的中性粒细胞-枯否氏细胞（肝脏定居巨噬细胞）的相互作用来实现的。

其他的抗菌产物

在口腔中，唾液除了具有重要的冲洗效果外，还含有许多潜在的抗微生物因子，包括抗体、补体、溶菌酶、乳铁蛋白、过氧化物酶和防御素。在肠内，胆盐和抗菌肽有助于限制和影响微生物的组成。肠道细胞（如潘氏细胞）可以产生α和β防御素，胰腺产生的乳铁蛋白和过氧化物酶在肠道内还可能影响肠道内细菌的生长。除了初乳中的抗体外，其他因素，如乳铁蛋白和溶菌酶的存在可为新生儿消化系统提供额外的保护。

微生物菌群

微生物菌群作为复杂生态系统的一部分，可寄生在消化道内。正常菌群除了具有对抗病原体的作用之外，还可通过促进肠道绒毛形成、营养素[如维生素K和水溶性维生素（反刍动物）]的合成，以及降解分泌的糖蛋白、维持功能性肠黏液稠度等在宿主的生理健康中发挥重要作用。

菌群建立

宿主和微生物之间相互作用的结果是形成一个由成千上万个生态位组成的系统，每一个生态位存在最适合该位置的微生物，但个别除外。宿主通过潜在生态位居住者的表面黏附素受体来促进正常菌群的建立，这样生态位的合适居住者可成功争夺占据合适位点。

从微生物学上讲，胎儿开始进入产道之前是无菌的，其出生时可从产道中获取微生物，出生后则从环境中获得。新生儿直接接触的环境充满了母畜和其他动物排出体外的微生物。这些后天被摄入的微生物竞争生态位，随着时间推移成为宿主正常菌群的一部分。在出生后的最初几天到几个月，各种微生物、宿主的生态位及饮食变化的相互作用，使得正常菌群处于不断变化的状态。饮食能够在生态位水平上影响营养环境，反过来又影响即将成功竞争这些营养素的各种微生物。在其整个生命过程中，宿主正常菌群还受到其他因素（如宿主老化）及其引起的适应性变化的影响。

正常菌群的成员在一个特殊的生态位中利用各种细菌和宿主性能逐步建立它们自己的菌群。细菌保卫特定的生态位和对抗其他物种的一个强有力的方式就是分泌抗生素类物质，如细菌素（在靶细胞中形成孔的阳离子膜活性化合物）及微菌素（类似于细菌素，但小于10ku，可以有效地对抗革兰阴性菌）。这两种物质都有着十分重要的意义，对于居住在口腔中的菌群尤为重要。微菌素可能在消化系统的胃肠道部分起着调节菌群结构的作用，但其在这一区域中的作用尚不清楚。

调节群体规模及确保生态位安全的重要机制之一是通过专性厌氧菌排泄脂肪酸来实现的。在牙龈沟、牙菌斑和大肠中，专性厌氧菌在调节正常兼性菌群的规模和组成中发挥着核心作用，这些正常兼性菌群可能包括潜在的病原体。在肠道的环境中[低Eh值（<500mv）和pH为5～6]，丁酸、乙酸和乳酸对兼性厌氧菌尤其是肠杆菌科的成员来说有剧毒。细菌在竞争中取得成功的另一种方法是比竞争对手获得了更多的营养成分。

菌群瓦解

抗菌药物是减少定植抗性最有效的试剂。大多数抗菌药物通过减少栖息在颊部和舌表面链球菌数目的同时来影响口腔中的微生物菌群，但这些区域通常会在24～48h内被肠杆菌科的耐药菌（其对所使用的抗菌剂产生耐药性）重新填充。环境菌群中的耐药成员也有发现，假单胞菌属是该群体广为人知的一种。

抗菌药物也会影响定植在口腔牙龈沟、牙菌斑和大肠中的专性厌氧菌群的成员。抗生素通过影响肠道中专性厌氧菌，从而增强潜在病原体（如沙门菌）的定植力。肠杆菌科的各个成员过度生长均是由脂肪酸水平降低导致的。

菌群组成

细菌及一些种类的原生动物和真菌构成了动物消化道中大部分的微生物群，绝大多数正常菌群是专性厌氧菌（高达99.9%）。病毒通常只是暂居消化道。

口腔中的微生物菌群在圈养哺乳动物中的含量大概一致，在家禽上没有相关信息报道。下面的描述具有一般适用性，适用于肉食动物和草食动物。兼性和专性需氧菌定植在口腔表面、舌和牙齿（菌斑）中，这些细菌包括链球菌（α和非溶血链球菌）、巴氏杆菌科成员、放线-霉菌属、肠道菌（大肠埃希菌最常见）、奈瑟菌属、CDC菌群EF-4（"生长旺盛的发酵菌"）及西蒙斯氏菌属（独特的口服共生菌，形成特别的单一连续细丝）。牙龈沟内的菌群几乎全部是由厌氧菌组成的，最常见的属是杆菌属、梭菌属、消化链球菌属、卟啉单胞菌属及普氏菌属。唾液中的菌群为兼性厌氧菌、专性厌氧菌和需氧菌的混合菌。食道中没有正常的菌群，但在食道可见唾液中的有机体污染物。

在反刍动物中，瘤胃菌群由一个复杂的微生物群落组成，包括细菌（真细菌和古细菌）、真菌和原生动物。瘤胃菌群与宿主处于一个微妙的平衡共生关系中，这种关系对于维持瘤胃健康即瘤胃特有的发酵功能是十分必要的。瘤胃中的大部分菌群是专性厌氧菌，其中普氏菌属和丁酸弧菌属是最常见的属。此外，还包括专门用于消化富含纤维素的饲料所需的细菌（如瘤胃球菌属和丝状杆菌属）。破坏正常瘤胃菌群可能会导致严重的代谢和生理问题（见"胃、反刍动物前胃和皱胃感染"）。消化系统中其余部分菌群的数量或重量在不同动物之间的差异很大，如表69.1至表69.5中所示。

表69.1 鸡消化系统中微生物菌群

项目	活菌数或重量（g）[a]					
	胃		小肠		盲肠	粪便
	嗉囊	肌胃	上部	下部		
总数	6	6	8~9	8~9	8~9	8~9
厌氧菌	3	5~6	<2	<2	8~9	7~8
肠杆菌科[b]	6	<2	1~2	1~3	5~6	6~7
链球菌属/肠球菌属	2	<2	4	3~5	6~7	6~7
乳杆菌属	5~6	2~3	8~9	8~9	8~9	8~9

注：[a] 可培养微生物数量的$\log_{10}$；
[b] 主要是大肠埃希菌。

表69.2 牛消化系统中微生物菌群

项目	活菌数或重量（g）[a]				
	皱胃	小肠		盲肠	粪便
		上部	下部		
总数	6~8	>7	6~7	8~9	9
厌氧菌	7~8	NA[c]	5~6	8~9	6~9
肠杆菌科[b]	3~4	>7	5~6	4~5	5~6
链球菌属/肠球菌属	6~7	2~3	3~4	4~5	4~5
酵母菌属	2~3	—	<3	2	—

注：[a] 可培养微生物数量的$\log_{10}$；
[b] 主要是大肠埃希菌；
[c] 代表不适合。

第四部分 临床应用

表69.3 马消化系统中微生物菌群

项目	活菌数或重量（g）[a]				
	胃	小肠		盲肠	粪便
		上部	下部		
总数	6~8	NA[c]	6~7	8~9	8~9
厌氧菌	3~5	3~4	4~6	3~4	3~5
肠杆菌科[b]	6~7	5~6	5~6	6~7	5~6
链球菌属/肠球菌属	—	—	—	—	<3
酵母菌属	6~8	NA[c]	6~7	8~9	8~9

注：[a] 可培养微生物数量的 $\log_{10}$；
[b] 主要是大肠埃希菌；
[c] 代表不适合。

表69.4 猪消化系统中微生物菌群

项目	活菌数或重量（g）[a]				
	胃	小肠		盲肠	粪便
		上部	下部		
总数	3~8	3~7	4~8	4~11	10~11
厌氧菌	7~8	6~7	7~8	7~11	10~11
肠杆菌科[b]	3~5	3~4	4~5	6~9	6~9
链球菌属/肠球菌属	4~6	4~5	6~7	7~10	7~10
酵母菌属	4~5	4	4	4	4
螺旋生物	NA[c]	NA[c]	NA[c]	NA[c]	8

注：[a] 可培养微生物数量的 $\log_{10}$；
[b] 主要是大肠埃希菌；
[c] 代表不适合。

表69.5 犬消化系统中微生物菌群

项目	活菌数或重量（g）[a]				
	胃	小肠		盲肠	粪便
		上部	下部		
总数	>6	>6	>7	>8	10~11
厌氧菌	1~2	>5	4~5	>8	10~11
肠杆菌科[b]	1~5	2~4	4~6	7~8	7~8
链球菌属/肠球菌属	1~6	5~6	5~7	8~9	9~10
螺旋生物（相对量）	1+	1+	1+	4+	0

注：[a] 可培养微生物数量的 $\log_{10}$；
[b] 主要是大肠埃希菌。

消化系统相关器官（如肝、胆囊和胰）中通常被认为不具有正常菌群，但是可能由于瞬时播种导致菌群虽然定植于上述器官但出现无症状菌血症。在许多动物的肝脏中，经常可见保持休眠状态的梭菌孢子，当组织的氧张力变得足够低时，就会导致孢子发芽和营养细胞增殖。

● 消化系统及相关器官感染

消化系统及相关器官感染对所有家畜来说都是非常严重的。消化系统中的病原体种类繁多，一些消化系统病原体（如肠产毒性大肠埃希菌和轮状病毒）对特定的动物种类具有专一性，而另一些病原体（如鼠伤寒沙门菌）可影响多种动物。除了动物易感性（如年龄、免疫状态和遗传易感性）差异外，物种内的个体也可能容易感染特定病原体。家畜和家禽消化系统中常见及重要病原列于表69.6至表69.12中。

表69.6 犬消化系统中常见及重要病原

病原	主要临床表现（常见疾病名称）	易受感染的年龄组
病毒		
犬腺病毒1型	腹泻，黄疸，呕吐	通常小于6个月
犬冠状病毒	腹泻，呕吐	任何年龄，通常在犬中
犬瘟热病毒	腹泻，呕吐，牙釉质发育不全（病）	任何年龄，最易感的是在4～6个月
犬口腔乳头瘤病毒	口腔疣（口腔乳头瘤样增生）	通常小于1年
犬细小病毒	腹泻，呕吐	任何年龄，最易感的是在2～4个月
细菌		
弯曲杆菌属（空肠或结肠）	有血或无血的腹泻	任何年龄，通常少于6个月
钩端螺旋体属[a]	肝炎，呕吐（钩端螺旋体病）	任何年龄
新立克次体属	腹泻，呕吐（鲑鱼中毒）	任何年龄
沙门菌属	腹泻，呕吐	任何年龄，但年轻人和老年人最敏感
真菌		
荚膜组织胞浆菌	有或无血的腹泻，口腔溃疡，减重（组织胞浆菌病）	任何年龄，通常不到4年
藻类		
原壁菌属	血便	任何年龄

注：[a] 包括钩端螺旋体犬型、感冒伤寒型和出血性黄疸型。

表69.7 猫消化系统中常见及重要病原

病原	主要临床表现（常见疾病名称）	易受感染的年龄组
病毒		
猫杯状病毒	溃疡性口炎	通常小于1年
猫免疫缺陷病毒	二次牙龈炎，口腔炎，腹泻	任何年龄
猫传染性腹膜炎病毒	回肠和结肠肉芽肿与呕吐或便秘	任何年龄，通常小于2年
猪猫白血病病毒	由消化道淋巴瘤引起的继发牙龈炎、口腔炎、腹泻、呕吐或腹泻	任何年龄
猫瘟热病毒	腹泻，呕吐	任何年龄，最易感的是在2～12个月内
猫轮状病毒	腹泻	1～8周龄

(续)

病原	主要临床表现（常见疾病名称）	易受感染的年龄组
细菌		
弯曲杆菌属（空肠或结肠）	腹泻	任何年龄，通常少于6个月
沙门菌属	腹泻	任何年纪，幼猫和老年猫最易感

表69.8 马消化系统中常见及重要病原

病原	主要临床表现（常见疾病名称）	易受感染的年龄组
病毒		
马轮状病毒	腹泻	1～8周龄
水疱性口炎病毒	口腔溃疡/水疱	任何年龄
细菌		
梭状芽孢杆菌（A、B、C型）	出血性腹泻（出血性小肠结肠炎）	<1周龄
艰难梭菌	腹泻	成年和出生不到2周龄的小马驹
梭杆菌	腹泻，肝炎，突然死亡（泰泽氏病）	1～8周龄
新立克次体	腹泻（马单核细胞性埃里希体病）	通常在成年动物
马红球菌	腹泻，肠系膜淋巴结炎	2～6月龄
沙门菌属[a]	腹泻	任何年龄

注：[a] 代表常见的种血清型包括鼠沙门菌、鸭沙门菌、纳沙门菌。

表69.9 牛消化系统中常见及重要病原

病原	主要临床表现（常见疾病名称）	易受感染的年龄组
病毒		
狷羚疱疹病毒1型[a]	口腔溃疡（恶性卡他性发热）	任何年龄
牛冠状病毒	腹泻	1～4周龄
牛丘疹性口炎病毒	口腔溃疡	<6月龄
牛轮状病毒	腹泻	1～3周龄
牛病毒性腹泻病毒	口腔/食管溃疡，腹泻	任何年龄
绵羊疱疹病毒2型	口腔溃疡（恶性卡他性发热）	任何年龄
牛瘟病毒[a]	口腔溃疡，腹泻（牛瘟）	任何年龄
疱疹病毒[b]	囊泡/舌头溃疡，口腔黏膜	任何年龄
细菌		
李氏放线杆菌	口腔绿脓菌素肉芽肿（木舌病）	成年家畜
牛放线菌	下颌骨或上颌骨的肉芽肿（块状下颌）	成年家畜
化脓隐秘杆菌	肝脓肿，体重降低	成年家畜
溶血梭状芽孢杆菌（诺维梭菌D型）	肝坏死，猝死（细菌性血红蛋白尿和红水病）	任何年龄
梭状芽孢杆菌（B、C型）	出血性腹泻（出血性小肠结肠炎）	<2周龄
肠产毒性大肠埃希菌[c]	腹泻（产肠毒素大肠埃希菌ETEC腹泻）	<1周龄
大肠埃希菌（黏附和消除）	腹泻（AEEC腹泻）	小牛

(续)

病原	主要临床表现（常见疾病名称）	易受感染的年龄组
坏死梭杆菌	肝脓肿，体重降低 有坏死病灶的口腔（坏死口腔炎）	成年家畜 小牛
禽副结核分枝杆菌	腹泻，体重降低（慢性细菌性肠炎）	2岁
沙门菌属[d]	胆囊炎，腹泻物中有无血液（沙门菌病）	任何年龄，2周龄到2月龄的小牛最易感
假结核耶尔森菌	腹泻，体重降低	小牛，成年家畜
真菌		
瘤胃炎霉菌[e]	食欲减退和体重降低（霉菌瘤胃炎）	反刍动物

注：[a] 在美国被认为是外来动物疫病病原；
[b] 包括手足口和水疱性口炎病毒；
[c] 包括菌毛型K99（也特指F5）和F41；
[d] 常见血清型包括都柏林血清型、蒙特维多血清型、新港血清型和鼠伤寒沙门菌血清型；
[e] 包括犁头霉属、曲霉菌属、毛霉菌属和根霉菌属。

表69.10　山羊和绵羊消化系统中常见及重要病原

病原	主要临床表现（常见疾病名称）	易受感染的年龄组
病毒		
蓝舌病病毒（S）	黏膜发绀，口腔溃疡	任何年龄
内罗毕绵羊病病毒[a]（S）	出血性腹泻	任何年龄
小动物瘟疫病毒[a]	腹泻，坏死口腔炎	任何年龄
轮状病毒	腹泻	通常是1～8周龄
裂谷热病毒[a]	肝坏死，腹泻	任何年龄
牛瘟病毒[a]	口腔溃疡，腹泻（牛瘟）	任何年龄
疱疹病毒[b]	囊泡/舌头溃疡，口腔黏膜	任何年龄
细菌		
溶血梭状芽孢杆菌（S）	肝坏死，猝死（细菌性血红蛋白尿，红水病）	任何年龄，通常是成年动物
诺威梭菌B型	肝坏死，突然死亡（传染性肝炎，黑死病）	任何年龄，通常是成年动物
产气荚膜梭状芽孢杆菌（B型）	出血性腹泻（羔羊痢疾）	<2周龄
产气荚膜梭状芽孢杆菌（C型）	出血性腹泻（坏死性肠炎）	<1周龄
产气荚膜梭状芽孢杆菌（D型）	腹泻，猝死（肠毒血症）	快速生长的动物
败血梭状芽孢杆菌（S）	出血性皱胃炎（羊炭疽）	通常是小动物
肠产毒性大肠埃希菌[c]	腹泻（产肠毒素大肠埃希菌ETEC腹泻）	<1周龄
禽副结核分枝杆菌	腹泻，体重降低（慢性细菌性肠炎）	2年
沙门菌属	胆囊炎，有或无血液的腹泻（沙门菌病）	所有年龄的动物均易感

注：[a] 在美国被认为是外来动物疫病病原；
[b] 包括手足口和水疱性口炎病毒；
[c] 包括菌毛型K99（也特指F5）和F41；
G，山羊；S，绵羊。

表69.11 猪消化系统中常见及重要病原

病原	主要临床表现（常见疾病名称）	易受感染的年龄组
病毒		
非洲猪瘟病毒[a]	腹泻，呕吐（非洲猪瘟）	任何年龄
猪血凝性脑脊髓炎病毒	呕吐（消瘦）	通常为3周龄
猪霍乱病毒[a]	腹泻，呕吐（古典猪瘟）	任何年龄
猪圆环病毒2型	腹泻，黄疸	仔猪及育肥猪
猪流行性腹泻病毒	腹泻，呕吐	一般是断奶后的仔猪
猪轮状病毒	腹泻	1～8周龄
传染性胃肠炎病毒	腹泻和呕吐（传染性肠胃炎）	所有年龄猪，最严重是小猪
疱疹病毒[b]	囊泡/口腔溃疡	任何年龄
细菌		
猪痢疾螺旋体	出血性腹泻（猪痢疾）	生长和停止生长的猪
肠道螺旋体	腹泻（结肠螺旋体病）	断乳仔猪（生长者和停止生长者）
产气荚膜梭状芽孢杆菌（A型）	腹泻	哺乳仔猪、断乳仔畜和生长育肥猪
产气荚膜梭状芽孢杆菌（C型）	出血性腹泻（坏死性肠炎）	通常不到1周龄
大肠埃希菌（黏附和消除）	腹泻	1～8周龄
肠产毒性大肠埃希菌[c]	腹泻（产肠毒素大肠埃希菌ETEC腹泻）	1d到8周龄
类志贺毒素阳性大肠埃希菌	腹泻、胃壁水肿（水肿病）	一般为刚断奶后仔猪
坏死梭形杆菌	口腔坏死溃疡（口腔坏死）	1～3周龄
胞内劳森菌	腹泻（肠道腺瘤病）、出血性腹泻（出血性增生肠病）	6～20周龄 停止生长的猪和种猪
沙门菌属	有或无血腹泻，直肠狭窄	一般为断奶后仔猪

注：[a] 在美国被认为是外来动物疫病病原；
[b] 包括口蹄疫病毒、水疱性口炎病毒、猪水疱病病毒和猪水疱疹病毒；
[c] 包括菌毛型K88、K99、987p（分别指F4、F5、F6）和F41，F18与断奶腹泻和水肿病相关；
[d] 常见的血清型是哥本哈根鼠伤寒猪霍乱。

表69.12 家禽消化系统中常见及或重要病原

病原	主要临床表现（常见疾病名称）	易受感染的年龄组
病毒		
出血性肠炎病毒（T）	血腥味粪便	4～9周龄
禽轮状病毒	水样粪便	5周龄
土耳其冠状病毒（T）	水样粪便，体重减轻，（蓝冠病）	任何年龄，通常为1～6周龄
外来新城疫病毒[a]	口腔炎，食道炎，出血性坏死性肠炎	任何年龄
细菌		
鹅包柔氏螺旋体	绿色粪便（禽流感螺旋体病）	任何年龄
鹦鹉热衣原体	绿色凝胶状粪便，肝炎（鸟疫）	任何年龄
大肠芽孢梭菌	水样粪便，肝坏死（溃疡性肠炎）	3～12周龄

(续)

病原	主要临床表现（常见疾病名称）	易受感染的年龄组
产气荚膜梭状芽孢杆菌（A和C型）	腹泻，猝死（坏死性肠炎）	2～16周龄
鸡白痢沙门菌血清型[b]	腹泻，肝坏死	通常不到3周龄
鸡伤寒沙门菌[b]	腹泻，肝坏死	成年鸟中更常见
真菌		
白色念珠菌	嗉囊、食道和口腔的白喉膜（鹅口疮），家禽念珠菌病	幼鸟更易感

注：[a] 在美国被认为是外来动物疫病病原；
[b] 其他沙门菌血清型（副伤寒感染）感染时通常无症状，除了年龄小的鸟类（＜2周的年龄）外；
C，小鸡；T，火鸡。

口腔感染

动物口腔对很多内源性微生物（通常是细菌或真菌）和外源性微生物（通常是病毒）都易感。病毒性病原体往往具有传染性。因此，一只（头）动物感染可能会影响到大量的动物，而由内源性微生物引发的感染往往仅限于一只（头）或有限数量的动物。

许多病毒都可以引起口腔疾病，其中能引起传染性水疱性口炎的病毒会不同程度地影响反刍动物、马和猪。此类型病毒包括口蹄病病毒（小核糖核酸病毒）、水疱性口炎病毒（弹状病毒）、猪水疱病病毒（肠道病毒）和猪水疱疹病毒（杯状病毒现在被认为已经灭绝），这些都具有传染性。水疱性口炎的症状最初表现为口腔囊泡，而后破裂，在口腔黏膜处产生疼痛的溃疡病变。蹄冠部和蹄叉往往也会发生类似病变，导致中度至重度跛行。当水疱病病毒作为外来病毒感染时会造成无该疫病国家巨大的经济损失。还有一些其他导致糜烂性口炎的重要病毒包括牛病毒性腹泻病毒、猫杯状病毒、绵羊和牛的牛瘟病毒、蓝舌病病毒和牛恶性卡他热病毒。例如，能引起白尾鹿流行性出血性疾病的环状病毒（EHD），在周期性的感染和适应后，也会感染牛并产生与其他水疱性疾病类似的症状（图69.1）。

图69.1 安格斯牛感染弗吉尼亚鹿流行性出血性环状病毒（EHD）后导致口腔黏膜糜烂

水疱性口炎的临床症状和致病机制将在病毒的相关章节进行详细描述，本章不作详细介绍。其他口腔中常见的病毒病包括牛丘疹性口炎，可使整个口腔出现各种丘疹；犬口腔乳头状瘤病，呈现出广泛蔓延的菜花样乳头状瘤。

口腔感染的细菌病通常是内源性的，由正常口腔菌群导致。例如，牛放线杆菌病（木舌病）和放线菌病（下颚放线菌肿）是由先前的一些损伤引起的，这些损伤破坏了正常的黏膜屏障，而后利于格尼尔斯放线杆菌和牛放线菌分别侵入损伤部位，导致口腔细菌性感染（图69.2）。

牙龈和牙周疾病在猫、犬中比其他动物更常见，涉及多种细菌，但主要是革兰阴性厌氧菌。虽然螺旋体在导致齿龈与牙周疾病的细菌群体中也占据了相当大的比例，但是它们在发病机制上所起的作用尚未明确。猫的继发性细菌性牙龈炎可能是由潜在的免疫抑制性病毒（FeLV和FIV）感染所引起的。

霉菌口腔感染在大多数动物中并不常见。其中，由念珠菌（通常是白色念珠菌）引起的口腔念珠菌病（鹅口疮）是最常见的霉菌性口腔感染。在用抗生素治疗之前，应激性疾病或衰弱性疾病会破坏正常口腔菌群，导致机体容易被感染。霉菌口腔感染可以发生在所有动物中但是发病频率不同。念珠菌病在禽类中尤为常见，不仅参与禽类口腔感染，而且常参与禽类消化系统非口腔部分的感染，在口腔中病变表现为溃疡样斑块。在犬中，由播散性组织胞浆荚膜感染引起的口腔肉芽肿的发生频率值得注意，除此之外的其他口腔真菌性感染则十分罕见。

图69.2　放线菌病患牛下颌骨矢状切面感染，骨增生性肿块内可见多发脓肿和硫黄颗粒

食道感染

食道感染相对来说较为罕见，可能是物质能快速通过食道并且食道被附着在其上坚韧的分层鳞状上皮保护的原因。在食道感染时，由一些病毒引起的食道糜烂或溃疡通常只是系统性感染的其中一部分，值得关注的是牛的病毒性腹泻病毒和禽类的外来新城疫病毒。鸟皮肤黏膜的念珠菌感染不仅影响嗉囊（家禽的念珠菌病和嗉囊霉菌病），还会影响食道和腺胃，其典型症状是存在覆盖在黏膜表面的由坏死组织组成的假膜。

胃及反刍动物前胃、皱胃感染

胃的收缩性使摄入的物质能相对快速地通过胃部，并且胃部具有黏液层和酸性环境，因此胃无法给病原体提供非常舒适的环境。幽门螺杆菌备受关注，因为其已经适应了胃中的环境，是人患胃炎和胃溃疡的原因。虽然在其他动物中也鉴定出了幽门螺杆菌，但其在疾病中的作用仍有待研究，造成这种情况的部分原因是幽门螺杆菌可频繁地定植于临床上正常的动物。在绵羊中，由梭状芽孢杆菌引起的严重出血性皱胃炎（绵羊炭疽）与特定的饲喂方式有关。在羔羊和山羊中，八叠球菌样的生物体被认为是与羔羊和山羊皱胃臌气相关。

在反刍动物中，前胃黏膜表面损伤或瘤胃菌群破坏可导致严重的或潜在的致命后果。例如，在奶牛中，如果网胃的完整性被外来线性物体穿透或吞食金属丝（创伤性网胃炎），则可随继发生腹膜炎和心包炎。这些感染通常是由多种微生物与化脓隐秘杆菌和坏死梭杆菌共同参与而导致的。

突然改变饲料也可能导致瘤胃损伤。此外，高碳水化合物的饲料容易发酵，也容易导致瘤胃pH下降，较低的pH会杀死酸敏感的瘤胃菌群并损害瘤胃黏膜。由此引起的细菌性瘤胃炎可能进一步发展，并可能成为栓塞性肝炎的微生物来源，最终导致肝脓肿。引起肝脓肿的常见病原可从肝脓肿中获得，如金黄色化脓性葡萄球菌和坏死梭杆菌。瘤胃酸中毒或先前的抗生素治疗破坏瘤胃菌群后，也会发生霉菌性瘤胃炎。参与霉菌性瘤胃炎的真菌通常是血管侵入性的，能造成严重的脉管炎，甚至导致进一步的组织坏死。接合菌（如毛霉、根霉、犁头霉）和曲霉属是最常见的真菌，霉菌性瘤胃炎也可以作为真菌的血液传播源从而导致真菌性流产。

小肠和大肠感染

小肠和大肠的微生物感染可影响所有家畜。给猫和犬接种一些主要的病毒性肠源病原体（如细小病毒和瘟热病毒）的有效疫苗，能大大降低传染性肠病的发生率。而将猫和犬关在密闭的空间，则会增加传染性肠道疾病的风险。

在马及其他畜禽中，由于密集饲养条件、管理因素（如不能确保有足够安全的、适当的运输粪便管理）及缺乏一些针对主要病原体有效的疫苗，因此细菌和病毒来源的肠道感染仍然会造成严重的经济影响。一些肠道致病菌（如产气荚膜梭菌C型、产肠毒素大肠埃希菌和轮状病毒）存在宿主年龄易感性，一般新生动物最易感。

肠道微生物感染的主要临床表现是呕吐和腹泻。呕吐作为肠道防御反应的一部分，常发生在小动物和猪肠道感染时，并且受脑部呕吐中枢的调控。由于含水量增加而导致粪便的流动性或容积等增加，分泌物增多或吸收减少的肠道损伤会导致腹泻，其严重程度、持续时间和腹泻特点（水样、血样等）差异取决于感染的病原体。腹泻究竟对宿主还是病原体有利，又或者对两者都有利尚不清楚。但已知的是，腹泻不仅可以帮助宿主消除病原体积累，而且还可以通过驱除体内病原体，最大限度地提高病原体感染其他宿主的能力。

小肠和大肠的病毒（如轮状病毒和冠状病毒）感染有可能仅限于消化系统，也可能是多系统感染（如非洲猪瘟病毒、犬瘟热病毒和细小病毒）过程的一部分。肠病毒感染可经过口腔的外源性病毒或者定位于肠道上皮细胞的内源性病毒血症引起。通过口服获取的一些耐酸性病毒可以顺利通过胃，而其他病毒虽然对酸敏感，但可以通过牛奶或饲料中的脂肪提供缓冲作用快速通过胃而得到保护。病毒感染的第一步是通过病毒附着蛋白附着于肠上皮细胞的受体（如含唾液酸的寡糖）上；之后通过受体介导的胞吞作用被摄取到细胞内，并在细胞内复制；随后上皮细胞被破坏，导致肠道吸收和重吸收的能力丧失，以及渗透平衡能力的破坏等腹泻症状。轮状病毒和冠状病毒是许多动物患病毒性肠炎的共同病原且主要影响绒毛上皮细胞，机体从接触病原到出现临床症状的时间通常是很短的。还有一些病毒（如绵羊中的牛瘟病毒和犬细小病毒）影响隐窝上皮细胞，从而导致更严重的组织损伤。家畜病毒性肠道疾病的临床症状范围及详细致病机制将在具体章节介绍。

细菌也是小肠和大肠的主要病原体。为了能在肠道中引起病变，潜在的致病性细菌必须先附着在靶细胞上。如果该靶细胞是正常菌群中占据生态位的一部分，则微生物会遇到"定植抗性"，细菌在黏附之前必须克服该阻力。黏附是微生物表面结构（黏附素）与靶细胞受体相互作用（选择性吸附）的结果。黏附素被认为是毒力因子，因为大多数病原体不能在未附着于靶细胞的情况下引起组织病变。菌毛黏附素的本质是细菌表面突出的蛋白质，可帮助细菌黏附于宿主细胞表面糖蛋白的碳水化合物部分。例如，革兰阴性菌表面上最常见的菌毛（1型菌毛）对细胞表面上含甘露糖的糖蛋白具有亲和力。当细菌的1型菌毛与红细胞混合时可引起红细胞凝集，这种凝集作用又能被甘露糖（甘露糖敏感）抑制。肠上皮细胞表面的蛋白质是肠致病性菌株菌毛的受体。

细菌细胞表面还有影响细菌与宿主细胞相互作用的其他结构。这些结构是碳水化合物，通过修饰细菌细胞表面的相对亲水性来影响其与宿主细胞的相互作用。详细的机制如下：一方面，这种亲水性赋予了宿主细胞表面相对的排斥力，因为宿主细胞表面有一定的疏水性；另一方面，一些宿主细胞表面上蛋白质受体对这些表面的碳水化合物具有亲和力，后者相互作用的结果是黏附。

病原体完成黏附后，可能通过以下几种方式引起疾病：①通过分泌外毒素而导致疾病，如外毒素使靶细胞的液体和电解质调节紊乱；②通过毒素（细胞毒素）的作用侵袭靶细胞，导致靶细胞死亡；③通过侵袭靶细胞和淋巴管，导致全身感染。由此可见，肠道细菌性病原导致宿主致病的机制复杂多变。在某些情况下，仅仅是由大肠埃希菌产生的肠毒素就能引发腹泻，很少或几乎没有病理变化（图69.3）。

一些病原体（如沙门菌）使用复杂的通信系统（如Ⅲ型分泌系统），使得转运效应蛋白进入宿主细胞并产生肠毒性和细胞毒性作用。还有一些病原体，如鸟分枝杆菌亚种副结核分枝杆菌，可以通过易位穿过黏膜上皮细胞，并存在于固有层和区域淋巴结的巨噬细胞中对肠道产生致病作用。但是，由骨结核杆菌导致的肉芽肿性肠炎性病变的严重程度与临床症状并非一致。有关家畜重要肠道致病菌的详细致病机制和相应的病理变化将在相应章节中具体介绍。

确定某种细菌在动物肠道中是正常菌群还是致病菌群十分复杂，即便是已知的在某些动物肠道中是病原体的细菌也可能是其他动物肠道的正常菌群。例如，空肠弯曲菌是人类腹泻中最常见的病因，在伴侣动物和家畜的肠道中也有发现，在某些动物中引起疾病的能力还未可知。研究表明，在大于2周龄的雏鸡中，携带鸡空肠弯曲杆菌的数量很多，但未观察到对鸡有明显的不良影响。

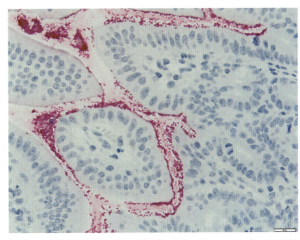

图69.3　感染产肠毒素大肠埃希菌（ETEC）的11日龄仔猪空肠切片

免疫组织化学方法观察黏附在肠上皮细胞上的细菌，以兔抗-O8血清为第一抗体，碱性磷酸酶标记的山羊抗兔血清为二抗，随后用核固红染色。标尺=20μm（引自Rod Moxley博士）

引起肠道感染导致疾病的因素有很多。上文已经讨论过抗菌药物在破坏正常菌群和产生耐药病原菌定植方面的作用。同样，其他能增加宿主压力的因素也会导致肠道菌群发生变化，主要导致厌氧菌群的数量下降。由厌氧菌群产生的脂肪酸浓度降低后，大肠菌群的水平将更高，引起专性厌氧菌数量减少的真正原因还未可知。除此之外，覆盖在口腔上皮细胞的纤连蛋白（一种糖蛋白）也会减少。由于这种糖蛋白含有口腔中革兰阳性菌的受体，因此当数量减少时革兰阴性菌的数量尤其是肠杆菌科的成员会相应增加。

临床上，由荚膜组织胞浆菌引起的犬的肉芽肿性肠炎最为常见，但真菌性肠道感染却十分少见。腐霉菌是一种卵菌真菌，可引起犬黏膜下层或小肠（有时是胃）的肌层肉芽肿，症状表现为呕吐、腹泻和体重减轻。又比如，由另一种真菌——绿藻引起的罕见藻类感染会导致犬的顽固性腹泻，这种顽固性腹泻常是相关疾病一般化进程的局部表现（通常与眼部有关）。

消化系统相关器官感染

引起肝脏感染的途径有很多，包括门静脉途径、肝动脉途径、胆道系统上行途径和从邻近感染过程持续地扩散（如反刍动物的蜂窝胃炎）。

肝脏感染通常是全身感染的一部分，肝脏也是多种病毒的靶器官。病毒（如犬腺病毒1型）可通过感染肝脏内皮细胞引起血管淤滞和缺氧，进而感染实质细胞，导致肝细胞坏死，造成肝损伤。

许多种属的细菌均可影响肝脏健康，而在众多种属中梭菌最为重要。溶血梭状芽孢杆菌（诺维氏梭状芽孢杆菌D型和诺维氏梭状芽孢杆菌B型）的梭菌孢子分别是牛、羊肝脏细菌性血红蛋白尿及传染性坏死性肝炎的病原。当发生局部肝坏死或者其他操作损害肝脏时（如肝活检），未成熟梭菌孢子会发生迁移并发芽。梭菌孢子一旦在厌氧环境下发芽，就会产生许多细胞毒素，进一步损害肝脏。泰泽氏病的病原体也是梭杆菌，可导致许多动物产生一种罕见的急性高致命性感染。该病也是实验室动物中最重要的一种疾病。在家畜中，马驹最易感，常表现为肝坏死区域边缘出现特征性的纺锤形杆菌。在鸡和火鸡中，肠道梭菌会引起肝坏死及肠道的溃疡性病变（如溃疡性肠炎）。

钩端螺旋体的某些血清型会引起非特异性反应性肝炎，病变的严重程度可以从严重的慢性肝炎变化到轻度弥散性肝细胞空泡变性，肾损伤也时有发生。

如前所述，瘤胃炎可通过门静脉系统为肝脏疾病提供细菌来源，导致肝脓肿。在反刍动物中粟粒肝脓肿最为常见，是由多种不同细菌血行性传播所致，常见的病原体包括假结核菌耶尔森菌和马红球菌。在家禽中，周期性报道的肝肉芽肿是由革兰阳性厌氧杆菌即多曲分枝杆菌引起的，被认为是来源于肠道。

其他消化系统相关器官感染：从病原学角度来看，家畜胆囊感染既可能是由病毒（如犬传染性肝炎病毒和羊裂谷热病毒）引起的，又可能是由细菌（如小牛的都柏林沙门菌血清型）引起的，而家畜胰腺感染很少报道。

未知的但疑似传染病病因的消化系统疾病

家畜腹泻病因未被诊断的情况并不少见。通常认为家畜复杂的消化道内环境是传染性疾病发生的源头，但是造成这种情况的具体原因尚未明确。对于由多因素引发的腹泻，宿主和环境之间的相互作用也可能是腹泻发展的必要条件。虽然已经确定大量传染病的病原，但依然还有许多疑似传染病的病原有待确定，包括火鸡的幼禽肠炎死亡综合征、马的X结肠炎（可能由梭菌感染引起）、犬的出血性胃肠炎、牛的黑痢（可能由牛冠状病毒引起），以及奶牛的出血性空肠综合征（疑是由产气荚膜梭菌A型引起）。

（王玉娥 译，黄立平 校）

第70章 外皮系统

皮被是机体最大的器官。在体温调节、感觉刺激、防止体液流失及提供屏障保护方面起到了重要作用，包括阻碍外界潜在病原微生物入侵。它由表皮、真皮、皮下组织、毛囊和腺体结构组成。腺体结构包括汗腺、皮脂腺及特殊结构，如肛门囊。根据感知、体温调节和防御功能的不同需求，毛发在体表呈现出不同的类型和密度。鸟类进化出的羽毛可能来源于鳞屑，用于替代毛发。脚垫、角、蹄、指甲和喙都是外皮系统中的特殊角质化结构。

表皮与周围环境进行持续性的接触，为常驻菌群提供了生存环境。表皮的外层是角质层，由脂质黏固剂结合，形成皮肤主要的物理屏障。不同动物、不同品种和不同地点的动物其表皮厚度不同。真皮贯穿胶原纤维和弹性纤维，为外皮系统提供抗拉强度和弹性，其厚度在机体的不同部位也不同。皮下组织有额外的柔韧性，并通过脂肪组织提供绝缘性。

本章包括外耳道，因为外耳道表面覆盖皮肤（耳廓）或者上皮细胞和腺体结构（外耳道）。总的来说，外耳炎的病变与一些皮肤感染的病变相似，而导致外耳炎的一些主要病原也能在皮肤的其他部位造成感染。

虽然严格来说乳腺不属于外皮系统，但由于它与皮肤有直接联系，因此也将在这一章进行讲述。某些皮肤的常驻菌群或暂时菌群可以原发地通过乳头管进入乳腺成为病原。乳头管上皮细胞线性排列形成的乳头括约肌和角质栓为乳腺提供主要的物理屏障。

● 皮肤的抗微生物特性

相对于消化系统、呼吸系统和泌尿生殖系统的黏膜表面，皮肤的表面环境更不利于微生物生长，归因于接下来将要讲述的皮肤特性。

干燥

皮肤表面的干燥环境限制了许多微生物生存和其建立感染的能力。干扰皮肤正常的蒸发过程将造成水分滞留，体温、pH和CO_2压力改变，从而导致皮肤常驻菌群和暂时菌群增殖。主要的例子包括某些皮肤过度皱折的动物品系和肥胖个体，其角质层水合作用和温度增加的解剖学条件为细菌增殖提供了更为适宜的环境。

剥离

皮肤浅表层的持续脱落可消除微生物的暂时性定植，而常驻菌群虽然会出现暂时性减少，但残留的菌体会迅速增殖补充。

分泌与排泄

全分泌的皮脂腺可以分泌脂质，包括许多可抑制细菌生长的长链脂肪酸。皮脂腺与大汗腺能封堵浅表层的细胞间隙，限制细菌通过。顶浆分泌和外分泌汗腺除了可以分泌乳酸盐、丙酸盐、醋酸盐、辛酸盐和高浓度的氯化钠等外，还可以分泌干扰素、溶菌酶、转铁蛋白和所有类型的免疫球蛋白。角质化细胞合成抗菌多肽，包括抗菌肽和β防御素。所有这些物质构成了皮肤的自我杀菌功能，即皮肤对暂时菌群定植力的抵抗作用。

微生物间的相互作用

常驻菌群通过排泄抑制性代谢物（如挥发性脂肪酸）、细菌素和占位作用抵制其他菌群入侵。

免疫系统

皮肤免疫系统能对黏膜表面的局部抗原刺激作出反应，包括微生物刺激和在黏膜表面行使功能的细胞类群。作为抗原递呈细胞的朗格汉斯细胞和上皮内的T淋巴细胞是该系统的主要组成部分。角质化细胞通过产生免疫调节物质来参与免疫防御。这些细胞间的相互作用构成了皮肤相关淋巴组织。补体、细胞因子和免疫球蛋白处于皮肤的乳状液层，对于外皮系统的整体免疫能力具有重要的作用。

● 皮肤菌群

皮肤菌群在机体防御中发挥着重要的作用，可能自个体出生时便从母体中获得。这些微生物被限制于表皮浅层和腺体及毛囊远侧部位，这些部位的细胞连接松弛，以便于脱屑。皮肤菌群主要以菌落的形式存在，而非均匀地分布于皮肤表面。革兰阳性菌通过脂磷壁酸进行细菌黏附，这对于常驻菌群的建立与维持是十分关键的。脂溢性皮炎中发现的角质化缺陷，为常驻菌群提供了额外的附着位点，导致其数量增加，同时也改变了整个菌群的组成。

细菌与酵母在动物皮肤上的不同位置进行定植。当位于潮湿和受保护的部位，如腋窝区、腹股沟区、指（趾）间区和耳沟时会达到最大数量。但是细菌与酵母在这些区域的密度也低于黏膜区，很少超过10^5个$/cm^2$，一些区域仅有10^2个$/cm^2$。

革兰阳性菌在常驻菌群中占优势。在这些革兰阳性菌中，凝固酶阴性的葡萄球菌占大多数。凝固酶阳性葡萄球菌的某些菌株在一些动物的皮肤表面也是常驻菌群。兼性厌氧菌（如棒状杆菌和丙酸杆菌属）与微球菌属和草绿色链球菌也属于常驻菌群。在革兰阴性菌中，只有不动杆菌属被认为是主要的常驻菌群之一。主要的常驻真菌是属于亲脂性酵母的马拉色霉菌属，它主要定植于皮肤和外耳道。一般来说，病毒不被认为是正常皮肤菌群的一部分。但直接感染皮肤的病毒不仅可以通过持续性地感染个体维持其在动物群体中的存在，并且能够在环境中长期存活，并作为其他动物的传染源。

动物会遇到各种各样的暂时菌群。在非正常情况下，β溶血性链球菌（通常是兰斯菲尔德G群）会存在于猫或犬的皮肤表面。肠杆菌科的成员尤其是大肠埃希菌、奇异变形菌和肠球菌是常见的暂时菌群。在农场养殖的动物其蹄部会携带排泄物中的细菌，其中的一些细菌参与蹄部感染，尤其是坏死梭形杆菌和黑色素原菌。羊腐蹄病的病原是节瘤偶蹄形菌，它是仅出现在表皮组织的一种机会致病菌。

皮肤表面暂时存在的真菌菌落来自空气和土壤中的污染物。许多真菌属都能从皮肤表面分离到。皮肤表面通常发现的真菌属有曲霉菌属、金孢子菌属、分枝孢子菌属等。

由于大部分皮肤菌群无法达到物理接触，因而对皮肤进行完全消毒是不可能的。用肥皂水对剪去毛发的皮肤进行彻底清洁，随后用70%的酒精浸泡皮肤，可去除95%的菌群。重复使用聚维酮碘和用含0.5%洗必泰的酒精冲洗皮肤，可去除99%以上的皮肤菌群。但即便经过这样的处理，原来的菌群仍然会迅速地重建其数量。

● 皮肤感染

皮肤易感性与皮肤的厚度和角质层的紧密度呈反比。一些特定的动物品种由于解剖结构、生理因素、遗传因素不同，则更易发生皮肤感染。

皮肤被感染通常是继发的，机体固有免疫系统通常先受到扰乱。创伤、过度潮湿、刺激剂、被昆虫或动物咬伤及烧伤等都是导致皮肤感染的原因。潜在的疾病、预先存在的皮肤状况紊乱和免疫紊乱都可以继发皮肤感染。深层真皮和皮下感染通常需要某种形式的创伤植入，用以引入微生物病原体，否则这些微生物病原体也不会持久存在于外部表皮层上。

由于病原具有营养倾向性，能在血管内皮组织和上皮细胞中造成皮肤局灶性或全身性病变，因此有时外皮系统会发生全身性感染。

皮肤的病毒性感染

许多病毒获得了通过皮肤进入机体的能力，如通过擦伤、被昆虫或动物咬伤、接触受污染的器械（如针头和固定夹等）。一些病毒仅仅利用外皮系统作为进入机体的途径，以造成全身感染，或者具有除皮肤以外的器官或系统的主要靶标（如狂犬病病毒）。有关特定病毒通过表皮系统进入、复制和传播机制的详细信息，请参阅相关章节。

对某些病毒来说，皮肤是感染的主要部位，或者是临床症状明显的主要部位之一。乳头瘤病毒和痘病毒是动物外皮系统中重要的病毒性病原。乳头瘤病毒通过皮肤擦伤感染上皮细胞，被感染的上皮细胞增生后导致过度角化。乳头瘤会出现典型的隆起并呈现纤维状，也可能形成花梗状。虽然牛乳头状病毒1型和2型与马肉样瘤相关，但乳头瘤病毒还具有一定的宿主特异性。

痘病毒家族的成员能影响许多动物与鸟类。该家族中的许多病毒具有有限的宿主范围，尽管有些是人兽共患病病原。当接触损伤的皮肤、感染动物的结痂或被昆虫咬伤时病毒会转移感染。造成羊口疮的羊副痘病毒和禽痘病毒可通过呼吸道飞沫传播，也可以通过直接接触污染的物质或器械进行传播。依据病毒进化程度不同，临床症状可从轻微到严重，全身症状为体温升高和厌食。由痘病毒导致的皮肤损伤会出现典型的丘疹结节，并出现脓疱和增生，最后结痂并留疤。

皮肤病变也是一些全身性或多系统病毒感染的临床表现之一。造成水疱病的病毒（如口蹄疫病毒、猪水疱病病毒、猪囊状疹病毒和水疱性口炎病毒）会在乳头、冠状带和指间区形成小囊泡。小囊泡易于破裂并形成溃疡性损伤，可能继发细菌感染。鸡马立克病病毒除了引起淋巴网状内皮细胞和神经学上的损伤外，还会在毛囊内形成结节，并将毛囊皮屑作为主要传播方式。犬瘟热病毒的典型后期临床表现为犬鼻部和脚垫过度角化。

皮肤的细菌感染

与细菌相关的皮肤感染主要源自环境、直接或间接接触病原携带者，以及皮肤表面、口腔、生殖道、下消化道的常驻菌群。细菌性皮肤感染可简单地分为浅表脓皮病（如小脓疱疹和浅表性细菌毛囊炎）和深层脓皮病（如毛囊炎、疖病、蜂窝织炎和皮下脓肿）。浅表脓皮病的主要病原是凝固酶阳性葡萄球菌（如金黄色葡萄球菌、中间葡萄球菌和猪葡萄球菌）。在疾病发生过程中，它们产生种类繁多的酶与毒素，起致病作用。在葡萄球菌感染中可以观察到除了细胞壁成分外，某些微生物产物具有强烈的趋化作用，这是造成化脓性炎症反应的原因。猪葡萄球菌导致猪渗出性皮炎，该菌产生一种表皮脱落毒素，致使内表皮层分离从而在表皮层形成病灶性腐蚀。在新生仔猪中，这种全身性的浅表脓皮病伴随高死亡率。

刚果嗜皮菌是一种放线菌，可造成浅表性皮炎，多发于马和反刍动物。感染后诱发强烈的炎性反应，特征性地表现在炎性细胞水平的变化与形成新生的表皮。相对于产生大量细菌产物的凝固酶阳性葡萄球菌而言，嗜皮菌属仅被发现了少量的毒性因子。它产生的一种细胞外丝氨酸蛋白酶，可能在整个疾病过程中起作用。此外，环境也是疾病发展的关键因素之一。皮肤持续性地处于潮湿的环境中或者被昆虫叮咬都有利于嗜皮菌属侵入表皮。一旦入侵成功，炎性反应即被诱导，进而形成大量的细胞渗出物。如果这种感染情况持续存在，将会进一步促进对新生表皮的入侵，感染与炎性反应循环出现，产生特征性的病理损伤。反之，则感染被清除。

深层细菌性脓皮病会累及真皮，有时累及皮下组织。深层脓皮病一般是由损伤或创伤发展形成，在某些情况下，浅表脓皮病也会进一步发展成为深层脓皮病。除了凝固酶阳性葡萄球菌常涉及继发感染外，有时也存在由其他细菌引发的继发感染。疖病（真皮和皮下组织的炎症）和毛囊炎（毛囊的炎症）常发生于犬，也有一定概率发生于马、山羊和绵羊。

皮下脓肿一般是由被咬伤或异物穿刺造成的，具有代表性的是口腔菌群侵入真皮和皮下组织，并导致脓性渗出物积聚。皮下脓肿多发于猫，通常由巴氏杆菌和专性厌氧菌引起。皮下脓肿也常发生于反刍动物，主要由化脓性隐秘杆菌属成员引起。伪结核棒状杆菌引起绵羊和马的皮下脓肿，牛感染伪结核棒状杆菌后表现为溃疡性皮炎而非脓肿。

蜂窝织炎是皮下组织的一种弥漫性化脓性炎，一般来说，其原发部位病原含量很低，但可以沿组织平面迅速扩散。多种细菌均能导致蜂窝织炎，最严重的蜂窝织炎是由组织毒性的梭状芽孢杆菌引发的厌氧菌性蜂窝织炎，在厌氧的环境下，该菌能产生强有力的破坏性毒素。在马、反刍动物、猪和禽类中，由梭状芽孢杆菌引发的蜂窝织炎非常常见，即便进行积极治疗，但仍能造成较高的死亡率。由鸡大肠埃希菌引起的蜂窝织炎是一种对养禽业的经济效益有较大影响的疾病，在肉鸡死亡的原因中占到较大的百分比。由金黄色葡萄球菌诱发马匹的急性蜂窝织炎，能迅速扩散并导致皱折皮肤的坏死，常发生于纯种赛马。

皮肤的其他细菌感染还包括分枝杆菌肉芽肿，该病最常见于猫，猪、牛和犬也能被感染。腐生分枝杆菌的感染是由一些创伤引起的，其建立的感染特征为慢性和存在无法愈合的引流瘘管。猫麻风病是一种仅出现于幼猫的特殊疾病，是由鼠麻风分枝杆菌引起的。患猫表现为头部和四肢的皮肤结节，有时出现溃烂，通常伴随局部淋巴结肿大。在老龄猫中发现了另一种由未知分枝杆菌引起的全身性疾病。由放线菌引起的化脓性肉芽肿性皮炎在犬（黏放线菌或与麦芒植物相关的受损大麦放线菌）和牛（牛放线菌）中均有发生。细菌引流物中发现引流束和由细菌菌落组成的黄色颗粒，引流物周围有时环绕均质的酸性物质。

一些细菌性的皮肤感染常是由两个或两个以上细菌协同作用引起的。在羊传染性腐蹄病中，坏死性梭杆菌引起羊浸湿泡软蹄部的趾间皮炎，使节瘤偶蹄形菌能够通过菌毛附着建立感染并增殖，节瘤偶蹄形菌产生的大量丝氨酸和碱性蛋白酶导致脚底溃烂，为更多的机会细菌提供了感染条件，使病情进一步恶化。

皮肤是某些全身性细菌感染的重要组成部分。猪丹毒的典型病变是由猪表皮梗死导致的皮肤荨麻疹样斑块和弥散性红斑损伤。细菌毒素对血管内皮的影响或机体对细菌抗原的过敏反应都可能表现在皮肤上。由产志贺样毒素的大肠埃希菌引起猪的水肿病后，患病猪出现眼睑、嘴唇及前额的皮下水肿。由马出血性紫癜血管炎引起的依赖性水肿是马链球菌感染的后遗症。

● 皮肤的真菌感染

皮肤的真菌感染分为浅部真菌病和深部真菌病。此外，一些引起全身性真菌病的真菌（如皮炎芽生菌、粗球孢子菌、新型隐球菌和荚膜组织胞浆菌）可以诱导外皮系统发生化脓性肉芽肿病变并导致后续的传播感染。

最主要的浅部真菌病是皮肤癣菌病或癣病。它是指由真菌引起的、专门攻击角质化结构的一种特殊的皮肤真菌病，这些真菌（如小孢子菌属和毛癣菌属）产生酶（角蛋白酶）消化角蛋白并且感染生长中的毛发和角质层（图70.1）。病变主要为炎症，产生硬壳或者鳞化，并且由于病变的向心发展，病变部位通常呈圆形或椭圆形。受影响的毛发变脆，并导致区域性的脱发，皮肤癣菌并非一直是致病菌，它可以作为皮肤的暂时菌群（通常为嗜土性皮肤癣菌）或者是隐性携带的菌群（动物性皮肤癣菌）。

马拉色菌是一种脂质依赖性酵母菌，主要参与皮肤浅部真菌感染，引起红斑、鳞状病变。由于正常皮肤中也存在少量马拉色菌，因此必须根据症状来确定其分离株的临床相关性。

异常的环境条件能够影响宿主的防御机制并且导致机会性的皮肤真菌感染，皮肤活检和培养有时有助于鉴别这些不寻常的皮肤病原，如图70.2蝙蝠皮肤活检诊断的无绿藻性皮炎病例所示。

深层真菌病涉及真皮和皮下组织，可能是局部病灶或是经淋巴系统进行扩散而来。大多数真菌来源于环境（如土壤和植物），通过创伤性导入进入机体。不同的皮下真菌感染可以通过它们的大体特征和组织病理学特点进行鉴别和分类，不同的感染情况可以分为着色芽生菌病、暗色丝孢霉病和真菌性肌瘤。上述任意一种感染情况均可能由不止一种真菌所致。例如，真菌性足分枝菌病具有以下特点：①感染部位局部肿胀（肿

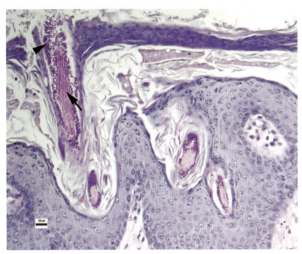

图70.1　PAS染色的皮肤活检切片显微照片，展示了毛发被真菌的菌丝（箭头）和孢子（箭头）感染（引自Bruce Brodersen博士）

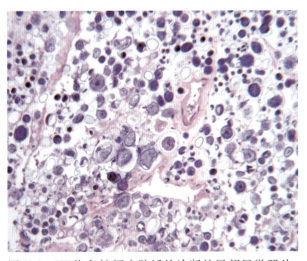

图70.2　HE染色蝙蝠皮肤活检诊断的局部显微照片，展示了真皮内众多的孢子囊（引自Alan Doster博士）

大）；②形成窦道引流；③由具有致病性的真菌菌落构成的颗粒团块，包括14种以上的暗色（色素）真菌及9种以上透明（无色）真菌，它们分别产生以黑色和白色纹理为特征的菌丝体。

孢子丝菌病是由申氏孢子丝菌这一双相型真菌引发的一种皮下真菌病，孢子丝菌病的病变表现为溃疡性结节或反复的皮肤脓性分泌。除了皮肤损伤外，感染也可能涉及淋巴系统并导致淋巴管炎，该

病常见于猫、马和犬。

脓皮病是由隐性腐霉菌属的卵菌引起的，因此并不属于真正意义上的真菌感染。在沼泽和池塘中有该菌存在，所以这种疾病的发生与环境有关。此类皮肤感染通常以皮肤变硬或呈海绵状、出现瘘管的溃疡病变为特点，在病变组织中能发现坏死的组织团块。该病不常见，马和犬的感染频率最高。此外，链壶菌属也被报道与此类病变有关。

当某种全身性的真菌病原感染外皮系统时，病变通常可能为典型的形成瘘管的溃疡性结节。即使造成皮肤病变的微生物来源于受感染的呼吸道，但以化脓性肉芽肿为特征的皮肤病变仍可能是动物感染的最初临床表现。

畜禽外皮系统中常见及重要病原见表70.1至表70.7。

表70.1 犬外皮系统中常见及重要病原

病原	主要临床表现（常见疾病名称）
病毒	
犬瘟热病毒	鼻和脚垫过度角质化（犬瘟热）
犬乳头瘤病毒	皮肤乳头状瘤（犬乳头瘤病）
细菌	
黏放线菌，受损大麦放线菌	流脓，皮下脓肿
犬布鲁氏菌	阴囊皮炎
中间型葡萄球菌[a]	蜂窝织炎，毛囊炎，疖，脓疱[a]
真菌	
厚皮马拉色菌	剥脱性皮炎
犬小孢子菌，石膏样小孢子菌，毛癣菌	圆斑，鳞片，硬壳，脱毛性皮肤病（皮肤癣菌病、癣病）
隐性腐霉菌	溃疡和化脓性肉芽肿皮肤病变（脓皮病）
全身性霉菌病原[b]	丘疹，结节，脓肿，流脓

注：[a] 凝固酶阳性葡萄球菌属参与脓皮病，包括金黄色葡萄球菌和施氏葡萄球菌亚种；
[b] 包括皮炎芽生菌、粗球孢子菌、隐球菌和荚膜组织胞浆菌。

表70.2 猫外皮系统中常见及重要病原

病原	主要临床表现（常见疾病名称）
病毒	
牛痘病毒[a]	斑疹，丘疹，结节（牛痘病毒感染）
猫肉瘤病毒	猫肉瘤病毒表皮和皮下结节
细菌	
分枝杆菌亚种[b]	慢性结节性皮炎，流脓，脂膜炎（非典型分枝杆菌病）
鼠麻风分枝杆菌	伴有淋巴结肿大的结节性皮肤病变（猫麻风病）
专性厌氧菌[c]	皮下脓肿
多杀性巴氏杆菌	皮下脓肿

(续)

病原	主要临床表现（常见疾病名称）
真菌	
新型隐球菌	流脓，结节，溃疡（隐球菌病）
犬小孢子菌	环状脱毛皮肤病变（皮肤真菌病、癣），假足分枝菌病
申克孢子丝菌	流脓，溃疡性结节（孢子丝菌病）

注：[a] 在美国未发现；
[b] 包括偶发分枝杆菌、龟分枝杆菌、蟾蜍分枝杆菌和草分枝杆菌；
[c] 包括消化链球菌属、梭形杆菌属、卟啉单胞菌和梭状芽孢杆菌。

表70.3　马外皮系统中常见及重要病原

病原	主要临床表现（常见疾病名称）
病毒	
牛乳头瘤病毒1型和2型	疣状，纤维样或扁平且增厚的皮肤病变（马肉样瘤）
马乳头瘤病毒	嘴唇和鼻部的乳头瘤（马乳头瘤）
马动脉炎病毒	胸腹部、阴囊和四肢末端水肿
水疱性口炎病毒	冠状带出现囊泡/溃疡
细菌	
炭疽杆菌	皮下弥漫性及真皮水肿（炭疽）
鼻疽伯氏菌[a]	皮下结节，溃疡，淋巴管炎（皮疽）
产气荚膜梭状芽孢杆菌[b]	蜂窝织炎
假结核棒状杆菌	胸部（鸡胸）或腹股沟脓肿，淋巴管炎（溃疡性淋巴管炎）
刚果嗜皮菌	渗出性皮炎（潜蚤病，雨腐病）
马红球菌	皮肤脓肿，蜂窝织炎
金黄色葡萄球菌[c]	蜂窝织炎，毛囊炎，疖
真菌	
皮疽组织胞浆菌[a]	头部、颈部、腿部结节，淋巴管炎（皮疽组织胞浆菌病）
隐性腐霉菌	化脓性肉芽肿（皮肤溃疡腐霉菌病、沼泽癌）
申克孢子丝菌	腿部溃疡性结节，淋巴管炎（孢子丝菌病）
马毛癣菌，须毛癣菌，马新月孢子菌	易碎性皮肤损伤，头部、肩膀、背部脱发（皮肤真菌病、癣）

注：[a] 在美国被认为是外来动物疫病病原；
[b] 其他梭菌感染包括败血梭状芽孢杆菌、索氏梭菌和孢子梭菌感染；
[c] 其他影响马的凝固酶阳性葡萄球菌还有中间型葡萄球菌和猪葡萄球菌亚种。

表70.4　牛外皮系统中常见及重要病原

病原	主要临床表现（常见疾病名称）
病毒	
牛疱疹病毒2型	乳房脓肿和溃疡（牛乳头炎）
牛乳头瘤病毒	皮肤乳头瘤（牛乳头瘤、疣）
皱皮病毒[a]	全身或局部丘疹和结节，溃疡（牛结节性疹）
假牛痘病毒	乳房囊泡，丘疹，结痂（假牛痘）
伪狂犬病病毒	极度瘙痒（伪狂犬病）
水疱病毒[b]	冠状带和趾间区囊泡和溃疡

（续）

病原	主要临床表现（常见疾病名称）
细菌	
李氏杆菌	头部和颈部脓肿，流脓
牛放线菌	流脓，皮下脓肿（牛放线菌病）
化脓隐秘杆菌	皮下脓肿
败血梭状芽孢杆菌	蜂窝织炎（恶性水肿）
假结核棒状杆菌	溃疡性皮炎
刚果嗜皮菌	渗出性皮炎（嗜皮菌病）
坏死厌氧梭菌[c]，黑色素原菌[c]	趾间皮炎，蜂窝织炎（趾坏死杆菌病，腐蹄病）
都柏林沙门菌	末端动脉内膜炎引发的四肢末端、耳部、尾巴坏疽
真菌	
疣状毛癣菌	伴有圆形脱毛的易碎性皮肤损伤（皮肤真菌病、癣）

注：[a] 在美国被认为是外来动物疫病病原；
　　[b] 包括口蹄疫病毒和水疱性口炎病毒；
　　[c] 病原具有协同作用。

表70.5　绵羊/山羊外皮系统中常见及重要病原

病原	主要临床表现（常见疾病名称）
朊病毒	
羊瘙痒症朊病毒	瘙痒，表皮剥落，自残（瘙痒病）
病毒	
蓝舌病病毒	红斑，耳朵、口、鼻部水肿，冠状蹄叉炎（蓝舌病）
山羊痘病毒，绵羊痘病毒[a]	丘疹，水疱，脓疱（山羊痘、绵羊痘）
副痘病毒	黏膜与表皮的结痂增生性病变，乳头病变（羊痘疮、羊口疮）
水疱病病毒[b]	乳头冠状带脓疱和溃疡，趾间囊肿
细菌	
诺维梭状芽孢杆菌	头部、颈部、胸部水肿（公羊的大头病）
假结核棒状杆菌	皮肤脓肿（干酪样淋巴结炎）
刚果嗜皮菌	渗出性皮炎（嗜皮菌病、块毛病、草莓样腐蹄病）
节瘤偶蹄形菌/坏死厌氧梭菌[c]	趾间皮炎，脚底炎（传染性腐蹄）
金黄色葡萄球菌[d]	脸、乳房、乳头、腹部的脓疱性皮炎（葡萄球菌性皮炎）
真菌	
疣状毛癣菌，须毛癣菌	结痂，周期性的皮肤损伤和脱发（皮肤真菌病、癣菌病、羔羊真菌病）

注：[a] 在美国被认为是外来动物疫病病原；
　　[b] 包括口蹄疫病毒和水疱性口炎病毒；
　　[c] 病原具有协同作用；
　　[d] 绵羊的皮下脓肿与厌氧型金黄色葡萄球菌亚种相关。

表70.6 猪外皮系统中常见及重要病原

病原	主要临床表现（常见疾病名称）
病毒	
非洲猪瘟病毒[a]	皮肤红紫色变色（非洲猪瘟）
猪霍乱病毒[a]	皮肤变成紫色，出现红斑，耳朵、尾部坏死（猪霍乱）
猪痘病毒	斑疹，丘疹，脓疱（猪痘）
水疱病毒[b]	冠状带脓疱和溃疡，趾间囊肿
细菌	
炭疽杆菌	颈部和胸部皮肤水肿，皮下弥漫性水肿（炭疽）
猪丹毒杆菌	充血，隆起的皮肤损伤，长菱形的皮肤损伤（猪丹毒）
大肠埃希菌（类志贺毒素阳性）	嘴唇和眼睑皮下水肿（猪水肿病）
霍乱沙门菌	皮肤变为红紫色
马链球菌，兽疫链球菌，停乳链球菌马亚种	化脓性皮炎，皮下脓肿
猪葡萄球菌	泛发的渗出性皮炎（渗出性皮炎、猪脂脓性皮炎）
真菌	
小孢子菌、毛癣菌属	红色圆形皮肤损伤并伴随周围结痂（皮真菌病、癣）

注：[a] 在美国被认为是外来动物疫病病原；
[b] 包括口蹄疫、水疱性口炎、猪水疱病、猪病毒性水疱疹。

表70.7 家禽外皮系统中常见及重要病原

病原	主要临床表现（常见疾病名称）
病毒	
鸡痘病毒	喙、鸡冠、肉垂出现丘疹和结节（禽痘）

外耳道炎症

外耳道炎症是犬常见的皮肤病之一，垂耳犬对这种疾病更易感，因为耳的结构和外耳道炎症有直接的关系。具有L构型的外耳道是一个更为复杂的因素，因为它限制了通风和排液。脂质丰富的耳垢及浓重的耳道毛也易于引起外耳道炎，某些典型的品种（如可卡猎犬）易感染外耳道炎。

犬外耳道炎的病原是内源性的，在发病过程中不起始动作用，但是只要其他因素具备，它就行使条件性致病菌的角色。感染经常是多种微生物共同作用所致，常见的犬外耳道炎致病因子见表70.8。

表70.8 犬外耳炎常见病原和典型生物学特征

病原	典型菌落		辅助测试		
	血琼脂（24~48h）	麦康凯琼脂	革兰染色	氧化酶	过氧化氢酶
中间型葡萄球菌	白色或灰白色，经常有两个区域出现溶血现象	不生长	阳性球菌	NA	阳性
施氏葡萄球菌	白色，溶血	不生长	阳性球菌	NA	阳性
奇异变形杆菌	成群，没有离散的菌落	无色	阴性棒状菌	阴性	NA
绿脓假单胞菌	灰色变成绿色，水果气味，溶血	无色，有时可检测到色素	阴性棒状菌	阳性	NA

(续)

病原	典型菌落		辅助测试		
	血琼脂（24～48h）	麦康凯琼脂	革兰染色	氧化酶	过氧化氢酶
犬链球菌	灰色变成绿色，水果气味，溶血	不生长	阳性球菌	NA	阴性
大肠埃希菌	光滑，灰色，一些菌株溶血	粉红色变为红色，出现红色云雾状混浊	阴性棒状菌	阴性	NA
肺炎克雷伯菌	黏液状，白灰色	黏液状，粉红色，没有红色云雾状混浊	阴性棒状菌	阴性	NA
马拉色菌[a]	不生长或很少生长	不生长	可变染色，芽殖酵母	NA	NA

注：[a] 可能需要延长培养时间，在37℃、微氧条件的萨布罗葡萄糖琼脂上生长最佳；NA，不适用。

乳腺炎

乳腺炎是乳腺的炎症，所有的动物品种都会发生，其在奶牛中最常见，对乳制品行业有巨大的影响。乳腺炎的发展首先需要对天然物理性屏障进行冲破，一旦屏障被冲破，先天性免疫（如乳铁蛋白、补体和常驻免疫细胞）和特异性免疫都会在阻止病原微生物建立感染方面发挥作用。如果病原在乳腺中建立感染，则炎性细胞因子和趋化因子将会形成趋化性的梯度，促进炎性细胞的快速补充，以控制感染。大多数与乳腺炎相关的临床症状都是炎性反应的结果。

细菌是乳腺炎的主要感染因子，尽管某些动物乳腺炎的病原是病毒。真菌（如假丝酵母、曲霉菌和假霉样真菌）、无叶藻和原壁菌在家畜中很少能引起乳腺炎，但偶尔能暴发。

不同病原体在乳腺炎中是否占主导地位取决于动物品种。大肠埃希菌类（犬和猪）、金黄色葡萄球菌（绵羊和山羊）、β-溶血性链球菌（马）、溶血性曼氏杆菌（绵羊）、支原体（绵羊和山羊）是最常见的病原菌。

牛乳腺炎相关病原体很广，可分为以乳腺作为传染源的"传染性"病原体，也可分为来源于皮肤表面的暂时菌群或环境中的"环境"病原体。在大多数的乳腺炎病例中，母牛年龄、经产数、泌乳期、挤奶操作的管理方法和环境卫生控制情况（如畜舍和草垫）都是发病的潜在因素。牛乳腺炎的常见感染因子及感染特征见表70.9。

表70.9 牛乳腺炎病原

病原[a]	感染频率	感染特征
化脓杆菌	偶尔	与乳头损伤相关或是使用插管/扩张机，治疗反应差
产气荚膜梭菌	很少	引起坏疽性乳腺炎
凝固酶阴性葡萄球菌	频繁	皮肤源性，短暂感染
大肠埃希菌	频繁	环境源性，急性感染，可能会导致全身性疾病
肺炎克雷伯菌	偶尔	严重的乳腺炎，与木屑/木头刨花或草垫相关
支原体[b,c]	频繁	母牛源性，挤奶传播，破坏性的乳腺炎，母牛通常不会全身性生病，可以根治
分枝杆菌	很少	通过污染的处理设备或材料传播
诺卡菌	很少	通过污染的处理设备或材料传播

（续）

病原[a]	感染频率	感染特征
多杀性巴氏杆菌	很少	散发感染，治疗时易于交叉感染
原壁菌	很少	非氯化藻，与环境卫生条件差相关，不可治愈
金黄色葡萄球菌[b]	频繁	感染源是乳房，经挤奶传播，很少引起坏疽性乳腺炎，可以治愈
无乳链球菌[b]	偶尔	造成大量未分化的体细胞而停乳，可以治愈
停乳链球菌停乳亚种	频繁	感染源是牛，能在环境中存活
乳房链球菌	频繁	在牛的皮肤和环境中被发现

注：[a] 也考虑了牛棒状杆菌、沙雷菌、芽孢杆菌、假单胞菌和多种其他的肠杆菌；
[b] 传染性病原；
[c] 最常见的分离物种有牛支原体、加利福尼亚州支原体和加拿大支原体。

（王永强 译，李海 冯力 校）

第71章 肌肉骨骼系统感染

肌肉骨骼系统形成机体的结构框架，可以保护机体的重要器官，是机体运动的基础。它由躯干和附肢的骨骼、附着的韧带、肌肉和肌腱组成，关节间隙和关节囊及其滑膜都属于这一系统。

正常情况下肌肉骨骼系统本身没有固定常驻菌群，然而细菌可以通过临时性菌血症或一过性通过无菌部位而感染肌肉骨骼系统。细菌孢子（*Clostridium* sp.）可以通过消化系统或血液系统进入肌肉并保持休眠状态，这种情况在反刍动物中尤为常见。

● 肌肉骨骼系统的抗微生物防御

肌肉骨骼系统的抗微生物防御主要依赖于机体的循环免疫防御系统。

正常的健康骨组织被认为对感染具有相当强的抵抗力。除非本身已经存在易感因素，否则即使直接向骨组织接种病原也不能导致其感染。这是由于骨组织不断地进行着自身的重塑，被感染骨组织可以被迅速吸收并取代的缘故。

肌肉中存在丰富的供血，因此可以直接与外周先天免疫防御系统紧密联系并从中获益。此外，骨骼肌也具有强大的再生能力，可以再生因炎症/感染过程而产生的坏死性肌段。

在滑膜连接处（滑膜关节、囊和腱鞘），滑膜由薄细胞质（以巨噬细胞和纤维状滑膜细胞为主）及其下富含血管的底层构成。发生感染时，这些部位的细胞（如软骨细胞、滑膜细胞和滑膜巨噬细胞）可以产生促炎症因子，引发强烈的炎症反应。滑膜丰富的血液供应不仅可以引发微生物聚集，也便于血管免疫系统的快速招募。诚然，炎症反应对于感染的控制十分重要，该过程也可以通过刺激具有分解代谢功能的金属蛋白酶的产生及抑制胶原蛋白和蛋白多糖的合成而引发滑囊关节软骨降解。因此，炎症反应过后常见肌肉纤维化发生，导致肌肉功能下降。

● 肌肉骨骼系统的感染

肌肉骨骼系统的感染可以由以下几种情况导致：①外伤或医疗过程导致的病原微生物进入；②邻近病灶感染过程的向外扩展；③感染原发病灶经血液的远端转移或出现败血症。在骨骼肌系统发生外伤的部位，感染易发生于血管生长活跃的区域或具有特定血管特征的部位（如椎体毛细血管上皮不连续终板和干骺端），病毒性、细菌性和真菌性病原均可以经由此类路径感染。肌肉骨骼系统的寄生虫感染也很重要，但是不属于本书的写作范畴。一般来说，细菌是上述导致肌肉骨骼系统感染的三类病原中最常见的病原微生物。特定的细菌因子对于感染的发展具有重要作用。黏附因子（如纤维蛋白原和纤连蛋白结合蛋白）、引发炎症反应和组织损伤的毒素（如超抗原和细胞毒素），以及协助产生免疫逃避的因素（如囊膜和蛋白A）都可以促进感染的建立和维持。

肌肉骨骼系统的主要感染过程包括：①椎体在内的骨组织感染及相连的椎间盘感染；②软骨表面或包括滑膜在内的关节囊感染；③骨骼肌、肌腱及周围筋膜感染。这些感染过程并不一定表现出明显的症状（如某些动物新生儿败血症的骨干端骨组织感染和相关关节感染）。通过抑制神经递质释放而影响肌肉功能的神经源性疾病（如破伤风和肉毒杆菌感染）将于第72章阐述。与骨骼肌肉系统感染有重叠的造成蜂窝织炎的病原微生物已经在第69章进行了介绍。表71.1至表71.6列出了畜禽骨骼肌肉系统中常见及重要病原。

表71.1 犬和猫骨骼肌肉系统中常见及重要病原

病原	主要临床表现（常见疾病名称）
病毒	
猫合胞体病毒（C）	关节炎
细菌	
放线菌属[a]	脊柱炎，骨髓炎
β-溶血性链球菌（D）	关节炎，脊柱炎
	肌炎，坏死性筋膜炎
伯氏疏螺旋体（D）	关节炎（莱姆病）
犬种布鲁氏菌（D）	脊柱炎，骨髓炎
钩端螺旋体属	多发性肌炎
专性厌氧菌[b]	肌炎
多杀性巴氏杆菌（C）	肌炎
中间型葡萄球菌	关节炎，脊柱炎
真菌	
曲霉属（D）	脊柱炎，骨髓炎
皮炎芽生菌（D）	骨髓炎
粗球孢子菌（D）	骨髓炎

注：[a] 包括黏性放线菌和受损大麦放线菌；
[b] 包括梭杆菌、拟杆菌、卟啉单胞菌和消化链球菌；
C，猫；D，犬。

表71.2 马骨骼肌肉系统中常见及重要病原

病原	主要临床表现（常见疾病名称）
细菌	
马驹放线杆菌马亚种	关节炎，骨髓炎（关节病）
流产布鲁氏菌	寰椎或棘突滑囊炎（马耳后脓肿/马肩隆瘘），骨髓炎
大肠埃希菌	关节炎，骨髓炎（关节病）
组织梭状芽孢杆菌属[a]	肌炎（梭菌性肌炎）
沙门菌属	关节炎，骨髓炎（关节病）
金黄色葡萄球菌	肌炎

(续)

病原	主要临床表现（常见疾病名称）
马链球菌马亚种	寰椎或棘突滑囊炎（马耳后脓肿/马肩隆瘘），骨髓炎，肌炎，腱鞘炎
马链球菌兽疫亚种	关节炎，骨髓炎（关节病）

注：ª 包括产气荚膜梭菌、污泥梭杆菌和败毒梭菌。

表71.3 绵羊/山羊骨骼肌肉系统中常见及重要病原

病原	主要临床表现（常见疾病名称）
病毒	
蓝舌病病毒（S）	肌梗死
山羊关节炎脑炎病毒（G）	关节炎
细菌	
化脓隐秘杆菌（S）	脊柱炎，肌炎
家畜衣原体	关节炎
假结核棒状杆菌	肌炎
红斑丹毒丝菌（S）	关节炎（丹毒）
组织梭状芽孢杆菌属ª	肌炎
支原体属（G）ᵇ	关节炎、腱鞘炎

注：ª 包括产气荚膜梭菌、诺维梭菌、败毒梭菌和污泥梭杆菌；
ᵇ 丝状支原体丝状亚种（大菌落生物型）、山羊支原体属亚种和腐败支原体；
S，绵羊；G，山羊。

表71.4 牛骨骼肌肉系统中常见及重要病原

病原	主要临床表现（常见疾病名称）
细菌	
林氏放线杆菌	肌炎
牛放线菌	骨髓炎（块状下巴）
化脓隐秘杆菌	关节炎，脊柱炎，筋膜炎，肌炎，骨髓炎
气肿疽梭菌	肌炎（胫）
大肠埃希菌	关节炎，骨髓炎
坏死梭杆菌	关节炎，脊柱炎，骨髓炎
组织梭状芽孢杆菌属ª	肌炎（恶性水肿）
支原体属ᵇ	关节炎，滑囊炎，腱鞘炎
沙门菌属	关节炎，骨髓炎

注：ª 包括产气荚膜梭菌、诺维梭菌、败毒梭菌和污泥梭杆菌；
ᵇ 包括牛支原体、加利福尼亚州支原体、产碱支原体和精氨酸支原体。

表71.5 猪骨骼肌肉系统中常见及重要病原

病原	主要临床表现（常见疾病名称）
细菌	
化脓隐秘杆菌	关节炎，骨髓炎
β-溶血性链球菌属	关节炎
猪种布鲁氏菌	关节炎，脊柱炎（布鲁氏菌病）
腐败梭菌杆菌	肌炎（恶性水肿）
红斑丹毒丝菌	关节炎，脊柱炎（丹毒）
副猪嗜血杆菌	关节炎（格拉泽病）
猪鼻支原体	关节炎
猪滑液支原体	关节炎
多杀性巴氏杆菌	鼻甲骨萎缩（萎缩性鼻炎）
猪链球菌2型	关节炎

表71.6 家禽骨骼肌肉系统中常见及重要病原

病原	主要临床表现（常见疾病名称）
病毒	
呼肠孤病毒	关节炎，滑囊炎，腱鞘炎
细菌	
化脓隐秘杆菌（T）	骨髓炎
红斑丹毒丝菌（T）	关节炎（丹毒）
大肠埃希菌	关节炎，骨髓炎，滑囊炎，腱鞘炎
火鸡支原体（T）	胫跗骨弯曲，颈椎变形
滑液支原体	关节炎，滑囊炎，腱鞘炎（传染性滑膜炎）
金黄色葡萄球菌	关节炎，骨髓炎，滑囊炎，腱鞘炎

注：T，火鸡。

骨感染（包括椎体和椎间盘感染）

骨炎是骨的炎症反应，骨髓炎和骨膜炎分别指骨髓腔和骨膜的感染，骨髓炎可进一步分为血源性或创伤性骨髓炎。骨感染大多是细菌性的，尽管可以引发骨炎的细菌有很多，但只有少数能感染动物。在伴侣动物和家禽中，常见凝固酶阳性葡萄球菌属（如中间链球菌、金黄色葡萄球菌、链球菌和猪葡萄球菌）感染。在其他动物中，多见肠菌（如大肠埃希菌和变形杆菌）和专性厌氧菌感染。在马属动物中，从小马驹骨髓炎病灶分离出来的病原如马驹放线杆菌、大肠埃希菌、链球菌属、兽疫链球菌和沙门菌较为常见，而成年马骨髓炎则多由凝固酶阳性葡萄球菌感染。在反刍动物和猪中，化脓隐秘杆菌和沙门菌是骨髓炎的主要病原，其他重要的经济动物感染以大肠埃希菌和坏死梭杆菌感染为主。

微血管系统（其上皮不连续，并不缺乏基底膜），以及可能缓慢通过生长旺盛区域的毛细血管的血流有利于感染的建立（血行性骨髓炎）。血管内皮相关巨噬细胞是这些部位的主要防御系统。感染也发生在因创伤导致缺乏或中断供血（创伤后骨髓炎）或邻近组织感染引起缺血性损伤的骨骼。如果感染过程抑制了骨髓和骨膜血管供血，则可能会导致骨坏死，在某些情况下会形成持续的窦道排液。

在这种情况下，免疫防御系统对其已无能为力而且用抗生素治疗也无效，因此细菌感染更易于形成并难于清除。宿主细胞的产物（可能还有一些细菌的产物），可以刺激单核细胞和成纤维细胞产生溶骨性细胞因子，进而刺激破骨细胞的活性，促成骨死亡部分的清除。

在修复或置换手术中合成材料的使用（如髋关节置换）会产生免疫防御系统无法触及的缺血性表面，有可能破坏骨对感染的先天抵抗力。一些用于修复手术的骨接合剂本身可能会抑制吞噬作用和补体活性。宿主纤维连接蛋白沉积在植入材料表面可以导致细菌附着，而附着的细菌将产生菌外多糖（糖萼）。由这些细菌产生的蛋白多糖与宿主细胞产物一起形成生物膜，以保护细菌逃避宿主防御和抗生素。

被叮咬的伤口、穿透性异物、外科手术和创伤都可能引发伴侣动物的骨髓炎，长骨是最常见的发病部位。

在经济动物中，血行性骨髓炎是一种常见病。新生反刍动物血行性骨髓炎与母源免疫力过继失败有关。该类感染开始于干骺端或关节软骨下的骨骺，通常表现为传染性滑膜炎并发或继发病。新生动物感染中，跨越生长板的血管对于感染从关节传播到干骺端至关重要。犊牛骨骺骨髓炎并发关节炎通常是由都柏林沙门菌引起的。化脓性骨髓炎在小牛和成年牛通常开始于生长板的干骺端。化脓隐秘杆菌还可以导致由猪咬尾或蹄病引起的血行性骨髓炎。金黄色葡萄球菌和大肠埃希菌能在商品化火鸡引发骨髓炎病灶区，近端胫跗骨和股骨近端是火鸡骨髓炎最常见的感染部位，在未成熟雄性火鸡中通常还伴随肝脏变绿（火鸡绿肝骨髓炎综合征）。血源性骨髓炎在犬和猫中比较罕见。

创伤后骨髓炎在经济动物中也很常见，通常是成年畜禽发病。牛放线菌可导致牛下颌骨（"块状下巴"）或上颌骨内的慢性化脓性肉芽肿炎症（图69.2）。

病毒性病原很少引发骨的炎症性疾病。犬瘟热病毒能够破坏成骨细胞进而引起生长迟缓，犬传染性肝炎病毒可以引起干骺端出血和坏死。

真菌骨感染偶有发生但频率较低。真菌性骨髓炎通常是由病原远端病灶转移而来，最常见的是从肺部转移。许多的全身性真菌能够引起真菌性骨髓炎。较为典型的如粗球孢子菌能传播到犬的四肢骨骼。播散性的皮炎芽生菌对骨骼的感染率可以高达30%，其中以脊椎和长骨最为常见。

脊柱炎是椎间盘及相邻椎体的一种炎症过程，是骨感染发生的常见部位。脊柱炎通常开始于椎体终板，不连续毛细血管上皮和缓慢流动的静脉使这一部位利于细菌定植。脊柱炎常见于犬和反刍动物，往往通过血行播散感染。在犬中，L7–S1区是最常被感染的部位，但任何椎体都可以被影响，中间葡萄球菌是目前鉴定的最常见病原。

犬T13–L3椎体感染与异物（如植物芒）进入相关，放线菌属是最常见的病原。布鲁氏菌相关的脊柱炎特别值得注意，与一些布鲁氏菌并发的持续性菌血症倾向于感染外生殖器部位。犬种布鲁氏菌和猪种布鲁氏菌应始终被视为一种潜在的和脊柱炎相关的病原。由化脓隐秘杆菌或坏死梭杆菌经血行播散可引起犊牛脊柱炎并伴随麻痹或瘫痪。

德国牧羊犬特别容易患由曲霉菌属引起的真菌性脊柱炎和骨髓炎，其中曲霉属土曲霉和弯头曲霉造成的感染最为常见。

关节面、囊膜和滑膜的感染

关节炎是指关节部位的炎症过程。多数关节感染是细菌性的，但是病毒性和真菌性感染也时有发生。但关节感染通常由直接感染或邻近部位的感染扩散引发（如牛蹄底溃烂继发的远端指间关节感染）（图71.1）。

血行感染常导致多关节病。在新生动物中，脐部或胃肠道是常见的感染通路。关节炎是一种常见的败血症后遗症，尤其是在幼小动物的过继性免疫失败部位（图71.2）。在成年动物中，关节异常、免疫抑制性疾病、身体其他部位的感染、关节腔内注射、手术、关节假体均易诱发关节感染。

关节感染通常开始于滑膜组织，部分原因是由于滑膜组织拥有丰富的血管并缺乏基底膜。由感染引发的一系列炎症介质（如肿瘤坏死因子、白细胞介素1、白细胞介素6和一氧化氮）的表达，可以促进血流、增加毛细血管通透性、引发炎性细胞大量浸润。病原决定炎症反应的类型和强度。未受抑制的滑膜炎可导致细胞内容物渗出造成的滑液增加，随后侵袭关节面。细菌的产物、炎症反应的产物及已经存在或细胞产生的蛋白酶可以单独或协同损害关节软骨，关节软骨一旦损坏便很难修复。

目前的证据表明，即使在脓毒性关节炎患处不能检测到活细菌时炎症反应也会继续，关节软骨也依然会被进一步破坏。这可能是由于残余的细菌产物，如肽聚糖-多糖复合物可以继续促进炎症反应造成的。即使是细菌DNA，尤其是非甲基化的胞嘧啶-磷酸-鸟嘌呤基序，也可以刺激多种类型细胞产生炎性细胞因子，从而导致进一步的组织损伤。关节功能可能会进一步受到炎症过程导致的纤维化的影响，在一些情况下会发生关节强直。

与人类医学相比，兽医研究对由败血症过程中微生物的片段在关节的沉积而非微生物复制引发的感染后关节炎的了解甚少。感染后关节炎发生时关节的损害完全是由免疫机制造成的。

细菌的形态差异也可以影响关节感染，细菌

图71.1 公牛肿胀的蹄趾底部。感染性蹄趾皮炎局部损伤（蹄底溃疡）继发远端指关节化脓性关节炎

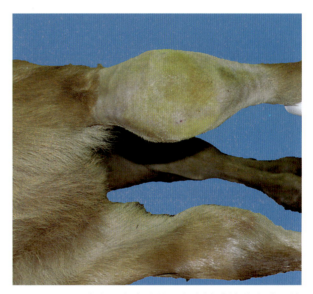

图71.2 小牛肿胀的左腕关节。免疫被动转移失败而使得脐部感染和败血症继发化脓性关节炎

的小克隆变种细菌L-型缺乏细胞壁，其负责细胞壁合成的基因被关闭。可能是由于该类菌的呼吸代谢缺陷使其增长率下降，该类菌与持续性关节感染有关。

有些物种（如反刍动物和马）干骺端和骨端软骨之间由骨骺管直接连接，此类物种常患急性骨髓炎和关节感染。急性骨髓炎和关节感染也常发生在被关节囊包裹的干骺端骨。有时滑膜炎仅是全身感染性疾病的临床表现之一（如由猪鼻支原体或副猪嗜血杆菌引起的猪多发性浆膜炎）。

细菌性关节炎在伴侣动物中并不常见。凝固酶阳性葡萄球菌和链球菌是最常见的伴侣动物细菌性关节炎病原。感染由外伤或手术直接导致。犬膝关节特别易于发生术后感染。复发性跛行有时涉及多个关节，与由伯氏疏螺旋体（莱姆病病原）引发的慢性进行性关节炎相关。

关节炎在经济动物和马中较为常见，可能涉及很多种病原微生物。在新生动物中，沙门菌和大肠埃希菌是主要的病原。支原体关节炎也是肉牛和奶牛的重要疾病。除了腕关节和跗关节的关节炎外，还存在腱鞘炎和滑囊炎。牛支原体是这些疾病的最常见病原。在山羊中，支原体性关节炎同时影响幼年和成年山羊。丝状支原体丝状亚种（大菌落生物型）、山羊支原体属亚种是目前分离到的主要病原。支原体性关节炎在猪中也很重要。衣原体性关节感染（家畜衣原体）在山羊和绵羊中非常普遍（"僵羔病")。感染可以与结膜炎并发。与关节炎有关的衣原体类型不同于引起山羊和绵羊流产的衣原体类型。在马中,引起新生马驹关节感染的病原也与新生马驹骨髓炎发生有关,病原包括大肠埃希菌、沙门菌、放线杆菌、链球菌属,在成年马中则主要是金黄色葡萄球菌或链球菌属。

滑囊炎是一种滑膜囊的炎症,滑膜囊受到影响的方式类似于关节滑膜。特别重要的是由布鲁氏菌和金黄色葡萄球菌引发的马寰椎黏液囊和棘上囊感染,这些感染可能会扩散到相邻椎骨的棘突。

虽然感染性关节炎主要是由细菌造成的,但有时也会出现病毒性关节炎。猫合胞体病毒感染可以同时引起猫的增殖型和侵蚀型关节受累。山羊关节炎脑炎病毒对造成山羊增生性多滑膜炎至关重要,该病通常发生在12个月龄以上的山羊。禽呼肠孤病毒在火鸡和鸡引起关节炎及腱鞘炎,跖屈肌和伸肌的筋腱及跗关节是最常见的受影响部位。病毒的稳定性、其水平和垂直传播的潜力及目前高密度饲养方式使其成为畜牧业潜在的严重问题。

骨骼肌、肌腱、筋膜的感染

骨骼肌感染并不常见。其中,病毒性和真菌性的感染偶尔发生,但主要以细菌性感染为主。肌炎的主要形式包括局部脓肿、肉芽肿形成或顺着筋膜传播的弥漫性炎症过程,可由创伤、注射、被咬伤的伤口或连续的感染(如蜂窝织炎、皮下脓肿和骨髓炎)等引发。化脓性细菌引起局部脓肿(如猫的多杀性巴氏杆菌感染)。肉芽肿性肌炎和化脓性肉芽肿性肌炎的引发与肉芽肿性化脓性肉芽肿炎症反应相关(如牛型分枝杆菌、放线菌、林氏放线杆菌)。梭菌性肌炎是一种典型的弥漫性感染过程,可顺着筋膜迅速传播,由于产生了烈性的组织霉素,因此该病是最严重和最具侵略性的传染性肌炎。肌炎可以并发于或继发于梭菌蜂窝织炎。尽管大多数动物都可以被其感染,但梭菌性肌炎在反刍动物和马中最为常见。梭状芽孢杆菌通常通过直接穿越(穿孔伤口和注射)到达感染部位。或者如造成黑腿病的气肿疽梭菌杆菌一样,通过已经存在于肌肉的休眠孢子引发肌炎。当组织变得松弛并产生厌氧环境时,孢子开始萌发、增殖,由这些梭菌产生的许多细胞毒性的外毒素可以导致凝固性肌肉坏死(图71.3)。

图71.3 由气肿疽梭菌感染造成的坏死和气肿型肌肉(引自 Bruce Brodersen 博士)

在犬中,溶血性链球菌被认为与重症坏死性筋膜炎相关。在马中,免疫复合物性脉管炎被认为是由马链球菌感染引起血管梗死和出血而导致肌肉损伤的机制。

腱鞘有一个内在的滑膜,可能被病原微生物通过血行散播、创伤(如被咬伤的伤口)、处理(如马的腱鞘内注射)或邻近病灶的扩散感染。腱鞘炎是马非常重要的疾病,最常累及指端肌腱,通常由创口处多种细菌侵染或鞘内注射金黄色葡萄球菌后的侵染引发。

(李海 译,张险峰 石达 校)

第72章 神经系统

神经系统分为中枢神经系统和周围神经系统，中枢神经系统包括脑和脊髓，其周围有脑脊髓液包绕，外覆脑脊膜。周围神经系统由来源于中枢神经系统（颅神经或脊神经）的神经和受神经支配的肌肉或效应器官所构成，又被分为躯体神经和植物神经。

神经系统感染最常见于中枢神经系统感染。在一些病例中，周围神经系统也可被感染性因子感染、免疫原作用或成为微生物毒素作用的靶点。感染性因子或毒性产物也可经由周围神经系统侵入并作用于中枢神经系统。一些病毒（如疱疹病毒和犬瘟热病毒）能引起隐性感染，有些病毒（如绵羊髓鞘脱落病毒）可以整合到宿主基因组而成为前病毒。

● 抗微生物防御反应

神经系统对损伤的感受性会促使机体抵御病原微生物或其毒素，解剖学和免疫学的防御功能是最初的有效防御途径，在以下内容中将予以详细阐述。

解剖学防御

坚固的颅骨和椎骨可以保护脑和脊髓免受损伤，以防止病原微生物的借机侵入。脑膜（软脑膜、蛛网膜和硬脑膜）又提供了另一道解剖学屏障，以阻止和遏制有可能侵入到神经系统实质内的感染。

血脑屏障是神经系统实质部分和脉管系统内成分之间的主要解剖学屏障。它保护中枢神经系统免受由体内其他部位经由血流扩散的有害因子的侵袭。中枢神经系统和血脑屏障之间是毛细血管内皮细胞，它们彼此紧密连接以防止血液成分进入中枢神经系统中。血液成分要想通过内皮细胞还受控于特殊的载体运输系统。星形胶质细胞的突起和周细胞（小胶质细胞的一个亚群，周细胞嵌入毛细血管内皮细胞的基膜中）在血脑屏障形成过程中发挥着重要作用。血脑屏障并不能保护所有区域（如垂体和脉络丛）。脉络丛上皮细胞和室管膜细胞通过选择性分泌在血液和脑脊髓液之间筑起了一道屏障。虽然血液神经屏障不如血脑屏障更具有限制性，但其仍可使周围神经系统避免发生炎症性反应和免疫反应。

免疫学防御

关于神经系统免疫学防御的知识大多基于对啮齿类动物和人类的研究。中枢神经系统长期以来一直被认为是免疫特区，因为它不像其他系统那样可以通过淋巴系统将病原运送至淋巴结，而且正常情况下其主要组织相容性复合体的表达明显下调。如今有证据显示神经系统拥有一个比之前想象得更为发达的免疫防御系统。来源于脑脊髓液的抗原可以伴随颅神经的淋巴引流进入淋巴结（颈部）。在适当条件下，中枢神经系统的实质细胞（如星形胶质细胞和小胶质细胞）表达主要组织相容性抗原。

血脑屏障通过屏蔽血流中的大分子物质和限制免疫细胞进入，从而保证中枢神经系统的相对免疫安全。血脑屏障对免疫细胞的限制并不是绝对的，虽然健康情况下在中枢神经系统中基本没有免疫细胞，但活化的T细胞和未致敏T细胞在没有炎症反应时也可通过血脑屏障进入脑组织从而发挥"巡逻作用"。当活跃的免疫系统发挥作用时，其保护程度可以被适当地调整，从而把对无关组织的损伤降到最低。这种调整是要避免炎症反应造成严重的不可逆神经元功能紊乱。局部的炎症反应由免疫抑制机制调节。胶质细胞的亚群通过表达细胞因子（如IL-6和TGF-β2）参与并限制炎症反应，胶质细胞的亚群还具有诱导T淋巴细胞凋亡的作用。

中枢神经系统拥有一定的先天性免疫能力。补体为先天免疫反应里主要的体液分子，神经细胞和星形胶质细胞均具有产生补体成分的能力。一些侵袭神经系统的病原（如外源性新城疫病毒和单核细胞增生李斯特菌）可以诱导补体成分的合成，进而通过形成补体膜攻击复合物并招募白细胞，对病原微生物发挥直接的杀伤作用。当宿主细胞膜的补体抑制剂被破坏时，持续性感染诱导的补体活化失去控制，进而发展为病理状态。

一些细胞对中枢神经系统的防御具有重要作用。小胶质细胞是来自骨髓的细胞，当其活化时可产生各种趋化因子和细胞因子并发挥巨噬细胞的作用，同时也能发挥抗原递呈作用。树突细胞是有效的抗原递呈细胞，已经在大脑中得到证实。星形胶质细胞也已经被证实可以参与抗原递呈并产生趋化因子和细胞因子。面对炎症反应，星形胶质细胞发生活化并且形成胶质疤痕以隔离脑实质中的受损区域，神经细胞本身也具有产生某些细胞因子（如干扰素γ）的能力。

在感染过程中，炎症细胞从血管向受影响区域迁移是控制感染进展的重要一步。发生炎症反应时炎症细胞迁移是通过趋化因子的产生和黏附配体（如选择蛋白和整联蛋白）的表达来介导的。

● 神经系统感染

对于影响神经系统的病原微生物来说，它们自身或它们的产物必须到达神经系统（感染路径），穿透或破坏解剖学屏障并逃避或破坏免疫系统来建立持续感染。由感染引起的临床症状取决于感染是否局限化、发生局限化的位置、参与感染的因素和引起炎症反应的类型及程度。多数神经系统感染的病程较为迅速，需要及时干预。大多数感染波及脑组织或脑膜，然而其他区域也可同时或作为主要的靶点而发生感染。脊髓发生感染的概率比较低，这归因于到达脊髓的血流量减少，而不是因为脊髓有比脑组织具有更强的抗感染能力。在一些情况下，主要的或特有的临床表现与脊髓损伤有关。例如，马疱疹病毒1型可以引起免疫复合物相关的脉管炎，可导致脉管坏死进而影响脑和脊髓。脊髓损伤有时是导致临床症状出现的主要原因（如鸡的马立克病）。感染一般很少波及周围神经，但有时周围神经也是重要的神经性疾病（如鸡的马立克病）的靶点。

神经系统内病原微生物的存在和增长对于临床症状的发展并不是必须的。摄取的或在宿主其他部位产生的微生物毒素（如产气荚膜梭菌的ε毒素、肉毒杆菌毒素和破伤风毒素），以及免疫反应中影响中枢神经系统供血的血管等均是重要的神经系统疾病的发病因素（如猫传染性腹膜炎病毒和马疱疹病毒1型）。

感染性因子在自身免疫性疾病的作用尚不明确。在人类中，交叉反应病原和宿主抗原可导致分子模拟的发生，其与某些神经系统疾病有关。值得注意的是，个别血清型的空肠弯曲杆菌脂多糖成分和运动神经元的神经节糖苷（如GM1和GD1a）之间的分子模拟被认为与之前弯曲杆菌感染和某些格林-巴利综合征（人类的一种急性脱髓鞘多发性神经病）病例的发生有关。与此相似的是，一些急性犬多神经根神经炎（猎浣熊犬瘫痪）病例的发生与相关病毒或细菌的免疫反应有关。一些与畜禽神经系统中常见及重要病原见表72.1至表72.7。

表72.1 犬神经系统中常见及重要病原

病原	疾病	神经症状
病毒		
犬腺病毒1型	犬传染性肝炎	痉挛
犬瘟热病毒	犬瘟热	共济失调，痉挛
犬疱疹病毒	犬疱疹病毒疾病	精神沉郁，角弓反张，痉挛
伪狂犬病病毒	伪狂犬病	严重瘙痒和痉挛
狂犬病病毒	狂犬病	体温变化，攻击行为，瘫痪
细菌		
引起外耳炎的细菌[a]	中耳炎和内耳炎	前庭机能损害
犬埃利希氏体	埃利希体病	共济失调，小脑和前庭机能损害，痉挛
肉毒杆菌	肉毒杆菌中毒	松弛性瘫痪，局部麻痹
破伤风杆菌	破伤风	角弓反张，痉挛，颤抖
立克次氏体	落基山斑疹热	共济失调，精神沉郁，痉挛、前庭机能损害
真菌		
新型隐球菌	隐球菌病	共济失调，头部歪斜，局部麻痹，痉挛

注：[a] 包括大肠埃希菌、变形菌属、假单胞菌属和链球菌属。

表72.2 猫神经系统中常见及重要病原

病原	疾病	神经症状
朊病毒		
BSE朊病毒[a]	猫科动物海绵状脑病	共济失调，行为改变，肌肉震颤
病毒		
猫传染性粒细胞缺乏症病毒	小脑共济失调	共济失调
猫免疫缺陷病毒[b]	猫获得性免疫缺陷综合征	攻击行为或精神异常行为，痉挛
猫传染性腹膜炎病毒	猫传染性腹膜炎	共济失调，局部麻痹，痉挛
猫白血病病毒	硬膜外淋巴瘤、猫白血病	后肢麻痹
		声音异常，感觉过敏，局部麻痹
伪狂犬病病毒	伪狂犬病	过度兴奋，瘫痪，局部麻痹
狂犬病病毒	狂犬病	攻击行为，瘫痪
真菌		
新型隐球菌	隐球菌病	共济失调，局部麻痹，颅神经损害，痉挛

注：[a] 在美国被认为是外来动物疫病病原；
[b] 先天性感染。

表72.3 马神经系统中常见及重要病原

病原	疾病	神经症状
病毒		
马脑脊髓炎病毒（WEE、EEE、VEE[a]）	脑脊髓炎	共济失调，困倦，前冲（以头抵墙），瘫痪
马疱疹病毒1型	脑脊髓炎	共济失调，四肢瘫痪或截瘫
狂犬病病毒	狂犬病	上行性麻痹，共济失调，萎靡不振，发出叫声
西尼罗病毒	西尼罗脑炎	共济失调，肌肉震颤，局部麻痹，痉挛，嗜睡
细菌		
肉毒杆菌[b]	肉毒杆菌中毒	松弛性瘫痪，肌束震颤，局部麻痹
破伤风杆菌	破伤风	肌肉痉挛，第三眼睑下垂，僵硬的锯架样站姿，痉挛
马链球菌马亚种	脑脓肿，脑膜炎	共济失调，萎靡不振，痉挛，前庭机能损害
真菌	喉囊感染	吞咽困难，摇头
烟曲霉菌	后囊霉菌病	吞咽困难，摇头

注：[a] 在美国被认为是外来动物疫病病原；
[b] 常见的是B型和C型。

表72.4 牛神经系统中常见及重要病原

病原	疾病	神经症状
朊病毒		
BSE朊病毒[a]	牛海绵状脑病	攻击性或抑郁性行为，共济失调，耳部颤搐
病毒		
赤羽病毒[a,b]	水脑畸形、神经性关节挛缩（赤羽病）	出生时感觉和运动机能受损
狷羚疱疹病毒1型[a]	恶性卡他热（牛羚）	共济失调，前冲（以头抵墙），瘫痪，震颤，痉挛
牛病毒性腹泻病毒[b]	小脑发育不全	头部震颤，动作不协调
牛传染性鼻气管炎病毒	牛疱疹病毒1型脑炎	共济失调，过度兴奋，震颤
绵羊疱疹病毒2型	恶性卡他热（绵羊）	共济失调，前冲（以头抵墙），瘫痪，震颤，痉挛
伪狂犬病病毒	伪狂犬病	严重瘙痒，流涎，痉挛，发出叫声
狂犬病病毒	狂犬病	共济失调，瘫痪
细菌		
化脓隐秘杆菌	脑/垂体脓肿	共济失调，失明，精神沉郁，面瘫
睡眠嗜组织菌	血栓栓塞性脑膜脑炎，中耳炎和内耳炎	共济失调，失明，角弓反张，昏迷
肉毒杆菌[c]	肉毒杆菌中毒	松弛型瘫痪，舌伸出后不能回缩，无眼睑反射，肌束震颤，局部麻痹
破伤风杆菌	破伤风	角弓反张，痉挛，震颤
大肠埃希菌	脑膜炎	失明，前冲（以头抵墙），痉挛，嗜睡
坏死梭杆菌	脑/垂体脓肿	共济失调，失明，精神沉郁，面瘫
单增李斯特菌	李斯特菌病	共济失调，转圈，面瘫，头部歪斜
牛支原体	中耳炎和内耳炎	共济失调，耳下垂，头部歪斜
多杀性巴氏杆菌	中耳炎和内耳炎	共济失调，耳下垂，头部歪斜

注：[a] 在美国被认为是外来动物疫病病原；
[b] 先天性感染；
[c] 常见的是B型、C型和D型。

第四部分　临床应用

表72.5　绵羊和山羊神经系统中常见及重要病原

病原	疾病	神经症状
朊病毒		
羊痒病朊病毒	瘙痒症	共济失调，过度啃咬反射，重度瘙痒、肌肉震颤
病毒		
赤羽病毒[a,b]	小脑畸形，神经性关节挛缩（赤羽病）	出生时感觉和运动机能受损
蓝舌病病毒[a]	小脑发育不全，小脑畸形	出生时失明，无力行走
边界病病毒[a]	低髓鞘形成	共济失调，震颤
山羊关节炎-脑炎病毒	山羊关节炎-脑炎	瘫痪，局部麻痹，震颤
跳跃病病毒[b]	跳跃病	共济失调，前冲（以头抵墙），瘫痪，震颤，痉挛
狂犬病病毒	狂犬病	共济失调，便秘，瘫痪
绵羊髓鞘脱落病毒（S）	绵羊脱髓鞘型脑白质炎	步态异常，共济失调，瘫痪，局部麻痹
细菌		
化脓隐秘杆菌	脑/垂体脓肿	共济失调，失明，前冲（以头抵墙），头部歪斜
肉毒杆菌	肉毒杆菌中毒	共济失调，松弛型瘫痪
D型产气荚膜梭菌	局灶性对称性脑软化	昏迷，萎靡不振，前冲（以头抵墙），角弓反张
破伤风杆菌	破伤风	角弓反张，痉挛，震颤
大肠埃希菌	脑膜炎	失明，前冲（以头抵墙），痉挛，嗜睡
单增李斯特菌	李斯特菌病	共济失调，转圈，面瘫，头部歪斜

注：[a] 先天性感染；
[b] 在美国被认为是外来动物疫病病原；
S，绵羊。

表72.6　猪神经系统中常见及重要病原

病原	疾病	神经症状
病毒		
血凝性脑脊髓炎病毒	呕吐和消瘦病	出生时感觉和运动机能损害
脑心肌炎病毒	脑心肌炎	出生时失明，无力行走
猪肠道病毒1型	猪脑灰质软化（泰法病/捷申病）	共济失调，震颤
猪瘟病毒[a,b]	小脑发育不全	瘫痪，局部麻痹，震颤
尼帕病毒[a]	非化脓性脑膜炎	共济失调，前冲（以头抵墙），瘫痪，震颤，痉挛
伪狂犬病病毒	伪狂犬病	共济失调，便秘，瘫痪
狂犬病病毒	狂犬病	角弓反张，肌肉僵硬，痉挛，步态僵硬，痉挛
细菌		
破伤风杆菌	破伤风	共济失调，面部水肿，瘫痪，强直
大肠埃希菌（志贺样毒素阳性）	水肿病	共济失调，四肢划桨样动作，震颤
副猪嗜血杆菌	脑膜炎（格拉泽病）	共济失调，异常兴奋，震颤
单增李斯特菌	李斯特菌病	共济失调，精神沉郁，瘫痪，痉挛，震颤
链球菌2型	脑膜炎	共济失调，头部歪斜，局部麻痹，痉挛

注：[a] 在美国被认为是外来动物疫病病原；
[b] 先天性感染引起仔猪先天性震颤。

表72.7 家禽神经系统中常见及重要病原

病原	疾病	神经症状
病毒		
禽脑脊髓炎病毒	禽脑脊髓炎	共济失调，瘫痪，震颤
禽流感病毒[a]	禽流感	共济失调，精神沉郁
东方马脑炎病毒（T）	东方马脑炎	共济失调，精神沉郁，瘫痪
外来新城疫病毒[a]	外来新城疫	精神沉郁，局部麻痹，斜颈，震颤
马立克病病毒（C）	马立克病	共济失调，腿或翅膀麻痹/瘫痪
细菌		
肉毒杆菌[b]	肉毒杆菌中毒（鸡垂颈病）	松弛型瘫痪，颈部下垂
单增李斯特菌	李斯特菌病	共济失调，瘫痪，痉挛
肠沙门菌亚利桑那亚种（T）	脑膜炎/脑炎（亚利桑那菌病）	共济失调，瘫痪，痉挛
真菌		
烟曲霉菌	霉菌性脑炎	失衡，斜颈
奔马赭霉[c]	霉菌性脑炎	失衡，斜颈

注：[a] 在美国被认为是外来动物疫病病原；
[b] 常见的是C型；
[c] 旧称"奔马指霉"；
C，鸡；T，火鸡。

感染途径

血源性途径是病原微生物入侵的最常见途径。其他重要途径包括神经元内的逆行移动或临近部位的感染蔓延。有些病原（如李斯特菌）具有利用一种以上入侵途径的能力。

血源性途径　全身性感染或感染过程中波及多器官的感染通常通过血源性途径到达神经系统。病原微生物通过脉络丛、脑膜或实质的血管，或通过血管内形成的败血性血栓对血管内皮产生直接损伤而进入脑组织引起感染。一些病毒自身具有穿越血脑屏障的能力，或借由感染的免疫细胞携带穿过血脑屏障，另外一些病毒可以直接感染毛细血管的内皮细胞或感染脉络丛和室管膜细胞。对大肠埃希菌的研究显示，高菌血症、侵袭脑组织微脉管内皮细胞、宿主细胞骨架重排和特异性信号通路机制能促进大肠埃希菌迁移并穿越血脑屏障。不同的细菌经由不同的信号机制完成此过程。病原微生物的侵袭诱导星形胶质细胞和小胶质细胞产生细胞因子进而促进炎症性细胞产生氮氧化物，破坏脉管屏障体系，并进一步使防御病原微生物进入的能力减退或消失。

神经元内逆行性传播　有些病毒（如狂犬病病毒和伪狂犬病病毒）感染周围神经并可逆行进入中枢神经系统。与特异性细胞受体结合是病毒进入的必要条件。例如，狂犬病病毒利用烟碱乙酰胆碱受体附着低亲和性神经生长因子受体进入细胞。一些情况下，病毒要穿过细胞间的连接，包括突触连接。一些疱疹病毒潜伏性感染感觉神经节，之后被激活并可蔓延至中枢神经系统。破伤风毒素在周围神经内能以逆行传播的方式到达中枢神经系统。

邻近部位蔓延性感染　副鼻窦、牙根或中耳（如牛的中耳炎和内耳炎）感染可以蔓延性地引起脑实质或脑膜感染。硬膜外和硬膜下腔的感染通常是继发于创伤或外科手术（如绵羊剪尾）后的病原直接入侵。椎骨或椎间盘的细菌感染可以通过直接蔓延或硬膜外脓肿的压力而波及脊髓。

● 中枢神经系统感染

病原一旦侵入并开始繁殖，即可通过细胞毒性作用或由病原引起的炎症性反应或二者同时作用引起损伤。感染引发的临床症状多种多样并且通常呈渐进性，特异性的临床症状有助于确定感染部位，如发生于脑膜时表现为颈部僵硬和精神沉郁；发生于大脑时表现为转圈，行为改变和痉挛；发生于脑干时表现为颅神经损伤和斜颈；发生于小脑时表现为共济失调、痉挛；发生于脊髓时表现为四肢瘫或截瘫。

中枢神经系统损伤机制

血管损伤 血管损伤可能是疾病发生的初始因子，微生物毒素通过作用于血脑屏障致使蛋白渗漏到细胞间隙，从而引起血管源性的脑水肿。目前推断D型产气荚膜梭菌的ε毒素（导致绵羊的局灶性对称性脑软化，主要波及丘脑、海马和中脑）和毒素型大肠埃希菌的志贺样毒素（与猪水肿病相关）可能利用此机制发挥毒性作用。由病毒引起的脉管损伤还包括免疫反应介导的脉管炎和脉管周围炎（如猫传染性腹膜炎病毒和马疱疹病毒1型）。立克次氏体属微生物（埃里希氏体和立克次氏体）可以引起内皮损伤和脉管炎，导致脑内出血。血管内血栓可以引起脑实质的软化（如牛睡眠嗜组织菌、火鸡肠沙门菌亚利桑那亚种），败血性血栓可以引起脑脓肿。

脑实质或脑膜损伤 中枢神经系统细胞损伤，是通过病原的直接作用或病原微生物诱导的炎症性反应实现的。炎症性反应多种多样，包括化脓性、非化脓性、肉芽肿性或混合性炎症，其炎症性质与感染的病原微生物有关。脑实质的炎症（脑炎）、脑膜的炎症（脑膜炎）或脊髓的炎症（脊髓炎）可单独发生也可合并发生。一些病例可以引起髓磷脂形成紊乱（如犬瘟热和绵羊脱髓鞘性脑白质炎）。感染性病原微生物可以在脑脊髓液、间质组织或不同类型的细胞中移动。

病毒性感染 具有嗜神经特性的病毒可以感染所有种类的动物（表72.1至表72.7）。一些病毒（如可以感染所有动物的狂犬病病毒和可以感染大多数动物的伪狂犬病病毒）能特异性地感染神经系统，另外一些病毒（如牛恶性卡他热病毒、家禽外来新城疫病毒和犬瘟热病毒）在引起多系统感染时可以非特异性地感染神经系统。通常情况下，病毒在体内引起病毒血症之后，通过血流到达中枢神经系统。病毒的侵入途径在之前的内容中作过阐述（请看"感染途径"一节）。病毒对神经系统特异类型细胞的影响，经由病毒直接的杀细胞作用或者通过诱导炎症性反应的间接作用而实现。神经胶质细胞增生、血管周围炎症性细胞浸润和神经细胞变形是病毒性脑炎的典型特征。中枢神经系统的病毒性感染作为宿主间传播的主要机制非常罕见，通常宿主间传播是依靠病毒在机体内其他部位的感染而实现的。母畜发生病毒感染时可以影响胎儿的神经系统发育，包括小脑发育不全（如牛病毒性腹泻病毒和粒细胞缺乏症病毒）、小脑畸形（如蓝舌病病毒）和低髓鞘形成（如边界病病毒）。

细菌性感染 犬和猫的细菌性脑膜炎相对罕见，并且其发生通常与其他部位的原发性感染（如尿路感染和心内膜炎）有关。波及神经系统的感染也可经由局部感染（如耳部感染、牙根脓肿和鼻窦感染）蔓延而来。病原通常是内源性的，包括需氧菌（如葡萄球菌属、链球菌属、巴斯德菌属和放线菌属）和厌氧菌（如类杆菌属、卟啉单胞菌属、梭菌属和消化链球菌属）。

细菌性脑膜炎更常见于马和反刍动物的新生仔畜。引起这些动物感染的病原通常是肠内微生物（如大肠埃希菌），并且与母源抗体的被动传递失败有关。嗜血杆菌属、巴斯德菌属、沙门菌属和链球菌属也经常出现于细菌性脑膜炎中。持续时间较长的菌血症和细菌数量与穿过血脑屏障的可能性有直接相关性。细菌性脑膜炎也经常表现出纤维素性化脓性炎症的性质。

脑脓肿也更常见于马和反刍动物，由菌血症、创伤（直接植入）或邻近部位散播引起。马链球菌马亚种是马脑脓肿（所谓假腺疫的一个表现形式）最常见的原因，其发生与鼻咽炎和淋巴结脓肿形成（腺疫）之后的菌血症有关。牛的脑脓肿也与神经外的原发性感染有关（如创伤性胃炎）。垂体是反刍动物发生脓肿尤为常见的部位，可能与其解剖学位置和血管网与垂体的紧密联系有关。反刍动物化脓性细菌（如化脓隐秘杆菌和坏死梭杆菌）感染是脑脓肿发生的常见因素。发生于犬、反刍动物和猪的

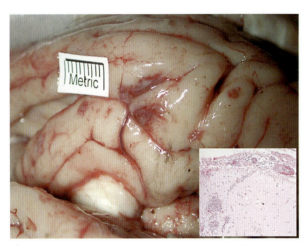

图72.1 睡眠嗜组织菌感染引起的坏死灶，伴发出血。脑膜血管内可见血栓形成，伴有脑膜和神经纤维网的化脓性炎症（插入图）（引自Brodersen博士）

图72.2 一头成年杂交牛表现出的破伤风症状。注意口腔内的长茎草，这头牛已经不能对其咀嚼或吞咽，呈锯马样站姿，尾巴上扬，第三眼睑部分下垂

感染，如波及脊椎和椎间盘，可以进一步影响脊髓，表现为后躯瘫痪和局部麻痹。一些种类的细菌（如反刍动物的李斯特菌和肉牛的睡眠嗜组织菌）表现出较强的嗜神经性。由李斯特菌引起的脑炎是在脑干（脑桥和延髓）形成微脓肿，这是李斯特菌性脑炎的特征性病变。由嗜组织菌病引起的血栓可导致脑膜脑炎（旧称"TMEM"）（图72.1）。

前面提到，相对于细菌本身，细菌毒素是引起临床症状和病理变化的原因。一些细菌毒素（如引起羊肠毒血症的C型产气荚膜梭菌的ε-毒素和引起水肿病的大肠埃希菌志贺样毒素）可以直接影响中枢神经系统的脉管系统。另外，由破伤风杆菌产生的破伤风痉挛毒素（破伤风毒素）与周围神经结合，并逆行至中枢神经系统，在该部位阻断来自突触前抑制性运动神经终板的抑制性神经递质的释放。牛破伤风的临床症状通常表现为步态僵硬，没有嗳气，四肢伸肌强直，尾尖翘起和面肌抽搐。眼球的缩肌痉挛可以引起第三眼睑非自主性下垂。咬肌痉挛可以引起典型的临床症状"牙关紧闭症"（图72.2）。

真菌性感染 一般说来，中枢神经系统的真菌感染非常罕见。其炎症性反应的特点是肉芽肿性炎症。多数的全身性霉菌性病原微生物（如芽生菌、球孢子虫菌、隐球菌和组织胞浆菌）具有感染神经系统的潜在性，但通常是引起继发感染或者是表现出感染后期的症状。多数真菌通过血源性传播来实现神经系统的感染。新型隐球菌是神经系统感染最常见的病原性真菌，常发生于犬和猫。它可以产生大量的毒力因子，包括大分子荚膜多糖，并维持其持续感染，研究表明它借助单核细胞和内皮细胞来穿过血脑屏障，已有报道称由曲霉菌引起的肉芽肿性脑炎可伴随局灶性干酪样坏死。由嗜热真菌——奔马赫霉（旧称：奔马指霉）引起的家禽霉菌性脑炎的暴发也见诸于报道。

朊病毒病 传染性海绵状脑病或朊病毒病-牛海绵状脑病（BSE）、羊痒病和猫海绵状脑病是罕见的疾病，但同时也是重要的神经系统疾病。这种疾病大部分无法医治，且可以跨物种传播。同时，也涉及公共卫生方面，其造成的经济损失也相当之大。传染性海绵状脑病病原是一种无核酸的蛋白质侵染颗粒（即朊病毒），是由宿主神经细胞表面正常的一种唾液酸糖蛋白（PrP^C）在三级结构发生改变后形成的异常蛋白（PrP^{Res}）（即"resistant"PrP）。动物主要通过摄入被PrP^{Res}污染的饲料（如BSE是经摄入污染肉和骨粉，羊痒病可能是经污染的胎盘或排泄物）而发生本病。朊病毒可以通过消化道，之后在淋巴网状系统内大量复制，通过进一步侵袭周围神经到达脑部。PrP^{Res}蓄积与传染性海绵样脑病的病理发生（neuronal intracellular spongiosis，神经元细胞内海绵样变性）密切相关。

● 周围神经系统感染

如前所述，感染过程中侵袭周围神经系统的现象要比中枢神经系统少见。但是，在一些重要的疾病中会特异性感染或主要感染周围神经系统。肉毒杆菌的毒素影响周围神经系统，特别是影响位于周围神经末梢的突触小泡对接成分和融合复合物。肉毒杆菌毒素干扰乙酰胆碱从运动神经末梢释放，使肌纤维不能收缩，进而引起该病的特征性症状——松弛型瘫痪。马立克病病毒可以引起周围神经系统（通常是坐骨神经和臂神经丛）病变，这种病变是该病的主要特征。眼观可见神经肿大，组织学检查可见炎症性和肿瘤细胞浸润以髓磷脂变性。马的喉囊发生霉菌性和细菌性感染时可以波及舌咽神经和迷走神经，引起吞咽困难或喉头麻痹。

(胡守萍　胡薇 译，何希君　孙恩成 校)

第73章 眼部感染

眼睛的主要功能是产生视觉。当视觉受到损害时，动物的健康状况就会受到影响。本章阐述视觉系统感染，主要包括眼睑、泪器、结膜、眼睛及其筋膜。眼睛由角膜、巩膜、晶状体、葡萄膜、视网膜、视神经、房水及玻璃体腔构成。通常情况下，结膜、角膜和葡萄膜是眼部系统传染性疾病发生的主要部位。

● 眼部的抗微生物特性

由于眼睛频繁暴露于外部环境之中，因而其对感染也具有相当的抵抗力。机械学因素、解剖学因素、抗微生物因子及免疫系统都能够保护眼睛免于感染，以下内容将对以上因素分别进行详细阐述。

机械学和解剖学因素

眼睑（包括睫毛）、眨眼行为（防御风险）和角膜反射能对给眼睛造成损伤的外部攻击起到保护作用，对外源性和内源性病原微生物感染也有一定的预防作用。完好的结膜和角膜上皮组织可为宿主免于眼部感染提供保护。角膜前泪液膜是一个复杂的液体层，覆盖于暴露的眼睛表面，但不影响视力。泪液膜具有多种功能，如润滑眼球、延迟液体蒸发及输送营养等。睑板腺、泪腺、结膜和角膜均参与泪液膜的形成。泪液被覆在眼表形成一层均质的保护膜，可以冲洗眼睛的有毒物质和微生物，从而对眼表起到整体的保护作用。

血-房水屏障和血-视网膜屏障，由上皮细胞间和内皮细胞间的紧密连接构成，对眼睛的内部结构起到保护作用。血-房水屏障由睫状上皮细胞紧密连接构成，位于睫状基质的毛细血管与眼后房的液体之间。血-视网膜屏障由视网膜毛细血管内皮细胞与视网膜色素上皮细胞紧密连接构成。这些屏障为眼内结构提供保护，从而免于血源微生物的感染。宿主系统性感染产生的微生物感染眼内时，这些屏障区域通常会成为感染的初始部位。炎症反应会破坏细胞之间的紧密连接，导致血-眼屏障损伤。

抗微生物因子

泪液不仅能够缓解外部刺激对眼睛的影响，而且还含有一些非特异性抗微生物感染的物质，包括以下几类：

1.乳铁蛋白　乳铁蛋白是泪液中重要的蛋白质成分（占比高达25%），能够竞争性地结合细菌酶活性所必需的游离铁,从而抑制细菌生长。此外,乳铁蛋白还有增强自然杀伤细胞功能和抑制C3转化酶形成的作用。

2.溶菌酶　溶菌酶在泪液中的含量丰富,最高占比可达泪液蛋白的40%,能够消化细菌细胞壁肽聚糖中的糖链,从而非特异性地保护眼睛免于外源菌及常驻菌感染。不同动物泪液中溶菌酶的浓度有所不同,这在一定程度上解释了不同动物对眼外感染的易感性存在差异的原因。泪液中溶菌酶浓度的降低与眼部感染风险的增加呈相关性。

3.抗菌肽　眼表组织能够不断产生具有广谱抗感染功能的阳离子抗菌肽。抗菌肽不仅可以作为天然抗生素直接作用于细菌表面,而且对激活宿主细胞免疫防御信号也有重要作用。结膜、角膜和泪液中都含有抗菌肽。

免疫系统

通常情况下,黏膜免疫系统包括胃肠道黏膜、呼吸道黏膜、泌尿生殖道黏膜和乳腺黏膜,而结膜也是黏膜免疫系统的一部分。目前,尚不清楚结膜或者泪腺淋巴组织是否具有抗原递呈功能。因此,在眼部免疫应答中,抗原可能通过鼻泪管到达肠道相关淋巴组织或者支气管相关淋巴组织,在这些部位产生免疫应答反应。泪腺中产生IgA的B淋巴细胞经过克隆扩增与分化后成为浆细胞。浆细胞产生的IgA继而与分泌型组分结合成为分泌型IgA。分泌型IgA对蛋白水解酶有抵抗性,是泪液中主要的免疫球蛋白组分。IgA对微生物感染有防御作用,其可以阻止细菌黏附和中和病毒等。补体系统在泪液中也能够发挥抗感染效应。

结膜中有着丰富的血管供应,因此病原侵袭会导致其产生由中性粒细胞介导的炎症反应。角膜由于不含有血管,因而其炎症反应通常受到抑制或者有所延迟。

眼内免疫应答需要受到调控,防止免疫应答反应过于剧烈。剧烈的免疫应答反应会不可逆转地破坏眼内结构,进而损坏视力。由于T淋巴细胞亚群会造成严重的旁路损伤,其功能通常会受到抑制。因此,眼部免疫应答有显著的局部化特征。

微生物菌群的竞争性抑制　眼部的正常菌群同机体其他系统的正常菌群一样,可通过抑制致病菌的定植而保护视觉系统。

● 眼部的微生物菌群

结膜内普遍存在一些正常菌群。这些菌群会随动物、品系、地域、饲养条件和季节差异而有所不同。结膜中的常见菌群是一些革兰阳性菌,如葡萄球菌、微球菌、链球菌、类白喉菌及芽孢杆菌。非肠溶性革兰阴性菌较为少见,主要有莫拉菌、奈瑟菌及假单胞菌等。在反刍动物中,莫拉菌属是其眼睛中存在的主要正常菌群。此外,有些动物的结膜菌群中含有支原体。目前,结膜菌群中每种细菌数量的定量研究仍有许多工作需要完成。正常动物的结膜标本有时不能培养出微生物,表明结膜中的正常菌群并不太多,眼内环境基本是无菌的。

● 眼部感染

眼部可发生原发感染,也可由其他系统(如上呼吸道感染)感染而引起继发感染。感染部位的微生物通常具有接触传染性,因此会危害动物群体的卫生安全。在有些情况下,眼部结构和固有免疫防御系统的损伤也可诱发眼部感染,如泪液含量减少、过度的紫外线照射、免疫抑制疾病、外伤或者穿透性损伤、解剖学缺陷(如眼睑内翻)及手术创伤(手术治疗)等。在这些情况下,眼部的良性正常菌群或者机体其他的内源性菌群一旦侵入到这些失去防御的区域，就会导致严重的感染。许多系统性感染也会引起眼部症状，主要是菌群从原发感染位点扩散的结果。

眼部感染不会局限于眼睛的特定区域，其主要与感染宿主微生物的特性相关，如微生物的组织嗜性、感染途径及宿主控制该微生物感染的能力等。有些情况下，炎症反应使得靠近原发感染区域的眼睛结构受到较大程度的损伤，如果没有得到有效控制，炎症会进一步蔓延到眼内腔和其周围结构（如眼内炎和全眼球炎）。内源性或者外源性微生物可通过与眼表接触而使其感染。感染因子也可通过血流循环、淋巴系统或者从神经组织蔓延而感染眼部。

家养哺乳动物和家禽视觉系统中常见及重要病原见表73.1至表73.7。

表73.1 犬属动物视觉系统中常见及重要病原

病原	主要临床症状（常见疾病名称）
病毒	
犬腺病毒1型	角膜水肿，免疫复合物型葡萄膜炎，角膜炎（蓝眼病）
犬瘟热病毒	脉络膜视网膜炎，结膜炎，视神经炎（犬瘟热）
犬乳头瘤病毒	眼睑及结膜部乳头瘤
细菌	
β-溶血链球菌	结膜炎，泪囊炎
犬布鲁氏菌	前葡萄膜炎，眼内炎
凝固酶阳性葡萄球菌	睑缘炎，结膜炎，泪囊炎
埃立克体	前葡萄膜炎，结膜充血，脉络膜视网膜炎
钩端螺旋体	前葡萄膜炎
立克次氏体	前葡萄膜炎，脉络膜视网膜炎，结膜充血，视网膜出血
真菌	
皮炎芽生菌	前葡萄膜炎，脉络膜视网膜炎，眼内炎
新型隐球菌	脉络膜视网膜炎，视神经炎
藻类	
无绿藻	前葡萄膜炎，脉络膜视网膜炎

表73.2 猫属动物视觉系统中常见及重要病原

病原	主要临床症状（常见疾病名称）
病毒	
猫疱疹病毒1型	结膜炎，角膜溃疡，基质角膜炎（猫病毒鼻气管炎）
猫免疫缺陷病毒	前葡萄膜炎，脉络膜视网膜炎
猫传染性腹膜炎病毒	前葡萄膜炎，脉络膜视网膜炎，角膜后沉着物，角膜炎（猫传染性腹膜炎）
猫白血病病毒	前葡萄膜炎，葡萄膜淋巴肉瘤，视网膜出血
猫瘟病毒	视网膜退化，视网膜发育异常（猫瘟子宫内感染）
细菌	
猫属衣原体	结膜炎（猫肺炎）

(续)

病原	主要临床症状（常见疾病名称）
猫属支原体[a]	结膜炎
真菌	
新型隐球菌	脉络膜视网膜炎，视神经炎（隐球菌病）

注：[a] 尚不确定其是否为眼部病原。

表73.3　马属动物视觉系统中常见及重要病原

病原	主要临床症状（常见疾病名称）
病毒	
非洲马瘟病毒[a]	结膜炎，眼睑及眶骨膜水肿
马动脉炎病毒	结膜炎，眶骨膜水肿
马疱疹病毒2型	结膜炎，角膜炎
马流感病毒	结膜炎
细菌	
钩端螺旋体	全葡萄膜炎，马复发性葡萄膜炎
绿脓假单胞菌	角膜炎，角膜溃疡
真菌	
曲霉菌	角膜炎，角膜溃疡
镰孢菌	角膜炎，角膜溃疡

注：[a] 在美国被认为是外来动物疫病病原。

表73.4　牛属动物视觉系统中常见及重要病原

病原	主要临床症状（常见疾病名称）
病毒	
狷羚疱疹病毒1型[a]	前葡萄膜炎，结膜炎，角膜水肿，眼睑水肿，角膜炎（恶性卡他热）
牛疱疹病毒1型	结膜炎，角膜水肿/混浊（牛传染性鼻气管炎）
牛乳头瘤病毒	眼睑和结膜部乳头瘤
牛病毒性腹泻病毒	白内障，视网膜萎缩，视神经炎（牛病毒性腹泻子宫内感染）
羊疱疹病毒2型	前葡萄膜炎，结膜炎，角膜、眼睑水肿，角膜炎（恶性卡他热）
细菌	
化脓隐秘杆菌	眼眶蜂窝织炎
睡眠嗜组织菌[b]	视网膜出血，视网膜炎（血栓性脑膜脑炎）
单核细胞增生李斯特菌	结膜炎，角膜炎，葡萄膜炎
牛莫拉菌	结膜炎，角膜炎，角膜溃疡，全眼球炎（牛传染性角结膜炎或红眼病）
牛支原体	结膜炎

注：[a] 在美国被认为是外来动物疫病病原；
[b] 微生物的旧式名称。

表73.5　山羊和绵羊视觉系统中常见及重要病原

病原	主要临床症状（常见疾病名称）
朊病毒	
痒症朊病毒	视网膜脱落
细菌	
家畜嗜性衣原体[a]	结膜炎，角膜炎
单核细胞增生李斯特菌	结膜炎，角膜炎，葡萄膜炎
羊莫拉菌[a]	结膜炎，角膜炎
结膜支原体	结膜炎，角膜炎（传染性角结膜炎）

注：[a] 尚不确定其是否为眼部病原。

表73.6　猪属动物视觉系统中常见及重要病原

病原	主要临床症状（常见疾病名称）
病毒	
非洲猪瘟病毒[a]	结膜炎（非洲猪瘟）
猪瘟病毒[a]	结膜炎（猪瘟、猪霍乱）
猪风疹病毒	角膜混浊/水肿，角膜炎（蓝眼病）
伪狂犬病病毒	结膜炎，角膜炎
猪流感病毒	结膜炎
细菌	
猪衣原体	结膜炎
大肠埃希菌（志贺毒素阳性）	眼睑水肿（水肿病）
多杀性巴氏杆菌	结膜炎，鼻泪管阻塞（萎缩性鼻炎）

注：[a] 在美国被认为是外来动物疫病病原。

表73.7　家禽视觉系统中常见及重要病原

病原	主要临床症状（常见疾病名称）
病毒	
禽脑脊髓炎病毒(C)	白内障，葡萄膜炎
传染性喉气管炎病毒	结膜炎，角膜炎
马立克病病毒(C)	虹膜色素沉着丧失，全葡萄膜炎
新城疫病毒[a]	病毒性结膜水肿、出血
细菌	
禽波氏杆菌（T）	结膜炎
鹦鹉热衣原体	结膜炎
大肠埃希菌	结膜炎，眼内炎
嗜血杆菌-副鸡嗜血杆菌	结膜炎，眶周水肿
鸡败血症支原体	结膜炎
多杀性巴氏杆菌	结膜炎，眼睑水肿，眼眶蜂窝织炎
沙门菌属[b]	眼内炎

(续)

病原	主要临床症状（常见疾病名称）
真菌	
曲霉菌属	眼内炎，角膜炎

注：a 在美国被认为是外来动物疫病病原；
b 包括阿里佐纳沙门菌；
C，鸡；T，火鸡。

以下内容是对常见眼部感染疾病的阐述。

眼睑及泪器感染

细菌是引发睑缘感染（睑缘炎）和泪腺感染的常见病原，通常是内源菌，以葡萄球菌和链球菌比较常见。在犬属动物中，化脓性睑缘炎会在脓皮病的初期发生。皮肤真菌感染也会蔓延到眼睑。

结膜感染

结膜感染会引起炎症反应，一般表现为充血、水肿和细胞积液。结膜炎可由局部感染引起（如猫的衣原体感染），也可由系统性感染引发（如犬的犬瘟热）。病毒性结膜炎（如α-疱疹病毒结膜炎）通常伴随上呼吸道感染或者消化道感染。当病毒吸附到表层上皮细胞并在其中进行复制时，比较容易诱发炎症。病毒感染诱发的细胞病变效应及其所导致的炎症反应可引起显著的临床症状。结膜感染有时会扩散至角膜，有时与角膜感染（角结膜炎）同时发生。

结膜的细菌感染有时始于结膜，有时源于眼睑和泪腺感染的蔓延。衣原体/衣原体属感染可导致原发性结膜炎，并可以扩散至机体的其他部位。细菌性结膜炎有时会继发于病毒性结膜炎，病毒性结膜炎有时伴随角膜炎，但真菌性结膜炎的病例较为少见。

角膜感染

对于大多数动物来说，角膜炎是一种常见的疾病，有时伴随角膜上皮和部分基质（角膜溃疡）损伤。眼睛外部上皮组织和内部内皮组织均可发生角膜炎。角膜内没有血管，其炎症反应是由结膜或者边缘巩膜的中性粒细胞迁移到角膜产生的。在慢性疾病进程中，角膜会发生血管样化直接参与炎症反应。

疱疹病毒是引起宿主病毒性角膜炎的常见致病因子，猫和牛易感。在应激条件下，潜伏在感觉神经节（如三叉神经节）的疱疹病毒有时会被激活而导致感染复发。

原发细菌性角膜炎很少见。角膜一旦有裂口，一些条件性致病菌，如葡萄球菌、链球菌和假单胞菌就容易在角膜定植并扩散到角膜基质。细菌产生的毒素和酶（如假单胞菌产生的蛋白水解酶）会对角膜造成损伤。被招募到角膜的中性粒细胞产生的酶类（如胶原酶和弹性蛋白酶）会使角膜损伤加剧。绿脓假单胞菌一旦从上皮屏障裂隙进入角膜并定植，就会成为极具毒力的致病菌，并导致角膜发生融化溃疡（melting ulcers）。在兽医学中，牛属动物莫拉菌是少有的能够引发原发细菌性角膜炎的菌种，其编码一些特异性毒力因子，如黏附素（菌毛）和毒素。黏附素可使其吸附于上皮细胞，毒素可导致上皮细胞坏死（图73.1）。

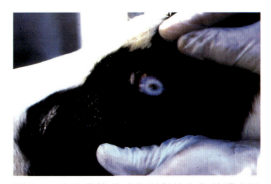

图73.1　由牛莫拉菌感染引起的牛角结膜炎导致犊牛角膜深度溃疡

在马属动物中，真菌性角膜炎是最为常见的。有研究表明，马属动物的结膜中通常含有许多真菌。由于暴露于植物环境中，经常会把真菌导入眼内，因此马属动物眼内真菌很可能是其眼睛随机暴露于环境时侵入眼内的菌丛。完好的角膜上皮组织是抵御真菌感染的有力防线，因此真菌角膜炎发生的前提是角膜上皮组织有创伤。皮质类固醇能增加马属动物角膜真菌感染的风险。当真菌感染已经发生时，皮质类固醇的使用会使感染加剧。通常情况下，真菌性角膜炎不伴随结膜炎。

眼内感染

眼内感染通常是由葡萄膜（虹膜、睫状体和脉络膜）外源微生物感染引发的。初期主要在葡萄膜的特定部位发生感染。从组织学上讲，眼内大多数感染都会牵涉葡萄膜。葡萄膜炎可根据在解剖学上发生炎症的部位（如前葡萄膜炎）和近邻部位是否发生炎症反应（如脉络膜视网膜炎）进行分类。眼内液体流动的特性和眼内不同腔室之间的开放性联络，使眼内感染容易从原发部位向其他部位扩散（如视网膜受损）。由于致病因子、炎症反应的强度及动物个体有差异，因此葡萄膜炎症反应会表现出不同症状，如化脓性、淋巴浆细胞浸润、肉芽肿，或者以上多种症状的综合。

病毒性葡萄膜炎可由病毒直接感染葡萄膜引起，也可由免疫复合物的沉积导致（免疫介导的Ⅲ型超敏反应）。同样，细菌性葡萄膜炎可以由细菌（如布鲁氏菌感染）感染葡萄膜引起，也可以是免疫复合体的沉积导致（如钩端螺旋体感染）。非特异性细菌性葡萄膜炎一般继发于宿主已经患有的一些细菌性疾病（如牙龈炎和前列腺炎）。所有的系统性真菌致病因子（如芽生菌、组织胞浆菌、球孢子菌和隐球菌）都能够引起全葡萄膜炎。临床上，多表现为脉络膜视网膜炎，以犬和猫感染最为严重。无绿藻是一种不含叶绿素的水藻，能够导致犬类发生肉芽肿状脉络膜视网膜炎和一些其他症状（如便血和麻痹）。

某些动物的子宫感染（通常由病毒感染引起）能够导致眼部结构的先天缺陷，如妊娠母牛感染牛病毒性腹泻病毒后会导致所产犊牛的视网膜萎缩和白内障，猫泛白细胞减少症与其幼猫的眼部发育不良相关。

眼眶感染

外来异物、口腔的穿透性损伤及血行传播都能够导致眼眶感染。眼眶蜂窝织炎和眼球后部脓肿等化脓性感染是常见疾病。所有的动物都能够发生眼眶感染，以犬和猫最为易感，感染病因通常是致病菌混合感染，其中以巴氏杆菌较为常见。

（于长清 译，王玉娥 校）

第74章 呼吸系统

呼吸系统的主要功能是进行气体交换。呼吸道的结构决定了其能在呼吸时防御环境中的有害物质、微粒物质和病原微生物对呼吸道末端进行气体交换的部位造成损害，呼吸道的每一段结构都具有重要的、固有的防御功能。

大多数脊椎动物的呼吸系统由鼻腔、鼻窦、喉、咽、气管、支气管、细支气管和肺组成。鸟类的呼吸系统更为复杂，与哺乳动物截然不同，其最显著的特征是拥有大的、位于皮下的眶下窦。眶下窦与鼻腔相通而且特别容易被感染，这在某种程度上与其引流不畅有关。禽的肺与脊椎动物相比较更为坚硬。禽类的气囊由支气管分支出肺后形成，大部分与骨骼的内腔相通，气囊实际上是肺脏的延伸部分。

● 呼吸系统的抗微生物特性

呼吸时整个呼吸道暴露于空气中，容易受到空气中病原微生物的威胁，包括潜在的病原微生物。上呼吸道内定植大量的常驻菌，机体的各种防御机制可以阻止这些常驻菌进入其他部位或直接将其清除。

呼吸道的鼻咽、气管、支气管和肺发挥不同的保护机制。空气动力学过滤机制是通过利用呼吸道不同的空气动力阻止不同直径大小的空气粒子进入的。直径大于5μm的颗粒通过撞击的惯性力量沉积在鼻咽部和气管、支气管上部。在小支气管及其远端，空气运动速度降低，5～10μm的颗粒通过重力作用沉积。在终末细支气管和肺泡内，直径小于1μm的粒子通过布朗运动与膜接触。

覆盖在气道上皮的黏液中含有多种具有抗微生物特性的物质或提供保护性效果。溶菌酶以不同含量存在于整个呼吸道中，通过作用于肽聚糖来选择性地发挥杀菌作用。纤毛上皮产生的广谱抗微生物肽，如β-防御素可以抵御病毒、细菌和真菌入侵。微生物成分，如脂多糖可以诱导β-防御素的表达使其含量升高。抗微生物的活性氮自由基，如一氧化氮也可由纤毛上皮细胞通过诱导型一氧化氮合成酶（iNOS）产生，细菌产物可以调节iNOS的表达。一氧化氮通过促炎和抗炎功能在宿主防御和炎症过程中发挥重要的生物学介质作用。此外，黏液中还存在免疫球蛋白、干扰素和乳铁蛋白，乳铁蛋白通过结合铁来夺取微生物生长环境中的铁离子。α-1抗胰蛋白酶是主要的蛋白酶抑制剂，在炎症局部浓度往往很高，对急性炎性疾病有一定限制作用。

鼻咽部

鼻咽部的保护机制包括鼻孔周围的鼻毛（外层粗毛）和鼻甲，鼻甲可以捕获最大的吸入性颗粒（直径15μm），其解剖学特性可以扰乱气流并降低粒子入侵黏膜表面的机会。一旦粒子撞击到被覆黏液的鼻甲骨或鼻咽壁，黏膜纤毛的活动（参考"黏液纤毛装置"一节）会将其转运到咽后部，通过消化道将其吞咽并清除。在潮湿、温暖的鼻腔，粒子通过水合作用膨大后更易接触到黏膜。鼻腔内温暖的空气有助于下呼吸道内冷敏感性的清除机制发挥作用。咽部的淋巴组织作为黏膜相关淋巴组织的一部分，在过滤病原微生物和启动免疫反应时发挥作用。

常驻菌对微生物定植具有抵抗作用并可产生抗菌性物质。喷嚏反射有助于清除这个区域内的感染性粒子。

气管支气管部

气管支气管部包括喉、气管、支气管和细支气管。吞咽时声门闭合可以保护该区域不受污染，咳嗽可以排出积聚的液体。气管支气管部由黏液纤毛上皮覆盖，可以将粒子困在局部，并转运至咽前部（参考"黏液纤毛装置"一节）。粒子在气道黏液表面沉积得益于气管分支引起的空气流动方向的改变。

细支气管相关淋巴组织（BALT）分布于气道，集中于气管的分支处，这里是吸入性粒子最大的陷阱，BALT包括细胞和体液免疫反应。上皮细胞介导IgA从固有层到气道腔的主动运输。

肺部 肺部（肺泡）的清除机制包括肺泡巨噬细胞（PAMs）、中性粒细胞和由血液招募而来的单核细胞，粒子通过吞噬作用被清除，敏感性病原微生物会被杀死和消化。带有未被消化颗粒的巨噬细胞可以移行到存在纤毛的细支气管，再由黏液纤毛运动向外输送。部分带有吞噬颗粒的肺泡巨噬细胞先进入肺泡间隔，再进入淋巴管，最后输送至淋巴结。肺部与气管、支气管一样可分泌同样的防御性物质，通过肺泡巨噬细胞产生来进行补充。

● 机制

黏液纤毛装置和PAMs构成了呼吸道主要的清除机制，在下面的内容中将详细阐述。

黏液纤毛装置

黏液纤毛装置由纤毛细胞和分泌细胞组成。位于鼻腔和气管支气管前端部分的纤毛细胞为假复层上皮细胞，位于小支气管的纤毛细胞为单层柱状上皮细胞，位于最小细支气管的是单层立方上皮细胞。每个细胞约有250根纤毛，大小约为5.0μm×0.3μm，与真核生物的鞭毛相似。纤毛每分钟最多可摆动1 000次，从最近端到最远端的细支气管，纤毛细胞的密度逐渐减少，纤毛活性改变或上皮细胞分化可阻碍清除活动并促进机会性病原体入侵。此外，纤毛上皮细胞功能丧失会减少抗微生物物质和介导炎症反应的细胞因子的生成。

黏液纤毛装置的分泌部分包括散布在纤毛细胞之间的杯状细胞，以及位于鼻、气管、较大的支气管黏液下层的浆液腺及黏液腺。浆液清洗纤毛，黏液层覆盖于纤毛上皮游离面。随着粒子被黏附在鼻咽后部和气管支气管前部，纤毛以20mm/min的速度向咽部摆动。气管的粒子清除率最高，最小气道的粒子清除率最低，这是因为最小气道缺少杯状细胞因而黏液稀少，纤毛摆动速度更慢（主要是防止大气道的阻塞）。气管（如猫）清除可在1h内完成，全部气道的清除需要1d的时间。

黏液纤毛的清除机能受温度、呼吸道内病毒、一些细菌（如波氏杆菌）、干燥、常规麻醉、灰尘、有毒气体（如二氧化硫、二氧化碳、氨气和烟草烟雾等）和缺氧等因素的限制，刺激作用能通过破坏杯状细胞的完整性使黏液产生量增多。

肺泡巨噬细胞

肺泡巨噬细胞（PAM）由单核细胞演化而来，位于肺泡间隔。在机体需要时从血液招募而来。PAM是多形性细胞，直径为20～40μm，含有许多溶酶体颗粒，其中包括很多生物活性物质。PAM也可产生介质-补体成分、白细胞介素1和肿瘤坏死因子，这些介质可以动员额外的细胞和体液性防御。PAM的补体和IgG受体可以促进自身的吞噬能力，具有运动活性，在肺泡内的存在时间不足1周。PAM的能量来源于氧化磷酸化作用。肺泡缺少纤毛上皮细胞和黏液产生细胞，因而需要肺泡巨噬细胞清除到达肺泡的粒子。

与敏感性细菌被杀死和吞噬不同，被PAM吞噬的粒子经由黏液纤毛的扶梯作用或经由间质向心性或离心性淋巴系统而被排出。向心性路径直接通向门淋巴结，需要2周的时间到达该部位。离心性路径通过胸膜行进，并且需要数月的时间。不能被清除的物质通过炎症反应（如脓肿和肉芽肿）被隔离开来。

PAM的活性可以被二氧化硫、臭氧、氮氧化物和呼吸道病毒所抑制。细菌性白细胞毒素和溶血素是呼吸道病原（如牛溶血性曼氏杆菌和猪胸膜肺炎放线杆菌）产生的主要毒力因子，这些因子可对PAM造成损伤。

● 微生物菌群

呼吸道内微生物菌群密度和种类因动物不同及呼吸道位置不同而有区别。常驻菌局限于鼻腔和咽，种类繁多。例如，从哺乳和断奶仔猪的鼻甲、扁桃体中可以分离出超过30种的革兰阳性菌。草绿色链球菌和凝固酶阴性葡萄球菌是鼻腔内的固有菌群，与其他潜在病原（随动物宿主不同而不同）一同存在。虽然凝固酶阳性葡萄球菌不被认为是呼吸道病原，但其可以在鼻腔内定植，某些动物含有比较高的携带量，并可以成为感染身体其他部位（如皮肤感染）的发源地。一些存在于上呼吸道和口咽部的菌群如果能在下段的呼吸道内定植，则可成为引起呼吸道感染的主要病原（如巴氏杆菌属、链球菌属和支原体属的成员）。许多潜在性的致病性支原体是宿主上呼吸道的常驻菌，在持续感染的个体中它们被运送至下段的呼吸道。支原体作为病原影响呼吸道的各段，参与促进呼吸道疾病综合征的发生，或者在适宜条件下其自身可单独作为重要病原。

与消化道一样，呼吸系统常驻菌群的定植能力受抗生素治疗和环境变化的影响而降低，菌群的组成成分也会发生变化。

非常在微生物包括潜在性病原微生物和一过性的无致病性微生物。一过性菌群由随呼吸进入的微生物组成，因而可以反映宿主所处的环境条件。环境性因素，如干燥、灰尘或空间狭窄（空气流通不良）可以促进微生物定植，并可促使动物呼吸道内一过性菌群中微生物种类增多。一般情况下，从上呼吸道很少能分离到作为一过性菌群的大肠埃希菌和其他肠道细菌。即使发现这类细菌显著存在于鼻咽部，如果缺乏相应的临床症状和病理变化，也很难得出结论。

喉、气管、支气管和肺中缺少常驻菌群。然而，呼吸道的下段却长时间、持续性地暴露于上呼吸道内的菌群中。这看起来是个威胁，但呼吸道可以通过先天性宿主防御机制快速清除病原微生物。健康动物（如猫）呼吸道末端每毫升液体中最多可含有10^3个细菌。

● 呼吸系统感染

呼吸系统感染在所有动物中非常重要。一些引起主要畜禽呼吸系统疾病的常见及重要病原见表74.1至表74.7。病原微生物的特征、感染途径、宿主易感性和宿主免疫反应决定了感染的呼吸道部位、严重程度和相关病理学变化。此部分阐述的病原包括病毒性、细菌性和真菌性病原微生物，也包括一种水生原生生物寄生虫——鼻孢子虫。

表74.1　犬呼吸系统中常见及重要病原

病原	主要临床表现（常见疾病名称）
病毒	
犬腺病毒2型	流鼻涕，气管支气管炎（犬窝咳综合征），支气管性间质性肺炎
犬瘟热病毒	鼻咽炎，喉炎，支气管炎，支气管性间质性肺炎（犬瘟热）
犬副流感病毒2型	流鼻涕，气管支气管炎（犬窝咳综合征）
细菌	
放线菌属	化脓性肉芽肿性肺炎，胸膜炎
支气管败血波氏杆菌	气管支气管炎（传染性气管支气管炎、犬窝咳）
大肠埃希菌	支气管肺炎
诺卡菌属	支气管肺炎
专性厌氧菌[a]	化脓性肉芽肿性胸膜炎
多杀性巴氏杆菌	支气管肺炎
真菌	
系统性真菌病病原微生物[b]	支气管肺炎
烟曲霉	肉芽肿性肺炎
新型隐球菌	鼻炎，鼻窦炎（鼻曲霉病）
原生生物	肉芽肿性鼻肿物（隐球菌病）
西伯氏鼻孢子虫	鼻肉芽肿（罕见）

注：[a] 包括类杆菌属、消化链球菌属、梭菌属和卟啉单胞菌属；
[b] 包括皮炎芽生菌、粗球孢子菌、新型隐球菌和荚膜组织胞浆菌。

表74.2　猫呼吸系统中常见及重要病原

病原	主要临床表现（常见疾病名称）
病毒	
猫杯状病毒	鼻炎，间质性肺炎，气管炎（猫杯状病毒病）
猫疱疹病毒1型	鼻气管炎（猫病毒性鼻气管炎）
猫传染性腹膜炎病毒	胸腔积液，化脓性肉芽肿性胸膜炎
细菌	
支气管败血波氏杆菌	气管支气管炎，支气管肺炎（猫波氏杆菌病）
猫衣原体	肺炎（猫肺炎），鼻炎
专性厌氧菌[a]	胸腔积脓（脓胸）
多杀性巴氏杆菌	胸腔积脓（脓胸）
真菌	
新型隐球菌	鼻炎，肉芽肿性鼻肿物，鼻窦炎，肺炎

表74.3　马呼吸系统中常见及重要病原

病原	主要临床表现（常见疾病名称）
病毒	
非洲马瘟病毒[a]	肺水肿（非洲马瘟）
马腺病毒1型	支气管炎，间质性肺炎（马腺病毒病）
马疱疹病毒1型	鼻炎，肺炎（马鼻肺炎）
马疱疹病毒4型	鼻炎，肺炎
流感病毒	鼻炎，气管支气管炎，间质性肺炎（马流感）
马病毒性动脉炎病毒	鼻炎，间质性肺炎
亨德拉病毒[a]	肺水肿伴随呼吸窘迫
细菌	
马驹防线杆菌溶血性亚种	支气管肺炎，胸膜炎
鼻疽伯克霍尔德菌[a]	鼻炎，化脓性肉芽肿性鼻结节（马鼻疽）
类鼻疽伯克霍尔德菌[a]	鼻黏膜脓肿，栓塞性肺炎，肺脓肿
大肠埃希菌	
猫支原体	支气管炎，胸膜炎
专性厌氧菌[b]	胸膜炎
马红球菌	支气管肺炎，胸膜炎
马链球菌马亚种	化脓性肉芽肿性肺炎
马链球菌兽疫亚种	喉囊积脓，鼻咽炎，咽后淋巴结脓肿（腺疫），鼻窦炎
真菌	
曲霉属	支气管肺炎，胸膜炎，鼻窦炎
原生生物	喉囊霉菌病
西伯鼻孢子菌	鼻肉芽肿（罕见）

注：[a] 在美国被认为是外来动物疫病病原；
[b] 包括梭菌属、消化链球菌属和普氏菌属。

表74.4　牛呼吸系统中常见及重要病原

病原	主要临床表现（常见疾病名称）
病毒	
牛疱疹病毒1型	鼻气管炎（传染性牛鼻气管炎）
牛呼吸道冠状病毒	间质性肺炎
牛呼吸道合胞体病毒	间质性肺炎（牛呼吸道合胞体病毒病）
副流感病毒3型	鼻炎，间质性肺炎（副流感3型感染）
细菌	
化脓隐秘杆菌	栓塞性肺炎，肺脓肿
坏死梭杆菌	坏死性喉炎（犊牛白喉）
睡眠嗜组织菌[a]	支气管肺炎，中耳炎
溶血性曼氏杆菌	支气管肺炎（地方性肺炎、运输热）
牛分枝杆菌	肉芽肿性肺炎，胸膜炎（牛结核病）
牛支原体	支气管肺炎，中耳炎
殊异支原体	肺炎-肺泡炎
丝状支原体丝状亚种小菌落生物型[b]	支气管肺炎，胸膜炎（传染性牛胸膜肺炎）
多杀性巴氏杆菌	支气管肺炎（地方性肺炎、运输热），中耳炎
都柏林沙门菌	间质性肺炎
真菌	栓塞性肺炎
沃尔夫被孢霉	

注：[a] 旧称"睡眠嗜血杆菌"；
[b] 在美国被认为是外来动物疫病病原。

表74.5　绵羊和山羊呼吸系统中常见及重要病原

病原	主要临床表现（常见疾病名称）
病毒	
山羊关节炎-脑炎病毒（G）	间质性肺炎
绵羊肺腺瘤病毒（S）	间质性肺炎，肺癌（绵羊肺腺癌）
梅迪-维斯那病毒（S）	间质性肺炎（绵羊进行性肺炎、梅迪病）
副流感病毒3型	间质性肺炎
细菌	
化脓隐秘杆菌	肺脓肿，创伤性咽炎
坏死梭杆菌	坏死性喉炎，创伤性咽炎
溶血性曼氏杆菌	支气管肺炎，胸膜炎（肺炎型巴氏杆菌病）
山羊支原体山羊肺炎亚种（G）[a]	支气管肺炎，胸膜炎（山羊传染性胸膜肺炎）
丝状支原体丝状亚种大菌落生物型（G）	肺炎，胸膜炎
绵羊肺炎支原体（S）	间质性肺炎（绵羊非进行性肺炎）
海藻巴斯德菌	支气管肺炎

注：[a] 在美国被认为是外来动物疫病病原；
S，绵羊；G，山羊。

表74.6　猪呼吸系统中常见及重要病原

病原	主要临床表现（常见疾病名称）
病毒	
蓝耳病病毒	间质性肺炎（猪繁殖与呼吸综合征）
尼帕病毒[a]	肺泡炎，支气管性间质性肺炎
猪疱疹病毒1型	鼻咽炎，气管炎（伪狂犬病、奥耶斯基氏病）
猪疱疹病毒2型	鼻炎（包涵体鼻炎）
猪流感	鼻炎，气管支气管炎，支气管性间质性肺炎（猪流感）
细菌	
胸膜肺炎放线杆菌	支气管肺炎，胸膜炎（猪胸膜肺炎）
支气管败血波氏杆菌[b]	鼻炎（萎缩性鼻炎），支气管肺炎
坏死梭杆菌	坏死性鼻蜂窝织炎（坏死性鼻炎、慢性鼻炎）
副猪嗜血杆菌	支气管肺炎，多发性浆膜炎（格拉泽病）
猪肺炎支原体	支气管肺炎（地方性肺炎）
猪鼻支原体	多发性浆膜炎
多杀性巴氏杆菌[b]	鼻炎（萎缩性鼻炎），支气管肺炎
沙门菌属	支气管性间质性肺炎
猪链球菌	支气管性间质性肺炎，胸膜炎，栓塞性肺炎

注：[a] 在美国被认为是外来动物疫病病原；
[b] 支气管败血波氏杆菌和多杀性巴氏杆菌有时协同感染。

表74.7　家禽呼吸系统中常见及重要病原

病原	主要临床表现（常见疾病名称）
病毒	
禽传染性支气管炎病毒（C）	气囊炎，气管支气管炎（禽传染性支气管炎）
禽流感	气囊炎，鼻窦炎，气管炎（禽流感）
禽副粘病毒1型[a]	出血性气管炎（外来性新城疫）
禽肺病毒	鼻气管炎，鼻窦炎（火鸡鼻气管炎），鸡眶周和眶下窦肿胀（肿头综合征）
禽痘病毒	鼻腔、咽、喉和气管的白喉性损伤（鸡痘的白喉型）
禽疱疹病毒1型（C）	喉气管炎（传染性喉气管炎）

(续)

病原	主要临床表现（常见疾病名称）
细菌	
禽波氏杆菌	鼻气管炎，鼻窦炎（波氏杆菌病、火鸡鼻炎）
大肠埃希菌	大肠埃希菌败血症、继发性肺炎
副鸡嗜血杆菌（C）	鼻炎，鼻窦炎（鸡鼻炎）
鸡败血支原体	气囊炎（慢性呼吸道疾病），鼻炎，鼻窦炎（传染性鼻窦炎）（T）
滑液囊支原体	气囊炎，鼻窦炎
鼻气管鸟杆菌	气囊炎，支气管肺炎，鼻窦炎
多杀性巴氏杆菌	气囊炎，肺炎
真菌	
烟曲霉菌	气管炎，气囊炎，肺炎（禽曲霉菌病）

注：ª 在美国被认为是外来动物疫病病原；

C，只表示鸡；T，火鸡。

潜在性的呼吸道病毒性病原微生物（如腺病毒科、杯状病毒科、疱疹病毒科、副黏病毒科和正黏病毒科的成员）属于一系列家族。呼吸道内主要的细菌性病原微生物属于巴氏杆菌科或波氏杆菌属、支原体属和链球菌属。一些重要的呼吸道病原与特异性和明确的临床表现相关（如马红球菌和马驹的化脓性肉芽肿性肺炎）。正常情况下，一些来自口腔和消化道下段的机会性细菌（如放线菌属、肠杆菌科家族成员和专性厌氧菌）可以引起或参与呼吸道疾病（如吸入性肺炎）。呼吸道的真菌性病原微生物主要是系统性真菌病的病原（如皮炎芽生菌、粗球孢子菌、新型隐球菌、荚膜组织胞浆菌和曲霉菌属）。

许多感染性呼吸道疾病是多因子作用的结果，需要环境因素、宿主和病原微生物的协同作用。呼吸系统感染通常会引发不同病原的继发感染（如病毒性肺炎可引起细菌的继发性肺炎）。呼吸系统感染可经气源性或血源性引发，经血源性来源的感染因子，特别是发生于猫、猪和反刍动物时，由肺血管内巨噬细胞来清除。有关特定呼吸道病原的相关知识可参考特定病原的发病机制和病理学细节。

鼻咽部感染

发生于鼻咽部的主要感染性疾病是鼻炎和鼻窦炎，可单独发生或伴随发生。鼻炎是鼻黏膜的炎症，其一般症状是打喷嚏和流出不同成分的鼻分泌液。发生鼻炎时流浆液性或黏液性分泌物，会随血管通透性（纤维蛋白原沉积）的改变和分泌液中炎症性细胞的类型而变化。

病毒性鼻炎可由许多病毒（如疱疹病毒、腺病毒和流感病毒）引起，发生于大多数动物。一般情况下，病毒感染纤毛上皮细胞，引起其脱落和被替换，临床症状表现为相关的炎症反应。继发细菌感染是原发性病毒性鼻炎的并发症（如猫鼻气管炎病毒和杯状病毒感染使其看起来更倾向于是细菌性鼻炎和鼻窦炎）。处于感染潜伏期的动物可以定期散毒（如传染性牛鼻气管炎病毒），是其他健康动物发生传染病的主要来源。

虽然细菌性感染的发病率要低于病毒性感染，但仍然非常重要。其中值得注意的是猪的萎缩性鼻炎、马传染性鼻咽炎（腺疫）和家禽鼻窦感染（见此后第二段关于鼻窦炎的讨论）。猪的萎缩性鼻炎的发生，是由多杀性巴氏杆菌（D型）产生的皮肤坏死毒素引发的鼻甲骨骨溶解和鼻腔变形（图74.1）。败血波氏杆菌产生的皮肤坏死毒素在某些程度上也参与其中，疾病以轻微的、非进行性的形式或更活跃的、进行性形式存在。萎缩性鼻炎可以导致以下后果，即体重增长变慢、饲料转化率低及对其他呼吸道感染的敏感性增加。

马链球菌亚种是引起马传染性鼻咽炎（腺疫）的病原，其典型病变通常可波及下颌淋巴结和/或咽后淋巴结。由该病原引起的强烈的炎症性反应使病马鼻部出现双侧性浓稠的化脓性鼻液。腺疫是高

图74.1 由败血波氏杆菌和多杀性巴氏杆菌（D型）感染引起的猪的严重鼻甲骨萎缩，中间为正常的鼻甲骨（引自Bruce Brodersen博士）。

度传染性疾病，由其引起的严重后果包括喉囊蓄脓（见下面关于"与上呼吸道相通的部位"的讨论）、异腺疫和出血性紫癜。

鼻窦炎是鼻窦的炎症，可以由鼻腔感染扩散而来或与口-鼻腔的其他现象有关（如由感染的牙齿扩散引起）。鼻窦炎在大多数动物中为偶发，病原为鼻腔内典型的常驻菌或引起鼻炎的细菌。

鼻窦炎在家禽中尤为常见，因一些病原的传染性特征及对大量鸟类的潜在传染性可引起严重的经济损失。许多病原微生物能感染鸟类的鼻窦，通常出现鼻窦炎与呼吸系统的临床症状同时存在的情况（如鸡的禽疱疹病毒1型和禽流感病毒）。火鸡的禽败血支原体（传染性鼻窦炎）和副鸡嗜血杆菌（鸡流行性感冒）是对经济影响最为重要的禽鼻窦炎的病原，可导致生长性能低下和产蛋量下降。牛的鼻窦炎可发生于断角后的愈合阶段，由外源性病原侵入前额窦并破坏固有清除机制而发病。

鼻咽部的真菌感染比较少见，如发生该部位的真菌感染，可产生肉芽肿性炎症性反应。犬曲霉菌性鼻炎和鼻窦炎及猫鼻隐球菌病是最重要的鼻腔真菌性感染疾病。

西伯鼻孢子菌是肤孢目的原生生物，是罕见的病原微生物，能引起肉芽肿性鼻肿块，其中含有大的鼻孢子菌球体和内生孢子，眼观上鼻部的肿块类似多叶的颗粒状息肉。虽然任何动物，包括家禽均可感染本病，但多数病例见于犬和马。感染的发生与接触淡水池塘、湖水或河水有关。

图74.2 荷斯坦奶牛继发中耳炎-内耳炎表现出的头部倾斜症状（从患牛的内耳中可培养出牛支原体）

与上呼吸道相通部位的感染，可能是由于鼻咽部的感染直接扩散而引起的，或与由鼻咽部常驻菌引起的其他鼻咽疾病感染没有直接的相关性。由马链球菌马亚种引起的喉囊蓄脓是由原发性的鼻咽炎或脓肿性咽后淋巴结破溃（腺疫）继发而来的。单侧鼻分泌液，特别是当马低头时，是喉囊感染的常见途径。流入喉囊的液体不能排净、咽口的疤痕和喉囊壁形成凝结物（软骨样）影响和阻碍感染的消解。真菌感染同样可发生于马的喉囊（喉囊霉菌病），典型病变会波及中间部分的背侧壁。曲霉菌属（特别是构巢曲霉）是最常见的病原学因素。引起喉囊真菌病的诱发性因素目前还没有阐明。当喉囊感染波及神经或脉管时，可引起严重后果（如由神经损伤引起的吞咽困难、喉麻痹和Horner氏综合征）甚至引起动物死亡（颈内动脉破裂）。

牛的中耳炎通常由呼吸道病原（上呼吸道存在的常驻菌，如牛支原体、多杀性巴氏杆菌和睡眠嗜组织菌）引起。病原通常采用的路径是经咽鼓管进入中耳，病牛表现为头部倾斜、眼球震颤和耳朵下垂（图74.2），鼓室泡通常部分或全部充满干酪性碎片和水泡液。在有些病例中，随着病情发展，可以引起内耳炎和脑膜炎，病牛表现出严重的神经症状。其他动物的感染较为少见，但感染后也表现出类似症状。

气管支气管感染

气管支气管感染的主要疾病是喉炎、气管炎和支气管炎。病毒性和细菌性病原微生物是引起气管支气管感染的主要原因。鸡感染曲霉菌后可波及气管和支气管。

气管支气管发生病毒性感染（如马流感、牛传染性鼻气管炎和鸡传染性喉气管炎）会破坏呼吸道上皮细胞并影响黏膜纤毛。多数由不同病毒所引起的气管损伤并没有明显的区别。但是一些感染中如果存在病毒包涵体会有助于确认所感染的病毒（如鸡传染性喉气管炎病毒和鸡痘病毒）。病毒性气管炎通常可以引起严重的损伤，从而继发性细菌感染。育肥舍饲犊牛的坏死性喉炎是最常见的细菌性喉部疾病（图74.3），是坏死梭杆菌在由尖锐物质或其他创伤（如反射性咳嗽）对喉黏膜产生损伤的基础上感染所致。由坏死梭杆菌引起的坏死性喉炎如果不加治疗可以导致动物死亡。其他反刍动物虽可感染坏死梭杆菌但比较少见。

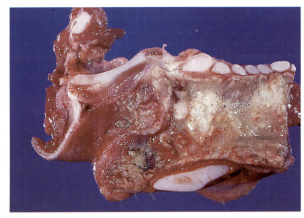

图74.3　犊牛坏死性喉炎。杓状软骨和气管前部被覆一层纤维素性坏死性白喉膜（引自Dr Alan Doster博士）

犬窝咳综合征即传染性气管支气管炎，可由多种病因引起，有些情况下多种病因同时存在。犬窝咳综合征被认为具有传染性，其发生与空间狭窄有关（如犬窝和动物收容所）。病毒性因素包括犬腺病毒病2型和副流感病毒2型。虽然可以从患窝咳综合征的犬体内分离到支原体，但目前缺少证据证明其与犬窝咳综合征存在相关性。支气管败血波氏杆菌与犬窝咳综合征相关，因为败血波氏杆菌具有黏附纤毛上皮细胞的能力并可以影响其机能，被认为是呼吸道内的主要病原微生物。由败血波氏杆菌引起的感染比病毒性病原微生物引起的感染更为多见。已有越来越多的证据表明败血波氏杆菌也是重要的猫呼吸道病原。

禽波氏杆菌是火鸡上呼吸道感染（如鼻炎、鼻窦炎和气管炎）的常见病原，鸡的感染程度略低于火鸡。打喷嚏是最常见的症状，同时伴随眼、鼻分泌物。波氏杆菌定植后，开始破坏呼吸道纤毛上皮并导致纤毛运动停滞，由气管环软化引起的气管塌陷也可发生。动物感染禽波氏杆菌后更易受其他病原，如大肠埃希菌的感染。

一些影响气管支气管的病原微生物（如猫疱疹病毒Ⅰ型、牛疱疹病毒Ⅰ型和火鸡的禽波氏杆菌）同时会影响呼吸系统的其他部分。此外，全身性感染可能波及气管支气管上皮细胞（如鸡外来性新城疫的纤维素性出血性气管炎），使其与宿主呼吸系统之外的部位同时发生病变。

肺部感染

肺部的主要感染性疾病是肺炎。肺炎可根据其形态学变化分为支气管肺炎、间质性肺炎、肉芽肿性肺炎和栓塞性肺炎，或者是上述肺炎合并发生。病原微生物、感染途径和免疫反应决定了肺炎的发展趋势。病毒、细菌和真菌都是引起肺部感染的重要病原。在有关病原的特定章节里，可查阅到与特异性病原微生物相关的发病机制和病理改变的内容。

肺部感染通常需要有一个可以影响先天性抗微生物因子的先决条件。空间狭窄、氨气浓度过高

（毒性气体）和运输应激是这些先决条件的主要代表，它们可以有效影响妨碍防御机制并为病原侵袭创造条件。否则，病原将被下端呼吸道的宿主先天性防御机制所清除。

一些被发现存在于上呼吸道的病毒（如副流感病毒和腺病毒）能引起轻度的下端呼吸道疾病。血清学检测结果显示，这些病毒可以引起大多数动物发生不明显或亚临床感染。另外，一些病毒（如非洲马瘟病毒和亨德拉病毒）本身对肺具有较强的致病性，有时可引起动物致死性感染。动物的病毒性呼吸道病原（如流感病毒、亨德拉病毒和尼帕病毒）具有传染给人的潜在威胁，可引起公共卫生问题。

一些细菌性病原微生物（如马红球菌和猪胸膜肺炎放线杆菌）被认为是肺部感染的主要病原。病毒性感染通常发生于细菌感染之前，通过破坏黏液纤毛逐级运送系统或通过影响吞噬功能破坏免疫反应，进而为细菌进入和定植创造条件。一旦易感因素起作用，那么多种病原参与下呼吸道感染的现象并不少见。

牛呼吸道疾病综合征病因复杂，目前尚未完全阐明环境因子与特异性感染因子和宿主反应之间的相互关系。牛呼吸道疾病综合征是影响养牛业经济的最重要的疾病综合征。与环境因素和管理因素相关的应激（如天气和运输）和/或病毒性（如腺病毒、牛呼吸道合胞体病毒、牛传染性鼻气管炎病毒和副流感3型病毒）感染被证明可以改变和影响呼吸道上皮及先天性防御。由牛病毒性腹泻病毒引起的免疫抑制同样可促进机体对细菌感染的敏感性。这些因素是引发牛呼吸道疾病综合征的病原之一，溶血性曼氏杆菌就是其病原之一，可在肺部定植。定植后含有大量毒力因子的溶血性曼氏杆菌开始试图突破宿主的防御机制。其内毒素激活肺血管内巨噬细胞、中性粒细胞和淋巴细胞，并产生炎症反应。炎症反应程度最终与肺的损伤程度及病原是否被抑制有关。此外，溶血性曼氏杆菌的白细胞毒素破坏吞噬细胞，并且在低浓度水平进一步加剧炎症性反应（图74.4）。

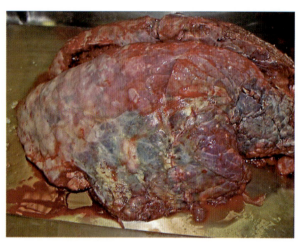

图74.4　由溶血性曼氏杆菌引起的牛的支气管肺炎病变显著，主要发生于肺前腹侧叶（引自Alan Doster博士）

如果肺的防御系统被破坏，则更多的机会性病原便会随之而来，在肺内定植并使病变进一步恶化。牛发生更为慢性的呼吸道疾病综合征时，可以发展为化脓隐秘杆菌（一种主要引起反刍动物形成脓肿的病原）感染（图74.5）。

多数的全身性真菌病（如球孢子菌病、隐球菌病、芽生菌病和组织胞浆菌病）病原，首先在下呼吸道引起肉芽肿性肺炎和相关的淋巴结病。呼吸道感染的严重程度与动物个体的免疫状态、种类和品种有关。犬、马和猫最常发展为临床疾病。动物如果不能遏制呼吸道的感染，则会引起身体其他部位的感染。相对于全身性真菌病，动

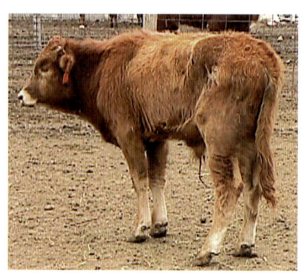

图74.5　牛的慢性支气管肺炎。在肺的前腹侧叶发现脓肿，符合化脓隐秘杆菌引起的病变

物的真菌性肺炎并不常见。家禽的曲霉菌病是一个例外，肺炎是其主要的呼吸道疾病，通常与气管炎和气囊炎同时发生。曲霉菌病是引起家禽业，特别是火鸡养殖业经济损失最重要的疾病。封闭的养殖环境（增加悬浮分生孢子的浓度）和/或发霉的饲料是发病诱因。真菌在暴露于空气的气囊、支气管和气管中生长并产生大量分生孢子（分生孢子通常不产生于实质性组织）。

　　实际上吸入性肺炎的多数病例是由多种病原微生物引起的，细菌通常是主要的病原微生物。动物的吸入性肺炎归因于气道的保护机能受损，导致液体或其他物质进入下呼吸道引发化学性肺炎。吸入性肺炎的常见原因有：不适当的治疗方法（如喷淋和不正确使用胃导管）、幼龄动物用瓶或桶饲喂、迟钝的吮奶反射、插入鼻咽部的导管饲喂、窒息或在麻醉恢复期吸入胃或瘤胃内容物。新生仔畜吸入胎粪也可引起吸入性肺炎。与吸入性肺炎相关的细菌也通常位于上呼吸道或消化道，包括大肠埃希菌、波氏杆菌、克雷伯菌、巴氏杆菌、假单胞菌属、链球菌属和专性厌氧菌（如梭菌属、消化链球菌属、普雷沃菌属和卟啉单胞菌属的成员）。

（胡守萍　胡薇 译，何希君　徐青元 校）

第75章 泌尿生殖系统

将泌尿和生殖系统放到本章一起描述，是因为这两个系统在解剖位置上紧密相连，且有共用的结构（如雄性动物尿道）和一些相似的疾病发生过程。畜禽泌尿生殖系统中常见及重要病原见表75.1至表75.7。

表75.1 犬泌尿生殖系统中常见及重要病原

病原	主要临床表现（常见疾病名称）
病毒	
犬腺病毒1型	免疫复合体血管球性肾炎，感染犬的肝炎病毒
犬种疱疹病毒	流产，阴茎头包皮炎，雌性不育
细菌	
犬种布鲁氏菌	流产，附睾炎
大肠埃希菌	膀胱炎，附睾炎，睾丸炎，前列腺炎，子宫积脓，阴道炎
犬钩端螺旋体	
其他引起犬类尿道感染的病原参见表75.8	间质性肾炎，肾衰竭，膀胱炎

表75.2 猫泌尿生殖系统中常见及重要病原

病原	主要临床表现（常见疾病名称）
病毒	
猫传染性腹膜炎病毒	免疫介导的肾脓性肉芽肿
猫白血病病毒	免疫复合型肾小球肾炎，胎儿自溶，流产，肾脏淋巴瘤
猫肠炎病毒	流产，先天性畸形（泛白细胞减少症）
猫疱疹病毒	流产

表75.3 马泌尿生殖系统中常见及重要病原

病原	主要临床表现（常见疾病名称）
病毒	
马疱疹病毒1型	流产（马病毒性流产）

(续)

病原	主要临床表现（常见疾病名称）
马疱疹病毒3型	外生殖器水疱糜烂
马传染性贫血	免疫复合物性肾小球肾炎
马病毒性动脉炎	流产（马病毒性动脉炎）
细菌	
马驹放线杆菌	肾小球肾炎（嗜睡病）
大肠埃希菌	流产
钩端螺旋体	流产
铜绿假单胞菌	子宫积脓
金黄色葡萄球菌	去势精索感染
链球菌	流产，子宫内膜炎
马生殖泰勒菌[a]	子宫颈炎，子宫内膜炎（感染性子宫炎）
真菌	
曲霉菌	流产
假丝酵母菌	子宫内膜炎

注：[a] 在美国被认为是外来动物疫病病原。

表75.4　牛泌尿生殖系统中常见及重要病原

病原	主要临床表现（常见疾病名称）
病毒	
牛乳头瘤病毒	阴茎阴道乳头状肿瘤
牛病毒性腹泻	流产，先天性畸形
牛传染性鼻气管炎	流产，传染性脓包外阴道炎，包皮炎
裂谷热	流产（裂谷热）
细菌	
化脓隐秘杆菌	流产，子宫炎，子宫积脓，精囊炎
布鲁氏菌	流产，附睾炎，睾丸炎，精囊炎
性病胎儿弯曲杆菌	早期胚胎死亡
肾盂炎棒状杆菌群	肾盂肾炎
牛流行性流产	流产
大肠埃希菌	间质性肾炎，肾盂肾炎，子宫积脓
坏死梭菌，其他厌氧菌	产后子宫炎
钩端螺旋体	流产
产单核细胞李斯特菌	流产
支原体，脲原体	颗粒性外阴炎
真菌	
曲霉菌	流产
沃尔夫被孢霉	流产

表75.5　绵羊及山羊泌尿生殖系统中常见及重要病原

病原	主要临床表现（常见疾病名称）
病毒	
赤羽病毒[a]	流产，胎儿关节弯曲引起的难产
蓝舌病病毒（S）	流产，先天性畸形（蓝舌病）
边界病和牛病毒性腹泻病毒	先天性畸形，死胎（边界病、被毛颤抖病）
卡奇谷病毒	流产，先天性畸形
裂谷热[a]	流产
细菌	
羊放线杆菌（S）	附睾炎
流产种布鲁氏菌[a]	流产，睾丸炎
绵羊种布鲁氏菌（S）	附睾炎，少数流产
胎儿弯曲杆菌	流产
空肠弯曲杆菌	流产
流产嗜性衣原体	流产（羊地方性流产）
肾盂炎棒状杆菌群	包皮炎（溃疡性包皮炎、龟头炎），肾盂肾炎
贝氏克柯斯体	流产（Q热）
睡眠嗜组织菌[b]（S）	附睾炎
钩端螺旋体	流产
单核细胞增生李斯特细菌 L. ivanovii	流产
沙门菌	流产，子宫炎

注：[a] 在美国被认为是外来动物疫病病原；
　　[b] 旧称"绵羊双士吸虫"；
　　S，主要是绵羊。

表75.6　猪泌尿生殖系统中常见及重要病原

病原	主要临床表现（常见疾病名称）
病毒	
非洲猪瘟[a]	流产，免疫复合物性肾小球肾炎（非洲猪瘟）
典型猪瘟[a]	流产，胚胎死亡，免疫复合物性肾小球肾炎（典型猪瘟、猪霍乱）
莱利斯塔德病毒	流产（猪繁殖与呼吸综合征）
伪狂犬病毒	流产（伪狂犬病）
猪细小病病毒	胚胎死亡，木乃伊化
细菌	
放线杆菌	膀胱炎，肾盂肾炎，输尿管炎
布鲁氏菌	流产，睾丸炎
大肠埃希菌	阴道炎
钩端螺旋体	流产（细螺旋体病）

注：[a] 在美国被认为是外来动物疫病病原。

表75.7 家禽泌尿生殖系统中常见及重要病原

病原	主要临床表现（常见疾病名称）
病毒	
禽腺病毒（C）	软壳或无壳蛋（产蛋下降综合征）
禽脑脊髓炎病毒	产蛋下降
禽流感病毒	产蛋下降，卵巢炎
白细胞组织增生病毒（C）	肾胚细胞瘤，肾癌
禽肺炎病毒	产蛋下降
传染性支气管炎（C）	产蛋下降，孵化率降低，肾炎
新城疫病毒[a]	产蛋下降
细菌	
大肠埃希菌（C）	输卵管炎
鸭源鸡杆菌（C）[b]	卵巢炎，输卵管炎
副嗜血杆菌（C）	产蛋下降（传染性鼻炎）
支原体	产蛋下降，输卵管炎
阿华支原体（T）	孵化率降低，胚胎死亡率升高
鸡白痢沙门菌	卵巢炎，输卵管炎（鸡白痢）
鸡伤寒沙门菌	卵巢炎，输卵管炎（禽伤寒）
肠炎沙门菌（噬菌体型4）	卵巢炎，输卵管炎

注：[a]在美国被认为是外来动物疫病病原；
[b]主要包括以前鉴定的微生物：输卵管炎放线杆菌、类溶血性巴斯德菌、输卵管炎放线杆菌与类溶血性巴斯德菌的复合体；
C，主要是鸡；T，主要是火鸡。

● 尿道

尿道具有许多重要功能，包括清除代谢废物、调节酸碱度、维持细胞外钾离子浓度和内分泌（如转化维生素D及生成促红细胞生成素和肾素）。哺乳动物的泌尿系统包括肾脏、输尿管、膀胱和尿道。肾脏的功能性过滤单元是肾单位，包括肾小球、近端和远端肾小管、髓袢和收集管。禽类的尿道不同于哺乳动物，禽类具有分叶型肾脏且没有膀胱，输尿管开口于泄殖腔，在雄性中由中间进入不同的输尿管，在雌性中由中背部进入输卵管。尿液浓缩为浆性物质，并和排泄物一同排空。

抗微生物防御

作为一个排泄系统，尿道不能被大量微生物所寄居，该系统形成了特别的微生物防御体系来应对偶尔发生的病原感染，其保护措施包括以下几类。

尿液冲洗 尿液流向和稀释作用经常周期性地清除阻碍尿道正常无菌部分微生物群落的建立，包括肾脏、输尿管、膀胱和雄性近端尿道，瘫闭与尿道感染加剧是正相关的。

细菌干扰 正常菌落定居在远端尿道，可以阻断潜在病原在下尿路的感染位点。

糖蛋白黏液层抑制 黏液层覆盖的上皮层可以抑制细菌黏附。

上皮层脱落 上皮层脱落能促进尿道病原排出。

局部及系统性免疫防御 半胱氨酸富集的抗微生物肽段在抑制细菌菌落生长中起重要作用。对于尿道感染的免疫应答反应主要集中在人类及实验动物的研究中，血清及尿道抗体滴度在膀胱炎及无症状的感染中较低，而在肾盂肾炎中较高。分泌型的IgA主要存在于尿液中，但IgG和IgM的抗体也会规律性地产生。血清中的IgA、IgG、IgM和SIgA抗体是在肾脏感染中产生的，对于这些抗体的保护性功能研究仍不清楚。这些易于流动的尿液白细胞能够促进快速清除尿路系统的病原。

尿液抑菌 尿液本身具有限制细菌生长的特性，主要包括以下几个方面。

高渗透压 尿液的渗透压（1 000mOsm/kg）能够抑制细菌生长，特别是抑制棒状杆菌生长。然而，高渗透压也可能抑制白细胞活动并保留被免疫反应或抗生素破坏的细胞壁的细菌。尿液中高浓度的氨具有抗补体活性，与尿液的高渗透压协同作用可能增强肾髓质的易感性。

pH 虽然极端的pH可以抑制某些细菌增殖，但是尿液的pH对于尿道病原微生物并无抑制作用。

尿液成分 尿液中的尿素具有一种原因不明的抑菌作用，该作用在去除尿液中的尿素成分时便消弱，而当添加膳食补充剂时便增强。蛋氨酸、苯甲酰氨基酯酸及抗坏血酸产生的抗菌作用主要是由酸化尿液引起的，尿氨氮也具有抗菌特性。

正常菌群

大多数动物的尿道中没有常驻菌群，远端尿道有一个不导致尿道感染的常驻菌群，这类菌群主要是革兰阳性菌，包括凝固酶阴性的葡萄球菌、链球菌、棒状杆菌及肠球菌，并且随动物种类、生活环境及卫生条件不同。少量的细菌会经过尿道进入膀胱（尤其是雌性动物），但是它们通常会随着尿液排出。这种无症状菌尿存在的重要性尚不清楚，但是当进行尿道检测时要对这些细菌可能引起的潜在疾病进行检测。

某些病毒（如A型马鼻炎病毒和砂粒病毒）能持续性感染管状上皮细胞，它们虽然不是正常的菌群，但可能引起持续性的病毒尿症。

疾病

宿主因子 大量的宿主因子能够引起动物的尿道感染。

动物的易感性 尿道感染在犬类中是非常普遍并且非常严重的。在猫科动物中，突发的下尿路异常很常见。病毒性、营养性及代谢因子，尤其尿路阻塞是常见病因。然而，细菌性感染在猫科动物的尿道疾病中并不多见。尿道感染特别是膀胱炎和肾盂肾炎在牛和猪中很常见。尿道感染在山羊、绵羊、家禽和马中比较少见。

解剖学和生理学因素 排尿不畅及膀胱完全排空会引发尿道感染。这可能是由肿瘤、息肉、结石或是解剖学上的异常（如异位输尿管和开放性脐尿管），以及神经缺陷造成的。膀胱输尿管返流是指在排尿过程中尿液重新流回输尿管，使膀胱尿液到达肾盂。这一病理现象可能将细菌携带到肾盂这一易感区域。尿回流现象会因感染而加剧（也可能是感染引起）并且通过回流剂肾脏而使得已存在的感染复杂化。

其他宿主因子 其他宿主因子包括引起激素紊乱的因子，如引起糖尿病和肾上腺皮质功能亢进（库欣综合征）的因子。长期使用皮质激素类药物易激发犬类的尿道感染。

感染途径 病原到达尿道的主要途径是尿路上行和血源途径，其中通过尿道上行感染最为常见。尿道口附近存在潜在病原，常见的膀胱感染通常是因为尿道口是细菌进入尿路的门户，肾盂肾炎是膀胱感染恶化的结果。

尿路的血源性感染多继发于细菌血症或病毒血症，主要影响肾脏，引起肾小球肾炎或间质肾炎。该情况相对于下尿路感染比较少见，可能是由于感染起始处肾皮质的高抗性。年幼动物处于高危状态是由于这个年龄群中败血症的发病率较高。

肾小球肾炎或间质肾炎 肾小球肾炎是肾小球感染发炎，是由病原感染肾小球引起炎性反应或是免疫复合物在肾小球内沉积造成的。病毒性肾小球肾炎是指一些特定病毒（如犬传染性肝炎病毒、马动脉炎病毒和肾型鸡传染性支气管炎病毒）在肾小球毛细血管内皮细胞内复制引起的，通常是系统性病毒侵染的结果。细菌性肾小球肾炎中的细菌（如马的放线菌 *equuli* 亚种）来自肾小球的败血病/菌血症，这种炎症反应是化脓性的，其结果会造成栓塞性肾炎（图75.1）。

在一些血源性感染中，相对于肾小球来说肾小管是主要靶组织。间质性肾炎经常与新生反刍动物的大肠埃希菌败血症同时出现（病理表现为存在白点的肾脏）（图75.2），并出现在多个不同动物的细螺旋体病中。持续感染时肾小球中免疫复合物的沉积（如传染性犬肝炎病毒、马传染性贫血病毒和猫传染性腹膜炎病毒），特定的细菌感染（如伯氏疏螺旋体属）或是能够促使免疫复合物沉积的体内其他部位的慢性细菌感染均可导致肾小球肾炎。

膀胱炎 细菌性膀胱炎（尿道膀胱的炎症）尤其是犬类的细菌性膀胱炎是兽医碰到的最常见的尿道感染。细菌黏附在上皮细胞是膀胱炎形成的首要条件。这种感染开始于潜在的病原在尿道口的群集而后通过增殖到达膀胱，沿着上皮表面延伸，通过主动或是随机移动进行转移，经过进一步增殖和感染从而形成菌尿，也可能出现脓尿和低水平蛋白尿。炎症是由革兰阴性菌的脂多糖或革兰阳性菌的胞壁二肽与分泌炎症因子的膀胱移行细胞的交互作用，以及被吸引的多形核中性粒细胞引起的。因此，排尿困难、排尿频率增加及排尿急促的症状就会显现，并且可能出现血尿及失禁情况。犬类尿道感染的常见病原及其典型特征见表75.8。

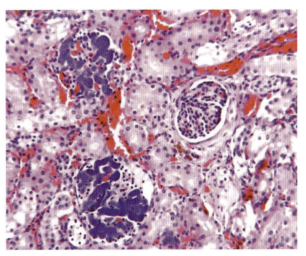

图75.1 由马放线杆菌引起的小马驹栓塞性肾炎（引自 Alan Doster 博士）

图75.2 带有间质性肾炎的新生反刍动物的白斑肾（由大肠埃希菌败血症继发）（引自 Alan Doster 博士）

表75.8 犬类尿道感染主要细菌性病因

物种	流行程度（%）	典型的群落		验证性试验		
		血琼脂	麦康凯琼脂	革兰染色	氧化酶	过氧化氢酶
大肠埃希菌类	42~46	亮灰色，经常溶血	红色分离的，经常有红晕围绕	阴性杆菌	阴性	无
肠道球菌	11~14	非常小（<1mm）	不能生长	阳性葡萄球菌	NA	阴性
凝固酶阳性葡萄球菌	12	白色或是乳白色（经常溶血）	不能生长	阳性葡萄球菌	NA	阳性

(续)

物种	流行程度(%)	典型的群落		验证性试验		
		血琼脂	麦康凯琼脂	革兰染色	氧化酶	过氧化氢酶
奇异变形杆菌	6~12	密集，无分离的菌落	无色	阴性杆菌	阴性	无
克雷伯菌	8~12	多的、潮湿的黏液，呈白灰色	呈粉色，黏糊糊地凝聚，无红晕围绕	阴性杆菌	阴性	无
假单胞菌属	<5	从灰色到绿灰色，水果或是氨气味，经常溶血	无色，有蓝绿色素环绕	阴性杆菌	阴性	无

注："无"代表无数据。

肾盂肾炎 通过尿管引起的上行感染中最严重的下尿道感染并发症是肾盂肾炎，肾盂肾炎本质上是肾盂和肾实质的炎症反应。一旦细菌到达肾盂将很难被去除，原因就是前面提到的供血不足、尿渗透压及氨对免疫防御的抑制作用。肾盂肾炎的症状仍处于不明确的状态，即使是在急性感染期间发热也是短暂的。脊柱胸腰段区域的疼痛也并非特异性的，除非直接与肾的触诊相关。尿液分析能够显示出比重和管型降低。在更严重的病例中，血液的尿氮含量明显提高。大肠埃希菌感染是动物肾盂肾炎最常见的诱因，其他可引起膀胱炎的细菌如果能够到达肾盂也可以引起肾盂肾炎。

类白喉细菌（属于肾棒状杆菌家族）与牛的肾盂肾炎特异性相关，它们占据下生殖道并且通过直接及间接接触在牛体内传播。许多临床病例是内源性的，该过程起始于膀胱炎的上行型尿道感染，进而引起输尿管炎及肾盂肾炎。一种厌氧的类白喉菌——猪链球菌，能够引起母猪的尿道感染，症状类似于牛的肾盂肾炎。这种疾病是由解脲类白喉病引起的上行感染，仅限于雌性中并且经常与育种手术、妊娠和分娩相关。

尿结石和尿道感染 犬类的尿结石主要（约70%）是由感染造成的，结石的主要成分为鸟粪石或磷灰石等三磷酸盐结石。脲酶生成菌主要是凝固酶阳性葡萄球菌和少量的奇异变形杆菌。利用尿素的类似物抑制脲酶活性（如乙酰氧肟酸）能够抑制结石形成。反刍动物中尿结石的形成主要与营养因素有关，而与感染的关系不大。

细菌性尿路病原的毒力因子

细菌引起尿道感染需要毒力决定因子，如已被证明的细菌凝集素（如肾盂肾炎相关的纤毛，Pap）。大肠埃希菌通过Ⅰ型菌毛（甘露醇敏感型）黏附到表面的黏液糖蛋白的作用远不如由几种甘露醇抗性的黏附素的调节明显，其中一种是Pap，它会粘连到细胞膜的糖脂上。从不同的动物体上分离的大肠埃希菌具有相同Pap的等位基因。甘露醇抗性的黏附素通常存在于尿道病原细菌中，但是在其他品系中并无规律。尿道病原细菌的其他特征包括具有抵抗血清的杀菌性和溶血活性，并具有某种O型抗原、除铁蛋白和抑制素。这些特征在随机的大肠埃希菌菌系中很少出现，表明尿道病原代表了它们物种中的一种亚群。由菌毛介导的在尿道上皮和尿素水解中的黏附被认为是丙酸棒杆菌感染过程中的重要毒力因子。尿素降解产生氨启始了炎症反应过程，尿中的高碱性（pH为9.0）可能是通过氨的互补失活来抑制细菌的抵抗作用。

其他尿道相关感染

真菌很少出现在尿道感染中。在曲霉菌感染的犬尿液中可以检测到真菌菌丝。霉菌性膀胱炎很少见到，有时可在患有糖尿病犬的尿液中分离到酵母菌或念球菌。

肾脏肿瘤通常是与禽类的白细胞组织增生/病毒的恶性毒瘤复合体相关，肾的淋巴细胞瘤是与猫科动物中的猫科贫血病病毒感染相关。

● 生殖道

生殖道的主要功能是繁殖。在哺乳动物中雌性生殖道主要包括卵巢、输卵管、子宫、子宫颈、阴道和外阴部，在雄性中主要是睾丸、输精管、附性腺、阴茎和阴茎包皮。家禽的生殖道本质上不同于哺乳动物，雄性家禽的睾丸在内部，并且没有附属生殖腺体和明显的交配器官，输精管及输尿管并行进入泄殖腔；雌性家禽有开口于泄殖腔且具有单一功能的卵巢和带有卵壳腺的输卵管。

抗菌防御

抗菌防御存在于生殖道各处且包含以下几个方面：

解剖层次防御 阴道的复层鳞状上皮和外阴具有抗感染功能。子宫颈为防止上生殖道感染提供了一种物理屏障，特别是在妊娠阶段。雄性动物的长尿道为恶化的感染设置了屏障。

激素水平防御 激素在保护生殖道免受疾病感染中具有作用。雌激素类提高了到达阴道，以及子宫的血液供给、子宫及子宫颈处的中性多核白细胞和生殖道中噬菌细胞的髓过氧物酶活性。以上生物过程均至关重要，因为动物在交配中阴道或者子宫可能被潜在的病原所污染。

免疫系统抵抗 生殖道的免疫系统在结构与功能上均与其他的黏膜表面类似。宫颈尾部黏膜下层存在淋巴滤泡，这些滤泡细胞最终将分泌IgA。同时在这些区域也可以发现IgG和IgM，这些同型抗原可能是通过组织渗出到达靶器官的。在子宫中发现的IgG、IgM和少量的SIgA，可能是由附属的腺体分泌或是该区域的淋巴滤泡细胞分泌的，这些抗体的防御潜能取决于这些同型抗原。IgA抗原的抗体使得颗粒更亲水，因而使通常具有疏水性的宿主细胞表面不具有任何亲和力，同时从空间上阻碍病原附着。另外，IgG、IgM可激发补体级联，病原从空间上阻碍附着，使细菌易受调理素的作用。所有的免疫球蛋白类，如果是特异地针对含有鞭毛的表位，则都具有固定细菌的能力，可以使细菌利用运动性从尾部区域向上运动。

正常菌群

所有动物生殖道的下方均存在一个菌群。这个菌群因不同动物及同一个体的不同生长阶段而呈现动态变化。这些因素包含年龄、性别和影响菌群构造的激素等。实际中的生殖道微生物菌群比现阶段认识到的更加复杂，因为在过去对需要复杂营养条件正常菌群的流行研究并没有一直使用优化的培养方法。单独群落成员的群体浓度并未完全被掌握。然而在生殖道的整体生态和微生物种群稳定性方面，它可能与特定的群落聚集同等重要或是比它们更为重要。

一般来说，雌性生殖道具有固有的通往外部宫颈的菌群。正常情况下，子宫正常是无菌的，或是暂时为少量微生物所污染。阴道包含的主要是专性厌氧细菌，其中既包含革兰阳性菌又包含革兰阴性菌。有氧及兼性厌氧的有机体数量大约是专性厌氧细菌的1/10。其中，既包含革兰阳性菌也包含革兰阴性菌，还包含支原体属和脲原体属。

与其他的黏膜表面相同，这些菌群相对宿主来说具有保护性，其存在可以使宿主抵抗致病性更强的微生物。抵抗的机制有阻碍病原微生物附着、高效利用可能利用的底物及产生抗菌物质。从更现实的角度看，这些正常的、暂时存在的群落确实包含一些品系，使得子宫被污染而缺乏免疫。例如，患子宫内膜炎母马中的兽疫链球菌、宫腔积脓母牛中的化脓隐秘杆菌属和坏死梭杆菌及宫腔积脓母犬中的大肠埃希菌。以上提到的所有微生物都是感染动物的常驻菌群或瞬时菌群的一部分。这些有机体引起疾病的潜在能力不仅是由于它们存在，而且更是需要在疾病发生之前相对于其他群落存在关键的复制优势。如果在母马细菌性子宫内膜炎的抗生素处理中正常群落被干扰，则阴道将被其他抗性更强的品系所占据，如果潜在的问题未被纠正则最终将感染子宫。

外生殖器的固有群落含有共生菌，并且大多数为革兰阴性菌、无芽孢菌、支原体属α-溶血及β-溶血链球菌、乳酸菌、嗜血杆菌（特别是犬类的H流感嗜血杆菌）、棒状杆菌、丙酸杆菌及凝固酶阴性葡萄球菌。马生殖器泰勒菌是母马性交时传播的病原，可能在阴蒂窝隐性携带。

雄性生殖道阴茎包皮和尿道存在的固有群落与存在于阴道中的群落扮演着类似的角色，在这些区域可导致细菌性疾病的生物体起源几乎一直是内源性的。一些存在于阴茎包皮处通过性交传播的生物体在这些位点不会引起不良影响。包皮腔，包括猪的包皮盲囊，是牛（*C. renale* 群）与猪（*A. suis*）肾盂肾炎病原的据点。

疾病

宿主及环境因素 对于常见的生殖道疾病，必定存在促使其发生的易感宿主和环境因素，包含以下几种：

解剖学因素 母马外阴部的结构使其易于发生阴道和子宫感染。外阴部位置越趋近水平，排泄物对阴道的污染越容易发生。阴道中的混合尿液易于诱发子宫颈炎和子宫内膜炎。马的包皮过长会导致阴茎及阴茎包皮的非特异性炎症和感染。

激素因素 激素使生殖道更易发生感染。通常来说，在孕酮的作用下，子宫更易发生感染，生殖道中的中性粒细胞活动受到抑制，包括迁移降低和吞噬能力下降。至少在母犬的黄体阶段，大肠埃希菌的受体得到表达。大肠埃希菌定植后能表达一定量的黏附素，利于病原引起感染并发展成子宫积脓，在其他物种中是否发生该种情况尚不明确。

其他因素 在分娩过程中可能发生的创伤会破坏上皮屏障的完整性，从而导致感染。难产和滞留的胎膜增加了产后感染的可能性。营养方面的因素有时会影响生殖道疾病的发展。例如，绵羊的包皮炎比较典型地发生在食用高蛋白质豆科牧草个体中，含高蛋白质的饲料会增加尿素的排泄和雌激素的分泌，会导致包皮肿胀和尿液的鞘内滞留。

感染过程 对于大多数生殖道病原来说，性交和注射是主要的感染途径。病原在生殖道内的定居是通过上行性或血液途径。在一些疾病中，病原尽管能通过性传播，但它在生殖道内的定位还要通过血行性途径来确定。一些生殖道病原（如羊胎儿弯曲菌胎儿亚种 *C. fetus* ssp. *fetus*）定居于消化道并且形成血源性病原，从而造成生殖道疾病的发生。

雌性生殖道 最常见的雌性生殖道感染包括外阴、阴道、子宫颈和子宫感染。牛的外阴炎是由脲原体和支原体引起的，但至今并无可靠的病原学关系。牛传染性鼻气管炎病毒会导致牛的外阴道炎，各种大肠菌群，特别是大肠埃希菌能引起母猪阴道外翻，这种感染常常与卫生条件和管理方法有关。犬的阴道炎普遍是由葡萄球菌、链球菌或大肠埃希菌引起的。在幼年的母犬，阴道炎往往会随着犬的成熟而自愈。在年老的母犬中，往往涉及某种潜在的病因。

子宫感染与饲养、妊娠和分娩有关，未妊娠的子宫能够抵抗感染。在哺乳和分娩过程中，子宫颈打开，子宫感染的概率会增加。子宫感染包括子宫内膜炎和子宫炎。子宫内膜炎在所有动物中都能发生，但在马中最常见且最严重。患子宫内膜炎的马失去对抗感染的能力是由于中性粒细胞不能够迁移到感染部位和中性粒细胞的功能降低而导致的。马链球菌兽疫亚种是最常见的马子宫内膜炎的病原，但病原也可能是其他微生物（如肠道链球菌、其他链球菌和假单胞杆菌）。

如果在解决子宫感染之前发生宫颈闭合和积脓，则疾病会发展为子宫积脓。子宫积脓在所有动物中都能发生，但在犬、猫和牛中发生较多。总之，大肠埃希菌是引起子宫积脓的主要微生物。一些其他的微生物，如链球菌和假单胞杆菌也较常见。在牛中，经常会是化脓菌和厌氧菌。

胎儿 流产，在家畜中是一种最常见的和经济损失较严重的生殖道疾病。流产是指胎儿未发育完全便离开母体暴露出来。许多病毒、细菌和真菌能够引发流产（表75.1表至75.7）。在妊娠过程中，胎盘和胎儿主要通过血液感染（但马除外），细菌性和真菌性胎盘感染主要起源于子宫颈口。

许多病毒能够造成动物流产。疱疹病毒在所有病毒中是最明显的，能够影响许多不同动物，影响最显著的是马（如马疱疹病毒1型）。由病毒引发的流产伴随而来的是致命的炎症损伤和坏死、致死性缺氧或者子宫内膜损伤。

由细菌导致的流产经常造成胎盘炎或胎盘水肿。如果胎儿受到感染，则典型现象是在胃液中发现大量的微生物。在一些细菌性流产中，胎儿的病斑也许能够表明可能的病原。例如，胎儿肝脏坏死集中部位能够提示此绵羊是因为胎儿弯曲菌胎儿亚种引起的流产，但导致流产的并非只有该病原（图75.3）。

虽然大多数细菌性流产发生在妊娠的最后3个月，但早期胎儿死亡和自溶在某些病原存在的情况下也会发生。在这些情况下，感染在临床上呈现不孕症状（如牛中的胎儿弯曲菌性病亚种）。

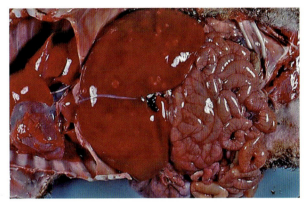

图75.3 分离的流产绵羊胎儿肝脏急性肝坏死区域（引自 Alan Doster 博士）

真菌性的流产在马和牛中常见，通常是由胎盘炎引起的。真菌进入牛体通过呼吸道或者消化道，经由血液循环传播到胎盘。在马中，通过子宫颈的上行性感染是最常见的感染途径。如果出现牛的致死性损伤，则大部分局限于集中的皮肤角化损伤，在马中致死性损伤并不多见。被孢霉 wiffi 为一种结合菌，其造成的暴发性肺炎具有很高的死亡率，25%的感染牛会因为肺-子宫-肺的循环感染而死亡。子宫感染真菌会造成牛的暴发性肺炎，通常伴随而来的是流产。

胎儿的一些病毒感染会导致先天性畸形。影响畸形是否发生的因素取决于胎儿发育的阶段、胎儿的免疫能力及特定的相关病毒品系（如猫泛白细胞减少症病毒、牛病毒性腹泻病毒、卡希谷病毒、边界病病毒及羊的蓝舌病病毒）。

导致个体流产的发病机制及病理学细节可以在相关病原的特定章节查到。

雄性生殖道 在雄性中，主要的生殖道感染是睾丸炎、附睾炎及附属性腺感染（如前列腺炎和精囊炎）。附睾炎影响所有的动物品种但是在公羊中最常见。在较年幼的公羊中，年龄依赖性的包皮寄生体——羊放线杆菌、绵羊嗜组织菌的上行感染是必然发生的。在成年的公羊中，绵羊种布鲁氏菌是涉及的主要病原。它们通过溶血途径定位于附睾小管，精子的炎症及溢出会发展成精子性肉芽肿。

细菌性前列腺炎最常发生在犬中。也是犬最常见的前列腺疾病的诱因。感染通常是从原发点上行，分为急性和慢性，最终包含由前列腺炎的脓肿引发的疝和腹膜炎。精囊炎最常发生在公牛中，是精液检测中发现的炎症细胞的最常见诱因。已经揭示出来许多潜在因素，最常见的因素是携带金黄色酿脓葡萄球菌。

内源性或外源性阴茎及阴茎端膜感染具有传染性。不同的疱疹病毒会引起龟头包皮炎。牛肾盂炎棒杆菌群的成员引起阉公羊或是公羊的阴茎端膜及其临近组织坏死性炎症，这些疾病是由经常性受到尿液刺激的区域的解脲因素出现而引起的。氨被认为会引发炎症过程，当类似的条件存在时又发生在公羊及公牛中。

家禽生殖道 家禽中的输卵管感染可能与来自泄殖腔的上行感染或是与左腹气囊的大肠埃希菌病

相关联，大肠埃希菌是已发现的最常见病原。在发达国家雏鸡白痢和家禽伤寒并不常见，卵巢炎、输卵管炎及睾丸炎败血症可能是与鸡白痢沙门菌和沙门菌鸡感染有关。

  家禽的许多系统性感染可导致产蛋量及孵育率下降。多种病原（如禽腺病毒、传染性支气管炎病毒、禽流感病毒，以及如支原体、副鸡嗜血杆菌和沙门菌）都影响整体的产蛋量及孵化率，一些病原（如支原体和沙门菌）可通过鸡蛋垂直传播。

（姜丽 译，温志远 校）